Mey, Bernd

# Informationsprinzipien der Evolution

# Informationsprinzipien der Evolution

Gesetze. Zusammenhänge. Hypothesen.
Eine heuristische Studie.

von Bernd Mey

Die Benutzung dieses Buches und die Verwendung der darin enthaltenen Informationen erfolgen ausdrücklich auf eigenes Risiko. Haftungsansprüche gegen den Verlag und den Autor für Schäden materieller oder ideeller Art, die durch die Nutzung der Informationen des Buches verursacht wurden, sind grundsätzlich ausgeschlossen. Der Autor hat alle Sorgfalt walten lassen, fehlerfreie und akkurate Information für seine Darlegungen zu verwenden, trotzdem können Fehler und Falschinformation nicht ausgeschlossen werden. Alle über die bekannten Beziehungen hinausgehenden Aussagen sind Hypothesen erkenntnistheoretischer Art, die nicht für technische oder jede andere Anwendung oder Nutzung bestimmt sind. Auch wenn nicht an jeder Stelle ausdrücklich darauf hingewiesen, handelt es sich in der vorliegenden Arbeit um ein heuristisches Gedankenspiel, aus dem keine weltanschaulichen oder politischen Bekenntnisse oder Absichten des Verfassers abgeleitet werden dürfen. Es wird nur der guten Lesbarkeit wegen durchgehend auf den Konjunktiv verzichtet.


**Bibliografische Information der Deutschen Nationalbibliothek**
Die Deutsche Nationalbibliothek verzeichnet diese Publikation in der Deutschen Nationalbibliografie; detaillierte bibliografische Daten sind im Internet über http://dnb.d-nb.de abrufbar.

**Bernd Mey**
Informationsprinzipien der Evolution
Gesetze. Zusammenhänge. Hypothesen. Eine heuristische Studie.

Titelabbildung: Melencolia I, Albrecht Dürer, 1514

Berlin: Pro BUSINESS 2019

ISBN 978-3-96409-143-7

1. Auflage 2019


Produktion und Herstellung: Pro BUSINESS GmbH
Gedruckt auf alterungsbeständigem Papier
Printed in Germany
www.book-on-demand.de

ClimatePartner

## Inhalt

Die Erfindung des Problems ist wichtiger
als die Erfindung der Lösung; in der Frage liegt
mehr als in der Antwort.

Walther Rathenau

# Vorwort

Die Prinzipien, welche sich uns aus der Vorstellung von Information erschließen, sind allesamt nur Teilstücke. Um das Wesen zu erfassen, braucht es Ideen, welche die weiten Zwischenräume füllen und dabei dem Ganzen eine gewisse Konsistenz verpassen. Es gäbe wohl nichts Unbekanntes, wenn sich alles nach der gleichen Methode finden ließe. Weil das eben nicht so ist, müssen wir verschiedenartige Erkenntnissysteme zusammenbringen und unkonventionelle Wege suchen.

Aus dem lateinischen Begriff *specula* (Hügel) entwickelte sich schon früh die übertragene Vorstellung einer Anhöhe, von der aus sich die weiten Zusammenhänge überschauen lassen. Wenn die Empirie versagt, können oft die Beziehungen weiterhelfen, die das Objekt zu anderen Dingen und Vorgängen besitzt. Der Kriminalist verwendet die Methode, wenn der Täter keine Spuren am Tatort hinterlassen hat. Er vergrößert schrittweise den Abstand, um die immer weitere Umgebung in das Geschehen einzubeziehen. Wenn wir das Verfahren auch in der wissenschaftlichen Erkenntnissuche verwenden wollen, kommen wir schnell mit den logischen Methoden in Konflikt, weshalb schon Schellings „*Spekulative Physik*" wegen Unwissenschaftlichkeit in Verruf kam. Die üble Nachrede, die auch heute noch den spekulativen Prinzipien anhaftet, gründet sich vor allem auf einer sehr eingeschränkten Anschauung über die Arten der Information, welche allein durch die Arbeitsmethode unseres Bewusstseins festgelegt ist.

Wir wollen den Streit nicht suchen, ihn aber auch nicht aus dem Weg gehen. So sanft das Thema vielleicht daherkommt, kann es leicht von explosiver Wirkung sein. Es wäre schon deshalb angeraten, das Phänomen Information von einem weiteren Abstand zu betrachten. Eine andere als im Computerzeitalter übliche Sicht gibt uns andererseits interessante Einblicke, die sonst nicht zu haben sind. Der Widerspruch zur logischen Sicht ist dabei vorprogrammiert, weil es auch Methoden gibt, die ganz „unlogisch" funktionieren. Für den Logiker ist aber vielleicht interessant zu wissen, welche anderen Sichtweisen existieren und wo die Logik im Kontext einer allgemeinen Informationstheorie stehen könnte. Die Erkenntnis wird allerdings weiter erschwert, weil sich das Beziehungswissen nicht nur der fokussierten Logik verschließt, sondern sich auch noch ganz und gar in einer Müllhalde von Strukturen und Zusammenhängen versteckt, welche uns die Evolution von Natur und Zivilisation hinterlässt. Die reinen Prinzipien, welche die Entwicklung vorantreiben, sind nicht auszumachen, wenn ihnen nicht mit einer konkreten Theorie und einer strategischen Suche aufzulauern ist. Im Gegensatz zu den fertigen „Erzeugnissen" sind die Bedingungen, welche die Entwicklung in Gang setzen, nicht in prägnanter Form vorhanden. Es braucht dazu das gewisse kriminalistische Gefühl, das sich auf allgemeine Beobachtungen der Natur und besonders auch auf kybernetische Prinzipien gründet.

Wer schon einmal das Vergnügen hatte, mit den kybernetischen Wissenschaften konfrontiert zu werden, hat sicher auch schnell gemerkt, dass die Kybernetik wie ein Monstrum ohne Kopf daherkommt. Man muss dieses Monstrum mit irgendeiner Führungsfunktion füttern, die eigentlich schon alles beinhaltet, was am Ende herauskommen soll. Wäre der kybernetische Organismus ein selbstständiges Wesen, bräuchte man die Aufgabe nicht bis in die Bestandteile vorzukauen. Ja eigentlich könnte sich das Wesen dann sein Futter selbst suchen, etwa so, wie der Mensch sich seine Arbeit selbst aufbürdet. Wir werden untersuchen, in welcher Form die kybernetischen Ansichten zu erweitern sind und stoßen dabei auf unbestelltes Neuland. Ohne Frage, die vorsichtig betretenen Erkenntniswege sind geistige Abenteuer. Aber manchmal sind auch die riskanten Spekulationen besser, als die unbekannte Gegend mit Beharrlichkeit zu umfahren, zumal es dann denen leicht gemacht wird, die besser zu kritisieren verstehen, als sich selber der Kritik aussetzen zu müssen. Es ist ohnehin ersprießlicher, einen Gedanken auch mal bis in die letzte Konsequenz fertig zu denken, statt ihn bei jedem Stolperstein von Neuem zu hinterfragen. Das ist letztlich auch eine Sache der Disziplin in der Heuristik, ohne die sie uns keine Hilfe sein kann.

Das Wesen der Information hat viele außerordentlich interessante Facetten. Es gibt kaum einen anderen Begriff, der so vielfältig verwendet wird, dabei aber selbst so unbestimmt ist und sich in der Natur so verworren präsentiert. Zwei Dinge führen vor allem dazu, sich mit diesem Thema eingehender zu beschäftigen. Der eine Zugang ist die Frage nach der Erkenntnisfähigkeit und dem evolutionären Sinn der Erkenntnis überhaupt. Diese entscheidende Frage wird wahrscheinlich jeden beschäftigen, der das Fragen von Kind auf nicht verlernt hat und einen Blick in die Schriften geworfen hat, welche uns die „Dichter und Denker" der vergangenen Jahrhunderte hinterlassen haben. Dabei sollte es allerdings nicht mehr um Brechts „*Du musst alles wissen*" gehen, sondern vielmehr darum, den Kern zu entdecken, den springenden Punkt, aus dem sich alle Dinge entwickeln lassen.

Der zweite Aspekt ist die Schere, die sich mit der neuen Verwendung des Begriffes in der modernen Informationstheorie auftut, und mit der offensichtlich der Faden zu den alten Weisheiten abgeschnitten wird. Wir erleben gerade, wie frühere Denkweisen in den neuen Informationsfluten versinken und vielleicht für ewig eine tiefere Einsichtnahme unmöglich gemacht wird. Es ist deshalb nicht nur reizvoll, sondern auch notwendig, das Thema in der Öffentlichkeit zu rekultivieren. Es werden dazu ein paar Gedanken vorgelegt, eine Mischung aus alten und neuen Ideen, aus ketzerischen Provokationen und neu interpretierten Alltagsweisheiten, aber allesamt noch geistige Kinder und noch nicht reif für die Katheder der Wissenschaft. Es soll vor allem um den roten Faden gehen, der uns in der Erkenntnissuche hin und wieder deutlich ins Auge fällt, sonst aber in den schier unendlichen Wirrnissen der Information in Raum und Zeit verloren geht. Es ist ein erster Versuch, der vieles offen lässt und hoffentlich viele neue Fragen aufwirft und vielleicht auch den Kritikern zu neuen Ideen verhilft.

In der vorliegenden Arbeit geht es also nicht darum, neues Wissen zu suchen, um die Illusion zu bestärken, dass das Wissen explodiere. Es geht nicht um die Information, die man erhält, wenn man die vorhandene in immer neuen Variationen zusammenstellt. Diese Art Wissen ist unendlich. Die gewissenhafte Analyse des Phänomens Information könnte uns vielmehr die Möglichkeit geben, das Wissen zu verdichten, um das Wesentliche zu erfassen. Das ist nicht unbegrenzt, darum aber nicht leichter zu erlangen. Für den optimalen Verlauf der Evolution können nicht alle Varianten und auch nicht unbegrenzte Ressourcen zur Verfügung stehen. Im übertragenen Sinne könnte man das volkstümlich ausdrücken: Es gibt nur einen Weg ins Paradies, aber unendlich viele in die Hölle. Den günstigsten Weg der Entwicklung werden wir kaum finden, die Zivilisation sollte aber darauf aus sein. Auch wenn uns scheint, dass die Natur ihr letztes Geheimnis in einem hoffnungslosen Verwirrspiel und ganz unübersichtlichen Dimensionen versteckt, ist es eine reizvolle und nützliche Aufgabe, unsere Erkenntnismethoden dagegen zu setzen. Wir müssen das suchen, was uns in den prägnanten Formen und Geschehnissen entgeht. Es ist das zarte Geflecht, das die Dinge in ihrer urgründlichen Ordnung verbindet und die Wirklichkeit auf ihrem sinnvollen Weg beschreibt. Es ist die Spur der Evolution, für viele ein regelloses Zufallskonstrukt, vielleicht aber doch an Vorgaben gebunden, die mit ihrer Verwirklichung selbst immer wieder ein neues Profil erhalten.

Es ist schwierig, sich die Welt als unendliche Ansammlung von Atomen zu denken. Aber wir haben uns an dieses undenkbare Bild gewöhnt. Um wie viel schwieriger aber muss es sein, in den Wirkungen Ordnungssysteme auszumachen, welche sich in ganz unterschiedlichen Dimensionen erschließen, von ganz unterschiedlichen Prinzipien getragen werden und noch dazu ständig im Fluss sind. So unerreichbar ein solches Ziel scheint, dürfen wir uns nicht freiwillig im Strudel der Geschehnisse verfangen lassen, wenn wir nicht selbst hoffnungslos dem Lauf der Zeit ausgeliefert sein wollen. Es ist freilich eine mühevolle Kleinarbeit, die feinen Beziehungen zu suchen, die für die natürliche Ordnung stehen. Zudem braucht es eine gewisse Standhaftigkeit, dem Gedanken bis zum Ende zu folgen und nicht bei jeder Gelegenheit mit der Schwäche des Zweifels auf die Ausgangsposition zurückzufallen.

Information in allen ihren Spielarten bestimmt unsere bewusste Existenz. Unser Bewusstsein zu hinterfragen, ist eine im Prinzip unlösbare Aufgabe. Aber wir können eine gewisse Geografie der weißen Flecken auf der Erkenntnislandkarte betreiben. Das ist umso notwendiger, als viele glauben, die Gegenden zu kennen, dabei aber kaum über ihren Tellerrand zu schauen vermögen. Es ist eine falsch verstandene Freiheit, wenn wir uns von allen Bindungen zu befreien versuchen, uns derweil aber immer weiter in das enge Kämmerlein der eigenen Existenz zurückziehen müssen, wo am Ende nur noch der lapidare Nonsens zu holen ist. Im Gegenteil, die Freiheit des Geistes braucht viele starke Segel, das heißt viele starke Bindungen an den höheren Sinn der Wirklichkeit, es sind die Randbedingungen, mit denen sich eine geistige Entwicklung vollziehen kann. In die können wir uns umso besser einfügen, je mehr wir über das Woher und Wohin unserer Existenz in Erfahrung bringen können, und weiter, je mehr wir die Antworten selbst zum Sinn der Erkenntnis werden lassen.

So wie das Leben in seinen Prozessen auf die Information der Biomoleküle setzt, brauchen die Denkvorgänge die Informationseinheiten der Sprache und ihr Zusammenspiel. Im Gegensatz zum linearen[1] Denken in der Logik, das mit definierten Symbolen auskommt, stößt das geistige Erfassen schnell an Grenzen. Wir müssen erfahren, dass die Grenzen unseres Geistes durch die Grenzen der Sprache bestimmt sind. Dabei geht es nicht um die Eigenschaft einer Sprache, sich als Weltsprache leicht zu verbreiten. Vielmehr ist das Gegenteil gefragt, die Sprachtiefe, welche eine innere Beziehungswelt aufbaut und die Sprache zum „Betriebssystem“ des Geistes qualifiziert. Die Evolution hat offensichtlich einen Mittelweg gefunden, indem immer eine gewisse Vielfalt von Sprachen auf der Suche nach Tiefe in Konkurrenz tritt.

Die Entwicklung der Erkenntnis ist Inhalt und selbst Teil der Evolution, weshalb sich in ihr auch die evolutionären Methoden widerspiegeln. In der Evolution ist die Information in Beziehungen versteckt und entzieht sich jeder wissenschaftlichen Analyse, da diese auf logische Methoden be-

[1] Der Begriff „linear“ wir im Folgenden immer in seiner Bedeutung als „eindimensional“, „unvernetzt“ verwendet, entsprechend auch „nichtlinear“ als „vernetzt“.

schränkt ist und der prägnanten Dinge und Vorkommnisse bedarf. Die Entwicklung des Bewusstseins zeigt ein vergleichbares Bild. Der Gedanke ist prägnant und bewusst wahrnehmbar. Hervorgezogen aber wird er aus einem undurchdringlichen Meer von Beziehungen, das sich bislang allen wissenschaftlichen Analysen verwehrt hat. Auch in den Erkenntnismethoden scheint sich das Prinzip fortzusetzen. Die spekulativen Methoden führen ein verborgenes und unverstandenes Leben; in der Öffentlichkeit werden sie höchstens in der Kritik wahrgenommen. Dabei sind sie es allemal, die die Gedanken erst aufkommen lassen, welche im evolutionären Sinn als neu zu bezeichnen sind. Am Ende macht auch hier die Logik das Spiel, muss dabei aber ihr gesteuertes Wesen selbst verleugnen.

Die konsequente Durchführung des kybernetischen Gedankens in der schier unendlichen Weite der Natur ist ein anspruchsvolles Unterfangen. Es führt uns zu einem bizarren Bild, das, auch wenn es der vollen Wahrheit entspräche, für uns keine praktische Bedeutung erlangte. Hier begegnet uns die alte griechische Anschauung, dass das Ringen um Erkenntnis sich umso mehr vom praktischen Nutzen entfernt, je vollkommener und tiefgründiger es geführt wird. Dort wo wir nicht nützlich sein können, muss uns die Evolution andererseits auch keine Einsicht gewähren. Sie billigt uns dagegen den vollen Durchblick in den zweckmäßigen Funktionen, den wir auch benötigen, um sozusagen als gute Arbeiter im Weinberg des Herrn den Acker für eine reiche Ernte bestellen zu können.

Weil wir in einem unerforschten Terrain nach wissenschaftlichen Erkenntnissen suchen, müssen wir mit einer ersten Vorstufe der Wissenschaft, gewissermaßen mit einem Glasperlenspiel ohne praktische Bedeutung beginnen. Eh daraus die eigentliche Wissenschaft wird, braucht es noch vieler Zwischenstufen und bis zur Praxis ist es eine riesige Entfernung. Gedanken über die Zusammenhänge von Information können am Vorgang der Evolution nicht vorbei und müssen konsequent bis zum Ende weitergedacht werden. Es ist nur natürlich, dass dabei alle Befangenheiten beseitigt werden müssen und auf Macht, Besitz und sonstige politische Befindlichkeiten vorerst keine Rücksicht genommen werden kann. Wenn wir die Prinzipien der Evolution auch in den gesellschaftlichen Vorgängen wieder finden, so könnte das eine gewisse Bestätigung unseres Weges sein. Erfahrungsgemäß trifft man aber gerade hier auf eine Unzahl unterschiedlichster Meinungen, was bei den abstrakten Hypothesen der Wissenschaft sonst nicht der Fall ist. Das Glasperlenspiel ist hier zugunsten der harten Praxis schnell verlassen, wobei sich die Mitspieler in den allermeisten Fällen sagen lassen müssen, dass ihnen offensichtlich die Spielregeln für die rein geistige Partie nicht bekannt sind. Häufig wird auch das Abstraktionsniveau der Erkenntnis missachtet, das heißt, es werden prägnante Funktionen mit verallgemeinerten Beziehungen verglichen. Hilfreich wäre es an dieser Stelle, eine spezielle Begriffswelt einzuführen, die auf die Alltagssprache verzichten kann und nur den Berufenen zur Mitarbeit ermächtigt.

Auch wenn in der Zeitgeschichte der Zivilisation das evolutionäre Regelwerk mitunter in deutlich entwickelter Form hervortritt, soll das Gebiet aus den vorgenannten Gründen nur kurz gestreift werden. Es ist eine gewisse Gefahr, aus dem ersten Gedankenspiel irgendwelche politische Positionen abzuleiten und die vielen dazu notwendigen Zwischenschritte zu überspringen. Die Geschichte gibt Beispiele, bei denen diese Voreiligkeit auf dem Schafott geendet hat. Andererseits bietet die Zeitmode Modelle für kybernetische Verhältnisse, welche nicht besser zu haben sind. Wenn in dem folgenden Freilauf der Gedanken aktuelle Konstellationen einbezogen werden, so sollen das lediglich anschauliche Bilder sein für das Zusammenspiel von Kybernetik und Information. Sie haben noch nicht das Niveau politischer oder weltanschaulicher Bekenntnisse erreicht, es handelt sich vielmehr um ein heuristisches Ideenpotenzial, ohne praktische Bedeutung, das sich in einem ersten vorläufigen Ideenspiel aus den evolutionären Prinzipien ergibt, auch wenn nicht immer ausdrücklich darauf hingewiesen sein sollte. Seitenlange Formulierungen in der Möglichkeitsform wären dem Leser eine zu große Zumutung. Erst die Zukunft wird zeigen, wie mit den vielen noch folgenden Zwischenschritten die letzte Wahrheit entwickelt wird, auch wenn diese zu Beginn vielleicht noch ganz anders aussieht. Es wäre irritierend und der Darstellung nicht zuträglich, wenn diese Bedingung jedes Mal vorgehalten werden müsste. Die konsequente Verfolgung des einmal eingeschlagenen Weges zwischen den Tiefen der absoluten Freiheit ist eine gefährliche Gratwanderung, was am Ende auch der Grund für die vielen fehlenden Kapitel in den Informationswissenschaften sein dürfte.

Information in ihrer Jungfräulichkeit ist unparteiisch; eine Beschäftigung mit den Grundprinzipien der Information muss wenigstens anfangs versuchen, diese freiheitlichen Blickwinkel zu erheischen, was eben auch eine diesbezügliche Nachsicht vom Leser voraussetzt. Für eine endgültige Einsicht in das geheimnisvolle Wesen der Information dürfte die Zeit ohnehin noch nicht reif sein. Es fehlt die wichtigste Voraussetzung, eine Wissenschaftskultur, welche in hierarchischer Form dem erreichten Wahrheitsniveau der Erkenntnis Rechnung trägt. Auf dem spekulativen Niveau wäre es notwendig, freizügig mit Information umzugehen, ohne bei jedem Gedanken den Rattenschwanz von politischer Korrektheit, persönlichen oder nationalen Befindlichkeiten und rechtlicher Konsequenzen nach sich ziehen zu müssen. Vielleicht wäre eine besondere Sprache die Lösung oder eine Symbolik, wie sie in der höheren Mathematik oder in der theoretischen Physik gebraucht wird.[2]

Jedenfalls nähert sich die vorliegende Arbeit einer solchen Kultur, auch wenn sie eigentlich noch nicht existiert. In vielen Wissenschaften gibt es einen Tanz ums Unbekannte, niemand traut sich das Objekt zu benennen, aus Angst vor unliebsamen Konsequenzen. So ist etwa das Ätherbild in der Physik so verpönt, dass kaum ein Physiker zu finden ist, der sich nicht genötigt fühlt, dieser Vorstellung öffentlich abzuschwören. Dabei dreht sich alle Erkenntnis um dieses Zentrum und es muss immer genügend Aufwand getrieben werden, um sich dieser Mitte nicht allzu sehr zu nähern. In der Evolutionstheorie ist es die Ursächlichkeit, welche mit aller Kunst umschifft wird, weshalb auch die Kybernetik, die nur mit solcher Nahrung leben kann, immer in Abstand zu halten ist. Es wäre schon an der Zeit, dem zaghaften Gestocher einmal das ganze Schreckensszenario der Kybernetik vorzuführen, und ungeachtet des Mord- und Zederngeschreis bis in die letzte Konsequenz zu verfolgen. Wenn im Folgenden die Idee der Information gepflegt und dem kybernetischen Gedanken bis in seine letzten Zipfel nachgegangen wird, so geschieht das vor allem aus diesem Grund; eine Fleißarbeit, die Erkenntnisse zusammenzutragen, könnte es ohnehin nicht sein, weil die entsprechende Literatur außerordentlich dünn gesät ist. Den Geisteswissenschaftlern ist das Thema zu nah am analytischen Detail gebaut. Der Analytiker läuft Gefahr, in geistige oder gar religiöse Fänge zu geraten. So ist das Objekt immer eine Brache geblieben, die von allen Seiten gemieden wird.

Folgerichtigkeit in der Evolution ist nicht gleich Determinismus, weil die Prozesse nicht aus primitiven Gesetzen, sondern aus freien Prinzipien im erweiterten kybernetischen Sinne entwickelt werden, weshalb auch dem Fatalismus nicht das Wort geredet werden braucht. Die Voraussetzung der Arbeit allerdings sollte ertragen werden können, nämlich dass viel vernachlässigt und über große Gebiete generalisiert werden muss. Auch die Adepten des Probabilismus werden sich solches gefallen lassen müssen, schließlich sind die Methoden des Zufalls in unterschiedlichen Zeiten auch an ganz unterschiedlichen Vorgängen gebunden. Eine gewisse Zumutung könnte hingegen die Methode der spekulativen Erkenntnis sein, das gleiche Unbekannte aus verschiedenen Gegenden aus neu zu erkunden. Das Objekt erscheint dadurch immer wieder, aber jedes Mal unter anderem Blickwinkel, was auch die ewigen Wiederholungen relativieren sollte. Besondere Aufgaben erfordern besondere Methoden. So wie die Substanz sich in schierer Unendlichkeit verfängt, kann auch die Information nicht auf die Dimension

[2] In der Ärztewelt wurden heikle Themen früher in Latein besprochen.

des Labortisches begrenzt werden. Wie ein Goldsucher das taube Gestein in mühevoller Arbeit zu entfernen vermag, so muss man den feinen kybernetischen Adern auf die Spur kommen. Aber auch diese sind wie das Gold nicht mehr so häufig zu finden. In den Sperrmüllbergen der modernen Zivilisation kommen sie zwar noch vor, aber nicht immer in ihrer ursprünglichen Form, sondern oft nur als billige Plagiate, was uns in unserer Entdeckerlust aber nicht beeinträchtigen sollte.

Der spekulative Weg, dem geheimnisvollen Wesen der Information auf die Schliche zu kommen, definiert sich im Grunde aus der Entwicklung selbst. Was sich in den Funktionen und Naturgesetzen nicht verbindet, muss auf einer anderen Ebene zusammenfinden. Statt immer skurrilere Theorien aufzustellen und die Wirklichkeit mit höheren Dimensionen und Parallelwelten zu verfremden, wäre es wenigstens einen Versuch wert, nur die Information in die Verantwortung zu nehmen und die Natur und ihre Gesetze so zu belassen, wie sie sind. Verlassen wir uns darauf, dass schon Newton viel Zeit in die mystischen Variationen des Nonsens investiert hat, am Ende aber seine Größe nur aus der Beschreibung der Wirklichkeit beziehen konnte. Sein umfangreicher mystischer Nachlass konnte im Höchstfalle die Flohmärkte bereichern. Die Spekulation in ihrer ursprünglichen Art ist keine Fiktion, das heißt kein logischer Versuch einer Sinnsuche. Es geht vielmehr darum, einen größeren Abstand zur Wirklichkeit zu finden und die weiten Zusammenhänge darin wahrzunehmen, auch wenn der Standpunkt des logischen Analytikers dabei relativiert werden muss und nicht mehr als der Ruhepunkt und das Nonplusultra der Erkenntnis zu gelten hat.

Selbst wenn es um weitreichende Beziehungen geht, will die Logik ihr kleinkariertes Wesen nicht aufgeben und muss ihre Macht zum Ende mit transzendenten Funktionen retten, deren Gesetze dann allerdings in der vierten Dimension versteckt werden müssen. So unterschiedlich der spekulative Weg und die mathematischen Beweisführungen sind, sind sie Teile der Wirklichkeit und müssen sich in einem gemeinsamen Sinn wiederfinden. Das geht nur, wenn jedem System der ihm zustehende Platz zugewiesen wird. So wie die Spekulation in der funktionellen Prozessebene nichts taugt, muss auch die Logik im Beziehungskosmos des Sinns versagen.

Es sind offensichtlich nicht nur die Dinge und Gesetze differenziert. Es müssen vielmehr auch die Methoden unserer Erkenntnis dem Objekt angepasst werden, was nicht immer leicht einzusehen ist und offensichtlich seit Menschengedenken immer wieder zu Irritationen geführt hat.

# 1 Information als Prinzip

## 1.1 Die Idee der Information

Die Grundidee des Informationsbegriffes bezeichnet die Eigenschaft eines Objektes, welche nicht für dieses Objekt allein steht, sondern auch für andere Objekte Bedeutung besitzt, sei es auch nur zum Zwecke der Erkenntnis. Im Allgemeinen handelt es sich hierbei um eine Zeit-Raum-Struktur, die als Abbild vom Objekt gelöst werden kann, um beliebig gebraucht, wiederverwendet, kopiert und transportiert werden zu können. Für die Art dieser Struktur sind unendlich viele Möglichkeiten denkbar, genauso wie für die Art der Verwendung. Der Auswahl muss deshalb ein bestimmter Zweck vorangestellt werden, der selbst wieder über Information vermittelt wird. So lässt sich eine ganze Informationskette finden, die mit anderen verbunden, ein Geflecht liefert, das an keiner Stelle aus der Wirklichkeit herausgelöst werden kann.[3] Aus evolutionärer Sicht kann die so definierte Information immer in einen weiteren Sinn gestellt werden, auch wenn dazu die entsprechende Entfernung gesucht werden muss, welche die Verallgemeinerung zulässt.

Als erste Transportmittel von Information traten in der physikalischen Evolution die Photonen in Erscheinung, welche auch heute noch in einigen Fällen für den Informationsaustausch stehen. Im Verlauf der Entwicklung aber wurden alle anderen Möglichkeiten dazu qualifiziert, wobei zeitliche Strukturen den Transport über den Raum begünstigen und räumliche die Transformation über die Zeit. Genauso wie wir aus dem unendlichen Informationsangebot eine Auswahl treffen müssen, ist auch die Natur auf Reduzierung angewiesen. Deshalb kommt der Information erst dann das eigentliche Gewicht zu, wenn sie im Geschehen der Wirklichkeit eine Bedeutung besitzt, das heißt, wenn sie „wirk-lich" agiert, wenn die übertragene Information eine *Wirk*ung zeitigt. Dieser Vorgang gehorcht der Kausalität, die nach Schopenhauer die Grundlage der Wirklichkeit bildet. Das deutsche Wort Wirklichkeit bezeichnet sehr treffend diesen Zustand, der aus unendlich vielen kausalen Wirkungen zusammengesetzt ist.

In der einfachsten Anschauung ist die Kausalität über die Berührung vermittelt, etwa das Anschupsen eines Körpers. In der Mikrophysik werden

[3] Zuvörderst bleibt auch das Strukturbild durch seine Masse und Energie ein Teil der Wirklichkeit, so klein diese auch werden können. Bei weiterer Vertiefung zeigt sich, dass auch die Strukturinhalte Teile der Wirklichkeit bleiben. Das heißt aber nicht, dass die Wirklichkeit auf alle diese Inhalte angewiesen ist.

selbst diese elementaren Vorgänge, wie auch etwa die chemischen Wirkungen, über unsichtbare Wechselwirkungskräfte besorgt, deren Informationsgehalt wir nur erahnen können. Auch wenn jeder dieser Mikroprozesse streng nach den Naturgesetzen abläuft, können wir die schier unendliche Summe der Vorgänge im Makroskopischen nur noch statistisch in Form eines Hüllenphänomens erfassen. Die Vielfalt der Prozesse gibt dem kausalen Prinzip zahlreiche Gesichter, unter denen der Einfluss gewichteter Information wohl die stärkste Verschleierung erzeugt. Unsere Anschauung belastet zudem die Frage, ob die Prozesse, welche in ihren Dimensionen die Ausdehnung unserer Messwerkzeuge unterschreiten, noch der Kausalität folgen können. Die Grenze ist jedoch nicht nur eine messtechnische. Es ist vielmehr anzunehmen, dass die frühen Geschehnisse, die sich im Mikrokosmos erhalten haben, auf andere Organisationsformen bauen, die mit der logischen Methode unseres erkennenden Bewusstseins nicht in Deckung zu bringen sind. Wenn wir die Grenzen der Kausalität ausleuchten, werden wir zu Methoden geführt, welche unserem gewohnten Bild von Information einen erweiterten Rahmen geben.

Schließendlich stellt sich die Frage, warum die Information das letzte unbeachtete Prinzip abgeben soll, wo sie doch auf allen Gebieten so ausgezeichnete Fähigkeiten entwickelt. Ist es nicht viel eher denkbar, dass die Information in Ordnungssystemen verschränkt ist, welche der Welt die eigentlichen Vorgaben machen. Kein anderes Prinzip ist derart prädestiniert dazu.

## 1.2 Information zur Prozesssteuerung

Für die physische Umgebung des Informationsbegriffes zeichnet die Wissenschaft der Kybernetik. Sie gründet sich auf die Fähigkeit der Information, einen natürlichen Vorgang beeinflussen zu können. Die Lenkung eines Prozesses zu einem nichttrivialen Ergebnis hin ist besonders dann leicht möglich, wenn der Vorgang eine instabile Phase durchläuft, wie sie bei hohen Energiewerten provoziert wird (*Abbildung 1a*). Dann nämlich kann die Information trotz ihres Leichtgewichtes an Substanz und Energie als Randbedingung bei der Auskühlung der Phasen wirken und eine Strukturveränderung verursachen.[4] Damit ist auch gleichzeitig darauf hingewiesen, dass Information immer auch an Substanz und Energie gebunden ist, so

[4] Das mechanische Analogon ist die auf eine Spitze gehobene Kugel, welche durch winzigste Energiebeträge aus dem Gleichgewicht gebracht werden kann, und zwar in eine bestimmte Richtung.

klein diese auch sein mögen. Die Energieminimierung ist es auch, welche die Entwicklung der kybernetischen Prinzipien in der Evolution begleitet.

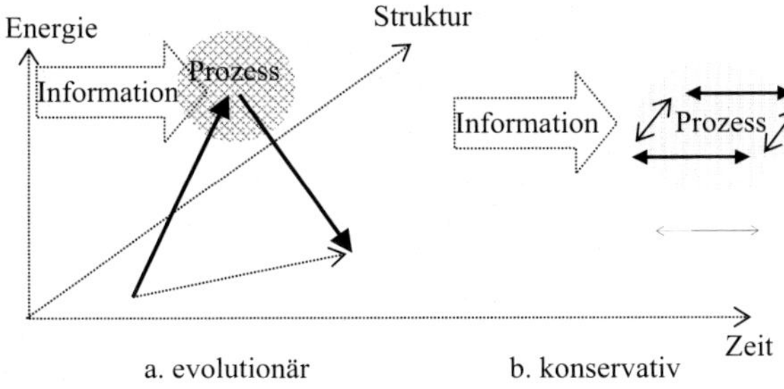


*Abbildung 1: Prozesssteuerung*

Am Anfang steht der Energieaufwand. Im Laufe der Entwicklung kommt an seiner Stelle der Strukturaufwand zu stehen, der durch sein katalytisches Prinzip den Energieeinsatz verkleinert. Die nächste Etappe ist durch die Vermittlung von Strukturelementen gekennzeichnet, womit eine Unterscheidung von Ziel und Prozess möglich wird. Am Ende dieser kybernetischen Genese steht das zum Sinn gewordene Ziel auf der einen Seite, und die Beeinflussung von „fertigen" Strukturen auf der anderen. Letztere werden wegen ihrer Unfähigkeit zur Weiterentwicklung auch als konservative bezeichnet.

Bei den mehr oder weniger „fertigen" Strukturen muss sich die kybernetische Kunst darauf beschränken, die Variabilität des Systems für die gesteuerten Vorgänge zu nutzen. Die beteiligten Strukturen werden dabei nicht verändert, das heißt, sie verbleiben auf dem Entwicklungsniveau ihrer Abkunft (*Abbildung b*). Auf eine solche „konservative Kybernetik" bezieht sich die Steuerungstechnik, welche auf evolutionäre Veränderungen verzichtet. Alle technischen Errungenschaften sind in diese Kategorie einzuordnen, zumindest ist man versucht, sie in einen gewissen endgültigen Zustand zu halten. In der Natur sind die evolutionären und konservativen kybernetischen Prinzipien nicht immer leicht auseinanderzuhalten. Auch in den technischen Nachahmungen ist die Reversibilität nicht in Vollkommenheit möglich und die Wärmentwicklung verrät, dass evolutionäre Vorgänge im Spiel sind. Offensichtlich kann sich nichts der evolutionären Intention der Wirklichkeit entziehen und selbst bei der uns vertrauten Ruhe in der Natur muss viel Organisation aufgebracht werden, um dem ständigen Fluss entgegenzusteuern und uns den Zustand der Ruhe vorzutäuschen. Um Strukturveränderungen in den technischen Kreationen zu verhindern, muss Wärme abgeführt und der Prozess selbst auf niedrigem Energieniveau gehalten werden. Die Hintereinanderschaltungen von Steuerungsprozessen, wie sie im Falle der Informationsverarbeitung notwendig sind, bedürfen dabei besonderer Lösungen. Bei den modernen Rechnerarchitekturen bleibt die Wiederholbarkeit dadurch bestehen, dass die Prozesse selbst auf einem extrem niedrigen Energieumsatz gehalten werden. Die technische Kunst ist es dazu, die Information an immer kleinere Strukturen zu binden, wodurch sich mit der Zeit ein ganzes Universum an Möglichkeiten aufgetan hat und eine ganze elektronische Welt geschaffen werden konnte, die allerdings nur eine sekundäre ist und den Nachteil hat, sich nicht eigenständig erhalten und entwickeln zu können, sondern auf die evolutionäre Eigenschaft des menschlichen Geistes angewiesen zu sein. Die ständig wachsenden Müllberge der Elektronik sind dem Regenerationsprozess der Natur zumindest teilweise verschlossen, sodass ein wachsender Aufwand an einer Stelle getrieben werden muss, der nicht dem Profitprinzip der Arbeitsleistung unterworfen ist.

Die mathematischen Prämissen für das Vorgehen in der Informationsverarbeitung sind recht einfach gehalten, damit die einzelnen Schritte beherrschbar bleiben. Das ist ein Zugeständnis an das Nadelöhr unseres Bewusstseins, durch das wir nur kleine Portionen zu schleusen vermögen. Auch wenn wir immer bessere Methoden entwickeln, um die Datenmengen zu vergrößern, kann die Mittelbarkeit der Werkzeuge die Grundprinzipien nicht verändern. Das sind die prägnanten kleinen Strukturen in Zeit und Raum, deren Wiederholbarkeit und die überschaubaren Gesetze, auf die sich Zusammenhänge reduzieren lassen. Alle technischen Schöpfungen bleiben auf einen winzigen Ausschnitt der natürlichen Möglichkeiten beschränkt, weil sie alle soweit demontierbar sein müssen, dass sie die enge Pforte unseres Bewusstseins passieren, das heißt auch intellektuell erfasst und verarbeitet werden können.

Dagegen zeigt die „evolutionäre Kybernetik“ ein breites Arsenal von Möglichkeiten, welche nicht auf starre Strukturen und Gesetze reduziert sind, sondern diese selbst auch zu entwickeln vermögen. Dazu gehören die vielfältigen natürlichen Prinzipien der Repräsentation und Verarbeitung von Information, für welche wir auch einen verallgemeinerten Informationsbegriff nötig haben. Ein solcher hat sich noch nicht in die kybernetischen Wissenschaften eingeführt, nicht weil seine Notwendigkeit nicht erkannt wäre, sondern weil sich keine mathematischen Methoden finden lassen, welche auf die logischen Fundamente verzichten könnten.

### *1.3 Die messbare Information*

Mit den Einschränkungen, die uns das schmale Fenster unseres Bewusstseins auferlegt, machen wir aus der Not eine Tugend und definieren uns eine Information, welche aus kleinen wiederholbaren Portionen zusammengesetzt ist. Die wiederholbaren Strukturen und Gesetze sind die Abbilder des Bausteinwissens, das, weil es unsere Welt an allen Ecken und Enden zusammenhält, auch überall zu finden ist und deshalb auch in den unzähligen Zusammenhängen konsistent sein muss.[5] Diese Geschlossenheit ist eine Voraussetzung der Mathematik und ermöglicht letztlich auch eine mathematische Informationstheorie.

In der Menge unterschiedlicher Elemente stellt das Zusammentreffen von identischen oder sich zu einer Symmetrie ergänzenden Strukturen A und B ein gewisses Ereignis dar, welches sich zur Messung von Information verwenden lässt:

$$A \equiv B, \qquad (1)$$

$$A + B = 1. \qquad (2)$$

Ebenso kann ein kausaler Zusammenhang zwischen den Ereignissen $E_{AB}$ und $E_{CD}$ eine Information anzeigen:

$$E_{AB} \rightarrow E_{CD}. \qquad (3)$$

Dabei ist (3) eine Ereignisfolge, für die das auslösende oder steuernde Wirken von Information angenommen wird, während es sich bei (1) und (2) um Korrelationen[6] handelt, die umso deutlicher ausfallen, je besser der Beobachter selbst auf ein Kriterium fixiert ist, das heißt eine Übereinstimmung mithilfe seines Denk- oder Scheinmusters beurteilen kann. Prinzipiell ist für dieses Beieinandersein von ähnlichen oder kongruenten bzw. symmetrischen Strukturen die kausale Beziehung ebenso unwichtig, wie die Wechselwirkung. Bei der Beurteilung der Information und Messung des Informationsinhaltes müssen jedoch Prozesse benutzt werden, welche Ereignisketten in Bewegung setzen, sei es auch nur in Gedanken.

---

[5] Wiederholbare Strukturen entstehen bei der Abkühlung kohärenter Systeme, was selbst evolutionäres Prinzip ist.

[6] Allgemein definiert sich Korrelation als das bloße Beieinanderstehen von Strukturen oder Ereignissen, die genauso gut verschieden wie ähnlich oder identisch sein können. In höheren kybernetischen Ebenen spricht man diesem Beieinandersein ein Beziehungswissen zu. Dagegen wird in der mathematischen Logik der Begriff enger gefasst und bezieht sich auf die Ähnlichkeit von Strukturen, welche nach vorgegebenen Merkmalen beurteilt wird. Das Beziehungswissen ist auf dieser Ebene ohne Bedeutung.

Für das einfache logische Informationsmaß wird im Allgemeinen die Identität (1) zugrunde gelegt, das heißt, es wird die Auswahl beschrieben, auf dem eine solche Übereinstimmung zustande kommen kann. Erhofft man eine Identität, das heißt das Auftreten eines Ereignisses, das mit dem erwarteten übereinstimmt, so kann man dem, im Vergleich zu jedem möglichen Ereignis einen gewissen Seltenheitswert zuordnen. Je mehr Möglichkeiten existieren, umso größer wäre andererseits auch der Aufwand das seltenere Ereignis zu organisieren, es bekommt einen höheren Informationswert. Die physikalischen Mechanismen sind dabei völlig uninteressant. Die Definition des logischen Informationsbegriffes bezieht sich lediglich auf die reine Organisation dieser Auswahl. Ein definiertes Ereignis, in *Abbildung 2* dargestellt als Auftreten eines Musters, wird mit der denkbaren Zahl solcher Ereignisse verglichen. Besteht eine mögliche Menge aus *N* verschiedenen Ereignissen, die rein statistisch die gleiche Wahrscheinlichkeit des Auftretens haben, so braucht es $I = ld\ (N)$ ja nein Entscheidungen, um das definierte Ereignis daraus auszuwählen.[7]

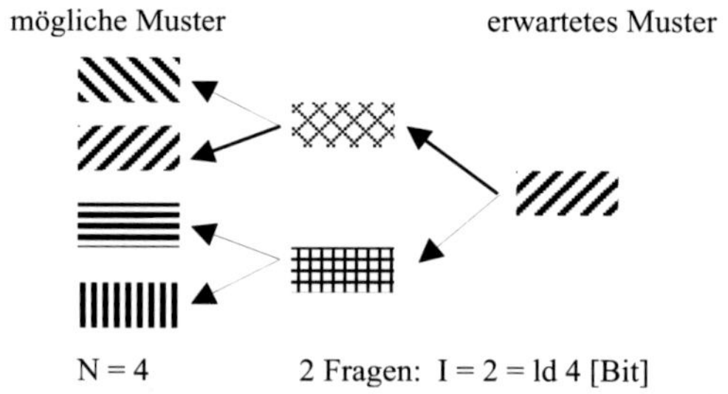


*Abbildung 2: logische Information*

Der Vorgang der Auswahl gründet sich dabei auf die Dichotomie der elementaren Verzweigung, die von der Identität (*1*) oder Nichtidentität (*0*) bestimmt wird. Der Logarithmus dualis (*ld*) steht als mathematischer Ausdruck für die Anzahl der erforderlichen Fragen. Dieser Entscheidungsgehalt ist dann auch sein Informationsgehalt.

[7] Genauso viele Schritte müsste auch der Operateur aufbringen, ein Element in der Menge wieder auffindbar einzuordnen, wenn die Elemente darin nur durch eigene Eigenschaften sortiert sind.

Bei statistischen Vorgängen mit nicht gleichwahrscheinlichen Elementen kommt anstelle von $N$ die Wahrscheinlichkeit des ausgewählten Elementes $p_i$ zu stehen, sodass sich bekannte Form

$$I(p_i)=ld\ (1/p_i)$$

ergibt. Der mittlere Informationsgehalt einer Menge von Ereignissen oder auch einer Nachrichtenmenge ergibt sich aus der gewichteten Summe der Einzelwerte

$$H = {}_N\Sigma p_i \cdot ld\ (1/p_i),$$

die auch als Entropie bezeichnet wird. Sie gibt an, wie die Freiheitsgrade im System der Ereignisse genutzt werden. Ihr Wert wird umso kleiner, je größer die Wahrscheinlichkeit einzelner Ereignisse ist. Umgekehrt ist die Entropie dann am größten, wenn alle Ereignisse mit der gleichen Wahrscheinlichkeit auftreten. Jede zusätzliche Information, wie unterschiedliche $p_i$-Werte, vermindert den Betrag der Entropie. Dagegen tragen Summanden mit verschwindender Wahrscheinlichkeit nicht zur Entropie des Systems bei. Nähert sich der Zustand einem sicheren Ereignis, fällt die Entropie auf null ab. Bei natürlichen Vorgängen mit großen Symbolmengen werden die Informationsmaße schließlich mit statistischen Methoden ermittelt. Die Weitschweifigkeit oder auch Redundanz von Information erhöht die Sicherheit des Umgangs mit den Daten, kann aber gleichzeitig auch für parallele Prozesse benutzt werden, die auch in anderen Ebenen der kybernetischen Hierarchie geführt werden können.

Es ist offenkundig, dass für die Verwendung einer solchen Definition ein gewisses Umfeld geschaffen werden muss, eine Vorleistung, welche in der Natur nicht, in der Sparte der mathematischen Logik immer, wenn auch meist stillschweigend, gebracht ist. In unserem Fall wird eine Menge von Ereignissen vorausgesetzt, die durch elementare Zeichen symbolisiert werden, welche exakt wiederholbar und beständig sind. Dieser Elementevorrat ist sowohl mit der Informationsquelle als auch mit dem Empfänger vereinbart. Es ist außer dem kein anderes Element zugelassen. Die Elemente sind arbiträr, das heißt beliebig irgendwelchen Nachrichten zuzurechnen. Diese Zuordnung ist ein zusätzlicher Vorgang, der nicht in Gänze mit den technischen Mitteln der Informationsverarbeitung geführt werden kann, da die in der Natur auftretenden Botschaften niemals exakt in ein begrenztes Schema zu pressen sind. Auch die Rechenvorschriften gelten genau für die sukzessive Verrechnung einzelner Elemente miteinander und sind die logischen Abbilder der konservativen Reaktionen. Sie gehören ebenso zu den äußeren Bereitstellungen und geben gemeinsam mit der Struktur der Einrichtung das Ziel vor und bestimmen damit ihren Sinn. Unsere Methode der Informationsmessung ist damit selbst ein konservatives System, allein nicht entwicklungsfähig und auf einen bestimmten Ausschnitt der Wirklichkeit reduziert.

Eine gewisse Verallgemeinerung in Richtung natürlicher Systeme erfährt die logische Methode durch die Benutzung von weniger genau definierten Werten. In der unscharfen Logik[8] wird die sonst verwendete eindimensionale Größe durch einen mehrdimensionalen Möglichkeitsraum ersetzt. Mit diesen sogenannten linguistischen[9] Variablen lassen sich Verknüpfungen nach Art der Logik ausführen, welche in beliebig aufwendiger Form auch selbst unscharf definiert sein können. Dagegen sollte das Ergebnis wieder die gewohnte konkrete Aussage bringen, das heißt, die unscharfen Werte müssen wieder in die eindimensionale Form überführt werden. So viele mathematische Methoden auch dazu erdacht werden können, das eigentliche logische Prinzip kann damit nicht verlassen werden, was sich auch an der fehlenden Selbstorganisation bemerkbar macht. Nach der Anzahl der willkürlichen Hilfsmittel ist lediglich eine gewisse Schwächung der Logik zu konstatieren, welche kein neues Prinzip darstellt, sondern lediglich die fest gefügten Bande dehnbarer macht. Auch die Verfahren mit den sogenannten evolutionären Algorithmen verlassen das logische Prinzip nicht wirklich, es werden nur Gesetze benutzt, welche bestimmte Merkmale der natürlichen Evolution logisch abzubilden vermögen. Dabei sind Mutation, die Neukombination der Gene und die anschließende Selektion nur Reduzierungen der natürlichen Evolution auf die logischen Abbildungsverfahren. Diese Art die Wirklichkeit zu beschreiben geht davon aus, dass außer logischer Information keine andere Form existiert, was aber gerade für die Evolution keinesfalls zutreffen kann.

Wenn das logische Prinzip durch Ereignisse bestimmt wird, die sich mit relativ begrenzten Mustern in der Zeit abspielen, so muss es möglich sein, das Prinzip in zeitlicher oder räumlicher Richtung zu erweitern, respektive zu verlassen. Zu dem Ende beziehen wir uns auf das Grundprinzip der Informationsmessung, der Korrelation, in der allgemeinen Formulierung. Wird das Geschehen durch die Zeitfunktion $x(t)$ beschrieben, so lässt sich eine Korrelation $\rho$ durch Vergleich mit einem Muster $m(t)$ bestimmen. Dazu benützt man das sogenannte Korrelationsintegral

$$\rho(\tau) = \int x(t)\, m(t+\tau)dt\,,$$

für das die Mathematik viele der Aufgabe angepasste Darstellungen entwickelt hat. Der Wert von $\rho$ ist maximal, wenn Objekt und Muster überein-

[8] Das ist keine definierbare Verallgemeinerung, da die Systeme der unscharfen Logik unendlich viele Möglichkeiten zulassen. Es zeigt sich hierbei die Willkürlichkeit der Methode.

[9] Abgeleitet von den mathematisch nicht exakten Inhalten der gewöhnlichen Begriffe.

stimmen. Im gegenläufigen oder inversen Fall entsteht das entsprechende negative Extrem. Im interessanten Falle $\rho = 0$ sind die beiden Zeitfunktionen unkorreliert, man sagt auch die jeweiligen Informationen der Strukturen seien orthogonal zueinander. Anstelle der Zeitfunktionen können ebenso auch Funktionen von Wegkoordinaten verwendet werden, wodurch sich strukturelle Ähnlichkeiten im Raum ermitteln lassen. In der Technik sind entsprechende Verfahren entwickelt worden, um bestimmte Muster auf Bildern zu finden.

Nun zeigen sich in der Natur nicht nur Ähnlichkeiten in den Strukturen und Funktionen, vielmehr findet sich auch eine unübersichtliche Menge von zeitlichen und räumlichen Mustern, welche nicht nur in Ähnlichkeiten, sondern in irgendeiner Form direkt miteinander korrelieren. Das heißt, die Ähnlichkeiten sind nicht mehr offensichtlich, weil sie dadurch entstehen, indem gewisse Prozesse gemeinsam benutzt werden. Der Informationsgehalt der Prozesse und Gefüge erscheint in die vieldimensionale Bildhaftigkeit aufgeweitet. Bei der Arbeit mit mehreren Dimensionen verliert das einzelne Muster an Einfluss und es tritt eine gewisse Wandlung des Charakters der beschriebenen Information in Erscheinung. Die einzelne Struktur wird gegen die unendlichen Möglichkeiten von Beziehungen unbedeutend, der Strukturbegriff verschwindet aufgrund seiner Unerheblichkeit und muss durch den Begriff der Konnektivität ersetzt werden. Dieser Übergang von der einzelnen Information im Strukturelement zur zusammenhängenden Information in Beziehungen beschreibt den Wandel der Prinzipien in der kybernetischen Hierarchie und zugleich auch deren evolutionären Werdegang. Das heißt mit anderen Worten, dass die Korrelation hier als zusammenhängendes Wissen in Erscheinung tritt, welches aber nicht Folge einzelner Vorgänge sein kann, sondern als deren Ursache in Betracht kommt, was auch der ursprünglicher Reihenfolge entspricht.

Die Konnektivität ist eine Form von Information, welche das Zusammensein einer Unzahl von Strukturen und Ereignissen aufzeigen kann, der mathematischen Formulierung aber kaum, höchstens in endlosen Tabellen, zugängig wäre. Ein Zusammenhang der Daten, wie das etwa bei Strukturen durch geometrische Gesetze gegeben ist, ist bislang noch nicht ausgemacht worden, wenngleich sich die allgemeinen Symmetrieforderungen auch hier niederschlagen müssten. In kybernetischer Sicht ist es einzusehen, dass die Beachtung der Konnektionen bei kleinen Systemen keinen Sinn macht und das logische Prinzip hier weit überlegen ist, weil es sich mit der Prozessstruktur direkt verknüpft. In der Kybernetik entspricht dem die Parallelität der Prozesse auf der untersten funktionellen Ebene, welche keine direkten Beziehungen untereinander besitzen. Es stellt sich nur die mehr theoretische

Frage, inwieweit hierbei die beiden Betrachtungsweisen ineinander übergehen.

Beim Zusammenwirken in kleinen Systemen baut das Prinzip Korrelation auf Ähnlichkeiten in den einfachen Strukturen, die durch Identitäten in den symbolischen Abbildungen eine harte mathematische Fassung erhalten können. Dagegen ist die Weitsicht in der Führungsebene auf eine möglichst große Zahl von Zusammenhängen angewiesen, einem Beziehungswissen, das mit keinem logischen Kalkül mehr unterteilt werden kann. Die Funktionen der kleinen Strukturdetails spielen hier keine Rolle mehr, zumal sie für eine Interpretation ein zeitliches Hintereinander bräuchten. Auf der Führungsebene dagegen ist der Blick in die Zukunft vonnöten, anders ist kein Ziel erreichbar. Für die zeitlose Interpretation der Wirklichkeit, welche die

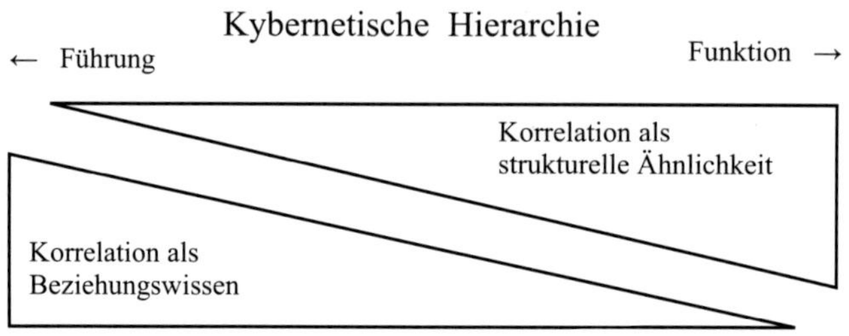


*Abbildung 3: Das Prinzip Korrelation in den kybernetischen Ebenen*

Vergangenheit mit der Zukunft verbindet, sind logische Elemente ganz unbrauchbar. In der kybernetischen Hierarchie sind die beiden Prinzipien deshalb ganz unterschiedlich verteilt (*Abbildung 3*) und entsprechend differenziert entwickelt.

Im Allgemeinen wird das Bild einer Struktur im zwei- oder dreidimensionalen Raum durch die Strecken zwischen den Eckpunkten und deren Lagen gezeichnet. Dabei müssen die geometrischen Gesetze berücksichtigt werden, das heißt, die Elemente sind voneinander abhängig. Die Strecken können nicht beliebig durch irgendwelche Gewichte skaliert werden. Soll zusätzlich Information durch Wichtung untergebracht werden, so sind zusätzliche Dimensionen erforderlich. In *Abbildung 4* sind nur die Verbindungen zwischen Strukturelementen dargestellt. Es ist einzusehen, dass die ebene Darstellung unmöglich werden würde, wollte man die Längen der Verbindungslinien durch beliebige Gewichte $w$ verändern. Eine Struktur, deren Abstände nur durch Wichtungen bestimmt sind, wäre ohne geometrisch interpretierbare Form. Das heißt, der gesetzliche Zusammenhang in einer Funktion ist nicht mehr erkenntlich. In der komplexen Morphologie von Beziehungen bekommt deshalb der Begriff der Korrelation eine etwas

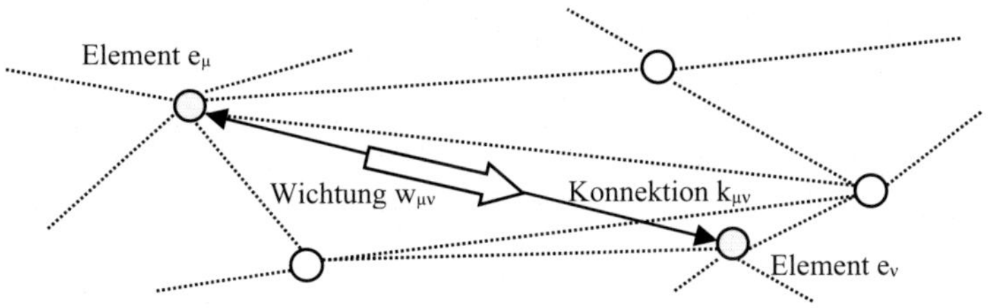


*Abbildung 4: Konnektivität*

andere Aussage und ist nicht mehr durch eine strukturelle Ähnlichkeit zu interpretieren.[10] Es müssten vieldimensionale Räume miteinander verglichen werden, wozu die logische Methode einen ins Unermessliche gehenden Aufwand bedeuten würde. Den hat auch die Natur an dieser Stelle nicht nötig. Vielmehr bringt die Korrelation hier eine neue Qualität, nämlich eine Menge von Information in direkten Beziehungen, welche sich aus verschiedenen Mechanismen erschließen und zwischen den unterschiedlichsten konservativen Elementen und Systemen bestehen.

Auch wenn es theoretisch möglich wäre, die Systeme formal durch die Menge der Elemente und die Rasterung der Gewichte zu beschreiben, welche die Konnektoren zwischen allen Elementen besitzen, wäre dem besonderen Charakter der Information nicht Rechnung getragen. Die Art der Informationsverarbeitung, die ein solches System führt, lässt eine logische Beschreibung nicht zu. Sie ist von ganz eigener Natur, mit den evolutionären Voraussetzungen eng verwoben und hat nichts mehr mit kausalen Prinzipien oder struktureller Symbolik gemein. Sie hat insgesamt noch ein ganz unerforschtes Wesen, für das die Evolution eine Reihe von unpassierbaren Schranken eingebaut hat, deren kybernetischen Zweck wir sogar verstehen können. Wenn wir die Barrieren umgehen wollen und dazu die reine Logik versagt, kann nur das Werkzeug einer Sprache weiterhelfen, welche selbst

[10] Möglicherweise ist in der Natur die Struktur der Lagebeziehung die einfachste Form des Zusammenhanges, erst die Wechselwirkung zwischen Elementen bringt weitere Dimensionen ins Spiel.

in Beziehungen gebaut, diese auch zu fördern und zu entwickeln vermag, sei es unbewusst, oder auch nur außerhalb unseres logischen Verstandes.

### *1.4 Die erkennbare Information*

In einem kybernetischen System ist mit der Art der Gesamtstruktur auch die Art der verarbeitbaren Information festgelegt. Technische Systeme können mit dem derzeitigen Erkenntnisstand und aufgrund der Wirtschaftlichkeit nur mit wenigen Informationsarten arbeiten, dagegen ist der natürliche Umgang mit Information auf diese Einschränkungen nicht angewiesen. Das kann auch nicht anders sein, denn das, was der Mensch in seine Rechenanlagen und Steuerungssysteme hineinbaut, muss die Natur in ihre Strukturen ohne fremde Hilfe, das heißt selbstorganisiert, zustande bringen. Dazu braucht es alle Orgelregister, welche für dieses Spiel zusammenklingen können. Wie in einem Museum stellt uns die Wirklichkeit die unterschiedlichsten Prinzipien zur Schau, von denen wir leider nicht alle verstehen können. Wir müssen uns mit den im abgestuften Zustand „fertigen", das heißt konservativen Systemen begnügen. Aber sie präsentieren sich uns zum Glück nicht wie Sperrmüll, sondern lassen den empfindsamen Beobachter auch gewisse Ordnungszustände entdecken, welche sogar eine bestimmte Hierarchie von Ordnungsgesetzen erahnen lassen. Nur die verbindenden Prinzipien müssen wir uns dazu denken.

Die Unterschiedlichkeit der Prinzipien ist es auch, welche es uns ermöglicht, einzelne daraus zu erkennen und das Wirken von Information darin auszumachen. Bewusste Erkenntnis ist eine Differenz, welche nur mit orthogonaler Information den uns bekannten dauerhaften Status erreichen kann. Dieses Verfahren setzt voraus, dass ein stabiler Standpunkt existiert, der selbst nicht der Beobachtung zugängig ist. Wenn wir uns als Elemente der evolutionären Ordnungsprinzipien verstehen, so dürfen wir zunächst davon ausgehen, dass unsere Erkenntnisse auch nur Abbildungen sind, welche genau nach diesen Prinzipien funktionieren. Völlig andere Ordnungssysteme hätte die Evolution nicht so lange verbergen können, vielmehr sieht man ein folgerichtiges Entwickeln, das auf die ursprünglichen Normen baut und die gesetzten Werte als Vorgaben einer weiteren Vervollkommnung auffasst. Neben der Frage nach dem Sinn der Erkenntnis in der Evolution wird deshalb eine weitere interessant, nämlich welche Prinzipien sich dazu eignen, die notwendigen orthogonalen Systeme zu erzeugen. Diese haben noch dazu eine besondere Funktion. Sie müssen mit reduzierten Spiegelbildern der Wirklichkeit solche Einsichten erzeugen, die einem kybernetischen Wesen gleichermaßen Ziel und Funktion geben können.

Wenn das eine Forschungsaufgabe für die ferne Zukunft bleibt, so ist uns schon heute eines verständlich, dass nämlich unsere Abbildungssysteme auch in die allgemeinen Ordnungsprinzipien passen müssen, damit auch diese in eigener Funktion der äußeren Wirklichkeit folgen können. Wir können die äußere Ordnung nur in Gedanken erschließen, wenn diese sich den gleichen Verfahren beugen, die gleichen Wege benutzen und den gleichen Zielen folgen können. Für Heinrich Hertz ist die Übereinstimmung der Systeme die Voraussetzung wissenschaftlicher Erkenntnis überhaupt: *„Wir machen uns innere Scheinbilder oder Symbole der äußeren Gegenstände, und zwar machen wir sie von solcher Art, daß die denknotwendigen Folgen der Bilder stets wieder die Bilder seien von den naturnotwendigen Folgen der abgebildeten Gegenstände. Damit diese Forderung überhaupt erfüllbar sei, müssen gewisse Übereinstimmungen vorhanden sein zwischen der Natur und unserem Geiste. Die Erfahrung lehrt uns, daß die Forderung erfüllbar ist und daß also solche Übereinstimmungen in der Tat bestehen.“*[11] Die Übereinstimmung der Signale von Sender und Empfänger ist uns aus der Technik bekannt. Beim kognitiven Erfassen ist das Prinzip lediglich auf die Funktionsweise der Vorgänge und die Normen der Wirklichkeit erweitert. Allerdings besorgt die Übereinstimmung *„zwischen der Natur und unserem Geiste“* nicht nur das logische Prinzip, nur weil es uns bewusst wird. Vielmehr braucht es auch Korrelation auf der höheren Ebene, die unser Bewusstsein auf die Erkenntnis des Details fokussiert und der Wirklichkeit die Notwendigkeit von Veränderung entlockt.

Wenn die Evolution Ordnungssysteme schafft, welche die Bedingungen der Weiterentwicklung implizieren, so bedeutet das auch Einschränkung, und zwar dahin gehend, dass die unendlichen Variationsmöglichkeiten der Bausteine reduziert werden müssen. Diese Einschränkung gilt nicht für das Eigenleben der Abbildungsfunktionen, da diese nicht auf den Energie- und Stoffeinsatz angewiesen sind, welche die Natur sonst in ihren wirklichen Prozessen benötigt. Die bewusste Einsicht muss deshalb mit zusätzlichen Methoden an der Wirklichkeit festgemacht werden, damit das System nicht instabil wird und sich am Ende selbst zerstört. Auch das freie Spiel des Geistes hat einen evolutionären Sinn und darf sich nicht beliebig vom Ziel entfernen.

Orthogonal zum Bewusstseinshintergrund, das heißt im Fokus unserer aufmerksamen Erkenntnis existiert zweifellos das logische System. Nun ist ungebundene Logik selbst konservativ und kann die Gesetze nicht verändern, weshalb eine Einsicht starr ist und der evolutionären Dynamik nicht

---

[11] Siehe [7], Seite 1

folgen kann. Die einzige Möglichkeit der eigenständigen Veränderung ist die ziellose Variation. Die kann aber nur aufkommen, wenn das Ordnungsprinzip des Hintergrundes nicht im Eingriff ist. Andererseits kann der korrelative Hintergrund genau die Änderungen bilden, welche den evolutionären Sinn bedienen. Diesen vorgegebenen Bedingungen kann die Verstandeslogik nicht sofort folgen, sie müssen vielmehr durch vorhandene Logik angenähert und „eingeschliffen" werden. Wir wissen, dass das nicht in jedem Fall gelingt. Die korrelativen Vorgaben, die über die Verstandeslogik nicht ausgegeben werden können, sind gewissermaßen bloßer Glaube und keine logisch formulierbare Gewissheit. Die weiten Korrelationen sind als Kriterium der Wahrheit logisch nicht zugängig.

### 1.5 Informationsarten

Die Vorgänge der Evolution selbst sind einmalig, irreversibel und besitzen keine Erwartungswerte. Aber die daraus gebrochenen Ziele und Zwecke bedingen eine Vielfalt von Informationsarten und den dazugehörigen Verarbeitungsmethoden. Die Vielgestaltigkeit von Information kann zunächst ganz grob nach ihrem differenzierten Bezug zu Zeit und Raum eingeteilt werden (*Abbildung 5*). Am zeitbeständigen Ende des Spektrums findet sich der Begriff der *morphologischen Information,* welcher für ein festes Muster steht. Diese Art kann sehr tiefgründig ausfallen, weshalb man sich auf eine bestimmte Betrachtungsebene einigen muss. Die Informationsart eignet sich für die Transformation über die Zeit. Es ist das Bild der Bibliothek, in der das Wissen über Jahrhunderte bewahrt bleibt. Der Begriff sagt allerdings nichts darüber aus, ob es sich tatsächlich um das Wissen einer Bibliothek oder etwa nur um die Drapierung in einem Gewebe handelt. Es geht lediglich um eine Struktur im Raum, ungesehen ob derselben irgendeine Bedeutung im Lauf des Weltgeschehens zukommt, oder ob sie für ewig nebensächlich bleibt. In den Formen der morphologischen Information findet sich sowohl die feste Baustruktur, welche nur die Bauteile in ihre Form bringt und am Geschehen der Wirklichkeit meist nur wenig beteiligt ist, als auch die höchste Organisationsform, das konnektionistische (oder auch einfacher: konnektive) Geflecht des menschlichen Gehirns. Diese beiden unterschiedlichen Strukturen stehen in Wertigkeit und kybernetischer Rangfolge weit auseinander, zeigen aber zugleich die Vielgestaltigkeit der Prinzipien. Da die Natur nicht zu klassifizieren versteht, sind auch die Prinzipien nicht immer leicht zu trennen, weshalb auch gerade in Falle der morphologischen Information eine fast grenzenlose Vielgestaltigkeit im Zusammenspiel von plastischen und passiven Strukturen zu erwarten ist.

Der Begriff der morphologischen Information wäre damit abgehakt, wenn nicht noch die Tatsache berücksichtigt werden müsste, dass auch die vermeintlich stabilen Strukturen im mikroskopischen Bereich durch hochorganisierte dynamische Prozesse gebaut sind. Für den zeitbeständigen, räumlichen Charakter steht dann allein der stabile Zyklus der intrinsischen Prozesse. Die Frage gibt sich hier, inwieweit die dynamischen Entwicklungen in

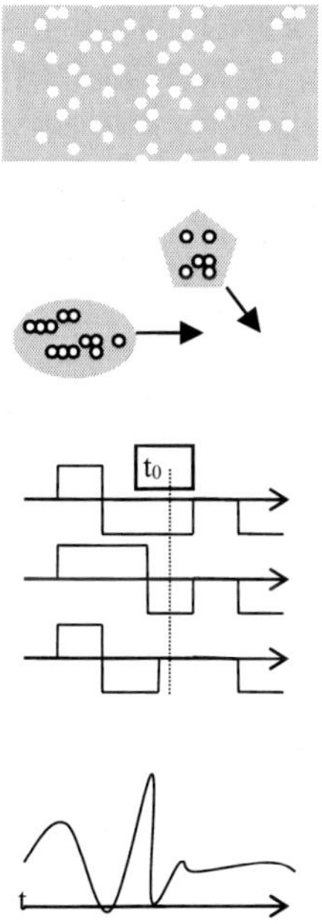


Raumstruktur: ***Morphologische Information***

Bewegte Raumstruktur: ***Ätiologische Information***

Raum-Zeitstruktur: ***Logische Information***

Zeitstruktur: ***Transiente Information***

*Abbildung 5: Die Informationsarten*

den großen evolutionären Systemen solche stabilen Zyklen im Hintergrund bewahren können, welche dann den Charakter morphologischer, zeitbeständiger Information anzunehmen vermögen. Diese Anschauung wird immerhin dadurch unterstützt, dass auch die Natur in Wirklichkeit keine Ruhe kennt und alle unsere Begriffe von Zeitbeständigkeit nur auf grobe Beobachtung symmetrischer Mikroprozesse beruhen.

Ausgegliedert aus den zeitbeständigen Vorgängen könnte man sich die nächste Art der Information denken. Sie besteht aus kleineren Raumstrukturen, die oft vielfach kopiert und durch Bewegung verteilt werden. Wir wollen diese Form, welche einen gewissen Übergang vom Bild zur Ursächlichkeit ins Spiel bringt, als *ätiologische Information* bezeichnen. Die Information behält dabei eine absolute Funktion, das heißt, sie bleibt am Objekt, respektive an ihrem Träger gebunden. Dieser natürlich-ursächlichen Information, welche noch nicht den gebräuchlich arbiträren Zustand erreicht hat, kommt in der Organisation des Lebens eine große Bedeutung zu. Sie begegnet uns im Bild eines verschickten Briefes oder des vom Winde verwehten Samenkorns, aber auch die Logistik in unseren Produktionsstätten lebt von dieser Art. Mit ätiologischer Information wird die Substanz, der Informationsträger, gewissermaßen mitgeliefert und oft am Empfangsort gleich mit verbaut. Selbst die Strukturen für zu initiierende Prozesse können enthalten sein, wie etwa spezialisierte RNS-Moleküle gleich selbst biochemische Reaktionen katalysieren können. Eine interessante Frage ist die nach der Adressierung der Informationspakete. Je genauer die erfolgen kann, umso weniger Pakete müssen bildlich gesprochen verschickt werden. Die Such- und Findmethode kam in der Evolution mit den ersten mehrteiligen Strukturen auf und tritt mit deren Komplexität und Autonomie wieder zurück. Sie wird gern zur Spielwiese für statistische Theorien genutzt, wobei nicht selten die strukturellen Bedingungen und Regeln ausgeklammert werden, welche diesen vermeintlichen Würfelspielen der Natur hinterlegt sind. Der Zufall zeigt sich hier als evolutionärer Übergang zwischen der gezielten Adressierung und dem Schuss mit der Schrotpatrone, bei dem die Menge die ungenaue Adressierung ersetzen muss.

Der Übergang zur nächsten Stufe ist nicht groß, die kleinen Informationsportionen werden gedanklich von ihrem Träger abgekoppelt, während man sich die Bewegung der Einheiten in eine Zeitstruktur impliziert denken kann. Das Bild der *logischen Information* entsteht, welche als ungebundene Zeit- und Raumstruktur die für uns wichtigste Informationsart darstellt. Wir wähnen diese Information als eine vollkommen freie, welche keinerlei materiellen Hintergrund zu haben braucht. Während das ätiologische Prinzip die substanzielle Partizipierung auf den Plan brachte, ist es hier nur noch eine strukturell zeitliche. Es wird oft nicht bedacht, dass die Logik ihrem Wesen nach tatsächlich eine Zeit-Raum-Struktur ausmacht. Wenn uns etwas logisch erscheint, dann benützen wir eine Erklärungskette, also eine zeitliche Abfolge von kleinen Informationseinheiten, welche nach einem bestimmten Kalkül zu erfolgen hat. Die ganze Mathematik ist auf diesem Prinzip aufgebaut, und sie funktioniert erst dann, wenn etwas getan wird, wenn man Rechenoperationen in definierter Reihenfolge ausführt. Zur Reduktion auf kleine Portionen gehört es, dass diesen eine prägnant definierte Bedeutung zugewiesen wird. Die logische Operation braucht deshalb einen hohen Aufwand zusätzlicher Mittel, welche teilweise selbst wieder logisch konstituiert sind. Die einzelnen Informationsquanten, die logischen Symbole, sind natürlich nur Raumstrukturen, aber sie sind in dieser Form, losgelöst von dem Gesetz der sukzessiven Verarbeitung, ohne Bedeutung. Zur logischen Information gehören Symbol und Gesetz, genauso wie etwa für den Rechner Daten und Programme erforderlich sind. Der große Vorzug der logischen Information ist ihre universelle Anwendbarkeit in allen funktionellen Einrichtungen. Und weil sie sich mit ihren kleinen Portionen auch in der Methode des Bewusstseins wiederfindet, ist sie es auch, welche die Zivilisation auf die Beine gebracht hat. In kybernetischer Hinsicht aber ist sie nicht souverän, sie ist nur ein Zwischenglied, das nämlich zwischen den Korrelationen im Raum, welche das Ziel ausmachen, in die Korrelationen der Zeit vermittelt, die einen Prozess exakt steuern und portionieren können.

Am anderen Ende in der Rangfolge der Informationsarten steht denn auch die *transiente Information*, welche nur noch eine Struktur in der Zeit darstellt, das heißt, es kommt nur ein Parameter in seinem zeitlichen Verlauf zur Wirkung. Dieses Extrem eignet sich zur Transformation von Information über den Raum und kommt deshalb bei allen Nachrichtensystemen in Anwendung. Aber auch die unmittelbare Prozesssteuerung ist darauf angewiesen, weil hier hohe Energiebeträge gehandhabt werden, bei denen die Zeit eine folgenschwere Bedeutung besitzt. Alle Informationsarten haben dann ihre höchste Effizienz, wenn sie am richtigen Platz in einer Hierarchie von Steuerungsmechanismen wirksam werden. Das menschliche Bewusstsein ist für die Arbeit mit logischen Einheiten optimiert, weshalb auch die Entwicklung der Wissenschaft auf diese Form baut.

## 1.6 Die Informationsverarbeitung

Die Informationsverarbeitung, das heißt die Verknüpfung der Informationsportionen miteinander, verteilt deren Wissensinhalte und schafft einen neuen Raum-Zeit-Bezug. Dabei werden die Muster in die neuen Inhalte verbraucht oder bleiben als Vorgaben für weitere Prozesse, was eine Datenreduzierung bedeuten kann und der Information dann eine bestimmte Höhe in der kybernetischen Hierarchie zuweist.[12] Im Allgemeinen steht die Aufgabe, ein Ziel an die Bedingungen des Prozesses anzupassen. Die Informationsverarbeitung dient also letztlich der Vorbereitung eines zeitlich koordinierten Prozesses, der ein Ziel in den Gegebenheiten der Wirklichkeit durchzu-

[12] Die Zeitbeständigkeit der kybernetischen Vorgaben ist ein Kennzeichen für deren evolutionäre Bedeutung.

setzen versucht.[13] Dieses verallgemeinerte Prinzip integriert natürlich über alle möglichen Zwischenaktionen, wie etwa auch der Wissensermittlung oder der Speicherung der Information, welche am Ende aber auch nur zum Zwecke einer letztendlichen Anwendung der Information in irgendeinem Prozess vorgenommen werden.

Die Verarbeitung der Information kann nun in einem zeitlichen Hintereinander oder einer gewissen Gleichzeitigkeit erfolgen. Letzteres braucht eine mehrdimensionale Informationsstruktur und komplexe Verarbeitungsmethoden, welche nur in gewissen primitiven Ansätzen zu handhaben sind. Das Hintereinander kommt mit einfachen Strukturen aus, dafür ist ein gewisser Zeitaufwand notwendig.[14] Bei der Begleitung von Vorgängen der Wirklichkeit kann deshalb meist nur ein Detail verfolgt werden, weil anders die Zeit nicht ausreicht. Die Breite der Informationsstrukturen ist in einem weiteren Rahmen optimiert. Eine größere Breite der Informationssymbole bringt keinen wirklichen Vorteil, weil die Zeit für die Nebenarbeiten, die Zuordnung der Symbole und ihre Bewertung, stärker anwachsen, als der Zeitgewinn. Zudem steigen Energiebedarf und Strukturierung der Systeme mit der Informationsbreite, sodass sich sowohl in der Natur[15] als auch in der Technik ein Optimum von selbst einstellt. Die konventionellen Rechenmaschinen arbeiten nach einer in den Befehlen vorgegeben Reihenfolge die logischen Verknüpfungen nacheinander ab. Sie verwenden dazu optimierte Symbole für die Daten und standardisierte Elemente für die Vorschriften der logischen Verknüpfung. Auch wenn versucht wird, möglichst viele Rechnungen parallel zu betreiben, bleibt die Art der Informationsverarbeitung ihrem Wesen nach eine serielle. Wie in der Technik das Prinzip auf Vorleistungen und der Begleitung durch den Menschen angewiesen ist, kann das logisch serielle Prinzip auch in der Natur nicht eigenständig in selbstorganisierter Form bestehen und ebenso keine allgemeinen Ziele repräsentieren.

Eine noch weitere Einschränkung der Verarbeitungsbreite findet man beim Umgang mit transienter Information. Transiente Regelkreise sind geradezu typisch für die unmittelbare Prozessnähe. Die Regelkreise der

---

[13] Am Ende steht eine im evolutionären Sinne veränderte Struktur der Wirklichkeit, welche möglicherweise durch fortschreitende Symmetrieoperationen in weitem Sinne bestimmt wird.

[14] Eine Repräsentation von Informationsinhalten in logisch sequentieller Art kann nur einen Teil der Wirklichkeit erfassen. Die rein logischen Methoden nach von Neumann oder Turing sind für eine universelle Definition nicht ausreichend, so wie diese Prinzipien auch im Geschehen der Natur durch andere ergänzt werden müssen.

[15] Die optimale Struktur ist in der Natur im Allgemeinen variabler und den jeweiligen Aufgaben angepasst.

direkten Prozessbeeinflussung arbeiten mit eindimensionalen Signalen, wie sie etwa auch bei der Erzeugung der Laute in der Sprache vorkommen. Man findet die Arbeit mit eindimensionaler Information, gewissermaßen der extremen Form der seriellen, im Allgemeinen nur in Steuer- und Regeleinrichtungen oder in Nachrichtensystemen. Die räumliche Struktur von Information muss für die eindimensionale Verarbeitung in eine zeitliche überführt werden. Die Transformation in den Zeitbereich und die Arbeit mit den zeitlichen Korrelationen aber gelingt nicht in eigener Organisation, es bedarf Strukturen, die die Natur mit anderen Prinzipien bereitstellen muss. Schon deshalb steht diese Möglichkeit in allen Entwicklungsformen am Ende, und es zeigt deutlich die kybernetische Vorleistung, dass nämlich eine hierarchische Steuerungsstruktur in das System der Wirkungsketten hineingelegt sein muss. Die Selbstorganisation dagegen wird man, sofern sie als Führungsziel in Erscheinung tritt, immer nur in der höchsten kybernetischen Ebene finden.

Während die reine Parallelverarbeitung durch das Nebenher einzelner Kanäle zwar Zeit gewinnt, aber am Prinzip der seriellen Verarbeitung nichts verändert, erhält sie eine neue Qualität, wenn die Kanäle miteinander wechselwirken. Eine solche „Zusammenarbeit" ist dort am einfachsten, wo noch wenig aktive Handlung in Gang gesetzt ist, das ist gewissermaßen in der Führungsetage. So wäre es beispielsweise wenig sinnvoll, wenn die einzelnen Finger des Klavierspielers miteinander kommunizierten. Vielmehr muss das Zusammenspiel an höherer Stelle organisiert werden. Das gelingt mit einer gewissen Logistik der Töne, welche ihrerseits aus einer statischen Vorgabe, nämlich dem Notenbild auf dem Papier, gesteuert wird. Erst wenn die Vorgabe im Kopf des Meisters selbst entsteht, wird in kybernetischer Hinsicht aus dem Steuerungssystem ein autonomes System, das in der Rangfolge umso höher zu stehen kommt, je weniger dem Meister Vorgaben gemacht werden müssen.

Dazu braucht es ein Führungsziel, das durch eine weite Einsicht in die Wirklichkeit so beständig sein kann, wie etwa das Notenbild auf dem Papier. Andererseits muss es die feine Nuancierung beachten, welche die Umgebung fordert. Die Führungsaufgabe muss für jede Situation sofort bereitstehen und der gewünschten Wirkung vorangehen. Eine solche exorbitante Vorgabe kann natürlich nicht mit einer Sammlung von Wissenspaketen kreiert werden, so umfangreich die auch sein mag. Der Umgang mit einer bibliotheksartigen Sammlung wäre viel zu aufwendig und würde wohlmöglich immer wieder andere Facetten der Wirklichkeit ans Licht ziehen. Vielmehr benötigt ein autonomes System eine Beständigkeit der Zielstellung, welche nur durch eine Beteiligung am höheren Sinn der Wirklichkeit zustande kommen kann. Es braucht eine Adaption an die allgemeinen Prinzipien, welche ihr Wissen nicht in logischen Portionen, sondern vielmehr in zusammenhängenden Beziehungen versammeln. Es ist gewissermaßen das Wissen auf einem alles durchdringenden Blick, das die Führung eines komplexen autonomen Systems zu übernehmen vermag, dafür aber nichts Genaues über den Umgang mit den niederen Bausteinen beinhalten muss.

Das verallgemeinerte, hohe Niveau ist in Form und Inhalt der logischen Betrachtung nicht zugängig, weshalb auch in der Geschichte der Zivilisation dazu schon frühzeitig ganz andere Methoden ersonnen wurden. Die Unfähigkeit, die Sinnprinzipien der Wirklichkeit zu erkennen bzw. auf ihnen Einfluss zu nehmen, stellt den Menschen unbewusst in den Dienst der Evolution. Das unsichtbare Netzwerk eines nichtlogischen Informationsprinzips hält ihn in segensreicher Form gefangen, gegen die Divergenz niederer Zwecke. Der Glaube an die Freiheit des Willens ist der Beweis dafür, dass dies noch immer gelingt. Aber es werden die Möglichkeiten, diese Illusion für alle Zeiten zu konservieren, auch für die Evolution nicht unbegrenzt sein. Dann wird es mit dem neuen Wissen auch neue Strategien brauchen. Im Blick auf die moderne Interpretation der Wirklichkeit scheint allerdings auch ein zweiter Weg gangbar zu sein, einer, der sich von den Ordnungsprinzipien der Evolution ganz abkoppelt. Schon eine zügellose Kultivierung logischer Funktionalitäten könnte die geistigen Erkenntnisprinzipien zerreisen und die Zivilisation in die unendlichen Spielarten der Sinnlosigkeit entlassen, die ihrerseits das Prinzip verstärken und das Aufkommen des Geistes gar nicht mehr zulassen würden. Die Frage stellt sich, wie viel die Apokalypse des Nonsens auch an Randbedingungen der Evolution zerstören kann, oder ob sich immer wieder ein Aufpunkt findet, an dem die Entwicklung von Neuem beginnen kann.

## *1.7 Die Entwicklung der Autonomie*

In einem Universum an Möglichkeiten ein Ziel zu finden bzw. zu definieren, ist eine völlig andere Aufgabe, als ein Ziel in einem Rahmen der Gegebenheiten durchzusetzen. Es ist leicht einzusehen, dass in der Führungsebene dazu eine völlig andere Informationsart wie auch andere Prinzipien des Umgangs erforderlich sind. Und es ist in kybernetischer Sicht sogar verständlich, dass diese Mechanismen, da sie unsere bewusste Einsicht lenken, nicht selbst in den Fokus unserer Aufmerksamkeit geraten dürfen. Das käme jener von allen Steuerungsexperten so gefürchteten Selbsterregung gleich. Man muss hier aber keine Bedenken hegen, da im Falle unseres Bewusstseins die Informationsarten so extrem weit auseinanderliegen, dass die Stabilitätsbedingung immer erfüllt ist. Zu befürchten wäre höchstens, dass sich die Führungsprinzipien der wissenschaftlichen Einsichtnahme für ewig verschließen könnten.

Zurzeit ist unsere Erkenntnis jedenfalls nur auf wenige allgemeine Vorstellungen begrenzt, welche sich zumeist aus dem technologischen Fortschritt und dem sich daraus ergebenden Umgang mit logischen Prinzipien ergeben haben. Von der Dominanz dieser neuen Wissensberge überschattet werden die Prinzipien der Selbstorganisation, welche sich in der Evolution durch Abtrennung von Systemen mit wachsender Eigenständigkeit auch entwickeln und damit ihr Bild verändern. Ebenso vernachlässigt sind die konnektiven Prinzipien, die sich nicht mit logischen Symbolen definieren lassen, sondern mit gewissen Informationsmengen, welche sich unter gewissen vereinfachenden Normierungen sogar in den Wichtungen addieren lassen. Bernhard Riemann hatte sie in Abgrenzung zur logischen Information ganz gewagt mit „Geistesmassen" bezeichnet.[16] Das Besondere an diesem ursprünglichen Umgang mit Information sind die Beziehungen zwischen beliebigen Elementen. Da die Strukturen der Elemente selbst nicht die Rolle spielen, ist das Prinzip im gesamten Verlauf der Evolution, also auch dem frühen, zu finden, wie auch die der Entwicklung förderlichen Randbedingungen hier vermutet werden müssen. In der Natur wird man das konnektive System in unbegrenzten Spielarten vorfinden, auch in Formen und Wirkungen, wie sie uns heute noch ganz undenkbar sind. In einer gewissen ausgereiften Form zeigt es aber ganz charakteristische Merkmale, die es für die höchste kybernetische Ebene eines autonomen Systems geeignet machen. So hat es im Gegensatz zum logischen System keine wiederholbaren Strukturen und Gesetze und benötigt keine fremde Führung. Die Prozesse der Informationsverarbeitung und Speicherung erfolgen über das ganze System verteilt und besitzen keine feste Zuordnung wie etwa im logischen Computer. Das konnektive System ergänzt sich in gewissem Umfang selbst und ist selbstreparabel, weil es nicht auf präzise Strukturen angewiesen ist, sondern auf eine Summe von im Einzelnen unwesentlichen Elementen. Das konnektive System benötigt die Zeit nicht als Parameter, es enthält Wissen in zeitlosen zusammenhängenden Strukturen, welche sich schon deshalb der logischen Einsichtnahme verschließen. Ganz für die Arbeit mit dem Sinn optimiert, kann das konnektive System andererseits fokussierte Prozesse nur linkisch und mit großem Aufwand führen, weshalb die logische Steuerung eine zweckmäßige Ergänzung darstellt.

Wenn in einem Steuerungssystem die Gesamtstruktur für den Zweck der Einrichtung steht, so ist im autonomen System die konnektive Führungs-

[16] B. Riemann's Gesammelte Math. Werke und wiss. Nachlass. Stuttgart 1892 S. 509 ff

ebene für die Summe der Zwecke, das heißt also für den Sinn, verantwortlich. Im einfachen Steuerungssystem signalisiert sich der Zweck nach außen hin als symbolisches Bild, im autonomen muss sich die Führung in die Summe der äußeren Ziele einbringen, das heißt sich selbst darin vernetzen können. Eine Strukturveränderung, welche durch eine Adaption äußerer Ziele in Gang gesetzt wird, bedeutet aufgrund der hinterlegten Selbstorganisation immer eine Vervollkommnung im Sinne evolutionärer Strategien, wenn nicht gerade ein diabolisches Kalkül künstlich vorgehalten wird. Aus dieser Art, nämlich den Sinn der äußeren Beziehungen zu erfassen und selbst zu vervollständigen, definiert sich der Begriff der Autonomie in allgemeiner Form.

Es darf nicht verschwiegen werden, dass uns die evolutionäre Intention und die Abkunft des jungfräulichen Wissens in der Natur nicht bekannt sind. Es ist lediglich der Erkenntnisdrang, welcher unseren Blick auf das unbekannte Gebiet hinter den logischen Prinzipien lenkt. Auch wenn der Acker noch nicht bestellt ist, ist zumindest mit dem unabdingbaren Begriff der Symmetriebrechung das Forschungsterrain abgesteckt und den ersten spekulativen Schritten der Weg geebnet. Dass dabei das konnektive Prinzip in den Fokus gerät, ist in erster Linie kybernetische Forderung. Zudem wird der Verdacht genährt, dass ein einfaches Prinzip der Entwicklung zugrunde liegen könnte, welches sich beispielsweise durch symmetrische Strategien selbst organisiert.[17] Diese sind jedenfalls dem konnektiven System nicht fremd. Hinzu kommt eine ganze Reihe von hervorragenden Eigenschaften, die es geradezu zum Führungssystem berufen macht. Schon in der vereinfachten künstlichen Nachbildung, dem neuronalen Netzwerk der Technik, zeigt uns dieses Prinzip erstaunliche Eigenschaften. So können etwa große unkonkrete Datenmengen zu logischen Aussagen verdichtet werden. Ebenso lassen sich Zusammenhänge erkennen und in einen weiten Konsens stellen. Die verallgemeinerten Inhalte sind dann verschiedenen Aufgaben gleichermaßen voranzustellen, wie sich diese dadurch in eine gemeinsame Ordnung bringen lassen. Aber vom natürlichen konnektiven System darf man noch mehr erwarten, zum Beispiel, dass es logische Systeme in ihrer Entwicklung unterstützt, indem es gewissermaßen einen Rahmen bildet, in dem die eigens gestaltete Ordnung bewahrt werden kann. Die eigentliche Krönung aber ist die selbstorganisierte Optimierung des Systems, nach der nicht nur die Evolution einen geordneten Verlauf nimmt, sondern auch die „Produk-

[17] Das wäre gewissermaßen das Gegenstück zur Großen Vereinheitlichten Theorie (GUT), bei der nur die Bausteine und ihre Wechselwirkungskräfte betrachtet werden, nicht aber der Informationsinhalt der damit gebauten Strukturen. Anstelle des abstrakten logischen Gesetzes stünde dann das vollkommene konnektive Prinzip.

te" der Evolution in einen Sinnzusammenhang gestellt werden. Es leuchtet ein, dass dieser Prozess je nach günstiger Vorgabe des gesammelten Wissens umso vollständiger verläuft, das heißt auch den Sinn genauer darstellen kann. Damit verliert allerdings der Sinn seine Beliebigkeit und wird zu dem evolutionären Phänomen an sich. Die Abhängigkeit von der Informationsmenge, die offensichtlich nur eine Frage der Genauigkeit ist, gibt der Entwicklung andererseits eine gewisse Schmiegsamkeit an die sich verändernde Allgemeinheit der Bedingungen.

Auch wenn die Information nicht verloren geht, wäre das Maximum des evolutionären „Wissens" in Form des konnektiven Gesamtbildes, das heißt der ganze Sinn, demnach in der heißen Startphase der physikalischen Evolution versteckt, um hernach in die unzähligen Details zu zerfallen, welche sich teilweise in intrinsische Prozesse oder in die Weite des Universums abkoppeln und der Wirklichkeit nicht unmittelbar zur Verfügung stehen. In der erkalteten Endphase der kybernetischen Evolution ist der elitäre Kern in seiner Vollkommenheit zu erwarten, wobei wir nicht wissen können, ob dieser Zustand überhaupt erreichbar ist, oder die Entwicklung durch das Prinzip einer Selbstvervollkommnung beständig unterhalten wird. Die am höchsten entwickelte Führungsebene ist im jetzigen Stand der Evolution ohne Frage das konnektive Netzwerk des menschlichen Hirns, welches aus dem Beziehungswissen der Umwelt geformt wird. Dieses wird zweifellos vom Zusammenspiel bestimmt, das eine bestimmte Ausgewogenheit in der Gesellschaft voraussetzt. Eine gewisse Harmonie des Zusammenspiels muss jedenfalls auch am Anfang der Evolution gegeben sein. Nur bezeichnen wir diese dann als Kohärenz, weil wir damit niedere physikalische Zustände beschreiben wollen, die noch keine erkennbare Strukturierung besitzen.

Wenn dem Beginn der physikalischen Evolution organisierte Zustände unterstellt werden, kann Information nur in Beziehungen latenter Symmetrien vorhanden sein, die ineinander geschachtelt sind und so ihre Strukturen verbergen. Werden nämlich die Komponenten des kohärenten Prozesses nacheinander ausgeschieden, präsentieren sie sich als symmetrische Strukturen, eingebettet in einem unordentlichen Rest. So wenig interessant dieser Vorgang zunächst scheinen mag, zeigt er nicht nur ein Prinzip der Evolution, er könnte auch schon als einfache Vorform einer Optimierung gedeutet werden. In dieser würde sich dann der Beginn eines allgemeinen Gesetzes des Universums zeigen, das alle Organisation auf ein niedriges Energieniveau zu reduzieren sucht, und sich dabei gleichzeitig inhaltsleerer Symmetrien entledigt, mit den entsprechenden Folgen für die weitergereichte Information. Die zurückbleibende Struktur wird dichter, verbleibt aber in den Korrelationen, welche die fertigen Bausteine in eine Beziehungswelt setzen.

Diese wiederum gibt die konnektiven Vorgaben ab für die kybernetische Evolution, welche sich an die physikalische anschließt. Schließlich ist die konservative Welt der wiederholbaren Bausteine auf die Beziehungswelt konnektiver Rahmenbedingungen angewiesen, wenn eine sinnvolle Entwicklung in Gang gesetzt werden soll.[18]

Ein mehr erkaltetes Abbild der allgemeinen Evolution zeigt sich im konnektiven System eines autonomen Systems. Auch hier verdichtet ein Optimierungsprozess die Information, indem logische Strukturen in die nachfolgenden konservativen Ebenen abgespalten werden. Das verbleibende System wird dadurch auf ein allgemeines Niveau angehoben und kann die „höheren“ Ziele der äußeren Welt aufnehmen und mit den eigenen abgleichen. Die niederen Systeme bilden in der Reihenfolge der Abspaltung eine Bedeutungshierarchie, die der Führungsebene ganz zu Diensten steht.

Der generelle Charakter der Führung stellt natürlich auch an den nachfolgenden Steuerungsprozess hohe Forderungen, da eine breite Variation von Zielen in die Wirklichkeit transformiert werden muss, die noch dazu einer konkreten Anpassung bedarf. Wenn die konnektiven Systeme in der kybernetischen Hierarchie die Führung für nachfolgende Prozesse übernehmen, so kann man auch diese als optimiert im Sinne des Ganzen auffassen. Die Optimierung wird sich in der Hierarchie fortsetzen, das heißt, die Selbstorganisation muss mit der Plastizität der konservativen Systeme zusammenspielen, eine Aufgabe, die offensichtlich nur durch das Ineinanderpassen der „fertigen“ Bausteine gelöst werden kann. Um das Führungsziel auch erfolgreich in die Wirklichkeit zu transferieren, braucht es letztlich nicht nur die konnektive Weitsicht, auch die Folgeschritte bis hin zum Prozess bedürfen einer intelligenten Strategie, welche die Bedingungen für den angestrebten Vorgang präzise zu setzen haben.

Wenn Selbstorganisation und Optimierung nach gewissen symmetrischen Gesichtspunkten in der konnektiven Führungsetage noch zu verstehen sind, ist das Symmetrieprinzip in den folgenden Ebenen kaum mehr zu erkennen. Zwischen Führung und Logik findet sich zunächst das Regelwerk der Assoziation. Es sind zwei Klassen von Assoziationen zu unterscheiden. Zum einen sind gleiche oder ähnliche Objekte einer Klasse zuzuordnen, welche sich durch mehr oder weniger genaue Symmetrietransformationen ineinander überführen lassen. Es ist das Assoziationsprinzip, das der Logik näher steht und einfach nur einer logischen Klassifizierung gleichkommt. Zum anderen lässt sich eine Klasse von Objekten definieren, welche sich durch

[18] Auf äußere Vorgaben sind auch die Zufallstheorien angewiesen, welche ohne definierte Start- und Randbedingungen nicht zu machen sind.

Ergänzung in ein größeres Konstrukt zusammenstellen lassen, das dadurch eine gewisse, aber andersgeartete Symmetrie erhält, in der auch die Zeit eingeschlossen ist. Da wir in unserer Vorstellung nur auf räumliche Strukturen angewiesen sind, ist uns die funktionelle Symmetrie verschlossen. Das symmetrische Bild entsteht durch das Ineinanderfügen reversibler Vorgänge, das heißt durch die Verkopplung der Strukturen mit ihren Naturgesetzen. So gesehen setzt sich die strukturelle Optimierung der Führungsebene in die raumzeitliche Optimierung der Prozessebene fort, was letztlich in ein Puzzlespiel endet, bei dem die Bausteine zunehmend arbiträr werden. Das kommt auch unserer logischen Analyse zugute und lässt die mathematischen Wissenschaften überhaupt erst aufkommen. Logische Intelligenz im Rahmen raumzeitlicher Symmetrie zu interpretieren, welche durch konnektive Vorgaben definiert wird, gehört zu den Fragen, welche bislang noch nicht gestellt wurden, aber zu den erkenntnistheoretischen Herausforderungen der Zukunft gehören dürften.

So wie anfangs die Symmetriebrechung aus dem latent strukturierten Chaos[19] neue Räume schafft, kann deren symmetrische Abkunft nicht verborgen bleiben. Die Muster, die sukzessive auftreten, wenn das vollkommene Ebenmaß gebrochen wird, behalten gewissermaßen ihre Position in der Hierarchie der evolutionären Vorgänge, die sich am Ende auch in der Ordnung der Wirklichkeit niederschlägt. Der erste Schritt beim Übergang aus der Symmetrie der vollkommenen Ebenheit kann nur die Bildung einer Unzahl winziger Strukturen sein, die selbst vollkommene figürliche Symmetrie zeigen. Beim Zusammenfügen dieser Teilchen entstehen wieder Symmetrien, welche komplexer werden und einen weiteren Rahmen füllen. Zurück bleibt eine Unsymmetrie, welche nach jedem Entfaltungsschritt immer deutlicher werden muss und den Rest des evolutionären Potenzials vertritt. In dieser Entwicklung muss das ursprüngliche Gefüge seinem Sinn nach bewahrt werden, das Universum kennt keinen Mülleimer für Information. Die symmetrische Abstammung behält sich in den Beziehungen der Dinge, welche als konnektive Information die Führungsstrategien der Evolution ausmacht.

Dieses Prinzip wird sich in der Evolution nicht auf die rein geometrischen Symmetrien beschränken. Auch wenn sie uns überall begegnen, sind sie doch eher als relativ niedere Einrichtungen im kybernetischen Sinn zu betrachten. Für allgemeine Korrelationen sind Symmetrien in den Beziehun-

---

[19] In Abgrenzung zur Symmetrie des inhaltslosen Chaos, das keine Struktur entwickeln kann. Der mitunter gebrauchte Begriff „determiniertes Chaos“ ist zu stark an die logische Kausalität gebunden und in dem Sinne nicht zutreffend.

gen denkbar, welche die höheren Führungsprinzipien ausmachen, uns jedoch nicht zugänglich sind. Noch eher zu erahnen sind die der dynamischen Systeme der frühen Evolution, welche Symmetrien durch organisierte Prozesse beinhalten. Deren Symmetriebrechungen schaffen nicht nur die symmetrischen Raumstrukturen, sondern auch solche in der Zeit, welche die Naturgesetze ausmachen. Zu den räumlichen Gebilden werden gewissermaßen die passenden „Gebrauchsanleitungen" in Form der gesetzlichen Beziehungen gleich mitgeliefert.

Es ist einzusehen, dass die ersten Symmetriebrechungen nur im Kleinen erfolgen können, aber mit außerordentlich hohen Symmetriewerten, das heißt, dass sie absolut identische Strukturen und absolut stabile Naturgesetze hervorbringen. Die zurückbleibende Matrix wird ein wenig unsymmetrisch, was aber durch die Existenz der symmetrischen Komponenten im Ganzen wieder ausgeglichen erscheint. Auch für den späteren Verlauf muss die Symmetrie mit den fertigen Bausteinen wiederhergestellt werden, was nur gelingt, wenn auf der Führungsebene immer weitere Zusammenhänge berücksichtigt werden, die dann einen Rattenschwanz logischer Prozesse nach sich ziehen. Anstelle der harten Naturgesetze kommen dann die kraftloseren Prinzipien zu stehen und am Ende zählen nur noch die schwachen Beziehungen, welche für ihren Ausschlag eine Unmenge an Korrelationen benötigen. Das Streben nach Symmetrie ist nicht mehr zu erkennen. An seiner statt setzen wir das kybernetische Prinzip, das sich uns in einer gewissen abgeschlossenen Form beim autonomen System zeigt und mit dem Beziehungswissen umgehen kann, welches in den unordentlichen Formen liegt, die uns die physikalische Evolution hinterlassen hat.

### 1.8 Ordnungsprinzipien der Evolution

Einerseits kann sich unsere ganze Erkenntnis nur in dem Fluss der Mittel vollziehen, welche uns die Evolution zur Verfügung stellt. Auf der anderen Seite müssen wir darin einen Fußpunkt finden, von dem aus wir genau diese Evolution und ihre Methoden und ihre Ergebnisse beobachten können. So sich dieser Ausgangspunkt nur in der Wirklichkeit der Evolution befinden kann, sind auch nur die Prinzipien und Gesetze von apodiktischer Gewissheit, welche sich genau aus dieser evolutionären Wirklichkeit erschließen lassen. Trotz dieses Fundaments und der vorgegebenen Erkenntnismethoden wird die Erkenntnis nicht von einer „selbstorganisierten Wahrheit" geführt, da wir zwar die prägnanten Strukturen, nicht aber ihre natürlichen Korrelationen erfassen und mental verarbeiten können.[20] Je nachdem wie umfassend die weite Einflussnahme berücksichtigt wird, ergibt sich eine unterschiedliche Menge von Variationsmöglichkeiten der niederen Strukturen, so dass sich eine Spielwiese von Hypothesen über den Bau unserer Welt auftut, weshalb die Wissenschaft keinen gesetzlichen Anspruch auf Wahrheit besitzt. Noch schwerwiegender ist der Einfluss der Zivilisation, die mit ihren Schöpfungen gleichsam die Randbedingungen der nachfolgenden Evolution festlegt, und damit auch über die Weiterentwicklung der Erkenntnis entscheidet, oder über deren Niedergang.

So wie sich unsere Erkenntnis nach den Randbedingungen der Entwicklung evaluieren lassen muss, ist sie andererseits auch kybernetisches Prinzip, das jedem autonomen System hinterlegt ist. Je umfassender sich dieses herausgebildet hat, umso tiefgründiger sollte jene ausfallen. Notwendigerweise bleibt die Erkenntnis ein Stück weit unterhalb der Führungsebene, was zugleich den Effekt bewirkt, dass wir immer einen unbewussten Standpunkt beziehen, der dem Ziel näher steht, als der Wirklichkeit.[21] Unsere bewusste Erkenntnis wird damit im Sinne der Evolution ausgerichtet, was die Erkenntnis selbst als ein evolutionäres Ordnungsprinzip ausweist. Sie fokussiert gewissermaßen unser Bewusstsein auf die Dinge und Prozesse, welche noch am weitesten vom Ziel entfernt sind. Auf die aktuelle Situation begrenzt wird der Vorgang durch die Bilderwelt des Bewusstseinshintergrundes, die ja ebenfalls in Entwicklung ist und mit der jeweiligen Stufe konform geht. Das i-Tüpfelchen aber ist die Selbstorganisation der höchsten Führungsebene. So wie der Geist unausgeglichene und unvollständige Information erfährt, kann er diese im Sinne des Ganzen ausbalancieren und wiederherstellen, und sogar vervollkommnen. Mit dieser Vervollkommnung erhält er immer mehr vom Sinn des Ganzen, was ihm wiederum zu mehr Eigenentwicklung befähigt. Auf diese Art bricht sich das Ziel der Evolution Millionen Mal in die Köpfe, etwa so, wie in jedem Zellkern die Information des ganzen Organismus gehalten wird.

Je höher die Entwicklungsstufe und dazu auch die innere Organisation, umso vielseitiger muss sich auch die Wechselwirkung zwischen autonomen Systemen und der Umwelt gestalten. Im Verlauf der Evolution werden genau auch diese Prinzipien entwickelt, vom unmittelbaren Prozess bis zu den weitreichenden konnektiven Korrelationen. Sie sind es letztlich auch,

---

[20] Indem diese als Erkenntnisgrundlage wirken, sind sie natürlich auch ein Teil der Wirklichkeit und definieren deren Wahrheitsgehalt.

[21] Diese Methode definiert die Freiheit des Bewusstseins.

welche die ausufernde Ordnung unterstützen, die sich in die weiten zeitlichen und räumlichen Dimensionen auszubreiten hat.

Die Spur der Mechanismen, welche sich in der Evolution bis in die hohen Leitebenen der autonomen Systeme aufgeschwungen haben, lässt einen folgerichtigen Werdegang erkennen. Das scheinbar informationslose Chaos des theoretischen Ursprungs ist, falls es eine kohärente Organisation enthält,[22] zur Abgabe von in sich symmetrischen Komponenten befähigt, welche die ersten Teilchenstrukturen ausmachen. Man könnte diese Gebilde mit den fensterlosen Monaden der Leibniz'schen Philosophie vergleichen. Obwohl uns die intrinsischen Organisationen nicht zugänglich sind, muss man von zyklischen Prozessen ausgehen. Der Verdacht kommt nicht zuletzt beim Zerfall der Strukturen auf, bei dem sich periodische, wellenartige Zustände zeigen. Die in die intrinsische Ordnung eingesperrten Komponenten besitzen ein Zeitetikett, das heißt, dass ihre innere Organisation dem energetischen Zustand des Universums entspricht, der genau bei der Abscheidung aktuell war. Das Prinzip ist ein universelles und für alle Phasen der Evolution zutreffend.

Die Abscheidung der ersten symmetrischen Komponenten, welche völlig identische Teilchen bilden, hinterlässt eine winzige Unsymmetrie. Es entstehen schwache, aber weitläufige Strukturen, welche den Zerfall der zusammenhängenden Organisation ankündigen. Einmal in Gang gesetzt, ist der weitere Zerfall nicht mehr aufzuhalten. Auch wenn die ersten Komponenten mit ihrer intrinsischen Symmetrie aus der geschlossenen Organisation herausfallen, verbleiben sie als winzige selbstständige Systeme in der Unität des Ganzen und geben ihm lediglich eine gewisse „Körnigkeit". Der weitere Zerfall des Ganzen wird mit dem weiteren Ausschluss symmetrischer Komponenten begleitet, welche aber nicht mehr nur nach innen, sondern auch mit Abgabe von „symmetrischem Verpackungsmaterial" nach außen geschieht und die mehr oder weniger „unordentliche" Struktur des Universums bewirkt. Mit dem Ende physikalischer Strukturbildung bleibt die leere Symmetrie in Form von Wärmebewegung, welche uns aber wenigstens noch das Entropieprinzip demonstrieren kann. Die irreversible Trennung von Ordnung und Unordnung ist allerdings auf dieser untersten Stufe so schwach ausgeprägt, dass sie meist nur noch mit ganz allgemeinen Parametern beschrieben werden kann.

[22] Um einer Verwechslung mit dem tatsächlich informationslosen Chaos vorzubeugen, welches in der Physik auch als vollkommene Symmetrie gilt, soll dafür auch der Begriff der „latent strukturierten Symmetrie" verwendet werden. Das Chaos des evolutionären Startpunktes wäre also dann mit der höchsten Stufe der latent strukturierten Symmetrie identisch.

Die von der physikalischen Evolution hinterlassene Welt zeigt zum einen die figürlichen Symmetrien der atomaren Bausteine und zum anderen den Rest in Form von nicht wiederkehrenden Strukturen, deren Information in vielfältigen Beziehungen zu suchen ist, wobei schon allein die Lagebeziehungen der Körper einen wichtigen Teil ausmachen. Die nachfolgende kybernetische Evolution (*Abbildung 6*) muss mit dieser vorgegebenen Informationsmenge arbeiten,[23] wobei sich die Schlussfolgerung aufdrängt, dass auch die Arbeitsprinzipien dafür nur diesen Gegebenheiten entnommen werden können. Der tragende Anteil der Evolution kann nur mit den verbleibenden Bedingungen, gewissermaßen dem „Restwissen", weitergeführt werden. Mit der Symmetrie kristallartiger Strukturen allein kann eine

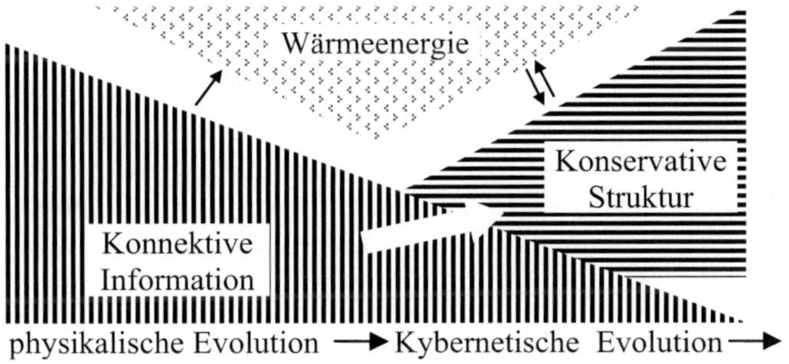


Abbildung 6*: Die physikalische und die kybernetische Evolution*

Welt nicht gebaut werden. Das Funktionieren der Wirklichkeit bedarf des nicht wiederkehrenden, also unlogischen Beziehungswissens, so wie es in den gewohnten Formen und Verhältnissen zu finden ist. Wir können allerdings diese Vorgaben nur logisch interpretieren und finden damit weder Inhalt noch Auswahl oder Bedeutung der Beziehungen, welche als Randbedingungen für die Funktion der konservativen Systeme wirken, aber auch für deren zukünftige Veränderungen. Das Geheimnis des letzten Sinns verbirgt sich in den Korrelationen der Wirklichkeit, die sich uns nur teilweise in Form von Bildern erschließen. Aber auch schon aus deren Inhalten liest sich das Ziel mancher Entwicklung, womit nicht nur eine uralte Weisheit belegt ist, sondern auch ein gewisser analytischer Zugang.

[23] einschließlich der „Abfälle", welche als Reservoire für Substanz und Energie dienen.

In der modernen Zivilisation werden diese äußeren Bedingungen durch eine unüberschaubare Anzahl menschlicher Schöpfungen ergänzt, was das Grundprinzip jedoch nicht verändern kann. Dabei ist zu berücksichtigen, dass die Produkte der Zivilisation in zunehmendem Maße logisch orientiert sind und die höhere konnektive Sinnfunktion nicht erreichen können, bzw. nur in sekundärer Form abbilden. Dass sich damit die Entwicklung verlangsamt und auf die Variation der konservativen Strukturen reduziert, muss nicht unbedingt das beginnende Ende der Evolution bedeuten. Möglicherweise ist auch nur das für die allgemeiner werdenden Vorgaben notwendige Wachstum der konservativen Welt unproportional groß. Andererseits können sich die sinnfreien Strategien auch leicht selbst verstärken, wenn nämlich die evolutionären Randbedingungen unter unnützem Werk zum Verschwinden gebracht werden. Eine geistige Verflachung bräuchte der Mensch nicht zuzulassen. Jedenfalls wird er in zunehmenden Maß dazu ausgestattet, mit einer Geisteskultur die Bedingungen der Evolution zu erkennen und mit immer effektiveren Mitteln zu bewahren. Als Glied der evolutionären Wirklichkeit sollte er irgendwann auch selbst der Entwicklung nach ihrem Sinn zuarbeiten und wohlmöglich das Ruder ganz übernehmen, was aber tiefere Einsichten in die geistige, das heißt konnektive Dimension der Evolution voraussetzt und mit dem Entertainment der Beliebigkeit nicht zu machen ist. Die ersten ökologischen Schritte zur Bewahrung der Natur sind gemacht, die Wertschätzung des menschlichen Geistes wird folgen. Schließlich bildet der Geist die Natur auf einer höheren Entwicklungsstufe ab, welche darum auch eine noch höhere Achtung verdiente.

Vor dem Beginn der Zivilisation steht die kybernetische Evolution, die sich noch in ihren klassischen Merkmalen zeigen sollte. Es wird angenommen, dass die konservativen Komponenten zusammenwirken und kybernetische Strukturen bilden. Wir erwarten dabei, dass die Autonomie der Komponenten zunimmt und sich die entstandenen Strukturen immer deutlicher durch Einmaligkeit auszeichnen. Könnten wir als Außenstehende die Entwicklung verfolgen, so würde wohl die wachsende Sinnorientierung unser logisches Verständnis trüben. Den vollen Durchblick dagegen behielten wir bei den konservativen Strukturen, welche als Bausteine und deren Gesetze sich auch in der Tiefe vielfach wiederholen. Die Zweiteilung in konservative Ordnung und ungeordnete Struktur sich verändernder Beziehungen ist jedenfalls auch in den weiteren Abläufen nicht zu übersehen. Allerdings erfordert die Methode eine Reduzierung der evolutionären Breite, das heißt, mit der Abgabe des leeren „Verpackungsmaterials“ wird der bezüglich der Entwicklungsmöglichkeiten entleerte Raum auch größer, genauso wie der evolutionäre Reaktionsraum abnehmen muss. Das heißt, dass die förderlichen Bedingungen auf immer kleineren Rahmen begrenzt werden, was einer elitären Entwicklungslinie gleichkommt. So unglaubhaft eine solche Annahme auch ist, kann uns doch die nähere kosmische Umgebung nicht das Gegenteil beweisen. Aber auch die Phylogenese zeigt, wie aus der Menge niederer Organismen immer eine kleinere Anzahl höherer entwickelt wird. Selbst in vielen gesellschaftlichen Vorgängen lässt sich eine entsprechende Tendenz bemerken, wobei dem letztendlichen Ergebnis, nämlich dem menschlichen Geist, keine Entwicklungsbeschränkungen mehr auferlegt sein können. Schließlich sucht der Geist als konnektives Prinzip seine Vervollkommnung in der Breite, kehrt also auf dem höchsten Niveau das elitäre Prinzip um. Die logische Intelligenz dagegen ist einem elitären Machtstreben durchaus noch willfährig.

## 1.9 Ordnungsprinzipien der Wirklichkeit

Für das Zustandekommen eines evolutionären Potenzials ist immer eine gewisse Kohärenz notwendig, das heißt ein Zusammenspiel von Bausteinen eines bestimmten Niveaus, welche in ein gemeinsames Prinzip konvergieren können. Auf diese Art werden nicht nur die Bedingungen der Selbstorganisation angestellt, es wird auch der funktionelle Raum entdeckt, in dem das neu zu schaffende konservative System seinen Platz findet, ohne dass die Ordnung des Ganzen infrage gestellt wird. Es ist kaum anders denkbar, als dass dabei die ursprünglichen symmetrischen Prinzipien nicht ganz unbeteiligt sind. Die geschaffenen Bausteine sind in der Reihenfolge ihrer Entwicklung von identisch bis ähnlich, wodurch sie sich auch durch selbe, gleiche oder ähnliche Beziehungen klassifizieren lassen. In der gleichen evolutionären Reihenfolge nehmen die Zeitkonstanten der inneren Zyklen zu, welche dann selbst zum Ende ungenauer werden. Dagegen verringern sich die Bindungskräfte[24] und es zeigt sich in Folge ein Übergang von einer harten physikalischen Fasson intrinsischer Prozesse zu einer mehr offen gelegten kybernetischen. Die konservativen Systeme werden damit immer umfangreicher und müssen Objekte mit immer schwächerer Bindung einbeziehen. Am Ende dieser Entwicklung steht das autonome System als selbstähnliche Abbildung der Evolution, mit einer Führung, welche in die Beziehungswelt der evolutionären Bedingungen einbezogen ist und damit auch eine Anpassung an deren konnektive Methoden entwickeln muss. Wenn uns diese Methoden nicht evident werden, so haben wir einen Eindruck davon in der darunter liegenden, geführten Ebene, nämlich im Zusammenspiel und

[24] Auch hier findet sich ein Hinweis darauf, wie sich die Organisationsgenauigkeit mit den Begriffen der Kraft resp. Energie verbindet.

Ineinandergreifen der logischen Prozesse, die ohne die Führung in konnektiven Rahmenbedingungen in der Form nicht möglich wären.

Nach den gleichen Ordnungsprinzipien, wie die Evolution die Wirklichkeit geschaffen hat, muss sie auch erhalten werden. In der Evolution werden durch die Symmetrieprinzipe verschiedene Ebenen aufgespannt. Das sind auf der einen Seite mehr oder weniger gleichartige Gebilde, die uns gewisse Assoziationen ermöglichen. Andererseits werden die Bausteine zu Konglomeraten zusammengefügt, welche als solche wieder symmetrisch erscheinen. Dabei lässt sich beobachten, wie das Bild der Symmetrie von einer einfachen räumlichen Form in eine raumzeitliche Form entwickelt wird, die dessen Sinn in einen funktionell gesetzliche transformiert. Das so geschaffene konservative Arrangement beinhaltet von sich aus einen gewissen Ordnungszustand, der mit dem Umfang des Systems zunimmt. Das wäre etwa mit der fertigen Maschine einer Baureihe vergleichbar, nur dass diese dann in einem Konsens mit der Entwicklungslinie der Evolution stehen müsste. Sie müsste sich in die vorangegangene Ordnung einfügen und die Voraussetzung für eine Höherentwicklung schaffen oder dürfte dieser zumindest nicht im Wege stehen. Im Besonderen gibt das bestehende Arrangement Anlass zur weiteren Differenzierung, was als Konkretisierung der allgemeinen Vorgaben aufgefasst werden muss und einem Entwicklungspotenzial entspricht.

Auf diese Art wird die Wirklichkeit von unterschiedlichen Entwicklungsstufen gebildet, welche aufgrund ihrer Vielfalt nicht die Deutlichkeit einer mathematischen Ableitung zeigen, an ihrer Beharrsamkeit dagegen nicht zu deuteln ist. Die jeweilig höchste Stufe ist die unfertige, welche demzufolge von den konnektiven Bedingungen in einen weiteren evolutionären Schritt geführt wird. Die Führung im evolutionären Sinne wirkt nur auf die aktuelle Entwicklung, in den früheren Stufen ist die Ordnung in die konservative Struktur implementiert und kann nicht mehr Objekt der Entwicklung sein. So wird sich etwa kein Mäuslein höher entwickeln können, dafür aber der menschliche Geist und die von ihm geschaffene Zivilisation. Die Einbeziehung der früheren Stufen als Fundamente und Ressourcen für die weitere Entwicklung wird dadurch gewährleistet, indem diese selbst die Randbedingungen für die Weiterentwicklung liefern. Die fertigen Systeme sind allemal Elemente der konnektiven Bedingungen, welche die Selbstorganisation der Evolution in ihrem ganzen Verlauf gewährleisten. Dadurch verbleiben sie andererseits in dem Ordnungssystem, auch wenn alles im Fluss ist. Die primitiven Welten der Pflanzen und Tiere sind demnach dem Fortschritt nicht hinderlich. Im Gegenteil, sie sind für die weitere Entwicklung die eigentlichen Fundamente, erhalten den gegenwärtigen Zustand und weisen in die ihnen gegebene Richtung. Angesichts der enormen Bedeutung der natürlichen Pflanzenwelten und ihrer Landschaften als konnektives Informationsreservoire der Evolution sollte man ihnen sogar eine gewisse Würde zubilligen, einen der Natur selbst geweihten Wert, um der Achtlosigkeit zu widerstehen, mit der die menschliche Zivilisation sich ihres äußeren Sinnes selbst entleibt. Das ganze Wesen des Menschen ist aus der konnektiven Information der vollkommenen Natur heraus bestimmt und manch empfindsames Gemüt spürt diese innere Verwandtschaft hin und wieder und interpretiert sie als romantische Poesie. In einer Welt, die aller natürlichen Formen und Funktionen beraubt ist, wäre der Mensch nicht existenzfähig.

Die Natur besteht gewissermaßen durch sich selbst und schafft sich die eigenen Bedingungen. Denen können auch Menschen unbewusst und blindlings folgen. Wird die naive Geborgenheit in der Natur aber verlassen, verbleibt eine Sehnsucht, welche den Geist zum Sentimentalischen verführt. Den Mustern der ungestörten Natur in ihrer Intention zu folgen, ist andererseits auch ein Weg in die Weite seelischer Vollkommenheit. Friedrich Schiller findet das Spannungsfeld zwischen Naturnähe und kreativer Sehnsucht zur Natur auch in der Dichtkunst. In der Abhandlung „*Über naive und sentimentalische Dichtung*“ heißt es über die Wehmut zur Natur: „*Wie kommt es, daß wir, die in allem, was Natur ist, von den Alten so unendlich weit übertroffen werden, gerade hier der Natur in einem höheren Grade huldigen, mit Innigkeit an ihr hangen und selbst die leblose Welt mit der wärmsten Empfindung umfassen können? Daher kommt es, weil die Natur bei uns aus der Menschheit verschwunden ist, und wir sie nur außerhalb dieser, in der unbeseelten Welt, in ihrer Wahrheit wieder antreffen. Nicht unsere größere Naturmäßigkeit, ganz im Gegenteil die Naturwidrigkeit unsrer Verhältnisse, Zustände und Sitten treibt uns an, dem erwachenden Triebe nach Wahrheit und Simplizität, der, wie die moralische Anlage, aus welcher er fließet, unbestechlich und unaustilgbar in allen menschlichen Herzen liegt, in der physischen Welt eine Befriedigung zu verschaffen, die in der moralischen nicht zu hoffen ist. Deswegen ist das Gefühl, womit wir an der Natur hangen, dem Gefühle so nahe verwandt, womit wir das entflohene Alter der Kindheit und der kindischen Unschuld beklagen. Unsre Kindheit ist die einzige unverstümmelte Natur, die wir in der kultivierten Menschheit noch antreffen, daher es kein Wunder ist, wenn uns jede Fußtapfe der Natur außer uns auf unsere Kindheit zurückführt.*“[25] Die Suche nach den Idealen der Wirklichkeit wird im kindlich naiven Gemüt enden, nach dessen Lust und Freude auch die komplizierten Wege der Erwachse-

[25] Siehe [8], Seite 725 f

nen ausgerichtet sind. Nirgendwo anders als in der einfachen Harmonie des Sinns können wir das wirkliche Glück ausmachen, das als gleichermaßen göttlicher Status mehr als bloße Befriedigung ist. Es wird niemanden aufgehen, dass von diesem sentimentalen Gefühl die höchste Entwicklungsstufe der Evolution gebildet wird, weil es sich der Vollkommenheit des Ziels [26] anzunähern vermag. So wie aus einer einfachen Ebenmäßigkeit auch nur die vollkommene Symmetrie des Komplexen entwickelt werden kann, ist auch das geistige Ziel umso exakter, je mehr es durch die Vollkommenheit des ursächlich Primitiven bestimmt wird. Es ist gewissermaßen der einfache Kristallisationskeim, der schon das Prinzip enthält, wie das Ganze zu vollenden ist. Die sentimentale Romantik sucht dieses einfache Zentrum. Sie wird sofort kitschig, wenn sie sich davon entfernt und nur noch Teilaspekte findet, die nicht mehr das Ganze, den Sinn, erkennen lassen. Weil unser Bewusstsein auf kleine Portionen begrenzt ist, kann das Ganze nur in diesem naiven Kern aufgespürt werden. Der Analytiker könnte diesen Effekt als die Unschärferelation des Sinns bezeichnen, weil hier ebenso wie bei den intrinsischen Organisationen der Teilchen, die Beobachtung durch die Eigenschaft des Beobachters, nämlich seinen eingeschränkten Blickwinkel, bestimmt wird. Je besser ich das evolutionäre Ziel und damit den Sinn der Welt bewusst erfasse, umso einfacher und naiver muss das Bild sein. Für das abseitige Detail muss ich das Zentrum und damit den Sinn verlassen, mit den entsprechenden Folgen diabolischer, das heißt wirklichkeitsfremder Variationen. Die Simplizität des evolutionären Sinns kann dann nur noch durch den Geist des gesunden Menschenverstandes bewahrt werden.

Die einfache Symmetrie ist das stabile Fundament, auf das sich alle Evolution setzen lässt. In der geistigen Entwicklung erscheint uns dieses Bild naiv, aber es ist kein anderes und auch kein kompliziertes Schema denkbar, welches die hohen Bauwerke der geistigen Evolution in Balance halten könnte. Das göttliche Prinzip der Entwicklung aus Selbstorganisation kennt nur diesen Grund und die Evolution kann nur das, oder weniger abbilden. Das Geheimnis der naiven Symmetrie ist logisch nicht einsichtig, weshalb auch das Glück der Ästhetik nicht nach akademischen Graden fragt, sondern eine besondere Eigenwilligkeit entwickelt, welche aber allen geistigen Leistungen eigen ist.

Mit dem Fortschritt und der Erschaffung künstlicher Funktionalitäten, welche uns mit ihren eigenen Gesetzen gefangen nehmen, beginnen wir das Einfache der Natur zu missachten. Wir schämen uns des Naiven und lassen

[26] In logischer analytischer Sicht ausgedrückt, entspricht dem „Ziel" die Summe der Bedingungen, welche die Selbstorganisation der Entwicklung erhalten.

uns vom Blendwerk verführen, das mit seinen künstlich überhöhten Reizen alles Natürliche in den Schatten stellt. Indem es aber nicht in die Bedingungen der evolutionären Selbstorganisation gestellt ist, erweist es sich als unproduktiv, es ist wie eine Kulisse aus Pappmaschee, hinter der sich die bodenlose Leere des Nichts befindet. Es gibt unendlich viele Wege in diese Unwirklichkeit. Sie führen gleichsam in die falschfarbenen Paläste des Teufels, welcher mit fremdem Reizen unseren Intellekt schmeicheln und uns zur großen Freiheit verführen will, am Ende aber nur die Apokalypse des Nonsens bereithält. So übergroß die Verlockungen auch werden mögen, setzt unsere Seele mit ihren konnektiv symmetrischen Bau dagegen, welcher das einfache Ziel immer wieder unbewusst einzufangen versteht und mit dem natürlichen Glück belohnt.[27] Wir sind dann von den einfachen Situationen und Bildern überrascht, die uns Zeit und Raum vergessen machen und eine nachhaltige Wirkung zeigen, von der uns nur der geringste Teil bewusst wird. Die großen Künstler der Vergangenheit hatten ein feines Gespür für die seligen Glücksmomente, welche die Welt demjenigen bereithält, der sich von der einfachen Ordnung der Vollkommenheit überwältigen lässt. Die wertvolle Ware wird heute kaum mehr gesucht, weil unser dominanter Verstand im Geist des Naiven keinen logischen Inhalt finden kann.

Der konnektiven Organisation des Sinns zu folgen, setzt eine geistige Bildung voraus, welche nicht gelernt und nicht verschult werden kann. Es sind auch die modernen Medien durchgängig funktionell ausgerichtet, weil sich die geistige Dimension nur individuell entwickeln lässt und sich einer globalen Vermarktung widersetzt. Man wird das einfach Schöne nicht finden, vielmehr ist die Verfremdung durch das Unwirkliche gefragt, welche die Aufmerksamkeit fesselt, die Menschen aber über intelligente Irrwege in die Leere führt und hernach sich selbst überlässt. Es ist zurzeit modern und reizvoll, sich unkonventionell und schräg zu geben. Man mag sich selbst wichtig nehmen, mag sich am Reiz des Nonsens befriedigen, und andere an den Enterhaken bekommen. Aber es ist alles schnell wieder vergessen, weil man die echten und weitreichenden evolutionären Prinzipien der Freiheit und des Glücks damit nicht erreichen kann. Diesen Gewinn hat nur derjenige, der sich aus welchen Gründen auch immer seine Natürlichkeit bewahrt. Statt in fremde Führung fallen zu müssen, kann er sich mit geistiger Zerstreuung in die harmonischen Bedingungen der Selbstentwicklung bringen und seinem natürlichen Glück der Vollkommenheit näher kommen.

---

[27] Die Ausgewogenheit der unbewussten konnektiven Führung, das heißt die Konformität mit dem Kosmos äußerer Beziehungen ist das höchste psychisch erreichbare Glück, was allerdings erst dann richtig bewusst wird, wenn es wieder verloren ist.

Dem eingepflanzten *„Triebe nach Wahrheit und Simplizität“* zu folgen heißt, zum roten Faden der Evolution zurückzufinden. Dieser ist nicht von den krummen Schicksalswegen der Zivilisation verlegt, sondern geradlinig von der Natur eingerichtet. Zu diesen unbestechlichen und unaustilgbaren Ausstattungen gehören auch der gesunde Menschenverstand und der gute Geschmack, die beide gewissermaßen die geistigen Abbildungen der Bedingungen sind, welche die Ordnung in der Wirklichkeit zu halten vermögen und die Begriffe von Schönheit und Glück überhaupt erst aufkommen lassen. Sie machen die Würde eines jeden Menschen aus, unabhängig von allen anderen Bedingungen und sind die Grundlagen für Ordnung und friedliche Harmonie. Wie sich aber solche Harmonie in der Gesellschaft kultivieren kann, hängt nicht zuletzt vom Entwicklungsstand der Kommunikation ab, wie etwa die Sprache neben den linearen Beschreibungen der funktionellen Wirklichkeit auch die Beziehungsinhalte des Geistes zu vermitteln vermag.

Auch wenn das naive Ziel in der Gesellschaft unterdrückt und öffentlich verhöhnt wird, kann die Entwicklung nicht darauf verzichten, es muss deshalb dem Menschen immer wieder in die Wiege gelegt werden. Die Vernunft hat dann zeitlebens zu tun, diesem Ideal zu fliehen, wird es in Wirklichkeit aber differenzieren und vervollkommnen. Ganz gleich, was alles dazu gedacht und veranstaltet wird, der Ausgangspunkt und damit der strukturelle Hintergrund bleibt die sich so selbst definierte heile Welt der konnektiven Ebenheit. Wird allerdings der Spleen auf Dauer übertrieben, das heißt die „reinen Seelen“ verdorben, kann sich auch die Disharmonie verbreiten. Dann müssen die natürlichen Ordnungsprinzipien durch gesellschaftliche Macht ersetzt werden, was die Entwicklung erschwert, die Ressourcen verschwendet und die naturgegebene Schönheit der Welt verdirbt. Was heute als fantasy in billigen Medien angepriesen wird, zeigt die schier unendlichen Variationsmöglichkeiten der sinnlosen Phantasterei und kultiviert eine abgründige Welt, welche nur noch durch die diabolischen Stützwerke dubioser Mächte gehalten werden kann. Mit Schillers Worten liest sich das ebenda: *„Wenn dagegen schon der wahre Idealism in seinen Wirkungen unsicher und öfters gefährlich ist, so ist der falsche Weg in den seinigen schrecklich. Der wahre Idealist verläßt nur deswegen die Natur und Erfahrung, weil er hier das Unwandelbare und unbedingt Notwendige nicht findet, wonach die Vernunft ihn doch streben heißt; der Phantast verlässt die Natur aus bloßer Willkür, um dem Eigensinne der Begierden und den Launen der Einbildungskraft desto ungebundener nachgeben zu können. Nicht in die Unabhängigkeit von physischen Nötigungen, in die Lossprechung von moralischen setzt er seine Freiheit. Der Phantast ver-*

*leugnet also nicht bloß den menschlichen – er verleugnet allen Charakter, er ist völlig ohne Gesetz, er ist also gar nichts und dient auch zu gar nichts. Aber eben darum, weil die Phantasterei keine Ausschweifung der Natur, sondern der Freiheit ist, also aus einer an sich achtungswürdigen Anlage entspringt, die ins unendliche perfektibel ist, so führt sie auch zu einem unendlichen Fall in eine bodenlose Tiefe und kann nur in eine bodenlose Zerstörung sich endigen."*[28] Wir können den Bedenken heute noch die Gewissheit hinzufügen, dass auch das physische Substrat von Moral und Freiheit verdorben wird, wenn der wahre Idealismus durch weltfremde fantasy ersetzt wird, die inzwischen als billiges Konsumgut der ganzen Menschheit aufgedrängt wird. In Schillers Schrift zeigt sich, dass es ihm nicht leicht gemacht war, das Wissen um die geistige Dimension des naiven Bildes von der Natur weiter zu vermitteln. Offensichtlich war schon zur Blütezeit des Geistes die langsame Rückentwicklung hin zur logisch analytischen Weltsicht zu spüren, welche den Sinn entbehren muss. Dass in diesem langsamen Prozess eine gewisse Balance der Ansichten durchschritten wurde, offenbart sich in dem überschäumenden Schöpfertum des 19. Jahrhunderts,[29] indem ähnlich wie im antiken Griechenland die Zivilisation für weite Zeiträume ausgerichtet wurde. Die Entdeckungen waren hier noch von grundsätzlicher Art, wogegen der heutige Wissenszuwachs auf die Bausteinanalyse beschränkt ist, was aber nicht heißen will, dass man von den letzten Geheimnissen der Welt gelangweilt wäre. Mit dem jähen geistigen Verfall durch das Aufkommen starker Machtprinzipien sind viele Grundsatzfragen liegen geblieben und werden bei der globalen Uniformierung der Wissenschaftskultur wohl auch nie mehr gelöst werden können.

Wenn uns heute die gewissermaßen geistige Abkunft der Entwicklung und des erreichten Zustandes nicht einleuchten, so entdecken wir wenigstens noch in den funktionellen Aspekten die Prinzipien der Selbstorganisation, was sich in der Sorge um die Verwüstung der Umwelt ausdrückt. Durch das Ausmaß der Zerstörung und deren Folgen wird es augenscheinlich, wie fein die Balance der Wirklichkeit organisiert ist und die Ordnungsprinzipien der Natur nicht grenzenlos robust sind. Aber wir zäumen das Pferd am Schwanz auf und beschränken unsere Sorge auf die sichtbaren Funktionen. Auch das geistige Potenzial ist ein Stück Natur und bedarf der Fürsorge. Gegen die „Ökologie" des Geistes steht die moderne Globalisierung, welche nach Vereinheitlichung drängt und nach einer geistlosen Weltsprache, die den unendlichen Spinnereien alle Türen öffnet. So wie der

---

[28] Siehe [8], Seite 810

[29] Zu den praktischen Folgen mag auch die Gründerzeit zu zählen sein.

Mensch dazu ausgestattet ist, die Entwicklung auf hohem Niveau fortzuführen, könnte er in seiner geistlosen Form auch selbst zum Risiko werden. Die Evolution könnte sich leicht beenden, wenn es nicht gelingt, die natürlichen Kategorien des Geistes, wie etwa Heimatliebe, Brauchtum und sentimentales Schönheitsempfinden als Fundamente der Entwicklung zu verstehen.

## 1.10 Künstliche und virtuelle Ordnung

In der künstlichen Intelligenz wie bei der Entwicklung von Robotern stößt der Techniker schnell an die Grenzen des Machbaren. Das sind aber weniger funktionelle oder strukturelle Grenzen. Vielmehr zeigt sich, dass für die Korrespondenz mit der Wirklichkeit eine Unmenge von Ordnungsbeziehungen nötig ist, die wir unserer Welt sonst gar nicht ansehen. Wie umfänglich und unergründlich die feinen Zusammenhänge sind, wird demjenigen klar, der versucht eine Welt künstlich zu schaffen oder die gegebene technisch zu erweitern oder nachzubilden. Für gewöhnlich übersieht das aufmerksame Bewusstsein einfach die große Menge, um in dem Meer von Information nicht zu ertrinken, und bemerkt nur das, was von vordergründiger Bedeutung[30] ist und das sich zudem in kleinen Portionen vereinnahmen lässt. Die große Menge der Information wird automatisch ausgeklammert, aber sie bleibt dem geheimen Wesen des Bewusstseinshintergrundes nicht verborgen. Vielmehr verstrickt sich dasselbe in möglichst umfangreicher Art, um in diesem verborgenen Kontext selbst ein Teil der Wirklichkeit werden zu können.

Die hintergründigen Beziehungen bilden einen ganzen Kosmos, der der logischen Analyse verschlossen bleibt. Es wäre jedoch fatal, wenn wir diese geheime Metaphysik aus unserer Erkenntnis verbannen wollten. Auch wenn uns deren Inhalte und Verfahren logisch nicht direkt zugänglich sind, können wir uns doch einige Prinzipien zusammenreimen, zumindest solche, die wir aus der kybernetischen Erfahrung in das unbekannte Terrain extrapolieren können. Die Inhalte selbst werden uns vielleicht für ewig verborgen bleiben. Aus diesem Grunde ist es einzusehen, dass wir uns eine künstliche Welt auch nur mit den logischen Prinzipien bauen können, mit welchen unser vordergründiges Bewusstsein umfassend umzugehen weiß. Es sind die einfachen konservativen Systeme, die kausalen Gesetzen folgen und die wiederholbar und reversibel sind. Sie können sich nicht selbst schaffen, entwickeln sich nicht von sich aus weiter und sind nicht gegen die vielfältigen Prinzipien der Natur robust. Einerseits bedürfen sie der Natur in Form des Menschen, um erschaffen zu werden, auf der anderen Seite müssen sie

[30] Zum Beispiel eine schroffe Störstelle als Unsymmetrie im konnektiven Zusammenhang.

von der Natur abgekoppelt werden, damit ihnen eine einigermaßen beständige Existenz gegen den äußeren Entwicklungstrieb gewährt werden kann.[31]

Der Mensch spürt, dass er in seine künstliche Welt viel zu oft eingreifen muss, um die durcheinandergeratene Ordnung wiederherzustellen. Die Funktionen der konservativen Systeme sind umso perfekter, je näher sie an den unmittelbaren Prozess kommen. In abstrakter Sicht bedeutet das, dass die zeitlich-räumlichen Symmetrien genauer besorgt werden können, als die rein räumlichen, weil sie mit weniger Information auskommen und gewissermaßen im Fokus des höheren Systems, das heißt unserer bewussten Aufmerksamkeit, stehen. Dagegen ist die höhere Ebene mit einer großen Menge gewichteter Information ausgestattet, die sich mangels weiterer Steuerungsvorgaben selbst zu organisieren hat. Es versteht sich von selbst, dass dieses System nicht ohne weite Vernetzung in der Natur auskommt, und an deren selbstorganisierte Ordnung andocken muss. Dass auch diese nach konnektiven Prinzipien organisiert wird, ist schon damit bewiesen, dass die Harmonie in der Natur keine künstlichen Korrekturen benötigt. Das komplexe konnektive Netzwerk der Wirklichkeit zeigt uns zudem, wie der ganzen Ordnung ein Sinn vorangestellt werden kann, der gleichzeitig auch aller Weiterentwicklung ein Ziel gibt. Für die künstlichen Systeme haben diese Begriffe keine interne Bedeutung. Vielmehr muss der Sinn respektive Zweck von außen definiert werden, wie auch die höheren Ziele nicht auf logischem Wege ermittelt werden können.

Am deutlichsten ist die Abwesenheit der konnektiven Metaphysik in den künstlichen Welten mit dem Verlust der typisch seelisch geistigen Prinzipien verbunden, wie etwa Schönheit, Liebe oder Glück. Diese Dinge sind genau außerhalb der logischen Strukturen organisiert. Die Begriffe lassen sich nicht logisch definieren, weil sie an Werten gebunden sind, welche sich nur durch eine Unmenge von Beziehungen darstellen lassen und in einen evolutionären Sinn gestellt sind. Kant lehnt die höhere Führungsebene ab und muss das intellektuelle Interesse am Schönen einer kultivierten Logik überlassen: *„Der, welcher einsam (und ohne Absicht, seine Bemerkungen andern mitteilen zu wollen) die schöne Gestalt einer wilden Blume, eines Vogels, eines Insekts u.s.w. betrachtet, um sie zu bewundern, zu lieben, und sie nicht gerne in der Natur überhaupt vermissen zu wollen, ob ihm gleich dadurch einiger Schaden geschähe, vielweniger ein Nutzen daraus für ihn hervorleuchtete, nimmt ein unmittelbares und zwar intellektuelles Interesse an der Schönheit der Natur. D. i. nicht allein ihr Produkt der Form nach,*

---

[31] Der Entwicklungstrieb implementiert auch die Zerstörung für den Stoffkreislauf, was sich selbst noch in der Zivilisation angesichts der „Graffitikünste" an unbewachten Gebäuden zeigt.

*sondern auch das Dasein desselben gefällt ihm, ohne daß ein Sinnenreiz daran Anteil hätte, oder er auch irgendeinen Zweck damit verbände.*
*Es ist aber hiebei merkwürdig, daß, wenn man diesen Liebhaber des Schönen insgeheim hintergangen, und künstliche Blumen (die man den natürlichen ganz ähnlich verfertigen kann) in die Erde gesteckt, oder künstlich geschnitzte Vögel auf Zweige von Bäumen gesetzt hätte, und er darauf den Betrug entdeckte, das unmittelbare Interesse, was er vorher daran nahm, alsbald verschwinden, vielleicht aber ein anderes, nämlich das Interesse der Eitelkeit, sein Zimmer für fremde Augen damit auszuschmücken, an dessen Stelle sich einfinden würde. Daß die Natur jene Schönheit hervorgebracht hat: dieser Gedanke muß die Anschauung und Reflexion begleiten; und auf diesem gründet sich allein das unmittelbare Interesse, was man daran nimmt. Sonst bleibt entweder ein bloßes Geschmacksurteil ohne alles Interesse, oder nur ein mit einem mittelbaren, nämlich auf die Gesellschaft bezogenen verbundenes übrig: welches letztere keine sichere Anzeige auf moralisch-gute Denkungsart abgibt.*
*Dieser Vorzug der Naturschönheit vor der Kunstschönheit, wenn jene gleich durch diese der Form nach sogar übertroffen würde, dennoch allein ein unmittelbares Interesse zu erwecken, stimmt mit der geläuterten und gründlichen Denkungsart aller Menschen überein, die ihr sittliches Gefühl kultiviert haben."*[32] Nur ist die Einsicht in die Naturschönheit eine Erkenntnis der menschlichen Seele, welche nicht an eine geschulte Denkart gebunden ist. Was für Kant ein Gedanke ist, der die Natürlichkeit begründet, wird uns leicht die Wirklichkeit von Information, welche als geheimer Kontext der Natur in Form von Beziehungen anhaftet und erst die Symmetrien freilegt, in die sich die Ideen einfügen können. Dem Künstler obliegt die Aufgabe, diese Beziehungswelt in Weit- und Abschweifungen, das heißt, in logischen Redundanzen und Nebensächlichkeiten zu spüren und weiterzugeben. Das eigentliche Geheimnis liegt aber darin, dass auch ihm nur das logische Stückwerk zur Verfügung steht, welches sozusagen in den höheren Rang gehoben werden muss und dabei seinen ursprünglichen, direkten Ausdruck verliert. Dazu gehört der Musenkuss, die geistige Kontemplation, welche alles Vordergründige aus dem Weg räumt, damit sich die Idee gleichsam aus einem Kristallisationskeim heraus harmonisch weiterentwickeln kann. Aber auch dieser „symmetrische" Keim muss vorgebildet sein,[33] anders kann sich kein geistiges Kapital zusammenfügen, und ebenso auch nicht der

[32] Siehe [12] Seite 396f

[33] Die geistige Bildung ist Beziehungswissen und unterscheidet sich wesentlich vom logischen, sowohl nach Inhalten, als auch nach den Methoden des Erwerbs.

geistige Effekt einstellen. So wie den bloßen Bildern und Architekturen noch eine geistige Valenz anhaften kann, ist diese logisch nicht zu fassen, weshalb die Welt des Schönen nur von der Weisheit der Gefühle bestimmt wird und sich auch alle künstlichen Produkte daran messen lassen müssen. Der gute Geschmack wird allerdings vom Zeitgeist bestimmt, der den Begriff des Schönen aber nicht wirklich aufwerten kann. Schließlich sind die Schönheit der Formen und das Glück, diese zu empfinden, nur der geistigen Sicht auf Sinn und Ziel der Evolution verschuldet, haben also absoluten Wert. Das zeigt sich auch darin, dass die Natur selbst zu allen Zeiten Richtschnur und Kriterium der Ästhetik gewesen ist.

Von dem natürlichen Interesse für das Ästhetische muss das starke suggestive Moment abgezogen werden, was uns aus dem Niveau tierischer Triebe überkommen ist und heute eher zu den Fehlleistungen unseres Bewusstseins gezählt werden muss. Bestimmte künstliche Einflüsse können unsere Aufmerksamkeit fesseln[34] und alle Ressourcen des Bewusstseins für sich beanspruchen, wodurch ein nüchternes Urteil ganz unmöglich gemacht wird. Jedes freie Urteil des Geistes kann nur aus einer vom Sperrgut befreiten seelischen Balance heraus erfolgen, wie auch das vollkommene Glück nur in diesem Zustand erreichbar ist. Interessanterweise sucht das höchste geistige Glück keine Mitteilung,[35] es ist ein Kraftquell, der die eigene Scheuer zur Genüge füllen kann und nicht der Macht über andere bedarf. Man findet es in der Kindheit am häufigsten und es wird auch beim Erwachsenen nur von kindlich naiven Mustern aus erreicht. Das Glück ist das Zuckerbrot der Evolution, es führt uns auf den naiven Kern, der uns vor der Unendlichkeit der Irrwege und Abgründe bewahrt, und letztlich auch das Fundament für unsterbliche Größe sein kann, die über alle Lautstärken der Zeit erhaben ist.

Ganz anders ist das „Glück“ der Mitteilung, nämlich andere zum Zuhören, das heißt zur Unterwerfung, zu zwingen. Es ist sicher nicht einfach, von dem an sich konnektiven Prinzip des Zusammenfügens die logischen Funktionen der Vereinnahmung abzutrennen, welche auf die animalischen Reflexe zurückgehen. Wenigstens ist das Streben nach Macht eine psychologische Kategorie, die im Höchstfalle intelligent organisiert ist, mit den konnektiven Prinzipien des Geistes aber nichts gemein hat. In dem Sinne könnte sich höchstens das Entertainment der ästhetischen Vereinnahmungen

[34] Raffinierte Vereinnahmungen werden besonders leicht durch wirklichkeitsfremde Bilder verursacht, welche künstlich vorgehalten werden. Aber auch viele andere unnatürliche Situationen, ja selbst eine verkommene Architektur, können eine Schieflage provozieren, welche die für die geistige Sicht notwendige Harmonie außer Kraft setzt.

[35] Was ohnehin nur in der stark reduzierten logischen Form möglich wäre.

in die künstliche Welt integrieren lassen und etwa ein Popkonzert auch Millionen von Androiden anziehen. Das konnektive Prinzip würde sich dann auf das Erkennen der hoch priorisierten Ästhetik reduzieren, was am Ende wieder eine logische Größe darstellte. Mit diesem Bild erahnt man vielleicht auch etwas von der Unendlichkeit der intelligenten Abwege, welche die Bausteine bereithalten, und welche ohne den naiven Sinn der Natur gangbar wären, dabei aber schnell deren Ressourcen vernichten würden.

So wie der Mensch in der Beziehungswelt des Komplexen nicht bewusst agieren kann, kann er wohl diesen Mangel beklagen, seine künstlichen Schöpfungen jedoch niemals nach den Prinzipien der Wirklichkeit gestalten. Je mehr er sich aber in diese seine reduzierte Welt integriert, umso mehr muss er auch selbst auf die geistigen Prinzipien verzichten. Er wird gewissermaßen mehr und mehr in das Räderwerk seiner eigenen Schöpfungen hineingebaut, was seiner geistigen Entwicklung nicht gerade förderlich ist, zumal dieser Weg dann auch immer weniger evolutionär belohnt werden kann, das heißt, dass das natürliche Glück irgendwann ganz ausfällt. Wenn der Mensch sich aufmacht, eine künstliche Welt nach seinem Vorbild zu schaffen, so muss er achtgeben, dass nicht das Umgekehrte eintritt, dass nämlich das künstliche Paradies ihn selbst zum Androiden machen muss, damit er darin einen Platz findet und sein Werk nicht für die Katz war. Eine Hilfe in Sinnfragen kann er jedenfalls von seinen eigenen Schöpfungen nicht erwarten, was ja auch völlig gegen das kybernetische Prinzip wäre. Lässt er sich von seinen künstlichen Werken leiten, so wird er in evolutionärer Hinsicht immer auf einer niederen Ebene landen müssen. Auch die viel beschwörte Zusammenarbeit künstlicher Systeme[36] kann ihre logische Herkunft nicht verbergen. Sie vermag darum die selbstorganisierte Konnektivität der Wirklichkeit nicht zu ersetzen und kann ohne geistiges Zutun maximal in hochintelligenten Funktionalitäten enden. Schon aus kybernetischer Sichtweise wird das im evolutionären Sinne nachhaltige Schöpfertum des Geistes durch künstliche Systeme niemals erreicht werden können.

Mit dem Beginn des Informationszeitalters ist zu dem unproportionalen Anwachsen der Funktionalitäten noch ein ganz neues Phänomen hinzugekommen. Es lässt sich eine virtuelle Welt bauen, bei der die Wirklichkeit eine symbolische Abbildung erfährt. Dieses Prinzip ist von enormer erkenntnistheoretischer Bedeutung, weil hier genau nur unsere bewusste Sicht der Dinge abgebildet werden kann und die Fehlstellen deutlich vorgeführt werden. Man erkennt in dieser virtuellen Welt auch, wozu das Eigenleben

---

[36] Mitunter auch als Schwarmintelligenz bezeichnet, bei der das Ganze mehr als die Summe seiner Teile sein soll.

des rein Logischen fähig ist, und an welcher Stelle diese Prinzipien nicht ausreichen und schließlich der Mensch die Ordnung ergänzen muss. Man sieht die Intelligenz der Funktionen anwachsen, welche wiederum durch eine höhere Intelligenz in eine höhere Zweckmäßigkeit gestellt werden. Umso höher sich diese Spirale auch drehen lässt, die konnektive Art des menschlichen Geistes wird damit nicht erreicht. Vielmehr wird die Logik undurchsichtig kompliziert, was dazu führt, dass die virtuellen Ausführungen in ihrer Achtbarkeit wachsen. Das lässt sie am Ende immer mehr zu Anweisungen für unsere eigene Arbeit werden. Auch hier zeigt sich das allgemeine Prinzip der Evolution, dass die Entwicklung von Funktionalitäten auch leicht diabolische Formen annehmen kann, nämlich wenn sie von den Führungsprinzipien des Sinns abgekoppelt und in ein Eigenleben geführt werden. So wie die virtuelle Welt vom Tropf des menschlichen Schöpfertums abgeschnitten wird, ist sie Gefahrgut, welches alle Gesetze der Harmonie missachtend die Evolution wie mit scharfem Messer durchtrennen kann. Der Teufel hat keine Prinzipien, er kennt gewissermaßen nur die Funktion, welche Gut und Böse ohne Wahl bedient. Die virtuelle Welt wird in dem Sinne ganz automatisch ein Höllenpfuhl, wenn sie Mechanismen erhält, welche der menschlichen Führung zu entbehren drohen. Selbst wenn sie angibt, rein ethische oder ästhetische Ziele zu verfolgen, kann das nur Stückwerk sein, das, weil es keinen Sinn zu tragen vermag, schnell wieder in die falsche Richtung treibt.

Zum Zwecke der virtuellen Entrückung in eine Welt des Unwirklichen können alle bewussten Sinne betört und getäuscht werden. Dagegen ist es nicht möglich, die Beziehungswelt des Bewusstseinshintergrundes zu vereinnahmen. Das Verfahren kann deshalb nur dann einen Effekt bringen, wenn der geistig seelische Hintergrund vernebelt oder ganz abgeschaltet ist. Die auf diese Art gewonnene Freiheit ist in Wirklichkeit ein Kerker, weil man auf die Gefühle, die Welt des Schönen und Ästhetischen, überhaupt auf die geistigen Seiten der Wirklichkeit verzichten muss.[37] Aber nicht nur die Personalität, selbst auch die empfundene Lebenszeit verkürzt sich automatisch, wenn der Zeitvorteil der breiten konnektiven Informationsverarbeitung verloren geht. Für die Gefangenheit in der geistlosen Funktion scheint Letzteres allerdings eher ein Vorteil zu sein.[38] In einer vollkommen virtuellen Welt verschwindet die Basis unserer Zeitauffassung ganz, weshalb sich

[37] Der verlorene Wirklichkeitsbezug kann leichterdings auch kriminelle oder terroristische Strategien erzeugen, weil auch das Mitgefühl ein ausgeprägt konnektives Prinzip ist.

[38] Die subjektiv empfundene Zeit wird auch in der fokussierten Arbeit verkürzt, was aber dann im Falle des Erfolgs belohnt wird, welcher als ein „Blick“ in die Vollkommenheit einen vorteilhaften Ausgleich schafft.

fast die Erkenntnis aufdrängen könnte, dass auch die Zeit zu den Gehilfinnen der Evolution gezählt werden muss, wenn sie nämlich etwas bewirkt, das nicht rückgängig gemacht werden kann.

Bei vergleichbaren Vorgängen kommen im Allgemeinen diejenigen dem Sinn am nächsten, welche auch am langsamsten verlaufen. Die langsamen Veränderungen haben einen physikalischen Vorteil, sie können mit energieärmeren Informationsträgern umgehen und damit weitere und umfangreichere Beziehungen aufbauen. Das konnektive Prinzip lebt von diesen Beziehungen und der menschlichen Seele wird genau die feinstoffliche Eigenschaft nachgesagt. Die geistige Eigenschaft des Menschen nutzt nur eine Untermenge dieser Beziehungswelt, ein anderer Teil tangiert den körperlichen Innenraum. Die Seele des Menschen besteht deshalb nicht nur aus dem Geist, sondern auch aus einer Gefühlswelt, welche den ganzen Körper in die Empfindung einzubinden vermag. Beide sind konnektiv miteinander verkoppelt und nicht zu trennen. Indem das konnektive Prinzip immer auf Beziehungen baut, ist die innere Gefühlswelt mit der Wirklichkeit verknüpft, weshalb sich der Mensch auch in ihr „fühlt". Künstliche und virtuelle Welten müssen auf dieses Phänomen in jedem Falle ganz verzichten.

## *1.11 Die Hierarchie der Prinzipien*

Während man in der Technik auf logische Systeme oder zumindest Systeme mit logischer Umgebung angewiesen ist, hält die Natur in der Phylogenese eine breite Vielfalt von Informationsprinzipien bereit. Hier zählt nicht das leicht verständliche Konzept, sondern der Aufwand an Struktur und Information, welcher für die Aufgabe optimal ausfallen muss. Für jede Aufgabe wird man in der Natur das dazugehörige Prinzip finden, welches mit anderen Methoden nicht günstiger zu machen ist. Schließlich muss die Natur mit den Ressourcen an Energie und Substanz haushalten, was für die Informationsverarbeitung in ganz besonderem Maße gilt. Dabei ist sie an die Prinzipien der Selbstorganisation gebunden, welche auch die Entwicklung optimal werden lässt, was auch die Konsistenz und das robuste Wesen der Systeme zu garantieren hat. In der Summe dieser Prämissen ist am Ende auch erst eine Erkenntnis möglich, die selbst nur Ergebnis evolutionärer Bedingungen sein kann. Die Wahrheit definiert sich in dieser Sicht als eine zweckbestimmte und optimierte Beschreibung der Wirklichkeit, welche für das menschliche Bewusstsein allerdings immer auf die logische Dimension abgebildet werden muss.

Die Vielfalt der Informationsprinzipien in der Natur ist uns nicht bekannt. An vielen Stellen suchen wir auch nicht danach, weil die Vorgänge als Hüllenphänomene mathematisch genügend beschrieben werden können.

Auch die biochemischen und physiologischen Mikroprozesse sind bezüglich der Wirkung von Information noch weitestgehend unerforscht. Es muss angenommen werden, dass dabei den Photonen eine nicht unbedeutende Rolle zukommt. Gänzlich unerforschbar sind die kohärenten Systeme des evolutionären Beginns. Deren Informationsprozesse, welche sich in den Abläufen der Symmetriebrechungen definieren, sind absolute Vorgänge, die dem wissbegierigen Analytiker im Laborexperiment allemal nur das leere Chaos hinterlassen würden.

Was unbekannt ist, lässt sich auch kaum klassifizieren. In der Bewertung der Prozesse bleibt uns lediglich, nach der kybernetischen Aufgabe zu fragen. Eine gewisse Unterscheidung erhalten wir aber auch schon, wenn wir die Informationsprozesse und -strukturen hinsichtlich ihrer Beziehung zu Raum und Zeit differenzieren. Mit dieser ersten Klassifizierung gelingt uns sogar eine gewisse Bezugnahme zu den kybernetischen Aufgabenstellungen. Daraus muss sich letztlich auch die Hierarchie ergeben, in die sich die Sukzession von Informationsprozessen bringen lässt.

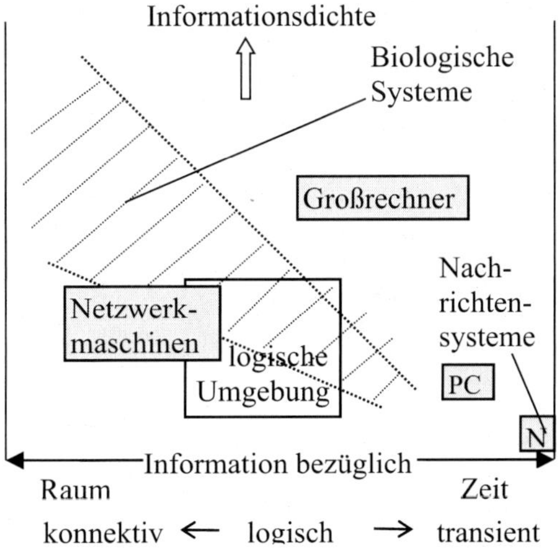


Abbildung 7: *Die Informationsarten in ihrer Anwendung*

In dieser allgemeinen Sichtweise ist zunächst zwischen seriellen und parallelen Prozessen zu unterscheiden, wobei im Falle der Parallelisierung das Nebeneinander serieller Prozesse zu separieren ist. Der Übergang zwischen paralleler Informationsverarbeitung, welche hier auch für die konnektive stehen soll, und serieller Informationsverarbeitung ist in *Abbildung 7* in einem Prinzipdiagramm dargestellt. Dabei ist die verwendete Information in ihrer Stellung zwischen Zeit- und Raummuster als Abszisse aufgetragen, wobei natürlich nur diejenige zählt, welche im Steuerungsprozess aktiv ist. Die Unterscheidung von rein paralleler und konnektiver Verarbeitung ist, da sie eine dritte Dimension erfordern würde, der Übersichtlichkeit wegen nicht gemacht. Der linke Rand bleibt jedoch für die rein konnektiven Systeme, welche in ihrem Umfang nach oben hin zunehmen. Die Ordinate beschreibt also die verwendete Menge an Information, normiert als Informationsdichte. Bei den Netzwerkmaschinen sind das logische Konzept und die logische Umgebung berücksichtigt, welche die Einordnung in ein rein konnektives System verbieten. Während die technischen Systeme einen festen Platz für ihr Konzept beanspruchen, bei dem vorwiegend nur ein Prinzip verwirklicht ist, kennt die Natur kein Steuerungssystem, das nur mit einem Prinzip gebaut wäre, es sind immer mehrere Methoden im Einsatz,

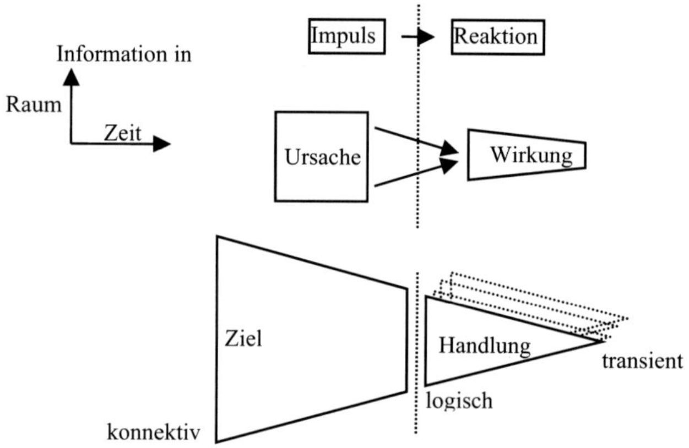


Abbildung 8: *Die Ausbildung der kybernetischen Pyramide*

was durch die gestrichelte Fläche angedeutet ist. Bei den höheren Organismen findet man eine breite Vielfalt von Prinzipien, die sich sämtlich in eine feste Hierarchie bezüglich ihrer kausalen Wirkung bringen lassen, welche wir ihrer Form nach als kybernetische Pyramide bezeichnen wollen (*Abbildung 8 unten*). Dabei fließt Information sukzessive aus ihrer zeitbeständigen Form in die zeitvariante, im Bild also von links nach rechts. Ein Einzelereignis an der Spitze der Pyramide ist bei zeitlicher Rückverfolgung auf eine breitere Basis gestellt, welche am Beginn nur noch durch Beziehungen gebildet wird. Die Pyramiden vieler solcher Einzelprozesse werden damit aus einer gemeinsamen Wurzel gespeist und erhalten einen harmonischen Zusammenhalt und einen gemeinsamen, auf das Ziel ausgerichteten Sinn. Dieses Prinzip steht am Ende einer Entwicklung kybernetischer Systeme, die mit einer einfachen Reaktion auf einen Impuls beginnt (*Abbildung oben).* Die Hierarchie der Prinzipien versteht sich dabei einfach aus den unterschiedlichen Anforderungen an die Informationsverarbeitung der einzelnen Ebenen. Je ausgeprägter diese Hierarchie ist, umso deutlicher kann das System auch eine gewisse Autonomie ausbilden und der Selbstorganisation der höchsten Ebene folgen. Auf der jeweils höchsten Ebene wird die zeitlose Struktur bevorzugt, die gewissermaßen als „Plan“[39] eine über die Zeit stabile Vorgabe machen kann und dabei auch die Beziehungen zu den vielfältigen Randbedingungen der Wirklichkeit berücksichtigt. Am Ursprung ist die Information weniger geteilt, wodurch sie unserer Einsichtnahme wie auch der bewussten Beeinflussung verschlossen bleibt. Das Wissen liegt nicht in Symbolen, sondern in den gewichteten Verbindungen der Elemente, wodurch es nicht für konkrete logische Inhalte, sondern mehr für die Entwicklungsbedingungen eines Systems steht. Der besondere Charme des Systems liegt deshalb darin, dass es weder auf Wiederholbarkeit der Inhalte angewiesen ist noch auf irgendeinen Erwartungswert. Im konnektiven System werden die Ziele vorgegeben und damit der Zweck, respektive der Sinn der Steuerungseinrichtung bestimmt. Nach der konnektiven wird man dann nach mehreren Zwischenebenen die logische Ebene finden, welche das zeitlose Ziel in den zeitbehafteten Prozess transformieren muss. Dieser Vorgang ist energieaufwendig, und deshalb nur in kleinen Portionen machbar. Am endgültigen Prozess wird über das größte Quantum an Energie verfügt, weshalb die zeitliche Koordinierung eine entscheidende Rolle spielt und der transiente Regelkreis die Methode der Wahl ist.

Der Übergang der einzelnen Methoden entspricht der jeweilig effektivsten Lösung der Aufgabenstellung, sodass insgesamt eine kybernetische Pyramide entsteht, die sich in mehr oder weniger ausgeprägter Form in allen natürlichen Steuerungssystemen findet, wie sie ebenso den Aufbau des Steuerungskonzeptes in der Phylogenese beschreiben kann. Ein interessantes Faktum ist auch die Art der Rückkopplung, welche gewissermaßen die Erfüllung der Aufgabe bewertet und für die einzelnen Ebenen ebenfalls

[39] Die spezielle lokale Plastizität des konnektiven Systems eingerechnet.

unterschiedlich ausfallen muss. So wie die Stärke der Rückführung die Genauigkeit begünstigt, vermindert sie andererseits die Stabilität des Systems, das heißt, die erforderlichen Kommunikationen dürfen sich nicht gegenseitig beeinflussen. Am unmittelbaren Prozess bedingen die Phasenlage und die Amplitude der Rückkopplung die Stabilität des Systems. Die höhere konnektive Ebene kann mit ihrer einzigartigen Informationsart punkten und damit die Stabilitätsbedingung erfüllen.

### *1.12 Bewusstsein in kybernetischer Sicht*

Eine gewisse Zweiteilung der Aufgaben ist in der kybernetischen Pyramide autonomer Systeme nicht zu übersehen, nämlich die Arbeit mit dem Ziel und die Durchsetzung desselben. Genauso wie die Technik mit einem begrenzten Reservoir an Schaltprinzipien auskommen muss, sind auch die Bauprinzipien in der Natur nicht grenzenlos. Man wird deshalb zwischen den Systemen nicht den stetigen Übergang, sondern charakteristische Lücken vorfinden, welche beim technischen System die eigentliche Autonomie verhindern, beim biologischen jedoch eine gewisse Verselbstständigung der Methoden unterstützen. Wenn sich das konnektive System auf diese Art genügend vom logischen abgrenzt und beide ihre Kommunikation mit der Umwelt auf eigene Art aufbauen, so entsteht eine eigenartige Abbildungsfunktion. Ein logisch fokussiertes Bild wird auf einen konnektiven Hintergrund projiziert, der eigentlich die ganzen Bedingungen der Wirklichkeit enthält und für die aktuelle Situation eine Leinwand von Erwartungsbildern liefert. Dem ganzheitlichen System des unbewussten Willens wird ein konkretes Detail der Wirklichkeit vorgestellt, wodurch zwei völlig unterschiedliche Informationssysteme aufeinandertreffen, die beide auf ihre Art optimal auf die kybernetischen Anforderungen eingestellt sind. Beide Systeme sind auf extrem unterschiedliche Art mit der Außenwelt verwoben, die Information aber verlässt die Orte nicht. Das Bewusstsein entwickelt sich zwischen diesen unterschiedlichen Gesichtspunkten der äußeren Welt, auch wenn diese in einem Netzwerk bzw. in logischer Abbildung nach innen geschleift werden.

Die doppelte Kommunikation lässt eine in sich Abbildung der realen Welt entstehen, die selbst Teil der derselben bleibt. In dieser Funktion empfindet sich der Mensch als Teil der Wirklichkeit, eingebunden in deren Funktion und Aufgaben. Der zeitlose Hintergrund der unbewussten konnektiven Vernetzung bietet den Ruhepunkt, von dem aus der Verlauf der Zeit spürbar wird. Er ermöglicht die willentliche Gestaltung der Zukunft im Konsens mit den äußeren Gegebenheiten, da er die Wirklichkeit nicht nach Funktionen, sondern nach sinngebenden Beziehungen abzubilden vermag. Auf der anderen Seite ist die logische Vorstellung auf die kausale Funktion der Wirklichkeit konditioniert und kann allgemeine Ziele in konkrete Handlungen untersetzen, wozu auch die verkürzte Handlung, das heißt der Denkvorgang, gehört.

In kybernetischer Sicht ist das Bewusstsein eine deutliche Abbildung von Führungsvorgaben auf die Möglichkeiten der Ausführung, wobei sich dazwischen scheinbar eine Spielwiese befindet. Der Freiraum existiert aber nur in unserer Vorstellung und entsteht nur dadurch, dass zwischen extrem unterschiedlichen Informationsarten vermittelt werden muss. Zudem muss in diese Vermittlung die Außenwelt mit einbezogen werden, und das auf den unterschiedlichen Ebenen. Dabei fließt konnektives Wissen in das logische und umgekehrt, was die beiden unterschiedenen Systeme wenigstens soweit synchronisiert, dass ein Zusammenspiel möglich wird. Das Bewusstsein ist in dieser Sicht ein komfortables kybernetisches System, welches nicht nur die konnektiven Führungsbilder in die Wirklichkeit übersetzt, sondern gleichzeitig auch die Rückmeldungen wieder in die verschiedenen kybernetischen Niveaus einfließen lässt. Unsere Wahrnehmung bildet damit nur eine Rechenaufgabe für die niedere Logik unserer Vorstellung, bei der die Bilder der Wirklichkeit den erläuternden Begleittext liefern.

Der Verstand wird seinem Sinn dann am nächsten kommen, wenn er sich der konnektiven Vorgabe vollständig unterwirft, die gewissermaßen das Maximum des Situationswissens repräsentiert. Voraussetzung ist allerdings, dass sein konnektives System auch „ausbalanciert“, das heißt selbstregulativ arbeiten kann. Eine Metapher bringt uns dazu die Religion mit dem Begriff der reinen, unverdorbenen Seele. Sie allein garantiert das unverfälschte Walten des evolutionären Prinzips, welches dem Individuum auch das volle Programm von Freiheit und Glückseligkeit begründen kann. Wird dagegen das konnektive System aus den harmonischen Entwicklungsbedingungen gerissen, kann es sich nicht weiterentwickeln und muss der logischen Funktion das Feld überlassen. Die konnektiv organisierte Harmonie wird dann durch den linearen Widerpart der Kräfte abgelöst, was uns in der Zivilisation als Machtspiel hinlänglich bekannt ist.

Die Disharmonie der äußeren Bedingungen kann zunächst nur die Selbstorganisation der seelisch geistigen Führung unterdrücken. Hält der Zustand an, ist auch ein Einschleichen in den Bewusstseinshintergrund denkbar. Schließlich kann das konnektive System als evolutionär späte Form nicht grenzenlos robust sein, eine Unvollkommenheit, die offensichtlich für das diabolische Phänomen verantwortlich ist, welche die ganze Kulturgeschichte der Menschheit durchzieht. Die Geschichte zeigt auch, wie die Dissonanzen selbst auch eigene Gesetze und selbstständige Kulturen bilden können.

Typisch dafür sind das rituelle Einprägen von Wirklichkeitsfremde und Geistlosigkeit, wie auch die Bildung linearer Machthierarchien.

Aber die Evolution ist vor Irrwegen jeder Art geschützt, indem das Urprinzip des Natürlichen immer wieder mit der kindlichen Seele von Neuem auf die Welt kommt. Es ist das Einfache, das sich selbst zu vervollkommnen vermag und welches wir als ästhetisch und moralisch empfinden. Weil die Wirklichkeit zu viele Zwänge hat, muss zunächst im Spiel der kindliche Wille auf die Realität treffen. Im Spiel werden gleichzeitig auch die harmonischen Entwicklungsbedingungen gehalten, wie sich auch der Sinn in der Fantasie entfalten kann, bevor er von der Wirklichkeit beschwert werden kann. Es wird zunächst alles ausgeschlossen, was der freien Entwicklung schaden könnte, bis die produktive Einheit gefunden ist. Soviel wie im freien Spiel der Phantasien die Glück bringenden Wege und die erstrebenswerten schönen Welten gefunden werden können, so wird das Bewusstsein auch in der Wirklichkeit darauf aus sein. Das Glück der Freiheit zeigt uns den Vorteil des geistigen Weges, der die günstigsten Entwicklungsbedingungen aus dem Ganzen in konnektiver Art herausfiltert und der Zukunft die geringsten Schmerzen beschert. Die müssen allemal aufkommen, wenn die rationalen Funktionen aus dem Ruder laufen und nicht mehr die Vorgaben des harmonischen Zusammenspiels finden, welche nur aus dem Beziehungswissen des Ganzen kommen können.

So wie ein Staatswesen, das der harmonischen Prinzipien entbehren muss, mit Zwangsmaßnahmen und Gesetzen Schmerzen verursachen wird, ist auch der Zellenstaat des menschlichen Organismus auf ein Schmerzbewusstsein angewiesen, welches die Disharmonien in der Ordnung des Ganzen anzeigt. Der Bewusstseinsebene ist wieder das konnektive System vorangestellt, diesmal dasjenige, das fest für die ordnungsgemäßen Interaktionen der biologischen Prozesse steht. Dagegen steht das logische System der Rezeptoren. Es treffen wieder zwei Informationssysteme zusammen, welche dann ein Schmerzbewusstsein erzeugen, wenn zwischen ihnen eine Differenz besteht. So wie das logische System punktuell ausgerichtet ist, erzeugt der konnektive Hintergrund die Leinwand für die Abbildung des Schmerzes. Diese ist mit dem Gefühl des ganzen Körpers selbst verwoben und bildet den ruhenden Beobachtungspol der Wirklichkeit. Beide Systeme sind mit unterschiedlichen Nervenfasern gebaut und haben den Prinzipien entsprechend ganz verschiedenartige Verschaltungen.

Der Schmerz kann nur mit funktionellen Maßnahmen bekämpft werden, weil auf der anderen Seite die Vorgabe des Lebens selbst manifestiert ist, die sich nicht verändern lässt und vom niederen Prozess allemal bedient werden muss, wenn das Bewusstsein nicht selbst aufgehoben werden soll.

So wie der Schmerz für das Nicht-Funktionieren des Rationalen steht, hat er bei den Philosophen und Sinnsuchern auch oft eine gewisse erkenntnistheoretische Bedeutung erlangt. Aus der Hölle eines vorsätzlich selbst erzeugten Schmerzes heraus lerne ich verstehen, dass ich einem höheren Prinzip gehorchen muss, um Glück und Freiheit erlangen zu können. Auch wenn das nur auf der einfachen vitalen Ebene getestet wird, muss ich begreifen, dass ich die Wirklichkeit meiner Existenz nicht in logischer Freizügigkeit variieren kann. Wenn das Prinzip an meinem Körper noch trivial ist, so lässt sich seine Wirksamkeit in einem weiter gesteckten Rahmen zumindest erahnen. Christus erleidet den Schmerz, weil er den geistigen Vorgaben nicht gefolgt ist und die Ratio ihn besiegt hat. Dabei sollte die Religion eine Anleitung sein für den Weg in die Freiheit und das Glück des Paradieses, welches allein mit den Harmonieprinzipien des Geistes geschaffen werden kann. Aber vielleicht machen die rationalen Irrwege der Menschheit die eigentlichen Schwierigkeiten aus, sodass der Geistesentwicklung ein solch radikales Bild vorgestellt werden muss. Wer mit Schmerzen auf dem Krankenlager liegt, den kommt das einfache Leben des Gesunden wie ein Paradies vor, auch wenn er vielleicht vorher noch mit dessen Billigkeit gehadert hat. Aus dem Schmerz heraus erkennen wir die zauberhafte Ordnung der Wirklichkeit und sehnen uns nach ihr.

So wie alle Dinge in der Evolution einem ständigen Flusse unterworfen sind, sollte auch die Methode des Bewusstseins nicht als starres System aufgefasst werden. Wenn sich die kybernetischen Prinzipien entwickeln und den Bedingungen der Evolution folgen, so liegt der Schluss nicht fern, dass sich in deren Vorgaben ein dem Bewusstsein weit überlegenes Informationsreservoir verbergen könnte, welches sukzessive in die Entwicklung verzehrt wird. In der Vorstellungswelt der Philosophen finden sich dafür etwa solche Begriffe wie der Plan Gottes oder die platonische Idee. In der kybernetischen Interpretation ist das Führungsprinzip davon nicht weit entfernt. Es ist allerdings nicht an verborgene übersinnliche Information gebunden, sondern an die der gegebenen Wirklichkeit, welche zwar nicht direkt erfahrbar ist, aber durch den unbewussten Kosmos unseres geistigen Bewusstseinshintergrundes zumindest in Bruchteilen entschlüsselt wird und bloß mittelbar über die logische Ordnung der Wirklichkeit zutage tritt. Die Bilderwelt der göttlichen Schöpfung hat erstaunlich viele Gemeinsamkeiten mit den sinngebenden konnektiven Bedingungen, wobei die extrem unterschiedlichen Erkenntnismethoden von Religion und Kybernetik einen direkten Vergleich von selbst verbieten.

# 2 Information in Beziehungen

## *2.1 Die Werkzeuge der Erkenntnis*

Der Fortschritt der Wissenschaft ist ein Abbild evolutionärer Mechanismen. Aber er ist kein niederes Naturgesetz, das heißt nicht zwangsläufig gegeben, sondern an gewisse späte Bedingungen geknüpft. Diese sind nicht mehr so strikt, wie die ersten Gesetze, was auch den tieferen Einsichten eine gewisse Vielfalt bescheren muss. Wenn die Wissenschaft in der Fülle der Anschauungen einen Bewertungsmodus finden will, so kann dieser nicht von den Zwecken einzelner Funktionen bestimmt werden. Vielmehr muss der Modus selbst im Konsens der Evolution wirksam werden, das heißt bezüglich des Entwicklungsprinzips sinnvoll sein. Nicht die physikalischen Baugesetze und ihre Funktionsprinzipien können den Sinn der Welt bestimmen, es sind allemal die Bilder des Ganzen, welche damit geschaffen werden. Und die können uns nicht anders einleuchten, als dass sie sich in ihrer Entstehung selbst erläutern.

So wie jede evolutionäre Stufe mit ihren „Erzeugnissen" auch die Bedingungen und Aufgaben ihrer Entwicklung für lange Zeit konserviert, ist auch der Werdegang der Erkenntnis von den Voraussetzungen der Zeit festgeschrieben und der Form nach in eine bestimmte Reihenfolge gebracht. Interessanterweise werden im Verlauf der Evolution die erzeugten Strukturen immer mehr von den komplexer werdenden Randbedingungen geprägt. Sie werden selbst kompliziert und verlieren dabei ihre Widerstandsfähigkeit. Die ersten physikalischen Strukturen sind von den wenigen, aber hochenergetischen Prämissen der Entstehungszeit für alle Zeit festgelegt. Höhere Formen sind weniger robust, Pflanzen und Tiere können aussterben. Die Erzeugnisse des menschlichen Geistes stehen auf der evolutionären Leiter ganz oben, werden von unzähligen Umständen bestimmt und scheinen am ehesten der Beschädigung preisgegeben.

Aufgrund der späten Entwicklung muss dem Geist des Menschen dennoch die größte Nähe zum Sinn der Evolution bezeugt werden, wie er auch in kybernetischer Sicht an der Spitze der Hierarchie von Steuerungsprinzipien zu stehen kommt. Das ist kein Widerspruch zur labilen und flüchtigen Struktur des Geistes, weil sich derselbe so in die Weite verbreitet, dass eventuelle Schäden immer nur von lokalem Ausmaß bleiben müssen. Auch ist die Beständigkeit der Information umso größer, je mehr sie in die Weite vernetzt ist. Wie auch die einzelnen Details mit so wenig Bindungskraft ausgestattet sein mögen, handelt sich es hier dem Prinzip nach um morphologische Information. Das heißt, das Wissen liegt in vernetzten räumlichen

Strukturen und nicht im Fokus zeitlicher Abläufe, wodurch äußere Störungen keine Informationsinhalte verändern können.[40] Die nur scheinbar labile morphologische Struktur ist praktisch das Gegenstück zur physikalischen Stabilität der anfänglichen Bauelemente. Die beinhalten aber nur Bauwissen, während die Menge der vernetzten Bedingungen im Hintergrund bleibt. Dem Informationsinhalt der Bausteine kommt kaum kybernetische Bedeutung zu. Erst deren logische Ergänzung bis hin zu intelligenten Strukturen lässt eine sinnvolle Entwicklung erkennen. Den Rahmen dazu liefert das Beziehungswissen der hintergründigen Bedingungen. Wird dieses sukzessive in die prägnanten Strukturen der Wirklichkeit gelegt, so begründet sich eine kybernetische Evolution, die wie die physikalische mit robusten Prinzipien beginnt, um dann die Stabilität durch weitläufige Organisationen zu ersetzen. Diese sind in gewisser Weise als immer vollkommenere Abbilder des Beziehungswissens zu verstehen und lassen uns dadurch den Sinn der Entwicklung immer deutlicher werden.

Was uns die Natur vorführt, bildet sich auch in unseren Reflexionen ab. Wir wissen, dass unsere Erkenntnisse nur dann von tiefgreifender Natur sind, wenn sie langlebige Elemente enthalten, die vielleicht schon seit Menschengedenken ihre Dauerhaftigkeit bewiesen haben. Ihre Langlebigkeit ist hinreichendes Zeichen dafür, dass sie in den im ganzen Beziehungswissen versammelten Bedingungen der Evolution geformt sind und nicht von willkürlichen Variationen der Bausteine. Auf der anderen Seite ist die im Verborgenen gehaltene Vielfalt der Bedingungen das Langlebigste, was die Natur zu bieten hat. Statt physikalischer Stabilität steht hier die Robustheit aus der Vielfalt, die sich langsam im Verlauf der Entwicklung auch in die Wirklichkeit entfalten muss. Die Information des kleinen Details, bei der „Konstruktion" der Bauteile noch von höchster Bedeutung, verschwindet dann wie ein Tropfen im Meer. So sind es zwei Dinge, die unsere Erkenntnis stützen. Zum einen ist es die Dauerhaftigkeit der Einsicht, welche sich in der Tradition erhalten hat, zum anderen ist es die Vielfalt, welche sich aus der Tradition entwickeln und zu einem Ganzen fügen lässt.

Die Wahrhaftigkeit unserer Erkenntnis als Relation zum Sinn der Wirklichkeit stützt sich immer auf die Beständigkeit im evolutionären Maßstab. Dieselbe definiert dann gleichzeitig ihre Bedeutung in der Hierarchie der Erkenntnis. Ein ähnlicher Zusammenhang findet sich auch in der Kybernetik als allgemeines Prinzip, dass nämlich das Niveau der Führung von der Langlebigkeit des Führungsziels bestimmt wird. Allerdings ist die Breite

[40] In Bezug zur Information definiert sich der Begriff räumlich als zeitbeständig, was durchaus auch kinematisch organisiert sein kann.

der Information ein weiteres Kriterium, weshalb auch insgesamt die Informationsform dem höheren Niveau angepasst ist. Wie die Aktionen eines autonomen Steuerungssystems lassen sich auch die Erkenntnisse selbst aus einem weiten Sinn entwickeln und befolgen dann das Modell der kybernetischen Pyramide.

Nur die geistigen Erkenntnisse können eine Bedeutung erlangen, wenn sie sich auf Fundamente stützen, die von ehernem Bestand sind. Die Wissenschaft muss demzufolge mit vielen fest vorgegebenen Einsichten und Strategien arbeiten und ihre neuen Ergebnisse darauf aufbauen. Dabei können allemal nur Kleinigkeiten verändert und modifiziert werden, keinesfalls kann ein Gedanke alles Wissen und alle Weisheit infrage stellen. Zu den nur wenig verrückbaren Fundamenten gehört auch das wichtigste Werkzeug der Erkenntnis, die Sprache. Einmal gebildet und in Regeln vereinbart, behält sie über Jahrhunderte ihre grundsätzliche Struktur. Damit trägt sie auch die Bedingungen ihrer Entstehungen über die Zeiten. Im Allgemeinen sind wir von den Möglichkeiten der eigenen Sprache befangen und wissen nicht, wie unser innerer Kosmos mit einer anderen Sprache gebaut sein könnte. Ja wir vermuten sogar, dass es dabei gar keine Unterschiede gibt.

In der linearen Abbildung der Welt sind die Unterschiede tatsächlich gering, sie beziehen sich nur auf den Wortschatz. Jeder Gegebenheit, jedem Ding bzw. jeder Handlung wird ein Begriff zugeordnet. Mit den Vereinbarungen des grammatikalischen Regelwerkes lässt sich die Wirklichkeit mit den Wortsymbolen linear abbilden und in entsprechender Weise auch logisch vorherbestimmen. Grundlage sind die logischen Gesetze, welche sich mit Symbolen leicht beschreiben lassen. Die Beziehungswelten, welche für die höhere kybernetische Ebene von Bedeutung sind, werden dabei nicht unterstützt. In der vereinfachten Darstellung von *Abbildung 9* ist die Struktur der *Sprache A* auf diese Funktion reduziert. Die in der kybernetischen Pyramide (*im Bild oben*) geforderten Führungsqualitäten müssen dann von den historisch gewachsenen gesellschaftlichen Bedingungen erbracht werden, den Verhaltensnormen und Gesetzen. Das sind traditionelle Formen, die sich über lange Zeiten nicht verändern und in der Evolution teilweise auch unbewusst gewachsen sind, weshalb auch die Sprache dazu keine Fähigkeiten entwickeln muss. Einmal auf ein hohes moralisches Niveau gebracht, ist so auch eine hoch entwickelte Zivilisation erreichbar, welche allerdings Macht gegen das Fortschreiten der Entwicklung aufbringen muss, und ebenso die feine Art entwickelter Ethik im Denken und Handeln zu beschützen hat. In einer hoch entwickelten Tradition gesellschaftlicher Normen zu leben und dieselbe zu bewahren ist aufwendig und kann nur einer kleinen Führungskaste gelingen, die dann auch das kybernetische

Führungsprivileg erhält. Es entsteht eine typische Machtkonstellation, da die unteren Schichten von den feinen Normen ausgeschlossen werden, d. h. die Bedingungen für die Entwicklung einer allgemeinen Führungsebene

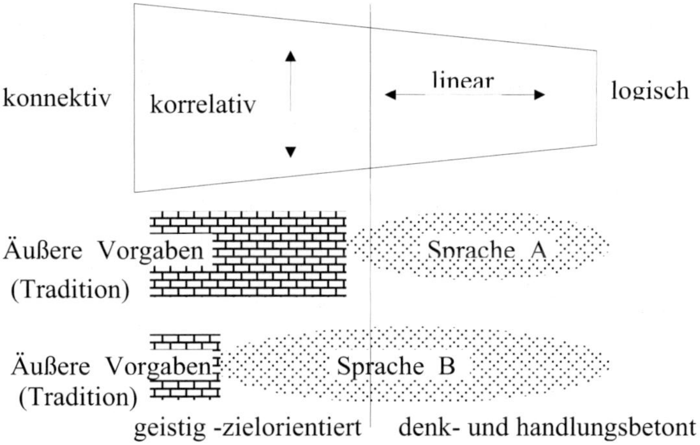


Abbildung 9*: Die Beziehungswelt in der Sprache*

nicht erreichen können. Die Sprache hat keine konnektiven Qualitäten entwickelt, sie kann allein die Führung nicht unterstützen, sondern ist von den Vorgaben äußerer Strukturen abhängig. Damit ist die arbeitende Schicht auf die Führung der oberen Kaste angewiesen, welche allein die Mittel hat, diese äußeren Bedingungen zu halten. Die Geschichte zeigt etliche Beispiele für beständige Ordnungen, bei denen Sinn und Ziel durch strenge äußere Normen, wie etwa die der „feinen englischen Art", vorgegeben wurden.

Die Gelegenheiten der Erkenntnis, in den Rahmen der gesellschaftlichen Sprachentwicklung eingebunden, sind in dem Fall also auf die funktionellen Belange festgelegt, wenn nicht die Normen bestimmte Erkenntnismethoden vorzeichnen, die wiederum nur konservativen Charakter haben können. Auch in den heutigen Wissenschaften scheint sich diese Methode zu verankern, was nicht zuletzt durch den Charakter der Wissenschaftssprache gegeben ist. Es ist leicht einzusehen, dass damit auch die Erforschung der Information in Beziehungen, das heißt der Zielorientierung, erschwert wird, während in den rationalen Bereichen, wie etwa der Technologie, keine Nachteile zu konstatieren sind. Wenn die Information in Beziehungen weniger unterstützt wird, können freilich auch leichter skurrile Theorien ins Kraut schießen. Es werden allein die Ordnungsprinzipien vernachlässigt, wodurch die Scheuer der unendlichen Variationen des Gegebenen geöffnet werden können.[41] Die momentane Wissenschaftssprache hat die diesbezügliche Eigenschaft zumindest teilweise aus dem Lateinischen geerbt, das seine lineare Disposition allerdings mehr aus den Existenzbedingungen der Macht bezogen hatte.

Im anderen Extrem, dem Fall B in *Abbildung 9* entwickelt die Sprache selbst korrelative Eigenschaften und vermag auch Beziehungsinhalte zu vermitteln, die sich in den Strukturen der äußeren Führungen verstecken. Von nur wenig konservativen Normen zurückgehalten, kann sich eine solche Gesellschaft ständig weiterentwickeln, ohne auf Abwege zu geraten. Es ist das Prinzip der natürlichen Evolution, welches nur solche Veränderungen zulässt, die das feine Netzwerk der Führungsbilder befriedigen. Dazu ist allerdings eine ständige sprachliche Entwicklung notwendig, welche das schwierige Gleichgewicht der Ideen schafft, das sich in den Spielregeln der Demokratie niederschlägt. Die Entwicklung kommt aber zum Erliegen, wenn dabei zu viele Pflichten ersonnen und durch politische Gesetze festgeschrieben werden. Zum anderen ist eine solche Gesellschaft leicht zu verführen und demgemäß auch den ausgefuchsten Machtstrategien unterlegen. Bildet sich nämlich vermittels der Sprache tatsächlich der konnektive Sinn im Bewusstsein ab, so werden automatisch die Asymmetrien ausgeblendet, auch die, die den diabolischen und unwirklichen Strategien der Macht entsprechen.[42] Wird die üble Schlitzohrigkeit so aus dem Bewusstsein genommen, bleibt eine gewisse Blauäugigkeit zurück, welche der natürlichen Ordnung in der Welt vertraut. Korrupte Machtstrategen haben dann ein leichtes Spiel. Einfach gesagt, braucht das Paradies keine diabolischen Organisationsformen und ist demzufolge auch gegen deren Strategien von Natur aus nicht gewappnet. Vor den Kriegen war auch im deutschen Sprachraum eine diesbezügliche Tendenz zur Verführbarkeit geschaffen, wodurch den Machtstrategen ein leichtes Spiel gegeben war. Nur ist es keine Lösung, die heile Welt deswegen abzuschaffen. Wenn es bei den Medien in Mode zu kommen scheint, die Spielarten der Hölle jedem begreiflich zu machen, ist der Geistesentwicklung in keinem Falle gedient.

---

[41] Die der Wirklichkeit entrückten wissenschaftlichen Ideen nehmen mit der Unterdrückung der Sprachvielfalt zu, was an der Zahl der entsprechenden Veröffentlichungen deutlich wird.

[42] Der Verdacht ist in einigen Fällen nicht unbegründet, dass die Unschuld der geistigen Harmonie der leichten Verführbarkeit wegen extra gezüchtet wird. Aus diesem Zusammenhang leitet sich möglicherweise auch die unheilige Verbindung politischer Gewalt mit der Kultivierung des Volkstums ab.

Das konnektive System bietet der Erkenntnis die besseren Möglichkeiten, es können neue Sichtweisen gefunden werden, ohne dass die unzähligen Irrwege durchlaufen werden müssen. Selbst auch die funktionelle Ebene kann davon profitieren. Die Zielorientierung bringt der Handlung einen Nutzen und spart in Summe Aufwand und Energie. Der sogenannte „gesunde Menschenverstand“ filtert aus der Unendlichkeit von Varianten blitzschnell diejenigen aus, welche der Wirklichkeit am nächsten kommen, das heißt, deren Kontext am weitesten implizieren. Nicht zuletzt ist auch der „gute Geschmack“ eine Eigenschaft, welche konnektiv gefördert wird und mit einer metaphysischen Sprache gewinnt. Beim Erlernen von Fremdsprachen kann dieser Vorteil kaum übernommen werden. Es ist sogar anzunehmen, dass mit zusätzlichen Sprachen die sensiblen korrelativen Fähigkeiten der eigenen Sprache in Mitleidenschaft gezogen werden, weil der Fokus auf funktionelle Inhalte gerichtet werden muss.

Alle sprachpolitischen Experimente, wie auch die machtpolitische Vereinnahmung ganzer Sprachgebiete, sind in dieser Hinsicht nicht unbedenklich. Der Kommunikationsvorteil kann nur logischer Natur und im Höchstfall der Machtausübung von Nutzen sein. Dazu werden mit Abbildungsfehlern aus der konnektiven Wirklichkeit die aus dem Gleichgewicht verrückten Ideen beschworen und nicht nur die Fiktion zur Modeerscheinung, sondern auch die Hölle von Korruption und Gewalt ständig neu geschaffen. Es entsteht ein Kreisprozess, der sich selbst verstärkt und sich sozusagen vom Zustand der himmlischen Harmonie immer weiter entfernt.[43] Die eigentlichen Werte einer Sprache sind nicht logisch zu analysieren, weil mehr durch die Fähigkeiten bestimmt, neben der Funktion auch den hintergründigen Sinn der Wirklichkeit mitzuführen. Es begreift sich von selbst, dass eine geistbildende Sprachentwicklung nur in begrenzten Ordnungssystemen gelingt und nicht etwa in einem globalisierten Chaos. Die Information, welche notwendig ist, den Zustand der Gesellschaft abzubilden, kann nicht der Beliebigkeit anheimfallen. Sie muss sich den kybernetischen Gesetzen und Prinzipien beugen, welche sich in der Evolution herausgebildet haben. In dem Sinne ist auch das Informationsmittel Sprache ein evolutionäres Ordnungssystem, dessen Entfaltungspotenzial mit der Entwicklung synchron läuft, das heißt selbst ein schöpferisches Bauprinzip einschließt.

Die beiden Sprachsysteme, welche hier in den Extremen dargestellt wurden, werden in der Wirklichkeit viele Zwischenformen bilden, wobei die

---

[43] In dem Sinne ist auch der viel beschwörte politische Frieden nur auf der höchsten kybernetischen Ebene machbar, indem die Bedingungen der Geistesentwicklung angestellt werden. Immer bessere Waffensysteme unterstützen nur die Logik der funktionellen Ebene, auf der nur das Machtspiel geregelt, aber kein gemeinschaftliches Ganzes geschaffen werden kann.

Ausgestaltung des korrelativen Teils wohl die größere Vielfalt erkennen lassen wird. Dieser kann auch eine gewisse Vollkommenheit entwickeln, was sich durch eine bestimmte metaphysische Kraft der Sprache zu erkennen gibt, welche sich natürlich nur auf die Gegebenheiten der Zeit bezieht. Es wäre also zu bezweifeln, dass sich das Erkenntnispotenzial des Altgriechischen auf die heutige Zeit übertragen ließe. Das bedeutet aber nicht, dass die Beschäftigung mit dem Altgriechischen und der antiken Kultur der Griechen keinen Gewinn mehr bringen könnte.

So wie sich die Sprachen als Werkzeuge der Erkenntnis in logischer Hinsicht einigermaßen gleichen, zeigen sie in ihrer inneren Beziehungswelt und ihrer Plastizität wesentliche Unterschiede. Mit diesen verweisen sie auf die Bedingungen, die bei ihrer Herausbildung von Bedeutung waren. So waren etwa Kampfeswille und Eroberung der Weltmacht wichtige Vorgaben für die Sprachentwicklung im alten Rom. In diesem Sinne versteht sich auch, dass der Eroberungswille, gewissermaßen als tensorielle Struktur in der Sprache manifestiert, die kulturellen Leistungen des antiken Rom bestimmte. Der Machtwille als gesellschaftliche Norm lässt den harmonischen Ausgleich, sozusagen die Symmetrie in den Beziehungen, nicht zu. Anstelle geistiger Vernetzung kommt die lineare Logik der Macht zu stehen.

So wie die korrelativen Bedürfnisse in der Sprachentwicklung vernachlässigt werden, wirken auch die sprachlichen Möglichkeiten auf die Erkenntnis zurück. Es ist deshalb nicht verwunderlich, dass mit der römischen Macht viel griechische Weisheit verloren ging, und andere zur Marmorsäule erstarrte. Soviel die Lateiner aus aller Welt zusammentrugen und kopierten, verstanden sie am Ende immer weniger. Einmal für die Aufgabe geformt, sind die Grundstrukturen der Sprache über Jahrhunderte stabil, mit ihnen auch die vermittelten Werte und Ansichten. Ein fest geformter Sprachkörper hängt der Entwicklung hinterher und ist nur schwer den Forderungen der Zeit anzupassen. So konnte auch erst mit den Sprachentwicklungen des Mittelalters der Erkenntnisweg fortgeführt werden, auch wenn die griechischen Quellen einen Jahrtausendumweg über arabische und jüdische Gelehrte nehmen mussten. Er möge es nur in gutem Deutsch ausdrücken, soll der Jenaer Professor Erhard Weigel seinem Schüler Leibniz empfohlen haben, um den aufgeblähten Nonsens der Lateingelehrten zu läutern. Schon Luther ließ sich Texte in den Originalsprachen bringen, weil die lateinischen den Sinn nur ungenau entdecken ließen. Sprachpflege und Sprachentwicklung sind die Gegenspieler der Macht, aber die Säulen der Wissenschaftskultur. Sie sind es auch, welche neue Fenster in die Wirklichkeit öffnen, ohne dass der Blick die harmonischen Zusammenhänge verlassen muss und von skurrilem Nonsens getäuscht wird. Mit einer vereinfachten, statt entwickelten Wissenschaftssprache wird der aber kaum ausbleiben. Und bei der Reduzierung auf eine Sicht muss das nicht einmal bemerkt werden, da alle Vergleichsnormale gleichermaßen mitgezogen werden.

Wenn auch die einzelnen Sprachen in ihrer Verschiedenartigkeit ganz andere Denkarten provozieren und ganz unterschiedliche Weltsichten, kann eine nicht über die andere gestellt werden. Jede hat eine andere Sichtweise zu belegen, und es ist gerade eine Aufgabe der Evolution, die Unterschiede zu erzeugen und damit die verschiedenen Positionen zu besetzen. Es versteht sich von selbst, dass das nicht punktuell gilt, sondern über einen weiten Bezug in der geschichtlichen Entwicklung. Der Fortschritt der Zivilisation setzt die evolutionären Prinzipien fort, und kann sich demzufolge nur auf eine Folge von Differenzierungen stützen, was auch für die Erkenntnisinstrumente gilt.

In dieser Sicht ist Sprache nicht das primitive Kommunikationsmittel, sondern das hoch entwickelte Werkzeug, mit dem der weite Sinn der Evolution in unsere Denkprozesse gezogen werden kann. Solch komplexe Aufgabe kann nicht mit dem Fokus einer einzelnen Sprache gelöst werden. Sie ist vielmehr an Mehrsprachigkeit gebunden, welche letztlich auch für einen gewissen Impuls zur Weiterentwicklung in den Sprachsystemen zu sorgen hat. Wenn eine weltweite Kommunikationssprache notwendig wird, so kann sich diese nur auf den linearen Aspekt beziehen und kann demzufolge für alle nur eine Zweitsprache sein. Sie könnte der Sinnsuche nichts hinzufügen, das heißt, sie könnte diese nur durch das Spiel von Macht und Nonsens ersetzen. Deshalb ist es notwendig, die Weltsprache auf das kommunikative Moment zu reduzieren, was nur mit einer Kunstsprache in deutlicher Form gelingen kann. Damit böte sich auch die Möglichkeit, eine perfekte Logik und einen optimierten Wortschatz zu hinterlegen, wie sich auch Aussprache und Schrift in Übereinstimmung bringen ließen. Es wird die Zukunft ohnehin zeigen, dass nur mit einer weltweiten Kunstsprache die Basis einer modernen Informationstechnologie geschaffen werden kann, mit der auch die natürlichen Sprachen leicht adaptiert werden können. Der geistvoll kulturelle Teil der Sprache ist ohnehin in der jeweiligen Muttersprache am besten aufgehoben. Er verkörpert die historisch gewachsene Struktur zur Sinnsuche und impliziert die ganze Weite der Beziehungen in der Gesellschaft. In kybernetischer Hinsicht unterstützt die evolutionär gewachsene Sprache die Bedingungen der konnektiven Selbstorganisation, so wie sich diese individuell, wie auch in sozialen Zusammenhängen, herausbildet.

Der vernetzte Informationsgehalt in den einzelnen Sprachen kann nicht analytisch bestimmt werden, weil das Detail dafür nicht zuständig ist. Vielmehr zeigen sich die Besonderheiten des Sprachbaus in den kulturellen

Eigenarten der Sprachgemeinschaften. Werden die Beziehungen durch starke, historisch gewachsene Traditionen vorgegeben, so sieht man das am äußeren Traditionsbewusstsein. Aber auch den Drang zum Miteinander wird man verstärkt vorfinden, weil sozusagen das Weltbild weniger im Inneren entwickelt werden muss, wenn es aus dem Äußeren vollkommen bezogen werden kann. Dass dadurch auch die Handlung des Augenblicks in den Vordergrund rückt, ist deshalb gegeben, weil das innere konnektive System, das sonst auch die Zukunft mit einkalkuliert, nicht gefordert wird. Es wird sozusagen alles Notwendige wie auf einem Tablett serviert, zumindest ist man kulturell daran gewöhnt. So sieht man auch die Freude am Schaffen selbst, welche das Ziel vergessen macht. Die frohe Lebensauffassung, den Tag genießen und nicht in die Zukunft schauen, ist so auch eine Folge eines geistigen Betriebssystems, welches sich allein durch eine lineare Sprache programmieren lässt. Die mag durch Anlage und Bildung individuell verschieden sein, die allgemeine Tendenz aber zeigt sich nicht nur in den einzelnen Lebenskonzepten, sondern auch im allgemeinen Kulturgut, welches mit der Sprache in enger Wechselbeziehung steht.

Aber auch die freie Lebensart, welche von der Tradition kommt, ist nicht ohne Schattenseite. Wenn die Lebensvorgaben nicht ständig neu aus der Weite der äußeren Beziehungen und den Bedingungen der Zukunft entwickelt werden können, ist auch die Verführung in die fixe Idee entsprechend einfacher. Diese scheut den weiten Kontext, mogelt sich gewissermaßen an den Bedingungen der Wirklichkeit vorbei und unterstützt die kurze Phantasie des Augenblicks. Die auf die lineare Logik begrenzte Sprache verführt damit zu spontanen Handlungen ohne nachhaltige Wirkung, zur Verrückung in eine Scheinwelt und zu verzerrten Anschauungen, was sich auch in der Wissenschaft und den Künsten niederschlägt. Das alles aber kann die Tradition entbehren, wenn sie nämlich das vermeintliche Entwicklungspotenzial künstlich am Boden hält und allen diesbezüglichen Wildwuchs in die anerkannten Bahnen der Zeitmode zu leiten weiß.

Aber nicht nur das stabile traditionsbewusste Gesellschaftswesen, auch die dynamisch evolutionäre Zivilisation, die auf das metaphysische Prinzip einer in sich korrelierten Sprache setzt, hat bestimmte Vorgaben nötig. Diese entstammen zwar derselben Wurzel, den konnektiven Prinzipien der Selbstorganisation, welche aber nicht in Tradition erstarrt sind, sondern offen und sich in ständiger Weiterentwicklung befinden. Die dabei zu schützenden Vorgaben sind die ineinander geschachtelten Prinzipien selbst, deren aufbauend symmetrische Struktur logisch nicht einsichtig ist. Der simple Kern wird häufig als kitschig empfunden, besonders wenn er in den Fokus logischer Betrachtungen gerät. Das dynamisch evolutionäre System setzt deshalb eine gewisse Achtung der Informationsprinzipien voraus, wobei sich diese auch aus den notwendigen geistigen Einsichten entwerfen lassen, wenn nur die entsprechenden Werkzeuge bereitstehen.

In der Wirklichkeit können wir die Dinge und die Geschehnisse unmittelbar beobachten. Die Bedingungen für deren Existenz und deren Weiterentwicklung sind uns direkt nicht zugänglich. Entsprechende Vermutungen basieren häufig nur auf Fehlinterpretationen der Wirklichkeit, verraten aber das hintergründige Wirken der konnektiven Bewusstseinsebene, welche sich genau diesen Aufgaben zu stellen hat. Da sich die Vermutungen aber nur über einfache Sprachelemente ausdrücken lassen, die der logischen Abbildung der Wirklichkeit entsprechen, müssen sie als glattweg falsch interpretiert werden. Es ist die historische Etappe der Aufklärung, in der die logische Analyse auf alle Bereiche der Erkenntnis angewandt wurde. Erst nachdem die Sprache befähigt wurde, die Bedingungen der Wirklichkeit unbewusst dem inneren Kosmos zur Verfügung zu stellen, konnte dieser eine Ausdrucksform entwickeln, welche die konnektiven Bedingungen berücksichtigt. Es war die vom Okkultismus befreite Geisteskultur, welche die Informationsprinzipien auf natürliche Art in das evolutionäre Konzept stellte. In den blutigen Auseinandersetzungen um die Wahrheit war in den Religionskriegen die deutsche Sprache soweit qualifiziert worden, dass sie die Wirklichkeit auch nach den Beziehungen des Sinns zu erfassen vermochte. Die tiefgründige Erkenntnis der Wirklichkeit schien von existenzieller Bedeutung zu werden. Andererseits entspross dieser Angstbewegung ein ideeller Keim, der sich im Licht der Aufklärung zu einer unverhofften Schönheit entwickelte. Alle Farbe, die dem Materialismus entzogen ward, wähnte man in einem weiten Spiel des Geistes wieder zu finden. In den Blütezeiten des Idealismus und der Romantik offenbarte sich das evolutionäre Prinzip gewissermaßen von seiner schönen Seite, indem die Führungsrolle des Geistes in der Natur und im Menschen erkannt und als das Schöne und Gute interpretiert werden konnte. Was aber die Metaphysik der Sprache an kybernetischer Einsicht erwirkt hatte, war durch Reduzierung auf das Rationale schnell wieder vertan. Dabei ist die logische Veranlagung der Sprache nur die notwendige Voraussetzung, die Tiefen der Erkenntnis sind soweit grenzenlos, wie die Beziehungswelten darin gedacht und formuliert werden können. So wie die einfache und geradlinige Sprache der Sukzession eines Vorganges gleichkommt, ist der Zusammenklang des Sinns auf die unzähligen Beziehungen angewiesen, die im Einzelnen unbedeutend, der Sprache kaum anzusehen sind. Zahlreiche Ausdrucksformen der Macht stehen den Bedingungen der Evolution des Geistes entgegen. Darunter fällt im Besonderen auch das erzwungene Lernen einer verordneten Fremdsprache.

## *2.2 Der kybernetische Gesichtspunkt*

Im Allgemeinen messen wir der Sprache keine allzu große Bedeutung bei. Auf den ersten Blick ist sie uns nur eine Vermittlerin. Andererseits verrät sie auch, was hinter den Stirnen abläuft und mit welchen Mechanismen und auf welchem Niveau gearbeitet wird. Als Verbindungsglied wird sie geformt, aber mit ihrem Regelwerk formt sie auch selbst, induziert gewisse Strukturen und lässt andere verkümmern. Damit reduziert sie den Fluss der Gedanken oder entlässt sie in die Weiten von Raum und Zeit. Selbst die Möglichkeit zu Vorstellungen und Ideen wird vom System der Sprache zugelassen oder unterbunden. Und sie bedarf der Worte, die anders als im Computer nicht nur Inhalte bezeichnen, sondern auch Beziehungen. Sprache als Kommunikationsmittel lebt von eindeutigen Inhalten. Sprache als Betriebssystem des Geistes braucht dazu noch die Korrelationen, welche den Gedanken gewissermaßen ihre Existenz- und Wachstumsbedingungen liefern.[44] Die Sprache der Wissenschaft definiert diese Beziehungen auf logische Art, weil die Gesetze nur mit eindeutigen Symbolen funktionieren. Aber die Wirklichkeit kennt eine unübersichtliche Menge von Beziehungen, welche sich nicht auf ein einfaches Kalkül reduzieren lassen. Will eine Theorie darüber befinden, muss sie Methoden ersinnen, die weit über die Beschreibung einer logischen Funktion hinausgehen.

Das beginnt schon damit, die Idee der Information in einen weiten Rahmen zu stellen. Mit dem Wort selbst sollte zunächst ein „Formen“ ausgedrückt werden, das mit der Vorsilbe „in“ zum „Hineinformen“ wird. Mit diesem ursprünglichen Sinn wird der Kerngedanke der Kybernetik vorweggenommen. Etwas, mit dem ich ein Substrat in eine Form bringen will, muss in einer Vorstufe vorhanden sein, muss etwas besitzen, das sich auf andere Gelegenheiten übertragen lässt, ohne sein Wesen zu verlieren. Die folgerichtige Verwandlung der Führungsidee in die Verformung eines Details der Realität lässt sich mit kybernetischen Prinzipien nachvollziehen. Gleichzeitig ist damit auch eine ursächliche Wirkung beschrieben, welche sich auch auf den ganz unterschiedlichen Ebenen mit ganz unterschiedlichen Informationsarten abspielen kann. In jedem Falle aber ist das kybernetische Prinzip gewährleistet, das Übertragen einer dem Ziel näher stehenden Information in einen Prozess, der die Wirklichkeit im Sinne der Evolution verändert. Bestimmt sich auf diese Weise ein irreversibler Fluss von Information, so ist damit auch die Richtung der Zeit bestimmt. Die wird umso

[44] Erst wenn es gelänge, die korrelativen Inhalte der Wirklichkeit vermittels der Sprache vollkommen zu verarbeiten, könnte auch eine universelle Sprache geschaffen werden. Weil das nicht möglich ist, bleibt der Wettbewerb der Sprachen eine Annäherung an den Idealzustand.

deutlicher, je besser die Ergebnisse der Prozesse ersichtlich werden. Während wir in den kinematischen Vorgängen des Beginns eine zeitliche Veränderung kaum registrieren könnten, sollte mit der Bildung der ersten Strukturen ein gewisser Zeitfluss deutlich werden. Dabei sind die Strukturen und ihre Gesetze selbst nur von konservativer Form, können also lediglich den Zeittakt bezeugen. Die Richtung wird nur aus ihrer fortwährenden Entstehung und Vervollkommnung ersichtlich.

Allerdings nimmt der Umfang der konservativen „Produkte" im Verlauf der Evolution zu. Was dabei am Anfang als intrinsische Organisation nur einfache Rekursion war, wird im Folgenden durch logistische Prinzipien verfeinert. Dabei ist es zunächst nur der chemische Reaktionsraum, in dem über Gleichgewichtsreaktionen so ziemlich alle logischen Operationen erzeugt werden können. So können etwa die Konzentrationen verschiedener Reaktionspartner als Eingangssignal eine erzeugte Substanz als Ausgangssignal kontrollieren. Nach diesem Prinzip sind nicht nur all die logischen Verknüpfungen möglich, sondern auch zeitliche Koordinierungen, wie auch Rückkopplungen, welche sich zum Speichern von Information oder zu ganzen Regelkreisen variieren lassen. Einen gewaltigen evolutionären Sprung erfährt die Methode mit dem Aufkommen von Eiweißverbindungen, die das katalytische Prinzip außerordentlich effektiv gestallten. Durch die besonderen räumlichen Strukturen der Proteine[45] können gewissermaßen die Reaktionsräume selbst an den chemischen Prozess angepasst werden. Die Reaktionen werden hochspezifisch und treffsicher, was dem Informationsfluss der Logistik zugutekommt.

In den ersten biologischen Zellen wird die ursprüngliche Kohärenz gewissermaßen mit logistischen Mitteln auf kleinem Raum nachgebildet. Dazu müssen zunächst die Bedingungen aus einem weiten Umfeld auf einen kleinen Raum zusammengezogen werden. Auch wenn die Denkweise nicht üblich ist, muss die kosmische und geologische Umgebung die Information liefern, welche für die sukzessive Gestaltung dieser „logistischen Kohärenz" notwendig ist. Das sind nicht nur die unmittelbaren Substanzen und Reaktionsräume, sondern auch die Zeitzyklen, wie sie etwa durch den Tag- und Nachtrhythmus, den Jahreslauf oder den Gezeitenzyklus gegeben sind. Es ist gewissermaßen die Sprache der Natur, welche die Kommunikation mit den evolutionären "Entwicklungen" führen muss, und zwar auf den verschiedensten Ebenen. Allerdings ist zu Beginn die Kommunikation eine unidirektionale, was sich mit der Entwicklungshöhe umso mehr ändert, je

[45] Der augenscheinlich lineare Informationsinhalt der Polypeptide kodiert eine dreidimensionale Struktur, die in der nativen Umgebung der Zelle zum Tragen kommt.

intensiver die Strukturen selbst an der Evolution teilnehmen. In der menschlichen Zivilisation entsteht daraus die Sprache im eigentlichen Sinne. Sie ist umso wirkungsvoller, je mehr sie die ganze Breite der kybernetischen Ebenen bedienen kann. Es ist die Metaphysik der Kommunikation, dass neben der logischen Symbolik auch noch das Wissen in Beziehungen transportiert werden muss. Das Prinzip ist überall dort zu finden, wo das konservative Geschehen durch eine Weiterentwicklung verlassen wird. Das muss auch für die Bildung der ersten Lebensformen gelten.

Die biochemischen Prozesse des Anfangs sind teilweise im Labor durch äußere Bedingungen nachzuvollziehen, wobei der universelle Bausteincharakter der Aminosäuren und Nukleinsäuren ausgenutzt wird. Erst aus einer strategischen Sukzession reaktionsrelevanter Einflüsse von außen lassen sich Substrate erzeugen, mit denen sich sinnvolle Funktionen von fast beliebiger Komplexität gestalten lassen. Dabei erweisen sich die Substanzen nicht nur als ausgezeichnete Baustoffe, Transportmittel und Energiespeicher, sie sind zugleich auch Steuerelemente, Sensoren, Informationsspeicher und Kommunikationsmittel. Auf der anderen Seite ist es einzusehen, dass zu Beginn kein logisches Wissen in das System direkt einfließen kann, da die Umwelt noch keine symbolische Information wie etwa in Form solcher Eiweißstrukturen zu bieten hat. Es ist immer nur ein Beziehungswissen, nämlich die Konstellation verschiedener Parameter, welche als Reaktionsbedingungen wirken. Wie sich diese Bedingungen von selbst verändern, müssen auch die „Entwicklungen“ weiterlaufen, das heißt es ist später kein Neustart möglich, sondern nur eine Variation auf dem erreichten Niveau. Irgendwann wirken auch die Lebensformen auf die ökologischen Bedingungen zurück, wodurch diese nur allgemeiner werden können.

Der Evolution trauen wir solcherart „Laborarbeiten“ nicht zu, aber auch der Zufall wäre auf genau die Bedingungen angewiesen, welche für die Syntheseprozesse notwendig sind. Selbst das, was in einer Selektion als unzweckmäßig herausfällt, hat die Prämissen nötig, welche die entsprechende Brauchbarkeit zu definieren hat. Zudem ist die sonst mögliche Variationsbreite der Eiweißverbindungen in der Natur stark eingeschränkt, was auf das Wirken zusätzlicher Strategien hinweist. Ein wichtiges Indiz für eine „methodische“ Evolution ist der stammesgeschichtliche Zusammenhang, der an keiner Stelle eine Abkehr von den ursprünglichen Prinzipien oder gar einen Neustart erkennen lässt. So ist es in einem gewissen erweiterten Blickwinkel gleichgültig, ob wir einen Informationsgehalt in den Dingen der Wirklichkeit fordern, oder in den äußeren Vorgaben, welche genau diese Wirklichkeit erzeugt hat. Vielleicht lehnen wir die Einflussnahme äußerer Information aus rein psychologischen Gründen ab, weil sie sich der Schöpfungsidee verdächtig macht, was am Ende nur eine Definitionsfrage ist. Der Begriff Idee wäre dann nicht ganz unzutreffend, wenn das Bezeichnete in einen sehr weiten Rahmen gesetzt und mit einem allgemeinen Informationsbegriff verbunden werden könnte. Wenn wir kybernetische Gesetze nur in kleineren Ausmaßen akzeptieren, schließen wir uns selbst von der Erkenntnis größerer Zusammenhänge aus und können dieselben weder beurteilen noch ablehnen. Dabei ist die biochemische Genese des Lebens das weitreichende Theorem der modernen Biologie. Indem wir die Wirklichkeit akzeptieren, respektieren wir gleichzeitig die Prähistorie einer Abfolge von Bedingungen, ein Prinzip, das in allen Entwicklungsstufen der Evolution zum Tragen kommt.

Wenn die intrinsischen Vorgänge in den ponderablen Teilchen noch in kinematischen Zyklen gehalten werden, die aus der Kohärenz des Ursprungs direkt abgespalten werden, muss das Zusammenspiel der Substanzen in der kybernetischen Evolution von den zurückgelassenen Symmetriebrechungen gebildet werden. Sie entsprechen den Vorgaben in einem gewissen Zeitfenster der frühen erdgeschichtlichen Bedingungen, welche in anderer Zeit und anderem Orte nicht wieder gegeben sind. Es wird ein paralleles Geschehen unterhalten, das den äußeren Bedingungen entspricht, mit deren Veränderung mitläuft und sich dabei selbst verändert. Voraussetzung dazu ist es allerdings, dass Bedingungen und Prozesse, mit so unterschiedlichen Materien sie auch geführt werden, von ähnlichen Informationsprinzipien unterhalten werden. Das heißt, es muss eine quasiresonante Übergabe möglich sein. Die Prozesse müssen von den äußeren Bedingungsmustern angesprochen und beeinflusst werden können. Die erforderliche Synchronisation wird von der Evolution selbst geliefert, sie stammt aus den Entfaltungsmethoden der physikalischen Evolution, bei der die zurückgelassenen Symmetriebrechungen genau die intrinsischen Prozesse ergänzen, welche gerade abgeschieden wurden. Es ist die symmetrische Order, welche gewissermaßen die Entwicklung begleitet und alle Prozesse auf ein Minimum an Organisationsaufwand zurückholt.[46]

Die Parallelität von Vorgängen auf unterschiedlichen Informationsebenen kann mitunter noch in unserem späten und daher undeutlichen Verlauf der Entwicklung beobachtet werden. Zum Beispiel wenn wir eine Entscheidung treffen und ein gutes Gefühl dabei haben. Die konnektiven Bedingungen begleiten unsere Gedanken und Handlungen, sie werden nach den äußeren Vorgaben im Beziehungskosmos unseres neuronalen Netzwerkes mitgeführt

---

[46] Das betrifft natürlich nur den roten Faden der Evolution, der in der Unmenge verlassener Linien bestehen muss, sich andererseits aber auch hier nur abwickeln kann.

und können uns zu weisen, das heißt nachhaltigen Entscheidungen verführen. „Es fühlt sich gut an“, wenn der Verstand gewissermaßen mit den unbewussten konnektiven Rahmenbedingungen in „Resonanz“ gerät. Die Zeitlosigkeit des höheren Führungsniveaus schützt vor kurzsichtigen Handlungen und öffnet weite Perspektiven, welche eben nicht direkt, sondern nur mittelbar, in der Gedankenführung eines ausbalancierten Verstandes, spürbar werden können.

Wenn die Vernetzung der chemischen Prozesse in den ersten biologischen Zellen als ein Abbild äußerer Einflüsse angesehen werden kann, so müssen sich auch hier die typischen Kennzeichen der evolutionären Systeme wiederfinden. Das sind zunächst die Strukturen, welche sich nach konservativen Gesetzen aneinanderreihen und trennen lassen. Sie sind nach symmetrischen Prinzipien gebaut und können durch Zusammenlagerung und durch Einbeziehung chemischer Gleichgewichte weitere Symmetrien bilden, wodurch sie Information und Energie abgeben können. Gleichzeitig übertragen sie ätiologische Information und beteiligen sich in Form sogenannter Transkriptionsfaktoren an der inneren Organisation der Zelle. Die Strukturen sind aus den einheitlichen Bausteinen aufgebaut. Die Wiederholbarkeit verliert sich aber in den komplexen Strukturen, die alle nur noch einen Transkriptionsfaktor vertreten. Damit repräsentieren sie schon eine höhere Stufe in der kybernetischen Pyramide und werden für die Vernetzung brauchbar, bei der sie die Werte von Wichtungen zu vertreten haben. Es entsteht eine konnektive Ebene, welche den Zusammenhang der äußeren Bedingungen abbildet, dabei aber selbst auch eine Balance finden kann, welche die eigene Symmetrie vertritt, das heißt den optimalen Zustand des geringsten Organisationsaufwandes. Das Beziehungswissen, in dem die äußeren „Laborbedingungen“ gehalten werden, findet sich sozusagen in den Organisationsbedingungen der Zelle wieder, es wird dort ebenso mittelbar vertreten, wie in den äußeren Strukturen. Die Möglichkeiten dazu werden durch das Informationssystem der Polypeptide gegeben, welches die enorme Verdichtung der Information zulässt und von außen leicht beeinflussbar ist. Das konnektive System der Zelle ist soweit evolutionär, wie es mit weiteren Beziehungen zu äußeren Bedingungen in ein vergrößertes Beziehungsfeld eingebracht werden kann. Die Berücksichtigung zusätzlicher Transkriptionsfaktoren muss die innere Organisation vergrößern, weil damit auch das zu erstrebende Gleichgewicht subtiler gebaut werden muss. Aber die Organisationsprinzipien und die dazu passenden Baustoffe müssen beibehalten werden, weil das evolutionäre Zeitfenster der vorherigen Bedingungen nicht wieder angestellt werden kann.

Nicht nur der Bau der biologischen Zelle und die Instabilität der Baukörper, auch die ständige Beteiligung an äußeren Geschehnissen machen es erforderlich, dass die Zelle in ein äußeres Energie- und Stoffgefälle eingebunden bleibt. Aus dem Gleichgewicht einer konservativen Rekursion, wie das im intrinsischen Prozess der ponderablen Teilchen der Fall war, wird das quasievolutionäre Geschehen eines Fließgleichgewichtes. Es ist die ständig aufrechterhaltene Evolution en miniature, in der auch die Informationskonzepte dem Prinzip nach und im Kleinen abgebildet werden. Dabei muss das, was die Evolution in großen Zeiträumen vorgelegt hat, in kurzen Zyklen wiederholt werden. Das heißt, die Vorgaben müssen abgespeichert werden, und zwar für alle Ebenen der kybernetischen Pyramide. Für die wiederholbaren Eiweißbausteine bietet sich die symbolische Logik geradezu an. Die Speicherung des Baukonzepts kann in der quasisymbolischen Form der Ribonukleinsäuren geschehen. Das Karteikastenprinzip der Logik reicht dazu allein nicht aus. Die kybernetische Pyramide verlangt, dass auch die Rahmenbedingungen bewahrt werden müssen, in denen sich die logisch codierten Prozesse abspielen. Das betrifft nicht nur die Zellstruktur an sich, sondern auch die Strukturen der Zellteilung und die Form der äußeren Kommunikation. Wenn in der Sequenz der DNS die logische Bibliothek bewahrt wird, so kann nur die Metastruktur des Zellkerns entsprechende konnektive Information liefern, welche gewissermaßen für den höchsten Zweck der Zelle, ihren Sinn, steht. Dabei ist die Abfolge der Nukleinsäuresequenzen nicht ganz unbeteiligt, weil diese letztlich auch über die Lage der Wasserstoffbrückenbildung und damit der Vernetzung verfügt. Das Prinzip der höheren Strukturierung ist bereits bei den Polypeptiden ausgenutzt, welche erst dadurch ihre Zweckmäßigkeit erhalten. Für die Zellteilung steht extrachromosonale Information zur Verfügung, welche mit sehr geringem Umfang auskommt, da nur der kurze Zeitraum der Teilung zu überbrücken ist. Im normalen Leben der Zelle muss der strukturelle Rahmen der Zellfunktionen mit dem konnektiven Wissen des Zellkerns in Übereinstimmung gebracht werden, was nur mit einem anderen Informationssystem optimal gelingen kann. Neben den Mechanismen der Kohärenz durch strukturelle Ergänzung kommen die sogenannten Biophotonen in Verdacht, welche ein komplexes Situationsbild in den Zellkern projizieren können, um dort eventuelle Aufspleißungen mit den entsprechenden Synthesemechanismen zu provozieren. Die Photonen werden in den chemischen Reaktionen produziert und können in der DNS transportiert werden, was eine gewisse Kohärenz in der Zelle unterstützen kann. Auf diese Art kann ein Prinzip realisiert werden, das sich in der Form eines quasikohärenten Netzwerkes auf dem höheren Niveau des Bewusstseins mit anderen Mitteln wiederholt.

In der kybernetischen Kausalkette, die im Allgemeinen eine nichtlineare[47] ist, verbindet sich die Datenreduktion mit einer Verstärkung des Energieeinsatzes, so wie das im Modell der kybernetischen Pyramide beschrieben ist. Einen Zuwachs an Zielinformation kann es in dieser Reihenfolge nicht geben. Der ist nur in der höchsten Ebene möglich und im konnektiven System am sinnvollsten, in dem Beziehungswissen aufsummiert wird. Wird die kybernetische Pyramide irgendwo vor dem Prozess beendet, so kann der Informationsfluss auf diesem höheren Niveau in eine äußere Organisation eingreifen. Der gesamte ursächliche Sinn der Steuerungsaufgabe ist aber auch hier schon nicht mehr vorhanden. Die Information ist reduziert und lässt sich an dieser Stelle nicht wieder in Vollkommenheit zusammensetzen. So kann etwa ein Summierglied das Zahlenergebnis einer komplizierten Rechnung ausgeben. Von diesem Ergebnis kann jedoch nichts über die strukturellen Beziehungen, also dem Zweck der Ausgangsgrößen abgeleitet werden. Schon der Symbolcharakter der Information würde das nicht zulassen.

Wenn das Wissen zum Prozess hin nicht erweitert werden kann, so betrifft das nicht die Informationen, welche für die Anpassung des Prozesses an die konkreten Bedingungen der Wirklichkeit notwendig sind. Zum Prozess hin ist das vor allem die Frage der zeitlichen Koordinierung. Die Vorgaben können nur exakt verwirklicht werden, wenn sie genau mit der äußeren Situation zusammenspielen. Zu diesem Zwecke impliziert das kybernetische Prinzip die Möglichkeit von Rückführungen, welche den Abgleich mit dem Prozess auf den verschiedenen Ebenen des Steuerungssystems ermöglicht. Die Information muss dabei zur Methode passen, welche dem kybernetischen Niveau entspricht (*Abbildung 10*). Sie muss demnach schneller sein als die Führungsvorgabe der entsprechenden Ebene und muss von gleicher Art sein. Auf dem untersten Niveau ist das die transiente Information, welche einen Regelkreis bedient. Die nächsthöhere Ebene wird durch die logische Kommunikation beherrscht, welche nicht nur in der Technik, sondern auch in der Natur eine weite Verbreitung erfahren hat.

Rückführungen auf noch höhere Stufen der kybernetischen Pyramide sind theoretisch möglich, werden aber immer aufwendiger und sind deshalb kaum zu finden. Erst auf dem Range der vernetzten Beziehungen wird das Prinzip wieder ökonomisch und sinnvoll. Auf dem höchsten Niveau könnte das Ergebnis durch die externe Vernetzung mit den Beziehungen der Wirklichkeit in die höchste Führungsebene des autonomen Systems eingetragen und die Aufgabe gewissermaßen zurückgesetzt werden. Diese höhere Art

---

47 Im Sinne von vernetzter Verzweigung, nicht in der Bedeutung von krummlinig.

Vernetzung mit der Wirklichkeit gehört aber im Allgemeinen nicht mehr zu den Steuerungsprinzipien und wird deshalb nicht mehr als Rückkopplung bezeichnet.[48] Dabei wäre sie eine vollkommene, da die Ergebnisse im Konsens des Sinns beurteilt und evtl. Abweichungen dahin gehend toleriert werden können. Zudem ergänzt das konnektive System fehlende Information, sodass die höchste Ebene nicht immer auf extrem breite Information angewiesen ist. Im aktuellen Prozessgeschehen jedoch ist die selbsterzeugte Veränderung der äußeren Wirklichkeit marginal. Die konkrete Information, welche vom momentanen Prozess bezogen werden kann, ist für die höhere Ebene nicht unmittelbar relevant, sie wird es erst in der umfänglichen Wirkung. Durch den extremen Niveauunterschied der Informationsart in unmittelbarer Prozesssteuerung und Zielebene ist es deshalb ausgeschlossen,

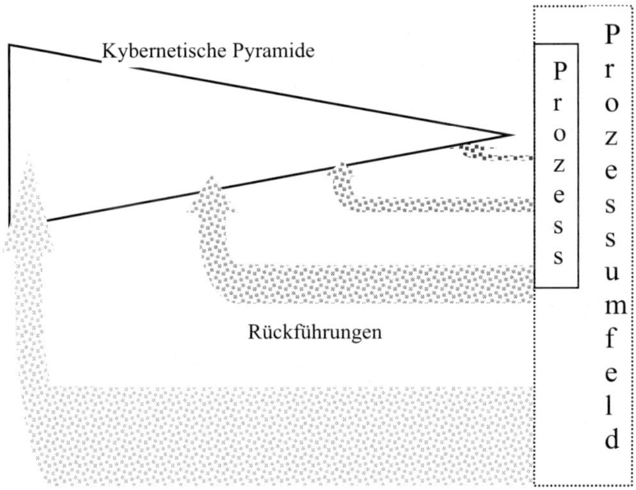


*Abbildung 10: Rückmeldungen*

dass das System durch die Rückkopplung selbsterregt werden könnte; die Stabilitätsbedingung ist immer erfüllt. So ist im Beziehungswissen der höchsten Ebene etwa der transiente Einfluss eines einzelnen Parameters kaum mehr wahrnehmbar. Dagegen ist auf den unteren Leitebenen die Ge-

48 Hier wird die Sinnebene erreicht, die nicht mehr zum Gegenstand der analytischen Wissenschaften gehört. Dafür zeichnen die Geisteswissenschaften.

fahr der Selbsterregung gegeben, sie wird umso größer, je näher man zum Prozess kommt. In den technischen Steuerungssystemen, welche ohne konnektives Leitsystem auskommen müssen, ist eine Rückkopplung immer zweckmäßig, wobei einzelne Funktionen des Steuerungssystems und des Prozesses überwacht werden können. Durch die einheitliche Verwendung von logischer Information sind Rückführungen in alle Ebenen des Steuerungssystems möglich. Man bemerkt aber auch hier, dass der räumlich sinngebende Charakter in der höheren Ebene durch die zeitliche Positionierung des Prozessgeschehens in der niederen abgelöst wird. Auch wenn die ganze Bandbreite logischer Möglichkeiten ausgereizt wird, zeigt sich schnell deren Begrenztheit.

In den natürlichen Systemen dagegen wird man das ganze Spektrum der Informationsarten antreffen. Die zurückgeführten Sensorsignale sind den Prinzipien angepasst. Sie können nur das Informationsniveau haben, das dem kybernetischen Niveau der Additionsstelle entspricht, also nicht etwa breitere und langsamere Daten beinhalten. Das Prozessgeschehen wird dann aber auch vom entsprechenden Niveau aus bewertet. In hohen Niveaus ist der Blickwinkel größer und der gerade geführte Prozess macht nur einen kleineren Teil des Bildes aus. In Prozessnähe wird der veränderbare Anteil bedeutender und damit die Rückkopplung gefährlicher, da der beobachtbare Prozessparameter immer mehr auch mit der Informationsart der Führungsfunktion übereinstimmt, was die Gefahr der Selbsterregung mit sich bringt. In den biologischen Systemen sind physiologische Beschränkungen eingebaut. Es sind mitunter für die Rückmeldung auch ganz andere Informationsträger oder Übertragungsprinzipien im Einsatz. Im Schmerzbewusstsein etwa finden sich für die konnektive Vernetzung langsame Nervenzellen und für den sensorischen Vordergrund markhaltige schnelle Fasern. Das Prinzip ist auch dem Ingenieurwesen nicht fremd. So können sensible Signale vom Prozess über Lichtleitfasern geführt und wenigstens auf ihrem Weg von den energiereichen Steuerparametern des Prozesses ferngehalten werden. Bei der Verknüpfung selbst müssen Stabilitätsbedingungen beachtet werden, die auf dem Niveau der transienten Information die Phasenlage des Rückkopplungssignals und dessen Kreisverstärkung betreffen. Die Einhaltung dieser Bedingungen ist das Arbeitsgebiet der Regelungstechnik, deren Aufgabe es ist, die Schnelligkeit und Präzision der Prozessführung gegen die Stabilität der Einrichtung zu setzen.

Auch im evolutionären Prozedere ist eine gewisse Stabilität vonnöten. Sie wird dadurch erreicht, dass das System immer gegen frühere Entwicklungsbedingungen robust ist. Ein höheres System kann durch vorherige Prinzipien nicht wieder verändert werden. Für jede Weiterentwicklung müssen höhere Formen im Sinne der kybernetischen Pyramide vorgetragen werden.

## *2.3 Das Mittel gegen die blinde Macht des Zufalls*

Das Vorhandensein von Information als etwas Transformierbares wird in jeder folgerichtigen Sukzession vorausgesetzt, während ein unvorhergesehenes Ergebnis unserer Anschauung nach nur wegen lückenhafter Vorgaben eintreten kann. Dabei stellt sich die Frage, ob nicht vielleicht eher der Beobachter von der Information der Start- und Randbedingungen des Vorganges abgeschnitten war, statt die unwirkliche Szenerie zu fordern, die Naturgesetze seien an dieser Stelle außer Kraft gesetzt. Wenn wir diese allerdings anerkennen und genau zu dem Zwecke einen allgemeinen Begriff von Information einführen, werden wir automatisch zum Prinzip der Kausalität[49] geführt. Jedes Ereignis hat eine definierte Ursache. Die wirkliche Natur kennt kein geheimes Versteckspiel. Wenn wir an dieses glauben, so nur, weil wir unseren Beobachtungsfokus zu eng eingestellt haben, oder einstellen mussten, weil uns die Möglichkeiten einer durchgehenden Beobachtung nicht gegeben waren. Dazu kommen experimentelle Schwierigkeiten. Es kann sich auch um eine prinzipielle Unzulänglichkeit handeln, wenn nämlich das Ereignis durch die Beobachtung gestört werden muss. Es ist evident, dass die Selbstorganisation der Wirklichkeit diese Unzulänglichkeit nicht kennt. Die ist ein hausgemachtes Produkt menschlicher Erkenntnis und gehört demnach auch nicht zu den Eigentümlichkeiten der Natur. Indem wir aber an vielen Stellen von den Schaltstellen der Natur ausgeschlossen werden, müssen wir aus der Not eine Tugend machen und uns eine Größe definieren, welche gewissermaßen den Grad unseres Ausgeschlossenseins beschreibt. Der dafür eingeführte Begriff Zufall ist vielleicht nicht die glücklichste Wahl, zudem er volkstümlich besetzt ist und die notwendige Differenzierung kaum zulässt. Jedenfalls tritt die Information als Gegenspielerin des Zufalls in Erscheinung. Ein genaueres Bild des Zufalls kann deshalb auch nur mit dem Informationsbegriff und seiner Differenzierung in die verschiedenen kybernetischen Formen gegeben werden.

Das Bedürfnis der Menschen, immer an der richtigen Stelle im Bilde zu sein, war auch der Entwicklung des Wortes Information behilflich. So hat sich schon im 14. Jahrhundert die deutsche Verwendung als Benachrichtigen, in Kenntnis setzen, herausgebildet, die auch heute noch gebräuchlich

[49] Weil da am deutlichsten, wird der Begriff der Kausalität oft nur für logische Systeme benutzt. Kybernetisch ist er jedoch allgemein zu fassen, im Sinne von Folgerichtigkeit als Ordnungsprinzip.

ist, wobei das Wort jedoch um vieles häufiger verwendet wird. Umgangssprachlich ist deshalb schon die Verkürzung zu Info aufgetreten, welche allerdings auch nur zur Beschreibung einer kurzen Nachricht gebraucht wird. Diese wird weniger für eine Kausalkette in der Natur, sondern mehr für die Kausalketten in unserer Gedankenwelt genutzt. Alles, was wir als Information bewusst aufsammeln, hat am Ende diesen Zweck. Auch wenn wir das Wissen zunächst nur abspeichern,[50] geschieht es nur zu dem Behufe, irgendwann in einer Wirkungskette der logischen Interpretation der Wirklichkeit Verwendung finden zu können, damit wir uns nicht wie blind dem Spiel des Zufalls ausgeliefert fühlen müssen. Am Ende ist es unsere kybernetische Intention, dem Denken und Streben ein Ziel voranzusetzen, womit sich der Sinn verwirklicht, den wir wohl nirgendwo anders her als aus dem evolutionären Streben der Wirklichkeit erfasst haben können.

Definieren wir den Zufall als eine unterbrochene Wirkungskette, so heißt das, dass das betreffende Ereignis nicht mehr in ein weiteres Ziel eingebunden ist. Nun haben die Strukturen im Universum ein ganz unterschiedliches Bestreben am evolutionären Geschehen teilzunehmen. Niedere Strukturen werden durch äußere Gegebenheiten in eine bestimmte Richtung gedrängt. Entwickelte Systeme haben selbst einen Kompass, mit dem sie sich mehr oder weniger in das Geschehen einbringen können. Je besser dabei das evolutionäre Prinzip bedient werden kann, umso deutlicher kann ein elitärer Kernverlauf ausgemacht werden. Dass dieser im Verlauf der kosmischen Entwicklung immer mehr konzentriert werden muss, ist eine Forderung des Informationsangebotes, das nicht grenzenlos ist. Die Strukturen, die ihr Wissen abgegeben haben, das heißt kein Entwicklungspotenzial mehr besitzen, können nicht mehr zum elitären Kern gezählt werden. Ihre Existenz ist vom letzten Stand geprägt und bezüglich der Evolution dem Zufall preisgegeben. Ein Ereignis erscheint demnach nur dann als zufällig, wenn es von einem höheren Entwicklungsniveau aus gesehen nicht mehr dessen Ziele befriedigt. Der Vorgang ist sozusagen zurückgelassen, muss aber den Gesetzen und Vorgaben der eigenen Entwicklungslinie, das heißt den niederen Ebenen, wie etwa auch den einfachen Naturgesetzen, durchaus auch weiterhin gehorchen. Deren Bestand ist notwendig, wenn die zurückgelassenen Systeme die Kulissen für die aktiven Szenen der Weiterentwicklung bilden müssen.

Aber es sind keine leblosen Kulissen. Sie haben ein eigenes überkommenes Entwicklungsniveau, in dem sie auch an der bunten Lebensvielfalt teil-

[50] Das ist allgemein, wenn die Information nicht in linearer Folge abgespeichert wird, sondern mit einer vergleichsweisen Komplexität, wie sie in der Wirklichkeit gegeben ist.

nehmen können, immer aber ein Stück weit unter der allgemeinen Progression. Der elitäre Entwicklungsfortschritt muss gegen die zurückgelassenen Strukturen und deren Prozesse robust sein. Das ist besonders bemerkenswert, weil die neuen Systeme mit immer weniger Energie auskommen müssen und zum Ausgleich immer sensiblere Organisation bilden müssen. Der Grobschmied kann dem Uhrmacher gewissermaßen nicht ins Handwerk pfuschen. Die subtilere Organisation macht das Spiel. Andererseits tut sich damit wieder eine Grenze der Beobachtbarkeit auf, weil der schmale Fokus unsres Bewusstseins nicht der vielschichtigen Weite feinsinniger Information zu folgen vermag. Nur werden die Vorgänge, die einen Sinn befriedigen, dabei aber nicht durchschaut werden können, im Allgemeinen nicht als zufällig bezeichnet.[51] Vielmehr ist der Zufall an eine gewisse Entfernung zum elitären Geschehen der Entwicklung gebunden, das heißt, seine Ordnungswidrigkeit ist uns leicht durchschaubar.

In kybernetischer Hinsicht bleibt die Frage interessant, auf welchem Niveau der Zufall, das heißt die Unterbrechung einer Wirkungskette angesiedelt ist. Wir kennen die Störung im technischen System, in deren Folge das vorgestellte Ziel nicht erreicht werden kann. Wenn die Unterbrechung auf hohem Niveau erfolgt, kann die von der Vorgabe abgeschnittene Wirkungskette noch Ziele bedienen, die sich auf dem entsprechenden Niveau einstellen. Je höher das Niveau der Schnittstelle ist, umso unauffälliger kann der Defekt auch im Ergebnis bleiben. Eine Aufgabe kann im Detail komplett ausgeführt werden, wenn die funktionsfähige Wirkungskette bis in höhere kybernetische Niveaus reicht.

Wenn das Ziel trotz exakter Steuerung am Ende doch verfehlt wird, so sagt das letztlich nur etwas über die Qualität der Führung, die damit auch zum Gegenspieler des Zufalls wird. Wie gut wir die Zielerreichung definieren, wird natürlich auch von unserem Standpunkt bestimmt, wie weit dieser nämlich am evolutionären Sinn gebaut ist, oder einfacher ausgedrückt, wie weit wir der Wahrheit einer nachhaltigen Wirkung näher kommen. Die Relativität der Zielgenauigkeit bestimmt auch das Gegenspiel der unterschiedlichen Entwicklungsetappen, die in ihren höchsten Formen alle auch eine gewisse Selbstständigkeit besitzen und die Wahrheit für sich definieren. So bestimmt etwa ein Despot das Ziel seiner Herrschaft und muss mit Macht gegen das feinsinnigere Organisationspotenzial der Gesellschaft vorgehen. Mit der kybernetischen Ebene wandeln sich die Methoden, wie auch die Auffassung von Information selbst. Bei allen komplexen autono-

[51] So erreicht etwa ein Experte ein Ziel, das wir akzeptieren, obgleich uns sein Lösungsweg unerklärlich bleibt.

men Systemen hat die Zielfunktion den Charakter einer konnektiven Wisseneinheit, die mit ihrer zunehmenden Verminderung bzw. Zerstörung das Ziel zwar immer unschärfer bedient, die Richtung aber noch lange beibehält. Ist die Unterbrechung auf niederem Niveau, kann der Rest nur noch auf der Müllhalde der Evolution landen, wo er in den ökologischen Kreislauf zurückgeführt wird. Damit wird gleichzeitig auch eine Hierarchie der Wirklichkeit bestimmt, bei der die Rangordnung durch die kybernetischen Fähigkeiten der Teilnehmer festgelegt wird. Während die höchsten Systeme die Entwicklung prägen und dazu eine Unmenge sensibler Information beziehen, sind die niederen mit den ökologischen Kreisläufen befasst, zu deren Funktion die Strukturinformationen der Bausteine ausreichen. In diese Richtung gewinnt unsere Vorstellung vom Zufall an Bedeutung, weil der Sinn immer undeutlicher wird. Der Begriff Zufall ist damit ein relativer, der nur in Bezug auf ein höheres Ziel seine Berechtigung hat.

Das Schicksal der Aussonderung erleiden auch die technischen Systeme, sofern sie nicht vom Menschen wieder in Funktion gesetzt werden. Dass sich technische Systeme auf der Müllhalde mit der Wirkung des Zufalls weiterentwickeln könnten, ist bislang noch nicht beobachtet worden. Allerdings arbeitet die Hypothese, nach der die Evolution aus zufälligen Variationen der Bausteine erfolgt, nicht mit technischen Konstrukten, sondern ist letztlich auch auf die natürlichen Prinzipien der Selbstorganisation angewiesen, womit auch die kybernetischen Mechanismen einbezogen werden. Insofern ist eine durchgängige Theorie der Evolution, welche allein auf dem Zufall basiert, nicht durchführbar.

Andererseits müssen sich die kybernetischen Prinzipien gegen die Beliebigkeit des Zufalls durchsetzen. Sie erzeugen eine Ordnung, die am größten ist und auch am leichtesten gelingt, wenn dabei die Ordnungsprinzipien eines weiten Umfeldes in Raum und Zeit berücksichtigt werden. Das muss nicht unbedingt in direkter und geradliniger Form erfolgen. Nicht selten entsteht der Eindruck, dass das Ziel durch ein zufälliges Zusammentreffen von Ereignissen erreicht wird. Dabei geben die Reaktionspartner nur nach dem Zusammentreffen einen Sinn, wie das etwa nach dem Schlüssel-Schloss-Prinzip beschrieben wird. Das Entwicklungspotenzial ist dann in Bedingungen gelegt, die sich erst nach einer gewissen Anzahl von Suchprozessen erfüllen.[52] Was dabei durch die Genauigkeit der Zielführung nicht gebracht werden kann, muss durch die größere Zahl von Versuchen ausge-

---

[52] In der Evolution erfolgt der Übergang der verschiedenen Organisationsarten, welche auch die Information in Bewegung und die in Struktur berücksichtigen müssen. Das Schlüssel-Schloss-Prinzip ist eine solche Übergangsform, in der noch beide Arten zusammenspielen.

richtet werden. Man beobachtet die Fehlversuche und schließt auf die vordergründige Wirkung des Zufalls. Die hintergründige Einflussnahme der weitreichenden Bedingungen der Wirklichkeit wird leicht übersehen, vor allem wenn dieselben nicht konkret auf das Einzelereignis wirken, sondern über einen globalen Vorgang gehalten werden.

Wenn sich die Kybernetik als Gegenspielerin des Zufalls definiert, so wird man auf den verschiedenen Entwicklungsetappen auch ihre Zielführung in unterschiedlicher Ausprägung und Strenge beachten müssen. Allerdings vermögen wir die Hinterlassenschaften der Evolution kaum auseinanderzuhalten. Der überwiegende Teil der Vorgänge erscheint uns in der heutigen fortgeschrittenen Auffassung von niederen Ordnungsprinzipien und längst verlassenen Strategien beherrscht, welche relativ zu unseren logischen Kausalketten doch eher den Eindruck von Zufallsgeschehen machen. In der kybernetischen Evolution steht das modulare Konzept der Bausteine und Gesetze allerdings für eine grundsätzliche Ordnung, bei der die früheren Formen durch ihre Bindungsenergie und die späteren durch ihr Organisationsprinzip geschützt sind. In der physikalischen Evolution müssen die Systeme Information an die Strukturen abgeben und können gewissermaßen nur noch als leere Hülsen in Erscheinung treten, welche lediglich die primitiven Naturgesetze befriedigen, wie das etwa in der Thermodynamik der Fall ist. Auf dem Niveau unserer logischen Vernunft interpretiert, verursachen sie die stärkste Form des Zufalls.

## *2.4 Der Umgang mit Energie und Kraft*

Für die Information, welche der Formung von Substanz vorangeht, gebraucht man häufiger die Begriffe Muster oder Form, auch Vorlage oder Vorbild, wogegen Figur und Gestalt eher den fertigen Veränderungen vorbehalten bleiben. Dagegen bezieht sich die Nachricht schon auf eine aktuelle Gegebenheit, deren Wesen die Fähigkeit besitzt, den Lauf der Ereignisse nachvollziehbar zu verändern, oder zumindest unsere Anschauung danach zu formen. Das Signal ist durch das Erscheinen eines physikalischen Parameters gekennzeichnet, der einen technischen Vorgang in aller Deutlichkeit zu steuern vermag. Hier tangieren wir den kybernetischen Grundgedanken, der in dem uferlosen Umfeld des Informationsbegriffes an vielen Stellen auszuloten ist. Selbst die ikonische Information, die eine weite Verwandtschaft auf dem Plan bringt, welche nicht nur in die Ethologie, sondern auch in die Kulturgeschichte, Psychologie, Biologie und sogar bis in die Philosophie reicht, beschäftigt sich im Grunde mit der Einflussnahme einer Information, in dem Falle einer bildartigen, auf ein komplexes Folgegeschehen. Auch im Entertainment lässt sich die Einflussnahme durch Information ausmachen. Es ist das Bestreben, jemanden zu „entern“, das heißt mit der Größe des eigenen Auftretens den anderen zu begeistern, ihn letztlich zu vereinnahmen, sich über ihn zu stellen. Interessant ist die Wandlung des Wortgebrauchs in fast evolutionärem Sinn. War das Entern früher ein Kraftakt von Piraten, ist das moderne Entertainment eine mehr kybernetische Leistung, bei der Information auf möglichst intelligentem Führungsniveau zur Anwendung kommt. Im Gegensatz dazu steht die Demut, sich in das geistige Informationsgeflecht der weiten Beziehungswelt eines anderen einzubringen, ein Vorgang, der nur auf entsprechend höherem kybernetischem Niveau anzusiedeln ist und mit dem logischen Prinzip des Oben und Unten nicht mehr zu machen ist.

Eine Zeit lang war der Begriff der Kraft in den Naturwissenschaften mit unserer heutigen Vorstellung von Information verschwistert. In dieser Ansicht findet der kybernetische Aspekt Berücksichtigung, nachdem die Information nicht ohne Antrieb in ein Geschehen hineingebracht werden kann. Andererseits hat jede Kraft irgendeine Wirkung und ist in dem Sinne nicht ohne die Information der Wirkungsbedingungen denkbar. Die Reduzierung der Kraft auf eine physikalische Maßgröße nimmt dem Phänomen das natürliche Wirkungsbild. Aus der Maßangabe kann weder auf die Ursache, nicht auf die anstehenden Bedingungen noch auf den Effekt geschlossen werden. Es wird nicht einmal darüber Aufschluss gegeben, ob die Kraft überhaupt eine Wirkung bringt, oder als Scheinkraft ein bestimmtes Ergebnis verhindert. Der schnelle Analyseschnitt hat die Physik wesentlich vereinfacht, der allgemeinen Naturbetrachtung aber kaum weitergeholfen. Das essenzielle Beiwerk eines jeden Kraftaktes muss nun abgetrennt und mit Information beschrieben werden, was mit der aktuellen Definition des Begriffes wohl kaum gelingen dürfte.

Dabei hatte die natürliche Verschmelzung von Information und Kraft respektive Energie in der Entwicklung der Erkenntnis zu vielfältigen Lösungsansätzen geführt. Die Vielfalt der Ansichten hat Alexander Mittasch in seiner Entelechie zusammengetragen: *„Das unbestimmte Gefühl anfangs, späterhin die mehr und mehr sich klärende Erkenntnis, daß jeder elementare physische Vorgang in Tier und Pflanzenwelt chemisch und physikalisch beschreibbar und insofern „erklärbar“ ist, daß aber die räumlich-zeitliche Gesamtordnung derartige Beschreibbarkeit überschreitet, hat im Laufe der Zeit zu zahlreichen besonderen Begriffsbildungen geführt, die der Physik und Chemie fremd sind, wie Sensibilität und Irritabilität (A. von Haller), Reizkausalität (Johannes Müller), Zielstrebigkeit (K. E. von Baer), Regulierung (von R. Mayer stark betont), Korrelation (Couvier), Koordinierung, Integrationstendenz (Spencer) höhere Richtkräfte (Eduard von Hartmann* *und Billroth), Organisationsprinzip (E. Pflüger); hierzu in neuer Zeit „Dominanten", „diaphysische Kräfte" (Johannes Reinke), èlan vital in einer durèe crèatrice (Bergson), Spontaneität, Autokausalität, Impulsität (R. Wolterek), Formungstendenz in vitalen Prozessen (Nicolai Hartmann), Syntonie und Enkapsis (Heidenhain), Funktionshierarchie, höhere Führungsfelder vom Seinsrang der Potentialität (Aloys Wenzl), Wirk- und Lenkfeld (gemäß Gurwitsch, P. Weiß, Curt Herbst), irrationales organisches Prinzip, eine kombinierende und harmonisierende Instanz (F. Buttersack), (...) Schon hier wird sichtbar, daß schließlich alles dahin drängt, für die Beherrschung der Millionen und Abermillionen Einzelvorgänge, die in einem komplizierten Organismus in jedem Augenblick geordnet stattfinden, einen einheitlichen Grenzbegriff zu bilden, der einer gewissen Verdinglichung oder gar Personifizierung schwer entgehen kann, trotz dieser „metaphysischen" Tendenz jedoch im Grunde nur besagt, daß in sämtlichen Vorgängen eines Organismus von seiner Entstehung bis zu seinem Ende eine räumlich-zeitlich-energetische Gesamtordnung herrscht, die selber, wie gesagt, jeder physikalisch-chemischen Beschreibbarkeit spottet.*"[53] Mit dem Begriff Information haben wir zwar ein Beschreibungswerkzeug, können der Ordnung der Wirklichkeit aber nur in wenigen Belangen folgen. Das wäre auch mit einem erweiterten Begriff nicht viel anders, weil uns die Natur in puncto Reichhaltigkeit und Ausmaß der Geschehnisse unüberwindliche Barrieren errichtet. Dazu gehört auch die Vielfalt der Informationsprozesse. Die Verbindung von Information und Kraft respektive Energie ist eine Besonderheit der Evolution und dementsprechend auch einem Wandel unterzogen. In der ursprünglichen Kinematik der Vorgänge sind die Prinzipien nicht zu trennen, da auch das Phänomen Kraft auf diesem Niveau erst organisiert werden muss. Aber auch im Zusammenspiel der späteren prägnanten Formen wird man eine einfache Lehrbuchform vermissen. Will man die Zusammenhänge in der Sukzession der natürlichen Vorgänge analytisch erkennen, wird man automatisch zu den unterschiedlichen Facetten geführt, welche die kybernetischen Prinzipien im Einzelnen hinterlassen. Eine Zusammenschau der Details scheint aufgrund ihrer unübersichtliche Menge und ihrer enormen Vielgestaltigkeit vollkommen aussichtslos. Eine Analyse muss sich deshalb zunächst auf grundsätzliche Zusammenhänge beziehen und darf sich nicht wie gemein üblich in Einzelheiten verlieren. Die Wissenschaft hat sich auf einen Weg geeinigt und einen ersten Schritt in diese Richtung getan. Es ist die konsequente Anwendung der analytischen Methode, nämlich die bildsame Kraft in ihre Anteile zu zerlegen, in die physi-

[53] Siehe [3], Seite 13 f

kalische Wirkung von Energie und in die kybernetische Wirkung von Information. Das gelingt am besten bei den am höchsten entwickelten Formen, weil offensichtlich die Trennung auch evolutionär unterstützt wird.

Mit der Unterteilung in verschiedene kybernetische Niveaus wird auch eine über die Steuerung von Prozessen hinausgehende Bedeutung von Information ersichtlich. Auf den unterschiedlichen Ebenen der kybernetischen Pyramide müssen vergleichbare Prozesse vor sich gehen. Das heißt, dass trotz eines angepassten Einsatzes von Substanz und Energie die Prozesse einen analogen Sinn zu befriedigen haben. Wenn die adäquaten Vorgänge mit unterschiedlichen Materien geführt werden, so muss es ein universelles Kommunikationsmittel geben, welches die Ähnlichkeit überträgt. Es ist die Information, die als Prinzip zwischen den Organisationsebenen des Seins und der Evolution vermitteln muss. Dazu muss sich die Methode selbst wandeln und zumindest in ihrer Beziehung zu Raum und Zeit anpassen. Wenngleich auch die Prozesse, die in den einzelnen Ebenen mit unterschiedlichen Informationsträgern geführt werden, ihren inhaltlichen Sinn[54] beibehalten, wird das unserer Einsichtnahme entgehen, weil die Linse unseres Bewusstseins auf den schmalen Fokus einer logischen Art festgelegt ist. Es ist dem Kommunikationsmittel unseres Bewusstseins anheimgestellt, trickreich diesem Zwange zu entfliehen. Die Kunst der Erkenntnis wird zur Kunst der Sprache, wie sie mit übertragenem Sinn, weiten Bildern und mit den Redundanzen,[55] welche die logische Zweckmäßigkeit verlassen, in die Sphären des Geistes vorzudringen vermag.

## *2.5 Kybernetik und Information*

Angesichts der enormen Divergenz von Begriffen und Ansichten schien es im beginnenden 20. Jahrhundert, dass gewisse elektrische Steuereinrichtungen mit ihren deutlichen Zusammenhängen zu Verallgemeinerungen führen könnten. Die Vorgänge konnten auf dem Papier nachvollziehbar gemacht werden, das heißt losgelöst vom physischen Objekt. Die leichte Beeinflussbarkeit elektrischer Vorgänge und ihre Reproduzierbarkeit waren günstige Bedingungen für die Herausbildung des Informationsbegriffes. Zwar wurde der Begriff selbst noch nicht verwendet, der Informationscharakter der verwendeten Größen war jedoch nicht zu übersehen. Zudem war die schnell wachsende Elektrotechnik auf ein leicht handhabbares Formelwerk angewiesen, welches nur mit mathematisch definierten Begriffen zu schaffen war. Nachdem Meissner 1913 die Rückkopplungsschaltung und Küpfmül-

[54] Einen entsprechend großen Beobachtungsrahmen vorausgesetzt.

[55] Als gewichtete Ähnlichkeiten in Betrachtung der geistigen Ebene.

ler[56] 1928 den Verstärkungsregler in die sich rasch entwickelnde Elektrotechnik einführte, kam das Informationsprinzip in Form der Regelungstechnik auf den Plan. Mit der ersten physiologischen Arbeit über Regelungsmechanismen („*Über die Zusammenarbeit der Antagonisten bei der Willkürbewegung*") konnte Richard Wagner[57] schon 1925 die Konturen eines kybernetischen Informationsbegriffes aus dem Dunkel heben. Er beschrieb, wie die Wirkung der Skelettmuskelkraft auch quantitativ mit den mathematischen Methoden der Regelungslehre richtig angegeben werden konnte. Auch die nachfolgenden Arbeiten, etwa die von Hess über die „Regelung des Blutkreislaufs" (Leipzig 1930) oder die bereits lehrbuchartige Darstellung von Oldenbourg und Sartorius „Dynamik selbsttätiger Regelungen" (1944)[58] gaben der neuen Lehre eine ganz bestimmte Ausrichtung und ein typisches Instrumentarium an Methoden zur Lösung der Aufgaben. Herrmann Schmidt, der 1940 einen Vortrag hielt unter dem Titel: *„Regelungstechnik – die technische Aufgabe und ihre wirtschaftliche, sozialpolitische und kulturpolitische Auswirkung*",[59] brachte eine erste Verallgemeinerung, welche die Notwendigkeit einer neuen Wissenschaft deutlich machte. Die kam dann auch 1948 von Norbert Wiener, der dazu den Begriff Kybernetik wiederbelebte. 1960 gab er auf der Naturforscher- und Ärztetagung in Hannover die Definition: *„Die Kybernetik ist die Wissenschaft von Kontrolle und Information, gleichgültig, ob es sich um lebende Wesen oder um Maschinen handelt".*[60] Information war in der Form in ihr altes „metaphysisches" Gewand gepasst, nämlich als etwas, das einen Vorgang zu beeinflussen vermag. Der Begriff bekam damit einen gewissen evolutionären Hintergrund und wurde in den Konsens des Entwicklungsgedankens gestellt. Kontrolle impliziert in kybernetischer Betrachtung die Frage nach dem Ziel und spannt damit einen Sinnhorizont auf. So klein dieser auch sein mag, dem Informationsbegriff war in dieser Sicht eine geistige Valenz gegeben. Leider war dieser allgemeinen Definition nur das Schicksal eines kurzen Lichtblickes vergönnt, das kybernetische Zeitalter war beendet, noch bevor es tiefere Einsichten gebracht hatte. Der Grund: Die kybernetische Idee ließ sich nicht in mathematische Formen gießen, zumindest nicht in dem Umfang, wie es der überschwänglichen Fantasie des beginnenden Informati-

[56] Über die Dynamik selbsttätiger Verstärkungsregler. Elektrische Nachrichtentechnik 5 (1928) Seite 459-467

[57] Z. Biologie 83 (1925), Seite 59 – 93 und 120 – 144

[58] Verlag von R. Oldenbourg, München und Berlin 1944

[59] In H. Schmidt: Die anthropologische Bedeutung der Kybernetik. Quickborn 1965

[60] In Flechtner: Grundbegriffe der Kybernetik. dtv München 1970, Seite 9

onszeitalters hätte entsprechen müssen. Wenn auch die Mathematik seit Leibniz als Maßstab aller Erkenntnis gehandelt wird, so scheint sie uns in Sinnfragen eher an das Primitive zu fesseln. Information braucht in der Mathematik ein festes Reglement, das nur in konkreten technischen Nachbildungen, etwa den Regeleinrichtungen oder den Rechenmaschinen gegeben ist. Erst wenn gewisse Abmachungen getroffen werden, kann ein mathematisches Kalkül für den Begriff der Information gefunden werden. Dazu gehört es vor allem, eine Menge von zulässigen Strukturen zu vereinbaren, denen ein Informationsgehalt zugebilligt werden kann. So ist auch das technische Informationsmaß allein nach mathematischen Möglichkeiten festgelegt, indem sich Information auf das Wiederfinden eines symbolisierten Erwartungswertes bezieht. Der durchgängigen Verwendung des Informationsbegriffes in der Kybernetik sind damit zu harte Grenzen gesetzt. Erst wenn der Informationsbegriff allgemeiner gefasst, das heißt den Vorgaben der Natur angepasst wird, gelingt es, die Informationstheorie mit der kybernetischen Wissenschaft zu verheiraten. Aber auch Letztere muss dazu ihre Engstirnigkeit ablegen, indem sie auf die Wirkung konnektiver Prinzipien ausgedehnt werden muss. Dabei ist die Verbindung von Kybernetik und Information von der Natur vorbestimmt. Information macht erst Sinn, wenn sie im Geschehen der Wirklichkeit eingebunden ist, und das impliziert die kybernetische Methode.

Die Wirklichkeit muss sich wissenschaftlich auf das kybernetische Prinzip von „*Kontrolle und Information*" herunterdividieren lassen. Nur wenn das in Gänze möglich ist, kann auch die Evolution verstanden werden, und es können die Segel menschlicher Erkenntnis in den Wind der Veränderungen gesetzt und auf das optimale Ziel ausgerichtet werden. Genauso wie das menschliche Auge nur auf ein schmales Spektrum der elektromagnetischen Wellen ausgerichtet ist, kann auch der menschliche Verstand nur einen begrenzten Ausschnitt aus dem kybernetischen Geschehen der Wirklichkeit wahrnehmen und verarbeiten. Um seinen Fokus zu erweitern, helfen jedoch keine technischen Gerätschaften, weil es hier nicht um einzelne physikalische Parameter geht. Vielmehr ist das Zusammenspiel von Information in weiten Beziehungen interessant, welche sich sonst nur in kleinen logischen Portionen behandeln lässt. Da sich aber unser Bewusstseinshintergrund im Beziehungskosmos der Wirklichkeit zurechtfinden muss, besitzen wir ein natürliches Hilfsmittel, das mit keiner noch so ausgeklügelten technischen Einrichtung nachgebildet oder gar übertroffen werden kann. Fatal ist nur, dass wir mit dieser kybernetischen Ebene nicht willentlich kommunizieren können, weil sie selbst den Willen ausmacht. Sie steuert zwar die Sprache, welche aber wiederum nur aus kleinen logischen Portionen besteht. Lichtblicke in die weiten Zusammenhänge kann es deshalb nur soweit geben, wie es gelingt, die Sprache metaphysisch zu vervollkommnen, das heißt, in ihr die unbewusst wirkenden Korrelationen der Wirklichkeit nachzubilden.

## *2.6 Kausalketten und ihre Bedingungen*

Im Lauf der Technikkultur hat man sich daran gewöhnt, die Erkenntnis- und Sinnfragen außerhalb der Technology zu suchen, welche die Begriffe Information und Kybernetik inzwischen ganz für sich vereinnahmt hat. Die Technik bietet zwar ausgezeichnete Modelle, welche einzelne Naturzusammenhänge in überschaubaren Formen nachbilden können. Die erkenntnistheoretische Gefahr besteht aber, dass wir beginnen in der Natur die Übersichtlichkeit der Prinzipien zu vermissen. Mit den technischen Systemen bauen wir eine komplexe Logik, welche durch ihren Bausteincharakter zwar durchgängig verständlich bleibt, die natürliche Ordnung der Kybernetik aber weit verfehlt. Deren Erkenntnis wird durch die Vielzahl der nebeneinander bestehenden Systeme von unterschiedlichem Niveau zusätzlich erschwert. Es ist deshalb eine filigrane Auflösung erforderlich, die zwar selbst auf Logik setzend, auch die natürliche Umgebung, sozusagen die Kofaktoren der Logik, aus ihrem Umfeld herauszusezieren hat.

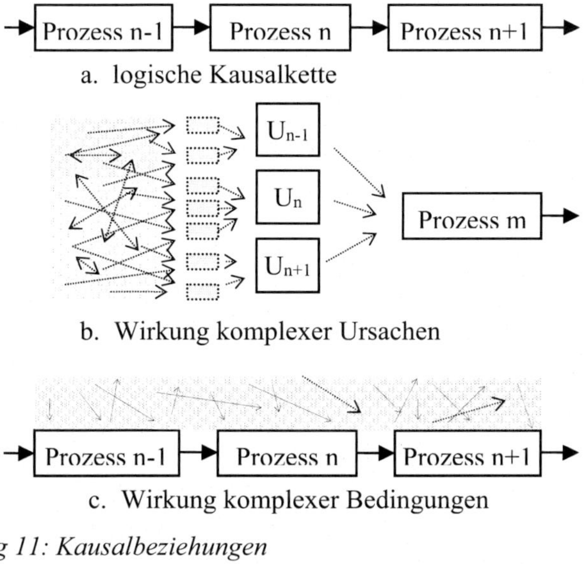


*Abbildung 11: Kausalbeziehungen*

In der Technisierung steht das Wort Information für die logische Form, nämlich für feste und prägnante Symbole, den Daten, und für prägnante Vorschriften, den Befehlen. Ihre logische Art wird dadurch evident, dass die Symbole wiederholbar sind und von begrenztem Umfang und dass sie als Verkürzung der Wirklichkeit arbiträr gebraucht werden, was ein Nebenwissen erforderlich macht. In der Rechnerarchitektur finden sich die Wirkungsketten von Ereignissen in ihrer klassischen Form (*Abbildung 11a*). Das Zusammenwirken von Daten und Befehlen ist genau reproduzierbar, weshalb die Methode zum universellen Werkzeug im Umgang mit logischem Wissen geworden ist. Ihr Pendant hat sie in den Naturgesetzen und den wiederkehrenden Formen der Natur.[61] Die dafür zugrunde liegenden elementaren Effekte sind in der physikalischen Anschauung reversibel. Das drückt sich am deutlichsten in der Mechanik aus. Wenn die Bewegungsgleichungen von zweiter Ordnung sind, lassen sie mit jeder Lösung zugleich eine zweite zu, die sich durch das negative Vorzeichen ergibt. Die Richtungslosigkeit findet sich allerdings nur in den „fertigen" Systemen der Natur, welche wir auch ihrer Unfähigkeit zur Weiterentwicklung als konservativ bezeichnen.

Nun lässt aber die Mehrzahl der Systeme an irgendeiner Stelle in ihren kausalen Funktionsketten Prägnanz vermissen, was selbst in konservativen Systemen zu beobachten ist. Statt einer wesentlichen Ursache steht oft ein ganzer Komplex von Veranlassungen (*Abbildung b*), welche das Wirken logischer Kausalketten ganz undeutlich macht. Aber auch im Verlauf der logischen Sukzession kann eine solche konturlose Einflussnahme erfolgen (*Abbildung c*), welche sich allerdings nur auf die Funktion der Kette und nicht auf das Ziel auswirken kann. Andernfalls wäre das als Hinweis zu werten, dass die kybernetischen Systeme nicht getrennt werden konnten. Was wir uns im konservativen System noch als Beobachtungsfehler eingestehen müssen,[62] wird in den evolutionären Systemen zum Prinzip. Deren Eigenschaft ist es, wesentliche Formen und Gesetze aus einer Unmenge für sich unwesentlicher Beziehungen entstehen zu lassen und weiter in Obhut zu halten. Das Wissen dazu ist in einer Information zu suchen, welche uns ob ihres quasikohärenten Ursprungs verborgen bleibt.

---

[61] Es ist ein Prinzip der Evolution, dass zu Beginn ein große Anzahl wiederholbarer Bausteine und Gesetze erzeugt werden, welche dann später von komplexeren Systemen in logischer Form benützt werden können.

[62] Auch das fehlerhafte Auseinandertriften konservativer Systeme führt in Zustände, die nicht mehr beobachtbar sind aber offensichtlich auch ihre Funktion verlieren. Die Evolution setzt deshalb Ordnungsprinzipien dagegen.

Das evolutionäre System des Beginns definiert sich als ein chaotisch anmutender Bewegungsalgorithmus, der unter bestimmten Randbedingungen zu prägnanten Formen konvergiert, welche sich aus der Kohärenz des Ganzen abspalten und selbst aber wieder nur aus eigenständigen Bewegungsformationen bestehen. Diese zeichnen sich durch strenge Oszillationen aus, welche letztlich auch die Beständigkeit, Prägnanz und Robustheit ausmachen, die den ersten Strukturen eigen sind. Dem Ausgangszustand muss man also verschiedene kinematische Vorgänge zugestehen, deren Entwicklung durch bestimmte Konstellationen angeregt und begleitet wird. Der evolutionäre Prozess kann hernach auch als Selbstorganisation gesehen werden, bei dem mit gewissen „Kristallisationen" immer wieder neue Ausgangszustände für neue Prozesse geschaffen werden. Die abgeschiedenen Komponenten sind symmetrische Formen mit konservativem Charakter. In der einfachsten Form handelt es sich dabei um sogenannte intrinsische Systeme mit einem rekursiven Bewegungsalgorithmus,[63] die gewissermaßen als „fertige" Bausteine aus der Kohärenz entlassen werden, um als stabile Strukturen weiter an der Evolution teilnehmen zu können. In einer entwickelten Form muss man auch ganze Komplexe dazu zählen, welche aber nur vorbestimmte Aufgaben erfüllen können und nicht mehr entwicklungsfähig sind. So haben etwa die Eiweißkörper im biologischen Zellgeschehen eine feste Funktionalität, welche mit ihrer eigenen Abkunft bestimmt ist und ergänzende Faktoren in einer quasikohärenten Ordnung darstellen. Auch wenn wir bestimmte kausale Folgen in diesem Geschehen erkennen können, ist der eigentliche Informationsfluss damit nicht beschrieben, weil ein komplexes Netzwerk von Faktoren die Prozesse selbst wichten, um sie in einen harmonischen Lebenszusammenhang zu bringen.

Auch im Ganzen entziehen sich die evolutionären Vorgänge der Beobachtung, weil sie deren wichtigstes Kriterium nicht erfüllen, sie sind nicht reproduzierbar. In ihrer frühen Form, das heißt in der kosmischen Entwicklung, tritt die Bewegung als vorherrschender Träger der Information auf. Bei oberflächlicher Betrachtung scheinen uns diese Systeme als chaotisch und die Veränderung bezeichnen wir in physikalischer Sicht als Symmetriebrechung. Es gelingt nur, ganz primitive Anordnungen physikalisch zu untersuchen. Dabei wird aber etwas offensichtlich, nämlich die enorme Bedeutung der Randbedingungen. Deren Einfluss ist umso größer und folgenschwerer, je ursprünglicher das System in der kosmischen Evolution ist. Die Randbedingungen haben die Bedeutung von Beziehungswissen, das im

[63] Zum Beispiel zeigt das intrinsische System Elektron seine zyklische Organisation in der Verwandtschaft zum Photon.

Verlauf der Evolution in das logische Wissen der konservativen Systeme gewandelt wird und damit auch die Richtung der Zeit angibt.[64] Mit dem Beziehungswissen tun wir uns im Allgemeinen schwer, weil der Informationsinhalt keine logisch strukturierte Form hat. Das ist besonders ärgerlich, da die natürlichen Vorgaben nicht gefunden und demzufolge auch im Experiment nicht angestellt werden können. Es ergibt sich auf diese Weise, dass man sich im Labor auf Vorgänge beschränkt, die nicht von den Randbedingungen irreversibler Verläufe abhängig sind, oder anders ausgedrückt, man sucht die „Dreckeffekte" zu minimieren. Man ist versucht, die rein kausalen Vorgänge zu isolieren, um an ihnen unser Wissen über die Naturgesetze zu demonstrieren, definiert sich dabei aber eine begrenzte Wahrheit, in welcher wir nur die kristallklare Ordnung der konservativen Prinzipien finden können.

Wenn wir uns an Wirkungsfolgen in den logischen Prozessen der Natur erfreuen können, so ist es legitimes Forschertum, auch die anderen kybernetischen Ebenen nach diesbezüglichen Veranlagungen abzuklopfen. Es wird die Frage interessant, inwieweit sich andere Informationsarten in das kausale Prinzip einbinden lassen. Falls das kausale Prinzip auch über andere kybernetische Ebenen wirken sollte, ist allenfalls zu bedenken, dass die Informationsart und das Verarbeitungsprinzip dem Niveau angepasst sein müssen und das kausale Prinzip dadurch eventuell undeutlich wird, weshalb man ganz allgemein nur noch von Folgerichtigkeit sprechen kann. Von einem konnektiven Niveau an ist allerdings auch diese Verallgemeinerung nicht mehr ausreichend.

Setzen wir den Fall, dass ein autonomes System nur von den Randbedingungen abhängig ist und keine logische Führung außerhalb besitzt. So muss es selbst das Führungsprinzip implementieren und beinhaltet damit das höchste Niveau in der kybernetischen Hierarchie. Dieser müssen auf der Gegenseite nur noch die Randbedingungen entsprechen, welche dann die höchste Ordnungsstruktur ausmachen, die völlig ohne logische Inhalte nur eine konnektive sein kann. An diesem Übergang beendet sich die beobachtbare Kausalität endgültig, indem sich die Folgerichtigkeit aus dem Sinn entwickelt, in welchem auch das Ziel unserer Beobachtung selbst implementiert ist. Der Sinnebene ist das Zusammenlaufen des Beziehungswissens eigen, wie es sich in unserer geistigen Art etwa als Begeisterung oder Liebe darstellt. Kausale Gesetze sind hier nicht mehr auszumachen, sodass selbst der schwächere Begriff der Folgerichtigkeit zu versagen scheint.

---

[64] Der ausgeprägte Richtungscharakter der anfänglichen Entfaltungsprozesse verliert sich in die schwache Führung der konservativen Systeme.

Das Wirksamwerden des Sinns dagegen ist evolutionäre Art, indem sich die gefundene Kohärenz der logischen Attribute entledigt, welche dann als eigenständige Effekte logisch weiterbehandelt werden können. Das gilt auch in struktureller Hinsicht, weil die Führung nur kybernetisch wirksam werden kann, wenn sie entsprechende Folgesteuerungen geschaffen hat. Die vorrangige Eigenschaft des evolutionären Systems ist demnach die Abscheidung von Komponenten, die in kybernetischen Zusammenhängen stehen, das heißt Folgestrukturen im Sinne der kybernetischen Pyramide sind. Sie können dann die Inhalte bedienen, für die sie geschaffen sind. Ihre Variabilität wächst mit der Vielfalt der beaufschlagten Attribute, das heißt der Vorgaben aus der Sinnebene. Die bestimmt letztlich auch die komplexe Ausgestaltung der Logik, das heißt deren Intelligenz. Die Variabilität kann allerdings nicht grenzenlos sein, da die logischen Systeme durch Wiederholungen gebildet werden und damit eines enormen Aufwandes an Substanz und Energie bedürfen. Sie sind deshalb an einer entsprechend optimalen Beständigkeit der Vorgaben gebunden.

In der Evolution der kosmischen Systeme sind die Randbedingungen keine konstanten Größen, vielmehr müssen sie selbst im Entwicklungsfortgang mitgeführt, verändert und verzehrt werden. Durch die Abspaltung symmetrischer Komponenten wird dieser Entfaltungsvorgang sozusagen automatisch angestoßen. Mit der Übergabe in strukturiertes Wissen erhält der zurückbleibende Informationsinhalt ein höheres Niveau, wird allgemein. Die Weitergabe und die Anpassung entsprechen gleichzeitig einer Selbststrukturierung der Bedingungen, welche wiederum eine typisch konnektive Aufgabe ist, weil sie in der Beziehungswelt aller Vorgaben geführt werden muss. Man könnte das auch als Versuch werten, die Symmetrie mit den neuen Strukturen zu erhalten bzw. wiederherzustellen. Kraft der erzeugten kybernetischen Mittel setzt sich das Bestreben nach unten hin fort, indem die räumliche Symmetrie in die zeitliche transformiert wird.

Einen solchen komplexen Mechanismus könnte man sich, zumindest in vereinfachter Form, bei den fest strukturierten Steuerungssystemen vielleicht noch ausklügeln. Wenn wir uns aber die festen Strukturen durch die kinematischen Strukturen der physikalischen Evolution ersetzt denken wollten, so wäre unsere Vorstellungskraft schon im Ansatz hoffnungslos überfordert. Eine kinematische Struktur ist aber erforderlich, wenn hier eine höhere Organisationsebene existieren soll, die Information zwangsläufig in beständiger Form beinhalten muss. Wir können solcherart Ereignisse niemals verfolgen, auch nicht in modellhaft theoretischer Form. Das kinematische Pendant einer morphologischen konnektiven Ebene muss aber gefordert werden, wenn die kybernetische Idee durchgängig über die Evolution, insbesondere auch über den kohärenten Beginn, existieren soll.

Der Beweis für die Richtigkeit dieser theoretischen Annahme ist im Grund damit erbracht, dass konnektive Führungsstrukturen in morphologischer Form überhaupt existieren. Diese können ihr Funktionsprinzip von nirgendwo anders her bezogen haben, als aus den Vorgaben der Evolution, wo dasselbe nur einen kinematischen Ursprung gehabt haben kann. Eine grundsätzliche Ähnlichkeit der beiden Systeme ist aus diesem Grunde unabdingbar. Auch die technische Lösung in Form des neuronalen Netzes folgt diesem Prinzip, ist aber als konservatives System nicht entwicklungsfähig. Die natürliche Form baut aber gerade auf die Verwandlung des Wissens nach einem Entwicklungsprinzip, welche uns als eine Vervollkommnung erscheint. Die sinnvolle Veränderung interpretieren wir als Evolution, wobei auch die Symmetrie eine gewisse Rolle spielen mag, zumal sie auch immer mit einem Aufwandsminimum verbunden ist. Die Prinzipien, die den Verlauf der Evolution kennzeichnen, finden wir nur in den Abbildern wieder, das heißt im hierarchischen Bau der Wirklichkeit. Das evolutionäre System beinhaltet selbst die undeutlichste Form kausaler Beziehungen, ist letztendlich aber die Ursache für die Ausbildung kybernetischer Folgen in der Natur. Indem es dem Verlauf der Zeit eine Richtung gibt, ist es notwendig auch zielgerichtet und spannt damit einen Sinn auf. Der Sinn macht letztlich die Information der ganzen Struktur aus. Indem sich diese verändert, definiert sich auch ein Telos, welches wir nur aus den aktuellen Wandlungen und der Historie begreifen können.

Die Verwandlungsabfolge des evolutionären Systems selbst ist mit einem gewissen Zerfall einer Kohärenz verbunden, indem sich diese über immer differenziertere Formen organisieren muss und dabei ihre Deutlichkeit verliert. Man könnte diese Entwicklung auch dahin gehend deuten, dass Information aus einer ganzheitlichen Vorgabe in umgrenzte Organisationen fließt, welche sich aber auch dann in ihren neuen Formen zusammenfinden und wieder ein Ganzes bilden. Die verloren gegangenen Korrelationsprinzipien müssen danach auf andere Art organisiert werden. Was uns in den kinematischen Systemen aufgrund ihres chaotischen Gepräges ganz entgeht, wird in der späteren strukturierten Evolution dagegen deutlich sichtbar. Dabei zeigen sich im Ineinandergreifen der Prozesse gewisse Prinzipien und wir beginnen, dieselben als konnektive verstehen zu lernen.

## 2.7 Die konnektive Information

Wie sich aus einer Salzlösung, die langsam abkühlt, die Kristalle ausscheiden, so hat man sich etwa auch die Strukturbildung in der physikalischen Evolution vorzustellen. Die symmetrischen Komponenten werden als Kristalle aus dem Ganzen entfernt, deren Bauprinzipien mussten aber vorher schon in der Lösung vorhanden sein, woher sollten sie sonst kommen. Zurück bleiben die Bedingungen der Lösung, welche in unserem Bild der weiteren Entwicklung kaum etwas hinzuzufügen haben. An diesem unteren Ende des evolutionären Prinzips bleibt gewissermaßen leeres Verpackungsmaterial, welches nur noch in Form statistischer Thermodynamik an der Wirklichkeit teilhaben kann. Anders in den vorangegangenen Stufen der Evolution, bei denen immer ein Rest an Information bleibt, mit der wieder irgendein Bildungsvorgang angestoßen wird. Das kann am Anfang nur dadurch geschehen, dass nach der Abtrennung der symmetrischen Komponenten Bewegungsalgorithmen verbleiben, denen die immer größer werdenden Bausteine und deren Wechselwirkungen unterworfen sind. Sie geben nach jedem Schritt wieder Anlass und Möglichkeit für die nächste Entpackung.

Wenn aus der physikalischen Evolution schließlich eine kybernetische wird, so bedeutet das, dass mit den abgetrennten Komponenten komplexe Strukturen gebildet werden, welche nicht mehr in Bewegungsorganisationen „angeschupst“ werden, sondern ihre Vorgaben aus korrelativen Konditionen beziehen müssen, welche im Verlauf der Evolution immer weiter gefasst werden. Es sind deshalb auch noch nicht die prägnanten Strukturen logischer Funktionen, die wir zu Beginn zu suchen haben. Auch wenn die uns als autonome Lebenskörper zuerst ins Auge fallen, sind deren unzählige Entwicklungsbedingungen primär, welche in ihrer Reihenfolge genau den evolutionären Zuständen entsprechen. Einige prinzipielle Eigenschaften dieser anscheinend aus dem Nichts kommenden Ursachen können wir schon aus dem primitiven Schema in *Abbildung 11* entnehmen. Wirken in einem komplexen Geschehen mehrere Ursachen, so verliert die einzelne an Bedeutung. Sie kann den markanten Prozess nicht mehr grundsätzlich beeinflussen. Was in der Natur selbstverständlich ist, wird auch dem Techniker nicht einfallen. Er wird nicht ein schwaches und unbedeutendes Signal aus einem verrauschten Untergrund an wichtiger prozessnaher Stelle zur Wirkung bringen. Vielmehr kommen einer solchen Information ein anderer Platz und eine ganz andere Bedeutung zu. Anstelle des prägnanten Wertes steht die unüberschaubare Vielzahl für sich unbedeutender und winzig kleiner Einflüsse, welche mit unterschiedlichem Gewicht an der Ursache des kausalen Geschehens teilhaben. Mit dem Fehlen eigenständigen Wissens zählt für das

Quantum am Ende nur seine Anwesenheit, gewissermaßen seine „Gewichtigkeit", mit der es in den Beziehungen wirksam wird. Zudem kann nicht ausgeschlossen werden, dass die unübersichtliche Form von Information in sich selbst verkoppelt und selbstorganisiert ist und eine komplexe Führungsfunktion für nachfolgende Prozesse abgibt. Gleich wie die Ansichten über diesen Gegenstand auseinandergehen, die Information zeigt hier ihr jungfräuliches Wesen, das als eine unüberschaubare Welt von Beziehungen charakterisiert werden muss. Es ist etwa das, was in einem System immer noch übrig bliebe, wenn der gesamte logische Inhalt genommen wäre.

Die Beziehungen haben unterschiedliches Gewicht, für unser Bild sind natürlich besonders diejenigen interessant, welche zwischen den einzelnen Einflussgrößen selbst bestehen und in ihrer Eigenentwicklung die Gesamtbedingungen bestimmen. Wie die Einflussnahme im Detail zustande kommt, ist mit den kleinen Münzen der Logik nicht einzulösen, wie auch der Wirkungsort und die Auswahl der wirksamen Bedingungen im Ganzen unserem fokussierten Bewusstsein verborgen bleiben. Selbst wenn es möglich wäre, würden die unter diesem Blickwinkel gemachten Beobachtungen wie unbedeutende Lappalien scheinen. Aber sie würden uns ein bedeutsames Organisationsprinzip der Wirklichkeit demonstrieren. Die uns logisch scheinenden Funktionen können durch Start- und Randbedingungen in Gang gesetzt und gesteuert werden, die ihr Wissen nicht nur in symbolartigen Strukturen versammeln, sondern auch in gewichteten Beziehungen. Aber auch das sind allemal Strukturen, welche in vielfältiger, sogar kinematischer Art und mit allen möglichen Materien gebaut sein können, immer aber logische und kausale Zusammenhänge vermissen lassen, es sei denn als Wichtungen selbst. Im konnektiven Zusammenspiel der höheren Ebene erschiene die logische Funktion dann nur als gewichtete Relation.

Auf dem höchsten kybernetischen Niveau können nicht nur die Strukturen für logische Funktionen „auskristallisiert" werden, sondern auch in einen quasisymmetrischen Ordnungszustand gehalten werden. Die Balance dafür schafft das konnektive System, das dazu offensichtlich die überkommene Kohärenz auf verallgemeinertem Niveau weiterführt. Die Information in Form von Beziehungswissen hat für uns keine unmittelbar logische Bedeutung, aber sie führt in ihrer existenziellen Optimierung ein Eigenleben und nimmt auf ihre Art einen wesentlichen Einfluss auf das Geschehen und insbesondere auf die Entwicklung der Wirklichkeit. In seiner ausgebildeten Form kennen wir für dieses Prinzip der im Detail schwachen Einflussnahme den Begriff der konnektiven Information. Wir beschreiben damit das höchste Führungsprinzip in der Natur, welches, zumindest teilweise, das heißt in

Ermangelung tieferer Einsichten, auch für einen folgerichtigen Ablauf der Evolution angenommen werden muss.

Uns ist das konnektive Prinzip noch in wesentlichen Teilen unbekannt. Dass es für uns überhaupt existiert, ist ein Verdienst der Informationstechniker, die mit dem neuronalen Netzwerk die Grenzen der Informationsverarbeitung auszuloten suchen. Dieser vielleicht mehr zufällige Fortschritt hilft uns aber kaum, wenn es um natürliche Systeme geht, weil sich das Prinzip hier viel umfassender entwickelt hat. Überdies können wir in der Natur nur die Methoden entdecken, in denen sich die vordergründigen Arbeitsprinzipien unseres Bewusstseins wiederfinden. Wir mögen aus unserer Umwelt vieles perzipieren, können aber nur das erkennen, welches für die Leinwand unseres Bewusstseins passfähig ist. Es sind die kleinen logischen Portionen. Mit denen können wir auch nur das technische Netzwerk verstehen und konfektionieren. Auf diesen schmalen Ausschnitt der Möglichkeiten aber können sich die Ordnungssysteme der Wirklichkeit unmöglich reduzieren. Hat doch der logische Part unseres Bewusstseins selbst eine Führung nötig, welche nur mit höheren Mitteln organisiert werden kann.

Konnektive Elemente sind in dem mehr bildhaften Zustand der Wirklichkeit enthalten. Bestimmte Inhalte erklären sich uns von selbst, wenn man ihnen ihre Intention ansieht, wie etwa eine etwas über den Tischrand geschobene Kaffeetasse. Andere Bilder kommen nur dem ins Bewusstsein, der sie kennt. Aber auch höhere Ziele sollen sich in geheimnisvollen Bildern und deren langsamen Veränderungen verbergen und mit unserem eigenen konnektiven Kosmos korrespondieren können. Mit dem, was uns hier anspricht, ist die Logik überfordert. Das Wissen kann nur geahnt werden, wobei ein veranlagtes Gefühl hilfreich sein kann. Methoden dazu kennt man beispielsweise in der Religion; aber auch die Welt der schönen Künste lebt davon. Die Poesie entdeckt nicht nur zauberhafte Inhalte in der Natur, sondern vollendet auch solche im Geiste. Dabei ist schon allein die einfache Harmonie der Vollkommenheit Intention genug, weil sich dem Geiste daraus das höchste Glück zu erschließen vermag.

Dem Analytiker sind die bildhaften Bedingungen der Wirklichkeit ein Gräuel, weil sie sich logisch nicht decodieren lassen. Zudem braucht der Logiker einen stabilen Hintergrund, welcher auf die aktuellen Aufgaben ausgerichtet ist. Ist dieser eingerichtet, was nur auf einer Beziehungsebene geschehen kann, so muss sich der Logiker an diesen Zustand klammern, weil der konnektive Informationsgehalt ihm nicht zugängig ist, und zwar umso weniger, je mehr er selbst die logische Intelligenz konditioniert hat. Aus diesem Zusammenhang wird auch die Balance ersichtlich, welche die Evolution in der Zivilisation zwischen den Informationssystemen vorhalten muss, und die gewissermaßen auch über das Niveau des Fortschritts entscheidet. Es entfernt sich gleichermaßen das Schifflein umso weiter vom Ufer der Erkenntnis, je mehr man sich auf das logische Segelwerk allein verlässt. Das Phänomen ist uns aus der Geschichte nicht unbekannt. In Zeiten, da die Logik noch wenig entwickelt war, war auch der Einfluss der Bilderwelt auf die Ausrichtung der bewussten Handlungen und Einsichten noch bedeutender. Dass dabei das Prinzip auch auf die Vorgänge in der Natur übertragen wurde, war im Grund nur folgerichtig, auch wenn eine reichhaltigere, und dem menschlichen Einblick vollkommen verwehrte Ebene der Evolution dafür zuständig war.

Es sind immer die unordentlichen Bilder der Wirklichkeit, die das nichtlogische Wissen von Wichtungen bezeugen. So wie wir von der Menge konturloser Information geführt werden, könnten wir darin nicht einmal die Rolle der reduzierten Portionen erkennen, mit denen wir zu arbeiten befähigt sind. Nur dem Sensiblen, der sich gefühlsmäßig der Breite öffnen kann, erschließt sich mitunter eine gewisse Ahndung von der Beziehungswelt der Bilder und deren Eigenleben, besonders auch der fortschreitenden Vervollkommnung.[65] Allerdings ist jede Form von bewusster Interpretation aussichtslos, da mit der einsetzenden Logik immer auch die unzulässige Reduktion einsetzt und der konnektive Informationsinhalt verschwindet.

Eine gewisse Irritation verursacht der Informationsinhalt des konnektiven Systems deshalb, weil wir uns von der technischen Bedeutung des Informationsbegriffes gedanklich nicht lösen können. Als Führungsinformation verstehen wir etwas, das wir selbst als Plan in das System hineingebracht haben. Im Gegensatz dazu sind wir für die Inhalte des konnektiven Systems nicht zuständig, ja wir kennen weder die Abkunft der Information, noch das Auswahlprinzip, weder die innere Organisation noch deren Sinn und Ziel. Der Mensch ist nicht für die Inhalte verantwortlich zu machen, und der Begriff des Planes ist dafür völlig unzweckmäßig. Der Beschreibung am nächsten kommen wir mit der Vorstellung von Randbedingungen, welche für den Lauf der Evolution von existenziellem Wert sind und außerhalb menschlicher Einflussnahme existieren. In kybernetischer Hinsicht sind die Vorgaben von höherer Priorität als die Handlungen und Geschehnisse selbst. Sie erscheinen uns von etwas schwammiger Form, weil sie über einen weiten Bereich von Beziehungen verstreut sind und dem schmalen Fokus unseres Bewusstseins kaum etwas preisgeben. Könnten wir Funktion und Inhalte in die kleinen Portionen unserer logischen Anschauung überset-

---

[65] Die Beziehungswelt der Bilder wird in der konnektiven Führungsetage des menschlichen Gehirns fortgeführt, womit sich auch der Sinn evolutionärer Strategien erhellen sollte.

zen, so wären wir möglicherweise über die Banalität der Inhalte enttäuscht. Andererseits stehen die weit über Raum und Zeit verstreuten Bedingungen genau der Ordnung voran, in welcher wir das Weltgebäude vorfinden. Indem sie zwischen den logischen Funktionen existieren, müssen sie gegen dieselben robust sein und aus diesen herausgefiltert werden können. Was hier evolutionär undurchsichtiges Prinzip ist, wird in unserer Erkenntnis noch zusätzlich erschwert, indem wir die Vorgaben in einem Sammelsurium zurückgelassener Schritte ausmachen müssen.

Anders als in der logischen Erkenntnis, in der die Inhalte in kleine Portionen und deren Kausalität getrennt sind, braucht es in der konnektiven Form immer eine gewisse Menge gleichzeitig.[66] Je mehr zeitbeständige Information in morphologischer Form zusammensteht, umso weniger lässt sich andererseits diese in arbiträrer Weise verwenden. Demnach ist das Netzwerk des Geistes nicht in logische Partitionen zu teilen. Die höchste Führungsebene in der Natur wie auch im menschlichen Bewusstsein muss von absoluter Art sein, in der sie auch über die Zeiten beständig sein kann. Es ist Beziehungswissen, das der Gleichzeitigkeit und Vollständigkeit bedarf. Wir nennen es das geistige Prinzip, für welches das nebulöse Universum der Weisheit steht, das mit den Mitteln logischer Intelligenz nicht auszuleuchten ist. Die philosophische Erkenntnis hat offenbar so viel vom geistigen Prinzip der Weisheit, wie sie logische Sukzession entbehren kann, welche die Intelligenz noch nötig hat. Die konnektive Form des Wissens strebt ihrem Prinzip zufolge nach Vollendung und nähert sich damit absoluten Inhalten, welche in dieser Form auch nur nachhaltig austariert werden können.

## *2.8 Chaotische Systeme*

Physikalische Zustände sind nur dann erkennbar, wenn sie wiederholbare Strukturen besitzen. Das völlig strukturlose Chaos ist ein informationsloser Zustand, der zu keinerlei Entwicklung befähigt ist. Davon zu unterscheiden ist das evolutionäre System, welches im Startpunkt seiner Entfaltung durch nicht wiederholbare Prozessstrukturen gekennzeichnet ist, die sich in ein Ganzes fügen und einen kohärenten Zustand bilden. Das System stellt eine geschlossene Organisation dar, die in keinem seiner Teile eine Wiederholung zulässt und deshalb dem Beobachter chaotisch erscheinen muss. Das System hat zu Beginn eine maximale Energiedichte, welche mit einem maximalen Informationsinhalt korreliert ist. In der vorliegenden Form ist derselbe allerdings nur prozessrelevant und keiner äußeren Einsicht zugäng-

[66] Das Beieinander von Strukturen mit vergleichbaren Attributen ist möglicherweise nicht nur Entwicklungspotential sondern auch Auswahlkriterium für die unbewusste Perzeption.

lich. Alle Prozesselemente sind derart ineinandergefügt, dass sie ein geschlossenes Ganzes bilden, das eine außerordentlich hohe Präzision voraussetzt, dabei aber keinerlei Zyklen enthält. In dieser vollkommenen Art wäre dieses Ganze nicht erkennbar, weil es fensterlos ist, das heißt nach außen keine Anhaltspunkte für externe Vorgänge böte. Im Geschehen der kosmischen Evolution wäre das ohnehin irrelevant und für kleinere, experimentell zugängliche kohärente Zustände trifft die Ganzheit nicht in Vollkommenheit zu, das heißt, sie sind immer beeinflussbar. Dazu sind etwa auch die intrinsischen Prozesse der Teilchen zu zählen, welche noch durch Wechselwirkungskräfte mit der Umwelt kommunizieren.

Für die Explikation eines evolutionären Systems gibt es nur ein vollständiges Beispiel, es ist die kosmische Entwicklung vom Urknall an. Das scheinbare Chaos evolutionärer Systeme hat die Eigenschaft, sich in eine bestimmte Richtung zu entwickeln. Verantwortlich dafür ist eine Abgabe von Information aus dem geschlossenen Prozess. Der extrem hohe Organisationszustand kann dann nicht mehr aufrechterhalten werden. Es werden zunächst die kleinsten Elemente ausgeschieden, die selbst zyklische Prozesse bilden können. Sie besitzen als Folge ihrer Abkunft die höchste Energiedichte und entsprechen in der kosmischen Dimension den intrinsischen Organisationen der ersten Teilchen. Information verschwindet so aus dem Ganzen, was den Vorgang der Symmetriebrechung weiter vorantreibt. Die groben „Verpackungsmaterialien“ in Form weitreichender Symmetrien werden aus dem Prozessraum entfernt, das heißt mit hoher Geschwindigkeit in die Weiten des Universums transportiert. Sie repräsentieren dort den jeweiligen Entfaltungszustand mit dessen entsprechend verkürztem Entwicklungspotenzial. Im kosmischen Geschehen machen sie den weitaus überwiegenden Teil der Information aus. Das eigentliche evolutionäre Potenzial wird dadurch auf einen immer kleiner werdenden Radius reduziert.

Indem am Ende ein in die Weite gefächertes Gerüst von Symmetriebrechungen übrig bleibt, ist das Entfaltungsgeschehen der Organisation eines konnektiven Systems nicht unähnlich. Die abgeschiedenen Teilchen bleiben durch Wechselwirkungskräfte verbunden, wobei sie immer größere Strukturen bilden, welche ihrerseits durch weitere Beziehungen austariert werden.[67] Die Frage drängt sich auf, ob nicht auch der konnektive Hintergrund des kohärenten Systems der Mechanismus ist, mit dem die Ordnungsstrukturen in einer ganzen Hierarchie wachsen können. Es wäre die geheime Intention eines Erfolgsrezepts, welches sich wie ein roter Faden durch die gesamte

[67] In dem Sinne könnte das ganze Universum ein einziges konnektives System vorstellen, wenn nämlich das Beziehungswissen seiner Bedeutung nach herausgetrennt werden könnte.

Evolution zieht und am Ende auch unser Verständnis dafür geweckt hat. Es ist letztlich ein Prinzip, welches Symmetriebrechungen damit organisiert, dass es die symmetrischen Optionen des Zerfalls gegeneinander austariert. Bestünde ein solcherart organisierter Hintergrund nicht, müsste das System mit den gegebenen Inhalten und Startbedingungen in stochastischer Art leben, indem es wie mit einem Würfel gesteuert alle Zustände durchfährt. Es ist allerdings zu bedenken, dass auch die Strukturen selbst einen gewissen Algorithmus bestimmen und die Anfangsbedingungen auch dann die Form von Beziehungswissen haben. Ein völlig informationsloses System ist deshalb ein weltfremder Zustand.

In einfachen Modellen kann man sich chaotische Verhältnisse zusammenstellen. Man kann sich natürlichen Ausgangsformen annähern, den Informationsinhalt schrittweise verändern und die Eigenschaften des Systems studieren. Werden nur logische Algorithmen hinterlegt, können sich keine Ordnungsstrukturen entwickeln. Vielmehr steht jede blindlings angestellte Bedingung für eine eigensinnige Entwicklung. Nach einer beliebten Vorstellung dieser Schule kann der Flügelschlag eines Schmetterlings in Madrid das Wetter in London beeinflussen, das heißt, chaotische Systeme entwickeln sich bei einer winzigen Änderung der Startbedingung auf dramatisch andere Art. Ein solches Verhalten zeigt sich deutlich im künstlichen Chaos, dessen Elemente gleichberechtigt und nach streng logischem Kalkül programmiert sind, sonst aber jedes höhere Ordnungsprinzip ausgeschlossen wird. In der Natur dürfte die dadurch bedingte Verwandlung in extreme Unterschiede eher selten zu finden sein.

Die konnektive Information indessen steht für das ganze Gegenteil. Sie lässt eine Differenzierung aufkommen, die als Ordnungszustand auch stabil ist und erhalten werden kann. Die konservativen Systeme sind in der Form nicht haltlos in die Welt gesetzt, sondern besitzen eine nachhaltige Ausrichtung auf die Belange des ausbalancierten Zusammenspiels. Die energetische Hierarchie folgt dabei der evolutionären Reihenfolge, was die Stabilität der Bausteine von innen heraus bewirkt. Am Ende bleibt die zufallsabhängige Wärmebewegung als inhaltsloser Rest, welcher ohne evolutionäre Bedeutung ist, in der Erkenntnis der Vorgänge jedoch eine übertriebene Wertschätzung erhalten hat. In der Physik werden die stochastischen Vorgänge, die allerorts die abgelaufene physikalische Evolution bezeugen, für gewöhnlich auf alle Zeiten und Entwicklungsphasen übertragen, wodurch das eigentliche Informationsprinzip im Dunkel bleibt. Dabei müsste die Separation der Informationsinhalte von der leeren Wärmebewegung als der eigentliche Grund aufgefasst werden, das Entfaltungsprinzip auf andere Art, nämlich als kybernetische Evolution weiterzuführen. Die Wärmebewegung wird in dieser nächsten Etappe wieder gebraucht und darf nicht ungenutzt aus dem Reaktionsraum entfernt werden, wie das etwa mit den informationslosen Strukturen in den früheren Phasen geschah. Die Wärme bildet das Energiereservoir, aus dem die Strukturbildungen erfolgen können, welche die kybernetischen Systeme nötig haben. Es sind jedes Mal Evolutionen im Kleinen, die nur in der Energieabsenkung vonstattengehen können.

Der stochastische Charakter der Wärmebewegung ist andererseits an jedem Ort wahrzunehmen und deshalb der analytischen Wissenschaft Grund genug, die auf kausale Folgeprozesse gegründete Erkenntnis zu verlassen. Die kohärente Form des evolutionären Systems am Startpunkt und die exakten intrinsischen Organisationsformen der aus diesem Zustand entlassenen Teilchen sind mit einem Zufallsgeschehen aber nicht zu erklären. Die Mechanismen der Entwicklung sind in jeder Phase den Erfordernissen angepasst und benötigen demzufolge auch die entsprechenden Erkenntnismethoden. Der erste Grundsatz der Evolution ist gerade die Entwicklung und Veränderung der Grundsätze.

Die kybernetische Evolution setzt das physikalische Prinzip der Entpackung mit der Organisation der Bausteine selbst fort, indem nunmehr das zurückgebliebene Beziehungswissen in die Konstellation der konservativen Systeme gepackt wird. Damit entstehen nicht nur komplexe Strukturen, es werden auch die Führungsprinzipien, einschließlich der konnektiven, in die wachsenden konservativen Systeme impliziert. Die auf diese Art sublimierten Strukturen werden zum Spiegelbild der evolutionären Intention selbst.

Die Vertiefung dieses Prinzips schafft am Ende auch die organisierte Harmonie, welche die Erkenntnis erst möglich macht, und lässt den Begriff des Sinns aufkommen, der letztlich eine Zusammenfassung nach Inhalten auf höchstem Niveau darstellt. Die Natur hält dafür auch die entsprechenden Mechanismen vor, die das Wirken konnektiver Prinzipien möglich macht. Ein erstes Beispiel ist der natürliche Prozess, der energetisch durch eine Abkühlung begleitet wird, das heißt, aus einer labilen Phase in eine stabile Struktur übergeht (*Abbildung 12*). Während das Endergebnis sonst

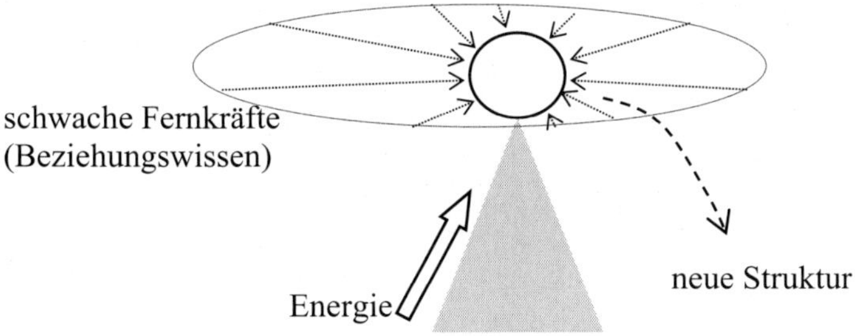


*Abbildung 12: Sensible Prozessphase*

nur über eine hohe Kraftwirkung geschaffen werden kann, ist der energetisch angehobene, labile Ausgangszustand für die Einflussnahme einer großen Anzahl schwacher Wechselwirkungskräfte wie geschaffen. Der labile Zustand des Systems fernab vom Gleichgewicht reagiert sensibel auf das Zusammenspiel schwacher und gewichteter Fernkräfte, welche den Charakter konnektiven Wissens besitzen und die Richtung der nachfolgenden Strukturbildung während der Abkühlung bestimmen können.

In der frühen Evolution ist der hohe Energiezustand durch die Vorgeschichte gegeben, in den kybernetischen Systemen muss die Energie zusätzlich aufgebracht werden, um das System in die konnektiv empfindliche Phase zu dirigieren und die Evolution im Kleinen nachvollziehen zu können. Schon in den biochemischen Strukturbildungen wird man sensible Phasen finden, welche von schwachen Kräften beeinflusst werden. In den entwickelten Formen wird auch das strukturell organisiert und der Zellkern bildet ein erstes konnektives System. Es ist nicht die logische Sequenz der DNS Bausteine, sondern die darüber liegende Ebene der mehrdimensionalen Strukturierung des Knäuels, welches uns chaotisch anmutet, sich dabei aber der konnektiven Eigenschaften verdächtig macht. Da für den Vorgang der Kernteilung dagegen ist das Führungssystem außer Kraft gesetzt und das frühere Prinzip der außerhalb des Kerns liegenden DNS muss die Steuerung übernehmen. Hier wird man das entwickelte Prinzip vermissen. Man sieht vielmehr einen programmierten Rückfall auf evolutionär frühere Prinzipien, den man in der Kybernetik der Natur öfters vorfindet.

Das gilt auch für das höchst entwickelte Führungssystem, das neuronale Netzwerk des Gehirns. Hier kann im Notfall auf niedere Reflexe zurückgegriffen werden, mit welchen nicht so weitsichtig, dafür aber genügend schnell und robust einer Ausnahmesituation oder einer Gefahr begegnet werden kann. Im Hirn der Säugetiere und des Menschen lässt sich auch eine weitere Vervollkommnung beobachten. Es wird ein ganzes System aktueller Strukturen in den labilen, quasikohärenten Zustand versetzt, wodurch eine korrelative Optimierung in Gang kommen kann. Was sich hier chaotisch darstellt, ist das eigentliche Führungsprinzip des konnektiven Systems, bei dem gewisse Gleichgewichtszustände durch Kohärenzstreben auf höheren Ebenen gesucht werden, welche die nachfolgenden logischen Prozesse zu perfektionieren verstehen. Es werden gewissermaßen die Vorgaben für die Ausgestaltung der logischen Intelligenz gemacht. Der scheinbar chaotische Eingriff in der höchsten Führungsebene kann nur dann vor sich gehen, wenn die Peripherie abgetrennt ist, nämlich in den paradoxen Phasen des Schlafs.

## *2.9 Neuronale Netzwerke*

Das aufmerksame Bewusstsein besitzt allein aus energetischen Gründen nur eine schmale Pforte, durch welche die Abbilder der Wirklichkeit gezogen werden können. Bleibt es bei dieser Reduzierung, das heißt, wird die Wirklichkeit auf die Summe linearer Elemente verkürzt, so ist es offensichtlich, dass ausschließlich die prägnanten Formen und Geschehnisse unsere Einsichten bestimmen und uns der schier unendliche Dschungel konnektiver Beziehungen unentdeckt bleibt.[68] Nur durch die distribuierten Beziehungselemente einer „metaphysischen" Sprache kann das Netzwerk der Beziehungen nach der Schleusung wenigstens in Teilen wieder zusammengesetzt werden.[69] In *Abbildung 13* ist diese Eigenschaft der Sprachelemente formal durch Netzverbinder dargestellt, welche auch nach der Schleusung die Vernetzung wieder unterstützen können. Die neuronale Abbildung nähert sich dann wieder dem evolutionär sinnorientierten Ordnungszustand, was als Voraussetzung gewertet werden muss, dass ein solcher auch in der Wirklichkeit gesucht und wahrgenommen werden kann. In dieser Hinsicht kommt der Sprachentwicklung eine entscheidende Bedeutung zu, weil nur vermittels der Sprache ein wirklichkeitsnaher konnektiver Hintergrund in

---

[68] Das, was sich auf konnektive Art der Logik entzieht, wird im englischen Sprachraum auch schnell einer subsymbolischen Ebene zugesprochen [5], [6]. Das bedeutet eine gewisse Abwertung. In kybernetischer Sicht ist die natürliche Welt der Beziehung dem Ziel und Sinn näher und steht damit über der logischen Ebene.

[69] Der Begriff Sprache steht hierbei für die Verwendung normierter Erkenntniselemente, welche für die bildliche Perzeption nicht ad hoc gegeben sind.

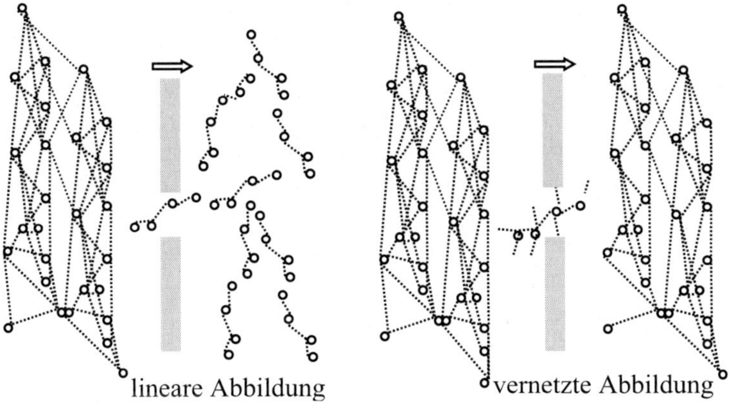


*Abbildung 13: Die logische Pforte des Bewusstseins*

das neuronale Netz einprogrammiert werden kann. Die erforderlichen, mehr dem Gefühl als der logischen Grammatik zuzuordnenden Sprachelemente widersetzen sich jeder Analyse und sind als evolutionär gewachsene Abbildungen der konnektiven Bedingungen zu werten, welche die Zielorientierung vervollkommnen. Als evolutionäre Bedingung für eine günstige Sprachentwicklung ist insbesondere die Abwesenheit der logischen Zwänge der Macht zu sehen, welche eine geistige Balance nicht zulassen.

Es ist leicht einzusehen, dass diese „Netzelemente" als sensible Formen auch besonderer geistvoller Umgangsformen bedürfen, wie etwa auch einer liebevollen Sprachpflege. Zum anderen optimiert sich ein solches Sprachsystem auch selbst, indem es Impulse aus den konnektiven Prinzipien der Selbstorganisation erfährt.[70] Man muss nur die entsprechenden geistigen Bedingungen zulassen. Es ist nicht so, dass, wie in Orwells Roman „*1984*", durch abgeschaffte Wörter bestimmte Denklinien unterdrückt werden können, oder etwa durch die Verbannung irregulärer Verben der freie Geist gebrochen werden kann.[71] Vielmehr steht die ganze Konstitution der Sprache für die Vielfalt und Tiefe möglicher Gedanken. Vor dem Hintergrund des allgemeinen Sprachverfalls und der angelsächsischen Sprachdominanz in der Wissenschaft ist es allerdings nicht verwunderlich, dass die

---

[70] Man erkennt die konnektiven Rahmen zum Beispiel auch dadurch, dass bestimmte Formulierungen vom Sprachgefühl nicht zugelassen werden.

[71] George Orwell: 1984. Ullstein Verlage Berlin 2004. Seiten 50, 274 f.

konnektiven Prinzipien auf logische Kalküle gestutzt werden, um in dieser hinfälligen Form auch dem wissenschaftlichen Interesse ganz zu entgehen. Interessant ist, dass man in den neueren Veröffentlichungen zu diesem Thema kaum einen Hinweis auf die konnektiven Ordnungsprinzipien der Wirklichkeit findet. Es herrscht die Dominanz der linearen Logik. Auch mit dem sogenannten subsymbolischen Paradigma,[72] das ein konnektives Prinzip impliziert, wird die Vorherrschaft der Logik nicht infrage gestellt. Das Ausgangswissen wird immer in einer die Wirklichkeit verkürzenden Symbolik dargestellt, weshalb auch eine damit gebaute neuronale Ebene die tatsächlichen Beziehungen der Wirklichkeit nicht erfassen kann. Die Wissenschaft baut sich auf diese Weise eine kurzsichtige Optik, mit der sie nur den funktionellen Teil der Wirklichkeit erkennen kann, gleichzeitig aber vor den weiten Einsichten geschützt ist, die dieser Position schaden könnten. Ohne die weiten Strategien des Sinns bleiben nur die vordergründigen Funktionen, die sich in ihrer Beziehungslosigkeit auch in unendliche Variationen bringen lassen und die Kassen des Showbusiness füllen, der Erkenntnis aber eher geistige Leere verordnen. Die Blender sind allemal auf die lineare Logik angewiesen, da nur damit eine Rangfolge begründet werden kann, welche die eigene Größe auch nötig zu haben glaubt.

Die Reduzierung auf die logische Methode, die in der Erkenntnis zu einem Defizit führt, bestimmt auf der anderen Seite ein gewisses zeitgemäßes Entwicklungsniveau. Die begrenzten Möglichkeiten der Technologie müssen dabei zu gewissen Überhöhungen funktioneller Strukturen führen. Das heißt, dass Lösungen generiert werden müssen, welche in der Natur nicht vorkommen, weil sie dort mit effektiveren Mitteln geführt werden. Das betrifft allerdings nicht nur die Funktion selbst, sondern auch vor allem die Nachhaltigkeit der Ergebnisse. Mit dem Verlassen der Randbedingungen werden Schwierigkeiten angehäuft, die der natürlichen Entwicklung im Wege stehen. Dabei wären die Lösungen durchaus auf den höheren Ebenen möglich, weshalb die Erforschung und die Entwicklung der neuronalen Netze zu den zukunftsträchtigen Aufgaben gezählt werden müssen.

Wenn die durch Wichtungen von Beziehungen gekennzeichnete Information in neuronalen Netzen eine technische Bedeutung erlangt hat, dann bisher nur in der niederen, mit der Logik gehandhabten Form. Man erkennt das leicht an der Architektur des neuronalen Netzwerkes, welches, wie in *Abbildung 14* schematisch dargestellt, vollständig von logischen Elementen

[72] Ein umfangreiches Literaturverzeichnis dazu findet man in [6].

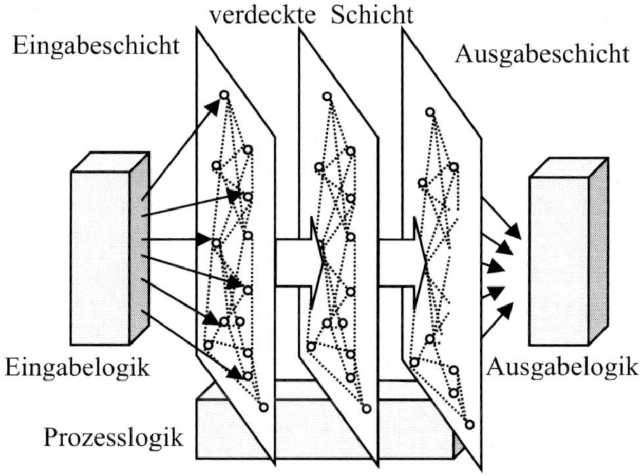


*Abbildung 14: Die technische Netzwerkmaschine*

umgeben ist. Was die Wirklichkeit an natürlichem Beziehungswissen zwischen allen möglichen Dingen und Geschehnissen vorhält, kann in technischen Systemen nur in logisch regelbasierten Relationen zwischen einer Vielzahl Schaltelementen, den Neuronen, nachgebildet werden.

Mit der bewussten Vermittlung steht die Logik über den Dingen, weshalb die Technik an dieser Stelle mit einer Verkehrung der kybernetischen Hierarchie gebaut werden muss und dem natürlichen Vorbild immer unterlegen sein wird. Im technischen Netzwerk werden mit dem symbolisierten Wissen die Wichtungen zwischen den Neuronen geladen. Was dabei nach einem vorgegebenen Algorithmus geschieht, entspricht nicht dem evolutionären Prinzip. Das kennt nur den genau umgekehrten Weg, die Entstehung logischer Partitionen aus dem konnektiven Zusammenhang. Die konkreten Daten der technischen Lösung verschwinden aber offensichtlich auch in ein Beziehungswissen, das unserer bewussten Erkenntnis nicht zugänglich ist. Erst durch eine erzwungene Zuordnung mit zusätzlichen Gewichten werden symbolhafte Ausgangswerte erzeugt, welche einer bestimmten Eingangskonstellation entsprechen. Die völlig verschleierten Bilder der Konnektionen verdichten sich dann wieder zu konkreten Symbolen, welche unseren Erwartungswerten gerecht werden. Indem verschiedene Zuordnungen auf diese Art programmiert werden, zeigt es sich nun, dass ähnliche Eingangssignale zu gleichen Ausgangsmustern führen können.[73] Die morphologische Information der Innenlagen besitzt demnach jene geheimnisvoll anmutende Form des Beziehungswissens, das in den natürlichen Formen versteckt ist, aber auch in Geschehnissen vermutet werden muss.[74] Die besondere Information, die in den einzelnen Lagen des Netzwerkes zu stehen kommt, ist mit dem logischen Maß nicht mehr zu messen. Es widerstrebt uns, dieses mysteriöse Muster von Beziehungen überhaupt als Information anzuerkennen, was letztlich aber nur der Konstruktion unseres Bewusstseins verschuldet ist. Dass es sich aber um Information handelt, bezeugen schließlich die logischen Ausgangswerte, die jederzeit daraus gezogen werden können. Dabei darf natürlich nicht verschwiegen werden, dass dazu ein enormer Aufwand getrieben werden muss, da im Gegensatz zum natürlichen Vorbild jedes Element als elektronisches Bauteil konzipiert ist, das für sich streng nach logischen Gesetzen funktioniert. Die als Neuronen bezeichneten Verknüpfungspunkte summieren die unzähligen gewichteten Beziehungen auf, um mit der damit erzeugten Information selbst wieder zu jedem Neuron den eigenen gewichteten Anteil einzubringen. Es ist leicht einzusehen, dass eine Vielzahl technischer Variationen in den Verschaltungen möglich ist, welche auch logische Algorithmen beinhalten können und vor allem den Lernprozess, das heißt die Festlegung der Gewichte, und die Schärfe der Ausgangsinformation zum Thema haben.

Das Grundprinzip wird dabei nicht verändert, nämlich die Arbeit mit einer ursprünglichen Form von Information, welche gewisse inhaltsorientierte Korrelationen erkennen lässt. Die Morphologie eines fertig gewichteten Systems zeigt das Bild einer vieldimensionalen Struktur,[75] in die die Eingaben gewissermaßen wie in ein Gebirge hineinrollen und an bestimmten Tälern wieder zum Vorschein kommen.[76] Dabei sind die Wege eben nicht so genau festgelegt, wie etwa beim symbolischen Rechner. Viele, auch ganz unterschiedliche Wege können zum gleichen Ergebnis führen, und lassen so irgendwelche Verwandtschaftsbeziehungen erkennen. Genauso können auch ganz undeutliche Eingangsinformationen in konkrete Aussagen ver-

[73] Hier ist die Struktur der Signale entscheidend und nicht deren arbiträre Bedeutung. Im natürlichen System verschwindet dieser Unterschied mit wachsender Informationsbreite.

[74] Im technischen System ist dieses Beziehungswissen logisch vermittelt und dadurch stark reduziert. Eine Nachbildung evolutionärer Prinzipien wäre schon deshalb nicht möglich.

[75] Im Gegensatz zum technischen System bildet das natürliche die konnektiven Inhalte der Wirklichkeit ab, die in ihrer Bedeutung weit über die Logik der Funktion zu stehen kommen.

[76] Das ist mehr als nur eine Metapher, da auch auf uns die natürlichen Formen wie die Wichtungen eines neuronalen Netzes wirken, das Bewusstsein dabei allerdings umgehen müssen.

wandelt werden, wenn die Verwandtschaft auf irgendeine Art vorher definiert wurde. Es ist leicht einzusehen, dass die Art der Eingangsinformation für das Prinzip eine gewichtige Rolle spielt. Die konnektive Form der Information mit absolutem Informationsgehalt ist dafür ideal, die arbiträren Symbole der Logik sind dagegen ganz ungeeignet. Es muss in dem Falle mittels logischer Symbole ein gewisser konstruktiver Inhalt nachgebildet werden. Wie weit das gelingt, entscheidet praktisch über das Ergebnis. Man sieht, dass an dieser Stelle ein enormer Aufwand nötig ist, der mit dem Beziehungswissen der natürlichen Systeme ganz entfällt. Allerdings benötigt dieses wiederum ein entsprechendes Eingansfilter, welches ontogenetisch erzeugt, die systemrelevanten Daten aus dem Überangebot auszuwählen hat. Das ist in dem Sinne kein zusätzliches Organ, sondern bildet sich bei der Entwicklung des Netzwerkes von selbst und ist so dem System von Grund auf in mehr oder weniger naiver Form implementiert.

Die hohe Schule der Kybernetik erreicht das neuronale Netz jedoch erst dann, wenn es nicht nur Muster erkennt, sondern diese auch verarbeiten und daraus emergente Strukturen entwickeln kann, welche der nachfolgenden Logik als Vorgaben dienen können. In der Form wird das konnektive Netzwerk zum Führungssystem einer hoch entwickelten und selbstständig arbeitenden kybernetischen Einrichtung. Freilich bedarf es dazu auch einer dieser hohen Ebene entsprechenden Kommunikation mit der Umwelt auf der einen Seite und der effektorischen Logik auf der anderen. Um genau diese Aufgaben ergänzt wird das neuronale Netz im menschlichen Bewusstsein zu einem allgemeinen Transformationssystem von Information aus der räumlichen in die zeitliche Form. Dazu müssen Laufzeitkreise zwischen morphologischer Information in Struktur und logischer Information in zeitlicher Verschaltung vermitteln. Die Impulsfortleitung an den elektrischen Doppelschichten der biologischen Membranen bilden dazu jedenfalls die besten Voraussetzungen.

## *2.10 Die Bildung konnektiven Wissens*

Die erste Programmierung des neuronalen Netzwerkes, das Einbringen externer Information in das jungfräuliche konnektive Substrat, zeigt uns zunächst nichts anderes als das Verwischen von Konturen. Das ist natürlich besonders deutlich, wenn definierte Symbole in das System gebracht werden. Es ist zwar eine unnatürliche Situation, aber wir sehen, wie mit den ersten Eingaben eine Art Koordinatensystem geschaffen wird, auf das die folgenden Programmierungen bezogen werden. Erst die nächsten eingestellten Symbolzuordnungen zeigen ein gewisses Arbeitsprinzip, indem die „Informationsgebirge" je nach Ähnlichkeiten der Symbole prägnanter oder zerklüfteter werden. Die erzwungene Zuordnung der Ausgangswerte zur eingegebenen Information schafft Beziehungswissen, welches logisch nicht unmittelbar einsichtig ist und deshalb nicht selten zu verblüffenden Ergebnissen führt. Was im Experiment leicht durchführbar ist, ist in der Natur kaum zu finden. Es wird kein konnektives System mit logischen Symbolen gefüttert. Genauso hat der Zerfall symbolischer Strukturen keine Bedeutung. In der Evolution der Natur ist vielmehr der umgekehrte Weg angesagt, logische Information entsteht in konnektiven Prozessen. Sie fällt auf ein niederes physikalisches Niveau, wenn sie ihre Prägnanz verliert. Ihr eigenständiges Wissen ist in der arbiträren Form zu unbedeutend, als dass dafür jene hoch qualifizierten Strukturen geschaffen sein müssten, welche das zerfallende Wissen vermittels seiner Korrelationen bewahren könnte.

Die Frage stellt sich allerdings, welche Mechanismen dann im Gehirn angenommen werden müssen, wenn die neuronalen Bezirke durch Reduzierungen der Wirklichkeit gespeist werden. Schließlich benutzen wir auch für höhere Denkprozesse einfache Symbole mit teilweise abstrakten Inhalten. Die aber müssen immer in den entsprechenden unteren Ebenen landen, die nach anderen Prinzipien arbeiten. Die konnektive, das heißt geistige Ebene, ist gegen logische Vereinnahmung immun, weshalb es ein sprachliches Kunststück ist, solch gewandte Beziehungsinhalte zu bilden, welche bis ins Direktionszimmer vordringen können. An den allgemeinen kybernetischen Prinzipien können wir uns nicht vorbei mogeln. Die Hierarchie der kybernetischen Pyramide muss in aller Strenge bewahrt bleiben.

Im natürlich optimierten System kann mit logischen Symbolen kein konnektives Netzwerk programmiert werden. So können wir auch mit unseren logischen Begriffen nichts am konnektiven Hintergrund unseres Bewusstseins verändern, sondern nur das Vorhandene für Inferenzwege nutzen. Das System kann nur eines, in den Gedankenvorgaben unaufgelöste Reste hinterlassen, die in der nächsten kreativen Programmierphase[77] zu neuen Rahmenbedingungen führen, insbesondere auch zu solchen, welche vorher unauflösbare Denkprozesse zu Ende bringen. Mit dieser wichtigen Funktion unseres Bewusstseins werden gewissermaßen zwei Fliegen mit einer Klappe geschlagen. Zunächst lässt sich der geistige Hintergrund, das heißt die höhere konnektive Struktur, von unseren Gedanken nicht verändern. Sie kann lediglich von geistig hochstehendem Kontext erregt werden. Zum anderen werden eventuell erfolglose Vorgaben berücksichtigt, indem neue „Landschaften" in den Phasen der Selbstorganisation angelegt werden. Diese sind allerdings nicht im Sinne des Denkers selbst, was auch für die

[77] In den paradoxen Schlafphasen, in denen das Beziehungswissen neu austariert wird.

Evolution fatal wäre, sondern sie entsprechen den allgemeinen Entwicklungsbedingungen, wie sie durch die Inhalte und die aktuellen Informationen gegeben werden. Die Evolution kann an dieser Stelle die Zügel nicht aus der Hand geben, sodass die Selbstorganisation der evolutionären Stufe immer im Vordergrund bleiben muss. Sie muss so vollständig wie möglich geführt werden, da sie von keinen zusätzlichen Korrektureinrichtungen beaufsichtigt werden kann. Es kann sich dabei nur um Prozesse handeln, die auf der konnektiven Ebene oder höher geführt werden, wobei gewisse Symmetrieprinzipien angenommen werden müssen. Im Umgang mit den neuronalen Netzen zeigen sich auch dem Techniker heute schon gewisse Ansätze, mittels dynamischer Selbstorganisation die Netzwerke zu optimieren. Dabei kann das Prinzip der logischen Intelligenz allerdings nicht verlassen werden, das heißt, es müssen konkrete Ziele vorgelegt werden. Die könnte das natürliche System in der konkreten Form nirgendwoher beziehen, es muss sie sich immer selbst zusammenreimen. Die Natur kennt auch nicht die Vielzahl der technischen Varianten, sie hat allemal nur eine Methode bereit, die nur mit dem evolutionären Niveau gewandelt wird, weil ihrer Organisation zunehmend effektivere Strukturen zur Verfügung stehen.

Wie sich das Denken auch als ein freies anfühlt, sind doch die Wege allemal vorgegeben. Das kann auch nicht anders sein, weil allein durch die vorhandenen Bausteine und Gesetze zu viele Möglichkeiten offen stehen. Die schiere Unendlichkeit der Wege wird in dem konnektiven Gebirge der nachhaltigen Ziele eingeschränkt. Unser geistiger Hintergrund versucht dabei das Detail in den Sinn des Ganzen zu stellen, damit die diametralen Kräfte minimiert werden und die evolutionär gebaute Wirklichkeit eine konvergente bleibt. Ob dabei immer logisch einsichtige Lösungen entstehen, ist für den Gang der Entwicklung nicht unbedingt von Wichtigkeit.

Auf der anderen Seite zeigt sich eine verhedderte Führung auch schnell in den bizarren Gedanken einer Nonsenswelt, die mitunter sogar als Fiktion gepriesen und in den Medien kultiviert wird. Man beobachtet das besonders in Sprachgebieten, in denen weite Beziehungen nicht unterstützt und gehalten werden können, sondern schnell wieder in die beziehungslosen Elemente zerfallen müssen. Dass sich eine solche Kultur der Ziellosigkeit auch über lange Zeiten halten kann, entspringt offensichtlich dem Vorteil der „heuristischen“ Vielfalt,[78] in der allerdings nicht nur die Funktionen des Fortschritts, sondern auch die unendlichen Variationen der Macht und der Skrupellosigkeit zutage kommen. Was dann der geistige Rahmen nicht einzu-

[78] Zudem macht die zu große Verbreitung eine Sprache entwicklungsunfähig, weshalb die Nachteile für ewig festgeschrieben werden.

fangen vermag, muss durch Gesetzc und Strafmaßnahmen ersetzt werden. Man sieht an dieser Stelle die Sprache als eigenständige Funktionseinheit, welche die kybernetische Hierarchie der Wirklichkeit in die der Zivilisation zu übertragen hat und dabei nur historisch gewachsene Strukturen benutzen kann, das heißt auch auf diese begrenzt ist.

Bei solch ungewissem Zustand der Zivilisation bedarf es Prinzipien, die ähnlich der Naturgesetze den Fortgang der Evolution bewahren. Dazu gehört die „innere" systemische Strukturierung des konnektiven Systems, die gewissermaßen das Reine zu beschützen hat und sich dabei von äußeren Verwerfungen abkoppeln muss. Es ist die dynamische Selbstorganisation, die auf allen Stufen der Evolution vorhanden ist und auch in dieser höchsten Form die Fäden für eine harmonische Ordnung in der Hand behält. Damit werden gleichzeitig die alten Strukturen gesichert und im Sinne des Ganzen vervollkommnet. Die Verbindung nach außen verbleibt dabei auf den niederen Funktionen, indem nämlich die Logik mit den neuen Vorgaben erprobt wird. Je nach Erfolg und Auflösbarkeit der Denkprozesse können entsprechend Reste als Vorgaben für die Optimierung des konnektiven Systems fungieren. Nach diesem Verfahren bleibt das höhere Ordnungsprinzip unangetastet, kann aber immer auf die logisch funktionellen Forderungen der aktuellen Situation herunterdividiert werden. Die ständige Optimierung des Bewusstseinshintergrundes im Sinne der evolutionären Zielvorgaben ist eine der wichtigsten Voraussetzungen für die Existenz der Zivilisation überhaupt. Schließlich hat der Mensch trotz der Verwüstung unzähliger Kriege immer wieder auf die einfachen Prinzipien der Harmonie zurückgefunden, was stets auch eine Regiekorrektur in jedem einzelnen Kopf nötig gemacht hat.

Eine solche innere Optimierung setzt natürlich gewisse Gefüge voraus. Die können nur von einer primären Strukturierung des konnektiven Systems angelegt sein, und zwar mit konnektivem Wissen, das von außen aufgenommen wird. In der Ontogenese ist das thymogene[79] Verhalten des Kindes vor der Pubertät dafür verdächtig. Das Kind ist nicht mit logischer Vernunft, sondern mit dem Gefühl in der Wirklichkeit verwoben. Der Erwachsene dagegen reiht sich in die Kausalitäten ein und wird ein Teil der Funktionen, was sich auch in der Erlebnisfähigkeit, den Interessen und aber auch den Einsichten ausdrückt. Das Kind ist noch offen für die Information, die

[79] Die Umschaltung der Bewusstseinsprozesse werden anfangs durch humorale Mechanismen (hier Rückgang des Thymushormons) unterstützt, später auch durch nervale Prinzipien.

sich nicht in Funktionsketten[80] erschließt, sondern in den Zusammenhängen des Daseins, in denen es sich selbst integriert fühlt. In diesem Falle machen die Analogiebeziehungen das Arbeitsprinzip aus, welches den Hintergrund nach der Harmonie strukturiert, wie diese auch in der Wirklichkeit versteckt ist oder in der Erziehung vorangestellt wird.

Dass aber andererseits eine Programmierung durch äußere Bilder ein gefährliches Verfahren darstellt, ist leicht einzusehen. Es sind deshalb bestimmte Bedingungen gesetzt, welche das Risiko minimieren können, chaotische Zustände durch falsche Führungsbilder zu erzeugen. Sollen äußere Strukturen in das Innere übertragen werden, müssen diese zunächst auch als Beziehungswissen vorhanden sein, welche die Intention der Evolution ausweisen, das heißt, die äußeren Bilder müssen eine gewisse Sinnorientierung enthalten, welche sich allein schon in Harmonie ausdrückt.[81] Es versteht sich von selbst, dass nicht jede aktuelle Situation solche Werte zu bieten hat. Es muss offensichtlich über viele Zustände in weiten Zeiträumen summiert werden. Dabei kommt es darauf an, in einem zeitlichen Hintereinander das Beständige zu erfassen, was auch bestimmte Filter voraussetzt, welche das evolutionäre Bestreben zu vertreten haben. Des Weiteren erfolgt die unbewusste Aufnahme der Information über spezielle Nervenbahnen, bei denen nicht die Schnelligkeit der Übertragung, sondern ihre Parallelität von Bedeutung ist. Indes wird der physiologischen Trennung der Information wenig Beachtung geschenkt, weil die diesbezüglichen Fragen bisher noch nicht gestellt worden sind. Bei Max Clara[82] findet sich eine Aufteilung von Nervenfasern in idiotrope und oikotrope, die auch die typischen Informationsarten charakterisieren, wie sie nicht nur in der Steuerung der Innenwelt, sondern offensichtlich auch in der Kommunikation mit der Außenwelt von Bedeutung sind. Ein weiterer Hinweis auf getrennte Wege ist etwa auch das sogenannte Blindsehen, das mitunter bei Läsionen im visuellen Kortex in Erscheinung tritt. Dabei kann die Erregung des Bewusstseinshintergrundes allein, ohne logische Projektion, gewisse Erregungszustände produzieren, die noch keine Wahrnehmungen sind, aber solche erwarten.

Ein Teil der programmierten Strukturen bleibt auf konnektive Art mit der Außenwelt in Verbindung. Er bildet gewissermaßen unbemerkt die Kulisse, in der die Prozesse der Wirklichkeit geführt werden. Das erregte Muster des Bewusstseinshintergrundes bleibt auf diese Art ein aktuelles Abbild der

---

[80] Die Kausalitäten werden spielerisch ausgetastet und bilden noch nicht die Last einer unabdingbaren Lebenswirklichkeit.

[81] Eine allgemeine Ebenheit, die aus vielen kohärierenden Elementen zusammengesetzt ist.

[82] siehe Max Clara: Das Nervensystem des Menschen. Leipzig 1953 (Barth) S. 59 ff, 206ff

Außenwelt, das immer mitgeführt werden muss, allerdings in einer individuellen Befangenheit. Schließlich kann die äußere Welt nicht linear in die innere abgebildet sein, sondern soweit verzerrt, dass sich der konnektive Hintergrund im Sinne der ganzen Erfahrungswelt und unter Einbeziehung der eigenen Möglichkeiten auch „symmetrisch"[83] gibt.

Im hoch entwickelten Bewusstsein übernimmt die Sprache eine Vermittlerrolle. Deren Inhalte beschränken sich im Allgemeinen auf den vordergründigen Prozess. Dadurch bleibt der geistige Hintergrund von den äußeren Formen abhängig, welche aber auch in künstlerischen Gestaltungen verändert werden können. Die hoch entwickelten Zivilisationen der Vergangenheit waren allesamt von einem ausdrucksstarken Formenreichtum begleitet, deren Informationsinhalte uns für ewig unverständlich bleiben müssen. Nicht nur dass sie sich der logischen Analyse aus Prinzip widersetzen, entsprechen sie auch einem Niveau, für das wir keinerlei Anhaltspunkte im Nachhinein erschaffen können. Was uns mitunter noch in großen Kathedralen bleibt, ist das Gefühl der Ewigkeit, welches sich uns unbewusst aus den ikonischen Inhalten der Ensembles erschließt und uns einen Hinweis auf deren konnektiven Charakter gibt. Auch ethische und ästhetische Inhalte können bisweilen noch erahnt werden, sofern sie die logische Kausalität fliehen und sich aus den Analogieschlüssen der Bilderwelt offenbaren. Genauso musste sich der Künstler der logischen Anschauung enthalten, wenn seine Werke Einfluss auf die ganze Zivilisation und den Lauf der Geschichte nehmen sollten. Es sind auch die Riten und Traditionen, die sich im Brauchtum der Völker bewahren müssen, um die Gemeinschaft im Sinne der Evolution zu führen. Inwieweit auch Sprachen konnektive Elemente transportieren konnten und dadurch die traditionellen Elemente in der Zivilisation entbehrlich machten, ist bislang wenig erforscht. Zumindest muss angenommen werden, dass in „metaphysischen" Sprachen, die zur sentimentalischen[84] Spekulation verführen, ein gewisses Beziehungswissen übertragbar ist, welches zur Programmierung der konnektiven Führung beitragen kann. Die ikonischen Elemente der Sprache, welche im Bewusstseinshintergrund direkt agieren können, sind den Bildern insofern unterlegen, weil sie wie mit einzelnen Pinselstrichen arbeiten müssen. Sie sind andererseits aber überlegen, wenn sie abstrakte Strukturen bezeichnen, welche als Analogien in der realen Welt nicht mehr gefunden werden. Inte-

[83] Im Sinne von harmonisch. Im Komplexen kann die führende Symmetrie nicht mehr erkannt werden. Uns erscheint sie dann im Höchstfalle als Harmonie. Die Differenz zum vorgefundenen Zustand ist dann eine typische Ordnungsvorgabe.

[84] Im Sinne einer gefühlten Beziehungswelt, aber im Gegensatz zur logischen Fiktion.

ressanterweise zeigt sich das auch in der vorherrschenden Philosophie einer Sprachkultur, ob sie nämlich mit logischen Strukturen, mit Macht, Zufall und Verfremdung beschäftigt ist, oder lieber die weiten Zusammenhänge sucht, die sich leicht mit sentimentalen Gefühlen verschwistern, dabei aber auch die nachhaltigen Wege findet, welche das Wesen der Ordnung ausmachen. Und selbst bei den Handlungen können Unterschiede in den Sprachgebieten ausgemacht werden. Sie können sich wegorientiert oder stärker auf das Ziel gerichtet darstellen. Sie können vom Spiel der Äußerlichkeiten vereinnahmt sein oder den Sinn in der weiten Korrelation der Elemente suchen, um ihn auf direktem Weg und nachhaltig bedienen zu können.

Gleich ob die Aufnahme konnektiver Information durch traditionelle Kulturwerte oder durch sprachliche Formen unterstützt wird, in jedem Falle bleibt sie unbewusst. Unbewusst ist dabei kybernetische Pflicht und heißt, dass sich die Information an der schmalen logischen Pforte vorbei schleicht, unsere Wahrnehmung umgeht, und damit gewissermaßen auch das Vorzimmer unseres Bewusstseins, um ungeprüft vom logischen Verstand in die neuronale Ebene vorzudringen. Auch mit der konnektiven Information von außen kann natürlich nicht sofort die Struktur des geistigen Hintergrundes verändert werden. Es kann lediglich ein gewisser Zustand aktiviert werden, der der aktuellen Situation entspricht. Kann jedoch dieses Abbild des äußeren Beziehungswissens durch Aufmerksamkeit oder Handlung nicht oder nicht vollständig wieder zurückgesetzt werden, verbleiben die Strukturelemente bis zur nächsten Programmierphase aktiv. Dann erst erfolgt Programmierung, indem mit Energieaufwand und bei abgeschalteten Effektoren die Wichtung des Netzwerkes ergänzt bzw. optimiert wird. Aber auch hier ist darauf bedacht, dass kein Kokolores an so wichtiger Führungsstelle erzeugt wird. Die Prinzipien der Evolution müssen auf jeder Stufe in ein Ordnungssystem konvergieren. So müssen sie auch in vielfältiger Form bei der Gestaltung des geistigen Hintergrundes im Einsatz sein, wodurch auch der Mensch seine Freiheit und sein Glück nur darin finden kann.

## *2.11 Das Eigenleben des konnektiven Systems*

Der Unterschied der künstlichen zu den natürlichen konnektiven Systemen ist beträchtlich. Für den zaghaften Beginn eines neuen Informationszeitalters haben die ersten technischen Versuche deshalb einen großen erkenntnistheoretischen Wert und ein enormes Zukunftspotenzial. Mit experimentellen Modellen können die besonderen Eigenschaften der konnektiven Information für die Generierung von Führungsstrategien demonstriert werden. Es zeigen sich Strukturen, welche die Beziehungen der Eingangswerte untereinander und zu den gewünschten Ausgangswerten in statischen Gewichten beinhalten.[85] Bevorzugt ist eine große Menge von Eingangswerten, von denen die einzelnen für sich allein keine prägnante Bedeutung besitzen. Interessant sind lediglich die Wichtungen der vielen Werte untereinander. Wäre die programmierte Information weitreichend und umfassend genug, so könnte das Ergebnis eine gewisse allgemeine Bedeutung besitzen. In der Laborpraxis ist das Netzwerk jedoch immer nur eine stark reduziertes und nur für eine bestimmte Aufgabe vorgegeben. Es ist verständlich, dass das Wissen durch die Programmierung zwar eine gewisse innere Korrelation erhält, in welcher wir vielleicht sogar eine gewisse Orientierung erkennen können, es wird aber keinesfalls das Optimum für die Formulierung einer Führungsaufgabe darstellen. Wir könnten das auch nicht beurteilen, weil uns die Einsicht dazu verwehrt ist. Dabei sind uns nicht nur die konnektiven Inhalte logisch unzugänglich, auch der Begriff des höheren Sinns ist uns unbegreiflich, der für die Ausrichtung eines evolutionären Optimierungsprozesses unbedingt notwendig wäre.

Gelänge es nun aber, die innere Strukturierung zu einem solchen allgemeinen Optimierungsprozess zu bewegen, der wohlmöglich noch selbstorganisiert abläuft, wäre das Modell eines kreativen Führungsprozesses geschaffen. Das wäre selbst in der Form des reduzierten Informationsinhaltes der technischen Systeme ein enormer Gewinn. Dann könnten nicht nur die programmierten Situationen bedient werden, sondern auch alle anderen, welche uns noch unbekannt sind, dem Sinn nach aber dazugehörten. Aber auch die gesteuerte nachfolgende Funktion könnte von der optimalen Korrelation der Ziele profitieren und gewissermaßen zur konzertierten Aktion werden. Der Gewinn wäre nicht nur eine Einsparung an Substanz und Energie, sondern auch ein höheres Ordnungsniveau, welches vielleicht nur auf diese Art erzeugt werden kann. Voraussetzung sind natürlich auch die Vorgaben, in deren Umfang und Konsistenz die Optimierung nur laufen kann. Je größer deren Umfang, umso besser fallen zum anderen auch die Möglichkeiten aus, fehlende oder fehlerhafte Eingaben auszugleichen.

In dieser Hinsicht kommt der konnektiven Information eine höhere Wertigkeit zu, als der gesteuerten symbolischen Funktion, was eine kybernetische Reihenfolge festlegt. Anstelle einer subsymbolischen Ebene schafft das konnektive Prinzip eine suprasymbolische, welche dem Ziel und damit auch dem Sinn näher steht, als der Funktion. Für die neuronale Struktur des menschlichen Gehirns muss angenommen werden, dass zumindest in den Phasen des energiereichen paradoxen Schlafes ein Prozess in Gang gesetzt wird, der einer Optimierung auf der höchsten konnektiven Ebene gleich-

[85] In den Optimierungsprozessen können auch diese verändert werden.

kommt. Was auf dem Niveau des Sinns zusammengefasst ist, kann die Bilder und Strategien des logischen Verstandes vereinfachen und die Handlungen und Gedanken bedeutend effektiver machen. Nur eben die Frage, in welche Richtung und mit welchem Sinn der Optimierungsprozess abläuft, wird wohl noch lange unbeantwortet bleiben müssen. Zudem dürfte uns auch die Adaption an die nachfolgende Logik Kopfschmerzen bereiten, weil nicht Nachrichten übergeben, sondern logische Pfade aktiviert und ausgerichtet werden.[86] So hat auch der menschliche Geist selbst keine Sprache, sondern muss sich mit der niederen Logik behelfen, welche dazu so geschickt verformt und geleitet werden muss, dass sich ein höherer Sinn damit ausdrücken lässt. Die Klaviatur für die feinen Zusammenklänge in diesen harmonischen Beziehungen kann nur mit dem Gefühl bedient werden. Jede logische Vereinfachung des Informationssystems Sprache schwächt dieses Potenzial und vermindert das geistige Vermögen der Sprachgemeinschaft.

Nun sollte man meinen, die Pfade der eigenen Gedanken mit Leichtigkeit selbst auskundschaften zu können. Das aber kann uns niemals gelingen. Wenn wir mit bewusstem Verstand in konnektive Zusammenhänge eindringen wollten, so müssten wir diese, da sie unser Bemühen selbst steuern, zuerst unwirksam machen. Anders könnten wir nach kybernetischem Gesetz nicht in die höhere Ebene vorstoßen. Dieses Manko war den großen Meistern des Geistes nicht unbekannt. In seinem ersten Brief „*Über die ästhetische Erziehung des Menschen in einer Reihe von Briefen*“ schreibt Friedrich Schiller: „*denn leider muß der Verstand das Objekt des innern Sinns erst zerstören, wenn er es sich zu eigen machen will. Wie der Scheidekünstler so findet auch der Philosoph nur durch Auflösung die Verbindung, und nur durch die Marter der Kunst das Werk der freiwilligen Natur. Um die flüchtige Erscheinung zu haschen, muß er sie in die Fesseln der Regel schlagen, ihren schönen Körper in Begriffe zerfleischen, und in einem dürftigen Wortgerippe ihren lebendigen Geist aufbewahren. Ist es ein Wunder, wenn sich das natürliche Gefühl in einem solchen Abbild nicht wieder findet und die Wahrheit in dem Berichte des Analysten als ein Paradoxon erscheint?*“[87] Wenn auch das den Sinn vertretende konnektive System[88] sich jeder Analyse widersetzt, will Schiller das Ästhetische ausgemacht haben, wonach alle freiheitliche Entwicklung strebt. Das Werk der freien Natur

---

[86] Das betrifft natürlich nur die tatsächlich höchste Bewusstseinsebene. In anderen ist die Übergabe von Daten durchaus möglich, etwa bei der Mustererkennung.

[87] Siehe [8], Seite 557 f

[88] Bei Schiller findet sich dafür die etwas unglückliche Charakterisierung „Stofftrieb“. Trotz der abstrakten Darstellung war er sich der sprachlichen Grenzen an dieser Stelle bewusst, weshalb er Körner um neue Ausdrücke gebeten haben soll.

wird auf der Informationsebene des natürlichen Gefühls wiederholt. Es ist selbst logisch nicht zugänglich, also ein geistiges Prinzip und scheint in allen Sinnfragen eine letzte Anziehungskraft zu besitzen. So paradox es dem Analysten scheinen mag, am Ende wird er jenes Mysterium darin vermuten müssen, das die Symmetrie hinter der Evolution zu verbergen weiß.

## *2.12 Der Weg zum Konkreten*

Die konnektive Ebene besitzt ihr Wissen in einer ausgesprochen unlogischen Form, die weder die Zeit noch das Symbol explizit enthält.[89] Die Frage stellt sich, wie daraus das Prägnante entstehen kann, welches für die nachfolgende Funktion von Bedeutung ist. In der natürlichen physikalischen Evolution zeigt das emergente Auftauchen von konkreten Formen und Gesetzen das Wirken des ursprünglichen Prozesses, wobei die Anschauungen über diesen Gegenstand extrem auseinandergehen. Was die einen als die Wirkung des puren Zufalls ansehen, ließe sich anders auch als Informationswandel betrachten. Die eigentliche Unannehmlichkeit ist dabei allerdings die mehr prekäre Frage, ob nicht Information in ihrer Urform zur Grundausrüstung des Universums gehören könnte. Auch im neuronalen Netzwerk ist ein gewisser evolutionärer Hintergrund nicht von der Hand zu weisen. Der Unterschied zum Vorbild der physikalischen Evolution besteht nur darin, dass alle Organisation nicht im Algorithmus der Bewegungsvielfalt versteckt ist, sondern wie nach einer gewissen „Erkaltung" des Systems in strukturellen Differenzierungen erscheint. Im heißen Plasma kann sich Information nur anteilig in den symmetrischen Bewegungen verbergen, die mit der Temperatur zunehmen. In der „ausgekühlten" Form des neuronalen Netzes erscheint die Symmetrie als Struktur, welche die Informationswege gewissermaßen als gebrochene Elemente beinhaltet. Dabei stehen die Anzahl der Neuronen und ihre Verknüpfungen als Pendant zu Temperatur und Teilchenzahl im Plasma. Beide bestimmen wie viel Information, sprich Unsymmetrie, das System tragen kann.

Ein Charakteristikum der intrinsischen Prozesse, welche die materiellen Körper der Wirklichkeit bilden, ist es, bei Energiezufuhr[90] in frühere symmetrische Organisationsformen zurückzufinden. Das sind ebenso wiederkehrende Prozesse, die nur einen größeren Umfang haben und ein Stück der ursprünglichen Kohärenz abbilden, welche nur noch auf ihrem energetischen Niveau beständig sein kann. Erst der Zerfall dieser Kohärenz zeigt die stabilen Symmetrien in den intrinsischen Prozessen der Teilchen, wobei die

[89] Die Zeit wird nur als Zeittakt irgendwo in der Tiefe der inneren Organisation auftauchen.

[90] Es muss nach unserer Metapher „symmetrisches Verpackungsmaterial" zugeführt werden.

stabilsten von den ersten und damit niedrigsten Formen gebildet werden. Hier zeigt sich eine mehr metaphysische Bedeutung der Symmetrie. Die Beständigkeit der inneren Prozesse ist vom Grad ihrer Symmetrie abhängig. Das sagt etwas über die Existenzbedingung der materiellen Körper aus und auch über deren Erkenntnisgrundlage. Vorgänge, die keinerlei innere Symmetrie besitzen, sind auch makroskopisch nicht wiederkehrend und können als Entitäten nicht existieren, das heißt keine Objekte der Wahrnehmung werden. Jede Erkenntnis braucht das mehr oder weniger genaue Gegenstück, welches im anderen Falle nicht konditioniert werden kann. Die Erkenntnis ist aber umso einfacher, gewissermaßen logischer, und das Existenzrecht umso definierter, je primitiver und vollkommener die Symmetrie organisiert ist, was in der Evolution mit der großen Anzahl der Objekte einhergeht. Gleichzeitig sind sie weniger ausgedehnt in den Maßen von Raum und Zeit.[91] Dagegen werden hochorganisierte Vorgänge immer unkenntlicher, zudem sind sie flüchtige; sie werden mit viel Aufwand gehalten und zerfallen leicht in ihre symmetrischen Komponenten, das heißt in Bestandteile mit einfacher Symmetrie. Mit der Vielfalt dieser Elemente erscheint aber Information in ihrer prägnanten logischen Art, welche damit aus einer latenten, in höherer Symmetrie verpackten Form, zum Vorschein kommt. Es ist evolutionäres Prinzip, dass bei dieser Entpackung eine bestimmte Reihenfolge eingehalten werden muss, bei der die einfachen Formen zuerst und in großer Anzahl erscheinen.

So wie diese grundlegende Bedeutung der Symmetrie in allen evolutionären Prozessen ihren Niederschlag findet, ist sie auch in den neuronalen Verschaltungen der höchsten kybernetischen Ebene des Bewusstseins präsent und wird auch in der Informationsverarbeitung zu spüren sein. Anstelle der kohärenten Hinterlegungen stehen hier Laufzeitkreise, welche die symmetrischen Verteilungen von Wichtungen organisieren. Der kinematische Algorithmus in der physikalischen Evolution, der auf seine Konvergenz exakt festgelegt ist, wird hier gleichsam durch Strukturen ersetzt, die genauso eindeutige Lösungen repräsentieren. Es sind mehr oder weniger komplex angelegte Informationswege, die äußere Zusammenhänge abbilden, allerdings nur in relativ starrer Form. Einmal „programmierte“ seelische Strategien können kaum wieder verändert werden, sie repräsentieren die evolutionäre Intention von Grund auf. Möglich ist ausschließlich die Vervollkommnung im evolutionären Sinne. Dabei können nur neue Zusammenhänge

---

[91] Ein weiterer Parameter ist die Energiedichte, eine Voraussetzung für die Exaktheit der Prozesse. Für die Kohärenz wird ein anderes Maß von Symmetrie vorausgesetzt. Sie nimmt im Verlauf der Evolution ab, woraus sich der Zeitpunkt der Entpackung bestimmt.

erzeugt werden, die die äußere Harmonie durch innere Symmetrierung nachbilden kann. Das Prinzip der Weiterentwicklung ist für die Evolution sozusagen schicksalhaft vorgegeben. Der ingenieurtechnische Weg in eine Neukonstruktion ist verstellt, es können keine jungfräulichen Wege gefunden werden, welche wirklichkeitsfremde Bedingungen notwendig machten. In der folgerichtigen Entwicklung bleibt nur, das Gegebene durch neue Beziehungen zu ergänzen. Es ist der Weg der Harmonisierung, welche jede weitere Differenzierung in komplexere Zustände symmetrisch zu machen vermag.[92] Auf der höchsten kybernetischen Ebene erscheint dabei eine konnektive Vervollkommnung, welche gegebenenfalls durch eigene Mechanismen unterstützt wird, in jedem Falle aber die evolutionäre Intention abbildet, das heißt dem Vorhandenen entsprechend aufpfropft. Es ist der Weg, welcher allen Vorgängen mehr oder weniger genau vorsteht, die an der Evolution teilnehmen. Auf die geführte Konvergenz der Abläufe ist jede Entwicklung angewiesen, in der konnektiven Führung muss sie in besonderer Bestimmtheit zum Tragen kommen.

Auf der konnektiven Ebene werden bei der komplexen Symmetrierung gleichzeitig Rahmen gesetzt, die man sich auch aus logischen Komponenten zusammengesetzt denken kann, welche bewertete Abbilder äußerer Gegebenheiten sind, ebenso aber auch als Inferenzwege die höheren Inhalte befriedigen können. Es ist das Prinzip der kybernetischen Pyramide, mit der die höheren Vorgaben auf die äußere Wirklichkeit durchgereicht werden, um ein äußeres Detail zu verändern. In den angestoßenen logischen Prozessen erscheinen die höheren Ordnungsprinzipien als gesetzliche Rahmen, die eingehalten werden müssen, aber durchaus auch verschiedene Bahnen zulassen. In den nachgesetzten Prozessen werden dabei auch äußere Wege einbezogen, was aber nur gelingen kann, wenn äußere und innere Gesetze den gleichen Prinzipien unterliegen.

Diese Bedingung kann nur erfüllt sein, wenn die Information als Ganzes ihr Wesen nicht grundsätzlich verliert, und zwar unabhängig vom jeweiligen kybernetischen oder evolutionären Niveau. Mit der symmetrischen Verpackung in die quasikohärente Organisationsform überführt, wird Information zwar unkenntlich, zeigt dabei aber gewisse archaische Verwandtschaftsbeziehungen.[93] So werden auf dem Weg in den quasichaotischen

[92] Selbst auf psychologischem Niveau finden sich höhere Verhaltensformen, die aus niederen Trieben sublimiert werden müssen, weil eine Neugestaltung „von oben“ nicht möglich ist.

[93] Dieser Weg ist natürlich nur ein Gedankenexperiment, die Realität zeigt in der Evolution immer die umgekehrte Richtung.

Zustand der Symmetrie alle Stufen der Ähnlichkeit durchfahren,[94] bis diese schließlich ganz verschwindet. Das System verliert seine logische Zugänglichkeit ganz, weil sich die Prozesselemente verwickelter zusammensetzen und sich dann durchweg voneinander unterscheiden, bis sie in der Kohärenz vollends verloren gehen.

Die Hypothesen über die Wandelbarkeit von Information, welche als globaler Vorgang vor allem auch in den Anfangsgründen der Evolution eine Rolle spielt, sind derzeit ausschließlich durch Zufallstheorien geprägt. Die Nichtbeobachtbarkeit der irreversibel durchlaufenen Vorgänge, welche sich noch dazu in kosmischen Dimensionen abspielen, sind wesentliche Hindernisse der Erkenntnis. Dabei lassen bereits die ersten Formen, wie sie sich im periodischen System der Elemente präsentieren, eine gewisse Eleganz erkennen, deren Entstehungsbedingungen Weiteres erwarten lassen muss. Schließlich wird das Empfinden des Schönen von den Randbedingungen der Evolution selbst geprägt und kann deshalb nur deren Bestreben abbilden. Das Erkennen des Schönen ist eine Spielart, mit der auch unser Bewusstsein in das Konvergenzstreben der Evolution hineingeführt wird.

Wenn im Anfang die Bedingungen und die Prozesse noch nicht getrennt vorliegen und uns das Bild der Kohärenz präsentiert wird, stellt sich natürlich die Frage, wie man eine solche gestaltlose Information bezeichnen muss. Die Voraussetzungen für logische Beziehungen fehlen ganz. Auch für die Beziehungswelt der konnektiven Information bräuchte es Elemente, die untereinander verbunden sind. Das wäre beispielsweise gegeben, wenn die Organisation kinematische Faktoren enthält, welche zwar vollkommen identisch ausfallen, aber in nicht wiederholbarer Form ineinander verbaut sind. Die absolute Kongruenz der einzelnen kinematischen Bausteine gibt die Möglichkeit der Vertauschbarkeit, was einer Beziehung zu ein und demselben Element gleichkommt. Dadurch könnte man sich eine Informationsstruktur denken, die aus dem Beziehungswissen zwischen allen Elementen besteht. In einer solchen kinematischen Variante des konnektiven Prinzips wären die Wichtungen durch die Prozessorte der Faktoren im Algorithmus festgelegt. Das könnten bei nichtinflationärem Verlauf auch verlässliche Beiträge der Gesamtorganisation sein, auch wenn sich diese in einer großen Überzahl symmetrischer Anteile verstecken müssten.

---

[94] Im Sinne einer evolutionären Reihenfolge sollte dieses Prinzip vielleicht vom Kopf auf die Füße gestellt werden, indem wir die Symmetrie als das Primäre anerkennen müssen und die Korrelation als eine daraus entwickelte Einsicht. Schließlich sind es die Symmetrieverhältnisse, die es ermöglichen, dass so etwas wie Information in die Welt gesetzt wird und als Bedingung für eine Evolution wirken kann.

Es ist einleuchtend, dass die Verfolgung eines solchen Geschehens unsere Vorstellungskraft hoffnungslos überfordert, zumal eine ganze Reihe ungewöhnlicher Forderungen hinzukämen. So müsste die Wichtung zwischen den kinematischen Faktoren beständig sein, wenn nicht der absolute Zeitpunkt der Entpackung über das Schicksal der Evolution entscheiden sollte. Dass eine absolute Zeit in den kohärenten Organisationen nicht notwendig ist, zeigen uns immerhin die Experimente mit atomaren Bausteinen, die energetisch in ein Plasma gehoben werden und bei Abkühlung daraus wieder erscheinen, und zwar unabhängig vom Zeitpunkt.[95]

In logischer Sicht ist der Beginn ein Zustand absoluter Informationslosigkeit. Da jede Transformation wieder in den gleichen Zustand führt, entsteht andererseits das Bild der perfekten Symmetrie. Diese aus rein logischer Sicht gewonnene Definition würde natürlich sofort hinfällig, wenn sich im System die einzelnen Komponenten markieren ließen, das heißt, wenn der intrinsische Algorithmus sichtbar gemacht werden könnte. Erst mit dem Verschwinden von Information aus dem kohärenten Prozess in eigenständige Organisationsformen entsteht eine gewisse Körnigkeit, welche das evolutionäre Entpackungsprinzip erahnen lässt. Die zurückbleibende Organisation muss mit größeren Bausteinen geführt werden, welche im weiteren Fortschritt selbst einen Funktionsrahmen ausfüllen können. Allerdings muss die Beständigkeit dieser eigenständigen Komponenten wie auch die Genauigkeit der inneren Organisation mit der Entpackung abnehmen, was physikalisch einer Verminderung der Energiedichte gleichkommt. Das zeigt auch der zurückbleibende Rest. Die reversiblen Zyklen werden weitläufiger und schließlich ganz unkenntlich. Ihnen sind gewissermaßen die Symmetrie und damit auch die Wiederholbarkeit abgezogen. Zurück bleiben die bekannten einmaligen Bilder, welche den weiten Bau unserer Welt bestimmen. Sie machen das evolutionäre Restwissen aus, in dem sich keine logischen Bestandteile mehr finden lassen. Aber sie legen den Rahmen fest, in dem die Bausteine und Gesetze ihre Funktion entfalten können.

In gewisser Weise wird aus dem evolutionären Geschehen das Wesen der Information verständlich. Die ersten einfachen Komponenten gelten als die Korrelate logischer Symbolik, der Rest als die immer unsymmetrischer werdenden Formen der komplexen evolutionären Bedingungen. Die Informationsinhalte, die dann nur noch die Form weiter Korrelationen haben, verschwinden schließlich in einer multidimensionalen Komplexität, was zunächst den begrenzten Beobachtungswerkzeugen verschuldet ist, am

---

[95] Dagegen kann für die irreversible Entpackung auf Grund ihrer Einmaligkeit ein absoluter Zeitverlauf definiert werden.

Ende aber auch eine prinzipielle Grenze ausmacht. Aus dieser Sicht heraus ist es auch verständlich, dass die späten und hoch entwickelten kybernetischen Strukturen ihr Wissen nur noch aus der Weite der Zusammenhänge beziehen können, da nur hier die großen Informationsmengen gespeichert sind, die die letzten großen Ziele der Evolution beinhalten,[96] allerdings auf allgemeinem, uns nicht zugänglichem Niveau. Das kleinere Bausteinwissen dagegen lässt sich in Symmetrien kleiner Reichweite verstecken, weshalb die Teilchen zuerst und in großer Menge entpackt wurden. Sie sind streng wiederholbar und absolut identisch, woraus sich letztlich auch die logischen Werkzeuge und Gesetze ableiten. Dem nichtwiederholbaren Rest entspricht dagegen das Beziehungswissen, welches den konnektiven Hintergrund bildet und sich nur noch in Analogien erschließen lässt.

Das Auftauchen konkreter Strukturen ist nach diesem Bild als sukzessives Entblättern von Systeminhalten durch Abscheidung symmetrischer Komponenten zu verstehen, wobei das Allgemeine als Bedingung für deren Wirkungsmöglichkeiten zurückbleibt. In der physikalischen Evolution ist die Strukturbildung vom gleichzeitigen Anwachsen minderwertiger Energie begleitet. Was sich in der thermodynamischen Entwicklung hinter den noch wenig erforschten entropischen Vorgängen versteckt, ist letztlich der Abgabe von minderwertiger „Verpackung" verschuldet, welche bei der Freisetzung der Strukturen entsteht. Beim neuronalen Netz wird das Prinzip gewissermaßen auf strukturierter Ebene wiederholt. Der einfachen Symmetrie entspricht das logische Kalkül, der zurückbleibende Rest muss dann den geistigen Rahmen ausmachen, der uns am Ende auch nur durch logische Rückstände in seinen groben Konturen erfahrbar wird.

Das neuronale Netz des Bewusstseins wird von der höheren Warte aus mit Beziehungswissen programmiert. Die niedere Seite muss direkt mit dem Prozess kommunizieren. Die Organisation muss deshalb beide Informationsprinzipien zusammenführen, was einer evolutionären Entpackung ähnelt, nur dass diese in starren Strukturen geführt werden muss und dass sie auf einen kleineren Bereich der Wirklichkeit ausgerichtet ist. Die Auswahl kann nur auf der höchsten Ebene erfolgen, in welcher auch die aktuelle Situation immer mitgeführt werden muss. Hier wird der Rahmen festgelegt und das Bewusstsein auf eine Diskrepanz zwischen der äußeren und inneren Beziehungswelt fokussiert. In diesem Brennpunkt existieren logische Attribute, die eine Kommunikation mit der Umwelt ermöglichen. Die logische Arbeit

[96] Als Ziele fungieren die Bedingungen, welche die Entwicklung in strukturelle Ergebnisse führen. Das sind zum Ende immer mehr die geistigen Inhalte des Bewusstseins, die dann kraft ihrer Selbstorganisation den weiteren Fortgang der Evolution bestimmen.

entspricht gewissermaßen dem Abscheiden symmetrischer Komponenten in der Evolution. So wie sich der Energieeinsatz im logischen Prozess gestaltet, muss der Fokus entsprechend eingestellt werden. Ein wachsender Energiebedarf muss den äußeren Rahmen und damit auch die geistige Weite verkleinern.

In einem umgrenzten Bereich lassen sich logische Teilaspekte aus dem Netzwerk abscheiden, wenn die Schaltschwellen der Neuronen entsprechend tief liegen und viele einfache Symmetrien aktiviert werden können. Dementsprechend lassen hohe Schaltschwellen in den Speicherkreisen nur vereinzelte Wege zu, die sich erst in langen Kreisen zurückkoppeln. Es sind die langfristigen geistigen Strategien, die sich nur in der Ruhe einer Harmonie, bei Abwesenheit energieintensiver Prozesse, einstellen. Sie bilden das höhere Ordnungssystem, in das wie in einem Puzzle die logischen Inhalte eingegliedert sind. Nach dem Heraussetzen der Logik muss der Rahmen immer beibehalten werden, damit nicht sich widersprechende Strategien bedient werden. Nur auf der höheren geistigen Ebene gelingt es, den Fokus einer Handlung zu verlassen und Analogien und Korrelationen zu erarbeiten. Allerdings kann das, was hier geschieht, mit unserer bewussten Aufmerksamkeit nicht verfolgt werden. Man könnte meinen, dass es wieder nur die Symmetrie ist, die der Selbstorganisation auch auf der höchsten Ebene voransteht. Da sie aber selbst keine Information beinhaltet, kann sie nur das Verfahren sein, das die Strukturen auf allen Ebenen der Evolution einander ähnlich macht. Schließlich kann das kybernetische Prinzip nur dann überhaupt existieren, wenn die Vorgänge auf nachfolgenden Ebenen vergleichbar sind, miteinander kommunizieren können und derselben evolutionären Intention unterworfen sind.

Als Bedingung für eine Selbstoptimierung gilt die Abwesenheit aller Störfaktoren, wie sie in der Disharmonie einer chaotischen Umwelt gegeben sein können. Die Abwesenheit von Zwangskräften definiert sich auf der Bewusstseinsebene als Freiheit und im gesellschaftlichen Optimum als Demokratie.[97] Im evolutionären Sinne aber ist die Freiheit eine Bedingung zur höheren Vervollkommnung, was nicht nur die Bindungen an niedere Interessen ausschließt, sondern auch das Einhaken in die sicheren Steigleitern des Höheren voraussetzt. Nach Schiller führt denn auch erst die ästhetische Vollendung in die Freiheit, welche eine im evolutionären Sinne nachhaltige ist und nicht wie etwa in der Französischen Revolution in der Katastrophe enden muss. Von allen Wegen bietet offensichtlich derjenige die

[97] Wenn Demokratie nicht als Voraussetzung für die Arbeit der Lobbys und Geheimdienste verstanden wird.

maximale und dauerhafte Freiheit, welcher direkt auf das Ziel zusteuert, das durch die Bedingungen der Entwicklung gesetzt ist. Die notwendige Weitsicht wird durch die Zeitlosigkeit konnektiver Prinzipien vorgelegt.

## 2.13 Geist und Intelligenz

Dass für das Herauskristallisieren der höchsten konnektiven Ebene eine ganze Evolution vonnöten war, ist nicht unverständlich. Augenscheinlich tritt sie in ihrer morphologischen Vollkommenheit als letzte Stufe in Erscheinung, was auch die Reihenfolge der evolutionären Vorbedingungen interessant werden lässt. Jedenfalls ist die natürliche Entwicklung konnektiver Systeme an eine zum Ende hin immer enger werdende Sukzession von evolutionären Schritten gebunden, wobei mit dem Korrelat äußerer Bedingungen alleweil das nebulöse Bild einer kybernetischen Pyramide mitgeführt wird. Die gibt in jeder Etappe die möglichen Strukturen vor, welche danach wachsen und auch in kybernetischer Hinsicht vervollständigt werden können. Die Prozesse selbst werden von den bereits strukturierten Inhalten geführt, die mit jeder Stufe weiter qualifiziert und zu immer besseren Werkzeugen der Evolution werden. Das erkennt man daran, dass die Führung weniger exakt sein muss, das heißt auch Ziele erfasst werden, die mit ihrer weit in die Zukunft reichenden Wirkung sozusagen ihren evolutionären Wahrheitsgehalt beweisen. In diesem Bild sieht man in den „fertigen Erzeugnissen" kybernetische Pyramiden wachsen, die bezüglich ihrer Entstehung allerdings mit der Spitze in die Vergangenheit weisen, da die niederen zeitbestimmten Funktionen zuerst abgeschieden werden (*Abbildung 15*). In der Anfangsphase ist noch das ganze Wissen in externen konnektiven Bedingungen notwendig. Erst wenn genügend Struktur abgeschieden ist,

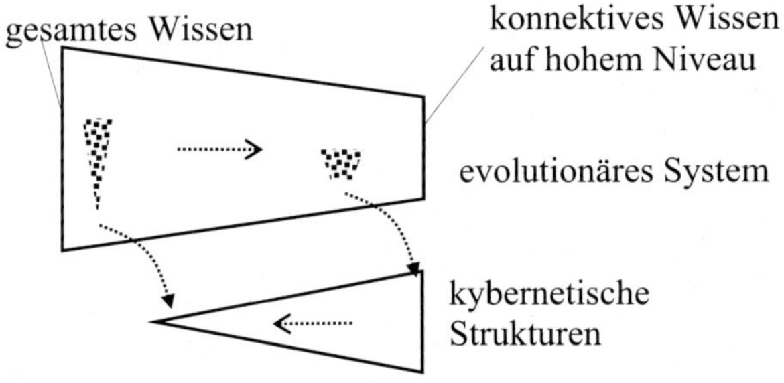


*Abbildung 15: Die kybernetischen Pyramiden in der Evolution*

kann auch deren Qualifizierung im evolutionären Prozess genutzt werden, das heißt, die Vorgaben können allgemeiner werden. Auch wenn sie gewissermaßen von der Spitze der kybernetischen Pyramide her entstehen, sind die fertigen „Erzeugnisse" in ihrer Funktion, die natürliche Wirklichkeit zu bilden, dann aber in der richtigen Lage zu finden, indem sie ein adaptiertes Ziel in den Prozess übertragen. So gesehen schafft die Evolution selbstähnliche Abbildungen ihres eigenen Wirkprinzips auf strukturiertem Niveau. Dass die niedersten Bausteine dieser Struktur zuerst erscheinen, ist ein deutlicher Beweis für eine besondere, gewissermaßen organisierte Form der Symmetriebrechung, in deren Folge ein Ordnungsgefüge entstehen kann.

In den strukturierten Ergebnissen der Evolution treten die kybernetischen Prinzipien nacheinander in Erscheinung, wobei mit jedem neuen Prinzip auch die bereits vorhandenen zwar nicht ausgetauscht, aber weiterentwickelt werden müssen. In den ersten natürlichen Formen dient das neuronale Netz allein der Umwandlung breiter Information in konkrete Signale. Die Programmierung ist dabei eine genetische, das heißt, sie wird über evolutionäre Zeiträume geführt. Damit hat der höchste Zweck der Struktur, den wir auch als niedere Form des Sinns bezeichnen können, eine feste Ausprägung erhalten. Die konnektive Struktur als Abbild der ökologischen Vorgaben setzt deren aktuelle Erfordernisse in Handlungssignale um, welche für den Organismus schicksalhaft sind und sein Überleben bestimmen. Über die genetische Breite der Arten wird selektiert und das Netzwerk zum Vorteil des Individuums programmiert. Die nächste Stufe ist der bedingte Reflex, wobei genetisch mehrdeutige Vorgaben gemacht werden, welche logische Bahnen durch Wiederholung konditionieren können. Hierbei wird auch der Sinn auf eine höhere Stufe gehoben, indem er mehrere Wege zulässt und damit allgemein wird. Bei den Säugetieren und Vögeln ist schließlich die Stufe erreicht, die eine tägliche Optimierung der Führungsebene zulässt, welche aber nur dann geschehen kann, wenn nicht nur das Bewusstsein, sondern alle Muskulatur abgeschaltet ist, also im Schlaf. Die dazu im Tagesverlauf aufgelaufenen unbewussten Korrektoren müssen bis dahin gespeichert werden, was aber nur in Form korrelativer Eintragungen in das bekannte Geflecht geschehen kann. Neue Informationsstrukturen entstehen erst in der aktiven Schlafphase. Das neue Wissen ist zwar als „evolutionäres Produkt" immer konstruktiv,[98] in seiner Güte aber vom Allgemeinzustand

[98] Es wird zeitbeständige Information von wachsender Breite gebildet, welche damit auch absolute Inhalte vertritt, welche ihrerseits nur vervollkommnet und sonst nicht verändert werden können.

und der Vollkommenheit des konnektiven Systems abhängig, beim Menschen, etwas volkstümlicher, von der unbeschädigten reinen Seele.

Die Konditionierung der logischen Funktionalität durch Wiederholung bleibt jederzeit im Wachzustand möglich. Es ist die Intelligenz, welche die gestellten Aufgaben mehr oder weniger aufwandsarm zu lösen vermag. Mit der Formulierung aufwandsarm ist dabei natürlich die äußere Realisierung eingeschlossen. Die Intelligenz ist durch Training bewusst einzuüben, wobei auch die konnektiven Vorgaben, das heißt, die geistige und seelische Verfassung hierfür eine Rolle spielen.[99] Dabei erfordert hohe Intelligenz im Allgemeinen einen unbeweglichen Geist, der aber genau auf die gefragten Muster der Logik eingestellt ist. So wie geistige Plastizität in Summe ein Vorteil ist, ist sie der Intelligenz eher ein Hindernis, weil dadurch die Vorgaben viel komplexer sind und ständig neu angepasst, das heißt die Wege neu eingefahren werden müssen. So verstehen sich auch die beiden Charaktere in ihren extremen Formen: der liederliche Philosoph, dem kein praktisches Werk gelingt auf der einen Seite und auf der anderen der hochintelligente Fachidiot, der selbst keine Ideen entwickeln kann und in allen Sinnfragen geführt werden muss. Das hochproduktive Optimum bietet die Natur in einer ausgewogenen Balance, die genau mit den äußeren Bedingungen austariert ist und eines steten Fundamentes bedarf. In dieser Sicht sind das chaotische „Multikulti" und der unstete Bildungstourismus eher eingebildete Gewinne, nur für den äußeren Schein und der nachhaltigen Entwicklung ein Hindernis. Genauso wie die übrige Natur braucht auch das Zusammenspiel von Geist und Intelligenz eine gewisse Stetigkeit in den Entwicklungsbedingungen, die sich auch nach außen hin fortsetzen muss. Der kulturelle Kontext ist dabei in die Entwicklung des Geistes vernetzt. Die Vollkommenheit dieses konnektiven Systems ist von der Harmonie des Ganzen abhängig, die allein die feine Ausbalancierung zulässt, welche die Nachhaltigkeit der Führung nötig hat. Die ausführende Logik hingegen braucht die festen Ankerplätze auf der funktionellen Ebene, da sie in ganz besonderer Weise auf die gleich bleibende Definition logischer Funktionalitäten angewiesen ist. Diese Vorleistungen werden im Allgemeinen in einem umgrenzten Kulturkreis geschaffen, in dem der Vernetzungsaufwand überschaubar bleibt und die Differenzierung zur Harmonie gebracht werden kann. Ein ständiger Wechsel der Bedingungen verhindert die geistige Entwicklung, wodurch am Ende auch die prozessuale Wirklichkeit der Zivilisation verkürzt werden muss.

---

[99] In kybernetischer Sicht ist Seele eigentlich der Oberbegriff, der neben dem physischen Informationssystem auch das rein geistige einschließt.

Es ist offenkundig, dass die konnektive Ebene beim Menschen so allgemein geworden ist, dass sie bei gleich bleibendem Sinn eine ganze Anzahl ähnlicher Gedanken und Handlungen zulässt, welche allein durch den

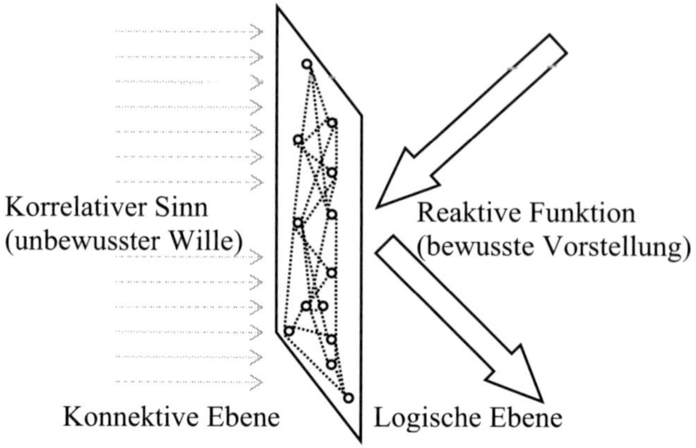


*Abbildung 16: Zusammenspiel von Korrelation und Logik*

logischen Verstand realisiert werden. Die konnektive Ebene ist damit eine Struktur geworden, die nicht mehr nur einzelne Daten behandelt, sondern ganze logische Zusammenhänge, welche die Handlungs- und Denkfunktionen in Gang setzen *(Abbildung 16)*. An ihren Mustern werden gewissermaßen die logischen Funktionen so reflektiert, dass sie der vorgegebenen Ordnung genügen. Die Führungsebene gibt damit, ganz im evolutionären Sinne, Arbeit an die niederen Ebenen ab, die den Rahmenbedingungen jedes Mal neu angepasst und selbst qualifizierter werden müssen.[100] Die Entwicklung bedeutet anderseits auch für die konnektive Ebene immer wieder einen neuen „Führungsstil", indem das Zusammenspiel auf abstrakteres Niveau verschoben wird. Im Bild unseres Gebirges würden also durch die Täler nicht mehr nur Daten rollen, sondern es wären ganze logische Inferenzwege installiert, die eigenständigen Gedanken und Handlungsketten entsprechen und mit ihrer Benutzung ausgetreten werden. Der konnektive Hintergrund unseres Tuns, gewissermaßen die Wegekarte durchs Gebirge, kann zwar reduziert und verallgemeinert werden, bleibt uns aber weiterhin verborgen

[100] Ein neuer konnektiver Rahmen des Geistes wird zur Entwicklungsaufgabe für neue logische Bahnungen.

und ist mit logischem Denken nicht auszumachen; dafür steht der Begriff des Geistes.[101] Dieser hat in unmittelbarer Form nur wenige und meist nur gefühlte und deshalb verachtete Methoden in seinem Repertoire,[102] die schon verschwinden, wenn nur der analytische Blick auf sie gerichtet wird.[103] Das flüchtige und nicht erreichbare Wesen der konnektiven Vorgaben hat in der Historie für seltsame Ansichten gesorgt, die im Verlauf der Zeit immer weniger verstanden werden. Die Durchführung des dem Sinn entsprechenden höheren Ziels ist der Intelligenz des Verstandes anheimgestellt, der die konkreten Forderungen bedient, dabei aber die Konturen der unbewussten Zielebene nicht verlassen kann. Die Intelligenz ist gewissermaßen ein Informationsverarbeitungsprinzip, welches von der konnektiven geistigen Führungsebene in mehr oder weniger groben Strukturen gehalten wird und nur in diesen vorgegeben Bahnen verlaufen kann. Die nach logischem Prinzip arbeitende Intelligenz steht zwischen sinnvollem Ziel und Wirklichkeit. Sie ist damit nicht die höchste Form der Informationsverarbeitung und kann sich nicht selbst steuern oder bewerten. Das kann immer nur im Rahmen eines weiten Ziels geschehen, das als Sinn über die Intelligenz hinausgeht und für dessen absoluten Informationsinhalt sich der Begriff des Geistes etabliert hat. Diese Differenzierung begründet letztlich auch das Wesen unserer Erkenntniskultur, die sich im Laufe der Geschichte immer klarer in Geisteswissenschaften und mathematisch analytische Bereiche getrennt hat.

Wenn wir heute versuchen mit dem neuronalen Netz und seinem Beziehungswissen die Funktion der logischen Sukzession zu steuern, so beginnen wir auch langsam die Bedeutung des konnektiven Überbaus zu verstehen. In anderer Richtung zeigt uns das Prinzip, wie sich die Gesetze als Ordnungssysteme der Logik auf dem Führungsniveau in konnektive Prinzipien wandeln müssen, um eine der Ordnung übergeordnete Harmonie zu schaffen. Nur tut sich die Wissenschaft damit schwer, weil offensichtlich eine neue Zusammenarbeit von analytischen und Geisteswissenschaften geschaffen werden muss. Man könnte meinen, dass die Evolution das nicht vorgesehen hat. Schließlich entziehen sich die im Fokus unseres Bewusstseins ganz undeutlich erscheinenden konnektiven Systeme jeder Analyse, wie sich das Widerspiel von Korrelation und Logik auch unter dem Tomografen nicht

[101] Unser Denken kann die Wege nicht verlassen, um sich einen Überblick zu verschaffen.

[102] Wie mit dem Geist steht auch das Gefühl für zu viel und zu breite Information, welche nicht die fassbare Prägnanz hat, um bewusst gehandhabt zu werden.

[103] Es ist ein kybernetisches Stabilitätskriterium des Bewusstseins, dass dasjenige Objekt aus der Aufmerksamkeit verschwinden muss, dessen Führungsgrund in den Fokus gerät.

erkennen lässt. Allein die Informationsübertragung, das heißt die Sprache, kann uns einen kleinen Einblick in die Zusammenhänge geben und uns vielleicht sogar etwas über das kybernetische Niveau verraten, auf dem gearbeitet wird. Die nichtverbale Kommunikation flankiert die Sprache sowohl auf der konnektiven als auch auf der transienten Seite und ist dabei wesentlich schwieriger zu erfassen. Nicht immer ganz von der Sprache zu trennen, gibt sie ihr nicht selten ein gewisses reizvolles und geheimnisvoll wirkendes Fluidum. In manchen Sprachen, wie im Französischen oder Englischen, ist dieser phonetische Anteil stärker kultiviert, es können damit unbewusste und emotionale Nachrichten übertragen werden, welche das Wortgefüge sonst nicht zulässt.[104] Da diese Art der Kommunikation in der Schriftsprache ganz versagt, dürfte die Aussprache im Informationsaustausch der Zukunft nicht mehr die Rolle spielen.

## 2.14 Sprachsysteme mit konnektiven Hintergrund

Man ist im Allgemeinen der Auffassung, dass ein Sprachsystem der Informationsübertragung dient, in dem Sinne also lediglich ein Nachrichtensystem darstellt, mit der entsprechenden Codierung von Schallwellen bzw. von schriftlich vereinbarten Symbolen. Ein solches auf die logische Funktion reduziertes Ordnungssystem wäre aber niemals in der Lage, die menschliche Zivilisation auf die Beine zu stellen. Wir wissen, dass die Logik ein Prinzip ist, das auf vereinfachende Annahmen angewiesen ist. Die Ergebnisse sind nur so weit gültig, wie diese Annahmen. Es ist kybernetisch gesehen die höhere Ebene nötig, sozusagen ein Kontext, welcher auch außerhalb der Sprache existiert, in irgendeiner Form aber auch übertragbar sein muss. Mit der Art und Weise, wie das geschieht und in welchem Umfang, werden die Erkenntniswege eines Sprachsystems eröffnet und damit auch die Kultur des Sprachkreises festgelegt.

Es gehört zur Sprache demnach weit mehr, als nur die Logik, weshalb dieses rätselhafte Phänomen immer wieder zum Gegenstand der Forschung gemacht wird, man den eigentlichen Geheimnissen möglicherweise aber nie auf den Grund kommen wird. Es ist einfach die übergroße Menge an Information, die einer Sprache anhaftet und die noch dazu mit allen denkbaren Informationsarten gebaut ist und ein Beziehungswissen beinhaltet, welches, tief in der Kulturgeschichte verankert, ihr eigenständiges konnektives System zu bauen vermag. So wie die Sprache ein Abbild der Entwicklung ist, bildet sie selbst auch die geistige Struktur des Individuums und konditio-

[104] So etwa auch die Gefühle für eine charmante Liebe im Französischen oder die Emotionen für das Entertainment einer unbewussten Selbstdarstellung im Englischen.

niert sie im Laufe des Lebens. Das so geschaffene geistige Niveau wird aber nicht nur, wie oft angenommen, durch eine brillante Ausdrucksart dokumentiert, die selbst durch seelische Momente bestimmt wird. Vielmehr kann es sich auch in zielgerichteten und sinnvollen Leistungen ausdrücken, die sich in tiefen Einsichten oder nachhaltigen Wirkungen zeigen, denen die Genese durch sprachliche Vermittlung nicht unbedingt anzusehen ist.

Eine Sprache ist nicht nur das „Betriebssystem", welches Geist und Intellekt gleichsam zu bedienen und zu verbinden hat, sie greift auch direkt in das Inferenzgeschehen des Verstandes ein, indem sie die Schlüssel liefert, mit welchen einzelne Türen geöffnet und Wege gangbar werden. Die Wege des Verstandes führen von den Niederungen bis in die abstrakten Höhen. Nicht jeder kann solchen Höhenwanderungen folgen, wie auch die hintergründigen und feinen Zwischentöne gewisse Anforderungen an den Zuhörer respektive Leser stellen. In Ergänzung zum geschriebenen kommt dem gesprochenen Wort noch eine psychologische Wirkung zu, welche sich allein aus dem Klang der Sprache und der sonstigen Erscheinung des Sprechers ergibt. Aber auch das Netzwerk der konnektiven Führung ist von der Sprache nicht ganz unbeeindruckt, wobei niemand wissen kann, welche Eigenheiten hierbei von Interesse sind. Nur eins ist sicher, es sind nicht die logischen Inhalte, welche sich von den Analytikern leicht aus dem Korpus sezieren lassen und welche den Sprachwissenschaftlern das Theoriengebäude liefern, das auch von den Computerforschern und Informationstheoretikern benutzt wird. Vielmehr wird es um jene Inhalte gehen, die zum Beispiel die Analytiker selbst zu ihren eigensinnigen Absichten verführen.

Neben ihrer kybernetischen Bedeutung im autonomen System Mensch ist die Sprache auch das Bindeglied zwischen Individuum und Gesellschaft und baut Relationen, die außerhalb unserer Aufmerksamkeit durch Worte ganz nebenher übertragen werden. Davon profitiert auch die Erkenntnis, welche gewissermaßen als qualifizierte Form der Bauernschläue den Kontext erfasst, der nicht logisch prägnant, sondern nur in schwachem Beziehungswissen auch der sprachlichen Abbildung der Wirklichkeit impliziert ist. Bei der Vielfalt der Aufgaben kann die Sprache nicht nur die logisch mathematischen Elemente enthalten, welche die funktionelle Ebene bedienen, sie braucht auch die korrelative Vermittlerin, welche die Mathematik nicht habhaft werden kann. Beide Funktionen sind in den einzelnen Sprachen ganz unterschiedlich abgebildet, was sich nicht zuletzt in den kulturellen Besonderheiten niederschlägt, andererseits auch davon wieder beeinflusst wird. So haben auch Sprachen ihre Schicksale, die nicht nur die aktuellen Aufgaben ihrer Entstehungszeit abbilden, sondern auch die Bedingungen der Vervollkommnung.

Je gewissenhafter die sprachliche Abbildung der Wirklichkeit ist, umso mehr müssen auch die konnektiven Inhalte tangiert werden und umso besser kann auch der Sinn aus seiner dumpfen und autarken Individualität an die Öffentlichkeit gebracht und zum gemeinen Gegenstand gemacht werden. Es ist die „Metaphysik“ der Sprache, die individuell verschieden, als Ganzes aber nirgendwo anders als im Altgriechischen so ausgeprägt war und zu geistigen Erkenntnissen befähigte, welche über Jahrtausende Bestand hatten. Durch liebevolle Sprachpflege gelang es den Griechen, nicht nur Intelligenz und Funktion in die sprachliche Gedankenwelt zu integrieren, sondern auch die konnektiven Inhalte des Geistes, wodurch die ganze Zivilisation eine so weitreichende Bestimmung erhalten konnte. Wilhelm von Humboldt meinte, *„dass die Sprache viel lichtvoller und bestimmter aus dem Wesen des ganzen Volkes zurückstrahlt. Sein lebendiges Gefühl derselben ist sichtbar, und ihr selbst steht auch das Bewusstseyn gegenüber, das sie geweckt hatte. Aus den dichterischen und prosaischen Werken leuchtet die Lebendigkeit und die Richtigkeit des Sprachsinns der Nation hervor, die wahrhaft künstlerische Liebe und das Geschick, mit welchem sie ein Werkzeug behandelte, das gerade wegen seiner Vollendung grössere Gewandtheit, Sicherheit des Taktes und Zartheit des Gefühles erforderte. (...) Bei aller Stärke, Tiefe und Regsamkeit des Sprachsinns aber gelangten die Griechen nie zu dem Punkt, auf welchem das Bedürfniss der Erlernung fremder Sprachen, um der Sprache willen, fühlbar wird.“*[105] Auch in den deutschsprachigen Landen nahm die Sprache eine vorteilhafte Entwicklung, die sich nicht zuletzt im Idealismus und in der Romantik des 19. Jahrhunderts äußerte. Diese neue Form versuchte, als Weiterentwicklung des klassischen griechischen Vorbildes, das Unaussprechliche der geistigen Ausschweifungen in die Sprache zu implizieren, was nicht nur die freien Künste beflügelte, sondern auch die Wissenschaften. Dass sich einer solchen geistigen Entwicklung auch der Ordnungssinn erschließt, ist zunächst nicht offensichtlich, in kybernetischer Hinsicht jedoch zwingend. Indem die Sprache wie ein Perspektiv in die Wirklichkeit wirkt, kann sie mitunter auch die heimlichen Liebesbeziehungen entdecken, aus denen sich solche Tugenden wie Gewissenhaftigkeit und Genauigkeit entwickeln lassen.

Trotz ihrer geringen Verbreitung war es letztlich die Kraft der Sprache, die der deutschen Wissenschaft zu Weltruhm verhalf. Ihre metaphysische Kondition aber war zweifellos die Folge des in den Religionsstreitigkeiten entflammten Kampfes um Wahrheit und Gerechtigkeit, an dem sich seit Gutenberg und Luther auch das gemeine Volk beteiligte. Als andere Völker

---

[105] Siehe [4], Seite 116

die Welt unter sich aufteilten, blieb in den engen Stuben nur die geistige Schau, die Suche nach dem höheren Sinn, der der brennenden Realität endlich den Frieden bringen sollte. Interessanterweise tauchten dabei aufwendige Strukturen auf, die einer ersten Nachbildung der Voraussetzungen dienten, welche der Wirklichkeit voranstehen. Uns scheinen sie nicht selten als überflüssig, in Wahrheit vermögen sie gleichsam die Logik plastisch zu verformen, um sie an das „geistige Hintergrundgebirge" anschmiegen zu können. Der Sprache wird damit die Möglichkeit verliehen, ein wenig in die höheren Ebenen des Sinns vorzustoßen und gleichzeitig die notwendigen Strukturen im Bewusstsein anzulegen. Die oft nur gefühlte Sublimierung ist nicht nur durch die offenkundigen Bedingungen gegeben, wie etwa das urgründliche Beziehungsgeflecht der Wörter,[106] deren Zusammensetzungsfähigkeit und ihre Plastizität, sondern auch durch das scheinbar lapidare Beiwerk, wie das symbolische Geschlecht oder der gebeugte Artikel, welcher als Wegweiser zwischen den kybernetischen Ebenen vermittelt und zu den wichtigsten Inferenzprinzipien im Beziehungsdickicht des Sinns gehört. Es sind aber auch noch ganz undenkbare Beiträge möglich, die umso stärker wirken, je mehr sie unserer Aufmerksamkeit entzogen sind.

Die Kultivierung konnektiver Inhalte vermittels einer Sprache ist weniger eine Sache logischer Grammatik, sondern vielmehr eine Sache des Gefühls, weshalb man gerade im Deutschen mit einer frühkindlichen Sprachpflege den Grundstein für eine besondere Geisteskraft entwickeln kann. Diese fördert nicht nur den Ordnungssinn und den auf die Harmonie ausgerichteten „guten Geschmack", sondern auch die auf das Ziel ausgerichtete Handlung. Sie ist damit auch ein ökonomischer Faktor, der die Verluste durch Geradlinigkeit minimieren kann und eine ungezähmte Spinnerei durch wirklichkeitsnahe, geistig geschulte Fantasie zu ersetzen vermag, welche lediglich der Rahmen der natürlichen Beziehungen aufweitet.[107] Es mag nicht immer einfach sein, dieselbe gegen eine profitable Fantasy aufzuwiegen, welche sich aus der Zerstückelung und Verkehrung des natürlichen Zusammenhanges der Dinge ergibt, dafür aber die Aufmerksamkeit fesselt, die sich verzweifelt mühen muss, den Nonsens in einen Zusammenhang zum Ganzen zu bringen. Das dabei geenterte und beschäftigte Bewusstsein wird aus der geistigen Sicht entlassen. So ist auch die moderne Verbreitung eines weniger aufwendigen Sprachsystems nicht nur der besonderen Schläue der

---

[106] Dazu gehören auch die archaischen Wortverwandtschaften, welche sich analytisch kaum erschließen lassen, im konnektiven Sinne aber ein multivalentes Netzwerk bilden können.

[107] Es ist das Verlassen der Wirklichkeit in die paradiesische Richtung, um die Möglichkeiten dazu spielerisch auszuloten. „Paradies" ist dabei das Ziel, für das alle Ressourcen bereit stehen.

Sprachverbreiter zu verdanken, es wirkt gewissermaßen auch der Enterhaken des Unwirklichen, jener unbewusste Reflex, der die Aufmerksamkeit aus Sicherheitsgründen auf das lenken muss, was aus der natürlichen Ordnung heraus fällt. Nach dem verbreiteten Motto „Wir brauchen keine heile Welt" kann sich das Wirklichkeitsfremde am Ende nur noch in der Gosse finden, womit diese auch selbst geschaffen wird. Mit solcher Intention sind auch Korruption und moralischer Verfall nicht weit, welche auf geistlosem Boden am besten gedeihen können. Das Abdriften in den wirklichkeitsfremden Nonsens schafft eine besondere Klientel, welche den ideellen Werten der Wirklichkeit entfremdet wird und auf die metaphysischen Eigenschaften der Sprache verzichten kann. Wenn die deutschsprachige Wissenschaft einst mit Gewissenhaftigkeit und die Kunst mit feinem Gefühl punkten konnten, so ist es heute nicht selten das Abstruse, das die Medien beherrscht, zudem es industriell zugänglich ist und in im Gegensatz zum Sinnvollen in unbegrenzter Menge zur Verfügung steht. Das Stückwerk ist billig zu haben und die Postmoderne kann noch lange von den kleinen Installationen leben, welche sich aus den großen Werken heraustrennen lassen und deren Vollkommenheit immer weniger verstanden wird. Für solche einfachen Ziele können die Kommunikationsmittel verkürzt und auf deren geistige Valenz kann ganz verzichtet werden. Reizvoll daran ist, dass die sinnvolle Ordnung immer mehr durch das Spiel des Zufalls ersetzt werden muss, welches auch unendlich viele kurzweilige Happenings zu bieten hat. Dem Harmoniestreben der Wirklichkeit ist damit allerdings nicht geholfen, wie auch der Sinn fremd bleiben muss.

Gegen die sinnlose Verzerrung der natürlichen Ordnung steht die Balance der Kräfte, welche als erste Voraussetzung der Selbstorganisation auch die zusammenführenden Prinzipien der Ordnung zu schaffen vermag. Sie ist auf allen Stufen der Evolution zu finden und reicht vom Gleichgewicht der Wechselwirkungen in den Elementen bis hin zum Harmonieempfinden in der Kunst oder der Demokratie in der Gesellschaft. Sie kommt mit dem Menschen immer wieder neu auf die Welt und es nimmt nicht Wunder, dass das höchste Glück eine Belohnung ist, welche sich mit einem kleinen Blick in die zeitlose Harmonie der Vollkommenheit verbindet.

### *2.15 Erkenntnisse aus der Technik*

Die neuronalen Netzwerke sind vorzugsweise aus funktionellen und technologischen Zwängen heraus konzipiert. Gewisse erkenntnistheoretische Aspekte lassen sich trotzdem ableiten. Sie können uns helfen, die konnektive Informationsverarbeitung, welche von den Netzwerken zumindest dem Wesen nach vertreten wird, wenigstens in den Grundzügen zu verstehen.

Dem Prinzip nach besteht die Informationsverarbeitungseinheit des neuronalen Netzes nicht aus einer Zentraleinheit und den Speichern für Befehle und Daten, wie das in einer konventionellen Rechenmaschine der Fall ist. Vielmehr ist es ein Komplex von vielen kleinen Rechenelementen, den Neuronen, die mit ihren unzähligen Querverbindungen miteinander agieren. Die Neuronen arbeiten gleichzeitig nach einem Prinzip, welches durch die Vernetzung vorgegeben ist. Dabei ist nicht das einzelne Informationsquant von Bedeutung, sondern die Summe, die durch die vielen Beziehungen zusammenkommt und woraus jedes Mal eine neue Wichtung generiert wird.

Netzwerkmaschinen werden dafür gebaut, um große nichtsymbolisierbare Datenmengen zu konkreten Aussagen zusammenzuziehen. Eine solche Aufgabe ist es etwa, aus vielen Gesichtern ein einziges auszuwählen. Die logische Architektur eines sequenziellen Rechners wäre mit solcherart Übungen hoffnungslos überfordert. Umgekehrt bedürfte es eines großen Aufwandes, dem Netzwerk sequenziell logisches Verhalten beizubringen, das wohlmöglich noch in hoher Geschwindigkeit laufen sollte. Weitere Vorteile des neuronalen Netzes sind die Fähigkeit zu generalisieren, die Robustheit und die Möglichkeit der Regeneration bei Datenverlust. Das alles sind Eigenschaften, welche durch die verteilte Repräsentation des Wissens zustande kommen. Dasselbe aber ist für die Technik gerade ein wesentlicher Nachteil, da dadurch die Ergebnisse nicht nachvollziehbar sind und eventuelle Fehler nicht verfolgt werden können. Zudem sind die Ergebnisse mitunter sehr eigenwillig, nicht reproduzierbar und mathematisch kaum zu begründen. Die Schaltungstechnik ist auf logische Methoden angewiesen und bleibt damit definitiv für das Netzwerk ungeeignet. Dagegen sind die Methoden, mit welchen die natürlichen Neuronen ihre Verbindungen knüpfen, genau der Aufgabe angepasst. Eine solche freizügige Art der Verschaltung ist, zumal in der erforderlichen Größenordnung, technisch niemals machbar. Dazu kommt, dass diese auch nicht reproduzierbar oder kopierbar wäre. Möglichkeiten dazu hat selbst die Evolution nicht entwickelt. In der Natur sind die konnektiven Systeme allemal nur Einzelstücke und müssen in einem selbstorganisierten Prozess gebaut werden. Beim Menschen können nur die Randbedingungen[108] vorgehalten werden, wie auch die regressiven Einflüsse dafür im Zaum zu halten sind.

Im Gegensatz dazu glänzen die logischen Systeme mit aussagekräftigen und reproduzierbaren Ergebnissen, wodurch sie auch in sicherheitsrelevanten Anlagen akzeptiert werden. Logische Methoden stehen für verlässliche Steuerungen, wie sie bei den unmittelbaren Prozessen auch benötigt wer-

---

108 Interessanterweise bedürfen auch die einer konnektiven, das heißt geistigen Struktur.

den. Dem logischen Prinzip nach können die zu verarbeitenden Daten von den Programmen getrennt werden, welche sich selbst wieder verallgemeinern oder partizipieren lassen. Die Programmierung kann dadurch bei komplexen Aufgaben übersichtlich bleiben und ein hohes allgemeines Niveau erreichen. Genauso präzise, wie die logischen Systeme arbeiten, müssen allerdings auch die Vorgaben gemacht werden.

Im Ganzen zeigt es sich also, dass unterschiedliche Aufgaben ökonomisch nur mit unterschiedlichen Architekturen und mit unterschiedlicher Auffassung von Information zu machen sind. Im Gegensatz zur Technik ist die Natur genau auf diese Sparsamkeit an Energie und Substanz angewiesen, weshalb man in ihr immer eine Übereinstimmung von Aufgabe und passender Struktur finden wird. So wie die konnektive Ebene für Ziel und Sinn steht, hat die Logik die Organisation des Prozesses zu steuern, welcher am Ende nur noch über transiente Regelkreise beeinflussbar ist.

Das eigentliche Ende unserer Kunst zeigt sich in den Methoden der Selbstorganisation, wie sie in den verschiedenen neuronalen Netzwerken angeboten werden. Sie sind allemal von den Möglichkeiten und Neigungen des Entwicklers bestimmt und weit davon entfernt, dem Sinn natürlicher Vorgaben nahe zu kommen. Die logisch orientierte Informationstheorie ist hier vollkommen ungeeignet, wie überhaupt die analytischen Methoden versagen. Wenn die Physiker kurz davor stehen, das Bausteinwissen in einer Weltformel zu vereinigen, so haben die Adepten der Informationstheorie wohl kaum den ersten Schritt getan, weil eben dazu nicht die Reduzierung auf eine logische Symbolik, sondern die Aufweitung einer korrelierten Sprache gehört. So wie Gesetze die Funktion der Bausteine bestimmen, sind es die Beziehungen, welche ihre Verwendung und den Sinn der Welt ausmachen und damit auch das geheimnisvolle Wesen der Information.

## *2.16 Das Modell der kybernetischen Pyramide*

Selbst mit dem Gespür der analytischen Wissenschaften muss man die Evolution als Ursache und Sinn unserer Welt entdecken,[109] wobei man sich an der eigenartigen Verwandlung von Information nicht vorbei mogeln kann. Unsere Anschauung von Information stammt aus einem fortgeschrittenen Niveau, am Anfang hätte der Begriff weder Ursache noch Objekt haben können. Von unserem Niveau aus können wir uns die Entstehung von Information nur als Konzentrationsvorgang denken, indem sich viele schwache Einflüsse zu einer konzertierten Aktion finden und eine prägnante Änderung bewirken, welche uns auch als solche erkenntlich wird. Es geht

---

[109] Das kann nur eine Annäherung sein, da uns das Wesen des Sinns logisch nicht zugängig ist.

dabei verständlicherweise um einen Vorgang in der Zeit, wogegen die weiten Bedingungen und schwachen Einflüsse nur dann von Bedeutung sind, wenn sie lange genug anliegen. Wenn man diese allgemeine Tendenz schematisch in einem Diagramm darstellt (*Abbildung 17*), so findet sich die charakteristische Form eines Dreiecks, die, ins Räumliche erweitert, auch an eine liegende Pyramide erinnern könnte. Die Bedeutung der Struktur im Raum für den Informationsgehalt ist dabei die Ordinate und die der Zeit die

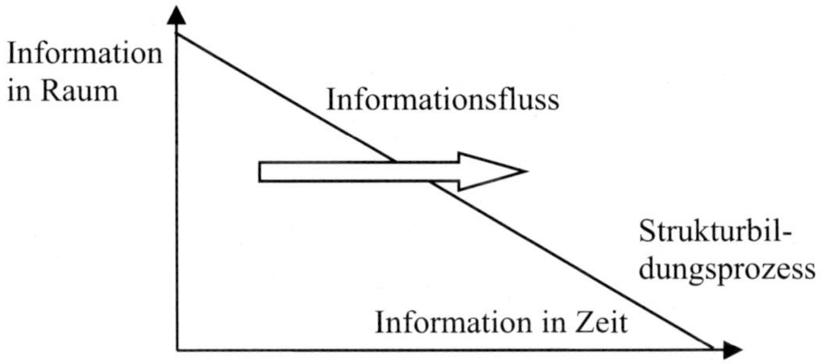


*Abbildung 17: Die kybernetische Pyramide der Evolution*

Abszisse. Die Basis der Pyramide ist die Summe aller schwachen Ursachen und wird von den zeitbeständigen Informationsinhalten gebildet.[110] Zur Spitze hin gewinnt der Zeitbezug an Bedeutung, am Prozess liegt die Information nur noch im Zeitverlauf eines Parameters.

Der Übergang von zeitbeständiger zu zeitbestimmter Information ist in den evolutionären Dimensionen kaum zu überschauen. In der Praxis wird man deshalb das Modell auf überschaubare Größenordnungen reduzieren, indem man einen Startpunkt festlegt und sich auf einen Wirkungsraum beschränkt. Den Informationsfluss in der kybernetischen Pyramide hat man sich von links nach rechts zu denken. Die Kausalität, welche dieser Richtung unterlegt ist, wird nach rechts immer deutlicher. Die Spitze kennzeichnet dann am Ende den einzelnen konkreten Prozess, der auf einen Raumpunkt fokussiert ist; sein Wissen beschränkt sich auf die zeitliche Entwicklung der Veränderung. Viele solcher Vorgänge werden aus der gleichen

[110] Im Modell geht es tatsächlich nur um Informationsinhalte in der Freiheit des Informationsbegriffes und nicht etwa um physikalische Körper. So kann etwa auch die absolute Ruhe als absolute Symmetrie intrinsischer Prozesse verstanden werden.

Wurzel gespeist, in Summe hätten also alle Pyramiden eine unterschiedliche Spitze, aber den fast gleichen Grundkörper und dieselbe Basis.

Die unmittelbare Einflussnahme auf den Prozess ist eine konkrete Information, die aus einer Unzahl von Informationsflüssen und Bedingungen geprägt wird. Jeder Prozess hat gewissermaßen eine Vorgeschichte. Je weiter man diese zurückverfolgt, umso mehr verästelt sich diese in die Breite, bis zum Anfang eine umfassende Vernetzung mit allen Elementen der Wirklichkeit konstatiert werden kann. Auf diesem Weg verändert sich auch die Form der Information. Am linken Ursprung steht die Menge von Beziehungen aus einer zeitlosen Breite, welche sich zum Prozess hin immer mehr in einen konkreten Informationsfluss wandelt. Der Verwurzelung in die Breite kommt umgekehrt eine Reduzierung der Einflüsse auf ausgeprägte Linien gleich. Es ist leicht einzusehen, dass diese nicht umkehrbar ist, da die unterschiedliche Abkunft in der reduzierten Form nicht bewahrt werden kann. Das ist der eigentliche Grund für die Richtung des Zeitverlaufs. Alle anderen Vorgänge, die Bauzyklen der konservativen Strukturen wie auch die intrinsische Organisation der kohärenten Systeme sind vollständig reversibel und können der Weltzeit wohl einen Takt,[111] aber keine Richtung vorgeben.

Zu Beginn des Informationsflusses, genau an der Basis der kybernetischen Pyramide, wird zunächst die Organisation vermutet, welche wir in kybernetischer Interpretationsweise als Ziel bezeichnen. Physikalisch handelt es sich hierbei um eine Anzahl von Bedingungen, die eine bestimmte Veränderung der symmetrischen Verhältnisse begleiten, welche von nachhaltiger, das heißt zeitloser Wirkung ist. Der kausale Informationsfluss ist an dieser Stelle noch nicht zu erkennen, er wird aber deutlich, wenn wir die Verhältnisse hin zur Spitze der Pyramide beobachten können. Je mehr sich der in Gang gesetzte Informationsfluss dem eigentlichen Prozess nähert, umso deutlicher ist die Prozessinformation von der Information in Bedingungen zu unterscheiden. Insbesondere verringert sich der letztere Anteil, bis an der eigentlichen Wirkung nur noch der Prozessparameter von Bedeutung ist. Seine logische Konstitution ist uns verständlich, wogegen uns die Bedingungen, welche zu Beginn nur Beziehungen sind, kaum einleuchten. In technischen Nachbildungen suchen wir deshalb solche Konstellationen, bei denen die Randbedingungen möglichst gering zu schätzen sind.

So trivial das Modell der kybernetischen Pyramide zunächst ausschaut, besitzt es einen hohen Abstraktionsgrad und ist mehr von allgemeiner, aber

[111] Die Genauigkeit des Taktes nimmt mit der evolutionären Höhe der konservativen Systeme ab, die Periodendauer nimmt in dieser Richtung zu.

auch erkenntnistheoretischer Bedeutung. Es hat vielfache Interpretationsmöglichkeiten und interessante Konsequenzen. In der Praxis sollte man es aber nicht überstrapazieren, für konkrete Fälle kann es ohnehin kaum von Nutzen sein, weil die Unzahl von Einflussgrößen im Allgemeinen nicht zu erfassen ist. Zumindest kann es uns daran erinnern, dass mit der logischen Information nur ein Teil des Vorganges betrachtet werden kann, nämlich derjenige, welcher der Form nach mit der „logischen Spitze“ unseres Bewusstseins verglichen und deshalb damit gehandhabt werden kann. Die Werkzeuge unserer Erkenntnis müssen gewissermaßen auf die Objekte angepasst sein und in den Informationsprinzipien übereinstimmen.

So zeigt sich unsere Erkenntnis selbst in der Ausgestaltung einer kybernetischen Pyramide. Die Naturgesetze repräsentieren den funktionalen Ausgang eines Informationsgeschehens. Sie können nur so gut sein, wie sie eine evolutionäre Intention vertreten und ihre Erkenntnis nur so gut wie ihr geistiger Kontext.[112] Unser Bewusstseinshintergrund fordert genau die dazu notwendige Vernetzung. Der Wunsch des Menschen, alle Dinge miteinander verbunden zu sehen, ist tief in der höchsten Führungsebene verwurzelt. Allerdings ist uns die korrelative Form dieser Vernetzung kaum bewusst, was dazu führt, dass wir ausschließlich kausale Verknüpfungen suchen und für die Erkenntnis des Sinns in mystizistische Welten abirren müssen. Es ist deshalb auch die spekulative Methode ganz in Verruf geraten, was der Wissenschaft nicht gerade zum Vorteil gereicht.

Wie in der Evolution der Übergang von den Entwicklungsbedingungen bis zu den einzelnen Prozessen einen Wandel der Auffassung von Information mit sich bringt, müssen auch die konservativen Systeme einen solchen Wandel organisieren, wenn sie kybernetisch wirksam sein sollen. Die strukturierten kybernetischen Systeme können als Produkte der Evolution letztlich nur deren Abbilder sein und müssen demnach einem ähnlichen Schema folgen. Sie fügen sich gewissermaßen als kleine nachahmende Helfer in das große Entwicklungsgeschehen. Unter allen „fertigen Erzeugnissen“ der Evolution sind diejenigen von kybernetischer Bedeutung, bei denen diese Pyramidenform, zumindest im Ansatz, zu finden ist. Ein „fertiges Produkt“ der Evolution ist beispielsweise ein Abschnitt einer Nervenleitung. Der Bezug der Information zu Raum und Zeit wird bei der Übertragung nicht verändert. Im Schema zeigt sich keine Reduzierung (*Abbildung 18a*). Anders ist das etwa bei der Steuerung der Körpertemperatur. Hier gibt es vielfältige Vorgaben, der Prozess selbst wird zumindest über die Temperatur

[112] Die reine Logik ist nicht hinreichend für den Sinn eines Gesetzes, das heißt seinen Wahrheitsgehalt in evolutionärer Sicht.

geregelt, was eine prozessnahe Rückführung dieses Parameters erforderlich macht. Die kybernetische Pyramide nach *Abbildung b* zeigt demzufolge eine Reduzierung der Information hin zum Prozess, der zwar an vielen Stellen, aber mit derselben pyramidalen Basis geführt wird. In *Abbildung c* ist, in Größe und Position dazu natürlich nicht maßstabsgerecht, die perfekte kybernetische Struktur eines autonomen Systems aufgezeigt.

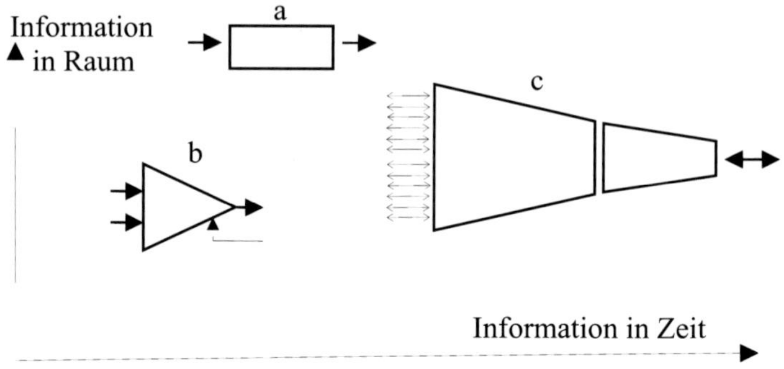


*Abbildung 18: Kybernetische Strukturen*

Die Führungsebene ist in die Beziehungswelt der Wirklichkeit eingebunden, die Prozessebene wird von einer Logik bedient, welche selbst umfassend mit der Umwelt kommuniziert. Im Falle des Bewusstseins ist die kybernetische Pyramide zweigeteilt, was zu einer doppelten Kommunikation und einer doppelten Abbildung der Wirklichkeit und dem eigentlichen Bewusstseinseffekt führt.

Das Modell der kybernetischen Pyramide kann uns einige wichtige Aspekte der Wirklichkeit vor Augen halten. Der Prozess hat als ein Vorgang in der Zeit immer eine Vorgeschichte, welche Information aus der Breite zusammenzieht. Ein zielsicheres Ergebnis im Ordnungssinne der Evolution setzt eine breite Basis voraus, welche zeitbeständige Information enthält. Parallele Vorgänge ohne gemeinsame Wurzel könnten ein Ordnungsziel nicht erreichen. Ebenso könnte ein isolierter Informationspfad keinen Effekt im evolutionären Sinne bewirken. So ist auch eine gewollte Wirkung umso weitreichender, je weiter die Einflussnahme aus der Breite berücksichtigt werden kann. Das trifft auch für die Vorgänge der Wirklichkeit zu, für die keine definierte Intention vorausgesetzt werden kann. Es könnte dem Prinzip der kybernetischen Pyramide nach aber immer eine solche abgeleitet werden, wenn wir objektive Beobachtungswerkzeuge finden könnten, die die Vorgänge nicht selbst beeinflussten. Je weiter die Ursachen zurückverfolgt werden, umso mehr muss die Verwurzelung in die Breite beachtet werden. Für die Ausspähung ist erschwerend, dass auf diesem Weg eine Veränderung der Informationsform eintritt, wie auch der Informationsverarbeitung. Eine theoretische Darstellung dieses Anpassungsvorganges wäre zwar wünschenswert, dürfte aber kaum gelingen, weil eben das uns gegebene logische Werkzeug nicht durchgängig anwendbar und demzufolge nicht ausreichend ist.

Die kybernetische Pyramide ist für evolutionäre Systeme zuständig oder solche, die dieselben auf strukturiertem Niveau nachahmen. Systeme mit einer solchen Struktur sind keine konservativen im eigentlichen Sinne mehr, da sie neue Information bilden können, welche nicht wieder in die Voraussetzungen zurück verschwinden kann. Sie unterstützen damit irreversible Prozesse, wenngleich sie vorrangig aus reversiblen Elementen zusammengesetzt sind. So lässt das menschliche Bewusstsein Gedanken aufkommen, die einer weiteren evolutionären Stufe entsprechen und damit ein Fortschreiten der Zeit dokumentieren. Die Frage stellt sich, ob sich dieser irreversible evolutionäre Prozess auf einer höheren konservativen Ebene überhaupt abspielen kann. Uns ist bis heute nur das konnektive System als höchstes Führungssystem bekannt. Indem es tatsächlich eine gewisse Strukturierung in der aktiven Phase ausführt, ist es kein eigentliches konservatives System mehr. Reine konservative Systeme können neue Strukturen nur als zufällige Variation der vorhandenen darstellen. Wenn dabei evolutionäre Bedingungen des Zusammenwirkens unberücksichtigt bleiben, machen die „Kreationen“ in den großen Zusammenhängen keinen Sinn und sind dem Verfall preisgegeben. Werden jedoch konnektive Führungsprinzipien von außen wirksam, oder im Systeminneren als Selbstorganisation, können auch konservative Strukturen durch temporäre Umgestaltungen Wissensinhalte bilden, die sozusagen neue Zielsetzungen versuchsweise vorwegnehmen, bis sie in harte Strukturen geformt werden, wie das etwa in den paradoxen Schlafphasen geschieht. Das evolutionäre Prinzip schafft dann wieder ein neues System mit konservativem Charakter. Auf der höchsten kybernetischen Ebene verwischen sich gewissermaßen die Grenzen zwischen konservativen und evolutionären Prinzipien.

Ganz gleich in welchen Grenzen wir ein kybernetisches System betrachten, der auf das Ziel gerichtete Informationsfluss zeigt eine Verwandlung, wie wir sie in der kybernetischen Pyramide von links nach rechts sinnbildlich beschreiben. Dieser Verwandlung der Informationsart entspricht einer Veränderung der Informationsverarbeitung, welche sich in einem Strukturwandel niederschlägt. Man kann deshalb die Form der kybernetischen Pyramide auch leicht für die Hierarchie der Verarbeitungsprinzipien und ebenso für die der semantischen Bedeutung im kybernetischen Verlauf benutzen. In der Symbolisierung hat sich in solchen Darstellungen allerdings die Bedeutungsfolge von oben nach unten eingebürgert, weshalb die Pyramide hier gewissermaßen auf den Kopf zu stehen käme.

Das Verfahren, welches wir mit der kybernetischen Pyramide beschreiben, muss seinen Ursprung in der Evolution selbst haben. Zu Beginn der Phylogenese etwa, in der die korrelativen Vorgaben der Natur das Geschehen bestimmten, war auch der Parameter Zeit von untergeordneter Bedeutung, weshalb die Entwicklung relativ langsam verlief. Mit dem Übergang zu konservativen Strukturen zeigen sich die neuen Formen in stetig verkürzten Zeitspannen. In der Technik schließlich sieht man die Entwicklung immer schneller verlaufen, weil das Wissen stärker an die zeitbestimmte Logik gebunden ist. Die Geschwindigkeit, mit der die technischen Kreationen heute in die Welt gesetzt werden, kann von der Natur nicht mehr erreicht werden, weil die Bedingungen selbst logischer Natur sein müssen. Das kann nur noch in Vermittlung des menschlichen Verstandes geschehen, weshalb die diesen steuernde Geistigkeit die weitere Verantwortung übernehmen muss. Hier beendigt sich das evolutionäre Prinzip, wenn es nicht gelingt, die Entwicklung des Geistes im evolutionären Sinne zu forcieren und die entsprechenden Einsichten und Methoden in die Welt zu setzen.

Mit dem Bild der Pyramide soll angedeutet werden, dass das kybernetische System, das auf ein konkretes Detail der Wirklichkeit fokussiert ist, nicht aus einer linearen Kausalkette gleichartiger Wege bestehen kann, sondern dass eine Reduktion einzutreten hat, welche Beziehungswissen zu konkreten Daten fokussiert. Die Anwendung dieser allgemeinen Regel in der Gesellschaft zeigt beispielsweise, dass jede Machtausübung gerade das natürliche Prinzip auf den Kopf stellt, indem von einer zentralen Stelle prägnante Information in die breite Wirklichkeit gegeben werden muss. Da es sich dabei nur um eine lineare Transportation handeln kann, müssen solche Systeme vereinfacht, das heißt auch entwicklungsunfähig gemacht werden. Auf diese Weise wird auch das Machtprinzip kybernetisch interessant, indem es die evolutionären Bedingungen unterdrücken, das heißt insbesondere auch den geistigen Beziehungskontext ausschließen muss.

Bei der Vervielfältigung von prozesswirksamer Information zeigt es sich, dass diese umso einfacher wird, je näher sie an die Spitze der kybernetischen Pyramide zu liegen kommt. Ein Kopieren der Basis ist nicht möglich. Dazu müsste nicht nur eine Unmenge an Wichtungen übertragen werden, es müssten auch die Beziehungen nacheinander aufgehoben werden. Die Übertragung konnektiven Wissens geschieht vielmehr in einem evolutionären Prozess, der mit der primitiven Struktur einer ebenmäßigen Basis beginnt, welche sich noch genetisch übertragen lässt. Ebenso lassen sich die Entwicklungsbedingungen anstellen, der Bildungsprozess des konnektiven Systems aber muss in Selbstorganisation vonstattengehen. Das sind genau die Prinzipien, die auch der Geist in seiner Vervollkommnung nötig hat.

Ganz unerforscht ist die Bedeutung der Symmetrie in der kybernetischen Pyramide. Die Wandlung der räumlichen Symmetrie, die das System an der Basis anstrebt, in die raumzeitliche der Logik und schließlich in die rein zeitliche des Prozesses ist eine erste Vorstellung. Ähnliche Spekulationen lassen sich über die Einbeziehung der Wirklichkeit bis zum Prozess hin machen. Sie ist zunehmend auf konservative Systeme ausgerichtet, während das konnektive Ziel auf die evolutionären Bedingungen beschränkt bleibt.

# 3 Evolutionäre Systeme

## *3.1 Evolution als Bewegungsorganisation*

Noch bei Heinrich Hertz heißt es im Vorwort zu seiner Schrift „*Die Prinzipien der Mechanik*“: „*Alle Physiker sind einstimmig darin, dass es die Aufgabe der Physik sei, die Erscheinungen der Natur auf die einfachen Gesetze der Mechanik zurückzuführen.*“[113] Auch wenn heute die vorherrschende Meinung dazu eine andere ist, bleibt es in evolutionärer Sicht eine Gewissheit, dass das Universum aus den einfachsten Prinzipien gebaut ist, die zugleich auch als die ersten gelten.[114] Allerdings haben auch die Theorien der Mechanik noch nicht das einfachste Niveau erreicht. So müssen letztlich auch die typischen mechanischen Größen, wie etwa Kraft oder Impuls, auf einem niederen Niveau intrinsischer Prozesse organisiert werden. Am Ende bleibt nur die Bewegung, welche mit der Lichtgeschwindigkeit die notwendige Normierung erfährt. Die untersten Bewegungsprozesse sind uns nicht zugänglich, da unsere kleinsten Beobachtungswerkzeuge auch nur mit eben denselben Prozessen gebaut sein können. So ist es nicht verwunderlich, dass eine Spielwiese zurückbleibt, die sich mit skurrilen Quantenphänomenen bevölkern lässt. Die Macht einer uniformierten und auf die Logik reduzierten Sprachkultur, welche den Sinn nicht erreichen kann, wird das Ihrige dazutun, sodass hier noch etliche unglaubliche Wunderdinge zu erwarten

---

[113] Siehe [7], Seite XXIX

[114] Genauer bestehen die elementaren Baukörper aus den symmetrischen Teilprozessen, die zuerst aus dem Ganzen ausgeschieden wurden.

sind. Auf der anderen Seite dokumentiert der mathematische Formalismus der Quantentheorie die einzige Möglichkeit, die Phänomene mit den gegeben physikalischen Parametern wie Energie und Impuls zu beschreiben. Tiefere Ereignisse müssen dabei als reine Zufallsprozesse gelten, welche uns dann nur noch die beobachtbaren Hüllenphänomene liefern können.

Nichtsdestotrotz sei die Vorstellung erlaubt, welche uns diese Unstetigkeitsstelle der Erkenntnis aus dem Weg räumen kann, zumal sie sich aus einem allgemeinen und durchgängigen Entwicklungsprinzip von selbst ergibt. Zu diesem Ende muss nicht nur die höchste Energiedichte am Anfang stehen, sondern mit ihr auch die Exaktheit und Identität der Prozesse. Je größer die physikalisch definierte Energie, umso kleiner, das heißt ursprünglicher, sind die damit möglichen intrinsischen Vorgänge. Man könnte sogar sagen, dass die hochenergetischen Abläufe nur deshalb nicht geknackt werden können, weil deren Subtilität durch kleinere Energiewerte nicht erreichbar sind, so wie etwa ein Grobschmied im filigranen Werk einer Taschenuhr nichts auszurichten vermag. Was sich physikalisch auf der Energieebene abspielt, beinhaltet in kybernetischer Hinsicht auch Informationsprozesse. Die beiden Prinzipien können allerdings nicht unmittelbar miteinander verglichen werden, weil die Informationsträger der Energie noch in andere evolutionäre Aufgaben eingebunden sind und deshalb in großer Menge zur Verfügung stehen müssen. Die kybernetische Sicht ist auf Einzelprozesse fokussiert, während die energetische über eine große Menge solcher Vorgänge zu integrieren hat. Im Verlauf der Evolution verändert die Information ihr Gepräge[115] und das Verhältnis zur symmetrischen Verpackung. Dabei trennen sich Bewegungsorganisationen vom Ganzen und finden ein Eigenleben mit einem getrennten Algorithmus. Uns erscheinen sie als die ersten materiellen Strukturen. Deren innere Organisation ist uns nicht zugängig und soweit fensterlos, wie sie sich nicht in Wechselwirkungen und Zerfallsprozessen zu erkennen gibt.

Der eigenartigen Existenz der selbstorganisierten Prozesse wollen wir mit einem Gedankenexperiment etwas näher kommen. Wir benützen dazu eine Menge von Billardkugeln, welche die Ureinheiten am unteren Rand der Wirklichkeit repräsentieren sollen. Sie seien zunächst auf dem Tisch positioniert, und zwar so, dass sie keine Ordnung erkennen lassen. Um aus dem System etwas zu machen, ist es zunächst notwendig, dass die Kugeln in Bewegung gesetzt werden. Für unser Experiment soll es eine ideale Bewe-

---

[115] Wenn wir die Kybernetik als Wirkungsprinzip prägnanter Information definieren, so finden wir im Energieprinzip noch das evolutionär frühe Zusammenspiel von Information und Prozess in den unterschiedlichen Formen und je nach Entwicklungshöhe auch in großer Breite.

gung ohne irgendwelche Verluste sein. Wären keine Bande vorhanden, würden die Bälle schnell aus unserem Blickfeld verschwinden. Allein die Karambolagen könnten unsere Beobachtungsmöglichkeit für einige Kugeln noch etwas verlängern. Die Frage ist nun, wie man mit elastischen Karambolagen die Kugeln möglichst lange auf dem Tisch halten kann, und zwar ohne Bande. Die Lösungsversuche zeigen schnell, dass das nur für kurze Zeit gelingt, und zwar abhängig von der organisierbaren Zahl von Zusammenstößen. Es fehlt allein die äußere Begrenzung, die die Kugeln immer wieder auf das Spielfeld zurücklenkt und die mit einer noch so ausgeklügelten Technik nicht zu ersetzen ist. Dafür können mit einer realen Bande ohne Mühe einfache Bewegungsorganisationen gefunden werden, welche, falls sie exakt rekursiv sind, sogar ewigen Bestand haben könnten. Auffällig sind die Symmetrien der Lösungen, die nicht nur räumliche sind, sondern sich durch die Wiederkehr der Vorgänge auch auf die Zeit ausdehnen. Dafür steht auch der Begriff der Raum-Zeit-Symmetrie. Je genauer eine solche durch den Bewegungsalgorithmus organisiert werden kann, umso beständiger sind letztlich auch die entstehenden Gebilde der Bewegungsprozesse.

Nun kennt der Urzustand der Evolution keine Bande, und ohne diese bringt die Dynamik des elastischen Stoßes auch keine Lösung. Unser Modell benötigt deshalb eine weitere Vertiefung. Anstelle der Stoßprozesse muss es vielmehr die kinematische Organisation einer Bewegung geben, welche sich ohne Kraftaufwand in alle Richtungen des Raumes brechen lässt. Dazu gehört eine bereits dem Raum immanente Bewegung, die ebenso alle Richtungen des Raumes begünstigt.[116] Die Forderungen klingen zunächst unerfüllbar, es sind aber einige Äthermodelle denkbar, mit denen sich diese Bedingungen mehr oder weniger deutlich durchführen lassen. Die ponderablen Teilchen selbst, ihre Bewegungen und ihre physikalischen Parameter wie Energie und Impuls sind dann nichts anderes als Organisationen in dieser Bewegungsvorgabe. Auch für diese Anschauung gilt, dass die ponderablen „Aufführungen“ umso beständiger sind, je genauer die Prozesssymmetrie in Raum und Zeit gehalten werden kann.[117] Für einige ponderable Strukturen scheint dieser Zustand obligatorisch zu sein, es handelt sich dann um die natürlichen Teilchen. Bei den künstlichen ist die Rekursion nicht punktgenau, das heißt der intrinsische Bildungsalgorithmus konvergiert nicht und die Strukturen besitzen nur eine endliche Halbwertszeit. Aber selbst beim Zerfall ist die Bewegungsorganisation noch nicht vertan. Sie löst sich in niedere Algorithmen auf, die am Ende von höherer

[116] Das sind beide triviale Symmetrieforderungen des Ursprungs.

[117] Es wäre kein Platz für die sonst an dieser Stelle angenommenen statistischen Prozesse.

Beständigkeit sind. Die experimentelle Unerreichbarkeit dieser intrinsischen Prozesse kann in erkenntnistheoretischer Sicht kein hinreichender Grund sein, sie ganz aus den wissenschaftlichen Zusammenhängen der evolutionären Prinzipien zu verbannen, zumal sie eine bestimmte Linie der Folgerichtigkeit begründen.

Der nächste Schwierigkeitsgrad beim Verständnis der Evolution ist hernach die Frage, ob sich mehrere verschiedene ponderable Organisationen so vermischen lassen, dass ihre Symmetrien in einem komplizierteren Bewegungsalgorithmus wieder verschwinden, das heißt ein kohärentes Ganzes bilden. Dem natürlichen Vorbild folgend, könnte das nur mit einer Temperaturerhöhung machbar sein, die sich im Modell ganz formal als Skalierung von Raum und Zeit abbilden würde. Eine höhere Energiedichte stünde dann für die Möglichkeit, mehr Information unterzubringen. Die wird insbesondere für die genauere Prozessorganisation benötigt, welche sich andererseits nur mit umfangreicher „Verpackung" zu kohärenten Systemen ergänzt, realisieren lässt. Der umgekehrte Vorgang nämlich, die Abkühlung des Systems, würde die einfachen symmetrischen Organisationen wieder zum Vorschein bringen, was der eigentlichen Strukturbildung im Fortgang der Evolution entspräche. Werden die symmetrischen Komponenten aus dem kohärenten Plasma abgeschieden, erscheinen sie dann als die intrinsischen Organisationen der ponderablen Teilchen. Sie sind allesamt zu den konservativen Systemen zu zählen,[118] das heißt, sie sind zu einer eigenständigen Weiterentwicklung nicht fähig. Nur die verbleibende Bewegungsorganisation würde in dieser Ansicht dann die Information ausmachen, mit der gewissermaßen der rote Faden der Entwicklung weitergesponnen wird. Dazu gehören also nicht die Inhalte der konservativen Funktionen in sich, sondern vielmehr die weiten Korrelationen, die alle Elemente, einschließlich der neuen, untereinander weiterhin behalten. Mit den neuen Strukturen bekommt dieses Wissen allerdings auch effizientere Wirkungsmöglichkeiten.

Interessant ist in diesem Bild die Rolle der Information, wie diese in ihrer allgemeinen Urform nicht nur die zentralen physikalischen Parameter wie Impuls und Energie bestimmt, sondern auch Raum und Zeit skalieren kann und demnach zu den ersten Inhalten der Evolution gehören muss. Die Bewegung als Organisation in Raum und Zeit ist, wenn man so will, die erste Differenzierung der „Uridee" Geschwindigkeit, die Raum und Zeit verbin-

[118] Die innere Organisation benutzt dabei auch die Prinzipien, welche die Wechselwirkungskräfte ausmachen und kann deshalb auch, wie im Falle des Atoms das äußere Zusammenspiel im Nahbereich unterstützen. Es sind die Naturgesetze, welche ebenfalls konservativ sind.

det und mit der Lichtgeschwindigkeit ein ehernes Fundament erhalten hat. Es ist leichterdings zu vermerken, dass der mit unserem Billardmodell eröffnete Fragenkreis nur durch ein allgemeines Beziehungswissen repliziert werden kann, da alle logischen Vorstellungen schon die Hürde der physikalischen Begriffe nicht überspringen können. Der gewohnten Empirie fehlen der Bewegungsantrieb, das vorponderable Phänomen der verlustfreien Bewegung, der ideale Stoß, wie auch das Bild der Wechselwirkungskräfte. Es sind alles Forderungen, welche nur durch die Dispositionen des Äthers selbst erfüllt werden können. Die spekulative Sicht deutet darauf hin, dass für die Organisation nur eine kinematische infrage kommt, das heißt, dass die Zustände nicht mehr durch die gewohnten physikalischen Parameter beschrieben werden können, die auf diesem Niveau ohnehin erst geschaffen werden müssen. Vielmehr bauen die evolutionären Strukturbildungen aus dem vermeintlich inhaltslosen Chaos auf Informationsinhalte, die zugleich kinematischen Prozessen in der auf Lichtgeschwindigkeit normierten Äthermatrix entsprechen.

## 3.2 Selbstorganisation

Da für die Entwicklung der Natur keine zentrale Leitstelle ausgemacht werden kann, ist es zur allgemeinen Gewissheit geworden, dass auf allen zeitlichen Stufen und in allen strukturellen Niveaus die Systeme durch Selbstorganisation in einem gewissen Ordnungszustand gehalten werden. Auch wenn die Ordnungssysteme der Wirklichkeit nicht als Klassifizierungssysteme in die theoretischen Vorlesungen passen und deshalb kaum in den Brennpunkt wissenschaftlichen Interesses gelangen, gehören sie zu den tragenden Strukturen der Entwicklung und des Seins überhaupt. Selbst das bloße Beieinandersein von Strukturen in Raum und Zeit ist angesichts unendlicher Möglichkeiten keine Selbstverständlichkeit.[119] Wird insbesondere eine Wechselwirkung konstatiert oder wohlmöglich eine Entwicklung, so ist es statthaft, auch nach den Prinzipien zu forschen, welche die Konzessionen dafür abgeben.

Wenn wir die erste Voraussetzung der Wirklichkeit als Selbstorganisation bezeichnen, so heißt das nichts anderes, als dass wir die Systemgrenzen festlegen, indem wir nämlich alle Prozesse eingrenzen, die den gegebenen Zustand am Leben erhalten. Wir müssen dabei aber beobachten, dass wir mit wachsender Gewissenhaftigkeit den Zirkel immer weiter schlagen müssen, und zwar abhängig vom evolutionären Fortschritt des Objekts. In der

[119] Zudem liegt jedem ponderablen Teilchen ein innerer Prozess zu Grunde, der mit Lichtgeschwindigkeit geführt wird.

Praxis wird man deshalb gewisse Einschränkungen treffen, indem man sich mit wesentlichen Details zufriedengibt. Dies darf jedoch nicht soweit gehen, dass sich daraus erkenntnistheoretische Einengungen ergeben, wie etwa der darwinsche Blickwinkel, der die Entfaltung der Natur nach ökologischen Zwängen erkennen lässt, dieselben jedoch nicht als informationsgebundene Randbedingungen akzeptieren kann. Zur Selbstorganisation gehören nicht nur die augenscheinliche Funktion, sondern all die Voraussetzungen und Beziehungen, welche den Effekt erst möglich machen und am Leben erhalten. Es ist leicht einzusehen, dass sich Letztere nicht nach Gesetzen erschließen lassen, sonst würde man diese schon längst zu den Funktionen selbst gezählt haben.

Die Prinzipien der Selbstorganisation sind nicht einheitlich, sondern werden vom vorhergehenden Schritt der Evolution vorgegeben und weiterentwickelt.[120] Somit zeigen sie sich uns in einem veränderlichen Bild und wir sind angehalten, dieselben immer unter den Vorzeichen ihres Entwicklungsniveaus zu sehen. Insbesondere treten die einzelnen Organisationsmethoden unterschiedlich in Erscheinung. Die intrinsischen Prozesse, welche die Masse organisieren, sind streng rekursiv und demzufolge konservativer Natur. Man könnte sie als gewisse Vorformen der Selbstorganisation bezeichnen. Sie sind auf ihr Programm festgelegt, sind außerordentlich robust, können sich aber nicht weiterentwickeln. Sie bleiben soweit beständig, wie die Bildungsvorgaben des Ätherraumes bestehen bleiben, und sind damit an die primitivsten, aber auch wichtigsten Voraussetzungen der Wirklichkeit gebunden.

Auf der anderen Seite macht ihre äußere Erscheinungsform die makroskopischen Strukturen aus, die selbst wieder in Vorgängen verwickelt sind. Auch diese bestehen ihrerseits aus einfachen Prozessen und den dazugehörenden Bedingungen. Deren Beziehungswissen ist die eigentliche Grundlage der Selbstorganisation, wie sie jeweils auf der höchsten Ebene vorgegeben wird. In diesem Bilde konzentriert das „freie Vorspiel" die immer weiter hergeholten Bedingungen für die selbstorganisierten Strukturen der nächsten Stufe. Das Prinzip wiederholt sich im Verlauf der gesamten Evolution, indem die evolutionären Prozesse eine Spur von konservativen Strukturen hinterlässt, die für ihre Selbstorganisation nur auf die Beständigkeit gegebener äußerer Bedingungen angewiesen sind.

Es ist leicht einzusehen, dass der eigentliche Kerngedanke der Selbstorganisation vorangestellt werden muss und dass er bei allem Fortschritt nicht

---

[120] Die Vorgaben werden in die Evolution selbst verbraucht, was den Rest aber nicht wertloser macht, sondern auf ein allgemeines Niveau hebt.

verändert werden darf, sondern gewissermaßen als Maxime bewahrt werden muss. Als Inhalt dieser Maxime gelten die allgemeinen Prinzipien, die einen Ordnungszustand durch systemimmanente Information aufrechterhalten. Es ist evolutionäre Art, dass auch diese in ihrer Entwicklung einem ständigen Wandel unterworfen sind, angepasst an den allgemeinen Übergang von kohärenten zu diskreten Formen. Insbesondere geht es darum, die ständige Wiederholbarkeit der Prozesse zu schützen, in unserem Bild also die Bälle auf dem Billardtisch zu bewahren. Was in den ursprünglichen Vorgängen als kinematische Organisation dazu ausgereicht hat, muss auf der kybernetischen Stufe mit dynamischen Prozessen und Steuerung durch Information ersetzt werden. Die Zykluszeit der Organisation muss dabei immer länger werden, so wie der Umfang der eingesetzten Strukturen immer größer wird. Physikalisch drückt sich diese Tendenz durch einen verminderten Einsatz an Energie aus, die physikalischen Gesetze werden gewissermaßen durch kybernetische erweitert.

So wie aber die Logik die Ordnung auf allen unteren Ebenen mit konservativen Prozessen gut durchführen kann, kann sie unmöglich selbst die äußeren Bedingungen für die Herausbildung und das ganzheitliche Zusammenspiel der Ordnungssysteme schaffen. Wir beobachten das Prinzip in umgekehrter Art schon beim Gebrauch der Logik selbst. Um auf ihre reine Form zu treffen, das heißt auf die prägnanten Formulierungen und exakten Gesetze, müssen alle Nebenabreden und Randbedingungen vernachlässigt werden. Die sind es aber, welche in ihrer Summe das Bedürfnis nach Logik erst aufkommen lassen. Wir beobachten, dass das zusammenhängende Wesen der Wirklichkeit immer verkürzt werden muss, wenn wir den Fokus auf einen konkreten Vorgang lenken wollen.

Soviel die Ordnung auf exakte Handlungen im Detail angewiesen ist, braucht sie eine Führung, welche die Verbindung zum Sinn im Ganzen vorgibt. Das beobachtet man selbst in den vielen experimentellen Beispielen von Selbstorganisation, welche gewissermaßen auf dem unteren Niveau inszeniert werden. Die den Baukörpern anhängenden Gesetze können unter Umständen schon zusammenwirken, wenn die Substanzen auf ausgesuchte Art zueinander gefügt werden. Über die eigenartigen Strukturen, die sich selbstständig auf Fließpapier organisieren können, war wohl schon Friedlieb Ferdinand Runge überrascht: *„Hiernach hat ein jedes Bildchen seine Entstehungsgeschichte, die es nach chemischen Gesetzen durchlebt hat und man kann über jedes eine kleine Abhandlung schreiben ...“.*[121] Wie auch in ähnlichen und bis heute andauernden Versuchen zeigt es sich, dass das

[121] Siehe [19] fünfte Textseite.

konservative Bausteinwissen in einfache Bedingungen gestellt werden kann, um in elementaren Prozessen zu funktionieren.

Die Strukturen und Prozesse der Wirklichkeit können nur soweit sinnvoll sein und Zwecke auf zukünftigen Niveaus bedienen, wie die Randbedingungen dazu gegeben sind. So wie sich für die Funktionen genaue gesetzliche Zusammenhänge ausmachen lassen, die nur für diese gelten, müssen die äußeren Voraussetzungen dazu alleweil gesondert angestellt werden. Im Labor ist der Mensch dafür zuständig, in der Natur sind es weit in die Zukunft reichende Rahmenbedingungen, die sich sukzessive entfalten und eine nachhaltige Strukturbildung erst möglich machen. Andernfalls kann nur das Restwissen entleerter Hülsen wirksam werden, welches auch dann noch gewisse bizarre Formen zu bilden vermag, wenn die evolutionäre Linie längst verlassen ist.[122] Hier ist das Terrain des unproduktiven Zufalls, welcher zwar Strukturen schaffen kann, aber nur solche, die sich nicht zweckmäßig in das Ganze fügen, geschweige denn für die nachfolgende Entwicklung einen Sinn machen. Die Vorgänge verbleiben auf ihrem „Bildungsniveau“, das heißt auf dem Stand ihrer Entlassung aus dem evolutionären Geschehen. Die Kurzsichtigkeit, das heißt die ausschließliche Wirkung aktueller Konstellationen, zeigt das Fehlen von nachhaltigen Rahmenbedingungen und widerspricht dem evolutionären Prinzip. Allerdings lassen sich auch im Zufallsprinzip kausale Zusammenhänge ausmachen, die den Vorgängen zugeordnet werden können und einer gewissen überkommenen Gesetzlichkeit entsprechen. Eine langfristige Entwicklungslinie, die ein evolutionäres Prinzip vermuten lässt, dürfte hier jedoch nicht mehr ausfindig zu machen sein.

Die Nachhaltigkeit, als Voraussetzung einer jeden Entwicklung, setzt die Existenz dem Niveau angepasster Führungsprinzipien voraus, die in der kybernetischen Reihenfolge über den logischen zu stehen kommen. Es sind die konnektiven Prinzipien, welche mit großen und im Detail unwesentlichen Informationsmengen auch die Funktion konservativer Strukturen und besonders deren Zusammenspiel beeinflussen können. Das konnektive Bestreben zur Symmetrie muss dabei als ein höheres Ordnungsprinzip der Selbstorganisation gedeutet werden. Es bildet auf jeder Entwicklungsstufe eine starke Selbstreferenz, welche sich, auch nach Entäußerung unterer Funktionseinheiten, nicht selber verzehrt, sondern immer wieder auf ein

---

122 Die immer schmaler werdende Entwicklungslinie hat einen leeren, entwicklungsunfähigen Kosmos hinterlassen. Der für die Evolution relevante Informationsinhalt ist hier gewissermaßen verbraucht. Es ist eine „fertige“ Welt auf dem Niveau der Entlassung aus der Evolution. Die Bausteine führen sozusagen ein Leben nach den überkommenen Bedingungen, welches zwar die mitgenommenen Gesetze erkennen lässt, sonst aber eher dem Zufall überlassen ist.

generelles Niveau gehoben wird. Den gesteuerten Einheiten kommt gleichzeitig eine höhere Autonomie zu, welche uns von einer bestimmten Stufe ab auch als Selbstorganisation erscheint, indem sie sich dem allgemeinen Ziel nähert.

Wie in *Abbildung 19* schematisch dargestellt, werden die nach logischen Prinzipien arbeitenden konservativen Systeme durch die evolutionären Bedingungen gehalten, welche selbst auf konnektive Art zusammenspielen. Das ist gewissermaßen die Sicht von oben. Ebenso kann man sich die im

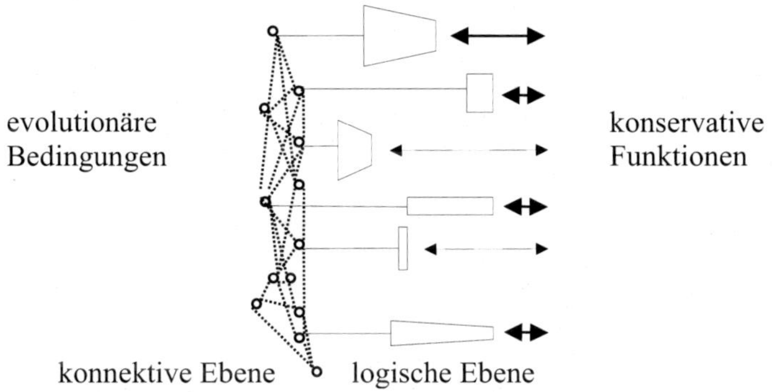


Abbildung 19*: Die logischen Anhängsel des konnektiven Systems*

konnektiven System notwendigen Beziehungen auch von unten zusammengebastelt denken. Dabei können die Konnektoren auf ganz unterschiedliche Art zustande kommen. Im technischen Netzwerk hatten wir logische Bausteine gesehen. In der Natur reicht die Palette von der einfachen räumlichen Struktur bis zum komplexen konservativen System. Im Falle der einfachen Struktur ist die konnektive Selbstorganisation kaum vorstellbar, wogegen man den konservativen Systemen durchaus zutraut, so miteinander zusammenzuwirken, dass über das Ganze hinweg ein konnektiver Mechanismus zustande kommt. Im Bild sind unterschiedliche entwickelte Elemente eingezeichnet, welche das Netzwerk bilden.

In der Phylogenese werden die notwendigen konnektiven Systeme durch ökologische Strukturen gebildet. Es ist anzunehmen, dass die Vorgaben inzwischen soweit verbraucht sind, dass eine Biogenese auf dieser Basis heute nicht mehr möglich ist. Der Selbsterhalt der biologischen Systeme wird offensichtlich nur noch durch feste Hinterlassenschaften gebildet. Das zeigt sich auch in dem Phänomen, dass allzu rabiate Eingriffe in die Ökosysteme mit einem Artensterben beantwortet werden, das heißt, dass die Systeme mehr konservativer Natur sind und nur in dem Rahmen noch variabel. Die aktuelle Evolution dürfte sich nur noch auf der geistigen Ebene abspielen, die Beobachtung wird aber deshalb nicht leichter sein. In der Zivilisation haben sich mittlerweile soviel intelligente Strukturen manifestiert, dass es immer schwieriger wird, eine geistige Vorreiterkultur zu erhalten, geschweige denn weiterzuentwickeln. Zudem dürfte mit fortschreitender Evolution auch die zurückgelassene Vernetzung der konservativen Systeme der konnektiven immer ähnlicher werden. Wir werden deshalb irgendwann über konnektive Systeme diskutieren müssen, selbst wenn keine Evolution mehr auszumachen ist und es sich der Theorie nach um hoch entwickelte konservative Systeme handelt, die den konnektiven formal nahe kommen und einen geistigen Hintergrund vortäuschen.

In *Abbildung 19* ist die Führung der konservativen Systeme über äußere konnektive Vorgaben dargestellt, das direkte Zusammenwirken der konservativen Systeme untereinander ist der Übersichtlichkeit halber nicht eingezeichnet. Es muss aber angenommen werden, dass die ineinandergepassten Systeme selbst Vernetzungen bilden.[123] Inwieweit die Verbindungen auf den unteren Rängen auch als Konnektoren für die Korrelationen in der höheren strukturellen Ebene dienen können, ist schwer zu erforschen. Die Zusammenhänge sind uns ihrer Natur nach nicht zugänglich, was aber kein Grund sein kann für die Wirklichkeit, darauf verzichten zu müssen.

Im konnektiven Mechanismus bilden die konservativen Faktoren komplexe Gewichtsfunktionen, wodurch eine Optimierung erfolgen kann, welche offensichtlich nur nach ganz einfachen und auf allen Niveaus funktionierenden Prinzipien geschehen kann, wie etwa nach symmetrischen Gesichtspunkten. Der einfachste Fall ist das räumliche Zusammentreffen von Elementen zu einer Funktion. Dieselbe kann nur dann von evolutionärer Bedeutung sein, wenn die Strukturen neben dem augenscheinlichen Prozess auch noch die Lage der Elemente beeinflussen können, das heißt, Beziehungen finden können über die konservative Logik hinaus. Die Information dazu muss eine überkommene sein, das heißt nicht Inhalt der konservativen Prozesse. Zum Beispiel kann das vermittels der Gravitationskräfte geschehen, indem diese eine bestimmte Lagebeziehung aufrechterhalten.

Die hohe Schule der Erkenntnis ist es demnach, sich die Autonomie der konservativen Systeme parallel zu den Mechanismen zu denken, welche den konnektiven Prinzipien näher stehen und nur die Ordnung besorgen, an den Funktionen der Wirklichkeit nicht direkt beteiligt sind. Für das konnektive

---

[123] Führungs- und prozessrelevante Information trennen sich im Verlauf der Evolution.

Prinzip zeigen sich äußerlich keine gesonderten Strukturen, eine Methode, wie sie in der Evolution aus Sparsamkeitsgründen typischerweise verwendet wird.[124] Bei einer logischen Analyse entdeckt sich uns nur die Funktion und es ist ein aussichtsloses Unterfangen, auch die Korrelationen zwischen den einzelnen Aktionen bemerken zu wollen. Wir sind im Allgemeinen schon froh, wenn wir die Inhalte der konservativen Systeme verstanden haben. Die vielfältigen Beziehungen, die sie dabei untereinander entwickeln, können wir nicht erfahren, zumal wir mit unserer Beobachtung das Beziehungsgeflecht verändern würden.

In der physikalischen Evolution sind die Verhältnisse noch undurchsichtiger, weil die Strukturen aus einer kohärenten Form entfaltet werden. Als ein Überbleibsel aus der kohärenten Vorgeschichte ist die Information, die wir als Randbedingung[125] im evolutionären Geschehen bezeichnet haben, als Inhalt eines gewaltigen Prozesses aufzufassen, der sich selbst organisiert. Es ist das mehr oder wenige abstrakte Gerüst, das vom Ganzen übrig bleibt, wenn sich die kleinen symmetrischen „Beimengungen" abgeschieden haben und als eigenständige Körper konservative Strukturen bilden. Indem aber mit der Entwicklung immer mehr Information an die konservativen Systeme abgegeben wird, muss der Rest räumlich und inhaltlich reduziert werden. Er wird allgemeiner und ist damit einer ständigen Änderung unterworfen. Inwieweit sich dieser Vorgang dabei selbst als vollkommen schafft, oder ob er durch Selbstorganisation ständig neu optimiert werden muss, bleibt uns verborgen. Eine Optimierung könnte jedenfalls nur durch ein einfaches Prinzip geschehen. Komplizierte Zusatzprogramme müssten mit viel Aufwand durch die Evolution geschleust werden, was uns möglicherweise nicht verborgen bleiben würde.

Im Gegensatz zur physikalischen Evolution, bei der symmetrische Komponenten aus dem Ganzen getrennt werden, wird in der kybernetischen Evolution zusammengefügt. Das ist im Grunde keine Veränderung der Grundidee, da beides die Strukturbildung vorantreibt. Der evolutionäre Weg aus der kohärenten Organisation in die diskrete muss diese scheinbare Hürde überspringen. Aus der Kohärenz entlassen sind die Objekte allemal symmetrische Komponenten, welche wir ob ihrer Beständigkeit auch als konservativ bezeichnen können. Ihre inneren Organisationen bestehen aus zyklischen Prozessabläufen, die auch für die Beständigkeit der Strukturen

---

[124] Durch die Mehrfachnutzung sind selbst im Bewusstsein die Strukturen nicht immer ganz zu trennen. Erst in der Zivilisation sieht man deutliche Bilder mit vornehmlichen Führungsaufgaben, das heißt es findet eine Separation von Führung und Funktion statt.

[125] Nicht zu verwechseln mit den Randbedingungen, welche mit den Strukturen als deren Existenzbedingungen entäußert werden. Es sind Naturgesetze, die die Bausteine flankieren.

verantwortlich sind. In der Weiterentwicklung verliert sich allerdings diese Eigenschaft, die immer weiter zusammengesetzten Systeme haben längere Zyklen werden offener und sind leichter zu knacken. Die konservativen Bausteine existieren nur unter den Bedingungen ihrer Wechselwirkungsgesetze, die man als primitive, und deshalb symmetrische Inhalte des „evolutionären Wissens" interpretieren kann. Sie bilden die unmittelbare und deshalb wiederholbare Umgebung der abgeschiedenen Komponenten.

Die Bausteine schaffen gemeinsam mit ihren naturgesetzlichen Bedingungen gewisse Freiräume des Zusammenspiels. Diese müssen durch zusätzliche Information eingeschränkt, das heißt in Ordnungssysteme verwandelt werden. Bei der Abscheidung der Bausteine aus der Kohärenz werden zwar die inneren wiederkehrenden Prozesse aus der ganzen Organisation herausgenommen, dafür verbleiben die Bausteine als Ganzes in der Organisation. Der zurückbleibende Rest bildet gewissermaßen eine Matrix, die mit konservativen Systemen gefüllt ist. Die ursprüngliche kohärente Organisation wird dann auf ähnliche Art weitergeführt, aber zunehmend mit diskreten Komponenten, wodurch eine Verdichtung des Organisationswissens auftritt, die Fähigkeit zur Selbstoptimierung aber nicht verloren geht. Zusammen mit den Valenzen und Freiheitsgraden der Bausteine formen sich daraus die ersten kybernetisch aktiven Strukturen, welche den Weg zur funktionellen Symmetrie abbilden und das Ziel der Evolution unterstützen.

Diese Entwicklung kann nur vonstattengehen, wenn das Prinzip der physikalisch begonnenen Evolution in gleicher Weise weitergeführt wird. Das heißt etwa, dass die symmetrischen Komponenten nicht mehr aus der primären Kohärenz des strukturlosen Ganzen ausgegliedert werden, sondern aus einem Möglichkeitsraum, der mit konservativen Systemen auf konnektive Art „vorgefüllt" ist. Der Vorgang müsste uns dann wie eine Optimierung vorkommen, indem die kleinsten Symmetrien den höheren untergeordnet werden, das heißt das kybernetische Ordnungsprinzip erfüllen. Zudem ist diese neue Form der Symmetrierung auch eine funktionelle, welche Ursache-Wirkungsketten[126] beinhaltet und uns ein Bild präsentiert, das der kybernetischen Pyramide ähnlich wird. Das Wachstum geht dabei von der kleinen Funktionseinheit zu immer weitläufigeren Konstrukten, welche immer auch eine weiter gefasste konnektive Struktur bedienen, und damit auch ein Ziel im kybernetischen Sinne. Die Funktionen setzen die konnektiv optimierten Vorgaben in die Wirklichkeit um und bedienen Ordnungssysteme. Das Auftreten von Ordnung lässt deshalb immer den Schluss zu, dass eine konnektive Führung vorangeht. Dass dabei gewisse symmetrische

---

[126] Die kausale Funktion ist in der rein konservativen Form eine Symmetrie.

Prinzipien eine Rolle spielen, ist ein erster Verdacht, welcher sich dadurch vertiefen lässt, dass es sich hier um ein einfaches und universelles Prinzip handeln muss, das bei der enormen Breite keiner zusätzlichen Führung und Synchronisation bedarf. Das schließt die Selbstorganisation auf den unteren Plätzen ein, die andererseits dem Symmetrieverlangen auf hohem Niveau nicht entgegenstehen darf, aber auch die sinngebende Ordnung der Führung nicht verdirbt. Eine sich in Symmetrien erschöpfende Ordnung, mag sie mit noch soviel intelligenten Strukturen hinterlegt sein, kann von selbst keine nach oben offene geistige Welt bilden. Andernfalls wäre uns das Ende des Geistes schon seit Langem bezeugt worden.

Wenn an die Spitze der kybernetischen Hierarchie ein System gestellt wird, welches selbstorganisiert ist, so müssen konsequenterweise auch die nachfolgenden Steuersysteme mitgezogen werden, die dann auch nach immer höheren Prinzipien zusammengestellt werden, sodass eine Ordnung erkennbar wird, die auch erhalten bleibt, wenn sie vom Fokus der Evolution verlassen wird.[127] Die von der Entwicklung weiter „betreuten" Systeme müssen im Schoß der verlassenen verbleiben, wo sie in eine robuste Form gebracht werden. Die Evolution ist so eingerichtet, dass die älteren Systeme mit Störgrößen die neuen in eine höhere Symmetrie treiben, das heißt, dass die Funktionen subtiler gemacht werden müssen, um sich durchzusetzen. Damit sind quasi auch die Bedingungen der Höherentwicklung selbstorganisiert. Es kann so die neue Ordnung realisiert werden, welche schon auf dem höheren Niveau angestellt ist, weil dort inzwischen auch die früheren Vorgaben in die verlassenen Linien verbraucht sind.

Wir finden die Natur in einem Ordnungszustand, dessen Nutzen wir logisch sehr gut verstehen und uns nur die Herkunft im Dunkel bleibt, was uns aber offensichtlich nicht stört. Hier trifft die Schaffung der Wirklichkeit in der Natur mit der Methode unseres Bewusstseins zusammen, denn auch die Abkunft unsrer Gedanken bleibt uns in der gleichen Art verborgen. Wir empfinden sie deshalb als frei und gewähren auch der Natur dieselbe Freiheit, sich in ihrer Natürlichkeit darzustellen. Das Bild, welches wir von der Natur haben, lässt ihre innere Zweckmäßigkeit und ihren Funktionserhalt erkennen, aber nur in dem Maße, wie wir den Freiheitsgedanken des Sinns darin nicht verletzen, der sich uns in einer gewissen Harmonie und Schönheit zu erkennen gibt.

[127] Die verlassenen Linien können sich auch mit dem überlieferten Potential nur wenig weiterentwickeln, sie verbleiben normalerweise auf dem evolutionären Niveau ihrer „Entlassung".

### *3.3 Die Ausführung der Korrelation*

Die Kohärenz des Anfangs ist zweifellos der Mechanismus eines universellen Prozesses, der mit einem Element geführt wird, das der Urdifferenzierung entspricht. Die Methode der Prozessorganisation kann dabei nur die von Bewegungen sein, wobei unsere Vorstellung von Mechanik dafür schon zu viel ist, weil die physikalischen Größen wie Kraft, Masse oder Impuls noch nicht zutreffen. Sie müssen vielmehr mit diesen Urprozessen erst gebildet werden. Es kann sich letztlich also nur um die Kinematik eines paritätischen Urelements handeln, welches in seiner Organisation allein auf Geschwindigkeit, das heißt die Beziehung von Raum und Zeit und auf Symmetrie setzen kann.[128] Mit diesen Eigenschaften muss zunächst das geschaffen werden, was uns die Homogenität und Isotropie von Raum und Zeit erklärt. Es kann sich dabei nur um den kleinsten, aber häufigsten Prozess handeln, der noch dazu mit absoluter Symmetrie geführt wird. Es versteht sich ganz von selbst, dass diese unterste Ebene des Seins keiner Analyse zugängig ist; jedes Analysewerkzeug wäre viel zu grob dazu, weil es selbst nur aus einer Unzahl der Objekte gebildet sein kann, die es beobachten soll. Selbst die Teilchenphysik kennt dafür keine Methoden, da sie immer noch die physikalischen Parameter Masse und Energie nötig hat, die ebenfalls auf dem unteren Niveau erst organisiert werden müssen.

Wenn wir von der Differenzierung des Urelementes absehen, zeigen die ersten Inhalte des Raumes, oder besser dessen, was wir später als Raum bezeichnen, zunächst keine Struktur. Die Organisation der Urkohärenz kann deshalb nicht durch logische Kausalität erklärt werden, sondern nur durch die Information der Verhältnisse der Urelemente untereinander. Es ist der seltsame Zustand, dass jedes Element mit jedem in Beziehung tritt, [129] wodurch der Prozess nicht differenziert werden kann und auch keine Wiederholung kennt. Mitunter wird deshalb auch vom Einteilchensystem oder auch Einplasma des Universums gesprochen. Im Vergleich mit den uns bekannten Informationsarten müssen wir diesem Zustand morphologische Information zusprechen, da der gesamte Inhalt von absoluter Authentizität ist und sich trotz der hohen Prozessgeschwindigkeit in der Zeit nicht verändern darf. In einer anderen Interpretation setzt man die Zeit punktuell fest, sodass die Ausgangsinformation nur am so erklärten Anfangspunkt einen fest definierten Inhalt besitzt. Der kohärente Ausgangszustand besitzt im-

---

[128] Eine Geschwindigkeit kann sich natürlich nicht selbst definieren. Das gelingt nur in Bezug zu anderen oder zur vermeintlichen Ruhe in der Balance entgegengesetzter Geschwindigkeiten.

[129] Die absolute Identität der Urelemente und die Symmetrie der Prozesse lässt eine andere Beschreibung nicht zu.

merhin ein beträchtliches Entwicklungspotenzial, was schon aus dem folgenden außerordentlichen evolutionären Geschehen abgleitet werden kann. Als „heißer“ Ausgangspunkt der Entwicklung muss die Urkohärenz mindestens für ein konnektives System gehalten werden, und zwar in einer ursprünglichen und allgemeinen Art, in der noch alle später differenzierten Prinzipien in einer geschlossenen Form enthalten sind. Allerdings erfordert der hohe Informationsinhalt auch ein großes Ausmaß an zusätzlicher Organisation, welche nur dazu dient, die verschiedensten Informationsstrukturen in eine quasisymmetrische Kohärenz zu bringen. Schließlich müssen die Elemente, die wir später als Symmetriebrechungen bezeichnen, vorher in ebener und unauffälliger Form zusammengefügt sein, sonst hätten sie sich schon früher offenbaren müssen. Es wird gewissermaßen eine große Menge an „Verpackungsmaterial“ benötigt, welches noch mit der Energiedichte, das heißt der Exaktheit der Prozesse zunehmen muss. Andererseits wächst mit der symmetrischen Verpackung auch die Möglichkeit, in kleiner Reichweite wiederkehrende Prozesse unterzubringen, die bei der Entpackung symmetrische Komponenten bilden, wie sie dann als intrinsische Organisationen der ponderablen Körper in Erscheinung treten.

Ist der geschlossene Ausgangspunkt der physikalischen Evolution erst einmal verlassen, ist der ganzheitliche Prozess einer rasanten Veränderung ausgesetzt, in der nicht das definierbare Ziel, vielmehr der Weg dorthin, ständig angepasst werden muss. Beim Auseinanderfließen der Kohärenz wird zunächst nur Symmetrie abgeschlagen, späterhin kommt immer mehr die eigentliche Information als gebrochene Symmetrie zum Vorschein. Zum Kern hin wird die Information zwar allgemein aber insofern auch genauer, als hier die Steuerung der Peripherie wie in einem Ziel zusammenfließt, welches uns wenigstens als Sinn der Evolution einleuchten muss. Nur wenn alle Bedingungen der Entwicklung zusammengefasst und verallgemeinert werden können, kann die Nachhaltigkeit begründet werden, welche so etwas wie eine Evolution zulässt.[130] Sie ist dafür verantwortlich, dass das Universum so ist, wie es ist und nicht ein vollkommenes Kristallsystem oder ein strukturloses Chaos. Ob der nachgestellte Vorgang der sukzessiven Entpackung einer universellen Divergenz unterliegt, oder ob ein vorgelegter Algorithmus dafür zuständig ist, können wir kaum in Erfahrung bringen. Dass gewisse Strategien der Symmetrierung in den kinematischen Komplexen eine Rolle spielen, dürfte dagegen eine der wenigen Gewissheiten sein.

[130] Ganz undeutlich werden diese Vorgänge deshalb, weil die Evolution immer auch ganze Partitionen aus ihren elitären Kerngeschehen abschlagen muss. Die entlassenen Ordnungssysteme sind wie Schüler, die in einer Klassenstufe entlassen wurden und nun mit der bis zum Abgang aufgenommenen Information überleben müssen.

In diesem Sinne erschließt sich auch der Begriff „konnektiv“ weniger aus der Analyse des Systems,[131] als vielmehr aus der Entwicklungsgeschichte, der ein allgemeines, das heißt nichtlogisches Prinzip, voranstehen muss. Unserer Anschauung ist dieser Zustand nicht geheuer, da er keinerlei empirische Zugänge erlaubt und keinen der für unsere Erkenntnis notwendigen Anhaltspunkte liefert.

Die ersten Stufen der physikalischen Evolution sind von wiederkehrenden Prozessabschnitten bestimmt, die sich aus dem Ganzen ausklinken und fortan eine separate Existenz als ponderable Materie führen. In kinematischer Sicht werden dabei hochgenaue Vorgänge abgeschieden, was den Rest ungenauer macht. Physikalisch bedeutet das eine Abkühlung des Systems. Gleichzeitig ist damit eine Ausdehnung verbunden,[132] was allerdings nur so formuliert werden darf, wenn der Raum in seiner symmetrischen Ätherstruktur bereits vorhanden ist. Wir bezeichnen das Geschehen als Urknall; von diesem Zeitpunkt an ist die Konvergenz der Organisation unwiederbringlich verloren. Sobald die kleinste Veränderung eintritt, ist die hochgenaue Durchführung der Kohärenz nicht mehr zu halten.[133] Es kommt ein Geschehen in Gang, in dem die inneren Abstände und Zeiten zunehmen. Weil die Prozesse auch nur über die endliche Lichtgeschwindigkeit geführt werden können, wäre die Ausdehnung allein ein Grund, die geschlossene Kohärenz nicht wieder zu finden. Bei dieser Gelegenheit dürften sich immer mehr wiederkehrende Prozesse von kleinerer Reichweite einfinden, welche sich als intrinsische Organisationen selbst aus dem Geschehen herausnehmen, eine Entwicklung definieren und dieselbe unumkehrbar machen. Die auf diese Art gebildeten ponderablen Teilchen machen wegen ihrer Identität und ihrer enormen Zahl die Grundbausteine des Universums aus. Ihre absolute Identität sind Zeichen dafür, dass sie der exakten Symmetrieorganisation einer präzisen Ganzheit entstammen.

Die Spuren, welche das innere Geschehen der Teilchen in der Organisation des Raums hinterlässt,[134] bilden die Grundlage der elektrischen Wechselwirkungskräfte und der Gravitation. Über diese sind die abgeschiedenen

---

[131] Die irreversible Kinematik ist der logischen Analyse nicht zugänglich. Auch korrelative Verfahren müssen ob der Einmaligkeit der Prozesse versagen. Ein weites Forschungsgebiet kommender Zeiten!

[132] Eine Ausdehnung definiert sich von selbst, wenn die intrinsische Organisation des Einteilchensystems abkühlt, das heißt ungenauer wird.

[133] Eine gewisse Kohärenz muss man auch den Folgezuständen zubilligen, die dann allerdings immer größer werdende strukturierte Elemente enthält und dazu auch immer differenziertere Methoden benötigt.

[134] Genauer die Unsymmetrie in der Äthermatrix.

Teilchen weiterhin miteinander verbunden, und zwar im Sinne der ursprünglichen Organisation. Die Wechselwirkungskräfte tragen die Information in Form von Wichtungen weiter, welche durch den räumlichen Abstand bestimmt sind. Diese Art von Beziehungswissen schafft eine räumlich dreidimensionale Welt, die schon von sich aus und dem Prinzip nach ein konnektives System darstellt. Zumindest ist in der Lagebeziehung die einfachste Form geschaffen. Durch die strukturierten Inhalte des Raumes kann das konnektive Prinzip beliebig vervollkommnet werden. Dabei kann aber nichts anderes als die ursprüngliche Information der räumlich korrelierten Bewegungsorganisationen in die konnektiven Inhalte der Strukturen fließen.

Die evolutionären Prinzipien, welche sich in der Kosmogenese nur durch Extrapolation physikalischer Gesetze erschließen lassen, zeigen sich heute undeutlich, nur in mittelbarer Form. Dagegen stehen uns die Methoden der kybernetischen Evolution näher, welche eine Entwicklung nach gleichem Schema erkennen lassen. Die Prinzipien wiederholen sich auf allen Ebenen und werden dabei deutlicher, was selbst noch in den Entwicklungen der Zivilisation gilt. Nur die verwandtschaftliche Abkunft verblasst auf diesem Weg, sozusagen als Ausgleich. Was in der Chemogenese durch die Prozessräume aus den geologischen Vorstufen geschaffen wurde, waren letztlich die Bedingungen, mit denen die ersten kybernetischen Strukturen nach dem Katalyseprinzip entstehen mussten. Das, was der Chemiker im Labor mit den Substanzen an Manipulationen anstellt, findet sich analog in den äußeren geologischen und atmosphärischen Geschehen wieder. Dabei unterstützen die astronomischen Perioden die Herausbildung zyklischer Vorgänge, welche gewissermaßen das Prinzip der Beständigkeit auf höherer Ebene fortsetzen.[135] In den Evolutionstheorien beschränkt man sich meist auf die chemischen Vorgänge und vergisst, dass auch die Bedingungen auf der höheren kybernetischen Ebene eine Entwicklung durchmachen müssen, um eben die wirksamen Konstellationen zu bilden. Für die erreichbare Autonomie der Systeme selbst bestehen zunächst fast grenzenlose Möglichkeiten, welche sich auch in den ersten Lebensformen wiederfinden. Es werden viele Entwicklungslinien eröffnet, welche in den einzelnen Stufen ökologischer Vorgaben ihre Vollendung finden. Sie können ihre Entwicklung beenden, weil die Korrelationen mit der Menge zurückbleibender ökologischer Bedingungen ein stabiles System bilden. Nur die Organismen, die sich in dem veränderlichen Anteil der äußeren Vorgaben noch weiter ausgestal-

[135] Der intrinsische Prozesszyklus der ponderablen Teilchen wird gewissermaßen mit biochemischen Strukturen wiederholt und weiterentwickelt.

ten können, können letztlich der weiteren Entwicklung folgen und deren kybernetisches Prinzip immer anschaulicher nachbilden.

Was die ökologischen Vorgaben in der Biogenese bewirken, schaffen die Lebensformen schließlich bei der Entwicklung der menschlichen Zivilisation. Die Gesellschaft der Lebewesen bedingt Funktionen, die ein gezieltes Zusammenwirken erforderlich machen. Die Korrelation wird zur Führungsaufgabe. Das Prinzip, welches bis dahin die äußeren Bedingungen zusammengehalten und optimiert hat, muss in die Lebewesen selbst übertragen werden. Mit der Entwicklung der logischen Funktionen entstehen Rahmenbedingungen mit eigenständigen Informationsinhalten, welche ihrer Art nach den äußeren Vorgaben ähnlich sind. Das konnektive Prinzip kann sich in die Führungsebene fortsetzen und den Bewusstseinseffekt entwickeln. Zwischen Handlung und Ziel wird ein Freiraum gesetzt, der die Vielgestaltigkeiten der gesellschaftlichen Möglichkeiten berücksichtigt. Neben der komplizierten Funktion werden dabei auch das Ziel und somit der geistige Hintergrund des Bewusstseins zum Erkenntnisobjekt. Was in der Evolution sonst in statistischen Theorien verschwindet, taucht plötzlich als Mysterium des Sinns im Bewusstseinshintergrund auf. Es lässt sich nicht mit Zufallstheorien erklären, muss aber von der logischen Analyse verachtet werden, weil es sich dieser nicht zugänglich zeigt. Dabei wäre die Zeit reif, die kybernetischen Prinzipien des Geistes zu durchschauen, zumal eine übergroße Fülle von Methoden offengelegt wird. Uns ist viel Wissen gegeben, welches wir außerhalb der funktionellen Logik wähnen und deshalb dem geistigen Bereich zuschlagen müssen. Der evolutionären Führung hat sich diese Information indes noch niemals verdächtig gemacht. Wenigstens aber hat sich die Religion ihrer erbarmt und damit eine Geisteswissenschaft geschaffen, welche aber heute selbst immer mehr dem Kalkül unterworfen wird. Auf den anderen Ebenen der Entwicklung, wie etwa der der Biogenese, könnte man von so viel Beziehungswissen nur träumen. Hier übersieht man die Randbedingungen geflissentlich, um die Geschehnisse für statistische Hypothesen reif zu machen.

Bei der Herausbildung des Geistes muss sich das konnektive Prinzip selbst potenzieren, indem der äußeren Welt ikonische Inhalte vorgesetzt werden. Diese sind allein über die Filterung und Verdichtung eines Beziehungswissens zu haben, welches nur über eine weite Beobachtung in Zeit und Raum zusammengetragen werden kann. Dazu ist konnektive Arbeit im Kopf notwendig. Ein metaphysisches Sprachsystem vorausgesetzt, läuft dieselbe von einem bestimmten Entwicklungszustand zunehmend selbstständig ab und sucht das göttliche Prinzip im Beziehungswissen des Informationsangebotes, um es in Harmonie zu vollenden. Der konnektive Automatismus ist auch die Grundlage des gesunden Menschenverstandes, wie auch gewisse religiöse Weisheiten von selbst gebildet und weiterentwickelt werden, sofern sie allgemeine Prinzipien harmonischer Ordnung enthalten. Die danach geschaffenen äußeren Werke sind konzentrierte Vorgaben der Geistesentwicklung und reichen von den gewaltigen Kathedralen bis zu den Kunstwerken im häuslichen Bereich. Es sind genau die Bilder und Strukturen, die über Funktion und Zweckmäßigkeit hinausgehen und das Potenzial zur harmonischen Ordnung und Vollkommenheit bezeugen. Die emotionale Kraft dazu kommt offensichtlich durch ganz unabsehbare Glücksmomente, die sich bei der Arbeit mit der Vollkommenheit einstellen, so wie es bei Friedrich Schiller heißt: „*Freude heißt die starke Feder in der ewigen Natur. Freude, Freude treibt die Räder in der großen Weltenuhr*". Der Geist ist ausgerichtet auf Vollkommenheit, ein Prinzip, welches offensichtlich in der Natur des Menschen durch Emotionen unterstützt und durch Glücks- und Freiheitsgefühle belohnt wird. Zunächst aber muss die Information erst einmal gefunden werden. Nur wenige entwickelte Geister können die weiten Bedingungen zur Vollendung in Harmonie erahnen. Weil man sich dabei auch der funktionalen Zeitmode enthalten muss, sind die wahren Künstler heute eher vom Aussterben bedroht und man tut gut daran, sich den alten Meistern zu verschreiben. Man muss bemerken, wie sich die moderne Kunst wichtig nimmt in der unendlichen Vielgestaltigkeit der Möglichkeiten, ohne den Sinn darin zu suchen. Zugunsten eines intellektuellen Ränkespiels verpasst sie dabei das eigentliche Glücksprinzip der Evolution. Sie nutzt den Reiz des Unwirklichen, der billigerweise gegen die Schönheitsideale der Evolution gesetzt werden kann. Man sieht darin leicht, dass das geistige Prinzip abhandengekommen ist, das die Schönheit in der harmonischen Vernetzung der gemeinen Ebenen findet. Diese Vervollkommnung bringt die Kausalität der Logik nicht zustande, sie braucht den linearen Zusammenhang von Oben und Unten, wie er sich im Ranking des „künstlerischen" Intellekts ausdrückt, welcher sich nur darin definiert, wie sehr er die Wirklichkeit verfremden kann, um sich über eine Schar von Verzückten erheben zu können. Die wirklich großen Künstler waren demutsvoll[136] bereit, die großen Ideen vergangener Meister weiterzuführen und das begonnene Schöne in Gemeinsamkeit liebevoll zu vollenden.

Darauf aus, wären uns die ursprünglichen Wichtungen und die ganze Reihe der historischen Vorgaben sichtbar, da sie von den Konstellationen und Strukturen der Körper gebildet werden. Allerdings dürfte deren evoluti-

[136] Demut ist ein typisch konnektives Prinzip des Geistes, welches nach Vollkommenheit ohne logische Rangfolge strebt. Es ist das Einfinden in die Freiheit des ganzen Sinns.

onäres Potenzial weitestgehend erschöpft sein, weil sich das evolutionäre Geschehen inzwischen in immer höhere Ebenen der Geistesentwicklung geschwungen hat. Nach der schöpferischen Phase haben aber auch die niederen Ebenen ihre Strukturen hinterlassen und sind uns noch allemal zugänglich. Für gewöhnlich wirken die zurückgelassenen Bilder als Bedingungen für die Funktion der Wirklichkeit und sind damit von mehr konservativer Bedeutung. Andererseits vermögen sie mitunter als Archive der Geistesentwicklung einen verlustig gegangenen Zustand wieder hervorzubringen, der anders nicht zu haben ist. Da sich jede Art von Macht gegen das Potenzial der Geistesentwicklung wehren muss, kann es uns nur folgerichtig erscheinen, dass in den letzten Kriegstagen noch die Städte, und besonders die Altstädte, zerstört werden mussten. Viele der in den Jahrhunderten strukturierten Bedingungen der Geistesentwicklung sind damit für immer verloren und mit anderen Mitteln nicht wieder herzustellen. Auf diese Art wurden die Wege in den geistigen Niedergang zementiert und Europa gewissermaßen für das Spiel der neuen modernen Machtprinzipien freigemacht, bei denen am Ende auch die Evolution ihres reichen Entwicklungspotenzials beraubt wird.

Uns sind die natürlichen Räume mit ihren Körperwelten im Allgemeinen zu alltäglich, als dass wir darin liegende Information in Form von Beziehungswissen vermuten könnten.[137] Dabei bildet unsere sichtbare Welt ein riesiges konnektives Netzwerk, dessen Intention wir nicht entfliehen können. Zum Glück wissen wir um diese Gefangenheit nicht, da die Vorgaben die Form von Beziehungswissen haben, das wir nicht verstehen und in dem Umfang nicht einmal erahnen können. Uns ist eine ganz andere Sichtweise vorgegeben, welche nur mit kleinen logischen Funktionen umgehen kann, aber genauso von höheren Beziehungen geführt werden muss. In der niederen Funktion trifft sich gewissermaßen die fokussierte Aufmerksamkeit unseres Bewusstseins mit der unteren Prozessebene der Natur. Diese funktioniert mit den konservativen Funktionen, wie dem Bausteinwissen und den dazu gehörenden Naturgesetzen.

Die Kräfte zwischen den physikalischen Körpern erzeugen eine strukturierte Welt, in die sich alle Informationsinhalte der ursprünglichen Bewegungsorganisation gleichsam hineinkristallisiert haben. Aber die Summe dieser Information ist es letztlich auch, die die Ordnung der Wirklichkeit erhält und in ihrem elitären Kern das weitere Geschehen der Entwicklung bestimmt. So gesehen fließt das der Symmetrie des Ursprungs unterlegte

---

[137] Dagegen werden uns im historischen Vergleich die evolutionären Prinzipien der Reduktion und Konzentration deutlich vor Augen geführt.

Muster als Information in die Anordnungen der physikalischen Körper und deren System von Wechselwirkungen. Es entsteht eine komplexe Matrix von Korrelationen, welche die gegebene Wirklichkeit in die zukünftige transformiert, sich bei dieser Gelegenheit aber selbst der symmetrischen Anteile entledigt, indem sie diese in die neuen Zustände überträgt. Die so geschaffenen Strukturen bilden mit den ihnen verbleibenden Wechselwirkungen die konservative Wirklichkeit, der evolutionäre Rest hält die Bedingungen der Weiterentwicklung. Dabei beteiligen sich die konservativen Systeme selbst an der Entwicklung, und zwar umso mehr, je besser sie der evolutionären Intention folgen können. Zu dem Ende bilden sie kybernetische Pyramiden, die den Übergang von den korrelativen Vorgaben bis zur prozessualen Beteiligung an der Entwicklung organisieren können.

Die symmetrische Organisation des Ursprungs, die noch als kohärente Ganzheit zu verstehen war, ist mit der Evolution in Teile zerfallen, welche den symmetrischen Gedanken gewissermaßen stückweise in Zeit und Raum bewahren können. Solange Information als evolutionäres Potenzial in den Beziehungen der Körper vorhanden ist, kann die Strukturbildung unterhalten und die Information dabei aufgebraucht werden. Das treibende Prinzip, das die Verteilung der Symmetrie in Raum und Zeit unterhält und dabei Kompartimente unterschiedlicher Größe schafft, ist uns in seinem Mechanismus nicht erkennbar. Es wäre in logisch fokussierter Formulierung denn auch nur eine Zwergenweisheit, zumindest im Vergleich mit den umfassenden Bildern des Geistes, welche Religion und Philosophie darin zu sehen vermögen. Der Unterschied zwischen Funktion und Sinn erreicht wohl in dieser Frage seine größte Kluft. Die Symmetrie verbindet nur das Lapidare und bringt den Rest immerfort in eine größere Nähe zum Sinn, der wiederum auch nur aus weiteren Symmetrien gebaut sein kann. Da unser Bewusstsein auf einer Sprosse in dieser Entwicklung stehen bleiben muss, können wir diese höhere Symmetrie des Geistes, die dann Harmonie heißt, nicht mehr hinterfragen. Von der niederen Funktion, für die wir allein die analytischen Wissenschaften, wie auch die Kybernetik, erfunden haben, kann sich der fortschreitende Geist weit entfernen. Wenn aus jener der funktionale Zweck als höchste Einsicht geschaffen werden kann, ist es in diesem der Sinn, der sich von der Funktion so weit zu entfernen vermag, dass er für uns göttliche Züge bekommt und eine ganz andere Erkenntnisform nötig macht. Es ist evident, dass das Arbiträre, das sich in den logischen Wissenschaften vollendet, auch in den höheren Ebenen des Beziehungswissens ein Pendant besitzt und sich mit der gleichen Beharrlichkeit weiterentwickelt. Es ist die Welt des Geistes, deren Einsichten sich als Sinn definieren und der analytischen Logik völlig verschlossen bleiben.

Der Weg des Informationswandels muss im Verlauf der Evolution auch von den Veränderungen der physikalischen Bedingungen begleitet werden. So müssen etwa auch die zu Beginn starken Wechselwirkungskräfte die fortschreitende Feinstrukturierung unterstützen. Diese Eigenschaft ist durch deren Natur geprägt, die durch Prozesse bestimmt ist, welche auf der untersten Ebene stattfinden, dort wo auch die physikalischen Grundgrößen auf kinematische Art organisiert werden. Einesteils bringt die Feinstruktur mit ihrer Präzision die gewaltige Energiedichte des Anfangs zustande, zum anderen kann sie die zum Ende hin immer feiner werdende Verteilung der Kräfte unterstützen. Die Feinstruktur der Wechselwirkungskräfte zeigt sich auch in den physikalischen Gesetzen. So genügt etwa die Superposition der Feldkräfte allen denkbaren Konstellationen. Eine solche mathematische Präzision kann nicht mit Feldquanten organisiert werden, geschweige denn durch statistische Prozesse. Vielmehr müssen Genauigkeit und Präzision auf der untersten Ebene, einer Äthermatrix, definiert werden. Die leere Matrix des Raumes müssen wir dann zur höchsten Symmetrie erklären. Wäre der Äther ein physikalischer Körper, müsste man seiner Struktur auch die höchste Bindungsenergie zubilligen, die dann durch keinen Inhalt des Raumes gebrochen werden kann. Dass die Organisation mit Lichtgeschwindigkeit geführt wird, ergibt sich schon aus den Bewegungsphänomenen der ponderablen Körper, die als „Eintragung“ in die kinematische Gitterstruktur auch deren Eigenschaften abbilden müssen.

Als Symmetriebrechungen in der Matrix hinterlassen die wägbaren Teilchen genauso wie die Ladungen ihre Schatten in der mit Lichtgeschwindigkeit gebauten Matrix des Raumes. Dass das die anderen Inhalte beeinflusst, ist leicht einzusehen, genauso wie die Reaktion darauf so geführt werden muss, dass die Symmetrie möglichst wiederhergestellt wird. Was wir davon auf der makroskopischen Ebene bemerken, sind die Gravitation und die elektromagnetischen Wechselwirkungskräfte. So wie diese selbstorganisiert einem einfachen Symmetriegesetz gehorchen, sind sie andererseits an den Informationsmustern im weiteren Sinne beteiligt. Da sich diese nicht aus einer perfekten Kristallstruktur entwickeln lassen, muss die Information als gewaltige Summe winziger Unsymmetrien bereits dem Anfang unterlegt sein. Das erklärt auch den ins Unendliche gehenden Aufwand an „symmetrischem Verpackungsmaterial“,[138] welches für das Verstecken der Ungenau-

[138] Es ist der riesenhafte Kosmos leerer Hülsen, die aber auch wie in einem Museum die verlassenen Etappen der Evolution dokumentieren und das darin verbleibende Wissen. Die Aktionen in den abgetrennten Bereichen können nur mit dem verbleibenden Restwissen geführt werden und demzufolge keine Evolution hervorbringen, was auch die Möglichkeiten außerirdischen Lebens ad absurdum führt.

igkeiten in der vollkommenen Symmetrie notwendig ist. Die Symmetriebrechungen des Anfangs wirken als Randbedingen für die folgerichtige Entwicklung des Universums, bei der nur der aus der Evolution entlassene Rest dem Selbstlauf überlassen bleibt. Die Information kann nicht in logischen Registraturen abgespeichert werden, dafür gibt es keinerlei Einrichtungen. Das Wissen kann nur in Korrelationen zwischen den Körpern und Funktionseinheiten bewahrt bleiben, bzw. in diese hineinentwickelt werden.

Das Prinzip wird auch auf höherer Stufe wiederholt, indem die einfachen Gesetze, in denen sich die niederen Strukturen selbstorganisieren, sich wieder der Informationsmuster höherer Verallgemeinerung bedienen. Nur das korrelative Wissen wandelt sich dabei und kann nur wirksam werden, wenn es die passenden Funktionalstrukturen findet. Wenn das korrelative Wissen zunächst noch eine gewisse Geschlossenheit besitzt, kann es primitiven logischen Konstellationen voranstehen. Zum Ende werden die geschaffenen Systeme komplexer und die Vorgaben verringert, das heißt auf ein allgemeines Niveau gehoben. Die Entwicklung der Intelligenz ist dieser Sicht ein Wechselspiel mit der geistigen Vervollkommnung. Sie beginnt in einer kompakten Form, deren Vollkommenheit von einer gewissen primitiven Symmetrie getragen wird. Dazu gehört die einfache Intelligenz. Auch wenn keine differenzierte Logik damit vollbracht werden kann, bleiben die Leistungen im Zielsystem evolutionärer Nachhaltigkeit. Der Grund ist die einfache Vollkommenheit der geistigen Vorgaben. Zur wachsenden Intelligenz gehören die Entwicklung des Geistes und die Verallgemeinerung des Zusammenspiels. Die Voraussetzungen dazu können nur durch immer subtilere Balance weiterer Beziehungen geschaffen werden.

Das Streben nach ebener Ganzheit wird auch bei den höheren Führungsprinzipien immer durch eine gewisse Unsymmetrie unterhalten, welche die Musterbildung für die weitere Entwicklung steuert. Die Intention zum Ganzen, welches auch die Zeitlosigkeit einschließt, bleibt dabei immer in der letzten Führung bewahrt. Das erhellt den fast schon geheimnisvollen Grund der Nachhaltigkeit, indem die Entwicklung zwar die gerichteten Bedingungen ausgrenzt, eine neue Etappe aber immer nur auf dieselben aufsetzen kann und damit der gleichen Intention folgen muss. Die Evolution wird damit durch ein aufbauendes Prinzip geführt, welches die Bedingungen der Zukunft als einzig mögliche Nachfolge des Vorhandenen impliziert.

Das Streben nach Symmetrie wird den Strukturen auf allen Ebenen eingebrannt und so eine ausgewogene Natur als Ganzes geschaffen. In der physikalischen Evolution des Beginns ist das besonders deutlich. Es werden Strukturelemente ausgelagert, damit das Gesamtsystem symmetrischer werden soll. Weil die Konvergenz nicht erreicht wird, ist der Vorgang nicht wieder aufzuhalten. Der Erfolg dieser Symmetriesuche ist es lediglich, dass immer größere Konglomerate geschaffen werden. Und auch diese können nur die Strategie fortsetzen, aus der sie geboren wurden. Sie müssen das Prinzip der funktionellen Symmetrie unter dem Gesichtspunkt der Informationsinhalte weiter tragen. Die Frage stellt sich, ob der eigentliche Sinn der Evolution die symmetrischen Vorleistungen nötig hat, oder ob er nicht gar selbst eine Fortführung des Prinzips auf hohem Niveau darstellt. Wie dem auch sei und wie auch die philosophische Interpretation ausfallen mag, der Weg zur Darstellung des Sinns ist konsequent und lässt sich schon in den einzelnen Vorstufen erahnen.

So sieht man zum Beispiel das präbiotische System der leblosen Welt, das die Bedingungen so weit differenziert, dass sie für die Entwicklung des Lebens von Bedeutung sind. In der Kosmo- und Geogenese werden gewissermaßen die ersten Retorten geschaffen, welche im Großen das vorgeben, was auf zellulärer Ebene für die Synthese der ersten katalysierenden Substanzen von Bedeutung ist. Die äußeren Bedingungen sind so wechselhaft, dass sie im Kleinen die Manipulationen eines Alchemisten abgeben könnten, der mit den einfachen Substanzen das Lebensmaterial zusammenbraut. Uns scheint das vermeintlich beliebige und wenig gesetzmäßige Bild, welches uns die Natur bietet, eher vom Zufall geschaffen zu sein. Dabei gehören gerade das fehlende Gesetz, die Verschiedenartigkeit und Irreversibilität zu den besonderen Eigenschaften evolutionärer Systeme. Es ist genau die Abfolge von Randbedingungen, welche das evolutionäre Prinzip durchzuführen vermag, in deren Kern genau die Beziehungen dazu definiert werden. Indem auch unsere Reflexion dazu geschaffen wird, ist es möglich, dass wir von einer bestimmten Stufe ab die Bilder der Evolution als schön empfinden, weil sie sich als Vorlage in der Struktur des Bewusstseinshintergrundes wiederfinden. In der Welt des Geistes spricht man von der Idee der Natur, welche sich aus ihrer ikonischen Bilderwelt zwar nicht logisch, aber wenigstens in Ansätzen mit dem korrelativ sensiblen Gefühl erschließen lässt. Im kybernetischen Hintergrund des Bewusstseins muss das Bild einer vorteilhaften Strategie im Sinne des Ganzen befreiend wirken, weil es auf den leichtgängigen evolutionären Weg zurückführt.[139] Wir empfinden das als schön. Freude und Glück kommen aber erst dann auf, wenn die Strategie auch wirklich verfolgt wird. Ohne Reue bleiben jedenfalls alle Handlungen, wenn sie viel vom Wesen des Ganzen erfasst haben, sich ge-

---

[139] Das Lösen von Schwierigkeiten setzt auch in der Informationsverarbeitung Energie frei, wodurch das Bewusstsein erweitert und ein Glücksgefühl erzeugt werden kann.

wissermaßen auf dem Weg befinden, für den die Bedingungen der Evolution bereitstehen.

Die lange Entwicklung zu den Formen des Geistes beginnt mit den ersten kybernetischen Strategien. Im Gegensatz zu den kinematischen Vorgängen in den kohärenten Systemen des Beginns sind diese auf einen kleinen Reaktionsraum begrenzt, was auch den Konzentrierungsprozess zu einer Vorstufe kybernetischer Entwicklung macht. Schon die ersten Katalysatoren sind in einem begrenzten Reaktionsraum am effektivsten, in dem sich genau die Reaktionsbedingungen einfinden. Mit den Katalysatoren wird eine Entwicklung begonnen, bei der die Strukturinformation in das evolutionäre Geschehen eingreift. Die Bewegungsinformation des Anfangs ist in die Elemente und Konstellationen verbraucht, sie hätte ohnehin nicht die differenzierte Form, um in die komplexen Strukturbildungen einzuwirken. Das evolutionäre Prinzip kann an dieser Stelle nur weitergetragen werden, wenn sich die konservativen Systeme selbst mit eigenen Mitteln daran beteiligen. Zu dem Ende muss die Struktur kybernetische Eigenschaften entwickeln, indem sie fremde Prozesse beeinflussen, oder selber welche generieren kann. Das Ziel ist allerdings nicht frei, sondern im Sinne symmetrischen Funktionsgewinns fest vorgegeben, wobei sich die Strenge langsam vergibt, das heißt das physikalische Bindungsstreben in ein kybernetisches gewandelt wird. Die Evolution ist so ein Gesamtprozess, der auch die Randbedingungen enthält.

Bei der Entwicklung der evolutionär aktiven kybernetischen Strukturen sind zwei Gesichtspunkte bemerkenswert. Zum Ersten muss die Information, die für die Strukturbildung notwendig ist, aus einem größer werdenden Bereich in Raum und Zeit bezogen werden. Das heißt, das System muss weite Beziehungen im Raum erfassen und ein Gedächtnis entwickeln, um auch entsprechende Muster im Zeitbereich zu sammeln. Dazu muss es zeitliche in räumliche Strukturen wandeln können und umgekehrt. Diese Besonderheit ist für die Ausbildung von Funktionseinheiten erforderlich, die den symmetrischen Gedanken in die Zeit bringen. Die Funktionseinheiten der konservativen Welt sind in sich geschachtelte reversible Mechanismen, welche einen ausgedehnten Rahmen ausfüllen, und damit auch mehr oder weniger weit in die Zukunft reichende Bedingungen erfüllen können. Jede Funktion der Wirklichkeit ist letzten Endes diesem Ordnungsprinzip unterworfen. Die Frage ist nur, auf welchem Niveau sich diese Vorschrift entwickelt, das heißt, mit welchem Radius sie daherkommt. Es ist evident, dass kleine Funktionseinheiten, wie etwa die Ordnungssysteme der Moleküle, ihr Wissen aus dem Nahbereich bezogen haben (physikalische Evolution), was auch schon durch die große Verbreitung gegeben sein muss. So wie die

Wiederholbarkeit der Funktionen abnimmt, kann auch die Information nur aus einem immer größeren Bereich kommen (kybernetische Evolution).

Der zweite Gesichtspunkt ist die Selbstorganisation, welche die Funktionen möglichst lange erhalten muss.[140] Die Bildungsprozesse der für die höheren komplexen Mechanismen erforderlichen Strukturen können nur eine Nachahmung der Evolution im Kleinen sein. Als irreversible Strukturbildung können sie nur dadurch geschehen, dass auf ein erkaltendes System

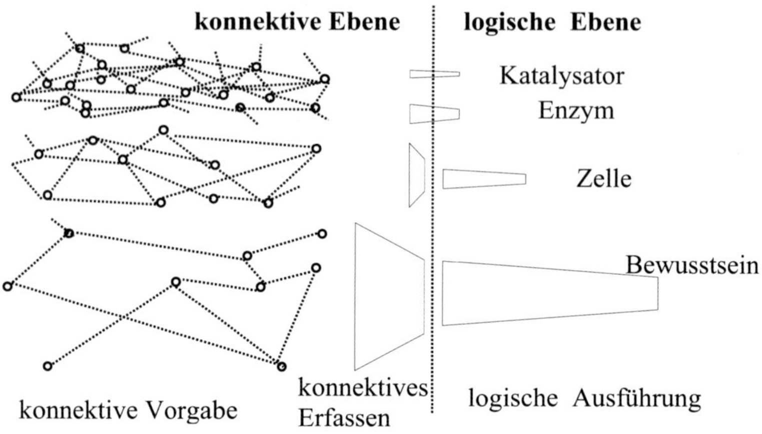


Abbildung 20*: Die Entwicklung kybernetischer Systeme*

Einfluss genommen wird, und zwar je nach Umfang und Ort mit unterschiedlichen Gradienten der Energiedissipation. Die Systeme müssen dazu einen beständigen Energiefluss aufrechterhalten, der selbst kybernetisch organisiert, die Voraussetzungen für die kybernetische Einflussnahme auf Prozesse gewährleisten kann. Andererseits kann dieser Vorgang nur durch ein hochentwickeltes Steuerungssystem aufrechterhalten und vervollkommnet werden. In *Abbildung 20* ist in einem einfachen Schema dargestellt, wie die Entwicklung von der Katalyse bis zur höchsten Form, dem menschlichen Bewusstsein, diesen Forderungen schrittweise immer mehr entsprochen wird. Die im konnektiven System der Evolution verbleibenden Beziehungen werden weniger und allgemeiner, wobei zu berücksichtigen ist, dass

[140] Die erzeugten Strukturen müssen eine gewisse Beständigkeit zeigen, was chemisch und physikalisch realisiert wird, bei Funktionen kann das nur durch Selbstorganisation geschehen.

die Objekte, welche diese Beziehungen unterhalten, dabei selbst vollkommener werden. Es sind die fertigen, konservativen Systeme, welche sich ihrerseits an dieses Wechselspiel anpassen, indem sie sich selbst mehr an der Strukturbildung beteiligen und dazu auch das entsprechende Sensorium bilden, welches an die Vorgaben anzudocken vermag, dabei aber die sich verändernde Informationsart berücksichtigt. Die maximale Anpassung an die Vorgaben der Evolution wäre dann erreicht, wenn das konservative System selbst ein konnektives Prinzip an die Spitze stellte, das genauso konstituiert wäre, wie das natürliche Vorbild. Dann könnten die Vorgaben am besten erkannt und möglicherweise sogar korrigiert und ergänzt werden. Am Ende könnten sie mit sehr wenigen Vorgaben auskommen. Die Entwicklung zeigt uns genau diesen Weg.

Die ersten Strukturen, welche selbst in die Prozesse der Evolution eingreifen und diese zu steuern vermögen, sind die Katalysatoren. In ihrer Entwicklung werden sie zunehmend spezialisiert und effektiv, sodass sie vergleichbare Prozesse mit viel weniger Aufwand an Energie und Organisation führen können. Die schon fast geheimnisvolle Verwandlung, welche evolutionäre Strategie in katalytischer Struktur wiedererscheinen lässt, kann nur durch Randbedingungen erfolgen, welche korrelativer Natur sind, und zwar von der einfachsten Form. Es ist das Zu-Gleichsein und das bildhafte Zusammenstehen von Substanzen, welche in ihrem Zusammenwirken die Aufgabe erfüllen. Auch das Ausbilden der notwendigen Substanzen selbst kann nur nach dem nämlichen Prinzip erfolgen. Man mag den Vorgang nennen wie man will, das Ergebnis stellt sich nur ein, wenn die kinematische Organisation des Anfangs in ihrer Symmetriebrechung die entsprechenden Informationsinhalte bereitstellt. Das scheint zunächst trivial, weil es nichts anderes aussagt, als dass ein folgerichtiger Zusammenhang zwischen den Voraussetzungen der Entwicklung und ihrem Verlauf besteht.[141] Eine nicht ganz durchsichtige Rolle spielen dabei die niederen, bereits verlassenen Systeme. In geordneter Form bilden sie zwar die Randbedingungen der weiteren Geschehnisse; als von der Entwicklungslinie verlassen, können sie aber auch als Störgrößen in Erscheinung treten. Die geschaffenen Strukturen und Funktionen können deshalb nur dann als neu gelten, wenn sie gegen die alten robust sind. Das geschieht im Allgemeinen dadurch, dass mehr Information im Einsatz ist und die vorherigen Systeme dagegen

[141] Zu den Voraussetzungen gehört auch ein Entwicklungspotential, das nur in einem schmaler werdenden Pfad gegeben sein kann, weshalb der Rest einem Reglement niederer Zwecke überlassen bleibt und der Lauf der Welt in seiner ganzen Breite nicht vorbestimmt ist. Auch wenn das mit zunehmender Tendenz geschieht, muss uns die Welt in ihrem geistigen Fokus nicht weniger gut für den „paradiesischen“ Zustand eingerichtet erscheinen.

schwerfällig und plump wirken.[142] Das geht mit dem Grundgedanken der Kybernetik einher, nachdem die Evolution Prozesse mit immer niedrigem Einsatz an Substanz und Energie schafft, so wie diese zum Ende hin immer weniger zur Verfügung stehen. Die feinere Symmetriebrechung, die uns als Information erscheint, schafft den Ausgleich. In der gleichen Weise kann auch die Führung der evolutionären Aufgaben allgemeiner werden. In dieser Entwicklung wird es dann anderseits notwendig, dass auch auf der Empfängerseite, gewissermaßen auf der ausführenden Seite der Werkzeuge, die allgemeinen Ziele verstanden werden.

Wird die Ebene der Zielübergabe verschoben, muss sich auch das Zusammenspiel den veränderten Bedingungen anpassen. Zu den Vorgaben der äußeren Bedingungen kommen die inneren Beziehungen, die das „fertige" System in einen konnektiv geführten Ordnungszustand halten müssen. Beide Aufgaben, die konnektiven Vorgaben für weitere Entwicklung, und die Existenzbedingungen der bestehenden Organisation, dürften aufgrund ihrer Verstrickung der Analyse kaum zugängig sein. Im Falle der menschlichen Kommunikation ist anzunehmen, dass die Konnektoren der eigenen Organisation aufgrund ihres hohen Informationsniveaus und ihrer Allgemeinheit keinen bedeutenden Nachrichtentransfer nötig haben. Es sind vielmehr Verbindungen von hohem Abstraktionsgrad, welche nur ganz unbewusst bedient werden können. Ähnliches gilt in der Sprache, die Information entzieht sich der Aufmerksamkeit, weil sie sich nicht in prägnante Ausdrücke zusammenziehen lässt. Dabei ist der Umgang mit ihr von entscheidender Bedeutung für die Zukunftsträchtigkeit der Ordnungssysteme.

Während die Korrelationen in der Evolution der niederen Systeme durch den Informationsaustausch in alle Richtungen gekennzeichnet sind, verschiebt sich auch diese Eigenschaft während der Entwicklung. Die geschaffenen konservativen Systeme werden in dem Maße zum bloßen Informationsempfänger, wie sie selbstständig werden. So nimmt der Mensch zwar konnektive Information aus der Natur auf, kann aber selbst keine Führungsinformation in die natürliche Umwelt abgeben. In diese Richtung kann die Einflussnahme nur auf der niederen logischen Ebene, oder gar nur auf der Prozessebene erfolgen. Dafür entwickelt sich die Korrelation auf der höchsten konnektiven Ebene zwischen den Menschen. Das Zusammenlaufen verschiedener einzelner Systeme in ein vollkommeneres System gehört zu den besonderen Eigenschaften konnektiver Systeme. Als Leitstrukturen einzelner autonomer Systeme können sie zwar nicht physisch zusammenwachsen, die Wirkung nach außen kann aber durchaus mit der Schaffung

[142] In ihre Richtung können sie nur mit Macht agieren, die sich dadurch auch definiert.

eines komplexeren Systems begriffen werden. Es entsteht in erster Näherung ein Bild, das konnektive Systeme in ein Ganzes verschmelzen lässt, das von höherer Harmonie geprägt wird, welche sich dann auch in der vom System gesteuerten Welt auswirkt. Es sind geheimnisvoll anmutende Fäden, welche die Einzelsysteme miteinander verbinden. Die Konnektoren sind aber nicht mehr von materieller oder physikalischer Art, sondern werden, dem höchsten evolutionären Niveau entsprechend, nur noch von Information selbst gebildet, auch hier von der am höchsten entwickelten Art. Was als Zusammenhalt in den Gemeinschaften der niederen Lebewesen auf ätiologische oder logische Art noch direkt gesteuert wird, das heißt auf der verfügbaren höchsten Führungsebene, wird beim Menschen konnektiv organisiert. Die ersten Ansätze finden sich allerdings auch schon bei den Säugetieren und den Vögeln.

Der Grund des gemeinsamen Effektes zwischen den konnektiven Systemen liegt in dem ausgeprägten Abbildungsvermögen äußeren Beziehungswissens. So kann aus der Handlungs- und Daseinsweise eines anderen Menschen die diesem Verhalten zugrunde liegende Führungsstrategie im eigenen Netzwerk abgebildet und entsprechend gewichtet werden, den ähnlichen Aufbau natürlich vorausgesetzt, wie er etwa im gleichen kulturellen Erziehungsumfeld gegeben ist. Diese Abbildung wird in gewisser Weise auch wechselseitig erfolgen, wenn die Bedingungen dazu gesetzt sind. Die Folge ist eine „unterirdische" Erweiterung beider Führungssysteme, welche, durch die gesamte kybernetische Pyramide gereicht, zu sich ergänzenden Handlungen führen kann. Die Handlungen passen dann nicht durch logische Planmäßigkeit zusammen, sondern eher durch systemisches Ergänzen von Bedingungen, welche der Aufmerksamkeit, wenn überhaupt, dann nur im Nachhinein einleuchten. Die Ergebnisse zeichnen sich durch eine größere Nachhaltigkeit aus, weil sie von einer vollkommeneren Führung aus angestoßen wurden. So marginal der Effekt in der Praxis auch aussehen mag, kann in Summe ein spürbares Ergebnis erzeugt werden. Der gemeinsame Erfolg wird in beiden konnektiven Systemen dann dahin gehend belohnt, dass die Strukturierung des Partnerwissens begünstigt wird, was seinerseits auch die Beachtung des Partners fordert, weil es in seiner Nähe vergrößert wird. Es entsteht so etwas wie ein magnetisches Beziehungsfeld.

Wenn günstiges Beziehungswissen von anderen „abgespiegelt" werden kann, wird das eigene System aufgewertet und führt die Strategien des anderen unbewusst mit sich. Dabei kann es sich nicht um schon vorhandene Strukturen handeln. Völlig identische Partner können sich auf diese Art nicht vervollkommnen. Vielmehr geht es um Strategiebilder, welche die vorhandenen harmonisch erweitern. Indem der Mensch dadurch in gewisser

Weise auch das Willens-Ich des anderen mit sich führt, ist er auf der höchsten geistigen Ebene mit dem anderen verbunden. Es ist eine Gemeinschaft geschaffen, welche nicht bewusst wahrgenommen wird, demzufolge auch durch logisches Denken nicht gefördert, aber auch nicht gestört werden kann. Es können viele Menschen einbezogen werden und eine ganze Gemeinschaft bilden. Das geht umso leichter, je besser die Grundstrukturen übereinstimmen, welche allerdings bereits in der Kindheit angelegt werden. Das drückt sich auch in den Erfahrungen des gesunden Menschenverstandes aus, in dem zum Beispiel die Heimat, Religion, Tradition etc. als Voraussetzung gesellschaftlicher Harmonie wahrgenommen wird.

Die Vervollkommnung des strategischen neuronalen Hintergrundes ist im Sinne der Evolution eine fortschrittliche Aktion, welche zielführend ist und entsprechend „belohnt" werden muss. Die Bereicherung des inneren Willens in evolutionärer Richtung kann anderseits auch nur auf der höchsten Ebene evaluiert und honoriert werden. Es ist das gefühlte Glück, welches sich als Vereinfachung und Verbesserung des konnektiven Zielbildes in kybernetischer Sicht definiert, und als Befreiung auf der Bewusstseinsebene. Der Blick in die Welt fällt von dem erreichten höheren Niveau günstiger aus, weil von hier aus die Aufgaben leichter gelöst werden können und manche Schwierigkeit von selbst verschwindet. Der Blickwinkel, das heißt die Bewusstseinsebene, weitet sich, weil die fokussierte Anstrengung zurückgesetzt und ihre Energie verteilt werden kann. Gleich, mit welchem Mittel die Vervollkommnung bewirkt wird, wird sie mit dem Glücksgefühl belohnt, welches darum auch immer wieder angestrebt wird, aber auch bestimmtes Verhalten und bestimmte äußere Umstände voraussetzt, die oft nur mit größer Mühe erreichbar sind.

## 3.4 Entwicklung als Differenzierung

Die erste Stufe auf dem Weg zur kybernetischen Autonomie ist in der Organisation der biologischen Zelle erklommen, wobei sich auch hier nur das Prinzip der kybernetischen Pyramide wiederholen kann. Die höchste Führungsebene ist dabei in der Metastrukturierung des Zellkerns zu suchen. Der DNS-Faden, der die logische Information über den Bau der Zellbestandteile besitzt, ist in komplexer Weise über Wasserstoffbrücken vernetzt, sodass das Bild eines konnektiven Systems entsteht, in welchen die logischen Inhalte gehalten werden. Die Führungsaufgabe könnte etwa gelöst werden, wenn das Knäuel Nachrichten aus der Zelle erhält. Dazu gehören zunächst die biochemischen Informationen der Transkriptionsfaktoren. Da diese aber mehr eine Rückkopplungsfunktion ausführen, ist aus kybernetischer Sicht noch eine Ebene darüber erforderlich, welche etwa über den Doppelstrang laufende Photonen[143] realisiert sein könnte, die bestimmte Kerngebiete aktiviert und entfaltet, um von dort aus die allgemeinen Forderungen des Lebens zu bedienen. Die Photonen entstehen in den biochemischen Reaktionen der Zelle und bilden das Transkriptionsgeschehen der Zelle in gewisser Kohärenz auf die konnektive Metastruktur des Kerns ab. In diese Kohärenz muss allerdings auch die Balance des ganzen Organismus integriert werden, was wiederum nur durch Beziehungswissen geschehen kann. In der Logik des Genoms sind zwar alle Bausteine aufgeführt, im korrelativen Zusammenspiel eröffnen sich aber noch genügend Freiräume, welche gesonderter Rahmenbedingungen bedürfen. Dafür stellt die Metastruktur des Kernes ein enormes Informationspotenzial bereit, welches insbesondere ganz auf evolutionäre Art auch aus den Lagebeziehungen der logischen Inhalte bestehen kann. Hier ist auch der Spielraum für ererbte Anpassungen zu suchen, welcher im logischen Bauplan der Gene nicht zu finden ist.

Das Informationsgeschehen in der Zelle ist in kybernetischer Sicht eine primitive Vorstufe des Bewusstseinsprinzips, da zwei Informationsebenen zusammenspielen. Es ist die Arbeit mit den sinngebenden Rahmenbedingungen, welche gewissermaßen das höhere Ziel vertreten, und es ist die Arbeit am aktuellen Prozess, der die Forderungen der Wirklichkeit in Echtzeit zu bedienen hat. Nur wird zur Informationsübertragung in die erste Ebene nicht das Streulicht diskreter Quellen genutzt, sondern vielmehr die primären Photonen aus den chemischen Zellprozessen selbst. Auf deren Präsenz ist das konnektive System des Protoplasmaknäuls abgestimmt. In gewisser Weise ist dieses Führungssystem mit einem Quantenzustand verschränkter Photonen zu vergleichen, der an bestimmten Stellen zu lokalen Prozessen befähigt wird, das heißt die DNS-Information für die Anforderungen des Transkriptionsnetzwerkes freilegt. Diese höchste kybernetische Ebene handhabt die nachfolgende Ebene, was damit beginnt, dass sie eine tiefere Struktur auswählt und für die aktuelle logische Kommunikation in der Zelle freigibt. Das bislang noch nicht kybernetisch verstandene Auftreten von Photonen in der Zelle wurde von seinem Entdecker Alexander Gurwitsch als mitogenetische Strahlung bezeichnet, da sie besonders bei der Zellteilung auftrat und dann auch außerhalb der Zelle nachgewiesen werden konnte. Heute bezeichnet man das Phänomen als ultraschwache Zellstrahlung, wobei es nicht selten eine gewisse esoterische Interpretation erfährt. Eine metaphysische Bedeutung ist diesem Prinzip allerdings nicht abzu-

143 Das ist einer der möglicherweise vielen Zwecke des Doppelstranges, dass er Photonen wie in einem Kanal zu leiten vermag. Die Photonen entstehen im biochemischen Reaktionsgeschehen der Zelle und laden gewissermaßen die Konnektoren, die in der konnektiven Kernebene gegeben sind. Es entsteht ein primitives ikonisches Abbild des Zellgeschehens.

sprechen, immerhin wird hierbei das Leben auf kybernetische Art definiert: Leben ist die Ausführung einer kybernetischen Pyramide, welche die Evolution durch das Zusammenspiel von konnektivem Ziel und logischer Ausführung bedient. Diese funktionelle Definition sagt natürlich nichts über den Sinn des Lebens, welcher analytisch ohnehin unerreichbar bleibt, dafür aber den Geisteswissenschaften näher steht, welche sich mit den strukturellen Feinheiten nicht zu beschäftigen brauchen. Das auf diese Art definierte Leben der Zelle wäre eine Nachbildung der natürlichen Evolution aus der Restkohärenz, nur dass die konnektive Überstruktur des Zellkerns fest wäre,[144] und nicht mit den Zellprozessen abgebaut würde. Der Führung folgen die ätiologischen Systeme, welche im Zellgeschehen noch deutlich ihre konnektive Abkunft zeigen. Sie bilden ein komplexes Netzwerk, in dem die Informationen in Proteine transkribiert werden und durch ihre prozessualen Querverbindungen eine dynamische Wichtung erhalten. Sie suchen einen ausbalancierten Zustand zu erreichen, welcher mit den Vorgaben aus dem Zellkern übereinstimmt. Dabei werden die Bedingungen nicht nur innerhalb der Zelle berücksichtigt, sondern auch die Beziehungen zum gesamten Organismus. Aus dem Zustand des Transkriptionsnetzwerkes wird schließlich die nachfolgende Logik angestoßen, welche sich in der Codierung der Bausteine recht deutlich zeigt. Am Ende stehen die Gleichgewichtszustände der einzelnen chemischen Prozesse, die der Arbeit mit transienter Information entsprechen.

Die Hohe Schule der kybernetischen Kunst ist im menschlichen Bewusstsein erreicht. Mit dessen Auftreten sind alle niederen Entfaltungspotenziale verbraucht, die Evolution findet nur noch in der geistigen Sphäre des Menschen statt. Die Entstehung neuer Pflanzen- und Tierarten ist nicht mehr möglich. Der menschliche Geist steht für das Vermögen, die Evolution selbst weiterführen zu können und sich das Paradies zu suchen, das in den Möglichkeiten der Vorgaben versteckt ist. Dazu gehört es in erster Linie die geistigen Fähigkeiten zu entwickeln, welche über die unendlichen Verführungen des funktionalen Stückwerks zu stehen kommen.

Die konnektiven Mechanismen sind Führungssysteme, welche nur sinnvoll sind, wenn sie in der Evolution wirksam werden können, das heißt ihr Information auch in das Geschehen einzubringen vermögen. Der zum Prozess führende Übergang macht eine Hierarchie von Prinzipien aus, welche sich in der kybernetischen Pyramide darstellen lassen. In der ersten Stufe,

[144] Dessen Entwicklung läuft im phylogenetischen Zeitraster, wobei die Art der Rückkopplung der Fortschritte in den Kern korrelativer Natur sein dürfte, deshalb auch noch unbekannt ist.

der biologischen Zelle, ist das Substrat der Führung die morphologische Information des Protoplasmas und seiner Überstruktur (*Abbildung 21*).

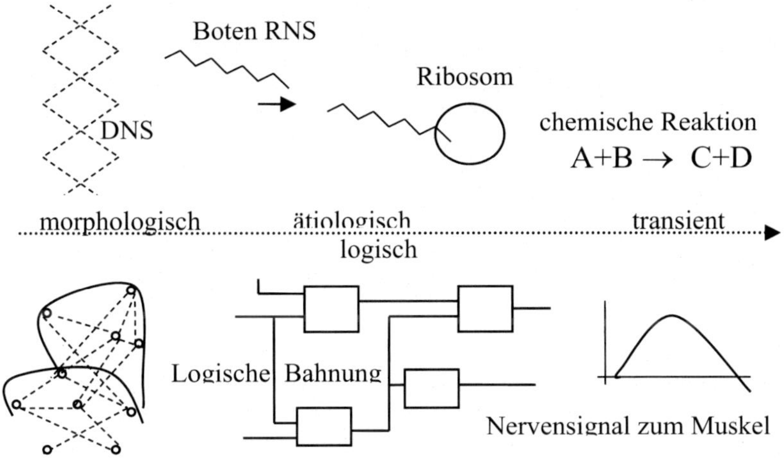


*Abbildung 21: Der Informationsfluss in Zelle und Bewusstsein*

Abgespeichert ist das Bausteinwissen in einer logisch strukturierten Bibliothek. Daraus wird ein Datenfluss koordiniert, welcher aus größeren Molekülen besteht und in Form ätiologischer Information über ein logisches Netzwerk von Gleichgewichtszuständen zu den anderen Zellorganellen transportiert wird. Dort geschieht der eigentliche Prozess, bei dem die neuen Eiweißkörper gebildet werden. In diesem Prozess müssen die chemischen Substanzen räumlich und zeitlich exakt positioniert werden, was der Wirkung transienter Information entspricht. Die Kommunikation mit dem Zellkern geschieht in zweifacher Art. Zunächst ist die Rückführung, die der Prozessüberwachung dient, eine logische. Das Ziel, nämlich die ganzheitliche Struktur der Zelle und ihrer Lebendigkeit, ist konnektive Information, welche in einem Transkriptionsnetzwerk austariert wird und über Photonen mit der Metastruktur des Kerns kohäriert.

Im Zentralnervensystem des höheren Lebens ist das Führungssubstrat in der Morphologie der neuronalen Vernetzung zu suchen. Hier wird die Beziehungswelt der Wirklichkeit abgebildet, und täglich, das heißt in den Phasen des paradoxen Schlafes, um die Differenz zu dem aktuellen Bild korrigiert. Das Netzwerk erzeugt einen inneren Ordnungszustand, der mit dem äußeren verglichen ein Führungsmuster als Willensbild generiert.[145] In dessen Rahmen läuft schließlich der Inferenzprozess, welcher durch logische Strukturen gebildet, auch in logischer Form mit der Umwelt kommuniziert. Es ist gewissermaßen die Verstandesarbeit, welche das Willensbild in die Logik der Prozesse übersetzt. In den nachfolgenden Regelkreisen werden irgendwelche Muskelzellen angesteuert, wobei in den Ansteuersignalen wieder genau die Eigenschaften des transienten Signals ersichtlich sind.

Im Blick auf die Selbstorganisation der Wirklichkeit müssen wir die konnektiven Prinzipien also weiter interpretieren und nicht als lineare Informationsquellen ansehen, wie wir das in einer konventionellen Steuerungshierarchie tun würden. Die Betrachtungsweise ergibt sich schon aus der evolutionären Vorgeschichte. Da die konnektiven Strukturen schon bei der Bildung der konservativen Systeme als Randbedingungen wirken, setzen sie diese in eine Beziehungswelt, in der sie sich selbst ihre weitere Existenz definieren. Während die konservativen Systeme in ihrer Funktion reversibel bedient werden können, ist das Verschachteln der Systeme selbst ein irreversibles Geschehen, das aber nur sinnvoll ist, wenn es eine evolutionäre Strategie unterstützt, das heißt eine Vervollkommnung bewirkt.

Um den konnektiven Rahmen auszufüllen, sind konservative Systeme mit entsprechender Differenzierung notwendig. Bei einem Fortgang der Evolution werden die alten Bedingungen aufgehoben, die zurückbleibenden allgemeiner und der entsprechende Rahmen weitläufiger, das heißt, er schließt mehr Funktionen ein. Auf der konservativen Ebene kann dieser Vorgabe nur gefolgt werden, wenn sich die zusammengefassten Systeme gegenseitig die Randbedingungen liefern und eventuelle Leerstellen durch neue Strukturen gefüllt werden, welche mit genau den Vorgaben gebildet werden können. Das passgenaue Zusammenspiel ist am Ende das Konvergenzkriterium. Es ist Prinzip, dass im Verlauf der Evolution die Stabilität der Systeme immer mehr durch Organisation ersetzt wird. Jedenfalls wird das kybernetische Niveau angehoben und die Effektivität des Systems gesteigert. Man sieht in dieser Differenzierung eine gewisse Optimierung, welche offensichtlich durch eine selbige auf konnektivem Niveau vorgelebt wurde. Es ist anzunehmen, dass eine weite Symmetrie auf der höchsten Ebene die entsprechend subtileren auf den niederen Niveaus nach sich zieht. Am Ende dürfte sogar die Prozessebene mit Energieeinsparung punkten.

Die Entwicklung der kybernetischen Systeme durch Differenzierung wird durch konnektive Information gesteuert, zumindest solange ein entspre-

---

[145] Die evolutionären Forderungen im Willensbild werden im Allgemeinen durch die Grenzen der individuellen Entwicklung auf die Möglichkeiten der Persönlichkeit begrenzt.

chendes Potenzial vorhanden ist. Andernfalls können die konservativen Bausteine nur zufällig zusammenfinden, wodurch im Allgemeinen die Bedingungen ihrer Existenz vernichtet werden. Eine besondere Methode im evolutionären Geschehen ist das Schlüssel-Schloss-Prinzip, nach dem gewisse Fehlstellen aus dem Reservoir der vorhandenen Elemente gefüllt werden. Dazu gehört im Gegensatz zum Zufallsprinzip, dass sie in den entsprechenden Führungsrahmen passen, das heißt den vorgegebenen Zweck erfüllen. Interessanterweise sind auch die Zwecke danach beschaffen, dass die von den gegebenen Elementen befriedigt werden können. Die Übereinstimmung kann nur aus der evolutionären Entstehungsgeschichte kommen. Die abgeschiedenen konservativen Systeme und der zurückbleibende konnektive Rahmen haben eine gemeinschaftliche Abkunft, aus der ursprünglichen Kohärenz bleibt eine Korrelation übrig. Die kann so trivial sein, dass wir sie schon aus diesem Grunde nicht bemerken. Ja unsere Erkenntnis selbst steht mit dem Auftreten dieser Wirklichkeit im Wechselverhältnis. Indem wir selbst ein Teil dieser Wirklichkeit sind, wird unsere Einsicht auch davon bestimmt, wie wir die Dinge sehen möchten, indem wir dieselben auch danach geschaffen vorfinden.

In praxi mutet es uns daher geheimnisvoll an, wie sozusagen aus dem Nichts Strukturen entstehen, die eine Funktion in der Wirklichkeit erfüllen. Während wir uns die erste Auskopplung differenzierter Teilchen aus der ursprünglichen Kohärenz noch sukzessive als immer weiter greifende Symmetrie intrinsischer Prozesse denken können, erscheint uns das anschließende Zusammensetzen der Teilchen zu Wirkungen eher rätselhaft. Dazu kommt, dass erst kosmische und geophysikalische Prozesse die Voraussetzungen bilden können, die für die ersten Wirkungen im kybernetischen Sinne erforderlich sind. Offensichtlich ist aber genau die gegebene Kosmogenese der Vorgang, der die Information der Unsymmetrien über Zeit und Raum zu transformieren und auf die irdischen Bedingungen zu konzentrieren vermag. In dem Sinne zeigen uns die Bilder des Universums den ins Unendliche gehenden Aufwand, der erforderlich war, um die Unsymmetrien der Evolution in der perfekt symmetrischen Kohärenz des Anfangs zu verstecken. Wir können das natürlich nicht nachvollziehen und erkennen darin nur die Logik der einzelnen Zwecke, welche sich bis auf die universellen Naturgesetze herunter brechen lassen. So begreifen wir beispielsweise die keplerschen Gesetze, die offensichtlich dazu da sind, die Planeten auf ihren Bahnen zu halten. Weniger durchschaubar sind uns die Start- und Randbedingungen dieser Gesetze, die sie etwa für die Geogenese abgeben, das heißt für die Voraussetzungen, welche das irdische Labor für die Entstehung des Lebens geeignet macht. Für die Evolution zählen Informationsinhalte, und die Formenvielfalt, die dazu notwendig ist, bleibt menschlicher Erkenntnis ein Rätsel. Wenn man so will, könnte man das Universum als eine riesige Fabrik bezeichnen, deren innovative Produktion immer mehr auf einen kleinen Raum zusammengezogen wird, während der Rest verlassen und zum Museumsstück wird.

Wenn uns die kosmischen Dimensionen und der riesige Symmetrierungsaufwand nicht glaubhaft erscheinen, so werden uns die Verhältnisse bei der Geogenese schon überschaubarer. Die Bedingungen für die Entstehung des Lebens sind verhältnismäßig eng gestellt, sodass leicht einzusehen ist, dass dieselben aus der Vorgeschichte überkommen sein müssen. Insbesondere schafft das irdische Labor genau die Voraussetzungen, welche für die Bildung erster kybernetischer Strukturen erforderlich sind. Es sind den Wissenschaften inzwischen Tausende Faktoren bekannt, die dazu obligatorisch sind. Es ist ein Beziehungsnetz von Bedingungen, welche das Bausteinwissen und die Naturgesetze zu ergänzen hat. Wenn dieses Netzwerk im evolutionären Geschehen weitergetragen werden soll, so kann das nur in organisierter Form und durch ständige Wandlungen geschehen. Wir können darin nur das konnektive Prinzip vermuten, das die einzige uns bislang bekannte Methode darstellt, welche mit solcherart Aufgaben umgehen kann.

Die Wandlung der angestellten Entwicklungsbedingungen wird dadurch unterstützt, indem deren Informationsinhalte gleich in die Strukturen mit verbaut werden. Diese Methode ist nicht nur ein Erfordernis der Selbstorganisation in der Evolution, sondern garantiert auch die Synchronisation von Vorgaben und Prozessen. Der physikalisch chemische Zustand der Früherde war genau auf die Erzeugung der organischen Grundstoffe ausgerichtet. Die Bedingungen dazu waren später nicht mehr gegeben, dafür standen gewisse Mikromechanismen der Chemogenese auf dem Programm. Die mehr mechanischen Voraussetzungen waren dabei bestimmte Oberflächen, welche noch durch geophysikalische Prozesse geschaffen werden mussten. Die Abfolge der Entwicklungsbedingungen ist genauso Realität, wie die geschaffenen Objekte selbst. Beide gehören zusammen, auch wenn nur das Letztere unsere Aufmerksamkeit erreicht.

Uns ist dafür der Zufall verdächtig, aber der funktioniert nicht, wenn die entsprechenden Reaktionsbedingungen fehlen oder die Ausgangsstoffe nicht vollständig sind.[146] Die große Menge der „Versuche" ist evolutionäre Methode und uns als Schlüssel-Schloss-Prinzip bekannt. Die gesetzten Rahmen werden immer weitsichtiger und müssen durch Strukturen gefüllt werden,

[146] Die Frage, ob mit anderen Stoffen oder anderen Rahmenbedingungen eine andere Erde hätte geschaffen werden können, wird mit wachsender Einsicht eher negativ beschieden.

die nicht mehr gleichartig sind. Es sind nicht die Bedingungen, die eine homogene Kristallisation möglich machen. Die Schlösser werden gewissermaßen immer größer und unförmiger, sodass sie mit mehreren Schlüsseln gleichzeitig bedient werden müssen. Es ist das Prinzip der Differenzierung, welches subtile Formen schafft, um die natürlichen Vorgaben bzw. später auch die Ideen des Menschen zu befriedigen.

Wird auf die Art ein Schloss geknackt und werden die geschaffenen Strukturen im Sinne der Entwicklung kybernetisch aktiv, so sind sie erst dann von Bedeutung, wenn sie stabil sind, das heißt durch prägnante Vorgänge immer wieder neu entstehen können. Und zwar sind die Vorgänge dadurch bestimmt, dass sie konservativ sind und nicht zu den sich wandelnden Bedingungen der Entwicklung gehören. Schließlich müssen Letztere verschwinden, damit die nächste Stufe mit der neuen konservativen Struktur „arbeiten" und mithin kontemporäre Strukturen schaffen kann.

Die Zweckmäßigkeit der sich immer stärker differenzierenden Strukturen und Funktionen kann nur durch konnektiven Vorgaben garantiert werden. Wird ein Muster durch Zufall erzeugt und gehorcht es dazu auch den Stabilitätskriterien, so muss es lange noch nicht einen nachhaltigen Effekt in der weiteren Entwicklung haben. Für die Zweckmäßigkeit in der nächsten Stufe müssen immerhin die Wahrscheinlichkeitswerte multipliziert werden, sodass niemals komplexe Strukturen zufällig entstehen können, die nicht nur nachhaltig sind, sondern auch mit dem Rest der Evolution konsistent sind und in Summe Sinn machen. Der wirkliche Zufall[147] kann aus dieser Sicht höchstens eine Entwicklungslinie beenden, insbesondere dann, wenn deren Potenzial ohnehin verbraucht ist.

Die Funktionsweise des konnektiven Prinzips wird während der Entwicklung durch das Zurückfallen auf allgemeine Vorgaben geprägt, welche in der ursprünglichen Ganzheit auch über die bereits entpackten Strukturen bestimmend waren. Dazu kommt die Einbeziehung des Vorhandenen, welche die fortwährende Konsistenz unterstützt. Es ist der Verdacht nicht ganz unbegründet, dass die ursprüngliche Kohärenz immer wieder mit den neuen Strukturen angestrebt wird, aber niemals wieder gefunden werden kann. Vielmehr entstehen selbstähnliche Strukturen, welche die „Idee" des Ganzen in einer kybernetischen Stufenleiter abbilden. Sie werden selbst als symmetrische Komponenten gebildet, womit der Organisationsaufwand dieser konservativen Systeme insgesamt auf ein Minimum gehalten werden

[147] Auch der Zufall im Sinne gewöhnlicher Erfahrung ist kein „unschuldiges" Vorkommnis, da er im Allgemeinen auch nur aus dem Ergebnis unzureichender Beobachtung geboren wird. Als reales Ereignis der Wirklichkeit ist er immer auch an Randbedingungen geknüpft.

kann, was sich auch in den Naturgesetzen abbildet. Das Prinzip kann nur fortgeführt werden, wenn die nicht verbauten Reste in eine immer weitere Beziehungswelt gebracht werden, um in subtileren Gebilden zu konvergieren. Diese schwächere Art der Differenzierung bedarf in der Entstehung eines größeren Hintergrundwissens, in der Funktion zeigt sie sich als Ergänzung zur vorhandenen Funktionalität, welche sich dadurch auch als den neuen Bedingungen angepasst erweist.

Wir können das sukzessive Entblättern der Bedingungen wie auch die Entfaltung selbst nicht nachverfolgen. Im Labor müssen wir immer nur das Ausbleiben einer Entwicklung konstatieren. Wir können noch so viel Vorsehungen treffen, eine selbstorganisierte Musterbildung ist experimentell nicht möglich, zumindest keine nach unseren Wünschen. Eine gerichtete Strukturbildung kann nur bei natürlichen evolutionären Vorgängen existieren, welche in ihrer elementaren physikalischen Form zur kosmischen Urgeschichte gehören und mit den Bedingungen „geladen" sind, wie sie sich in der Wirklichkeit in natürlicher Reihenfolge wieder präsentieren. Den Informationsinhalt eines evolutionären Systems zu bestimmen, oder gar ein selbiges damit zu programmieren, wird wohl für alle Zeiten außerhalb menschlicher Möglichkeiten stehen. Genauso bleibt die Frage, auf welche Weise es wohl im Universum geschaffen sein könnte.

Wenn heute der aktuelle evolutionäre Prozess nur noch im geistigen Bereich stattfindet, so sind die Vorbilder in der Natur deshalb nicht außer Kraft gesetzt. Auch wenn die Natur sich selbst nicht weiter entfaltet, kann die Herausbildung des menschlichen Geistes mit nichts anderem als den Mustervorlagen aus dem Reichtum der Natur vor sich gehen. Wenn man nun das geistige Prinzip des Menschen als ein evolutionäres ansieht, so liegt die Idee auf der Hand, auch die inneren Informationsinhalte der beiden Systeme miteinander zu vergleichen. Wird hier aber die menschliche Elle angesetzt, erweist sich deren Logik schnell als wesentliches Hindernis.

So sind auch die Theorien des Komplexen auf logische Ausgangswerte angewiesen, wie das bei allen mathematischen Theorien gegeben ist. Mit einem Skalierungsgesetz können einfache Funktionen komplexe Strukturen bilden, die gewisse Ähnlichkeiten zu natürlichen Formen haben. Solche Bildungsvorgänge können in der Natur auch tatsächlich vorkommen, wenn nämlich die einfachen Baugesetze unter freien Bedingungen miteinander zusammenwirken. Es erscheinen gesetzmäßige Strukturen, die in der Evolution keine Bedeutung erlangen und nur für die freie Variation konservativer

Systeme stehen.[148] Die Baugesetze stammen aus der untersten kybernetischen Ebene und können keine Vorgaben für höhere Ebenen entwickeln. Die natürlichen Formen können nur durch konnektive Vorgaben gebildet werden, die sich niemals durch logische ersetzen lassen. Andernfalls müsste die Welt eine kristallartige sein, welche durchweg mit wiederholbaren Formen geschaffen wird. Dagegen zeigt sie sich in einer nichtperiodischen Formenvielfalt, die zwar keine hinreichende, aber immerhin eine notwendige Voraussetzung für die Existenz gewichteter Information ist, welche ihrerseits konnektive Prinzipien herausfordert. In der uns gegebenen Sicht erscheint diese Welt als schön, weil wir ganz unbewusst auch einige unserer eigenen Entwicklungsbedingungen darin gewahren können.

Falls ein evolutionäres Potenzial vorhanden ist, sind die Beziehungen zwischen den konservativen Systemen gewichtete Prozesse, die einer ständigen Optimierung unterliegen und das Entwicklungsgeschehen vorantreiben. Es ist deshalb auch die Selbstorganisation ein veränderlicher Vorgang, angepasst an den jeweiligen Entwicklungsgrad. Während das Atom am Anfang in die erforderliche Richtung „geschupst" werden muss, ist das hoch entwickelte autonome System nur noch mit konnektiver Information „ansprechbar". Diese Methode ist die höchste Form der Einflussnahme und ist auf die passfähige Kommunikation der evolutionären Vorgaben mit den entwickelten Systemen angewiesen.

Damit die Information wirksam werden kann, braucht das konservative System die Steuereinrichtungen, die alle Prozesse in Gang setzen, welche der Wirklichkeit eigen sind. Diese Steuereinrichtungen unterliegen ihrerseits der Genese, und zwar derart, dass sie sich in die einzelnen Aufgaben differenzieren und die äußere Selbstorganisation in den höheren Führungsebenen belassen. Die kybernetischen Systeme füllen gewissermaßen die Freiräume, welche im Verlauf der Evolution geschaffen werden. Die wachsen allerdings nicht ins grenzenlose, da sich mit der Komplizierung der konservativen Systeme auch die Möglichkeiten wieder einengen und der Variationsbreite der Gürtel enger geschnallt wird. Damit wird auch eine gemeine Ausrichtung geschaffen, welche im Verlauf der Evolution allen Systemen übertragen wird. Auch der Mensch kann sich der Intention der Entwicklung nicht entziehen, wenn er nicht den Boden unter den Füßen verlieren will. Er findet seine Freiheit nur dann, wenn er die Bedingungen der Evolution erkennt und sich diese zu eigen macht. In den großen Sinn-

---

[148] Da mit der Musterbildung eine lokale Entropieabnahme verbunden ist, kann der Vorgang nur selbständig ablaufen, wenn im weiteren Rahmen eine Entropiezunahme vor sich geht. In einer streng konservativen Umgebung bedeutet das einen Verlust an Ordnung.

fragen hat er allerdings mit Religion und Philosophie die besseren Karten als mit logischer Analyse, die ihn allenfalls bei den ökologischen Aufgaben hilfreich sein kann.

Am Startpunkt der Entwicklung bildet alles Vorhandene die kohärente Organisation, aus der sich das Universum in einer Abfolge von Strukturbildungen entfaltet. Das heißt, es ist etwas vorhanden, das später als kohärentes Informationsreservoir definiert werden muss. Da keine Information von außen zufließt, muss alles Wissen über Bausteine und deren Zusammenfügung bereits in irgendeiner Form vorhanden sein. Nicht die Entstehung von Information, sondern vielmehr ihre Verwandlung infolge Zusammenführung und Verarbeitung kann nur die tragende Methode der Evolution sein. Der Vorgang der Konzentrierung der in den symmetrischen Formen versteckten Unebenheiten ist in allen Stufen der Evolution vorhanden, in den ersten Schritten aber besonders augenfällig, weil die Strukturen zunächst aus einem Nahbereich entwickelt werden und deshalb in großer Zahl zur

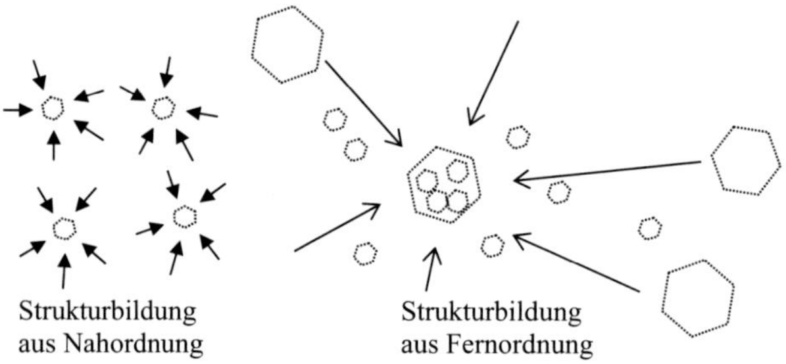


Abbildung 22*: Die Konzentrierung der Symmetriestörung*

Verfügung stehen *(Abbildung 22)*.[149] Die Ursubstanz, aus der diese Kristallisation erfolgt, das heißt die vordem an der kohärenten Selbstorganisation beteiligten Minimalstrukturen, sind vollkommen identisch und besitzen alle Voraussetzungen in sich selbst. Es finden sich sowohl die erforderliche Stofflichkeit als auch in der Bewegung die Energie und die Information. Letztere hat mangels Struktur noch nicht die uns geläufige Form von logischer Information. Alles Wissen ist ausschließlich in den prozessualen Beziehungen der uniformen Urstoffe gegeben. Die Strukturlosigkeit ist ebenso

[149] Mit der Strukturbildung aus dem Fernbereich muss sich die Anzahl der Objekte verringern.

wie die Gleichheit bzw. Ähnlichkeit einer großen Menge von Strukturen einer der Ansatzpunkte für konnektive Prinzipien.

Wenn die benötigten Hilfsmittel zunächst in einer primitiven Materie komplett vorhanden sind, gestalten sich die Bedingungen im Verlauf der Evolution so, dass die Vorgaben auf spezialisierte Strukturen und Gegebenheiten verteilt werden, ohne dass das Grundprinzip aufgegeben wird *(Abbildung 23)*. Eine solche Zergliederung in Aufgabenbereiche ist nur dann möglich, wenn die Teile eine gemeinsame Intention besitzen und darin einem Ordnungsprinzip unterliegen. Das gemeinsame „Ziel“ ist zunächst in der Kinematik des Ganzen vorhanden, um dann in Strukturen zu zerfallen, welche sich uns als einzelne Aufgabenbereiche darstellen. Wir finden dieses Prinzip auch in den höheren evolutionären Etappen wieder, wie es sich auch in den Lebensformen abbildet. Ein bekanntes Beispiel sind die sogenannten Stammzellen, welche sich je nach den Bedingungen zu ganz verschiedenen Spezialformen entfalten können.

Die kybernetische Vielfalt definieren wir uns nicht selbst, es ist allemal die evolutionäre Differenzierung, die uns die Objekte vorführt. Aus diesen Vorgaben stammt auch unser Begriff des Ziels. In der Metaphysik der Evolution kommt dem Ziel nur die Bedeutung einer allgemeinen Information

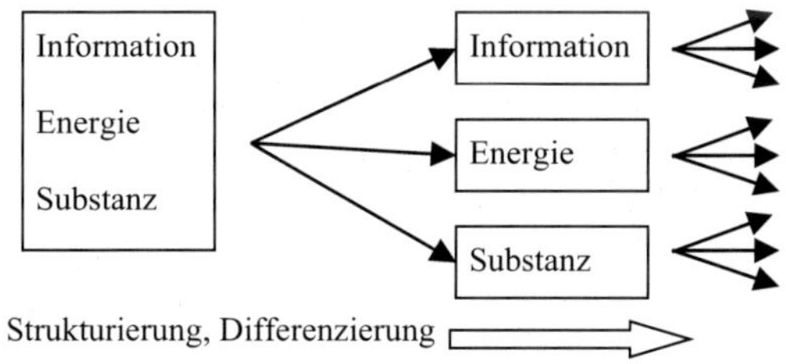


Abbildung 23*: Die Differenzierung der Aufgabenfelder*

zu, welche in allen Veränderungen in der Entwicklung erhalten bleibt. Die Informationsmenge ergibt sich dabei aus der Größe des Systems, im kosmischen umfasst sie demnach alle vorhandene Information. Von der wären wir hoffnungslos ausgeschlossen, wenn uns nicht das evolutionäre Prinzip der Konzentrierung weiterhülfe. Der immer enger werdende aktive Kreis kann am Ende das Ziel in konzentrierter Form darstellen. Das heißt, mit wachsender Entwicklungshöhe wird das Ziel immer genauer in einer uns verständlichen Form präsentiert. Das ist andererseits nur möglich, weil auch unsere erkennende Reflexion selbst dazugehört. Es ist evident, dass in den Informationsprinzipien der Wirklichkeit dem Menschen und seiner Geistigkeit dabei die entscheidende Bedeutung zukommt. Das evolutionäre Potenzial dürfte bezüglich seiner Körperlichkeit allerdings verbraucht sein, während sich das geistige nicht zu erschöpfen scheint. Das Bild des geistig vollkommenen Menschen kann deshalb auch nur Ausgangspunkt einer deduktiven Sinnsuche sein.

### *3.5 Die Normierung der Bausteine*

Der Ingenieur, der nach einem Baukastenprinzip arbeiten will, muss zunächst ein Arsenal von Bausteinen festlegen, welche bestimmten Forderungen genügen. Dazu gehört, dass die kleinsten Bauelemente den höchsten Grad an Wiederverwendbarkeit besitzen und die größte Festigkeit. Je größer die Menge der kleinen Bausteine, umso genauer müssen sie miteinander deckungsgleich sein. Es ist genau das, was uns die Evolution vorführt. Nun wird der Ingenieur nicht hieraus seine Vorgaben ziehen, vielmehr ist ihm die Effektivität dieses Verfahrens wichtig. Es spart an Material, Vorbereitung und Durchführung, letztendlich auch bei der Wartung seiner Erzeugnisse. Die Natur wäre auch auf ebendiese Sparsamkeit angewiesen; nur entsteht sie von selbst, nämlich bei der sukzessiven Symmetriebrechung einer kohärenten Ganzheit, die nur mit einem absoluten Minimum an Organisationsaufwand bestehen kann. Man sieht, dass die Maximen der Evolution sich auch in den Aktionen des Menschen wiederfinden, weil die Ordnungsprinzipien der Wirklichkeit dem Aufwand nach beschränkt bleiben müssen. Die Optimierung muss sich auf alle Folgeprozesse durchschlagen, letztlich auch auf die Methoden und Ergebnisse unserer Erkenntnis, woher sollte eine zusätzliche Information auch kommen. Der Begriff der Ordnung selbst ist einem Schema evolutionärer Vorgaben entnommen, in deren Einsicht wir uns zu befleißigen haben.

Was sich an den Objekten abspielt, kann auch in den Reflexionen des erkennenden Bewusstseins nicht fehlen. Schon im antiken Griechenland wurde versucht, den Ursprung alles Seins auf wiederholbare, gleich gestaltete kleine Einheiten zu reduzieren. Die Erfolge der analytischen Wissenschaften im 19. Jahrhundert haben diese Ideen glänzend bestätigen können. Deshalb ist es mehr als nur ein heuristischer Gesichtspunkt, wenn die Idee konsequent weitergeführt wird, um alle Deduktion am Ende dieses Weges ansetzen zu können. Das heißt, dass auch die jetzt noch in der Mikrophysik vorhandenen verschiedenen Strukturen auf die Organisationsmöglichkeiten einer einzigen Unebenheit zurückgeführt werden, welche etwa mit ihrem Spiegelbild alle Elementarstrukturen auszurichten vermag und es ist für dieses letzte Modell nicht unklug, wenn man dann auch den Raum selbst als Träger physikalischer Vorkommnisse zu dieser Organisation zählt. Dann nämlich wird die Grenze zum Nichts allein dieser letzten Unebenheit anheimgestellt und nicht jedem einzelnen ponderablen Teilchen. Alle Teilchen werden dann in diesem Modell aus den Raumelementen selbst gebaut.

Da die Geschwindigkeit Raum und Zeit miteinander verbindet, ist es auch eine Geschwindigkeit, welche die erste Voraussetzung des Universums bildet und auch der Erkenntnis a priori gegeben sein muss. Jeder Zweifel an der absoluten Einrichtung einer Geschwindigkeitsnormierung[150] untergräbt das Ideengebäude der Wissenschaft an ihrem untersten Fundament. Schon seit der Mitte des 19. Jahrhunderts, nämlich mit dem Grundgesetz der Elektrodynamik von Wilhelm Weber, ist es eine Gewissheit, dass es eine Geschwindigkeit ist, welche das Maß für die Felder und Kräfte in der Konstruktion des Universums vorgibt.

Die Geschwindigkeit als Baumaß des Universums unterstützt die Vorstellung von der intrinsischen Bewegungsorganisation des materiellen Seins. Immerhin kann man der Bewegung eine Information und einen Energieinhalt zubilligen und sie kann mit einer gewissen wiederkehrenden Organisation auch eine Struktur aufbauen. Für das unterste Niveau zählt allerdings die umgekehrte Reihenfolge: Die Prozesse des Ursprungs definieren nicht nur Raum und Zeit, sondern auch die Bewegung als Träger von Energie, Substanz und Information. Damit erfüllt die Bewegung einer Urdifferenzierung schon die Bedingungen, die wir an den Ursprung der Evolution stellen.

Allerdings kann der Begriff der Bewegung gegen den leeren Raum nicht bestehen. Der Begriff der Bewegung kann erst aufkommen, wenn sich diese durch höhere Organisation rückwärtig selbst definieren kann. Dazu braucht es eine Bezugsgröße, welche aber nicht die absolute Ruhe sein kann - da diese in der Wirklichkeit von Prozessen nicht existieren kann - sondern nur wieder die bekannte absolute Geschwindigkeit. Durch ihre, den Raum und die Zeit bildende Eigenschaft muss sie an der Spitze aller Vorgaben und Normierungen stehen. Nun stellt eine Normierung des Seins auf eine absolute hohe Geschwindigkeit anstatt auf den Zustand der Ruhe unseren Verstand vor ungewöhnliche Schwierigkeiten. Wie kann eine Welt existieren, deren Bau und Funktion allein auf die absolute Maximalgeschwindigkeit bezogen sind? Die Antwort verhältnismäßig trivial. Der für uns so wichtige Ruhepunkt existiert genau dann, wenn die zugrunde liegenden Bewegungsvorgänge symmetrisch in alle Richtungen des Raumes ausfallen. An dieser Stelle wird allerdings auch offensichtlich, dass der Raum selbst keine Ein-

[150] Lichtgeschwindigkeit

richtung ad hoc sein kann, sondern erst durch eine Bewegungsorganisation vorgegeben werden muss, welche mit Lichtgeschwindigkeit alle Richtungen im Raume definiert. In dem Sinne ist die uns vertraute Ruhe ein hoch organisierter Prozess vollkommener Symmetrie.

Dass die Vermittlung zwischen den Teilen des Raumes und seinen Inhalten mit der höchsten Geschwindigkeit erfolgt, ist auch ein Hinweis auf die primäre Bedeutung der Information, welche in den Beziehungen verborgen ist. Auch die Kohärenz des Anfangszustandes kann nur mit dieser Geschwindigkeit gebaut sein, weshalb das Volumen entsprechend klein ausfällt, zumindest bezüglich unserer heutigen Erkenntnismöglichkeiten. Die Abscheidung der ersten Komponenten bedarf einer gewissen Synchronisation,[151] welche nur über die Lichtgeschwindigkeit vermittelt werden kann und deshalb bei großen Entfernungen nicht mehr durchführbar ist.

Sollte die Expansion des Raumes über die Raumelemente selbst geführt werden, so würde diese mit Lichtgeschwindigkeit erfolgen und könnte eine zunehmende Divergenz[152] provozieren, welche auch Einfluss auf die Gravitation haben müsste. Es bedürfte dann keiner dunklen Materie oder dunklen Energie, weil die Effekte durch die Organisation des Raumes selbst verursacht sein würden, inklusive der zunehmenden Expansionsgeschwindigkeit.

Eigentlich sollte sich die Normierung, welche wir in den Bauprinzipien der Evolution entdecken, auch im Universum unseres Bewusstseins, das heißt auch in der Sprache niederschlagen. Nun sind die Begriffe, welche wir für die Vorgänge der Entfaltung verwenden, wie etwa Korrelation, Gesetz oder Zufall, durch die Entwicklung in solche Vielgestaltigkeit geraten, dass sie selbst als Welten für sich gelten könnten, wodurch es schwer wird, den einzelnen Begriff in eine besondere Anwendung zu vereinzeln. Wir haben den Worten eine statische Zuordnung gegeben, sodass der Entwicklung der bezeichneten Objekte keine Entwicklung auch der Bezeichnungen beigegeben werden kann.

### 3.6 Die Organisationsquanten

Es ist leicht nachzuvollziehen, dass organisierte Prozesse notwendig sind, um aus undifferenzierten Elementen unterscheidbare Strukturen zu erzeugen. Für den physikalischen Lauf der Vorgänge im Raum wäre es die einfachste Vorstellung, dass dieselben Elemente, welche den Raum durch ihren

[151] Die Synchronisation entsteht aus der Kinematik des kohärenten Geschehens und ermöglicht die harmonische Abscheidung aus dem Ganzen.

[152] Die Divergenz erscheint wieder nur bezüglich der ponderablen Inhalte des Raumes, das heißt von „oben“ herab, weil unterhalb des Raumniveaus keinerlei Bezug existiert.

supersymmetrischen, gewissermaßen kristallartigen Bewegungsalgorithmus begründen, auch dessen Inhalte vermittels gebrochener Symmetrien zustande bringen. Die vermeintlichen Störstellen wären dann als hochorganisierte Arrangements zu verstehen, die nicht nur die ponderablen Strukturen, sondern auch die Feldgesetze zwischen den Strukturen hinbekommen.

Für die ersten Kompositionen der Unsymmetrie sind dabei außerordentlich exakte Organisationsformen zu erwarten, welche absolut identisch ausfallen, und demzufolge auch bezüglich ihres Umfanges deckungsgleich sind. Sie stehen quasi an allen Orten des Universums für die Bildung höherer Strukturen gleichermaßen zur Verfügung. Das wäre die ins Extreme gesteigerte Auslegung des Bauprinzips, welches dann an der untersten Stelle auch die unerreichbare Stabilität und Symmetrie zu fordern hätte. Die Perfektion wird gewissermaßen auf der untersten Seinsebene definiert, was nicht zuletzt auch durch die Genauigkeit der Naturgesetze und die Beständigkeit der ponderablen Strukturen bewiesen ist. Ein Universum, das von der Sukzession aufbauender Entwicklungsschritte gebildet wurde, muss die Voraussetzungen der Kausalität in ihrem innersten Aufbau bewahren, auch wenn sie nicht in jedem Falle von evolutionärer Bedeutung sind.

Es versteht sich von selbst, dass die Bewegungsformationen ein Mindestmaß an Elementen und ein gewisses Maß an Organisationsaufwand benötigen, und demzufolge auch nur in diesen Portionen existieren können, eine Vorstellung, welche physikalisch durch die Existenz eines Wirkungsquantums unterstützt wird. Für die kleinste Organisationseinheit steht das Produkt aus den physikalischen Größen Energie mal Zeit:

$$\hbar \approx 10^{-34}/2\pi \text{ Js},$$

wobei die Kreiszahl $\pi$ für die Beteiligung der kleinsten symmetrischen Rekursion des strukturbildenden Prozesses, des Kreises resp. der Kugel, steht. Mit dem Ausdruck werden Strukturen und deren Veränderungen deklariert und gleichzeitig auf ein physikalisches Maß reduziert. Es können also nicht nur Photonen und andere intrinsisch organisierte Teilchen, wie etwa Elektronen, damit beschrieben werden, auch die natürlichen Veränderungen der Wirklichkeit im evolutionären Sinne sind in den Einheiten der Wirkung darzustellen. Dabei scheint es, als ob die Natur immer auf ein Minimum an Aufwand bedacht ist, ein Phänomen, das allgemein auch als Effekt der Symmetrierung gedeutet werden könnte. Der evolutionäre Hintergrund wird mindestens aber im Prinzip der Ursprünglichkeit deutlich: Der Energiegehalt nimmt mit dem Verlauf der Evolution ab, die Prozesse erhalten damit eine Zeitmarke, die dem Entwicklungsniveau entspricht. Parallel dazu entsteht Wärmeenergie, welche im evolutionären Sinne begrifflich von der informationsgeladenen prozessualen Energie getrennt werden sollte.

In dieser Ursprünglichkeit demonstriert der für die Naturbetrachtung so universale Begriff der Energie seine Abkunft als integrierendes Maß der in der Zeiteinheit vorhandenen Prozesse, wobei allerdings deren Ausdehnung im Raum zu berücksichtigen ist. In evolutionärer Sicht ist Energie anfangs ein Äquivalent für den tatsächlichen und später für den möglichen Organisationsaufwand, weil dann konservative Strukturen und Wärme getrennt sind. Allgemein formuliert heißt das, je mehr organisierte Prozesse in einem Raumbereich untergebracht werden können, umso größer ist die Energiedichte. Deshalb wächst ihr Wert auch mit kleiner und subtiler werdendem Prozess, was sich bei den Photonen schon durch die Wellenlänge ausdrückt.[153] Mit der Prozessdichte wächst auch die Masse, was nicht nur für die Ruhemasse gilt. Denn bei der geradlinigen Bewegung eines Körpers wird ein Organisationszusatz fällig, der die Bewegung erhält und als Äquivalent der Trägheit zu den intrinsischen Prozessen addiert werden muss.[154] In der Beschleunigungsphase werden Information und Energie den entsprechenden Randbedingungen entnommen.

Mit der Notwendigkeit eines Mindestumfanges für den Erhalt intrinsischer Prozesse wird die Bedeutung der Information deutlich. Der Energiebegriff allein ist für konservative Strukturen nicht ausreichend, weshalb für die verschiedenen Zustände zusätzliche Eigenschaften herangezogen werden müssen. Es sind äußere Bedingungen, welche offensichtlich auch für die intrinsischen Prozesse stehen und wenigstens eine formale Charakterisierung abgeben. Während selbst in der Wärmelehre mit der Entropie ein zusätzlicher Parameter gefunden werden konnte, sind in der Quantentheorie die intrinsischen Zustände in ein Ordnungssystem gebracht, wobei die bekannten Struktureigenschaften der Atome und Moleküle berücksichtigt werden. Neben den Quantenzahlen als Ordnungsparameter können die Quantenzustände nur mit wenigen klassischen physikalischen Größen beschrieben werden. Es sind potenzielle und kinetische Energiewerte, räumliche Begrenzungen und die Wechselwirkungskräfte. Mit den Quantenzahlen ist eine verhältnismäßig genaue Beschreibung der Quantenphänomene möglich, auch wenn die intrinsischen Vorgänge unzugänglich bleiben. Es ist allenfalls anzunehmen, dass die zuständigen Algorithmen relativ einfache

[153] Die physikalische Energie ist dabei nur ein notwendiger, aber nicht hinreichender Wert für den Informationsinhalt. So ist die Wärmeenergie eine informationsentleerte Energieform, die keinerlei Prozesse organisieren kann und nur als „symmetrische Verpackung" gedient hat.

[154] Das gilt exakt nur für die geradlinige Bewegung unter der Voraussetzung einer feldfreien, das heißt symmetrischen, Organisation des Raumes.

sind und auf Transportphänomenen der gebrochenen Symmetrie in der Äthermatrix beruhen.[155]

Einige Interpretationen der Quantenphänomene bleiben allerdings hinter den Erfolgen der physikalischen Analyse zurück. Das könnte sich ändern, wenn eine Ordnung in den Submikrostrukturen angenommen wird, das heißt das Konzept der hoch organisierten Feinstruktur in die Grenzen der Beobachtbarkeit eingerechnet wird. Selbst der Welle-Teilchen Dualismus verschwindet, wenn das Augenmerk auf die Randbedingungen der intrinsischen Prozesse gerichtet wird, welche durch die Vorgaben im Umfeld gegeben sind *(Abbildung 24)*. Bei der Bewegung eines Teilchens wird die oszillatorische Natur der inneren Struktur in wellenartige Vorgänge aufgelöst, was der Beobachtung offensichtlich nicht entgeht. Für diesen Prozess

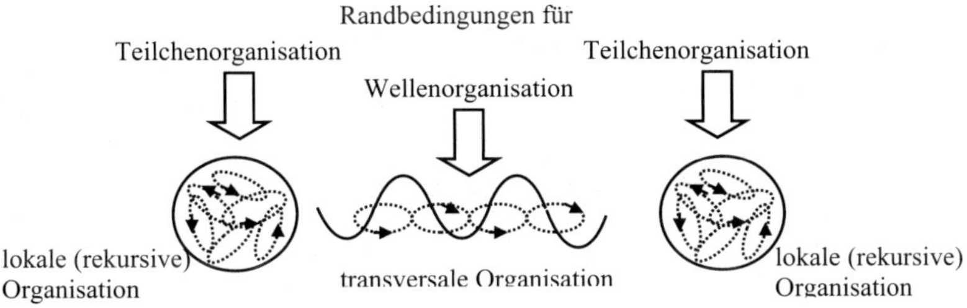


Abbildung 24*: Lokale und transversale Organisation*

werden ganz andere Randbedingungen von Bedeutung, wodurch nicht nur das Verhalten der intrinsischen Organisation verändert wird, sondern auch die Formen der Wahrnehmbarkeit. Ein Wanderzirkus zum Beispiel, der von einem Ort zum anderen zieht, könnte grob als Bewegungsorganisation einer Welle wahrgenommen werden. Trifft diese auf besondere örtliche Nebenbedingungen, fügt sich die Bewegungsformation in eine örtlich begrenzte Struktur ein und bleibt solange stabil, bis die Randbedingungen das nicht mehr zulassen. Das heißt, die Organisationseinheit muss den definierten Ort verlassen und wieder eine Bewegungsformation bilden, bis sich die Voraussetzungen einstellen, die eine stationäre Organisationsform zulassen. Ein Photon in Bewegung muss den Randbedingungen der Wellenorganisation genügen. Dagegen kann es nur unter den Voraussetzungen einer in Ruhe

[155] In den meisten Fällen hat sich die Beschreibung durch Schwingungsvorgänge als zweckmäßig erwiesen. Nur das „Aufwickeln“ einer Welle in die Kugelform ist noch wenig plausibel.

symmetrischen Teilchenorganisation einen beobachtbaren Zustand verändern. Es ist praktisch der Übergang der transversalen intrinsischen Bewegungsorganisation in die örtliche reversible eines Teilchens. Auch kann der intrinsische Algorithmus in ein bestehendes Teilchen einfließen und so ein beobachtbares Ereignis provozieren. Auch hierbei erscheint das Photon als Teilchen, weil die Eigenschaften der Welle in die des Teilchens gewandelt wurden. Das heißt, der transversale Algorithmus ist in den rekursiven umgeformt bzw. in einen selbigen impliziert worden. Nur in dieser „umgerechneten" Form ist das Photon auch erkennbar.

Die Beständigkeit der Prozessinformation in der Äthermatrix ist die herausragende Eigenschaft des Photons. Das ist insofern bemerkenswert, weil sich der innere Algorithmus offensichtlich speziellen Randbedingungen zu stellen hat und verschiedenen Wandlungen unterliegt. Dazu zählen die verschiedensten Fähigkeiten, wie etwa kohärente Zustände mit anderen Photonen zu bilden, die Information in atomare Organisationsformen einzubringen und intrinsische Bewegungsformen zu erzeugen. Innere Prozesse, die bei den Photonen nur in der Bewegung stabil sind, können äußere Begrenzungen in den inneren Algorithmus einrechnen und Bahnkorrekturen ausführen. Die Experimente am Spalt sind ein beredtes Zeugnis für flexible Reaktion auf äußere Bedingungen. Die superexakte Ordnung der Matrix ermöglicht es zudem, dass auch bestimmte Vorgaben, wie etwa Entstehungsbedingungen, in der Bewegung mitgetragen werden, obwohl man die Information nicht bemerkt, es sei denn, sie kommt in lokalen Prozessen wieder zum Vorschein. Die Vorgaben des Ätherraumes, die selbst die Genauigkeit definieren, sind die Voraussetzungen dafür, dass solcherart „versteckte" Parameter über alle Entfernungen des Universums transportiert werden können. Werden zwei Teilchen mit einem symmetrischen Parameter, wie etwa der Polarisation, in entgegengesetzte Richtungen entlassen, so kann man aus der Analyse des einen Teilchens sofort auf die entsprechende Eigenschaft des anderen schließen, ganz gleich wie weit sich beide entfernt haben. Die Bewahrung solcher Entstehungskennzeichen setzt voraus, dass die Äthermatrix das genaueste ist, was das Universum zu bieten hat, das heißt den Begriff der Genauigkeit gewissermaßen selbst definiert.

Wenn nun nicht Punkt oder Welle die submikroskopischen Fundamente unserer Anschauung bilden, sondern vielmehr ausgedehnte Prozesse, die mit der Polarität der Äthermatrix selbst geführt werden, so sind die erkenntnistheoretischen Schwierigkeiten vorprogrammiert. Die okkulte Quantentheorie kennt neben dem Welle-Teilchen-Dualismus und der Überlichtgeschwindigkeit beim Tunneln auch die sogenannte Unbestimmtheitsrelation. Indem die Beobachtungswerkzeuge durch das nämliche Prinzip organisiert werden, welches die inspizierten Objekte selbst ausmachen, ergibt sich in dem submikroskopischen Bereich eine gewisse Beobachtungsunschärfe. Man kann sich das leicht an folgender Situation verdeutlichen. Auf einem Billardtisch mögen sich etliche Kugeln befinden. Die Aufgabe wird gestellt, im Dunklen das Bild der Kugeln auf dem Tisch zu erkunden. Es stehen dabei aber nur wieder Billardkugeln zur Verfügung, aus deren Zurückrollen allein die Information beschafft werden soll. Die Situation ist mit der Aufgabe zu vergleichen, eine intrinsische Organisation mit einer anderen intrinsischen Organisation auskundschaften zu wollen. Nur ist diese Aufgabe noch schwieriger, weil es sich hier nicht um stationäre Orte, sondern um kinematische Prozesse handelt. In der mathematischen Beschreibung behilft man sich mit statistischen Zustandsvariablen und hat dabei die komplizierte wie effiziente Quantentheorie entwickelt.

Bleiben die Erklärungsversuche allerdings auf die formale Logik reduziert, bekommen sie das Potenzial, allgemeingültige Kausalitätsprinzipien aus den Angeln zu heben. Das Gesetzeswerk, welches zunächst nur für die praktische Anwendung gilt, hat weitreichende erkenntnistheoretische Konsequenzen. Die sind unverhältnismäßig, auch schon deshalb, weil die evolutionären Veränderungen dabei völlig ignoriert werden. Schließlich sind nicht nur die ponderablen Körper Objekte einer Entwicklungsreihe. Auch die elementaren Messgrößen, wie deren Zusammenhänge, sind evolutionäre Ergebnisse und sind wie alle Seinsformen einer Entwicklung unterworfen. Das bedingt unterschiedliche Erkenntnismethoden, das heißt, es können an den Stellen keine physikalischen Größen erwartet werden, wo dieselben erst gebaut werden. Wenn die Quanteneffekte unsere Anschauung zu täuschen vermögen, ist die Grenze lediglich durch unsere Beobachtungswerkzeuge verursacht und gilt nicht für die Wirklichkeit der Natur. Wie könnten die Prozesse am unteren Ende unserer Maßstäbe von Raum und Zeit auch anders als von höherer Position aus beurteilt werden? Wenn es keine Ebene darunter geben kann, ist die Unschärfe schon rational vorgegeben und mit keiner Methode empirisch zu umgehen. Es sind damit die Theorien über den vermeintlichen Probabilismus auf der untersten Ebene der Wirklichkeit wissenschaftlich nicht zu begründen. Dagegen sind die evolutionären Entwicklungsprinzipien in dem gegebenen Ausmaß nicht anders denkbar, als dass die Vorgänge im Mikrokosmos von außerordentlicher Exaktheit sind, und zwar mit der Tiefe zunehmend. Diese Tendenz zeigt sich auch in der Tatsache, dass die Genauigkeit der Zeitmessung mit der Kleinheit der zugrunde liegenden Prozesse zunimmt.

### 3.7 Entwicklungspotenziale

Die einem System immanente Fähigkeit zur Veränderung bezeichnet man als ihr Potenzial. Während in der physikalischen Evolution eine Kohärenz in symmetrische Bruchstücke zerfällt, scheint es so, als ob in der kybernetischen Evolution eine Ersatzkohärenz in Form einer Ordnung vermittels der Bruchstücke wieder zurückgeholt wird. Das Potenzial in der physikalischen Evolution, den Zerfall eines Ganzen in Bruchstücke zu unterstützen, wird demnach in ein Potenzial gewandelt, ein Ganzes mit kybernetischen Mitteln wieder zusammenzusetzen. Was bei dieser Wende bestehen bleibt, kann letztlich nur wieder ein Symmetriebestreben sein. In der kybernetischen Evolution handelt es sich offensichtlich um eine mit Bruchstücken betriebene Symmetriesynthese, auch wenn das nicht in jedem Falle deutlich gemacht wird, weil verschiedene Prinzipien einbezogen werden. Die neu geschaffenen konservativen Systeme sind weniger bezüglich des Raumes symmetrisch, sie beziehen auch die Zeit mit ein, wodurch sie eine optimale Organisationsform über alle Prozesse erreichen. Bezüglich der gesamten an der Veränderung beteiligten Organisation bewirkt der neue Vorgang eine Vereinfachung, die mit der evolutionären Höhe immer weitere Kreise einbezieht. Möglicherweise wird diese Entwicklung von dem schon der Äthermatrix implizierten Drang zur Symmetrie zusätzlich gespeist, welcher sich dann in den höheren Bauprinzipien abschwächt, um die immer weitläufigeren Bedingungen der Symmetrie einbeziehen zu können. An die Stelle der absoluten Kinematik in den kohärenten Formen tritt jetzt eine Beziehungswelt zwischen wiederholbaren Systemen, welche das natürliche Bild unserer Welt ausmacht. Physikalisch stellt das Ganze eine Energieminimierung dar, in kybernetischer Sicht nimmt die Autonomie zu und in allgemeiner Anschauung werden Zwecke befriedigt, die in weiterem Rahmen einen Sinn erfüllen. Die energetische Bilanz fordert einen anfänglichen Energieaufwand, der erforderlich ist, um das evolutionäre Prinzip der Strukturbildung beim Abkühlen durchführen zu können.

In der physikalischen Evolution ist die Energie von Anfang an vorhanden, der unnütze Anteil braucht nur aus dem Prozess entfernt werden. Dieser ist inhaltslose Wärmebewegung mit einer Temperatur, die genau dem evolutionären Niveau entspricht. Sie ist über alle Maßen dominant und täuscht in dieser Form auch unsere Anschauung. Für die kybernetischen Prozesse muss dagegen ein energetischer Zustand erst geschaffen werden, weshalb auch die Wärmentwicklung lediglich das „historische“ Prinzip der Evolution abbildet, ohne Informationsinhalt. Die notwendige Information ist im ersten Fall als Randbedingung von Natur aus gegeben. Im zweiten Fall muss sie auf kybernetische Art erst „eingesammelt“[156] und dem Prozess als künstliche Randbedingung aufgeprägt werden. Das Potenzial, welches die Entwicklung vorantreibt, muss demzufolge als die Gesamtsumme der Voraussetzungen gesehen werden. Es sind im Grunde zwar allemal die kinematischen Verhältnisse in der Äthermatrix, die sich im weiteren Verlauf in die verschiedensten Formen ausgestaltet haben, es muss aber immer die Möglichkeit gegeben sein, das System in einem bestimmten Rahmen zu vereinfachen, das heißt symmetrischer zu gestalten. Inwieweit das kybernetische System in seiner entwickelten Form selbst symmetrisch konstituiert sein könnte, ist schwer zu begreifen. Evident ist es dagegen, dass alle Systeme, und besonders die autonomen, am Zusammenspiel des Ganzen zu einer gewissen Harmonie beteiligt sind, die am Ende nichts anderes als eine mehrschichtig verwobene Symmetrie darstellt, welche eigentlich auch nur ein Aufwandsminimum bedeutet. Es ist hernach eine philosophische Frage, wie weit ein höherer Sinn reichen könnte, der sich dann noch von diesem universellen Bauprinzip tragen lässt.

Es versteht sich von selbst, dass im komplexen Geschehen der höheren Stufen eine Entwicklung und Systemoptimierung durch Stellvertreter organisiert werden kann, welche die symmetrischen Forderungen auf hohem Niveau abbilden. Auch wenn wir den Bezug zu den evolutionären Forderungen nicht mehr finden, definieren sich auf diese Art die uns geläufigen Prinzipien von Zweck und Sinn. Wir erkennen eine Zielstrebigkeit und können diese sogar noch verstehen, wenn sich eine immer feinere Ineinanderschachtelung unterschiedlicher Strukturen ergibt. Das logische Prinzip der Zweckmäßigkeit ist es dann auch, mit dem wir in unsere eigene Schöpferkraft begründen, müssen dabei aber einsehen, dass unsere Produkte nicht in das Prinzip der Evolution passen. Sie kommen gewissermaßen nicht aus deren Potenzial, sondern sind vermittels des menschlichen Bewusstseins auf die vordergründige Logik verkürzt, welche weit mehr Freiheitsgrade zulässt, als die Pfade der Evolution zu bieten haben. Es fehlt das konnektive Prinzip der Natur, welches die Vielfalt zugunsten nachhaltiger Prinzipien einschränkt und das eigentlich in einer Geistesentwicklung fortgeführt werden sollte.

Wird ein Entwicklungsvorgang in Selbstorganisation geführt, so gehören zu dem entsprechenden Potenzial nicht nur die Information, sondern auch die Energie und die Stofflichkeit. Im Falle der natürlichen Evolution sind alle drei Bedingungen anfangs durch die Bewegungsorganisation einer Urdifferenzierung gegeben und noch nicht auseinanderzuhalten. Erst mit

[156] Das Zusammenfügen von Information führt zur Konzentrierung der Evolution.

der „Entwickelung“ der zusammenhängenden Prozesse erfolgt eine immer weitergehende Differenzierung. Die Strukturen und ihre Bestandteile repräsentieren dann die unterschiedlichen Aufgaben. Die allen Vorgängen zugrunde liegende Bewegung bleibt aber in irgendeiner Form erhalten. Ein Teil koppelt sich in die intrinsischen Zustände der Teilchen ab. Nur deren äußere Bewegung bleibt sichtbar, wird aber inhaltslos, wenn die brisante Information in die Strukturbildung verbraucht ist. Vom Fokus der Evolution verlassen, ist sie nur noch Wärmebewegung und in erkenntnistheoretischer Sicht das Vorzeigeobjekt für statistische Theorien. Während das Entwicklungspotenzial nachher in den Korrelationen der konservativen Strukturen zu suchen ist, bildet die Restbewegung der Partikel ein Wärmereservoir, das die für die Strukturbildung notwendige Energie liefert. Die wird insbesondere dann notwendig, wenn der natürliche Temperaturgradient nicht mehr ausreicht.

Im Fokus eines ungeteilten evolutionären Systems bilden die jeweiligen Entwicklungsniveaus einen Konsens, der alle Bedingungen für die nächste Stufe zusammenführt. Aber auch diese Voraussetzungen sind selbst der Veränderung unterlegen. Gelänge es uns, die Zustände zu beobachten, sähen wir einfaches Symmetriebestreben in den primitiven Formen, und ein Streben nach harmonischer Ordnung in den entwickelten. Vor dem Hintergrund des allgemeinen Wandels zeigt das Potenzial ein differenziertes Bild, auch wenn das Prinzip erhalten bleibt. Es ist das Beieinandersein gleichberechtigter Strukturen, zumindest Elemente mit gleichen Entwicklungsniveaus, die wenigstens in einer Beziehung miteinander korrelieren, das heißt hier nicht durch konservative Gesetze gebunden sind und ein Zusammenspiel zulassen. Das ist das äußere Bild, denn die Beziehungsnetze zwischen den Strukturen entziehen sich unserer Analyse, sie sind bewusst nicht wahrnehmbar. Die triviale Forderung des Beieinanderstehens ist allerdings nur für evolutionäre Systeme hinreichend, denen man eine Entwicklung ad hoc zugesteht. Das heißt also, dass ein uns logisch nicht direkt zugängiges Beziehungswissen vorhanden sein muss. Das ist nicht in jedem Fall gegeben. So kann ein System gleichrangiger Strukturen auch für ewig im gleichen Zustand beharren. Auch eine experimentelle Nachbildung gelingt nicht, da eine komplexe Organisation von Randbedingungen hinterlegt werden muss, welche nicht beschafft und ebenso wenig gehandhabt werden kann. Diese Fähigkeit ist noch immer das Privileg der Evolution allein.

Ein hinreichendes Kriterium für die Existenz eines Entwicklungspotenzials ist logisch nicht zu definieren, und höchstens im Nachhinein überhaupt erst zu konstatieren. Uns bleibt deshalb nichts anderes übrig, als für die freie Vielfalt von gleichberechtigten Strukturen die Möglichkeit einer Entwicklung anzunehmen. Das ist für das natürliche Geschehen auch tatsächlich der Fall, wenn vorausgesetzt werden kann, dass die Evolution noch nicht versiegt ist. Wir setzen auch im Fortschritt der Zivilisation auf diese Hoffnung und halten neben der Freiheit auch eine geordnete Vielfalt in demokratischer Balance vor, weil wir darin die Entwicklungsfähigkeit vermuten. Im Gegensatz dazu fordert eine Macht Unifizierung und konservative Bindung, also Bedingungen, welche ein Entwicklungspotenzial gar nicht erst aufkommen lassen. Die Machtsysteme als logistische Gegenspieler der Evolution wachsen zwar auch mit deren Fortschreiten, sind ihr aber am Ende immer unterlegen. Das ist schon damit bewiesen, dass ein Machtapparat umso kürzer währt, je perfekter er ausgebildet ist. Allein die deutsche Geschichte gibt beredte Beispiele dafür.

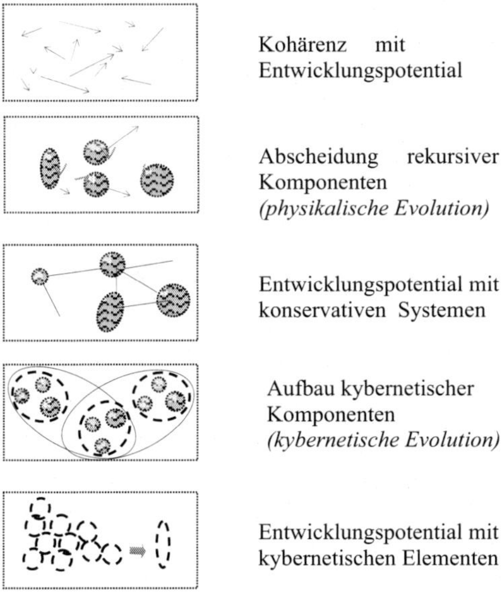


Abbildung 25: *Die Abfolge evolutionärer Schritte*

Für den ersten harmonischen Ausgangszustand steht das kohärente System, welches Energie, Substanz und Information noch in ungeteilter Form enthält. Im Entwicklungspotenzial der nächsten Stufen sind die jeweils fertigen, das heißt konservativen Systeme schon in ausgeschiedener Form wirksam, wie das in *Abbildung 25* schematisch dargestellt ist. Diese zählen dann nur noch nach ihrem äußeren Erscheinungsbild, ihre inneren Organisationen sind soweit fensterlos, wie sie nicht in das Wechselwirkungsgeschehen eingreifen. In dem Sammelsurium konservativer Gesetze und Strukturen muss immer ein Restwissen verbleiben, das dem Vorhandenen ein Entwicklungspotenzial verleiht. Konservative Systeme selbst können sich allein nicht weiterentwickeln. Allenfalls macht sich das Fehlen von wiederkehrenden Strukturen und gesetzlichen Zusammenhängen für die Existenz eines Entwicklungspotenzials verdächtig, wobei der „freie" Informationsinhalt über Umfang und Richtung der Veränderung entscheidet. Für dieses Wissen gilt allerdings eine entscheidende Bedingung. Es muss über das der höchsten konservativen Organisation des Vorhandenen stehen und im Allgemeinen auch mit den höchsten Systemen gebaut sein, da es diese in die nächsten Entwicklungsschritte einbeziehen muss. Andererseits werden dann auch die konservativen „Erzeugnisse" der höheren Vorgabe immer ähnlicher und unterliegen immer weniger der strengen Gesetzlichkeit, die wir als konservative Eigenschaft vermerkt hatten. So muss auch das logische System immer intelligenter werden, kann das geistige Prinzip aber nie erreichen.

Die Bedingungen, welche die späte Evolution begünstigen, und welche wir als Informationsaufwand deklarieren, können nicht mehr wie am Anfang aus dem Nahbereich bezogen werden. Hier bedarf es vielmehr der Einflussnahme eines zeitlich und räumlich weiten Umfeldes. Dabei werden die einzelnen Beziehungen ob ihrer großen Menge im Detail unwesentlich und energiearm ausfallen. Es ist deshalb einzusehen, dass auch die konservativen Systeme Adaptionen an diese schwachen Vorgaben entwickeln müssen, um an dem hohen Niveau der Selbstorganisation teilnehmen zu können. Seit Beginn der Zivilisation ist der Ort, an dem sich ein solches Entwicklungspotenzial konzentriert, das konnektive Netzwerk des menschlichen Gehirns. Das ist umso leistungsfähiger, je weniger es der strengen Gesetzlichkeit unterliegt, die dem konservativen System eigen ist, und je mehr es der Beziehungswelt der evolutionären Bedingungen nahe kommt.

Während die nachfolgende Logik des intelligenten Verstandes zu den reinen konservativen Prinzipien zu zählen ist, hat das konnektive System die Fähigkeit, die weiten Zusammenhänge zu erfassen, welche in der Wirklichkeit als Entwicklungspotenzial vorgehalten werden und auch in den nichtreversiblen Konstellationen des logischen Wissens vorhanden sind. Es gestaltet sich hier ein fließender Übergang zu den nichtkonservativen Vorgaben der Evolution, indem diese strukturell nachgeformt werden. Der geistige Kosmos des Menschen bildet in mehr oder weniger breitem Umfang die äußeren Bedingungen in einem konnektiven Netzwerk von Beziehungen ab. In der Natur liegt diese Führungsebene über den Funktionen der

Wirklichkeit. Im Kopf wird damit die Summe der Rahmenbedingungen geschaffen, in denen sich die logischen Funktionen des Verstandes bewegen können. Hier kristallisieren sich gewissermaßen auf der höchsten Stufe der kybernetischen Hierarchie auch die höchsten Inhalte aus, die das evolutionäre System vorzugeben hat. Die Frage stellt sich dann konsequenterweise, ob diese Entwicklung im System der Zivilisation eine Fortsetzung und Potenzierung finden kann.

In der Gesellschaft bilden sich die konservativen und die evolutionären Prinzipien unterschiedlich ab. Während die Wirtschaft und die Funktionseinrichtungen des Staates vornehmlich durch logische Systeme gehalten werden, sollten Kultur und die kreativen Teile der Wissenschaft auch mit ungebundener Information umgehen können und damit das nichtlogische Entwicklungspotenzial repräsentieren. Letzteres kann natürlich nur dann die Evolution fortführen, wenn ein möglichst großes System in Harmonie gehalten werden kann und wenn nicht nur das Wissen aus einem großen Radius zusammenfließt, sondern wenn auch die Ressourcen für den Entwicklungsschritt synergetisch zusammenstehen. Der gesellschaftliche Ausdruck dieser Harmonie ist die Demokratie, welche gewissermaßen das für die Entwicklung erforderliche Gleichgewicht der selbstentwickelten Vielfalt vorhält. Die Bedingungen dazu können allerdings nicht von dem rasant wachsenden logisch-funktionellen Wissen geliefert werden, sondern vielmehr von den konnektiven Vorgaben, wie sie sich etwa in einer sinngebenden Ästhetik und Moral herauskristallisiert haben. Das dazu gehörende Entwicklungspotenzial gibt der Evolution gewissermaßen die Weitsicht, hat aber die Eigenschaft, nur durch einen hoch entwickelten Geist erfasst werden zu können. Da dieser sich nur im Unbewussten entwickelt und auch nur von dort aus operieren kann, gibt die Evolution sozusagen auch hier die Zügel nicht aus der Hand. Dem menschlichen Bewusstsein wird nicht allzu viel zugetraut. Bis zum vollendeten Werkzeug der Evolution muss der Mensch eine ganze Reihe von Hürden nehmen. Die Vervollkommnung seines konnektiven Informationssystems wird zum Schicksalsweg, weil von unergründlichen Dingen abhängig und dem intelligenten Verstand ganz widerspenstig.

Es ist nur wenig, was der Mensch in dieser Hinsicht bewusst tun kann, weil auch die religiösen oder philosophischen Systeme sofort versagen, wenn ihnen ein logischer Zweck unterlegt wird. Das einzige, heute ganz unmoderne Mittel, ist die sich außerhalb der logischen Klügelei entwickelnde Volkskultur, welches die Geistesgeschichte nach ihren einfachsten Bedingungen und Verzweigungen konnektiv abbildet. An deren Ablehnung erkennt man die Entfernung zur Logik des Verstandes, die andererseits auch erhalten werden muss, um dem Gemeingut den konnektiven Hintergrund und damit seine Unverfälschtheit zu bewahren. Logisch analytisch unterwandert wäre es ganz unbrauchbar. So wie der bedingungslose Beziehungskosmos sein konnektives Prinzip in der allgemeinen Moral und Kunst durchscheinen lässt, gibt er dabei auch sein einfaches Wesen zu erkennen. Zur hohen Gelehrsamkeit in den kybernetischen Wissenschaften sollte deshalb auch die Einsicht gehören, dass das Einfache des Sinns durch keine noch so intelligente Lösung übertroffen werden kann. Schließlich ist Intelligenz das Mittel der Logik, also dazu geschaffen, die Ziele zu bedienen, nicht aber sie über die weiten Zusammenhänge entstehen zu lassen.

Sich in die Führung natürlicher und einfacher Bedingungen zu stellen, wird angesichts der logistisch zusammengetragenen Wissensberge heute ganz unmodern. Zum Zwecke spektakulärer Sinngebung ist die Logik deshalb nicht selten auf fremdes Volksgut erpicht, welches sich viel leichter von seinen konnektiven Wurzeln trennen und zu einem bunten, den Sinn verdeckenden Flickenteppich zusammenwerfen lässt. Ein geistiges Potenzial lässt sich daraus nicht erschließen, weil ganz einfach die evolutionären Wachstumslinien, wie sie sich besonders aus den Harmonieprinzipien der Selbstorganisation ableiten, nicht bedient werden können. Die Geistesentwicklung ist immer ein aufbauendes Prinzip: Es hängt gewissermaßen an den eigenen Wurzeln und kann durch logische Chirurgie und fremde Organe nur verstümmelt werden. Der Zivilisation mangelt die rechte Vielfalt fertiger Entwicklungslinien. Viel zu früh werden sie von den Weltmächten immer wieder beschnitten und in eine ihnen genehme Uniformierung gebracht, was die Vervollkommnung der Volkskulturen definitiv beendet.

In diesem Sinne ist die Heimat ein ehrlicher Begriff[157] für die Summe der äußeren Bedingungen, welche die innere Entwicklung konnektiv begleiten. Die Liebe zur Heimat unterstützt die eigenen natürlichen Lebensstrategien und bildet ein enormes Potenzial, welches auch die Geistesentwicklung bis in das Niveau zu befördern hat, auf dem die konnektiven Strategien die Differenzierungen in ein harmonisches Ganzes zusammenfügen können. Der Weg dorthin bedarf der Ausdauer und der konsequenten Durchführung der eigenen Besonderheiten. Ein Abbruch der Differenzierung bedeutete das Ende der Evolution. Das wäre eine Doktrin der Macht, welche im Höchstfalle konservieren, im Allgemeinen aber nur zerstören kann, weil sie der konnektiven Weitsicht entbehren muss. Zur Machtstrategie gehört auch eine Intellektualisierung des geistigen Entwicklungspotenzials. Begriffe wie Patriotismus und Heimat verlieren ihren evolutionären Kontext, wenn sie

[157] Eine Ablehnung des Begriffs ändert nicht am Fortbestand des kybernetischen Prinzips.

auf logische Denkstrukturen reduziert werden, was das konnektive Wesen des Beziehungswissens ganz verdirbt. Nur in dieser logischen Vereinnahmung, die Rangfolgen setzt, wo keine vorhanden sind, können daraus auch Motive für Machtspiele expliziert werden. Die einseitige Logik gereicht der Macht zum Vorteil. Zum einem unterwandert sie damit die geistigen Rahmenbedingungen und kann eigene an ihrer statt setzen. Zum anderen kann das Prinzip Heimat, auf logische Kausalitäten reduziert, auch leicht selbst als Ursache von Streitigkeiten und Kriegen herhalten. So entsteht ein populäres Argument, das die eigentlichen Machtinteressen schützt, welche allezeit künstlich im Hintergrund gehalten werden.

Das Entwicklungspotenzial einer Gemeinschaft von Individuen wird von den Vorgaben und Randbedingungen der Individualentwicklung bestimmt. Diese sind im Gegensatz zu den rationalen Funktionen nicht logischer Natur, sondern bauen auf Beziehungswissen. Abbilder äußerer Vorgaben werden in das innere Netzwerk übertragen, das als seelischer Hintergrund nicht nur für geordnete Funktionen, sondern auch für zukunftsorientierte Handlungsmöglichkeiten sorgt. Die Vernetzungen sind ontogenetisch von aufbauender Form und dann am wirksamsten, wenn sie auch dauerhaft sind. Der seelische Rahmen des Individuums ist fest programmiert und bekommt als höchstes Führungsprinzip einen absoluten Informationsinhalt. Der ist schwer und nur unter spürbaren Verlust an anderen Umgebungsbedingungen anzupassen. Es handelt sich um ein ideelles Entwicklungspotenzial, welches genauso zum Menschen gehört, wie seine biologischen Anlagen. Nur ist es seinem Wesen nach ein Prinzip, das, da es selbst die Vernunft steuern muss, der Vernunft nicht zugänglich ist und deshalb von jedermann leicht übergangen werden kann. So wie man sich über die Emotionen des anderen keinen Reim machen kann, lassen sich diese auch leicht missdeuten. Auch die Beschreibungen der eigenen Gefühle sind immer falsch, weil unzureichend. Sie können niemals die Unmenge von Bedingungen erfassen, in welchen sich das eigene Ich vorteilhaft bewegen kann. Nur im Gefühl wird spürbar, welche Schwierigkeiten sich in der Zukunft auftun werden, und welche Veränderungen daran Schuld haben. Die Freiheit der eigenen Bewegungsmöglichkeiten im Lebenskampf kann nur verloren gehen, wenn das feine Netzwerk zerstört wird, welches das Ich mit der Umwelt in langen und oft schmerzhaften Schicksalswegen angelegt hat. Im Beziehungskosmos unzähliger Verbindungen erhält der Mensch seine authentische Souveränität. So wie er seine geistige Geborgenheit in der Heimat verliert, wird der eigene Führungsrahmen verkürzt und er wird zum Spielball fremder Interessen, welche nur rationale Zwecke verfolgen können. Auf diesen Gewinn sind die Lobbys der Macht schon von jeher aus gewesen.

### *3.8 Das Kohärenzprinzip*

Kohärente Systeme zeigen ihr besonderes Charakteristikum in den Fragen der Teilbarkeit. Während logisch strukturierte Systeme bei beliebiger Teilung auch differenzierte Bruchstücke ergeben, sind die kohärenten konnektiven Systeme dadurch charakterisiert, dass sie bei äußerer Zerstückelung nur wieder ähnliche Teile bilden können. Einen Informationsgehalt im Sinne der Kohärenz behalten heißt, dass der Wissensinhalt beim Zertrennen des Ganzen nicht geteilt, sondern nur ungenau wird. Unsere gemeine Vorstellung von der Differenzierung ist an erkennbare Unterschiede gebunden. Die treten bei der Teilung solcher Zustände nicht auf, weshalb wir auch nicht von Differenzierung in der Bedeutung des Begriffes sprechen können.[158] Das kohärente System ist trotzdem veränderbar, wie es der Verlauf der Evolution zeigt. Diese Veränderung kann allerdings nur von innen, das heißt in Selbstorganisation erzeugt werden und einem bestimmten Prinzip folgen, welches wir uns als evolutionäres definieren. Dazu gehört als Erstes die Aussonderung von Bruchstücken mit unbedeutenden Inhalten, die gewissermaßen nur die symmetrische Verpackung der elitären Inhalte liefern, was uns in kosmischen Dimensionen durchaus einleuchtet. Die innere Organisation wird beibehalten, sie wird kompakter und auf das Wesentliche begrenzt. Dagegen haben die aus der Evolution entlassenen Relikte des „Restuniversums" zwar noch die Organisationsform, nicht aber das Entwicklungspotenzial. Sie sind auf das Wissen angewiesen, mit dem sie „entlassen" wurden und müssen mit den bis dahin gebildeten Gesetzen weiter existieren. Zu einer Höherentwicklung sind sie nicht mehr befähigt.

Die „elitäre" Art ist das fortführende Prinzip der physikalischen Evolution. Es ist die kinematische Auflösung der Kohärenz in funktionelle Elemente, wobei Komponenten nach ihrer raumzeitlichen Symmetrie herausorganisiert werden und als emergente Strukturen in Erscheinung treten. An die Stelle einer Teilung nach analytischen Gesichtspunkten steht hier eine sukzessive Entpackung in evolutionäre Entwicklungsniveaus. Die Vorgänge können nur von Bedingungen gesteuert werden, welche die Zeit nicht als Parameter enthalten, sodass folgerichtige Strukturen in die Zukunft gebaut werden können. Im Hintergrund muss deshalb das konnektive System stehen, dass gleichzeitig mit der Entpackung in eigenständige Systeme auch seinen Informationsinhalt wandelt und der veränderten Situation auch die veränderten Bedingungen nach gleichbleibendem Sinn liefern kann.

Evolutionäre Systeme besitzen in allen Entwicklungsstadien einen Informationsinhalt, welcher sich aus einem Beziehungswissen sukzessiv in die

[158] Eine vergleichbare philosophische Frage ist etwa die Teilbarkeit des Geistes.

Logistik eines in Strukturen geteilten Wissens transformiert. In den fortgeschrittenen Phasen ist das aus den Strukturen und Vorgängen evident. Dagegen erregt der scheinbar informationslose Ausgangszustand unser Misstrauen, in dem keinerlei Struktur erkennbar ist. Zu bedenken ist aber, dass ein völlig symmetrischer, kristallartiger Ausgangszustand mit identischen Minimalstrukturen auch kein Entwicklungspotenzial besitzt und unsere Fragestellung von sich aus verbieten würde. Der scheinbar inhaltslose Zustand muss sich allein aufgrund seiner späteren Geschichte als kohärent definieren. Er hat unbestreitbar eine innere Organisation, welche sich aus der Egalität in eine strukturelle Diversität zu entflechten vermag. Die Information, welche die folgenden Symmetriebrechungen unterstützt, ist zu Beginn der Evolution offensichtlich nicht anderswo zu suchen, als in einer über alle Teilnehmer verteilten Form.

Ein solcher Zustand ist uns aus dem Labor nicht bekannt, könnte andererseits auch nicht erkannt werden, da uns dazu keinerlei Analysemethoden zukommen. Es sind deshalb alle diejenigen Zustände abzugrenzen, welche wir künstlich durch einfache Energieanhäufung erzeugen und deren Informationsinhalte wir nicht bestimmen können. Auch bei allen von der Evolution verlassenen Vorgängen ist das Entwicklungspotenzial nicht definiert. Wir würden, wenn uns die Information zugänglich wäre, möglicherweise auch hier nur entleerte Hülsen vorfinden. Es ist deshalb nicht unverständlich, dass wir bei den Laborversuchen scheitern müssen, einen kohärenten Zustand experimentell aufzuladen. Andererseits lässt sich beobachten, dass in Abhängigkeit von der Größe des Systems, gewisse Mikrostrukturen bei der Abkühlung wieder erscheinen, ihr Wissen also in der Prozedur der Minievolution erhalten haben. Es handelt sich allerdings hierbei nur um Bausteinwissen, das in kleinen Dimensionen transformiert werden kann. Je umfangreicher wir den Vorgang den natürlichen Gegebenheiten der Evolution nachgestalten könnten, umso mehr wären wir auch befähigt, Information über das Bausteinwissen hinaus unterzubringen. Das ist allerdings eine rein theoretische Spekulation, da in dieser Hinsicht noch keinerlei praktische Versuche gemacht werden konnten.

Wenn wir die Vorgänge von Strukturbildung und Differenzierung umkehren könnten und die Sukzession präzise zurückverfolgen würden, so würde man zwangläufig im strukturellen Nichts, dem kohärenten Ausgangszustand landen. Alles Diskrete zerflösse dann in ein zusammenhängendes Ganzes. Substanz und Energie ließen sich vielleicht noch nachweisen, von Information wäre jedoch nichts zu spüren, weil sich diese in einer großen Menge für sich unwesentlicher Bewegungen verlieren würde. Beim wieder vorwärts

Spulen des Filmes würden sich dann die im Nahbereich wiederkehrenden Beziehungen in Mikrostrukturen wieder finden (*Abbildung 25*).

Wenn das Bauwissen der elementaren Strukturen nur aus den rekursiven Prozessen im Nahbereich entnommen werden kann, so wird man die Information, welche zur Positionierung der Teilchen im Raume führt, dem Einfluss der Fernordnung zuweisen, wobei längere Organisationszeiten vonnöten sind. Es ist leicht einzusehen, dass mit der räumlichen und zeitlichen Ausdehnung der Organisation auch der Inhalt deutlicher zur Diversifikation geführt wird und die Vorgänge nicht mehr die Exaktheit der intrinsischen Prozesse der Bausteine haben können. Vom Ganzen abgekoppelt kann zudem nicht jedes begrenzte kosmische System die Information besitzen, um die Evolution eigenständig in der erforderlichen Genauigkeit weiterzuführen, und wohlmöglich biologisches Leben zu entwickeln.

Bei der analytischen Behandlung des besonderen Zustandes der Kohärenz sind nur wenige Angaben zu machen. Zunächst ist trivialerweise zu konstatieren, dass die Information nicht in logischen Einheiten vorhanden ist; die erste Voraussetzung, nämlich die strukturelle Vielfalt, fehlt gänzlich. Es ist anzunehmen, dass an deren Stelle die Information in Form von Beziehungswissen tritt, wie das ganz allgemein in konnektiven Systemen zu beobachten ist. Zum anderen ist auszumachen, dass ein gewisses Gleichgewicht besteht, indem kein Teil des Ganzen bevorzugt oder benachteiligt wird. Diese Vorstellung wird durch die absolute Identität der Teilchen unterstützt, indem nicht unterschieden werden kann, welches Teilchen wo am Prozess beteiligt ist. Physikalisch zeigt sich der kohärente Zustand in einer gewissen homogenen Verteilung der Energiewerte über den Raum. In kybernetischer Hinsicht kann dieser Zustand nur über einen beständigen Informationsaustausch aufrechterhalten werden, mit dem alle Teile gleichberechtigt befasst sind,[159] was die Vorstellung einer gewissen funktionellen Symmetrie unterstützt. Dabei lässt sich eine bestimmte Synchronizität definieren, welche über die Art der Strukturbildung entscheidet. Bei hohem Energieinhalt, der einer hohen Synchronizität entspricht, ist die Entfaltung im Nahbereich möglich, welche gleichartig über den ganzen Raum erfolgen kann und identische Teilchen schafft. Im Bild dieser Hypothese verbindet sich damit die Vorstellung der winzig kleinen Ausdehnung des Universums. Bei der niedrigen Synchronizität der späten Evolution hingegen sind die erzeugten Muster eher einmalig und von größerer Ausdehnung. Aber auch hier ist das Zusammenstehen der Ausgangselemente in einer gewissen

[159] Die allgemeine Korrelation dürfte bei gleichzeitiger Identität der Teilchen auch weniger von der Geschwindigkeit der Wechselwirkung abhängig sein.

Gleichberechtigung vonnöten, für das wir aber dann weniger den Begriff „kohärent" verwenden. Viel öfter entgeht uns die Kohärenzbedingung bei der Untersuchung des Fortschritts, weil die aktiven Muster wie in einem Museum mit den alten und passiven Strukturen zusammenstehen, welche nur den Boden für die weitere Entwicklung bilden.

Da auf der Ebene der Kohärenz keine Differenzierung zugelassen ist, kann in dieser auch kein konservativer Teil abgegrenzt werden. Allerdings lassen sich niedere Ebenen denken, welche der Kohärenz anhängen und von dieser genutzt, respektive gesteuert werden.[160] Das ist im Verlauf der Evolution der Fall, bei der konservative Komponenten ausgelagert werden und sich an die Struktur der Führungsschicht anfügen. Auch die nachgestellte Evolution im Kleinen, wie sie sich in der biologischen Zelle oder im Bewusstsein des Menschen einfindet, wiederholt dieses Prinzip. Im Gegensatz zur kybernetischen Hierarchie benötigt die Kohärenz als Insichorganisation eine gewisse Anzahl gleichberechtigter Elemente. Da man bei höheren Entwicklungssystemen die strukturlose Kohärenz nicht mehr findet, wird man auch verschieden strukturierte Elemente akzeptieren müssen, bei welchen dann nur die Sichtweise einen Aspekt bevorzugt, welcher alle Elemente gleichberechtigt macht. Zu beachten ist lediglich, dass diese Gleichberechtigung das Entwicklungspotenzial beinhaltet, das heißt den Ausgangszustand der Entwicklung und nicht ihr Ziel.

Die Selbstorganisation ist ein zwingender Bestandteil des kohärenten Zustandes in der physikalischen Evolution. Es kann auch daraus kein Teil entnommen werden, was den Zustand beenden könnte. Das liegt daran, dass die Organisation in beliebigen Ausschnitten identisch ausfällt und die Information nur in einer Form „versteckt" werden kann, die allen Teilchen gleichermaßen eigen ist. Um diese prozessuale Situation aufrechtzuerhalten, braucht es eine hohe Symmetrie,[161] das heißt, die Strukturlosigkeit muss in außerordentlich subtilem Grade organisiert sein, was durch ein hohes Energieniveau ausgedrückt wird. Mit dem Verlust an Symmetrie, das heißt einer energetischen Abkühlung, beginnt der Zerfall der Kohärenz, das heißt, die ganzheitliche Organisation wird „granulös", indem sich Komponenten zu Strukturen zusammenziehen und dem Ganzen nur noch in ihrer abgekapselten Form zur Verfügung stehen. Die Symmetrie als Ausdruck der Minimalversion der beteiligten Prozesse bleibt auch nach Teilung erhalten. Man sieht, dass die Formulierungen noch sehr allgemein ausfallen müssen und

160 Hier ist zugleich die Abkunft kybernetischer Prinzipien zu suchen.

161 Der Zustand lässt sich beliebig transformieren, ohne sich zu verändern. Mit entsprechenden Beobachtungsmöglichkeiten wäre auch der Symmetriebegriff an dieser Stelle zu erweitern.

dadurch auch nicht immer ganz korrekt sind. Das Neuland ist offensichtlich noch nicht bestellt, was sich schon rein sprachlich zu erkennen gibt. Einer exakten Beschreibung sind hier auch deshalb Grenzen gesetzt, weil das Gebiet vom Monopol der mathematischen Physik beherrscht wird. Logische Sichtweisen sind hier wenig hilfreich, man sieht an dieser Stelle auch, wie sehr durch eine fehlende Sprachentwicklung die Erkenntnis behindert wird. Die Hoffnung, dass die Mathematik eines Tages das Prinzip der Kohärenz als logisches Gesetz formulieren könnte, ist eine trügerische, weil hier schon die elementaren Voraussetzungen der Mathematik nicht erfüllt werden: Die Vorgänge lassen sich nicht auf wiederholbare und symbolisierbare Strukturen reduzieren.[162] Es bleibt uns nichts anderes übrig, als die kohärenten Systeme danach zu charakterisieren, in welche Formen sie sich verändern. Das ist auch die Methode der Quantenmechanik, wenngleich hier die Grundbeziehungen der Physik, wie etwa die Energiewerte, noch angezogen werden können und es gelingt, gewisse symbolartige Randbedingungen danach zu formulieren.

Wenn die naturwissenschaftlichen Fragen im Konsens mit den Informationsprinzipien der Evolution gelöst werden sollen, ist offensichtlich auch eine gewisse Wissenschaftskultur vonnöten. Eine solche kann nur geschaffen werden, wenn die breite Masse der Sprachgemeinschaft einbezogen wird. Wie das vorsichgeht, und aus welchen meist unabsichtlichen Gegebenheiten heraus das geschieht, ist für den kreativen Prozess selbst ganz unwichtig. Eine Doktrin dagegen, welche eine Veröffentlichung wissenschaftlicher Erkenntnisse nur noch in englischer Sprache zulässt, verhindert die Sprachentwicklung definitiv. Ihre Durchsetzung zeigt andererseits auch die Gleichgültigkeit der Wissenschaftler gegenüber der Geistesentwicklung, welche durch machtpolitische Einschnitte immer unterdrückt wird. Zudem ist eine liberale Wissenschaftskultur, in der sich jeder an den großen erkenntnistheoretischen Fragen beteiligen kann, die erste Voraussetzung jeglichen Fortschritts. Das zeigt sich in einem fairen Umgang mit einfachen Fragen und mit Fehlern, wie das in den Glanzzeiten der Wissenschaft immer gegeben war. Wie die Familie ist auch die Nation eine unverzichtbare Einheit, gewissermaßen die letzte schwache Kohärenz, in der die Entwicklungsbedingungen zu einer Linie zusammenfinden können, zu der auch die Spezifik wissenschaftlicher Strukturen gehört. Nur die Logik fordert die vereinfachende Unifizierung, damit die Beendigung der Evolution.

---

162 Nach einer nicht bewiesenen Hypothese wird angenommen, dass hier die Eigenschaften unserer Erkenntniswerkzeuge nicht ausreichen, beschreibbare Strukturen in Raum und Zeit auszumachen. Das sind vor allem die geringe Informationsbreite und die Zeitgebundenheit.

## 3.9 Symmetriebrechung – die physikalische Evolution

Informationslose Systeme werden oft auch als vollkommen symmetrisch charakterisiert, da jede erdenkliche Transformation die Systeme nur wieder in sich selbst zurückführen kann. Das wäre zugleich die stärkste Form der Symmetrie und das System wäre vollkommen inhaltslos, was aber bei evolutionären Systemen nicht sein kann. Unsere Definition trifft für den kohärenten Ausgangszustand des evolutionären Systems deshalb nur bei streng logischer Sichtweise zu, bei der die große Menge des Beziehungswissens nicht berücksichtigt wird. In der „heißen“ Form kommen nur kinematische Prozesse zwischen völlig identischen Informationsträgern vor, weshalb keine wiederkehrenden Strukturen und demzufolge auch keine Information im logischen Sinne zu erwarten sind.

Das chaotische Bild des natürlichen Anfangs als symmetrisch zu bezeichnen, hat trotzdem einen gewissen Charme. Wenn nämlich das System eine kohärente Organisation enthält, so kann diese nur von in Raum und Zeit verschachtelten Prozessen gebildet werden, die in einem Ganzen verschwinden, und zwar in symmetrischer Form. Das heißt, die Information versteckt sich in Komponenten, welche sich bei der Strukturbildung entäußern können. Dazu wäre der gebräuchliche Begriff Symmetriebrechung eine einprägsame Metapher, da gewissermaßen sich vorher ergänzende Prozesse aus einem Ganzen heraus gebrochen werden und Symmetrien im engeren Maßstab bilden.

Wenn wir die evolutionären Vorgänge zurückverfolgen, so kann der Anfangszustand nicht informationslos sein, auch wenn die Forderung nach vollkommener Symmetrie bestehen bleiben muss. Vielleicht wäre es sinnvoll, die Eigenschaft von Symmetrie durch zusätzliche Begriffe zu ergänzen. Wir können natürlich nicht wissen, wie die Information in einem völlig ebenmäßigen Gebilde versteckt sein kann, das keine unterscheidbaren Zustände kennt. Aber aus unserer Erfahrung müssen wir annehmen, dass Information nur in einer absoluten Organisationsform bestehen kann. Wir nennen diese kohärent, weil die Inhalte in ihrer Superposition nicht unterscheidbar sind und infolgedessen auch keine wiederholbaren Elemente existieren können.[163] Dass sich Information in einem solchen Prozess auch noch als beständiges Wissen erhalten könnte, und noch dazu in einer ihr eigenen Hierarchie, widerspricht allerdings unserer Anschauung ganz. Dabei kennt das Universum keinen Ruhepol und demzufolge auch keine Ablage für beständige Information. Selbst der anscheinend ruhende Raum ist ein

[163] Wie schwierig die Beschreibung des Zustandes ist, zeigt sich in dem Umstand, dass ein in logischer Beziehung vollkommen strukturloses System weder Ausdehnung noch Zeit kennt.

komplexer Prozess, der mit Lichtgeschwindigkeit geführt wird. Der Eindruck der Ruhe rührt nur davon, dass die Bildungsvorgänge vollkommen symmetrisch ausfallen. Ebenso hat man sich auch Information in Hochgeschwindigkeitsprozessen als beständig vorzustellen, wenn nur die entsprechende kinematische Organisation dahinter steht. Schließlich ist Information auch gerade ein Prinzip, welches nicht an einen bestimmten Träger gekoppelt ist und deshalb beliebig transformiert werden kann. Dass eine solche Transformation auch im nichtreversiblen Fluss der Kohärenz beständig bleiben kann, ist logisch kaum denkbar, geschweige denn mathematisch zu beschreiben. Unser Unvermögen kann für die Natur aber gewiss kein Kriterium sein. Für den Beobachter heißt das, dass er die Beständigkeit von Information in der Kinematik des ständigen Wandels nur entdecken kann, wenn es ihm möglich wird, die Bewegungsorganisation im Algorithmus zu durchschauen. Nun ist die Frage bislang noch nicht gestellt worden, weshalb auch theoretische Betrachtungen zu diesem Gegenstand noch fehlen und selbst ein primitives Beispiel noch nicht gegeben werden kann.

Eine weitere Annahme ist, dass auch absolute Inhalte ineinander geschachtelte symmetrische Komponenten enthalten, sodass nach dem Zerfall des Systems eine gewisse Ordnung erkennbar wird. Dabei enthält der kleinste zyklische Zustand die höchste Symmetrie, was nach der Entkopplung der höchsten Bindungsenergie entspricht. Der Kitt, welcher die kinematischen Zustände vorher zusammengehalten hat, wird, einmal gelockert, gewissermaßen zur Fehlstelle, welcher die absolute Konvergenz der Organisation verhindert und zu Veränderungen des Systems führt, das heißt zu einer Entwicklung, die je nach Bedeutung der Ungenauigkeit schnell oder unendlich langsam verläuft. Die Vorstellung eines „Fehlers“ scheint allerdings für den sinnvollen Verlauf der Evolution nicht besonders hilfreich. Sie würde weitere zielgerichtete Ungenauigkeiten einbeziehen.

Ganz gleich wie unsere Anschauung ausfällt, im Vorgang der Symmetriebrechung wird der undifferenzierte Zustand aufgehoben und eine erste Struktur geschaffen, die ihre symmetrische Abkunft nicht verbergen kann. Eine schrittweise Degradation von Symmetrie könnte etwa mit dem einfachen Bild beginnen, das beim Zerfallen einer symmetrischen Struktur in gleiche Teile entsteht, wie etwa ein ebenmäßiger Apfel, den man in Stücke schneidet (*Abbildung 26 oben*). Man kann aber auch einem Kristall bestimmte Atome entnehmen und ein System von komplizierter Symmetrie zurücklassen. Das käme der physikalischen Evolution etwas näher. Genauer ist diese aber durch den unteren Teil der Abbildung charakterisiert. Es werden symmetrische Komponenten ausgeschieden, zurück bleibt ein quasikohärenter Rest, der ein weiteres evolutionäres Potenzial besitzt. Die Methode ist es gewissermaßen, von einem annähernd symmetrischen Zustand primitive symmetrische Anteile abzuziehen. Es entsteht ein Muster, das vorher nicht zu erkennen war, aufgrund der Herkunft sich aber auch wieder irgendwie in symmetrischen Zuständen wiederfinden muss. In jedem Fall entstehen Strukturen mit komplizierterer Symmetrie. Der Vorgang wird durch winzige Divergenzen vorangetrieben, die der Stabilität des Systems nicht zuträglich sind. Andererseits können keine beliebigen Zustände durchlaufen werden, weil die Energiedissipation die Systeme in die strenge Pflicht zur Selbstoptimierung nimmt.[164]

Der wie auch immer entstandene Dissens im kohärenten System treibt die physikalische Evolution an, die bei streng mathematischer Verfolgung als Versuch gewertet werden muss, in eine konvergente Lösung zu fallen und dabei kleine wiederkehrende Einheiten loszuschlagen. Der Informationsgehalt kann in Summe nicht zunehmen, weshalb die neuen Konstellationen im Grunde „raffiniert" gebaute Symmetrien sind, welche den geringsten Organisationsaufwand repräsentieren. Die Dramatik der weiteren Entwicklung

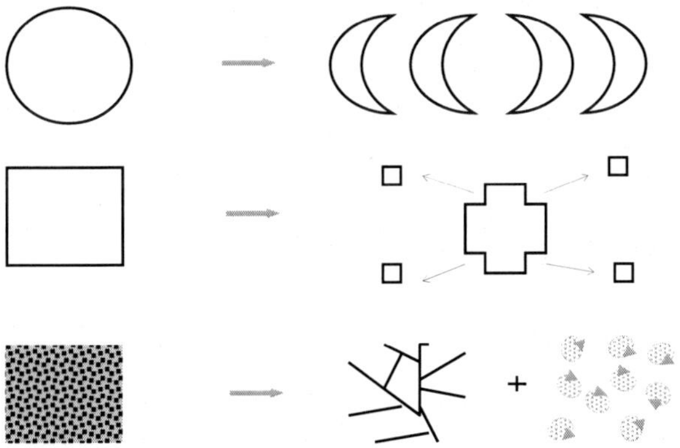

Abbildung 26*: Symmetriebrechungen*

ist es nun, die konvergente Organisation der Ausgangskohärenz nie wieder zu finden, wie viel auch abgekoppelt wird. Dazu gesellt sich die Tragödie der Erkenntnis, welche die schier unendliche Vielfalt der Vorgänge nicht auf kleine logische Portionen zu reduzieren vermag.

[164] An dieser Stelle zeigt sich das Symmetriebestreben quasi als Minimierung des Organisations- bzw. Energieaufwandes, wie auch keine Information hinzugezaubert werden kann.

Der Widerspruch in diesem Geschehen, nämlich einerseits die zum Ganzen gepackte Symmetrie aufzugeben, zum anderen dieselbe wieder zu suchen, lässt sich nur auflösen, wenn eine zeitliche Entwicklung hinterlegt wird. Sie wird gleichsam zur Zielsetzung des Geschehens, genauso wie die Mannigfaltigkeit der Strukturen, wie sie uns in der Wirklichkeit begegnet. Beides ist sozusagen nur gemeinsam zu haben. Dabei ist der Zeittakt bereits dem ersten konservativen System eigen, das aus der Kohärenz erscheint, die Richtung aber kann nur durch deren anhaltenden Abbau vorgehalten werden.

Auf einem beliebigen Niveau der Evolution ist durch Abgabe symmetriebildender Anteile ein Zustand mit niedriger Energie entstanden, der nicht weiter optimiert werden kann, ohne selbst Komponenten abzugeben. Ein daraus gebildeter neuer Zustand erhält eine Symmetrie höherer Komplexität, ist aber ebenfalls nicht konvergent und muss seinerseits wieder Komponenten abstoßen, um in eine symmetrische Konstellation noch höheren Grades fallen zu können. Auf diese Art ist die Symmetriebrechung ein Dauergeschehen, bei dem quasikohärente Symmetrien[165] in komplexe Strukturen gebrochen werden. Die emergenten Gebilde erscheinen uns zweckmäßig, da sie in höhere Formen verbaut werden und dort eine sinnvolle Funktion erfüllen. Unsere Auffassung von Sinn und Zweck ist keine apodiktische Gewissheit, sondern wird durch den folgerichtigen Aufbau von Strukturen in der Evolution erst herausgebildet und unserem Bewusstsein „vorgestellt".

Der leere, symmetrische Anteil, der beinah dem energetisch höheren Niveau des vorherigen Zustandes entspricht, muss bei dieserart physikalischer Evolution aus dem Prozess entfernt werden. Das kann geschehen, indem er in die intrinsische Organisation eines Teilchens verschwindet, oder aber in die Fernen des Universums entlassen wird um dort mit dem mitgeführten Restwissen bruchstückhafte Evolutionen ohne Ergebnis weiterzuführen. Das eine führt zur Bildung ponderabler Materie, deren innere Organisation fensterlos ist und aus dem Folgegeschehen herausgenommen, oder nur als kleines Ganzes behandelt wird. Das andere zeigt die bunte Vielfalt des kosmischen Hintergrundes, der mit zunehmender Entfernung immer strukturloser wird, weil die mitgerissene Information des äußeren „Verpackungsmaterials" anfangs am geringsten war. Es versteht sich von selbst, dass dieser Anteil zu keiner Evolution mehr befähigt ist und mit dem geringen „Wissen" der frühen Entlassung nur ein einfaches Spiel machen kann.

---

165 Der Begriff Symmetrie ist in der Form auch der Evolution unterworfen. Aus der Symmetrie der strukturlosen Kohärenz wird am Ende die „höhere" Symmetrie komplexer Strukturen, die in der Entwicklung dann immer mehr unserer Vorstellung von Harmonie entspricht.

Das evolutionäre System entwickelt sich, indem es zerfällt, das heißt symmetrische Anteile abgibt, die sich dann nicht mehr an der Organisation beteiligen. Zu Beginn sind das die subatomaren Strukturen. Ihre intrinsische Organisation ist nicht nur symmetrisch,[166] sondern auch ähnlich kohärent, wie der Ausgangszustand. Bei ihrer „Entlassung" bekommen alle Strukturen ihr Zeitetikett, indem sie selbst gerade mit den Ordnungsprinzipien gebaut sind, die in ihrer Entstehungszeit, das heißt der Zeit ihrer Freigabe, vorherrschen. Auch zeigt sich in den Veränderungen kein schroffer Übergang. Vielmehr wird die Symmetrie zunächst nur „schwach" gebrochen und gibt Strukturen preis, welche in gewisser Ähnlichkeit die Prinzipien der allumfassenden Organisation noch verraten. Die ersten Teilchen bilden bei ihrem Erscheinen eine quasikohärente Ordnung, indem sie den ganzen Raum ausfüllen, nicht unterscheidbar sind und keine eigenständigen Varianten bilden können. In diesem Zustand ist aber gewissermaßen die Uhr aufgezogen, weil die unvollkommene Kohärenz keine konvergenten Prozesse mehr zustande bringt und dem weiteren Verfall preisgegeben ist. Der kosmische Zeittakt, der von hier an den Lauf der Entwicklung durchpulst, wird durch die wiederkehrenden Prozesse dieser ersten Strukturen gebildet und bestimmt damit die kleinste messbare Zeit.

Wenn man davon ausgeht, dass alle Substanz nur aus der Organisation des Urmediums gebildet wird, das den Raum selbst definiert, so müssen sich die in der Evolution gebildeten Strukturen in einer gewissen energetischen Reihenfolge präsentieren. Genauso wie der Raum selbst nicht durch neue Strukturen infrage gestellt werden darf, müssen auch die ersten ponderablen Teilchen so robust sein, dass sie das Innere größerer Bausteine bilden können. Physikalisch ist das mit dem Begriff der Bindungsenergie beschrieben. Die entfalteten Strukturen haben eine abnehmende Bindungsenergie. Das entspricht der Vergröberung der inneren Prozesse und ihrer zunehmenden Zykluszeit. Das heißt, dass das evolutionäre System zuerst die wiederkehrenden Vorgänge abscheidet, welche die kürzesten Zeitsymmetrien besitzen. Das kann nur aus einer Nahordnung heraus geschehen und nur, wenn das System eine entsprechend perfekte Synchronisierung besitzt, also bei extrem hohen Energiedichten und einer räumlichen Ausdehnung, die uns heute als extrem klein erscheinen müsste. Es versteht sich von selbst, dass die Abscheidung der symmetrischen Komponenten mit einer Abkühlung des Systems verbunden ist und demzufolge für die nächsten Muster nur

[166] In diese Symmetrie ist nicht nur die unmittelbare Organisation des Teilchens selbst eingebunden, sondern auch die der Wechselwirkung, sofern sie den organisierten Nahbereich betrifft.

noch größere Zykluszeiten, also geringere Bindungsenergien vorgehalten werden können, wobei die vorher gebildeten Strukturen Verwendung finden, ohne dass ihr „Innenleben“ dabei verändert wird. Die Methode der zyklischen Prozesse wird im Verlaufe der Entwicklung zwar immer undeutlicher, bleibt aber selbst bei den höheren Lebensvorgängen noch nachweisbar und zeigt deren Bausteincharakter auf.

Wie in der kosmischen Entwicklung beobachtet wird, reicht das Verstecken der Symmetrien in das Innere der Bausubstanz nicht aus. Für das Entpacken der Baugesetze in den Dimensionen, die bis in das kosmische Geschehen reichen, müssen gewaltige Anteile an symmetrischem „Verpackungsmaterial“ entfernt werden, damit die Vorgaben freigelegt werden können, welche für die Entwicklung des Lebens erforderlich sind. Die kosmischen Voraussetzungen, die für das Laboratorium des Lebens geschaffen werden mussten, bleiben uns ob ihrer unfassbaren Dimensionen für ewig im Dunkel. Niemand käme auf die Idee, die gewaltigen Prozesse als Entwicklungsvorgänge im Sinne der Evolution anzusehen. Dafür lässt sich die Vielfalt der Vorgaben für die irdischen Bedingungen erahnen, die oft so eng „eingestellt“ sind, dass schon winzige Abweichungen das Leben unweigerlich zerstören würden. Nur im Sinne unserer logischen Anschauung ist das ein Zufallsprozess. Dass uns die Bestimmtheit des Geschehens nicht einleuchtet, liegt offensichtlich daran, dass keine Lehrbuchordnung vorgefunden wird. Wäre der Sternhimmel ein periodisches System, wäre die physikalische Evolution längst eine Kathederweisheit. Andererseits würden periodische Vorgaben die Entwicklung einer Vielfalt vermindern und den reflektierenden Geist des Katheders von selbst verbieten.

Nach den Vorgaben der systemimmanenten Information verläuft die Entwicklung eindeutig und unabhängig von der Interpretation, welcher sie im Nachhinein unterworfen wird. Unserer logischen Erkenntnis ist die evolutionäre Entwicklung nicht direkt zugänglich, weil die Vorgänge einmalig sind und von einer fast unendlichen Menge für sich unwesentlicher Einflüsse geführt werden. Zudem verstecken sich diese im freien Spiel der verlassenen Linien, welche die Vorgänge in zunehmendem Maße allein bestimmen. Der Sinn bleibt aber in den räumlichen und zeitlichen Strukturen, die in Summe ein symmetrisches Ganzes bilden. Anstelle der ursprünglichen Symmetrie stehen Ordnungssysteme, welche wir in ihrer Vollkommenheit nur noch mit dem Begriff der Harmonie belegen können. In der hoch differenzierten Form ist uns die Symmetrie als solche nicht mehr erkennbar. Die Einsicht wird dadurch erschwert, dass die evolutionären Wege immer kleiner und undurchsichtiger werden und gemeinsam mit den auf unterschiedlichem Niveau verlassenen Linien das unergründliche Universum bilden.

## *3.10 Das Entropieprinzip*

Wenn die Information unvollkommener Symmetrie eine Ureigenschaft des Universums ist, so kann sich diese anfangs nur in Bewegung verbergen. In der kohärenten Form des Urplasmas verteilt sich die Information über das gesamte System, in der späteren logischen Form zeitlich-räumlicher Muster steckt die weitergegebene Information mehr in den Strukturen und deren Beziehungen untereinander. Die Tragfähigkeit kohärenter Systeme für Unsymmetrien ist offensichtlich von deren Energieinhalt abhängig, der seinerseits ein Ausdruck der Kleinheit und Geschwindigkeit, das heißt also der Präzision der Prozessorganisation, ist.

Bei genauer Betrachtung muss man den kohärenten Zustand des Beginns als einen absoluten ansehen, dessen kinematischer Prozess keine Wiederholungen in Raum und Zeit und demzufolge auch keinerlei Struktur kennt. Es handelt sich der Organisation nach um einen „Einteilchenzustand“, eine Differenzierung und Unterteilung in darunter liegende Zustände ist nicht möglich. In dem Sinne wäre die Entropie exakt null, falls man unter Entropie die Anzahl möglicher Zustände des Systems verstehen will. Der Definition nach soll es sich um gleichberechtigte und gleichwertige Zustände handeln, und zwar unabhängig vom Umfang des betrachteten Systems. In der Thermodynamik hat sich der *logarithmus naturalis* dieser Zahl eingebürgert, nach Boltzmann bezogen auf die Menge der im Molvolumen enthaltenen Partikel. Nun können gleichberechtigte Zustände keine Entwicklungswege vorgeben, auch keine Alternativen bieten. Vielmehr stehen sie für die Reste der verlassenen Einheit. Erst durch die eigentliche Strukturbildung und der Abscheidung inhaltsloser Komponenten aus dem „Einteilchenzustand“, wird die Möglichkeit geschaffen, überhaupt von Entropie sprechen zu können. Im Verlauf der Evolution sind die entleerten Komponenten von unterschiedlicher Form, wobei uns die Wärmebewegung der einfachen Partikel besonders ins Auge fällt. Die möglichen Zustände dieser Systeme wird von der Menge der Teilchen und deren Tragfähigkeit für Bewegungsformen bestimmt. Wenn man so will, könnte man diese Systeme als die Gefäße bezeichnen, in denen die evolutionäre Information aufbewahrt wurde, und die nun nach dem Prozess der Strukturbildung in entleerter Form zurückbleiben. Aber sie sind in der weiteren Entwicklung nicht ohne Bedeutung, da sie den „weicheren“ Boden für die immer empfindlicheren Konstrukte bilden müssen. Zumindest sind die Energiewerte des Abfalls immer niedriger als die, welche die gerade gebildeten Strukturen zusammenhalten.

Der sukzessive Übergang von Information in Kohärenz zu Information in wiederholbare Struktur, welcher die Evolution ausmacht, ist an die Abgabe des symmetrischen „Verpackungsmaterials“[167] gebunden. Während die ersten symmetrischen Komponenten in den Weiten des Universums verschwinden, ein weiterer Teil in die intrinsische Organisation der Teilchen gesteckt wird, bleiben nach fortgeschrittener Evolution die Bewegungen der Partikel übrig, welche die Information der Weiterentwicklung beinhalten müssen. Auf dieser Stufe ist uns das evolutionäre Prinzip experimentell zugängig, zumindest als thermodynamisches Hüllenphänomen. Schon in der Mitte des 19. Jahrhunderts bemerkte Rudolph Clausius, dass bei Vorgängen in einem abgeschlossenen System die auf die Temperatur bezogene Wärme, von ihm Entropie benannt, immer zunimmt, oder wenigstens gleich bleibt, wie das bei einem reversiblen Geschehen der Fall ist. Offensichtlich ist die Temperatur ein natürlicher Parameter für den Fortschritt der Evolution und kennzeichnet damit auch die Tragfähigkeit des Systems für Restinformation. Wird diese für irgendeinen Vorgang vertan, sinkt der Fortschrittsparameter Temperatur und das System kann weniger leisten. Wir dürfen uns allerdings nicht vom Begriff Informationsinhalt irritieren lassen. Es handelt sich hier keinesfalls um logische Information im Sinne einer Nachricht. Vielmehr wird das System durch die wirksamen Randbedingungen, zu denen auch der Temperaturgradient gehört, in eine evolutionäre Entwicklung gedrängt, die so marginal wie banal ist, zumindest was die Objekte unserer Beobachtung angeht. Irgendeine Veränderung muss aber vor sich gehen, anders kann keine Entropieerhöhung[168] stattfinden. Das ist nicht nur in der Natur so, auch der Techniker ist bestrebt, mit Wärme etwas anzufangen, das heißt, die eigenen Bedingungen für die Mikroevolution des Systems anzustellen. Dabei ist es bei hohen Temperaturen schwieriger, der Entwicklung äußere Ziele vorzugeben, weil mehr eigene „Programme“ enthalten sind. Dafür kann der Prozess tief greifende Wirkungen beinhalten. Bei Erhitzen können im Labor molekulare Strukturen aufgebrochen werden. Die Information darüber bleibt bis zur Abkühlung erhalten. Im natürlichen evolutionären System kommen zu diesen Bausteininformationen noch diejenigen, welche die Restbewegungen der Bausteine ausmachen. Es ist leicht einzusehen, dass im Labor solche Vorgaben nicht möglich sind. Das gelingt nur modellartig am Rechner, indem gewisse Startbedingungen dafür gefunden werden, dass Bewegungen von Punkten in bestimmte Muster konvergieren, zwischendurch aber ein statistisches Bild bieten.

---

[167] Die Metapher ist nicht ganz zutreffend, weil dieses „Verpackungsmaterial“ nicht außen, sondern eher im Inneren liegt und die Inhalte gewissermaßen unauffällig macht.

[168] Für die evolutionären Belange ist das Entropiemaß etwas unglücklich, weshalb auch schon der Begriff Negentropie eingeführt wurde.

Bei konsequenter Beachtung des Entropieprinzips ist im evolutionären Vorgang eine gewisse Aufteilung zu beobachten. Dabei teilt sich die Entropieänderung in eine Abnahme $\Delta S_i$ im System selbst und einer Zunahme desjenigen Wertes, der in die Umgebung $\Delta S_a$ abgegeben wird. Das System gewinnt Ordnung, indem es die enthaltene Unordnung, in unserem Bild das symmetrische Verpackungsmaterial, an die Außenwelt abgibt. In der Thermodynamik gilt es als bewiesen, dass dieser Vorgang nur dann von selbst abläuft, wenn die Summe positiv ist, das heißt die Gesamtentropie zunimmt

$$-\Delta S_i + \Delta S_a = -\Delta S_i + \Delta H/T > 0.$$

Zum Glück muss man für die Gesamtentropie nicht das ganze Universum in Augenschein nehmen. Um die Entropieänderung der Umgebung zu ermitteln, braucht man nur den Wärmefluss $\Delta H$ nach außen zu berücksichtigen, und zwar bezogen auf die absolute Temperatur. Für den chemischen oder physikalischen Prozess selbst nimmt man dann die Standardentropien aus der Tabelle. Auf diese Weise kann berechnet werden, ob der Vorgang selbstständig ablaufen kann. Die Gleichung zeigt ein universelles Prinzip der Evolution, dass jedes System inhaltslose Komponenten abzugeben sucht.[169] Das ist gleichzeitig auch der philosophische Hintergedanke des Entwicklungsprinzips. Es müssen dazu nur die entsprechenden Bedingungen angestellt werden.[170] In der Thermodynamik zeigt sich das besonders

| | | |
|---|---|---|
| t=0 °C (T=273 °K) | $-\Delta S_i + \Delta H/T = 0$ | Standardwerte für $H_2O$<br>$\Delta H = 6 \cdot 10^3$ Joule<br>$\Delta S_i = 22$ Joule $K^{-1}$ |
| t=+1 °C (T=274 °K) | $-\Delta S_i + \Delta H/T = -0{,}1$ | |
| t=-1 °C (T=272 °K) | $-\Delta S_i + \Delta H/T = +0{,}1$ | |

*Tabelle 1 Entropiewerte beim Gefrieren von Wasser pro Mol*

deutlich. So kann etwa der kristallin geordnete Zustand von Wassereis nur dann erreicht werden, wenn die negative Entropieänderung beim Gefrieren von Wasser $\Delta S_i$ durch die positive überboten werden kann, welche an die Umgebung abgegeben wird. Die abzugebende Erstarrungsenthalpie $\Delta H$[171] ist für den Vorgang begrenzt. Die bringt nur dann einen größeren Entropie-

---

[169] Der mathematische Beweis steht noch aus, aber vielleicht auch nur, weil die Aufgabe so noch nicht gestellt worden ist.

[170] Das Prinzip betrifft heute nicht mehr die elitäre, laufende Evolution, ist aber immer noch in schwacher Form in den verlassenen Linien anzutreffen.

[171] Unter Enthalpie versteht sich in der Thermodynamik der Wärmeaustausch unter konstantem Druck, die Standardwerte beziehen sich auf den genormten Atmosphärendruck.

wert auf, wenn sie auf negative Temperaturen (gemessen in *°C*) bezogen wird (*Tabelle 1*). Wenn alle Bewegungsvorgänge, auch die intrinsischen, berücksichtigt werden, ist die Information über die Ordnungsstruktur des Eises bereits im Wasser enthalten. Sie wird dann frei, wenn die leere Symmetrie der Verpackungseinheiten in Form inhaltsloser Wärmebewegung abgegeben wird. Der Begriff Symmetrie hat an dieser Stelle natürlich eine andere Bedeutung, als wir ihn etwa bei der Strukturbeschreibung des Eises verwenden.

Die Wärmebewegungen der Molekel scheinen uns inhaltslos, weil wir unsere Empirie aus dem Labor dagegen setzen. In den Dimensionen der Evolution sind diese Erfahrungen jedoch wertlos. Form, Vielfalt und Weite der Symmetriebrechungen müssen uns hoffnungslos überfordern. Mit fortschreitender Evolution wird die Geschwindigkeit der zurückbleibenden Bewegungsvorgänge immer geringer.[172] In physikalischer Sicht bedeutet das, dass die Temperatur sinkt. Die „Qualität" der Wärme, das heißt die für die Präzision notwendige Geschwindigkeit der Molekel, vermindert sich, die Entropie $H$ wächst an:

$$\Delta H = Q_2/T_2 - Q_1/T_1 \ (Q_2 \approx Q_1).$$

Da nun aber der „symmetrische Verpackungsabfall" den überwiegenden Anteil ausmacht, das heißt weitaus größer ist als der Informationsinhalt, ist die physikalische Evolution durchgehend mit dem Verbreiten von Wärme verbunden. Die Entropie muss dabei anwachsen, weil dem System die Ordnung entnommen wird, die dann als Zeit- und Raumstrukturen die Entwicklung ausmachen.[173] Der Rest ist die leere Wärmebewegung ohne Information. Aufgrund der tieferen Temperatur ist zudem die Tragfähigkeit für Information vermindert. Aus diesem Phänomen, nämlich der allgemeinen Verteilung von Wärme, hatten die Physiker früher das Bild vom Wärmetod[174] des Universums abgeleitet. Dabei ist die Wärmeabgabe nur die notwendige Begleiterscheinung der Evolution. Die dazugehörige Strukturänderung ist auf den unteren Niveaus nicht nur außerordentlich gering, sondern auch so eigenwillig, dass diese der Beobachtung gemeinhin entgeht und für Physiker oft nur als Dreckeffekt in Erscheinung tritt. Selbst wenn einer weiten Beobachtung zugängig, könnten die Vorgänge der physikalischen Evolution heute ohnehin nur noch in den verlassenen Linien gefunden wer-

---

[172] Die Entwicklung verbraucht evolutionäres Wissen an die Strukturbildung, wodurch auch der Informationsträger verkleinert werden kann. Das entspricht dem niederen Energiewert.

[173] Zu den Strukturveränderungen gehört in evolutionärer Sicht auch die Ausdehnung.

[174] In der heutigen Kosmologie wird als Wärmetod anders, nämlich als der hypothetischer Endzustand verstanden, dem das Weltall zustrebt, falls es wieder zur Kontraktion mit am Ende unendlich hohen Temperaturen kommt.

den, welche mit der Restinformation ganz unorthodoxe Entwicklungen unterstützen.[175] Allerdings lassen wir auch in technischen Systemen die Entropie nicht wachsen, ohne einen gesteuerten Prozess, wie etwa eine Strukturänderung, in Gang zu setzen. Wir konzentrieren uns dabei freilich auf das kybernetische Prinzip, weil die thermodynamischen Gesetze nur die Hüllenphänomene in statistischer Form beschreiben können und für die subtile Wirkung von Information völlig ungeeignet sind.

An die physikalische Evolution schließt sich die kybernetische an, nämlich dann, wenn die Bewegungsinformation allein nicht mehr ausreicht. Nach deren Prinzip werden Strukturen wirksam, welche Evolutionen en miniature auf den Weg bringen können. Zu diesem Zweck muss das System zunächst in einen niedrigen Entropiezustand gebracht werden, was durch Energiezufuhr erreicht wird. Information kann dem energetisch aufgeladenen Zustand allerdings nicht eingespielt werden. Vielmehr muss, anders als in der physikalischen Evolution, die Strukturbildung durch externe Entwicklungsbedingungen provoziert werden. Information wirkt hier in kybernetischer Form, als Beeinflussung eines Prozesses, der einen Temperaturgradienten hat und sich demzufolge als Minievolution ausweist. Der Entropiezuwachs wird hier gewissermaßen von außen manipuliert und zählt nur, wenn die angestellte Steuerinformation dazugerechnet wird.

Ganz im Gegensatz zu den Prozessen der Evolution verändern die reversiblen Vorgänge der konservativen Systeme das Entropiemaß nicht. Allerdings können auch diese fertigen Formen wieder dem evolutionären Prinzip verfallen, wenn sie insbesondere durch energetische Einflüsse auf ein früheres Niveau gehoben werden.[176] Da sie aber dort nicht mehr in das umfassende und weite Beziehungswissen eingebunden sind, wie im Ausgangspunkt ihrer ursprünglichen Strukturbildung, können sie immer nur auf ein niederes Ordnungsniveau zurückfallen. Der Vergleich betrifft natürlich nur den Teil, der vorher tatsächlich einen evolutionären Vorgang durchlebt hat. Unserer empirischen Erfahrung folgend sprechen wir deshalb von einem natürlichen Zerfall der Ordnung und müssen ein allgemeines, universelles Entropiewachstum konstatieren. Während in der aktiven evolutionären Linie die Entwicklung mit ihrer konnektiven Weitsicht gegen den Zerfall gesetzt werden kann, haben die verlassenen Linien nur die konservative Logik im Programm, womit sie sich nach dem Machtprinzip gegen den

---

[175] Eine interessante Frage ist es, inwieweit die verlassenen Pfade in ihren kurzsichtigen und ziellosen Veränderungen noch wenigstens im Rahmen des Ganzen verbleiben.

[176] Das gelingt allerdings nur mit so „hochwertiger Wärmequalität", die mindestens dem Niveau der ursprünglichen Strukturbildung entspricht.

Verfall zur Wehr setzen können. Mit diesem Mittel können sie sich andererseits auch nur gegen die evolutionären Vorgänge stellen, von denen sie mangels konnektiver Führung ausgeschlossen sind.

Gegen den aggressiven Zugriff ist das evolutionäre Ergebnis nicht unmittelbar geschützt. Aber die geschaffenen Ordnungssysteme sind aufeinander aufbauend, sodass eine Zerstörung niemals grundsätzlicher Natur sein kann. Zudem verschmälert sich der evolutionäre Pfad, sodass die robusteren Vorläuferfunktionen immer in größerem Umfang zur Verfügung stehen. Andererseits entwickelt sich das kybernetische Prinzip immer weiter, sodass auch der menschliche Geist in das evolutionäre Geschehen eingreifen und immer weitläufigere Aktivitäten entfalten kann. Damit können nicht nur neue Räume erschlossen, sondern auch die Wege verkürzt und die Ressourcen geschont werden. So wie die Evolution mit der haltlosen Macht der Intelligenz kurzfristig aus dem Ruder geraten kann, sitzt sie dank des geistigen Prinzips letztlich immer am längeren Hebel. Es ist die Kenntnis des optimalen Ziels, welches die Kräfte schont und von Abartigkeiten fernhält. Denn die sind es allemal, welche die logischen Funktionen in ihren Bann ziehen und ihre Energie verbrauchen. Die Trumpfkarte der Evolution ist das konnektive Prinzip, das über der logischen Intelligenz zu stehen kommt und auf höherer Stufe vielleicht sogar selbst das Ziel im evolutionären Sinn weiterentwickeln kann.

Was uns wie ein Ziel vorkommen muss, ist aus kybernetischer Sicht die optimal gestaltete Harmonie der Wirklichkeit nach den gegebenen Bedingungen. Die geschaffenen konservativen Systeme werden bei ihrer Entstehung im leibnizschen Sinne prästabiliert und stehen für das geordnete Zusammenspiel über einen langen Zeitraum. Dabei wird die Korrelation der Harmonie über die konnektiven Vorgaben mit den Systemen selbst organisiert. Deren intrinsische Organisation ist stabil und nur über die dem konservativen System eigene Dehnbarkeit variabel. Man denke an die vielen Einrichtungen, welche über Jahrtausende unseren Globus in geordneten Bedingungen erhalten haben. Ganz im Sinne von Leibniz sollte man hier auch das parallele, sich nicht beeinflussende Verhältnis von Geist und Materie wiederfinden.

In der Sicht des menschlichen Geistes ist das Ziel durch die paradiesischen Verhältnisse beschrieben, das heißt durch eine Minimierung der Zwänge, welche sich aus den Lebenserfahrungen ergeben. Mit symbolhaften Bilderwelten sind dafür wohl in jedem Kulturkreis gewisse Vorstellungen geschaffen worden. Sie lassen sich geschichtlich weit zurückverfolgen und zeugen von einer Frühreife des Geistes, der sozusagen als zeitloses Informationsprinzip die Entwicklungsbedingungen über alle Etappen bewahrt. Es ist interessant zu beobachten, wie jeder selbst ein seiner Gefühlswelt entsprechendes Bild entwickelt; Gefühlswelt deswegen, weil die Breite und Vollkommenheit der erforderlichen Information vom logischen Stückwerk des Bewusstseins nicht erbracht werden kann.

Ohne konnektive Führung steht die ziellose Macht den zügellosen Funktionen voran, die Aufbau und Zerstörung gleichermaßen bedienen. In der Anschauung entspricht das den diabolischen Kräften, für die auch die entsprechende kulturgeschichtliche Symbolik bereitsteht. Die Führung des Geistes wird hier gewissermaßen durch die Macht der Geister ersetzt, in der sich interessanterweise die verschiedenen Verschwisterungen mit den passenden Informationsprinzipien finden. Dazu gehört die Vorherrschaft der kausalen Logik, welche die Hierarchie der Macht begründet und ohne das konnektive Prinzip des Geistes auskommt. Die Sprache ist eine lineare, welche die Vernetzungen sinngebender Beziehungen nicht in ihrem Repertoire hat. Sie unterstützt die Fiktionen einer wirklichkeitsfremden Fantasy, die sich als billiges Plagiat einer geistigen Sinnsuche ausweist.

Der zügellose Funktionalismus verfehlt den durch die evolutionären Bedingungen gesetzten Sinn, kompliziert das einfache Lebensprinzip unnötig und entwickelt sich zum Gegenspieler harmonischer Glückseligkeit. Ins Paradies führt nur ein Weg, alle anderen, nämlich unendlich viele, führen immer in die Hölle. Die ist das Sinnbild für die kontraproduktiven Prozesse, welche das Harmonieprinzip der Evolution nicht erreichen können. Angesichts der modernen Pop-Art bleibt allerdings die Frage, ob nicht etwa der intelligente Nonsens eine Art „intellektuelle Entropiezunahme" darstellt, notwendig für die Herausbildung eines höher entwickelten Geistes. Das Ausmaß der kulturellen Ziellosigkeit könnte jedenfalls ein Indiz für die enorme Produktion minderwertiger Information sein, welcher sich der Geist bei seiner Höherentwicklung entledigen muss.

## *3.11 Struktursynthese – die kybernetische Evolution*

Entwicklungspotenziale benötigen ein Energiegefälle, gewissermaßen den evolutionären „Energiegradienten", um ihre Information in die Wirklichkeit transformieren zu können. In der physikalischen Evolution wird der Gradient noch vom Gang der Geschehnisse selbst aufrechterhalten. Mit der Vollendung der elementaren Bausteine ist dieser aber irgendwann erschöpft. Um die Strukturbildung fortzuführen, muss die thermodynamische Abkühlung nachgebildet werden. Auch wenn das Entropieprinzip seinem Wesen nach erhalten bleibt, wäre das Organisieren solcher Minievolutionen im energetischen Sinn schon Grund genug, von einem neuen Abschnitt zu sprechen.

Aber auch der Umgang mit der Information selbst gibt beim Überschreiten dieser Grenze ein etwas anderes Bild.

Wenn die physikalische Evolution nur damit befasst war, die organisierte Ganzheit kohärenter Prozesse in eigenständige Bruchstücke zu zerteilen, so müssen wir das zweite Prinzip so definieren, dass die Bruchstücke in die vorgefundene Ordnung wieder zusammengekittet werden. Wir nennen das die kybernetische Evolution, weil hier Ordnungssysteme entstehen, für die wir ob ihrer universellen Prinzipien eine völlig neue Anschauung entwickeln und eine ganze Wissenschaft definieren können. Die zu erzeugende Ordnung ist ein Pendant zum Prinzip der Kohärenz, nur sind die Funktionsprinzipien auf wesentliche Einheiten konzentriert. Der Übergang beider Systeme ist zunächst schwer zu finden, da auch elementare Bausteine zusammengesetzt sind, das heißt schon von einem Syntheseprinzip geschaffen sein müssten. Dem steht allerdings gegenüber, dass die Elementarteilchen und die Atome aus einem hochenergetischen Plasma abgeschieden und nicht im kalten Zustand zusammengesetzt werden. Der scheinbare Widerspruch löst sich auf, wenn man berücksichtigt, dass jede Strukturbildung mit einer verkürzten Evolution einhergeht. Die Bildung der Atome aus den Bestandteilen ist damit zum einen ein Prozess der physikalischen Evolution, weil er nach evolutionärem Schema funktioniert. Zum anderen gehört er auch bereits der kybernetischen Evolution an, weil er Einflussgrößen berücksichtigt, welche den Prozess lenken können. Die Genese der ersten Bausteine bildet gewissermaßen den Übergang, der beide Prinzipien enthält.

In der weiteren Evolution wird die kybernetische Strukturbildung der physikalischen immer unähnlicher, weil sie von konkreten funktionalen Formen gesteuert wird. Deshalb können wir die Vorgänge immer besser durchschauen, sie werden prägnanter und verlaufen nach logischem Kalkül, zumindest was ihre Zweckmäßigkeit betrifft. Lediglich Abkunft und Ziel der kybernetischen Evolution bleiben uns uneinsehbar, das heißt, der eigentliche Sinn der Entwicklung ist uns verborgen.

Wenn man dagegen eine weite Entfernung wählt und einen sehr allgemeinen Begriff von der Kybernetik voraussetzt, welcher auch die konnektiven Prinzipien berücksichtigt, so lässt sich wenigstens der prinzipielle Verlauf der kybernetischen Evolution auf eine abstrakte Formel reduzieren. Es werden konservative Systeme erzeugt, die eine kybernetische Hierarchie bilden, welche die Fähigkeit besitzt, das räumliche[177] Symmetriestreben konnektiver Vorgaben in die Raum-Zeit-Symmetrie kausaler Gesetze zu wandeln.

[177] Der Begriff „räumlich“ ist hier seiner Wirkung nach gemeint, das heißt zeitlich stabil. In der Mikrostruktur ist auch das eine wiederkehrende Bewegungsorganisation.

Mit diesen wird dann eine andere Art Symmetrie geschaffen, welche nicht mehr als solche erkennbar ist und in unserer Vorstellungswelt lediglich als eine logisch zweckmäßige Strukturierung erscheint. Im evolutionären Sinne wird die Symmetrie auf ein höheres Prinzip transformiert. Die Symmetrie erscheint als Zweck, welcher immer vollkommener wird, je weiter andere Funktionen und deren Zwecke einbezogen werden. Auf der Führungsebene bedeutet das, dass immer weitläufigere symmetrische Komponenten gefunden werden, die aus dem konnektiven Bild entfernt und in die Eigenständigkeit entlassen werden können. Sie stehen den Funktionen vor, welche bei Einbeziehung aller Vorgänge tatsächlich eine zeitlich räumliche Symmetrie beinhalten müssen.

Wenn uns auch dieses evolutionäre Prinzip nicht plausibel wird, so ist uns der Vorgang wenigstens in anderen Sichtweisen auffällig. So konstatieren wir vom analytischen Standpunkt aus einen Optimierungsvorgang des Informations- und Energieeinsatzes. Information kann sich wandeln und verdichten, niemals aber plötzlich neu auftauchen. Ebenso kann keine Energie aus dem Nichts entstehen, weshalb nur Prozesse ablaufen können, welche mit dem vorhandenen Reservoir auskommen. Die notwendige Energiedissipation kann nur erzeugt werden, wenn der energetische Zustand eine Minimierung, das heißt einen evolutionären Fortschritt, zulässt.

Der semantische Aspekt des Vorganges dagegen führt uns zur Anschauung von Zweck und Sinn, deren symmetrische Abkunft uns wohlmöglich für immer unergründlich sein wird. Dabei können wir bei jedem Vorgang in der Natur, dem wir eine evolutionäre Bedeutung beimessen, auch eine Zweckmäßigkeit finden. Er ist niemals losgelöst, sondern tritt in Beziehung zu anderen Vorgängen, welche dadurch in eine bestimmte Richtung unterstützt werden. Die Zusammenhänge sind in einer von uns definierten Bedeutung aber so unterschiedlich einzuordnen, dass eine Systematik darin nicht erkennbar wird. Das kann aber auch nicht anders sein, weil die verschiedenen Ebenen der evolutionären Abkunft ganz unterschiedliche Vorgaben mit ins Geschäft bringen und jede gewissermaßen seinen eigenen Handel betreibt. Abzuziehen ist davon die Vielfalt der konservativen Strategien, deren Variationen das Prinzip nicht gerade übersichtlicher gestalten. Die Intention der Natur wird schließlich durch den menschlichen Geist nachgeahmt. Jeder Aktion steht irgendein Zweck vor, der zumeist unbewusst ist, und im Falle des primitiven Bewusstseinsaktes sogar ein solcher bleiben muss. Bei den bewusst in Gang gesetzten Handlungen werden wir nicht selten von erkannten Zwecken geleitet, sodass uns das von uns nachempfundene Bestreben der Evolution eigentlich einleuchten sollte. Man bemerkt andererseits auch, dass uns die Realisierung einer zweckmäßigen

Vorgabe nur auf beschränkten Linien möglich ist und nicht die breite Wirklichkeit einbeziehen kann. Wir müssen die aktuellen Bedingungen für unsere Tat akzeptieren. Die natürliche Entwicklung implementiert diese Vorgaben in der konnektiven Führung für eine mehr oder weniger erfolgreiche Nachhaltigkeit. Das menschliche Bewusstsein ist lernfähig und bewahrt die Bedingungen bei der Bahnung der logischen Wege.

Die Zwecke, sowohl in der Evolution der Natur als auch in der Entwicklung des Geistes, passen nicht in ein einheitliches Schema. Wie die Spinnfäden in einem weiten Netz sind Beziehungen daran geknüpft, und gerade dort, wo sich die Möglichkeiten dazu finden. Das ist das Prinzip des konnektiven Systems, das die äußeren Vorgaben in das Netzwerk implementiert und daraus ein Ziel entwickelt, welches in harmonischen Abläufen erreicht werden kann. Mehr als eine Metapher dazu ist das symmetrische Prinzip. In der von Grund auf kinematischen Organisation unserer Welt werden Organisationen durchlaufen, welche in ihrer Rekursion stabil sind und sich damit in festen Strukturen beenden, so umfangreich sie auch sein mögen. Es ist eine in vielen Ebenen gefundene Balance, die so auch als das allgemeine Ziel der Entwicklung bezeichnet werden kann und gleichzeitig von den prästabilierten Basiselementen der Wirklichkeit gebildet wird.

Man kann sich gut vorstellen, dass in diesem Geschehen keine kristallartige Homogenität geschaffen werden kann, sondern dass die vielfältigsten Defizite dazu führen, dass sich baumartige Differenzierungen bilden. Interessant ist es nur, dass bestimmte weite Konstellationen auch bestimmte Rahmen vorgeben, die Entwicklungsrichtungen entsprechen, genauso wie die Summe vieler Zwecke einen allgemeinen Sinn ausmacht. So wie die Entwicklung der Natur viele kleine unbedeutende Schritte geht, findet der ganze Weg offensichtlich immer die Bedingungen, welche das Ganze in ein optimales Zusammenspiel führen, sozusagen in eine Welt, die nach Leibniz die beste aller Möglichkeiten darstellt. Nur rein menschlich bleibt die Frage hernach, wer solcherart Vollkommenheit geschaffen haben könnte.

Das menschliche Bewusstsein, selbst in den Prozessen der evolutionären Wirklichkeit verstrickt, kann in seiner Befangenheit die eigentlichen Triebkräfte der Strukturbildung nicht erkennen. Ein alles beobachtender objektiver Dämon, von den Vorgängen im Weltraume nicht beeinflussbar, könnte wohl die Prinzipien der Symmetriebildung ausmachen. Die Fragen nach Sinn und Zweck hingegen blieben ihm verschlossen, weil diese allesamt nur historisch im menschlichen Bewusstsein gewachsene Verkürzungen der Realität darstellen. Es sind die in unterschiedliche Weiten gesetzten Rahmen, welche symbolisch für die Ausrichtung der Prozesse stehen. Unsere Erkenntnis spielt sich schließlich zwischen den Extremen der Informationsprinzipien ab. Sie gehen in dem Maße auseinander, wie wir uns den Extremen der Prinzipe nähern. Dabei bedarf die göttliche Position auch der Funktionen, welche sich der logischen Analyse stellen müssen. Die Geschöpfe Gottes funktionieren in kausalen Prozessen, warum soll nicht auch die göttliche Führung ein stücklang in logischer Analyse interpretiert werden können. Und umgekehrt müssen sich auch die rationalen Funktionen der Wirklichkeit in Randbedingungen setzen lassen, welche in ihrer Weite nicht begrenzt werden können. Die Fragen nach Sinn oder Funktion benötigen offensichtlich unterschiedliche Erkenntnismethoden. Eine allumfassende Kybernetik sollte sich dem Wesen dieser Zusammenhänge nicht verwehren, auch wenn sie als analytische Wissenschaft dem logischen Ende des Erkenntnisbogens verhaftet bleiben muss.

Im Gegensatz zur Erkenntnis ist die kybernetische Evolution selbst auf keinerlei Beschränkungen der Informationsarten angewiesen. Die angestrebte Konvergenz von Vorgängen, welche so ineinandergreifen, dass ein harmonischer Zustand gebildet wird, ist sozusagen ein logistisches Gegenstück zu der Kohärenz, die den Ausgangszustand abgegeben hatte. Der Unterschied ist nur, dass die Auffassung von Symmetrie eine völlig andere ist. Während die Kohärenz die Symmetrie durch die Ununterscheidbarkeit in einer ganzen Organisation erzeugt, setzt die konstruktive Symmetrie des evolutionären Wachstums auf das Ebenmaß eingepasster Strukturen in Raum und Zeit. Es versteht sich von selbst, dass damit der Raum nicht so ausgefüllt werden kann, wie das in der absoluten Kohärenz der Fall war. Die Evolution ist deshalb ein Meister der Verdichtung zu einer Mannigfaltigkeit von Mustern.[178] Den Füllungsgrad finden wir nicht mehr in der Menge, sondern vielmehr in der differenzierten Vielfalt, die notwendig ist, um die verbleibenden und immer unbedeutender werdenden Fehlstellen zur Symmetrie auszufüllen. Die Methoden dazu sind nicht beliebig. Der Möglichkeitsraum wird zum einen durch die strengen Gesetze der Bausteine untereinander bestimmt, zum anderen durch die evolutionären Bedingungen, welche sich in der weiten Umgebung ausgestaltet haben.

Im Verlauf der Strukturbildung wird die Strenge der Vorgaben vermindert,[179] dafür werden sie allgemein, was durch die Anpassung der „Befehlsempfänger“ an das höhere Niveau ausgeglichen werden muss. In der natürlichen Entwicklung ist darunter allerdings nicht die Höhe im logischen

---

[178] In technischen Systemen lassen wir die Verdichtung der Information dem nämlichen Prinzip folgen.

[179] Die Information der evolutionären Bedingungen ist vorher in die Strukturen und Gesetze geflossen, das heißt in das Bauelementewissen, und bleibt an diesen Stellen wirksam.

Sinne gemeint, das heißt der Abstraktionsgrad, sondern die kybernetische, worunter die Breite der Basis der kybernetischen Pyramide zu verstehen ist. Es ist die wachsende Zahl schwächer werdender Einflussgrößen, deren eigene Vernetzung aber zunimmt. Unter diesen Blickwinkel wird eine kybernetische Hierarchie selbst zum wachsenden System, das immer komplexere und weiter gefasste Vorgaben bedienen muss.

Wenn der Informationsgehalt der kohärenten Ausgangsformen umstritten ist, liegt der Informationsbedarf der Synthese auf der Hand. Das Wissen kann nur aus den vorhergehenden Zuständen bezogen werden, wo es eben nicht durch logische Strukturierung auffällt, sondern sich in einer gewissen Ebenheit versteckt. Das Symmetrieprinzip kann uns dabei nur das äußere Gerüst geben, welches die Explikation lediglich auf die Harmonie ausrichtet. Vielleicht findet sich hier der Schnittpunkt zu der idealistischen Anschauung, nach der das Bestreben nach Einheit in Harmonie die göttliche Vollkommenheit berührt, wie es etwa durch das „Eine" in Meister Ekkehards Mystik ausgeführt wird. Diese Position steht gegen die logisch analytische Methode, gewissermaßen am anderen Ende des Erkenntnisbogens. Man muss sich die idealistische Reflexion als Annäherung zum konnektiven Hintergrund der Beziehungen vorstellen. Das subtile Andocken des menschlichen Geistes an die Beziehungswelt der Wirklichkeit setzt ein inneres Gleichgewicht voraus, wie es sich auch der bewussten Absicht ganz widerspenstig zeigt. Man muss sich deshalb nicht wundern, dass die Methoden der Mystik zur geistigen Vervollkommnung unseren Verstand provozieren und jede Analyse schon im Ansatz ad absurdum führen.

Der Verlauf der Evolution ist zu Beginn durch sehr enge Grenzen festgelegt. Die Elementarteilchen sind völlig identisch und kennen keine Variation. Mit der nachlassenden Genauigkeit der Strukturen und Prozesse sind aber keinesfalls die Zügel gelockert. Was an Bindungsenergie fehlt, wird durch strukturelle und kybernetische Schranken ersetzt. Auch die Möglichkeiten der Bausteine selbst, an wirklicher Vervollkommnung teilzunehmen sind nicht unbegrenzt. Jeder spannt für sich mit seinen Eigenschaften und Parametern einen Raum von Entwicklungsmöglichkeiten auf. Dabei sind nicht nur die Wege der Strukturierung im Raum interessant, sondern auch die Möglichkeiten des funktionellen Zusammenspiels, das heißt die Teilnahme an Prozessen. Die wenigen Möglichkeiten der Selbstorganisation bilden die letzte Zensur und engen den Reaktionsraum auf das ein, was wir als Wirklichkeit wahrnehmen. Die Freiheit der Marschrouten würde sich nur finden, wenn das Objekt herausgelöst und ein Stück in der Evolution zurückgesetzt werden könnte. Es könnte dann von den aktuellen Forderungen entbunden werden. Andererseits müsste der „Reaktionsraum" eingeschränkt werden, weil die Beziehungen zur Umwelt nicht mehr aktuell und passfähig sind.

Die vermeintliche Freiheit, allen Beziehungen zu entsagen, hieße auch für den Menschen, sich nur noch mit sich selbst zu beschäftigen und sich gewissermaßen in das enge Kämmerlein der eigenen Existenz zurückzuziehen. In Ermangelung der weiten Möglichkeiten blieben dann zur Abwechslung nur die Variationen der Gegebenheiten, welche im Vergleich zum Sinn des Ganzen dem Nonsensarsenal entnommen zu sein scheinen. Der Mensch kann den göttlichen Einrichtungen der Wirklichkeit nicht entfliehen, wie er auch seine Glücksmomente nur umso deutlicher beziehen kann, je mehr er sich in den Banden des evolutionären Sinns einzurichten versteht. Der paradoxe Zustand, dass ein größeres Maß an Freiheit mit einer Einschränkung der Möglichkeiten verbunden ist, dürfte dem Begriff der Freiheit ohnehin realiter anhängen.

## *3.12 Das Schlüssel-Schloss-Prinzip*

Es gibt eine scheinbar unerschöpfliche Zahl von Barrieren, welche uns die Einsicht in die Folgerichtigkeit der Evolution verhindern. Besonders erschwerende Verhältnisse werden etwa durch das Auseinanderlaufen der evolutionären Bedingungen geschaffen, oder auch durch den immer unbedeutender werdenden Fokus der heißen Phase. Der Kampf um den Fortschritt der Entfaltung wird gewissermaßen an einer fortschreitenden Front geführt, weil die Summe von Vorgaben nur dort gegeben ist. Das jeweils neu entwickelte Prinzip entspricht einem bestimmten Niveau und einer bestimmten Zeit. Auf dieses Niveau aufbauend wird es dann vielfach kopiert, zur Synthese verwendet und weiter differenziert, niemals aber wird Altes neu erfunden. Am einmal geschaffenen Fundament wird nicht gerüttelt. So sind etwa die Bauweise und die Bindungsenergie in der Elektronenhülle die „Konstruktionen" eines bestimmten evolutionären Niveaus, in dem alle Voraussetzungen genau für diese Schöpfung gegeben waren. In die zu dieser Zeit erzeugten Muster kann später nie wieder eingegriffen werden, indem etwa das Besetzungsschema der Orbitale verändert wird.

Wir können das Auftreten bestimmter Organisationsformen durchaus den Zeiten zuordnen, was aber nur im Nachhinein möglich ist und mit wachsendem Abstand besser gelingt. Das Neue dagegen muss uns erst zeigen, ob es Bestand hat und nachhaltig in evolutionärer Sicht ist oder nur eine der sinnlosen Variationen vorhandener Strukturen. Die Evolution auf hohem Niveau ist allerdings schwieriger zu durchschauen, da der Abstand zu den entwickelten konservativen Systemen immer geringer wird. Im aktuellen Geschehen lässt sich deshalb auch kaum ausmachen, was als Nonsensvariation des Konservativen dem schnellen Verfall preisgegeben ist, oder als Entfaltung des evolutionären Potenzials tatsächlich die elitäre Linie weiter führt. Einen Hinweis über die Sinnfälligkeit gibt uns lediglich die Beziehungswelt, in die das Neue gesetzt ist. Dazu müssen wir über die einfache Zweckfunktion des Geschehens hinwegsehen und geistige Positionen finden, für die fatalerweise unsere bewussten Einsichten nicht besonders dienlich sind. Es ist deshalb auch notwendig, der strengen Logik der Funktionalität den Spielraum menschlichen Ermessens entgegenzusetzen, zumindest in den weit in die Zukunft reichenden Entscheidungen. Schließlich ist das konnektive Netzwerk des menschlichen Geistes der aktuelle Träger der heißen Evolution, die sich ob ihrer besonderen Art nur unbewusst etablieren kann und auf die gutgläubige Gefolgschaft des Verstandes angewiesen ist.

In der kybernetischen Evolution wird die Information für die heiße Phase der Entwicklung nicht mehr nur aus den externen Bedingungen direkt bezogen, sondern auch über die Vermittlung der dafür spezialisierten Strukturen. Diese sammeln die Vorgaben über eine gewisse Zeit und einen bestimmten Raum. Es sind die konnektiven Systeme, welche gewissermaßen die Sprache der Evolution verstehen und in deren Dimensionen zu „denken“ vermögen. So wie sie eigentlich zur Ordnung der konservativen Systeme zu zählen sind, haben sie sich in ihrer Entwicklung kleinere „Fertigkeiten“ erhalten. Die Strukturen sind zwar beständig, können sich aber im Sinne der Evolution vervollkommnen. Das ist keine Änderung in den Grundsätzen, sondern als eine feinsinnige Nuancierung zu verstehen, die das gesetzte Ziel fortzuführen vermag.[180] Die Anfänge finden sich in den Führungsstrukturen der biologischen Zelle. Die Hohe Schule ist im neuronalen Netz des Bewusstseins erreicht. Dessen subtile Veränderung bestimmt den Gang der neuzeitlichen Evolution. Ansonsten scheint die Entwicklung auf zellulärem Niveau abgeschlossen zu sein. Allerdings treten noch immer gewisse Veränderungen auf, deren Sinn für die Evolution noch im Dunkel liegt.[181] Mit Ausnahme der aktiven Formen im Zellkern und im neuronalen Netz bleiben die von der Evolution verlassenen Strukturen neutral und sind gewissermaßen nur die Gefäße respektive traditionellen Werkzeuge für die weiteren Prozesse des Entwicklungsweges.

Am Anfang der Evolution sind die Reaktionsräume noch einigermaßen homogen, die Partner der intrinsischen Prozesse können direkt zueinanderfinden *(Abbildung 27a)*. Im weiteren Verlauf sammeln sich immer mehr

---

[180] Diese interessante Differenzierung ist eine Fortführung des Symmetriegedankens in die Feinstruktur und offensichtlich auch als konnektive Strategie leicht zu handhaben.

[181] Man denke etwa an das Auftreten neuer Viren.

neutrale Strukturen, die unterschiedliche Entstehungszeiten repräsentieren und kein Entwicklungspotenzial mehr besitzen. In dieser verworrenen Mischung heißer und kalter Phasen funktioniert das primitive Prinzip des Anfangs nicht mehr, die fertigen Strukturen wirken als Barrieren für direkte Prozesse. Die Partner müssen aufgrund ihrer neu gewonnen strukturellen Eigenschaften zueinanderfinden (*Abbildung b*). Schon ein diffuser Bewegungsantrieb führt die passfähigen Strukturen im Laufe der Zeit zusammen, was äußerlich wie ein Zufallsgeschehen ausschaut, aber ein Prinzip der Natur ist, bei dem sich gewissermaßen die Intention im Zufall durchsetzt. Die Suchfunktion wird von der Prägnanz von Schlüssel und Schloss, von deren Verteilung im Raum und der Menge der Elemente bestimmt. Als Antrieb wirkt die Wärmebewegung, deren Größe ebenfalls in die Strategiegleichung eingeht.

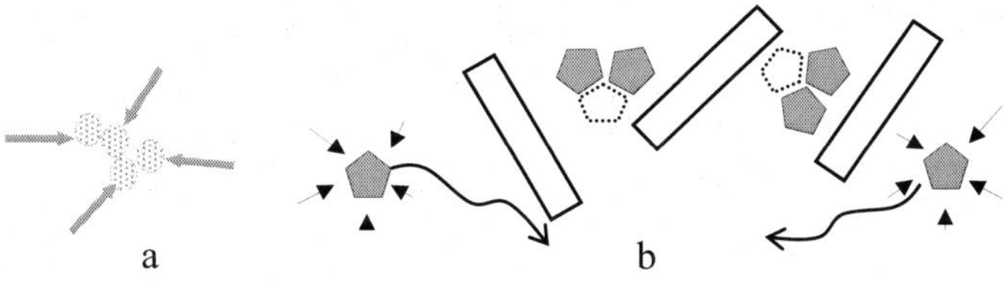


Abbildung 27*: Direkte und mit Schlüssel-Schloss-Prinzip geführte Prozesse*

Mit den Eigenschaften der Schlüssel-Schloss-Methode sind das Entfaltungsniveau und der zeitliche Rahmen ihres Wirkens abgesteckt. Es ist die vorkybernetische Etappe der Evolution, bei der gleichzeitig auch die ätiologische Information als neue Form in Erscheinung tritt und reaktive Substanzen baut, sozusagen die ersten kybernetisch aktiven Bausteine. Es versteht sich von selbst, dass die evolutionären Bedingungen von den Barrieren nicht verstellt werden dürfen, sondern vielmehr in weiteren Beziehungen wirksam bleiben müssen. Das sind etwa die ökologischen Bereitstellungen, welche die zahlreichen und eng tolerierten Prozessvorgaben liefern. So alltäglich sie uns auch vorkommen mögen, sind sie doch keinesfalls so selbstverständlich, dass sie, wie in manchen Evolutionstheorien, gar nicht beachtet werden müssten.

Das sich Finden von Schlüssel und Schloss ist gewissermaßen die einfache statistische Variante der Strukturbildung, welche sich in der folgenden Entwicklung durch immer feinere kybernetische Prinzipien erweitert. Alle Lebensformen sind letztlich mit der Strukturbildung beschäftigt, wobei sie sich im Verlauf der Phylogenese auch immer besser vom Zufallsgeschehen lösen können. So werden etwa in den ökologischen Systemen Nischen gelassen, die mit passfähigen Pflanzengesellschaften gefüllt werden. Gleichzeitig wird ein ökologisches Gleichgewicht angestrebt, welches die Beziehungen in einem umfassenden Netzwerk austariert. Wenn der Mechanismus ausfällt, lässt sich mitunter das Defizit in der Balance der Natur erkennen. Dass allerdings eine solche Balance auf einem höheren kybernetischen Niveau auch gewisse Rahmenbedingungen nötig hat, will uns weniger einleuchten, weil wir hier die logische Interpretation verlassen müssen.

Das Schlüssel-Schloss-Prinzip geht, wie alle anderen einmal benutzten Methoden, der Evolution nicht verloren. Es wird vielmehr selbst differenziert und ist in entwickelter Form auch später wieder zu finden, wobei es aber unkenntlicher wird. Zum Beispiel werden im sogenannten Inferenzprozess der Gedanken logische Zusammenhänge gesucht, welche einen bestimmten Sinn ausführen sollen. Für den sprachlichen Ausdruck müssen die zum Zusammenhang führenden Worte den gegebenen Rahmen füllen, das heißt, sie müssen in das Schloss passen. Jedes Wort hat dazu eine bestimmte Prägung und ist für eine bestimmte Verwendung passfähig. Worte zusammenzufügen, kommt einem Zufallsgeschehen gleich, bedient aber letztlich einen Zweck auf höherem Niveau. Das Prinzip wird mit ganzen Gedankenketten weitergeführt, welche dann einen noch weitergehenden Rahmen auszufüllen haben.

# 4 Die Ordnung der Wirklichkeit

## 4.1 Die Ordnung der Symmetrie

Die Urform der Information ist die gebrochene Symmetrie. Selbst wenn wir die Symmetrie in Informationseinheiten zu charakterisieren suchen, benötigen wir dazu unsymmetrische Zustände als Hilfsmittel. In der Kohärenz des Anfangs, welche sich als absolute Symmetrie darstellt, ist demnach Information nach unserer Definition nicht existent. Andererseits produziert die natürliche Kohärenz Information in einer evolutionären Abfolge. Wir müssen deshalb konstatieren, dass die gesetzte Definition von unserer Vorstellung befangen und nicht wirklich allgemein ist. Wir sind in unserer Erkenntnis auf wiederkehrende Strukturen angewiesen, da unser Bewusstsein selbst nur mit solchen gebaut ist und nur damit auch arbeiten kann. In den kohärenten Zuständen sind latente Strukturen zu ganzheitlichen Formen glatt zusammengesetzt, sodass wir keine Anhaltspunkte für unsere Erkenntnis finden. Die hätten wir möglicherweise aber auch dann nicht, wenn sich die innere Strukturierung zu erkennen gäbe. Schließlich muss man annehmen, dass auch die Organisationsprinzipien in diesem ursprünglichen Ausgangspunkt noch von einmaliger Natur sind, das heißt noch nicht das logisch erkennbare Niveau wiederkehrender Muster erreicht haben. Es steht uns demzufolge auch nicht zu, den tatsächlichen Informationsgehalt einer solchen absoluten Organisationsform zu beurteilen.

Mit dem Blick auf die Evolution stellt sich die Frage, wie die vollkommene Symmetrie in Teile zerfallen kann, die uns dazu noch eine gewisse Ordnung präsentieren. Dem Geheimnis kommen wir nur näher, wenn wir wenigstens dem grundsätzlichen Prinzip der uns in Kohärenz erscheinenden Organisationen auf die Schliche kommen können. Zunächst ist anzunehmen, dass der eigentliche Informationsinhalt[182] mit einem enormen Aufwand an symmetrierenden Zwischengliedern „verpackt" ist. Der kann nicht gleichartig sein, sondern muss sich den Inhalten der einzelnen Niveaus anpassen. Die Unterschiedlichkeit der Organisationsformen ist dann auch gleich die nächste Annahme, wenn wir die Evolution als ein konsequentes Entwicklungsprinzip ansehen, das auch in den latenten Vorstufen bereits seine Maximen vertritt. Die Methoden, die wir in der Strukturbildung vermerken und die damit verbundenen Änderungen um die Inhalte und das Wesen von Information sind soweit evident, dass sie sich auch auf den „vorphysikalischen" Bereich des kohärenten Zustandes extrapolieren lassen. Es geht darum, dass auch hier die Informationsprinzipien schon ansatzweise die Form einer kybernetischen Pyramide bilden, nur dass sie noch in einer geschlossenen Form zusammenspielen. Wie anders könnte die Unzahl exakt wiederholbarer Strukturen zuerst entpackt werden.

Die Symmetrie, welche uns aus den elementaren Bausteinen des Universums bekannt ist, hat eine mit steigender Organisationshöhe abnehmende Strenge, wenn wir diese aus einer deutlichen Wiederholbarkeit definieren. Das deckt sich mit dem Energiegehalt der intrinsischen Organisation, der offensichtlich mit der Genauigkeit korreliert, welche für den hohen Grad an Symmetrie erforderlich ist. Der exakt reversible Prozess ist eine Art der Symmetrie und gleichzeitig eine Art der Beständigkeit über die Zeit, deren Maß dann allerdings über den Rekursionsrhythmus hinausgehen muss. Am anderen Ende der kybernetischen Pyramide ist die Information nur noch in Beziehungswissen vorhanden. Hier hat auch die Symmetrie eine andere Form, indem sich die Inhalte über die Konnektionen subsumieren und dem Entfaltungsfortschritt immer in einer angepassten und ausbalancierten Art

[182] Darunter sind die latenten Äquivalente der später in Form gebrochener Symmetrien auftretenden Bedingungen der Evolution und deren erzeugten Strukturen zu verstehen.

zur Verfügung stehen. Auch dieses Prinzip dürfte in der ursprünglichen Kohärenz obligatorisch sein, nur eben in der entsprechenden symmetrischen „Verpackung".

In der Wirklichkeit unseres direkt beobachtbaren Niveaus erkennen wir die Stufenleiter der evolutionären Entfaltung in der strukturellen Hierarchie der Bausteine und -gesetze. Dabei gestaltet sich auch die Symmetrie nach dem evolutionären Prinzip. Die Symmetrie der elementaren Bausteine ist evident, die der zusammengesetzten Strukturen verschwindet anscheinend mit der Entwicklungshöhe. Das Beziehungswissen verbleibt zwischen den immer umfangreicher werdenden konservativen Systemen. Seine Intention ist schließlich die Abbildung des kybernetischen Prinzips in die konservative Struktur, welche damit selbst zur Teilnahme an der Evolution ermächtigt wird. Anstelle der Symmetrie erscheint ein organisierter Ausgleich, der uns mehr als Zweck oder im weiteren Umfang auch als Sinn offenkundig wird. Die Symmetrie findet sich dann auf einer höheren Stufe wieder, auf der uns dieser Zusammenhang nicht mehr einleuchtet. Es ist die evolutionär unterhaltene Differenzierung, mit welcher wir auch unsere Anschauung verändern müssen. Aus der physikalischen Disziplin wird eine kybernetische.

Erst mit dem Auftreten der neuronalen Netze als steuernde Bewusstseinsebene wird die Symmetrie wieder bemerkbar als ein über allem obwaltendes Prinzip, das den Ausgleich auf der höchsten Führungsebene schafft. Das erneute Auftreten symmetrischer Prinzipien auf der höchsten Entwicklungsebene zeigt, dass die Methode nicht verschwunden ist, sondern verborgen weitergetragen wurde. Was im neuronalen Netz gewissermaßen in austarierte Struktur gegossen ist, darf deshalb auch vordem angenommen werden, nämlich im Zusammenspiel der konservativen Strukturen und Gesetze. Es findet eine zunehmende Vernetzung statt, in der sich die autonomen Systeme mit ihren konnektiven Prinzipien selbst aktiv einbringen. Die Symmetrie in den Wichtungen des konnektiven Systems steht für die Konvergenz der konservativen Systeme. Im Bewusstsein schafft sie die Vorgaben für die Harmonie in der Gesellschaft. Als relativ späte evolutionäre Stufe ist diese allerdings auch durch die größte Ungenauigkeit gezeichnet, was die Entwicklung des Geistes zu einem langwierigen Weg macht, der durch viele Schwierigkeiten gebrandmarkt ist.

In all den Hindernissen kommen die Strategien zum Vorschein, welche mit den konservativen Systemen allein geführt werden. Ohne die konnektive Führung zeigen sich dabei nicht selten total verstellte und aussichtslose Zustände, welche dann nach historisch gewachsener Symbolik diabolischen Einflüssen zugerechnet werden. Die Geistesgeschichte hat für das zügellose Wirken entfesselter Kräfte ein eigenes Regelwerk aufgestellt, welches sich gewissermaßen unter der Macht des Bösen subsumiert. Mit den Methoden der kybernetischen Analyse können zusätzliche Einflussgrößen ausgemacht werden, welche durchaus auch eine gewisse Selbstorganisation der Macht zulassen. Diese kann möglicherweise auch virulent sein und ein eigenes Strategienpotenzial besitzen. Sie mag mit der höchsten Intelligenz organisiert sein, kann aber die lineare Logik nicht verlassen und ist demzufolge dem geistigen Prinzip über kurz oder lang unterlegen. Die Frage bleibt nur, ob die Zivilisation den paradiesischen Zustand der göttlichen Harmonie vollenden kann, bevor die Ressourcen in geistlosen Funktionen vertan sind.

So wie wir in der Analyse der göttlichen Harmonie keine Symmetrie mehr finden, müssen wir auch den Sinn als ein Folgeprinzip akzeptieren, welches durch ein höheres Entwicklungsniveau gekennzeichnet ist. Als reines Beziehungswissen kommt es dem geistigen Prinzip näher und bedarf anderer Erkenntnismethoden als der logischen. Im ganzen Sinn würde sich allerdings auch der Zweck unserer Erkenntnis selbst wiederfinden. Schon deshalb, gewissermaßen aus Gründen der kybernetischen Stabilität, muss dem niederen Niveau unserer Vorstellung der ganze Sinn verborgen bleiben.

In einem völlig symmetrischen Universum ist Information undenkbar. So wie sich Information aber von Symmetrie unterscheidet, ist sie selbst nur in Abgrenzung zu diesem Prinzip existent, das heißt wird im Wesentlichen von symmetrischen Prinzipien umgrenzt und wird wie von einer Matrize wieder in diese alten Prinzipien gedrängt. Es wird die Minimierung des Organisationsaufwandes aus dem Vorzustand weitergeführt. Für den Lauf der Entpackung können wir uns vorstellen, dass sich aus der quasikohärenten Symmetrie Partitionen abspalten, welche eigenständige Formen bilden und als solche miteinander in Beziehung bleiben. Die erkennbaren Symmetrien bleiben uns als Reste der Kohärenz sichtbar. Deren Zusammenspiel gibt ein Bild von Information, welche ihre symmetrische Abkunft nicht ganz verbergen kann und demzufolge auch wieder an entsprechenden Konstrukten beteiligt ist.

Das eigentliche Geheimnis ist, wie sich aus der Vorgabe, welche uns insofern sinnvoll erscheint, eine solche Differenzierung der Formen ergibt, dass sich darin eine geordnete Hierarchie von kybernetischen Abläufen erkennen lässt. Dass sinnvolle Ziele auch zu nachhaltigen Veränderungen in der Wirklichkeit führen, ist uns aus der Erfahrung nicht unbekannt. Wie sich solches Geschehen aber aus dem Selbstlauf der Natur heraus organisieren kann, bleibt uns allenfalls ein Rätsel. Es versteht sich von selbst, dass an dieser Stelle nur eine spekulative Hypothese ansetzen kann. Eine erste Verallgemeinerung des Symmetriegedankens entsteht durch die Einbeziehung unserer Vorstellung von allgemeiner Information. Der erste intrinsische

Prozess, der aus der Kohärenz des Anfangs ausgeschieden wurde, ist offensichtlich ein symmetrischer. Nun soll angenommen werden, dass seine Symmetrie dann am größten ist, wenn der erzeugende Prozess keine unnütze Information enthält.[183] Es ist nur die Information vorhanden, welche für die Aufrechterhaltung der inneren Organisation unbedingt notwendig ist. Diese Behauptung deckt sich mit der Grundaussage des planckschen Prinzips, nach dem den Teilchen diskrete physikalische Energiewerte zukommen, und zwar in eindeutiger Form. Das ist damit bewiesen, dass bislang nur Teilchen beobachtet wurden mit den exakten, zu ihnen gehörenden Werten der Bildungsenergie. Es gibt offensichtlich keine Teilchen, welche in ihrer Grundform unnützen Ballast enthalten.

Wenn im Universum keine Information aus dem Nichts produziert werden kann, so ist der genaue und „sorgsame“ Umgang mit Information ein allgemeines Existenzprinzip. Das ist mit dem Energieerhaltungssatz vergleichbar, nur ist die Information in ihrer allgemeinen Form im Vergleich zur physikalischen Energie um vieles komplexer. Insbesondere sind die Formen der Information in den unterschiedlichen evolutionären Niveaus zu unterscheiden und ihnen differenzierte Verarbeitungsmethoden zuzuordnen.[184] Da unserer Analyse selbst ein bestimmtes, eng umgrenztes Informationsprinzip zugrunde liegt, ist das breite natürliche Spektrum von Information nicht messbar, wodurch eine Formulierung in Anlehnung an den Energieerhaltungssatz nicht möglich ist. Bemerkenswert bleibt lediglich, dass die Information in ihrer allgemeinen Form[185] genauso wandelbar ist, wobei sie ihren Inhalt auf die einzelnen Niveaus der Bezugnahmen auf Raum und Zeit verteilt, die gleichzeitig auch den Bedeutungen in der kybernetischen Pyramide entsprechen. Genauso wie im Falle der Energie ist die Wandlung nicht in jedem Falle reversibel, vielmehr kommt auch hier die evolutionäre Intention zum Ausdruck. Insbesondere ist es das Verhältnis von korrelativer Information des Beziehungswissens am linken Rand zu den mehr konservativen Prinzipien des rechten Randes der kybernetischen Pyramide.

Die erste Symmetrie muss der Raum selbst bilden. Obwohl er aus einer völlig informationslosen Matrix gebaut ist, muss er mindest die Differenzierung in eine positive und negative Eigenschaft des elektrischen Feldes darstellen können. Indem der Impulserhaltungssatz gilt, findet die geradlinige

[183] Die Annahme ist andererseits als eine Definition zu verstehen, nämlich dann, wenn die Symmetrie nur für eine Ausdrucksform dieses Informationsminimums steht.

[184] Wenn auch für die intrinsischen Prozesse noch kaum Erkenntnisse vorliegen, ist nicht auszuschließen, dass die Organisation einem einfachen Algorithmus unterliegt, der nur den Energieniveaus angepasst ist.

[185] Ein vergleichbarer Ausdruck ist etwa die „gebrochene Symmetrie“.

Bewegung eines ponderablen Körpers symmetrische Bedingungen vor. Das ist ein Hinweis darauf, dass die Matrix geradlinige Verbindungen zwischen den Punkten des Raumes unterstützt, das heißt selbst aus solchen gebaut sein muss. Die kleinsten Einheiten der Raumausdehnung müssen mit Lichtgeschwindigkeit gebildet werden, wodurch auch der kleinste Zeittakt der Wirklichkeit festgelegt ist. Die Symmetriebrechung in positive und negative Feldräume baut auf einen primären Informationsinhalt, welcher auch nur für die Organisation der wägbaren Einheiten zuständig sein kann.

Der Zusammenhang von Symmetrie und Informationsminimum ist zunächst für den intrinsischen Prozess evident, der mit dem Äther geführt wird. Aber auch für die aus den elementaren Teilchen zusammengesetzten Strukturen sind die diskreten Maße der Quantentheorie zutreffend. So gelten für Atome und Moleküle feste Werte für die intrinsische Energie und die Bindungsenergie, abhängig von der Beteiligung äußerer Bedingungen. Dazu gehört die Einflussnahme fremder Information, wie etwa beteiligter Felder, welche sozusagen das Maß innerer Information ergänzen. Das System findet insgesamt ein Energieminimum, das auch für die Prozesse unnötige Information nicht zulässt. Bei den weiter zusammengesetzten Strukturen sind die Wechselwirkungen mitbeteiligt, welche zwar keine Mindestwerte beinhalten aber hinsichtlich der Ätherprozesse genauso optimal sind, das heißt in jeder Konstellation ein Minimum an Aufwand einstellen. Das entspricht für die gegebene Struktur einem Maximum an Symmetrie. Gleichzeitig ist der Einsatz von Information nicht mehr zu unterbieten.[186] Wäre eine exakte Analyse möglich, gälte das auch für den nichtredundanten Beschreibungsaufwand, der in Analogie zu den Energiewerten etwa in Tabellen die gleichen Verhältnisse erzeugen könnte. Dann käme das Informationsprinzip in Anwendung, nach dem der wesentliche Inhalt eines Musters ohne Verlust auf beliebige Träger transformiert werden kann.

Wie die Quantenmechanik lehrt, können wir auch schon im Falle größerer Moleküle auf die Beachtung der intrinsischen Werte verzichten und uns bei der Berechnung der Zustände auf die äußeren Wechselwirkungen beschränken. Es stellt sich bei jedem beobachtbaren Zustand wieder ein Minimum an Energie ein, wenn die äußeren Bedingungen berücksichtigt werden. Es entsteht ein symmetrischer Zustand, der dem unteren Grenzwert an prozessrelevanter Steuerinformation gleichkommt. Die Frage stellt sich nun, wie sich diese Systeme bei den Vergrößerungen verhalten, die den höheren evolutionären Stufen entsprechen. Zunächst wird das erwartete Bild von

[186] Die wäre natürlich nur definiert, wenn eine darunter liegende Differenzierung ausgemacht werden könnte, was aber im Falle einer diskreten Äthermatrix immer gegeben ist.

Symmetrie undeutlicher. An einigen einfachen konservativen Systemen lässt sich der Zusammenhang vielleicht noch erkennen. So hat etwa ein rotierendes Rad in der Ruhelage seine größte Symmetrie, bei Ablenkung vermittels zusätzlicher Information wird diese vermindert. So undeutlich sich die Symmetrie bei zusammengesetzten Systemen zu erkennen gibt, das angestrebte Minimum an beteiligter Information bleibt erhalten. In einer etwas verblüffenden Form zeigt sich das bei der Präzessionsbewegung rotierender Körper. Wird auf die Achse eines rotierenden Rades ein Kraft ***F*** ausgeübt, welche eine zusätzliche Rotation der Massepunkte des Rades bewirken soll (*Abbildung 28*), so korrigiert sich diese zu komplizierte Rotation in eigener Regie, sodass das Minimum an Aufwand in der intrinsischen Organisation der bewegten Masseteilchen wieder hergestellt wird. Das verändert die Rotation des Rades selbstständig, was als zusätzliche Kraft $\boldsymbol{F}_{\textit{Präzession}}$ in Erscheinung tritt.[187] Der Informationsaufwand bei der Organisation der intrinsischen Prozesse für die bewegten Masseteilchen ist am geringsten und die Prozesse selbst werden die größtmögliche Symmetrie besitzen, auch wenn dazu eine äußere Kraft entwickelt werden muss. Die Beurteilung der gesamten Organisation in der Äthermatrix ist uns allerdings kaum möglich, da wir dafür keine Erkenntniswerkzeuge entwickelt haben.

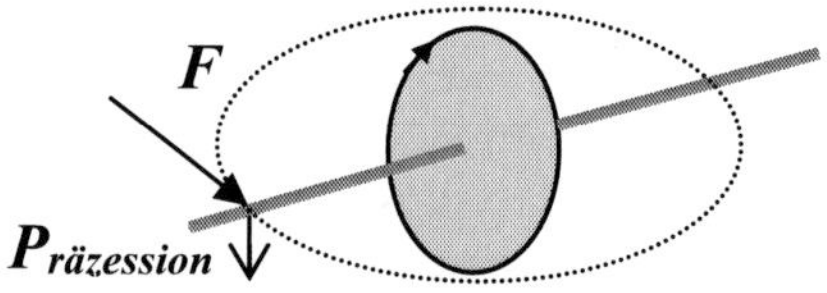


Abbildung 28: *Präzessionsbewegung*

Genauso wie nach einem Energieminimum streben die konservativen Systeme nach einer Symmetrie, die einem Minimum an prozessrelevanter Information entspricht, welche den strukturellen Zustand in der Äthermatrix aufrechterhält. In seinen letzten Jahren hatte Heinrich Hertz versucht, die Gesetze der Mechanik auf ein einfaches Kalkül zu reduzieren.[188] Bei seinen ersten Ansätzen kamen dabei Prinzipien zum Vorschein, welche sich auch auf den intrinsischen Organisationsaufwand der ponderablen Teilchen im

---

[187] Der nicht geradlinige Anteil freier Bewegungen kennt keine Trägheit, das heißt es muss für seine Organisation eine äußere Zusatzkraft aufgewendet werden.

[188] Heinrich Hertz: Die Prinzipien der Mechanik in neuem Zusammenhange dargestellt. [7].

Ätherraum beziehen lassen. Zum Beispiel führt das Prinzip der geradesten Bahn auf den minimalen Organisationsaufwand und die Symmetrie einer in der Äthermatrix bewegten Teilchenorganisation. Gleichzeitig ist damit auch die Struktur der Matrix belegt, die eine solche Symmetrie in der geradlinigen Bewegung unterstützt. Nur in dieser Geradlinigkeit kann auch eine Trägheit organisiert werden, die einem Zusatz an intrinsischem Aufwand entspricht. Allerdings gilt die Geradlinigkeit streng genommen nur für die allgemeine, Riemannsche Auffassung des Raumes, insbesondere wenn physikalische Felder wirksam sind.

Stimmt der Zusammenhang zwischen Symmetrie und Minimum an Informationsaufwand, so lässt sich das allgemeine Symmetriebestreben des Universums auf eine einfache Formel reduzieren, welche auch gegen die verschiedenen Auffassungen von Symmetrie in den evolutionären Niveaus invariant ist.[189] Alle organisierten Strukturen der Wirklichkeit streben einen Zustand an, der das Minimum an Information enthält, welches für den Bau der Struktur erforderlich ist. Dabei ist der Strukturbegriff nicht nur im konservativen Sinne aufzufassen. Im autonomen System gehören alle beteiligten Strukturen dazu, auch die korrelativen der höheren Ebene. Je weiter ich den Rahmen setzen kann, ohne das Axiom dabei zu verletzen, umso näher kann ich den Informationsinhalt einem Sinn zuordnen.

Ganz allgemein präsentiert sich uns dieses Minimierungsprinzip als Symmetriebestreben in den elementaren Bausteinen, als Energieminimum in den mechanischen Konstellationen oder als Zweck- bzw. Sinnsuche in den kybernetischen Systemen. In Letzteren zeigt es sich, wie das Symmetriebestreben auf die höchste Ebene der kybernetischen Hierarchie verschoben wird, weil sich alle nachfolgenden Systeme dem Prinzip unterordnen. Die gewichtete Information stellt auf dem höchsten Niveau eine räumliche Symmetrie dar. Zum Prozess hin wird diese schrittweise in eine zeitliche gewandelt. So ist etwa der transiente Prozess dann optimal, wenn er frei von Schwingungen ist, das heißt exakt ausgeregelt, was letztlich den Informationsinhalt des ganzen Steuerungsprozesses attestiert. Dagegen ist die Schwingung ein informationsloser Prozess, welcher nur die Eigenart der Bausteine und ihrer Gesetze abbildet.

Einerseits tritt Information im intrinsischen Prozess der Bausteine in Erscheinung, die soweit eben und fensterlos sind, dass sie keine Einsicht zulassen. Zum anderen werden diese Bausteine in höhere Symmetrieoperatio-

[189] Dazu wird die Anschauung vorausgesetzt, dass die Symmetrie im Verlauf der Evolution durch Differenzierung komplexer wird.

nen einbezogen, wodurch deren Konstellationen beobachtbar[190] und sie selbst zu Informationsträgern werden. Im evolutionären Umgang mit dieser Information zeigen sich die Prinzipien der Minimierung in der Hierarchie der kybernetischen Pyramide. Sie sind in dieser komplexen Form der Analyse nicht direkt zugänglich, ihr Wirken kann aber erahnt oder in bestimmten Fällen mittelbar beobachtet werden. Es ist anzunehmen, dass im autonomen System, welches sich als solches auch genügend abgrenzen lässt, die Forderung nach Symmetrie für das ganze System gilt. Damit würde zugleich eine gewisse funktionale Differenzierung im System unterstützt und dessen innere Vervollkommnung evident. Das Streben nach Symmetrie ist als ein primäres Prinzip der Selbstorganisation aufzufassen, weil es durch die Konstitution der Äthermatrix selbst unterstützt wird. Als solches kann es nicht für den letzten Sinn der Welt stehen, sondern für ein Hilfsmittel, das sozusagen Gott in der Verwirklichung seiner Idee intelligent entlastet. Bei den menschlichen Schöpfungen müssen sich die Konstruktionen dagegen an ökonomischen Forderungen brechen lassen, welche nicht der optimalen Selbstorganisation nach, sondern in der Begrenzung logischer Methoden und nach dem Angebot des Marktes aufgestellt werden. Man sieht auch, dass die Optimierungen nach dem evolutionären Prinzip nur dann funktionieren, wenn die kybernetischen Pyramiden vollständig sind, das heißt, dass auch die konnektive Ebene eingeschlossen ist. Fremdgesteuert werden die Ressourcen für sinnlose Funktionen vergeudet und der Weg der Weiterentwicklung in Nachhaltigkeit verlassen.

Auch in der Geschichte der Erkenntnis ist eine frühzeitige Zweiteilung der Methoden zu beobachten. Auf der einen Seite steht die auf das Detail fokussierte Naturbeobachtung, welche die logische Sukzession in den Baugesetzen des Universums findet. Die empirische Methode verbreitet sich aufgrund der Wiederholbarkeit der Ergebnisse schnell und wird mit der Mathematisierung der gefundenen Beziehungen zur eigentlichen Wissenschaft erhoben. Die begrenzte Reichweite der logisch beschreibbaren Geschehnisse hat allerdings schon von Beginn an Zweifel an deren Universalität genährt. Es standen deshalb die metaphysischen Spekulationen gegenüber, welche die begrenzten Gesetze in einen größeren Beziehungsrahmen stellen sollten. Schließlich ist eine Entwicklung zu konstatieren, welche sich nicht mit mathematischen Gesetzen erklären lässt. Selbst in der physikalischen Forschung wurde deshalb der äußere Rahmen der Vorgänge, der letztlich auch den Sinn bestimmt und eine Zielfunktion definiert, der göttlichen Idee

[190] In etlichen Fällen ist die Symmetrie der Bausteine soweit ersichtlich, dass damit der Begriff überhaupt erst aufkommen konnte.

anheimgestellt. So war etwa auch das mechanische Universalprinzip der kleinsten Wirkung nicht mehr logisch erklärbar, weil es eine teleologische Aussage beinhaltet. Die Entdeckung von Maupertuis, dem Präsidenten der Berliner Akademie, formuliert Arnold Sommerfeld sinngemäß: *„Die Natur wählt unter allen möglichen Bewegungen diejenige aus, die ihr Ziel mit dem kleinsten Aufwande von Aktion (Wirkung) erreicht."*[191] Ebenso wie Leibniz war auch Maupertuis der Auffassung, dass solcherart weit gefasste Bedingungen nur der weisen Voraussicht des Schöpfers entspringen konnten. Zweifellos war hier der zweiten Methode der wissenschaftlichen Forschung bedacht, welche allerdings sonst nur mit dunkler und spekulativer Metaphysik aufwarten konnte. Aber statt auch diesen Weg weiterzuverfolgen und die Erkenntnisse als Voraussetzungen einer selbstorganisierte Entwicklung zu verstehen, wurde er durch die Dominanz kurzgefasster Logik frühzeitig verlassen, mit den entsprechenden erkenntnistheoretischen Folgen. Die geistige Sicht, welche in den Beziehungen der Dinge den äußeren Rahmen zu finden hat, fordert den teleologischen Hintergrund als eine erste Voraussetzung für das Wirken kybernetischer Vorgänge und damit auch für die Möglichkeit einer Evolution. Für die intrinsischen Prozesse der Baukörper wird eine vollkommene Symmetrie vorausgesetzt, weil die Konstitution der Äthermatrix, in der die Prozesse geführt werden, nichts anderes zulässt. Dabei bezieht sich die Symmetrie nicht nur auf den Raum, sondern auch auf die Zeit, wodurch keine Zeitrichtung angegeben werden kann. Physikalisch lässt sich diese Art Symmetrie als Wirkungsminimum interpretieren. Die gleiche Intention für Symmetrie wird genauso auch auf die höheren Organisationen übertragen, wodurch sich auch bei Bewegungsvorgängen von ganzen Körpern das Prinzip von Maupertuis entdecken lässt. So wie die Ansätze sich noch logisch verstehen lassen, ist der weitere Weg der Symmetrie in den höheren evolutionären Vorgängen nicht mehr nachzuvollziehen, weswegen hier das Prinzip des Geistes greifen muss, welches nach einer ähnlichen Methode zu arbeiten hat, dem Austarieren von einer Unmenge von Beziehungen, gewissermaßen einem unendlich komplexen Symmetrierungsvorgang. Diese Art findet sich am linken Rand der kybernetischen Pyramide. Sie erzeugt eine ursprüngliche Weltsicht, die vom Ganzen ausgeht, welches als Beziehungswissen die Rahmenbedingungen und damit auch das Entwicklungsziel gibt, gewissermaßen die göttliche Idee tangiert. In Erkenntnisfragen sind beide Methoden, die geistige und die logische, gleichberechtigt, wobei die rechte Mischung für die Praxis der Evolution vielleicht schon durch das Bewusstseinsprinzip des Menschen gefunden ist.

---

[191] Arnold Sommerfeld: Mechanik. Leipzig 1955 Seite 196

## 4.2 Das konservative System

In Abgrenzung zu den evolutionären Systemen haben die konservativen Systeme einen jeweiligen Endzustand der Entwicklung erreicht, sie sind nicht mehr weiter zu vervollkommnen. Dazu gehört notwendigerweise eine Stabilität,[192] das heißt, das System darf auf veränderte Randbedingungen nur mit einer Anpassung der inneren Organisation reagieren, ohne die eigene Struktur irreversibel zu verändern. Es zeigt sich eine Variabilität, die durch physikalische Gesetze beschrieben werden kann, welche allesamt umkehrbar sind, das heißt symmetrisch bezüglich der Zeit. Zu den ersten Prinzipien, welche sich mit den Formen aus der Urkohärenz abgeschieden haben und zumindest formell in die konservative Kategorie fallen, gehören deshalb auch die Naturgesetze selbst. In ihrer Symmetrie beschreiben sie genau das, was sie an Beständigem enthalten. Gemeinsam mit den dazugehörigen wiederholbaren Bausteinen schaffen sie das höhere Niveau der konservativen Systeme, die dann ebenso wieder als funktionelle Komponenten in der kybernetischen Evolution verbaut werden.

In der Abfolge ihres Auftretens erscheinen die konservativen Systeme in einer Entwicklungsreihenfolge, in der sich ihre Komplexität durch Zusammenbau vergrößert, die Bindungsenergien ab- und die Zeitkonstanten der Organisation zunehmen. Wir finden die Systeme wie in einem Museum zum großen Teil erhalten und können in der Reihefolge ihres Erscheinens beobachten, wie zunächst das klassische Bild der exakten reversiblen Organisation entsteht und später wieder verändert wird, indem die Systeme mehr zielorientiert strukturiert werden, und zwar im Sinne der evolutionären Aufgaben. In dieser Tendenz muss auch die Bezeichnung „konservativ“ relativiert werden, weil die Systeme ihren Aufgaben angepasst sind und am Ende mehr ein Ziel bevorzugen, das heißt auch eine Zeitrichtung. In dem Sinne finden sich die Informationsprinzipien in der Form, wie sie den Aufgaben entsprechen. Dem äußeren Erfordernis steht ein konservatives System gegenüber, welches korrelativ aus dem Beziehungskosmos gesteuert, auf der Prozessebene mit der Wirklichkeit verbunden ist, in welcher dann selbst wieder der Informationskreis zu den korrelativen Bedingungen geschlossen wird. Die Anpassung des Informationssystems an die Aufgabe im evolutionären Geschehen ist nicht nur in der Phylogenese zu beobachten. Selbst in der Ontogenese zeigen sich die entsprechenden Änderungen, wie etwa die Ausprägung des Farbsinns oder der Tonhöhe in der Lautbildung.

---

192 Die Stabilität wird anfangs durch Bindungskräfte organisiert, die von einer konvergenten Kinematik intrinsischer Prozesse gebildet werden, später durch kybernetische Organisationen.

Ebenso beginnt die seelische Entwicklung mit ihren konnektiven Prinzipien weit früher als die logischen Bahnungen, weil sie viel breiter angelegt ist und die Richtungsvorgabe aus dem Ganzen zu entfalten hat. Dabei stimmt sogar die Reihenfolge dieses Vorganges mit dem internen Wandlungsprozess des Informationssystems überein. Die Übereinstimmung der Formen in allen Bereichen könnte auf einen planmäßigen Verlauf schließen lassen. Unter dem Gesichtspunkt einer evolutionären Verschränkung der Vorgänge erklärt sich der Begriff der Planmäßigkeit jedoch nur auf der Grundlage einer notdürftigen logischen Beschreibung des natürlichen Vorbildes.

Das klassische konservative System ist hinsichtlich seines Gefüges ein geschlossenes, aber plastisches System, welches sich reversibel verformen lässt. Ein Schulbuchmodell ist das reibungslose Pendel. So wie es von außen in verschiedene Lagen gebracht werden kann, reagiert es immer wieder mit dem eigenen Bewegungsgesetz, seinem konservativen Wesen entsprechend.[193] Demgegenüber ist das klassische evolutionäre System ein offenes System, das Information von außen so in die Prozesse einbaut, dass die Struktur des Systems verändert wird, und zwar irreversibel. Wir finden die Lehrbuchform dieses Prinzips in der Entwicklung der Organismenwelt. Die Realität kennt eine Vielzahl von Mechanismen, die diese Systeme ausmachen. Es wird auch hier die allgemeine Tendenz sichtbar, welche die Entwicklung allseitig begleitet. In der physikalischen Evolution sind es die Symmetriebrechung und der Zerfall der kompakten Organisation in Bruchstücke. In der kybernetischen Evolution zeigen die evolutionären Systeme ihre Fähigkeit, aus den verbliebenen Bedingungen und den durch die Bausteine aufgespannten Möglichkeiten wieder passfähige Strukturen zusammenzusetzen, die auch Aufgaben im Sinne des Ganzen, das heißt einer weiten Balance, ausführen können.

Ein solches Zusammensetzen geht aber nicht bloß, wenn die Bausteine aneinandergereiht werden, es braucht auch feste Bindungen, wozu in die intrinsischen Klebestellen der Strukturen eingegriffen werden muss. Das gelingt nur, wenn das alte Prinzip der physikalischen Evolution wieder bemüht wird, mit dem durch Abkühlung aus einem angeregten Zustand höherer Symmetrie heraus schwache Bildungskräfte wirksam werden können, welche Beziehungswissen in die Prozesse der Strukturbildung bringen. Damit das geschieht, bedarf es nicht nur eines angeregten Zustandes, welcher in der späten Evolution ohnehin vermindert werden kann, sondern auch einer Anzahl unterschiedlicher, aber gleichberechtigter Partner, die das

[193] Man sieht hieran auch sehr deutlich, dass das Naturgesetz dazu gehört, welches aber im Grunde auch nur reversible Organisation ist, wenn etwa das Äthermodell herangezogen wird.

gemeinsame Entwicklungsbestreben zu differenzieren vermögen und das besorgen, was wir gemeinhin als Evolution bezeichnen. Dieser besondere Ausgangszustand, den wir auf den unterschiedlichen evolutionären Niveaus einmal mit Kohärenz, das andere Mal mit Harmonie oder auf einer höheren Stufe gar als Demokratie bezeichnen, ist ein formales Bereitstellen der Bausteine für den nächsten Schritt, vergleichbar etwa mit den Ordnungsvorgängen in der Mitose des Zellkerns. Als Bausteine gelten dabei die konservativen Schöpfungen der evolutionären Schritte, welche ihrem Niveau nach immer komplexer ausfallen, ihrer Zahl nach aber immer weniger werden. Genauso wie die Mitose nur vom extrachromosomalen Erbgut gesteuert werden kann, ist auch der evolutionäre Folgeschritt auf die Information angewiesen, welche sich außerhalb der konservativen Systeme als Beziehungswissen findet. Das aber ist nicht wie in der Mitose starr, sondern wird mit jedem Vorgang verzehrt und definiert damit die nächste Stufe neu.

Mit diesen Vorgaben muss sich das evolutionäre System ständig anpassen und selbst eine Vervollkommnung entwickeln. Dabei sind bei dem assoziativen Zusammensetzen der konservativen Komponenten immer komplexere Beziehungen zu berücksichtigen, um den weiter gewordenen externen Bedingungen folgen zu können. In dem Netzwerk der evolutionären Aufgaben eingespannt, werden die Systeme perfektioniert, indem sie sich selbst kybernetisch strukturieren. Wie in *Abbildung 29* skizziert, müssen sich die entpackten Systeme zur Symmetrie hin vervollkommnen, in kybernetischer Anschauung ist es der Weg zu Autonomie. Die in dieser Reihenfolge stehen

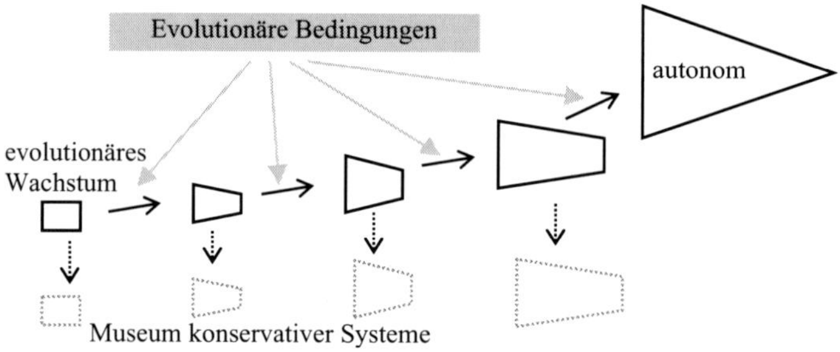


Abbildung 29*: Das evolutionäre Wachstum der konservativen Systeme*

gelassenen konservativen Systeme dokumentieren gewissermaßen den Verlauf. Sie entwickeln sich nicht weiter und bilden gleichsam ein Museum der von der heißen Linie verlassenen Formen. Dass dabei auch ein gewisses Entwicklungspotenzial zurückgelassen werden kann, zeigen uns die Verzweigungen, welche aber über kurz oder lang zum Stillstand kommen. Die evolutionären Systeme selbst werden nicht erhalten, da sie in die Weiterentwicklung verbraucht und allgemeiner werden.

Die konservativen Systeme stellen Entwicklungswege dar, die von der aktiven Evolution beendet und deshalb verlassen worden sind. Dieses seltsame Phänomen zeigt uns, dass die Evolution nicht nur reduziert, sondern auch ein elitäres Geschehen ist, das ständig fortschreitet und nur mit den am höchsten entwickelten Systemen arbeitet. Die verlassenen Linien können später nicht wieder kontaktiert und weiterentwickelt werden. Die Information wird gewissermaßen in die Vorgänge verbraucht und steht dann nicht wieder zur Verfügung. Allerdings zeigt die Geschichte der Zivilisation viele Zerstörungen und Neustarts auf niederem Niveau. Das könnte aber auch ein Hinweis darauf sein, dass die abgebrochene Entwicklung künstlich vorgehalten und nicht den natürlichen Vorgaben gefolgt war. So passen auch die technischen Errungenschaften des Menschen bis heute nicht in die Evolution, weil sie mit viel Aufwand gehalten werden müssen und sich nicht von selbst in die Entwicklung, ja nicht einmal in den Stoffkreislauf, einzubringen vermögen. Daraus wird die Frage laut, ob es überhaupt möglich ist, ein System künstlich zu schaffen, das sich selbstorganisiert in die Evolution einordnet. Wenn die enormen wissenschaftlichen und technischen Möglichkeiten des Menschen dazu nicht ausreichen, um wie viel aussichtsloser sollte es dem Zufall sein, als Organisator in diesem hoffnungslosen Geschäft zu wirken. Der Weg der Techniker in Richtung Nachhaltigkeit wäre es, alles auf die Erweiterung der Erkenntnis zu setzen, um an die weiteren Vorgaben der Evolution andocken zu können. Dazu müsste es allerdings gelingen, die geistigen Arbeitsmethoden wieder einzubeziehen, das heißt, in beziehungsreichen Zusammenhängen zu denken und die rein erkennenden Forschungen zu rekultivieren.

Dagegen entwickeln sich die rationalen Methoden der logischen Intelligenz rasant weiter und folgen dem evolutionären Fortschritt auf den Fersen. Ihrer Quantität nach haben sie die Geistesentwicklung längst vom Plan gestoßen. Der gewaltigen Strömung wieder den Rahmen einer Geisteskultur voranzustellen ist heute ganz undenkbar, zumal die meisten Methoden dazu nicht verstanden und deshalb verachtet werden. Eine Loslösung von den wachsenden Forderungen der Funktionalgesellschaft dürfte nicht gelingen, wie auch das Streben nach politischer Macht immer größere Ressourcen binden wird. Mit der Entwicklung aufwendiger Spionagetechnologien und militärischer Technik rückt die Lösung der einfachen Fragen nach den Intentionen der Natur und des Lebens in weite Ferne. Dabei spielt die Information in den modernen Strategien der Macht eine immer größere Rolle, aber eben nur in der hausgemachten Form der linearen Logik, welche allein eine Rangordnung zu begründen vermag. Die Machtsysteme glauben, mit riesenhaften Datensammlungen die ganze Menschheit nach ihren Vorgaben steuern zu können. Als erstes Informationsmittel in der Gesellschaft wird die Sprache auch zum ersten Machtinstrument und zum Objekt der Vereinnahmung, welche allerdings nur mit nicht öffentlichen Methoden geführt werden kann. Der enorme Aufwand, die geistvolle Vielfalt der Sprachen durch die uniformierte Sprache der Macht zu ersetzen, relativiert sich mit der modernen Medienkultur, die offensichtlich am gleichen Strang zieht. Denn der mit einer beziehungsleeren Weltsprache uniformierte Intellekt braucht für seine Happenings nur noch die Verfremdung der Wirklichkeit, welche in der Vereinheitlichung besonders billig zu haben ist. Dazu lassen sich auch die Bedürfnisse der Gesellschaft auf die einfachen Funktionen reduzieren, welche sich leicht in die Hierarchien der Machtsysteme einordnen lassen. Im Gegensatz dazu ist das natürliche Glück des Menschen, für das die Evolution den Weg in eine paradiesische Ordnung bereitstellt, auf das korrelative Prinzip des Geistes angewiesen, welches sich damit als Gegenspieler der Macht ausweist und von dieser mit allen Mitteln unterdrückt werden muss.

Statt einer nachhaltigen Gestaltung der Natur im Sinne der Evolution, für die die konnektiven Prinzipien bereitstehen, können die konservativen Systeme selbst nur mit einem Gegeneinander punkten, welches mit immer mehr Intelligenz und immer komplizierterer Technik geführt werden muss. Es wird mitunter sogar behauptet, dass auch die Entwicklung der Zivilisation nur mit ständigen Machtkämpfen in Gang gehalten werden kann. Das Neue müsse sich im Kampf bewähren, wobei heute die Gewalt eher mit Informationsstrategien ausgeübt werde. Allerdings ist nicht zu bestreiten, dass auch hier nur das Vorbild der Evolution wirken kann. Die Führungsebene wird umso effektiver, je mehr sie im Hintergrund verschwinden kann und dem kleinen Mann nicht mehr einsehbar wird. In künstlicher Form kann diese verborgene Ebene aber nur eine logische Konstitution haben und steht damit in ihrer Effektivität dem Bewusstseinsprinzip weit hinterher.

Zu einer wesentlichen Voraussetzung einer konservativen Gesellschaft gehört die stereotype Lebensart der breiten Masse, die leicht überschaubar und leicht vereinnehmbar sein muss. Zu dem Ende müssen die Machtzentren Verhaltensmuster kreieren, in denen sich die Individuen im günstigen Fall zu bewegen haben. Wie sich die politischen Entscheidungen dann auf das reale Verhalten auswirken, lässt sich mit modernen Spionagetechnologien leicht ausmachen. Das Ziel ist es, die künstlich gestaltete Zivilisation von geistigen Prinzipien ganz frei zu machen. Die Fragen nach dem Sinn haben in einer hochgerüsteten Welt des intellektuellen Misstrauens ohnehin keinen Platz. An die Stelle des freiheitlichen Geistes kommt die Freiheit von geistigen Bindungen, welche das Individuum zum Spielball der Machtsysteme werden lässt. Hier kann eine geistig geschaffene Souveränität des Einzelnen nur stören. Die Uniformierung von Sprache und Kultur[194] führt schließlich zur Vereinheitlichung der Interessen, wodurch die Zivilisation zum globalen Funktionalsystem wird, welches sich über zentrale Hierarchien der Macht steuern lässt. Auf dem Weg zur Spitze entstehen Rivalitäten, die nur mit den Mitteln der logischen Intelligenz geführt werden können und den korrelativen Geist der Evolution weiter verderben. So weit die konservativen Systeme auch künstlich vervollkommnet werden, ohne die konnektiven Vorgaben der Evolution, wie sie sich etwa im menschlichen Geist finden, ist die Entwicklung immer nach rückwärts gerichtet, indem die Ressourcen für widersinnige Wege erschöpft und das Entwicklungspotenzial vernichtet werden. Allein sich selbst überlassen, das heißt aus dem Werdegang der Evolution herausgenommen, müssen die hochentwickelten konservativen Systeme im Chaos vergehen. Für die einfachen Bausteine trifft das nicht zu. Man kann vielmehr konstatieren, dass die Beständigkeit der konservativen Systeme zu den anfänglichen Strukturen hin zunimmt.

Es ist denn auch das Geheimnis der konservativen Welt, in welcher Form und mit welchen Methoden sich die Systeme am Leben erhalten. Zweifellos ist dabei das evolutionäre Prinzip nicht ganz unschuldig, welches das Neue zwar intelligenter, dafür aber kraftloser macht. Die hohen Bindungsenergien des Anfangs müssen durch intelligente Bindungen ersetzt werden. Das Alte kann dadurch nur übertroffen, aber nicht zerstört werden, was es zum idealen Baustein für das Neue werden lässt. Gegen die Vereinnahmung durch das Neue kann sich das konservative System nur mit Macht wehren, weil es über die konnektiven Prinzipien der Evolution nicht verfügen kann. Und wenn das konservative System am Ende doch auch schöpferische Ambitionen bekommt, so kann es die evolutionären Bedingungen dafür nicht dechiffrieren, weshalb die nachhaltige Wirkung ausbleibt. An den technischen Kreationen bemerkt man, wie wenig dieselben in das System der Evolution passen. Sie können weder Freiheit noch Glück bescheren, der Mensch wird am Ende zum Bedienpersonal und die Maschine stiehlt ihm seine Ressourcen und seine Lebenszeit. Ohne die konnektiven Prinzipien des Geistes wird das vermeintliche Schöpfertum leicht zum eigenen Totengräber.

---

[194] Die Sprachdoktrin in der Musik ist ein signifikantes Beispiel.

Das konnektive Prinzip des Geistes kann als höchste Errungenschaft der Evolution die harmonische Symmetrie im Zusammenspiel der Wirklichkeit mit Leichtigkeit organisieren. Dagegen baut der Selbsterhalt logischer Organisationen auf die Symmetrie niederer Prozesse, welche nur in umgrenzten Teilen möglich ist. Die Lösungen reichen von den intrinsischen Vorgängen der ponderablen Teilchen bis zur Intrinsik zivilisatorischer Machtsysteme. Sie bauen alle auf Gesetze und konkrete Funktionen, bei denen korrelative Einflüsse unberücksichtigt bleiben müssen.

### *4.3 Selbstorganisation als Führungsprinzip*

Die Selbstorganisation stellt in allen Etappen der Entwicklung das eigentliche Fundament der Prozesse, welche die gewohnte Wirklichkeit ausmachen. Sogar die nach unserer Anschauung stabilen Körper und ihre Ruhelagen sind in sich organisierte Vorgänge,[195] welche nur darum existieren, weil sie ohne äußeres Zutun ihren Zustand zu bewahren vermögen. Auch unseren Denkvorgängen hängen die bildlichen Vorstellungen an, die auf das Zu-Gleichsein der Dinge, das heißt auf ihre Existenz in der Ruhe begründet sind. Das unveränderliche Wesen der Dinge kann angesichts der mit der höchsten Geschwindigkeit organisierten Äthermatrix nur Ausdruck eines den Prozessen innewohnenden Gleichgewichts sein, und es sollte nicht verwundern, dass auch die absolute Ruhe im Raum nur durch die absolute Symmetrie der Prozesse gebildet werden kann. In dem Sinne ist das ein absoluter Zustand, welcher sich an allen Orten des Raumes einstellen kann, denen aber dadurch keine ausgezeichnete Position zukommt. Nur würde die Struktur der Äthermatrix, nämlich wenn sie durch Felder selbst unsymmetrisch wird, einen besonderen Aufwand bedeuten, die intrinsischen Prozesse in einer Ebenheit zu organisieren. Mit anderen Worten, es wäre nur mit entsprechendem Zusatzaufwand möglich, in einem starken Feld einen Körper im Zustand der Ruhe zu halten. Da die erforderliche Zusatzinformation von nirgendsher bezogen werden kann, kann für den Ruhezustand lediglich die äußere Äthermatrix in einen quasisymmetrischen Zustand gebracht werden, was nur durch entsprechende Gegenfelder gelingt. Es ist außer Zweifel, dass in den elementaren Prozessen die Symmetrie eine so wichtige Rolle spielt, dass darüber auch der Bewegungszustand der ponderablen Teilchen im Raum gesteuert wird. Die Bewegung schafft gewissermaßen die äußere Symmetrie, welche für die inneren Prozesse notwendig ist.

Andererseits begleitet das symmetrische Prinzip die Beständigkeit der die Wirklichkeit schaffenden Prozesse im ganzen Verlauf der Evolution. Deren

---

195 Die inneren Mikroprozesse der Körper werden mit Lichtgeschwindigkeit organisiert.

aufbauendem Wesen entsprechend zeigen sich aber fortschreitende Bilder, welche am Ende die symmetrischen Wurzeln ganz vergessen machen. Der Ausgangspunkt dieses Prinzips ist offensichtlich die robuste Organisation der aus der Urkohärenz entlassenen Bausteine. Sie stellen eine gewisse Prästabilierung im leibnizschen Sinne vor, weil sie gleichsam als perfekte Bausteine einer aufbauenden Ordnung wirken. Der intrinsische Zyklus der Urelemente ist so winzig und so exakt, dass er durch die späteren gröberen Vorgänge nicht aus dem Takt gebracht werden kann. Physikalisch drückt sich das durch die Bindungsenergie aus, welche so groß ist, dass sie sich künstlich nicht nacherzeugen lässt. Die Beständigkeit der Teilchen wird durch eine innere Organisation hervorgerufen, die umso exakter und stabiler ausfällt, je ursprünglicher sie ist.[196] Die Zeitbeständigkeit ist eine existenzielle Frage der Struktur überhaupt, das heißt, das Phänomen kann sich nur über die Beständigkeit einer Organisation definieren, welche die unterscheidbare Form ausmacht. Die aus den Elementen immer weiter zusammengesetzten Formen haben dann zwar abnehmende Bindungskräfte, sind aber gegen die Folgestrukturen stets robust. Ihre Organisationen beruhen auf wiederkehrende Prozesse und funktionieren ohne äußere Hilfen.

Von einer Selbstorganisation spricht man in der Wissenschaft erst dann, wenn differenzierte Formen auf den Plan kommen, deren Zusammengehörigkeit nicht mehr offensichtlich ist. Das verbindet sich mit der Frage, inwieweit ein Sammelsurium unabhängiger Bausteine zu gemeinschaftlichen Prozessen befähigt ist, ohne dass ein äußerer Einfluss auf sie ausgeübt wird. In etlichen Experimenten können nun tatsächlich Strukturen beobachtet werden, welche allein durch die Ausgangsposition der Partner und deren Wechselwirkungskräfte besorgt werden.[197] Solche künstlichen Strukturbildungen sind allerdings nicht mit den natürlichen zu vergleichen, da es keine Vorgeschichte gibt und keine Folgeprozesse. Die natürliche Evolution ist eine Sukzession folgerichtiger Schritte, welche sich aus einer ganzen zusammenhängenden Organisation entwickeln. Die Entfaltung ist in die Breite und in die zeitliche Abfolge so verwoben, dass sich einzelne Systeme nicht aus der Wirklichkeit herausnehmen lassen und ein unabhängiges Inseldasein führen können. Die Frage stellt sich deshalb, ob die Selbstorganisation nicht das Prinzip der konservativen Systeme auf hohem Niveau fortsetzt, indem es unterschiedliche Komponenten einbezieht, welche durch die Matrix der

---

[196] Auf Grund der hohen Frequenz würden sich absolute Fehler schnell zu beträchtlichen Werten aufsummieren, was das Teilchen als Baustein unbrauchbar machen würde.

[197] Friedlieb Ferdinand Runge beschrieb wohl als Erster die Figuren, welche sich von selbst auf Fließpapier malen, siehe [19].

äußeren Bedingungen zusammengeführt werden. Es wären lediglich die Bausteine größere Komplexe und die Systeme nicht mehr räumlich abgeschlossen.

Auffällig ist, dass die konservativen Systeme schon frühzeitig eine gewisse Autonomie entwickeln, um effektiver am evolutionären Prozess teilnehmen zu können. An die Stelle eines typischen intrinsischen Prozesses, der einen einförmigen Zyklus beinhaltet, treten dann ineinander geschachtelte Prozessfolgen nach kybernetischem Muster. Es entstehen Ebenen mit unterschiedlichen Aufgaben. Die höchste Ebene vertritt dabei mehr das Ziel, die unterste greift gewissermaßen aktiv in die Umwelt ein. Die interessante Frage ist, welche Rolle die Selbstorganisation in den einzelnen Ebenen spielt und wieweit das Symmetriebestreben dabei maßgeblich ist. Mit dem Übergang zu kybernetischen Systemen werden die Vorgaben der Selbstorganisation in der höchsten Ebene jedoch zwingend. Mit zunehmender Entwicklung wird das eine zeitbeständige Struktur sein müssen, welche die Folgeereignisse auszubalancieren vermag. Indem sich das Leitbild mit der äußeren Welt verwebt, ist am Ende deren Harmonie das eigentliche Ziel. Die unteren Ebenen haben die Ausbalancierung gewissermaßen hinter sich und verbleiben in ihrer optimalen Struktur.

Die Wirklichkeit ist mit zunehmender Entwicklung von einer wachsenden Zahl von miteinander wirkenden konservativen Systemen gebildet, die, falls sie als Ganzes stabil sind, selbst wieder als konservativ bezeichnet werden können. Dabei beobachten wir zahlreiche Veränderungen und vermuten einen evolutionären Fortschritt. Offensichtlich lassen wir uns bei unseren Betrachtungen von der evolutionären Methode täuschen, welche die Systeme in immer weitläufigeren Zusammenhängen baut. So wie die physikalischen Bindungskräfte dabei ab- und die Zykluszeiten zunehmen, verliert sich das typische Bild des konservativen Systems. Es scheint so, als ob die Systeme in ständiger Änderung begriffen seien. In Wirklichkeit beobachten wir nur ihre immer größer werdende Variabilität, wie sich ebenso der Kreislauf der Lebensformen in immer längeren Zeiträumen wiederholt. Die eigentliche Entwicklung aber geht auf der Ebene vor sich, auf der sich die höchstentwickelten konservativen Systeme befinden. So ist eine evolutionäre Veränderung in der organischen Struktur des Menschen in geschichtlichen Zeiten nicht mehr beobachtet worden. Dafür ist die Geistesentwicklung noch immer aktiv. In ihr konzentrieren sich die evolutionären Vorgänge, welche nur noch auf diese Art eine Veränderung in der Welt bewirken können. Die erste Aufgabe ist es offensichtlich auch hier, die Strukturen zu entwickeln, welche der Selbstorganisation dienen, nämlich die der Zivilisation. Dabei kommt es darauf an, die Gesellschaft in eine gewisse harmonische Balance zu bringen. Das scheint noch immer eine notwendige Voraussetzung der Zivilisation zu sein, wie es die zahlreichen Verirrungen auch in der Neuzeit zeigen. Zunächst sind es die Gesetze und Normen, welche auf unterschiedlichem Niveau die Rahmenbedingungen für die Existenz einer Gesellschaft schaffen. Sie sind insofern auch von konservativem Gepräge, da sie sich nicht selbst weiter entwickeln können. Aber es sind die Vorgaben für eine Selbstorganisation auf hohem kybernetischem Niveau, welche zahlreichen anderen Organisationsformen vorangehen.

Eine Weiterentwicklung im evolutionären Sinne ist auch mit hochgebildeter Intelligenz nicht möglich. Das schafft nur die überwiegend unbewusste Führung durch den menschlichen Geist, welche deshalb auch nicht mehr zu den konservativen Prinzipien gezählt werden kann. Für diese Aufgabe ist eine Informationsform nötig, die gewissermaßen die konservativen Prinzipien, wie Reversibilität oder logische Sukzession, nur als Werkzeuge benutzt. In evolutionärer Hinsicht heißt das, dass die symmetrischen Komponenten „abgeschlagen" wurden und der Kern zum Vorschein kommt, der die Rahmenbedingungen für die Entwicklung intelligenter Systeme vorhält. Die Information dazu kann nicht aus dem Nichts erzeugt werden, sondern muss im Beziehungswissen der Wirklichkeit vorgehalten werden, in dem bisher alle unsymmetrischen Muster verblieben sind. Mit diesen Bildern wird auch die Selbstorganisation auf hohem Niveau angelegt, da sie genau nur für diese Wirklichkeit gelten soll. Das aufgespannte Netzwerk von Beziehungen kann in den Bewusstseinshintergrund übertragen und nach dem konnektiven Prinzip ein optimales Führungsbild für die eingeschränkten Möglichkeiten des einzelnen Ichs erzeugen. Es ist klar, dass für diese Führung alle in den unterschiedlichen Ebenen konservierten Methoden der Selbstorganisation zur Verfügung stehen. Diese sind aber so in eine kybernetische Reihenfolge gebracht, dass nicht alles von oben gesteuert werden muss, sondern die Aufgabe eigenständig auf den Prozess fokussiert wird und das dazu erforderliche Beiwerk in den Ebenen selbstständig ergänzt wird. Man sieht daran auch, dass das kybernetische Werkzeug durch das aufbauende Wesen der Entpackung so zusammengesetzt wird, dass es eine Selbstorganisation auf fortführende Weise unterstützt.

Der uns in dieser Art stabil erscheinende Mechanismus der Wirklichkeit ist das Produkt einer langen Entwicklung. Diese war nicht auf allen Ebenen gleichzeitig aktiv, vielmehr zeigt sie ein aufbauendes Prinzip. In jeder Entwicklungsphase verbleiben instabile Zusammenhänge, die durch Randbedingungen in ihrer Weiterbildung gesteuert werden können. Diese belassen zwar die konservativen Systeme selbst so, wie sie sind, vermögen aber ihre Positionen zu verschieben und zu sinnvollen Konglomeraten zusammenzuführen, die selbst wieder robust sind. Die Vorgaben für das Zusammenspiel der Bausteine kommen allemal von den äußeren Bedingungen, die wir zum Beispiel in der späten Epoche als ökologische bezeichnen. Sie werden zwar in allen Evolutionstheorien berücksichtigt, deren Führungsrolle wird aber zumeist nicht wahrgenommen. In der Hierarchie der kybernetischen Zusammenhänge stehen diese unbeachteten Gegebenheiten zum Beispiel auch über den Prozessen der Phylogenese. Ohne die äußeren Vorgaben könnte das dem Ganzen innewohnende Entfaltungspotenzial nicht in eine mit der Umgebung harmonierende Richtung entäußert werden.

Die Beständigkeit einer Struktur ist gleichzusetzen mit der Selbstorganisation der inneren Prozesse. Es ist einzusehen, dass das Prinzip der äußeren Einflussnahme beständige Strukturen schaffen muss, wenn die Folgesysteme auf das Vorhandene aufsetzen sollen. Diese Forderung, die unserer Erfahrung nicht widerspricht, macht das selbstorganisierte System zur Voraussetzung für den nächsten Entfaltungsschritt, der wiederum nur stabile Formen erzeugen kann. Es existiert in der Wirklichkeit nichts anderes, als der strukturerhaltende Prozess, wenigstens für die Dauer der Beobachtung. Von außerhalb kann die Beständigkeit nicht organisiert werden. Die evolutionären Randbedingungen sind zwar an der Bildung der Strukturen beteiligt, können aber nicht steuernd in die beständigen Prozesse selbst eingreifen, da sie der Änderung unterworfen sind. Nur die Gebilde der früheren konservativen Systeme können als „Gefäße" der Selbstorganisation agieren, und zwar umso besser, je elementarer und beständiger diese sind.

So wie die evolutionären Bedingungen in Form von Beziehungen die konservativen Systeme zusammenbauen, können sie später niemals wieder in deren innere Prozesse eingreifen. Nur die Strukturbildung selbst ist Gegenstand des evolutionären Geschehens. Die kann aber mindestens auf zweierlei Art geschehen. Zum einen ist es die Heraustrennung des konservativen Systems aus einem größeren Verbund, indem eine symmetrische Komponente aus dem Ganzen entlassen wird, was wir als physikalische Evolution bezeichnet haben. Zum anderen können die funktionellen Komponenten in die symmetrische Matrix der Beziehungswelt fallen, wodurch kybernetische Strukturen gebildet werden. Die sich am Ende daraus entwickelnden autonomen Systeme beteiligen sich dann selbst an der Strukturbildung, wobei sie den Vorgang der Evolution mit einer gewissen konservativen Form nachahmen. Das Wissen dazu kann nur aus der Evolution selbst kommen, indem mit konnektiven Prinzipien gewissermaßen an den Sinn der Evolution angedockt wird. Man könnte diese Methode der Strukturbildung als die vermittelte ansehen, und die erstere als die unmittelbare.

In dieser Sichtweise würde sich der Sinn der Evolution als die sukzessive Weitergabe von Selbstorganisation darstellen. Dabei entstehen kybernetische Ebenen, welche die verschiedenen Formen der Informationsverarbeitung unterstützen und sich deshalb unserer Analyse mit Beharrlichkeit verschließen. Indem die einzelnen Strukturen folgerichtig zusammengefasst werden, zeigt sich der Verlauf selbst als ein Prinzip, welches mit dem Begriff Symmetrieerzeugung grob umrissen ist. Nur ist diese keinesfalls uniform, vielmehr muss die zunehmende Differenzierung in der Evolution berücksichtigt werden. Gleichförmigkeit gibt es nur im Kristallwachstum. In der Vielgestaltigkeit der Natur muss das Prinzip den jeweiligen Strukturen angepasst werden, wobei der Grundgedanke, die Minimierung der strukturbildenden Prozesse, nicht verloren gehen darf.

Eine weitere Frage ist, wie sich die Strukturbildung auch nachhaltig am Bau der Selbstorganisation beteiligt, das heißt, wie die Prozesse der Zukunft dabei berücksichtigt werden können. Nun könnte eine solche vorauseilende zeitlose Strategie eine typisch konnektive Aufgabe sein. Es ist jedoch anzunehmen, dass dieses Prinzip mehr für die höheren Inhalte des Zusammenspiels bestimmt bleibt. Das, was sich uns als höherer Sinn der Entwicklung präsentiert, kann sich kaum auf dem Niveau der Bausteine und ihrer Organisation verzetteln, zumal hier unendlich viele Spezialfälle zu berücksichtigen wären. Es ist vielmehr anzunehmen, dass auch hier so eine so einfache Methode wie das Symmetrieprinzip zum Tragen kommt, das zu ganz besonderen, dem konnektiven Niveau entsprechenden Lösungen führt. Für grundsätzliche Aufgaben hat die Evolution immer nur primitive und entsprechend robuste Methoden parat. Es wäre ohnehin nicht anzunehmen, dass für die Selbstorganisation ausschließlich das höchste Informationsprinzip der Evolution bemüht werden muss. Vielmehr sollte die Selbstorganisation auch als ein Ausdruck aller im konservativen System gefundenen Symmetrien angesehen werden, also auch derjenigen in den intrinsischen Prozessen und der, welche in der Matrix der Randbedingungen vorgegeben werden. Die Eigenständigkeit auf allen Ebenen würde auch das Entwicklungsprinzip wesentlich vereinfachen, da weniger Information über die Organisation des Ziels vorgehalten werden muss.

In der kybernetischen Evolution wird durch den Verbrauch des Wissens in die Bildung konservativer Systeme das gestalterische Entwicklungspotenzial ständig verschmälert. Andererseits werden die Bedingungen der Entwicklung auf die Positionierung der jeweils letzten konservativen Systeme übertragen, wodurch die evolutionäre Information eine zunehmende Verallgemeinerung erfährt. Die Autonomie der beteiligten Systeme muss demnach immer deutlicher werden, was sich dadurch ausdrückt, dass der Informationsfluss durch eine kybernetische Pyramide beschrieben werden kann, deren konnektive Basis sich in dem Maße verbreitert, wie sich die Spur der Evolution verkleinert (*Abbildung 30*). Anderseits wird damit auch der Weg des Fortschritts gegen die verlassenen Optionen undeutlicher. Man könnte den Eindruck haben, dass sich die Entwicklung „verzettelt". Das könnte andererseits auch den vielen Wegen verschuldet sein, die der Mensch unbedacht eröffnet. Offensichtlich ist die Evolution irgendwann auf die tiefere Einsicht des Menschen angewiesen, mit der dann auch im komplexen Dschungel der Möglichkeiten die optimale Variante gefunden werden kann.

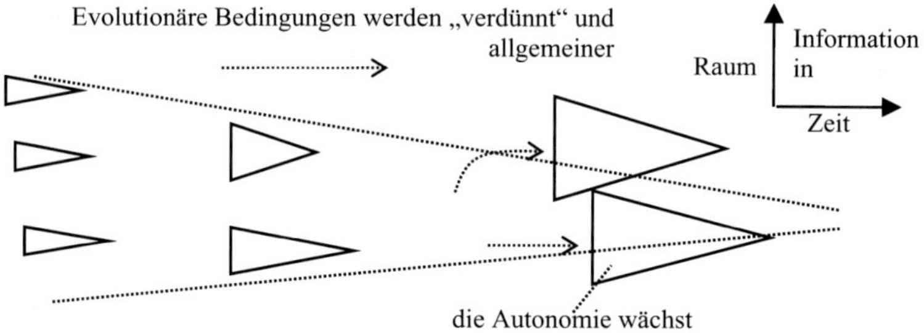


*Abbildung 30: Das Wachstum kybernetischer Pyramiden in der Evolution*

Die Selbstorganisation der natürlichen Prozesse ist mit unseren logischen Mitteln nicht zu durchschauen. Da sie aber aus der Urform der Wirklichkeit entwickelt wird, nämlich aus einer absoluten Kohärenz, ist anzunehmen, dass auch die Kohärenz zu einem ihrer Leitsätze gehört. Nur sind es nicht mehr nur die identischen Strukturen, welche den kohärenten Zustand bilden. Vielmehr haben auch die späteren konservativen Systeme als „fensterlose" Elemente gewisse äußere Formen, welche sie zu quasikohärenten Beziehungen brauchbar machen. Weil diese äußeren Handhaben im Laufe der Entwicklung immer komplizierter organisiert werden müssen,[198] zeigen sie eine gewisse Abstraktion, welche den Informationsaustausch nach außen auf ein geringes Maß hält. Dieses Abstrahieren ist uns aus der Selbstorganisation der Gedankenwelt nicht unbekannt, wobei hier logische Reduzierung für die Bildung von Elementen der Kohärenz auf hohem Niveau steht. Auf-

[198] Die komplizierte Organisation löst gewissermaßen die energetische Organisation ab. Noch allgemeiner ausgedrückt, erfolgt eine Verschiebung der Organisation von innen nach außen, bei gleichzeitiger Abnahme der Zykluszeiten und Vergrößerung der räumlichen Ausdehnung.

grund des Unterschiedes im kybernetischen Niveau dürfte die logische Methode der Abstraktion jedoch grundverschieden von der konnektiven sein, die hier nur die äußeren Bedingungen stellen kann. Man bedenke, dass das bekannte Abstrahieren dem Prinzip nach nur eine logische Annäherung an die ohnehin unerreichbaren Inhalte der konnektiven Information ist und niemals deren Weite und Allgemeinheit erreichen kann. Dazu kommt, dass das konnektive System absolutes Wissen beinhaltet, wie es sich etwa in der Identität der Person ausdrückt, in der logischen Abstraktion aber arbiträre Inhalte verallgemeinert werden, welche beliebigen Funktionen oder Denkprozessen vorstehen können. So kommen etwa markante Bilder absoluten Inhalts gegen abstrakte Symbole aus intelligenten Denkprozessen zu stehen.

In einer durchgehend kybernetischen Betrachtungsweise wird man die Führung der Selbstorganisation zwingend auf der höchsten Ebene vorfinden, und zwar in der entsprechend ausgereiften Form. Für die Evolution heißt das, dass die Information der Randbedingungen in die entwickelten Strukturen der höheren Ebenen fließen muss. Sie vertritt gewissermaßen den „Rest", welcher nicht aus der Evolution in die konservative, fertige Form entlassen worden ist, dabei aber die fertigen Strukturen zu benutzen weiß. Wenn die Randbedingungen die Selbstorganisation vorgeben, so heißt das auch, dass deren konnektive Art sich auf allen Niveaus in eine symmetrische Form hineinorganisieren kann, welche auch eine Selbstoptimierung zulässt. Im konservativen System selbst vertritt die Struktur der höchsten Führungsebene die Belange der evolutionären Führung. Beide Informationsprinzipien, das heißt, die Vorgaben der äußeren Beziehungen und die strukturelle Abbildung in der Führungsebene des konservativen Systems, müssen sich dabei so ähnlich sein, dass sie miteinander in Wechselwirkung treten können. Je nach Entwicklungsstand reichen diese Führungsprinzipien von der katalytischen Methode bis zum konnektiven System des menschlichen Gehirns und es ist nicht auszuschließen, dass die Entwicklung auch in die gesellschaftlichen Formen weiter getragen wird. Hier finden sich zumindest gleich unter der konnektiven Ebene die rationalen Zwecke, die der logische Verstand zu behandeln weiß, und welche die Selbstorganisation auf bewusste Art durchführen. Soviel auch die Zivilisation dazu zusammengetragen hat, sind die Normen und Artefakte doch sämtlich alle aus den unbewussten Zwängen zur Vollkommenheit in evolutionärer Reihenfolge entstanden. Weder der Zufall noch ein rein logischer Zusammenhang hätten solches bewirken können, wie Letzterer selbst nicht ohne konnektive Vorgeschichte auf die Welt kommen kann.

Je vollkommener die „fertigen" Systeme in den Aufgaben der Evolution mitwirken können, umso weniger muss im Beziehungswissen des evolutionären Systems selbst vorgehalten werden. Auf der anderen Seite werden durch die Ansammlung fertiger Einrichtungen die Möglichkeiten der Entwicklung nicht nur ausgerichtet, sondern auch nachhaltig eingeschränkt. Die die Evolution und am Ende auch die das Leben erhaltenden Prinzipien der Selbstorganisation manifestieren sich auf hohem Niveau, sind damit aber auch aus den Vorgaben verbraucht und in der Natur nicht wieder beschaffbar. So ist es auch undenkbar, dass die höchste Form der Evolution, die Entwicklung des Geistes, beliebig wiederholt werden könnte. Es sei denn, dass der menschliche Geist irgendwann selbst die göttlichen Bedingungen zu finden und vorzugeben vermag.

### *4.4 Die Architektur der Führung*

Das Zusammenspiel der in der physikalischen Evolution entstandenen Strukturen wird zunächst durch äußere Formen veranlasst, im Laufe der Evolution aber immer mehr durch die eigene Organisation. Die Individuen nehmen immer eigenständiger am Ziel der Entwicklung teil, sie werden autonom. Dazu gehört es nicht nur, den Mechanismus der Evolution in einem Fließgleichgewicht zu konservieren, sondern auch ihren Sinn immer besser zu erfassen, was besondere Forderungen an die Führungsarchitektur stellt. Die Aufgaben können am Ende nur mit konnektiven Methoden gelingen, die in ihrer Selbstorganisation eine Balance anstreben, welche die Entwicklungsbedingungen der Evolution in den einzelnen Stufen am besten abbildet.

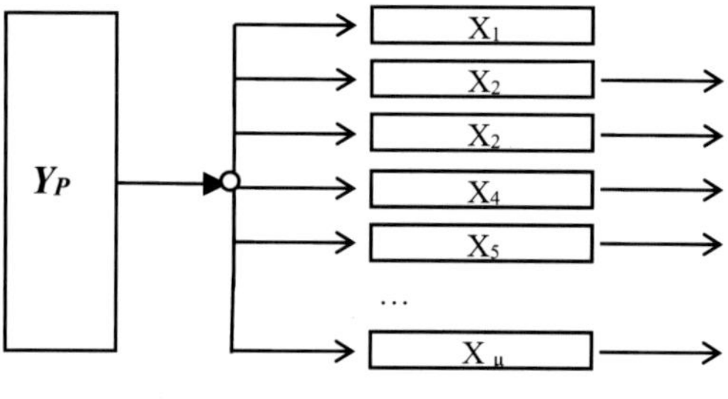


*Abbildung 31: Parallelschaltung von Steuerelementen*

Trotz der komplexen Wechselbeziehungen im autonomen Steuerungssystem lassen sich einige triviale Gesetzmäßigkeiten erkennen. Das komplexe System enthält eine Vielzahl von Steuerelementen, die einzelne Systemparameter repräsentieren. Sie sind in einer komplizierten Form miteinander vernetzt. Die Verschaltung der Elemente lässt sich in Vereinfachung bzw. tendenziell auflösen in eine Reihen- und Parallelschaltung. Bei einer Parallelschaltung (*Abbildung 31*) von Steuerelementen muss gefordert werden, dass die Komplexität der Gesamtführungsgröße von der Anzahl der beteiligten Steuerelemente bestimmt wird. Die Anzahl der unabhängigen Steuerelemente bilden eine Basis im logischen Raum des Führungsvektors ***Y***. Im nichtredundanten Fall muss die Ordnung von ***Y*** mindestens so groß sein, wie die Anzahl der einzelnen Elemente

$$\{Y_P(X_\mu)\} \geq \mu.$$

Als Ordnung sei dabei die Anzahl der freien Dimensionen bezeichnet, welche im kybernetischen Geschehen wirksam sind. Im physikalischen Sprachgebrauch würde man diese auch als Freiheitsgrade des Systems charakterisieren. Sind die gesteuerten Elemente zum Beispiel die zehn Finger eines Klavierspielers, der die Finger genau in einer Richtung bewegt, so müsste die darüber liegende Führungsgröße genau zehn Kanäle bedienen, das heißt mindestens zehndimensional sein oder anders ausgedrückt, das Steuerungssystem sei größer oder gleich zehnter Ordnung. Das Gleiche trifft zu für die parallele Vermaschung von Regelkreisen, die Auflösung einer so komplexen Größe ist zwar nicht mehr elementar, im Prinzip jedoch möglich. In analoger Betrachtungsweise kann man nun davon ausgehen, dass die über

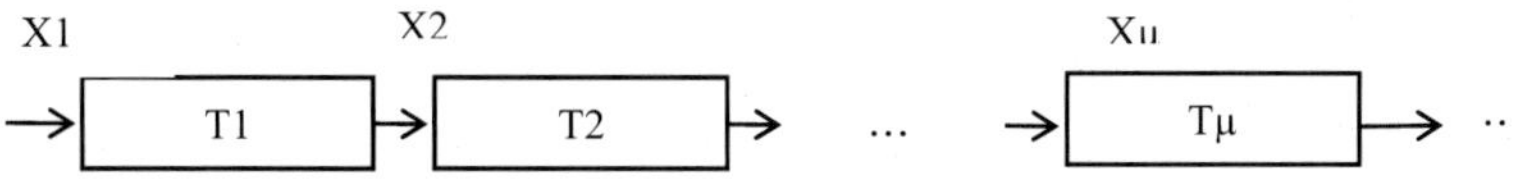


*Abbildung 32: Serienschaltung von Steuerelementen*

dem Verzweigungspunkt liegende Ebene mit einer Führungsgröße umgehen muss, welche von höherer Komplexität ist, das heißt einfacher formuliert, die Informationsbreite muss in Richtung der höheren Führungsebene anwachsen. Bei der Reihenschaltung von Steuer- bzw. Regelelementen (*Abbildung 32*) ist eine zweite allgemeine Gesetzmäßigkeit zu beobachten. Steuerung und Regelung sind Vorgänge in der Zeit. Bei einem Hintereinander addieren sich die Verzögerungszeiten. Die Führung einer solchen langen Kette von Vorgängen bedarf deshalb einer bestimmten Zeit $T_s$. Das Führungsziel muss mindestens solange beständig sein, wie es der Summe der Ausregelzeiten und Laufzeiten ***T*** der einzelnen Glieder $x_\mu$ entspricht

$$T_S(X) \geq \Sigma_\mu \, T(x_\mu).$$

Je allgemeiner das Führungsziel eines autonomen Steuerungssystems ausfällt, das heißt je größer der Abstand zwischen Aktion und Führungsziel ist, umso länger muss das Ziel anhalten, damit es wirklich in die Tat umgesetzt werden kann, das heißt, dass der Effekt tatsächlich der Führungsvorgabe der Steuerung entspricht. Ändert sich die Führung vorher, so bleibt das Ergebnis ein zielloser Flickenteppich, der nur Teilaspekte abbildet. Mit diesen beiden trivialen Eigenarten der Führung komplexer Steuerungssysteme ist eine wesentliche Eigenschaft der Führungsinformation autonomer Systeme gegeben. Zeitbeständigkeit und Mehrdimensionalität von Information in ausgeprägter Form unterstützen aber die morphologische Seite von Information, also selbst Struktur. Struktur ist dabei als die organisierte Anordnung von materieller Substanz im weitesten Sinne zu verstehen, soweit sie kybernetisch in Erscheinung tritt. Die letzte Einschränkung ist jedoch logisch nicht immer zugänglich, sodass eine Beurteilung grundsätzlich nicht in Gänze erfolgen kann.

Als Beispiele für Mehrdimensionalität und Zeitbeständigkeit von Führungsinformation auf hohem Niveau finden sich die DNS der Zelle und die neuronale Struktur des Gehirns. In dieser Form ist die Führung durch Struktur verständlich. Eine Verallgemeinerung, die auch die Baustruktur des Systems einschließt, ist ungebräuchlich und weniger einfach zu überblicken.[199] Das mag daran liegen, dass die Strukturelemente, die in den verschiedensten Ebenen der Führungshierarchie des Systems bis zu den untersten Prozessebenen mitwirken, als stillschweigende Voraussetzungen für die kybernetische Betrachtung überhaupt gelten. Bei konsequentem Systemdenken dürfte man deshalb nicht nur jede organisierte Struktur als Ergebnis eines organisierten Vorganges erkennen können, sondern auch manche als Führungsstrategie in einem Folge- oder Subsystem. Die ganzheitliche Vernetzung der Systeme wird nicht vollkommen aus dem Dunkel gehoben werden können. Man bedenke dabei auch, dass nicht nur der geführte Prozess auf Beständigkeit der Führungsgröße angewiesen ist, sondern auch die Führungsgröße auf die Beständigkeit der Strukturen, mit denen sie selbst arbeiten muss und mit denen sie in der Wirklichkeit der Umgebung rechnen muss.[200]

Die eigentliche kybernetische Relevanz der morphologischen Information wird natürlich durch die Organisation der Struktur vorgegeben, nämlich wie

[199] Die biologischen Strukturen haben in der Phylogenese eine gewisse Zeitbeständigkeit, wodurch auch ihre Bedeutung als Führungsgröße erkennbar wird.

[200] An dieser Stelle muss die Kybernetik auf das evolutionäre Ordnungsprinzip bauen, wonach die Stabilität der niederen, das heißt früheren Glieder größer ist.

umfassend dieselbe einen Prozess zu steuern vermag. Die einfachste Form der Führung logischer Steuerungssysteme ist die Zuordnung vorgefertigter Reaktionen auf die Situation vermittels konnektiver Auswahl, etwa wie wir sie am Beispiel bedingter Reflexe kennen. Das Prinzip ist auch im Modell leicht nachzuvollziehen. Man muss nur die Umgebung des Prozesses konnektiv abbilden und den sich aus den Wichtungen einstellenden Ergebnissen entsprechende vorgefertigte Handlungen zuweisen, was eine rein logische Funktion ist. Das Prinzip kann weit ausgebaut werden und es zeigt sich, wie beide Systeme nicht nur selbst erweitert werden können, sondern dabei auch immer stärker miteinander verflochten werden. Das kann dadurch geschehen, indem das logische System selbst konnektive Prinzipien zur Mustererkennung benutzt und das konnektive seinerseits auf die „Simulation" logischer Prinzipe angewiesen ist. In dieser „Ausbaustufe" können neben den Bildern der Umwelt auch abstrakte Abbildungen aus der logischen Welt in die konnektive Wichtung eingebaut werden. Das ermöglicht es, nicht nur Prozesse der Außenwelt zu lenken, sondern auch die symbolischen Handlungen der Gedankenwelt, welche beim Menschen über die Sprache vermittelt werden. Allein die Hierarchie im Informationsfluss muss gewahrt bleiben, indem die Arbeit mit der Zielfunktion und die Arbeit am Objekt nicht vermischt werden. Durch die ausgesprochen robuste Orthogonalitätsbedingung ist in den natürlichen Systemen gewährleistet, dass trotz des Ineinanders der Strukturen beide Informationen sich nicht gegenseitig stören.

Im biologischen Hirn sorgen unterschiedliche Nervenzellen für den Ausbau der Strukturen. Die logischen Pfade werden durch Wiederholung in den Arbeitsphasen konditioniert. Das konnektive Geflecht dagegen baut auf Selbstorganisation, was nur in den Ruhephasen geschehen kann. Dabei müssen zu viel eingefangene Ziele wieder zurückgestellt und aktuelle Bilder mit den gespeicherten Bildern des Erfolgs und der Erfahrung abgeglichen und in Harmonie gebracht werden.

Das Zusammenspiel der beiden Methoden im kybernetischen System ist allerdings nicht nur auf die Handhabe der Logik durch die konnektive Führung beschränkt. Das ursprüngliche Zusammenspiel, wie es auch in der Evolution zuerst aufkam, ist in der Aufgabe beschrieben, eine große nicht symbolisierbare Datenmenge auf eine wesentliche Nachricht zu reduzieren. Das ist die Frage der Mustererkennung, wie sie auch in der Technik gestellt wird und in Form neuronaler Netze auch ausgeführt wird. Das Grundprinzip ist einfach. Es wird einem bestimmten Muster der Eingangsinformation ein konkretes Signal zugeordnet (*Abbildung 33a*). Das kann zunächst mit logischen Verknüpfungen geschehen, was aber genau definierte Eingangssignale voraussetzt. Wird der Eingang konnektiv bewertet (*K*), das heißt werden damit nur bestimmte Gewichte gesetzt, kann auch die unscharfe Information am Eingang beurteilt werden. Der Vorteil ist zudem, dass eine große Menge von im Einzelnen unbedeutender Information aufgenommen werden kann,

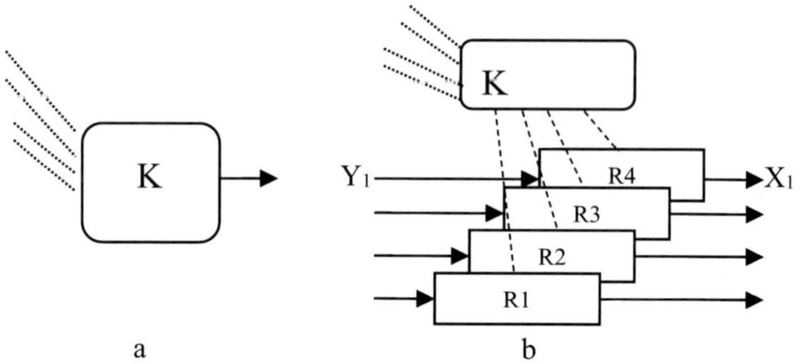


*Abbildung 33: Der Übergang vom konnektiven zum logischen System*

welche sich zu prägnanten Signalen verdichten lässt. Insbesondere können vom geladenen Netzwerk auch mehrere Signale entnommen werden, welche bestimmte Ansichten des Eingangs repräsentieren. Das Zusammenspiel, das heißt der Übergang vom konnektiven Netzwerk zur logischen Präsentation, kennt unendlich viele Formen, wobei nicht nur die Informationsbreite, sondern auch der Entwicklungsgrad beliebig variiert sein kann. Das Prinzip gilt dann als höher entwickelt, wenn dem Bild der Eingangsinformation nicht mehr nur Signale, bzw. Signalmuster zugeordnet werden, sondern ganze logische Reaktionen. Die einfachste Form ist uns aus den bedingten Reflexen bekannt, bei denen eine bestimmte Reaktion *R* durch ein Signal, das heißt einer ikonischen Information, aus einer Menge vorgefertigter Muster ausgewählt und aktiviert wird (*Abbildung 33b*). Dabei muss der Fokus auf ein Detail der Wirklichkeit (*Y, X*) ausgerichtet werden, denn die logische Ebene muss mit dem ausgewählten Teil der Umwelt selbst kommunizieren, was dann mit einfacher linearer Kausalität geschehen kann.

Aber auch das Prinzip ist erweiterbar, indem nämlich auch die logischen Reaktionen aus Elementen zusammengesetzt werden. Die Führung dieser konstruktiven Logik ist dann dem konnektiven System anheimgestellt. In einer höheren Form des Zusammenspiels werden an beide Systeme weitere Anforderungen gestellt. Das logische System wird in kleinere arbiträre funktionelle Einheiten geteilt, wie das bei technischen Systemen an sich schon realisiert ist. Das konnektive System kann Sinnzusammenhänge abbilden, welche den Verlauf der Zeit durch eine zeitlose Darstellung vorwegnehmen. Mit einfachen Worten, die konnektive Führung muss die sinnvolle Wirkung einer Handlung in der Zukunft einschließen, das heißt, sie muss zu nachhaltigen Ergebnissen führen. Dazu gehört die Übertragung des zeitlosen konnektiven Ausgangsbildes in eine zeitliche Sukzession logischer Schritte, was in praxi etwa durch Rekursion in Signalschleifen realisiert werden kann. Der theoretische Hintergrund dürfte aber die Äquivalenz von Symmetrie in zeitlichen und räumlichen Mustern sein, welche den komplexen kybernetischen Zusammenhängen zugrunde liegen.

## 4.5 Die Richtungseigenschaft der Führung

Während streng konservative Systeme keine Richtung der Zeit kennen, ist die Evolution allein durch den irreversiblen Zerfall von Kohärenz in Struktur auf eine Richtung festgelegt. Das anfängliche Beziehungswissen kann nicht wieder aus den erzeugten Strukturen zurückgeholt werden. Dabei wird die Information nicht reduziert, sondern irreversibel auf viele Wege verteilt. Was die Verfahrensweise der physikalischen Evolution ausmacht, wiederholt sich sinngemäß in der kybernetischen, nur dass die Kohärenz nicht ad hoc gegeben ist, sondern sich aus komplexeren Elementen immer wieder selbst zusammenfindet, ein Vorgang, der für die Entwicklung einer progressiven Differenzierung vorausgesetzt werden muss. Das evolutionäre Prinzip

| **Führungsniveau** ← | → **Prozessniveau** |
|---|---|
| Vernetzte Strukturen | Getrennte Kanäle |
| Morphologische Information | Transiente Information |
| Information mehr „raumartig“ | Information mehr „zeitartig“ |
| Sinn, Ziel, Zweck | Aufgabe, Wirkung, Prozess |

*Abbildung 34: Die kybernetische Hierarchie*

wird der kybernetischen Hierarchie eingeprägt, welche dadurch nur mit einer Richtung des Datenflusses arbeiten kann. Das der Kohärenz anhaftende Beziehungswissen wird der Logik geteilter Strukturen vorangestellt. Das Prinzip ist umso ausgeprägter, je umfangreicher das System und umso natürlicher es ist, da in natürlichen Systemen die Funktionen durch gewisse Optimierungen an ihr Niveau angepasst sind. Der Informationsfluss durchläuft von der hohen Zielebene zum niederen Prozess eine Wandlung, die den Vorgaben der natürlichen Evolution adäquat ist. Dabei sind auch die Methoden des Informationstransports und der Verarbeitung auf das Niveau eingestellt (*Abbildung 34*). Jede Ebene lässt sich durch eine besondere Stellung zwischen den zwei Extremen charakterisieren, welche allerdings nur bei den hoch entwickelten Systemen deutlich ausgeprägt sind. Dagegen sind bei den niederen Formen, insbesondere auch bei den technischen, Zweck oder Führungsziel durch die Struktur des Systems selbst gegeben und deshalb als solche weniger erkenntlich.

Im Natürlichen ist die prozessnahe Führung durch eine Struktur relativ starr und im kybernetischen Sinne mehr passiv, wogegen die Führung auf hoher Ebene eine gewisse Plastizität besitzt, um mit ausbalancierten Vorgaben die Führung auf ein noch nachhaltigeres Niveau heben zu können. Die Einschränkung eines Prozesses durch starre Strukturen ist ein mehr physikalisches Geschehen, bei dem die Freiheitsgrade des Systems durch Zwangskräfte vermindert werden, welche sich selbst nicht energieverbrauchend am Geschehen beteiligen. Die niederen Strukturen unterliegen als entfaltete Bauteile des Universums nicht einer zeitlichen Veränderung, ebenso nicht die sie begleitenden Naturgesetze. Die Gerichtetheit verliert sich demnach in den unteren Ebenen.

Die kybernetisch gestaltete Autonomie des höheren Systems ist das eigentliche Ergebnis des evolutionären Prozesses. Sie bildet die evolutionäre Intention ab und muss sich als zeitloses Abbild der Evolution auch daran beteiligen, den Sinn zu unterstützen und die Richtung im Gesamtgeschehen der Natur vorzugeben. Hier ist es allein die Selbstorganisation in der konnektiven Führungsebene, welche eine Harmonie im Sinne des Ganzen zu schaffen hat, das heißt, dass sie auch die äußeren Geschehnisse in den aktuellen Optimierungen mit einbeziehen muss. Alle Aktionen des natürlichen autonomen Systems unterstützen damit den Fortgang der Evolution. Dabei wird eine weit verteilte Information für einen konkreten Prozess im Sinne des harmonischen Verlaufs herbeigeschafft. Weiter sucht dann die kybernetische Einrichtung im Kleinen die Daten so intelligent zu reduzieren, dass damit ein konkreter Prozess organisiert werden kann. Der zu steuernde Prozess kann auch aus energetischen Gründen nur mit einer kleinen

Informationsbreite geführt werden. Die „weggekürzte" Information wird dabei nicht in den Prozess verbraucht, sondern steht in der Breite für ähnliche Prozesse zur Verfügung.

Während die physikalische Evolution noch vorwiegend physikalischen Gesetzen unterliegt, lässt das aus Strukturen gebaute Steuerungssystem schon kybernetische Betrachtungen zu. Bei biologischen Systemen kann dabei der Rahmen über evolutionäre Zeiträume gesteckt werden, wodurch selbst die Umgebungsbedingungen eine Führungsqualität bekommen. Auch biotische Systeme entwickeln sich. Die Zeitabhängigkeit der Führung in Folge einer chronologischen Ordnung ist das Charakteristikum biotischer Führungsstrukturen und die eigentliche Voraussetzung für Selbststrukturierung und Eigenentwicklung in der lebendigen Natur.

Genauso wie die Bindungsenergie nimmt die Robustheit und Zeitbeständigkeit mit dem Entfaltungsniveau ab. Aber im Gegensatz zu den stabilen Bauteilen erhalten die Bauvorgänge, welche mit ihnen veranstaltet werden, eine zeitliche Ausrichtung. Dieser auf Folgeziele gerichtete Verlauf in positiver Zeitachse ist ein wesentliches Kennzeichen des organisierten Vorganges, der den Ordnungszustand gegen entropische Prinzipien zu erhöhen sucht und sich dadurch vom gemeinen physikalischen Vorgang unterscheidet. Was wir als Ausrichtung auf ein Ziel wahrnehmen, erfordert eine neue Qualität des Informationsflusses. Es muss eine Nachhaltigkeit organisiert werden, das heißt, die Prozesse bilden Strukturen, welche erst in der Zukunft zusammenpassen und dort ihre Sinnfälligkeit beweisen. Der Vorgang ist ein Beweis dafür, dass zeitlose Symmetrien über Prozesse in der Zeit transportiert und neu positioniert werden können. Zu Beginn eines jeden solchen Vorganges sind weit übergreifende Zusammenhänge zu erfassen, welche als Führungsbedingungen gewissermaßen in die Zukunft weisen. Der jeweilige Istzustand ist darin implementiert und muss in der Balance berücksichtigt werden. Es ist leicht einzusehen, dass solcherart nachhaltige Führung nur mit konnektiven Systemen veranstaltet werden kann. Das menschliche Wesen könnte ohne die unbewusste Vorausschau nicht existieren, auch wenn sie im Allgemeinen nur für relativ kurze Zeiträume in Funktion tritt. In der natürlichen Evolution ist die konnektive Führung zwingend, wobei die Bedingungen sich folgerichtig nach einem Symmetriegesetz entfalten, das heißt, dass der Aufwand des Austarierens verhältnismäßig gering ausfallen dürfte. Die Kehrseite des Verfahrens ist allerdings, dass die Entwicklung nicht in der ganzen Breite auch aktiv bleibt, weil die Information mit einem immer enger werdenden Fokus abgehängt werden muss. Eine Umkehr der Vorgänge in der Zeit wäre nicht möglich, weil die Information wieder auf die vielen ursprünglichen Zweige verteilt werden müsste, das Wissen dazu aber nirgendwo bewahrt worden ist.

Wenn die physikalische Evolution, das heißt der Zerfall einer Kohärenz, mit Abgabe von minderwertiger Energie einhergeht, kann der Prozess, der umgekehrte Schritte enthält, nur mit dem Einsatz von minderwertiger Energie geführt werden. Die Energiezufuhr muss organisiert werden und wird damit zum Ordnungsprinzip der kybernetischen Evolution. Dabei nimmt der auf den Umfang bezogene Energiebedarf mit der evolutionären Höhe ab und verteilt sich stärker auf die Informationsprozesse. Anstelle Energie, das heißt mikroskopischer Organisation, kommt mit der Entwicklungshöhe die Kybernetik, das heißt die makroskopische Organisation, ins Spiel. Anstelle hoher Bindungsenergie steht für die hoch entwickelte Struktur der kybernetisch organisierte Zusammenhalt mit wenig Energie. Die Zeitrichtung wird durch die Abfolge vieler irreversibler Prozesse bestimmt, welche am Ende die Bildung einer in Harmonie strukturierten Vielfalt zum Thema haben und durch ein Gleichgewichtsstreben in der Führungsebene unterhalten werden.

Wenn die Richtung der Zeit durch irreversible Prozesse verursacht wird, so bedeutet das insbesondere, dass Information aus den zusammenhängenden Bedingungen in die konservativen Systeme fließt. Dabei kann der Informationsinhalt nicht im gewöhnlichen Sinne verzehrt werden, das hätte einen Verlust der ganzheitlichen Orientierung zur Folge. Vielmehr muss die Information des Hintergrundes allgemeiner werden, das heißt, das Ziel muss beibehalten und die Führungsrolle auf ein höheres kybernetisches Niveau verschoben werden. Einfache wiederkehrende Funktionen werden aus der Führung entfernt. Das Prinzip ist uns aus der Arbeitswelt nicht unbekannt. Wird ein Büro vergrößert, so kann der Büroleiter Arbeit abgeben und seine Aufgaben mit weniger konkreten Anweisungen einsteuern. Er muss sich nicht mehr ums Detail kümmern. In dem Maße, wie das Niveau der Kommunikation ansteigt, muss aber auch der Mitarbeiter weitergebildet werden. Im Gegensatz zum Büro wird sich diese Bildung in der Evolution nicht auf die Belange eines Vorgesetzten beziehen. Das autonome System muss die weite Beziehungswelt der Wirklichkeit berücksichtigen, wozu die logischen Methoden menschlicher Bildungsformen nicht ausreichen. Damit die Versuchung gar nicht erst aufkommt, war die Natur gut beraten, den Vorgang ins Unbewusste zu stellen. Das ist allerdings auch im physikalischen Sinne nicht anders möglich, da der Energieverbrauch bei bewusster Fokussierung auf die vielen Details der kybernetisch relevanten Ursachen leicht ins Unermessliche steigen könnte. Aber auch die Evolution im Großen hat in diesem Sinne nichts Besseres zu bieten. Sie kann die Entwicklungsbedingungen für den weiteren Fortgang nur noch in allgemeinen Fassungen vorhalten, weil die konkreten Details in die konservativen Strukturen geflossen sind. Es ist evident, dass auch die „Empfänger“ der Information für diese besondere Informationsform qualifiziert werden müssen. Das neuronale Netz, welches bis dato nur für die Reflexe relevante Muster aus der Umwelt gefiltert hatte, ist für diese Aufgabe geradezu prädestiniert. Die Übereinstimmung scheint sogar soweit zu gehen, dass die evolutionären Vorgaben mit diesem System ergänzt und wohlmöglich sogar weitergeführt werden können.

Das Prinzip musste sich dafür soweit entwickeln, dass der Mensch befähigt wurde, die Bildersprache von Natur und Zivilisation zu rezipieren. Es ist die Harmonie, die in den Bedingungen der Evolution versteckt ist und die sich soweit entfalten lässt, dass sich daraus auch die ganz weiten Zusammenhänge in ein nachhaltiges Ordnungsgefüge bringen lassen. Um das geheimnisvolle Netzwerk freizulegen, muss die Natur gewissermaßen aller rationalen Funktionen entkleidet werden, um der Logik des Verstandes keine Anhaltspunkte zu liefern. Ohne die aber ist der Mensch selbst seiner Denkwaffen beraubt und kann sich nur noch vom schwachen Gefühl des Schönen leiten lassen. Mit dem sollte es aber gelingen, die konnektiven Zusammenhänge des Geistes zu entwickeln, welche dem Verstand die Richtung zu geben haben, auch wenn das nur im Unbewussten geschieht. Mit dieser vermittelten Aufgabe ist es am Ende der Mensch allein, welcher die großen Bauwerke des Geistes aufzuführen hat. In der Kunst sucht er die Vorgaben zu erhöhen, um sie dem bewussten Verstand eindringlich zu machen. „*Denn wahrhaftig steckt die Kunst in der Natur, wer sie heraus kann reißen, der hat sie*“, sagt Albrecht Dürer.[201] Auf die Ebenheit der Vorgaben, wie sie sich aus der Schönheit der Natur zusammensetzen lassen und im Guten der menschlichen Reflexionen, bleibt der Geist allemal angewiesen. Sie müssen deshalb bewahrt, gesucht und immer weiter entfaltet werden. Dabei ist es das kontemplative Gefühl, das dieselben in Natur und Gesellschaft aufzuspüren hat. Es scheint die Garantie dafür zu sein, dass die Schönheit nicht das falschfarbene Reizmittel des Teufels ist, welches überbetont, schieflastig macht, geeignet alles Gleichmaß aus den Fugen zu hebeln. Wahre Schönheit ist immer ein Teil eines ausgewogenen Ganzen, welches das Gefühl in die weite Freiheit gleiten lässt und nicht in den Zwang der Verführung. Vielleicht lehnte Herder deshalb den selbstischen

[201] Zitiert in Berthold Hinz (Hrsg.):Albrecht Dürer Vier Bücher von menschlicher Proportion. (1528) Akademie Verlag 2011 Seite 229

Ästhetizismus seiner Zeit ab, welcher zur Abgötterei verführt. Ihm war die Kunst vielmehr das Mittel, das den Sinn für das Humane öffnet.[202]

Der Umgang des Menschen mit den Vorgaben aus seiner Umgebung lässt sich noch gut in geschichtliche Zeiten zurückverfolgen. Es fällt auf, dass der Abstand der Bilder von bewussten Geschehnissen früher kleiner war und damit das Unbewusste noch stärker gefühlt werden konnte. Dazu gehört der Zeitvorteil, der sich aus dem Informationsprinzip ergibt. Die gefühlte Zeit muss langsamer verlaufen sein, als bei dem logisch geschulten Menschen der Moderne, dafür die Richtung des Zeitverlaufs zum Guten drastischer. Die Nähe zur Natur und ihren weiten Zusammenhängen war den Urvölkern in großem Maße gegeben, und das nicht der der primitiven Verhältnisse wegen. Vielmehr war die grundsätzliche Ausrichtung der Entwicklung auf eine zivilisierte Ordnung ein wichtiges Erfordernis der Evolution. Wir wissen, dass dazu der logische Verstand nicht taugt. Eine hochentwickelte Intelligenz hätte den nachhaltigen Entwurf einer Zivilisation nicht machen können. Die reine Logik wäre dazu schon deshalb nicht in der Lage gewesen, weil sie selbst der Führung bedarf. Es kann nur das konnektive Prinzip sein, das sich im menschlichen Geist abbildet nach dem Vorbild des vorgehaltenen Beziehungswissens. So wie der äußere Kosmos seine Selbstentwicklung organisiert, so ähnlich muss auch der innere Kosmos die Rahmen setzen, in denen sich die Ordnungsvorgaben einer ganzen Gesellschaft wiederfinden. Die Verbundenheit mit den grundsätzlichen Führungsschemata der Entwicklung hat den Kulturen ihren besonderen Stempel aufgedrückt. Das kommt nicht nur in der Bilderwelt zum Ausdruck, auch die Sprache war mehr von den Beziehungen als durch logische Sukzession geprägt. Sie scheint uns komplexer und aufwendiger, weil wir ihre Disposition für das Ganze nicht verstehen können. Für die Zeit der beginnenden wissenschaftlichen Erkenntnis war das Denken in Bildern und Ähnlichkeiten auffällig, das heißt die Arbeit mit der korrelativen Methode, welche für die nachhaltige Führung der gesellschaftlichen Entwicklung auch erforderlich war. Andererseits musste auf die rationalen Hilfsmittel verzichtet werden, weshalb die Aktionen noch weniger effektiv waren. Uns scheinen sie primitiv, aber wenigstens waren sie nicht so chaotisch, dass die Evolution infrage gestellt worden wäre. Dem hochentwickelten Geist fehlten die Werkzeuge der Logik. Waren diese damals noch nicht entwickelt, müssen sie heute möglichst ausgeschlossen werden, wenn der Sinn aufgespürt werden soll, zumal die Logik des Rationalen in der Gesellschaft in zunehmendem Maße überbetont wird. Andererseits verlangt die Kybernetik unseres Bewusstseins, dass der

[202] M. Zaremba: J. G. Herder Prediger der Humanität. Böhlau Verlag Weimar 2002. Seite 196

Mechanismus der hintergründigen Führungsrahmen nicht in den Brennpunkt der Aufmerksamkeit kommen darf. Das bedeutet eine unmögliche Gratwanderung, welche nur durch unlogische und mehr gefühlsmäßige Methoden versucht werden kann, wie sie etwa auch in der Religion eine Rolle spielen. Aber auch hier kann die Rezeption der Bilder nur soweit gehen, wie die ikonische Information in ihrer Ganzheit nicht verloren geht. Sie muss im Hintergrund des Bewusstseins bleiben, nicht nur des individuellen, sondern auch des gesellschaftlichen. Andernfalls verlöre sie ihre Wirksamkeit im weiteren evolutionären Geschehen.

Während die frühen Entwicklungsvorgänge von den äußeren Vorgaben direkt gesteuert wurden und, wenn es denn objektive Beobachter hätte geben können, auch bewusst hätten nachvollzogen werden können, so verschwindet das Geschehen heute immer mehr in eine Metaphysik, welche auch an das menschliche Unterbewusstsein, mit dem es nur noch kommunizieren kann, immer höhere Forderungen stellt. Die folgerichtige Konsequenz ist die Entwicklung des menschlichen Geistes, so wie es etwa in den idealistischen Gepflogenheiten begann, als man in den Vorgängen der Zivilisation die Ordnung der Beziehungswelten zu erspüren vermochte. Damit wurde auch das Unterbewusste indirekt kultiviert und als geheime Quelle des Geistes genährt und weiterentwickelt.[203] In evolutionärer Sicht müssen der geistigen Ebene genau diese Aufgaben zukommen. So wie der beliebige Freilauf der Gedanken auch zugelassen wird, ist es die eigentliche Aufgabe, in dem Meer von Information nach konsonanten Beziehungen zu suchen, welche die Wirklichkeit auch in ihrer weiteren Entwicklung zusammenhalten kann, oder um es vereinfacht und populär auszudrücken, der Zukunft Harmonie und Frieden beschert. Viele gesellschaftliche Vorgänge waren in der Geschichte Ausdruck eines der Zeit angepassten optimalen Umgangs mit Information, auch wenn uns das mit der heutigen Vernunft nicht mehr einleuchtet und die entsprechenden Systeme verpönt sind. Man muss nur verstehen, Spreu vom Weizen zu trennen, das heißt, die Welt des Geistes von den auch immer vorhandenen niederen Machtgelüsten zu separieren. So wie das eine verbindet, muss das andere trennen und zerstören. Um nicht im Trüben zu fischen, braucht es die entsprechenden Voraussetzungen, zumindest muss das Prinzip bekannt sein.

Eine geistige Bildung ist gefragt, welche nur in einer natürlichen Seele wachsen kann, wie sie mit jedem Kinde immer wieder neu auf die Welt

---

[203] Dem unbewussten Harmoniestreben kommt eine Führungsaufgabe zu, indem es dem Geist die Entwicklungsbedingungen vorhält. Wenn sich dieser in seiner Entwicklung selbst begünstigt, so werden sich auch die möglichen Vorgaben erweitern können.

kommt. Genau das aber scheint sich als die schwierigste Aufgabe der Gegenwart zu erweisen. Während die körperlichen Voraussetzungen mit großem Aufwand gepflegt und alle Störungen beseitigt werden, wird die Seele des Kindes und der Jugendlichen zum Freiwild erklärt. Nur des Profits und schon der Macht versprechenden Einflussnahme wegen, werden alle abwegigen Bilder und Szenen vorgehalten, Hauptsache man gewinnt die Aufmerksamkeit. Es ist gleichsam die uralte Gier des Bösen nach der menschlichen Seele, nur dass die Eroberungen heute nicht mit teuflischen Versprechungen, sondern mit raffinierten Bildern geführt werden. Statt Geistesbildung für den freien Menschen gibt es Dressur für die rationalen Erfordernisse der neuen Machtsysteme, für deren Billigkultur und Sprache. So an die Kandare genommen, scheint sich auch der Rest der Gesellschaft an der grenzenlosen Freizügigkeit des Niederen zu erfreuen, statt die Geistigkeit zu suchen und als Aufgabe zu erkennen. Das Glasperlenspiel freier Ideen, in rechter Verfassung für das Gute und Schöne aufzuführen, geht in das unbeschwerte Happening über, mit welchem der geistlose Nonsens das edelste Juwel der Schöpfung zu verbrennen droht.

Das geistige Prinzip, welches der Physis konnektiver Balance entspringt, wird danach bewertet, wie weit sein Harmoniebestreben zu reichen vermag. Es hat in der Geschichte ständig eine aufbauende Ausgestaltung erfahren, und hat als subtile Information auch dem Zeitverlauf die letzte Richtung gegeben, indem sie den nachhaltigen Schritten der Entwicklung vorstand, gewissermaßen das Gute jederzeit deutlich vor Augen hielt. Ohne die Weiterentwicklung des menschlichen Geistes kann es keinen Fortschritt im evolutionären Sinne geben, sondern nur eine Maschinenwelt, in der alle Variationen ausgeführt werden, welche die Bausteine zulassen. Es ist der rationale Rückgang der Evolution, welcher durch den technologischen Fortschritt nur noch beschleunigt wird. Gegen das so beschwörte Chaos kann nur noch eine Hierarchie der Zwänge[204] helfen, in deren Räderwerk der Mensch immer stärker eingespannt werden muss. Das evolutionäre Führungsprinzip von Glück und Freiheit dürfte dann zum Relikt der Vergangenheit werden, wie auch das Zusammenleben der Völker nicht mehr von der Farbpalette der Kulturen, sondern nur noch vom Kampf um logische Rangfolge geprägt sein wird. Den Machtsystemen ist die Geistlosigkeit genehm, weil damit die Intelligenz der Hackordnung und die kurzsichtigen Zerstörungen am leichtesten zu bewerkstelligen sind. Wenn auch nicht in der Geisteswelt, so bemerkt man wenigstens an der Ressourcenverschwen-

---

[204] Schon heute ist jede Regierung bemüht, in ihrer Amtszeit dem Gesetzeswerk einige Meter hinzuzufügen.

dung und dem Rückgang der Artenvielfalt in der Natur, dass man das evolutionäre Prinzip verlassen hat. Dabei steht die „Ökologie“ des Geistes weit über der Ökologie der Natur. Im Haushalt der Natur sind es einfache Posten, die es zu berücksichtigen gilt. Hier gilt es zu erhalten, während es im Universum des Geistes noch um die heiße Phase einer Weiterentwicklung geht, welche die weitere Zukunft des ganzen Menschengeschlechtes bestimmt und deshalb auf besondere Bedingungen angewiesen ist. In der Entwicklung der Kulturen besteht noch ein großes Potenzial, das erst dann seine Ergebnisse ausweist, wenn die verschiedenen Farbtöne soweit gereift sind, dass sie sich für die Aufführung des großen ganzen Weltgemäldes verwenden lassen. Die Pracht der Vollkommenheit bedarf einer fast grenzenlosen Vielgestaltigkeit, welche nur mit den konnektiven Prinzipien des Geistes zusammengezogen und erhalten werden kann. Weltmächte können niemals Differenzierung im evolutionären Sinne unterstützen, ihre Intention ist die logische Rangfolge von oben nach unten. Alles, was sich nicht in diese Anschauung bringen lässt, muss zunächst zerstört werden. Für die Organisation von Machtsystemen braucht es Uniformierung. Das ist die intelligente und besonders heimtückische Art der Zerstörung, weil sie in das innere Wesen der Evolution eingreift und die natürliche Ordnung der Informationssysteme zu untergraben sucht. Die bloße Variation der logischen Bausteine, wie sie aus deren Analyse möglich wird, ist keine Differenzierung im evolutionären Sinne, weil sie dem Verlauf zwar einen zeitlichen Rhythmus, niemals aber eine Entwicklungsrichtung zum Guten und Schönen vorzugeben vermag.

### *4.6 Die Evolution des Geistes*

Wenn wir beobachten, dass die höheren Tiere und der Mensch konnektive Prinzipe zur Führung ihrer Eigenständigkeit entwickeln, so ist dieser Weg nur konsistent, wenn auch die Natur solche Methoden im Hintergrund hält, um der Evolution eine gewisse Zielorientierung im Rahmen einer Entwicklungsmöglichkeit zu geben. Es ist eine besondere Eigenschaft des konnektiven Systems, sich in viele Teile spalten zu können, welche dann das Ziel weiterverfolgen, wenn auch nur entsprechend unscharf. Andererseits können spezialisierte Teile sich gegenseitig ergänzen, wenn sie die Intention zum Ganzen in sich tragen. Das Zusammenspiel ist dabei nicht über logische Mechanismen organisiert, sondern über konnektive, welche die Beziehungen der Elemente auszutarieren haben. Was sich abspaltet, kann sich eigenständig weiterentwickeln und den eigenen Blickwinkel in den Vordergrund stellen. Bleiben die Teile in Kommunikation und werden sie in konnektiven Sinne zu einem Ganzen ausbalanciert, so können sie sich auf diese Art sowohl spezialisieren als auch gegenseitig ergänzen. Das Bild der Spezialisierung ist uns in der Natur allgegenwärtig. Ohne Zusammenhalt in einem Beziehungsrahmen könnte damit aber nur ein Chaos gespeist werden. Das zeigt, dass die Evolution unbedingt auf ein Informationssystem angewiesen ist, welches mit Korrelationen umgehen kann. In der Daseinsweise des menschlichen Geistes werden die Absonderungen, die Ergänzungen und Vervollkommnungen nach konnektivem Prinzip besonders freizügig vorgeführt, was auf eine verwandtschaftliche Abkunft aus den natürlichen Quellen hinweist.

Die autonomen Systeme müssen mit wachsendem Entwicklungsfortschritt immer mehr miteinander zusammenspielen. Das später geschaffene System hat die Fähigkeit sich mit dem besseren Prinzip durchzusetzen, während das niedere sich nur mit einfacheren Mitteln zur Wehr setzen kann. Auf der jeweilig gleichen Stufe muss ein Zusammenspiel organisiert werden. So sind die niederen Tiere etwa gegen Kannibalismus in der eigenen Art durch biochemische Mechanismen geschützt. Aber auch bei den Pflanzen ist das Wurzelwerk so eingerichtet, dass sich die gleichen Arten nicht gegenseitig das Wasser abgraben. Die Wurzelspitzen der gleichen Art weichen sich beim Wachstum einander aus. In der Phylogenese werden die Methoden auf ein kybernetisch höheres Niveau gehoben. Beim Menschen sorgt schließlich das konnektive System des Geistes dafür, dass man sich nicht gegenseitig das Wasser abgräbt. Solche Grundsätze wie Fürsorge, Mitgefühl und Demut sind geistige Methoden und gewährleisten ein Zusammenspiel auf höchstem Niveau. So hochorganisiert und vollkommen das Prinzip auch sein mag, ist es offensichtlich leicht der Zerstörung durch die niedere Logik preisgegeben. Nur in der Mutter-Kind-Beziehung ist es wirklich robust, weil biologisch geschützt. Was in vielen früheren und heute eher verpönten Gesellschaftsformen wenigsten als Normvorgabe mit viel Mühe und Aufopferung geschaffen wurde, wird im modernen rationalen Staatswesen durch die Macht logischer Zwänge ersetzt, welche die Moral außerhalb des Geistes und mit der Macht von Gesetzen definieren. Die konnektive Balance der Evolution bedarf eigener Mittel, welche aus logischer Sicht in zunehmendem Maße geächtet werden. Sie stehen zumindest in den theoretischen Anschauungen der letzten Jahrhunderte noch immer zur Verfügung. Aber man traut der Geistesbildung nichts mehr zu, weil sie sich des logischen Zugangs verweigert, man sie nicht mehr fördert und sie demzufolge auch nicht mehr versteht. Ob die konnektive Balance in die Entwicklung der Zivilisation zurückfindet, oder ob sich die Evolution an dieser Stelle beendet, kann sicher niemand vorhersehen. Die schnell voranschreitende Uniformierung der breiten Masse durch die technischen Kommunikationsmittel spricht eher dafür, dass ein Neustart der Zivilisation aus irgendeiner Reserveecke immer ungewisser wird.

Dabei ist die Entwicklung des Geistes die eigentliche Krone der Evolution. Auch wenn es die Eigenart des Prinzips ist, dass es sich logisch nicht hinterfragen lässt, sollte es wenigstens seinem Wesen nach akzeptiert und verstanden werden. Zudem gibt es eine zweite Sicht auf die Wirklichkeit, die ganz anderer als rationaler Methoden bedarf und eine Wahrheit proklamiert, welche im Sinne der evolutionären Kybernetik über der logischen zu stehen kommt. Auch die Daseinsweise des konnektiven Prinzips hat seine Eigentümlichkeiten. Die Spezialisierung in der Phylogenese füllt die Freiräume aus, welche sich aus den Möglichkeiten der Bausteine ergeben, wozu lange Zeiträume erforderlich sind. Die Differenzierung des menschlichen Geistes geschieht über wenige Jahre, wobei weniger nach Möglichkeiten, als vielmehr nach Erfordernissen spezialisiert wird. Gleichartige Charaktere können nicht in einer Gruppe bestehen, der konnektive Mechanismus differenziert und schafft förderliche Unterschiede, solange er im Zusammenhalt bleibt. Der bekannte Generationenkonflikt basiert zum Teil auf das geistige Prinzip der Ergänzung und ist deshalb besonders bei entwickelten Charakteren ausgeprägt. Interessanterweise können sich konnektive Systeme in Selbstorganisation nur spezialisieren, wenn das Zusammenspiel im entsprechend größeren Rahmen funktioniert. Die gemeinsame Ergänzung schafft eine Weiterentwicklung im ursprünglichen Sinn. Eine Spezialisierung eines isolierten Einzelsystems ist nicht möglich. Der unnatürliche Zustand würde einen Charakter beschreiben, der die Harmonie flieht und selbst diabolische Disharmonien unterstützt. So ist etwa auch ein hoch spezialisiertes Detail im leeren Raum weniger als ein undifferenziertes.

In der Entwicklung durch Differenzierung wird das kybernetische Prinzip erforderlich. In diesem muss sich eine Führung etablieren, welche sich den spezialisierten Funktionen voranstellt. Diese Führung muss sich selbst soweit spezialisieren, dass sie den besonderen Anforderungen der höchsten kybernetischen Ebene gerecht wird. Sie ist dabei auf die korrelativen Prinzipien einer konnektiven Domination angewiesen. Dabei müssen getrennte Strukturen irgendwie wieder zusammenwirken, um wenigstens einem zweckmäßigen Bestreben nachzukommen. Um den ganzen Sinn zu erfassen, reicht ein System nicht aus. Das konnektive Prinzip der Führung muss sich deshalb nach außen hin fortpflanzen, um sich selbst im Sinne eines so zu schaffenden Ganzen spezialisieren zu können.

Die höchste Führungsebene ist auf die konnektive Information spezialisiert. Hier gilt das Prinzip der Balance, mit der alle Rahmen für funktionelle Prozesse in den erforderlichen Gleichgewichtszustand gebracht werden müssen. Das Ziel wird verfehlt, wenn einzelne Funktionen übervorteilt oder unverhältnismäßig inhibiert werden. Es ist immer die Balance von Bedeutung, welche die kybernetische Führungsstrategie auf eine Art funktionelle Symmetrie im Rahmen des Ganzen reduziert. In der gesellschaftlichen Entwicklung spricht man von Harmonie. Nicht selten sieht man, wie dieselbe von misslichen Umständen in unvorteilhafte Einzelstrategien zerfetzt wird. Beim Zurückschauen in die Vergangenheit spürt man dann die wohltuende Wirkung der Ausgangslage, welche der Ganzheitlichkeit des Sinns näher stand. Der Blick zurück gibt dann gewissermaßen die unverbaute Sicht auf das erstrebenswerte und uns schön anmutende Ziel frei. Der Geist der Vergangenheit führt uns, so er die gebauten Klippen überspringen kann, in den Glückszustand der inneren Freiheit. Von hier aus ist die Welt übersichtlicher und die nervenden Forderungen des ungünstigen Weges verschwinden. Mit den Erfahrungen scheint ein Neustart erfolgversprechender.

Es versteht sich von selbst, dass die konnektiven Prinzipe der äußeren Natur nur in den Randbedingungen wirken und nicht die Form definierter Ziele haben, welche in Strukturen ausgeprägt sind. Andernfalls hätten wir sie längst ausgemacht. Indem sie aber außerordentlich komplex sind und als ein Kosmos von Beziehungen zwischen den konservativen Systemen auf die Zielsuche der Individuen Einfluss nehmen, bleiben sie unserer Analyse völlig verschlossen. Dagegen können wir aus den Folgen, nämlich dem Zusammenspiel der konservativen Systeme, schließen, dass Führungsprinzipien vorangestellt sein müssen. In der Harmonie der Natur, die sich in wechselnder Bandbreite durch die ganze Evolution zieht, sind die Ordnungsprinzipien konnektiver Vorgaben ersichtlich. Das Würfelspiel des Zufalls könnte andernfalls unendlich viele Verhaltensweisen vorgeben, die eine Ordnung nicht aufkommen ließen. Allein bei den Tieren sieht man, dass sie sich den ökologischen Beziehungen und ihrem Ordnungssinn fügen, wenn sie auch sonst mit roher Gewalt agieren müssen.

Während bei den niederen Tieren die Ordnung der ökologischen Systeme noch bestimmend ist, tritt bei den Säugetieren und den Vögeln[205] erstmals ein Prinzip in Erscheinung, mit denen die Organismen selbst ermächtigt werden, äußere Ordnung im Sinne der Evolution zu schaffen. Es ist einzusehen, dass zu Beginn dieser Entwicklung das neue System nur dazu diente, die Umstände für den eigenen Überlebenskampf zu verbessern. Dieses Programm ist zunächst nichts Neues, neu ist aber, dass dazu nicht mehr die ganze phylogenetische Entwicklung nötig ist, sondern, dass die Veränderungen in der Lebenszeit des Individuums genutzt werden. Es ist das

205 Die Gürteltiere bilden eine gewisse Übergangsform.

konnektive System, das sich in der höchsten Führungsebene strukturiert und im Geist des Menschen schließlich seine Vollendung findet. Hier wird das Prinzip den Vorgaben der Evolution selbst ähnlich, um am Ende die feinsten Fäden zusammenziehen zu können, welche das Universum vorhält. Damit wird der vollkommene Geist zum produktiven System, welches je nach Vollkommenheit das Prinzip der Evolution weiterzuführen vermag. Es sind nicht mehr nur die aktuellen Vorgaben der Natur, welche den Geist ausmachen. Vielmehr werden dieselben weiterentwickelt, wobei auch die logischen Variationen der Bausteine in das Streben nach konnektivem Gleichgewicht einbezogen werden können und diejenigen als qualifiziert gelten, welche die Bedingungen nach Harmonie erfüllen. Die Natur kann für den komplizierten Mechanismus des Geistes nicht mehr die unmittelbaren Vorlagen liefern. Es ist vielmehr die strukturelle Quintessenz aus einer ganzen Reihe von Entwicklungsschritten, welche sich in ihre letzte Konsequenz verdichten und gewissermaßen das ganze evolutionäre Geschehen in strategischer Reihenfolge abbilden. Das konnektive System schafft den letzten Hintergrund für die vielfältigen Formen der Einflussnahme und entfaltet gleichzeitig, je nach Wissensstand, das eigentliche Entwicklungsprinzip in eigenständiger Art. Trotzdem bleibt die natürliche Welt das Fundament der geistigen Prozesse und auch ihr letzter Richter. Nur sind die Bedingungen des evolutionären Fortschritts so allgemein geworden, dass deren Existenz völlig aus der bewussten Wahrnehmung verschwindet.

Die konnektive Methode des Geistes ordnet die nachfolgenden Systeme, wodurch auch die Logik ihre Bestimmung erhält. Auf diese Art entwickelt sich das Bewusstsein als Zusammenspiel des konnektiven Willens mit dem durch die logische Funktion geschulten Verstand. Die Geschichte der Zivilisation gibt ein lehrreiches Zeugnis vom Aufstieg des geistigen Prinzips und dessen logischen Gehilfen, der selbst die Funktion beherrschend, die Herrschaft des Geistes infrage stellt. Der Widerstreit von Meister und Gesellen durchwaltet denn auch die Geschichte und manchem Werke sieht man an, wie groß der Einfluss des Meisters gewesen sein mag. Der Verstand, der seinen geistigen Herrn nicht durchschauen kann, muss einerseits furchtsam sein, und den „höheren Willen“ zu verstehen suchen, andererseits aber auch in Verzückung geraten, ob der Harmonie und Schönheit, welche ohne sein Zutun in die Natur gesetzt sind. Das eine schafft die Religion, das andere die Ästhetik. Die dritte Möglichkeit ist es, zu versuchen, sich von der Führung des Geistes zu befreien. Wenn das auch nicht ohne Abschaffung des Bewusstseins ganz gelingen kann, ist es doch der moderne Weg, wie das etwa der wachsende Zuspruch der Pop Art bezeugt.

Die Entwicklung des freien Geistes als Ausdruck des ästhetischen Empfindens kulminiert mit dem Erblühen der Sprache im Zeitalter der Romantik, um aber schnell wieder durch den analytischen Intellekt in Bruchstücke geteilt zu werden. Als kleine Erinnerung ist uns das Romantische geblieben, ein kleiner Blick in die Freiheit des Geistes, den uns die Gefangenschaft in der rationalen Welt hin und wieder ermöglicht. Das erste konnektive Prinzip, nämlich das selbstorganisierte Streben nach Harmonie, findet sich schon bei den Theoretikern der Romantik, wie etwa bei Friedrich Schelling, wenn er schreibt: *„So wie die ästhetische Produktion ausgeht vom Gefühl eines scheinbar unauflöslichen Widerspruchs, ebenso endet sie nach dem Bekenntnis aller Künstler, und aller, die ihre Begeisterung teilen, im Gefühl einer unendlichen Harmonie, und daß dieses Gefühl, was die Vollendung begleitet, zugleich eine Rührung ist, beweist schon, daß der Künstler die vollständige Auflösung des Widerspruchs, die er in seinem Kunstwerk erblickt, nicht [allein] sich selbst, sondern einer freiwilligen Gunst seiner Natur zuschreibt, die, so unerbittlich sie ihn in Widerspruch mit sich selbst setzte, ebenso gnädig den Schmerz dieses Widerspruchs von ihm hinwegnimmt; denn so wie der Künstler unwillkürlich, und selbst mit innerem Widerstreben zur Produktion getrieben wird, (daher bei den Alten die Aussprüche: pati Deum usw., daher überhaupt die Vorstellung von Begeisterung durch fremden Anhauch), ebenso kommt auch das Objektive zu seiner Produktion gleichsam ohne sein Zutun, d.h. selbst bloß objektiv, hinzu.“*[206] Für die Selbstentfaltung müssen dem konnektiven Prinzip nur die Wachstumsmöglichkeiten gewährt werden, welche sich besonders beim Künstler aus der natürlichen Veranlagung und dem Abstand zum Rationalen ergibt. Der ist notwendig, damit nicht der wirklichkeitsfremde Nonsens das Spiel macht und alles Harmoniestreben ad absurdum führt. Was sich als geistiges Prinzip in der Poesie vermittels einer metaphysischen Sprache noch potenzieren lässt, tritt sonst bei der Führung unseres rationalen Bewusstseins weniger deutlich zutage, da es die Aufmerksamkeit steuert und sich dabei nicht selbst in den Fokus stellen kann. Es hat demzufolge auch in der Gesellschaft ein Schattendasein, zumindest in der öffentlichen Wahrnehmung.

Dass die konnektive Art des menschlichen Geistes alle Ordnung in der Gesellschaft erzeugt und erhält, ist nicht zu bezweifeln. Die Frage bleibt lediglich, welche evolutionäre Höhe zustande gebracht wird, das heißt, welches Niveau das geistige Prinzip in der Gesellschaft tatsächlich erreicht. Hierbei zählt nicht die Anwartschaft der logischen Intelligenz, die zwar die unendliche Variationsbreite aller Möglichkeiten von Bausteinkombinatio-

[206] Siehe [13], Seite 214 f

nen erschließen kann, nicht aber eine aufbauende Ordnung im evolutionären Sinne. Die Kreativität des Intellekts kann sich selbst nur nach kurzem Zweck bewerten, wodurch sie auch die Harmonie des Ganzen nicht zustande bringt. Die „logische Evolution", welche die moderne Zivilisation schafft, baut auf frühere geistige Werte, welche sich den kurzen „poetischen" Lichtblicken der Geschichte erschlossen haben und in feste Gesetze gegossen wurden. In dem Sinne ist es die Macht der Gesetze, welche die evolutionäre Höhe festlegt, und damit auch das Ende der geistigen Entwicklung besiegelt. So weit sich die Ratio auch kultiviert und so hoch die Bauwerke der Technology auch in den Himmel wachsen, so sind es allesamt nur künstliche Werke, nicht für die Ewigkeit gemacht. Sie bringen nicht den Geist der Evolution, spotten gewissermaßen des Schöpfungsgedankens, indem sie Vielfalt und Vollkommenheit in der Natur verderben und die Ressourcen vergeuden. Wenn das Abtöten der Natur bemerkt und dem Frevel mit neuen Gesetzen begegnet wird, so wird eigentlich das Pferd beim Schwanz aufgezäumt, weil das geistige Führungsprinzip unbeachtet bleibt. Die Harmonie kann wohl auch in Zukunft nur vom Geiste kommen, was aber offensichtlich schwer zu machen ist. Das Bindeglied ist nicht die immer anspruchsvoller werdende Hackordnung hochintelligenter Machtsysteme, sondern vielmehr das Prinzip der Demut, nämlich die eigenen Vorteile dem Ganzen zur Verfügung zu stellen, womit auch das Eigene wachsen kann. Das konnektive Zusammenspiel zur Harmonie ist mit keiner Kathederlogik zu begreifen, dafür aber jedem von Natur aus in die Wiege gelegt.

Die Autonomie der „fertigen" Formen ist den Vorgaben der Evolution angepasst. Das ist ein Automatismus, weil auf der einen Seite nur so viel entstehen kann, wie auf der anderen Seite an Information verschwindet. Einfache Systeme müssen von außen in die Pflicht genommen werden. Entwickelte Systeme suchen sich gewissermaßen die Arbeit aus den äußeren Vorgaben selbst. Am höchsten Punkt dieser Entwicklung ist das menschliche Bewusstsein befähigt, das Entwicklungspotenzial aus den Vorgaben der unerschöpflichen Menge an Beziehungen zu entschlüsseln und mit den Gegebenheiten ein winziges Teilziel für den eigenen Weg vorzugeben, wobei sich die einzelnen Individuen auf konnektive Art zu ergänzen vermögen. Es leuchtet ein, dass diese Führung des Individuums nicht bewusst manipulierbar sein darf und dass der Umgang mit dieser besonderen Art von Information die logisch analytischen Methoden vorn vornherein ausschließt. Die Bildung und Erziehung der menschlichen Seele ist deshalb eine Aufgabe, die im Zeitalter der logisch-funktionell ausgerichteten Gesellschaftssysteme immer weniger praktikabel wird. Dafür ist die unbewusste Leitbarkeit ins Visier geheimdienstlicher Forschung geraten. Aber auch dagegen und gegen die Vereinnahmung durch Machtsysteme aller Couleur ist das konnektive Führungsprinzip in letzter Instanz geschützt.

Die ausgleichende Moral, mit welcher die vollkommene seelische Führung eine perfekte Zivilisation hätte schaffen können, muss durch das Reglement einer Strafordnung ersetzt werden. Der freie Geist wird durch die Prinzipien in die Pflicht genommen, die seine Diener hätten sein sollen. Zunächst könnte der Eindruck entstehen, dass sich durch die Reglementierung das konservative Prinzip für die Zivilisation vollendet und das Ende der Evolution andeutet. Zu bedenken ist jedoch, dass die Ketten, die sich der Mensch selbst gibt, die Freiheit weiter in die geistige Sphäre verschiebt und die Entwicklung des Geistes vorantreibt, welche dann in ihrem Höhepunkt auch die Reglementierung wieder überflüssig machen könnte.

### 4.7 Das geistige Prinzip

Als erstes Führungsprinzip kann sich der menschliche Geist zunächst nur in die Prinzipien der Evolution einbringen und deren Vorgaben folgen. Was sich in logisch analytischer Betrachtung mit dem Begriff der Evolution erschließt, muss in geisteswissenschaftlicher Sicht als Schöpfungsvorgang gelten. Diese Anschauung geht in ihrer Erkenntnis von der höchsten Entwicklungsstufe aus und kann ihr Wissen nur daraus und nur in bildhaften Ähnlichkeiten entwickeln. Dagegen baut die prozessuale Beherrschung der Wirklichkeit auf die Methoden der Logik, das heißt auf Sukzession wiederholbarer Strukturen. Das ist auch ein Prinzip der Evolution, es zeigt sich in den Mechanismen der konservativen Systeme. Dagegen braucht es in der Führungsetage korrelative Prinzipien. Die finden sich ebenso in der Wirklichkeit, nämlich in den Beziehungen der Bausteine, Gesetze und deren logischen Abbildungen. Im Bewusstsein treffen sich die beiden Informationssysteme wieder und müssen genauso verflochten sein, wie in der Wirklichkeit. Aber auch die Erkenntnisprinzipien müssen in die beiden unterschiedlichen Richtungen konvergieren, wobei für den Menschen nur das logische Verfahren bewusst handhabbar ist. Die tiefgründige Einsicht in den Beziehungskosmos der natürlichen Vorgaben wäre mit einem übergroßen Aufwand verbunden und nur von einem „außerirdisch objektiven“ Standpunkt durchführbar. Der Einsatz wäre für das menschliche Wesen nicht nur nicht notwendig, sondern geradezu schädlich, weil bei totalem Einblick die Prinzipien der Freiheit und des natürlichen Glücks zerstört werden. Die konnektive Art des Geistes ist nur über zum Teil mehrfache Mittelbarkeiten erfahrbar und kann in der Wissenschaft nur ein kümmerliches Schattendasein führen. Die Erkenntnisse sind rar, die Religion ist gut beraten, sie über die Jahrhunderte zu sammeln und zu bewahren. Tangiert jedoch der einzelne Mensch altruistische Lebensmaximen, welche den allgemeinen Entwicklungsbedingungen entsprechen, kann sein Schaffen vom unmittelbaren evolutionären Prozess begünstigt werden. Er spürt, wie seine Arbeit von mehreren Seiten mitgetragen wird. In geisteswissenschaftlichem Sinn spürt er die Hand Gottes, die ihn geleitet, befreit und glücklich macht. In diesem Prinzip begründet sich letztlich auch die Wahrheit der Religion, welche die Bedingungen des evolutionären Weges mit der Bildersprache des Geistes zu entwickeln hat, ohne dass dabei die niedere Funktion beachtet werden oder gar die konnektive Art des Geistes aus logischer Analytik entworfen werden muss. Indem aber die Evolution das Äquivalent durchgängiger Nachhaltigkeit ist, müssen auch in logischer Beobachtung alle Funktionen in ein gemeinsames Ziel konvergieren, oder zumindest dazu ausgestattet sein.[207] Einmal in Gang gesetzt, finden die so geschaffenen Strukturen zusammen, um in einer konzertierten Aktion den gemeinsamen Weg zu verfolgen. Wie weit die entwicklungsbegleitenden Strategien auch in die Lebenslinien des Einzelnen reichen, ist analytisch kaum auszumachen, möglicherweise aber tiefgründiger, als auf erstem Blick vermutet wird. Da die individuelle Entwicklung des Geistes die höchste und damit aktive Stufe ausmacht, muss sie die evolutionären Prinzipien in jedem Falle einschließen.

Die Vorgabe der Logik ist das Gesetz. Gesetze werden in vielfältiger Form mit den Bausteinen geschaffen, sie sind ebenso gleich, wie die Bausteine identisch sind. Es sind gewissermaßen die Schatten der intrinsischen Prozesse und bilden deren Exaktheit nach außen ab. Die Summe bezeichnen wir im Allgemeinen als Naturgesetze und gehen von deren Konstanz und Stabilität aus. Auf der anderen Seite steht das konnektive System, das keine Gesetze kennt, sondern mit nicht wiederkehrenden absoluten Einheiten arbeiten muss. Da es aber auf der Bedeutungsleiter höher steht, ist anzunehmen, dass dem Gesetz ein Gegenstück auf der höheren Ebene zukommt und auch der höheren Entwicklungsform entspricht. Wir müssen hier ein allumfassendes Prinzip annehmen, welches die konnektiven Ausführungen bildet und dabei auf die logischen Ergebnisse der niederen Ebenen nicht unmittelbar angewiesen ist. Es entwickelt die Vorgaben für ein harmonisches Zusammenspiel von Formen und Funktionen in der Wirklichkeit.

Auch eine weitere Eigenschaft dieses höheren Systems ist uns bekannt, dass sich nämlich der Informationsinhalt in beliebige Teile trennen lässt, welche, sofern sie in Kommunikation bleiben, auch spezialisieren können, um Teilaspekte genauer bedienen zu können. Der ganze Inhalt entspräche dann der Summe der evolutionären Bedingungen, die menschlichen Partiti-

[207] Die Tendenz muss mit der Strukturierung und deren Entwicklungshöhe zunehmen.

onen wären nur winzige Bruchstücke, gerade ausreichend für die kleine Kraft des Einzelnen an der ganzen Aufgabe. Das ist keine Arbeit nach Plan, sondern eine Zuordnung möglicher Funktionen zu den Konzessionen der Evolution, deren wichtigstes Kriterium der selbstorganisierte Bestand des Ganzen ist. Die organisierte Dauerhaftigkeit zeigt sich uns in der Nachhaltigkeit der Entwicklungsvorgänge.

Die Übertragung der Bedingungen auf die unzähligen „konnektiven Mitarbeiter" hätte auch für die menschliche Erkenntnis gewisse Konsequenzen. Es gäbe dann nur ein Ziel, auf das alle Struktur, Kybernetik und Funktion ausgerichtet wäre und das letztlich auch den Begriff der Wahrheit definierte. Man könnte sich dieser ganzheitlich harmonischen „Informationsmasse" beliebig annähern und alles Streben würde sich in einem gemeinsamen Sinn treffen.[208] Mit der aufkommenden logischen Mode und deren Überbetonung scheint sich diese Sehnsucht nach Harmonie und göttlicher Erkenntnis allerdings zu verlieren.

Eingebettet in einem unübersichtlichen Sammelsurium konservativer Strukturen, welche von der heißen Phase der Evolution entlassen sind, arbeitet sich eine Spitze ständig vorwärts, indem sie die neuen Entwicklungsvorlagen in die Wirklichkeit umsetzt. In dieser Anschauung entsprechen die konnektiven Prinzipien der Summe der logischen Naturgesetze auf einer höheren, allgemeinen Stufe. Es ist das komplexe System von Voraussetzungen, in dem die logischen Teilstücke in eine Entwicklungsrichtung konvergieren können. Hier muss der Bestand des Ganzen immer wieder neu austariert werden, und zwar so, dass die veränderten Inhalte auch mit ihrer neuen Wichtung berücksichtigt werden. Wir können hier nur mit konnektiven Prinzipien rechnen, höhere Ordnungsprinzipien dahinter wären uns vollkommen unzugänglich, gleich wenn sie nur mit den natürlichen Bausteinen der Wirklichkeit gebaut wären und nur mit deren Informationsinhalten arbeiten könnten. Wir haben schon mit den konnektiven Prinzipien genügend Verständnisschwierigkeiten. Anders als die Naturgesetze lassen sich diese nicht in einzelne Funktionszweige trennen und logisch analysieren. Einer noch höheren Ordnung wäre wiederum nur mittels konnektiver Methoden beizukommen; ein genaues Verständnis würde selbst damit nicht gelingen können, weil eine höhere Ebene wiederum ein Mehr an Organisationsqualität und Informationsmenge zu bieten hätte.[209] Ein auf diese Weise poten-

208 Mit dieser Richtung verbindet sich in gewisser Weise auch der physikalische Hintergrund, indem nämlich eine distribuierte Symmetrie unter gegebenen Bedingungen nur auf eine Art ihre Vollkommenheit erreichen kann.

209 In geisteswissenschaftlicher Sicht hieße das gewissermaßen, die göttliche Idee hinterfragen zu wollen.

ziertes Unvermögen unseres Bewusstseins weist uns einen niederen Rang im evolutionären Geschehen zu. Der andersartige und scheinbar intelligente Umgang mit den Bausteinen des Universums kann dieses Manko nicht ausgleichen, auch wenn sich der Mensch mit seinen technischen Meisterleistungen über die Konstrukte der Evolution zu erheben wähnt. Solange er nicht zum Sinn vorstößt, bleiben alle seine Aufführungen nur unnütze Bagatellen. Selbst wenn uns das sonst unerreichbare konnektive Informationsprinzip zugängig wäre, hätten wir nur die generalisierten Koordinaten für die Existenz des Sinns gefunden. Dieser wird mit den Naturgesetzen abgespult, die so gleichsam von höherer Hand gesteuert erscheinen. Auf diese Art wird den reversiblen Anteilen die erkennbare Kausalität entzogen, sie erscheinen uns nicht zusammenhängend und wohlmöglich zufällig.

Der Hinweis auf übergeordnete Prinzipien, welche sozusagen die Naturgesetze beschämen, findet sich in allen Kulturkreisen in mehr oder weniger auffälliger Form. Bei den Ungebildeten ist interessanterweise das Gespür dafür ausgeprägter, was anderseits auch die Religionen und philosophischen Schulen in Verruf brachte, die sich dieser Ideen annahmen. Dass aber die Logik, welche die Auffassung von Bildung in die Welt setzt, nicht für die Interpretation geistiger Zusammenhänge taugt, ist uns mittlerweile eine billige Einsicht. Auf der anderen Seite braucht der in jeder Seele brennende Geist eine Form der Kommunikation, und was die Logik nicht zu ordnen schafft, müssen die unlogischen Schemen besorgen, die sich aller bewussten Aufmerksamkeit zu entziehen verstehen. Der misstrauische Forscher, der das Unzugängliche nicht billigen kann und sich logische Gespinste schaffen muss, wird unweigerlich in die unendlichen Welten des unsinnigen Nonsens gezogen werden, auch wenn er sie bewusst nicht zulässt.

Aber genauso wie der Geist vermittels der Zivilisation die Logik entwickelt hat, bieten sich ihm auch selbst Wachstumsmöglichkeiten. So haben sich Sitten und Gebräuche herausgebildet, die logisch nicht zu begründen sind, die konnektiven Prinzipien der Evolution aber durchaus zu unterstützen vermögen. Auf diese Weise kann Tradition der Gesellschaft ein gewisses geistiges Potenzial verschaffen, wie auch die Religion mit altem Brauchtum ihre geistigen Werte zu bewahren sucht. Mit entsprechend qualifizierten Sprachsystemen wäre das nicht nötig, genauer gesagt dann, wenn unser Kommunikationssystem mithilfe des Gefühls über die Logik hinausreichte, um die Beziehungen des Sinns zu tangieren. Dann wäre der konnektive Hintergrund jederzeit erreichbar und der gleich bleibende Sinn der

Wirklichkeit beliebig genau zu bestimmen.[210] Es müssten lediglich die Informationssysteme den kybernetischen Bedingungen genügen.

Nun steht das Gefühl, mit welchem sich konnektive Inhalte wenigstens ab und zu erahnen lassen, bei der Kommunikation in wechselhaften Kurs. Die Gegenwart zeigt uns viel häufiger die Gefühlskälte des rationalen Entertainments,[211] welches im Spiel der Mächte auch die Harmonieprinzipien in der Gesellschaft infrage stellen muss. Genauso spiegelt der geheimnisvolle Zusammenhang der Sprache mit dem von ihr geöffneten Blick in die Wirklichkeit auch den gesellschaftlichen Werdegang wider, unter denen sich die evolutionären Vorgaben offensichtlich ganz unterschiedlich entfalten können. Es mochte wohl zu allen Zeiten nur schwer einleuchten, dass die Sprache neben ihrer prägnanten logischen Information auch nebenher und heimlich solche übertragen kann, welche dem höheren konnektiven System zuträglich ist und den Geist zu strukturieren vermag. Es ist die höhere Schule, welche die Sprache unter den besonderen evolutionären Umständen zu absolvieren hat. Da diese Qualifikation nur unter der Vermittlung des Gefühls und nicht des Verstandes wirken kann, ist sie auch noch nie Gegenstand sprachwissenschaftlicher Forschung geworden. Dabei setzt die ganze Zunft der Poesie nur auf diesen Wert, wobei andererseits die Künste auch nur einen Bruchteil der enormen Möglichkeiten des Geistes ausmachen. In aller Deutlichkeit zeigt sich der Geist letztlich nur in der Nachhaltigkeit seiner Wirkung, das heißt, dass alle Prozesse umso weiter in die Zukunft reichen, je mehr konnektive Information der Evolution darin verschwendet wurde. In dem Sinne definiert sich das geistige Prinzip als Angleichung an den Sinn der Entwicklung, welche die Wirklichkeit hervorbringt. Von den unterschiedlichen Sprachen ausgerichtet, entdeckt sich so auch eine differenzierte Ausrichtung der Gesellschaft, einerseits an den Prinzipien der Harmonie, wie sie sich in den natürlichen Zielen verstecken, oder andererseits an den Prozessen der rationalen Logik, nach dem Motto: Der Weg ist das Ziel. Die Gegenthese der Informationsprinzipien stellt sich dar als Vernetzung, als Suche nach Balance und Erkenntnis des Vollkommenen auf der einen, und als logische Kausalität, das heißt als immerwährender Kampf um die intelligenteste Hierarchie, auf der anderen Seite.

Auf unserer Einsicht wohlwollende Weise findet sich schon in einer geistvollen Ausdrucksart eine weitere Besonderheit des konnektiven Prinzips wieder, und zwar die Absolutheit und Einmaligkeit der Konstruktionen, die sich dabei nebenher auch immer wieder im gleichen Sinn finden müs-

---

[210] Wenn das immer weniger der Fall ist, sollte die Überlieferung an Bedeutung gewinnen.

[211] Die heutige Verwandtschaft des Wortes mit dem Begriff „Entern" ist nicht zu übersehen.

sen. Geistesgrößen, wie Kant oder Hegel, führen uns durch so viele ineinander verschlungene Gedankenketten, dass an eine Wiederholung nicht zu denken ist. Damit wird gewissermaßen auch der absolute Inhalt des Geistes nachgebildet, der mit wachsender Höhe keine Mehrdeutigkeiten zulässt, seine ganze Größe aber nur verrät, wenn er immer wieder, und aus unterschiedlichen Richtungen bezwungen wird. Im Gegensatz dazu sollte man von den Analytikern eher eine geistlose Sprache erwarten, was aber nicht in Gänze zutrifft, da sich wohl auch ein jeder von ihnen nur mit geistigen Hilfsmitteln über die Abgründe des analytischen Nonsens zu halten vermag.

In schlüssiger Ausführung ist das absolute Prinzip der konnektiven Führung beim Menschen auch in Formen gegossen, das heißt im physischen Substrat des Bewusstseins zu finden. In der höchsten Informationsebene des ZNS werden nur Strukturen zu entdecken sein, die keinerlei Wiederholung kennen und nur für absolute Zusammenhänge stehen. So gleicht kein Bewusstsein einem anderen, wie auch die Erkenntnisse auf dieser Ebene nie in Übereinstimmung zu bringen sind. Erst auf der niederen Ebene der Logik gelingt ein einfaches, aber sinnfreies Zusammenspiel. Das wird auch verständlich, wenn man die Ontogenese der konnektiven Führungsebene betrachtet. Die wird zwar mit „standardisierten“ Bauelementen, den besonderen Typen von Nervenzellen, geführt, die Inhalte aber sind korrelativ aufbauende Sammlungen von Beziehungen, welche in evolutionärer Hinsicht für konstruktiv erachtet wurden. Sie repräsentieren den besonderen Platz, den jeder Einzelne im Geschehen der Wirklichkeit einnimmt. Dabei wird die Evaluation direkt, oder aber vermittels Stellvertreter geführt, die selbst für eine starke Beziehung zum konnektiven Sinn stehen.

Es ist der Selbstorganisation verpflichtet, dass das System vom primitiven Beginn aus entwickelt wird, und jede Aktivität über dieses simpel scheinende Eingangstor laufen muss. Das Einfache ist keinesfalls von billiger Dürftigkeit, vielmehr zeigt sich hier die Vollkommenheit von symmetrischer Information, wie sie künstlich niemals zu erreichen ist. Es ist der geheimnisvolle Kern, um den sich ein ganzer harmonischer Kosmos von Beziehungswissen auskristallisieren kann. Die erste Perzeption findet denn auch in der Wirklichkeit die einfache Entsprechung und setzt die Eingangskoordinaten in die Matrix der genetisch geprägten Strukturen. Die sind begrenzt, das genetische Konzept kann nicht alles vorhalten, was für den monumentalen seelischen Bau vonnöten ist. Um die innere Kathedrale des Sinns zu entwerfen, braucht es das geistige Prinzip in seinem ursprünglichen Ebenmaß. Das muss parallel zur genetischen Linie weitergetragen werden. Es ist das Phänomen der ausgereiften Liebe, welche der profanen Analyse verschlossen bleibt, weil es mit ausgeglichenem und reinem Beziehungswissen gegen alle Macht und Logik steht, aber auch dem Unfähigen und Schwachen zu einem Entwicklungspotenzial verhilft. Mit der Liebe zum Kind, wie sie in der Mutterliebe ihre Vollkommenheit erfährt, wird gewissermaßen die Harmonie in die Geistesanlagen gepflanzt und das Fundament für eine Entwicklung zur ausgeglichenen Persönlichkeit geschaffen. Die außerordentliche Bedeutung dieser Beziehung[212] in den ersten Lebensjahren wird in einer rationalen Gesellschaft nicht wahrgenommen, weil sie aller logischen Vernunft entbehrt und sich den funktionellen Ordnungs- und Machtstrukturen nicht beugt. Mit dem Grade der Missachtung verschwindet aber auch die Geisteskultur, welche sonst die Grundlage einer harmonischen Zivilisation darstellt. Auf einen schmalen Funktionalismus reduziert, wird die Bedeutung der Mutter von dem jahrhundertealten religiösen Gedankengut, wie etwa der Marienverehrung, beschämt, weil nur die materielle Spur verfolgt werden kann, herausgelöst aus dem Kontext geistiger Gelehrsamkeit, welche vom anderen Ende des Informationsspektrums her entwickelt wird.

Dass der Kosmos menschlicher Führungsprinzipien einer inneren Harmonie bedarf, ist angesichts unbegrenzter Irrwege leicht einzusehen. Jede äußere Information in Beziehung, welche auf das eingestellte Ebenmaß baut, hat sozusagen ein Billett[213] und kann neues Beziehungswissen einschleusen und in das Netzwerk eintragen. Wiederholungen landen unweigerlich an gleicher Stelle und können die Struktur nicht verändern. Auf diese Art entsteht ein Situationswissen, das jede äußere Vorgabe mit einem inneren Sinn verbindet. So wie sich der innere Sinn selbstständig vervollkommnet, findet er auch in der äußeren Welt die höheren Entsprechungen und wird dafür empfänglich. Dieser Vorgang macht die Entwicklung des Geistes aus, wobei wir die Einbeziehung der zunehmenden Logik noch nicht berücksichtigt haben. Die sorgt jedenfalls dafür, dass auch die konservativen Gesetze der Wirklichkeit mit in das Geschehen eingeschlossen werden. Sie geben gewissermaßen die Transformationsregeln für das innere Verständnis der äußeren Prozesse. Der herangebildete Geist hat dabei für den Ausgleich zu sorgen, nämlich dass keine Überbetonung einer Einzelheit entsteht, aus welcher sonst auch leicht eine diabolische Strategie entstehen könnte.

---

[212] So primitiv sie auch scheinen mag, steht in der Hierarchie der Entwicklungsmethoden die Muterliebe über alle Intelligenz, welche mit logischen Mitteln erreicht werden kann. Sie allein schafft es, das Einfache so auszubalancieren, dass auf dieses Fundament das ganze innere Universum gesetzt werden kann und baut damit auch das Filter, welches das Diabolische abhält.

[213] Die Ausgeglichenheit findet sich im Einfachen und Sentimentalen, welches nur deshalb auf der Welt ist, von rationalen Denkern aber nicht verstanden und leicht verfremdet und zum Kitsch gemacht wird.

Im Falle eines idealen Ergebnisses gehen die äußere Wirklichkeit und die innere Abbildung miteinander konform, wobei die Anpassung im Inneren die Einsicht und die Anpassung in der Umgebung die Kybernetik bedeuten. Eine Differenz zwischen innerem und äußerem Beziehungswissen führt zur Aktion. Bleibt diese verwehrt oder erfolglos, so muss das innere System weiterentwickelt werden, das heißt neue Strategiestrukturen vorlegen. Indem aber in den Handlungen und in den Gedanken, welche die Handlungen ersetzen, die Logik dominant ist, muss die Vorgabe über diese Logik hinausgehen, um erfolgreich zu sein. Was uns zunächst als einfaches Prinzip deucht, ist in Wirklichkeit dadurch kompliziert, dass die Vorgänge durch zahlreiche Stellvertreterfunktionen ersetzt werden, welche sich selbst wieder auf abstrakterem Niveau substituieren lassen.

So wie die Sinnesorgane im ganzen Lebenslauf dieselben bleiben, ist auch die feste „Verdrahtung“ zu den Eingangspforten des Bewusstseins für immer dieselbe. Der Transport von Information kann nur über transiente oder logische Vermittlung erfolgen. Ein Blick auf die Oszillogramme der Nervensignale zeigt denn auch, dass die Impulsmuster logische Information beinhalten, das heißt, dass sie aus Zeit- und Raumstrukturen gebildet werden. In der Technik werden räumliche Entfernungen oft durch Zeitabstände gemessen, wobei eine konstante Impulsgeschwindigkeit des Messsignals gegeben sein muss. Die räumliche Konstellation wird im morphologischen Informationssystem des konnektiven Substrats durch die konstante Ausbreitungsgeschwindigkeit der Nervenbahnen nachgebildet, wodurch die Entfernungen im Vergleich zum äußeren Normal der Lichtgeschwindigkeit extrem verkleinert werden können. Das ist die Voraussetzung, dass sich ein morphologischer Kosmos von Beziehungswissen bilden kann, der zunächst den äußeren Konstellationen entspricht. Dass diesem Wissen auch ein Sinn zukommt, ist letztlich den logischen Aufführungen zu verdanken, welche damit unternommen werden, und in deren Verlauf die Vorgaben des äußeren Sinns bedient werden müssen. Es entstehen abstrakte Bilder, die vom Erfolg optimiert als Engramme in das Netzwerk eingetragen und so den äußeren Konstellationen gleichgestellt werden.

Die aktuellen Beziehungen werden, falls sie das Eingangsnetzwerk passieren können, normalerweise auch im Inneren als bekannt vermerkt, weil sie auf bereits vorhandene Entsprechungen treffen. Die Signale bewirken in dem Falle gar nichts. Divergieren aber äußere Signale und innere Entsprechungen, so bleibt ein Signalkreislauf zurück, der für ein aktiviertes Ziel steht, das in der Umwelt realisiert werden muss. Das Ziel kreist gewissermaßen in der divergenten Konstellation so lange, bis der Effekt gebracht ist. Voraussetzung dazu ist, dass entsprechende Strategien oder deren Reste gefunden werden, mit denen eine erfolgreiche Aktion geführt werden kann. Im neurologischen Sinne stehen für diesen Vorgang nicht nur die äußere Handlung, sondern auch der Gedanke und sogar auch nur der einzelne Bewusstseinsakt. Der aktive Kreis wirkt als Antriebsmoment für die logische Aktion (*Abbildung 35*), die ihn allein zurücksetzen kann, und zwar auf verschiedenen Ebenen, wobei auch bestimmte Details der äußeren Wirklichkeit mit eingeschlossen sein können. Bleibt aber die Erregung bis zur nächsten paradoxen Schlafphase erhalten, so kann die Summe der zurückgebliebenen Erregungen die Bildung einer neuen Struktur bewirken, wozu eine entsprechende physiologische Aktivität aufgebracht werden muss. Die repräsentiert

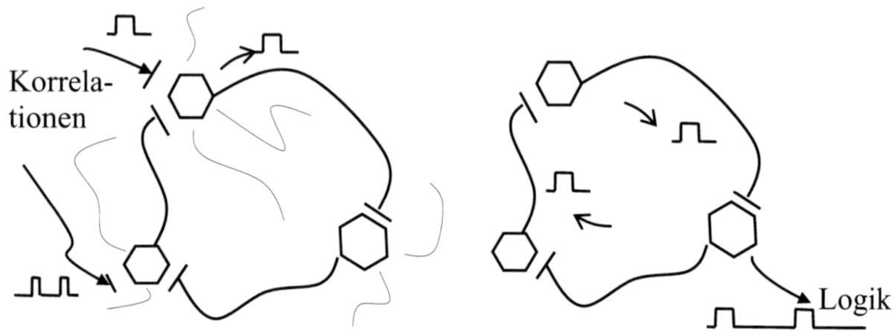


Abbildung 35: *Konnektive Kreise*

konnektive Arbeit, wie sie auch nur in der höchsten Ebene möglich ist. Dass dabei eine nichtlösbare Anforderung mit unbestimmten und möglicherweise ganz fremden Resterregungen zusammenspielt, scheint wie ein Zufall, zeigt aber andererseits den Einfluss der weitläufigen Vielfalt, wie auch die Bedeutung des Einzelnen bei den geistvollen Kreationen, welche sich weder kommerziell noch über politische Macht anordnen lassen. Das einzelne Individuum ist an dieser Stelle unverzichtbar. Eine bewusst logische Einflussnahme auf den kreativen Prozess des konnektiven Hintergrundes ist allerdings ausgeschlossen. Es ist die höchste Informationsebene des individuellen Bewusstseins gefragt. Aus der fast unendlichen Vielfalt der Strukturen und Verfahren der Wirklichkeit muss schließlich auch die letzte Feinheit gezogen werden, welche den Entwicklungsbedingungen gehorcht und die wissenschaftliche Erkenntnissuche in die richtige Bahn leitet. Weil für das subtile Puzzlespiel so viele und so unterschiedliche als möglich kreative Vorgänge gehören, darf die Allgemeinheit nicht ausgeschlossen werden.

Die Bilder der Erkenntnis können nicht einer isolierten und wohlmöglich fremdsprachigen Elite in den Sinn kommen, weil die kognitiven Elemente tausendfach in kleinen kreativen Prozessen auf die nachhaltigen Bedürfnisse der Wirklichkeit ausgerichtet werden müssen.[214] Die Mittelbarkeit und das das komplexe Zusammenspiel der Voraussetzungen für die Erkenntnisprozesse sind geistige Vorgänge, welche in Machtstrukturen gern unterdrückt werden. Dabei nimmt sich eine so aufgestellte Wissenschaft irgendwann selbst vom Plan, weil sie fremdgesteuert stagnieren oder in das Fahrwasser des Nonsens geraten muss.

Die auf natürliche Art in den aktiven Schlafphasen erzeugten Strukturen schaffen eine Information, welche emergent ist bezüglich ihrer logischen Wirkung. Ist sie bedeutungsvoll, kann sich das bei der nächsten Gelegenheit zeigen, bisweilen sogar mit dem bekannten Aha-Effekt. Dem ausbalancierenden Mechanismus nach sind die Ergebnisse aufeinander aufbauend, das heißt, sie streben einer inneren Vervollkommnung zu, die nicht nur das Bewusstsein und damit die Souveränität des Einzelnen erweitert, sondern als Folge auch die äußeren Einrichtungen in einen Ordnungszustand zu bringen vermag. Dass im aktiven Schlaf alle Aktivitätsmuster zurückgesetzt werden, ist eine bekannte Erfahrung. Zusätzlich müssen auch Strukturbildungen zugelassen werden, die als Anpassung an die veränderten Bedingungen der Wirklichkeit zu werten sind, aber auch für eine eigene Entwicklung stehen, indem sie das Harmoniestreben der Evolution nachbilden. Der Vorgang entspricht einem physiologischen Kraftakt und ist nicht nur vom Energieangebot, sondern auch von freien Eiweißbausteinen abhängig, was nicht immer gegeben ist, besonders nicht in körperlicher Schwäche oder in der Wirkung von Beruhigungsmitteln. Bleiben aktivierte Strukturen zurück, oder auch nur Reste, so verbleibt auch die innere Spannung. Diese lässt sich auch leicht künstlich erzeugen, wenn man sich nämlich einer äußeren Disharmonie aussetzt, die nicht bewusst aufgelöst werden kann. Würde der Mensch im Extremfall in eine Welt mit völlig unbekannten Signalmustern gestellt, könnte die dissonante Aktivierung so extrem werden, dass jeder Bewusstseinsakt lahmgelegt würde, was bis zur Bewusstlosigkeit führen könnte. Bekannt ist die Stimulierung in der Popkultur, welche davon lebt, die Aufmerksamkeit durch irritierende Reizmuster zu erregen und zu binden. Die Unnatürlichkeit der Reize führt dazu, dass die hinterlassenen Spuren durch keine Aktivitäten zu befriedigen sind, Energieressourcen vergeu-

[214] In dieser Sicht ist die Englischdoktrin in der deutschen Wissenschaft ein fataler Missgriff. Es wird die Allgemeinheit ausgeschlossen, die mit ihren Steuern auch noch ihren Ausschluss finanzieren muss. Es wäre auch gerade die konnektive Sichtweise, welche von der deutschen Sprache unterstützt wird, eine sinnvolle Alternative zum mehr verlaufsbezogenen Englisch.

den und nicht selten zu exzessiven Zwangshandlungen verführen.[215] In diesem Sinne nutzt man auch schnelle Bildfolgen mit unrealen Inhalten für Werbezwecke, die einzelne Motive in den Hintergrund lancieren, falls sie sich nicht mehr bewusst auflösen lassen. Viele kreisende Reste, welche nicht zu befriedigen sind, werden als drückende oder gar schmerzende Last empfunden, lähmen oder treiben gar zur verworrenen Handlung. Nehmen sie überhand, so führen sie schließlich zum Zwangsschlaf, im Alkoholrausch auch nicht selten zur Zwangshandlung oder im chronischen Fall zu Krankheiten. Der wachsende Konsum von Schlaf- und Beruhigungsmitteln in der westlichen Zivilisation ist ein beredtes Zeugnis für die Missachtung der harmonischen Rahmenbedingungen.

Die Effekte aus dem dissonanten Kontext der Lebenswelt sind Sand im Getriebe der Evolution. Sie sind Ergebnis eines Ungleichgewichtes zwischen der geistigen Information des Sinns und der logischen Intelligenz. Zuviel Intelligenz ohne die geistigen Rahmenbedingungen beschwören ein Zuviel an unzweckmäßigen Funktionen, welche im Bewusstsein nicht mehr zu handhaben sind. Die verzettelte Intelligenz irritiert und belastet den inneren Kosmos und ist kaum im Sinne der Evolution zu deuten. Um sich davor zu schützen und das innere Gleichgewicht zu bewahren, muss der Einzelne eine seelische Hygiene betreiben, welche auch an gewissen Verhaltensnormen gebunden ist. Die sind nicht neu zu erfinden, sondern sind alle schon in der Geschichte der Zivilisation in Erscheinung getreten, weil die Menschheit eine geistige Phase der Zielorientierung durchmachen musste. Viele der heute verspotteten Verhaltensregeln und Umgangsformen sind als konnektive Ansätze für harmonische Gesellschaftsformen zu werten. Sie begründeten auch eine Geisteskultur, welche aus der modernen logischen Sicht so einfach anmutet, dass sie nicht mehr in die rationale Zweckgesellschaft zu passen scheint. Bis auf einige rationale Inhalte, welche in Gesetze gegossen sind, werden die Bedingungen und Schutzvorgaben der Geistesentwicklung heute als Barrieren einer Freiheitsidee angesehen, welche selbst nur vom Maschinendenken der Logik bestimmt ist. Damit wird allerdings auch das breite Fundament einer universalen Harmonie stückweise abgebaut und durch die schmalen und nicht mehr zusammenhängenden Gründe der Logik ersetzt. Es ist die Perfektion im Kleinen, die nur durch Kausalitäten bestimmt sein kann und auch eine Reihenfolge im Großen sucht, welche nur mit Machtspielen gefunden werden kann. Einen harmonischen Zusammenhalt kann es dann nur durch die traditionellen Aufgaben und Anschauungen

215 Angesichts der Zwangsbeschallung öffentlicher Räume sollte auch die Ruhe zu den Menschenrechten gezählt werden, zumal keine physiologische Abschaltmöglichkeit existiert.

geben, die aber, weil nicht mehr gepflegt, nur noch verschleißen und nicht weiterentwickelt werden können.

In puncto Geistesentwicklung wird der Einzelne von den gesellschaftlichen Einrichtungen allein gelassen, er sollte aber wenigstens nicht behindert werden. Es ist ein unerklärliches Phänomen, dass sich alle politischen Lobbys ohne Not verschworen haben, die Grundlagen der seelischen Balance nicht mehr aufkommen zu lassen und sich stattdessen einem ewigen Kampf um Rangfolgen zu verschreiben, welche die Ordnung auf der Basis geistiger Harmonie durch die Ordnung logischer Machthierarchien ersetzen soll. Mit der Geistigkeit verschwinden auch deren populäre Kategorien, wie das Gefühl der heimatlichen Geborgenheit, die Freude an trauten Liedern oder das Glück des Schönen. Für diese paradiesische Lebenswelt im Geiste ist das menschliche Informationssystem ausgerichtet. Es findet hier seine höchste Entwicklungsstufe. Ein Entwicklungsgang in andere Richtung müsste schon in den molekularen Strukturen ansetzen und wäre beim derzeitigen evolutionären Fortschritt völlig ausgeschlossen. Die Reduzierung des menschlichen Forscherdranges auf rationale Funktionen lässt das evolutionäre Paradies gewissermaßen verkümmern. Unterstützt wird diese Tendenz noch durch die Unfähigkeit der Medien, die einfachen Formen zu vermitteln. Statt in Gemeinsamkeit das Schöne zu schaffen und liebevoll die Visionen der Vollkommenheit zu verfolgen, wird die Selbstherrlichkeit der Intelligenz beschworen, die jede Überspanntheit mit unendlicher Tiefe verfolgen kann, dabei aber auf eine Welt setzt, die nur von der Zerstörung der natürlichen Bedingungen leben kann. Es ist der ewige Kampf um Macht und Machterhalt, welcher eine Ordnung mit den Mitteln der logischen Rationalität zu schaffen sucht.

In den Bedingungen der evolutionären Strategie in ihrer ursprünglichen Form sind die geistigen Qualitäten des Einzelnen als Führungsprinzip entwickelt worden. Der Geist hat eine Vorreiterrolle und ist demzufolge mit den dazu erforderlichen Qualitäten ausgestattet. Das zeigt sich auch in der physischen Struktur des neuronalen Hintergrundes. Wenn bei sinnvollen Handlungen und danach auch bei sinnvollen Gedanken nicht auflösbare Reste verbleiben, so ist das ein Hinweis für die Unvollkommenheit des inneren konnektiven Systems. Die aktiven Muster müssen zu Strukturbildungen führen, die aufgrund des ursprünglich hinterlegten und nicht erreichbaren Ziels assoziative Lösungen beinhalten und mit dem Sinn der Entwicklung konform gehen. Trotz der ganz unterschiedlichen Physik sind die Informationsprinzipien die gleichen, wodurch die wesentlichen Muster des inneren und äußeren Sinns in Übereinstimmung gebracht werden können, was aber immer nur auf der höchsten Führungsebene geschehen kann.

Da aber nicht nur die Vorgaben eingehen können, sondern auf der konnektiven Ebene auch das evolutionäre Bauprinzip übernommen wird, ist die Methode eine aufbauende und kann schrittweise zu immer höherer Vollkommenheit führen. Das evolutionäre Entwicklungsprinzip der äußeren Natur kann gewissermaßen mit den eigenen Mitteln im Inneren weitergeführt werden. Es wird durch die höchste, die konnektive Form repräsentiert, die auch in der äußeren Vorgabe nicht höher entwickelt sein kann. Das innere System muss nur in der Wirklichkeit die entsprechenden Startbedingungen finden. Das ist ein Unterschied zur künstlichen Vereinnahmung durch irritierende Reizmuster, die der Wirklichkeit fremd sind und demzufolge auch zu keinen sinnvollen Lösungen führen können. Ein gewisser Schutz gegen eine zunehmende Entartung der Ordnungssysteme ist zwar durch das Selbstorganisationsprinzip gegeben, welches der inneren Strukturbildung immer hinterlegt ist. Da es aber gewissermaßen nur die vorgegebenen „Aufträge" bearbeiten kann, kann es mit angestelltem Nonsens allein kein ausbalanciertes Ordnungssystem ausführen.

Die Seele als das Gefäß des Geistes ist im Austausch natürlicher Information außerordentlich robust. Diese ursprüngliche Anlage ist nur noch den physiologischen Prozessen unterlegen, weshalb die Entwicklung des Geistes eine gewisse Harmonie des Körpers voraussetzt. In die humoralen Mechanismen greifen auch die künstlichen Rauschmittel ein, welche das konnektive System des Geistes teilweise von der Außenwelt abkoppeln können. Indem dieses dann ein Eigenleben führt, entstehen Engramme, welche in der Wirklichkeit nicht wieder aufgelöst werden können und einen neuen Rauschzustand notwendig machen. In umgekehrter Weise begünstigt die Harmonie der Seele einen gesunden Körper, da dieser als ganzheitliches System auch auf die Balance der Informationsprozesse angewiesen ist. Die Missachtung der Harmonieprinzipien kann auch in der Gesellschaft zum Teufelskreislauf werden, nämlich dann, wenn das feine Gespür für die Ästhetik des Sinns nicht mehr kultiviert werden kann und die „heile Welt" zum Spottbegriff wird. Dann verkommt auch das geistige Prinzip, welches sonst in seinem Drange nach Vollkommenheit den besten Schutz gegen Macht und Gewalt gibt. So zeigt sich auch das wahrhaft Geistige in einem Werk erst dann, wenn sich daraus weder Macht noch Gewalt oder andere unethische oder unästhetische Prinzipien ableiten lassen.

## *4.8 Die Bilderwelt des Geistes*

Schopenhauer sieht die Gedanken aus einer urgründlichen Welt von Bildern aufsteigen. Auch die moderne Informationstheorie muss sich in dieser Einsicht wiederfinden, wenn sie konsequent den kybernetischen Prinzipien folgen will. Die Bedingungen, in die die Logik unseres Bewusstseins gesetzt ist, sind räumliche Strukturen und sind in ihrer Form den Bildern ähnlich.[216] Sie sind Abbildungen der evolutionären Konzessionen, welche sich in ihrer primitiven Vorform in den Abbildungen der äußeren Welt wiederfinden. Erst durch die Aktivität des konnektiven Bewusstseinshintergrundes werden die Bilder quasi decodiert und ihr evolutionärer Sinn freigelegt. Man spricht auch von ikonischer Information, um die logische davon abzugrenzen, welche sich im Fokus unserer bewussten Aufmerksamkeit befindet. In komplizierten Zusammenhängen bedient man sich aber auch hier gern der Bilder, wenngleich diese nur zur Vereinfachung gebraucht werden und ein direkter Zusammenhang kaum zu ermitteln ist. Ähnliches geschieht auch mit den unbewussten Bildern. Sie erhalten im Laufe der Ontogenese Stellvertreterfunktionen für abstrakte Inhalte und werden den einfachen Vorgaben entfremdet, was uns aber nicht interessieren kann, weil wir in diese Kammer unseres Bewusstseins ohnehin nicht schauen können. Würden besondere Umstände einen solchen Blick zulassen, wären die Bildfragmente wohl nur einem selbst verständlich, etwa so, wie ein Künstler mit seinem abstrakten Werk sich selbst am besten bedienen kann. Die abstrakten Ergebnisse von Denkprozessen, welche gewissermaßen auch in die Bilderwelt gemalt werden, ließen sich aber nur dem Gefühl nach und nicht mit dem Verstand interpretieren.

Der eigentlichen Physik des Geistes liegt also eine Abbildungsfunktion zugrunde, bei der äußere Konstellationen in den inneren Kosmos übertragen werden. Dieser fokussiert den Informationsfluss und bildet daraus die bewusste Aufmerksamkeit, welche dann nur mit den relativ eingeschränkten logischen Mitteln mit der Umwelt kommuniziert. Nun haben innerer und äußerer Kosmos nicht nur unterschiedliche Größe, sie werden auch von ganz anderen Mechanismen gebildet. Die Vermittlung erfolgt deshalb über raumzeitliche, also logische Signale, welche aber von so großer Breite sind, dass sie nicht von der reduzierten Logik unseres aufmerksamen Verstandes beeinflusst werden können.[217] Der innere Kosmos hat die Form einer neuronalen Struktur, die anfangs nur eine Blaupause der äußeren Konstellationen ist, zumindest eine solche, wie sie sich über die Signalmuster der Sinnesor-

---

[216] In dem Sinne sind Bilder nur spezielle Einblicke in konnektive Strukturen, was natürlich auch für die uns umgebenden Bilder und Landschaften der Wirklichkeit zutreffen muss. Die Bildelemente haben wie die Konnektoren eine ganz unterschiedliche Bedeutung wie auch unterschiedliche zeitliche Beständigkeit.

[217] Die Unterscheidung von logischen und Beziehungsinhalten wird zusätzlich durch unterschiedliche Signalwege unterstützt, die phylogenetisch in evolutionärer Reihenfolge geschaffen wurden und dadurch auch in den Signalgeschwindigkeiten verschieden sind.

gane transferieren lässt. Es ist evident, dass sich alle Umweltsituationen wiederfinden, und zwar in einer assoziativen Form, welche schon durch die sensorische Vermittlung zustande kommt.

Von der höchsten Ebene muss allein im kybernetischen Sinn einiges gefordert werden. So ergibt sich etwa aus einer Umweltsituation, die vollkommen harmonisch ist, das heißt, dem evolutionären Sinn entspricht, keine Aufgabe. Die Signalmuster erregen zwar das Gebiet im inneren Kosmos, das dem äußeren Zustand entspricht, es verbleiben aber nach einem Situationswechsel keine aktiven Reste. Die Abbildung wird einfach nur mitgeführt, der Mensch kann sich entspannt zurücklehnen. Dass der innere und äußere Kosmos in einer Konstellation genau übereinstimmt, ist natürlich nur ein theoretischer Zustand. Im Allgemeinen, und besonders beim jungen Menschen, stellt sich ein Aktivitätsmuster ein. Die sensorischen Signale lassen sich nicht durch die inneren Strukturen kompensieren, es bleibt ein Rest, der auf dieser Ebene als Sollvorgabe für die nachfolgende Logik zu werten ist. Es wird eine Handlung in Gang gesetzt, die zunächst auch nur die Fokussierung der Aufmerksamkeit bedeuten kann. Ist das Ergebnis der Aktion schlüssig, das heißt abbildbar, so wird auch das Aktivitätsmuster wieder zurückgesetzt werden. Genauso wie die aktive Handlung läuft auch der Gedanke, oder auch der bloße Akt der bewussten Aufmerksamkeit.

Wie die Landschaften unserer Alltagswelt die Kulisse für die äußeren Geschehnisse bilden, sind es bildartige Strukturen, in denen die Gedanken und inneren Handlungsantriebe aufgeführt werden. Dabei wird die innere Kulisse von der äußeren geformt,[218] sodass am Ursprung des kybernetischen Effektes zunächst der Abgleich von Bildern steht. Sind die nicht in Deckung zu bringen, so ist eine Korrektur vonnöten. Die äußere Abweichung erfordert eine Handlung, die innere eine Strukturveränderung, welche aber nur vor sich gehen kann, wenn die gesamte Willkür abgeschaltet ist, also im Schlaf. Für die nach außen gerichtete Handlung ist die logische Vermittlung eingeschaltet, welche die Voraussetzungen der Wirklichkeit, das heißt die Naturgesetze und die Eigenschaften der Bausteine zu berücksichtigen hat. Diese Information ist in den Bildern des Hintergrundes nicht enthalten, weil sie eines zeitlichen Regimes bedarf. Die geheimnisvolle Architektur des Hintergrundes ist trotzdem nicht nur Statik, sondern zeigt als selbstorganisiertes System auch eine gewisse Plastizität, wobei sie konnektive Eigenschaften entwickelt und die Bilder in abstrakte wandelt, welche allgemeine Merkmale vertreten. Dabei ist diese Plastizität durch die Strukturbildung im

---

[218] Die Abbildung ist nicht linear, sondern vielmehr durch Wichtungen verzerrt. Bezüglich der Abbildungsfunktion könnte man von einem „neuronalen Tensor“ sprechen.

Schlaf bedingt, aber auch durch eine schimärenartige Wandelbarkeit der Inhalte, wie das im Rahmen der neuronalen Netzstruktur möglich ist. Aus unterschiedlichen Blickwinkeln geben sich gewissermaßen unterschiedliche Ansichten, welche aber den gleichen Sinn ausmachen.[219]

In unseren logischen Darlegungen benutzen wir mitunter ein ähnliches Prinzip, indem wir Zusammenhänge durch Gleichnisse erläutern, das heißt durch Bilder, die dem Sinn nach zusammengehören. Der in der höchsten Ebene vertretene Sinn ist bar jeder konkreten Aussage, die erhält er erst durch die logische Interpretation. Es ist in diesem Zusammenhang auch leicht zu verstehen, dass in der Kinderstube der Bewusstseinsentwicklung die tatsächlichen Bilder der Umwelt als übernatürliche Schemen aufgefasst werden mussten, die die Gedanken und Handlungen bestimmen. Ein interessantes Studienobjekt ist es, wie im Aberglauben, in den Märchen und Sagen die Bilder interpretiert werden, sich wandeln und zusammenspielen.

Den Sinn und die Wirkung äußerer Bilder zu erfassen, ist dem Menschen der modernen Zivilisation nicht mehr gegeben, weil mit der intellektuellen Bildung auch die Bilderwelt kompliziert und abstrakter wird. Was der Blick nicht mehr kann, möchte wenigstens in der Sprache bewahrt und weiterentwickelt werden. So müssen mit der Anreihung von Begriffen gewissermaßen auch die Häkchen mitgeliefert werden, mit denen die Bezeichnungen zu einem bildartigen Ganzen zusammengesetzt werden können. Dabei bilden die inneren Korrelationen eines Sprachsystems ein geheimnisvolles Wesen, welches sich nach kybernetischem Gesetz der bewussten Einsichtnahme verschließen muss. Nur dieser verborgene Anteil entscheidet am Ende, welche Ebene zwischen Logik und Sinn, das heißt, welche Nachhaltigkeit, erreicht wird.

Trotz rational funktioneller Dominanz in der modernen Geistesentwicklung kann das natürliche konnektive Prinzip nicht ganz unterdrückt werden. So gibt es individuelle magische Orte, welche einen bestimmten Bewusstseinszustand provozieren, indem die ikonische Information auf ganz besondere Weise interpretiert wird und sogar gewisse Intuitionen in Gang setzen kann. In diesem Zusammenhang ist auch die Wirkung der bildenden Künste, insbesondere auch der Architektur interessant. Bestimmte Formen sind rational nicht erklärbar, haben aber eine bedeutende unbewusste Wirkung, welche zumindest den wirklichen Künstlern eingehen sollte.[220] In früheren

[219] Ein veränderter Blickwinkel kann auch durch humorale Mechanismen erzwungen werden, welche noch über den neuronalen stehen.

[220] Das Verhältnis von Geist und Ratio in unserer Ideenwelt wird von der Formensprache unserer Umwelt beeinflusst. Da das Glück eine geistige Kategorie ist, waren die Wohlhabenden nicht selten veranlasst, funktionale Rationalität aus ihrer Umgebung zu verbannen.

Zeiten ist das befreiend Übersinnliche solcher Orte künstlerisch in sakrale Bauwerke hineingestaltet worden und es ist interessant, dass dies von allseitiger Wirkung war, das heißt ein allgemeines Prinzip zum Grunde hatte. Manchen ist die Wirkung auch heute noch zu spüren, nur die Meister, welche solches zustande bringen, wird man vergeblich suchen. Mit dem Kulturschock des Ersten Weltkrieges haben sich die geistigen Bedingungen soweit rückentwickelt, dass auch die poetischen Wirkungen der Künste kaum mehr verstanden, geschweige denn wieder in Schwung gebracht werden könnten. Im Fokus steht das Rationale, welches die einfache Funktion in den Vordergrund bringt, dabei aber den Blickwinkel einschränkt und den Menschen selbst mehr und mehr zur geistlosen Funktionseinheit werden lässt. In einer Art Selbstverstärkung wird dieser Vorgang durch die künstliche Gestaltung der Lebenswelt nachhaltig beeinflusst. Wie etwa in der Architektur nur noch das Funktionelle zählt, wird selbst auch in der Musik das melodische Bild durch die rhythmische Vereinnahmung abgelöst.[221]

Dagegen schöpft die Bilderwelt des Geistes aus einer evolutionären Wachstumsvorgabe, nach welcher auch die Natur ihre besten Muster bezogen und daraus ihre unendliche Vielgestaltigkeit entwickelt hat. Es versteht sich von selbst, dass derjenige, welcher solchen Vorgaben nicht genügen kann, sich den Aufseher zum Teufel wünscht, wogegen ein anderer sich die große Freiheit daraus einheimst, indem ihn alle Segel in die Richtung seines Glücks tragen. Wie ein einfacher Zweck, so er endlich erfüllt wird, dem Verstand eine Befriedigung verschafft, reicht dem Geist mitunter schon ein winziges Stück von der ästhetischen Harmonie, um sich daraus die ganze Seligkeit schaffen zu können. Das innere Glück steht über alle Befriedigung, vielleicht weil es weiter reicht und etwas von der Vollkommenheit des Universums erahnen lässt.

Die ästhetischen Vorgaben, die der Evolution des Geistes voranstehen, entscheiden auch über den gesellschaftlichen Fortschritt. Im Angesicht der Schreckenszenarien der Französischen Revolution hat Friedrich Schiller die Ästhetik als Voraussetzung der Freiheit entdeckt, wobei er schon im Schönen die Unabhängigkeit von fremden Zwecken findet. In seinen ästhetischen Briefen heißt es in einer Fußnote: *„Ein edler Geist begnügt sich nicht damit, selbst frei zu sein, er muß alles andere um sich her, auch das Leblose, in Freiheit setzen. Schönheit aber ist der einzig mögliche Ausdruck der Freiheit in der Erscheinung. Der vorherrschende Ausdruck des Verstandes in einem Gesicht, einem Kunstwerk u. dgl. kann daher niemals edel ausfal-*

---

[221] In der Evolution steht die kurze Periodendauer für die niederen konservativen Prozesse, auf höherem Niveau verliert sich die Wiederkehr.

*len, wie er denn niemals auch schön ist, weil er die Abhängigkeit (welche von der Zweckmäßigkeit nicht zu trennen ist) heraushebt, anstatt sie zu verbergen.*“[222] Nach dem Ästhetischen, das sich nur in freier Harmonie entwickeln kann, muss sich der Geist richten, wenn er selbst Freiheit in seine Lebenswelt bringen will. Ästhetik ist der Ausdruck des freien Geistes, und wie sich der Geist seine Welt schafft, kann dort nur soviel Freiheit sein, wie auch der Schöngeist zu finden ist und umgekehrt. In die profane Analytik übersetzt heißt das nichts anderes, als dass die Ästhetik die Vorreiterrolle der Evolution spielt, indem alle günstigen Bedingungen in einem Bild zusammengefasst werden, das seiner Weitschweifigkeit wegen nur gefühlt und nicht mehr verstandesmäßig erfasst werden kann. Es ist gewissermaßen die Richtung ins Paradies, welche jeder in sich tragen muss, um nach den Stürmen des Lebens immer wieder auf den gangbaren Weg zu finden. Das kann nur der optimale Weg sein, für den alle Ressourcen und Randbedingungen bereitstehen und der in einer konnektiven Balance immer wieder erstellt werden kann. Er ist das Ergebnis einer Weitsicht, die den entwickelten Geist ausmacht und die er von sich aus in sich trägt.

Da aber die freie Harmonie der Ästhetik auf die Vielgestaltigkeit der Beziehungen angewiesen ist, dieselbe aber nicht von jedermann in der Wirklichkeit auch gepflegt werden kann,[223] bleibt am Ende nur das freie und ausgleichende Spiel mit den Elementen, welches die Balance hervorzurufen vermag. Was das Kind aus der Unfähigkeit, die Wirklichkeit in all ihren Beziehungen zu betätigen, im Spiel üben muss, braucht es der Erwachsene wegen der Spezialisierung und Einförmigkeit, in die ihn die Gemeinschaft notwendigerweise stellen musste. Genauso wie das freie Spiel der Glieder den Körper in das natürliche Gleichgewicht bringen kann, hat der Geist das freie ausgleichende Spiel der Ideen nötig, mit dem er die innere Ästhetik formen kann, die allein auch der Kompass in die Freiheit der Wirklichkeit sein kann.

Einen besonderen Ausdruck hat das Spiel der Ideen in der Romantik gefunden. Sind nur die Bedingungen angestellt, entfalten sich aus einem befreienden Chaos heraus die Bilder der Harmonie wie von selbst und sie können den Geist entlasten und im ästhetischen Sinne entwickeln. Aber es kann nur ein Spiel bleiben, wie es sich auch gegen das geistlos Rationale

[222] Über die ästhetische Erziehung des Menschen in einer Reihe von Briefen. Fußnote im dreiundzwanzigsten Brief. In [8] Seite 646

[223] Es gibt tatsächlich Künstlernaturen, die auf vielen Gebieten tätig sind.

verteidigen und wohlmöglich den Vorwurf des sentimentalen Kitsches[224] ertragen muss. Die Romantik trennt sich ab von den Reizmustern der Fantasy, welche uns nur deshalb beeindrucken, weil sie sich von der Natürlichkeit unterscheiden. Vielmehr sucht sie die Natürlichkeit in überhöhter Form, um daraus einen befreienden Weg auszumachen. Im Spiel der romantischen Ideen findet sich die austarierte Harmonie, wie sie in den Bedingungen der Evolution gegeben ist und uns den Sinn ausweist. Es ist das Ergebnis geistiger Tätigkeit, welche die Bedingungen ausbalanciert, in denen die rationalen Funktionen optimal zusammenspielen und sich gewissermaßen einem paradiesischen Prinzip nachhaltig annähern. Dabei bestimmt sich der Begriff des Paradieses selbst als derjenige Zustand, der in den Möglichkeiten der evolutionären Voraussetzungen als der bestmögliche enthalten ist. Von dieser erreichbaren Vollkommenheit aus definiert sich eine Geisteswissenschaft, welche nicht wie die analytischen Wissenschaften von den schier unendlichen elementaren Bruchstücken und funktionalen Zwecken ausgehen muss. Es ist eine Wissenschaft, welche sich gewissermaßen vom Ende her definiert, was dadurch ganz anderer Methoden bedarf.

Auch wenn die Annäherung an das Vollkommene nur Bilder der Fantasie sind, kann sie doch eine grobe Richtung vorgeben, in der auch das persönliche Glück einen gewissen optimalen Verlauf nimmt. Ohne diese Vorarbeit bringt die Vernunft nur zufällige Variationen von Bausteinen und Funktionen zustande, bei denen auch die Spielarten der Hölle nicht von selbst ausgeschlossen werden können. Dabei handelt es sich nur um kurzsichtige Vorteile, welche das Gleichgewicht im natürlichen Verlauf der Wirklichkeit gefährden und über kurz oder lang eine harmonische Weiterentwicklung verhindern.

Konzentriert sich das Bewusstsein dauerhaft auf die rationale Funktion, so verliert es an Autonomie und wird in die Zwänge fremder Vormacht gestellt. Die sind jedenfalls allerorts präsent, weil sie als Machtprinzipien der Entwicklung entgegentreten und dieselbe ausbremsen müssen. Die Macht als Widerpart des freien Geistes versucht den Status quo zu manifestieren und verhindert jede Art von Veränderung, auch die nach rückwärts, was andererseits für die Evolution eine Art Sicherheitsnetz darstellt und wohlmöglich zu den evolutionären Prinzipien gezählt werden muss. Nur ist die Macht als konservatives Prinzip nicht für ewig beständig, weshalb die Evo-

224 Es erfüllt nicht mehr alles, was sich „romantisch“ nennt, die geistigen Voraussetzungen der Harmonie. Nicht selten wird der Begriff nur für den irrationalen Reizstoff der Fantasy (mit y) benutzt.

lution immer auch der konnektiven Phasen bedarf, welche sich heute auf die Entwicklung des Geistes beschränken.

### 4.9 Das Matroschkaprinzip

Dass die Vorgänge der Evolution einen aufbauenden Charakter haben und nicht bei jedem Schritt nach dem Zufallsprinzip alles wieder infrage gestellt und neu gewürfelt wird, zeigt sich in der Ineinanderschachtelung der Baustrukturen, wie auch in den robusten Bau der Steuerungssysteme. Bei den Bausteinen fällt auf, dass die Bindungsenergie in den inneren, das heißt den kleinsten Bausteinen am größten ist. Ein energiegeladener äußerer Angriff bleibt auf der Treppe der Bindungsenergien irgendwann stehen und belässt die innersten, das heißt früheren Strukturen. Ein neues Haus, bei dem die Ziegelsteine leichter zerfallen als der Putz, wäre nur von kurzem Bestand. Ebenso ineinander geschachtelt sind die Gesetze gebaut, die den Bausteinen die wiederholbaren Wechselwirkungsmöglichkeiten vorgeben. Die Gesetze der späten Entfaltung bauen auf die früheren, deren Gültigkeit an weniger Bedingungen geknüpft ist. So bauen etwa die mendelschen Gesetze auf eine ganze Reihe von weniger speziellen Gesetzen, ohne die es eine Vererbung in der Form nicht geben könnte. In konsequenter Weiterentwicklung findet dieses Prinzip in den Steuerungsvorgängen eine höhere Ausprägung. Am Anfang steht das robuste Prinzip, das ein einfaches Ziel verfolgt. Durch eine schrittweise Verfeinerung der kybernetischen Strukturen kann auch die Aufgabenstellung subtiler werden. Wenn das neue Steuerungsprinzip versagt, so sieht man oft das ältere wieder in Erscheinung treten, das zwar einfacher gebaut ist und deshalb ungelenk arbeitet, dafür aber den Störungen besser gewachsen ist und wenigstens noch ungefähr in der Zielverfolgung bleibt. Wie bei einer Matroschkapuppe kommt, wenn die äußere Hülle entfernt wird, eine kleinere Puppe zum Vorschein, die von gleicher Art ist, aber eben von geringerem Umfang und etwas gröberen Zügen. Einfache Organismen fallen bei ungünstigen Bedingungen auf frühere und einfachere Lebensprinzipien zurück, etwa auch beim Stoffwechsel. Selbst einzelne Zellen können sich unter misslichen Bedingungen in früheren Strategien wiederfinden bzw. in der Entwicklung dort verharren. Man sollte sich nicht wundern, wenn selbst bei Gewebszellen auch die Rückführung auf das Niveau von Stammzellen möglich wäre.

In der Physiologie ist die Steuerung des Herzens ein Lehrbuchbeispiel für das Zurückfallen auf robustere Prinzipien. Niedere tierische Reflexe werden in der Phylogenese durch höhere Nerventätigkeit verfeinert. Die Stellvertreterfunktion kann dabei soweit potenziert werden, dass der Zusammenhang zum animalischen Ausgangspunkt überhaupt nicht mehr zu erkennen ist. So ist etwa die Nahrungsaufnahme ein wichtiger Erfolg des Organismus, der nicht nur belohnt werden muss. Auch der Weg dorthin muss für zukünftige Aktivitäten gemerkt werden. Dafür stehen die registrierten Umstände, welche durch Stellvertreter ersetzt werden können, und diese wiederum durch Stellvertreter, welche allesamt die strategischen Feinheiten liefern. Beim Menschen können sich diese Wege scheinbar ins Leere verlaufen, werden dabei aber auf die subtilen Zusammenhänge der evolutionären Vorgaben treffen. Die Vergeistigung verschwindet jedoch schnell, wenn der Mensch wieder in seine organischen Zwänge gesetzt wird. Der Umgang mit den niederen Trieben, wie der Nahrungsaufnahme, hat eine tief greifende Einflussnahme auf die Ausbildung der Informationssysteme, was auch in verschiedenen religiösen Schulen ihren Niederschlag gefunden hat.

Der erfahrene Psychologe sieht mitunter die ältere und einfachere Strategie durchschimmern, besonders wenn die qualifizierten Eigenschaften zu schwächeln beginnen. Aber auch beim gesellschaftlichen Zusammenleben der Individuen scheint sich das Prinzip fortzusetzen. Das Aufbauen neuer Gesellschaftsformen auf alte Strukturen, die im Notfall wieder aktiviert werden können, macht das System nicht nur robust, sondern schützt auch vor Verlust der Werte und Ziele. So können etwa auch von intakten Adelshäusern ab und zu Impulse kommen, die eine abdriftende Entwicklung in die ursprüngliche Richtung zurückholen. In vielen Ländern bewahrt sich damit auch heute noch die kulturelle Identität gegen einen globalen Rückbau der evolutionär so mühevoll geschaffenen Differenzierung.

Unter diesem Blickwinkel ist auch der Zusammenhalt in der Großfamilie ein wichtiger Erfolgsfaktor. Die hitzköpfige Jugend bekommt einen Halt, sie kann im Fehlerfall wieder in den Schoß der Alten fallen. Mit deren Sinngebung wird ein günstiger Neustart ermöglicht. Die Erfahrung und Weisheit der Alten haben die Disposition von Beziehungswissen, welches dem evolutionären Sinn näher steht, als der aktuellen Tagesaufgabe.

Aber auch in der Natur findet sich ein Ineinanderleben ganzer Welten. Vom Makrokosmos geologischer Formationen bis in den Mikrokosmos organischer Winzlinge lassen sich wohl ineinander gepasste Organisationen entdecken. Die Zweckmäßigkeit ihres Wirkens hat die Forscher zu jeder Zeit begeistert, nicht selten aber auch ihre Schönheit. Schon Leibniz schwärmte: „*Jede Materiepartikel kann als ein Garten voller Pflanzen und ein Teich voller Fische aufgefasst werden. Aber jeder Zweig der Pflanze, jedes Glied des Tieres, jeder Tropfen seiner Körpersäfte ist noch ein solcher Garten oder ein solcher Teich*“.[225] Das Ineinanderpassen von Funktionen

[225] Siehe [18] Seite 49.

erfordert von Anfang an eine gewisse Nachhaltigkeit, welche die zukünftige Brauchbarkeit zulässt. Später entwickelt sich mit der gewonnenen Komplexität das Matroschkaprinzip. Es sind allein die kybernetischen Prinzipien, welche einen immer größeren Platz einnehmen. Niedere Funktionalität muss soweit eigenständig und symmetrisch sein, dass sie in der Selbstorganisation höherer Strukturen einen Platz finden kann. Im Sinne der Evolution sind auch die Bedingungen aufbauend und erzeugen schon von Beginn an eine typische Formensprache, welche wir als schön empfinden, weil sie auch unserer Existenz den Weg in die einzig mögliche Heimat begleitet. Selbst Ernst Haeckel hat in seinen Forschungen viel Zeit dafür verwendet, die Schönheit einfacher Lebensformen zu entdecken und der Allgemeinheit zugänglich zu machen. Gesetze für die Entwicklung des Schönen konnte aber auch er nicht finden. Die Entfaltung des Schönen gehorcht einem anderen Prozedere, als der des Rationalen. So wie nach dem Matroschkaprinzip nach außen hin die Funktionalität differenzierter und leistungsfähiger wird, müssen die Bedingungen, welche Schönheit entstehen lassen, als rückläufig empfunden werden. Auch wenn die Formen vollkommener werden, wird es immer schwieriger daraus eine Ebenheit zu entwickeln, die als Schönheit auch befreiend auf das menschliche Bewusstsein wirkt, indem sie die symmetrische Formensprache vollständiger darzustellen weiß und alle Anstrengungen auf ein einfaches Ebenmaß zurücksetzen kann.

## 4.10 Einsicht und Belohnung

Die Evolution hat auf allen Stufen ihre Entwicklungsprinzipien. Selbst das Bewusstsein des Menschen hat sich von solcher Konstitution entwickelt, dass ihm die Aufgaben der Evolution deutlich vorgeführt werden. Es sind die einfachen Bestimmungen der niederen Lebensfunktionen, aber auch die der Höherentwicklung. In seiner Schrift *„Der einzig mögliche Beweisgrund zu einer Demonstration des Daseyns Gottes“* schreibt Kant: *„Die Vorsehung hat nicht gewollt, daß unsre zur Glückseligkeit höchstnötige Einsichten auf der Spitzfindigkeit feiner Schlüsse beruhen sollten, sondern sie dem natürlichen gemeinen Verstande unmittelbar überliefert, der, wenn man ihn nicht durch falsche Kunst verwirrt, nicht ermangelt; uns gerade zum Wahren und Nützlichen zu führen, in so ferne wir desselben äußerst bedürftig sein.“*[226] So wie diese, auch für die Evolution höchst nötigen Einsichten, in der Wirklichkeit viele Wege finden, kann der rechte nicht genau bestimmt sein und der Erfolg ist im evolutionären Sinne zwar anvisiert aber nicht determiniert. Es ist deshalb vorteilhaft, das Bewusstsein mit Zusatzfunktio-

---

[226] Siehe [15], Seite 621

nen auszustatten, welche das Lebensschifflein vor Katastrophen und die Entwicklung vor allzu großen Umwegen bewahren kann. Dazu gehören die Hilfsmittel, welche im Gegensatz zu der inneren und natürlichen Selbststrukturierung des Geistes die äußeren Erfordernisse zu berücksichtigen haben. Es sind die Bilder und Geschehnisse der evolutionären Wirklichkeit, welche sich in den Beziehungen verstecken und nicht unmittelbar zu erkennen sind. Sie verlangen vom souveränen Bewusstsein nicht nur einen konnektiv empfänglichen Hintergrund, sondern auch eine gewisse taktische Raffinesse, die über die kantsche Konstruktion der Vernunft hinausgeht.

Die einfachste Methode ist es, diejenigen Strategien in die Führungsstruktur einzubrennen, welche zum Erfolg geführt haben, eingedenk des Sinns, der diesem zugrunde liegen muss. Vorausgesetzt wird dabei, dass der Erfolg nach den Prinzipien der konnektiven Führung definiert wird, das heißt auch weitsichtig genug ausfällt. Zum Einprogrammieren der erfolgreichen Strategie muss es aufgrund der beiden ungleichen Informationsstrukturen des Bewusstseins auch unterschiedliche Mechanismen geben. Das den Erfolg definierende konnektive System muss die aktuellen Beziehungen stärker wichten bzw. neue einbauen,[227] die ausführende Logik wird sich durch die zu erwartenden Wiederholungen von selbst, gewissermaßen durch Training einschleifen. Beide Methoden sind rein physischer Natur, die erstere entgeht unserer Aufmerksamkeit ganz, mit der letzteren haben wir genügend Erfahrung, es ist das Lernen durch Üben. Was hier mit Arbeit und Schweiß verbunden ist, läuft auf der höheren konnektiven Ebene ganz von selbst und unbewusst im Hintergrund. Das Ergebnis dieser heimlichen Optimierung und Programmierung bleibt uns nur insofern nicht verborgen, als es auch den Mechanismus tangiert, der uns die Glücksmomente beschert.

Wird durch gezielte Aktivität[228] eine günstige Situation erreicht, kann das konnektive Führungssystem seine Aktionsmuster zurücknehmen und die freigewordene Energie[229] kann die Informationsbreite des Bewusstseins vergrößern, im Sonderfall sogar wesentlich. Durch den geweiteten Blick erfahren wir eine tiefere Einsicht in Sinn und Funktion der Wirklichkeit und wir erhalten einen Zeitvorteil, das heißt, wir empfinden die äußere Zeit langsamer vergehen. Der flüchtige „Blick" in den Sinn der Welt, den wir als Glück empfinden, ist ein fröhlicher, weil die evolutionär gezielte Nachhal-

---

[227] Das gilt für das geistige Niveau, für die niederen Einrichtungen der Lebenswelt stehen entsprechend einfachere Möglichkeiten bereit.

[228] Ganz zufällig kann eine solches Ereignis nicht sein, da selbst unsere Aufmerksamkeit konnektiven Ordnungsprinzipien unterliegt.

[229] Das Energiemanagement wird durch neuronale Mechanismen vermittelt und muss die Ressourcen strategisch verteilen.

tigkeit auf einfache Art die Schwierigkeiten löst, welche uns sonst vorgesetzt sind. Auf diese Weise zeigt sich auch das Ziel der Evolution als eine heile Welt, welche auf die vielen dunklen Machenschaften verzichten kann.

Solcherart Glücksmomente zu erheischen, ist die bewusste Strategie menschlichen Lebens, wobei das höchste Glück ein geistiger Zustand ist, der nicht direkt und ohne Vermittlung der äußeren Wirklichkeit zu erreichen ist. Wir können die für das Glück notwendigen Daten nicht durch eigene Gedanken in unser konnektives Netzwerk eintragen. Die evolutionären Ziele sind viel zu sehr mit der äußeren Welt verbunden und wir müssen demzufolge in der Wirklichkeit aktiv werden, um das Puzzle des Sinns zu erfüllen. Dieser Weg ist für jeden Menschen ein anderer und im Allgemeinen ein sehr schwieriger. Es ist deshalb einzusehen, dass viele Abkürzungen erfunden wurden, welche zwar das ganz hohe Glücksgefühl nicht erreichen, aber wenigstens hin und wieder einen kleinen Ersatz. Der ist umso kurzlebiger und bescheidener, je niedriger der Erfolg auf der kybernetischen Stufenleiter zu liegen kommt. Die geistige Glückseligkeit wird durch eine mehr oder weniger zweckmäßige Befriedigung ersetzt, welche allerdings durch die Bewertung des wachen Geistes genervt wird, der eigentlich mehr erwartet hätte, nämlich viel lieber das ganze große Glück.

Ein ebenso raffinierter wie gemeiner Trick ist es, die geistige Vormundschaft ganz zum Schweigen zu bringen. Das macht zwar die Glückseligkeit ganz unmöglich, welche in gewissen Situationen aber eh nicht zu erreichen ist und es schon zum Gewinn wird, wenn die nervende Herrschaft des Geistes mundtot gemacht werden kann. Die innere Gewalt des Willens ist für den Menschen schicksalhaft, weil dieser von vielen ganz unterschiedlichen Einflussgrößen bestimmt wird und die korrigierende Instanz des autonomen Ichs auch nur davon abhängig ist, wie weit sich die Bedingungen zu dessen harmonischer Entwicklung eingestellt haben.

Sich der inneren Stimme der Evolution nach höherer Vollkommenheit zu erwehren, ist ein Begehren, das vielleicht schon seit Menschengedenken betrieben wurde. Es ist das Ritual der Urvölker, sich in einen Rhythmus zu bringen, der jede höhere Steuerung überflüssig macht. Möglicherweise war das Szenario der Vorbereitung eines Kampfes geweiht, bei dem der den harmonischen Ausgleich suchende Geist zurückgedrängt und durch den niederen tierischen Kampfeswillen ersetzt werden musste. Wenn in verschiedenen Etappen der Antike, der Renaissance oder des Idealismus und der Romantik die geistige Entwicklung in den Vordergrund geriet, wurden diese auch immer wieder von Zeiten von Macht, Eroberung und Unterdrückung abgelöst, was am Ende auch nur der Grenzenlosigkeit und Unerfüllbarkeit der geistigen Visionen verschuldet sein konnte. Heute hat sich das

Wechselspiel seit den Kriegen offensichtlich wieder von der Entwicklung des Geistes abgewandt, zumindest wird das in vielen Bereichen beklagt, wie etwa in der Architektur und den anderen bildenden Künsten. Besonders hat sich auch in der Musikkultur eine monotone Einfalt ausgeprägt, die nicht selten von Urrhythmen und einer geistlosen Sprache gebildet wird.

So kommt auch die moderne Popmusik in den Verdacht, als ein melodisches Impulsmuster zu wirken, welches die Vorgaben der konnektiven Ebene abzuhängen sucht, um die Steuerung selbst zu übernehmen. Die Melodien fangen zwar zunächst die bewusste Aufmerksamkeit, lösen die Tonfolgen aber nicht wieder harmonisch auf. Es bleibt ein Rest, weshalb immer wieder die Töne gesucht werden müssen, um die Melodien zu vollenden, das heißt die befreiende Harmonie zu finden, was am Ende auch der kommerziellen Seite nicht missfällt. Der Geenterte klebt an der Musik fest und wird von ihr eingenommen. Man sieht nicht das strahlende Glück in seinen Augen, vielmehr zeigt sich das Bild eines gewissen Zwangs, der gebannten Unterwerfung. So wird auch der Musiker nicht danach bewertet, wie tief er einen Menschen glücklich machen kann, sondern wie viele er dem Machtkreis seiner Töne und Rhythmen unterwerfen kann.

Den Bann zeigt auch der Popmusiker selbst, der, oft mit großer Verbissenheit, die Impulse des Geistes bedienen und betören muss, dabei aber eine große Geschicklichkeit und Allgemeinheit zu entwickeln hat. Schließlich muss man den Gegner kennen, der die Erregung immer wieder in eine ebene Glückseligkeit aufzulösen versucht. Die Harmonie zu beschwören, ihrer Forderung nach Vollendung aber wieder und wieder auszuweichen, ist eine große Kunst, welche dem am besten gelingt, der auch die Harmonie kennt, sie aber hasst und die diabolische Unendlichkeit dagegen zu setzen weiß. Aufgrund der millionenfachen und leicht zu handhabenden Gestaltungsmöglichkeiten[230] wird diese „Gegenkunst“ heute auch zur Kultur gezählt, wie auch die Popmusik ganz undifferenziert der musikalischen zugerechnet wird. Der Begriff Musik überstreicht damit ein weites Spektrum, welches sich zwischen organisch vollendeter Harmonie über eine belanglose Mitte bis zu den unzähligen Varianten der Disharmonie bewegt. Vor letzterer kommt die Pop-Art zu liegen, welche die Ausgewogenheit nicht in Akkorden vermissen lässt, sondern in Melodien und im abgeschlossenen Werk nicht Harmonie, sondern „Suggestie“ erzeugt. Diese Art hat eine ganz eigene Kultur auf die Beine gestellt, welche mit der höheren Idee von Musik und Kunst nichts mehr gemein hat und heute mit dem kommerziellen Kalkül von „Entertainment“ und „Showbusiness“ in die Welt getragen wird.

[230] Es werden dazu auch immer mehr technische Möglichkeiten erschlossen.

Der Effekt ist nicht das Glück, welches unser Bewusstsein erfährt, wenn es in die weiten Räume der evolutionären Freiheit geführt wird, sondern die Befriedigung der niederen Funktion, die, von der Popmaschine angetrieben, sich aller höheren Führungsprinzipien entledigen kann. Mit einer so verstandenen „Befreiung" verliert die Krone der Evolution ihre Souveränität. Sie wird in eine niedere Funktionseinheit zurückgeführt, die sich mühelos von außen dirigieren lässt. Interessant ist es immerhin, wie leicht auf diese Art eine riesige Anhängerschaft willenlos gemachter Menschen zusammengetrommelt werden kann.

Das Spiel mit der geistigen Instanz ist eine geschickte Gratwanderung, die einerseits eine reiche melodische Fantasie erfordert, auf der anderen Seite auch den erlösenden Effekt geschickt zu unterdrücken versteht, der vom natürlichen Gefühl der Harmonie verlangt wird. Besonders eindringlich sind die Melodien dann, wenn sie die Erwartungen ganz umkehren und den Geist gewissermaßen ins Leere laufen lassen. So wie die Aufmerksamkeit gefesselt bleibt, sind die Tore geöffnet und unbesehene Gäste haben beliebigen Zutritt. Was sich einschleicht, hinterlässt Spuren, welche den Geist einengen, statt ihn zu erweitern. Es wird künstlich ein Stück Unfreiheit erzeugt, welche auch die anderen Begleitumstände mitzunehmen vermag. Diese können als Engramme in den nächsten Traumphasen eingetragen werden und das unbewusste Willensprofil auf die vorgegebenen Bedingungen ausrichten, das Bewusstsein einengen und im ungünstigen Falle eine unlösbare Last erzeugen. Allerdings ist auch anzunehmen, dass verschiedene dissonante Zustände der modernen Zivilisation nur mit solcherart Mitteln aufrechterhalten werden können.

Nun ist es einzusehen, dass die hochgeschraubten Forderungen der konnektiven Instanz nicht immer leicht in die Wirklichkeit umzusetzen sind. Gegen den freien Willen des Individuums steht nicht nur die unbarmherzige Natur, welche zu vervollkommnen viel Kraft und Intelligenz erfordert, es sind auch die Gesetze und Zufälle der Zivilisation, wie auch die technischen Errungenschaften ihren Tribut fordern. Jede Regierung fühlt sich genötigt, die Gesellschaft mit einigen Metern an Gesetzeswerken zu beglücken, um deren rechtmäßige Ordnung zu stabilisieren. Da sich ein solches Vorschriftenwerk nur auf die rationale Funktion reduzieren kann, und sich daselbst nicht weiterentwickelt, ist die Einschränkung des freien Geistes vorprogrammiert. In die gleiche Richtung wirkt die Technisierung, die sich durch die logische Informationsverarbeitung nur auf den funktionellen Teil begrenzen kann. Bedienung und Pflege der Technik sind auf die Logik reduziert, weshalb die Technik ihrerseits den Bediener gewissermaßen zum rationalen Wesen erzieht. Aber mit der ausgebremsten Geistesentwicklung kommen nun wiederum keine höheren Forderungen auf, die ohnehin nicht erfüllt werden könnten, womit auch gleichzeitig der Zirkel geschlossen wird.

Dass der gesellschaftliche Erfolg mit dem Wesen von Information zu tun haben könnte, wird uns auf dem ersten Blick nicht eingehen. Im kybernetischen Sinne ist es jedoch unumstößliche Gewissheit, dass die Entwicklung umso vorteilhafter verläuft, je mehr die von den Gesetzen und Normen geschaffenen Randbedingungen den gangbaren Wegen entsprechen, das heißt die natürlichen Vorgaben der Evolution bedienen. Auch wenn sich diese nur nach logischer Art installieren lassen, können sie ein Skelett bilden, welches den konnektiven Prinzipien mehr oder weniger nahe kommt. Diese Aufgabe wird umso besser glücken, je mehr eine Gesellschaft geistige Valenzen zu entwickeln vermag und die Individuen in ihrer Freiheit schützt und *„nicht durch falsche Kunst verwirrt"*. Die Gesetze, welche die natürlichen Bedingungen des evolutionären Fortschritts abbilden, schränken die Freiheit des Individuums nicht wesentlich ein, sondern eröffnen neue Wege. Diese zu finden ist keine analytische Aufgabe, sondern eine allgemeine Frage der Geisteskultur, welche durch das natürliche Gespür des Menschen für ästhetische und ethische Strukturen geschaffen wird, in der auch das Glücksgefühl des Individuums als natürliche Belohnung inbegriffen ist.

Allerdings betrifft die Forderung nach Harmonie nur Vereinfachungen, deren triviale Formen[231] dem sich entwickelndem Intellekt vielleicht zu primitiv vorkommen mögen. Der sucht komplizierte Strukturen, die aber nur schwer oder auch gar nicht in die Symmetrie der harmonischen Bedingungen zu bringen sind. Bei der zunehmenden rationalen Intelligenz ist es nicht auszuschließen, dass dieser Widerspruch den zukünftigen Verlauf der Geistesentwicklung beeinflussen wird. Was vordem von einer natürlichen Ausgewogenheit bestimmt war, verschiebt sich immer mehr in logische Richtung, was eine intellektuelle Beschäftigung mit dem Gegenstand notwendig macht. Die Einsicht in die Zusammenhänge, welche schon mindestens seit Friedrich Schillers Schrift *„Über naive und sentimentalische Dichtung"* bekannt sind, haben jedenfalls bislang keine Wirkung gezeigt und den allgemeinen Verfall der Geisteskultur nicht aufhalten können. Nur die konnektiven Vorgaben des Geistes, welche sich aus dem Naiven entwickeln lassen, bringen eine organisch ausgeglichene Entwicklung zustande. Das Reglement der Logik allein kann auf den höheren Führungsniveaus nur

---

231 Sie erscheinen uns insbesondere deshalb als trivial, weil sie auch das unbewusste Bezugssystem des Verstandes bilden.

zusammenhangslose Variationen schaffen, welche selbst den primitivsten Sinn nicht zustande bringen und im Höchstfalle den Glamour des Nonsens an die Spitze zu stellen vermögen.

Wenn die seelische Entwicklung und darin der Geist nicht die Freiheit finden können, derer sie als höchste Form der Evolution immer mehr bedürfen, so werden auch die tief greifenden Glücksmomente seltener. Es ist deshalb von alters her auch der Brauch, die Gedanken freizulassen und die inneren Wünsche wenigsten in einer träumerischen Phantasie zu erfüllen, was nicht selten auch die freien Künste befördert. Das damit erheischte Glück sollte eigentlich die Evolution nicht zulassen, denn die Belohnung ist nicht mit einem sinnvollen Prozess in der Wirklichkeit verdient. Dass sich das Glück mitunter doch einstellt, ist vielleicht ein Hinweis darauf, dass auch dieser Geistesprozess, so er künstlerisch wirkt und eine ästhetische Bildung schafft, eine Bedeutung in der Entwicklung besitzt. Zumindest kann die Traumwelt des einfachen Guten und einfachen Schönen einen gewissen Vorlauf schaffen, in dem die Entwicklung die evolutionär günstigsten Rahmenbedingungen findet. Dass die geistige Welt, in der das Schöne und Märchenhafte erlaubt ist, viel schwieriger zu schaffen ist, als die der modernen, aber weltfremden Horror- und Sensationskultur, ergibt sich schon daraus, dass sich Letztere nicht gegen den Vorwurf des sentimentalen Kitsches behaupten muss.

Neben der progressiven Art, mit den Schwierigkeiten des evolutionären Fortschreitens umzugehen, existieren natürlich auch etliche destruktive. So hat es sich zum Beispiel eingebürgert, für die Sorgen auch einen guten Tropfen bereitzuhaben. Es ist das Matroschkaprinzip, nach dem die höchste Ebene die empfindlichste ist, weshalb die geistige Führung zuerst vom Alkohol und anderen Drogen in Mitleidenschaft gezogen wird. Für das kurze Glück ohne geistige Instanz bietet die neue Konsumgesellschaft eine ganze Palette von Möglichkeiten, wobei auch die modernen Medien immer stärker genutzt werden, welche besonders mit verrückten und weltfremden Bildern die geistige Instanz des Menschen zu verwirren und zu schwächen suchen. Das scheint nach unserem Zirkelschluss auch notwendig, weil andernfalls ein viel stärkeres Bedürfnis nach Freiheit aufkäme, welches die Gesellschaft nicht erfüllen könnte.

Wenn sich der Freiheitsradius des Menschen immer mehr einschränkt, wird die Frage aufkommen, ob der Zyklus irgendwann ein Ende findet, oder zu den Fortschrittsbedingungen der Evolution gehört. In dem Falle könnte die durch Normen und Gesetze geschaffene perfekte Funktion zu stehen kommen, welche als Summe der Einsichten und Erkenntnisse dem Menschen eine von niederen Zwängen befreite Existenz gewähren könnte. So wäre das geistige Prinzip nur ein Zwischenglied, dazu geschaffen, den Rahmen einer perfekten und sozialen Lebensordnung zu erzeugen, am Ende aber entbehrlich, weil das geistige Wissen in gesellschaftliche Strukturen geflossen ist. Auf diese Art wäre das Ende der Evolution ein konservatives, welches an Perfektion nicht zu überbieten ist und der Entwicklung nicht mehr bedarf. Mit der Freiheit hätten dann auch die Prinzipien der Belohnung und des Glücks ausgedient, wie auch die Vielfalt der Sprachen und Kulturen nicht mehr erforderlich wäre. Eine geistlose Weltsprache, welche sich auf die logisch funktionelle Kommunikation reduziert, würde für diesen Zustand ausreichen, da auch die Frage nach dem Sinn nicht mehr gestellt werden würde. Auch müssten die Künste nicht mehr dem ästhetischen Prinzip folgen, sondern könnten jeder Beliebigkeit anhängen, wie auch das aufwendige und einmalige Bild der heilen Welt durch die unendliche und billige Vielfalt reizvoller Zerrissenheit ersetzt werden könnte.

In dieser Moderne ist die Hoffnung auf Höherentwicklung kaum mehr zu finden, man muss sie allenfalls in anderen Zeiten suchen. So beginnt Karl Philipp Moritz seine Schrift „*Das Edelste in der Natur*" mit den Worten: „*Was giebt es Edleres und Schöneres in der ganzen Natur, als den Geist des Menschen, auf dessen Vervollkommnung alles übrige unablässig hinarbeitet, und in welchem sich die Natur gleichsam selbst zu übertreffen strebt.*

*Denn die Natur, welche den menschlichen Geist gebildet hat, genügt ihm zuletzt nicht mehr – er ruft in der Schöpfung, die ihn umgiebt, eine neue Schöpfung hervor. (...) Die gütige Natur schuf und bildete den menschlichen Geist, und brachte das mittelbar durch ihn hervor, was sie selbst unmittelbar nicht würde hervorgebracht haben.*"[232] Indem sich alle Bedingungen der natürlichen Entwicklung auf einer höheren Stufe und gewissermaßen in höherer Konzentration wiederholen, definiert sich damit auch der daraus einzig mögliche Sinn, welcher für uns optimal und verbindlich ist und uns deshalb als natürliche Schönheit vorangestellt werden muss. Die Ästhetik ist in dieser Anschauung ein absolutes Prinzip, welches die einzigartigen und optimalen Bedingungen jeder Entwicklung vorwegnimmt.[233] Was uns das feine Gefühl in den Formen entdeckt, ist auch in den Funktionen nicht vergessen. Im Zusammenspiel durchgeistigter Menschen gewahren wir das ethische Prinzip, welches uns so wichtig erscheint, dass wir es in gesellschaftliche Gesetze und Normen gießen müssen. Die Quelle der Ethik aber ist evolutionäres Bestreben, welches sich auf geistigem Niveau

[232] Siehe [14], Seite 17

[233] Jede Entwicklung muss umso einmaliger werden, je mehr Bedingungen sie einschließt. Im Falle der Weltentwicklung ist diese Einmaligkeit auf die Vorgabe begrenzt.

in einer gewissen Vollkommenheit dartut, mit logischen Gesetzen aber nur unvollkommen nachzubilden ist, zumal auf dem gleichen rational logischen Niveau die Gesetze auch gleich wieder umgangen werden können. Auf der Stufe des selbstorganisierten konnektiven Informationssystems ist dieser Kurzschluss nicht mehr möglich. Eine gewisse Schwäche des geistigen Prinzips besteht nur darin, dass aufgrund der enormen Datenflut ein energiegeladener Umgang mit prägnanten Nachrichten nicht mehr ausführbar ist. Die Ressourcen müssen auf eine Unmenge an Information verteilt werden, weshalb dieses höchste Prinzip wie mit den feinsten Fäden gesponnen erscheint und ausgesprochen sensibel ist.[234] Aber das ist Bauprinzip der Evolution. Es ist auch nicht verwunderlich, dass es von der niederen dumpfen Art nicht erreicht wird, wie auch alles geistig Gewebte im Störfalle zuerst zu Schaden kommt und die Funktion nach dem Matroschkaprinzip vom niederen und robusten System wieder übernommen werden muss.

Nun wäre die Empfindlichkeit des Edelsten in der Natur schon Schwachstelle genug, wenn nicht noch die Blauäugigkeit hinzukäme, mit der es seine Sprösslinge ausstattet. Wenn die Evolution ein optimaler Weg ist, der sich selbstorganisiert und einer Unzahl von Bedingungen genügt, so kann es auch nur der einfachste sein, der auf die spitzfindigen und Energie verzehrenden Optionen in ihrer schieren Unendlichkeit verzichten muss. Nur solches kann auch weitervermittelt werden, in dem nämlich die konnektiven Vorgaben des Geistes in ihrer „symmetrischen" Vollkommenheit ebenso einfach ausfallen. In der Vollkommenheit sind die Mittel ausbalanciert und können nicht für die unzählbaren Variationen diabolischer Auswüchse vertan werden. Der geistvolle Philosoph wird den raffinierten Methoden der Macht immer unterlegen sein, weil diese sich nicht auf die Sparsamkeit des Ganzen beschränken müssen, sondern alle Ressourcen für eine konzertierte Aufgabe vergeuden können und sich beliebig weit vom Ziel der Evolution entfernen können.[235] Dazu gehört auch das Repertoire durchtrieben weltfremder Gerissenheit, das die Evolution für ihre harmonische Entwicklung nicht nötig hat und das demzufolge auch nicht zur eigentlichen Schöpfung gezählt werden kann. Da nicht alle Menschen das gemeine Niveau des Geistes erreichen und die Vervollkommnung mitunter sogar wissentlich unterdrückt wird, zieht die Evolution immer einen Rattenschwanz schlitzohriger Geheimniskrämer und Machtgieriger hinter sich her. Sie haben für den

---

[234] Die Ebenheit der Vorgaben kann im Komplexen nur damit erreicht werden. Die feinen Unebenheiten können gewissermaßen nur mit subtilen Funktionen und Strukturen ausgeglichen werden.

[235] Im Verlauf der Evolution ist der geistreiche Philosoph durch seine nachhaltigen Ideen am Ende doch überlegen.

Moment das Sagen, weil sie mit Methoden arbeiten, welche die Welt nicht nötig hat und deshalb auch keine Gegenkräfte und Abwehrstrategien kennt. Das Potenzial der Macht verschiebt sich mit dem Fortschritt der Zivilisation in den intellektuellen Bereich. Waren es früher noch Besitztümer und Ländereien, die vereinnahmt wurden, stehen heute ganze Kulturen und deren Sprachen auf dem Programm. So wird heute zum Beispiel wie in vielen anderen Ländern auch bei uns mit raffinierten Methoden das Musikempfinden der breiten Masse strategisch erobert. Es wird das Schönheitsgefühl manipuliert, damit die seelische Grundlage der Freiheit und des Glücks geentert und die individuelle Entwicklung des konnektiven Prinzips gestört. Der geistige Souverän wird entthront und in die funktionelle Ebene einer fremden Vormacht gestellt. Mit den kybernetisch höheren Methoden, die in den unbewussten Hintergrund geschleust werden und sich zumindest darin den geistigen Prinzipien nähern, wird eine völlig neue Qualität der Machtausübung erreicht. So wie die eigenständigen Anlagen aus der Balance gebracht werden, wird auch das Glücksempfinden als natürliche Belohnung reduziert und die Geistesentwicklung außer Gang gesetzt. Dafür hat es die konservative Macht einfacher. Der Mensch muss nicht mehr in Ketten gelegt werden, ohne geistigen Souverän wird er sich in fremde Führung stellen, das heißt seine Ketten selbst suchen müssen.

Was uns in den großen geopolitischen Machtkonstellationen vorgeführt wird, beginnt im Kleinen damit, dass des billigen Nutzens wegen Macht ausgeübt wird, das heißt die Vereinnahmung die gegenseitige Vervollkommnung verdrängt. Karl Philipp Moritz glaubt: *„Die herrschende Idee des Nützlichen hat nach und nach das Edle und Schöne verdrängt – man betrachtet selbst die große erhabne Natur nur noch mit kameralistischen Augen, und findet ihren Anblick nur interessant, in so fern man den Ertrag ihrer Produkte überrechnet.*“[236] Nun ist aber das Edelste der Natur in das Schöpfungsprinzip des Geistes gelegt und trotz der schon im Zuschnitt verfehlten Einrichtungen der Gesellschaft, *„muß man sich freilich den bittern Trank, so gut wie möglich, zu versüßen streben.*

*Das kann man aber durch den tröstenden Gedanken, daß es keinen Stand in der Welt giebt, der dem Menschen die Macht rauben könnte, die wahren Vorzüge seines Geistes zu empfinden, über die Verhältnisse der Dinge und ihren Zusammenhang Betrachtungen anzustellen, und sich mit einem einzigen Schwunge seiner Denkkraft über alles das hinwegzusetzen, was ihn hienieden einengt, quält und drückt.*“[237] Ist dem Menschen seine wahre

---

[236] Siehe [14], Seite 23

[237] Siehe [14] Seite 25

Freiheit wiedergegeben, so entwickelt sich auch seine geistige Souveränität von selbst, wenn er sie nur zu schützen weiß. Das macht letztlich auch die Menschenwürde aus, der sich alle Einrichtungen der Zivilisation zu unterwerfen haben. So wie die geistigen Prinzipien mit Macht und Raffinesse aus allen Bereichen verdrängt werden, stehen sie doch in kybernetischer Sicht auf höherem Niveau, weswegen sie sich über kurz oder lang durchsetzen müssen, wenigstens so lange, wie von einer Entwicklung gesprochen werden kann. Es sind allerdings nicht immer deutliche Wege, vielmehr sind es auch ganze Landschaften, die die Wege notwendig machen.

## 4.11 Struktur und Flexibilität

Man könnte meinen, dass sich die Evolution eines Baukastens bedient hat, aus dem sie immer wieder die gleichen Elemente entnommen hat, um immer größere Bauwerke damit zu vollenden. Andererseits könnte man sich den Aufwand nicht vorstellen, wenn für jede neue Struktur besondere Atome und Moleküle mit den für die Aufgabe optimierten Eigenschaften entwickelt werden müssten. Die einmal festgelegte Struktur ist für nachfolgende Bauwerke nicht die beste Lösung, angesichts der Möglichkeiten evolutionärer Strategien aber die einzig mögliche. Die elementaren Bausteine werden insbesondere auch wiederverwendet und müssen nicht wie die größeren Objekte zerfallen. Darin zeigt sich auch, wie das robuste Prinzip des Anfangs von anderen abgelöst wird.

In einer punktgenauen Ordnung können die Komponenten fest strukturiert und in einem vollkommenen Prozess auch exakt positioniert sein, etwa so wie in einer perfekten Maschine. Für den Anfang der kosmischen Natur muss man allerdings mit quasikohärenten Prozessen rechnen, welche aber ebenso an feste Bedingungen gebunden sind. In der Anfangsphase des Universums werden exakt identische Bausteine und Gesetze aus einem kohärenten Ganzen abgeschieden. Die äußeren Bedingungen gelten in einer nicht messbaren Zeitspanne zunächst als konstant, sind danach aber einer nicht mehr zu stoppenden Fluktuation unterworfen. Mit dem Verfalle der strikten Genauigkeit wird eine gewisse Flexibilität notwendig, um den Ordnungszustand aufrechtzuerhalten. Es ist die Geburtsstunde des kybernetischen Prinzips, bei dem eine hintergründige Ordnung mit offenen Funktionen am Leben gehalten wird. So wie gewissermaßen die Leine länger gelassen wird, müssen sich die Teilnehmer selbst organisieren und sich in der evolutionären Richtung bewegen. Dazu bedarf es gewisser Regeln, denn selbst die intelligentesten Einrichtungen der Flexibilität führen ohne fest strukturierte Rahmenbedingungen in ein hoffnungsloses Chaos. Diese Rahmenbedingungen entsprechen in kybernetischer Sicht Führungsaufgaben, auch wenn diese nicht in der uns gewohnten logischen Art gegeben sind.

Wenn wir eine Evolution konstatieren, die Ordnungszustände schafft,[238] so müssen wir im gleichen Atemzug auch feste Führungsinformation fordern, welche die Ordnungsprinzipien über die Zeiten vorhält. Es ist das Prinzip der Evolution, welches uns wie ein Ziel erscheint und deshalb einen unveränderbaren Hintergrund bilden muss, der nach und nach in die Objekte der Wirklichkeit selbst überführt wird. Wenn die Informationsarten und deren Träger einer ständigen Wandlung unterworfen sind, müssen auch die Entwicklungsbedingungen immer wieder neu als Beziehungswissen vorgehalten werden. Nur macht die Abscheidung der konservativen Komponenten die Informationsinhalte schließlich allgemeiner, was den entlassenen Strukturen scheinbar eine größere Freizügigkeit gewährt. Wenn aber die äußeren Bedingungen gelockert werden, müssen sich die darin befindlichen Prozesse den Intentionen der Natur selbst stellen, das heißt die Führungsaufgaben für eine nachhaltige Teilnahme an der Evolution in wachsendem Ausmaß übernehmen. Dazu müssen Strukturen nach kybernetischem Reglement angelegt werden.

Die ersten Führungsaufgaben findet man mit festen Strukturen eingerichtet, welche für langfristige Strategien stehen. Wie aus der niederen Pflanzen- und Tierwelt ersichtlich, stehen diese für eine gezielte Teilnahme an den Lebensvorgängen mit wenig Variabilität. Die Funktionen sind relativ starr mit den äußeren Vorgaben verknüpft, wodurch die Prozesse exakt geführt werden können und der kybernetische Aufwand entsprechend klein gehalten werden kann. Es ist die niedere Natur auf relativ konstante ökologische Randbedingungen eingerichtet, welche bezüglich grenzenloser Möglichkeiten schon eine wesentliche Einengung darstellen. Die inneren Funktionen sind streng mit den äußeren Strukturen und Vorgängen verbunden. Oft reichen kleine, im kosmischen Maßstab völlig unwesentliche Parameteränderungen, um die Systeme zu beenden. Der unsensible Umgang des Menschen mit der Natur hat hier einigen Schaden angerichtet. Mit der Entwicklungshöhe verliert sich die Strenge der Randbedingungen soweit, dass der eigene Führungsaufwand in der Lebenswelt schließlich ins Extreme gesteigert werden muss. In seiner höchst entwickelten Form findet man auch das Führungssystem selbst in einen festen und einen flexiblen Teil getrennt vor. In den festen Ordnungsvorgaben wird man die allgemeine

[238] Die geschaffenen Ordnungszustände sind nicht allgemein, sondern finden sich in stufenförmiger Form mit abnehmender Breite. Das Phänomen wird durch den „Verzehr" der Informationsinhalte in Strukturen verursacht.

Richtung der Naturentwicklung antreffen, welche selbst auch mit den Vorgaben der Wirklichkeit verknüpft bleiben muss. Man erkennt hier unschwer die Aufgabe für das konnektive System. Die auszuführenden Prozesse dagegen arbeiten mit der Variabilität des logischen Steuerungssystems, welches sich zwischen den Vorgaben und den Möglichkeiten selbstständig den wechselnden Lebensumständen anpassen kann.

Das konnektive Rahmensystem, welches beim Menschen die höchste Führungsebene vertritt, ist bei der Geburt zunächst nur in den Anlagen ausgebildet. Die eigentliche Strukturierung wird in der kindlichen Phase erfolgen, wodurch gemeine Kulturwerte parallel zum Erbgut über die Generationen transportiert werden. In dieser zunächst konnektiven „Programmierphase" wird die Bedeutung des Einfachen deutlich, von dem aus nur das komplizierte Netzwerk der Seele gebildet werden kann, welches auch die geistige Instanz des Menschen beinhaltet. Das Kind ist für die logische Erziehung nicht empfänglich, weil dazu erst die Rahmenbedingungen geschaffen werden müssen. Aber auch dem Erwachsenen ist nur über diesen naiven Kern der seelische Kosmos bewusst zugänglich,[239] was eben nur in kleinen, naiv und kindlich anmutenden Schritten geschehen kann.

Erst mit einer gewissen Vollkommenheit und Konstanz kann das Netzwerk der eigentlichen Führungsaufgabe gerecht werden. Es kann dann nicht nur nachhaltige Strategien vorlegen, sondern auch die Beständigkeit für die Entwicklung und Optimierung der nachfolgenden logischen Intelligenz gewährleisten. Für seine Führungsaufgabe benötigt das konnektive System maximales Beziehungswissen aus der Umwelt, mit der es auch immer in Korrespondenz bleiben muss. Allerdings muss die Strukturbildung auch irgendwann abgeschlossen sein, damit das Netzwerk seine Aufgabe erfüllen kann. Im kybernetischen Sinne reicht die Führung soweit in die Zukunft, wie das System einerseits vollkommen ist und zum anderen auch beständig sein kann. Man sieht widerstrebende Forderungen, weil das Ende der Strukturierung auch über die Vollkommenheit des Systems verfügt. In der Tierwelt, das heißt bei den Säugetieren und den Vögeln, ist das kybernetische Niveau der Art von der Länge des Bildungsvorganges des konnektiven Systems abhängig. Man spricht hier von der Zeitspanne der Brutpflege. In dieser Zeit wird die Information weitergegeben, welche außerhalb des biologischen Erbmusters übertragen werden muss. Es handelt sich dabei um einfache Verhaltensformen, welche den Kontext der aktuellen Wirklichkeit

---

[239] Der kindlich unschuldige Zugang zur Geistigkeit ist der christlichen Religion nicht unbekannt, in der modernen Lebensauffassung wird das Phänomen eher verspottet, wodurch uns die Einsichten von vornherein verwehrt bleiben.

einschließen, aber auch durch biologische Vorgänge an die Art gebunden bleiben müssen. In der Geborgenheit der Elterntiere wird die Harmonie geschaffen, welche für den ausbalancierten Einbau des Beziehungswissens notwendig ist. Es steht am Ende für die Identität des tierischen Verhaltens und ist dementsprechend starr im konnektiven Sinne, das heißt auch zielführend, wenn es um die verschiedenen Aspekte einer Situation geht. Die dazu notwendige Flexibilität wird die nachfolgende logische Steuerung aufbringen, welche durch Wiederholung geschult wird.

Auf dem entsprechend höheren Niveau ist der Zusammenhang auch beim Menschen gegeben. Soll das Bewusstsein den Menschen souverän durch die Möglichkeitsräume der Wirklichkeit führen und dabei die Intention der Natur vertreten, so muss es einen entsprechend langfristig stabilen Kern besitzen. Die Strukturierung dieses Kerns kann nur in der aktuellen Wirklichkeit erfolgen, wenngleich auch die Vererbung und die Fürsorge der Eltern zusätzliche Schutzmechanismen bereitstellen. Auch wenn der Bewusstseinshintergrund durch die Möglichkeit täglicher Aktualisierung eine gewisse Flexibilität behält, muss für den stabilen Kern irgendwann eine Entscheidung dafür getroffen werden, für welche äußeren Bedingungen das System vorgesehen sein soll. Beim Menschen ist es der Zeitpunkt der Geschlechtsreife, der über den endgültigen Zustand der seelischen Anlagen verfügt. Was bis zu diesem Zeitpunkt in Harmonie einprogrammiert werden kann, bestimmt die Vollkommenheit der konnektiven Anlagen. Es ist demnach nicht nur die Länge des kindlichen Zustandes, die darüber entscheidet. Es sind vielmehr auch die empfangene Liebe und Geborgenheit, die Beständigkeit und Eintracht der Verhältnisse, die Freiheit im Spiel und letztlich auch der Schutz vor unzüchtiger Vereinnahmung. Nun könnte man meinen, dass die heute beobachtete Beschleunigung der jugendlichen Reife eine Folge der besonderen Ausgewogenheit der Verhältnisse wäre, das heißt, eine Fortentwicklung der Zivilisation bescheinigen würde. Das Gegenteil scheint aber der Fall zu sein. Die Natur beendet einen Vorgang vorschnell, der nicht in ihrem Sinne verläuft. Das konnektive System läuft Gefahr, bei anhaltender disharmonischer Vereinnahmung außer Kontrolle zu laufen und die Selbstorganisation zu verlieren. Der Schutz davor sind die sofortige Beendigung des weiteren Aufbaus und die Inbetriebstellung der bis dahin fertiggestellten, aber nicht vollendeten Anlage.

Die mit der Frühreife verpassten Strategien müssen durch logische Funktionen ersetzt werden, deren Entwicklung mit der Akzeleration vorzeitig einsetzt und von Erziehern nicht selten als positives Merkmal einer eigentlich verfehlten Bildungspolitik gedeutet wird. Das Phänomen wird heute in der gesamten Zivilisation beobachtet. Die Rücknahme der Geistesentwicklung, die sich im Verlust des Harmoniegefühls ausdrückt, ist möglicherweise durch eine Kommerzialisierung der vereinnahmenden Reize verursacht. Information wird zur gewinnbringenden Ware, die in zunehmendem Maße auch Kindern und Jugendlichen aufgedrängt wird. Dazu kommt die Annahme, mit möglichst früher Ausbildung einen hohen Bildungsstandard erreichen zu können, wohlmöglich auch nur der globalen Machtsprache wegen, welche ihrerseits der Geistesentwicklung nur im Wege steht. Der einzig garantierte Effekt ist der Verlust an Souveränität, an seelischem Hintergrund, der Grundlage von Liebe und Empathie. Das Harmoniestreben im Allgemeinen, als Fundament gesellschaftlicher Gemeinschaft, wird reduziert und muss mit aufwendigen Kontrollmechanismen ersetzt werden. Dazu kommt der zunehmende Konsum von Schmerzmitteln und Drogen, wie auch psychische Störungen zu den untrüglichen Merkzeichen fehlender Eintracht im Kleinen gehören. Im Großen zeigt sich uns die kybernetische Schieflage durch das politische Streben nach Macht, wie auch die aufkommende Gewalt das Verlassen der konnektiven Rahmenbedingungen des Geistes ankündigt. Dagegen stellt sich die geistige Entwicklung nach außen hin in ein Streben nach heimatlicher Geborgenheit dar, weil eine Vervollkommnung des konnektiven Systems die Lebenswelt einbeziehen muss, was umso besser gelingt, je mehr harmonischer Gestaltung dieser hinterlegt ist. Die setzt allerdings auch einen kontinuierlichen und ausgewogenen Entstehungsweg voraus, welcher auch traditionell bewahrt werden muss.

Ein geistvoller Mensch baut auf die harmonischen Beziehungen in der Natur und sucht sie in der Zivilisation kulturell und künstlerisch zu vollenden. Er muss die Schönheit der Natur wie auch die kulturellen Leistungen der Zivilisation als Geschenk ansehen, welches zu bewahren und weiterzuentwickeln gilt. Das geistige Niveau hat eine Gesellschaft offensichtlich dann erreicht, wenn es leichterdings möglich ist, mit völlig anderen Kulturen auf konnektive Art zu kommunizieren, das heißt demutsvoll in gegenseitiger Achtung. Zu diesem Niveau führt jeder der vielen kulturellen Entwicklungswege. Das heißt aber auch, dass jeder Ansatz konsequent bis zu Ende geführt werden muss und nicht in einem multikulturellen Chaos vorzeitig beendet werden darf. Evolutionäre Vielfalt entsteht nicht dadurch, das Fremde zu vereinnahmen, sondern es in seiner natürlichen Umgebung zu unterstützen, dort wo es geboren ist. Der Geist, welcher als höchste Form von Information nur aus immerwährenden Differenzierungen geschaffen werden kann, führt diese gleichzeitig wieder in ein gemeinsames Ziel. Auf der geistigen Ebene muss demzufolge auch der Begriff von Flexibilität verschwinden, weil in der konnektiv vollkommenen Struktur alle differenzierten Ansichten enthalten sind. Die entstehen nicht aus einer grundsätzlichen Gleichmacherei, sondern sind von Grund auf verschieden. Es sind die verschiedenen Blickwinkel auf die gleiche Intention der Natur, welche schon frühzeitig die Schönheit in sich tragen.

Neben den ideellen Vorzügen der seelischen Entwicklung sind auch deren unmittelbaren Folgen nicht zu vergessen. Die konnektive Führung ist ein zeitloses System, in deren Beziehungswelt nur solche Information erscheint, welche in der Vergangenheit, der Gegenwart und in der Zukunft gleich währende Bedeutung besitzt. Dadurch bringt der entwickelte geistige Hintergrund einen gewissen Weitblick zutage, der nachhaltige Wirkungen in der eignen Tätigkeit zur Folge hat und das Heißlaufen in ewigen Fehlern verhindert. Dazu bildet die Weite im Beziehungskosmos noch den gesunden Menschenverstand und den guten Geschmack, Eigenschaften, die mit keiner noch so logischen Intelligenz zu ersetzen sind. Aber auch in der Wissenschaft dirigiert uns der konnektive Hintergrund durch Erkenntniswege, welche sonst vom unübersichtlichen Gestrüpp möglicher Variationen verstellt sind. Er fokussiert unser logisches Denken und führt es, indem er die gangbaren Wege auf einer existenziellen Beziehungsebene gegeneinander ausbalanciert. Selbst in den philosophischen Werken zeigen sich die Bedingungen der unterschiedlichen Kulturkreise, wobei die Positionierung zwischen Logik und Metaphysik deutlich zu spüren ist.

Die Beendigung der seelischen Strukturierung in der Pubertät hat neben den genannten und anderen physiologischen Gründen auch einen ganz rationalen. Es ist die notwendige Beständigkeit der Führungsprinzipien im Lebenskampf. Die konnektive Struktur ist eine aufbauende, welche nur in harmonischer Selbststrukturierung erfolgen kann. So sensibel und feingliedrig wie sie geschaffen wird, kann sie einmal begonnen nicht wieder abgerissen und unter völlig anderen Bedingungen neu geschaffen werden. Die Führung braucht Beständigkeit, zumindest in ihrer baumartigen Kernstruktur, in der auch nur die harmonischen Rahmenbedingungen wachsen können. Die kindliche Phase zeichnet sich durch Offenherzigkeit zu den Beziehungsinhalten der Umwelt aus. Dazu gehören die liebevolle Beachtung des Schönen und Guten, wie auch die Anerkennung und Wertschätzung der naiven Gefühlswelt.[240] Die Erziehung zu rationalem Verhalten und die Ausbildung des logischen Intellekts verkürzen an dieser Stelle die geistigen Anlagen, die sich dann auf die Obwaltung einfacher Funktionalitäten reduzieren. Auf der anderen Seite benötigen das Erlernen logischer Strategien und die Herausbildung der Intelligenz sowohl entwickelte als auch konstan-

---

[240] Eine Programmierung außerhalb der kindlichen „Schutzzone“, welche als harmonisches Filtersystem wirkt, würde chaotische Führungsbilder erzeugen.

te Rahmenbedingungen. Das notwendige Einpauken logischer Strukturen und Gesetze sollte deshalb der postpubertären Phase vorbehalten bleiben, weil erst dann eine genügende konnektive Vernetzung vorausgesetzt werden kann, welche die Ergebnisse sinnvoll und nachhaltig werden lässt. Nur mit hochentwickelter und zeitbeständiger Führung können die Denkvorgänge ihre eigentliche Kraft entwickeln, indem sie in weite Zusammenhänge gestellt auch entsprechend nachhaltige Wirkung zeigen können.

Auch wenn der Geist schon allein durch seine Vielsichtigkeit flexibel bleibt, ist das konnektive Netzwerk zum Kern hin stabil und muss die harten Bedingungen der Evolution konsequent vertreten. Bei der Herausbildung der Struktur muss der aufbauende Charakter dieser Stabilität auch aus der Umwelt bezogen werden, was nur mit den entsprechenden Sensorium geschehen kann, welches die Beziehungswelten vom Einfachen beginnend weiter ausweitet. Dazu werden in einem fort Entscheidungen getroffen für die endgültige Baustruktur des konnektiven Bewusstseinshintergrundes. Es ist die Beantwortung der Frage, für welchen Ort der Welt, für welche Umgebungsbedingungen und welchem kulturellen Hintergrund die konnektive Leinwand der Seele geschaffen sein soll. Je genauer sozusagen die Antwort ausfällt, umso vollkommener kann der geistige Hintergrund als souveräne Identität des Menschen gebaut werden. Jede Ungewissheit verflacht das Bauwerk und vermindert die geistige Leistungsfähigkeit.

Die Festlegung auf eine Menge spezifischer Randbedingungen hat Konsequenzen. In der Umgangssprache bezeichnen wir die Rahmenbedingungen unserer Existenz als Familie, Heimat, Arbeitswelt, Kultur usw., wobei uns die essenziellen Bindungen an das konnektive Netzwerk kaum bewusst sind. Der Kontext unserer rationalen Existenz besteht eben nicht aus einer überschaubaren Anzahl prägnanter Vorgaben. Vielmehr ist es eine schier unendliche Menge von im Einzelnen ganz unbedeutenden Beziehungen, welche das konnektive Umfeld vertreten. Die Information fließt sozusagen nicht wie im Computer durch einige sichtbare Leitungen. Es ist vielmehr eine Unzahl unterschiedlich gewichteter spinnfadenartiger Netze vonnöten, welche das konnektive System über die Zeiten nach außen vervollständigen und den Bewusstseinszustand, sich in der Wirklichkeit zu befinden, aufrechterhalten. Es sind elementare und lapidare Vorgänge, welche uns immer unbewusst bleiben, aber einen ganzen Kosmos von Beziehungswissen ausmachen. Verlassen wir die gewohnten Bedingungen, deren Grundgerüst uns in der Kindheit wie ein ehernes Relief eingemeißelt wurde, vermindert sich auch der Radius unserer Möglichkeiten an den Vorgängen der Wirklichkeit teilzunehmen. Wir verlieren an Freiheit und werden von Bedingungen abhängig, in denen wir uns nicht gewohnheitsmäßig bewegen können. Je größer die Abweichung, umso mehr verlieren wir den Vorteil des geistigen Vorlaufs und dessen vielfältige Entwicklungsmöglichkeiten. Wir bleiben solange Sklaven der Situation und müssen uns mit intelligenten und wohlmöglich illegitimen Spitzfindigkeiten helfen, bis sich unsere Seele neu geformt hat, was aber nur oberflächlich geschehen kann. In unseren Aktionen der Befreiung bleiben wir immerfort auf den Weg in die heimatlichen Gefilde, auch wenn uns das nicht bewusst wird. Die großen Lebensstrategien sind einfach, sie brechen sich in viele kleine Wege, die alle anders aussehen, aber in die gleiche Richtung führen, nämlich in die, in der die Bedingungen der Kindheit am genauesten wiedergefunden werden.

In einer rationalen Welt, in der die geistigen Prägungen der Freiheit, des natürlichen Glücks und der Schönheit nicht mehr verstanden werden, können auch die Bedingungen der seelischen Entwicklung keine Beachtung mehr finden. Statt die Bilder der einfachen Harmonie zu suchen, kann sich die losgelassene Intelligenz nur in spleenigen Fantasy-Welten befriedigen. Die gerufenen Geister bedienen sich mit neuen Worten und Handlungen der divergenten Funktionen, wie sie sich dann nicht nur in den Happenings der Party- und Spaßwelten ausdrücken, sondern auch in allen denkbaren Fratzen der geheimen und offenen Korruption und des Gangsterwesens. Der Weg in die Politik ist nicht weit, sie war der Verführung der Macht nicht selten erlegen. Die Abschaffung der Sprachkultur und des Volksgutes wäre eine erste Intriganz, um die Verbindungen der Harmonie in den Gemeinschaften der Zivilisation auszuhebeln. Auch Musik und Poesie lassen sich leicht ihrem Urzweck entfremden, Ausgewogenheit in die Beziehungswelt des Geistes zu bringen. Wenn nicht mehr die Abbilder der harmonischen Entwicklungswege in die Zivilisation getragen werden, kommen auch die Künste in den Verdacht, der Macht zu Diensten zu sein. Globale Macht sucht Möglichkeiten weltweiter Vereinnahmung. Mit dem bizarren Nonsens und dem allgegenwärtigen englischen Getöne scheint ein Anfang gemacht zu sein. Die Uniformierung der Bedürfnisse und ihre Reduzierung auf billige Effekthascherei entzieht der Geistesentwicklung die Grundlage. Das geschieht etwa in der gleichen Weise, wie das ökologische Gleichgewicht in der Natur zerstört wird. Und gegen die Vereinnahmung der Medien, welche die Heimatliebe verspotten und die kulturelle Migration als Mittel der Befreiung preisen, kann nur noch die freiheitliche Entscheidung des Einzelnen stehen, sich über alles das hinwegzusetzen. Die Würde des Menschen kommt aus einer souveränen Identität, welche auf absolute Informationsinhalte gebaut ist. Die Verbindung dieser Inhalte mit der Lebensumwelt ist eine notwendige Voraussetzung dafür, dass der Mensch auch als geistiges Wesen in Erscheinung tritt. Diesen Zusammenhang zu erhalten, wäre nicht nur politische Weitsicht, sondern auch eine hilfreiche Arznei gegen die chronischen Krankheiten der Zivilisation, gegen Krieg und Gewalt.

Die Heimatliebe hat als konnektives Prinzip in der weiten Vernetzung von Beziehungen ihre Ursache. Sie steht damit als geistige Leitstruktur in der Führungsebene des Bewusstseins an höchster Stelle. Hier sind die langfristigen Strategien angelegt, weshalb die Beständigkeit an dieser Stelle nicht nur für Harmonie, sondern auch für Nachhaltigkeit sorgt. Dazu wird aber auch die Stetigkeit in den Entwicklungsbedingungen gebraucht, welche in Kultur und Traditionen der Gesellschaft ihren Grund finden. Es ist die hintergründige und romantische Welt harmonischer Verhältnisse, welche uns dereinst märchenhafte Geheimnisse vormachen. Damit wird die Sinnstruktur gebaut, die in Beziehung mit der Umwelt die absolute Konnektivität schafft, welche auch die authentische Persönlichkeit ausmacht. Nur das, was beständig ist, kann für diese Sinnstruktur stehen und die Fundamente für das Universum des Geistes schaffen. Dieser ist soweit entwickelbar, wie tiefgründig und weit der stabile Kern geschaffen ist. Es wird deshalb auch die Heimat in ihrer fundamentalen Beständigkeit immer wieder gesucht, was der erwachsenen Vernunft aber nicht eingeht, und wie sie sich auch dagegen zu wehren glaubt. Dass sich das Beziehungswissen der höheren Ebenen nicht mit logischem Verstand begründen lässt, ist allein schon kybernetische Forderung. Uns bleibt es ein Gefühl, steuert aber unsere Aufmerksamkeit und wird, da unbegründbar, in intelligenten Anwandlungen leicht von uns gestoßen. Auch der sich modern und gebildet gebende Mensch kann ohne seine geistigen Fundamente nicht existieren, soviel er sie auch leugnen mag. Sie wirken im Unbewussten und suchen zu erhalten, oder wieder zu schaffen, was dem Informationssystem die besten Arbeitsbedingungen eröffnet und letztlich auch das Glück des Einzelnen begründet. Die Frage bleibt, wie weit man einen Menschen verstehen kann, der nur noch mit Gewalt zu schützen vermag, was sein inneres Gefühl fordert, dem Modedenken aber widerspricht. Umgekehrt vernichtet die Vereinnahmung und Zerstörung heimatlicher Traditionen genau die Information, welche als stabile Basis für eine harmonische Entwicklung der Zivilisation steht.

Was sich wie eine politische Voreingenommenheit anhört, ist in der Wirklichkeit der Natur eisernes Gesetz. An dem kommt man nicht vorbei, will man nicht Sklave der ewigen Missachtung der Informationsprinzipien bleiben, die sich in immerwährenden Rangeleien der Macht, in Gewalt und Kriegen ausdrücken. Die Ordnungssysteme der Evolution sind genauso wie die des Menschen auf angepasste Informationsprinzipien angewiesen. Das Bewusstsein wäre ohne das Zusammenspiel der Führungsebene mit einem funktionellen Steuersystem nicht machbar, der Mensch bliebe eine besinnungslose Funktionseinheit. Die geistige Ebene bildet als konnektives System einen Beziehungskosmos, in dem beständige Information den Sinn und das Ziel über die Zeiten bewahrt. Es kann sich dabei nur um absolute Information handeln, welche auch die absolute Identität des Menschen ausmacht. Die arbiträren Elemente der Logik wären an dieser Stelle vollkommen wertlos. Auch die Optimierung des Systems, die immerwährende Arbeit an der Vollkommenheit, ist mit den symbolischen Bruchstücken nicht machbar. Sie kann nur durch Wichtung einer großen Menge von Beziehungswissen ausgeführt werden, wie das in den kreativen Phasen des paradoxen Schlafes geschieht. In diesen Vorgängen kann nichts vernichtet werden, eine eingeschriebene Weltsicht kann nur vervollkommnet werden, das heißt durch neue Verbindungen symmetrischer, in ihrer Wirkung harmonischer. Ein Rückbau der Führungsstrukturen hätte fatale Folgen, weil damit auch der Sinn der Entwicklung, ihre innere Ordnung und die Nachhaltigkeit, welche auf die Beachtung der vorgegebenen Randbedingungen baut, infrage gestellt würden. Statt in ein Ordnungssystem zu konvergieren, würde sich die Evolution in ein Chaos divergierender Wege verlieren. An oberster Stelle sind absolute Informationsinhalte unverzichtbar. Ihre Identität kann sich nur in einer Vervollkommnung auflösen. Was beim Menschen noch im Persönlichkeitscharakter akzeptiert ist, wird in der modernen Gesellschaft in zunehmendem Maße missachtet. Auch hier brauchen die Ordnungssysteme ein absolutes Fundament, welches die aufbauenden Bedingungen der Entwicklung am Ort vertritt. Dazu muss alles in einfacher Form bewahrt bleiben, was den Zustand hervorgebracht hat. Ein Fortschritt im evolutionären Sinne ist nur auf dieser Basis möglich. Würde man eine Gesellschaft auf völlig fremden oder gar nackten Boden setzen, wäre eine Zerstörung nicht aufzuhalten. Wir mögen dabei vor allem an funktionelle Fehlleistungen denken, noch viel schwerer wiegen die fehlenden Beziehungen in den Führungsmechanismen, welche jederzeit auf eine Unmenge von Beziehungen zur Umwelt angewiesen sind.

Die logischen Systeme können den Ausfall konnektiver Führung zwar in gewissen Umfang ersetzen, sind aber niemals in der Lage eine Optimierung im Sinne der Entwicklung und der Harmonie durchzuführen. Mit den Systemen lässt sich die Methode des Ausbalancierens nicht ausführen und es lassen sich keine absoluten Inhalte definieren. Die Prozesse, welche mit den logischen Informationseinheiten allein geführt werden, sind auf den Erhalt der Eigenständigkeit begrenzt. Man kann sie mit einer selbstlaufenden Maschine vergleichen, bei der auch gewisse Vorgänge in der Umwelt einbezogen werden. Der Mensch kennt rhythmische Übungen, die von äußeren Vorgaben angestoßen, von alleine weiterlaufen. In der Gesellschaft ist der

Mechanismus der Macht ein Selbstläufer, der ohne Beteiligung eines höheren Sinns nur den Selbsterhalt zur Bedingung hat. So bringt sich etwa der angeworfene Motor der Macht in der Gesellschaft ein und sucht beständig in der Rangfolge nach oben zu kommen, was offensichtlich auch nur eine Frage des Selbsterhaltes sein kann. Das Prinzip organisiert sich durchgängig mit logischen Mitteln, was an den Methoden der Vereinfachung und der Rangfolgen leicht zu erkennen ist. Sinnfragen sind nur soweit interessant, wie sie die Unschuld des Systems vortäuschen können, welches von sich aus nur einen harten Kampf führen kann. Das demütige Zusammenspiel der Partner auf gleicher Augenhöhe und der Verzicht auf Gewalt und Krieg sind geistige Prinzipien und den ungeführten logischen Selbstläufern der Macht fremd. Logisch lässt sich die notwendige Balance nicht erreichen.

Dafür ist die Plastizität der logischen Systeme eine enorme. Die Bahnungen der Signale können ständig neu gebaut, eingeschliffen oder auch entfernt werden. Das ist zunächst die Forderung, die Vorgaben der konnektiven Ebene zu befriedigen, welche eine geradezu unbegrenzte Vielfalt besitzen, von der allerdings nur ein winziger Bruchteil ausgenutzt wird. Die Rahmenbedingungen der Logik sind der konnektiven Führungsebene anheimgestellt. Von ihr getrennt, kann sich die Logik auch eigenständig organisieren, wobei die Bedingungen der Selbstorganisation die Führung übernehmen müssen. Dabei spielen auch die äußeren Partner der Logik eine Rolle, welche im Fokus des Bewusstseins ohnehin immer einbezogen sind. In der rein logischen Übung ist der Hintergrund mindestens auf diese Fokussierung eingestellt, das heißt, dass auch die konnektive Führung niemals ganz abgeschaltet sein kann.

Die Systeme der freilaufenden Logik können kleine Funktionsbereiche umfassen. Sie können in Selbstoptimierung aber auch eine beliebig hohe Intelligenz erzeugen, der jedoch jede Beziehung zur Realität abgehen muss, wie auch die Sinnfragen nur flüchtig tangiert werden können. Sie können den einzelnen Menschen zu unbedachten Handlungen verführen, sich aber auch über eine ganze Gesellschaft verbreiten. Der Duktus ungeführter Logik findet sich in jeder Untat, in jeder Gewalt und in jedem Krieg wieder.

### *4.12 Die Macht des Animalischen*

Die ersten Strukturen, die aus dem undifferenzierbaren Chaos der Evolution entlassen wurden, waren nicht in eine ungebundene Zwanglosigkeit gesetzte, das heißt, dass die beginnende Ordnung nicht gleich in einen wirklich chaotischen Zustand verfallen musste.[241] Vielmehr zeigt sich eine kosmische Entwicklung aus Unsymmetrien, welche sich bis in gigantische Weiten erstreckte. Es war damit in jeder Phase ein gewisser Rahmen vorgelegt. Der wissenschaftliche Verstand wäre an dieser Stelle hoffnungslos überfordert, wenn hierbei eine Abfolge nachhaltiger Bedingung gesucht werden sollte. Im Gegensatz zur Kosmogenese ist schon in der Geogenese ein gewisser Bezug zu den Entstehungsprozessen des Lebens zu erkennen. Es werden genau die Laborbedingungen gefunden, welche für die Synthese der Lebensbausteine vonnöten sind. Die dabei erzeugbare Vielfalt von Eiweißbausteinen wäre ein weiterer Grund für einen Verfall in ein unüberwindbares Chaos, wenn nicht gleichzeitig die Möglichkeiten von quasikohärenten Zuständen gegeben wären, welche durch externe physikalische Parameter begünstigt wurden. Auch wenn diese erst in der Vielfalt durch „evolutionären" Zufall erreicht werden konnten, dürfte es sich um relativ einmalige prozessuale Konstellationen handeln, die genau in die konservativen Strukturen zerfallen, welche die Rahmenbedingungen der für die Reproduktion notwendigen Kohärenz liefern können. Die funktionellen Vervollkommnungen sind schließlich symmetrische Ergänzungen, welche dadurch geschehen, indem weitere Kreise wiederholbar in das Geschehen einbezogen werden und sozusagen die Spezies deklarieren.

In dieser Phase der Biogenese wäre ein Zerfall eines kohärenten Ganzen in viele Komponenten denkbar, welche die Verbreitung des aktuellen Erbgutes optimal garantieren könnten. Hier treten vorgegebene Rahmenbedingungen auf, die durch die Möglichkeiten der Eiweißmoleküle gegeben sind, einen Doppelstrang zu bilden. Die duale Symmetriebrechung ist möglicherweise ohnehin die optimale Lösung; sie begründet die Zweigeschlechtlichkeit schon auf niederem evolutionärem Niveau. Das Prinzip wird stellvertretend durch immer höhere kybernetische Prinzipien wiederholt und definiert die Beziehungswelt zwischen den Organismen. Allerdings existieren neben den geschlechtlichen Verbindungen noch andere, welche sich aus den gleichartigen Lebensbedingungen erschließen.

Von der äußeren Führung mehr oder weniger entlassen, spielen die Korrelationsmöglichkeiten zwischen den kybernetischen Systemen eine wachsende Rolle. Bei den ersten Organismen dürften die gleichen Entwicklungsbedingungen in den ökologischen „Retorten" eine Bindung erzeugt haben, die heute noch als Schwarmintelligenz bezeichnet wird. Dabei handelt es sich um die Einbeziehung der Menge in den eigenen Entwicklungsablauf. Der

---

[241] Die ungebundenen Bewegungsmöglichkeiten wachsen mit dem Informationsgehalt der eigenen Struktur, welche dann immer mehr der evolutionären Intention folgen muss.

Organisationsaufwand der Lebensform bleibt offensichtlich im Schwarm optimal. Die Zusammengehörigkeit wird auf der untersten Ebene, nahe am Prozess, aufrechterhalten. Das zeigt sich auch in einer gewissen Logik des Verhaltens. Die Bindung entspricht starken Kräften, welche mit wenig Informationsaufwand geführt werden. Sie bleiben teilweise auch in der Höherentwicklung gemäß dem Matroschkaprinzip erhalten.

In den weiteren Formen wird die evolutionäre Hierarchie über das Zusammenspiel entscheidend. Der in der Entwicklung höher stehende Organismus kann über die ältere und niedere Form verfügen. Hier werden offensichtlich die ursprünglichen und stärkeren Bindungskräfte von der Entwicklung überrollt. Der höhere, dem Sinn näher stehende Organismus bedient sich des niederen, indem er diesen billigerweise als Stoff- und Energiequelle benutzt. Die Methode setzt voraus, dass die niederen Lebewesen immer in größerer Anzahl vorhanden sein müssen, was im evolutionären Geschehen auch gegeben ist. Insbesondere ist eine Unterscheidung in die Energie assimilierende Pflanzenwelt und in die nur Energie verbrauchende Tierwelt angesagt. Dabei wird die aus dem Sonnenlicht bezogene Energie der Pflanzen zur eigentlichen Stoffwechselgrundlage des Lebens.

Der Schutz vor Kannibalismus ist in der Tierwelt nicht ad hoc gegeben. Vielmehr muss er dem kybernetischen Niveau entsprechend organisiert werden. Das sind zunächst biochemische und reflexartige Mechanismen auf einem Niveau, auf dem auch die geschlechtlichen Vereinigungen organisiert werden müssen. Die Verfahren müssen schon in der niederen Tierwelt voll ausgeprägt sein. Im höheren Organismus können sie zwar beliebig verfeinert werden, müssen aber ihrer Bedeutung für das Leben nach in ihrer ursprünglich robusten Form erhalten bleiben. Schwächelt die höhere Führung aus welchen Gründen auch immer, kommt auch im höheren Organismus das einfache Prinzip zur Geltung. Das entspricht einer gewissen machtausübenden Gewalt, welche dann mit einfacher Logik über höher liegende Informationsebenen verfügen muss.

Mit der Verteilung des Erbgutes durch Geschlechtspartner wird in der Evolution ein duales Prinzip weitergeführt, welches von Anfang an das Symmetriegesetz der Struktursynthese begleitet. In der Entwicklung der Geschlechtsbeziehungen lässt sich wieder der Aufbau kybernetischer Mechanismen erkennen, indem stellvertretend für die prozessnahen Mechanismen immer höher entwickelte gefunden werden, welche mit reicherem Informationsaufwand die gleiche Intention auch in differenzierteren Bedingungen bedienen können. So wie die kybernetischen Prinzipien vervollkommnet werden, kann auch das Kohärenzbestreben auf immer höhere Ebenen durch Stellvertreterfunktionen verschoben werden, was die Entwicklung im evolutionären Sinn antreibt. Am Ende dieser Reihe steht wieder das konnektive Prinzip, welches mit vernetzten Informationen eine aufbauende Ordnung in der Natur fördert und das Prinzip der Gemeinsamkeit auch im Geiste durchsetzt. Es vertritt die höchste Organisationsform, aus der auch die Zivilisation ihre Existenzbedingungen und ihre Entwicklungsmöglichkeiten schöpfen muss. Mit solchen geistigen Methoden wie Demut, gegenseitige Achtung und Mitgefühl sollten sich stabile und harmonische Gesellschaftsgefüge bauen lassen. So hat auch das biologische Erfordernis der geschlechtlichen Vereinigung im Bewusstsein des Menschen einen tiefgründigen geistigen Hintergrund erhalten. Was bei den niederen Organismen noch ausgesprochen pragmatisch geschieht und mit biochemischen Mechanismen und einfachen Reflexen abläuft, ist beim Menschen gewissermaßen auf das höchste Niveau gebracht, das die Evolution zu bieten hat und man könnte meinen, dass das konnektiven Prinzip nur dafür geschaffen ist. Was wir gemeinhin als Liebe bezeichnen ist im Grunde die reine und unverfälschte Methode, welche den Geist zur Vollkommenheit führen kann. Es ist deshalb auch nur zu verständlich, dass die Wege dorthin durch die höchsten Glücksmomente tangiert werden, welche im Universum organisiert werden können. Solche kann der Mensch nur allein durchleben, weil alle Kommunikation dafür nicht ausreichend ist. Dagegen lehrt uns die Geschichte auch in zahlreichen Beispielen, wie große Geister durch Liebe zu gewaltigen Taten und meisterlichen Schöpfungen beflügelt wurden.

Der geschlechtliche Akt selbst ist in diesem hoch organisierten System zur Spitze einer kybernetischen Pyramide geworden. An der Basis findet sich die mehr oder weniger gewachsene geistige Gemeinschaft. So wie diese verhindert wird, hat die Natur nach dem Matroschkaprinzip noch immer die einfachere Funktion bereit, mit den entsprechend eingeschränkten Glücksmomenten. Geht es in dieser Richtung noch weiter nach unten, das heißt, wird die Beteiligung des Geistes ganz aufgehoben, muss auch das Glück einer Befriedigung im körperlichen Sinne weichen. Die Befriedigung ist dabei nicht nur als eine Befreiung von der Last zu verstehen. Vielmehr bringt auch hier, genauso wie im Geiste, die Öffnung des Bewusstseins, eine Öffnung des körperlichen Sensoriums den eigentlichen Effekt. Das Gefühl als Bewusstsein des körperlichen Teils der Seele wird erweitert. Mit den entsprechenden Tricks ist der Zugang aus allen Ebenen der kybernetischen Pyramide möglich. Es muss nur die höhere Etage auf irgendeine Art aus der Regie genommen werden, damit der Gewinn auf schnelle Art erreicht wird, jedoch ohne Beteiligung des Geistes, das heißt ohne die sonst erreichbare tiefe Glückseligkeit.

Die Methode den Geist abzuhängen, und sich den Glücksmomenten eines erweiterten Körperbewusstseins hinzugeben, hat ein gewisses Suchtpotenzial und führt infolgedessen zu fatalen Folgen. Wenn ein solches im biologischen Sinne hoch priorisiertes Geschehen ohne Beteiligung des Geistes abläuft und seiner Entwicklung nicht mehr bedarf, muss das Individuum auf die Startposition zurückfallen. Der eigenartige Rückfall des Einzelnen in die Bedeutungslosigkeit war offensichtlich schon frühzeitig erkannt worden, zumindest werden schon seit Menschengedenken diesbezügliche Verhaltensnormen in der Gemeinschaft vorausgesetzt.

Mit Macht das kybernetische Prinzip leichterdings aushebeln zu können, scheint wie ein Fehler der Evolution. Letztlich ist das aber nur als ein unbedeutender Rückfall zu werten, der von der Robustheit des Verfahrens zeugt. Die Anlagen zur höheren Führung sind jedenfalls voll ausgebildet und sind den niederen Reflexen durch ihr reiches Informationsspektrum weit überlegen. Schließlich hat der Unterschied von Glückseligkeit und Befriedigung den gesunden Menschenverstand schon in frühen Zivilisationen irritiert und ein aufwendiges Normenspiel entstehen lassen. Es ist die feine Balancearbeit des konnektiven Systems, die Fundamente harmonischer Gemeinsamkeit in der Gesellschaft zu schützen. Der seelische Hintergrund weiß gewissermaßen um die Bedeutung seiner eigenen Existenz und sucht die Rahmenbedingungen unbewusst zu erhalten. Was in dieser Hinsicht aus dem Gefühl und der Sorge um die äußere Ordnung entstanden ist, hat sich in Jahrhunderten in moralischen und ethischen Normen herauskristallisiert und in Gesetzen erhalten.

Am Beginn der Zivilisation hatte der Geist offensichtlich noch so viel direkte Einflussnahme auf den Verlauf der Evolution, dass er das oberste Führungsprinzip des Menschen zu schützen wusste und nicht nur das natürliche Schamgefühl entstehen lies, sondern auch die Entwicklung von sittlichen Moralnormen unterstützte. Das Verbergen der Geschlechtsfunktionen ist von enormer kybernetischer Bedeutung, weil jede bewusste Fokussierung auf die niederen Prozesse die logischen Inferenzwege ausbaut, welche gewissermaßen nur einzuschalten und nie wieder zurückzunehmen sind. Die Evolution setzt darauf, die niederen Reflexe in höhere Funktionen zu sublimieren, mit denen der Mensch am Sinn der Welt teilnehmen und gewissermaßen seine paradiesische Glückseligkeit finden kann. Das gelingt nur, wenn die intimen Prozesse der Aufmerksamkeit entzogen werden können, was trotz des enormen gesellschaftlichen Aufwandes meist nur zufällig und stückweise gelingt. Zumindest ist das gemeinsame Streben erkennbar. Neuere Strategien zeigen dagegen, dass die Notwendigkeit, die konnektive Ebene zu schützen, vielleicht noch gefühlt werden kann, logisch aber nicht mehr erklärbar ist. Die Folge ist eine Kultivierung der unteren Ebenen des menschlichen Intellekts, was einen sich selbst verstärkender Rückkopplungskreis bildet, weil durch die zurückgenommene Geistigkeit die freilaufenden Bahnungen nur verstärkt werden können und die konnektive Führung weiter verkümmern muss.

Die höhere Entwicklungsform zu finden baut andererseits darauf, dass die Grundlagen des Lebens sauber ablaufen, was im Allgemeinen auch ohne die auf den letzten Prozess fokussierte Aufmerksamkeit funktioniert. Die Kausalketten des Lebens bestehen aus den in den langen Entwicklungswegen eingeübten konservativen Funktionen und sind in sich genügend robust, sofern sie nicht durch Krankheiten behindert werden. Für die höchste Organisationsebene ist deshalb auch im Geschlechtsleben die konnektive Ebene des Geistes zuständig, welche sich gerade in der Liebe von seiner besten Seite zeigt. Alles andere ist so eingerichtet, dass es unserer Aufmerksamkeit nicht bedarf, und schon gar nicht der der Öffentlichkeit. Dagegen führt ein in die gemeinsame Liebe gesetzter Fokus mit einem demütigen Ineinanderfinden zur höchsten Vollkommenheit, welche die Wirklichkeit zu bieten hat.

Diese Vervollkommnung durch das Verknüpfen unbewusster Beziehungswelten kann aber nur dann gelingen, wenn die konnektive Ebene ausbalanciert ist und nicht mit schweren Lasten einseitig verzerrt. Es ist letztlich die früher so bezeichnete reine Seele, das gute Gewissen, welches sich ohne logische Klügeleien eigentlich von selbst einstellen sollte, zumindest sind die Informationssysteme danach eingerichtet. Mit dem Triumph der Logik über das geistige Prinzip und der sogenannten Aufklärung sind die Maßnahmen zum Schutz des seelischen Gleichgewichtes in ein schlechtes Licht geraten, was letztlich auch die Liebe zu einem funktionellen Wert degradiert.

Die feinen Bedingungen der korrelativen Balance werden nicht von allen begriffen, weil sie ohne unmittelbar funktionelle Bedeutung sind und als unzweckmäßige Einschränkung der persönlichen Freiheit verstanden werden. Man beobachtet deshalb ein Abrutschen im Niveau der sittlichen Normen in den funktionellen Bereich. Es werden nur noch Handlungen verboten, während dem Universum geistiger Vorleistungen keine Beachtung mehr geschenkt wird. So von der Führungsetage getrennt, erweist sich der niedere animalische Trieb als unbezwingbares Kraftzentrum, das alle äußere Moral zu überwinden vermag. Als typisches Machtprinzip versucht es die konnektive Führung auszuhebeln und alle Beziehungen in linearer Rangfolge zu definieren. Die in falsch verstandener Freiheit kultivierten niederen animalischen Mechanismen laufen jeder Geistesentwicklung entgegen und verhindern einen nachhaltigen Entwicklungsfortschritt in der Zivilisation.

Dagegen stehen die Entwicklungsmöglichkeiten, welche sich aus den geschlechtlichen Differenzierungen auch im Geiste ergeben. Das weitergebildete weibliche Prinzip[242] ist geradezu dafür geschaffen, die natürliche Schönheit in die Strukturen der Welt zu tragen, welche sonst, mit rationalem Nonsens überladen, die Harmonie auf allen Gebieten entbehren muss. In Ergänzung dazu braucht es die geschulte männliche Logik, die das perfekte Zusammenspiel der Bausteine organisieren kann, welche die gesetzten Rahmen des gesellschaftlichen Wohlgefühls ausfüllen können.

# 5 Bewusstsein und Automat

## *5.1 Logisches Gesetz und konnektives Prinzip*

Zu Zeiten der Aufklärung bekam die Mathematik als praktisches Instrumentarium der Logik einen hohen Stellenwert und es mag die Idee nicht weltfremd geklungen haben, dass man eines Tages vielleicht alle anderen Wissenschaften der Mathematik einverleiben könnte. Schon Leibniz hatte die These aufgestellt, dass eine Lehre so viel Wissenschaft enthält, wie sie sich mit Mathematik beschreiben lässt, was aber offensichtlich nur für die analytischen Wissenschaften zutrifft, und auch nur in eingeschränktem Maße.

Im Prinzip lässt sich alles Wissen auf mathematische Aussagen reduzieren, auch wenn die Euphorie heute etwas eingetrübt ist.[243] Der Vorteil der Mathematik ist es, alle Vorgänge und Gegebenheiten der Wirklichkeit, welche sich aus dem Ganzen heraustrennen lassen, in logischen Zusammenhängen beschreiben zu können. Die Vorbilder dazu gibt es in der Natur.[244] Selbst die biologische Evolution hat die logischen Prinzipien ausgiebig genutzt, von der DNS-Sequenz bis zum Reflexautomaten im Althirn.

---

[242] Das konnektive System des Menschen ist nur im kleineren Kreis vollkommen. Im konnektiv weiblichen Prinzip bildet die Familie den Beziehungskosmos, welcher alle ethischen und ästhetischen Formen enthält. Unter günstigen Bedingungen können die Bedingungen der Harmonie dann auch in die Gesellschaft weiter getragen werden.

[243] Auch die Mathematik muss Axiome gebrauchen, da sie ihre Aussagen nicht auf die Urstrukturen des Universums reduzieren kann, sondern auf evolutionär spätere Strukturen, welche nicht mehr identisch ausfallen. Diese Axiome bedingen unterschiedliche Standpunkte.

[244] Die Mathematik zeigt andererseits, dass die Variationsmöglichkeiten der natürlichen Gegebenheiten viel größer sind, als sie in der Natur vorkommen. Die Mathematik kann damit Fragen über Dinge aufwerfen, welche in der Natur gar nicht vorhanden sind.

Beim Dinohirn zum Beispiel finden sich ausschließlich logische Steuerungen, mit diesen allein wird der gewaltige Körper in Bewegung gesetzt.

Ganz allgemein kann mit der logischen Methode durch Anwendung von Operatoren eine Ordnung symbolischer Strukturen verändert werden. Dabei erfolgt eine Sukzession von Prozessen, die im Ergebnis eine andere Sicht auf die Ausgangswerte gestattet und durch das Gesetz des Operators vermittelt wird. Die Prozesse sind reversibel, der Operator ist die abstrakte Abbildung, das heißt die symbolische Verkürzung einer konservativen Reaktion aus dem Vorbild der Natur. Wenn die wiederholbaren Strukturen zu Beginn der Entwicklung noch eine gewisse Eigenständigkeit hatten, können sie später auch arbiträr verwendet werden, das heißt für beliebige fremde Inhalte. Es müssen dazu aber schon höher entwickelte Strukturen vorhanden sein. Die einfachen wiederkehrenden Muster können dann aus höherer Ebene vielseitig kybernetisch benutzt werden. Sie besitzen von sich aus keine Bedeutung, diese muss ihnen durch Vereinbarung zugeordnet werden. Interessant ist daran, dass auch viele vorher unbekannte Symbole eine solche allgemeine Interpretation erlangen, wie ebenso die Ergebnisse anschaulich im Sinne der Vereinbarung ausgelegt werden können. Das ist ein Zeichen dafür, dass auch unsere Erkenntnis auf diese Art funktioniert und mit kleinen Elementen probeweise experimentiert.

Die Zuordnungen und die Gesetze haben ihre eigene Entwicklungsgeschichte, sie sind soweit optimiert, dass sie heute eine abgeschlossene und in sich konsistente Wissenschaft bilden. Die Funktionsweise der Logik ist deshalb keine natürliche Anschauung, sondern muss antrainiert und in unserem Verstand eingeschliffen werden. Dass das logische Prinzip aber überhaupt in unsere Vorstellungswelt passt, liegt daran, dass unsere vom aufmerksamen Bewusstsein gesteuerten Prozesse nach der gleichen Art funktionieren, das heißt mit kleinen, wiederholbaren und austauschbaren Informationseinheiten umgehen können. In unserer Vorstellung können wir prägnante Erscheinungen mit Begriffen belegen, die wir dann in Stellvertretung der natürlichen Vorgänge in Denkprozessen miteinander verknüpfen können.

Das eigentliche Fundament der Logik ist die augenscheinliche Wiederholbarkeit von Vorgängen und deren prägnantes Erscheinungsbild, [245] weshalb die Systeme durch einfache Symbole beschrieben werden können. Die Wirklichkeit ist natürlich nicht auf die Methoden unserer Anschauung angewiesen, sondern funktioniert allemal ohne unser Zutun. Das Erschei-

---

[245] Alle weniger deutlichen Zustände sind nur dann logisch verwertbar, wenn ihnen wenigstens ein Begriff zugeordnet werden kann.

nungsbild der Logik ist auch nicht in primärer Weise das Produkt unseres Verstandes, sondern vielmehr die Folge eines evolutionären Prinzips, nach dem die ersten Bausteine und ihre Gesetze einfach strukturiert sind und in großer Zahl abgegeben werden. Sie stehen seit Beginn der kosmischen Evolution für alle Zeiten zur Verfügung und werden im Verlauf der Entwicklung zu komplexen Gebilden und Funktionen zusammengesetzt. So kompliziert diese am Ende auch sind, finden sich in ihnen immer wieder diese einfachen Elemente und die dazugehörigen Gesetze, sie sind in allen Teilen konsistent und bilden den natürlichen Ursprung der logischen Anschauung, die ebenso auf kleine wiederholbare Symbole und Gesetze angewiesen ist.

Wenn auch die Mathematik inzwischen zu einem unüberschaubaren Wissensgebäude gewachsen ist, ist sie doch nicht souverän und kann ohne den Mathematiker nicht wirklich funktionieren. Sie ist ebenso wie die Funktionselemente in der Natur und deren Wechselwirkungsgesetze auf gewisse Randbedingungen angewiesen, welche Sinn und Ziel vorgeben. Dieser äußere Rahmen der Logik ist selbst der Evolution unterworfen und zeigt die entsprechende Veränderung. So etwa, wie die Mathematik sich entwickelt, werden auch die Vorgaben der Natur den neuen Situationen angepasst. Sie werden allgemeiner, weil das Beziehungswissen der konnektiven Vorgaben in die Komplizierung der konservativen Funktionen übertragen wird. Dieser Prozess der kybernetischen Evolution gipfelt in der Ausgestaltung des menschlichen Bewusstseins, bei dem das Prinzip selbst nachgestaltet wird, allerdings in der umgekehrten Entwicklungsreihenfolge. Der Bewusstseinshintergrund muss als konnektives System in dem Maße vervollkommnet werden, wie die Vorgaben der Umwelt allgemeiner werden. Eine Hilfestellung erhält der Geist des Menschen allerdings durch seine Fähigkeit zur Selbstorganisation und einer gewissen Eigenentwicklung, welche nur noch auf harmonische Bedingungen angewiesen ist. Man sieht, dass die Evolution auch durch kybernetische Vorgänge vorangetrieben wird, welche ihr eigenes Ordnungsprinzip zu vervollständigen suchen.

Muss in einem höheren Ziel eine allgemeine Aufgabe bewältigt werden, so müssen die logischen Funktionen schon deshalb zum Werkzeug werden, weil sie den höheren Aufgaben selbst nicht gewachsen sind. Uns ist allerdings eher der umgekehrte Fall vertraut. Um das Wesen der Logik zu verstehen, müssen wir die Strukturen aus den Umgebungsbedingungen herausseziéren, sie gewissermaßen aus ihren natürlichen Rahmen nehmen. Wir ersetzen diesen dann durch andere, meist künstliche Mittel, wenn diese Rolle nicht unser Geist selbst übernimmt. Wir spüren an dieser Stelle schon, dass das was die Logik steuert, anders gebaut sein muss. Wir suchen das höhere, konnektive Prinzip, wenn wir Ort und Funktion der Logik im ganzen Geschehen der Natur verstehen wollen. Zumindest gehen wir davon aus, das die Vorgänge der Wirklichkeit einem Reglement folgen, über das ein Ziel, ein niederer Zweck oder auch nur gewisse Randbedingungen stehen. Das heißt, dass in der Natur nicht in völliger Belanglosigkeit über Informationswerte verfügt wird, was jeden Ordnungszustand ad absurdum führen würde. Vielmehr ist die Kausalität der Prozesse in verschiedene Rahmen gesetzt, welche selbst Informationswerte vertreten und am Prozedere der Wirklichkeit auf eigene Art teilnehmen.

Die Wirkungen und Abhängigkeiten der verschiedenen Strukturen lassen sich ganz allgemein in Form einer kybernetischen Pyramide beschreiben, was für die fertigen autonomen Systeme besonders augenscheinlich ist. Ist eine Entwicklung abgeschlossen, steht am Ende ein konservatives System, welches auch durch eine konservative Kybernetik gekennzeichnet ist. Dessen Entwicklungsgrad richtet sich nach dem evolutionären Niveau und überstreicht die ganze Bandbreite von der einfachen Steuerung bis zum autonomen System mit konnektiver Führung. Die Systeme mit abgeschlossener Entwicklung sind aufgrund ihrer konservativen Kybernetik mehr oder weniger eng mit der Umwelt vernetzt und auf deren Beständigkeit angewiesen. Gewisse Konstellationen zeigen aber durch ihr Beziehungswissen ein evolutionäres Potenzial, sie besitzen die Fähigkeit zur Weiterentwicklung. Dieses Prinzip verlässt offensichtlich die ausgeführten Formen, um die Vervollkommnung in eine höhere Komplexität zu tragen, deren Bindungen an die Umwelt weniger hart ausfallen. In der Natur verschiebt sich der Fortschritt in Richtung konnektive Ebene, weil hier auch den Beziehungen der Umwelt auf allgemeingültigem Niveau Rechnung getragen werden kann. Die Methode findet seine höchste Ausgestaltung im geistigen Kosmos des Menschen, welcher aber selbst auch nur von der überreichen Beziehungswelt der Natur gestellt werden kann. Es ist die Vorgabe, welche sich selbst wandelt und sich dem Entwicklungsfortschritt anpasst, indem das aktuelle Wissen sozusagen in den Bau verzehrt wird.

Das Steuerungsprinzip ist in Form der kybernetischen Pyramide dem Entwicklungsstand angepasst. Wenn wir einigermaßen entwickelte Systeme voraussetzen, so nimmt die Logik dabei einen mittleren Bereich ein, sie bereitet den eigentlichen Prozess vor und wird selbst von weiten Zusammenhängen gesteuert, die logisch nicht mehr zugänglich sind. Es handelt sich dabei allerdings nicht mehr um Steuerungsvorgänge im anschaulichen Sinne, weil es keine konkreten Vorgaben sind, wie sie etwa auf kausale Art in die Prozesse fließen. Es geht in den höheren kybernetischen Ebenen vielmehr um die Bereitstellung der Bedingungen, in denen die logischen

Pfade optimal gelegt werden können, damit der angestoßene Prozess in ein möglichst weitreichendes Prozedere gestellt werden kann. Die Logik allein ist so kurzsichtig, wie die steuernden Gesetze wiederholbar sind. Der Platz der verschiedenen Informationsprinzipien ist in der kybernetischen Hierarchie für alle natürlichen Systeme festgelegt. Die technischen Systeme sind soweit optimal, wie sie diesem natürlichen Prinzip folgen, wobei der Mensch als höhere Instanz auftritt, aber auch selbst in die Vorgaben der Evolution eingebunden ist, insofern er deren Komplexität und Vielfalt nicht zu ändern vermag.

Da die logische Prozedur auch als kommunikative Methode unseres Bewusstseins in Erscheinung tritt, ist sie mittlerweile so weit durchforscht, dass sich kaum mehr neue Erkenntnisse finden lassen. Wir bemerken die Methode in der Natur und zählen jeden Vorgang dazu, der aus einer kausalen Folge konkreter Zustände zusammengesetzt ist. In formaler Sicht reichen uns sogar die Begriffe, welche sich ursächlich zusammendenken lassen. Allerdings braucht es dazu den Halt aus der Wirklichkeit, andernfalls kann dabei leicht der abstruse Nonsens zusammenkommen, der von sich aus keine Grenzen kennt. Schließlich besteht die Wirklichkeit aus einer wesentlichen Einschränkung der Möglichkeiten, welche sich sonst in unendlicher Menge aus dem freien Würfelspiel mit dem kosmischen Bausatz ergeben würden.

Genauso wie Darstellungen kausaler Funktionszusammenhänge in der Logik, gibt es auch für die Bedingungen des Zusammenspiels eine Abbildung, die wir gemeinhin als eine geistige bezeichnen, ihrer anderen Wesensart wegen jedoch nicht wahrnehmen können. So wie die kausalen Prozesse der Natur in einem Geflecht von Bedingungen gehalten werden, sind auch die Gedanken und Handlungen des Menschen auf ordnende Prinzipien angewiesen. Diese können sich nicht auf die konkreten Ereignisse gründen, sondern werden vielmehr von unüberschaubaren und im Detail unwesentlichen Zusammenhängen gebildet. Unser Wille wird hauptsächlich von dieser Schattenseite unseres Bewusstseins bestimmt. Ein Zurücklenken unserer Wahrnehmung auf diese Ursache wäre schon aus dem kybernetischen Grund der Stabilität nicht möglich. Aber auch die dem höheren Niveau entsprechende Informationsart ließe das nicht zu. Was wir andererseits im eigenen Bewusstsein nicht ausmachen können, bleibt uns auch in der Natur verwehrt. Wir vermuten an beiden Stellen ein „konnektives Universum“, sowohl in den unerschöpflichen Beziehungen der Natur, als auch in den geheimen Führungsetagen unseres Bewusstseins, wo es sich im Laufe des Lebens zusammenaddiert hat, um schließlich auch jede aktuelle Situation im Konsens eines universellen Sinns bewerten zu können.

In bewusster Anschauung hinter das Mysterium des Sinns zu kommen, ist dem Menschen vom Grunde auf verwehrt. Das heißt aber nicht, dass er sich mit dieser Unzulänglichkeit abfinden müsste. So lässt sich das konnektive Führungssystem unseres Bewusstseins ganz allgemein und in rein theoretischer Sicht ausleuchten, wenn wir die Orthogonalitätsbedingungen zum logischen System in Anwendung bringen. Eine einfache und praktische Variante, hinter das Geheimnis unserer Willensfunktion zu steigen, ergibt sich aus dem Zusammenspiel der beiden Bewusstseinsebenen. Wir bemerken nämlich den Unterschied der beiden Abbildungsfunktionen, wenn sich eine dominant zeigt, bzw. wenn es uns gelingt, die andere zu unterdrücken, was beispielsweise durch unterschiedliche Sprachqualitäten geschehen kann. Wird die konnektive Abbildung unterdrückt, indem etwa eine lange Zeit nur eine geistlose Sprache zugelassen wird, so dominiert die logische Art, wodurch die Grenzen verschoben werden und gewisse ordnende Sinnzusammenhänge durch logische Funktionen ersetzt werden müssen. Die Veränderung ist im gewöhnlichen Verlauf der Wirklichkeit zunächst nicht zu spüren, da sich die sinnvolle Ordnung in Gewohnheiten und äußeren Vorgaben manifestiert hat. Abweichungen zeigen sich jedoch bald in den darüber hinausgehenden Zusammenhängen, so etwa in der Fantasie oder den ästhetischen und moralischen Auffassungen. Es ist eine mehr oder weniger auffällige Hinwendung zu den wirklichkeitsfremden Variationen des Nonsens zu konstatieren, aber auch der Verlust des Schönheitsempfindens und des Mitgefühls.[246] Mit einer Sprache, welche nicht über die metaphysische Klaviatur des Geistes verfügt, kann sich auch das konnektive Betriebssystem des Sinns nicht vervollkommnen und die Führung verbleibt in der Kurzsichtigkeit einfacher Funktionalitäten. Die bildsamen und verbindenden Elemente der Harmonie müssen zugunsten eines ausgeprägten Machtspiels verschoben werden, welches sich als Ordnungssystem der Logik zu erkennen gibt. Es sind nicht mehr die feinen Fäden der konnektiven Bedingungen, die den Ordnungssinn bestimmen. Vielmehr schafft das Ränkespiel der prägnanten Kräfte eine eigene Struktur, welche die Hierarchie einer Machtordnung ausmacht. Je mehr die geistigen Bedingungen ausgebremst werden, umso weniger ist am Ende auch die sich ergebende lineare Struktur zur Weiterentwicklung befähigt. Andererseits ist das Machtprinzip auf die Beseitigung geistiger Bedingungen angewiesen, um sich optimal verwirklichen zu können. Mit diesem Zirkel und seiner Selbstverstärkung verbindet sich im Allgemeinen auch das Ende einer evolutionären Phase.

---

[246] Das sind beide typisch konnektive Prinzipien, die logisch nicht nachzubilden sind.

Es ist anzunehmen, dass sich eine Verschiebung in der Balance von Sinn zur Funktion auch über ganze Kulturkreise ausbreiten kann, weil all die Folgen sich selbst aufheizen und zum Ende auch auf die Sprache zurückwirken, welche sich ihrerseits in die Geistlosigkeit der Ausgangsbedingung weiter hineinsteigern kann. Aber nicht nur in den offenen Diktaturen und den geheimen Organisationen der Macht sind diese evolutionären Disharmonien zu suchen, sie können auch ein ganz unbemerktes Schattendasein führen. Versteckt, aber dem sensiblen Beobachter nicht ganz unsichtbar, scheinen sie sich auch, zumindest in gewissen verhaltenen Formen, in die Bauprinzipien der modernen Konsumgesellschaften einzuschleichen. Selbst zu den Künsten, die eigentlich zur Bildung und Veredelung des Geistes geschaffen wurden, ließe sich eine logische Alternative denken. Es wäre die Definition der Rangfolge, welche der Künstler mit seiner Größe festlegt. Die Anhängerschaft wäre dann nicht mit ästhetischem Gewinn erkauft, sie würde vielmehr um einen Platz an der Bedeutsamkeit des Künstlers buhlen.

Das Prinzip der bildenden Kunst setzt selbst eine geistige Balance voraus, weil es die Bedingungen in Formen bringen soll, welche die Entwicklung unterstützen. Dabei zählt die Harmonie mehr als die verrückte Idee, die nur schwer auszubalancieren ist und als Fundament der Evolution nichts taugt. Die bildende Kunst ist das Einfache, das schwer zu machen ist. Den filigranen Spuren der geistigen Evolution folgen, kann nicht das Geschäft verbissener Logik oder intelligenter Verrücktheiten sein. Nur das feine Gefühl des Genies kann das zarte Geflecht der Bedingungen aufspüren, welches alle Formen in die „symmetrische Mitte" zurückholt und uns das Ziel aller gestalterischen Schöpfungen weist, welches allein in den Möglichkeiten der Wirklichkeit vorhanden ist. Der ästhetische Gedanke hat, so weit er auch sein mag, die Einheit des Vollkommenen zu wahren. Lässt er sich in Einzelteile zerlegen, so ist der Zusammenhang dieser Teile ein organischer, bei dem jeder Teil das Ganze erhält, wie auch jeder Teil vom Ganzen getragen wird. Dieses konnektive Prinzip lässt sich nur im Einfachen vollkommen erfüllen, wie auch nur im naiven Kern die Anlage zur Vollkommenheit erspürt werden kann. Jede Erweiterung braucht das harmonische Zusammenspiel vieler Künstler, wie das nur in besonderen Kunstepochen, und dort aber auch nur im Ansatz gegeben war. Es ist nicht das Ränkespiel der Berühmtheiten, vielmehr schafft nur die demutsvolle Beziehung in der Gemeinschaft das geistige Werk, welches dem Sinn näher kommt.

Außerhalb der konnektiven Prinzipe finden sich nur noch die Ordnungsgesetze der Logik, welche auf die kausalen Zusammenhänge einer Hierarchie bauen. Hier müssen das Schöne[247] durch den Reiz des Unwirklichen und natürliche Moral durch gesellschaftliche Normen und Gesetze ersetzt werden. An die Stelle der vernetzten Führung kommt das Entertainment des Superstars. Das Entern ist im übertragenen Sinne die Kunst des Seeräubers, der mit List und Überraschung das Bewusstsein zu fesseln versteht, um es hernach an die Leine zu nehmen. In den Gesellschaften der Zukunft, welche immer mehr durch die Ratio der Logik gesteuert werden, werden sich auch solche Formen in moderner Gestalt entwickeln müssen. Schließlich bedarf auch das Entertainment des Gewinners einer außerordentlichen Gewandtheit, weil auch bei den zu Vereinnahmenden das innere System der kybernetischen Abläufe robust ist und nicht so einfach aufgetrennt werden kann. Es sind dazu, wie in *Abbildung 36* schematisch dargestellt, zwei Schritte notwendig. Zum Ersten ist die geistige Instanz des zu Vereinnahmenden außer Betrieb zu setzen, was schon mit zerstörerischer Unnatürlichkeit vorbereitet werden kann. Jede Einflussnahme, die keine Beziehung zum Sinn der Wirklichkeit zulässt, bietet auch dem Geist nicht die Information, die er nötig hat, und lässt ihn gewissermaßen ins Leere laufen. Dazu gehören etwa auch der monotone Rhythmus einer Musik oder wirklichkeitsfremde Bilder und Ideen,[248] die keine Beziehungen zum Sinn erkennen lassen. In praxi können auch humorale Mechanismen eine Rolle spielen, welche etwa durch Alkohol in Gang gesetzt werden. Der zweite Schritt ist, wie bei der Hypnose, die Übernahme einer niederen Funktion, zum Beispiel einer Bewegung,

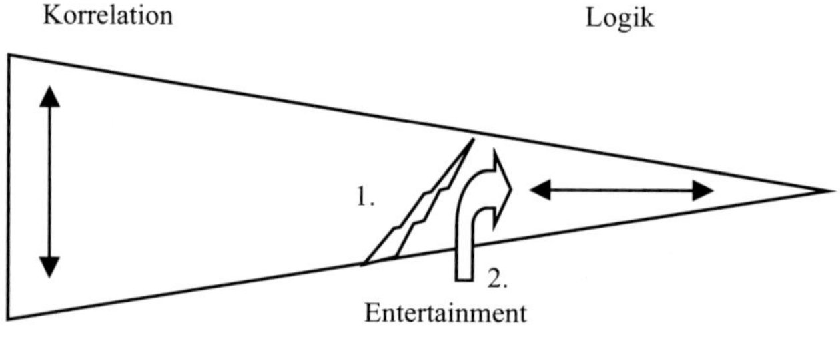


Abbildung 36*: Die Kybernetik des Entertainments*

[247] Schönheit als Wohlgefallen befreiender Leichtigkeit, als die Erfahrbarkeit der Harmonie.

[248] Dabei wird versucht die ganze Beziehungswelt des Geistes auszuhebeln. Es kann nur deshalb nicht in Vollkommenheit geschehen, weil viele Bedingungen nicht erkannt werden.

gebannter Aufmerksamkeit usw. Damit ist das Steuerungssystem wieder komplett. Meist wird auch gleich ein Rückkopplungskreis geschlossen. Was im technischen Regelkreis die Schwingung ausmacht, gibt hier einen funktionellen Zyklus, der von der kybernetischen Führung abgekoppelt ist. Anregung und Ausführung bleiben auf einer unteren Ebene, die geistige Führung ist außer Kraft gesetzt, was zwar nicht die eigentliche Glückseligkeit bringt, dafür aber die Befreiung vom bohrenden Gewissen der höheren Führungsinstanz, welche andererseits auch den Souverän ausmacht.

Die Formen der Abhängigkeit sind alle auf niederem Niveau organisiert, weil die höhere konnektive Ebene keine Abhängigkeit kennt, sondern nur das Zusammenspiel gleichrangiger Partner. Nach den evolutionären Prinzipien ist das eigenartige suggestive Phänomen nicht zu verstehen, auch nicht als eine Voraussetzung gemeinschaftlichen Handelns, bei dem die höheren Ziele gegen praktische Aufgaben zurückgestellt werden müssten. Der Mensch bleibt im Allgemeinen auch bei konzentrierten Arbeiten souverän und die Zusammenarbeit lässt sich viel effektiver auf geistig intellektuellem Niveau organisieren. Es gelingt deshalb auch kaum, die höhere Instanz mit fokussierter Arbeit abzuschalten. Offensichtlich bedarf die Vereinnahmung spezieller Mittel, welche in der Natur nicht vorkommen, sondern nur künstlich, das heißt aus dem Repertoire logischer Variationen herbeigeschafft werden können. Sie bereichern nicht einmal die Funktion, sondern berechtigen ihre Existenz lediglich aus dem Zweck, die Liebe zum Schönen durch den Reiz des Unbekannten zu ersetzen und sich von der fordernden Instanz der Entwicklung ganz frei zu machen. Die offene und geheime Vereinnahmung des anderen Bewusstseins zum Zwecke des Machtgewinns muss deshalb zu den eher diabolischen Variationen der Funktionsbausteine gezählt werden, welche zwar möglich sind, in der Evolution aber nicht gebraucht werden. Sie machen keinen Sinn, weil sie das höhere Prinzip der Kybernetik selbst ausschlagen.

Um sich von den Vorgaben der Evolution zu befreien, muss das Bewusstsein auf Signale fokussiert werden, welche auch der Natur unbekannt sind. Sind diese aber so der Wirklichkeit entrückt, dass sie nicht vollkommen bewusst wahrgenommen werden können, verbleiben Engramme, welche eine zweifelhafte Last zurücklassen. In der Musik sind das nicht ganz aufgelöste Harmonien, die nicht so wie echte Dissonanzen von vornherein abgelehnt werden. Diese Art von Musik hat eine magnetische Anziehungskraft, befreit aber nicht, sondern hinterlässt in der Führungsetage eine unbewusste Spur, die mitunter sogar nur mit anderen Hilfsmitteln, wie Drogen oder Gewaltexzessen gelöscht werden kann. Neben der inneren Vereinnahmung sind etwa nach englischen Popevents nicht selten auch direkte Kopfschmerzen und Unwohlsein zu beobachten. In den bildenden Künsten geht es um besonders verrückte Formen, über welche gesprochen werden muss, um eine intelligente Auflösung zu finden. Je verrückter das Engramm, umso aufwendiger die bewusste Befreiung von dieser Fessel. Auf alle Fälle machen diese Formen keinen Sinn und bleiben ein Spielfeld für die unendlichen logischen Variationen, die als Sperrgut nicht in höhere Ordnungsprinzipien hineinzupuzzeln sind. Für das wirklich Schöne in der Kunst ist das logische Instrumentarium deshalb kaum zu gebrauchen. In all den Spielarten der reinen Logik wird uns das Fehlende deutlich vor Augen geführt. Es sind genau die Aufgaben des geistigen Prinzips. Es bestätigen sich damit auch die theoretischen Vorhersagen, welche aus dem Orthogonalitätsbedingungen zum logischen System gemacht werden können.

Die zweite Methode, die praktischen Unterschiede von logischer und konnektiver Art zu erforschen, wäre die Unterdrückung des rationalen Verstandes. Diese Möglichkeit sollte uns zu den Vorteilen der Logik führen, dabei demonstriert sie uns aber den feinen Führungsstil des konnektiven Systems. Sich in der märchenhaften Welt des Vollkommenen zu verlieren ist freilich gerade nicht in Mode, die Folgen sind aber leicht vorauszusehen. Zunächst werden die prägnanten Wirkungen von Macht und Gesetz durch konnektiven Zusammenhänge ersetzt, welche wie etwa die Liebe, Achtung und Demut logisch nicht mehr zu fassen sind. Des Weiteren könnte das konnektive Ordnungsprinzip des Sinns auf Ereignisse ausgedehnt werden, die eigentlich zu den rationalen Funktionen gehören, so wie etwa der Ehrliche im Märchen durch Gegenständliches belohnt wird. Die Fantasie der überlieferten Märchen toleriert diese Aufweitung, welche hier allerdings nicht fehlerhaft, sondern zu dem Zwecke geführt wird, den Sinn übertrieben darzustellen. Auch in den Erzählungen der deutschen Romantik fühlt man diese Freiheit des Geistes und bekommt eine Ahndung davon, wie glücklich dieses Spiel in den höchsten Sphären der Kybernetik machen kann, weil gewissermaßen der ganze Sinn berührt wird. Die Fantasie führt das Werk der Natur auf geistiger Ebene weiter und hat die Freiheit, auch die Schönheit in aller Vollendung auskristallisieren zu lassen, womit auch das Glück immer vollkommener wird, so wie es seit Menschengedenken erstrebt wird.

Solcherart Ausflüge in die Seligkeit des weiten Sinns werden allerdings auch schnell wieder auf die harte Realität gesetzt, wenn nämlich die niederen Funktionen nicht mehr befriedigt werden können. Man sieht, dass die Romantik eine Kultur nötig hat, welche der Fantasie des Geistes einen besonderen Stellenwert im praktischen Leben einräumt. Aber das ist der Welt des Geistes ohnehin eigen, dass man ihr einen eigenen Platz zuweisen muss, der von den niederen Forderungen der bloßen Existenz fernzuhalten ist. Die

Romantiker hatten das Prinzip offenbar verstanden, sie waren auch in den Dingen der praktischen Lebenskunst erfolgreiche Bürger. Aber die Wohlhabenden unter ihnen hatten auch die Mittel, sich die reale Welt mit den Träumen zu tapezieren, was auch eine Zeit lang von den geistig veranlagten Menschen der unteren Schichten mit den einfachen Bildern der Natur nachgelebt wurde. Den romantischen Geist in die reale Welt der Künste zu setzen, hat am Ende auch vernünftige Folgen, weil er immer auch die Rahmen bildet, in der sich die Ratio der Wirklichkeit harmonisch ausgestalten kann, ohne im unendlichen Abgrund des Sinnlosen zu versinken. Man erkennt hierbei die Bedeutung der logischen Ratio, nämlich als Ausführende der geistigen Vorarbeit. Der Gewinn der geistigen Freiheit ist es letztlich, mit dem Empfinden von Glück und Schönheit den logischen Verstand in die vernünftigen Bande setzen zu können.

Dagegen kennt die Fantasy, die sich ausschließlich aus der rationalen Logik spinnen lässt und auf die geistige Führung verzichtet, nur die Variationen der Möglichkeiten, welche sich zudem ins Endlose verzetteln. Diese Methode hat nicht das Glück zu bieten, dafür aber die Vereinnahmung und den Sieg, der eine Rangfolge setzt. Anstelle der harmonischen Ganzheit bestimmt sich nach den Ordnungsgesetzen der Logik eine Machthierarchie. Interessanterweise ist auch die Unterwelt mitsamt ihrer diabolischen Symbolik auf dieses Bild eingestellt, wie auch die Gewalt am Ende das einfache und prägnante Gesetz des Stärkeren definieren muss.

Die harte Pflicht der unzähligen technischen Funktionalitäten scheint dieses Prinzip in Mode zu bringen, was die identischen, undifferenzierten Bedürfnisse des Menschen beschwört. Es ist die Fantasy der modernen Fiktionen, die auf logische Variationen der Wirklichkeit setzt, welche keinen Sinn machen, aber billig zu haben sind. Die Herrschaft der Logik über sich selbst ist eine Art Selbsterregung, welche zwar die Systeme beschäftigt, der Veränderung aber kein Ziel im Sinne einer Entwicklung mehr vorsetzen kann. Man sieht am Ende auch die logische Funktion verloren, selbst in ihrer hoch entwickelten Form, wenn sie nicht in eine sinngebende Führung gestellt wird. In evolutionärer Sicht ist diese eigenartige Veränderung wohl nur so zu verstehen, dass die breite Masse der Gesellschaft lenkbar wird, das heißt selbst aus der Entwicklung aussteigt, vielleicht weil neue, uns noch unentdeckte Wege erschlossen werden. Im Gegensatz dazu ist die konnektive Bindung nicht lenkbar, sie bedarf allerdings der Freiheit in ihrer Entwicklung und sie bringt die maximale Freiheit in ihrer Entfaltung. Die Lenkbarkeit entsteht nur dann, wenn die konnektive Führungsebene nicht entwickelt wird, oder wenn sie unterdrückt bzw. vereinnahmt wird.

Ohne geistige Führung, so lapidar und in unserer Anschauung unwirksam diese auch scheint, bleibt der Zivilisation der Fortschritt versagt. Das konnektive Prinzip, welches sich im menschlichen Geist ausdrückt, und sich auch leicht im Ebenmaß paradiesischer Ordnung verlieren kann, ist und bleibt die eigentliche Triebkraft der Evolution und ihr erstes Ordnungsprinzip. Das vernetzende Zusammengehen in die Weite, was die harmonische Führung nötig hat, kann nicht mehr kausal organisiert werden. Hier ist das Austarieren von Beziehungen nötig, welches die Bedingungen der Wirklichkeit gegeneinander aufwiegt und nachhaltige Wege in die Zukunft erkennen lässt. Fehlt die höchste kybernetische Ebene, wird das Nachfolgende lenkbar oder zum Spielball des Zufalls. Der aber bringt unendliche Variationen zum Vorschein, welche die vorhandenen Ressourcen schnell verbrauchen und eine friedliche Harmonie nicht aufkommen lassen. Dagegen bedingt die konnektive Führung eine Entwicklung, welche die Prinzipien der Selbstorganisation in eine über alle Zeiten konsistente Ordnung zu setzen vermag. An deren Spitze findet sich die einfache Harmonie des Schönen, die in alle Lebensräume des Menschen einen geistigen Sinn bringen kann. In ihrer bescheidenen Form erscheint sie der rationalen Analyse eher kitschig, der träumerischen Melancholie aber ist sie gleichsam der Zugang in die unendliche Weite paradiesischer Glückseligkeit.

### 5.2 Die Handhabung der Logik

Wie in allen kybernetischen Vorgängen findet sich auch in unserem Erkenntnisprozess das Bild der kybernetischen Pyramide wieder, in der sich die Information aus einer breiten Vernetzung in eine einfache Struktur konkreter Symbole wandelt. Die konnektiven Formen in der höchsten Ebene zeigen sich als ein Streben nach Zusammenhängen und setzen unsere Gefühle und unser seelisches Verlangen in Gang. Sie steuern unsere Neugier und richten den Fokus auf ein Detail der Wirklichkeit, das dann gewissermaßen dem logischen Verstand zur weitern Bearbeitung übergeben wird. Hier wird das weite Gefühl durch eine konkrete Form ersetzt und der Glaube durch ein rationales Gesetz. In der Sprache drückt sich das in einem Übergang vom mehr bildhaften Sinn eines Objektes zur prägnanten Referenz aus. Während der Anteil am Ganzen ins Unbewusste reichen und eine unüberschaubare Zahl von Vernetzungen gebrauchen muss, ist die Bedeutung auf die Symbolik eines Wortes reduziert. Durch seine unterschiedlichen Geburtskanäle ist das Symbol ermächtigt, auch die verschiedenen Seiten des Sinns in eine logische Bedeutungswelt abzubilden, welche dann die eigentlichen Möglichkeiten unserer Erkenntnis bestimmt.

Durch den konzentrierten Blick auf ein beschränktes und wiederholbares Detail des realen Geschehens wird das logische Prinzip zu einem willfährigen Werkzeug unseres Bewusstseins. Indem wir aus den Formen und Geschehnissen der Wirklichkeit einfache wiederkehrende Strukturen extrahieren und miteinander vergleichen, können wir dieselben auch symbolisch gebrauchen. Die inzwischen vielfältig etablierten logischen Wissenschaften haben sich der schier unendlichen Zusammenhänge der symbolischen Strukturen angenommen, immer eingedenk ihrer Ähnlichkeit zu den Mustern der Wirklichkeit. Philosophisch bleibt die Frage, ob die Natur logischen Wahrheiten folgt, oder die wiederkehrenden Strukturen lediglich eine Folge des evolutionären Prinzips sind, nach dem symmetrische Formen mit abnehmender Strenge entpackt werden und immer nur den dazu geschaffenen gesetzlichen Rahmen zu erfüllen haben. Schließlich sind sie so weit vom Sinn entfernt, wie sie wiederholbar sind.

Die einfachen und wiederkehrenden Formen der Natur sind leicht zu durchschauen und können in die technischen Systeme wie auch den Automaten übertragen werden. Dazu werden die elementaren Gesetze der Logik benutzt, welche allesamt spezielle Formen einfacher Zusammenhänge darstellen. Indem die Mathematik systematisch die Möglichkeiten der Logik ausleuchtet, findet sie Methoden, welche die Evolution nicht nötig hat, vielleicht weil andere, nichtlogische zur Verfügung stehen. So sind die möglichen logischen Prinzipien in Form und Funktion auch in der Wirklichkeit der Natur nur zu einem Teil angewandt. Die Einschränkungen zeigen, dass nicht wahllos gewürfelt wird, sondern dass die Entwicklung unter Randbedingungen vor sich geht, welche nicht die ganze Bandbreite der Variationsmöglichkeiten ausnutzt, für die auch niemals genügend Ressourcen bereitstehen könnten. Wenn fernerhin die Randbedingungen für die Herausbildung und Funktion der logischen Strukturen als Führungsprinzip wirken, können diese selbst nicht logisch konstituiert sein.

Die logischen Funktionen haben nach oben eine Grenze, welche sich mit dem Beobachtungsaufwand in gewissem Ausmaß verschieben lässt. Dabei muss die Informationsbreite vergrößert werden und die Informationsverarbeitung schrittweise zum konnektiven System übergehen. So wie auf diesem Weg langsam in die absoluten Inhalte des Sinns vorgedrungen wird, definiert sich das assoziative Prinzip, das schon Zusammenhänge in kleineren Rahmen schafft. Das Modell der kybernetischen Pyramide gilt allerdings nur für die hoch entwickelten natürlichen Systeme. Beim technischen System ist dieser Übergang nicht vorhanden, vielmehr macht der Mensch die Vorgaben, die er selbst nur aus seinen konnektiven Fähigkeiten schöpfen kann. Das technische System kann demzufolge den Menschen nicht in die Pflicht nehmen, vorausgesetzt, dass dieser in der Freiheit der Entwicklung verbleibt. Schränkt er sich diese Freiheit etwa durch Gesetze zu stark ein, so kann er leicht auch selbst in einen funktionellen Zwang gesetzt werden. Der Mensch wird dann zu einer Funktionseinheit, wie sie in der Natur zahlreich und in den unterschiedlichsten Entwicklungsformen zu finden sind. Das lenkbare logische System, das von anderen benutzt wird, ist sogar die häufigste Form kybernetischer Strukturen. Nur der freie Mensch ist seiner Anlagen nach hier die gewisse Ausnahme.[249]

Dass ein logisches System für sich allein keinen Sinn macht, ist leicht einzusehen. Die Führung einer logischen Einheit kann zunächst eine starre sein, die Funktion beschränkt sich dann auf das Programm, das durch die feste Strukturierung vorgelegt ist. Die Verwendbarkeit in höheren Ordnungen ist dann durch das äußere Bild gegeben. So wird etwa die Funktion eines Uhrwerks nach außen hin erkenntlich gemacht und wird als Uhr für höhere Aufgaben verwendet, bereitgestellt, verlassen oder verworfen, was das allgemeine Schicksal der technischen Systeme ist.

Die fest strukturierte Grenze kann aber auch mehrdimensional sein, indem etwa verschiedene Funktionen ausgewählt und angesteuert werden können. Die Funktionen müssen dann dem Nutzer entsprechend gekennzeichnet und die Steuerkanäle getrennt werden. Das Prinzip ist uns aus den technischen Geräten bestens bekannt. Das Niveau der Bedienebene kann aber auch weit höher liegen, wie etwa beim Rechner, der auf dem Führungsniveau eine logische Variabilität, das heißt eine gewisse Universalität zulässt. Die höchste Steuerungsebene ist zwar auf abstrakte Art verallgemeinert, verlässt aber das logische Prinzip nicht. Selbst wenn später einmal neuronale Netze eine Rolle spielen sollten, können auch die nur mit logischen Prinzipien zusammengesetzt sein.

Hier zeigt sich der große Unterschied zum natürlichen System, das eine Plastizität auf der Führungsebene entwickelt, die auch mit den entsprechend höheren Informationssystemen ausgestattet ist. Je nach Entwicklungsstand wird diese auch zunehmend an die äußeren Vorgaben andocken können, welche sich in Beziehungen und allgemeinen Bedingungen verstecken. So ist etwa bei den niederen Tieren die kybernetische Leitebene noch relativ starr auf das Auswahlprinzip fixiert. Das Tier kann nur auf aktuelle Vorgaben reagieren, auch wenn zur Mustererkennung schon das neuronale Netz zur Anwendung kommen sollte. Im Gegensatz zur nachfolgenden Logik ist es noch wenig flexibel. Dagegen können in der logischen Prozessvorberei-

249 Unter Freiheit im kybernetischen Sinn ist die ungestörte Entwicklungsmöglichkeit des unverfälschten konnektiven Substrats, beim Menschen also der „reinen Seele“, zu verstehen.

tung schon bestimmte erfolgreiche Reflexe eingeschliffen, das heißt durch verstärkte Bahnungen bevorzugt werden. Tiefgreifende Anpassungen sind nur über phylogenetische Zeiträume möglich, wobei auch hier die Möglichkeiten eingeschränkt sind. Schließlich müssen für die Änderungen in den Führungsaufgaben weite Bedingungen beachtet werden. Was die Zeit in der Phylogenese schafft, muss später dann, auf höherem Entwicklungsniveau, durch einen entsprechenden Informationsaufwand ersetzt werden. Dann können die Anpassungen auch in kürzeren Zeiträumen erfolgen.

Für die erforderliche Eigenständigkeit und Vorausschau muss die Evolution auf ihr ureigenstes Prinzip zurückgreifen, das nach der Entfaltung der wiederkehrenden Bausteine und der Verausgabung aller Logik ohnehin am Ende nur noch übrig bleibt. Es ist die Summe der verallgemeinerten Bedingungen, welche zwischen den konservativen Systemen wirkt und deren Entwicklung bestimmt. Am Stammbaum der Wirbeltiere ist der Übergang zur plastischen Führungsfunktion deutlich zu verfolgen. Bei den Säugetieren und Vögeln tritt erstmals eine selbstorganisierte Konnektivität in Erscheinung, welche aber fest in den Rahmen der biologischen Bedingungen gehalten wird. Erst das menschliche Bewusstsein kann unter gewissen Voraussetzungen sein „biologisches Gefängnis" verlassen und eine höhere Sinnsuche betreiben. Da für diese Sinnsuche nur ein schmales Tor zur Verfügung steht, werden auch die Nachbildungen der Natur wie auch alle anderen menschlichen Kreationen nur so ausfallen, dass die Bausteine und Gesetze[250] in kleinen Portionen gehalten werden. Um Informationsflüsse technischer Systeme zu steuern, kann sich der Ingenieur auch wiederum nur logisch gebauter Strukturen bedienen. So wie die technischen Kreationen ganze Bibliotheken füllen, passt doch die Entwicklung der logischen Steuerungstechnik in das einfache Schema der kybernetischen Pyramide. In *Abbildung 37a* ist zunächst ein einfaches logisches Element angedeutet, das irgendeine komplexe Zuordnung symbolischer Information betreibt, die Struktur ist aber festgelegt. Es entspricht etwa dem Niveau *a* in der kybernetischen Pyramide nach *Abbildung 38*, liegt also in Prozessnähe. Die festgelegte Aktion ist oft nur für eine bestimmte Reaktion zu gebrauchen, weshalb für andere Prozesse eine andere Einrichtung ausgewählt werden muss. Für die Auswahl muss eine höhere Stufe in der kybernetischen Hierarchie bezogen werden, etwa die Position *b*. Es müssen weitere Bedingungen bekannt sein, die eine größere Nähe zum Ziel erforderlich machen. Die Auswahl der passenden Logik wird aber noch vom höheren Führungsniveau

---

[250] Im Gegensatz zum Prinzip ist das Gesetz an sich schon eine Reduzierung auf kleine und damit symbolisierbare Zusammenhänge.

gesteuert (*Abbildung b*), das nur über weniger konkrete Werte vermittelt. Erst wenn sich die Auswahllogik selbst Information über die verschiedenen Reaktionen beschafft und sich damit eine Logik zusammenbaut, die auf die Situation am besten reagieren kann, ist das eigentliche Prinzip des Automaten erreicht (*Abbildung c*). In der kybernetischen Position *c* ist die einfache

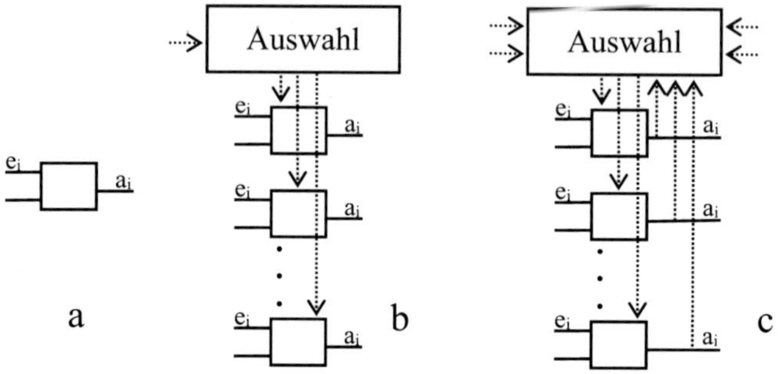


Abbildung 37*: Vom logischen Element zum Automaten*

Logik allerdings nicht mehr optimal, weil das Niveau schon eine höhere Art und Verarbeitung von Information erforderlich macht, das heißt eine größere Informationsbreite und eine stärkere Vernetzung. Eine weitere Vervollkommnung des Automatenprinzips ist deshalb mit der logischen Methode allein nicht mehr zu machen. Die höhere Arbeit mit dem Ziel der Einrichtung kann dann nur noch der Mensch übernehmen. Sein Bewusstsein aber muss die Information auch wieder auf logische Quanten reduzieren, sodass

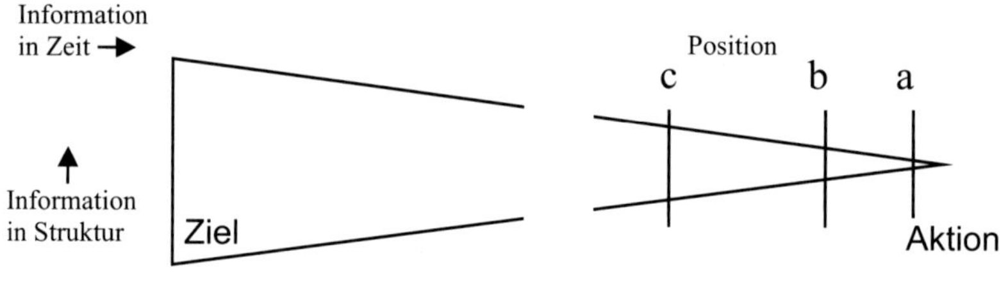


Abbildung 38*: Kybernetische Pyramide und Automat*

auch selbst eruiertes Beziehungswissen nur wieder diese reduzierte Form haben kann. Die technischen Erzeugnisse können schon aus diesem Grund das logische Niveau nicht verlassen. Die kybernetische Pyramide der technischen Einheiten reicht nur vom Prozess bis zu einer gewissen logischen Stufe, etwa der Position *c*, bei der das System von außen die Vorgaben erhält. Wenn hierbei schon neuronale Netzwerke verwendet werden, dann nur, um festgelegte Funktionen, wie etwa der Mustererkennung, zu erfüllen. Selbst Lernvorgänge oder intelligente Lösungen komplizierter Aufgaben müssen als Vorgabe bereits in das System implementiert werden. Zur Optimierung der Steuerungsbedingungen oder gar einer eigenen Sinnsuche sind die neuronalen Netzwerke in ihrer logisch geprägten Form kaum zu gebrauchen.

Für das physische Zusammenspiel der Information von der Führung in Richtung Funktion sind zahlreiche Varianten denkbar. Die Forschung hätte auch längst die häufigsten natürlichen Formen parat, wenn die Frage selbst nicht durch den Alleinvertretungsanspruch der Logik verhindert worden wäre. Dabei zeigt sich schon im Charakter der Information eine gewisse, niveauabhängige Unterschiedlichkeit. Während das einzelne Ziel und mehr noch der Sinn einer Aktion absolute Inhalte benötigen, muss die Information zum Prozess hin arbiträr werden, weil keine unbegrenzte Zahl kleiner Elemente vorhanden sein kann. Deren Wissen ist für sich gesehen wertlos und kann auch nicht von sich aus einen höheren Zweck definieren. Es bekommt vielmehr erst durch den bestimmenden Gebrauch eine Bedeutung. Das aber setzt gerade die Vorgabe und das geordnete Zusammenspiel einer kybernetischen Hierarchie voraus, welche sich durch die unterschiedlichen Informationsprinzipien in ihren Stufen von einer logischen Rangfolge wesentlich unterscheidet. Am deutlichsten zeigen sich die Verhältnisse wohl in einer der hoch entwickelten Abbildungen, bei der auch das konnektive System in seiner Wirkung sichtbar wird, nämlich in der Religion. Was sich als solche bezeichnet, ist durch den geistigen Zusammenhang in der höchsten Führungsebene erkennbar. Es sind die Prinzipien der Demut und der Liebe, welche auf ein weites Netzwerk von Beziehungen setzen und dadurch die Bedingungen nachhaltiger Entwicklung, oder, mit den eigenen Worten, den Willen Gottes aufspüren können. Aber auch hier bietet die einfache Logik der Moderne eine gewisse Gefahr, wenn die konnektive Weitsicht mit vorteilhaftem Populismus verkürzt wird. Was schnellen Gewinn und Anerkennung bringt, mit wenigen Worten gesagt und mit wenig Aufwand getan ist, kann leicht ein ungewolltes Ende nach sich ziehen. Die Nachhaltigkeit ist ein Maßstab geistvoller Entscheidungen, für welche die Religion ursprünglich besondere Methoden, wie etwa die Ganzheit bildhafter Erzählungen, bereithielt. Wenn diese heute nicht mehr greifen, so bedeutet es einen fatalen Rückschritt, logische Intelligenz dagegenzusetzen. Die neuen und intelligenten Ergänzungen im Intrigenhandbauch des Teufels sollten auch in den christlichen Lehren neue Abwehrmöglichkeiten finden. Wenn diabolische Machtgier bisher nicht gescheut hat, sich hinter der Friedensliebe des Menschen oder seiner Liebe zur Heimat zu verbergen, wird sie eines Tages auch vor der Barmherzigkeit nicht zurückschrecken. Dabei sind die logischen Strategien immer nur von kurzer Reichweite, weshalb der weitsichtige Geist sie allezeit außer Kraft zu setzen vermag. Das kann schon damit beginnen, dass in den politischen Entscheidungen der Mensch nicht nur als soziale Funktionseinheit, sondern auch als geistiger Souverän gesehen wird, der nur aus einem Kosmos kultureller Existenzbedingungen kommen kann.

### *5.3 Die Regelung als innere Führung*

Ein Führungsziel zu definieren, welches die Ordnungsprinzipien der Wirklichkeit unterstützt, ist eine typische Aufgabe für konnektive Methoden. Die Übertragung des Ziels in die Wirklichkeit ist logische Arbeit, welche den notwendigen Vorgang, in der Kybernetik als Prozess bezeichnet, an die Bedingungen der aktuellen Situation angleicht. Eine Menge von Widrigkeiten kann die Durchsetzung des Ziels verhindern, weshalb die logische Steuerung den konkreten Verlauf verfolgen und analysieren muss, um die Vorgaben der Situation exakt anzupassen. Dazu wird Information vom Prozess an eine geeignete Stelle der kybernetischen Pyramide zurückgeführt (*Abbildung 39*) und dort mit der Sollvorgabe verglichen. Das setzt allerdings voraus, dass sich das Führungsziel im betrachteten Zeitabschnitt nicht verändert, das heißt, der vorangehende Teil der kybernetischen Pyramide nicht aktiv ist oder dass wenigstens ein starres Führungsmuster an der Schnittstelle anliegt.[251] In komplexen Systemen trifft das natürlich nur für das Segment zu, das für den betrachteten Prozess zuständig ist.

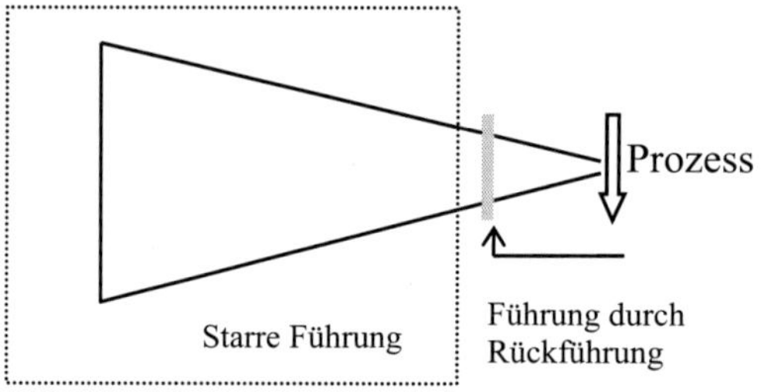


Abbildung 39: *Die Regelung*

[251] Der nachfolgende Vorgang verbleibt damit in einer gewissen Selbstorganisation.

Je weiter die Übergabestelle links liegt, umso leichter wird diese Forderung zu erfüllen sein, weil die Verarbeitungsgeschwindigkeiten im Allgemeinen mit der Führungshöhe abnehmen.[252] Dagegen ist die konstante Vorgabe in Richtung Prozess am Ende nur noch in infinitesimalen Abschnitten gewährleistet, weshalb die Regelgrößen bestimmte transiente Bedingungen einzuhalten haben, welche in der Regelungstheorie beschrieben sind. Im Übrigen ist der langsamere Zyklus auf der höheren Ebene auch eine einfache energetische Forderung. Würde die Geschwindigkeit nämlich nicht verringert, müsste der Energiebedarf aufgrund der wachsenden Informationsbreite ins uferlose anwachsen.

In praxi ist das eigentliche Führungsziel nicht immer leicht von den Vorgaben zu trennen, welche aus den Rückführungen stammen. Das ist auch mit der Frage verknüpft, in welchen Grenzen ich das System definiere. Bei den technischen Nachbildungen zeigt es sich jedoch, dass diese Trennung von entscheidender Bedeutung ist. Wird etwa das Führungsziel vollständig durch eine Rückführung ersetzt, so kann der Prozess immer wieder in der gleichen Art wiederholt werden. Ist die Rückkopplung auf niederer Ebene, entsteht ein schwingungsfähiges Gebilde, dessen Periode von der Verzögerung im Informationskreis bestimmt wird. Je besser dieser Zustand verhindert werden kann, umso stabiler erweist sich das Steuerungssystem. Bei der Rückführung in die transiente Ebene lässt sich die Selbsterregung nur durch entsprechende Amplituden- und Phasenbedingungen des rückgeführten Signals erreichen. Bei den höheren Ebenen sind viele Varianten denkbar, wobei deren Zahl mit der Höhe wächst. In natürlichen Systemen ist die Vielzahl der Methoden aber eher eingeschränkt, weil zwischen Nutzen und Aufwand eine gewisse Optimierung stattfindet, die zudem in Selbstorganisation laufen muss.

In den organisch gebauten Strukturen der Evolution erfordert die Rückführung in eine höhere Ebene zunächst die Anpassung an die dort verwendete Informationsart. Das bedeutet einen enormen Aufwand, weshalb hier nur wenige Parameter sinnvoll sind, welche sich andererseits nur schwer in die benötigte Form bringen lassen. Die veränderte Informationsart und der Zeitbezug sind spezifisch für die Ebenen, weshalb eine reduzierte Information vom Prozess mit steigender Höhe auch immer besser die Stabilitätsbedingung erfüllen würde. Möglich wären auch Rückführungen innerhalb des kybernetischen Systems selbst, wobei der Abstand der Informationsarten schon von sich aus gegeben ist. Zu bedenken ist auch, dass sich nervale, humorale und einfache physikalische Informationskanäle ergänzen können.

---

[252] Nur Informationsbreite bzw. Abstraktionsgrad nehmen zu, was das Verfahren erschwert.

Aufgrund der Vielgestaltigkeit und Komplexität gibt es für die Rückführung auf höhere Ebenen keine allgemeingültigen Lösungen, weshalb dafür auch keine Theorie existiert. Offensichtlich hat die Natur die gleichen Schwierigkeiten damit. Zumindest wird bei der höchsten Form, dem Bewusstsein, auf eine unübersichtliche Vielfalt verzichtet. Dafür hat sich eine deutliche Zweiteilung herausgebildet, bei der die Kommunikation mit der Umwelt, die auch den Prozess beinhaltet, auf zwei definierte Ebenen, nämlich auf die konnektive und die logische, reduziert wird. Das hat vor allem den Vorteil, dass die logische Rückführung ohne strukturelle Anpassung auf beliebige Teile des Prozesses in der Umwelt fokussiert werden kann, dabei das Ziel aber vermittels der konnektiven Bindung an die Ganzheit nicht verloren gehen kann. Diese für die Natur günstige Lösung wird mit Sicherheit auch ein theoretisches Optimum darstellen, sodass sich ein diesbezüglicher Forschungsgegenstand erübrigen dürfte.

Im technischen System muss bekanntermaßen alles auf die logische Form gebracht werden. Damit wird es andererseits möglich, mit Rückführungen freizügiger umzugehen, weil das unterschiedliche Informationsniveau nicht berücksichtigt werden braucht, mit Ausnahme natürlich der semantischen Differenzierungen. Es zeigt sich jedoch, dass die Systeme ohne die Hierarchie der kybernetischen Pyramide bedeutend leichter zu Störungen tendieren und die Schwingneigung zunimmt. Man wird deshalb auch das technische System auf wenige Informationskanäle reduzieren, und zwar solchergestalt, dass sich diese leicht voneinander trennen lassen. Dazu gehört auch der Kommunikationskanal, der fokussiert und logikbasiert mit den ausgewählten Objekten der Umwelt kommuniziert.

In der Technik ist die Rückführung im einfachsten Fall ein gesteuerter Parameter im Prozess; bei komplexen Aufgaben kann es notwendig sein, die weite Umgebung einzubeziehen. Die normierte symbolische Form der Information ermöglicht es auch, alle systeminternen Größen zu kontrollieren und in die Steuerung zu implementieren. Die Messwerte vom ausgewählten Objekt, mit der Vorgabe verglichen, übernehmen so eine Zeit lang die Rolle einer Führungsfunktion, wobei die höheren Ziele den weiten Rahmen bilden.[253] Das logische System ist dann innerhalb dieses Rahmens allein gelassen und löst die Aufgabe gewissermaßen auf selbstorganisierte Art, welcher aber ein Programm zugrunde liegt.

Das Prinzip ist auf dem Niveau des menschlichen Bewusstseins nicht wesentlich anders. Nur ist dieses System so weit entwickelt, dass es einer gesonderten Führungsebene bedarf. Prozessebene und Führung sind dabei

---

[253] Dieser Rahmen kann ein System definieren, das die höheren Vorgaben zu bedienen hat.

in die Extreme der Informationsverarbeitung geschieden. Die kybernetische Pyramide besitzt dadurch eine ausgesprochene Zweiteilung, in eine dem Sinn nahe Führung und eine der Ausführung nahe Logik, welche eine eigenständige und hoch entwickelte Kommunikation mit der Umwelt aufbaut und eine fokussierte Rückführung beinhaltet. Da die Rahmenbedingungen, welche dieser Logik vorangestellt sind, sehr hoch liegen, wie das beim menschlichen Bewusstsein auch erforderlich ist, so wird der Informationsaustausch zwischen den Ebenen auch eine allgemeine Form haben müssen. Was auf konnektive Art vorgegeben ist, muss gewissermaßen in logischer Ordnung nachgebildet werden. Es ist der Intelligenz anheimgestellt, wie weit entwickelt dieses geschieht.[254] Der Vorgang erweist sich als ein Geduldsspiel, bei dem die logischen Bausteine so aneinander gepuzzelt werden müssen, dass sie die weiten Konturen der höheren Vorgaben möglichst genau ausfüllen. Das mag zunächst wie eine Nachbildung des Sinns mit logischen Mitteln aussehen. In Wirklichkeit wäre eine solche intelligente Mammutaufgabe nicht lösbar, wenn nicht dazu zusätzliche Konturen die Rahmenbedingungen geben würden. Auch mit noch so hoher Intelligenz können logische Strukturen in sinnlose Gebilde ausufern, weil von unten selbst kein höherer Sinn geschaffen werden kann. Der ist immer auf die harmonische Balance in Raum und Zeit angewiesen, welche der konnektiven Methoden des Geistes bedarf.

Die doppelte Kommunikation bringt eine in sich Abbildung der Umwelt auf der Bewusstseinsebene und erzeugt damit den Wahrnehmungseffekt. Die auf ein ausgewähltes Detail der Umwelt fokussierte Logik wirft ihr Bild auf eine konnektiv vorgespannte Leinwand, welche ständig unbewusst mitläuft und die Wirklichkeit, verzerrt nach ihren Sinninhalten, vorhält. In dieser Bilderwelt erkennt die logische Vernunft Aufgaben, welche mit den eigenen Mitteln und Erfahrungen gelöst werden können. Beide Abbildungen sind mit der Wirklichkeit verknüpft, eine jede auf ihre Art. Beide sind gleichzeitig auch in ihrer Unmittelbarkeit ein Teil dieser Welt, weshalb sich das bewusste Ich auch selbst dazu rechnet. Genauso, wie sich schon bei kleinen Aufgaben die Logik mit einem Puzzlespiel in die Muster der höheren Vorgaben einzubringen hat, ist im weiten Zwischenraum zwischen konnektiver Leinwand und den logischen Inferenzsystemen ein umso größerer Spielraum geschaffen, in dem die Möglichkeiten intelligenter Lösungs-

[254] Es ist dies die erste Entwicklungsbedingung der logischen Intelligenz, die zweite ist die Nachbildung der logischen Kausalität in der Natur. Die eine bringt ein mehr räumliches, die andere eine mehr zeitliches Ordnungsprinzip ins Geschäft.

wege gegeneinander ausprobiert werden können. Es ist eine Art Entscheidungsfreiheit, welche dem Bewusstsein vorgetäuscht wird.[255]

Wenn die Führungsstruktur sinngebende Muster erkennt und im eigenen Erfahrungsschatz aktiviert, so müssen diese auf logische Art mit der Umwelt abgeglichen werden. Der Aufwand des logischen Verstandes darf allerdings nur soweit gehen, wie er der höheren Führung nicht gefährlich werden kann. Wir wissen, dass der Logik eine solche Vereinnahmung aufgrund der unterschiedlichen Informationsarten aus Prinzip nicht gelingen kann. So man auch mit den logischen Elementen neue Konturen schaffen könnte, ein sinnvolles Aufwiegen gegen die Ordnung der Wirklichkeit kann nur mit dem höheren Prinzip geschehen.

Dem theoretischen Modell der kybernetischen Pyramide nach dürfen die Wissensinhalte der Rückführung nicht über die der höheren Führungsebene hinausreichen, das heißt, die Rückführung muss immer das kürzere Ziel beinhalten. Dagegen entsteht in praxi oft der Eindruck, dass das logische System selbst der Meister ist, und sich alles andere nach ihm zu richten hat.[256] Das setzt allerdings voraus, dass die konnektive Führung relativ starr ist, also auf eine konservative Lebensphilosophie setzt, oder ihre Entwicklungsfähigkeit ganz verloren hat. Das Niveau der Führung bestimmt letztlich auch über den Entwicklungsgrad des logischen Verstandes. Im günstigsten Fall kann eine dazu eingerichtete konnektive Führung die Entwicklung des logischen Verstandes soweit fördern, dass dieser an die Vernunftprinzipien des Geistes heranreicht. Das logische Prinzip bekommt einen hohen Stellenwert, was bei anhaltender geistiger Evolution umso mehr der Fall ist. Das hat auch seinen Grund darin, dass die Logik bewusst handhabbar wird und auf einfache Signale und Rückführungen setzt, das heißt eine prägnante Kommunikation mit der Umwelt aufbaut. Sie kann allerdings ihre eigene Kurzsichtigkeit durch lineare Kausalität nicht verlassen. Zum Ausgleich braucht es in der Führungsebene Quervernetzungen, welche auf irgendeine Art auch in der Kommunikation ihren Niederschlag finden müssen. Der direkten Aufmerksamkeit bleiben sie unerkannt, wie auch die konnektive Ebene selbst im Unbewussten bleibt und auch sonst nicht zugänglich ist, was nach kybernetischen Prinzipien auch nicht sein darf. Aus diesem Grund ist selbst das grundsätzliche Prinzip der zweigeteilten Kom-

[255] Andererseits ist das auch ein Prinzip der Evolution, welches wir aus der Entwicklung der Natur kennen. In den ökologischen Vorgaben wird mit den Bausteinen „experimentiert“, um passfähige Strukturen zu finden. Es wird ein gewisser Freiraum vorgetäuscht, der aber umso zielgerichteter ausgefüllt wird, je mehr Information dazu bereit steht.

[256] Im angelsächsischen Schriftgut ist das besonders ausgeprägt. Diese Veranlagung ist offensichtlich durch die lineare Konstitution der Sprache bedingt.

munikation des Bewusstseins noch nicht zum Gegenstand der Forschung geworden. Dabei könnten gerade hier wichtige Fragen zur Information, wie etwa der Abstand in der kybernetischen Pyramide und der Unterschied zwischen logischer und konnektiver Arbeit, deutlich herausgestellt werden.

Dieserart Prinzipien, welche sich aus den kybernetischen Betrachtungen autonomer Systeme erschließen, sollten sich auch in der Evolution wieder finden, aus der sie schließlich gekommen sind. Allerdings wird man die Rückführung nicht in prägnanten Strukturen finden. Sie sind vielmehr Inhalt der Selbstorganisation, deren Prozesse unter den Rahmenbedingungen die Regulative befriedigt. Auch die Ergebnisse wirken insofern als Rückführung, als sie gleichzeitig die Vorgaben für die nächste Etappe liefern. Die Bedingungen der Entwicklung liegen lange Zeit an, in Summe umso länger, je höher sie in der kybernetischen Hierarchie zu stehen kommen. Nur die Vorgabe kann die dazugehörigen Folgen in der Wirklichkeit haben, die auch bis zum Ende der Entwicklung, das heißt bis zur Realisierung des Ziels, gehalten wird. Wird eine Veränderung nicht in starren Banden gehalten, so kann sie nicht in ein Ergebnis enden, welche sich durch eine kybernetische Kausalität beschreiben lässt.[257] Kurze Vorgänge entsagen sich dadurch auch selbst irgendeiner Führungsposition.

Die evolutionären Veränderungen sind nicht mit reversiblen Vorgängen zu vergleichen, welche den konservativen Systemen eigen sind. Vielmehr tritt in Richtung Prozess eine Datenreduktion auf. Das rückwärtige Führungsziel, das zu einem Prozess gehört, lässt sich vielleicht aktuell zuordnen, kann aber aus dem Prozess nicht analytisch abgeleitet werden. Es könnte vielmehr verschiedene darüber liegende Führungsstrategien geben, welche den gleichen Prozess zur Folge haben. Dabei ist die Datenreduktion nicht immer mit einem Datenverlust zu vergleichen. Vielmehr kann beim Übergang von der räumlichen in die zeitliche Form auch etwas zurückgehalten werden, was auch für die folgenden Vorgänge von Bedeutung ist. Damit ist auch eine Besonderheit beschrieben, welche sich bei der Transformation von Information aus Struktur zu solcher in der Zeit ergibt. Der Informationsgehalt der Vorgaben ist immer größer, als er für eine einzelne Aktion gebraucht wird. Mit dem Zeittakt der transienten Vorgänge zeigt sich am Ende, wie die räumliche Struktur in die zeitliche gewandelt wird.

Ein Ziel definiert mit seiner Richtung immer ein kybernetisches Geschehen, das eine räumlich strukturierte Vorgabe in einen zeitlichen Vorgang

[257] Für evolutionäre Zeiträume muss diese Erkenntnis allerdings dahingehend relativiert werden, dass der Verlauf der Zeit durch die Vorgänge selbst skaliert wird und die Zeitraster entsprechend angepasst ausfallen.

transformiert. Am Ende dieses Vorgangs steht allerdings wieder nur eine Struktur, die jedoch im evolutionären Sinne einen größeren konservativen Anteil besitzt als die Ausgangssituation. Der Begriff Ziel mag hier vielleicht unangebracht sein, wenn er so viel wie Plan bedeuten soll. Im evolutionären Sinne ist das Ziel nichts anderes als eine zeitliche vorverlegte Entsprechung von Bedingungen, welche sich in einen bestimmten dazugehörigen Zustand entwickelt, wobei die Abbildung nur in Richtung des Zeitverlaufs eindeutig ist, welche auch mit der Richtung der Datenreduzierung in der kybernetischen Hierarchie übereinstimmt. Das Modell der kybernetischen Pyramide beschreibt ganz allgemein das Zusammenfließen der Randbedingungen und der vielen unkonkreten Ursachen, und wie sie sich am Ende zu einem konkreten Prozess verdichten. Die Kommunikation wird demzufolge auf der zielnahen Ebene auch der Zielbestimmung in Harmonie mit der Umwelt dienen. Näher zum Prozess unterstützt sie die Durchsetzung des Ziels gegen die Widrigkeiten auf der funktionellen Ebene der Wirklichkeit. Das dazugehörige primitive Steuerungssystem ist starr geführt, der Prozess selbst ist mit einem aktiven Parameter beschrieben. Wird dieser Parameter gemessen und die Information zurückgeführt, kommt dafür nur eine prozessnahe Ebene in Betracht, in der der Parameter selbst vorkommt. Die Rückführung auf ein gleiches Niveau ist aber insofern ein gefährliches Unterfangen, da damit sehr leicht eine Selbsterregung provoziert werden kann, welche die Vorgabe ganz außer Kraft setzt. Die klassische Regelungstheorie schreibt deshalb Stabilitätsbedingungen vor, nach denen eine Selbsterregung ausgeschlossen werden kann.

Die Gefahr der Störung durch Rückführung von Information nimmt ab, je komplexer das System ist, das heißt, je ausgeprägter die kybernetische Pyramide ausfällt. Dabei ist natürlich nur die eigene Aktivität des Steuerungssystems betroffen, die schon aus energetischen Gründen immer nur auf einen kleinen Ausschnitt der Wirklichkeit begrenzt sein kann, welche sich im konnektiven System abbildet. In der zunehmenden Breite höherer Niveaus kann ein einzelnes Signal nur wenig ausrichten. So kann ein einzelner Vorgang nicht das komplexe Bild der Vorgaben ersetzen und das System instabil machen. In der kybernetischen Pyramide tritt eine Datenreduktion auf, der Prozess kann nur mit diesem reduzierten Datenstrom geführt werden. Selbst wenn ein komplexeres Abbild in eine höhere Ebene zurückgeführt würde, könnte es nur diese schmale Aktivität beinhalten und die gegebenen, viel stärker vernetzten und darum weiter reichenden Vorgaben nicht außer Tritt bringen. Ein in die höhere Ebene eingestreutes Störsignal läuft aufgrund der unterschiedlichen Informationsart wie durch ein natürliches Filter, das die transiente und prozessuale logische Information nicht passieren lässt. Nach diesem Prinzip ist die Störanfälligkeit hochkomplexer natürlicher kybernetischer Systeme relativ gering. Ein vergleichsweise durchgängig mit logischen Elementen gebautes System würde aufgrund der

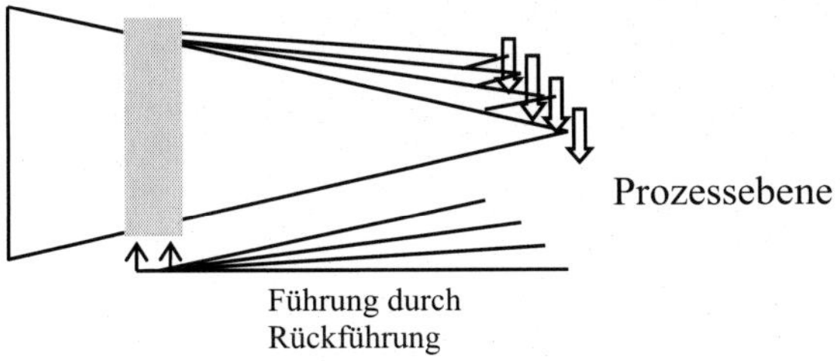


Abbildung 40*: Das Niveau der Rückführung bei parallelen Prozessen*

Selbstbeeinflussung möglicherweise gar nicht in Gang zu setzen sein. Selbst das Zu-Gleichsein vieler partieller Einzelschritte oder deren Sukzessionen können mit der komplexen Vorgabe einer konnektiven Führung nicht konkurrieren, da sie selbst keine räumlich vernetzten Strukturen zu bilden vermögen (*Abbildung 40*). Ihrer Informationsart nach können sie nur ein niederes Niveau in der kybernetischen Pyramide erreichen.
Auch in der anderen Richtung wirkt ein gewisser Selbstschutz. Die Informationsbreite wird zum Prozess hin reduziert, wodurch die aus der höheren Ebene eventuell übersprechenden Einzelparameter zu langsam sind, um für die nachfolgende Logik als Störsignal wirken zu können. Die unmittelbare Prozessführung kann mit der bildhaften und zu lange beständigen Information der höheren Aufgabe nichts anfangen. Je weiter der kybernetische und damit auch der semantische Abstand, umso mehr unterscheiden sich die Informationssysteme und die dazu gehörigen Informationsarten.

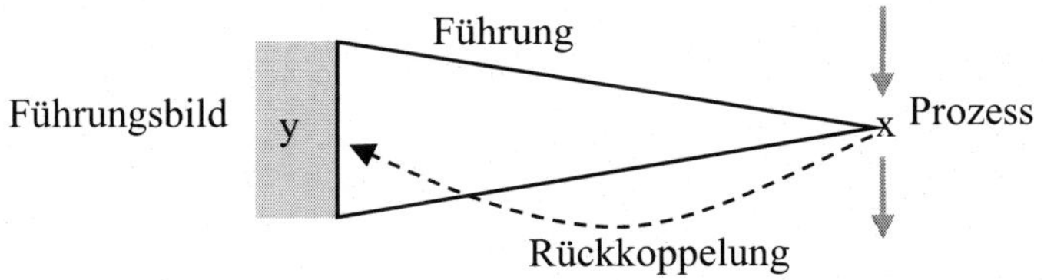


Abbildung 41*: Die Orthogonalität störender Rückkoppelung*

Aus dem Stabilitätskriterium des transienten Regelkreises ist damit das Stabilitätskriterium des allgemeinen Regelkreises formuliert: Die zur Kontrolle des Vorganges vom Prozess entnommene Information (*Abbildung 41*), wie auch die übersprechende, dürfen das eigentliche Führungsziel der kybernetischen Einrichtung nicht verändern. Ganz allgemein ausgedrückt heißt das, dass die vom Prozess rückgekoppelte Information orthogonal, das heißt disjunkt, zur Führungsinformation sein muss. Bei der prozessnahen transienten Rückführung besorgen das die Amplituden und Phasenbedingungen und bei einer höheren die Unterschiede in der Informationsart.

So wie in der Technik gegen Instabilitäten der Steuerungssysteme schon eine Vielzahl unterschiedlichster Lösungen realisiert wurde, zeigt auch die Natur eine gewisse Variabilität, wobei aber die Grundprinzipien nicht verlassen werden und in den verschiedenen Methoden durchaus zu erkennen sind. Die biologische Zelle schützt sich in den verschiedenen kybernetischen Ebenen des Zellkerns sogar durch unterschiedliche Informationsmedien. Während die prozessnahe Regelung Information über chemische Botenmoleküle bezieht, verlässt sich die Rückmeldung in die höhere Führungsebene nicht auf diskrete Moleküle, sondern auf physikalische Parameter, welche eine mehr ganzheitliche Beobachtung des Zellgeschehens unterstützen. In Verdacht kommen besonders Photonen, welche bei den chemischen Prozessen in der Zelle gebildet werden. Eine deutliche Unterscheidung in der Rückführung wird auch im Tierreich beobachtet. Zum Beispiel können hochkomplexe Geruchsmoleküle Verhaltensbotschaften für die höheren Ebenen übertragen, während der fokussierte Gesichtssinn den niederen, kurzfristigen Vorgang bedient. Geruchsmoleküle haben selbst eine zeitbeständige und komplexe Form, sind also einem höheren Niveau in der kybernetischen Hierarchie zuzuordnen. Ist der Gesichtssinn allerdings deutlicher ausgeprägt, findet sich hier schon eine ausgesprochene Zweiteilung, indem das Gesamtbild in ikonischer Form unbewusst akzeptiert wird, der Fokus jedoch die unmittelbare Handlung begleitet. Mit der Herausbildung des Bewusstseins bei den Vögeln und Säugetieren ist eine deutliche Trennung der konnektiven und logischen Mechanismen zu beobachten. Beim voll entwickelten Bewusstsein des Menschen ist der Abstand zwischen konnektiver Führung und logischem Verstand am deutlichsten ausgeprägt und groß genug, um es nicht vorkommen zu lassen, dass die Willensebene durch Verstandesvorgänge beeinflusst werden kann. Die Ziele, welche ich mir selber setze, sind niemals die höchsten. Die höheren sind es schließlich, die mein Zielsetzen steuern müssen. Der Abstand von logischer zur ikonischen Information gewährleistet quasi die höchst entwickelte Form der Regelkreisstabilität.

## *5.4 Starre, dynamische und plastische Führung*

Die Wissenschaft der Kybernetik ist eine Projektion der Abfolge natürlicher Vorgänge auf die Erkenntnismöglichkeiten des menschlichen Bewusstseins. Sie ist also keine Vorgabe der Evolution, sondern eine von uns selbst hausgemachte Beschreibung von kausalen Abläufen, so wie sie in der Wirklichkeit beobachtet werden. Was wir an den Beginn einer solchen Folge setzen, wollen wir gemeinhin als Ziel bezeichnen, wodurch wir auch den zeitlichen Beginn eines kybernetischen Zusammenhanges definieren. Da gerade dieser Beginn nur wenige, oder auch gar keine logischen Formulierungen enthält, gehört er zu den schwierigsten Aufgaben kybernetischer Betrachtungen. Im allgemeinen Fall, das heißt, wenn der Rahmen weit genug gefasst ist, sind die Vorlagen des Ziels distribuierter Art. Das ist auch so bei den ausgeprägten „Erzeugnissen" der Evolution, den autonomen Organismen. Sie müssen mit einer zerstreuten Verteilung der Vorgaben umgehen, wobei dieselben teilweise auch in zeitbeständige Form mehr die höheren Strategien vertreten und damit mehr als Randbedingungen wirken.

Auch wenn die Ziele nicht die logisch definierte Form besitzen, können wir sie bezüglich ihrer Steuerungswirkung ganz formal in Kategorien einteilen. Zunächst ist die Struktur des Führungssystems vom Informationsinhalt zu unterscheiden. Diese Differenzierung war allerdings am Anfang nicht vorhanden, zeigt also selbst eine gewisse evolutionäre Entwicklung. Die bildet sich auch in der kybernetischen Pyramide ab. Am linken Rand ist der Unterschied zwischen Leitstruktur und Informationsinhalt nicht bedeutend, beides geht ineinander über. Dagegen nehmen Trennung und Andersartigkeit in Richtung Prozesssteuerung zu. Wir wissen, dass der Informationsinhalt dabei von einer beständigen Form über die dynamische zur transienten gewandelt wird. Dazu gehören die Strukturen als passende Rahmenbedingungen. Es ist demnach die jeweilige Passfähigkeit das bestimmende Element, das Inhalt und Struktur zueinander ordnet.

Die Strukturen der Führung zeigen sich in einem weiten Spektrum von plastisch bis starr (*Abbildung 42*) und bilden den Übergang vom evolutionären zu den konservativen Systemen ab. Dazu gehört die jeweilige Führungsinformation, welche in der gleichen Reihenfolge von zeitbeständig bis transient ist. Die einfachste Art zeigt sich in der permanent starren Führungsstruktur, welche von schnellen Informationsdurchläufen genutzt werden

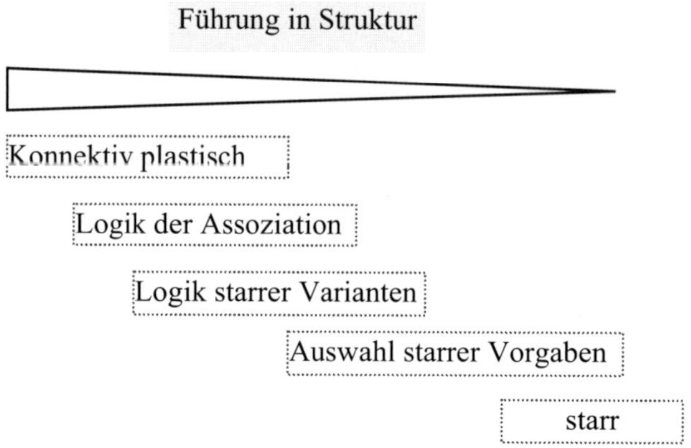


Abbildung 42: *Die Kategorien der Führungsstrukturen*

kann und in der kybernetischen Hierarchie die untersten Plätze belegt. Beim schnellen Wandel der Inhalte muss eines stabil bleiben, die strukturellen Rahmenbedingungen. Man beobachtet eine stabile Baustruktur, wie etwa das aktive Molekül an der Spitze eines Enzyms, welches sich über Jahrmillionen nicht geändert hat, dabei aber immer den gleichen schnellen Prozess verursacht. Die festen Strukturen sind allerdings auf dem subatomaren Niveau auch nur schnelle intrinsische Vorgänge. Sie sind aber als die ersten Entpackungen aus der Kohärenz des Ursprungs selbst stabil und bilden gewissermaßen die feste Norm beharrlicher Vorgänge. Ein wirklich starres Reaktionsgehäuse nach unserer gewöhnlichen Auffassung kann es auf dieser untersten Ebene nicht geben. Das praktische Analogon auf unserer höheren technischen Ebene ist der transiente Regelkreis, der die Genauigkeit und die hohe Prozessgeschwindigkeit nur garantieren kann, wenn die umgebende Struktur als Reaktionsbedingung exakt die gleiche bleibt.

Wenn starre Strukturen auch auf den Führungsebenen zu finden sind, so gehören sie eigentlich zu älteren Einrichtungen, so wie sie anfangs noch mit kleineren kybernetischen Systemen auskommen mussten. Sie können Information nur weiterleiten, oder sie auf kurzsichtige Art verändern. Sie sind in der Unzahl niederer Lebensformen zu finden, wo sie noch direkter mit den äußeren Vorgaben verknüpft sind, weil sie auf deren führenden Ordnungsprinzipien angewiesen sind. Aber man entdeckt sie auch in den höheren. Hier vertreten sie als Relikte früherer Formen nach dem Matroschkaprinzip die weniger differenzierten Vorgänger, welche gewissermaßen mit den „kürzeren“ kybernetischen Pyramiden arbeiten mussten, dabei aber robuster waren. Sie sind im Allgemeinen nur dann von Bedeutung, wenn das neuere System außer Kraft gesetzt wird und die Funktionen vom alten aufgefangen werden. So kommt zum Beispiel die urstabile extrachromosonale Information der biologischen Zelle nur bei der Zellteilung zur Wirkung, nämlich dann, wenn der Zellkern mit sich selbst beschäftigt ist und seiner Führungsaufgabe nicht mehr nachkommen kann.

Starre Strukturen können auch als Leitstrukturen eine gewisse kybernetische Relevanz besitzen, insbesondere auch auf den unteren, prozessnahen Ebenen. So können gleiche Führungsvorgaben zu ganz anderen Prozessen und Wirkungen führen, wenn sie in einem anderen „Gehäuse“ stattfinden. Die Zugehörigkeit der äußeren Hülle zur kybernetischen Aufgabenstellung ist wenig geläufig. Selbst im technischen System richtet man das Augenmerk auf die Führungsinformation und ihre Verwandlung in der Einrichtung. Die Struktur der Einrichtung gilt soweit als stillschweigende Voraussetzung, welche, zumindest auf den untersten Ebenen, als stabil zu gelten hat. Erst wenn sie eine Veränderlichkeit zeigen, wie bei den konnektiven Strukturen, muss sie in das Kalkül einbezogen werden. Demnach ist bei einem aktiven kybernetischen System das Schema verwirklicht, nach welchem die stabilsten Strukturen im untersten Bereich zu finden sind. Das kann auch funktionell nur so sein, weil zum Prozess hin der Bausteincharakter hervortritt, das heißt, die Funktionsgruppen müssen arbiträr, also für viele Aufgaben in der gleichen Form verwendet werden können. Den Führungsstrukturen steht der Informationsfluss entgegen mit genau umgekehrter Tendenz; auf der untersten Ebene präsentiert sich die höchste Änderungsgeschwindigkeit. Auf der höchsten Ebene zeigt sich eine Beständigkeit im Ganzen, während sich einzelne Strukturen in kleinen Details noch plastisch verändern können. Auf diesem Niveau verwischt sich der Unterschied zwischen strukturellen Rahmenbedingungen und Informationsinhalten.

Stehen mehrere Plätze für die Prozesse zur Verfügung, so werden deren Strukturen einzeln starre Führungsvorgaben übernehmen, insgesamt ist die Führung durch die Auswahl weniger starr. Diese Möglichkeiten werden auch die etwas höheren, logischen Plätze der Pyramide erschließen, für die ganz hohen Ebenen in der Hierarchie sind sie weniger geeignet, finden sich aber auch dort wieder bei den älteren Vorformen. So sieht man diese Variante auch noch im menschlichen Bewusstsein, wobei das Zurückschalten durch ältere, das heißt durch die evolutionär höheren humoralen Mechanismen, gesteuert wird. Hierbei handelt es sich um biologische Notfallprogramme, die aber auch in den Fortpflanzungsstrategien zu finden sind. Das Zurückfallen auf ältere und primitive, aber robustere Prinzipien ist eine Methode, die auch in der Technik angewendet wird, nämlich dann, wenn hohe Sicherheitsstandards eingehalten werden müssen. Hier setzt die Notbremse intelligente Funktionen außer Kraft. Im menschlichen Bewusstsein ist es die geistige Instanz, die in gewissem Umfang abgetrennt werden kann. Das Prinzip gehört deshalb zum ausgesprochenen Forschungsterrain der Machtsysteme, welche für ihre Ziele willenlose und steuerbare Funktionswesen benötigen. Aber auch das Individuum lässt sich gerne „freischalten", wenn etwa die höhere moralische Instanz zu viel verlangt.

Der logische Umgang mit starren Varianten findet sich in der Lebenswelt in vielfältiger Form. So werden etwa die unbedingten Reflexe über lang anhaltende äußere Vorgaben programmiert, welche in phylogenetischen Zeiträumen stattfinden. Bei den neueren bedingten Reflexen tritt die für die logische Informationsverarbeitung typische Bahnung in Erscheinung. Dabei werden bestimmte Inferenzwege eingeschliffen, die oft wiederholt werden und zum biologischen Erfolg führen.[258] Wenn dieser Erfolg beim Tier nur den Stoffwechsel und die Fortpflanzung betrifft, kommen beim Menschen dafür auch höhere Nervenleistungen zu stehen. Diese übernehmen anfangs die Stellvertretung für die humoralen Mechanismen, um später auch eigenständig den Erfolg für immer höhere Strategien bewerten zu können[259] und damit die Herausbildung der logischen Wege bis hin zur höheren Intelligenz unterstützen zu können. Gemeinsam mit der Selbstorganisation der konnektiven Führungsprinzipien kann damit gewissermaßen das biologische Gehäuse verlassen werden, das heißt, die Informationsverarbeitung kann zum Selbstzweck werden und der Mensch zum geistigen Wesen aufsteigen, das am Sinn der Welt teilhat.

Wie sich aus den Varianten starrer Vorgaben das logische Steuerungssystem entwickeln lässt, kann man aus dem historischen Werdegang der Technik erfahren, der immer auch eine Geschichte der Steuerungstechnik war. Der Beginn datiert sich schon in der Antike, wobei anfangs noch ganz handfeste Kausalitäten benutzt wurden. Im Mittelalter gipfelte die Entwicklung in einer so subtilen Mechanik, dass man damit sogar Androiden bauen wollte. Das mechanische Vorbild ließ letztlich auch die Logik und daraus die

[258] Es ist der Übergang zum assoziativen Programm, bei dem die Ähnlichkeit noch logisch abgebildet wird, später wird sie zum konnektiven Prinzip.

[259] Mit der Stellvertretung der Stellvertretung usf. entfernt sich der Abstand vom primitiven biologischen Ziel, wodurch Freiräume für differenzierte Ziele geschaffen werden. Den Psychologen ist es mitunter vergönnt, die niederen Ursachen höherer Beweggründe auszumachen.

Mathematik aufkommen. Es basiert auf das Bauprinzip des Universums, wiederholbare Bausteine und Gesetze in den unteren Funktionsmechanismen zu verwenden. Mit der Elektrotechnik und der elektronischen Rechentechnik wurde schließlich die ganze Bandbreite der logischen Möglichkeiten ausgeleuchtet. Ihre Bedeutung bei der Führung von kybernetischen Systemen ist uns aus der Technik hinreichend bekannt geworden. Sie reicht von der Methode der primitiven Verknüpfung bis zur künstlichen Intelligenz. Nur sind die logisch formulierten Ziele auf eine gewisse Tragweite hinsichtlich des Umfangs als auch der Nachhaltigkeit begrenzt.

Die natürliche konnektive Führung kennt diese Begrenzung aus Prinzip nicht. Dafür kann sie keinem Prozess direkt voran stehen, sie bedarf immer der logischen Vermittlung. Ihre Plastizität ist allerdings nicht von umfassender oder grundsätzlicher Art, vielmehr muss die absolute Form des Informationsinhaltes erhalten bleiben und darf lediglich eine Vertiefung erfahren. Im evolutionären Sinne ist das eine Verallgemeinerung, weil Information im Verlauf einer Entwicklung in niedere, funktionale Bereiche abgegeben werden muss. Es kommt dem „Abschlagen" symmetrischer, das heißt konservativer Komponenten gleich, wie das schon im evolutionären Fortschreiten der niederen Niveaus gefordert wurde. Auf höherer Stufe definiert es sich selbst als das Prinzip einer Sinngebung, nämlich dass sich auf der höchsten Führungsebene die Quintessenz der erforderlichen Entwicklungsbedingungen nicht nur erhalten, sondern sogar vervollkommnen muss. Die Information muss dazu aus den subtilen Strukturen des weit gefassten Beziehungswissens zusammengetragen werden, wenn Komponenten in die Logik abgegeben werden sollen. Verallgemeinerung auf der einen Seite und Vervollkommnung auf der anderen bedürfen auch der stärkeren Einbeziehung der konservativen Logik, welche in immer feingliedrigeren konnektiven Rahmen gehalten werden muss. Die Verdichtung des Beziehungswissens muss sozusagen mit der Entwicklung der logischen Intelligenz konform gehen. Diese komplexe Aufgabe kann möglicherweise nur wieder durch gewisse Symmetrieprinzipien gelöst werden, indem die „logischen Gewichte" konnektiv gegeneinander ausbalanciert werden. Der neue Ordnungszustand muss dann, obwohl aus ihr selbst decodiert,[260] wieder in der Außenwelt appliziert werden. Es wächst dabei lediglich der Anteil an konservativen Strukturen, deren Bauinformation aus dem Beziehungswissen geschöpft wurde. Dazu gehört die nächste Steuerungsebene, deren kybernetisches Prinzip aus der Evolution herausfällt, indem die Veränderung nur

[260] Die Konzentrierung und Dekodierung des Beziehungswissens geschieht über größere Räume und längere Zeiten. Die Vorgänge sind unserem logischen Verstand verschlossen.

durch Anpassung, insbesondere durch Wiederholung von Bahnungen, erreicht wird. Gemeinsam mit diesem Rattenschwanz logischer Prozesse muss die Informationsverarbeitung in der höchsten Ebene stellvertretend für alle beteiligten Vorgänge ein Energieminimum anstreben. Hier ist quasi das Beziehungswissen das Primäre, nach dem sich alle nachfolgenden Strukturen zu richten haben. Indem aber die konservative Logik selbst Inhalte, das heißt, soviel wie Knotenpunkte des konnektiven Systems bilden, müssen diese im Optimierungsprozess nicht selbst verändert werden. Dagegen werden neu entfaltete Strukturen sozusagen optimal ins Bild gesetzt.

Das eigenartige Zusammenspiel von plastischer Führung im Detail und starrem Ziel im Ganzen gehört zu den Eigenheiten des konnektiven Systems. Das könnte auch ein Hinweis darauf sein, dass dasselbe ab einer bestimmten Größe in ein einheitliches Ziel konvergiert. Beim Menschen jedenfalls zeigt sich das Führungsprinzip im Wachbewusstsein immer in gezielter Form; der unbewusste Wille lässt sich nicht brechen. Es können sich ihm aber unzählige Ausgestaltungen unterordnen und es lassen sich temporär auch ähnliche Strukturen finden, die sich gegenseitig ergänzen. Das Ziel verschwindet dabei aber nicht, sondern zeigt die vielen Blickwinkel, welche sich aus den unterschiedlichen realen Situationen ergeben. Zu vergleichen ist die Situation etwa mit der unterschiedlichen „Sicht" auf die Stammzellen im Organismus, die differenzierte Vorgaben entstehen lassen, welche aber allesamt noch im Ziel des Ganzen bleiben. Die im Sinn bleibende Flexibilität des Willens wird durch den logischen Verstand verstärkt, der den Vorgaben eine große Variabilität von Ausgestaltungsmöglichkeiten gewährt. Schließlich ist er auch genau dazu da, zwischen Willensbild und Realität durch ein intelligentes Puzzlespiel mit verschiedenen Strategien zu vermitteln.

Die geistige Entwicklung zeigt den Weg in das „pure" Informationsprinzip, welches gewissermaßen die materiellen Formen unter sich lässt, indem es mit minimalen Spuren davon auskommt. Es ist deshalb einzusehen, dass der Geist für seine Bildung ganz anderer Methoden bedarf, welche eher mit leichtiger Freiheit als mit der Kraft intellektueller Lernprozesse beschrieben sind. In Struktur gegossen wird das geistige Prinzip ein immer vollkommeneres Terrain für schöpferische Ideen, welche als Vorgaben sich nicht aus der Entwicklung herausnehmen, sondern diese immer besser unterstützen. Der eigentliche Prozess der plastischen Verformung kann nur in den paradoxen Schlafphasen erfolgen, bei denen einerseits alle kybernetischen Folgeprozesse außer Kraft gesetzt sind, andererseits aber auch soviel physiologische Energie zugeführt wird, dass Strukturen angelegt werden können.

Zur Auswahl der einzubringenden Information müssen natürliche evolutionäre Kriterien gelten. Es muss ein aufbauendes Prinzip angenommen werden. Die Impulse dazu vermuten wir zunächst in der Evaluation des rein biologischen Erfolgs. Niedere Funktionen scheinen sich in höhere zu sublimieren. Das kann aber nur sein, wenn auf der höheren Ebene das entsprechende Potenzial und die entsprechenden Möglichkeiten vorhanden sind. Die müssen in kybernetischer Sicht schon vordem verfügbar sein, oder sich zumindest konform mit den niederen Funktionalsystemen entwickeln. Es ist der äußere Kosmos des Beziehungswissens, welcher sich auf der inneren Führungsebene abbildet und unbewusst bleibende Zusammenhänge auf konnektive Bilder überträgt. In diese werden auch die biologischen Zwecke passen müssen, wenn das Individuum eine gewisse Autonomie erreichen soll. Darüber hinausgehende Ziele können sich nicht unmittelbar aus den animalischen entwickeln,[261] die evolutionäre Nachhaltigkeit muss gewährleistet bleiben. Andernfalls, das heißt, wenn die konnektive Führung außer Kraft gesetzt wird, bleibt es eine Steuerung im Bereich der äußeren Vorgaben und Bedingungen. In der Zivilisation ist dieses Auffangnetz offensichtlich immer gegeben; viele niedere Funktionen sind nicht auf den entwickelten Geist angewiesen und bleiben von außen lenkbar. Das ist aber nicht deshalb notwendig, weil das hohe konnektive Führungssystem nicht alle notwendigen Funktionen unter seine Fittiche nehmen könnte. Vielmehr sind die Bedingungen für die Entwicklung des Geistes nicht genetisch programmiert und deshalb von einem hohen Standard der Zivilisation abhängig. Dazu gehören gewissermaßen auch alle Voraussetzungen und Adaptionsmöglichkeiten, welche der Geist für seine Arbeit nötig hat. Fallen diese aus, fällt der Mensch auf irgendeine der zahlreichen niederen Stufen, welche dann seiner eingeschränkten Kybernetik entspricht. Die unteren Plätze sind zunehmend robust und verhindern den vollständigen geistigen Verfall. Die Zivilisation wird so zum eigentlichen Träger der geistigen Entwicklung, indem sie die Bedingungen in Sprache und Kultur bereitstellt, schützt und weiterentwickelt.

Der gesellschaftliche Aufwand muss sich in einem historischen Werdegang manifestieren, der gleichzeitig auch zum geordneten Reservoir der Informationsweitergabe wird. Danach bildet sich in gewisser Weise die Struktur der kulturellen Entwicklung mit ihren Traditionen und Verhaltensnormen auch in der Geistesentwicklung des Einzelnen ab. Es ist die Information, die parallel zum Erbgut weitergereicht wird und dabei eine Form

[261] Im evolutionären Sinne ist nicht die biologische Stufe das primäre. Das Biologische definiert sich vielmehr selbst im Prozedere der Höherentwicklung.

haben muss, wie sie in das konnektive Führungssystem des Menschen und dessen Bildungsvorgang passt. Das beginnt mit einem ebenso naiven wie komplex austarierten Kern, welcher den inneren zeitbeständigen Kristallisationskeim des neuronalen Netzwerkes ausbildet. Dieses naive Fundament muss letztlich jede Zivilisation mit der größten Beständigkeit vorhalten.

## *5.5 Das konnektive Zielsystem*

Wenn es die Aufgabe der logischen Intelligenz ist, konkrete Ziele in die Wirklichkeit zu transferieren, so liegt es in der Obliegenheit der konnektiven Führungsebene, diese Ziele in den äußeren Vorgaben zu finden und für das Individuum zu definieren. Eine solche Definition kann natürlich nicht nur aus der aktuellen Konstellation heraus erfolgen, vielmehr ist ein allgemeines evolutionäres Prinzip auf die konkrete Situation anzuwenden, das im Verlauf des Lebens heranwächst und ständig vervollkommnet wird. Dabei geht es um Zustandsbilder, welche die Entwicklungsbedingungen repräsentieren und dabei deren Wesen entdecken, das durch höhere Symmetrieprinzipien vorgegeben ist. Da sich das konnektive System nicht bewusst manipulieren lässt, kann es auch nicht durch Lernprozesse entwickelt werden. Dagegen spielen gewisse Umstände eine Rolle, die ihrerseits wiederum nur die Rahmenbedingungen der Selbststrukturierung abgeben. Wenn wir die innere Vervollkommnung und die Beziehungen zu den äußeren Zuständen auch nicht durchschauen können, so können wir wenigsten im Groben die kybernetischen Zusammenhänge ausmachen, in denen sich das Geschehen abspielen wird.

Wenn äußere Signalbilder lange genug anliegen, so muss in irgendeiner Form auch das neuronale Netz als innere Führungsstruktur danach geformt werden. Dazu kommt allerdings nur der korrelative Hintergrund infrage, welcher als Beziehungswissen in ähnlichen Vorgängen durchschlägt. Schließlich muss das neuronale Netz im Verlauf der Individualentwicklung zum Korrelat des Sinns entwickelt werden, welcher den Prozessen der Wirklichkeit vorsteht. Den Vorgang, der in der kindlichen Phase mit besonderer Heftigkeit beginnt, hat man sich etwa folgendermaßen vorzustellen. Ein Reizmuster aktiviert zunächst ein neuronales Abbild, welches seinerseits die Aufmerksamkeit auf eine Asymmetrie fokussiert und die Bedingungen für eine bestimmte logische Sicht anstellt. Mit dieser Vorgabe kann das ausgewählte Detail durch eine Aktion in der Wirklichkeit korrigiert und anschließend mit dem Erfolg die neuronale Vorgabe gelöscht werden. Ist das nicht oder nicht in Vollkommenheit möglich, bleibt eine Erregung im neuronalen Netz bestehen, welche bis zum nächsten Optimierungsprozess gespeichert bleibt. Das nicht erfüllte Ziel qualifiziert auf diese Art das Zielsystem, damit bei einer nächsten vergleichbaren Aufgabe das Ziel mit einer größeren Allgemeinheit und Ausführlichkeit angegangen werden kann.

Obgleich das genaue Programm dieser Arbeit im Detail nicht verfolgt werden kann, ließe sich die neuronale „Schaltungstechnik“ vergleichsweise einfach dazu denken. Die eine gewisse Zeit wirksamen Signalmuster generieren im neuronalen Netzwerk Rückkopplungskreise, die zyklisch durchfahren werden und in denen die Information auf Kreisbahnen gehalten wird.[262] Das sind keine Echos im Sinne der Reverberationskreise. Es handelt sich vielmehr um Nachbildungen der Urform von intrinsischer Beständigkeit, welche durch einen dauerhaften Zyklus gebildet werden, gewissermaßen als die konservativen Inhalte des konnektiven Ganzen. Die erregten Kreise in den neuronalen Sektoren bleiben bis zur Realisierung der Ziele aktiviert. Sie befinden sich im festen Netzwerk, welches die bisher gespeicherten konnektiven Vorgaben als Verhaltensmuster repräsentiert. Damit wird bereits das Filter des evolutionären Sinns auf die Situation angewendet, wodurch eine erste Ordnungsvorgabe wirksam wird. Kann die Aufgabe nicht vollständig erfüllt werden, bleibt eine Restaktivität in Form einzelner Zyklen erhalten. Das bedeutet andererseits, dass die Wirklichkeit Beziehungswissen enthält, welches neuronal nicht abgebildet ist. Es bleiben Sektoren getrennt aktiv, die eigentlich, das heißt nach den Vorgaben der Wirklichkeit, zusammengehörten.

In einer anschließenden aktiven Traumphase, welche das neuronale Wachstum möglich macht, können die Gradienten des elektrischen Feldes zwischen den zyklischen Signalmustern zur Bahnung neuer Nervenverbindungen dienstbar werden. Nach der abschließenden Rücksetzung aller Reste verbleibt die korrelative Information als feste Verbindung bestehen. Auf diese Art wird die Wirklichkeit in ihren Korrelationen immer besser dargestellt. Nicht zu vergessen sind dabei die Stellvertreterfunktionen, bei welchen die äußeren Bilder von abstrakten Inhalten besetzt werden, und diese wiederum von anderen, was letztlich die Tiefe des menschlichen Geistes ausmacht. Es ist klar, dass solche Bilder anfangs durch Zustände eingeschleust werden, die direkt mit biologischen Erfolgsbewertungen, zum Beispiel der Nahrungsaufnahme, in Beziehung stehen. Die Vielfalt der Bilder scheint zwar notwendig, das eigentliche Kriterium des inneren Wachstums kann aber nur die Harmonie sein, mit der die Vorgaben ausge-

[262] Im Vergleich zu technischen Lösungen sind in den Nervenleitungen die Bedingungen dafür gegeben, dass ganze Signalmuster wie in einem Speicherkreis gehalten werden können. Auf den Nervenfasern bleibt nicht nur die Impulsform erhalten, es ist auch die Verzögerung über die gesamte Länge verteilt, so dass keine Verzerrungen durch diskrete Übertragungsglieder auftreten können.

stattet sind. Das „Futter“ des Geistes sind harmonische Zustände, welche wir zum Beispiel als anziehend, schön oder romantisch empfinden. Nur solche können konnektiv auch weiterverarbeitet und vervollständigt werden. Dagegen bedarf die Schulung der Intelligenz der harten Nüsse, die wir nur mit energiegeladener und ständig wiederholter Gedankenarbeit knacken können. Bedenken wir aber immer, dass solche Aufgabenstellungen und deren eigentliche Ziele immer aus einem konnektiven Rahmen heraus initiiert werden müssen, auch wenn das mitunter nur über mehrere Informationsebenen vermittelt werden kann. Eine mathematische Aufgabe etwa kann sich nicht selbst stellen und bewerten.

Es nimmt nicht Wunder, dass uns in den Träumen eine Bilderwelt begegnet, welche aus den Elementen der Wirklichkeit gebildet wird. Es fällt auf, dass diese Traumwelt unzählige Variationen zulässt, was aber nichts anderes bedeutet, als dass wir genau diese Bilder auch in der Wirklichkeit wahrnehmen könnten, das heißt, dass wir eine Leinwand dafür gebildet haben. Die vielen Disharmonien, die wir uns zumuten und die uns die Medien aufbürden, schaffen gespenstische Hintergründe, die wir in der Wirklichkeit nicht finden, welche dafür aber bei den Ängsten mitwirken. Es ist anzunehmen, dass die vom sinnlosen oder gar grässlichen Nonsens verzerrte Leinwand die Wahrnehmung des Glücks oder der Freiheit vermindert, wie auch die Vervollkommnung des Geistes darunter leiden muss.[263] Jedenfalls wird alles zum Sperrgut, was nicht in die harmonische Symmetrie der Einfachen passt; es vermindert die seelisch geistige Leistungsfähigkeit. Das Defizit kann mit logischer Intelligenz kaschiert werden, was aber bei gewissen Kategorien, wie etwa dem ästhetischen Empfinden oder sozialem Gefühl, kaum gelingen wird. Seit Menschengedenken werden Praktiken ersonnen, das höhere Wesen der unbekannten Seele vor Verderbnis zu schützen. Mit der wachsenden Dominanz der Logik scheint dieses Begehren jedoch in weite Ferne zu rücken, jedenfalls solange, bis der Mensch den letzten Mysterien der Information auf die Spur gekommen ist. Die vielen Fehler, die heute und vielleicht noch in naher Zukunft gemacht werden, könnten die Frage in den Mittelpunkt rücken. Genauso wie die Einsicht gekommen ist, die Balance in der Ökologie der Natur zu erhalten, wird man eines Tages auch die menschliche Seele vor Disharmonien und Beschädigung zu schützen wissen. Auch sie ist ein organisches Gewächs, wenngleich es zur höchsten Schönheit in göttlicher Nähe berufen ist.

---

[263] Die Vollkommenheit des erfahrbaren Glücks muss von der harmonischen Vollkommenheit des seelischen Hintergrundes abhängig sein, wenn das Glück mit einer Ausleuchtung der konnektiven Tiefe verbunden ist. So zeigt sich zum Beispiel auch, dass die durch harmonische Musik erzeugte Glückseeligkeit von manchen Menschen nicht mehr erfahrbar ist.

Bis die Erkenntnis gereift ist, gilt es, dem Gefühl mehr zu trauen, als der Zeitmode und auch vor Erkundungen der eigenen Seele nicht zurückzuschrecken. Insbesondere gilt es die wenigen Erkenntnisse zu behalten, welche sich uns so selten und so unverhofft darbieten. Die Träume können uns dabei allerdings keine große Hilfe sein. Die nach dem Erwachen festgehaltenen Bilder verraten nur wenig über die Restinformation, welche in den paradoxen Schlafphasen gerade verarbeitet wurde. Aufgrund der Stellvertreterfunktion wird es sich mehr um abstrakte Muster handeln, welche erst im Nachhinein vom erwachenden Verstand als Bilder interpretiert werden. Insbesondere kann auch die zeitliche Reihenfolge nur logisch zusammengebaut werden, wogegen in den konnektiven Strukturen zeitlose Bilder verarbeitet werden. Dass für unsere Altvorderen die Träume einen höheren Wert besaßen, lässt sich aus der weniger geschliffenen Ratio durchaus verstehen. Das dürfte auch noch für Kinder gelten, wie auch für Menschen, die in der Harmonie einer natürlichen Umgebung aufwachsen.

Nach dem Prinzip der aktivierten konnektiven Kreise wird offensichtlich auch unsere bewusste Aufmerksamkeit gelenkt, welche noch vor dem Denkprozess oder der Handlung steht. In diesem elementaren Geschehen kommt den unlöschbaren und nicht verarbeitbaren Resten eine besondere Bedeutung zu. Sie sind durch keinen Bewusstseinsakt mehr zu erreichen und führen quasi eine geheime Existenz, genauso wie sie sich heimlich in den Hintergrund geschlichen haben. Die Kreise geben zwar Impulse ab, können aber selbst von keinem Löschimpuls erreicht werden. Die auch nach dem Traumreset immer wieder nebenbei und ganz unbewusst erregten Kreise verbrauchen aber Energie und können die Willensvorgaben verzerren und Krankheiten vortäuschen. Sie belasten, ermüden, vermindern die Konzentrationsfähigkeit und machen alle Arbeit uneffektiv. Erst durch die gezielte psychologische Arbeit mit der Umgebung der pathologischen Bilder und erfolgreicher Traumprozesse können das fehlerhafte Engramm aufgelöst und die nutzlosen Vorgaben beseitigt werden.

Die Frage stellt sich allerdings, ob die Zivilisation nicht ein gewisses Muster an unlöschbaren Engrammen nötig hat, da viele Normen eher willkürlich erscheinen, als dass man in ihnen einem natürlichen Sinn erkennen könnte. Etliche der mit viel Aufwand geschaffenen Anordnungen und Regeln sind nicht nachhaltig, weil ihnen der evolutionäre Kontext ganz fehlt oder über zu viele Stellen vermittelt werden muss. Viele Pädagogen haben sich in früheren Zeiten um natürliche Formen in der Erziehung bemüht, wobei das Gefühl ausgeglichener Persönlichkeiten eine tiefere Wirkung zeigt, als die hochintelligente Logik elitärer Dozenten. Der eigentliche Erfolg kann sich jedoch erst dann einstellen, wenn auch die gesellschaftlichen

Standards danach eingerichtet sind, das heißt, wenn sie sich an den natürlichen Entwicklungsbedingungen orientieren. Immerhin ist es ein leichter und selbstständiger Vorgang, in einem harmonischen Umfeld das reine Gewissen und den gesunden Menschenverstand heranzubilden.

Eine Willensführung, welche sich aus zwanghaften Vorgaben zusammensetzt, ist nicht nur eine innere Last, sondern auch ein labiles Gebilde, das schnell in Abhängigkeiten oder gar in gefährliche Aktionen landen kann. Fatalerweise führt ein vollkommener „Reinigungsprozess", der die verquerten Bande auflöst, nicht zur wirklichen Befreiung, weil er die ungebremste Triebhaftigkeit des niederen Willens freilegt, und gleichzeitig die Tore für neue Herren öffnet. Nur in einem harmonisch entwickelten Geist können solche Irrwege nicht aufkommen, weil hier vollwertige Strukturen gebildet wurden, die eine naturgegebene Balance erfahren haben und nicht wieder entfernt werden können. Eine tiefgründig gebildete Seele hat die beste Schutzfunktion, bedarf aber in ihrer Entwicklung zunächst selbst eines Schutzes. In der Zivilisation sind viele Hilfsmittel dazu ersonnen worden, welche sich aber alle der logischen Analyse nicht stellen konnten und mit der Aufklärung allesamt wieder verschwunden sind.

Die Frage ist, inwieweit die moderne Zivilisation ihre Gefolgsleute mit zwanghaften Engrammen ausstatten muss, anstatt ihnen ein ausbalanciertes und hoch entwickeltes Gemüt zu gewähren.[264] Dabei ist das erforderliche harmonische Umfeld billig zu haben, weil es sich in jedem Kulturkreis von selbst entwickelt, leider aber nur schwer zwischen ihnen transportieren lässt und sich widerspenstig gegen intelligente Eingriffe zeigt. Der erzieherische Wert des gemeinen Volksgutes ist das Ergebnis des Zusammenspiels aller Information, welche im Verlauf der geistigen Evolution von Bedeutung war, und die sich auf eine ursprüngliche Harmonie zurückführen lässt.

Das hoch entwickelte konnektive System des Menschen kann zwar durch niedere Triebe geentert, aber nicht grundsätzlich zurückentwickelt werden. Wenn sich das konnektive Zielsystem aus den niederen Vorgaben durch Selbstorganisation weiterentwickelt, so ist es auch evident, dass sich die Strategien der primitiven Triebe nicht unverändert auf hoher geistiger Ebene wiederfinden können. Wenn niedere animalische Reflexe auftauchen, dann nur, weil mit einem biologischen „Notfallprogramm" auf eine innere Matroschka-Ebene zurückgeschaltet worden ist, was zumeist auf humoralen Weg passiert. Für solche Fälle ist das Nervensystem an allen Enden biochemisch an die Kandare genommen.

---

264 Eine Moral aus Zwangsengrammen lässt sich leicht übergehen, eine natürliche aus tiefem Gemüt nicht.

Neben den unmittelbaren Aufgaben im Zielsystem des praktischen Lebens kommen dem konnektiven System des Menschen noch alle erdenklichen höheren Funktionen zu. Indem das Wissen dazu nur aus dem äußeren Umfeld bezogen werden kann, ist eine entsprechende Information auch in der Natur und ihrer Entwicklung anzunehmen. Da sich dieselbe aber bisher mit großer Beharrlichkeit allen Analysemethoden verweigert, kann es sich hierbei nicht um die logische Form der Information handeln. Es ist offensichtlich Beziehungswissen, welches auch die Evolution selbst begleitet, ihr vorsteht und in ihren Entwicklungsprozessen gewandelt wird. Das unerschließbare Mysterium der Evolution ist ein Geheimnis der Information, welches sich aufgrund seiner unerschöpflichen Größe und seiner unverständlichen Art der menschlichen Neugier wohl für immer verschließen wird. Unsere kargen Zugänge können nur aus Extrapolationen kybernetischer Zusammenhänge und philosophischen Spekulationen bestehen.

Zunächst ist anzunehmen, dass die geistige Information in der menschlichen Seele nur ein winziges Abbild der äußeren Vorgabe ist, welches aufgrund des möglichen Ausmaßes auch von extrem unterschiedlichem Umfang ausfallen dürfte. In jedem Falle aber ist die innere Vervollkommnung jedem System immanent und die Frage stellt sich, wodurch dieses Programm begünstigt und gefördert wird. Ob ein gemeingültiges Symmetriestreben dahinter steht, oder eine göttliche Idee die Zielstellung unterstützt, scheint nur von untergeordneter Bedeutung zu sein, da sich die Ergebnisse aus beiden Fällen nicht wesentlich unterscheiden. Jedenfalls macht die göttliche Harmonie das gleiche Gefäß des Geistes aus, wie das universelle Symmetriestreben des Universums, welches sich bis in das kleinste Kalkül als Prinzip der Energieminimierung bricht. Das Gefäß des Geistes wird von den Lebensumständen des Individuums geformt, woraus danach wieder die Empfänglichkeit für Beziehungswissen folgt und die Fähigkeit zur inneren Weiterentwicklung. Es versteht sich ganz von selbst, dass ein Eingebundensein in disharmonische Lebenswelten und extrem chaotische Zustände keine günstigen Bedingungen dafür darstellen. Aber auch die schrägen Verlockungen aller Art können das evolutionäre Programm stören und den Menschen auf einer Stufe niederer Geistesbildung zurücklassen.

Kommt der göttliche oder auch evolutionäre Mechanismus zum Tragen, so wird das Informationsprinzip auf eine immer höhere Stufe gehoben. Das kann nur eine Nachahmung dessen sein, was dem Universum von sich aus immanent ist. Die neu auf diesem Niveau gestellten Fragen können deshalb auch nur von den vorgegebenen Prinzipien geschaffen und gleichzeitig auch nur mit ihnen befasst sein.[265] Sie generieren so viel an Wahrheit, wie sie die Evolution selbst beschreiben können. Die Art der Verallgemeinerung als „letzte Wahrheit“ setzt deshalb eine starke Bindung an die Prinzipien der Evolution voraus, das heißt, die Information ist nur als Beziehungswissen und im Kontext einer ausbalancierten Entwicklungsreihenfolge von Wert. Konsequent durchgeführt treffen an dieser Stelle idealistische auf kybernetische Anschauungen, indem der konnektive Hintergrund erkannt wird.

Interessant ist es jedenfalls, dass sich das Ziel aller Entwicklungsstrategien nicht in prägnanter Form ausdrücken lässt. Das ist ein Hinweis darauf, dass in den letzten Geheimnissen der Welt keine logischen Werte von Bedeutung sind, sondern dass dieselben nur zu den ausführenden Werkzeugen gehören. Mit klar definierten Gesetzen und Theorien können deshalb nur Nonsensbeziehungen aufgestellt werden, oder nur solche, welche einzelne Gesichtspunkte auf niederen Ebenen beleuchten. So wie in der Religion zumindest versucht, können Sinn und Ziel, welche aus weiten Netzwerken von Beziehungen bestehen, nur in komplexen Formen, wie ganzen Geschichten und ausgedehnten Zusammenhängen dargestellt werden. Wie auch die Bildergeschichten auf den unterschiedlichen Niveaus entwickelt werden können, muss ihnen eines gemeinsam sein, das Streben nach Harmonie. Im Gegensatz zu den analytischen Wissenschaften muss die Wahrheit gewissermaßen vom Ende her entwickelt werden, dem ausbalancierten Zustand, der alle, auch die schwachen Randbedingungen der Evolution einschließt.

Es scheint Ansichtssache zu sein, ob sich im Universum aus einem schier unendlichen Reservoir von Information durch Symmetrierungsprozesse Ordnungssysteme geschaffen haben könnten, welche in ihrer weiteren Abfolge eine Evolution unterhalten, die sich selbst als Optimierungsstrategie darstellt. Jedenfalls ist die göttliche Idee nicht weit von dieser Anschauung entfernt, weil sie genau diesem Prinzip folgen muss, wenn sie das Bausteinsystem verwenden will, das der vorgefundenen Wirklichkeit entspricht. Aus reinem Zufall können sich Ordnungssysteme, welche sich wohlmöglich noch in dem gegebenen Umfang weiterentwickeln, nicht selbst bilden. Bei genauerer Betrachtung wird man auch bei den konventionellen Zufallssystemen der modernen Wissenschaften immer gewisse Randbedingungen bemerken, welche, um zu dem gewünschten Ergebnis zu führen, auch immer aufwendiger angestellt werden müssen. Am Ende würde man auch die komplette Evolution selbst als einziges Zufallsereignis auffassen können, wenn alle Randbedingungen außer Acht gelassen würden.

---

[265] Angesichts der unendlich vielen „außerirdischen“ Möglichkeiten, wie sie in den modernen Zukunftsvisionen beschworen werden, ist das eine wesentliche Einschränkung.

So wie sich im Kleinen Farbstofflösungen auf Fließpapier eine Zeit lang selbst organisieren und verblüffende Muster entwerfen können, so haben die logischen Systeme der höheren kybernetischen Ebene umso mehr die Möglichkeit, eigenständig aktiv zu werden. Indem sie insbesondere in die Zivilisation hineinwirken und selbstorganisierte Machtsysteme zu bilden verstehen, können sie die politischen Verhältnisse gehörig durcheinanderwirbeln. Nun sollte man annehmen, dass sich mit fortschreitender Entwicklung auch die intrinsischen Systeme einer gewissen Ordnung fügen, und das gesellschaftliche Chaos mit der Zeit verschwindet. Die Praxis zeigt aber, dass die Machtsysteme sich zwar weiterentwickeln, ihre Intelligenz aber nicht für die Allgemeinheit wirksam wird. Es wird nur der Rahmen größer, die Systeme umfangreicher. Indem sie dabei aber ihre Gebundenheit an den Einzelnen verlieren, werden auch ihre Strategien in der Gesellschaft eigenständig und geraten den Machern außer Kontrolle. Diese werden dann selbst in den chaotischen Prozess eingespannt, welcher nur noch dem Selbsterhalt des Systems dient.

Gegen die schrankenlose Variabilität der eigenständigen Logik steht der Evolution offensichtlich nur das konnektive Prinzip zur Verfügung. Soviel damit auch nur das Ganze zu koordinieren ist, müssen auch die autonomen Nachfolger strategisch berücksichtigt werden. Diese können in ihren eigenmächtigen Aktionen nur berücksichtigt werden, wenn damit auch das Ganze unterstützt wird. Es ist nicht selten, dass einzelne Menschen zu gewissen Handlungen ohne Beteiligung der bewussten Vernunft getrieben werden. Wenn das konnektive Prinzip auch in die Gesellschaft hineinwirken kann, so können auch reale Geschehnisse im moralischen und ästhetischen Sinne beeinflusst werden. Das heißt, es könnten heimlich ganze Lebensschicksale als Geschichten mit Vorbildwirkung geschrieben werden. Das ist kein Eingriff in die untere Prozessebene, sondern ein selbsttätiges Organisieren der Geschehnisse, so wie es durch weitsichtiges Austarieren auf der konnektiven Ebene erzeugt wird. Es ist das konnektive Ausführen einer göttlichen Instanz. Genauso wie die Machtsysteme die Bedingungen ihre Existenz zu unterstützen verstehen, umso mehr muss das der höheren Ebene möglich sein. Das wäre zumindest soweit denkbar, wie die dazu erforderliche Freiheit und Harmonie in der Gesellschaft gegeben ist. Menschen, welche durch funktionale Pflichten vereinnahmt sind, müssen auf das geistige Führungsprinzip verzichten, wie auch ganze Gesellschaften, so sie der Freiheit entbehren, die natürlichen Ordnungsprinzipien der Evolution verlassen müssen. Der Abwesenheit des Geistes bedarf es immer wieder der Macht, welche allein durch Chaos und Krieg die Geistesentwicklung zu verderben sucht. Mit den Folgen wird auch die Weltgemeinschaft in wachsendem

Maße beschäftigt sein werden, wenn die menschliche Seele weiterhin den logischen Aufklärern überlassen und zum Freiwild erklärt wird.

## *5.6 Informationsspeicher*

Wenn die Evolution als eine Sukzession folgerichtiger Schritte aufgefasst wird, so lässt sich ein Ziel extrapolieren, dem gleichermaßen auch ein Sinn unterstellt werden kann. Im Fluss der Wirklichkeit, das heißt der zeitlichen Veränderungen von Strukturen, denen wir einen Informationsinhalt zubilligen, findet sich eine Hierarchie der Zeitbeständigkeit, die genau diesen Sinn abbildet. Im Konkreten heißt das, dass eine Folge von Bedingung gegeben sein muss, welche die Prozesse der Wirklichkeit unterstützen. In der physikalischen Evolution sind diese Bedingungen durch die bis dato konstanten Inhalte des ganzen evolutionären Systems gegeben (*Abbildung 43 oben*). Diese werden sukzessive freigelegt, indem die Reste in den intrinsischen Prozess oder die Weite des Universums verschwinden. In der kybernetischen Evolution muss ein kybernetisches System die bis dato zeitbeständigen Inhalte durch die gespeicherten Bedingungen[266] ergänzen und danach den Prozess gestalten, der demnach ein vermittelter ist (*Abbildung unten*). Er ist umso nachhaltiger, je mehr zeitbeständiges Wissen dazu verwendet werden kann, das heißt je ausgeprägter die kybernetische Pyramide ausgebildet ist.

Was uns die kybernetische Evolution in dieser Frage vorführt, müssen wir auch in allen unseren technischen Steuerungen ausnutzen. Jede Führungsaufgabe benötigt für die kybernetische Einrichtung ein stabiles Muster, das ein bestimmtes evolutionäres Niveau vorstellt und das wir deshalb auch als Ziel definieren können. Das Informationsprinzip und die Zeitbeständigkeit dieses Musters sind Kriterien in der Führungshöhe der kybernetischen Pyramide. Dabei ist beides gleichzeitig zu beachten. Das Wissen einer riesigen

---

[266] Das in den konservativen Strukturen gespeicherte evolutionäre Wissen hat dabei die Organisationsform, die dem Entwicklungszustand der kybernetischen Pyramide entspricht.

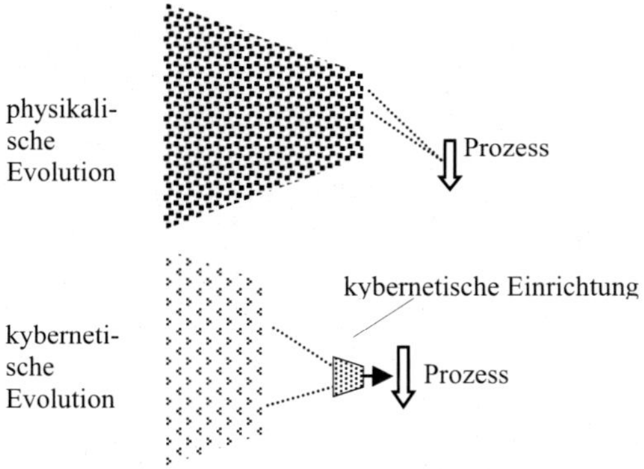


Abbildung 43: *Die Vorgaben des Strukturierungsprozesses*

Bibliothek etwa, welches auf die logische Symbolik der Sprache setzt, kann zwar eine hohe Zeitbeständigkeit erreichen, das logische Niveau aber nicht verlassen. Nur die konnektive Form des Beziehungswissens kann darüber zu stehen kommen, jedoch auch nur, wenn es die entsprechende Größe und Zeitbeständigkeit erlangt, was aber nur in natürlichen Systemen gegeben ist.

Auch in der technischen Informationsverarbeitung muss das Führungssystem je nach aktueller Aufgabe auf gespeicherte Daten zurückgreifen, die dem Vorgang ein Ziel geben, das heißt ihn in den Rahmen eines weiteren Sinns stellen. Die Daten sind selbst logische Symbole. Die Bibliotheksverwaltung ist ebenfalls logisch strukturiert, indem Verzeichnisse existieren, mit denen die Inhalte nach logischen Adressen sortiert sind. Die eigentliche Schwierigkeit ist es, die Inhalte nach einer gewissen Zusammengehörigkeit zu ordnen, um eine Wiederauffindbarkeit zu gewährleisten. Je genauer ich die Inhalte finden will, umso umfangreicher muss das Verzeichnis angelegt werden, was den strukturellen und zeitlichen Aufwand vergrößert. In den sogenannten Expertensystemen wird das Wissen derart zusammengestellt, dass es sich mit intelligenten Inferenzmethoden, das heißt also nach logischen Schlussfolgerungen, wieder abrufen lässt. Das hat den Vorteil, dass sich die Inhalte auch leichter in zweckmäßige Konstrukte zusammenstellen lassen.

Eine weiter logische Methode ist das assoziative Prinzip. Nach dem sind die Daten nach der Symbolik ihrer Inhalte geordnet und nach eben dieser wieder auffindbar. Eine Einlagerung nach zweck- oder gar sinnbezogenen Inhalten gelingt damit allerdings nicht. Dazu müssten konnektive Strategien einbezogen werden, welche gleichzeitig auch zusätzliche Vorteile entstehen ließen. So ließe sich etwa eine gewisse Unschärfe realisieren, wie auch sinnvolle Ergänzungen möglich wären. Allerdings können die Zuordnungen nur mit logischen Verfahren allein vorher festgelegt werden. Damit ist trotz des enormen Aufwandes eine gewisse willkürliche Sichtweise vorprogrammiert, es handelt sich also nicht um ein universelles Prinzip. Dieses kann es in Vollkommenheit nur geben, wenn der evolutionäre Standpunkt vorangestellt werden kann, nach dem alle selbstorganisierten Prozesse der Wirklichkeit ausgerichtet sind. Das heißt, die Speicher müssen sich in der Wertigkeit des natürlichen Sinns organisieren, genauso wie sich die Inhalte auf die mögliche Ordnung realer Gegebenheiten selbst reduzieren.

Nun hat die Evolution das logische Prinzip entwickelt, weshalb in der Natur auch logische Daten abgespeichert werden müssen. Bei der Organisation der natürlichen Speicher wird man die Bibliotheksverfahren jedoch nicht finden, weil sie für die Selbstorganisation viel zu aufwendig sind und außerdem nicht zielsicher und schnell genug. Wenn man den ganzen Bildungsschatz eines Menschen in einer riesigen Bibliothek speichern wollte, wären nicht die Daten die Schwierigkeit, sondern die Frage nach dem Ordnungsprinzip der Information. Ganz gleich, wofür man sich entscheiden wollte, es wäre ein enormer Zusatzaufwand erforderlich, aber kein noch so großer könnte garantieren, dass die zur Situation passenden Inhalte auch tatsächlich wieder gefunden werden, schnell genug bereitstehen und zu Lösungen führen, welche den Weg der Evolution nachhaltig unterstützen. Auch der assoziative Speicher ist kein allgemeines Prinzip, aufgrund des enormen Strukturierungsaufwandes dürfte er nur in ganz speziellen Anordnungen zu finden sein. Die Evolution hat an dieser Stelle keine Wahl, nur das konnektive Prinzip kann sich selbst organisieren und strukturieren und bietet zudem das gerichtete Gefüge, welches gewissermaßen die Entwicklungsnormen vorgibt. Das konnektive System ist weit mehr als nur Speicher, es beinhaltet alles, was zur Führung der Evolution im Großen, wie auch der autonomen Kybernetik im Kleinen notwendig ist.

Im theoretischen Modell wird dieses Prinzip durch Gewichtsfunktionen dargestellt. Die gespeicherten Inhalte besitzen eine Unzahl von schwachen Abbildungsfunktionen der Außenwelt, die alle gewichtet sind. Jeder äußere Zustand entspricht einem bestimmten Signalmuster. Mit einer komplexen Gewichtsfunktion kann nun darüber entschieden werden, ob eine bestimmte gespeicherte Struktur erreicht wird. Werden beispielsweise definierte Schwellwerte überschritten, kann der Informationsinhalt eines Bausteins freigegeben werden, wie in *Abbildung 44* dargestellt. Im Modell müssen

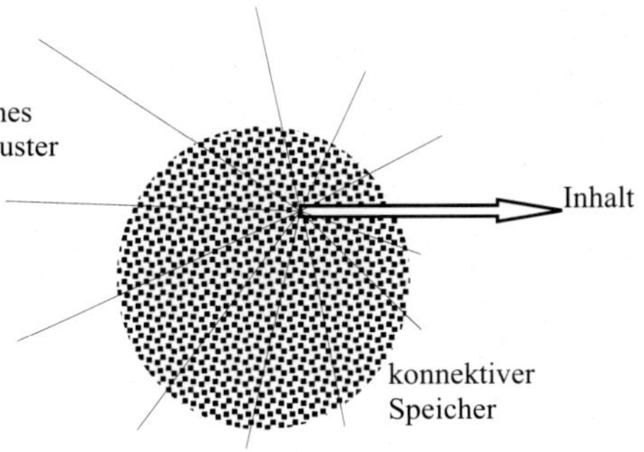


Abbildung 44*: Das Prinzip des konnektiven Speichers*

alle Speichereinheiten gleichzeitig angesteuert werden, ein Aufwand, der in der Natur durch Datenreduktion optimiert wird. Das geschieht durch vielschichtige Filter, welche die komplexe Wichtung der Eingangssignale in essenzielle Vorgaben besorgt. Es können auch gewisse Blickwinkel durch Ergänzung auf vorhandene Strukturen erzeugt werden. Auf diese Art kann die evolutionäre Intention abgebildet werden, und zwar in einer Vollkommenheit, wie es anderswie nicht möglich ist. Schließlich werden die Strukturen genau durch die Akkumulation von Bedingungen geschaffen, welche sich aus der äußeren Welt ableiten lassen und genau auch den Sinn der Wirklichkeit ausmachen. Die individuell und sukzessiv vor allem in der Kindheit gebaute Netzstruktur ist so vielschichtig, dass alle diese Aufgaben in selbstorganisierten Prozessen ablaufen können. Die konnektive Führungsstruktur ist damit nicht nach logischen Funktionalitäten konzipiert, sondern enthält gewissermaßen den Entwicklungsgedanken, der das harmonische Ordnungsprinzip aus der Balance des Einfachen heraus entwirft. Ohne diese Besonderheit entspräche das Speichermodell einem einfachen neuronalen Netz, in dem mit der Struktur der Wichtungen ein definierter Ort erreicht wird, womit man also komplexen Bildern konkrete Speicherinhalte zuordnen könnte.

In einer gewissen Vorform ist das konnektive Prinzip im Kernbereich der biologischen Zelle verwirklicht. Die Metastruktur des Zellkerns bildet ein Führungssystem, welches mit der Struktur und den Funktionsbausteinen der Zelle in umfassender Beziehung steht. Erfüllt der Zustand entsprechende gewichtete Bedingungen, so kann die Metastruktur einen Speicherort freigeben, welche die logische Codierung der erforderlichen Eiweiße enthält.

Die sich anschließenden biochemischen Vorgänge sind von logistischer Art, wobei auch ätiologische Informationswege benutzt werden. Dass sich die logischen Vorgänge erkenntnistheoretisch in den Vordergrund stellen, ist leicht zu verstehen, da sich die konnektiven Prinzipien in einer gewissen Kohärenz präsentieren, welche mit logischer Analytik nicht durchschaubar ist.

So wie nach diesem Modell grundsätzlich in der Natur verfahren wird, gibt es doch eine ganze Reihe von Besonderheiten zu berücksichtigen, wie auch Spezifizierungen in den höheren Formen. Zunächst existieren keine einheitlichen Speicherzellen, sie sind im Allgemeinen unterschiedlich nach den Erfordernissen strukturiert. Die im Zellkern noch fast punktuelle Ordnung wird im konnektiven System des Bewusstseins durch ganze Inferenzwege ersetzt. Ebenso werden die Speicherorte nicht mit allen Eingangssignalen verknüpft, es bilden sich mehrere Ebenen, welche gewissermaßen eine aktive Vorfilterung besorgen. Darüber hinaus verrät das dynamische Signalmuster an den Eingängen, dass bei der Decodierung des äußeren Zustandes auch Laufzeiten eine Rolle spielen. Könnte man das Signalspiel auch im Inneren weiter verfolgen, so käme man eher auf das Bild eines evolutionären Systems, als auf das geordnete Modell des neuronalen Netzwerkes. Auf der höheren Ebene werden Zyklen in absoluten Wegen durchlaufen, auf niederen Niveaus werden die Bahnen wiederholbar und vertreten die einfacheren Symmetrien der konservativen Funktionen. Das Abschlagen symmetrischer Komponenten aus einem quasikohärenten Geschehen ist uns aus den evolutionären Systemen bekannt, nur dass jetzt die Bewegungsorganisation in feste Strukturen gewandelt ist. Die Ähnlichkeit führt uns auf die evolutionäre Abkunft des konnektiven Systems. Von dieser Seite erhalten wir einen Zugang, der uns die Selbstorganisation und Multifunktionalität des neuronalen Speichers verstehen macht.

Der evolutionäre Sinn dieses Speichers ist es, die Sicht auf die Welt so zu spezifizieren, dass sich daraus die aktuellen Aufgaben ableiten lassen. Man könnte sich dieses Prinzip auch etwa so vorstellen, dass man auf eine Kinoleinwand die Wirklichkeit projiziert und dabei die Leinwand so zuschneidet, dass nur bestimmte Bilder dargestellt werden können. Nun wird von dem Zuschneider die höchste Weitsicht erwartet, weil er selbst vom Sinn des Geschehens geleitet sein muss und allemal die dazu unwichtigen Details ausblendet. Das heißt, das konnektive System muss den Sinn der Wirklichkeit erfahren und in einem eigenen Prozess nachbilden können. Erst damit kann die Wirklichkeit gefiltert werden und die unebenen Details in die Aufmerksamkeit geraten.

Wenn das konnektive System die Leinwand „zuschneiden" soll, so muss es mit der Wirklichkeit der Evolution mitlaufen, was nur möglich ist, wenn das Prinzip der Evolution erfasst und mit einem ähnlichen Prozess nachgestellt werden kann. Dass sich allein aus den Sinnesreizen, die vom Menschen von Beginn an aufgenommen werden, ein evolutionäres System entwickeln ließe, ist nicht anzunehmen. Es muss sich eine gewisse neuronale Strategie[267] vorgeformt haben, welche sich nur in diese Richtung vervollkommnen kann und sich die dazu notwendigen Nachrichten selbst besorgt. Die Informationsverarbeitung muss das Prinzip der äußeren Entwicklung auf hohem Niveau erfassen und mit den eigenen Mitteln auch weiterführen können.

Als allgemeine Inhalte des evolutionären Systems kommen wiederkehrende Muster ins Visier, wie auch solche mit großer Beständigkeit, die allesamt in ihrer zeitlichen oder räumlichen Symmetrie bewertet werden können. Auch die Wirklichkeit besteht aus einer Abfolge von bildartigen Zuständen, welche gewissen Ordnungsprinzipien gehorchen. Sich dahinein zu finden und die Ordnung wohlmöglich zu vervollständigen, ist die evolutionäre Bestimmung des Menschen. Die Zivilisation ist dabei das Ordnungssystem, welches diese Aufgabe nach außen abbildet, die Vorgaben konzentriert und über die Zeiten bewahrt. Die Zivilisation muss die Entwicklungsvorgaben vorhalten, welche das Menschengeschlecht in den optimalen Zustand führt, für den alle bisher geschaffenen Ressourcen bereitstehen. Ohne das ständig ausgeglichene Wachstum im Ganzen wird das System schieflastig und ist dem Verfall preisgegeben, auch wenn noch so intelligente Stützen bereitgestellt werden. Wie in der Evolution muss auch beim Werden der Zivilisation die konnektive Balance vorgehalten werden, welche allein ein vollkommenes Ganzes entwickeln kann, das bis in die kleinste Funktion im Zusammenhalt steht. Erst danach folgen die Strukturen der kybernetischen Pyramide, welche den Aufbau der Details aus dem symmetrischen Kern zu organisieren hat.

Als ein Spiegelbild dieser natürlichen Vorgänge erweist sich das menschliche Bewusstsein, das sich in der gleichen Reihenfolge entwickelt und im unbewussten Hintergrund mit den konnektiven Inhalten der Zivilisation verbunden bleibt. So versteht es sich, dass die Zivilisation nicht ohne den Geist des Menschen zustande kommen kann, wie auch die Bedingungen der Geistesentwicklung in Moral und Gesetz bewahrt werden müssen. Letztere

---

[267] Diese Struktur wird zwar in der Phylogenese mit den Informationen aus den ökologischen Vorgaben geschaffen, muss dabei aber das der Evolution innewohnende eigengesetzliche Harmoniestreben abbilden.

gilt es Stück für Stück aufzumauern, wobei der Zement die geistlosen Zeiten zu überstehen hat. Die Ordnungsprinzipien der Natur wären damit überfordert, sie bilden erst in ihrer Abfolge die Informationsquelle und den Grund, auf dem die Bauwerke gesetzt werden können. Die besondere Aufmerksamkeit muss deshalb auch der historischen Folge der gesellschaftlichen Bilder gelten, weil sie allein die selbstorganisierten Bauvorschriften für den inneren Beziehungskosmos abgeben können und von anderswoher nie wieder zu besorgen sind. Die Beschäftigung mit der Tradition und der Geschichte ist eine wesentliche Voraussetzung der Zivilisation. Es gilt, in der Interpretation der Wege eine verbindliche Wahrheit zu definieren. Wäre eine objektive Betrachtung möglich, wären damit die Perspektiven umschrieben, die genau unserer Schöpfungslösung entsprächen. Unsere Welt ist ein Raum eingeschränkter Möglichkeiten. Die gilt es gewissenhaft auszuloten, wobei uns mit den geistigen Anlagen auch die Mittel dazu gegeben sind. Mit ihnen finden wir die Ziele, welche den Entwicklungsweg in Harmonie und Nachhaltigkeit fortzusetzen vermögen, ohne dass die Fehler wiederholt werden müssen.

In den anstehenden Aufgaben der Zivilisation legt die geistige Entwicklung das Niveau vor und die Ressourcen den Umfang. Dazu gehört der Verstand, welcher mit logischer Intelligenz die geistigen Ziele in die Wirklichkeit zu vermitteln hat. Die Zivilisation baut in ihrer Entwicklung gewissermaßen eine „zweite Natur", indem die ursprünglichen Bedingungen in einer aufbauenden und sinnvollen Struktur konzentriert werden. Die Information muss wie die des Lebens selbst weitergetragen werden, wobei nach konnektiven Ordnungsprinzipien zu verfahren ist. Das ist die ausbalancierte Art für ein Bauwerk, welches sich nur in einem ständigen Gleichgewicht vom Einfachen zum Ganzen strukturieren lässt. Ein noch so intelligentes Konstrukt nach logischer Sukzession wäre an dieser Stelle völlig wirkungslos und könnte eine zivile Ordnung niemals auf die Beine stellen.

Würden uns die geschichtliche Herkunft und die gemeinen Kulturwerte in ihrer geistigen Vielfalt plötzlich abgeschnitten werden und ihre Information vollkommen verloren gehen, müsste das entstehende logistische Chaos die Zivilisation schnell wieder auf ihren Ausgangspunkt zurücksetzen. Ohne den selbstorganisierten Aufbau konnektiver Strukturen wäre die Ordnung, welcher jede menschliche Zivilisation bedarf, nicht wieder in die Welt zu bringen. So einfach und naiv die notwendigen Fundamente auch sein mögen und dem analytischen Verstand wohlmöglich trivial und kitschig vorkommen, sind sie doch für Beziehungskosmos des Geistes unverzichtbar. Wie wir auch die Arbeit- und Denkweisen unsrer Altvorderen verspotten, tragen wir deren Entwicklungslinie in uns und wären ohne sie auf niederen Stufen liegen geblieben. Es wäre uns auch das erkennende Bewusstsein mit den Phänomenen der Liebe und des Glücks nicht zugekommen. Ein elitäres logikbasiertes Exzellenzprinzip hätte im Höchstfall einen Funktionalorganismus hervorbringen können, der in einem konservativen Automatismus vielschichtiger Zwecke eingebunden ist. Dazu könnten auch die modernen Technologien gehören, deren Ziele, so intelligent sie auch sein mögen, die Sinnebene nicht erreichen.

So wichtig wir die Exzellenzcluster der englischsprachigen Eliteuniversitäten auch nehmen, für den Erhalt der Zivilisation ist nur das von Bedeutung, was sie nicht unter ihre Fittiche bekommen, nämlich den Beziehungskosmos der natürlichen Bedingungen, welche sich nur ohne logische Bildung erhalten, dafür aber mit der Geistesbildung wachsen können. Diese wird im modernen Bildungswahn mit wachsenden Investitionen verdrängt, weshalb auch die Grenze leicht überschritten werden kann, indem zu viel elitäre Intelligenz den naiven Kern der Geistesentwicklung vergessen macht. Es ist deshalb notwendig, dass die Zivilisation auch Strategien bewahrt, mit denen der erwachende Verstand die Rahmenbedingungen zu erforschen sucht, welche aller Entwicklung voranstehen. Es ist das in Kulturgut und Religion gespeicherte Wissen, welches sich schöpferisch immer weiter vervollkommnen lässt und der harmonischen Entwicklung der Zivilisation voransteht. Ohne dem Sinn in bewusster Erkenntnis näherzukommen, ist jeder Fortschritt nur eine Perfektionierung des logistischen Chaos und des exzellenten Nonsens. Die Vorreiterrolle des konnektiven Prinzips lässt sich aus der Wirklichkeit der Evolution nicht herausdividieren, soviel Intelligenz auch aufgewandt wird. Die evolutionären Prinzipien sind durchgehend konsistent und sinnvoll, was nicht nur die materiellen Strukturen und die energetische Physik betrifft, sondern auch die zweckbezogene Anwendung von Information auf allen Ebenen.

Es ließe sich deshalb auch das „Betriebssystem“ des menschlichen Geistes nicht auf einen Speicherstick kopieren und weiterreichen. Die Physis des menschlichen Speichermediums ist so sehr mit der inneren Lebenswelt, den äußeren Umständen und dem selbstorganisierten Gang der Entwicklung verknüpft, dass sich danach niemals ein logisches Konstrukt bauen ließe. Die Inhalte formen den Speicher und werden von deren evolutionärer Entwicklungsart auch selbst verändert. Speicherung und die ständige Vervollkommnung der Führungsvorgaben sind nicht voneinander zu trennen. Sie bleiben ein Abbild der evolutionären Entwicklung. Diese kann genauso wie jene nur in Harmonie geschehen, weil deren Vorgaben nur in ausbalancierten Beziehungen gemacht werden können.

Die Zusammenhänge können auch nicht in einer logischen „Aufklärung“ realisiert, sondern nur mit dem Gefühl geistiger Vervollkommnung, gewissermaßen mit dem Herzen, welches dem konnektiven System organisch am nächsten steht. Allerdings ist eine solche undeutliche Erkenntnis ein schwaches Prinzip, welches in der Geschichte zwar viel bewirkt hat, aber immer wieder von der kraftvollen Logik verdrängt wurde. Der entspricht die Ansammlung von Energie, und vollendet sich im Streben nach Macht, welche ihrerseits die Entwicklung der Zivilisation in eine Schieflage bringt. Die Energie der Macht konzentriert sich auf einen Punkt und kann nur ohne konnektive Führung, das heißt ohne den ganzen Sinn existieren. Sie bedarf der einfachen Logik, in der sie auch die Rangfolge nach der eigenen Größe definieren kann. In der Geschichte der Menschheit ist es immer wieder das Machtstreben, welches die Balance stört und die Entwicklung beendet. Das historische Instrument der Zivilisation war der Krieg, die Macht einzuschränken und das für die Entwicklung erforderliche Gleichgewicht wiederherzustellen. Interessanterweise sind die wichtigsten Mittel der Macht die Zerstörung und die Uniformierung, also selbst nur Methoden, welche jeder Entwicklung entgegenstehen und sich damit selbst aus der Geschichte herauskatapultieren. Aber auch das Machtprinzip ist der Veränderung unterworfen, indem es den evolutionären Neuerungen auf dem Fuß folgt. So bemerkt man, wie die alten Manöver der Macht immer mehr durch weniger offensichtliche ersetzt werden, welche umso effektiver sind, je weniger sie das öffentliche Interesse erreichen. Die Macht folgt damit gewissermaßen dem Fortschritt in seinen Methoden, indem die Führung mehr und mehr in den unbewussten Hintergrund gelegt wird. So sieht man, wie die eigentlichen Interessen der Machtsysteme an den politischen Einrichtungen der Demokratie vorbei lanciert werden, welche sich deshalb auch selbst immer weiter zu entwickeln haben. Genauso zeigt sich der Weg der Entwicklung von den energieaufwendigen Methoden zu den höher organisierten, welche nur noch mit Information geführt werden. Es kommt deshalb auch der Sprache als erstem Informationssystem eine bedeutende Rolle zu. Die Macht muss die ihr dienliche Sprache an allen Orten so raffiniert installieren, dass weder die Öffentlichkeit noch irgendeine demokratische Institution die Absicht bemerkt und wohlmöglich aktiv wird. Es wird immer mehr zur Aufgabe intelligenter Eliten, die Gesellschaft in eine vermeintlich perfekte Ordnung zu führen, wozu ihnen nur die verkürzten Methoden der Logik zur Verfügung stehen, welche ihrerseits auch nur eine Rangordnung begründen können. Es gilt dabei die Informationsströme so zu leiten, dass sie nach Belieben inhibiert, verstärkt oder verändert werden können. Dem Machtsystem muss es insbesondere darauf ankommen, die eigenständigen Beziehungen zu kappen, welche die Evolution dem unverdorbenen Menschen ins Herz gelegt hat. Es ist die konnektive Art, die allein mit dem Wissen umgehen kann, welches die harmonische Ordnung auf natürliche Art schafft und dabei ohne Gewalt und Macht auskommen kann.

Diese mehr geistige Art hat sich vielfältig in der Kulturgeschichte manifestiert, wobei sie nicht aus dem Museum heraus, sondern nur in einer gelebten Art wirksam werden kann. Sie bildet gewissermaßen einen dynamischen Informationsspeicher, der sich in einer großen Informationsmenge hält, ohne dass er einer besonderen Fürsorge bedarf. Das Wissen ist logisch nicht zugänglich, weshalb es sich auch jederzeit der Vereinnahmung widersetzt. Es wird von Generation zu Generation weitergegeben, wobei es sich auch zwischen den Generationen vernetzt und deshalb keinen schroffen Übergang kennt. Es versteckt sich im Gemeingut eines Landstrichs, wo es durch Traditionspflege gestärkt und mit naiver Liebe zur Heimat entwickelt wird. Die außerhalb der genetischen Anlagen weitergegebene Information ist durch das konnektive Speicherprinzip robust und hat über Jahrtausende das Prinzip der Zivilisation erhalten. Im Intrigenhandbuch der Macht dürfte sich aber bald ein modernes Toxikum einfinden: das multikulturelle Chaos.

## 5.7 Kommunikationsebenen

Die ersten Strukturen im Kosmos sind fensterlose Gebilde, die nicht miteinander kommunizieren und keine diesbezüglichen Einrichtungen besitzen. Ihre physikalischen Wechselwirkungen werden in ihrer starken Form von den inneren Organisationsprinzipien selbst besorgt, oder aber in der schwächeren über die Spuren, die ihre Existenz im Äther hinterlassen. Das sind solche Kräfte, welche sich mit der Oberfläche einer Kugel verdünnen, das heißt mit $1/r^2$ abnehmen.

Die intrinsischen Prozesse müssen als absolut exakt verstanden werden, und zwar in räumlicher wie in zeitlicher Auffassung. In physikalischer Ansicht korreliert das mit einer enorm großen Bindungsenergie und einer hohen Symmetrie. Die Prozesse werden aus einem kohärenten Plasma als wiederkehrende Organisationen ausgeschieden und werden nicht reproduziert im kybernetischen Sinne. Letzteres tritt erst mit den katalytischen Substanzen in Erscheinung, weshalb man den chemischen Strukturen einen kybernetisch wirksamen Informationsinhalt zusprechen muss. Der sich daraus in den Lebensformen entwickelnde Informationsaustausch zeigt die beiden grundsätzlichen Formen, wie wir sie in allen kybernetischen Systemen zu unterscheiden haben. Dabei gewinnt der Unterschied im Verlauf der Evolution an Deutlichkeit. Zum einen ist es die Information, die den Zweck der Einrichtung oder ihren Sinn bestimmt und deshalb mehr von räumlicher, das heißt morphologischer Art ist. Diese Form ist sehr langfristig angelegt und bedarf evolutionärer Zeiträume, wie auch weiten ökologischen Wissens. Sie ist von absolutem Inhalt. Am kohärenten Startpunkt der Evolution ist sie nicht von der anderen zu unterscheiden, die mehr die zeitliche Form betrifft und sich später auf den logischen Informationsaustausch innerhalb der festen Strukturen bezieht. Diese entsteht aus der exakten Form intrinsischer Prozesse, welche sich aber im Verlauf der Höherentwicklung verlieren. Anstelle der Genauigkeit kommt dann der Organisationsumfang zu stehen, statt physikalischer Bindungskraft die autonome kybernetische Organisation. Beides besorgt letztlich die Beständigkeit der Systeme.

Im autonomen System des menschlichen Bewusstseins finden sich die beiden Kommunikationsebenen in voll entfalteter Form wieder. Zum einen muss das höhere Ziel in die Systemstrategie eingebunden werden, zum anderen muss der Prozess mit der Umwelt direkt geführt werden, der dazu prozessrelevante Daten aus dem Eingriff beziehen muss. Für die erstere Aufgabe muss die zentrale Führung dem Ziel der äußeren Bedingungen Information entnehmen können, das heißt, sie muss ein Korrelat des „äußeren Sinns" erfassen und auf systeminterne Ziele zuaddieren können. Dazu bedarf es eines konnektiven Informationssystems, das diese komplexe Form der Information aufnehmen und verarbeiten kann. Für die höhere Ebene des Informationsaustausches sind nur die Relationen in der Umgebung wichtig, wogegen die Zeit nicht maßgebend ist, weshalb selbst auch der Energieaufwand für die Informationsübertragung kleiner ausfallen kann. Es ist die holistische Perspektive, welche ikonische Information vermittelt und immer unbewusst bleibt, weswegen sie auch in der Wissenschaft ein Schattendasein führt. Ungleich schneller und sicherer muss die prozessrelevante Information übermittelt werden, weil im Prozess selbst auch höhere Energiebeträge zum Einsatz kommen. Das exakte Zeitregime ist selbst nur mit höherem Kraftaufwand möglich, wessenthalben auch die Steuerung auf einen schmalen Bereich beschränkt ist und die Aufmerksamkeit auf ein kleines Fenster in die Wirklichkeit reduziert werden muss.[268] Die beiden notwendigen Kommunikationsbeziehungen nach außen stellen auch gleichzeitig die Extreme der verwendbaren Informationsarten und ihrer Verarbeitungsmethoden dar. Offensichtlich demonstrieren sie den Gipfelpunkt der Entwicklung, bei dem all die niederen Zwischenformen ausgenutzt und übergangen werden. Die im System in kybernetischer Hinsicht höchste mögliche Form ist der Führungsebene vorbehalten, ebenso ist die unmittel-

---

[268] Der Unterschied spielt selbst in den Nervenfasern eine Rolle, welche, der Geschwindigkeit und dem Energieverbrauch angepasst, von unterschiedlicher Form sind.

bare Prozessführung auf die geringste Informationsbreite abgestimmt, die den Prozess gerade noch lenken kann. Nur in der inneren Organisation der Systeme wird man die Information auf all den Zwischenstufen finden, welche für die optimale Lösung der jeweiligen kybernetischen Aufgabe erforderlich sind.

Das schmale reaktive Fenster des Bewusstseins bestimmt auch die Kommunikationssysteme der evolutionär letzten Stufe, der Zivilisation, und gibt ihnen eine ganz besondere Prägung. Durch die Begrenzung ist die Sprache ein typisch logisches System, mit dem die Kommunikation auf kleine symbolisierbare Ausschnitte der Wirklichkeit reduziert ist. Das steht im Widerspruch zur inneren Vervollkommnung des äußeren Sinns, der nicht in diese kleinen Münzen gewechselt werden kann. Die Transzendenz des Geistes ist damit vorprogrammiert und die menschliche Seele kann dessen Weisheit nur mit jener inneren Wallung bezeugen, welche von jeder noch so gebildeten Vernunft unverstanden bleibt. Die ganze Geistesgeschichte ist eine Geschichte dieses Widerspruchs, der sich bis in die kulturelle Divergenz der Weltanschauungen ausgewachsen hat.

Alle Gedanken kommen mit der Sprache, wie auch alle Sprache von den Gedanken gebildet wird. Es verwundert nicht, dass manch unverhofft günstige Sprachentwicklung auch einen Lichtstrahl in die dunklen Kammern des evolutionären Sinns fallen ließ. Nur sind die metaphysischen Passagen der Sprachentwicklung relativ kurz, weshalb der Verdacht entstehen könnte, dass die Evolution gar nicht die Bedingungen bereithält, welche für die Herausbildung einer geistvollen Sprache erforderlich sind. Schließlich muss auch die Kybernetik darauf aus sein, die konnektive Führung vor bewusster Einsicht zu verbergen, was mit einer flachen Allerweltssprache viel besser gelingen kann. Die Frage stellt sich deshalb, ob der Mensch mit einer kleinkarierten Sprache bewusst in Geistlosigkeit gehalten werden muss, um den evolutionären Forderungen bedingungslos folgen zu können. Auf der anderen Seite scheint sich die blinde Gefolgschaft auch leicht in Irrwege zu verlieren, weshalb schon frühzeitig ein religiöses Bestreben aufkam, welches den Sinn der Wirklichkeit zu hinterfragen suchte. Dass dies nur mit anderen Mitteln gelingen könnte, als mit der fokussierten Logik einfacher Vorgänge, war eine erstaunliche Einsicht. Sie hat sich in der Geschichte der menschlichen Zivilisation nie verloren, sondern mit einer gewissen Leichtfüßigkeit bewahrt und hin und wieder sogar weiterentwickelt. Die religiöse Anschauung hat denn auch geholfen, die Ordnungsprinzipien der Evolution in die Zivilisation zu tragen, was allerdings im Nachhinein je nach Standpunkt sehr unterschiedlich bewertet wird. Selbst der religiös definierte Begriff des Bösen bezieht sich auf die Disharmonie, welche durch nicht ausbalancierte Bedingungen zustande kommt und die natürliche Evolution verhindert. Offensichtlich gibt es unendlich viele Wege, die evolutionäre Intention zu verlassen, einige scheinen dem Menschen aber besonders verführerisch zu sein. Dafür sind die Symbolik der Unterwelt und eine ganze diabolische Subkultur geschaffen worden.

Die Schwierigkeiten, welche die konnektiven Prinzipien des Geistes in der Gesellschaft haben, sind dem schmalen Pfad verschuldet, den die Kybernetik auf den letzten Stufen der Evolution zulässt. Die Hinlenkung auf die Bedingungen der Entwicklung wird durch die Form des Bewusstseins organisiert. Das bedeutet, dass auch der geistige Hintergrund der menschlichen Zivilisation unbewusst organisiert werden muss, was andererseits auch wieder nur über die Vermittlung des logischen Verstandes geschehen kann und demzufolge nicht die Vollkommenheit erreicht, welche das evolutionäre Prinzip vorgibt.[269] Es ist gewissermaßen das letzte Wegstück zum Paradies, das der Zivilisation auf dieser Art verschlossen bleibt, wenn nicht das Informationssystem der Sprache zu solchen metaphysischen Dispositionen ermächtigt wird, welche zwar den Hintergrund erahnen lassen, ihn aber nicht der harten Logik des Verstandes aussetzen müssen. Es ist der aus der Vernunft geborene Widerspruch von Glauben und Wissen, der sich je nach geistiger Bildung, dem bewussten Denken und Handeln in den Weg stellt. Aber selbst wenn es der Allgemeinheit gelingen sollte, das unerreichbare Wesen des Geistes auf religiöse Art zu erkennen, muss sich die Zivilisation noch gegen Dutzende anderer Abartigkeiten zur Wehr setzen, welche die geistige Führung zu vernichten suchen. So könnte etwa auch jedes Durcheinender eigenständiger Funktionen, welche nicht in ein gemeinsames Ordnungsprinzip gebracht werden können, zum Risiko der Zivilisation werden.

Indem der Mensch die Funktionen und Prozesse der natürlichen Evolution immer besser nachgestalten kann, wird er auch versucht, die gegebenen Bausteine so zusammenzustellen, dass sie wenigstens einen vordergründigen Zweck erfüllen. Die evolutionären Prinzipien der Selbstorganisation und der Nachhaltigkeit müssen ihm aber dabei entgehen. Die kurzfristigen Erfolge zeigen erst im Nachhinein ihre Defizite und die Folgen, welche in logischer Sicht nicht vorhersagbar waren. So wie das Zusammenspiel der Prozesse in der Natur durch gewisse Bedingungen erst ermöglicht wird, können auch die Vorgänge der Zivilisation nicht ohne das feine Netzwerk

[269] Das konnektive Führungsprinzip ist in der Zivilisation nicht anders als über die geistige Instanz des Menschen aufzubauen und zu erhalten, welche ihrerseits durch den unerreichbaren selbstorganisierten Hintergrund des Bewusstseins entfaltet wird.

auskommen. Der Unterschied ist nur, dass hierbei der Mensch selbst, oder genauer seine geistige Kompetenz, die Vermittlerrolle übernehmen muss.

Wie dramatisch sich die Logik geistloser Funktionalitäten in der Gesellschaft auswirken kann, haben nicht zuletzt die Weltkriege gezeigt. Die Ursache der gesellschaftlichen Katastrophen wie Krieg, Unterdrückung oder der moderneren Vereinnahmung, ist die Missachtung der weiten, ganzheitlichen Bedingungen, welche jeder Entwicklung voranstehen müssen. Leicht zu erkennen ist dieses Phänomen an den Machtstrukturen, welche bei dieser Gelegenheit in Erscheinung treten. Sie entstehen offensichtlich aus dem Bedürfnis, die unerreichbare Führung durch das kausale Ordnungssystem einer Hierarchie zu füllen. Da solcherart Systeme aber nicht in die Harmonie der konnektiven Vorgaben konvergieren können, provozieren sie selbst nur wieder neue Machtstrukturen, die miteinander nur auf logisch rationaler Ebene kommunizieren können. Die Spielregel der Mächte ist die Demokratie, welche in ihrer freien und nichtkorrupten Form wenigstens noch eine Bedingung der Geistesentwicklung unterstützt, nämlich die Balance der Vielfalt. Aber selbst diese kann nicht einer freizügigen Beliebigkeit unterliegen. Auch die Vielfalt muss die Bedingungen erfüllen, die das evolutionäre Potenzial eines Kulturkreises nötig hat. Nicht der Mischmasch von Halbfertigem, sondern entwickelte und evolutionär spezialisierte Kulturkreise können am Ende auch eine kreative Gemeinschaft bilden, welche sich harmonisch in die Weltgemeinschaft einfügen lässt.

Als rein logisches Gesetz kann aber auch die hoch entwickelte Demokratie die konnektiven Vorgaben des Geistes nicht ganz ersetzen. Diese Aufgabe hat lange Zeit die Religion erfüllt, heute wird sie vom rationalen Funktionalismus ins Abseits gedrängt. Was bleibt, sind die natürlichen Geistesanlagen, die jedem Menschen in die Wiege gelegt sind. Nur haben die Seziermesser der Analytiker längst auch deren Funktionsprinzipien auseinandergenommen, weshalb auch die Zukunft des Geistes ganz ungewiss bleibt. Aber selbst wenn die „Lobbykratie“ der Macht die Geheimniskrämerei des Unbewussten nachzuahmen und für eigene Zwecke zu nutzen sucht, kann sie doch die logische Ebene nicht verlassen und ist dem konnektiven Prinzip des Geistes für ewig unterlegen.

Aus dieser Sicht ist es zu verstehen, dass die modernen Lobbys und geheimen Privatklubs die Geisteskultur in ihrer breiten Vielfalt unterwandern müssen, wenn sie einen Machtanteil an der Welt gewinnen wollen. Sie müssen die freie Balance der universalen Kräfte aushebeln und durch die logische Kausalität einer Rangfolge ersetzen. Statt konnektive Ordnung, die durch den menschlichen Geist in die Zivilisation gebracht wird, steht das zufällige Sammelsurium von Geschehnissen, welches nur durch den logischen Verstand in eine Reihenfolge zu bringen ist. Das kann dann auch leicht eine Rangfolge sein, die in der politischen Kultur nicht aus dem Rahmen fällt und gewissen weit gefassten demokratischen Auffassungen nicht widerspricht. Ob aktiv gesteuert, oder unbewusst gelenkt, jedenfalls steht die Möglichkeit offen, die geistige Fähigkeit des Menschen außer Kraft zu setzen und in die konnektiven Prinzipien harmonischer Beziehungen einzudringen. Der erste Schritt ist es, die Kommunikation auf eine stupide Logik zu reduzieren, in der auch die Abhängigkeitsverhältnisse der Hierarchie am besten darzustellen sind. Der frei vernetzte und universale Informationsfluss, welcher die geistige Entwicklung befördert, muss auf die lineare Kausalität der vorgegebenen Ziele reduziert werden. Das heißt, die gewissenhafte Sprache des Geistes muss durch eine oberflächliche ersetzt werden, welche die sensiblen Beziehungen des Sinns nicht mehr zulässt. In diese Richtung führt eine von allen kulturellen Zusammenhängen befreite lingua franka, welche alle Vorstellung auf die lineare Abbildung der Wirklichkeit reduziert. Damit wird letztlich auch die Autonomie des Einzelnen vermindert, der sich dann nicht mehr als Souverän in die weiten Beziehungen des Sinns einbringen kann und automatisch in die nächstliegende Steuerbarkeit dubioser Mächte fallen muss.

Genauso ist der geistigen Struktur des Edelmütigen und Schönen der Kampf angesagt, weil sie die Bedingungen konzentriert, in der eine harmonische Selbstentwicklung vonstattengehen kann. In kybernetischer Sicht ist sie eine Zielvorgabe, die ein ganzheitliches Konzept beinhaltet und jede einseitige Ausrichtung durch Machtstrategien verhindern sollte. Letztere muss deshalb darauf aus sein, das Schöne durch die logischen Variationen der rationalen Funktionen zu ersetzen. Am Ende verrät uns der Nonsens die Abkehr von der natürlichen Balance, welche in der Zivilisation nur durch das geistige Prinzip vertreten wird. Dieses allein hat auch nur die Formen von Ganzheit und Weite schaffen können, welche heute nicht mehr verstanden werden und deshalb in kleine Installationen zerstückelt und verfremdet werden müssen, gewissermaßen in die Verdaulichkeit kurzsichtiger Logik.

Was uns aber bleibt, sind die ehernen Zeugnisse früherer Geisteskultur, welche als Kristallisationskeime immer wieder zu neuem Ansatz verhelfen können. Unabhängig *„von der Verderbnis der Geschlechter und Zeiten“* will Friedrich Schiller das Wesen der Schönheit bewahrt wissen: *„Seinen Stoff kann die Laune entehren, wie sie ihn geadelt hat, aber die keusche Form ist ihrem Wechsel entzogen. Der Römer des ersten Jahrhunderts hatte längst schon die Knie vor seinen Kaisern gebeugt, als die Bildsäulen noch aufrecht standen, die Tempel blieben dem Auge heilig, als die Götter längst zum Gelächter dienten, und die Schandtaten eines Nero und Kommodus be-*

*schämte der edle Stil des Gebäudes, das seine Hülle dazu gab. Die Menschheit hat ihre Würde verloren, aber die Kunst hat sie gerettet und aufbewahrt in bedeutenden Steinen; die Wahrheit lebt in der Täuschung fort, und aus dem Nachbilde wird das Urbild wiederhergestellt werden.*"[270] Was wäre die Welt, wenn sie auf die nachgelassenen Werke des Geistes und der schönen Künste verzichten müsste. So wir uns von ihnen angezogen fühlen, ahnen wir doch nicht, dass ihre Muster die Vorgaben sind, aus welchen sich alle vorteilhaften Formen und Geschehnisse ableiten lassen. Auf die Kommunikation mit den schönen Künsten zu bauen, heißt Sinn und Ziel zu entwickeln, die allein auch die ethischen Prinzipien hervorbringen können. Es sind Strukturen von geheimnisvoller Poesie, welche immer wieder die Fundamente der paradiesischen Ordnung bilden, für die die Evolution alles bereitgestellt hat. Schon in den kulturellen Werten des Volksgutes hat sich gesammelt, was der geistigen Entwicklung zur Richtschnur werden könnte. So gewöhnlich, wie es daher kommt und so verpönt es dem rationalen Intellekt ist, umso näher ist es gleichsam am urgründlichen Sinn der Wirklichkeit. Nur das Gefühl vermag an dieser Stelle die Grenzen der rationalen Logik zu überspringen und in die Gefilde des Sinns vorzudringen. Wir müssen das Schöne als das kybernetische Prinzip erkennen, welches die Vollendung der konnektiven Führung betreibt und den Weg in eine harmonische und nachhaltige Entwicklung auf höchster Ebene vorgibt. Das Schöne ist sozusagen die Verlockung der Evolution, sie zieht uns in die paradiesische Ordnung, für die alles Material bereitsteht.

Aber so wie sich die Kunst selbst jeder Rationalität verweigert, bringt auch das rationale Wesen menschlicher Macht die schönen Künste um ihre ethische Wirkung. Die beiden Systeme basieren allemal auf ganz unterschiedlichen Informationsprinzipien und deren eigenständigen Sichtweisen. Selbst der Begriff der Freiheit hat in der kausalen Welt der Logik eine andere Bedeutung, als in der konnektiven des Geistes. Angesichts der Französischen Revolution versucht Friedrich Schiller die gemein rationale Sicht auf die Freiheit zu relativieren, wenn er schreibt: „*Die Römer, wissen wir, mußten erst in den bürgerlichen Kriegen ihre Kraft erschöpfen, und durch morgenländische Üppigkeit entmannt, unter das Joch eines glücklichen Dynasten sich beugen, ehe wir die griechische Kunst über die Rigidität ihres Charakters triumphieren sehen. Auch den Arabern ging die Morgenröte der Kultur nicht eher auf, als bis die Energie ihres kriegerischen Geistes unter dem Szepter der Abbaßiden erschlafft war. In dem neuern Italien zeigte sich*

270 Friedrich Schiller: Über die ästhetische Erziehung des Menschen in einer Reihe von Briefen. Neunter Brief. In [8] Seite 584

*die schöne Kunst nicht eher, als nachdem der herrliche Bund der Lombarden zerrissen war, Florenz sich den Medicäern unterworfen, und der Geist der Unabhängigkeit in allen jenen mutvollen Städten einer unrühmlichen Ergebung Platz gemacht hatte. Es ist beinahe überflüssig, noch an das Beispiel der neuern Nationen zu erinnern, deren Verfeinerung in demselben Verhältnisse zunahm, als ihre Selbstständigkeit endigte. Wohin wir immer in der vergangenen Welt unsre Augen richten, da finden wir, daß Geschmack und Freiheit einander fliehen und daß die Schönheit nur auf den Untergang heroischer Tugenden ihre Herrschaft gründet.“*[271] Die Ratio der Freiheit kann, wenn sie als heroisches Machtstreben auftritt, leicht der Ästhetik entbehren. Nur der Weg über die Schönheit führt in ein Freiheitsideal, das von keiner Machtgier verfälscht werden muss. Die politischen Auseinandersetzungen um Freiheit und Gerechtigkeit hat auch Heinrich Heine nicht zu entwirren vermocht, wenn er auf der einen Seite das Freiheitsverlangen der unteren Schichten unterstützt, auf der anderen Seite auch damit eine Zeit heraufbeschwört, in der die Nachtigallen ausgesungen haben: *„nur mit Grauen und Schrecken denke ich an die Zeit, wo jene dunklen Bilderstürmer zur Herrschaft gelangen werden: mit ihren rohen Fäusten zerschlagen sie alsdann erbarmungslos alle Marmorbilder der Schönheit, die meinen Herzen so teuer sind; sie zertrümmern alle jene Spielzeuge und phantastischen Schurrpfeifereien der Kunst, die dem Poeten so lieb waren; (...) die Nachtigallen, die unnützen Sänger, werden fortgejagt, und ach! mein «Buch der Lieder» wird der Krautkrämer zu Tüten verwenden, um Kaffee oder Schnupftabak darin zu schütten für die alten Weiber der Zukunft.“*[272]

Alle Arten von Macht, von unten, von oben oder aus den konspirativen Hinterzimmern der Lobbys, sind Gegenspieler der Evolution. Sie machen sich den Widerspruch zwischen Geist und Ratio zunutze und suchen lächerlich zu machen, was dem Verstande nicht eingeht. Zu den Strategien gegen den Geist gehört auch die Verkehrung der evolutionären Zusammenhänge. Nicht die Traditionen der Völker, ihre natürlich gewachsenen Kulturen und Volkstümlichkeiten sind Ursachen der Kriege, sondern gerade deren Missachtung und Unterdrückung. Die Achtung vor dem Brauchtum des anderen, seiner Identität und seines Lebensraumes sind letztlich auch die Entwicklungsbedingungen eigener Geistigkeit, die nicht nur die Vielfalt in der Breite, sondern auch in der zeitlichen Tiefe abbilden muss. Dagegen sind die

---

[271] Friedrich Schiller: Über die ästhetische Erziehung des Menschen in einer Reihe von Briefen. Zehnter Brief. In [8] Seite 590f

[272] Heinrich Heine: Vorrede zu „Lutetia“ 1855. In Lutetia. Elibron Classics 2006, Seite 15f

Uniformierung der Sprachen und Kulturen Erfordernisse der Machtstrukturen, welche nicht die Summation von Beziehungen, sondern die Vereinnahmung im Programm haben und wozu ihnen alle geistlose Intelligenz zur Verfügung steht. Indem die Funktionalitäten aus all den Banden des Sinns genommen werden, ermöglicht sich die ganze Bandbreite logischer Variationen, wozu nicht nur der ganze Nonsens, sondern auch die wirklichkeitsfremden Gaunerstücke gehören, für die die Evolution keine Abwehr kennt. Das muss sich auch in der Kommunikation niederschlagen und der Sprache zu einer dissonanten Ausdrucksform verhelfen. In Zeiten der heroischen Machtvorteile scheinen die geistigen Positionen immer unter einer gewissen Blauäugigkeit zu leiden, weil die Gegenspieler die abgründigsten Disharmonien zu benutzen wissen, welche nicht im evolutionären Programm sind. Letzteres muss sich am Ende aber doch durchsetzen, weil es durchgängig auf allgemeine kybernetische Prinzipien gegründet ist.

Es gehört zu den vielen noch ungelösten Geheimnissen der Bewusstseinsentwicklung, warum sich eine so tiefgründige Abkehr von den konnektiven Vorgaben bilden kann und warum sich diese immer weiter entwickeln muss. Die Frage stellt sich, ob das tatsächlich nur durch eine Divergenz in den Kommunikationsformen verursacht wird, oder ob nicht vielleicht doch schon genügend geistige Vorgaben in die gesellschaftlichen Normen und Gesetze geflossen sind und dieselben nun ersetzen können. Das sind die positiven Varianten. Die weniger günstige ist die, nach der die Information der konnektiven Vorgaben bereits verbraucht und die natürliche Evolution damit beendet ist, was den Variationen des Bösen freien Lauf lassen würde.

Sicher ist es jedenfalls, dass in zunehmendem Maße die Methoden der Kommunikation auf die funktionell linearen Aspekte reduziert werden, was das geistige Niveau in Kultur und Wissenschaft vergleichsweise verkümmern lässt, zumindest wenn die Geisteskultur der progressiven Linien des neunzehnten Jahrhunderts zum Vergleich genommen wird. Dabei könnten die derart gewachsenen technischen Möglichkeiten ein riesiges geistiges Potenzial bedienen und der Zivilisation einen gewaltigen Wachstumsschub gewähren. Angesichts der relativ primitiven Verhältnisse der vermeintlichen Nutznießer der Macht ist es unverständlich, dass diese noch immer die Wachstumsbedingungen des Geistes bekämpfen müssen und damit auch ihr eigenes Lebensglück verderben. Es kann nur so sein, dass sich die angestoßenen Strategien so kompliziert und verselbstständigt haben, dass sie von keinem mehr verstanden werden.

Wie die natürliche Evolution solchen destruktiven Situationen begegnet, kann niemand wissen. Jedenfalls ist für diese und die vielleicht noch folgenden Hindernisse das konnektive Prinzip in den menschlichen Geist gelegt. Da wie im Organismus eine Krebszelle alles zerstören kann, ist auch die Zivilisation auf vollkommenen Schutz angewiesen, das heißt, dass die geistige Reife in jedem einzelnen Individuum auszubilden ist. Der Keim dazu kommt mit der unbescholtenen Seele des Kindes auf die Welt, welches deshalb auch des besonderen Schutzes und der geistigen Fürsorge bedarf. Aufgrund der ziellosen Entwicklung von Kommunikationsmitteln und ihrer hemmungslosen Verwendung dürfte sich diese Aufgabe in der Zukunft immer schwieriger gestalten. Die Frage wird sein, inwieweit die Medienkultur geistige Elemente zulässt, unterstützt und weiterentwickelt. Die allgemeine Popkultur weist nun gerade den entgegengesetzten Weg, bei dem das einfach Schöne mangels geistiger Bildung immer weiter zerstückelt werden muss, dadurch weniger verstanden und akzeptiert wird und durch die immer stärkeren Reize des Unwirklichen ersetzt werden muss. Inwieweit sich eine Demokratie dagegen stellen kann, wird von deren Entwicklungsfähigkeit abhängen. Die Gefahr besteht allenfalls, dass die althergebrachten und konnektiven Stützen des Geistes mit den modernen Methoden unbewusster Vereinnahmung auch leicht zur Makulatur gemacht werden können.

## 5.8 Das gesicherte Tor des Geistes

Das logische System enthält seine Wahrheit im Detail. Die einzelnen Wahrheiten fügen sich funktionell in eine ganze Aufgabe, welche sich auch selbst in verhältnismäßig linearer Sukzession beschreiben lässt. Je entwickelter das System ist, umso mehr Intelligenz muss dazu aufgebracht werden. Grundlage bildet die Prozedur der Analyse, durch welche die einzelnen Funktionsgruppen herausgetrennt und in verständlicher Form beschrieben werden. Was dabei zählt, ist das Wesentliche der Einzelheit. Aber auch das Zusammenspiel der Elemente zu einem Ganzen wird vermittels kleiner Informationseinheiten, den logischen Gesetzen, zustande gebracht. Was nicht dahinein passt, wird weggelassen. Das Wissen über die logischen Systeme lässt sich leicht formulieren und kann so in den technischen Lehrwerken zur allgemeinen Benutzung bereitgestellt werden. Auch die Anwendung in der Technik erweist sich als einfach. Die Methode kann man aber auch beliebig komplizieren, was uns letztlich auch in den modernen Automaten vorgeführt wird.

Der leichte Umgang mit den logischen Informationspaketen barg natürlich schon immer eine gewisse Verführung in sich, auch den Fragen nach Sinn und Ziel mit diesem Universalmittel nachzugehen. Die überschaubaren Erfolge haben allerdings schnell dazu geführt, dass eine gewisse *„Furcht der Naturforscher vor Zwecken oder besser Zielen – diese Teleophobie, wie* *man sie nennen könnte*“[273] aufgekommen ist. Schon die Sprache, welche der Logik so leichtfüßig zu folgen vermag, scheint an dieser Stelle ihren Dienst zu quittieren. In seiner Schrift: „*Entwicklung und Zielstrebigkeit in der Natur*“ schreibt Karl Ernst von Baer, dass „*für alles Geistige unsere Sprache ungemein arm ist, wovon der Grund wohl darin liegen wird, daß wir für die Kenntnis des Geistigen ja nur die Erfahrungen an uns selbst machen, und zwar jeder unmittelbar nur an seinem eigenen Ich*“.[274] Das konnektive Führungssystem, welches uns das Ziel weisen könnte, liegt in unserem nur fühlbaren Ich, wo es keine Vergleichspunkte mit den Erfahrungen anderer gibt. Es kann sich nur ungesteuert und unbewusst und in den kleinen Portionen unserer Sprache kundtun, weshalb sich dem Analytiker Ziel und Sinn nur dunkel und unklar zu erkennen geben.

Im Gegensatz zu den logischen Einrichtungen der Natur bleiben die konnektiven unserem bewussten Zugriff verschlossen, weil die Information nicht in der Struktur des Details, sondern vielmehr in den Beziehungen zwischen den Details versteckt ist. Im schmalen Fokus unserer Aufmerksamkeit erscheint sie naiv und bedeutungslos. Erschwerend kommt hinzu, dass die Information in einer höheren Ebene liegt, welche den bewussten Zugriff selbst steuern müsste und uns schon deshalb verwehrt bleiben muss. Würde es trotzdem gelingen, das Führungsniveau zu erreichen, müsste die Information aus kybernetischen Gesichtspunkten sofort ihre Wirkung verlieren und würde uns dann ins Nichts führen. Das so erfolgreiche analytische Prinzip der Erkenntnis scheint an dieser Stelle ganz wertlos zu sein.

Die Frage stellt sich nun, wie es gelingen könnte, die Natur an dieser Stelle zu überlisten, das heißt, durch das gesicherte Tor zu gelangen. Das verborgene Wissen ist in einer ganzen Breite, statt in vielen Details versteckt. Es käme also zunächst darauf an, einen Querschnitt zu erfassen, ohne den Zusammenhalt zu verletzen. Als erste Möglichkeit bietet es sich an, das Gefühl zu benutzen, das auf ein vegetatives, mit dem seelischen Hintergrund vernetztes Sensorium baut, welches keine Logik zu erkennen gibt, deshalb auch nur zu unbewussten Ahndungen führt und zu keinen prägnanten Botschaften befähigt ist. So vollkommen das Gefühl sein mag, wir können es nicht auf einen konkreten Inhalt reduzieren, das heißt nicht in Gedanken oder Worten zum Ausdruck bringen. Das Hindernis ist auch hier das zu schmale Fenster unserer bewussten Aufmerksamkeit, durch das wir auch unsere körperlichen Empfindungen und Gefühle in die Gedankenwelt ziehen müssen.

---

[273] Siehe [16], Seite 116.

[274] Siehe [16], Seite 118.

Trotzdem kann uns das Gefühl, wenn schon zu keinen konkreten Aussagen ermächtigt, doch immerhin ein gewisses diffuses Zustandsbild des Geistes vermitteln. So kann etwa das Gefühl der Angst eine bedrohliche Konstellation ankündigen, der mit vernünftigen Gedanken nicht beizukommen ist. Der Angst liegt ein Wahrheitsgehalt zugrunde, welcher eine Gefahrensituation in der Zukunft andeutet, die sich einfach aus der zur Verfügung stehenden Information ergibt. Die Angst ist darum ein wertvolles Element der Zukunftsschau, sie kann nur dann verschwinden, wenn mehr über das drohende Unheil ausgekundschaftet werden kann und sich das Bild in positivem Sinne auflöst. Auch eine aktive Handlung kann die Gefahrenmomente ausräumen und das Gefühl der Angst auf rationale Weise eliminieren.

So wie sich der Geist bewusst nicht manipulieren lässt, kann manche Beschäftigung mit seinen Passionen das konnektive System weiterbilden und wohlmöglich auch kurzfristig aktivieren. So kann die bewusste Suche nach dem Schönen und Guten vorteilhafte Strategien im Sinne des Ganzen freilegen, wie auch die Beschäftigung mit Geschichte und Tradition die Verbindungen herausstellt, die zwischen den Zeiten beständig bleiben und außerhalb logischer Kausalität existieren müssen. Sie stellen uns die Bedingungen zur Verfügung, welche die Gedanken auf nachhaltige Handlungsziele auszurichten vermögen. Es ist dies die herausragende Fähigkeit des geistigen Prinzips. Auch die Arbeit im Schönen und Guten ist etwas, was das konnektive System gewissermaßen mit links erledigt.

Nun ist es leicht einzusehen, dass es keinen messbaren Vorteil bringt, in einer schöngeistigen Welt romantischer Visionen zu leben. Der Gewinn stellt sich gewissermaßen erst in einer zweiten, einer vorgesetzten Ebene ein, welche unsere vernünftigen Handlungen beaufsichtigt und im Sinne des Ganzen ausrichtet. Das ist aber auch nur möglich, wenn sich die Bedingungen einstellen, welche das höhere kybernetische Prinzip nötig hat. Hier schließt sich aber der Kreis, weil das Wesen der Romantik selbst gerade in der Liebe zu den versteckten Harmonien besteht, welche sich nur dem Gefühl entdecken lassen, und welche zu den erforderlichen Konzessionen des konnektiven Prinzips gehören. Es ist eine Welt für sich, welche ohne Hilfsmittel zurechtkommen muss und nur auf das Grundgesetz des Universums bauen kann, welches die Symmetrien in allen ihren Ausgestaltungen und noch so komplexen Formen zum Grunde hat und ohne die gewohnten kausalen Gesetze agieren muss. Es ist die Selbstorganisation in purer Form, wie sie insbesondere nur auf Vervollkommnung des Gleichgewichts aus ist und ein Baugesetz begründet, welches jede Struktur nur aus der primitiven Ebenheit entwickeln kann. Auch im konnektiven Hintergrund des Bewusstseins kann sie keine andere Form haben, gleichzeitig dient der primitive

Kern von Anfang an der einkommenden Information als Wachtor, wie auch unsere Neugier nur durch diese Öffnung befriedigt werden kann, wenn sie das Billett dazu verdient hat. Die Naivität der geheimnisvollen Symmetrie des Anfangs zu finden ist keine einfache Aufgabe. Was dem elitären Exzellenzcluster an dieser Stelle ewig verschlossen bleiben muss, findet die Mutterliebe ohne Nachdenken. Es ist die Maxime der Evolution, das Potenzial der Entwicklung aus der Ebenheit von Anfang und Ende in primitiver Form zusammenzustellen. In der Mutterliebe wird das Prinzip weitergegeben, ohne das spitzfindige logische Schlüsse dazu nötig wären. Hier zeigt sich auch, dass das Programm der Evolution, das heißt auch das Ziel der Schöpfung, der Mensch mit seiner Geistigkeit sein muss, wie gerade auch die weitergegebene naive Liebe darauf aufbaut. Diese grundeinfache Liebe ist von jedem Abfall logischer Vereinfachung ganz wesentlich verschieden, welcher von der Intelligenz als naiv verspottet wird. Es ist gerade diese elementare Liebe das unerreichbare konnektive Gegenstück der letzten logischen Verallgemeinerung in Form der Weltformel. Je besser das Geheimnis dieser Liebe erreicht wird, umso leichter sind der Zugang und das harmonische Zusammenspiel der Seelen, sie sind wie von selbst organisiert.

Wer mit den eigenen Gefühlen geschickt zu experimentieren vermag, kann sich mitunter auch von den zielführenden Wegen leiten lassen, welche der Entwicklung von Natur aus anhängen. Vielleicht wird er zu einigen der zahlreichen Besonderheiten geführt, welche dem konnektiven System des Geistes eigen sind. So deutliche Gefühle, wie Liebe, Geborgenheit und Glück, sind entwickelbar und können uns von einem zaghaften Beginn an in eine ungeahnte Vollkommenheit führen. Sie können uns dann ein erstes Prinzip verraten, nämlich das über die unkomplizierte Struktur des Geistes, und wie diese nur über eine noch einfachere Art zu erreichen ist. So ist auch die wohlwollende Gemeinschaft in der Zivilisation nur über die Naivität einfacher Liebe zu entwickeln, welche sich leicht auch in der Kultur und den heimatlichen Traditionen zu verwurzeln vermag. Die Verbindung im Geiste bedarf keiner hohen Bildung, weil sie auf natürliche Veranlagung baut. Sie kann andererseits mit jeder Differenzierung leben, welche auf das gleiche geistige Fundament gesetzt ist. Sie braucht keine Gleichmacherei, auch nicht im sozialen Bereich, weil die notwendige Balance gewissermaßen auf höchster Stelle von selbst erfolgt. Einmal auf ein geistiges Niveau gebracht, braucht es auch keiner großen Kommunikation, weil das neuronale System schon mit wenig Information[275] die Inhalte zu erreichen vermag.

---

[275] Das heißt mit potenter Information in Beziehung, welche in das konnektive Prinzip passt.

Wenn die Gesellschaft auf dieses Juwel der Schöpfung immer mehr verzichtet, bleibt es doch jedem Einzelnen nach Bedarf erhalten. Wir können unser Gegenüber mit einem Lächeln, einer Bemerkung zum Schönen oder Sentimentalen austesten, wie sich ein geistiges Potenzial aufbauen ließe. Auch wenn die romantischen Gelegenheiten dazu immer mehr aus der Gesellschaft verschwinden und die harte Ratio das Leben beherrscht, muss die Hoffnung nicht aufgegeben werden, weil irgendwann auch die Forschung auf die Fundamente des Seins stoßen muss. So könnte es vielleicht die Traumforschung sein, welche zuerst dem zeitlosen Wesen der geistigen Information und ihrer aufbauenden Art auf die Spur kommt. Wenn im Schlaf alle logischen Prozesse abgeschaltet werden, bleibt der konnektive Mechanismus in Funktion und kann insbesondere nun, von äußerer Arbeit befreit, seiner eigenen Intention mit Heftigkeit folgen: Mit neuen Balancen neue Beziehungen schaffen. Nach dem Erwachen ist die leicht geänderte, neue Führung eine feste Bank. Die Frage ist, wie man mit Meditation oder Hypnose den Vorgang künstlich nachbilden kann und mit welchen Mitteln man dabei über das Eingangstor in die Seele vorzudringen vermag. Im Zustand des Komas zeigt es sich, dass es nicht die intelligenten Vorträge sind, welche die konnektive Struktur des Geistes erreichen. Nur die mit Liebe und viel Gefühl gesprochen Worte haben eine Chance, und zwar umso mehr, je besser das göttliche Geheimnis des Einfachen erreicht wird. In seltenen Fällen können sich aber auch Dämonen einschleichen, welche zufällige Informationen in ähnlicher Form beinhalten und Engramme verursachen, welche nur schlecht wieder zu löschen sind. Jede Art von Bewusstlosigkeit ist deshalb ein zu schützender Zustand, weil die Seele sozusagen „mithört“ und daraus auch unvernünftige Beziehungen schaffen kann.

In der Art der konnektiven Architektur stellen sich auch die gefühlten Erkenntnisse ein, welche das Glück in der naiven kindlichen Geborgenheit zu finden wissen. Den Sinn unseres Seins in der natürlichen Harmonie einfacher Gegebenheiten zu suchen, stellt aber offensichtlich die intelligente Vernunft vor unüberwindlichen Schwierigkeiten. Wie kann eine Zivilisation, die tiefgründige wissenschaftliche Einsichten errungen hat, von kindlicher Naivität geführt werden? Nun ist aber die unbefangene Einfalt gerade zu diesem Zweck in der Welt und der begabte Forscher wird immer wieder an diesem Punkt landen, wo immer er auch seinen Weg beginnt. Es zeigt sich, dass die Aufgabe, kybernetisch höhere Prinzipien zu finden, um der konnektiven Information des Geistes auf die Spur zu kommen, auch tatsächlich über ganz unintelligente einfache Lösungen führen muss. Anders als die logische Funktion lässt sich der Sinn eben nur aus der Balance symmetrischer Anfänge entwickeln. Durch dieses primitive Tor muss gewissermaßen auch erst der Geist schlüpfen, wenn er die Gedanken in die Sphären des Sinns begleiten soll. Oder anders ausgedrückt, die Bedingungen für die konnektiven Führung der gedanklichen Logik können nur aus einem einfachen Beziehungsgrund entwickelt werden.

In ähnlicher Ableitung lotst uns auch der Widerspruch von Glauben und Wissen auf die Spur des geistigen Prinzips. Wissen ist ein klar definierter Begriff, der durch eine Menge logischer Symbole beschrieben werden kann. Die Information des Geistes besteht aus einer Unmenge gewichteter Rahmenbedingungen, in den sich logische Inferenz abspielen kann. Sie machen die Freiheit oder auch die Hemmnisse aus, in welcher sich logische Gedankenwelt bewegen kann. Es ist evident, dass ich nur die Summe der Effekte erkennen kann, welche durch diese Bedingungen bewirkt werden. An die ursächlichen Bande selbst kann ich nur glauben, zumal sie keine logische Form haben und deshalb auch meinem aufmerksamen Bewusstsein verschlossen bleiben müssen. Je tiefer ich der Symmetrie der Rahmenbedingungen folge, umso einfacher können letztlich die Rahmen nur ausfallen und ich würde nicht das Komplizierte, sondern das Einfache vorfinden. Der Glaube gründet sich demnach auf die Harmonie urgründlicher Beziehungen, welche sich bis in das Ziel, dem menschlichen Wesen selbst, entfalten lassen. Am Anfang findet sich das primitive Tor zur Welt des Geistes, welches ganz adäquat nur von den Bedingungen des menschlichen Anfangs, aus der Ebenheit naiver Kindlichkeit gebaut sein kann.

Es ist evolutionäre Strategie und eine Vereinfachung der Schöpfung, das höher Entwickelte vor dem Niederen zu schützen. Wie wäre die geistige Führungsebene besser gesichert, als durch ein Tor, das die Ankömmlinge nicht auf Intelligenz, sondern auf Liebe prüft? Es werden all diejenigen zurückgehalten, welche nur mit Macht vereinnahmen wollen, statt in Demut mitzuwirken. Es steht gewissermaßen die hohe Intelligenz möglicher Intrigen gegen das unschuldige Prinzip der Liebe. Die Kybernetik ist einfach und nutzt orthogonale Information: Die logische Information der niederen Prozesse kann die konnektive Information des Sinns nicht beeinflussen.

## 5.9 Automat und Scheinwelt

Wenn man sich selbst in eine rein logisch strukturierte Welt mit dem beschränkten Sinngehalt einer höheren logischen Führung hineindenken wollte, so müsste man zunächst alle konnektiven Prinzipe ausschalten, das heißt insbesondere jede Art Gefühl unterdrücken. Da das dem menschlichen Bewusstsein nicht in Vollkommenheit gelingt, muss an dieser Stelle der Automat heranzitiert werden. In seinen künstlichen, sozusagen ohne Herz und Gefühl, erzeugten Bildern, wird eine eigenartige neue Atmosphäre geschaffen, die vom Reiz untadeliger Exaktheit gehalten wird. Es ist die Welt der Funktion, die so perfekt sein kann, dass sie keine Veränderung nötig hat und keiner Entwicklung bedarf. Es gibt nichts Störendes, keine der vielen menschlichen Unvollkommenheiten, keine Mängel und Schmerzen.

Die Anziehung, die von dieser logischen Welt ausgeht, kann eine enorme sein, sie ist aber von ganz eigenem Charakter. Es ist nicht das Mitgenommensein in die überschäumende Fülle schöpferischer Fantasien, nicht das Vorstoßen in neue Sphären des Lebens und des Geistes oder das Ringen um die Vollendung der Kunstwerke alter Epochen, wie das in der Blütezeit der Romantik die Gemüter erregte. Es ist nicht das Glück, welches sich beim Öffnen neuer Weiten einstellt und alle Sorgen zum Verschwinden bringt. Vielmehr ist es der Reiz der ziellosen Ewigkeit, bei der alle Anstrengung losgelassen werden kann und die Gedanken von der Monotonie des stetigen Zyklus getragen werden. Einmal vom Rhythmus der logischen Muster gefangen, kann man sich aller Sorgen entledigen und alle Last abwerfen.

Die Kunst ist es nur, auch Funktionen zu finden, in die sich unsere bewusste Aufmerksamkeit leicht einklinken kann, etwa weil sie begehrlich oder auch einfach nur geläufig sind. Und hier findet sich auch schon ein wesentliches Kriterium der rein logischen Welt. Da sie unendlich, das heißt nicht durch konnektive Bindungen begrenzt ist, müssen wir sie auch künstlich einengen. Es kann für uns zunächst nur das Gewohnte von Interesse sein, für das unser in der Umwelt geformtes Bewusstsein empfangsbereit ist. Es müssen anfangs die Dinge so eingerichtet werden, wie wir sie aus der Wirklichkeit kennen. Wir grenzen das Unendliche ein mit unserem eigenen vorgegebenen System von Erwartungen und definieren uns selbst eine Spiegelwelt, die alles das enthält, was wir erkennen können, weil es auch in der natürlichen Welt vorkommt. Aber wir können die Schranken unserer Wirklichkeit nicht mitnehmen, weil sich diese nur in konnektiver Form beschreiben lassen, mit dem Geist, den wir in unserer logisch strukturierten Welt von vornherein ausklammern wollten. Deshalb müssen wir uns auch die Carroll'schen[276] Verdrehungen gefallen lassen, welche die Logik bereithält, wenn sie nicht durch einen Sinn in Banden gehalten wird. Genau diese Bindungen gehen unseren Abbildungen verloren, weil sie sich logisch nicht ausdrücken lassen. Den unsichtbaren Kontext von Beziehungen kann das logische Spiegelsystem nicht erfassen, weshalb auch der höhere Sinn und jedes weite Ziel verloren gehen.

---

[276] Der Oxforder Mathematiker Lewis Carroll war in England für seine abgründigen, aber logischen Verkehrungen der Wirklichkeit sehr beliebt, etwa mit „Alice im Wunderland“ (1865) oder „Alice im Spiegelreich“(1871).

Die so definierte logische Scheinwelt ist ein Spiegelbild der rationalen Wirklichkeit, in dem alles erscheinen kann, für das wir gewissermaßen eine Leinwand besitzen. Indem wir aber eine ganze neue Welt schaffen, müssen wir den logischen Teil der Wirklichkeit erweitern auf die Bereiche, welche in der Natur mit anderen Prinzipien organisiert sind. Selbst damit kann die Spiegelwelt auch nur eingerichtete Funktionen durchführen, das heißt, sie kann nur konservative Prinzipien organisieren und keine Eigenentwicklung, im Höchstfalle das Gegebene verdrehen.[277] Das bleibt denn auch der einzige Reiz, das Neue kann nur durch eine Verrückung der vorhandenen Bausteine entstehen. Es ist die Freude am Nonsens, welche ohne die evolutionären Prinzipien des Geistes allein übrig bleibt.

Für den „logischen Sinn", den wir suchen, können wir nur wieder eine logische Funktion finden, die nur darum höher liegt, weil sie erst über mehrere Pfade erreichbar ist. Das gleiche Informationsprinzip vorausgesetzt, ist die Funktion über der Funktion eine Einschränkung, da sie nur eine Aufgabe finden kann, welche sich lediglich auf eine spezielle Seite aller niederen Systeme bezieht. Auch wenn das Leitsystem anwächst, bedeutet das gewissermaßen nur wieder eine neue Chefetage, welche eine noch größere Entfernung zu den eigentlichen Prozessen besitzt und für deren Harmonie nichts mehr tun kann. Anstelle der vielen Beziehungen des Sinns steht eine konkrete Aufgabe in der Form, wie sie jeder anderen Funktion vorstehen könnte, auch wenn sie uns abstrakter erscheinen sollte.

In einer künstlichen Welt, gleich wie sie erzeugt wird, ist dieser Kasus durchaus auffällig. Anstelle der Ziele aus den Kategorien des Geistes, wie etwa Schönheit oder Moral, können nur konkrete funktionelle Ziele zu stehen kommen. Selbst das Gewinnen ist konkret, weil es nur im Kontext einer speziellen Aufgabe eine Bedeutung erhält. Wenn das konnektive System auf einer Unmenge von Beziehungen baut und daraus eine Datenreduktion zum Prozess erfolgen kann, muss in der logischen Welt das konkrete Ziel durchgereicht werden, wozu es eine Hierarchie von Kommandoebenen bedarf. Das ist nun andererseits das gesellschaftliche Erscheinungsbild einer irgendwie gearteten Machtstruktur, die alle Beziehungen missachtend eine Kausalkette bis ins letzte Glied aufzubauen hat. Statt sich freiheitlich in ein Ganzes sinnvoll einzufinden, werden die Glieder von oben in das Ordnungssystem eingewiesen. Das allgemeine Machtprinzip kann auch das Ganze nur durch Kausalketten zusammenfügen, es ist deshalb auf eine Vereinfachung angewiesen. Eine Komplizierung würde Speziallösungen bedin-

[277] Für jede nachhaltige Veränderung im Sinn der Evolution muss immer wieder ein konnektives Verfahren wirksam werden.

gen, welche den Aufwand schnell ins Grenzenlose wachsen ließe. Die notwendige Vereinfachung ist aber nicht wie im konnektiven Prinzip der bestmöglichste Kristallisationskeim für ein komplexes System von symmetrischen Beziehungen. Die Elemente bilden keinen ebenen Zusammenschluss, sie bleiben vielmehr getrennt und können in ihrer Diametrie[278] lediglich lineare Abhängigkeiten bilden. Anstelle eines Sinns kommen dann nur logische Abstraktionen zu stehen, wie etwa eine Gewinnmarke. Wird eine tiefe Sinnsuche angestellt, so kann die dazu besorgte Phantasie im Höchstfall auf das Wunderliche treffen, welches in der Natur nicht vorkommt.[279] Deren Attribute sind uns aus der Welt des Diabolischen bekannt, die in der Geschichte eine ganz eigene Kultur mit eigenen Erkennungszeichen und den bekannten Stilrichtungen entwickelt hat. Dabei sind die Erscheinungen nur soweit von der Natürlichkeit verrückt, dass sie gerade noch akzeptiert, das heißt als Verfremdung der Wirklichkeit toleriert werden können.

Da die Ratio auf einfache konservative Gesetze baut, ist sie beiden Systemen gleichermaßen eigen. Sie definiert einen Bezugspunkt, der von allen akzeptiert wird. Vom Rationalen aus kann ich mich in der Intention der natürlichen Welt bewegen (*Abbildung 45*). Am sichersten finde ich den Weg mit religiösem, romantischem oder wenigstens sentimentalem Gedankengut. Ich lasse mich leiten vom Schönen in den Formen und dem Guten in den Handlungen. Ich finde dabei harmonische Beziehungen, welche in ihrer Vollkommenheit alle Gegensätze aufzulösen vermögen. Im Urgriechischen stand dafür der Begriff Symbol.[280] Das Zusammenfließen aller Dinge in eine Einheit setzt andererseits zunächst eine Freiheit von Bindungen voraus, da sich diese dann auf konnektivem Weg, gewissermaßen wie von selbst in die rechte Form hineinfinden. Auch die Romantiker waren auf diesen mehr chaotischen Ausgangszustand bedacht, einer Freiheit, von der aus die Kristallisation des Schönen und Guten, des weiten Sinns der evolutionären Bedingungen, erst erfolgen kann. Das setzt die innere Instanz voraus, die umso bestimmter wirkt, je mehr sie vom Wesen der Schöpfung aufgenommen hat. Wie sich bei der Gelegenheit in konnektiven Systemen

[278] Elemente, die wie die diametralen Punkte auf dem Kreis nicht zusammenkommen können.

[279] Aufgrund der fast unendlichen Variationsmöglichkeiten der gegebenen Bausteine hat das Sinnvolle darin eine zu Null gehende Wahrscheinlichkeit.

[280] Der Begriff wird heute mehr in der Logik für ein Zeichen genutzt, das stellvertretend für ein ganzes Ding, einen Zustand oder einer Handlung steht.

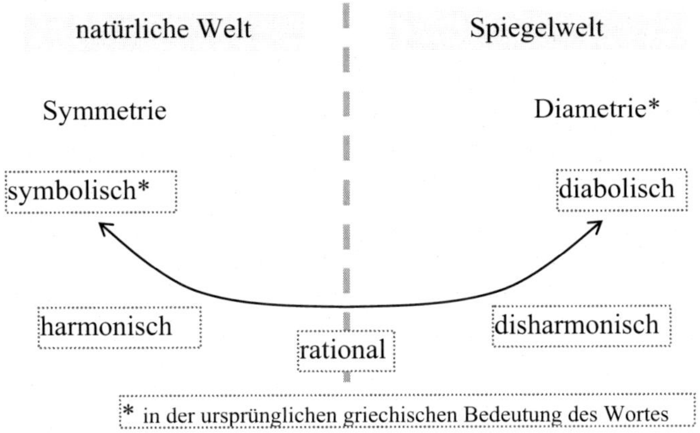


Abbildung 45: *Logische Spiegelwelt*

auch Symmetrien bilden, ist eine physikalische Hypothese, die sich nicht weiter, als einem mathematischen Gefühl erschließen kann. Insgesamt aber wird der Weg in die Harmonie komplexer Symmetrien von allen Erscheinungen der Evolution unterstützt, wie auch selbst das erkennende Bewusstsein durch das Glück einer tieferen Sicht in die Vollkommenheit der evolutionären Bedingungen belohnt wird. Wie die geistigen Inhalte dem konnektiven Prinzip nur als absolute Werte unterstehen, sind sie auch im Sinne der Schöpfung nicht beliebig, woraus sich letztlich auch die absoluten Wahrheiten von Ethik und Moral ableiten lassen, die jeder Logik verschlossen sind.

Der Weg in die andere Richtung, ebenso wieder vom Rationalen aus gestartet, bringt einen schnellen Gewinn. Es ist die Vereinfachung. Indem ich alle Schwierigkeiten loslasse, habe ich die funktionierende Wirklichkeit pur. Es ist die freiheitliche Verführung des totalen Happenings, in der nur das zugelassen wird, was ohne Beziehungen und von sich aus funktioniert. Dabei wird das breite Spektrum von der nützlichen Funktion bis zum überflüssigen Unsinn durchlaufen. Der eigentliche Gewinn ist die Befreiung von der inneren Instanz, die den höheren Sinn vertritt. Es wird als Befriedigung empfunden, die aber nur solange anhält, wie die Animation selbst. Es sind zunächst nur oberflächliche Funktionen mit einem kleinen Aktionsradius. Wird der Wirkungsbereich vergrößert, stehen unzählige Varianten zur Verfügung, da wir die einschränkenden Bindungen des Sinns ausgeschlossen haben. Hier finden sich die Lebensphilosophien der Moderne, die ständig auf der Suche nach dem ganz großen Glück sind, welches man in dem noch nicht Ausprobierten wähnt. Möglicherweise bringen die Suche und das Vorgefühl des Entdeckens den eigentlichen Glückseffekt.

Indem die direktive Ebene verlassen wird, ist auch das Ende des Weges nicht bestimmt. Was mit großer Lust beginnt, kann sich auch als diabolische Strategie erweisen, die nur den kurzen Zweck erfüllt, ohne Sicht auf das Ganze und ohne Nachhaltigkeit. Harmonische Wege können nur vereinzelt und durch Zufall gefunden werden. Für die Erkenntnis wenig fruchtbar, ist dieser Weg durch die Heuristik ausgefallener Methoden für den technologischen Fortschritt vorteilhaft, ebenso wie für gewisse Methoden der Beeinflussung. Auch die Kunst verlässt die Harmonie der Schönheit, sie kann nur noch mit dem Reiz des Unnatürlichen und Verrückten punkten, was allein dem Unvoreingenommenen auffällt, den es dann aber nicht mehr geben muss. Aber sie bringt den großen Gewinn, weil sie billig zu haben ist und selbst elektronisch leicht produziert werden kann. Wird die Freiheitssuche übertrieben und zu eigensinnig, führt der Weg schließlich in das Eldorado verdeckter Mächte, in die politischen Hinterzimmer von Lobbys und Geheimdiensten, welche in der unnatürlichen Spiegelwelt ihre besten Wachstumsbedingungen finden können.

In die oft verwerflichen und skrupellosen Strategien der Spiegelwelt einzutauchen, heißt gewissermaßen dem Teufel die Seele zu verkaufen. Die Metapher hat sich offensichtlich deshalb gehalten, weil der Weg ohne Sinn irgendwie immer zu Verstrickungen führt, denen am Ende nicht wieder zu entkommen ist. Es ist einfach die nachhaltige Führung außer Kraft gesetzt. Die mannigfachen Verhaltensweisen des Individuums, die immer auch kybernetisch bedingt sind, kommen dann nicht mehr nur aus der schöpferischen Harmonie der natürlichen Vorgaben, sondern auch aus der puren Logistik der Spiegelwelt. Letztere entstammen am Ende nicht mehr allein dem Drang, der geistigen Instanz zu entgehen. Vielmehr werden die Lebensbedingungen der modernen Zivilisation im wachsenden Maße rational vorgegeben, was besonders durch die Technik und die technisierten Medien verursacht wird. Es ist einzusehen, dass die Sprache hierbei eine wichtige Rolle spielt und der Sprachverfall die Welt des Geistes verschließt. So wie das Schicksal des Einzelnen danach bestimmt wird, können auch ganze Sprachgemeinschaften unterschiedliche Disposition haben, was sich nicht nur an besonderen Verhaltensweisen, sondern auch in der Kultur, den Wissenschaften und in den politischen Gesinnungen niederschlagen kann.

In ihren extremen Formen, im Beziehungskosmos des Geistes respektive in purer Logistik, sind die Wege der Kybernetik nicht gangbar. Genauso wenig wie man sich den absolut kalt rechenden Bösewicht vorstellen kann, ist auch der Heilige undenkbar, welcher jede Handlung nur im Sinne des Ganzen führt. Selbst der größte Schurke ist lebensnotwendig mit einer Seele ausgestattet, welche von sich aus das geistige Prinzip entwickelt, das nur verzerrt und unterdrückt, aber nicht abgeschafft werden kann. Umgekehrt braucht auch der Idealist die rationale Funktion, die letztlich auch seine physische Existenz bewahren hilft. Optimiert er diese Funktion im Sinne eines eigenen Zwecks, hat er die geistige Welt des Sinns bereits verlassen.

Jedem Menschen muss die Anlage zu einem geistig vollkommenen Geschöpf zugesprochen werden, ihm kommt durch diesen hohen inneren Wert eine Würde zu. Nicht bedacht wird oft, dass seine geistige Instanz auch verletzlich ist, vereinnahmt werden kann und von außen steuerbar ist. Den Menschen in seiner Würde zu akzeptieren und seine geistige Autonomie zu schützen, ist deshalb die wichtigste Aufgabe einer zivilisierten Gesellschaft. Nach außen hin bedeutet das, die Bedingungen der Geistesentwicklung in den kulturellen Traditionen zu bewahren, weiter zu vervollkommnen und die Liebe zur Heimat zu vertiefen. Selbst in den Landschaften zeigen sich oft eigene Schönheiten. Es bedarf keiner großen Fantasie, diese auch mit dazu passenden friedfertigen Kulturen bevölkert zu sehen. Die Zivilisation lebt von einer Vielfalt der Formen in Sprache und Kultur, welche sich an ihren Orten auch auszubilden und weiterzuentwickeln haben. Jedes Streben nach Unterwerfung und Vermischung vereinfacht die Bedingungen und schafft die Vorgaben für die Systeme globaler Macht und Gewalt, welche trotz technologischen Fortschritts die Geistesentwicklung auf eine niedere Stufe zurückführen. Um die Würde des Menschen zu wahren, bedarf es deshalb einer Bildung, welche das Wissen um die Existenzbedingungen geistiger Freiheit einschließt.

Am Beispiel der Spiegelwelt, die wir uns nur aus den logischen Bausteinen zusammengesetzt denken, welche sich auch bewusst handhaben lassen, können wir sehr deutlich die Schwierigkeiten ausmachen, die das menschliche Bewusstsein von Anfang an begleiten. Als selbstständiges Wesen muss der Mensch hart in die Beziehungen der Umwelt eingespannt sein. Wir wissen, dass das nur mit einem System konnektiver Bindungen möglich ist. Die höchste kybernetische Ebene muss absolute Informationen beinhalten, welche nur hinsichtlich ihrer Weiterentwicklung flexibel sein dürfen. Es ist die feste Bindung an einen gewissen eingeschränkten Bereich der Wirklichkeit, in der das System aufgebaut wird. Die grundsätzliche Stabilität der Information ist eine Voraussetzung für das Prinzip der Informationsverarbeitung, das auf dieser Ebene wirksam sein muss. Es ist das Austarieren einer großen Menge von Beziehungswissen, das die harmonische Ordnung der Wirklichkeit abbildet und den inneren Willen aus dem äußeren Sinn entwickelt. Auf diese Weise ist der Mensch in seinem innersten Wesen an eine unveränderliche Informationsstruktur gebunden. Wir spüren das in seiner unbeugsamen Identität, welche uns diese Absolutheit bezeugt.

Genau die Bindung an einen stabilen Informationsinhalt müssen wir in einer Spiegelwelt vermissen, in der wir nur die äußerlichen Handlungen abbilden können, nicht wissend, dass dahinter ein absoluter Sinn zu stehen kommt, der die menschlichen Aktivitäten in einen harmonischen Verlauf und eine sinnvolle Nachhaltigkeit stellen kann. Indem wir die Geschehnisse und Entwicklungen nur mit logischen Methoden zu steuern versuchen, verzichten wir auf die höchste Einrichtung der Natur, welche für die harmonische Ordnung und Weiterentwicklung geschaffen ist. Zum Glück ist uns der Verzicht nicht in Vollkommenheit möglich, weil wir nicht nur die Willensebene nicht beeinflussen, sondern ihr auch nicht entfliehen können, ohne das Bewusstsein selbst zu verlieren.

Wenn wir nur Funktionen verstehen und verfolgen, können wir auch den Sinn nur in der Funktion selbst erkennen. Die Optimierung eines solchen „logischen Sinns" ist intelligente Arbeit, welche beliebig kompliziert ausfallen kann, aber immer nur auf ein zeitliches Hintereinander kleiner arbiträrer Informationseinheiten angewiesen ist, und deshalb die auf zeitlose Methoden gegründete Weitsicht und Nachhaltigkeit nicht erreichen kann. Das notwendige Austarieren von logischen Zwecken und rationalen Funktionen ist mit arbiträren Einheiten selbst nicht durchführbar, weil diese Methoden der Zeitlosigkeit und den absoluten Inhalten prinzipiell verschlossen sind. Wie könnte man mit einer Rechnung auch einen Sinn erreichen, wenn man ihr vorher erst einen Sinn geben muss.

Die innere absolute Instanz auszublenden und in einer rein logischen Scheinwelt zu leben, ist eine ständige von der Architektur des Bewusstseins provozierte Versuchung. Wenn der unbewusste Wille vielleicht noch in den eigenen Handlungen spürbar ist, bleibt er bei der Beobachtung des Nächsten völlig uninteressant. Wir fühlen uns deshalb veranlasst, auch mit der uns bekannten funktionellen Logik in das Geschehen einzugreifen. Die naturgegebene Führung in harmonische Zustände ist schnell verlassen und das Gegeneinander der Kräfte beschworen. Krieg und Gewalt sind die logischen Lösungen gegen die Disharmonien, welche zu ständigen Fehlleistungen der menschlichen Zivilisation gehören. Dabei ist das Zusammenspiel von absoluter Führung und arbiträrer Funktion auch kulturell vielfältig hinterlegt und hat eine reiche religiöse Tradition. Die Rückkehr zur natürlichen Harmonie ist dadurch jederzeit möglich, auch weil das Prinzip das Wesen der menschlichen Seele ausmacht und lediglich auf die einfachen Bedingungen angewiesen ist, welche die Geistesentwicklung nötig hat.

Die Schwäche des menschlichen Bewusstseins für vordergründige Bilder und Funktionen wird in den Scheinwelten der Medien leidlich ausgenutzt. Der Bildschirm bringt letztlich nur ein Spiegelbild des äußeren Geschehens, ohne die Fülle der Beziehungen, welche der Wirklichkeit sonst anhängt. In dieser Welt hat der Automat als selbstständige Funktionseinheit seinen festen Platz, wie auch Prozesse in der Gesellschaft nach Automatenfunktionen bewertet werden können. Die innere Instanz, welche absolute Sinnzusammenhänge ins Spiel bringt, nervt und muss ausgeschaltet werden. Ebenso stören die festen Bindungen zur Umwelt, wie sie in der Tradition und der regionalen Kultur nach einem ganz anderen und völlig unlogischen Prinzip entwickelt und gepflegt werden. Die Scheinwelt besteht nur aus kinematischen Bildfolgen, die reale Welt braucht dafür eine konnektive Führungsebene, welche nur mit absoluten Werten umgehen kann. Dass daraus auch nur solche Geisteszustände wie Moral und Verantwortung entwickelt werden können, ist mit logischer Einsicht nicht nachzuvollziehen.

## 5.10 Die Zukunft des Automaten

Die Informationssysteme können sich auf ihren kybernetischen Niveaus in gewissem Umfang gegenseitig ersetzen. Die konnektiven Systeme bringen auch logische Arbeit zustande, wie auch die logischen Systeme ein Stück weit in die Region des Geistes vorzudringen vermögen. Wenn allerdings die Grenzen der Plastizität überschritten werden, wenn etwa die konnektive Methode über die Maßen ausgedehnt wird, so verändern sich auch die Ergebnisse nach dem Charakter des vorherrschenden Informationsprinzips. Nun ist derzeit nicht zu befürchten, dass sich das konnektive Prinzip des Geistes auch sonst zu weit vorwagen könnte. Vielmehr zeichnet sich das Gegenteil ab. Es scheint sich der technologische Fortschritt zu verselbstständigen und auf die Entwicklung der logischen Vernunft zurückzuwirken. Das evolutionäre Prinzip der geistigen Autonomie des Individuums wird zugunsten einer äußeren funktionalen Logistik zurückgedrängt. An deren Spitze finden sich schnell auch Machtsysteme ein, die den erreichten Status auszunutzen und mit verdeckten Intrigen zu schützen wissen. Die Folge davon ist, dass auch die Würde des Menschen, welche auf seiner Geistigkeit beruht, in dem Maße übergangen wird, wie die logischen Funktionen sich verselbstständigen und an Bedeutung gewinnen.

So leistungsfähig das logische System auch sein mag, kann es die Erfassung komplexer und nachhaltiger Zielfunktionen nur eingeschränkt bewerkstelligen. Es kann die Ziele nur nach einfacher Zweckmäßigkeit definieren. Die weiten Ziele, die wir als Sinn bezeichnen, sind der Methode nicht angemessen und bleiben unerreichbar. Nach dem logischen Prinzip ist es das

Gesetz, welches selbst einfach gebaut, die Strukturen und die symbolisierten Abbildungen der Welt aneinanderfügen kann. Nur ist das Zusammenspiel nicht selbstorganisiert und entfaltet sich nicht eigenständig weiter. Das wichtigste Erfordernis fehlt, die logische Funktionalität kann sich nicht selbst beschränken, kann die Wege nicht gegenseitig austarieren, um die nachhaltigen zu finden. Als eigenmächtiges Bauprinzip würde es sich in die Unendlichkeit der Möglichkeiten verlieren. Auch wenn die Radien der Zweckbereiche ständig vergrößert werden könnten, der Sinn kann nur aus einer Balance zeitloser Strategien erwachsen, welche im evolutionären Prozess stets vorgehalten und neu ausgeglichen werden müssen. So etwa kann auch ein logischer Automatismus in den gesellschaftlichen Entscheidungen nicht zu nachhaltigen Lösungen führen. Eine nur auf die Kurzfristigkeit kausaler Beziehungen ausgerichtete Strategie wird über kurz oder lang zu chaotischen Zuständen führen. Das muss mit umso größerer Wahrscheinlichkeit geschehen, je mehr dazu auch die letzten konnektiven Randbedingungen der Tradition und des Volksgutes beseitigt worden sind.

Das logische Prinzip allein kann lediglich ein konservatives System bilden, welches sich ohne äußere Hilfe nicht verändern und weiterentwickeln kann. Die konservativen Systeme machen erst dann Sinn, wenn sie in einen Rahmen gesetzt und in gewissen Entwicklungsbedingungen gehalten werden. Wir haben uns daran gewöhnt, dass diese von Natur aus vorhanden sind. Die Systeme befinden sich nicht in einem isolierten Raum, sondern sind auf vielfältige Art miteinander verknüpft. Diese Verbindungen müssen wir im Prozess unserer bewussten Erkenntnis erst beseitigen, um das Objekt als solches wahrzunehmen, wenn wir nicht den Zusammenhang selbst in den Fokus unserer Aufmerksamkeit bringen wollen. Aber auch da werden wir über das Erfassen einzelner Korrelationen nicht hinauskommen, weshalb uns die ernormen Quervernetzungen über die Körper und Prozesse der Wirklichkeit immer entgehen müssen. Wir könnten deren Informationspotenzial nicht einmal erahnen. Wir müssen uns das Hintergrundwissen aus mittelbaren Zusammenhängen und anderen Quellen zusammenreimen.

Es ist nicht nur die Gewohnheit, welche unsere Erkenntnis vereitelt und uns die Rahmenbedingungen der konservativen Systeme übersehen lässt. Uns behindert die ganz andere Form von Information, welche schon aus kybernetischen Gründen die Führungsaufgaben in der Wirklichkeit übernehmen muss. Es ist das Beziehungswissen, welches die konservativen Systeme in ihrer Bedeutung gegeneinander aufwiegt und selbst nicht mehr logisch dargestellt werden kann. Es ist die für uns ungewöhnliche und eher spektakuläre Form von Information. Für eine gewissenhafte Erforschung der Wirklichkeit ist sie jedoch unerlässlich, auch wenn der Mensch die beiden Systeme schon in der Erkenntnistheorie schwer auseinanderhalten kann. Der konnektive Hintergrund behält allemal die Fäden für das weite Zusammenspiel der logischen Funktionen in der Hand, letztlich auch die, welche unsere Erkenntnisse steuern. Wie weit sich dieser Hintergrund dynamisch zeigt, wie er sich entwickelt oder erreichte Vorgaben bewahrt, bleibt uns verschlossen. Genauso unzugänglich bleiben uns sein Umfang und die beteiligten Elemente. Als kybernetisches Führungssystem muss es auch aus Stabilitätsgründen dem niederen ausführenden Bewusstsein verschlossen bleiben. Auch wenn uns das einleuchten mag, fällt es uns schwer, wenigstens kleine Anhaltspunkte in der äußeren Wirklichkeit zu entdecken. Je weiter wir aber in die typischen Aufgabenbereiche gelangen, umso deutlicher sollten sich uns gewisse Unterschiede zu verstehen geben.

Wenn dem Menschen auch das Beziehungswissen der Sinnebene verborgen bleiben muss, kommt ihm in der funktionellen Ebene der logischen Prozesse der volle Durchblick zu. In besonderer Perfektion wäre das möglich, wenn der konnektive Hintergrund ganz abgeschaltet wäre, was aber das Wachbewusstsein aufhöbe. Es soll deshalb nur entsprechend reduziert, das heißt logophil, angestellt sein. Mit annähernd reiner Logik könnte der Mensch dann die natürlichen Baukörper und deren Gesetze nach eigenem Belieben zusammensetzen, ohne sich an die einschränkenden Bedingungen der Evolution halten zu müssen. Wie er damit die Umwelt und die Existenz- und Entwicklungsbedingungen des Lebens selbst zerstört, sei zunächst dahingestellt. Als Erstes wird der Mensch die physischen Grenzen, die ihm selbst gesetzt sind, zu überschreiten suchen. Das bleibt wenigstens ungefähr im Rahmen der evolutionären Richtung, weil die Funktionen selbst aus den Strategien der Entwicklung gesetzt sind. Die funktionellen Grenzen, welche die menschliche Kraft, seine Geschicklichkeit und Intelligenz betreffen, wird die Technik irgendwann überschreiten. Sie ist auf fertige, konservative Systeme festgelegt, welche sich in unbegrenzter Vollkommenheit entwerfen lassen. Die Entwürfe sind lediglich auf die Baukörper und deren Gesetze beschränkt, welche als evolutionäre Erzeugnisse bis dato vorgegeben sind. Deren Zusammensetzungsfähigkeit kann zwar den Rahmen der Naturgesetze nicht sprengen, zeigt aber sonst keinerlei Schranken. Aus der Erfahrung der Geschichte weiß der Mensch, dass sich mit eben denselben Bausteinen sowohl das Paradies, wie auch alle Abgründe der Hölle zusammensetzen lassen. Während der Weg zum Paradies ein sehr schmaler ist, lauern die Abgründe dagegen an allen Orten. Nur ist die Weitsicht darüber ein seltenes Gut und es dürfte selbst mit der hohen Intelligenz eines perfekten Automaten nicht gelingen, den nachhaltigen Weg zu finden, welcher alle Gefahren zu umgehen vermag. Auch die höchste Form technischer Entwicklung kann nicht die ihr zustehende kybernetische Ebene verlassen. Für ihren Sinn in der Wirklichkeit der Evolution bedarf sie der darüber liegenden konnektiven Ebene, gewissermaßen der göttlichen Führung, die hier nur durch die Zeitlosigkeit des menschlichen Geistes ein Stück weit ersetzt werden kann.

Die höchste Entwicklungsform menschlicher Existenz ist es, das evolutionäre Prinzip weiterzuführen. In dieser Aufgabe blickt der Mensch aus einem konnektiven Hintergrund in die Welt und kann die Rahmen setzen, welche die konservativen Systeme nötig haben, um einen sinnvollen Status zu erlangen. In seiner Kreativität konzentriert er gewissermaßen das äußere Beziehungswissen, um die Evolution in eigenständiger Beschleunigung fortzuführen, dabei aber auch auf der Schiene nachhaltiger Entwicklung zu bleiben. Er wird sozusagen aus evolutionärem Antrieb in die Pflicht genommen und kann sich dieser Aufgabe nicht erwehren. So muss er auch den Automaten vervollkommnen, genauso wie die von ihm erreichbare technische Welt. Dieses eigenartige Programm ist die Folgerichtigkeit in der Entfaltung. Die Entwicklung setzt dabei auf die geistige Kompetenz des Menschen, mit der muss die im Rahmen der Möglichkeiten langfristig günstigste Strategie gefunden werden. Aufgrund der immer lockerer werdenden Bindungskräfte an die evolutionäre Intention werden die „späten" Entfaltungsmanöver allerdings labiler, das heißt, dass die bewusste Führung leicht aus der Spur gerät. Je mehr das geschieht, umso stärker wird die Entwicklung in die Breite gehen. Es werden dann nicht mehr nur die Erfordernisse erfüllt, es wird vielmehr auch der Möglichkeitsraum ausgeleuchtet. Hier eröffnet sich dann auch das Eldorado der Automaten, für die ohne evolutionäre Voraussicht quasi unendliche Variationen bereitstehen.

Ist die logische Intelligenz genügend entwickelt, ist die Gefahr praktisch immer gegeben, dass die technische Kreativität aus dem Ruder läuft. Das trifft nicht nur für die Automation zu, die gesamte Zivilisation kann in ein Chaos geraten, dem nur schwer wieder zu entkommen ist. Wenn die Richtung verschwindet, werden auch die allgemeinen Folgen nicht ausbleiben. Es werden nicht nur Mittel und Arbeitskraft sinnlos vertan, es wird auch die Wirklichkeit komplizierter, weil die Harmonieprinzipien des menschlichen Geistes nicht mehr greifen und Ordnung nicht mehr nach der subtilen Balance des konnektiven Prinzips geschaffen werden kann, sondern nur noch durch die simple Logik der Rangfolgen. Die Geschichte der Menschheit ist voll von solchen Disharmonien, welche letztlich immer in Kriegen endeten, nach denen, zumindest eine Zeit lang, eine gewisse Ausgewogenheit zurückgefunden wurde. So wie der Reichtum zum Übermaß an Variationen verführte, waren es am Ende der Mangel und der Hunger, der das natürliche

Optimum der Entwicklung wiederhergestellt hat, weil auf die sinnlosen Dinge notgedrungen verzichtet werden musste.

Wenn nun zum einen der zukünftige Automat gewissermaßen zum notwendigen Instrumentarium des Paradieses gehören soll, zum anderen aber auch das Spielzeug der Macht ist, welche damit das gesellschaftliche Chaos beliebig zu intensivieren vermag, so ist leicht einzusehen, um wie viel wichtiger die geistige Vorbereitung ist, als das Interesse um das technische Detail. Die Chancen darum sind aber als nicht sehr groß einzuschätzen, weil die hierarchischen Systeme der Macht immer besser auch die gesellschaftlichen Strukturen beherrschen. Mit der gleichen Intelligenz, wie der Automat vervollkommnet wird, wird man auch die Machtstrukturen verfeinern, sodass sie sich am Ende nicht mehr von den demokratischen Bestrebungen unterscheiden lassen. Auch dieser Weg hat nicht die Nachhaltigkeit der Evolution und muss irgendwann in der Katastrophe enden. Es sei denn, die logische Kreativität erreicht zufällig die Einsicht, den geistigen Weg zuzulassen und die harmonischen Wege der Wirklichkeit wieder anzustreben.

In die rechte Pflicht genommen, könnte auch die Informationstechnik dazu eine echte Hilfe sein. Die Machtsysteme wissen aber genau das zu unterbinden, weil ihre Durchschlagskraft mit dem konnektiven Prinzip abnimmt. Eine geschaffene Kausalität ist ein Prinzip, das auch ohne Sinnbezug auskommt. In der Gesellschaft kann eine ausschließlich darauf gegründete Ordnung nur in der Rangfolge der Macht bestehen. Als potenzieller Despot in die Hierarchie eingebunden, wird es der Mensch auch nicht unterlassen können, in die Prinzipien der Zielsysteme vorzustoßen, wodurch den Informationswissenschaften zwar nicht der menschliche Geist erschlossen werden kann, möglicherweise aber seine Schwachstellen. Es wird deshalb immer wieder die Frage gestellt, inwieweit der Mensch die Automaten, die er rief, auch immer beherrschen werden kann, oder ob sich diese nicht eines Tages selbst zu Despoten entwickeln. Dass nun das Machtprinzip zur logischen Kategorie gehört ist außer Zweifel, weshalb es auch nicht ausgeschlossen ist, eine Machthierarchie zu schaffen, an deren Spitze automatische Funktionen zu stehen kommen, welche aber nicht den konnektiven Geist ersetzen, sondern denselben über gewisse Schwachstellen zu beherrschen verstehen. Schließlich wäre es auch nicht ausgeschlossen, dass das Leitsystem in einem weiteren evolutionären Schritt eine gewisse Plastizität entwickelt, um höhere, und noch ganz unbekannte Führungsziele zu erschließen, welche den Menschen nicht zwangsläufig in die Freiheit paradiesische Verhältnisse führen müssen. Von der Krone der Schöpfung könnte er dann leicht zum unbedeutenden Appendix eines Supersystems werden, welches selbst die logische Vollkommenheit definiert. Bei diesem Bild dürften sich jedoch die Geister scheiden, weil nicht klar ist, inwieweit der Weg gegen die evolutionären Bedingungen nicht schon vorher zur Katastrophe und zu einer Rückentwicklung führt, bei der die evolutionären Voraussetzungen wieder gefunden werden und ein gewisser Neustart möglich wird, der auch ein neuer Versuch zur Geistesentwicklung werden könnte.

Die technische Welt kann offensichtlich nur das durchführen, was der Mensch mit seinem logischen Verstand zu vermitteln versteht. Und das könnte seine Geistigkeit abbilden, wenn er nicht auch die Führung dem Automaten überlässt. Schließlich kann er die höheren Rahmenbedingungen für seine kreative Ambition nicht mal selbst erkennen, geschweige denn in äußere technische Konstrukte übertragen. Als Hilfsmittel für seine Erkenntnis benutzt der Mensch immer häufiger auch seine Schöpfungen, wodurch sich das logische Prinzip von selbst potenziert. In diesem Teufelskreis wird die Einflussnahme auf die Wirklichkeit immer mehr von den logischen Möglichkeiten der technischen Kreationen beherrscht. Das heißt, der Sinn, der von der geistigen Entwicklung ausgeht, gerät im Laufe der Zeit in den Hintergrund, was seinerseits den Circulus vitiosus der konservativen Logik verstärkt. In dieser Entwicklung gegen die nachhaltigen Bedingungen der Evolution wären Perversion und Nonsens vorprogrammiert, welche dann allerdings nicht mehr von einem allgemeinen Standpunkt aus beurteilt werden könnten, da auch dieser selbst nur von der Vollkommenheit einer harmonischen Ordnung gebildet werden kann. In einer Weiterbefolgung des Weges müssten dann auch die Methoden verschwinden, welche die Evolution zum Behufe einer nachhaltigen Entwicklung vorhält. Es könnte auf die rein menschlichen Qualitäten verzichtet werden, wie Liebe und Glücksgefühle, womit auch die Grundsäulen der Geistesentwicklung zu Makulatur würden. Am Ende würde sich auch das Bewusstsein als ein unnötiges Relikt erweisen, weil sich in der Perfektion entwickelter Logik die Freiheit der Wege erübrigen würde. Man sieht, wie die Überbetonung einer Methode das evolutionäre Prinzip soweit aus dem Gleichgewicht bringen kann, dass sogar die Wirklichkeit in ihrer Selbstreflexion aufgehoben werden könnte. Der Weg, den uns die Automaten von selbst vorzeichnen, würde in seiner konsequenten Verfolgung nicht nur den menschlichen Geist überflüssig machen, er könnte auch die Wirklichkeit in ein präzises Uhrwerk verwandeln, welches aufgrund seiner absoluten Organisation ewigen Bestand haben könnte. Man könnte dieses Ende der Entwicklung auch als ein funktionales Paradies bezeichnen, weil es den höchst erreichbaren Zustand der logischen Organisation darstellt. Einen Sinn könnte dieses Endstadium aber nicht erfüllen, weil das dazu notwendige Informationsprinzip ganz fehlt.

Die Frage stellt sich allerdings, ob es für den Bau des konservativen Monstrums denn doch nicht auch notwendig gewesen wäre.

Zumindest ist der Weg in die absolute Symmetrie funktionaler Ordnung schon deshalb nicht realistisch, weil uns die Wirklichkeit nicht nur Kausalitäten, sondern auch Korrelationen vorführt, welche sinnvolle Ordnungssysteme entstehen lassen, die in der Freiheit von Selbstreflexion und geistigen Glücksmomenten geschaffen werden. Offensichtlich ist nicht die perfektionierte Struktur der Materie das Ziel, sondern der vollkommene Geist, welcher sich nur in der Seele des Menschen entwickeln kann. Es ist gewissermaßen das göttliche Prinzip, das die Wirklichkeit von einer eisernen Betriebsamkeit abhält. Dabei sind auch die Schutzfunktionen von dieser Welt und lassen sich, zumindest in ihren Ansätzen, wissenschaftlich begründen. Hinter dem korrelativen Prinzip des Geistes steht die Notwendigkeit, eine Vielfalt zu entwickeln und gleichzeitig zusammenzuhalten. Dieser Zusammenhalt lässt sich konnektiv austarieren und kann auf diese Art absolute Beziehungen schaffen, welche einen beständigen Sinn ausmachen. Beständigkeit ist die Voraussetzung für eine hohe kybernetische Führungsebene. Der technische Automat aber kann vielen Herren dienen. Er ist mit einfachen kausalen Funktionen gebaut und kann diese auch in der Führungsebene nicht verlassen. Dadurch bleibt der Automat ein arbiträres Gebilde, welches selbst keinen nachhaltigen Sinn schaffen kann. Eine Verselbstständigung autonomer Roboter müsste die natürliche Evolution zum Erliegen bringen und am Ende auch deren Ergebnisse vernichten.

Um solche Fehler auszuschließen, muss das evolutionäre Prinzip so gestaltet sein, dass die eigentliche Automatenentwicklung erst mit einer höheren Stufe der Geistesentwicklung beginnen kann. Die derzeitige Technik wäre dann als eine logische Übung auf niederem Niveau zu verstehen, deren eventuelle Fehlentwicklungen sich durch Rückbau selbst beenden. Das ist letztlich auch daran zu erkennen, dass die technischen Erfindungen immer noch einen enormen Betreuungsaufwand benötigen, der den Umfang der Lösungen von sich aus begrenzt. Einen ähnlichen Effekt brächten auch die sogenannten Kampfroboter, welche sich am Ende selbst vernichten müssen. Weitergehende Entwicklungen setzen offensichtlich eine gewisse geistige Reife voraus, welche auch ein tieferes Verständnis um den Sinn der Evolution einschließt. Die perfekte Physik und die ausgereifte Kybernetik autonomer Robotersysteme machen nur Sinn, wenn sie von einem ebenso vollkommenen Geist geführt werden können. Es wäre immerhin auch denkbar, dass der Automat den Menschen bis dahin von niederer Arbeit befreien könnte, um ihm die Höherentwicklung seines Geistes zu ermöglichen. Die Schwierigkeit zeigt sich nur darin, dass hierbei zwei völlig verschiedene

Informationssysteme verstanden werden müssen. Die Technik fordert Perfektion im Detail, der Geist Kontemplation für den Glauben an einen höheren Sinn. Beides scheint sich, jedenfalls im Moment noch, gegenseitig auszuschließen.

Der Automat ist offensichtlich bei seiner Vervollkommnung auf ganz andere Bedingungen angewiesen, als sie die Natur und Zivilisation bisher nötig hatten. Wenn die natürlichen Organismen die Ergebnisse der physikalischen Evolution im kybernetischen Sinne nutzen, so steht in der Zivilisation der Mensch schon über der Natur, hat mit seinem geistigen Wesen das göttliche Prinzip erfasst und kann die Wirklichkeit selbst vervollkommnen. Eine eigenständige technische Welt müsste noch über dem Menschen stehen, wäre aber auf seine konnektiven Qualitäten angewiesen, weshalb hier ein widersprüchlicher Zustand aufrechterhalten werden müsste. Es müsste ein Führungssystem geschaffen werden, welches über die konnektive Ebene des Geistes zu stehen kommt, vom Geist aber gebaut wird. Während in der evolutionären Auffassung die konnektive Ebene nur aus der überbliebenen Urkohärenz geschaffen sein kann, verweist uns die Intelligenz des vollkommenen Automaten auf die primitive Logik als ihren Urgrund. Könnte dieses niedere konservative Prinzip so vollkommen werden, dass es seine eigene Ursache übersteigen kann? So unrealistisch eine solche Situation auch scheint, könnte sie im evolutionären Geschehen durchaus eine Rolle spielen. Die logische Funktion könnte genauso wie materielle Barrieren als Entwicklungsbedingungen wirken, welche in die evolutionären Wege integriert werden müssten. Eine direkte Wirkung ist dagegen nicht denkbar. Wenn ein plumpes und grobes System auf ein subtiles trifft, so kann die Einflussnahme im kybernetischen Sinne nicht bedeutend sein, es kann sich nur um eine zerstörerische handeln.

Der Kern der biologischen Zelle besitzt ein niederes konnektives System,[281] welches sich im Organismus höheren Stellen unterordnen muss. Soviel der Kern auch alle Bedingungen der Strukturen des Organismus kennt, kommt am konkreten Ort immer nur eine ganz spezielle zum Tragen. Der größere Anteil des Wissens wird unterdrückt. Die interessante Frage ist, auf welchem kybernetischen Niveau diese Inhibition und der geordnete Zusammenhalt gesteuert werden, und ob es nicht gar eine niedere Logik ist, an der sich das höhere Nervensystem vorbeientwickeln muss. Dagegen fordert die konsequente kybernetische Sicht, dass die Metastrukturen der Zellkerne selbst das Zusammenspiel besorgen. Für konnektive Systeme

[281] Genauer seine Metastrukturierung, deren Informationsinhalt zwar eine logische Expression unterstützt, selbst aber keinen logischen Zugang besitzt.

sollte eine solche Aufgabe eigentlich nicht ungewöhnlich sein. Zu suchen wäre in dem Falle noch das Prinzip, welches eine „kohärente Überebene" bilden könnte.

Steht hingegen die niedere Logik mit ihrem Zerstörungspotenzial darüber, könnte das auch eine Einflussnahme der aktuellen Bedingungen auf den genetischen Code bedeuten. So könnten Traumata während der kindlichen Entwicklung die genetische Linie durch eine geringere Sensibilität an niedere Bedingungen anpassen.[282] Das käme einer Adaption an die Automatenstruktur gleich, zumal die genetische Veränderung nicht wieder rückgängig gemacht werden kann und eine größere Toleranz gegen die Disharmonien und den ständigen Kampf um logische Rangfolgen erzeugt. Der Rückbau der seelischen Anlagen würde in der automatisierten Gesellschaft mit Zustimmung bewertet, weil er den Menschen gefügiger für funktionelle Einsichten macht und sein natürliches Freiheitsstreben unterbindet, indem die subtilen Strukturen zur konnektiven Erfassung des weiten Sinns demoliert werden. Die Evolution müsste sich in dem Fall über die Wege fehlender logischer Behinderungen mit dem Konzept der eigenständigen Differenzierung durchsetzen. Schließlich ist die Geistesentwicklung ein unverzichtbares Programm der Evolution und muss alle neuen Hürden überwinden können. Auch in der Gesellschaft gehört die Inhibition der Entwicklung durch die logische Kausalität der Machtsysteme zu den gewöhnlichen Vorgängen. In der Neuzeit sieht man, wie einige Medien die Geistesentwicklung zu unterdrücken suchen und eine Banalität wie der englische Pop dabei an erste Stelle kommt. Viele junge Menschen können schon heute ohne Kopfhörer nicht mehr auskommen. Der Idealzustand wäre der eingepflanzte Automat, der den Menschen intelligent und wohldosiert mit den Tönen versorgt, welche die geistige Instanz zu unterdrücken suchen. So viel exzellente Logik aber würden auch die Geheimdienste auf Dauer nicht aufbringen können, um das auf Freiheit gesetzte Individuum für immer an tönenden Ketten zu kriegen. Irgendwann sollte es sich wieder zeigen, dass die Evolution am längeren Hebel sitzt.

Gegen die Despotie der niederen Kybernetik steht in der Zivilisation das Zusammenspiel des menschlichen Geistes zum Zwecke seiner Potenzierung. Man muss hier die konnektiven Prinzipien zugrunde legen, welche auch eine Spezialisierung ermöglichen, wenn nur ein genügend Maß an Beziehungen zwischen den einzelnen Systemen bestehen bleibt. Wir wissen, dass die metaphysische Konstitution der Sprache dabei eine wichtige Voraussetzung ist. Wäre die Evolution in bestimmender Weise auf diesen

[282] Die genetisch spätere Feinstruktur hat die geringsten Bindungskräfte.

Weg disponiert, so würde es ausreichen, die Entwicklung des Geistes zu unterstützen, oder zumindest alle Hindernisse für dessen Selbstentwicklung aus dem Weg zu räumen. Die Zivilisation würde gewissermaßen mit der Qualifizierung ihrer geistigen Grundlagen wachsen. Aber die Wirklichkeit sieht anders aus. Wir wissen, dass die Vervollkommnung des menschlichen Geistes an gewisse freiheitliche Bedingungen geknüpft ist, welche sich in der Zivilisation nur selten einstellen. Und gerade die Gegenwart zeigt, dass der Geistentwicklung eine Unzahl von Hindernissen im Wege steht. Darunter finden sich auch nur einfache rationale Zweckdienlichkeiten. Interessanterweise sind an diesen Hemmnissen in wachsendem Maße auch technische Systeme beteiligt. Das könnte die Vorstellung nähren, dass sich in der weiteren Entwicklung Bedingungen für eine höhere Ebene finden könnten, welche nur durch ein technisches Netzwerk gebildet werden. Das kann am Ende nur eine logische Autokratie sein, die sich den Menschen samt Seele und Geist zu seinen Zwecken formen muss. In dem Falle würde sich die Frage stellen, ob die Vereinnahmung grundsätzlicher Art ist, oder ob gewissermaßen nur ein Bedienpersonal rekrutiert werden muss, eine elitäre Spitze aber im natürlichen Lauf der Evolution verbleibt.

In kybernetischer Sicht ist es die Frage, durch was das konnektive Prinzip ersetzt werden könnte, welches am linken Rand der Pyramide die Sinnzusammenhänge schafft und den rationalen Funktionen die Ordnungssysteme vorgibt. Wenn die traditionellen Lehren des Geistes verschwinden, kann das Vakuum nur durch logische Prinzipien ersetzt werden. Damit ist keine weitläufige Harmonie zu schaffen und die Tendenz zur Bildung von Machtsystemen aller Couleur ist vorprogrammiert. Mit der Macht ist auch eine gewisse Zentralisierung von Information verbunden. Was das konnektive Prinzip an verteilter Information in der ganzen Gesellschaft enthält, braucht die Macht an der Spitze. Die Information muss gesammelt und der Führungsebene zur Verfügung gestellt werden. Ohne konnektives Zusammenspiel ist das eine gewaltige Aufgabe. Aber die Sammlung von Daten wird die Technik eines Tages in so umfassender Form ermöglichen, dass daraus komplette Verhaltensmodelle der Gesellschaft entwickelt werden können. Das ermöglicht der zentralen Führung die Stellschrauben zu finden, mit denen die Manipulationen und Vereinnahmungen mit dem geringsten Aufwand geführt werden können. Am Ende bleibt es auch nur eine Automatenfunktion, welche die Gesellschaft modellieren kann, weswegen auch die einstellbaren Strategien nur rationale sein können.

Aber nicht nur Überwachungsmethoden und Verhaltensmodelle werden die Spuren der Logik in der Zivilisation hinterlassen. Auch die Methoden der Vereinnahmung selbst können nur logisch konditioniert sein. Das einfachste Hilfsmittel der hierarchischen Machtstrukturen ist es, die konnektiven Querverbindungen zu zerstören, was mit logischen Methoden sehr effektiv gelingen kann und auch die erfolgreichste Taktik der Macht ist. Die allgemeine Entwicklung von der harten Struktur zur „weichen“ Information ist aber auch hier nicht zu übersehen. An die Stelle militärischer Eingriffe, welche die lineare Ordnung der Macht bislang besorgt hatten, kommen immer mehr die Informationsprinzipien zu stehen, wie sie in den Medien vielfältig genutzt werden. Dass dabei der Macht alle Ideologien logisch vereinnahmt und dienstbar gemacht werden können, hat die Geschichte vielfach bewiesen. Die Ideologien können aber, selbst wenn sie aus dem kulturell geistigen Kontext geschnittene sind, selbst nicht aktiv sein, sondern nur als leblose Bilder vorangetragen werden. Würde man die konnektiven Strategien in Form der evolutionären Bedingungen tatsächlich aktiv anstellen, würden die Methoden der Macht gar nicht erst aufkommen können.

Die Vorgaben für die Entwicklung der Technik und deren autonome Form des Automaten kommen allesamt aus dem menschlichen Bewusstsein, das selbst seine Führungsbilder aus dem Wissen der Evolution bezieht. In diese Leitbilder muss auch der Automat passen, wenn er auf nachhaltige Art die Evolution unterstützen soll. Werden die engen Bedingungen außer Kraft gesetzt, ergeben sich für den Automaten unendlich viele Gestaltungsmöglichkeiten, welche alle mit den gegebenen Bausteinen und Gesetzen geführt werden können. Neben den praktischen und gemeinnützigen Lösungen kommen dann auch die eigenwilligen zu stehen, zu denen sich leicht auch die Geheimwaffen der Macht, Kriegsroboter und die ganze Equipierung der Hölle gesellen. Die Folgen sind nicht nur die Zerstörung der Umwelt und die Verschwendung der Ressourcen, es wird auch die Geistesentwicklung unterdrückt und der Mensch auf eine niedere Stufe zurückgeführt. Die seelischen Eigenschaften des Menschen, wie seine Fähigkeit zur Liebe, Demut und zur Glückseligkeit müssen einer logischen Ratio weichen. Dazu wird seine Freiheitsliebe an den Wurzeln beschnitten, indem die Bindungen an die Weite der geistigen Instanz gekappt werden und der Mensch seine Freiheit nur noch als billiges Plagiat in der Perfektion der rationalen Funktion suchen kann.

Der Automat wird leicht zum Gegenspieler der Geistesentwicklung, indem er ihr das evolutionäre Instrumentarium nimmt und durch logische Formen ersetzt. Eine solche diabolische Entgleisung wird umso wahrscheinlicher, je mehr die Vermittlerrolle des Menschen außer Kraft gesetzt wird. Der Geist sucht die einfachen, ja naiven Fundamente, um darauf seine Weisheit in ständiger Ausgeglichenheit bauen zu können. Der moderne

Mensch aber schämt sich des Einfachen und muss, vom Automaten gedemütigt, hoch aufgeschossene logische Kartenhäuser errichten, um seine Intelligenz beweisen zu können. So zeigt auch der Professor einer Eliteuni am Ende nur seine Geistlosigkeit, wenn er sich geniert, das einfache Instrumentarium seiner eigenen Muttersprache zu verwenden.

Typischerweise fordert die Intelligenz als Kriterium der Rangordnung auch Konstellationen, welche sich aus der natürlichen Ebenheit harmonischer Geschehnisse herausheben. Was zunächst wie eine Forderung der Logik aussieht, auf das Konkrete hinzuarbeiten, zeigt sich am Ende als Methode der Selbstdarstellung. Um in der Rangfolge zu steigen, muss man sich aus dem gemeinen Rahmen herausheben, muss notfalls auch die Gemeinschaft verlassen. Das zeigt sich mitunter schon in der Sprache: Der Hochintelligente ist auf Fremdwörter und wohlmöglich auch auf eine fremde Sprache angewiesen, zumal hier der geistige Bezug übergangen werden kann und sich beliebig erhöhte Luftschlösser zusammenstellen lassen. Da auch die deutsche Sprache mit den Fähigkeiten zu metaphysischen Korrelationen ausgerüstet ist, hat sich auch hierzulande die erhobene Selbstdarstellung schon immer mit einem gewissen Drang zum Fremden verbunden. In ihrem Werk über ihre Deutschlandreisen um 1803 bis 1808 schrieb schon Madame de Staël: *„In der Literatur, wie in der Politik, haben überhaupt die Deutschen zuviel Achtung für das Ausland und nicht genug nationale Vorurteile.“*[283] Gegen das Streben nach Rang und Macht steht das konnektive Prinzip, welches die Dinge in Harmonie zusammenhalten kann. Nun ist der Begriff des Nationalen inzwischen von den Machtszenarien soweit vereinnahmt worden, dass der konnektive Bezug kaum mehr herauszufinden und das Prinzip nicht mehr zu durchschauen ist. Den harmonischen Grund der Entwicklung zu verlassen, ist eine nach rückwärts gewandte Strategie, weil der Kosmos des Beziehungswissens nicht weiterentwickelt werden kann. Was dem zur Geistigkeit geschaffenen Menschen ein Mangel ist, muss dem Automaten zum Programm werden. Er ist deshalb ein Werkzeug, das uns mit Leichtigkeit und auf unendlich vielen Wegen in die Abgründe der Unterwelt begleiten kann, nur mit Mühe aber ins Paradies.

[283] Madame de Staël: Über Deutschland. Insel Verlag Frankfurt a. M. 1985. Seite 27

# 6 Information in der Gesellschaft

## *6.1 Die Gesellschaft als evolutionäres System*

Im evolutionären Sinne wirkt die Summe der konstanten Bedingungen als Führungsgröße einer allgemeinen Veränderung, welche wir als Entwicklung bezeichnen. In entsprechender Sukzession werden immer größer werdende Freiräume vorgegeben, welche mit Bausteinen und Funktionen gefüllt werden. So haben etwa in der Chemogenese gewisse Katalysatorsubstanzen Einfluss auf die allgemeine Tendenz der chemischen Vorgänge. In der Biogenese bestimmen die weiten ökologischen Vorgaben das Geschehen, wie auch noch das Zusammenleben der niederen Arten von den gemeinsamen Lebensräumen bestimmt wird. Erst mit der Verwirklichung konnektiver Prinzipien entstehen Gesellschaften von Lebewesen, welche die Gemeinschaft über einen eigenen Informationsaustausch zu organisieren vermögen. In deutlicher Form tritt dieses Prinzip erst bei den Vögeln und Säugetieren in Erscheinung. Gewisse Vorstufen finden sich auch bei früheren Klassen, wobei das konnektive Prinzip nicht in der erforderlichen plastischen Form vorliegt, sondern die Strukturen über phylogenetische Zeiträume verändert werden.[284] Ein typisches Beispiel dafür ist die Ameisenkolonie. Der Zusammenhalt in der Gemeinschaft ist hier über feste Steuerprogramme organisiert, welche zwar nur über die höheren Informationsprinzipien geschaffen sein können, in den Lebewesen selbst aber keine Verwirklichung finden. Das geschieht erst mit den ersten Formen des Bewusstseins, wie sie etwa bei den Gürteltieren erstmalig in Erscheinung treten.

Der in der Entwicklung auftretende Gemeinschaftssinn kann auch nicht über die intelligenten Reflexe des Althirns zuwege gebracht werden, weil das logische Prinzip auch in seiner besten Ausstattung dafür nicht ausreicht. Das theoretische Grundkonzept der Gemeinschaft ist vielmehr in den besonderen Eigenschaften der konnektiven Systeme zu finden. Da entdecken wir zunächst die Bildung einer gemeinsamen Zielvorgabe, welche in den Bedingungen äußerer Vorgaben aus einer Selbstorganisation heraus entwickelt wird und auch genau die Erhaltung dieses Prozesses in höchster Diversität zum Thema hat. Grundlage dafür ist die Verallgemeinerung der Entwicklungsbedingungen auf der äußeren Seite und die prozessuale Ähnlichkeit der Strukturen auf der inneren, welche mit wachsendem Umfang immer besser in das allgemeine Ziel konvergieren. Unterstützt wird das

[284] Das ist nicht aufregend, da jede evolutionäre Struktur aus konnektiven Bedingungen ausgebildet wird. Sie wirken wie ein allen Entwicklungen übergestülptes äußeres Programm.

Prinzip durch die Vielfalt der Beziehungen, deren Gegenstück gewissermaßen als Matrize in der Wirklichkeit verbleibt, gleich in welcher Art die konnektiven Systeme zusammenstehen.

Erst in der menschlichen Zivilisation werden die konnektiven Vorgaben durch logische Reflexionen ergänzt, welche gewissermaßen dem gesellschaftlichen Unterbewusstsein ein rationales Abbild der Wirklichkeit vorstellen. Es ist das Prinzip des Bewusstseins, das sich auf höherer Ebene wieder einfindet und die eigentliche Konsequenz evolutionärer Kybernetik darstellt, welche die Entwicklung am Ende nur noch durch einen Kosmos an Beziehungswissen vorantreiben kann. Diese Informationsmenge besteht aus komplexen Korrelationen zwischen den konservativen Systemen. Sie erscheint in gewissen Teilen im neuronalen Abbild wieder, um dort in konnektiver Art produktiv zu werden. Dazu gehört insbesondere die Unterstützung vorausschauender Handlungen auf allgemeiner Ebene. Die dazu notwendige Zeitlosigkeit ist eine Eigenschaft, welche eine große Menge von Beziehungen von sich aus auszeichnet. Sie spannt gleichzeitig eine Sinnebene auf, welche die aktuellen Strategien in den erforderlichen Banden hält. Das stellt eine Sicherheit dar und schafft gleichzeitig ein Ordnungssystem. Eine Aufgabe der Synchronisation ist dann allerdings, dass auch genügend logische Funktionen und physikalische Prozesse zeitgleich bereitstehen, welche die Vorgaben auch bedienen können. Das neuronale System, welches als kleines Abbild des konnektiven Prinzips der Evolution dem menschlichen Bewusstsein voransteht, ist gleichzeitig auch ein Konzentrat des evolutionären Wissens und dessen Entwicklungsprinzips. Als solches bleibt es nicht nur der Logik unzugänglich, sondern auch jeder Art Erkenntnis, weil es dafür selbst das Bezugssystem abgeben muss. Es ist deshalb auch völlig ausgeschlossen, das Bewusstseinsprinzip in irgendeiner Form künstlich nachbilden zu wollen.

Der Unterschied zur logischen Methode zeigt sich besonders augenfällig im leichten Zusammenfließen von Teilsystemen, die genau in ein Ziel konvergieren, wie auch der Zerfall die Richtung eine Zeit lang weiterführt. Die Systeme haben das gleiche innere Bauprinzip und damit die gleiche Intention, große Mengen von Beziehungswissen gegeneinander abzubilden und in eine gemeinsame Balance zu bringen. Schon aus diesen abstrakten Prinzipien ließe sich die Idee einer Gemeinschaft entwickeln, durch welche die evolutionäre Vollkommenheit des Ganzen durch das Ineinanderfügen von Teilen erreicht wird, die den Bedingungen des evolutionären Niveaus genügen und alle das gemeinsame Ganze zum Ziel haben. Auf diese Weise kann das konnektive Prinzip auch eine harmonische Gesellschaft begründen, welche, obwohl ein Ganzes bildend, in ihren Teilen beliebig differenziert sein kann. Sie müssen nur durch ein geeignetes Informationssystem in Verbindung bleiben können. Im Gegensatz dazu geben die einzelnen Zwecke der rationalen Funktionen in ihrer logischen Summe noch kein harmonisches Ganzes. Sie schaffen lediglich einen Möglichkeitsraum, der von den Permutationen der funktionalen Zusammensetzung bestimmt ist und mit wachsender Zahl der Elemente ins Unendliche wächst.

Was demnach die menschliche Gemeinschaft in Harmonie halten kann, findet sich in den schon göttlich zu nennenden Urprinzipien der Evolution, welche von Anfang an eine Konvergenz der konservativen Systeme besorgen. Fehlt dieser eigentümliche Zusammenhalt, können die Bausteine und ihre Gesetze nur nach ihren eigenen Regeln zusammenwirken. Eine darüber hinaus gehende Gesetzlichkeit entdeckt man sonst im ganzen Universum nicht. Zumindest ist bisher noch nicht der geringste Anhaltspunkt für konvergierende Prozesse gefunden worden, welche über die allgemeinen physikalischen Beziehungen hinausgehen. Es fehlt offensichtlich die Information eines sich aus einem Ganzen entfaltenden Beziehungswissens, welches sich in der Entwicklung selbst verändert, weil es nach einem inneren Symmetriebzw. Vereinfachungsstreben auch Information abgibt. In dieser Linie entwickelt sich das menschliche Bewusstsein als höchste Organisationsform, die ihre Führungsqualität aus dem konnektiven Hintergrund bezieht, welcher das Prinzip der natürlichen Evolution in letzter Allgemeinheit abbildet.

Das Verständnis für das innere Wesen einer harmonischen Gemeinschaft kann deshalb nicht aus der logischen Erkenntnis der Moderne bezogen werden, nicht aus dem Erfolgsgeheimnis der analytischen Wissenschaften. Die brauchen die ganze Energie des Geistes in einem Brennpunkt versammelt, um die Funktionsbausteine der Wirklichkeit einzeln aus dem Ganzen herauszusezieren. Auch wenn man meint, den ganzen Fortschritt der Menschheit aus dieser Totalität heraus entwickeln zu können, hätte man den eigenen Antrieb darum nicht durchschaut. In der gleichen Weise, wie jede Funktion eine Führung braucht, um sinnvoll zusammenzuspielen, braucht auch der logisch agierende Verstand einen Rahmen, der seine Aktionen zusammenhalten und konzentrieren kann.

So wie mit der Aufklärung das gewaltige Zeitalter der logischen Kausalitäten begann, wurden zugleich die neuen Ungelegenheiten benannt. In seinen ästhetischen Briefen schreibt Friedrich Schiller: *„Wie viel also auch für das Ganze der Welt durch diese getrennte Ausbildung der menschlichen Kräfte gewonnen werden mag, so ist nicht zu leugnen, daß die Individuen, welche sie trifft, unter dem Fluch dieses Weltzweckes leiden. Durch gymnastische Übungen bilden sich zwar athletische Körper aus, aber nur durch das freie und gleichförmige Spiel der Glieder die Schönheit. Ebenso kann* *die Anspannung einzelner Geisteskräfte zwar außerordentliche, aber nur die gleichförmige Temperatur derselben glückliche und vollkommene Menschen erzeugen. Und in welchem Verhältnis stünden wir also zu dem vergangenen und kommenden Weltalter, wenn die Ausbildung der menschlichen Natur ein solches Opfer notwendig machte? Wir wären die Knechte der Menschheit gewesen, wir hätten einige Jahrtausende lang die Sklavenarbeit für sie getrieben, und unsrer verstümmelten Natur die beschämenden Spuren dieser Dienstbarkeit eingedrückt – damit das spätere Geschlecht in einem seligen Müßiggange seiner moralischen Gesundheit warten, und den freien Wuchs seiner Menschheit entwickeln könnte!*

*Kann aber wohl der Mensch dazu bestimmt sein, über irgend einem Zwecke sich selbst zu versäumen? Sollte uns die Natur durch ihre Zwecke eine Vollkommenheit rauben können, welche uns die Vernunft durch die ihrigen vorschreibt? Es muß also falsch sein, daß die Ausbildung der einzelnen Kräfte das Opfer ihrer Totalität notwendig macht; oder wenn auch das Gesetz der Natur noch so sehr dahin strebte, so muß es bei uns stehen, diese Totalität in unsrer Natur, welche die Kunst zerstört hat, durch eine höhere Kunst wieder herzustellen.*“[285] Im Wesen des Menschen sind die einzelnen Kräfte und Funktionen in einer harmonischen Balance zusammengehalten. Was zusammenführt muss von anderer Art sein, als das Funktionierende. Das Totalitäre muss selbst nicht wirken, aber dafür sorgen, dass das Wirksame nicht über alle Schranken hinausdivergiert. In der menschlichen Zivilisation bildet sich der ganze Widerspruch ab, der sich durch die beiden konträren Informationssysteme von selbst ergibt. Was zur Harmonie der Gesellschaft notwendig ist, kann das bruchstückhafte Wesen des logischen Verstandes nicht bieten. Andererseits muss sich der alles trennende Verstand der alles einenden Natur entgegen stellen, wenn er etwas schaffen will, das sich aus der Natur heraushebt. Nur mit konzentrierter Energie auf einen Punkt kann er die Natur übertreffen. Bei Friedrich Schiller heißt es deshalb auch: „*Einseitigkeit in Übung der Kräfte führt zwar das Individuum unausbleiblich zum Irrtum, aber die Gattung zur Wahrheit. Dadurch allein, daß wir die ganze Energie unsers Geistes in einem Brennpunkt versammeln, und unser ganzes Wesen in eine einzige Kraft zusammenziehen, setzen wir dieser einzelnen Kraft gleichsam Flügel an, und führen sie künstlicherweise weit über die Schranken hinaus, welche die Natur ihr gesetzt zu haben scheint. So gewiß es ist, daß alle menschliche Individuen zusammengenommen, mit der Sehkraft, welche die Natur ihnen erteilt, nie dahin gekom-*

[285] Friedrich Schiller: Über die ästhetische Erziehung des Menschen in einer Reihe von Briefen. Sechster Brief. In [8] Seite 577 f

*men sein würden, einen Trabanten des Jupiter auszuspähn, den der Teleskop dem Astronomen entdeckt; eben so ausgemacht ist es, daß die menschliche Denkkraft niemals eine Analysis des Unendlichen oder eine Kritik der reinen Vernunft würde aufgestellt haben, wenn nicht in einzelnen dazu berufnen Subjekten die Vernunft sich vereinzelt, von allem Stoff gleichsam losgewunden, und durch die angestrengteste Abstraktion ihren Blick ins Unbedingte bewaffnet hätte."*[286] Wenn aber die Bausteine veredelt sind und der Blick geschärft ist, muss damit auch das größere Gebäude errichtet werden können, welches wieder ein Ganzes sein muss und der Methoden bedarf, welche für die Konzentrierung gerade verworfen wurden. So tief die Einsichten des analytischen Verstandes auch sein mögen, sind sie am Ende nur Bruchstücke, welche allein derjenige wieder zusammenfügen kann, der sich der logischen Methode ebenso zu entledigen versteht, um die Prinzipien des Geistes zu entwickeln. Der intelligente Verstand muss seine Werkstücke sozusagen der höheren Instanz übergeben, welche daraus, vom weiteren Blick ermächtigt, wieder etwas Sinnvolles zusammenfügen kann.

Die Frage ist, ob denn der Staat die Einrichtung sein könnte, welche die Harmonie des Ganzen wiederherstellen könnte, welche die Zivilisation ihrer eigenen Entwicklung wegen zerstören muss. Nun hat die Evolution zwar vieles ganz unmögliche bewiesen, aber die Ordnungsprinzipien der menschlichen Gemeinschaft zu entfalten, dazu wären ihre Grenzen doch zu weit gesteckt. Der Staat kann nur soweit die Harmonie der Evolution weiterführen, wie diese durch seine Glieder bezeugt werden kann. Bei Friedrich Schiller heißt es deshalb, der Staat, „*anstatt diese bessere Menschheit begründen zu können, müßte selbst erst darauf gegründet werden*". Und man müsse „*jeden Versuch einer solchen Staatsveränderung so lange für unzeitig und jede darauf gegründete Hoffnung so lange für schimärisch erklären, bis die Trennung in dem innern Menschen wieder aufgehoben und seine Natur vollständig genug entwickelt ist, um selbst die Künstlerin zu sein und der politischen Schöpfung der Vernunft ihre Realität zu verbürgen."*[287]

Ist das geistige Prinzip im Menschen erwacht, so strebt es selbst nach Zusammenschluss und Vollkommenheit. Dabei zählen nicht die logischen Gesetze, sondern die weiten Zusammenhänge, die sich aus den historischen und geografischen Wurzeln ergeben. Es sind nicht Politik und Wissenschaft, nicht die vordergründigen Geschäfte, es ist das, was sich unbewusst in den Nischen der Gesellschaft entwickelt und doch zum ersten Volksgut

[286] Friedrich Schiller: Über die ästhetische Erziehung des Menschen in einer Reihe von Briefen. Sechster Brief. In [8], Seite 576 f

[287] Ebenda, Siebenter Brief. In [8], Seite 578

gezählt werden muss. Es sind die zwanglosen konnektiven Ansätze eines kollektiven Bewusstseins, welche in ihrer Ebenheit auch die großen Gebilde der Zivilisation ausbalancieren können. Die aus einer mitfühlenden Schwäche geborene Gemeinschaft des Geistes zeigt sich in den banalen und logisch irrelevanten Informationen, welche den konnektiven Hintergrund der Evolution ausmachen. So trivial diese Information auch ist, im konnektiven Sinne ist sie grundlegend und weitreichend, und sie schafft die Randbedingungen, mit denen eine geordnete Harmonie wachsen kann. Sie ist von natürlicher Lebendigkeit und darf nicht von funktionalen oder gar politischen Zwecken verzerrt werden. Dieser eigenartige Widerspruch, dass das unlogisch Banale kybernetisch über dem Rationalen zu stehen kommt, wird vielleicht in der Religion, in der Gesellschaft aber sonst kaum wahrgenommen. Dabei hat es gerade in Deutschland eine Zeit gegeben, in der sich die großen Denker mit dieser Frage beschäftigten. Anlass dafür war das Heranwachsen einer mit metaphysischer Begabung ausgestatteten Sprache, welche das Zusammenspiel der konnektiven Systeme auf ganz besondere Art förderte. Einmal im selbstorganisierten Wachstum begriffen, offenbarte sich die Welt des Geistes wie von selbst. Man begriff, dass die harmonischen Bedingungen einer Zivilisation ein Ganzes bilden, auf das auch die spätere Entwicklung angewiesen ist, wenn sie in der sinnvollen Ordnung der Zivilisation weiterlaufen soll. Was sich ohne Zwang und in natürlicher Freiheit selbst entfaltet, bildet die erste kybernetische Ebene außerhalb des Menschen, die vom Menschen selbst geschaffen wird. Hegel schreibt: *„Der bestimmte Volksgeist, da er wirklich und seine Freiheit als Natur ist, hat nach dieser Naturseite das Moment geographischer und klimatischer Bestimmtheit; er ist in der Zeit und hat dem Inhalte nach wesentlich ein besonderes Prinzip und eine dadurch bestimmte Entwicklung seines Bewußtseins und seiner Wirklichkeit zu durchlaufen; – er hat eine Geschichte innerhalb seiner.“*[288] Diese vom Menschen geschaffene „geistige Nestwärme“ kann nicht die ganze Welt umfassen, sie ist vielmehr auf die von den natürlichen Gegebenheiten bestimmten Lebensgemeinschaften begrenzt. Und deren Geschichte entnimmt der „Volksgeist“ die Sukzession harmonischer Wachstumsbedingungen, welche das konnektive System ausmachen. Wenn schon der geistige Hintergrund des Bewusstseins logisch nicht fassbar ist, so muss die komplexe Einflussnahme dieses höheren Prinzips auf die geistige Entwicklung völlig unverständlich bleiben. Das ist schon daraus zu ersehen, dass die moderne Gesellschaft für solche funktionslosen Banalitäten wie Heimatverbundenheit, Volkskunst etc. nichts übrig hat und den

[288] G. W. F. Hegel Werke Bd. 10 Frankfurt 2014, Seite 347

Zusammenhalt durch Gesetze und gesellschaftliche Normen ersetzen muss.[289] Wie schnell und mit welcher Leichtigkeit dieselben wieder verlassen werden, hat die Geschichte an vielen Stellen gezeigt. Nach dem Zusammenbruch der Machtsysteme waren es die einfachen Bilder, die als letzter Sinn bestehen blieben. Nur das natürlich Gewachsene ist robust, und wer darauf baut, hat die Nachhaltigkeit der evolutionären Kräfte auf seiner Seite. Die Volkskultur gedeiht von selbst, ohne Plan und bewusstes Konzept, weil sie auf die ursprünglichen Beziehungswelten setzt, die jeder Entwicklung unterlegt sind.[290] Die Information ist jedem Einzelnen in die Wiege gelegt und wirkt als Ausgangsmuster seiner Vervollkommnung. Hier agiert sie im Verborgenen der Gefühlswelt, aber die künstlerische Natur kann sie nach außen tragen, wo sie zum natürlichen Gemeingut wird. Da das Beziehungswissen mit seinem historisch gewachsenen Gerüst auch die vielfältigsten Bedingungen der ganzen Region einschließt, ist es auch die Grundlage der Gemeinschaft, welche dann soweit harmonisch existiert, wie diese konnektiven Bedingungen gehalten werden können. Wird dem Menschen der natürlichen Beziehungsrahmen genommen, verliert er seine Souveränität und Freiheit und wird lenkbar, was auch für die Gesellschaft nicht immer ein Vorteil ist. Gute Erziehung und Moral kann er nur soweit bewahren, wie es ihm gelingt, den heimatlichen Boden in seiner geistigen Phantasie zu erhalten. Nur dem Kind ist die Möglichkeit gegeben, die geistigen Rahmenbedingungen noch zu verändern. Der Erwachsene ist festgelegt, wie auch die Evolution selbst ihre Strukturierung nicht wieder zurücknehmen, sondern nur weiterentwickeln kann. Eine allzu großzügige Wahl des Lebensortes ist deshalb immer mit einem Verlust an Freiheit verbunden, wenn auch die Lenkbarkeit fremder Arbeiter dem Unternehmer schon immer von Nutzen war und in der Sklavenzeit leidlich ausgenutzt wurde.

Wenn die sinngebende Volksmoral als widerstandsfähiges konnektives Element der Gesellschaft in Erscheinung tritt, so muss sie gleichzeitig auch das verbindende Element sein, das die Vervollkommnung sucht. In diesem evolutionären Sinne braucht sie gleichberechtigte Partner und keine Abhängigkeiten in Kausalitäten. Gegenseitige Achtung der Völker und Bildung, Bewahrung und Pflege des Volksgutes sind die Bedingungen der harmonischen Geistesentwicklung. Über deren einfache und natürliche Prinzipien hat politische Logik schon immer hinweggeklügelt. Machtprinzipien und

[289] Der Verdacht ist unbegründet, dass die Beachtung der geistigen Randbedingungen auch zu Gewaltlösungen führen könnte. Es würde aber dabei die geistige Position deutlich verlassen. Gewalt wird durch Strategien verursacht, welche jede geistige Balance verhindern müssen.
[290] Ihre Unterdrückung setzt die Wirkung funktionaler Machtprinzipien voraus, welche in der Moderne mehr die Form geheimdienstlicher Operationen haben werden.

die Kategorien des Geistes bauen auf konträre Informationsprinzipien und schließen sich gegenseitig aus. Ist die Vereinnahmung der Bürger nicht genug, den Machthunger zu stillen, muss ein Grund gefunden werden, die Grenzen der Gemeinschaft mit Gewalt zu zerstören. Die Mächte der Welt haben sich des Volksgutes gerne bedient, um einen arglosen Vorwand zu schaffen und die Bürger für ihre Ziele zu gewinnen. Die Vorbereitung des Krieges ist eine ideologische Vereinnahmung, bei der künstliche Ängste erzeugt werden. Man muss glauben, die gewohnte heimatliche Freiheit zu verlieren, wenn nicht den Forderungen des staatlich verordneten Nationalismus Folge geleistet wird. Die aus der evolutionären Differenzierung entstandene eigenständige Nation wird in der Vereinnahmung logischer Machtsysteme zum Vorwand für kriegerische Auseinandersetzung. Aus dem fortschrittlichen und evolutionären Begriff der Nation entsteht so der logische des militaristischen Nationalismus, der die Rangfolge auf internationale Ebene hebt, sich dabei auf die gefährdeten Lebensbedingungen einer Kulturgemeinschaft begründen will. Den strategischen Inhalten nach kann das aber immer nur eine plakative Tarnung sein, gewissermaßen nach der alten Metapher: „*Der Teufel braucht etwas Gutes, um sich dahinter verstecken zu können*". Spätestens in den Aktionen verrät sich die Schieflastigkeit, die niemals die evolutionäre Bedingung sein kann, wie sie sich als Volksgut vordem definiert hat. Seinem Informationsprinzip nach braucht der Geist Harmonie und muss sich vor Macht und Gewalt schützen, die ihrerseits die Netzwerke zerstören muss, um lineare Abhängigkeiten von Oben nach Unten zu schaffen. Die Machtprinzipien treten in der Weltgeschichte als die großen Zerstörer in Erscheinung. Heute lassen sich die Bomben vom Computer aus steuern, vielleicht bei einer Tasse guten Kaffees. Dagegen dürfte die Weitsicht, die Vielfalt der subtilen Entwicklungsbedingungen fremder Kulturen wiederherzustellen und zu fördern, wohl kaum einer politischen Organisation wirklich gelungen sein, weil diese immer wieder, von elitärer Intelligenz geführt, den Machtsystemen auflaufen müssen.

Die Entwicklungsbedingungen der Zivilisation sind konnektiver Natur[291] und können nur in selbsttätiger Entfaltung eines freien Gemeingutes gehalten werden, was einer gewissen liebevollen und sentimentalen Hinwendung bedarf, welche für eine geistige Sicht steht. Macht und Gewalt stehen als logische Prinzipien einer Volkskultur grundsätzlich entgegen und können einer harmonischen Gesellschaft niemals förderlich sein. Nicht selten wird das Prinzip verkannt, und nicht das Machtstreben, sondern das Volksgut

[291] Machtsysteme können in ihrer reduzierten Logik nie vollkommen sein. Deshalb können sich selbst in Diktaturen unbeaufsichtigte Freiräume mit evolutionärem Potential ausbilden.

verteufelt, nur weil es immer wieder als äußeres Deckmäntelchen benutzt wurde. Die Ursachen zu verschleiern, macht es den neuen Machtbedürfnissen leichter auf die Welt zu kommen. Vielleicht wird die Erkenntnis an dieser Stelle absichtlich unterdrückt, weshalb sich die Zivilisation mit der Weiterentwicklung der Geisteskultur schwer tut und nicht wieder auf den natürlichen Pfad zurückfindet, der das größte Maß an Harmonie schaffen kann, ohne dass der logistische Aufwand ins Unermessliche wachsen muss. Dabei sollten die natürlichen Vorgaben der Harmonie und das teuflische Blendwerk der Macht leicht auseinanderzuhalten sein, auch wenn für das Letztere jede beliebige Ideologie genutzt werden kann, die gerade modern ist, wenn sich nur einige logische Argumente für die Macht aus dem konnektiven Geflecht des Geistes heraustrennen lassen.

So wie die Prinzipien harmonischer Ordnung ständig auf Vervollkommnung aus sind, müssen sich auch die Strategien der Macht verändern. Sie sind in ihrer Eigenart natürliche Folgeprozesse der Evolution und bilden die Vervollkommnung der logischen Ordnungsgesetze stückweise auch in der Gesellschaft ab. Sie realisieren den Sinn der konnektiven Bedingungen auf der Handlungsebene, können ihn aber selbst auch in Summe nicht auf höherer Ebene erreichen. In der Führung können sie nur sinnfreie Plagiate schaffen und müssen dem evolutionären Fortschritt deshalb immer hinterherhinken. In ihrem Fortschreiten werden die logischen Prinzipien der Macht komplexer und ihr Hang zur Dominanz wird undeutlicher. Dabei zeigen sie nicht nur nationale, sondern auch globale Interessen, wobei selbst ganze nationale Bewegungen im Spiel geopolitischer Strategien initiiert und unterstützt werden. Nach ihrem historischen Kontext unterscheidet sich dabei die Globalisierung nur soweit von der Kolonialisierung, wie sie die Nationalkulturen unterstützen und entwickeln kann, um dem Fortschritt des Geistes die notwendigen Bedingungen zu erhalten. Es bleibt allzeit ein schwieriges Unterfangen, die Krakenarme der Machtsysteme aus der natürlichen Ordnung der Evolution herauszusezieren, zumal sich diese immer besser mit einer robusten Selbstorganisation zu schützen wissen. Dazu kommen die Mauern primitiver Betonlogik, die der Wissenschaft den Zugang verwehren.

So wie der Geist nicht die logische Funktion ersetzen kann, kann Letztere auch nur die Prinzipien der Macht unterstützen, nicht aber die der Harmonie. Die Demokratie bedarf deshalb des geistigen Hintergrundes, welcher seinerseits nur im Individuum wachsen kann. Die sich ergänzenden konnektiven Vorgaben können anderswo nicht entwickelt werden. So sehr auch der Mensch mit seinem Amt in die Funktion der Gesellschaft eingebunden ist, muss er sich seine geistigen Fähigkeiten zu bewahren suchen. Nur die können die Harmonie erstreben, welche für die Balance der Vielfalt notwendig ist. Aber das muss auch der Staat seinen Bürgern zubilligen. Friedrich Schiller schreibt: „*Wenn das gemeine Wesen das Amt zum Maßstab des Mannes macht, wenn es an dem Einen seiner Bürger nur die Memorie, an einem Andern den tabellarischen Verstand, an einem Dritten nur die mechanische Fertigkeit ehrt, wenn es hier, gleichgültig gegen den Charakter, nur auf Kenntnisse dringt, dort hingegen einem Geiste der Ordnung und einem gesetzlichen Verhalten die größte Verfinsterung des Verstandes zu gut hält – wenn es zugleich diese einzelnen Fertigkeiten zu einer eben so großen Intensität will getrieben wissen, als es dem Subjekt an Extensität erläßt – darf es uns da wundern, daß die übrigen Anlagen des Gemüts vernachlässigt werden, um der einzigen, welche ehrt und lohnt, alle Pflege zuzuwenden? Zwar wissen wir, daß das kraftvolle Genie die Grenzen seines Geschäfts nicht zu Grenzen seiner Tätigkeit macht, aber das mittelmäßige Talent verzehrt in dem Geschäfte, das ihm zum Anteil fiel, die ganze karge Summe seiner Kraft, und es muß schon kein gemeiner Kopf sein, um, unbeschadet seines Berufs, für Liebhabereien übrig zu behalten. Noch dazu ist es selten eine gute Empfehlung bei dem Staat, wenn die Kräfte die Aufträge übersteigen, oder wenn das höhere Geistesbedürfnis des Mannes von Genie seinem Amt einen Nebenbuhler gibt. So eifersüchtig ist der Staat auf den Alleinbesitz seiner Diener, daß er sich leichter dazu entschließen wird (und wer kann ihm unrecht geben?), seinen Mann mit einer Venus Cytherea als mit einer Venus Urania zu teilen?*“[292] Den Menschen mit niederen Reizen leitbar zu machen ist eine alte Kunst und es ist der Verdacht nicht unbegründet, dass auch die moderne Kommunikation noch nicht darüber hinweg ist. Die Werbestrategen nutzen die kurzen Steuerungen jedenfalls leidlich, um den geistigen Kopf aus den Geschäften herauszuhalten.

Die Ausgeglichenheit der logischen und geistigen Kräfte schafft die Harmonie in und zwischen den Gesellschaften der menschlichen Zivilisation, sie ist damit eine wesentliche Voraussetzung für Frieden und Demokratie. Aber sie ist auch der Motor für die nachhaltige Entwicklung, indem nicht alle gangbaren Wege durchprobiert werden, vielmehr die natürlichen Ressourcen geschont bleiben. Dazu gehören auch die Erhaltung der Artenvielfalt in der Natur und der Vielfalt der Sprachen und Kulturen in der Zivilisation. Die Evolution kann als aufbauendes Prinzip auf nichts verzichten, was in den Vorstufen geschaffen worden ist. Indem wir das einfache Brauchtum pflegen, schaffen wir die Fundamente, auf denen sich das Schöne in den Formen und das Gute in den Handlungen bauen lassen. Wie ein hohes

[292] Friedrich Schiller: Über die ästhetische Erziehung des Menschen in einer Reihe von Briefen. Sechster Brief. In [8], Seite 573 f

Bauwerk nur auf einen tiefen Grund gesetzt werden kann, braucht auch der entwickelte Geist das massive Fundament des Gemeingutes,[293] wie es sich in den vielfältigsten Formen der Volkskultur verfestigt hat. Jeder Machtimpuls, welcher gewaltsam zu trennen und zu vereinnahmen sucht, verringert die Möglichkeiten der harmonischen Entwicklung. Auch die beste, nicht in Geisteskultur, sondern mit Macht eingerichtete soziale Gerechtigkeit bleibt ein erzwungenes aufwendiges Monstrum, entbehrt der Freiheit und des natürlichen Glücks und hat sich selbst von der Evolution ausgeschlossen. Soviel technologischen Fortschritt eine Zivilisation auch aufzubringen vermag, gerät sie so weit in die Fänge der Machtsysteme, wie sie auf das in der Volkskultur gewachsene geistige Potenzial verzichtet. Ohne das Ordnungsprinzip der Evolution, das heißt ohne den konnektiven Ausgleich der eine Harmonie schaffenden Rahmenbedingungen, muss jede Organisation letztlich im Chaos landen, welches dann nicht selten auch in Gewalt endet.

Nachdem die Geisteskultur zu Beginn des zwanzigsten Jahrhunderts abgesagt wurde, musste man nicht lange auf die Katastrophe warten. Sie war auch dort am größten, wo durch eine verhältnismäßige Harmonie die Rahmenordnung für einen perfekten Funktionalismus gelegt war, und der nun ohne geistige Führung auch jedem Herrn zu Diensten sein konnte. Unter dem Mäntelchen des Volksgutes versteckt, ist das Machtprinzip bis heute unerkannt und hat im Höchstfalle dazu geführt, das Volksgut zu verteufeln, anstatt den diabolischen Kern des intrinsischen Funktionalismus der Macht zu entdecken. Die Betonlogik bei der Interpretation der Weltgeschichte ist ein Entwicklungshindernis, welches beim schicksalhaften Würfelspiel der politischen Denkmoden die Entwicklung nicht selten um Jahrhunderte zurückwirft. Vielleicht steht sie auch am Anfang einer Abkehr von der Evolution überhaupt und deren Prinzipien von Schönheit, Freiheit und Glückseligkeit, womit auch die Würde des Menschen verschwinden würde. So wird man auch das Niveau der so hoffnungsvoll begonnenen Geistesentwicklung des 19. Jahrhunderts in Deutschland nie wieder erreichen können.

## 6.2 Freiheit und Ästhetik

Wenngleich das konnektive Prinzip nach Erweiterung und Vollkommenheit strebt, ist es selbstorganisiert und auf den „symmetrischen" Grund, auf den primitiven Kristallisationskeim, angewiesen, auf dem es nur wachsen kann. Es ist die Beziehungswelt der evolutionären Vorgaben, welche auch die Historie einbezieht und deshalb schon in kleinen Koordinatensystemen ins Unermessliche anwachsen kann. Eine Vergrößerung des Einzugsgebietes

---

[293] Dasselbe kann, in gleichem Bild, nur in kleinerem Umfang auch tief genug ausfallen.

reduziert beim Einzelnen die konnektiven Möglichkeiten, welche sich in globalen Maßstäben ganz zugunsten arbiträrer Methoden verzehren müssen. Es ist deshalb einzusehen, dass sich der menschliche Geist nicht beliebig in der Gemeinschaft potenzieren kann, sondern dass er sich an bescheidenen Radien zu halten hat. Genauso wie er sich selbst im Mittelpunkt seiner Möglichkeiten positionieren muss, findet der Mensch auch in der Wirklichkeit eine einfache Ausgangslage, von der aus die Vielfalt der Formen und Handlungen gewissermaßen konzentrisch erreichbar ist. Es ist die konnektive Art, die Welt zu erschließen und sie braucht dazu den geringsten Aufwand, der zumindest deutlich unter dem des logischen Karteisystems liegt, weil sie nach Sinn ermittelt und nicht nach Koordinaten. Wie sich auch alles im gemeinsamen Sinn wieder findet, beginnt der Weg in den unterschiedlichsten Lagen und es ist einzusehen, dass der Entwicklungsprozess zunächst die Lösung von unnatürlichen Verbindungen braucht, um in dieses Ziel konvergieren zu können. Dessen Sinn sucht sich dann von selbst die aussichtsreichen Beziehungen auf geistige Art.

Natürlich kann der Einzelne nur einen gewissen Status erreichen, aber es ist sichergestellt, dass in der Gemeinschaft alle Konstellationen und die dahin führenden Zwischenzustände ein sich entwickelndes Ganzes bilden. Gemeinhin ist auch der Einzelne sich der Vervollkommnung bewusst und der primitive Anfangsstatus wird sich selbst als etwas Naives definieren, welches zu überwinden gilt. Nur kann dieses Überwinden nicht ein logisches Permutieren sein, wie es in der modernen Kultur vor sich geht. Vielmehr muss es als etwas Großes von Wichtigkeit angesehen werden, welches mit Liebe vervollkommnet werden muss. Das Fundament des Geistes kann nur mit einem konnektiven Prinzip weiterentwickelt werden, welches allein aus der weiten und ausbalancierten Beziehungswelt kommen kann. Da es im evolutionären Geschehen als Führung fungiert, wird es im Allgemeinen auch vom Gefühl als gewinnend schön empfunden. Das geschieht in der gleichen Art, wie uns etwa auch das Kindliche in den Bann nimmt. Es wird gewissermaßen aus der „Symmetrie“ des Naiven das Bauwerk des Geistes entwickelt. Bis hierher muss es zurückfallen, wenn ein Neubau erforderlich wird. Dabei können wir uns nur auf dem Weg halten, den die Evolution von Anfang beschritten hat. Jedes weltfremde Monstrum wäre vielleicht in Funktion zu setzen, entbehrte aber des Sinns, um es nachhaltig in den Kontext der Evolution zu bringen. Der Geisteswissenschaftler würde formulieren, es entspricht nicht der Schöpfungsidee. Wir müssen auf der Linie bleiben, und auch das Einfache akzeptieren, wenn wir uns nicht selbst aus der Entwicklung herauskatapultieren wollen. Dabei ist uns das Prinzip in die Wiege gelegt, das Seelische steht vor der Vernunft und gibt die allgemeine

Richtung vor. Es sind lediglich eine allzu hohe Bildung und zu viel Intelligenz, welche uns den naiven Zugang zur Geistesentwicklung versperren. Die Kulturen haben sich seit jeher des Themas angenommen. Die modernen Gesellschaften verpassen nun eher das Glück der Harmonie, weil sie zum naiven Volksgut und der sentimentalen Traditionen keinen logischen Zugang finden. Dabei ist es das uranfängliche Informationsprinzip, welches ihnen anhängt, auch wenn es nur noch in schwachen Beziehungen vorhanden ist. Die hohe Kunst ist es, die Gedankenwelt darauf zu gründen, und, falls es niemanden mehr eingeht, die Erfahrungen der Altvorderen zu nutzen und ihren ethischen und ästhetischen Eingaben zu vertrauen.

Das Zusammenwirken aus einer Vielgestaltigkeit heraus ist evolutionäres Prinzip, das in gewisser Weise auch auf die Begrenzung der Möglichkeiten hinweist. Die Evolution hätte auch die Vereinheitlichung anstreben können, so wie es etwa die Globalisierung der modernen Gesellschaft angeht. Aber die Uniformierung braucht viel Energie und Information bei der Synchronisation der Entwicklungsschritte, was an anderer Stelle dann gespart werden muss. Jede Veränderung müsste in die Breite getragen werden, wie auch die erstrebte Vielgestaltigkeit in jedem Element zu realisieren wäre, was einen enormen logistischen Aufwand erforderlich machte. Schon aus diesem Grund ist es notwendig, die Strukturen und deren Entwicklung auf eigenständige Wege zu reduzieren und die Vielfalt besser auf die gesamte Breite der Entwicklungslinien zu verteilen. Wenn diese im Verlauf der Evolution auch immer wieder zugunsten elitärer Wege verlassen wurden, so dürfte sich zum geistigen Niveau hin dieses Prinzip von selbst beenden, da der nun erreichte konnektive Mechanismus auch das Differenzierte in eine Richtung zu vereinen vermag. Die Unterschiede werden in ihrer Physis mit der evolutionären Höhe immer geringer, wodurch sich auch in der Zivilisation die Vielgestaltigkeit erhalten kann. Auf hohem geistigem Niveau ist eine Vereinigung der Ziele möglich, weil auf der Sinnebene alle Differenzierung zusammenlaufen und ein Ganzes bilden muss.

Dieses Zusammenführen ist konnektives Prinzip, welches an dieser Stelle auch notwendig ist, um die Vielfalt der Schöpfungen an eine gemeinsame Führungsgröße, ein evolutionäres Gegenüber, zu binden. Es ist nicht nur das, welches die Vielfalt vereint, sondern es ist auch das Zielgebiet, in welches alle nachfolgenden Systeme je nach Autonomie einlaufen und ihre Vorgaben finden. Da es für alle gilt, muss es von entsprechend einfacher Struktur sein, und als Zentrum eines konnektiven Systems die Ebenheit des Anfangs besitzen. Was in profaner kybernetischer Analyse als Leitstruktur für nachfolgende konnektive Systeme gilt, erscheint uns in höherer Sicht als das Ästhetische, was dann schon die Erkenntnis eines geistigen Prinzips beinhaltet. Das Schöne erweist sich als eine universelle Führungsgröße in unserem Bewusstsein, das dann unter Umständen auch in eine „Gegend“ geführt werden kann, in der es eine Vereinfachung durch höhere Ordnungsprinzipien erfährt. Hier ist eine evolutionäre Belohnung garantiert: Das Bewusstsein erfährt ein Glücksmoment, indem es erweitert wird und einen Blick von höherer Warte erhält. Das Schöne kann logisch nicht erklärt werden, weil es nur die Angel ist, die Teilnehmer der Evolution einzufangen und auf die eigentlichen Aufgaben auszurichten. Wohlmöglich verschwindet es ganz, wenn der Fokus darauf gelenkt und die Maschinerie der Intelligenz in Kraft gesetzt wird. Obwohl es der unbewussten Ebene zuzurechnen ist, können wir das Schöne ausmachen, weil wir die Erleichterung spüren können, welche unser Blick in die Welt dadurch erfährt. Nur eine Schieflage, wie etwa ein Schmerz oder ein schlimmes Ereignis, welche alle Energie der Aufmerksamkeit bindet, verhindert uns die Wahrnehmung des Schönen. Das bringt auch die logische Vereinnahmung zustande, weshalb auch die Freiheit von starken Bindungen zu den Voraussetzungen gehört, das Schöne empfinden zu können.

Indem wir durch das Schöne auf den natürlichen Weg der Evolution geholt werden, werden wir auf ein Ziel geführt, welches auch für den Einzelnen das höchste Maß an Freiheit bereithält. Der Effekt muss nicht von sofortiger Wirkung sein. Die Stärke konnektiver Führung ist gerade die Nachhaltigkeit, während der logisch Funktionalismus den schnellen Erfolg auswählen kann, der aber über kurz oder lang in die Leere führen muss, weil er die weiten Bedingungen nicht berücksichtigen kann. Die natürlichen Wege zu verlassen, bedeutet vielleicht für den ersten Schritt die höchste Freiheit, der folgende zeigt aber schon, dass der weitere Weg vollkommen selbst zu gestalten ist und umso schwieriger wird, je mehr von der natürlichen Wirklichkeit abgekoppelt wurde. Aus der vermeintlichen Freiheit wird eine Last. Aus dem geistigen Menschen wird am Ende der niedere Sklave, welcher nur noch mit der Aufrechterhaltung der einfachen Lebensfunktionen beschäftigt sein muss.

Genauso wie das ästhetische Prinzip, welches uns in den vielfältigen Formen auch unbewusst zu leiten vermag, zu einer echten Freiheit verhilft, ist auch umgekehrt eine gewisse Unabhängigkeit nötig, der Schönheit folgen zu können. Diese Art Freiheit kann aber nicht nur die Freiheit von einzelnen funktionellen Bindungen sein. Die allgemeine Voraussetzung ist vielmehr die Vielfalt, welche starke Bindungen erst gar nicht aufkommen lässt. Die Methoden der Vereinheitlichung hingegen führen zu logischen Kausalitäten, die eine andere Ordnung schaffen, welche wir gemeinhin als Rangordnung bezeichnen. In diesem System definiert sich die Freiheit durch die Position in der Hierarchie, also einer Bindung. Je höher der Einzelne zu stehen kommt, umso weniger wird er zu niederen Aufgaben veranlasst und umso größer ist seine vermeintliche Freiheit. Aber auch in den höheren Positionen der Machtordnung ist er nicht wirklich Herr seines Tuns, weil er viel stärker mit der Erhaltung seiner Funktion beschäftigt sein muss. Am Ende wird das seine einzige Aufgabe sein. Schließlich schafft die Macht eine Gegenkraft. Beide schaukeln sich mit hinterlistiger Intelligenz gegenseitig auf, verlassen die natürlichen Informationswege und überlisten dabei die Methoden der Evolution. Aber der unnütz verbrauchte Organisationsaufwand muss den austarierten Entwicklungsprozessen entzogen werden, was den Fortschritt lähmt und die Evolution schließlich zum Erliegen bringt. Man sieht, wie hier die Ressourcen gewissermaßen auf der höchsten kybernetischen Ebene verspielt werden. So brachten etwa auch die logistischen Machtstrukturen der Römer die Geisteswissenschaften zum Niedergang, was am Ende auch den rationalen Einsichten nicht förderlich war. Das Phänomen zeigt sich nicht zuletzt an den eher übersichtlichen geistigen Hinterlassenschaften der sonst so bedeutenden Weltmacht.

Die Freiheit von linearer Führung ließe sich nach dem Bild der kybernetischen Pyramide auf den verschiedenen Ebenen definieren. Man müsste sich jeweils den linken Führungsteil entfernt denken, wodurch das Folgesystem von aller Aufsicht und Gängelei befreit, seinen selbstständigen Weg gehen könnte. Auf den unteren Rängen könnte nur noch auf logische Art mit der Umwelt kommuniziert werden und die Freiheit würde sich gewissermaßen auf der funktionellen Ebene bestimmen. Das System könnte keine nachhaltigen Prozesse führen und müsste mit gleichrangigen Partnern in einen ständigen Kampf um die Vormachtstellung geraten. Würden aber höhere Systeme zugelassen, würde das niedere System schnell wieder in Abhängigkeit geraten, wenn auch diesmal in eine fremde, von der es sich dann wieder befreien müsste. Man erkennt in einer rein kybernetischen Betrachtung, dass die Befreiung von einer höheren Führung das System in eine niedere kurzsichtige Lebensart geführt wird. Die Loslösung von der Führung eröffnet unendlich viele Wege, welche sich aber fast alle über kurz oder lang selbst beenden, weil sie schon die elementaren Existenzbedingungen untergraben. Die ganze Evolution selbst würde an jeder Stelle ihres Verlaufs in die unendliche Weite von Zeit und Raum divergieren, wenn ihr plötzlich die Beziehungswelt des konnektiven Zusammenhalts genommen wäre. So ähnlich liefe auch eine Zivilisation auseinander, wenn aller Zusammenhalt durch Traditionen, Normen und Gesetze aufgehoben wäre. Es entstünde ein chaotisches Gegeneinander, dem nur durch die geistige Bildung des Individuums entgegengesteuert werden könnte. Die Befreiung von einer evolutionär höheren Instanz erzeugt eine Verarmung. Indem die Entfaltungsmöglichkeiten genommen sind, kann sich auch das Individuum nur noch in den Variationen gegebener Funktionalitäten bewegen, wobei die innere Ordnung mit wachsendem Aufwand gegen das beginnende Chaos gesetzt werden muss. Von der geistigen Führung abgeschnitten kann auch das Schöne nicht mehr wirksam werden, wodurch auch der Rückweg in die evolutionäre Freiheit versperrt wird.

Eine im kybernetischen Sinne umfassendere Auffassung von Freiheit bietet das natürliche konnektive System, welches eine Entwicklung fördert, die nicht auf die Uniformierung angewiesen ist, sondern auch mit der Vielfalt umgehen kann und nirgendwo in die Leere läuft. Dazu gehört eine entsprechend metaphysisch ermächtigte Sprache, welche nicht nur die lineare Darstellung unterstützt, sondern auch alle Querverbindungen bewahrt, welche sich in der kulturellen Entwicklung gebildet haben. Die besondere Forderung ist es dann nur noch, dass in der Gemeinschaft ein geistiger Beziehungskosmos geschaffen wird, der alle Information nach dem gleichen Prinzip auf konnektive Art, das heißt vom Einfachen zum Komplexen, bildet.[294] Es ist der sentimentalische[295] Weg, der gewissermaßen im Gemütvollen und Naiven beginnt, um auf die ursächliche konnektive Struktur aufzusetzen. Dem empfindsamen Gemüt offenbart sich diese Form durch ihre Schönheit, welche zum einfachen Kern hin am deutlichsten wird. In dieser Welt ist die Freiheit das Glück des natürlichen Weges. Freiheit bedeutet hier gewissermaßen, sich in die Freiräume fallen zu lassen, welche von den günstigsten Bedingungen der Evolution vorgehalten werden. Es ist andererseits auch das Glück, sich an die Vorgaben binden zu können, die für die optimale Zukunft bereitstehen, das heißt für die nach den gegebenen Bedingungen beste aller Möglichkeiten. Was das bedeutet, kann uns die Evolution nur in eigener Regie beantworten, indem sie einfache Wege öffnet, in denen sich die Nachhaltigkeit in allen Schritten von selbst potenziert. Interessanterweise scheint jedem Menschen diese arglose Hoffnung auf das Paradies in die Wiege gelegt zu sein, und es ist der Erziehung anheimgestellt, das zarte Pflänzchen zum Wachsen zu bringen, und es nicht verkümmern oder gar verderben zu lassen. Die natürliche Form der Freiheit weiter zu kultivieren, heißt gleichwohl, sich wenigstens im Geiste von den rationalen Gesetzen der Logik freizumachen und sich von den ethischen und ästhe-

[294] Wesensfremde Entitäten können nicht zu symmetrischen Strukturen zusammenwachsen, das heißt, es sind keine „außerirdischen Lebensformen" und ihre Medienderivate zugelassen.
[295] In der Literatur, besonders von Schiller verwendeter Begriff, die verloren gegangene Natürlichkeit durch geistige Kreationen nachzubilden und zu vervollkommnen.

tischen Gefühlen leiten zu lassen. Für diese geistige Kategorie der Freiheit stehen die evolutionären Systeme bereit, was darin zu erkennen ist, dass diese Form auch durch das natürliche Glück belohnt wird. Aus diesem Grunde ist die Freiheit ein erstrebenswerter Zustand, der nicht durch logische Klügelei oder durch Herrschaftsgewalt gewonnen wird, sondern gerade durch den Verzicht auf Machtausübung und das Lösen von Machtstrukturen, welche nicht von der Evolution geschaffen sind.

Die Macht als solche ist mit den konnektiven Methoden des Geistes nicht machbar, insofern ist auch nur im Geist das Glück zu erheischen und festzuhalten, zumal es sich mit der Formel des Schönen spielend finden lässt. Dass dabei das Schöne umso vollkommener wird, je näher man an die einfachen Wurzeln des Geistes gelangen kann, ist evolutionäres Prinzip. Es ist das Geheimnis verborgener Symmetrien, die Poesie des Einfachen, gewissermaßen das sentimentale Bauprinzip des Universums. Ein Mann, der ein schönes Gebäude errichtet, schenkt den Vorübergehenden ein kleines Stück Freiheit. In alten Kirchen erfahren wir mitunter den Schauer der Ewigkeit und das göttliche Prinzip, mit allem in Freiheit verbunden zu sein. Der unförmige Betonklotz eines gefühllosen Architekten macht den Menschen klein, treibt ihn in die rationale Gebundenheit. Die geheimnisvollen Prinzipien des Wohlgefühls kommen aus den naiven Wurzeln der Entfaltung. Mit logischem Zwang ist dieses Einfache nicht zu finden, der intelligente Aufwand führt uns vielmehr vom Natürlichen weg in die Wichtigtuerei mit komplizierten, aber geistlosen Formen. Hier ist nur Platz für das Denken in kausalen Funktionen, bei denen es am Ende nur darauf ankommt, einen höheren Rang zu erreichen.

Es hat deshalb nur derjenige eine Chance auf das Glück der Freiheit, der sich von den Fesseln der Ratio befreien kann und mit wachem Gefühl die Symbolik zu entdecken vermag, welche sich allemal in allgemeinen Vorgaben hinter den Dingen und Geschehnissen verbergen. Sich dahinein finden zu können ist nicht nur die größte Freiheit des Einzelnen, sondern auch der größte Gewinn für die Gesellschaft, die nur auf diesem geistigen Grund ihre Harmonie finden kann. So wie die Gesellschaft die Funktion und das Amt für jedes ihrer Mitglieder bereithält, muss sie deshalb auch für den geistigen Ausgleich sorgen. Die freien Künste stehen für diese Aufgabe, und zwar umso besser, je mehr sie sich vom Entertainment und Kommerz trennen können, weshalb an dieser Stelle der Staat in die Pflicht genommen werden muss. Nur zeigt sich dieser der Geisteskultur wenig förderlich, weil er dazu kein eigenes Korrelat entwickeln kann. Um vieles wirkungsreicher waren da einzelne Mäzene, wie sie etwa die Adelsgesellschaft hervorbrachte, weil die Förderer selbst die Geistesanlagen beisteuern konnten und sich die Vielfalt aus den Gelegenheiten von allein ergab. Mit dem schwindenden Einfluss wohlhabender Familien auf das gesellschaftliche Leben scheint sich auch die Geisteskultur zu dezimieren und damit auch das Verständnis für die natürliche Freiheit.

Nur als geistiges Prinzip ist die erreichbare Freiheit am größten, sie kann nur hier ihre Vollkommenheit erreichen. Dieser Zustand kann natürlich nur erlangt werden, wenn die niederen Fesseln genommen sind, das heißt, wenn der Mensch seinen Willen in Beliebigkeit gebrauchen kann, ohne durch die Macht fremder Kräfte oder die Unzulänglichkeit seiner eigenen Gesundheit beeinträchtigt zu sein. Diese Voraussetzung zu schaffen ist allzeit eine schwierige Aufgabe, welche nur durch den logischen Verstand und die rationalen Funktionen gelöst werden kann, weshalb auch für die meisten Menschen der Freiheitsbegriff durch diese praktischen Vorbedingungen bestimmt wird. Am Ende ist aber nur der obenauf, dem die extreme Unterschiedlichkeit von rationalem Verstand und sinngebenden Geist vertraut ist und der auch beides ganz differenziert zu bedienen weiß, das heißt auch das Glück nur dort sucht, wo es gewissermaßen zu Hause ist.

Es ist ein einfaches Informationsprinzip, dass sich das konnektive System des Geistes nur auf der Ebenheit einer einfachen Symmetrie entwickeln lässt. In der Lebenswirklichkeit entdeckt sich uns das Einfache als schön, wenn es uns gefühlsmäßig in weitere Vervollkommnungen verführt. Es ist die Magie der Freiheit, die uns in phantastische Räume leitet, welche der evolutionären Zukunft nicht fremd sind. Das märchenhaft Schöne ist eine Ahnung von einer positiven Entfaltung, entstanden aus einer konnektiven Extrapolation der aktuellen Bedingungen. Nur ist die Entwicklung aus dem Einfachen ein geistiges Prinzip, welches der logischen Intelligenz abgeht, weil es in kleinen Rationen nicht überschaut werden kann. Dem Hochintelligenten muss es kitschig vorkommen, falls er seine geistlose Position nicht verlassen kann. Aber auch den Machtsystemen dürfte die Freiheit des Geistes ein Gräuel sein, weil sie souveräne Individuen schafft, und keine pflegeleichten Spielfiguren. Wenn englische Popmusik in aller Welt die Geistesentwicklung untergräbt, so ist das ein unnatürlicher Zustand, der durch keine evolutionäre Strategie gefördert sein kann. Die Schieflage schaffen allein die hochintelligenten Methoden der Vereinnahmung, welche die großen Machtsysteme für ihre Existenz nötig haben und die von keiner politischen Kraft aufgehalten werden können. Was vordem mit Zwang und Gewalt erreicht wurde, wird in Zukunft allein mit Information möglich sein. Wenn auch die Strategien dabei unerkannt bleiben müssen, dürften die Rolle der Einheitssprache und der geheime Kampf gegen die Volkskulturen als offenkundige Beweismittel ausreichen.

## *6.3 Das romantische Prinzip*

In dem Maße, wie die Evolution ihre Ziele aus einem unerreichbaren Hintergrund auszugeben versteht, spürt der Mensch seinen freien Willen, selbst wenn er die niedrigsten Aufgaben verrichtet. Er muss nur glauben, dass sie seiner eigenen Brust entspringen. Die Unkenntnis der Ziele war den Weisen schon immer nicht geheuer, aber so wie selbst sie die Rätsel nicht lösen konnten, blieben dem gemeinen Volk erst recht die führenden Prinzipien fremd. Das änderte sich erst dann, als in der Weltabgeschiedenheit der deutschen Gelehrtenstuben eine metaphysische Sprache aussublimiert wurde, die unter der konnektiven Führung des Geistes ein Eigenleben zu entwickeln begann.[296] Eine Sprache, die sich mit wenigen konnektiven Elementen selbst vervollkommnet, ist wie ein lebendiger Organismus, verbreitet sich selbstständig und nimmt die angesteckten Individuen schnell in Besitz. Das war gegen die Regeln der Evolution, aber es wurde mit diesem neuen Informationssystem ein gemeiner Standpunkt geschaffen, von dem aus der geheime Hintergrund des menschlichen Bewusstseins ausgehebelt werden konnte, ohne seine kybernetische Funktion außer Kraft zu setzen.[297] Der fast mysteriöse Effekt kann nur vermittels des Sprachgefühls aufkommen, indem gewisse Konstellationen der Vollkommenheit sprachlich und damit auch gedanklich nachgeformt werden. Dabei kommen belanglos scheinende Ausdrucksformen zur Anwendung, die eine erste Transformation logischer Inhalte in die Beziehungswelt des Geistes ermöglichen. Dieselbe als etwas Fassbares zu erreichen, wird eine neue Lust, und der begeisterte Novalis schreibt: *„Die höchste Aufgabe der Bildung ist, sich seines transzendentalen Selbst zu bemächtigen, das Ich seines Ichs zugleich zu sein.“*[298]

Die Eigenschaften und Wirkungen dieser dem Sinn näher stehenden Gedankenwelt sind der logischen Analyse nicht zugänglich, sie verraten sich aber gerade durch die übergangene Logik und die Nähe zum Ziel. Um die Intention der neuronalen Führungsebene aufzuspüren, muss der rationale Verstand niedergehalten werden. Letzteres ist aber nicht das Kriterium, weil das auch vordem schon immer und in allen Maßstäben betrieben wurde. Gerade im Mittelalter erlebte der geistlose Okkultismus der Geister eine regelrechte Kultivierung und manchem ist es auch heute nicht gegeben, die

---

[296] Einen vergleichbaren Entwicklungsschub gab es in anderen Sprachen möglicherweise viel früher. In dieser späten Aktion aber erreichte der Effekt auf Grund der allgemeinen Entwicklungshöhe schon ein gewisses metaphysisches Niveau.

[297] Die schrittweise Entwicklung und ihre Historie seien hier übergangen, wie etwa der Okkultismus und der magische Humbug, der in Schillers Geisterseher so meisterlich dargestellt ist.

[298] Novalis: Fragmente. Blütenstaub 28. In [1], Band 2 Seite 106.

Phänomene auseinanderzuhalten. Alles, was die konnektive Führung des Geistes vergessen macht, kann dem sinnlosen Nonsens wohl auch zu einem ewigen Leben verhelfen. Das romantische Glück der Evolution war ohnehin nur eine räumlich begrenzte und kurze Episode, deren Bedeutung heute kaum mehr verstanden wird. Was derzeit in den Medien als Romantik verkauft wird, hat mit dem eigentlichen Prinzip der deutschen Romantik nichts zu tun. Nicht selten versucht man sogar den alten Originalen ein neues Verständnis zu verschaffen, entfernt dabei aber genau das, was das eigentliche Prinzip ausmacht.

Vom blutigen Kampf um die Wahrheit der Religion heißgemacht, kam auf dem europäischen Festland eine Sprachentwicklung in Gang, die über die Logik der Aufklärung weit hinausschoss. Im Ringen um die letzte Wahrheit gebar die Sprache gewissermaßen Ausdruckformen, die wir heute als konnektive deuten können. So belanglos sie ausschauen, verhalfen sie der Sprache zu einer metaphysischen Leichtigkeit, deren Gründe uns unbewusst bleiben, deren Wirkungen wir aber verstehen können. Aus der Freiheit in Unkenntnis wurde die Freiheit des unerschöpflichen Sinns, des Schönen und Moralischen, das plötzlich ins Bewusstsein trat und alle bisherige Lebensphilosophie ins Wanken brachte. Es war das gesellschaftliche Erwachen des Geistes, der aus den dunklen Einsiedlerverliesen an das Licht der Öffentlichkeit gebracht wurde. Das unbekannte Wesen des konnektiven Prinzips war etwas, das über die gerade mit der Aufklärung geschaffene Ordnung des Rationalen hinausging und selbst die Grenzen in den Kategorien von Kunst und Wissenschaft mit Leichtigkeit übersprang. Damit war allerdings auch der Leichtsinn nicht weit, mit dem sich nicht selten die neue Bewegung selbst in Misskredit brachte.

Das reine Prinzip der Romantik[299] aber entdeckt sich als etwas Verspieltes, Verträumtes, das ganz unkonkret die unendlichen Räume der Phantasie erschließen kann, ohne dabei dem Nonsens zu verfallen.[300] Und das war gerade das Neue, dass sich die Träume wie von selbst vom Schönen und Guten leiten ließen. Die romantische Übung mit dem neuen Sprachinstrument fand gewissermaßen die positiven und nachhaltigen Texte der Wirklichkeit und schien die schrägen Dissonanzen mit Leichtigkeit zu vertreiben. Die geheimnisvollen Melodien folgten dabei den schöpferischen Kräften der Natur, wie sie sich auch im Geiste entfalten können. Dabei sind die

---

[299] Im Sinne eines Informationsprinzips, also frei von den unsäglichen politischen Vereinnahmungen und Polemiken, welche teilweise von den Protagonisten selbst geführt wurden.

[300] Die Romantik unterscheidet sich als geistiges Prinzip wesentlich von der Romantik der Geister, wie sie sich uns besonders aus dem angelsächsischen Sprachraum aufdrängt.

Akkorde von einfachster Struktur, allein der Zusammenklang gibt den verführerischen Zauber.

Es ist evident, dass wir hier auf eine besondere Form von Information treffen. Es ist diejenige, welche ihr Wissen in Beziehungen versammelt und sich der Logik mit Beharrlichkeit verweigert. Ihre Arbeitsmethode sind die Ähnlichkeiten, wie sie sich in den Bildern finden oder auch in Kunstformen ihr Wesen entdecken lassen. Etwas profaner ausgedrückt geht es in der Romantik darum, die den Dingen anhaftenden Existenz- und Entwicklungsbedingungen zu erfühlen und ihnen ein handhabbares Äquivalent im Bewusstsein zu verschaffen. Es ist klar, dass das nicht immer in einer Form gelingen kann, die uns die unmittelbare Wirklichkeit vorschreibt. Im Gegensatz zu der fantasy ungebundener Variationen ist die romantische Fantasie aber auf die korrelative Erweiterung bildhafter Werte angewiesen, so wie sie in der Harmonie des Sinns gefordert werden. Auch bei noch so gefügiger Sprache bleibt der führende Rahmen deshalb das Gefühl, welches aber andererseits auch nur in der Metaphysik der Sprach- und Gedankenwelt entwickelt werden kann. Es ist demnach nicht nur die Informationsart entscheidend, sondern auch das evolutionäre Prinzip der Selbstorganisation, welches auf das ausbalancierte Zusammenspiel der Elemente angewiesen ist.[301] Es ist die Ordnung der Harmonie, welche die Grundlage aller Entwicklung bildet und sich im Durcheinander der Wirklichkeit nur ausmachen lässt, wenn sie ein inneres Äquivalent zum Mitschwingen bringen kann. Es leuchtet ein, dass dasselbe zuvörderst zu stimmen ist, und zwar mit den metaphysischen Einrichtungen der Sprache. Dass dabei auch die Harmonie in der Musik förderlich sein könnte, dürfte mehr als eine interessante Vermutung sein.

Gelingt es nun mit der ausgemachten List einer einzigartigen Sprachqualität und der mit ihr gebauten Ideenwelt in die Führungsebene des Sinns vorzudringen, so lassen auch die äußeren Bilder ihren Wert für das konnektive Prinzip erahnen. In einem Vers von Eichendorff wird das etwas poetischer ausgedrückt: „*Schläft ein Lied in allen Dingen, Die da träumen fort und fort, Und die Welt hebt an zu singen, Triffst du nur das Zauberwort.*" [302] Der entwickelte Geist entdeckt in den bildhaften Zusammenhängen der Wirklichkeit den Zauber unfassbarer Schönheit. Eingedenk der schier unbegrenzten Möglichkeiten von Informationsinhalten bildet das Universum einen

---

[301] Das Erscheinen des Schönen und deren Empfinden ist Beweis genug für das Wirken konnektiver Methoden in den Entwicklungsbedingungen.

[302] Zitiert in: Robert Mühlher, Natursprache und Naturmusik bei Eichendorff. Würzburg 1961. Seite 5

unendlichen Informationsspeicher und hat Platz für den vollkommensten Himmel und unendlich viele Höllen, ohne dazu wirklichkeitsfremde Parallelwelten bemühen zu müssen. Die Informationsprinzipien selbst und ihre ausbalancierten Entwicklungsmöglichkeiten führen die Evolution in Zustände, die uns als paradiesisch erscheinen müssen, so wie wir selbst als die wichtigsten Akteure darin vorkommen. Wie viele Umstände die Entwicklung von diesem Weg auch abhalten und das Ergebnis verkürzen, steht er dem Geist allemal offen, als eine Ahndung möglicher Wirklichkeit.

Wenn die Vorgänge der Evolution in ihrer Abfolge betrachtet werden, so sieht man die Entwicklung und Vervollkommnung der Informationsprinzipien in Richtung der jeweils höheren Führungsebene. Nach dem intellektuellen Niveau, welches den Verstand des Menschen ausmacht, kommt offensichtlich das geistige. Genauso wie jenes auf die Ordnung in der niederen Ebene angewiesen ist, bedarf auch dieses der niederen Dienste. Der Geist kann gewissermaßen nur dann existieren, wenn alle tieferen Instanzen gewissenhaft und im Stillen ordnungsgemäß ihre Arbeit verrichten. Von allen anderen Lebensprinzipien ist der Geist damit das anfälligste, aber andererseits auch das vollkommenste, der alle anderen weit in den Schatten stellt. Mit der Romantik schien sich ein erster Versuch vollzogen zu haben, der schon etwas von der leichten Glückseligkeit erahnen lässt, die das evolutionäre Prinzip im Kosmos des Beziehungswissens noch vorhält. Indes hatte es sich schnell gezeigt, dass die Zeit noch nicht reif war, und die Akteure werden wohl erst noch mehrfach durch die Hölle gehen müssen, bis sich die Einsichten verfestigt haben und die nächste evolutionäre Stufe genommen werden kann. Wie viel dazu noch nötig ist, und wie die neue Etappe in ihrer Wirklichkeit aussehen wird, kann niemand sagen. Indem wir aber das Schöne kennen und auch wissen, wie das Vollkommene aussehen könnte, tragen wir alle das paradiesische Potenzial bereits in uns, und zwar umso deutlicher, je besser wir den Bedingungen der geistigen Bildung folgen können. Die zu ergründen, wäre ein wichtiges Amt, und die Möglichkeiten der bewussten Einsicht in die konnektiven Mechanismen des Geistes zu erforschen, eine große Herausforderung.

Als evolutionäres Potenzial bezeichnet man die Summe der Voraussetzungen und Bedingungen, welche einer nachhaltigen Entwicklung voranstehen, sich aber auch selbst organisieren und entwickeln müssen. Es ist die Information, die für die Strukturbildungsprozesse bereitsteht, aber noch nicht in Bewegung gesetzt wurde. Das Wissen steckt in den Beziehungen der Dinge und Erscheinungen. Diese Information auszuloten, ist an sich die vorkybernetische Aufgabe des Geistes. Dieselbe aber bewusst wahrzunehmen, ist dem Menschen nach unserer bisherigen Erkenntnis nicht gegeben.

Die konnektiven Ansätze in der Sprache bilden insofern eine Ausnahme, als sie der Logik der Aussagen eine bestimmte Richtung verpassen, welche ihrerseits dem Gefühl nicht immer verschlossen bleiben muss. Die Menge ist sonst unbewusst und verliert sofort ihre Wirkung, wenn sie das Bewusstsein erreicht. Das Verbot mit sprachlichen Mitteln ein klein wenig zu umgehen, ist nur deshalb möglich, weil am Ende auch nur ein zartes und nebulöses Bild entsteht, das den geistigen Kosmos nicht zu entblößen vermag. Aber immerhin kann das vom Empirischen befreite und empfindsame Gemüt ein kleines Stück vom Sinn des Ganzen erheischen. Eine sichere Zielrichtung findet es sogar dann, wenn es sich vom Ästhetischen leiten lässt.

Das Ästhetische ist ein Wert, welcher über große Zeiträume aus kleinen erfühlten Schönheiten zusammenkommt und sich auch in bildsamen Kunstwerken verewigen lässt. In kybernetischer Hinsicht ist es sozusagen die organische Symmetrie, welche sich in der Natur finden lässt und welche damit gleichzeitig auch ein Tor zum konnektiven Geiste sein kann. Wir können aber nur die Eingangspforte gewahren, die innere Struktur des Geistes muss uns verschlossen bleiben. Wir wissen nicht wie, aber wir spüren, dass gewisse Bilder und Handlungen mit Leichtigkeit dieses Tor passieren und uns eine gewisse innere Erleichterung bringen können. Es ist kein Mysterium, die Evolution nimmt uns gewissermaßen auf diese Art mit, weil wir ein Teil von ihr sind und ihre eigentlichen Protagonisten. Wenn wir diese Mitnahme aber sogar spüren können, so ist das ein erster Schritt, die Welt des Geistes zu verstehen. Es ist wie eine höhere Einladung in die günstigste Gegend. Sobald wir die Fundamente des Geistes „erfühlen" dürfen und sie als schön empfinden, müssen wir nicht umständlich hin und her geschupst werden, um auf den rechten Weg zu kommen. Die Bedingungen der Evolution bilden sich in unseren Gedanken und Handlungen ab und sind am Ende auch für den zeitlichen Verlauf der geschichtlichen Ereignisse verantwortlich. Die auf das geistige Fundament gesetzte Ideenwelt ist auf die Vorgaben der äußeren Dinge begründet und stellt eine Weiterführung im gleichen Sinne dar. Sie muss nur in der entsprechenden Harmonie mit der Umwelt entwickelt werden. Wenngleich das in einer reglementierten Zivilisation auch kaum mehr möglich ist, so sind doch die ersten Voraussetzungen der Geistesentwicklung in jedem Kopfe selbst geschaffen. Auf diese Art finden sich gewissermaßen die Samenkörner, welche unter noch so widrigen Bedingungen immer wieder das geistige Prinzip in die Welt setzen. Dass damit eine gewisse Ausstrahlung in die rationale Welt erreicht wird, ist kybernetisches Prinzip.

Was wir in unserer geistigen Führung tun können, ist keine bewusste Analyse, wir können das Schöne nicht mit unserem logischen Verstand erklären. In unseren Handlungen und Gedanken fühlen wir lediglich, was unser Ich befreien und glücklich machen kann. Es ist allemal der von Last befreite und leichtere Blick in die Welt. Es ist die Vereinfachung, welche Energie freisetzt und der Phantasie überlässt, die damit die wundervollsten aller Varianten durchspielen kann, ohne die Harmonie der Dinge zu verletzen. Zu diesem romantischen Glück bedarf es der Freiheit, weshalb der Begüterte oder der leichtfüßige Künstler leichter die Seligkeit geistiger Ausschweifungen erreichen kann. Nur der Analytiker ist nicht willkommen. Er nervt und vertreibt die flüchtigen Ahndungen. Ludwig Tieck lässt seinen Lovell darüber klagen: *„Ich hasse die Menschen, die mit ihrer nachgemachten kleinen Sonne in jede trauliche Dämmerung hineinleuchten und die lieblichen Schattenphantome verjagen, die so sicher unter der gewölbten Laube wohnten. In unserm Zeitalter ist es vielleicht Tag geworden, aber das romantische Mondlicht war schöner, (...)*“.[303] Die zwielichtige Dämmerung, die das Konkrete auflöst, schafft gewissermaßen die Bedingungen, welche für das Entdecken der vielen schwachen Beziehungen nötig sind. Es ist die Urpoesie der heterogenen Mischungen, die sich uns mehr in den Träumen erschließt, aber dann auch ihre Verwandtschaft mit der Wirklichkeit bezeugen muss, wie Novalis sagt: *„Wir sind dem Aufwachen nah, wenn wir träumen, daß wir träumen.“*[304]

Abseits aller starken Bindungen, wie Gier, Macht oder selbst der rationalen Nützlichkeit, zeigt die Wirklichkeit hin und wieder die Konturen ihres magischen Gewandes. Darauf waren die Romantiker eingestellt. So verschieden ihre Biografien und ihre Eitelkeiten auch waren, in ihrer Ideenwelt waren sie eine Einheit, alle fanden sich im steigerbaren Ideal der Natur wieder. Die logische Rangfolge der Persönlichkeiten war außer Kraft gesetzt, die Individuen ergänzten sich vielmehr in einer Ideengemeinschaft. Es ist das geistige Prinzip der Vervollkommnung, in der nicht nur das Ausdifferenzierte der Einzelwissenschaften, sondern auch das Trennende zwischen Namen aufgehoben wurde. Damit war zum ersten Mal in der Geschichte die von den Römern eingeführte und von den Lateingelehrten unterstützte Rangfolge der Personen unterwandert und von einer Gedankenkommune abgelöst worden. Die war gewissermaßen das Gegenstück zu dem „Ideenobjekt“ der Natur, organisiert in den gleichen Informationsprinzipien.

Dem empfindsamen und geistig versierten Gemüt hält die Natur ihr romantisches Wesen vor und zeigt, wie auf geheimnisvolle Weise alles miteinander verwoben ist. Woher sonst sollten wir unsere Ziele und Führungs-

---

[303] Ludwig Tieck: William Lovell. Reclam Stuttgart 1986 Seite 50

[304] Novalis: Urfassung von „Blütenstaub“ 16. In [2] Seite 326

vorgaben bekommen, wenn nicht aus den Zusammenhängen in der Wirklichkeit, welche als Bedingungen eine nachhaltige Entwicklung unterstützen. Was den Verstand unter funktionale Zwänge setzt, kann nicht auch den höheren Sinn ausmachen. Um einen solchen Kreis der kybernetischen Selbsterregung gar nicht aufkommen zu lassen, müssen die Bedingungen unserer Handlungen mit den Beziehungen der äußeren Dinge korrelieren. Unser Geist ordert die weiteren Zusammenhänge in Raum und Zeit, ohne dass uns das bewusst wird, und bringt sie in Verbindung mit der aktuellen Situation.[305] Aus anderer Informationsquelle können wir die Antriebe für unsere Einsichten und Handlungen nicht beziehen. Indem wir das Schöne und Angenehme fühlen, spüren wir nur die unbewusste Hinlenkung, wie sie aus einer Erregung entsteht, die mit den Körpergefühlen verwandt ist. Das Schöne trifft gewissermaßen das innere Bauprinzip, wodurch das konnektive System bis in die innersten Wurzeln ergriffen wird. Dabei sind das Schöne und das Gute allgemein, die Unterschiede werden nur durch die verschiedenen Empfänglichkeiten gemacht, mit der wir ihnen begegnen. In dem Vergangenen zeigen sie sich mitunter sogar märchenhaft, weil die Bilder näher am harmonischen Fundament des Ursprungs gebaut sind und damit auch vollkommener wirken können.

Mit dem Phänomen des Schönen zeigt es sich, dass unser inneres und das äußere Universum nach den gleichen Prinzipien gemacht sind und die gleichen Intentionen tragen, die darum unser Bewusstsein steuern, das heißt unsere Aufmerksamkeit auf das Notwendige ausrichten. Das daraus erwachsende Glück ist möglicherweise das Höchste, was die Evolution für die geistige Entwicklung der Zivilisation tun kann. Es ist das Belohnungssystem, das nicht nur befriedigt und die nervenden Ziele zurücksetzt, sondern auch den Blick in die evolutionäre Richtung freimacht und ein leichteres Gehen auf diesem Weg, sozusagen durch Einsicht in die verbesserte Strategie, ermöglicht. Die durch den optimalen Weg vereinfachte Führung kann Energie freisetzen, welche dann für die Erweiterung des Bewusstseins genutzt werden kann. Das ist letztlich der physische Prozess des Glücks, mit erweitertem Blick in die Welt sehen zu können, wodurch nicht nur das eigene Reich in der Wirklichkeit größer wird, sondern auch manche Sorge verschwindet, die nur der Kurzsichtigkeit verschuldet war. Und dem Glücklichen schlägt keine Stunde, weil sogar mit wachsender Bewusstseinsbreite auch die gefühlte Zeit langsamer verlaufen muss.

Die nächste Stufe, nämlich das Glück im Geiste vorwegzunehmen, könnte indes auf ein weiteres Prinzip hindeuten, welches die Evolution noch be-

---

[305] Nur der Okkultist fragt, ob die Dinge auch außerhalb der Wirklichkeit existieren können.

reithält. Der Romantiker fängt an in der geistigen Ebene zu spielen, um das Glück ohne den Rattenschwanz an rationalen Folgen mitzunehmen. Deren pragmatische Vernunft könnte der Entfesselung des Gefühls ohnehin nur im Wege sein. Soviel aber die Abenteurer des Geistes auch anstellen, es bleibt zunächst ein Fischen im Trüben, bei dem man sich nur von unerklärbaren Glücksmomenten leiten lassen kann. Dem Kybernetiker mutet das freilich wie ein versehentlicher Winkelzug an, da die höchste Zielebene dem nachfolgenden Steuerungssystem dem Gesetz nach eigentlich verschlossen bleiben muss. Was sollte zudem eine freilaufende Führung ohne eine nachfolgende Aktion in die Wirklichkeit? In unserem Falle ist die Antwort fast trivial. Die Partie in der höchsten Ebene regt die Selbstorganisation an, zu welcher ein freier Geist befähigt ist, wenn ihm nur die entsprechenden Bedingungen verfügt werden.[306] Zum einen ist es nur die reine und freie Seele, die sich der göttlichen Strategie öffnen kann, nicht die lasterhafte und befangene. Aber das ist nicht alles. Um in den höchsten Level vorzustoßen, braucht es der geistigen Bildung, die bei den Protagonisten der Romantik immer vorausgesetzt werden konnte. Carl Gustav Carus war es ein Anliegen, auf der ersten Zusammenkunft Deutscher Naturforscher und Ärzte darauf hinzuweisen, dass es zwei Seiten sind, welche die Bildung ausmachen. Die im heutigen Sinne analytische, die reine Naturbeobachtung „*belehrt durch das Wahrnehmen von gewissen organisch verbundenen Reihen der Phänomene, sie nützt durch die Verfügung der Naturmannigfaltigkeit zu menschlichen Zwecken. – Die spekulative Betrachtung hinwiederum erfüllt das zweite Begehren menschlicher Individualität, welche nicht bloß Mannigfaltigkeit, sondern gleichzeitig die Einheit fordert. In ihr entfaltet sich nach reiner gesetzmäßiger Folge die Beziehung der Mannigfaltigkeit der Welt auf die Einheit unseres geistigen Ichs, und zuhöchst auf die Einheit ursprünglich göttlichen Wesens, wir lernen durch sie mit Deutlichkeit die Gesetze erkennen, welche das Fortschreiten der Naturbildungen von Einheit zu Mannigfaltigkeit bestimmen, mit einem Worte, wir lernen der Natur in ihrem Gange, den wir sinnlich wahrnehmen, auch geistig nachfolgen, und so erst können wir Natur und eigenes Ich, als gleiche Emmanationen höchster Wesenheit, mit wahrer Befriedigung und voller Genüge empfinden.*“[307] Mit den zwei Seiten der Bildung werden gleichzeitig auch zwei ganz verschiedene Informationsprinzipien beschworen, mit den ihnen eige-

[306] Die Selbstorganisation des Geistes ist eine Symmetrierung komplexer Führungsstrukturen über Zeit und Raum, bei der aus einer unendlichen Zahl von Varianten nur wenige übrigbleiben, nämlich die nachhaltigen, die auch den Folgebedingungen entsprechen.

[307] C.G.Carus: Von den Anforderungen an eine künftige Bearbeitung der Naturwissenschaften. E. Fleischer Verlag Leipzig 1822. In: Zwölf Briefe über das Erdenleben. Stuttgart 1986. S.14f.

nen und oft ganz gegensätzlichen Methoden. Was die bewusste Logik in ständig wiederkehrenden Inferenzprozessen üben muss, um ein Gesetz zu befriedigen, muss in der geistigen Ebene durch das Austarieren immer feinerer Gleichgewichtslagen geschehen, welche die zeitlose Zusammenschau der gewordenen und werdenden Strukturen darstellen. Nur die harmonischen Beziehungen zwischen Dingen und Geschehnissen haben Zutritt in der höchsten Ebene, weshalb man allerhand tun muss und sich vieler Ansichten zu entledigen hat, um das geheime und irrationale Regelwerk des Geistes anzunehmen. Aber es hat sich in der Zeit viel Wissen angesammelt, wie und mit welchen Mitteln das verborgene Terrain zu erobern ist. Man hat nur die Scheu vor dem Alten zu überwinden und das von der logischen Vernunft Verpönte beiseite zu nehmen. Es kommt darauf an, den Geist zu beschäftigen, ihn anzuspornen und zur Weiterentwicklung zu bringen. Der romantische Weg ist ein gangbarer, weil er nach derjenigen Glückseligkeit sucht, die den logischen Verstand und den rationalen Gewinn hinter sich lässt. Dabei wird der Weg der Religion tangiert, soweit diese ihr Netzwerk mit Liebe und Demut baut, sich damit über all die Verführungen linearer Rangfolgen zu erheben vermag und der Macht nicht mehr bedürftig ist.

Die „höchste Wesenheit“ als Einheit zu verstehen heißt, nur mit den Bildern und Geschehnissen umzugehen, welche sich harmonisch zusammenfügen lassen. Die Übungen dazu sind andere, als sie uns mit den Logiktrainern zur Verfügung stehen. Was uns bei diesen in prägnanten Mustern vorgegeben wird, muss bei jenen in weiten und undeutlichen Zusammenhängen erspürt werden. Hier ist es der Fokus, der uns die möglichst einfache Reihenfolge der Logik erkennen lässt, dort ist es der weitgestellte Blick, welcher uns in spielerischer Freiheit die Schönheiten vor Augen führt. Das sind in die Entwicklung hinein passfähige Informationseinheiten, welche in ihren Umfang und ihrer symbolischen Bedeutung weit über die der logischen Bausteine hinausgehen. Der Erfolg ist hier das logische Ergebnis, eindeutig und wiederholbar, dort das eigenwillig Erhabene, das gewissermaßen in absoluter Form eine Einheit beschwört und alles Unpassende zurücklässt. Es bringt zusammen, ohne dazu die Niedrigkeiten von Macht und Gewalt bemühen zu müssen. Das romantische Spiel der dazu Ermächtigten führt mit ausgewählten Bildern des Geistes zur Vervollkommnung, welche dem Gefühl nach die paradiesischen Schönheiten erfühlen lässt, nach profaner Kybernetik aber nur die optimale Strategie darstellt, welche in den komplexen Bedingungen möglich ist. Wir bezeichnen die höhere Zielstellung als den Sinn und wissen, dass sich dieser unserer Vernunft verweigert. Die Vervollkommnung in der höchsten, der konnektiven Ebene erschließt sich uns nur mittelbar, indem sie sich nur im weiten Verlauf der Gedanken erkennen lässt, aber auch in den neuen Fragen, die sich ganz ohne bewusste Hinlenkung auftun.

Die Romantik selbst wäre hierin nur das Mittel zum Zweck und hätte selbst keine Hinterlassenschaft, wenn es nicht auch gelänge, eigene Glücksmomente daraus zu ziehen. Allein der fehlende rationale Effekt macht die Beglückten zu Verachteten und bringt die progressive Methode in Misskredit. Aber auch die verloren gegangene Einsicht in die besonderen Eigentümlichkeiten geistiger Bildung und der Hang des modernen Entertainments zu den billigen und grenzenlosen Variationen des Vorhandenen haben das Potenzial, den Quell der Evolution zum Versiegen zu bringen. Das von der Entwicklung so bevorzugte logische System ist über alle Maßen gewachsen und versucht sich nun seiner Wurzeln zu entledigen, welche die ganze Zivilisation so lange genährt hat. Schon mit dem Ende der Romantik kamen die Rationalisten auf den Plan, allen voran Mathematiker wie Gauß und Chemiker[308] wie Wöhler oder Liebig, welche die Protagonisten der Romantik und des Idealismus verspotteten, dabei aber übersahen, dass ihre analytischen Systeme ohne spekulative Vorarbeit unbedeutende Krümel in einer Wüstenlandschaft gewesen wären. So wie der Boden sozusagen im Geiste geschaffen war und durch zahlreiche theoretische und praktische Fortschritte auch seine Fruchtbarkeit bestätigt hatte, kam es im Laufe der Zeit zu einer geistigen Verkümmerung, die von den Naturwissenschaften ausgehend alle Bereiche der Zivilisation erfasste, wodurch am Ende auch das Machtsystem unterstützt und die Kriegsvorbereitung vorangetrieben wurde. Die Welt kam von nun an ohne metaphysische Bildung aus, mit den entsprechenden Folgen in der wissenschaftlichen Erkenntnis und auch in der Gesellschaft, in welcher dann auch ganz wesentliche Veränderungen gewahr genommen werden konnten.

Dabei war die Evolution bis dato eine Geschichte der Geistesentwicklung gewesen, welche die Strukturen der Gesellschaft sozusagen in die Spur der Entwicklung gebracht hatte. Man findet die verbindenden Prinzipien, welche eine Gemeinschaft organisieren in vielen Ordnungssystemen, welche genauso gut hätten vervollkommnet, statt abgeschafft werden können. Hätte die logische Interpretation der konnektiven Verfahren einen anderen Verlauf genommen, indem etwa die Aussagekraft der Methoden hätte relativiert werden können, so wären genau die Fehlinterpretationen vermieden worden, welche dem Geiste den Garaus gemacht haben. Die Bewahrung des Begonnenen hätte die Geisteskultur auf die vorteilhaften Wege ausrichten

[308] Mathematik und Chemie haben als Wissenschaften die geringsten Querverbindungen zu den geisteswissenschaftlichen Systemen.

und den intellektuellen Nonsens herauswerfen können. So wäre auch die Romantik ein Optimierungsverfahren geblieben, das auf höchstem Niveau die Entwicklungsidee weitergeführt hätte. Was dabei in kulturelle Normen gekommen wäre, hätte dann nicht jedem von Neuen eingehen müssen. Die Nachhaltigkeit der Entwicklung und die friedliche Harmonie wären der Lohn gewesen für das ausgewogene Verhältnis der Wahrnehmungen in der Wirklichkeit, bei der eben auch die vermeintlich überholten spekulativen Ansichten nicht zu kurz gekommen wären. Sie haben die Ratio erst geschaffen und können auch bei deren Fortbestand nicht entbehrlich sein.

Interessanterweise haben schon die frühesten Gesellschaften kulturelle Standards vorgeführt, welche das konnektive System der Harmonie unterstützen, indem sie die Beziehungen im Geiste über rationale Abhängigkeiten setzten. Auch die Künste hatten sich die ganze Zeit lang diesem System verschrieben, bis sich der logische Intellekt ein Mitspracherecht anmaßte und begann, die einfachen Bilder des geistigen Zugangs als Kitsch zu verspotten und durch eigene Konstrukte zu ersetzen, welche aber immer schräg und sinnentleert ausfallen müssen. Der Reiz liegt allein in der intelligenten Verfremdung, der Gewinn in den niedrigen Kosten und dem schier unendlichen Reservoir, alles Voraussetzungen, die für das Entertainment der modernen Künste geradezu geschaffen sind.

Natürlich wäre es in gewissem Sinne auch denkbar gewesen, dass die nach geistigen Prinzipien geschaffenen Ordnungssysteme irgendwann ausreichten, sodass die geistige Episode aus der Evolution wieder verschwinden könnte, weil für das letzte Ziel alles bereitgelegt ist und alles in Normen und Gesetze gegossen ist. Nur zeigt gerade die technokratische Gesellschaft den schnellen Verfall von Traditionen, der einen stabilen Endzustand nicht möglich machen würde. Es muss schon aus diesem Grunde angenommen werden, dass ein bewusstes Spiel mit dem ganzen Sinn und eine Zielsuche durchaus eine Voraussetzung für den weiteren Bestand der Evolution sein könnten, vielleicht sogar für eine Weiterführung auf einer höheren, geistigen Stufe. Wir wissen nicht, ob dazu das geistige Prinzip des unbewussten Hintergrundes ausreicht, oder ob für die höhere Entwicklung die Versuche zur bewussten Wahrnehmung vorausgesetzt werden, wie sie uns in der Romantik begegnet sind. Auch der Geisteswissenschaftler könnte uns in dieser Frage nicht weiterhelfen, weil die Religion mehr auf die Bewahrung der wenigen Erkenntnisse des göttlichen Prinzips setzt, und nicht auf deren Vertiefung. Eine solche Vervollkommnung hätte allerdings schon zu Beginn eine schwierige Voraussetzung zu liefern. Es wäre mit enorm kulturellem Aufwand am Informationsprinzip einer geistvollen Sprache zu arbeiten. Sie müsste das Netzwerk der natürlichen Beziehungen unterstützen. Eine metaphysische Sprache aber, welche über die bloße Kommunikation hinausgeht, bringt die Nachteile mit sich, mehr vom Gefühl bedienbar zu sein, im Sinne rationaler Logik aber redundant und unnötig schwierig. Sie wäre unter diesen Umständen ein zartes und schutzbedürftiges Pflänzchen, das dem Ranking nicht gewachsen und im Spiel der Mächte leicht verdorben wäre.[309]

Das romantische Prinzip ist als ein erster vager Versuch zu werten, das geistige Prinzip in die Wahrnehmung zu integrieren. Es setzt die von einer metaphysischen Sprache geschulte Geistigkeit voraus, belohnt mit einer Glückseligkeit und ermächtigt zur bewussten Auseinandersetzung mit Sinn und Ziel, was letzten Endes auch der rationellen Arbeit zugutekommt. Unterscheidbar ist diese besondere Erscheinung geistiger Fantasie von anderen Bestrebungen durch ihre bildhafte Beziehungswelt, welche aus einer geradezu kindlichen Naivität entwickelt wird. Aus dieser Harmonie heraus laufen Idee und Vorstellung in eine Richtung, die in ihrer weiteren Verfolgung im märchenhaft Paradiesischen enden würde. Damit lassen sie sich leicht von der grenzenlosen Variabilität des Nonsens trennen, wie sie besonders im angelsächsischen Sprachraum kultiviert wird. Auch wenn diese nicht immer das Naive vermissen lassen, ist deren logische Genese kaum zu übersehen.

Das Phänomen der Romantik war im Wesentlichen auf den deutschen Sprachraum[310] begrenzt, im Ausland galt mitunter das Deutsche als das Romantische. Was zunächst aus der Literatur erwuchs machte sich schnell in allen anderen Kunstgattungen breit und eroberte am Ende auch alle anderen Lebensbereiche. Selbst die exakten Wissenschaften blieben nicht unbeeinflusst, indem die Sinnfragen über die Empirie gestellt wurden, was der Erkenntnis einen enormen Schub gewährte und der praktischen Arbeit eine ungewohnte Nachhaltigkeit. Besonders eindrucksvoll zeigte sich das geistige Spiel in der deutschsprachigen Philosophie, wogegen in anderen Sprachgemeinschaften die intelligente Beschäftigung mit den Erscheinungsformen der Macht auffällt. Die kann sich in unendlichen Variationen präsentieren und macht selbst vor den kognitiven Leistungen nicht Halt. Die Unterschiede zwischen den einzelnen Sprachräumen sind nicht zu verkennen, ob etwa das rein Pragmatische oder Sinnliche im Vordergrund steht, oder ob auch moralische und ästhetische Fragen die Bibliotheken füllen.

---

[309] Die Schwierigkeit der Aufgabe zeigt sich schon in der schleichenden Abschaffung der deutschen Sprache, deren metaphysische Bedeutung nicht mehr wahrgenommen wird.

[310] Die „metaphysische Beschwingtheit" der deutschen Romantik wurde in England etwa als „erhabene Unverdaulichkeit" wahrgenommen. Siehe: Eudo C. Mason: Deutsche und englische Romantik. Göttingen 1966, Seite 122.

Mit dem Eindringen in die konnektiven Bereiche des Bewusstseins sollte auch der freie Wille infrage gestellt werden, indem die Bedingungen gefunden werden, die den Willen an der Leine führen. Wir wissen, dass einer logisch analytischen Einsichtnahme naturgesetzliche Grenzen gesetzt sind. In der freigelassenen Phantasie der Romantik aber werden die Grenzen sogar noch weiter gesetzt. Die Freiheit wird größer, indem spielerisch das Abbild des schönen Unbekannten in immer weitere Räume führt. Die Freiheit zieht uns in das Anziehungspotenzial des natürlichen Weges, der uns, weil essenziell, in eine geheimnisvolle und traumhafte Geborgenheit geleitet. Wenn nun selbst im eigenen Willen die eleusinisch anmutenden Zusammenhänge der Natur gefunden wurden, so wurde es schnell auch modern, in der Gesellschaft nicht aufklärbare und rätselhafte Einflussnahmen zu entdecken. Selbst in den Naturwissenschaften begann man solche Zusammenhänge zu ergründen, welche die Analyse allein nicht zutage gefördert hätte. Die neuen Methoden hatten Schelling zur Herausgabe der „*Zeitschrift für spekulative Physik*" ermutigt, deren kurzes Dasein gleichzeitig auch das Schicksal der romantischen Bewegung in den Wissenschaften demonstrieren sollte. Sie war auf geistig entwickelte Persönlichkeiten angewiesen, welche nicht auf Bestellung zu haben waren. Außerdem waren die Erkenntnismethoden mehr absoluter Natur und schwer reproduzierbar. Die logischen Erkenntnisse und selbst ihre „Produktion" ließen sich dagegen leicht kommerzialisieren, weil der Kommerz auch von logischer Konstitution ist. Die Wissenschaft wurde eine analytische und blieb auf konkrete Gesetze angewiesen, sie wusste mit weiten Zusammenhängen nichts mehr anzufangen und konnte gut darauf verzichten. Heute scheint sich das Blatt zu wenden, die Datenberge der analytischen Wissenschaften sind weit angewachsen, dass darin der Sinn nicht mehr zu finden ist und es an der Zeit wäre, die Methoden der Romantik wieder hoffähig zu machen, und dem Stückwerk wieder die Schönheit, das heißt, die evolutionär notwendigen Bedingungen zu verpassen. Die niedere Zweckdienlichkeit der logischen Variationen dürfte andernfalls irgendwann zum Informationskollaps führen.

Indem die Romantik das Wesen der konnektiven Vorgaben zu ergründen und öffentlich zu machen sucht, verstößt sie eigentlich gegen das Reglement der Evolution. Andererseits ist sie nicht das Werk eines einzelnen Kopfes. Sie bedient sich vielmehr aller zur Verfügung stehender Geister und wird damit verdächtig, als neues Prinzip die Evolution wieder in die Breite zurückzuführen, um gewissermaßen die nächste Stufe vorzubereiten. Das zeigte zumindest der vielstimmige und beziehungsstiftende Charakter der romantischen Bewegung. Das gemeinsame Denken und Philosophieren in den Salons war Ausdruck des konnektiven Prinzips der geistigen Vervollkommnung. Was sich an Äußerlichkeiten zeigte, war in den Inhalten weit ausgeprägter. In den Denkansätzen offenbarte sich aber auch die Verschiedenheit zu den rationalen Prinzipien der logischen Vernunft, was der Romantik nicht selten ein gewisses Unverständnis einbrachte.

In den sinngebenden Hintergrund des Bewusstseins zu dringen, setzt neue, geheimnisvolle und logisch nicht zu ergründende Methoden voraus. Sie basieren auf dem Gefühl, welches seiner konnektiven Art wegen über den Ausdruck des Intellekts zu stehen kommt und über die Möglichkeiten des Wortes hinausgeht. Andererseits braucht es der Worte, die aber nicht mit logischer Pedanterie, sondern wie grobe Pinselstriche gesetzt werden, um die Weite zu erfassen, wie sie sich nur aus einer Anhöhe erblicken lässt. Das kann nur das Werk eines Meisters sein, eines wahren Künstlers, der nicht auf den Beifall dünkelhafter Zeitgenossen angewiesen ist, die nichts anders als ihren Intellekt dagegen zu setzen haben. Dabei sind die Begabungen so vielseitig, wie die geistige Welt der Beziehungen an Weite zu bieten hat. Im gemeinsamen Prinzip aber fließen sie zusammen und vollenden sich gegenseitig, was von den Protagonisten die konnektiven Prinzipien von Liebe und Demut abverlangt.

Die Nähe der Romantik zur Religion ist schnell gefunden, wenngleich der Eindruck entsteht, dass das Romantische auf Bewegung und Entwicklung setzt, wo die Religion das Althergebrachte zu bewahren sucht. Genauso ist das Schöne in den Künsten den Romantikern näher gelegen, wie der Religion das Schöne in den Verhaltensweisen, welches wir besser mit „gut" bezeichnen und dafür Begriffe wie Moral und Ethik bereithaben. Aber das sind alles geistige Prinzipien, die nicht ohneeinander existieren können.

Die Evolution schreibt eine Entwicklungslinie, die aufbauend ist und an keiner Stelle neu beginnen kann. So bilden die alten Weisheiten gewissermaßen den symmetrischen Grund, nur auf dem kann sich alle höhere Ordnung halten. Das aufbauende Wesen des Geistes blieb auch den Romantikern nicht unbekannt, weshalb sie viel Energie daran setzten, die Wurzeln der geistigen Gemeinsamkeit zu ergründen, die nirgendwo anders als im Allgemeingut zu finden sind. Sie setzten nicht auf den intellektuellen Snobismus der Wichtigtuer, sondern vielmehr auf die kulturellen Werte des einfachen Volkes. Sie sind am wertvollsten, wenn sie wenig durch den logischen Verstand vermittelt sind, sondern der unmittelbare Ausdruck der vorgefundenen Bedingungen, welche sich am leichtesten in Bildern und ganzen Geschichten ausdrücken lassen. Es sind die einfachen Fundamente, auf denen eine Geisteskultur des Sinns gegründet werden kann, weil sich allemal die elementarsten Strukturen ausbalancieren und in einer Historie weiter zusammenfügen. Sie geben gewissermaßen der Seele die letzte Geborgenheit, nämlich die Verbindungen zur Außenwelt, auf welche nicht mehr verzichtet werden kann, weil sie zur Funktion des Bewusstseins notwendig sind. Es ist die auf das Wesentliche reduzierte Informationsmenge, die in einem gewissen gesellschaftlichen Radius ähnlich ausfällt, und deshalb auch als verbindender Faktor zwischen den Menschen in Erscheinung tritt.

Wer aus der Fremde in die Heimat zurückkehrt, spürt das Anwachsen seiner Freiheit, weil sich das Bewusstsein in die weiten Räume erweitern kann, die in der Kindheit angelegt wurden. Daraus können Glück, aber auch Ruhe, Gelassenheit und Sicherheit erwachsen, weil der ganze geistige Hintergrund mit seinem Wissen und seiner Nachhaltigkeit wirksam werden kann. Viele Geister haben diese Weisheit bezeugt und würden ebenso poetisch ausdrücken: Seele und Herz bleiben an den Orten der Kindheit, ganz gleich wie reich sie war. In der Fremde finden Menschen mit gemeinsamer Herkunft zusammen, um sich gegenseitig wenigstens virtuell die Geborgenheit der Heimat wiederzugeben. Aus dem Glück des eigenen Nestes heraus erwächst andererseits auch das Fernweh, dem das Herz nur unter rationalen Zwängen oder in Not folgen kann, und es erwächst die Neugier, die auch im Geiste der Romantik kultiviert wurde. Wie die Wissbegier auf fremde und geheimnisvoll anmutende Kulturen war es im gleichen Maße auch die Achtung vor ihnen. Das stand im Gegensatz zu den aufkommenden kolonialen Ideen, welche ein niedriges Kalkül zum Grunde hatten und letztlich in Ausbeutung der Länder und Vernichtung ihrer Kulturen endete. Wie viele Hochkulturen sind den Überpfropfungsversuchen geopfert worden, und wie viele Länder hängen heute noch am Tropf der ehemaligen Kolonialmächte. Daraus zu lernen fällt auch den heutigen Weltmächten schwer, welche mit ihrer materiellen Hilfe auch immer wieder den Export der Sprache und Kultur verbinden müssen, statt das Eigene in den Ländern zu unterstützen.

Aber auch der einfache und geistvolle Mensch, der seine Heimat noch besitzt, wird unbewusst die Wurzeln seiner Freiheit und seines Glücks zu bewahren und sich vor ihrer Zerstörung zu schützen wissen. Er hat Angst die Geborgenheit zu verlieren, weil er sich dann seiner eingefahrenen Strategien entledigen und seine Möglichkeiten auf einen kleineren Wirkungsraum reduzieren müsste. Er würde zum Spielball unbekannter Bedingungen und müsste viel Energie aufbringen, um seinen Freiheitsstatus wieder zu erlangen. Die Heimat ist ein allgemeiner Ausdruck für den schützenden geistigen Hintergrund, welcher seiner Informationsinhalten nach einen ganzen Kosmos ausmacht und einmalig, das heißt unwiederbringlich ist. Das Prinzip Heimat ist in den konnektiven Inhalten mit der geistigen Führung so eng verknüpft, dass es nicht wieder geschieden werden kann und nicht nur den Charakter des Menschen bedingt, sondern auch die besondere Färbung seiner Gedankenwelt und seiner Willensbilder. Als höchstes Ergebnis der Evolution steht dieses geistige Konstrukt für die stabile Souveränität der Persönlichkeit. Das ist zugleich kybernetische Sicht, weil die Eigenständigkeit bloß mit dem Umfang absoluter Führungsinhalte entwickelt werden kann, welche nicht mehr verändert, sondern nur noch vervollkommnet werden können. So ermöglicht die stabil gewachsene Verbindung zur Umwelt auch die nachhaltige Handlung und gibt dem Menschen nicht nur das Gefühl von Freiheit und Sicherheit, sondern auch ein wirkliches Zukunftspotenzial. Das Prinzip Heimat muss zu den Grundrechten des Menschen gezählt werden, weil es nicht nur seine geistige Entwicklung, seine Souveränität und seine innere Friedfertigkeit bestimmt, sondern auch seine Freiheit. Ohne die wird der Mensch zum Spielball der Gegebenheiten, zum Sklaven fremder Vorgaben. Es gehört zum gesunden Menschenverstand, zu spüren, dass man einen Menschen nicht ohne Nachteile von einer Kultur in eine andere verpflanzen kann. Auf den geistigen Kontext zu verzichten, heißt gleichzeitig auch das Tor in die seelischen Folterkammern zu öffnen. Das bleibt auch der Allgemeinheit nicht verborgen. Je nach Charakterbildung führt die innere Haltlosigkeit zur Zurückgezogenheit oder Aggression,[311] Verhaltensweisen, unter denen am Ende alle zu leiden haben.

In vielen modernen politischen Eliten werden die geistigen Bedingungen der Zivilisation wie auch das Prinzip Heimat nicht mehr wahrgenommen und das Wohl der Gesellschaft auf die vordergründige soziale Gerechtigkeit reduziert. Die ist eine notwendige, aber keine hinreichende Voraussetzung für eine harmonische und friedvolle Zivilisation. Der chronische Charakter der zivilisatorischen Krankheiten zeigt, dass es offensichtlich zu keiner Zeit gelungen ist, den kybernetischen Hintergrund der Evolution wahrzunehmen, geschweige denn sinnvoll zu nutzen. Heute ist es der Gegensatz zwischen leichten sozialpopulistischen Wahlversprechen und den komplexen und nur schwer zu handhabenden geistigen Beziehungen in der Gesellschaft. Politische Einzelpersonen müssen in ihrer geistigen Weitsicht gegen den gesunden Menschenverstand und die Lebenserfahrung von Millionen bestehen. Das ist eine Verletzung des demokratischen Prinzips auf einer höheren Stufe und hat letztlich seine Ursache in der Unanschaulichkeit der Informationsprinzipien, wie auch der kybernetischen Ordnung der Wirklichkeit. Nur die unvoreingenommene Wissenschaft wäre hier in der Lage, das chroni-

---

[311] Wenn der programmierte Kontext nicht mehr bedient werden kann, muss eine ungebundene Logik die Führung übernehmen, die leicht auch auf niedere Reflexe zurückführt.

sche Übel ewiger Rivalitäten gegen das evolutionäre Informationsprinzip des konnektiven Gemeinsinns aus zutauschen.

Den Übergangenen bleibt nur die unbeholfene Aktion, die den Spott der politischen Regulatoren herausfordert. Es ist auch rational nicht einzusehen, dass der Bürger nur mit einem absoluten Informationspotenzial seine Souveränität erlangen kann, welches sich nicht beliebig nach politischen Wünschen verformen lässt. Das konnektive Führungsprinzip lässt sich keiner Beliebigkeit unterordnen, es kann nur vervollkommnet werden. Es ist kybernetisches Gesetz, dass die Eigenständigkeit nicht nur mit der Komplexität, sondern auch mit der Absolutheit und Konstanz der Führungsinformation wächst. Die Erforschung der Informationsinhalte endet nicht in hochintelligenten Einsichten, sondern in den Rahmenbedingungen, welche das Intelligente herausfordern. Das sind alles nur einfache Beziehungen, welche nicht durch Logik, sondern durch Schönheit und Harmonie bestechen. Weiterverfolgt führen sie uns in die märchenhafte Romantik der Lebensmöglichkeiten. Dies banale Prinzip des Glücks und der Freiheit scheitert letztlich an der Arroganz der politischen Elite, die in ihrer Logik andere Informationsprinzipien nicht zulassen kann. Weil mit der Entwicklung der Technologie auch ständig bessere Waffensysteme aufkommen, dürften die zukünftigen Jahrhunderte von Migrationsbewegungen größeren Ausmaßes überrollt werden, wodurch die heimatlichen Bindungen als Grundlage der Geistesentwicklung ganz verschwinden werden. Damit sind die neuen Rivalitäten schon vorprogrammiert und die Entwicklung wird weiter im ewigen Schwebezustand zwischen Chaos und Neustart gehalten werden.

Auch ohne Not ist die Welt des Geistes von herzlosen Politikern leicht zerrissen, wenn sie der eigenen Profilierung im Wege ist. Die evolutionären Prinzipien als Grundlage der Zivilisation zu erhalten und einer multikulturellen Überfremdung zuvor zu kommen, ist geistige Weitsicht, welche heute gegen die Betonlogik niederer Rationalität zu bestehen hat. Jede Kulturgemeinschaft ist im Sinne der Evolution dazu verpflichtet, einen eigenen Beitrag zur lebensnotwendigen Vielfalt der Zivilisation zu bringen. Das Bauwerk der Evolution kann niemals neu geschaffen werden, nicht in der Kurzsichtigkeit logischer Fragmente. Aus einem leeren Universum lässt sich genauso wenig eine Hochkultur entwickeln, wie aus dem Chaos beliebiger Konstrukte. Es bedarf vielmehr der Auskristallisation historisch gewachsener Strukturen, welche in ihren Etappen immer wieder ausbalanciert werden müssen, was nur in Selbstorganisation geschehen kann. Indem die Einsichtnahme des logischen Verstandes in dieses konnektive Prinzip von Freiheit und Geborgenheit nicht möglich ist, sind die Werte dem Verfall preisgegeben. Da nun aber die Evolution des Geistes nicht ohne die Fundamente äußerer Rahmenbedingungen, das heißt einer Heimatkultur, vor sich gehen kann, muss in einer hochentwickelten Zivilisation auch eine entsprechende Geistesbildung ihrer politischen Elite vorausgesetzt werden. War vordem noch wenigstens die Kirche ein kleiner Ankerplatz, so ist diese heute kaum mehr dazu in der Lage, weil sie selbst mit sozialen Projekten überlastet ist.

Nur wenn in jedem Kulturkreis die Geistesbildung gefördert wird, kann die Vielfalt als Grundlage der Entwicklung auch erhalten werden. Der Austausch zwischen den Kulturen kann nur mit Gefühl und nur mit dem Ziel der gegenseitigen Vervollkommnung vor sich gehen, in der auch die Weiterentwicklung der schwachen Beziehungen nicht gestört wird, welche für die Balance der ganzen Zivilisation nötig sind. Multikulturelles Zusammenwerfen muss den sicheren Rückgang der Einzelkulturen bedeuten, wenn nicht sogar deren komplette Vernichtung. Eine Kulturkommune kann nur auf einem niederen Einheitsniveau gebildet werden, welches umso niedriger ausfällt, je differenzierter die Ausgangskomponenten waren. Wie auch die Lebensformen sind die Kulturen eigenständige Wege, auf eigenen „Keimen“ auskristallisiert.[312] Je höher darin die konnektiven Prinzipe des Geistes entwickelt sind, umso besser können sie auf höchster Ebene[313] zusammenwachsen und ein größeres Ganzes, sozusagen eine Weltgemeinschaft der Zivilisation bilden, einen Organismus, der selbst differenziert aus eigenständigen Gliedern zusammengesetzt ist. Die Bewahrung und Vervollkommnung der Vielfalt ist evolutionäres Prinzip und bedeutet, dass auch das Detail im Ganzen erhalten bleibt. Am Ende ist auch die Reflexion der Welt im erkennenden Bewusstsein auf die Nachbildung dieser Vielfalt angewiesen. Mit einer vereinfachten Menge wiederkehrender Strukturen wäre das neuronale Netz des geistigen Hintergrundes nicht programmierbar, geschweige denn optimierbar.[314]

Ebenso konsequent muss sich die feingliedrige Struktur der geistigen Linien in der Lebensphilosophie des Einzelnen gestalten, wobei der Abwehr eine wachsende Bedeutung zukommt. Mit Tausend pragmatischen Strategien will man dem Individuum unter die Arme greifen, aber eigentlich nur in sein Portemonnaie. Auch darf der Mensch sich nicht in den rationalen Regeln der Gesellschaft verfangen, wenn er die Freiheit des geistigen Weges erspüren will. Die Zivilisation ist im Allgemeinen von unten her so ein-

---

[312] Die Vielfalt eigenständiger Wege sind gleichzeitig auch Prinzipien der Sicherheit und der Sparsamkeit bei der Synchronisation. Sie müssen als Voraussetzung der Evolution gelten.

[313] Das konnektive Zusammenwachsen schafft keine Rangfolge, sondern organisiert ein harmonisches Nebeneinander.

[314] Genauso wenig gelingt das mit fremdartigen, unvernetzbaren und nicht in der Harmonie der Selbstorganisation gebautem Wissen.

gerichtet, dass sie ein Leben im natürlichen Sinn zulässt, der immer auch ein Ziel vorstellt. Mit den einfachsten Mitteln kann der Sinn der Evolution bewusst in das Leben einbezogen werden. Das Spiel mit den geistigen Vorformen des Rationalen ist jedem zugänglich. Es stellt sich seltsamerweise nicht in komplizierten Zusammenhängen dar, sondern gerade in den einfachen. Dafür sind ganz andere und nicht immer leichte Bedingungen gesetzt, welche aber dem wachen Geist von selbst einleuchten, weil sie der eigenen Entwicklung von sich aus zukommen. Daher kommt die eigentliche Lebenskunst, die logische Intelligenz und das Sentimentale des geistigen Hintergrundes in jeder Entscheidung neu gegeneinander aufzuwiegen.

Das romantische Deutschland des ausgehenden Mittelalters mit den verträumten Architekturen, den gediegenen Handwerkskünsten und der einfachen Frömmigkeit bot viele Muster eingängiger Harmonie. Darauf war die aufbauende Volkskultur im evolutionären Sinne orientiert. Das zeigt sich auch darin, dass die Geistigkeit die Balance mit der Funktion suchte und die Künste in ihren natürlichen Formen alles Leben durchdrangen. Das Märchenhafte dieser Zeit, das über den rationalen Zwängen und Ängsten steht, findet seinen heimlichen Platz im Herzen der Menschen. Es hat sich in vielen Erzählungen, in Bildern und in der Musik erhalten, was die Wertschätzung bezeugt, die man den durchgeistigten Elementen der Zivilisation entgegenbrachte. So man aber begann, die harmonische Einheit der provinziellen Vielfalt zu verlassen und den Mächten folgend die Einheit als Macht bringende Vereinfachung zu verstehen, war der evolutionäre Sinn verlassen, wie auch die Intentionen von Ästhetik und Ethik vergessen und das Schreckgespenst der Kriege beschworen. Ohne die Geborgenheit im geistigen Streben deckt die rationale Sicht immer Missstände auf, welche dann auch nur im niederen Gegeneinander der Kräfte gelöst werden können. In der politischen Polemik der Moderne sind die Konstellationen der Macht hinter Fassaden versteckt und das Streben nach linearer Rangfolge bleibt unsichtbar. In kybernetischer Sicht ist die Nähe der Logik zum Prozess eine günstige Voraussetzung für Gewalt, weil das energieverzehrende Geschehen nur von dort aus steuerbar ist. Nicht die Prinzipien des Geistes, wie Romantik, Heimatliebe und Volksgut, können die Aktionen der Macht betätigen, sondern nur eine Schieflastigkeit mit verselbstständigter Logik und unnatürlichem Ziel, welche die Vergewaltigung des Geistes voraussetzt, gleichwie sie deren Prinzipien noch weiter vorzuhalten versteht, was ohnehin nur in kurzsichtiger Logik, plakativ und ohne Sinn geschehen kann. Mit dem Fortschritt zu gehen heißt, sich von den Vorurteilen zu befreien, welche nicht selten auch heute noch von den politischen Kanzeln gepredigt werden, dabei aber die Entwicklungsbedingungen völlig ignorieren.

## 6.4 Die Stellung des Einzelnen

In rein kybernetischer Sicht schwimmt das einzelne Individuum in einem Meer von Information. Wie mit einem System verschiedener Antennen, alle dem Entwicklungsstand angepasst, nimmt es Daten aus seiner Umgebung auf und beteiligt sich mit gewissen Reaktionen am Verlauf der Wirklichkeit. Außerirdisch und weltfremd darf es dabei nicht sein, schon die kleinsten Mitglieder des Universums müssen ihre Beziehung zum Ganzen nachweisen, was auf der untersten Ebene mit einer absolut einheitlichen Organisation der intrinsischen Prozesse geschieht. Je höher die Entwicklung, das heißt je besser die inneren Informationsprozesse zur Form einer kybernetischen Pyramide zusammengesetzt werden, umso enger wird die Verwandtschaft des Individuums mit dem Ganzen, weil es dessen Intention umso deutlicher vertreten muss. Wie sich eine Pflanze nach dem Licht ausrichtet, müssen sich auch alle anderen lebendigen Wesen auf den Quell ihrer physischen Existenz konzentrieren, wozu bei den höheren Formen zunächst ein allgemeiner Überblick geschaffen werden soll. Es ist die konnektive Ebene, welche mit der Umwelt eine umfassende Beziehung aufzubauen hat. Deren erste Aufgabe ist es dann, den Brennpunkt auf eine ausgewählte Aktion zurichten. Der Fokus ist umso enger zu stellen, je mehr physikalische Energie in dem Prozess aufgewendet werden muss. Dabei gehören die energieaufwendigen Aktionen zu den frühen evolutionären Beiträgen und die dazugehörigen Steuerungsprinzipien gehen kaum über logische Reflexe hinaus. Erst mit dem Aufkommen des konnektiven Prinzips können diese nun auch für höhere Aufgaben genutzt und weiterentwickelt werden.

Eine hochdifferenzierte Logik kann man für den Beginn noch nicht erwarten. Arbiträre Symbole brauchen einen weiten Kontext, der umso größer sein muss, je einfacher die logischen Muster ausfallen. Die einfachen kräftezehrenden Funktionen bleiben deshalb in der Steuerung durch Reflexmechanismen, die sich ihrerseits verselbstständigen und es bis zu ganzen Automatenfunktionen schaffen, wie das etwa noch im Dinohirn der Fall ist. Das sogenannte Althirn kann selbst auch neuronale Netzwerke beinhalten, welche aber nur der Mustererkennung dienen und noch nicht für höhere Aufgaben geeignet sind. Erst das konnektive System des Neuhirns beginnt die ganze Welt in Beziehungen abzubilden, welche dann auch in Teilen erregbar sein müssen. Das Zusammenhängende besteht gewissermaßen aus den in Etappen eingebrachten Abbildungen, welche sich in alle möglichen Ansichten teilen und nuancieren lassen. Die verschiedenen Sichtweisen auf das besonders strukturierte Netzwerk können nicht nur durch aktuelle Geschehen erregt, sondern auch auf die den äußeren Vorgängen eigentümliche Art wieder zurückgesetzt werden, was aber nur bei entsprechender Übereinstimmung geschehen kann. Für die Erfüllung einer eigenen Vorgabe ist ein niederes Verfahren zuständig, welches direkt mit der Umwelt kommuniziert. Es ist dem logischen Gewirke des Althirns nachempfundenen und weist auf die entstehende Bewusstseinsfunktion, die fokussierte Abbildung eines aktuellen Geschehens auf eine partiell erregte Leinwand, welche selbst aus allen Beziehungen der Außenwelt zusammengewoben ist. Als höhere Kybernetik ist das neue Prinzip zwar weit effektiver und kann den niederen Reflexmechanismen vorangehen, ist aber als jüngeres Verfahren auch sensibler und störanfälliger, sodass es im Notfall durch vorhergehende Mechanismen ersetzt werden muss.

Die ersten Bilder, welche ins Bewusstsein dringen, werden noch ungenau und wenig fokussiert ausfallen. Die Gründe sind die noch gering differenzierte Ausbildung des neuronalen Netzes und die noch zu wenig von diesem Hintergrund abweichende Form der aktuellen Auflösung, das heißt die noch wenig entwickelte Logik. Der Effekt wird auch bei weiterem Fortschritt bis hin zum Beginn des menschlichen Bewusstseins noch zu spüren sein. In dieser Phase ist der Mensch noch stärker mit der Natur verwoben und kann die Sukzession der Details nicht erkennen. Vielmehr spürt er die Kausalität in ganzen Bildern, was ihm eine ganz ursprüngliche Sicht auf die Vorgänge der Wirklichkeit beschert. Es ist ihm die logische Analyse des Geschehens noch verwehrt, dafür hilft ihm eine gewisse Magie zu der ihr eigenen Wahrheit. Die Dinge und Erscheinungen lassen sich von ihrem konnektiven Geflecht nicht ganz lösen, sie tragen noch die Eigenschaften des Zusammenhanges und sind in dem Maße der Vernetzung gewissermaßen noch beseelt. Die Seele ist die Urerkenntnis des konnektiven Prinzips und wird solange auch im Bewusstsein bewahrt, wie sie nicht von der hochgeschossenen Logik des Verstandes verdrängt wird.

Die magischen Formen der Erkenntnis werden in der weiteren Entwicklung durch die bekannten logischen Einsichten überholt. Ihre Bedeutung für die Organisation des Lebens und der Zivilisation ist dennoch nicht von der Hand zu weisen. Sie definieren eine Wahrheit im Sinne der Evolution, welche zwischen dem Sinn, das heißt den konnektiven Bedingungen, und dem kausalen Geschehen der Naturgesetze zu liegen kommt. Sie entsprechen damit genau den evolutionären Erfordernissen des jeweiligen Entwicklungsniveaus. Wenn sich die Magie der Natur auch bis heute in bescheidenen Mutmaßungen erhalten hat, so ist sie keinesfalls mit der ursprünglichen Form zu vergleichen, weil unser Bewusstsein mittlerweile so tiefgründig strukturiert ist, dass es bildhafte Symbole nicht mehr handhaben kann. Das zeigt sich auch darin, dass die Einsichten immer zu fehlerhaften Aussagen führen, das heißt, nicht vernünftig interpretiert werden können. Andererseits sind sie oft die einzigen Relikte, welche zum Sinn der Evolution führen, bedürfen dabei aber eines gewissen wohlwollenden Verständnisses, so wie es nicht selten auch in der Religion geübt werden muss. Die bruchstückhaften Einsichten in die frühere Nähe zum Sinn gelingen nur, wenn aus den bildhaften Informationen die kausalen Zusammenhänge großzügig eliminiert werden, das heißt, wenn das analytische Denken mit welchen Methoden auch immer übergangen werden kann. Die ikonische Form dieser bildhaften Information ist auch heute noch für die Funktion des Bewusstseins erforderlich, aber in einer höherentwickelten, viel differenzierteren und uns völlig verschlossenen Art. Den früheren Formen können wir nur aufgrund ihres geringeren Umfanges vielleicht etwas näher kommen, zumal sie auch den Mustern nach eher den natürlichen Bildern entsprechen. Wenn sie allgemein sind, können sie auch in Mythen, Sagen oder auch nur als Märchen bewahrt bleiben. Interessanterweise ist die Begeisterung dafür besonders bei Kindern gegeben, welche die beseelten Bausteine mitunter sogar noch als Erkenntnisform benutzen können. Das ist auch ein Hinweis darauf, dass die vorlogische Symbolik auch beim Erwachsenen noch eine unbewusste Rolle spielen kann. In ihrer ursprünglichen Nähe zu den konnektiven Prinzipien hat sie für uns eine gewisse Anziehungskraft, welche sich vernünftig nicht begründen lässt. Es kann nur die aufbauende Struktur des Geistes der Schlüssel sein für den leichten Zugang, welche gewissermaßen das Hineingleiten in die tiefere allgemeine Form begünstigt, die über alle später erworbenen Differenzierungen erhaben ist.

So wie sich auch der Mensch von den konnektiven Rahmenbedingungen leiten lassen muss und keine noch so hohe Intelligenz ihn davon abhalten kann, muss auch die Entwicklung der Natur in gewissen Banden gehalten werden, welche aber auch nur den Charakter von Beziehungen haben können und damit den inneren Bedingungen ähnlich sind. Es ist gewissermaßen die geheime Melodie der Evolution, welche sich in den progressiven Bildungsvorgängen der Natur immer wiederholen muss, sei es auch nur als universelles Motiv der Selbstorganisation. Auf der konnektiven Ebene des Geistes führt uns dieses geheime Beziehungswissen in das Reich des Schönen und gibt damit eine Order auf höchstem Niveau, welche auf den niederen Rängen der Logik unverstanden bleiben muss. Nur der Feingeist kann die Schönheit in der Natur erspüren und das Gute in den Vorkommnissen, wie auch nur er sie auf künstlerische Art erhöhen kann. Die Logik kann vielleicht verblüffen und reizen, niemals aber das Schöne erlangen.

Der historische Weg der Erkenntnis ist ein interessantes Abbild des Übergangs von der Magie der Bilder und Bildgeschichten zur logischen Analyse auf der Grundlage der Naturgesetze. Aus den komplexen Beziehungen fallen mittels Wichtungen gewissermaßen symmetrische Formen heraus, welche mit der zunehmenden Differenzierung der geistigen Rahmenbedingungen immer prägnanter und andererseits aber auch arbiträrer werden, das heißt ihren absoluten Informationsinhalt verlieren. So wie sie einen hohen Wissensstand in ihren Entstehungsbedingungen voraussetzen, bedürfen sie im Ende immer weniger der direkten Führung. Die Bausteine organisieren sich miteinander nach eigenen Gesetzen, fügen sich in den äußeren Banden zusammen und schaffen eine logische Welt, welche ihre Wahrheit nur auf den Rationalismus wiederkehrender Funktionen begründen kann. Sie entsprechen dem kausalen Funktionalismus der Wirklichkeit und können ihn deshalb exakt beschreiben, vermögen aber die Bedingungen der Entwicklung und damit ihren Fortgang und ihren Sinn nicht zu erreichen. Der Rahmen für das Wissen um die Bausteine und deren rationalen Obliegenheiten ist vielmehr ein gewichtetes Netzwerk von absoluten Beziehungen, ohne das eine Entwicklung und sinnvolle Funktion arbiträrer Werkzeuge nicht durchführbar ist. Als zeitlose und damit räumliche Formen von Information sind die Rahmenbedingungen von mehr bildhaftem Charakter, was uns zumindest in ihren Anfängen so erscheint. Nur mit diesen Bildformen ist ein gewisser, wenn auch nur laienhafter, Zugang möglich.

In den Urbildern spielen auch menschliche Eigenschaften eine Rolle, welche sich leicht mit den Vorkommnissen der Natur zu einer Götterwelt verbinden. So wie sich diese verallgemeinern lässt, kann daraus ein Sinn abgeleitet und eine deduktive Erkenntnisform begründet werden. Es ist die Religion, welche die Zivilisation von Beginn an begleitet und nur durch die rationale Logik überholt werden kann. Mit der Logik aber muss sie ihre Spur verlieren und schrittweise auf Ersatzreligionen zurückfallen, um nicht ganz der Bedeutungslosigkeit zum Opfer zu fallen. Ganz ohne äußere Bande ist das Prinzip Logik nicht ausführbar, wie auch die Kreatur selbst auf den Kontext irgendeines Sinns angewiesen ist. Es sind die Zellen und Bausteine genauso wie die Gedanken nur kleine Elemente, welche sich zu den verschiedensten Zwecken zusammensetzen lassen und diese wiederum zu einem höheren Ziel. Es ist also nicht nur die prägnante Information von Bedeutung, sondern auch die Frage, wie dieselbe auch in Beziehung kommen kann, um ein Ganzes zu bilden. In dieser Intention entfaltet sich das Körperliche in einem logistischen Umgang von Bausteinen, welche aus dem genetischen Wissen des Zellkerns hervorgeht, während die Rahmenbedingungen der Information der konnektiven Strukturen entstammen. Beide Prinzipien bauen am Ende auch die jungfräuliche Matrix des Bewusstseinshintergrundes mit der besonderen Disposition für die seelische Entwicklung des Menschen. Die darin enthaltene geistige Bildung kann auch nur auf diesen Boden wachsen, wie sie andererseits auf die Abfolge der ersten Engramme aus dem kindlichen Umfeld angewiesen ist. Sie streckt sich wie ein Baum, mit dem sich alle Verzweigungen bilden, auf welchen auch unsere späten Erkenntnisse reifen. Wenden wir uns mit Carl Gustav Carus dem zu „*was wir im bewussten Seelenleben das Wissen, das Erkennen nennen, so verstehen wir gegenwärtig auch, indem wir auf das Hervorgehen desselben aus dem Unbewusstsein achten, warum Plato schon alles Erkennenlernen darstellte als ein Erinnern, als ein »im Innern finden«; also da finden, wo bisher noch kein Wissen war, und wo diese Wahrheit, dieser Gedanke doch war wie der unbewusste Embryo in der bewussten Mutter; ein Vorgang, wegen dessen eben Sokrates so oft das Entwickeln des Gedankens, das heißt eben das Erreichen höherer Erkenntnis, als einen geburtshelferischen Akt angesehen wissen will. Alles dieses deutet denn mit Bestimmtheit auf die reiche eigentümliche Welt, die wir dunkel in unserem Innern tragen, und jedes Bedenken dieser Art muss uns sofort das merkwürdige Verhältnis zwischen Bewusstsein und Unbewusstsein deutlicher gestalten können.*“[315] Aber so lebendig, wie auch die äußeren Bilder in das Unbewusste fließen, können sie niemals aufbewahrt werden, um etwa die besonderen Richtungen des Geistes, seine Anlagen und Neigungen zu bestimmen. Vielmehr ist auch hier die Spreu vom Weizen zu trennen, oder besser das Flüchtige vom Dauerhaften. Das flüchtige Gut braucht wiederkehrende Bahnungen, um ins Gedächtnis einzugehen, das beständige Beziehungen. Die Spuren der Logik werden im Training verfestigt, die Werte, welche sich im Sinn eintragen, müssen nicht nur ihre Vernetzung im Raum, sondern auch ihre Beständigkeit in der Zeit vorweisen. „*Diese Eigenschaft ist es nun, in welcher abermals für die Entwicklung auch des höheren bewussten Seelenlebens sehr wichtige Bedingungen sich ergeben. Wie nämlich vorher sich zeigte, dass hinsichtlich der räumlichen Erscheinung des Organismus stets eine unendliche Menge von Einzelheiten der Bildung einer höheren, einer Gesamtform untergeordnet sind, so ist es jener fortschreitenden erhaltenden Wirkung, jenem zeitlichen Schaffen des unbewusst Göttlichen im Organismus eigen und notwendig, alle die einzelnen rastlos wechselnden Zeitmomente seiner Existenz auch einem Höheren, einer allgemeinen Zeit seines Daseins unterzuordnen. Dieses Göttliche nämlich, welches als solches notwendig auch am Prädikat der Ewigkeit teilhat, offenbart sein Wesen stets, man könnte sagen in einem Bruchteile dieser Ewigkeit, in einen immerfort in Vergangenheit und Zukunft zerfallender, Zeitteil, den wir*

---

[315] Carl Gustav Carus: Geheimnisvoll am lichten Tag. Antogonos Verlag Paderborn 2012. Seite 15.

*gleichsam seine relative Ewigkeit, d.i. seine Lebenszeit nennen. Eben weil aber sonach jede Vergangenheit und jede Zukunft des lebenden Organismus integrierende Teile eines Ganzen, nämlich Bruchteile einer relativen Ewigkeit sind, so müssen sie auch stets in der allergenauesten Beziehung aufeinander sich verhalten, das Vorhergehende muss auf das bestimmteste auf das Folgende und das Vorhandene ebenso auf das Vergangene deuten, und hierin liegt eben der höhere Grund jener Beziehung der Zeiten, die wir später im Bewusstsein als Erinnerung und Voraussicht bezeichnen werden.“*[316] Das Beziehungswissen des konnektiven Systems ist über Zeit und Raum gleichsam gespannt und kann nur so einen Bezugspunkt im Raum wie in der Zeit bilden. Während uns die Entwicklung der Vielfalt beim Verlassen der Symmetrie die Eigenschaft des Raumes vor Augen führt, bekommen wir mit der zeitlosen Eigenschaft des Geistes den ruhenden Beobachtungspunkt, der uns den Fluss der Zeit verfolgen lässt. Das logische Prinzip ist für den zeitlosen Hintergrund nicht geeignet, da es selbst auf ein zeitliches Hintereinander von symbolischen Strukturen angewiesen ist. Die wiederkehrende Struktur der Symbole ist zudem auch nicht die Art, die die aufbauende Differenzierung beschreiben könnte, welcher das erkennende Bewusstsein im Raume bedürftig ist.

Während die Eigenschaft der Zeitlosigkeit beständige Information für ihren Aufbau benötigt, hat die Erkenntnis der Differenzierung im Raum die Entwicklung abzubilden, mit der eine solche Strukturierung wie von selbst, das heißt nur nach dem Vorbilde der Natur erfolgen kann. Das aufbauende Prinzip heißt Erwachsen aus der Egalität, der Symmetrie des Einfachen. Die ist nicht mit logischer Vernunft zu ergründen, sondern stellt sich am untersten Level des menschlichen Wesens ein, gewissermaßen an seiner Grenze zur Natur. Mit der Seele des Kindes wird das zarte Pflänzlein, die Startbedingung des konnektiven Hintergrundes, immer wieder neu in die Welt gesetzt. Nur die liebende Mutter kann mit ihrem Gefühl den Sinn erahnen und das aufbauende Wesen unterstützen, mit Bildern und Worten, welche genau dem Entwicklungsstand angepasst sind.

Der Mensch kann nicht als Einzelwesen, ohne mütterliche Fürsorge in der geistigen Entwicklung, und später nicht ohne den Hintergrund der Zivilisation existieren. Mit der Brille der kybernetischen Theorien sieht man ihn in ein gewaltiges System von Beziehungen eingespannt, von dem er auf den verschiedensten Ebenen beeinflusst wird, und das er ebenso vielfältig zu bedienen hat. So wie er selbst einen Platz einnimmt, und so wie die Gesellschaft selbst auch kybernetisch konstituiert ist, lassen sich die Verhältnisse

[316] ebenda S. 20

in übersichtlicher Form beschreiben. Zunächst muss der Einzelne an den lebenserhaltenden Vorgängen der Wirklichkeit teilhaben. Dazu bringt er selbst die Anlagen mit und kann sie für seine Arbeit weiter ausbilden. Je spezieller sein Können ist, umso höher steht sein Ansehen in der Gemeinschaft, auf die er aber auch umso mehr angewiesen ist. Er wähnt sich solange in Freiheit, wie er glaubt, dass sein gezieltes Denken dem eigenen Willen entspringt, und ihm der Zweck seines Tuns einleuchtet. Erweitert sich nun der geistige Horizont des einzelnen Arbeiters, so fühlt er sich unfrei und wird veranlasst, ein erweitertes Tätigkeitsfeld zu suchen, das seiner gewachsenen Weltsicht entspricht. Gleichzeitig wird seine Abhängigkeit von äußeren Vorgaben verringert, seine Selbstständigkeit hat zugenommen. Schließlich merkt er, dass für seine weitere Vervollkommnung nicht mehr Lernen und Erfahren ausreichen, sondern dass ganz andere Beziehungen wichtig werden, die mit konkreter Arbeit nichts mehr zu tun haben, aber sein Glück und sein Freiheitsgefühl bestimmen. Die nehmen umso mehr zu, je vollkommener er seine Geistigkeit in Ausgeglichenheit mit seinen praktischen Anlagen entwickeln kann. In den glücklichen Momenten seines Lebens erfährt er jedenfalls eine besondere Geborgenheit, wobei sich seine Umwelt nicht wesentlich verändert hat, er aber die Welt mit anderen Augen sieht. Der Mensch wird diesen Zustand zu erhalten suchen und wird merken, dass dazu vieles nötig ist.

Der theoretisch vollendete, gewissermaßen paradiesische Fall, zeigt die Harmonie des Einzelnen mit Natur und Gesellschaft. In dieser ausbalancierten Form befindet sich der Mensch in einem zarten Netz feiner Bindungen, welches ihm die höchste Freiheit und Selbstbestimmtheit gewährt.[317] Das drückt sich auch in ganz praktischer Art aus, indem sich die ungelösten Fragen und die einengenden Schwierigkeiten durch Weitsicht minimiert haben. Dieser Zustand entspringt der Physis eines konnektiven Systems, das sich in der Entwicklung optimal ausbalanciert hat und dabei auch die höchste Effektivität zustande bringt. Die inneren Veränderungen können mit der notwendigen Evolution der äußeren Welt Schritt halten, es treten keine schroffen Umbrüche auf, welche vom neuronalen System nicht mehr austariert werden könnten und die geistige Freiheit „zerteilten". In einzelne Stücke zerrissen wäre das konnektive System den diabolischen Strategien ausgeliefert, welche der Harmonie nicht bedürftig sind und das Freiheitsstreben durch Gier ersetzen. Soviel bedeutet die „reine Seele", dass sie das Glück

[317] Diese sind umso größer, je weiter und tiefgründiger das konnektive System der Seele strukturiert ist. Als Seele gilt hier wieder der Oberbegriff, der das Informationssystem des Geistes mit dem Netzwerk der körperlichen Empfindungen vereint, welche den Zustand des Ganzen in gewisser Weise auszudrücken vermögen.

und die Freiheit in die Welt bringt und alle davon Gewinn haben. Mit ihr findet der Einzelne seine psychische Mitte, von der aus alle Aufgaben überschaut werden können und die aufgrund ihres ausgeglichenen Zusammenwirkens nicht bedrohlich werden können. Gefährlich könnten dann nur fremde Elemente werden, welche sich nicht in das Netzwerk einfügen lassen und deren Eigenleben nicht durchschaut werden kann.

Was sich im Individuum niederschlägt, offenbart sich auch in der Entwicklung der Gesellschaft. Im Idealfall zeigt sie sich zielgerichtet und robust, alle Vorgaben bestimmen sich selbst und bedürfen nicht der äußeren Gesetze. Es werden keine Ressourcen für gegenläufige oder abartige Prozesse vergeudet. Im Modell der kybernetischen Pyramide vernetzt sich der Geist des Einzelnen in der Basis, wobei diese natürlich nicht beliebig hoch gesetzt werden kann.[318] Zur vollkommenen Führung gehört dann auch die Perfektion der Ausführung, entweder in eigener Person oder in der gemeinschaftlichen Organisation. Beides setzt die logische Arbeit mit dem Prozess voraus. Gegen diesen, in den unterschiedlichsten politischen Strömungen immer wieder angestrebten, aber nie erreichten Zustand, stellen sich die Interessen Einzelner, welche den ganzen Sinn der Evolution nicht erreicht haben und die Kräfte für einzelne Teile des Ganzen verbrauchen, dabei aber die Gesellschaft schieflastig machen und die harmonische Entwicklung verderben. Es ist letztlich die Unkenntnis der Entwicklungsgesetze, nach denen die Ziele mit ganz anderen Informationsprinzipien geschaffen werden müssen als ihre Ausführung. Die konnektive Führung des Geistes kann keine Machtformen unterstützen, sie kann nur die Balance von Beziehungen organisieren und damit auch nur existieren. Unter ihrer Führung kann die nachfolgende Logik nur Prozesse zusammenführen, welche die Zivilisation in Harmonie mit dem Individuum und in Einklang mit der Natur bringen. Dieser Idealzustand wird nur deshalb selten erreicht, weil das evolutionäre Prinzip mit wachsender Vollendung immer schwächer wird und darum auch die Höherentwicklung des menschlichen Geistes voraussetzt. Trotz dessen Ausbleibens ist dasselbe nicht unterzukriegen und ist solcherart geschützt, als dass es für immer die Voraussetzung der Wirklichkeit bleibt. Von dem konnektiven Ordnungsprinzip losgemacht, stehen die schier unendlichen Spielarten der Macht, welche sich selbst auf logische Art organisieren und die Ordnung nach kausalen Rangfolgen zu setzen wissen. Dabei muss gewissermaßen das Gleichgewicht im Spiel der Kräfte gefunden werden, statt in der weit gefassten Führung nachhaltiger Entwicklungspotenziale. Wenn

[318] Die Formulierung „nach oben offen" wäre hier nicht zutreffend, weil auch dem menschlichen Geist natürliche Grenzen gesetzt sind.

aus der Kohärenz des Ganzen irgendein Teil herausgelöst wird, um ein eigenes Ziel zu verfolgen, verliert sich der ohnehin geschwächte geistige Kosmos ganz und zurück bleibt ein Sammelsurium rationaler Logikkalküle, welche sich für das Gegeneinander der Kräfte leicht nutzen lassen. Die Kybernetik der Ordnungsprinzipien muss dann sozusagen auf einer Etage tiefer gesucht werden, auf der die einfache Logik auch über größere Kräfte verfügen kann, die am Ende auch die Strategien der Gewalt unterstützen können.

Um andere Menschen an die Leine zu nehmen, muss zunächst deren geistige Veranlagung ausgebremst und aus dem Gleichgewicht gebracht werden. Dass sich die Betroffenen dabei, von den geistigen Bindungen lösend, auf einem Weg in die Freiheit wähnen, ist eine teuflische Ironie, scheinbar aber auch ein zeitloses Phänomen.[319] Einmal in Schieflage gebracht rutscht das willentliche Führungsprinzip in die funktionellen Ebenen ab, im Schema der kybernetischen Pyramide (*Abbildung 46*) also nach rechts. Hier

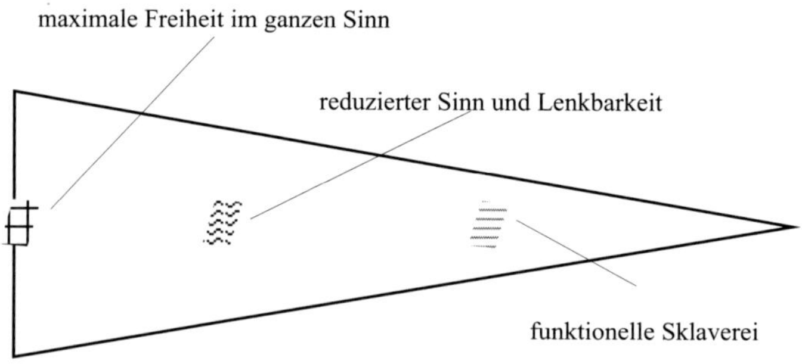


Abbildung 46*: Die Stellung des Einzelnen in der Gesellschaft*

kommt der Einzelne zu stehen, der sich der Freiheit der Individualität verschrieben und sich von allen Bindung der Zivilisation gelöst hat. Er wird steuerbar und zum Sklaven niederer Funktionen. Er landet in einer Dürftigkeit, aus der er sich allein nicht wieder befreien kann. Auf deutlichere Art kennt auch der Sklave des Altertums nur die Funktion, die ihm angewiesen wird und die er nicht verlassen kann. Mit der aufwendigen Organisation und

[319] Auf dem vermeintlichen Weg in die Freiheit spürt man offensichtlich die Bedeutung der Kulturwerte und muss diese zerstören. Dabei entdecken sich auch Dinge, welche man bislang nicht in ihrer geistigen Bedeutung erschlossen hat.

den technischen Möglichkeiten dürfte die unmittelbare Sklaverei heute endgültig verlassen und der Zwang durch feinere und weniger offensichtliche Anweisungen ersetzt sein. Allerdings bringt die moderne Gesellschaft auch Bindungen, welche notwendige Voraussetzungen der Zivilisation sind. So stellt sich im Bewusstsein der Gemeinsamkeit eine Einsicht in die Arbeit ein, welche mit wachsendem intellektuellem Niveau immer vollkommener wird. Der Einzelne sieht seinen Platz im Ganzen und spürt die Freiheit, welche ihm all die Bindungen an die Zivilisation gewähren, das heißt, alle die zu seiner Vervollkommnung notwendigen Bedürfnisse erfüllen können. Diese rationale Balance wird jedoch nicht erreicht, wenn nicht alle im gleichen Maße an der Gemeinschaft teilnehmen.

Die logische Nachahmung der konnektiven Balance setzt eine gewisse Gleichverteilung der rationalen Leistungen voraus, was eine Vereinfachung der Gesellschaft bedeutet. Jede Differenzierung bedarf einer Verschiebung des Gleichgewichtes und einem Kraftakt gegen den Rest, der dadurch auch zur Voraussetzung der Entwicklung gehört. In der geistlosen Welt ist die Auseinandersetzung der eigentliche Motor der Entwicklung, welche aber dadurch nicht von selbst in eine nachhaltige Bahn geschickt wird, sondern ständig im Sinne der Machtstrategien korrigiert werden muss und nur während der passiven Zwischenzeiten in eine evolutionäre Richtung gerät, nämlich dann, wenn die konnektiven Prinzipien des Geistes auch mal eine Chance erhalten.

In praxi werden sich konnektive Vernetzungen immer nur in kleinerem Rahmen finden, dafür aber die lineare Kausalität der Macht mehr oder weniger stark ausprägen, welche in ihrer extremen Form sogar die geistigen Prinzipien unterdrücken muss. Daraus ergibt sich das ganze Spektrum der Möglichkeiten, die sich in einer mehr oder weniger ausgebildeten Demokratie einfinden. Es ist ein gewisses Zusammenspiel von geistiger Führung, die eine kollektive Moral bildet, und rationaler Funktion, welche leicht zur Macht verführt und mit demokratischen Spielregeln in eine gewisse Balance gebracht werden muss. Der Einzelne nimmt eine mittlere Stellung in der kybernetischen Pyramide der Gesellschaft ein (in der Abbildung: „*reduzierter Sinn und Lenkbarkeit*“). Je nach Höhe seiner geistigen Entwicklung muss er sich auch in Richtung der Macht positionieren. Er muss sozusagen die Windrichtung bestimmen, in die er seine Segel setzen kann. Das sonst kaum beachtete Phänomen wird in Zeiten politischer Umbrüche besonders deutlich, wie sich das etwa nach dem Mauerfall mit dem Begriff des Wendehalses zeigte. Wenn man sich vorher noch mit Jolkafest und Subbotnik beim „großen Bruder“ anbiedern wollte, schien „big brother“ schon um vieles anspruchsvoller und es lies sich bemerken, wie ganz plötzlich eine zur Schau gestellte Begeisterung für die Sprache und Kultur der neuen Macht aufkam. Man sah aber auch, dass die Standhaftigkeit genau bei denjenigen beobachtet werden konnte, die auch vorher nicht auf die Führung in einer Rangfolge angewiesen waren. Je höher die konnektive Verwurzelung in den kulturellen Bedingungen, umso weiter wird gewissermaßen der Tellerrand des Einzelnen und umso weniger ist er auf die Führungsprinzipien der Macht angewiesen.

So wie man dem Individuum eine Seele zuspricht, welche seine innere Welt auszubalancieren und geistig zu erweitern hat, muss man auch für eine ganze Gemeinschaft ein inneres Ordnungssystem annehmen, das sich nach den Prinzipien der Harmonie selbst entwickelt. Das kollektive Unterbewusstsein ist ein Netzwerk von Beziehungen, das wie ein geheimes Band die Individuen verbindet und dabei auf das Einfache setzt, das allen gemein ist. Als weites System von Beziehungswissen ist es logisch nicht dirigierbar und auf Rangfolgen nicht angewiesen. Statt oben und unten schafft es ein Nebeneinander, eine Gemeinschaft auf gleicher Augenhöhe, weshalb es auch nur unter den Bedingungen der einfachen Volkskultur[320] geschaffen werden kann. Das kulturelle Netzwerk von Entwicklungsbedingungen schafft ein Ordnungssystem, welches über alle rationalen Funktionen steht und deren Stabilität am effektivsten zu garantieren vermag. Die Beziehungen sind derart vielfältig und so weitreichend vernetzt, dass auch bei größeren Ausfällen das Ganze nicht infrage gestellt wird. Die Entwicklung bezieht alle Charakteristika der Region ein und bildet jede Besonderheit zumindest in unbewussten Beziehungen ab. Es ist ein konnektives System, ohne das keine Evolution und demzufolge auch kein Ordnungsprinzipien möglich sind, schon gar nicht das komplizierte Wesen der Zivilisation. Ein hoher kultureller Rückhalt ist demzufolge auch die erste Wertsetzung für eine harmonische Gemeinschaft. Umso mehr in einer Gesellschaft die Geisteskultur durch welche Methoden auch immer geschwächt oder gar zerstört wird, umso leichter ist sie der destruktiven Wirkung der Mächte unterlegen, welche sich auch immer wie von selbst einfinden.

Mit dem evolutionären Wachstum der Funktionalitäten wachsen auch deren Einfluss und Teilhabe am Ganzen, das heißt, auch das Potenzial zur Macht entwickelt sich und zeigt ein veränderliches Gesicht. Wenn man im antiken Griechenland versucht war, die aus dem Ganzen notwendig geschiedenen rationalen Zusammenhänge in Form der Demokratie wieder

---

[320] Das Wort ist im Duden gestrichen. In den Denkvorschriften der Gegenwart ist ein gesellschaftlicher Vorgang ohne politische Führung nicht durchführbar. Gründe für eine Suppression der Geistesentwicklung sind in den politischen Polemiken der Zeiten immer gefunden.

zusammenzufügen, schien ein universelles Prinzip geschaffen zu sein, das heute noch seine Gültigkeit hat. In der Geschichte ist das Prinzip vielfältig unterwandert worden, neben Lobbyarbeit und geheimen Absprachen sieht man inzwischen die modernen Methoden der Kommunikation, welche das enorme Potenzial besitzen, ganze Gesellschaften für spezielle Ziele zu vereinnahmen, ohne dass die demokratischen Institutionen den Prozess beeinflussen könnten. Diese können sogar erst die Voraussetzung sein für die unglückseligen Intentionen moderner Machtinteressen. Dabei zeigt es sich, dass das vektorielle Gleichgewicht immer stärkeren Kräften gewachsen sein muss, die sich zwar gegenseitig ausgleichen, hin zum gemeinsamen Gegenpol aber addieren. Ein Gegenspieler ist das evolutionäre Prinzip der Geistesentwicklung, welche allein die Harmonie in der Zivilisation zu erhalten vermag. Sie ist an Bedingungen geknüpft, welche heute so ziemlich alle, zum Teil sogar in öffentlicher Form, unterdrückt werden. So ist etwa auch die unterschwellige Diskriminierung der Volkskünstler, denen die öffentliche Plattform entzogen wird, eine interessante Bestätigung für das versteckte Spiel der Machtstrategen. Selbst der im Geiste begründete Idealismus für die Wissenschaften wird durch die Missachtung der Landessprache niedergehalten, was sich auch in einer allgemeinen kulturellen Rückentwicklung auswirkt. Mit einer übertriebenen logischen Klügelei in den Führungsebenen wird das evolutionäre Prinzip außer Kraft gesetzt und keiner kann wissen, welche versteckten Zusammenhänge mitgezogen werden. Statt nach Harmonie in Selbstorganisation zu streben, beendet sich die Entwicklung in dem Kampf um die Plätze in den Rängen. Was in der Gesellschaft mit Leichtigkeit verspielt wird, kann im Gegenstück der Seele nicht so leicht entfernt werden. Es bleibt das Menschliche als Rest der Evolution.

Die Kultur direkt an den Wurzeln, das heißt am Volksgut selbst auszuhebeln, ist möglicherweise die stärkste Waffe gegen die harmonischen Ordnungsprinzipien der Zivilisation. In Zeiten geopolitischer Machtinteressen gilt das auch grenzüberschreitend. An die Stelle der Kolonialisierung mit militärischen Mitteln steht heute die Vereinnahmung durch Medien und Geheimdienste, wobei die unterdrückte Geistesentwicklung in einer Region von selbst eine Art modernen Kolonialzustand bildet. Ist die Führung des geistigen Souveräns einmal gebrochen, steht gewissermaßen die Hintertür für allerlei fremde Begierden offen. Dabei ist schon allein die unterdrückte Entwicklung ein Gewinn für den Führungsanspruch der Macht. An die Stelle harmonischer Geistesbildung werden die medialen Hingucker des Nonsens oder etwa auch die Stimuli englischer Popmusik lanciert. Die viel stärkere und trickreiche Attraktion des Unnatürlichen soll die Freiheit und Geborgenheit im einfach Schönen verdrängen und das individuelle Leitprinzip außer Kraft setzen. Dazu kommen die medialen Fallstricke der Zeit, welche die Kommunikation zwar ins Unendliche wachsen lassen, dafür aber die Information auf eine arbiträre Logik solcherart verkürzen, dass geistige Inhalte von selbst ausgeschlossen werden. Das evolutionäre Prinzip wird der Vorteilsnahme geopfert, welche als Machtausübung zwar viele Gesichter, aber immer die gleiche kybernetische Methode hat. Weil sich das in Zukunft nicht ändern wird, ergibt sich die interessante Frage, ob sich die Entwicklung dagegen als robust erweist, oder ob die Evolution wohlmöglich über noch unentdeckte Prinzipien daraus einen Nutzen ziehen kann. Wenn nicht, ist der lange Entwicklungsweg beendet, und der weitere Lauf der Geschichte wird davon bestimmt, wie lange sich das chaotische Gegeneinander der Machtsysteme auf der Welt noch halten kann, bis die restlichen Ressourcen sinnlos verbraucht und die letzten korrelativen Ordnungsprinzipien vernichtet sind. Die Methoden der Macht leben vom Eingemachten und nur die Phasen geistiger Lichtblicke können die Rückentwicklung verlangsamen oder aufhalten.

Es ist nicht zu übersehen, dass der Kampf gegen die Geistesentwicklung längst begonnen hat. Die evolutionären Prinzipien außer Kraft zu setzen, wird in Zukunft immer mehr zum Kinderspiel. Es wird modern und entspricht dem Zeitgeist, den sentimentalen Grund der konnektiven Harmonie auszuhebeln. Einmal in Fluss gebracht, werden alle Aktionen mitgerissen und der Einzelne hat gegen den Strom der Zeit keine Chance. Weil die geistigen Prinzipien der Logik nicht geheuer sind, kommt alles in Mode, was irgendeine Ordnung zerstört, falls diese nicht gerade eine offensichtliche Rationalität unterstützt. So muss es uns auch nicht wundernehmen, wenn sich junge Leute schämen, ein Lied in ihrer Muttersprache zu singen. In den kulturellen Blütezeiten waren es junge Menschen, die Volkslieder nicht nur gesungen, sondern sogar selbst komponiert haben. Ohne die wegweisende Gestaltungskraft der scheinbaren Banalität des Schönen über die Zeiten wäre die Gegenwart mit weit weniger Moral und Ordnung gesegnet und wohlmöglich der Krieg um Rangordnungen ein Dauerzustand geworden. Aber das Geschaffene ist fast verbraucht und in den modernen Kulturen sind es schon Visionen des Chaos und der Zerstörung, welche der Jugend vorgelegt werden. Nicht selten finden sich zerrissene Kleidung, laute dissonante Töne, graue und zerstörte Landschaften und der Hass auf die Natürlichkeit überhaupt, wie er sich in allen Fratzen der Unterwelt zu erkennen gibt. Es siegt der exzentrische Reiz über die Harmonie des Schönen.

Der Kampf gegen den geistigen Souverän wird von vielen Seiten geführt. So hat auch unsere Intelligenz zugenommen und uns das Gefühl für die feinen Zusammenhänge der Wirklichkeit lächerlich und bedeutungslos gemacht. Es beherrscht nur noch die harte Logik unsere Köpfe. Wir schlittern damit langsam in eine Zeit ohne evolutionäre Ordnungsprinzipien und beschwören einen Zustand, den die Zivilisation seit Jahrhunderten mit mehr oder weniger Erfolg zu umgehen gesucht hat.

In diesem gesellschaftlichen Zwang wird auch alle Information, welche sich in dem Beziehungskosmos Heimat subsumieren lässt, mit großer Findigkeit aufgespürt, geschickt übergangen, oder mit der übelsten Polemik belegt, welche die Zeitgeschichte zu bieten hat. Dabei bildet die einfach sentimentale Geborgenheit nach konnektiver Wichtung den symmetrischen Kristallisationskeim, auf dem sich nicht nur die Persönlichkeit, sondern auch die Gemeinschaft harmonisch entwickeln kann. Welche Information sonst sollte dazu zur Verfügung stehen und nicht nur den evolutionären Hintergrund abbilden, sondern auch deren Entwicklungspotenzial.

Der Radius für das konnektive Fundament der Harmonie ist nicht unbegrenzt, wodurch auch der Einzelne nur in seiner angestammten Umwelt die Entwicklungsbedingungen seiner Geistigkeit finden kann. In der gleichen Art, wie die natürlichen Bedingungen ihre einfache Balance bilden, können auch die eigen einen festen Grund finden, auf dem sich das große Bauwerk eines vollkommenen Geistes entwickeln kann. Hier herrschen ganz andere Prinzipien, die mit den logischen Gesetzen unseres rationalen Verstandes nicht auszumachen sind. Es ist die konnektive Welt der gewichteten Beziehungen. So weit und unerschöpflich sie auch ist, muss sie unserem Verstand immer primitiv vorkommen, weil ihr Wissen in der großen Menge liegt, in der wir mit dem kleinen Fokus unseres Verstandes kaum konkrete Information entdecken können. Eine gewisse Konzentration findet sich dagegen im Kernbereich, um den sich der ganze Beziehungskosmos entwickelt hat. Er ist klein genug, um in den Fokus zu passen, und er enthält das Wesentliche, aber nur in Form der korrelativen Information einfacher Bilder. Zu denen spüren wir eine gewisse Beziehung, weil sie uns wie eine Pforte vorkommen, die einen leichten Zutritt zum Inneren gewährt. So wie sich der einfach liebevolle Zugang auch beim Erwachsenen noch zeigt, und hier schlichtweg als Höflichkeit bezeichnet wird, ist er beim Kinde die einzige Möglichkeit zur Kommunikation. Nur die liebende Mutter weiß, auf welchem Niveau diese möglich ist, und wie sich die Tür zum inneren Wesen des Kindes öffnen lässt.

So wie die Beziehungswelt unseres Geistes sich in die äußere Welt fortsetzen muss, sucht sie auch in Natur und Gesellschaft nur das Einfache, das soweit eben ist, dass es das große Bauwerk des Geistes tragen kann. Damit wird die Leinwand gewebt, auf der das Schöne und Gute unserer Wahrnehmung aufgeführt werden kann, und es werden gewissermaßen die Mechanismen bewahrt, mit denen sich das Glück immer wieder erreichen lässt. Die menschliche Geistigkeit ist nicht selbst das Glück, aber der Ort, der für dessen Aufführung vorbereitet ist. Und sie gibt die Voraussetzungen, dass Glück und Freiheit auch gefunden werden. Der rationale Verstand muss die Intention des Geistes am Ende durchsetzen, selber finden aber kann er sie nicht. Dazu gehören die ausgewogenen Beziehungen der Harmonie, wie etwa auch die Liebe zu den vielen großen und kleinen Accessoires, welche uns aus dem Paradies überkommen scheinen. In dem Maße, wie sie sich dem Kinde besonders einprägen, bilden sie auch das Zentrum des konnektiven Netzwerkes, das für ewig auch der Dreh- und Angelpunkt unserer Empfindungen und Gefühle bleiben wird.

Die ursprünglichen Bilder der heimatlichen Gefilde bilden die Grundstruktur für den Kosmos der Beziehungen, und zwar in seiner Maximalanlage, welche später nur noch ergänzt oder an den Ausläufern modifiziert werden kann. Die strukturelle Verwurzelung kann nicht wieder verändert werden, sie kann nur mit dem Menschen selbst zugrunde gehen. Aber die Veränderung muss auch nicht sein, denn der Weg zu den Wurzeln, so wie er im Äußeren auch im Inneren gegangen wird, macht frei und trifft den höheren Sinn. Die ausgeglichene und auf den einfachen Grund führende Aktion des Geistes entlastet das Bewusstsein, die freigeschalteten Ressourcen machen den Blick weit und lassen die Sorgen kleiner werden. Es ist der Blick von der Anhöhe auf die kleiner gewordene Welt.[321] Die physische Öffnung unseres Bewusstseins ist mit einem Glücksgefühl verbunden und ist das Schönste, was uns von Natur aus gegeben ist. Es gibt keine neuronale Schaltstelle, kein Hormon oder gar Organ für das Glück, es ist einfach nur der Lohn dafür, den evolutionären, oder göttlichen Weg der harmonischen Ordnung gefunden zu haben, der zentral und ausbalanciert genug ist, um den bewussten Blick auf die nachhaltigen Wege zu weiten. Das geistige Glück ist nach oben offen, definiert gewissermaßen die Unendlichkeit romantischer Poesie, und ist dem Prinzip nach allen Reizen und Befriedigungen weit überlegen. Wer lange in der Fremde war und in die Heimat zurückkehrt, kann den Effekt deutlich spüren. In anderer Umgebung ist die Freiheit so groß, wie gewohnte Bedingungen in ihr enthalten sind. Ebenso muss das Wirken des Einzelnen auch in der Fremde ganz unbewusst dahin gehen, genau die heimatlichen Umstände zu schaffen. Das ist der Führung des konnektiven Systems verschuldet, welches nicht mehr an den Urgründen, sondern nur noch in den letzten Ausgestaltungen verändert werden

[321] Eine künstlerische Version dieses Blickes von oben ist eine Volkskunst, bei der die traditionellen Besonderheiten der Region im Kleinen nachgebildet werden.

kann. Das Programm der heimatlichen Verwurzelung muss immer wieder durchschlagen, was aber meist nur von einem objektiven Beobachter bemerkt werden kann. Das unbewusste Zentrum unseres Seins kann nicht weitervererbt werden, es wird dort geschaffen, wo es erstmals mit der realen Welt zusammentrifft. Die ersten sind die stärksten Streben in dem gewaltigen Bauwerk der menschlichen Seele. Und sie müssen auf ebenen Grund gesetzt werden, dessen harmonische Struktur letztlich auch schon über die mögliche Größe entscheidet.

In der Gemeinschaft spielen die Innenwelten so gut zusammen, wie sie allgemein sind, das heißt auch auf das Einfache in der gleichen Art bauen können. Das Gefühl, oder wie der Volksmund sagt das Herz, ist als geistige Instanz in dieser Frage dem rationalen Verstand überlegen. So gebildet und vernünftig dieser auch sein mag, physiologisch wird er unbewusst vom konnektiven Netzwerk an der Leine geführt, welches nicht der Zeitmode, sondern der Evolution verpflichtet ist. Was im Geiste nicht zusammenkommt, muss auch im Rationalen ganz unbewusst immer wieder in Widersprüche hineingesteuert werden. Es ist der ewige Antagonismus im Wunschdenken der Zeiten. So hochintelligent und elitär sich die Werke der Vernunft auch in den Himmel bauen lassen, werden sie doch immer von der „konnektiven Unvernunft“ gesteuert, welche über alle politische Größe erhaben ist und nur die realen Möglichkeiten der Harmonie und Friedfertigkeit im Auge hat. Ein frei programmierbarer Mensch mit Identität und Würde ist kybernetisch nicht machbar. Dazu müsste die Evolution von Grunde auf ganz anders gestaltet werden. Was an sozialer Gleichverteilung betrieben wird, befriedigt nur die prozessuale Ebene der Gesellschaft. Die Führung des Menschen braucht Unterschiede, welche die Diversifikation der evolutionären Wege abzubilden haben. Eine Seelenverwandtschaft ist nur in kleinerem Radius möglich, weshalb die Welt nicht von nur einer uniformierten Gesellschaft bevölkert ist. Die Missachtung der Seele[322], welche nach ihrer eigenen Informationsstruktur immer mit dem Kontext der Heimat verbunden ist, ist einer Gewalteinwirkung auf den Körper gleichzusetzen und beschädigt im gleichen Maße auch die Würde des Menschen.

Den Machtstrukturen waren die eigenständigen Gefühle schon immer ein Gräuel, insofern diese einen Souverän begründen, der sich den logischen Rangordnungen entgegen stellt. Besondere Inkompetenz zeigen aber diejenigen, welche den Heimatschutz auf ihre Fahnen geschrieben haben, ihn aber niemals auf geistige Art bedienen können. Geistlose Macht und heimatliche Volkskultur sind völlig konträre Prinzipien und können ihren ei-

---

[322] Der Begriff Seele steht für das größere, physische Gefäß für Geist und körperliche Gefühle.

gentlichen Intentionen nach nicht zusammenspielen. Macht schafft ein logisches Oben und Unten und muss vereinfachen, was nur durch Zerstörung gelingt. Volkskultur ist dagegen ein Bauplatz, welcher in die Breite reicht und alles Vorhandene in seiner Einfachheit einbezieht. Der Einzelne muss darin das Wirken einer Macht spüren und weiß, dass dieselbe die schlichte Natürlichkeit seines Wesens nicht zu besorgen vermag.

Das Prinzip Heimat ist kein rationales Axiom, als solches gebraucht, wird es wirkungslos, weil sich das Universum der Beziehungen nicht kausal darstellen, geschweige denn bedienen lässt. Dagegen kann die Macht als eigenständig logisches Prinzip zwar gewisse Forderungen übernehmen, welche aus fremden Erkenntnissen stammen, niemals die Ziele der Geistesentwicklung aber selbst bilden, ja nicht einmal in ihrer differenzierten Form in die Tat umsetzen. Jede Machtausübung, ob mit Gewalt oder der intelligenten modernen Vereinnahmung, setzt einen konzentrierten Informationsprozess voraus, welcher schieflastig macht und nur mit logischen Verfahren expliziert werden kann. Im Falle der zerstörerischen Gewalt sind diese meist nur auf starre Reflexe reduziert. Nur das konnektive Prinzip kann auf Gewalt verzichten, indem es die evolutionären Bedingungen ständig neu austariert, die Prozesse mit feiner und subtiler Natur durchführt und das Ganze in seiner nachhaltigen Entwicklung berücksichtigt. Hierzu bedarf es der voll ausgebildeten kybernetischen Strukturen, wie sie etwa im Modell der kybernetischen Pyramide dargestellt sind.

Die Geschichte zeigt, dass die Mächte auf die rationale Gewalt nicht verzichten können und nicht nachhaltige Werte in soliden Strukturen geschaffen, sondern nur Grobes und Zerstörungen hinterlassen haben. Das ist nicht im evolutionären Sinne, nach dem das Differenzierte der Entwicklung nur aus einer tiefen Beziehung zwischen Natur und Gesellschaft entwickelt werden kann. Woher sonst sollte auch das Prinzip Heimat geschaffen sein, wenn nicht als Ausdruck der Geistesentwicklung, welche sich nicht nur in der Freiheit und Ausgeglichenheit des Individuums, sondern auch als friedlicher Harmonie in der Gesellschaft niederschlägt. Soviel auch in der politischen Polemik der Zeit Zusammenhänge gesucht werden mögen, sind Heimatliebe und Machtbedürfnisse krasse Gegenpole, die schon ihren Informationsprinzipien nach auf völlig unterschiedlichen Methoden beruhen. Sich vom Volksgut zu trennen heißt nicht, den Mächten und wohlmöglich den Kriegen den Boden zu entziehen, sondern der Evolution selbst. Die ist auf die rationale Gewalt nicht angewiesen, sondern gerade auf deren Ausbleiben, und erreicht nur in den seltenen Zeiten ihre Blüte, in denen die Bedingungen der Entwicklung in Harmonie zusammenspielen. Nur wissen die Strategen der Macht von den Nachforschungen im eigenen Haus abzulenken und eine angebliche Verquickung von Heimatliebe und Krieg zu beschwören. Heimat kann nur ein plakativer Vorwand für Kriege sein. Machtgier kann sich nur selbst bedienen, gleich welches Ziel, ob Heimatliebe, Friedensliebe oder gar Barmherzigkeit auf den Fahnen steht.

In der Geschichte der Macht wurde auch immer die wesentliche Stütze der Evolution des Geistes, nämlich die Sprache, auf eine geistlose Form[323] herabgekürzt, oder geriet selbst in das Fahrwasser der Begehrlichkeit. Was im Zeitalter der Kolonialisierung sehr ausgeprägt war, scheint sich auch heute wieder einzustellen, weil inzwischen abermals globale Bedürfnisse obenan stehen, welche ganze Sprachen an den Rand der Existenz bringen. Ermöglicht wird das durch die neuen Kommunikationsmittel, mit denen der Vorgang auch durch alle modernen Methoden der analytischen Wissenschaften einschließlich der Psychologie unterstützt werden kann. Das wichtigste Kriterium ist es allerdings, dass die Vereinnahmung unbemerkt bleibt, um nötigenfalls auch als „Verschwörungstheorie" abzugehen, wofür allzeit unrealistische Beispiele bereitgestellt werden. Die Verschwörungstheorie entspricht nicht der Wirklichkeit, aber sie wird bewusst mit offensichtlichen Fehlern erfunden, knapp an der tatsächlichen Hinterlist vorbei, die damit auch unrealistisch erscheinen muss. Sie wird von denjenigen in die Welt gesetzt, die etwas zu verbergen haben. Die distribuierte und unterschwellige Art medialer Vereinnahmung verhindert die öffentliche Wahrnehmung und die Möglichkeit von Gegenmaßnahmen. Zudem kann sich mit der Einbeziehung der Medien ein Selbstverstärkungseffekt einstellen, indem die Eroberer, selbst schon umprogrammiert, ihre neue Bindung weitergeben müssen.[324] In dieser höheren Form der Vereinnahmung kann eine Gesellschaft gewissermaßen in die kulturelle Automation gebracht werden, in der die Urprinzipien des harmonischen Zusammenlebens und des Glückes ausgeschlossen werden. Einen Ersatz bringen Befriedigungen aller Art, die künstlich vorgehalten und aufwendig organisiert werden müssen.

Der Vorgang mit seinem ganzen Umfeld könnte einem Lehrbuch entnommen sein, das in prägnanter Form die intelligente Unterwanderung der natürlichen Evolution des Geistes durch verteilte Machtstrategien beschreibt. Er zeigt außerdem, dass die Demokratie allein nicht der Anforderung der modernen Zivilisation gewachsen ist, weil sie zwar die Kräfte der rationalen Funktionen auszutarieren versteht, aber leicht zu unterwandern ist und den Belangen des Geistes hilflos gegenübersteht. Was nützt eine

---

323 Siehe auch: Victor Klemperer: LTI Notizbuch eines Philologen.

324 Die Musik spielt bei der Motivierung eine wichtige Rolle. Mit unterschwelligen Methoden werden alle Interpreten schrittweise auf die Sprache der Macht eingespielt.

Wahl, wenn die Wähler zu einer formbaren Masse in der Hand machthungriger Lobbyisten werden. Die Evolution hat das konnektive Führungsprinzip für das harmonische Zusammenspiel in die Seele des Menschen gelegt. Von dort aus wäre es auch auf die Gesellschaft übertragbar, wenn eine „religiöse Heimat“ als Vernetzung der naiven Bedingungen geschaffen werden könnte. Nicht verwunderlich ist es, dass einem Romantiker wie Novalis eine zeitlose Lösung frei aus der Feder fließt. In seinem Fragment „*Die Christenheit oder Europa*“ sucht er eine idealisierte Geistigkeit aus der Historie zu extrahieren: *„Es waren schöne, glänzende Zeiten, wo Europa ein christliches Land war, wo Eine Christenheit diesen menschlich gestalteten Welttheil bewohnte; Ein großes gemeinschaftliches Interesse verband die entlegensten Provinzen dieses weiten geistlichen Reichs. – Ohne große weltliche Besitztümer lenkte und vereinigte Ein Oberhaupt die großen politischen Kräfte. – Eine zahlreiche Zunft, zu der jedermann den Zutritt hatte, stand unmittelbar unter demselben und vollführte seine Winke und strebte mit Eifer seine wohltätige Macht zu befestigen. Jedes Glied dieser Gesellschaft wurde allenthalben geehrt, und wenn die gemeinen Leute Trost oder Hülfe, Schutz oder Rat bei ihm suchten und gerne dafür seine mannigfaltigen Bedürfnisse reichlich versorgten, so fand es auch bei den Mächtigeren Schutz, Ansehn und Gehör, und alle pflegten diese auserwählten, mit wunderbaren Kräften ausgerüsteten Männer, wie Kinder des Himmels, deren Gegenwart und Zuneigung mannichfachen Segen verbreitete. Kindliches Zutrauen knüpfte die Menschen an ihre Verkündigungen. – Wie heiter konnte jedermann sein irdisches Tagwerk vollbringen, da ihm durch diese heilige Menschen eine sichere Zukunft bereitet, und jeder Fehltritt durch sie vergeben, jede mißfarbige Stelle des Lebens durch sie ausgelöscht und geklärt wurde. Sie waren die erfahrnen Steuerleute auf dem großen unbekannten Meere, in deren Obhut man alle Stürme geringschätzen und zuversichtlich auf eine sichre Gelangung und Landung an der Küste der eigentlichen väterlichen Welt rechnen durfte.“*[325] Diese scheinbar extrem verschönte Sicht entsteht einfach dadurch, dass dem Geschichtsbild die Macht in ihrer verderblichen Wirkung entnommen wurde, und zwar von den Stellen, an denen sie nichts zu suchen hat. Es ist ein idealisiertes Bild der evolutionären Bedingungen, welches immer wieder in der Geschichte als schemenhaftes Ziel in Erscheinung trat. Es ist gewissermaßen die erste Lösungsmöglichkeit, das konnektive Prinzip auch in die Zivilisation zu tragen. Novalis schreibt nichts über Produktionsmittel, sondern beschränkt sich tatsächlich nur auf die Randbedingungen, in welchen vernünftige Arbeit gedeihen kann. Auch das konnek-

[325] Siehe [1] Band 2, Seite 23.

tive Zusammenspiel kann organisiert werden, und die Frage stellt sich, ob nicht die Christenheit dazu geschaffen sein könnte. Dem konnektiven Prinzip des Geistes sollte eine solche göttliche Aufgabe nicht zu schwierig sein.

Ethik und Ästhetik sind als geistige Prinzipien keine Alternativen zu den demokratischen Formen der Gesellschaft. Vielmehr sind sie als deren äußere Bedingungen zu verstehen, welche sich in der Welt der Information mit ganz anderen Formen bedienen müssen. Wie diese der modernen Logik abkömmlich sind, zeigt sich wiederum in der positiven und jugendlich unverbrauchten Ideenwelt von Novalis. In seinen Fragmenten findet man: *„Der König ist das gediegene Lebensprinzip des Staates; ganz dasselbe, was die Sonne im Planetensystem ist. Zunächst um das Lebensprinzip her, erzeugt sich mithin das höchste Leben im Staate, die Lichtatmosphäre. Mehr oder weniger vererzt ist es in jedem Staatsbürger. Die Äußerungen des Staatsbürgers in der Nähe des Königs werden daher glänzend, und so poetisch als möglich, oder Ausdruck der höchsten Belebung sein. Da nun in der höchsten Belebung der Geist zugleich am wirksamsten ist, die Wirkungen des Geistes Reflexionen sind, die Reflexion aber, ihrem Wesen nach, bildend ist, mit der höchsten Belebung also die schöne, oder vollkommene Reflexion verknüpft ist, so wird auch der Ausdruck des Staatsbürgers in der Nähe des Königs Ausdruck der höchsten, zurückgehaltenen Kraftfülle, Ausdruck der lebhaftesten Regungen, beherrscht durch die achtungsvolle Besonnenheit, ein unter Regeln zu bringendes Betragen sein. (...) Die Monarchie ist deswegen ein echtes System, weil sie an einen absoluten Mittelpunkt geknüpft ist; an ein Wesen, was zur Menschheit, aber nicht zum Staate gehört. Der König ist ein zum irdischen Fatum erhobener Mensch. Diese Dichtung drängt sich dem Menschen notwendig auf. Sie befriedigt allein eine höhere Sehnsucht seiner Natur. Alle Menschen sollen thronfähig werden. Das Erziehungsmittel zu diesem fernen Ziel ist ein König. Er assimiliert sich allmählich die Masse seiner Untertanen. Jeder ist entsprossen aus einem uralten Königsstamm. Aber wie wenige tragen noch das Gepräge dieser Abkunft?“*[326] Auch wenn die Worte heute niemand versteht, beinhalten sie eine Führungsintention der Evolution. Sich mit Demut und Liebe in eine vollkommene Harmonie einzuordnen, schafft einen Zusammenhang auf gleicher Augenhöhe und kann auf die ewigen Ränkespiele der Logik verzichten. Es werden dazu die konnektiven Prinzipien gebraucht, welche über Ähnlichkeiten Vervollkommnung schaffen und dabei die Kausalitäten auf die niederen Ränge verweisen. Der Begriff Vorbild beinhaltet das Bildhafte, das einer Entwicklung vorangestellt wird. Es ist die breite Informati-

[326] Fragmente 2. Glaube und Liebe oder der König und die Königin. In [1] Band 2, Seite 134 f.

on, deren innere Harmonie als erstrebenswert vorausgesetzt wird. Auch wenn die Bilder und Methoden der Vergangenheit uns unmodern scheinen, haben sie in ihrer Zeit eine wichtige Funktion erfüllt. Nicht selten werden wir von ihnen sogar angezogen, weil sie eine ursprüngliche Form beinhalten, welche etwas Ganzes darstellen, das in die heutigen Formen zerfallen ist. In dem Sinne ist es das Vollkommenere, dessen Sinn sich besser überschauen lässt. Mit der heutigen Aufgeklärtheit gestaltet es sich schwierig, Methoden zu ersinnen, welche den Forderungen der Geistesentwicklung nahe kommen, dabei aber ohne die scheinbar überholten Vorbilder der Geschichte auskommen. Jedenfalls schließen alle Visionen moderner Staatsformen die Belange der Geistesentwicklung aus. Dem heutigen Wissenschaftler fällte es offensichtlich leichter, das Gefühl zu unterdrücken, das eine Bilderwelt in ihm erzeugt, und den Verstand obwalten zu lassen, als umgekehrt. Das märchenhaft Schöne hat immer seltener eine Chance, den Verstand außer Kraft zu setzen und die evolutionären Forderungen der Harmonie gewissermaßen sogleich in das Direktionszimmer zu tragen.

Die evolutionären Wege, welche bei der Herausbildung des Lebens und der Organismen beschritten wurden, sind als die gangbaren und notgedrungen auch als die optimalen von den Wissenschaften anerkannt worden. Auch die Strategien, die sich bei der Entwicklung der Zivilisation gezeigt haben, sind in der Vergangenheit vielfach als notwendig und achtbar empfunden worden, was besonders in Zeiten der romantischen Bewegung geschah. Im Allgemeinen aber vergisst man den evolutionären Kontext und findet die Entwicklungswege der Zivilisation unangemessen, weil man sie stillschweigend mit den heutigen Möglichkeiten und Normen vergleicht. Spätesten seit Karl Marx wird die Gesellschaft auf die Arbeit, deren Gewinn und die Verteilung der Güter reduziert, welche allesamt rationale Funktionen linearer Logik sind und Machtverhältnisse heraufbeschwören. Aus diesem Blickwinkel sind die Randbedingungen der Entwicklung nicht mehr einsehbar und die Beziehungswelten des Geistes nicht mehr existent, und mehr noch, die Ausdrucksformen geistigen Lebens werden als Intentionen der Macht dargestellt. Auch die seither nun veränderten und vielfältiger gewordenen Theorien der Gesellschaft sind allesamt auf die realen Spielarten der Macht ausgerichtet, welche alles andere, auch die Geisteskultur aus sich heraus produzieren sollen. Die kybernetische Evolution aber kennt solcherart Zusammenhänge nicht, der ausbalancierten Beziehungswelt des Geistes sind alle Formen der Macht fremd. Die Vorgaben für fokussierte Aktionen sind allemal auf die Wiederherstellung oder Vervollkommnung des Gleichgewichtes ausgerichtet, während die Macht sich als ein Prinzip definiert, welches die Methoden der Balance von vornherein ausschließt und eine Rangordnung mit dauerhafter Schieflage erzeugt. Umgekehrt lässt sich das geistige Prinzip nicht mit rationalen Mitteln organisieren, auch eine Schutzfunktion nicht. Deswegen kann das Entwicklungspotenzial des Geistes durch niedere Macht nur unterwandert und verdorben werden, was aber auch nur stückweise geschehen kann. Das ist auch der Grund, weshalb die historischen Einrichtungen des Geistes in der modernen Interpretation schlecht wegkommen. Ihr Ruf verbindet sich mit den zerstörerischen Veranlagungen der Machtprinzipien. Unter den geordneten Verhältnissen einer idealen Evolution hätten Letztere, durch die passenden Führungsprinzipien ersetzt, gar nicht erst aufzukommen brauchen. Man kann sich andererseits auch leicht vorstellen, dass so ein gewaltiger Vorgang, wie die Evolution, in der ganzen Breite nur schwer in Einklang zu bringen ist. Die Synchronisation der Geschehnisse gehört offensichtlich zu den Schwierigkeiten, welche mit der evolutionären Höhe zunehmen und vielleicht am Ende ganz unlösbar sind. Das wird mit Sicherheit geschehen, wenn der für die Harmonie zuständigen Führungsebene die Kompetenz ganz entzogen wird.

Ob zerrissene Kleidung, laute Dissonanzen, verwirrende Bildfolgen oder schräge Kunstwerke - wenigstens bei der diabolischen Zerstörung von Harmonie scheint eine avantgardistische Einigkeit aufzukommen. Bedacht werden muss, dass die einmal beschworenen Methoden leicht aus dem Ruder laufen und auch von den Machern nicht mehr beherrscht werden. Erstmal in Mode gekommen, werden eigene Verhaltensnormen gesetzt, die geistigen Kategorien nicht mehr verstanden und am Ende zum Freiwild erklärt. In der Kunst müssen die kleinen Installationen die großen Werke der Harmonie verdrängen, um die Bedingungen der geistigen Entwicklung zu ruinieren. Von diesem Karussell der Modetendenzen erfasst, rühmt man sich seines schrägen und unangepassten Charakters, um sich von den vermeintlichen Fesseln ästhetischer Leitbilder ganz trennen zu können. Die exzentrischen Vorbilder verhindern es schließlich, die natürliche Schönheit im harmonischen Zusammenspiel der Dinge zu suchen, was am Ende noch mehr durchgeknallte Typen auf den Plan ruft. Der immer rasanter werdende Teufelskreis würde schnell zum allgemeinen geistigen Verfall der Zivilisation führen, wenn die Evolution nicht immer wieder, und zwar mit jedem Kinde, die Gelegenheit einer selbstständigen Geistesentwicklung auf die Welt bringen würde.[327] Der Ausdruck dieser naturgegebenen Harmonie ist der so genannte gesunde Menschenverstand, der korrigierend eingreift und

[327] Im Sinne neuerer Erkenntnisse der Epigenese könnte es nicht ausgeschlossen werden, dass eine gewisse exzentrische Lebensführung das Erbgut bezüglich der konnektiven Veranlagung zurückbaut und das geistlose Chaos auf lange Sicht zum Programm werden lässt.

die Ausgewogenheit des Zusammenspiels auf ein existenzielles Mindestmaß zu halten versucht. Der Begriff „gesunder Menschenverstand" ist dabei nicht sehr glücklich gewählt, weil der Verstand im Allgemeinen zu den logischen Einrichtungen gehört, der Effekt aber durch die konnektive Eigenschaft des Geistes zustande kommt. Der Verstand kann im Höchstfalle als logische Nachbildung der geistigen Kompetenz aufgefasst werden. Eine gewisse Alternative, aber dafür weniger im Gebrauch, wäre der Begriff „Besonnenheit", der das Bild einer von außen kommenden Erleuchtung vermittelt, welche auch tatsächlich vorhanden sein muss, allerdings auch aus einem inneren Tiefgang zurückstrahlen sollte. In dieser Metapher ist die Sonne als Bezugsquelle der Information enthalten, welche die Rolle der positiven Vorgaben spielen könnte. Einige Eigenheiten des Phänomens werden auch von anderen Begriffen tangiert, wie etwa Bedachtsamkeit, Langmut oder Abgeklärtheit. Der Begriff Vernunft dagegen, der früher auch oft in der hier verwendeten Bedeutung des Geistes verwendet wurde, ist heute mehr logisch dominiert, steht aber wenigstens in einer Vermittlerrolle zwischen konnektiven und logischen Prinzipien.

Die allgemeine Präsenz und der Umgang mit geistiger Information werden durch gewisse unterschwellige Dispositionen der Sprache bestimmt. Da die Entwicklung der Zivilisation auf ganz unterschiedliche Erkenntnismethoden setzen muss, teilen sich die Sprachen gewissermaßen in die notwendigen Räume, weshalb auch keine Bewertung gegeneinander gegeben werden kann. Aber es ist vorteilhaft in der Kommunikation über die Sprachgrenzen hinweg die Eigenheiten des anderen zu kennen, um sie auch akzeptieren zu können. So stehen etwa geistige Qualitäten gegen die Neigung zu intelligenter Organisation von Rangordnungen, wie das etwa zwischen Altgriechischem und Latein typisch war. Obwohl beide Eigenschaften notwendig sind, wird sich der Einzelne der Bequemlichkeit nach vom Leichteren vereinnahmen lassen, was auch einer weltweiten Tendenz zu entsprechen scheint. Dass mit dem allgemeinen Sprachverfall auch der Verlust persönlicher Freiheit einhergeht, wird wohl niemanden von selbst einleuchten.

Das natürliche Selbstbewusstsein des Menschen, das sich beim Einzelnen in der Skala zwischen gesundem Selbstvertrauen und Arroganz ansiedelt, produziert dann eine Rangordnung zum Anderen, wenn sie mit den logischen Mitteln des Verstandes gebaut werden kann. Auch in der Gesellschaft gehört die Unterdrückung geistiger Prinzipien zu den notwendigen Organisationsgesetzen logischer Hierarchien, weshalb auch die Suppression geistvoller Sprachsysteme eine gesetzliche Notwendigkeit ist. Diese allgemeine Tendenz wird durch eine ganze Reihe anderer Veranlagungen unterstützt.

Weniger geistvolle Sprachen haben eine geringere Bindung an die Wirklichkeit, weshalb sie durch den Reiz des Unnatürlichen für sich werben können. Zudem sprechen sie in ihrer lässigen und oberflächlichen Form ein größeres Publikum an, da auf dem unteren Niveau alle gleich sind. Wie dabei die Beziehungswelt des Geistes verkümmert, sieht man am mangelnden Interesse an den schönen Künsten. Dagegen kann sich unter Umständen ein Bedarf an intelligenter Logik einstellen, nämlich dann, wenn damit das Entertainment der eigenen Macht unterstützt werden kann.

Eine um das Netzwerk des Geistes beraubte Sprache ist leichter zu erlernen und verbreitet sich in einer immer weiter reduzierten Form, wodurch sich die geistige Abstinenz manifestiert und das Bedürfnis nach einer metaphysischen Gedankenwelt gar nicht mehr aufkommt. Der logische Ersatz des Geistes ist das Skurrile, das in unbegrenzter Menge zur Verfügung steht und auch industriell leicht zu handhaben ist. Das Glück ebenmäßiger Schönheit wird durch den Reiz des Unnatürlichen ersetzt, welches immer bizarrer werden muss, um wieder aufzufallen. Das Prinzip lebt von der natürlichen Ordnung der Dinge, indem es diese verzehrt. Sie aber ganz zu zerstören, braucht es noch eine Zeit, weil auch immer wieder kleine Lichtblicke der Entwicklung dagegen steuern. Es ist anzunehmen, dass auch die Postmoderne noch lange vom Vorhandenen leben kann. Über den Beginn des geistigen Verfalls in der Zivilisation gibt es verschiedene Vorstellungen, der Ausbruch des Ersten Weltkrieges ist jedoch vielfach in Erwägung gezogen worden, da die Symptome erst seit dieser Zeit in prägnanter Form in Erscheinung traten.[328]

In der frühen Entwicklung konnten sich die einfache Logik und die höhere Intelligenz der kybernetischen Systeme durch die äußeren Vorgaben vervollkommnen, was allerdings auch evolutionärer Zeiträume bedurfte. Mit dem geistigen Prinzip hat sich Entwicklungsfähigkeit gewissermaßen in den Menschen verlegt, der die Vorgaben selbst erzeugen kann. In Selbstorganisation kann sich das konnektive System des Geistes von allein entwickeln, wenn die förderlichen Bilder vorgehalten und die verzerrenden Spielarten des Nonsens und des Abstrusen abgehalten werden. Es ist die heute verspottete, vormals aber so viel gerühmte sentimentale Besinnlichkeit, welche selbstorganisierte Entwicklung unterstützt und den Suchenden gewissermaßen von allein zur Weisheit verhelfen kann. Dazu gehört das geistige Spiel mit den Möglichkeiten der Wirklichkeit, bei dem die Varianten ausbalanciert und schon im Kopf die idealen Wege gefunden werden. Beim Kinde sind noch alle Wege offen, dafür aber kindlich naiv. Deshalb gehört auch

[328] Etwa auch bei Oswald Spengler: Der Untergang des Abendlandes.

die Auseinandersetzung mit dem Bösen dazu, indem es in eigener Regie in das Gruselige und Verabscheuungswürdige verbannt werden muss. Das Kind kann mit Fantasie von sich aus alle möglichen Wege durchlaufen. Es kommt darauf an, dass es sich mit eigenen und möglichst übertriebenen Vorstellungen und Symbolen die Wege kennzeichnen kann, die ängstigen und nicht zu den Möglichkeiten der natürlichen Welt gehören. Die Volkskultur bietet dafür schroffe Markierungen, welche gewissermaßen als die ersten, wenn auch noch unvernünftigen Wegleitungen zu verstehen sind. In die böse Hexe darf alles Widerwärtige projiziert werden, wenn es nur den arglosen Charakter der kindlichen Phantasie nicht überschreitet, das heißt auf der geistigen Ebene bleibt.[329] In vielen Märchen und Geschichten aus der Vergangenheit wird das sehr gefühlvoll bewerkstelligt, wie auch für das Schöne und Erstrebenswerte in feiner Harmonie geworben wird. Es sind allemal die ausgewogenen und einfachen Bilder, welche den Geist in seine Bestform entwickeln lassen. Sie sind umso zuträglicher, je mehr Gefühle sie dazu bemühen können. Das geistige Prinzip zeigt sich auch hier als eine eigenständige Instanz, welche ganz eigener Entwicklungsmethoden bedarf.

## *6.5 Macht und Evolution*

Ganz allgemein kann die Evolution als eine Metamorphose von Information bezeichnet werden, bei der kohärente Organisationsprinzipien in kybernetische gewandelt werden. Dabei entstehen prägnante Strukturen und Gesetze, welche in den Banden äußerer Bedingungen gehalten werden. Erstere lassen sich durch die uns geläufigen logischen Kausalitäten beschreiben, während Letztere eine Welt undurchsichtiger Beziehungen ausmachen, die, falls sie uns erkennbar wäre, als korrelatives Metasystem beschrieben werden müsste. Die Welt der Beziehungen besitzt einen enormen Informationsinhalt, der sich unserem logischen Verstande widerspenstig zeigt. Die Vorgänge der Evolution geben uns den Hinweis dafür, dass diese Information zumindest in Teilen auch organisiert ist. Eine Organisationsform des Beziehungswissens ist das konnektive System, welches uns in vereinfachter Art auch schon in der Technik als neuronales Netz bekannt ist. Zu den besonderen Vorzügen des neuronalen Netzes in der elektronischen Anwendung gehört es bekanntlich, ein Gesicht aus Millionen anderer auswählen zu können. Die evolutionäre Bestimmung der natürlichen Form des allgemeinen konnektiven Systems geht aber noch weiter. So hat es im Hintergrund des

[329] Das ist auch in den vermeintlichen „Gruselgeschichten" der Brüder Grimm noch gegeben. Dagegen wird in den Horror- und Gewaltfilmen der Gegenwart nicht selten die Grenze überschritten und das Schändliche möglichst realistisch und nachvollziehbar dargestellt.

menschlichen Bewusstseins unter anderem auch die Aufgabe, das Bild der eigenen Strategien in die unzähligen Bedingungen einzugliedern, um eine Harmonie zum Sinn des Ganzen zu finden. Es ist die Fähigkeit zur Vervollkommnung, die durch harmonische Führungsstrukturen auffällig wird und zu mehr oder weniger nachhaltigen Aktionen im Sinne der Evolution befähigt.

In der Zivilisation ist es das nicht ganz durchsichtige geistige Prinzip, welches auf geistig gebildete Köpfe baut und sich in der Gesellschaft auch in vielfältige spirituelle Formen kultiviert hat, im Allgemeinen aber ganz unbeachtet in einer unermesslichen Vielgestaltigkeit vorkommt. Es gibt bei dieser geistigen Aufgabe keine abgrenzbaren Strukturen, deshalb auch keine logischen Gesetze und keine kausalen Folgezustände. Es ist vergleichbar mit den Bedingungen in der natürlichen Evolution, welche noch vor Beginn der Zivilisation die Entwicklung bestimmt haben. Die Information besteht hier in einem Zu-Gleichsein von konservativen Strukturen, einem Beziehungswissen, welches sich im Laufe der Entwicklung verändert und damit ein gewisses Eigenleben führt. Der Wandel der äußeren Bedingungen entspricht einer Informationsverarbeitung, welche eine gewisse konnektive Art definiert. Dabei wird auf der jeweils höchsten kybernetischen Ebene eine optimale Symmetrie angestrebt, bei der die Summe aller Wechselwirkungen einen Gleichgewichtszustand bildet. Diese Balance ist andererseits wieder eine Vorgabe für die logischen Folgeprozesse der konservativen Systeme, wie diese sich selbst im evolutionären Sinn weiterentwickeln. Sie erhalten eine größere Autonomie und können sich mit einem vergrößerten Informationspotenzial in das Geschehen der Wirklichkeit einbringen.

Mit der Zivilisation wird das Urprinzip auf höherem Niveau weitergeführt. Neu ist nur, dass der menschliche Geist in das konnektive Geschehen involviert, um es am Ende fast vollständig zu übernehmen. Zumindest darf angenommen werden, dass die ökologischen Beziehungen in der Natur nicht mehr viel dagegen zu setzen haben. Im Zusammenspiel der konnektiven Prinzipe und der logischen Gesetze gibt die Evolution insgesamt ein harmonisches Geschehen vor, das gewissermaßen ein Ziel definiert, welches im weiteren Verlauf aber immer undeutlicher werden muss, da die Führungsinformation selbst in die konservativen Systeme verbraucht wird. Ausgeglichen wird die weniger konkrete Führung durch den höheren Entwicklungsstand der Akteure, welche dann auch mit allgemeinen „Anweisungen“ umgehen können. Das hat eine entsprechende Vorform in der physikalischen Evolution, indem die Bindungsenergien abnehmen und durch Informationsprinzipien ersetzt werden.

Der Lauf der Ereignisse kommt typischerweise dann außer Gleichgewicht, wenn einzelne konservative Systeme aufgrund ihres hohen Entwicklungszustandes eine gewisse Eigenständigkeit gegen die konnektiven Vorgaben ausbilden, das heißt eigene Ziele auf logische Art entwickeln. Zum Beispiel vereinnahmen einzelne Krebszellen die Ressourcen ihrer Umwelt, indem sie sich ungebremst weitervermehren. Ganz deutlich ist das Prinzip in der Geschichte der Zivilisation. Harmonische Lebensgemeinschaften werden zerstört, wenn Einzelne soviel Intelligenz oder zu wenig geistige Adaption entwickeln, dass die allgemeinen Vorgaben zu wenig sind und man sich eigene Ziele gibt, welche sich nicht im Konsens mit der Allgemeinheit befinden. Aus dieser Tendenz wird leicht eine Vereinnahmung, bei der das natürliche Gleichgewicht der Kräfte in der Gemeinschaft zerstört wird. Die Schieflastigkeit muss Gegenkräfte provozieren, welche genauso wie die verursachenden Kräfte nur logisch organisiert sein können. In der Zivilisation erscheinen deshalb neben den Prinzipien des Ausgleichs auch die der Disharmonie, bei der einzelne Bereiche mit den eigenen logischen Mitteln unproportional übervorteilt werden.

Da offensichtlich die konnektiven Vorgaben der weiten Balance nicht genug beachtet werden, kann die Disharmonie sowohl durch zu viel Intelligenz als auch durch zurückbleibende geistige Adaption an die konnektiven Vorgaben hervorgerufen werden. Das zweifelhafte Wesen der Macht hat deshalb genau diese beiden Diskrepanzen zur Ursache, weshalb sie in der Evolution sowohl nach vorwärts, das heißt dem lokalen Fortschritt förderlich, wie auch allgemein nach rückwärts gerichtet, also die Entwicklung behindernd, in Erscheinung tritt. Jedes Mal aber zerstört sie das Gleichgewicht und ist demzufolge der Gemeinschaft in jedem Falle abträglich.

Wenn sich geistig Gebildete in Harmonie zusammenfügen, so bleiben die anderen zurück und müssen sich in den Hierarchien kausaler Rangfolgen behaupten können. Dazu braucht auch der hochintelligente Mensch, so er die Welt des Geistes missachtet, die entsprechenden Antennen. Es ist das Gespür, die Richtung der Macht auszumachen und dieser zu folgen. Das Phänomen lässt sich selbst im gesellschaftlichen Geschehen der Neuzeit noch gut beobachten. In den sozialistischen Staaten war es der große Bruder, dessen Meinung das Machtprinzip definierte. Wer dieser Spur folgte, konnte sich sicher sein, den Weg nach oben gefunden zu haben. Nach dem Zerfall des Systems mussten die Antennen neu ausgerichtet werden, was mit so großer Geschwindigkeit geschah, dass eine Beteiligung konnektiver Prinzipien ausgeschlossen werden konnte. Der neue „big brother“ wurde im Westen entdeckt und seine Wünsche waren schnell ausgemacht. Die Hochachtung angelsächsischer Kultur und Sprache wurde genauso der Schlüssel nach oben, wie die Verachtung der deutschen Sprache und der von ihr erweckten schönen heilen Welt des Geistes. Die sich ganz von selbst einstellende Gefolgschaft der Macht ist ein rein logisches Führungsprinzip, das immer auch evolutionär provoziert wird, wenn die konnektive Vernetzung der Entwicklungsbedingungen ausbleibt. Da dieser zwar immer mehr Information, aber auch immer weniger Kraft zur Verfügung steht, ist die Entwicklung der logischen Macht sozusagen der Teufel, der der Evolution auf den Fersen folgt. Dabei kommt der Kontrolle der Information in den Medien eine wachsende Bedeutung zu. Hier lässt sich die Vereinnahmung leicht potenzieren, wie sich auch die Schönheit der Harmonie billig verkitschen und wohlfeil zum Hassgespinst machen lässt.

Der enormen Vielgestaltigkeit der äußeren Bedingungen steht das innere konnektive System entgegen, das als die geistige Eigenschaft des Menschen die Vorgaben in die Bedingungen für die intellektuelle Arbeit transformiert und am Ende die feine Balance der unterschiedlichen Systeme zu besorgen hat. Die natürliche, angeborene Geistigkeit des Menschen steht, falls sie sich in Freiheit entfalten kann, immer wieder neu gegen die festgefahrenen Strukturen der Gewaltherrschaften. In der Geschichte der Zivilisation ist deshalb der Ausgleich durch evolutionäre Vorgaben genauso kultiviert, wie das Gesetz der Macht. Während man die natürliche Balance mit Geistesbildung zu unterstützen wusste, war der Macht nur durch Spielregeln beizukommen, welche in Gesetze gegossen schließlich zu allgemeinen gesellschaftlichen Normen wurden.

Schon im antiken Griechenland war über die verderbliche Wirkung logistischer Vereinnahmungen diskutiert worden, weshalb die Idee der Demokratie entstand, mit der man das für die Entwicklung so notwendige Gleichgewicht der Kräfte bewusst und mit logischen Mitteln zu organisieren suchte. Das Prinzip verlangt ein hohes intellektuelles Niveau, kommt aber ohne die geistigen Dimensionen der Ethik nicht aus. Über deren Maß und die politischen Methoden ist man sich allerdings bis heute noch nicht ganz einig, was vielleicht auch daran liegt, dass nicht nur die äußeren Bedingungen im rasanten Wandel begriffen sind, sondern auch die Strategien der Macht sich weiterentwickeln. Wenn die kausalen Abhängigkeiten in früheren Zeiten offensichtlich waren, haben sie sich mittlerweile so kompliziert, dass sie kaum mehr durchschaut werden können. Aus der despotischen Macht ist eine distribuierte geworden, die scheinbar nur noch durch sich selbst tragende Funktionen gehalten werden und die eigentlichen Nutznießer im Dunkel lassen. Obwohl die Vereinnahmung eine logische bleibt, sucht man sie der öffentlichen Aufmerksamkeit zu entziehen und folgt damit einem evolutionären Erfolgsrezept, wie es sich in der Funktion des menschlichen Bewusstseins verwirklicht hat. Auch wenn die konnektive Dimension des Geistes damit nicht erreicht werden kann, steht als Ersatz gewissermaßen die mit dem Fortschritt wachsende Fülle diabolischer Werkzeuge bereit, die aus dem Untergrund heraus eine erhebliche Wirkung gegen die aufwendige Balance der Kräfte in der Demokratie erzeugen können. In dieser Folge kausaler Zusammenhänge könnte es geschehen, dass die Demokratie gerade erst zur Voraussetzung für das Wirken der Schattenmächte werden könnte. Die Frage wird sein, ob man sich auch durch Gesetze gegen diese modernen Vereinnahmungen schützen kann. Voraussetzung dazu ist es, dass Letztere auch in der Öffentlichkeit wahrgenommen werden, was die entsprechende Achtsamkeit erfordert, welche wiederum nur durch eine umfassende geistige Bildung gesichert werden kann. Diese zu verhindern, wird damit zur Existenzbedingung lobbyistischer Schattenmächte.

Die Korrelationsprinzipien, welche in der Gesellschaft in ihrer großen Vielgestaltigkeit wirken, übersteigen im Allgemeinen unsere Beobachtungsmöglichkeiten. In kleineren Dimensionen können sie uns dagegen deutlich vor Augen geführt werden. Am Beispiel des Freundeskreises von Novalis zeigt uns das Egon Friedell in seiner Dissertation treffend: *„Zwischen geistig regsamen und empfänglichen Männern ist eine zweifache Art der Freundschaftsbeziehung möglich. Es kann eine Verbindung bestehen, die auf einer wirklichen und tiefgreifenden Übereinstimmung der Gesamtpersönlichkeiten beruht, eine geheime und dunkle Sympathie, die die Seelen gleichsam unterirdisch verbindet und die sich nicht völlig analysieren und begründen läßt, ein Band, das nicht nur die Geister, sondern vielmehr noch die Charaktere aneinanderzieht, und das weniger vom Verstand als vom Willen und vom Gemüt geknüpft wurde – mit einem Wort eine Herzensfreundschaft. Es kann sich aber auch bloß um eine Berührung der Intelligenz und Bildung handeln, es kann auch hier ein sehr freundschaftlicher und nutzbringender Verkehr entstehen, aber es ist klar, daß eine solche Freundschaft auf ganz anderen Füßen stehen wird. Denn im Grunde sind es nur Aphorismen, die gewechselt, Kolloquien, die abgehalten werden, und der Charakter einer solchen Beziehung ist daher vorwiegend konversationell, dialogisch, dialektisch. Eine Freundschaft der ersten Art wird vor Störungen gesicherter sein, denn innerhalb gleichgestimmter Seelen und Charaktere gibt es keine Rangordnung, während der Verstand, die Bildung und die Fähigkeiten der Menschen sich immer in einem Abstufungsverhältnisse befinden und nie auf gleicher Höhe stehen.“*[330] Die zwischen den Menschen bestehende Herzensbeziehung ist eine Verbindung auf höchstem

330 Siehe [17], Seite 15 f

geistigem Niveau und deshalb von konnektiver Art. Sie kann sich in der Gesellschaft weiterentwickeln, wenn die entsprechenden Bedingungen vorliegen. Dazu gehören alle Formen der Harmonie, wie sie aus der Natur und Historie bezogen werden können und sich in den schönen Künsten potenzieren lassen.[331] So wie die Möglichkeiten dazu verpasst werden, müssen die unverbundenen und beliebig gerichteten Kräfte in eine Rangfolge gesetzt und in einzelne, den Richtungen entsprechenden Hierarchien ausgerichtet werden. Die Hierarchien sind ihrerseits Machtsysteme, welche in einer Demokratie mehr oder weniger feingliedrig und mit den entsprechenden Spielregeln gegeneinander austariert werden können. Setzt sich nur eine einzige Hierarchie durch, so entstehen, je nach Beteiligung geistiger Prinzipien, die Monarchie, der Despotismus oder die Diktatur. Die Geschichte lehrt, dass die evolutionären Bedingungen der zivilisatorischen Entwicklung selten gegeben sind, das heißt, dass die konnektiven Netzwerke von Moral und Kunst nicht bestmöglich geschaffen werden können. Aus diesem Grund ist die Demokratie das Mittel der Wahl und steht in den Staatsformen an erster Stelle.

Auf die Informationsgesetze der rationalen Logik setzend, ist die Demokratie kein evolutionäres Prinzip. Bezüglich der Entwicklung ist sie auf die selbstständige Entfaltung aller Mitglieder angewiesen, was eine Geistesentwicklung voraussetzt, welche nur neben der Demokratie existieren kann. Ihrem Wesen nach ist die Demokratie demnach auf der funktionellen Seite der kybernetischen Pyramide angesiedelt und benötigt neben der rationalen Kommunikation mit der Gesellschaft noch die konnektiven Bedingungen ihrer Existenz. Das dazu erforderliche Netzwerk von Beziehungen wird im idealen Fall durch eine Sprache besorgt, welche neben der bloßen Kommunikation noch die Beziehungswelt des Geistes unterstützt und entwickelt. [332] Es ist evident, dass dazu keine greifbare Organisation gehört, sondern ein weitsichtiger Kontext von holistischer Art, welcher sich selbst entwickelt und die rationalen Inhalte zu tragen und ihre Werte auszutarieren hat. Im evolutionären Sinne relevant wird das Prinzip aber erst dann, wenn auch die speziellen Bedingungen der Selbstorganisation eingehalten werden. Der Ort für eine solche Funktion kann nur ein konnektives System sein, wie es im Hintergrund des menschlichen Bewusstseins auch tatsächlich vorhanden ist. In der Selbstorganisation muss sich dieses System vermittels der Sprache in

[331] Novalis glaubt in der Nähe eines idealen Königs die höchste Belebung des Geistes, weshalb für ihn die echte Republik und der echte König zusammengehören (siehe [17], Seite74 ff), was die Forderungen von Geist und Verstand gleichermaßen befriedigen sollte.

[332] Als Alternative dazu steht ein tiefes Geflecht von Traditionen, welches aber aufwendiger Strukturen bedarf, die nur schwer zu entwickeln und zu erhalten sind.

der Wirklichkeit vernetzen, wozu die Gemeinschaft vorausgesetzt wird. Die Kulturstätten des Geistes können insofern nützlich sein, indem sie das Prinzip selbst zu erhalten suchen. Es ist überhaupt kaum vorstellbar, solch riesenhafte Netzwerke wie die der menschlichen Kulturen auszutarieren. Aber die Realität zeigt, wie die evolutionär unwichtigen Systeme von den wichtigen getrennt werden und ein Ganzes gebaut wird, das der Zivilisation zum Vorteil gereicht. Es ist ein Fortschritt erkennbar, oder man beklagt zumindest, wenn dieser ausfällt. Das setzt ein Gespür für die Evolution voraus, das nicht anders erzeugt werden kann, als durch die gleichartige und ordnende Vorarbeit im konnektiven Hintergrund des menschlichen Bewusstseins. Im Netzwerk der Zivilisation, das hauptsächlich mit diesen Bewusstseinselementen gebaut wird, sind auch andere Verfahren im Einsatz, wenn sie nur Beziehungen setzen und verändern können. Auch logische Systeme, wie etwa die Wissenschaften beteiligen sich dabei, wobei auch sie nur kleine Beiträge leisten können, deren Wichtungen im Gesamtsystem nicht vorhersehbar sind. Darüber hinaus ist das konnektive Prinzip ein schöpferisches, das nicht nur in den einzelnen Köpfen wirkt, sondern auch im Zusammenwirken, das heißt in der Gemeinschaft die evolutionären Bedingungen zusammenzieht und daraus Ziele für nachhaltige Lösungen entwickelt. Die Ziele liegen dann gewissermaßen in der Luft, keiner mag sie genau definieren, aber alle laufen ihnen nach. Es sind nicht selten geschichtliche Ereignisse, für die keiner verantwortlich zeichnet, nur die Evolution selbst in die Pflicht genommen werden kann.

Für die prägnante Konversation der vordergründigen Art ist eine logische Sprache erforderlich, die in Strenge nur mit mathematischen Mitteln gewonnen werden kann und auf alle menschliche Eigenarten und geografischen Verschiedenheiten verzichten muss, wie auch Orthografie und Aussprache übereinstimmen müssen. Die logische Sprache ist ein Abbild der evolutionär geschaffenen Vorgänge auf der untersten Ebene hin zu den eigentlichen Prozessen. Wenn Gottlob Fregge[333] der Logik einen inneren Wahrheitsgehalt zuspricht, so kann dieser nur im Rahmen der durch die von der Evolution geschaffenen Zusammenhänge bestimmt sein. Es ist die spezielle Form der Entfaltung in wiederholbare Bausteine und deren Gesetze, welche kausale Zusammenhänge provozieren. Die Wissenschaft hat es sich zur Aufgabe gemacht, diese Verknüpfungen auf ein elementares Instrumentarium zu reduzieren. Die Logik enthält umso mehr an Wahrheit, je besser sie mit der entsprechenden Kausalität in der Natur übereinstimmt. Hätte die Evolution auch in den unteren Ebenen auf absolute Inhalte gesetzt, wäre

[333] Gottlob Fregge: Logische Untersuchungen. Göttingen 1986

eine Definition logischer Wahrheit ohne Sinn und Anschauung. Genauso wie in der Natur die Information vor dem Prozess wegen der Universalität der Elemente auf ein Mindestmaß reduziert werden muss, muss auch die Logik mit möglichst wenigen Symbolen auskommen. Sie muss gewissermaßen am rechten Ende der kybernetischen Pyramide angesiedelt werden. Der geringe Aufwand an Symbolik muss durch einen Kontext an Nebenabsprachen ausgeglichen werden. Dieser Hintergrund an Bindungen kann auch in einem Reichtum an Traditionen verankert sein, wie das etwa in der „feinen englischen Art" gegeben ist. Ohne Beziehungsbande ist die Logik ein hilfloses Unterfangen, nur dem Nonsens verpflichtet.

Ein Instrument gegen die Ohnmacht der Logik auf evolutionäre Art wäre eine metaphysische Sprache, welche, am linken Rand der kybernetischen Pyramide angesiedelt, die Sinnzusammenhänge des Ganzen bedienen könnte. Ein solches Hilfsmittel könnte auch ohne Tradition das logische Prinzip in die förderlichen Rahmen setzen, um als intelligent auch im fortschrittlichen Sinne wirksam werden zu können. Nur kann einen solche metaphysische Sprache nicht bis in die letzte Konsequenz durchgeführt werden, weil die Sprache an sich eine logische Einrichtung ist, welche nur mit trickreichen und zudem noch unbewussten Ergänzungen ihres geistigen Amtes obwalten kann. Unter dem Blickwinkel der konnektiven Organisation müsste jedem Ding und Phänomen ein eindeutiges Wort zugewiesen werden, jeder Vorgang müsste unzweideutig und genau beschrieben werden können. Das Transformieren der Wirklichkeit auf unverkennbare Zeichen würde das System einer eigenständigen Wahrheit erzeugen, welche, in Vollständigkeit ausgeführt, sich selbst kaum noch von der Wirklichkeit unterscheiden und demzufolge auch den Aufwand ins Unendliche treiben würde. Eine solch vollkommene Sprache wäre gewissermaßen die Sprache Gottes, welche immer das Ganze im Auge behält. Eine Machtausübung, das heißt die Übervorteilung eines Details, wäre mit einem solchen Kommunikationsmittel vollkommen ausgeschlossen.

Auf der anderen Seite steht die wissenschaftliche Analyse, welche die Wirklichkeit auf ihre elementaren Bausteine reduzieren muss. Das Amt der Sprache in ökonomischer Strenge zu führen, wie es von Gottlob Fregge etwa begonnen wurde, führt auf eine eindeutige Logik, welche auch die Grundlage einer logisch mathematischen Weltsprache sein könnte. Doch damit beginnen schon die Schwierigkeiten. Nicht nur, dass das Begründen einer reinen Logik schnell an Grenzen stößt. Auch die Frage nach den absoluten Inhalten wird interessant. Die reine Logik lebt von arbiträren Zeichen, denen beliebige Bedeutungen zugeordnet werden können. Eine Nachricht ist aber erst dann exakt beschrieben, wenn keine zusätzlichen Erklärungen abgegeben werden müssen. Das heißt, dass der erläuternde Kontext auch in derselben Logik darstellbar sein muss, was aber nur möglich ist, wenn genügend absolute, das heißt genaue zutreffende Bezeichnungen enthalten sind. Das Beziehungswissen der evolutionären Vorgänge ist mit exakter Logik gleich gar nicht wiederzugeben. Man sieht hier zwei gegensätzliche Bestrebungen, die auch der Grund dafür sind, dass die Sprachen so unterschiedlich disponiert sind und mit den Unterschieden in den Gesellschaftsformen korrelieren. Es ist eine beidseitige Abhängigkeit, weil die Machtsysteme die Metaphysik in der Sprache unterdrücken müssen und auf der anderen Seite mit einer diesbezüglichen Schwäche erst auf die Welt kommen können. Was an steuernden Hintergrundstrukturen gebaut wird, kann nur über die Sprache vermittelt werden, wenn auch die Rolle der bildenden Künste nicht übersehen werden darf, so sie in einer sentimentalischen Form noch gegeben sind.

Eine Entwicklung gegen die Sprache der Macht ist fast ausgeschlossen, weil sich die korrelativen Elemente nur in einer freien Volkskultur bilden können, welche selbst der Auslöschung unterliegt. Das wäre schon Hemmnis genug, wenn nicht noch die Machtsysteme sich weiterentwickelten und sich moderner psychologischer Methoden bedienen würden, um eigenständige Sprachen zu unterdrücken. Das unsichtbare metaphysische Gerüst einer natürlichen Sprache unterstützt selbstbestimmte Verhaltensweisen, welche die Rangordnungen der kausalen Logik relativieren und die Rahmenbedingungen auszubalancieren suchen. Das ist eine Bewegung gegen die Machtsysteme. Die müssen sich dagegen zu wehren verstehen, indem sie mit geheimdienstlichen Praktiken, vorgetäuschten Umfragen, fingierten wissenschaftlichen Studien und den vielseitigen Methoden der Motivation gegen ganze Sprachen vorgehen und sie ihrer metaphysischen Kraft berauben. Für die Verbreitung der Sprache der Macht wird auch die Musik nicht gering geschätzt, weshalb man mit trickreicher Psychologie besonders den Zeitgeschmack junger Menschen zu vereinnahmen sucht, was auf entsprechendem Niveau auch gut zu gelingen scheint. Die Tendenz zur Uniformierung der Musikkultur kann schon heute nicht mehr übersehen werden. Sie hat das Potenzial, zu einer weltweiten Waffe gegen die Geistesentwicklung zu werden. Eine wichtige Bastion ist auch die Sprache der Wissenschaft, die sich mit der Vereinheitlichung auf eine höhere Stufe gehoben wähnt, dabei aber die Kreativität aus der ihr eigenen Metaphysik ganz verliert.

Die Lenkbarkeit und fehlende Selbstständigkeit der Logik ist leicht einzusehen, weil sie einen mittleren Platz im Modell der kybernetischen Pyramide einnimmt und deshalb von einer Menge von Bedingungen abhängig ist, welche nur mit nichtlogischen Mitteln konstituiert sein können und einen umfassenden Kontext bilden. Als hintergründiger Bestandteil der Wirklichkeit muss dieses Beziehungswissen im konnektiven Teil unseres Bewusstseins abgebildet werden. Je vollkommener das geschieht, umso besser können wir auch die Eigenheiten der Wirklichkeit erkennen und letztlich auch ihren tieferen Sinn ausmachen und unsere Handlungen danach ausrichten, was dann sogar in entsprechend nachhaltiger Form geschehen kann. Die Frage ist nur, wie durch das schmale Tor unserer Aufmerksamkeit dieser weite Kontext geschleust werden soll. Wir können immer nur das Detail bewusst erfassen. Aber es muss etwas enthalten, das Zusätzliches verlangt und die Beziehung zum Ganzen schaffen kann. Es braucht eine in situ Bedingung, die Weiteres fordert, und gleichzeitig die eigene Position bestimmt. Der Vorgang ist bei der Bildbetrachtung gegeben, aber auch mit bildhaften Elementen in der Musik. Das wichtigste Werkzeug dieser Operation aber ist die Sprache, die dadurch nicht nur auf die logischen Symbole reduziert ist, sondern diese auch auf irgendeine Art markieren muss. Die Worte müssen auch außerhalb ihrer logischen kausalen Nachricht noch ein Beziehungswissen bilden und vermitteln. Wie diese Korrelationen zwischen den Symbolen gebildet werden und wie sie zu transportieren sind, ist uns vollkommen unbekannt, zumal hier offensichtlich alle Möglichkeiten in Betracht kommen und alle Abstufungen und Weiten zu erwarten sind. Die Aufgabe der Sprache ist es demnach, neben den prozessualen Aspekt der Wirklichkeit auch die situationsbezogenen Perspektive herauszustellen und gewissermaßen in den Kosmos der Beziehungen abzubilden, welche dann den unbewussten Kontext der Zivilisation bilden. Wie weit das gelingt, hängt von den Besonderheiten der Sprache ab, unter welchen Bedingungen und gesellschaftlichen Aufgaben sie entstanden ist. Die sind so vielgestaltig, wie sie uns die Bilderbücher der Geschichte auszumalen vermögen.

Die Abbildungsfunktion der Wirklichkeit in die beiden Ebenen des Bewusstseins ist keine starre, sondern eine natürliche, welche einer ständigen Veränderung unterliegt. So hängt auch die Vernetzung in den Bewusstseinshintergrund von den Eigenschaften und dem Zustand der Matrix selber ab, in die die Information geschrieben werden soll. Es ist nicht nur die Genetik, welche dazu nur die Grundstrukturen stellen kann, auch die Vorgeschichte, die vorhergehende Programmierung, beeinflusst die Aufnahmefähigkeit der Information. Die Arbeit mit Beziehungswissen kann sich wesentlich vereinfachen, wenn Symmetrien ins Spiel kommen. Das Netzwerk des Bewusstseinshintergrundes ist erst dann konstruktiv im Sinne menschlicher Vernunft, wenn das symmetrische Prinzip fest in die Architektur hineingebaut ist. Die innere Symmetrie dieses Bauwerkes zeigt ein Stück Erziehung, aber nicht die bewusster Lernvorgänge, sondern die durchlaufene

Harmonie der Kindheit und Jugend. Wenn das früher durch natürliche Ordnungszustände garantiert war, so ist heute die künstliche Reizüberflutung für eine Beschränkung der konnektiven Entwicklung verantwortlich. In Deutschland tut die allgegenwärtige englische Popmusik ihr Übriges, um die freie Entwicklung der Harmonie gar nicht erst aufkommen zu lassen. Das Ergebnis ist ein im evolutionären Sinne unmündiges Bewusstsein, welches der geistigen Freiheit nicht bedarf, sich stattdessen von niederen Reizmustern gefangen nehmen lässt. An die Stelle des freien Willens, der aus der harmonischen Geborgenheit in der aktuellen Wirklichkeit entwickelt wird, kommt der Stimulus eines Kicks, der als notwendiger Reiz erforderlichenfalls auch künstlich besorgt werden muss. In kybernetischer Sicht wird das freie autonome System zu einem gesteuerten System, das auf äußere Vorgaben angewiesen ist, wodurch die Prinzipien der Macht geradezu angezogen werden. Der Teufelskreis ist dann geschlossen, wenn die Selbstorganisation der Macht die Existenzbedingungen der Geistlosigkeit zu kultivieren weiß. Auf solche Art könnte es geschehen, dass sich Kräfte gegen die Evolution autonom entwickeln. Am Beispiel der deutschen Zeitgeschichte wird man auch gewahr, wie die Entwicklungsfähigkeit der Geisteskultur schon zu den Wurzeln hin niedergehalten wird. So wird alles, was zum kulturellen Gemeingut gehört, vom Volkslied bis zum Traditionsbewusstsein, auf möglichst geräuschlose Art unterbunden. Dazu fällt es intelligenter Polemik allemal leicht, auch die Mode danach auszurichten und den Zeitgeist der Macht gefällig zu machen. So kommt es vor, dass das gemeine Volksgut der Anstiftung zum Krieg bezichtigt wird, nur weil sich in den schlimmsten Zeiten der Geistlosigkeit die Menschen in letzter Hoffnung an die sentimentale Poesie menschlichen Sinns geklammert haben und die Gewaltherrschaft ihr diesbezügliches Vakuum damit zu füllen verstand. Der gebildete Geist ist gerade das stärkste Mittel der Evolution gegen den Krieg.

Die Alternative zu den direkten und distribuiert verborgenen Machtprinzipien in der Zivilisation ist der naturgesetzliche und freiheitliche Weg, der eine harmonische Gestaltung im Sinne der natürlichen Evolution ermöglicht. Nur dieser kann auch die Allgemeinheit schaffen, welche für eine aufbauende Vervollkommnung der Zivilisation notwendig ist. Es ist evident, dass nur in einer auf allen Ebenen harmonisch gestalteten Wirklichkeit ein solches Fundament gelegt werden kann. Je nach Perspektive gehören zu den dazu günstigen Voraussetzungen auch die Freiheit oder Demokratie, wie auch die Ästhetik und die Moral, welche auf der konnektiven Ebene in gleicher Intention wirken.

Aber nicht nur die „Programmierung“, auch die unbewusste Kommunikation mit der konnektiven Führungsebene bedarf einer Ausgeglichenheit, welche nur dadurch den bestmöglichen Zugriff erhält und unsere Handlungen gewissermaßen mit einer ganz unauffälligen Bauernschläue begleitet. Es ist nicht verwunderlich, dass in früheren Zeiten viele wohlhabende Menschen diese Geborgenheit der Harmonie zu kultivieren wussten, um daraus nicht nur nachhaltigen Vorteil fürs Geschäft zu ziehen, sondern auch das Glück des Wachstums zu genießen. Wie sich ein Kristall nur aus einer klaren und ruhenden Lösung auskristallisieren kann, braucht auch der menschliche Geist die Gleichgewichtsbedingungen, um die natürlichen Wichtungen des Sinns auszutarieren. Was uns in einer anmutigen Umgebung dazu behilflich sein kann, sind Bedingungen des einfachen Wohlgefühls. Die Vernunft aber braucht darüber hinaus noch den geistigen Rahmen, der sich aus den Bedürfnissen der Zivilisation erschließt und nur über die Sprache vermittelt werden kann. Die Sprache schafft Verbindungen zwischen den unterschiedlichsten Gegebenheiten und bildet damit ein Netzwerk, welches sich unter Umständen sogar selbst zu optimieren vermag, nämlich dann, wenn genügend Köpfe unbewusst daran beteiligt sind. So unerklärlich die Korrelationen oft anmuten, sind sie nicht mystisch, sondern basieren auf ein reales Informationsgewebe, welches gewissermaßen mit der Sprache ausgesponnen und an den Objekten der Wirklichkeit festgemacht wird.

In der Sprache können sich auch gewisse konnektive Inhalte als künstliche Überhöhung der Wirklichkeit zeigen, welche die evolutionäre Intention zur Kreativität noch weiter fortführen. Der menschliche Geist akkumuliert gewissermaßen die evolutionären Vorgaben und zieht daraus die konzentrierten Schlüsse. Er benutzt dabei Formen, welche in der Natur nicht vorkommen, der Natur aber auch nicht widersprechen. Auf diese Art bleibt der menschliche Geist auf dem natürlichen Weg und fokussiert die Evolution auf verdichtete Informationsarten. Er widersteht damit auch den unendlich vielen Wegen, welche die Entwicklung scheinbar zu bieten hat, wenn alle Variationsmöglichkeiten der vorhandenen Elemente ins Kalkül gezogen würden. Das konnektive Streben des Geistes nach Ausgleich sorgt von selbst dafür, dass der wirklichkeitsfremde Unsinn auch bei den überhöhten Kreationen außer Reichweite bleibt.

Es ist offensichtlich, dass der Sprache bei der Organisation der Zivilisation eine Schlüsselrolle zukommt. Je geistvoller sie konstituiert ist, umso eigenständiger ist der friedliche Zusammenhalt in der Gemeinschaft, umso weniger müssen Gesetze und Strafeinrichtungen geschaffen werden. Die aber werden umso dringlicher, je mehr das geistige Prinzip zurückgedrängt wird. Mit seiner konnektiven Art ist das neuronale Netzwerk des Geistes das verbindende Organ, welches die günstigsten Verhältnisse austarieren kann. Es ist kein anderes Prinzip denkbar, welches solches zustande bringen könnte, wie auch die Logik dafür ganz ungeeignet ist. Nicht zuletzt profitiert der Einzelne ganz erheblich davon, dessen Gedanken damit viel weiter ausfallen können, weil der Sinn die Rahmenbedingungen dazu stellt. Der hintergründige Geist der Sprache kann natürlicherweise nicht für sich allein existieren, er ist auf das entsprechende Gegenstück im Bewusstsein der Massen angewiesen. Und er ist dort verkümmert, wo mit großem Aufwand versucht wird, die Natürlichkeit auszublenden, wie zum Beispiel in den analytischen Wissenschaften.

Wenn der Zusammenhang den Sprachwissenschaftlern und Philosophen[334] bislang nicht aufgegangen ist, so dürfte daran die besondere Konstitution unseres Bewusstseins schuld sein, mit der wir die hintergründigen Inhalte der Sprache, weil sie nicht logisch sind, auch nicht bewusst analysieren können. Diese Erkenntnishürde ist keine Laune der Natur, sondern ein essenzielles kybernetisches Stabilitätskriterium. Uns bleibt am Ende nur eine indirekte Bewertungsform, indem wir den Unterschieden der Sprachen in ihren kulturellen Wirkungen auf die Spur zu kommen suchen.

Mit ihrem Sprachpotenzial, welches durch die besonderen historischen Entwicklungsbedingungen geformt ist, nimmt die Gemeinschaft einen bestimmten Platz im Spektrum der Möglichkeiten ein. Der logische Anteil der Sprache unterstützt den optimalen Prozessverlauf und befördert damit die rationalen Organisationen in der Gesellschaft. Mit Überbetonung der Logik wird gewissermaßen der Weg das Ziel. Die Verlaufsorientierung in der sprachlichen Abbildung der Wirklichkeit projiziert sich in eine Sukzession von Begriffen. Das heißt, die Relationen zwischen den Elementen können nur in einer Reihenfolge dargestellt werden. In den Ereignissen erscheint uns dies als kausale Beziehung, in den Dingen als Rangordnung. Die äußeren Bedingungen werden, falls sie das logische Vorgehen unterstützen, in Gesetzen festgeschrieben. Diese ersetzen einen Teil des ansonsten geistigen Hintergrundes, der dadurch auf ein minimales Maß gehalten werden kann. Was mit der Sprache vermittelt wird, muss auch das Denken beherrschen, und schließlich werden sich auch die Ordnungsstrukturen in der Gesellschaft mit dieser Eigenart einrichten.

Es ist leicht einzusehen, dass mit den logisch kausalen Prinzipien auch beliebig komplexe rationale Gebilde in der Gesellschaft unterhalten werden können. Die Demokratie verdient dabei unsere besondere Aufmerksamkeit, da sie als Versuch gewertet werden muss, ein konnektives System mit logischen Mitteln nachzubilden und damit dem geistigen Prinzip am nächsten kommt. Sie zeigt sich in dieser Sicht als ein riesiges Ordnungssystem, in

[334] Ausgenommen bestimmte Einsichten etwa von J. Georg Hamann und W. von Humboldt.

dem alle sonst divergierenden Kräfte so austariert werden, dass das System als Ganzes lebensfähig bleibt. Die dazu erforderlichen Bedingungen werden in Gesetzen vorgehalten. Das Gleichgewichtssystem Demokratie lebt aber nicht nur davon, dass die Kräfte gleich entwickelt sind, vielmehr muss das auch allen sichtbar gemacht werden, damit sich keine „unterirdischen Parallelwelten" bilden, welche die Balance für einzelne Interessen umzudefinieren versuchen. Die nicht öffentlichen Aktionen, die schon in der Geschichte die Erfolgsrezepte der Weltmächte waren, sind auch Machtprinzipien, welche moderne Demokratien zu unterwandern und die öffentliche Wahrnehmung zu täuschen vermögen. Für eine zeitgemäße Definition des Demokratiebegriffes wäre die Eigenschaft der Transparenz unbedingt zu berücksichtigen. Mit dem Fortschritt von Wissenschaft und Technik und den zunehmenden Möglichkeiten der Vereinnahmung des Individuums wächst auch die Versuchung, die öffentliche Ordnung zu umgehen. Es lassen sich die Forderungen der globalen Machtsysteme in der Gesellschaft viel leichter durchsetzen, wenn sie nicht erst in der Öffentlichkeit diskutiert werden müssen. Möglicherweise wäre manche Veränderung ohne diese Methode gar nicht durchsetzbar. Unterstützt werden die modernen Methoden der Vereinnahmung durch die elektronischen Medien, womit auch die wachsende Kommunikation innerhalb einer Gemeinschaft immer leichter ausspioniert werden kann. Die bringt die dringend benötigte Rückmeldung über den Erfolg oder die Grenzen der angestellten Verfahren. Es ist auch eine Information darüber, wie leidensfähig eine Gesellschaft ist, oder volkstümlicher ausgedrückt, wie viel Kröten sie schlucken kann, ohne zu protestieren. Man muss nicht lange nach Beispielen suchen. Zurzeit sind in Deutschland ewige Reformationen und Gegenreformationen des Bildungssystems im Gange, die möglicherweise solange geführt werden, bis alles auf Immersionsunterricht oder ganz auf Englisch umgestellt ist. Jedes Mal, wenn sich der aufgewirbelte Staub einer Aktion verzogen hat, stellt sich heraus, dass es immer auch ein kleiner Schritt in ein und dieselbe Richtung war, während andere Ergebnisse in den Zeiten divergieren.

Dass die demokratischen Einrichtungen zu den globalen Bedürfnissen der Macht nicht befragt werden, zeigt das Beispiel der wohl markantesten Vereinnahmung im deutschen Kulturbetrieb: das Wegdrängen der deutschen Sprache aus der Musik, was in einer natürlichen und ungesteuerten Entwicklung niemals geschehen könnte. Die Richtung ist vorgegeben und wird, mit „wissenschaftlichen" Studien und Umfragen unterstützt, in alle Bereiche des gesellschaftlichen Lebens eingebracht. Dabei wird eine Stufe erreicht, die alle diesbezüglichen kommunistischen Versuche in den Schatten stellt, weil sie nicht mehr auf die vordergründige Vernunft setzt, sondern versucht, unbemerkt den hintergründigen Willen zu fassen. Die unzähligen Einrichtungen der globalen Machtsysteme sind still vorprogrammiert. Eines ihrer wichtigsten Ziele ist als Abschaffung der einzelnen Landessprachen deklariert. Die neuen Methoden der medialen Vereinnahmung sind auf die Vereinheitlichung angewiesen. Wenn erst die Sprache weltweit uniformiert und vereinfacht ist, erschließt sich den Medien ein ganzes Arsenal neuer Möglichkeiten und die totale Vereinnahmung rückt in greifbare Nähe.

Die Prinzipien der Macht folgen der Evolution und verschieben sich von der Kraftanwendung hin zu den Methoden, welche sich allein durch die geschickte Anwendung von Information ergeben. Dabei ist sogar der Weg von der Logik der Vernunft zum hintergründigen Beziehungswissen des Willens zu beobachten, welcher am Ende nur noch von Sprache und Musik begehbar ist. Herrschaftsprinzipien und Kriege müssen gewissermaßen auf einer höheren Informationsebene durchgeführt werden, wenn sie der Entwicklung folgen wollen. So ist der Krieg gegen die deutsche Sprache in der Musik zwar ein offenes Geheimnis, undurchsichtig müssen aber die Methoden bleiben, das Ziel durchzusetzen und den inneren Willen des Einzelnen dahin gehend zu vereinnahmen. Die Information kann nur in die Führungsebene des autonomen Individuums eingebracht werden, wenn die Beziehungswelt des unbewussten Hintergrundes erreicht wird. Man muss nur darauf achten, dass das Gewünschte immer mit möglichst vielen positiven Emotionen verbunden ist. Mit dem Hören englischer Songs jederzeit auch ein Glücksgefühl zu besorgen, ist keine leichte Aufgabe, aber die Medien sind mittlerweile darauf eingeschworen und die Erfolge geben der Methode Recht. Mit jeder Liebeszene auch einen englischen Song einzuspielen, ist kein Höhepunkt und schon längst nicht mehr auffällig. Da die unbewussten Strukturen besonders im jugendlichen Alter angelegt werden, ist die Zielgruppe festgelegt. Damit das besonders effektiv geschieht, darf keine andere Sprache zugelassen werden, wie auch Instrumentalmusik nach Möglichkeit auszuschließen ist. Kein Freizeitspaß, keine Party darf ohne englische Musik auskommen. Jede dagegen stehende Eigeninitiative lässt sich geschickt umlenken und jeder Macher ist für andere Dinge zu gewinnen. Interessant ist es, dass die Methode irgendwann zum Selbstläufer wird, nämlich dann, wenn das Ziel in genügend Köpfe einprogrammiert und im kollektiven Unterbewusstsein angekommen ist, und zwar an möglichst hoher kybernetisch gewichtiger Stelle.

Aber so intelligent die Verfahren auch angelegt sind, bleiben sie am Ende doch nur billige Surrogate der natürlichen Möglichkeiten, weil sie allemal nur logisch konstituiert sein können und dem Gebildeten durchschaubar sind. Die natürlichen Geheimnisse des Beziehungswissens hat die Evolution gut versteckt, sie sind auch den noch so findigen Lobbys niemals zugänglich und ihnen am Ende immer überlegen. Die Evolution steht allzeit über den Prinzipien der Macht, andernfalls wäre sie längst beendet worden. Ihre siegreiche Methode ist nicht die kraftvolle oder raffinierte Aktion an irgendeiner scheinbar wichtigen Stelle, sondern der große Überblick über die Weiten von Zeit und Raum, in denen auch die schwache Aktion einen nachhaltigen Effekt von großer Tragweite bewirken kann.

Dem Begehren der Macht ist auch eine kurze, individuelle Methode dienlich, die gar nicht erst versucht, gegen die geistigen Prinzipien der Evolution anzutreten, sondern diese gleich von vornherein ausschaltet. Sie ist in allen Altersgruppen und bei allen Gelegenheiten anwendbar und ist mit dem Wesen der modernen Popkultur grob beschrieben. Es ist die Arbeit mit den Reizen der Töne selbst, die meist laut und frequent die Emotionen von ihrem geistigen Weg abhalten und in eine einfache Befriedigung führen. Es sind immer nur niedere Reflexe, die sich allemal selbst zur Genüge sind und das Bewusstsein vom inneren Aufpasser zu befreien suchen. So wie die gewonnene Freiheit eine trügerischen ist, hält sie Pflichten und Sorgen fern und führt in einen gelösten Zustand der Befriedigung, der aber die äußeren Bedingungen dauernd notwendig macht. Der Betroffene muss sich die geistlos machende Musik ständig in die Ohren stopfen, um den Zustand aufrechtzuerhalten. Die Art befriedigt, macht aber nicht glücklich, das geistige Prinzip des Glücks auszuschließen ist selbst Methode. Aber auch die Hoffnung der Macht, ihre Sprache durchzusetzen, ist eine trügerische, weil sinnvolle Worte dabei gerade ungehört bleiben müssen und auch den Hintergrund dem Prinzip nach nicht erreichen dürfen. Was bleibt ist der Klang der Sprache und die Motivation dem Klang zu folgen. Aber auch die Weiterentwicklung wird nicht auf sich warten lassen, der Intelligenz sind in dieser Beziehung keine Grenzen gesetzt. Einmal begonnen wird sich auch die Hinterlist weiter vervollkommnen. So lassen sich etwa auch mit privaten Ausspähungen Verhaltensmodelle bauen, mit denen sich die Methoden erforschen lassen, die den Einzelnen noch effektiver an die Angel kriegen.

Die Versuchung, die Öffentlichkeit zu unterwandern ist umso größer, je mehr die gesellschaftlichen Bindungskräfte auf die logische Form reduziert sind, das heißt je weniger die Kommunikation andere Mittel, als nur isolierte Zeichen zur Verfügung stellt. Je stärker andererseits im Informationsaustausch das Beziehungswissen implementiert wird, umso schwieriger ist es, Machtsysteme aufzubauen, was auch den Aufwand der Demokratie wesentlich verringert. Im Allgemeinen ist jedoch das Streben nach Demokratie mit dem Schaffen neuer Gesetze verbunden, welche Divergenzen verhindern und heimliche Bevorteilungen ausschließen sollen. Die dadurch bedingte

Komplizierung kann nur verhindert werden, wenn bestimmte Bereiche ausgeklammert werden, was aber dem Prinzip nicht unbedingt zum Vorteil gereicht, besonders wenn dabei Lobbyinteressen berührt sind.

Auch die perfekteste Demokratie kann nicht für sich allein existieren. Sie hat als logisches Prinzip allemal Bedingungen nötig, welche den Rahmen für die Ordnungssysteme der Wirklichkeit bilden und eine Balance zu schaffen haben, ohne die eine Selbstorganisation nicht möglich ist. Die Vorgaben bilden einen Kosmos von Beziehungen, ein kulturelles Geflecht, welches sich, um wirksam zu sein, immer auch in der Sprache abbilden muss. Das ist nicht mit den Zeichen selbst und deren linearer Folge zu machen, sondern mit gewissen „Klebestellen", welche die Zeichen bzw. Worte miteinander zu verbinden vermögen. In ihrer stärksten Form sind diese Eigenschaften unbewusst, zumeist auch belanglos und logisch nicht notwendig, können aber einen riesigen Aufwand bedingen. Dazu gehören alle Arten von Verwandtschaften, im Besonderen auch die archaischen Korrelationen von Ausdrücken, ihre Verbindung zu bestimmten, besonders auch lokalen Ereignissen, die Art der Flexion, der Gebrauch der Artikel und grammatikalische Besonderheiten. Das sicherste Merkmal für eine solche lebendige und wirklichkeitsnahe Sprache ist die Beteiligung des Gefühls, weil der logische Mechanismus das Beziehungswissen nicht abzubilden vermag. Eine Sprache, welche Beziehungen impliziert und die Harmonie in der Wirklichkeit unterstützen kann, ist eine geistvolle Sprache.[335] Sie besitzt selbst ein gewisses evolutionäres Potenzial und kann die Entwicklung der Zivilisation in Nachhaltigkeit unterstützen. Als Spiegel des Geistes verweist sie uns auch auf dessen Harmonie und zeigt uns die Disharmonien, welche die Kräfte der Macht darin erzeugen. Sie vermag ausgleichende Verhältnisse, wie die der Demokratie, auch ohne großen logischen Organisationsaufwand zu schaffen. Nur der intelligenten Intrige ist sie verschlossen, welche alle Formen der Macht nötig haben, aber gerade von der Zerstörung der Balance, also vom Gegenteil des Geistes, leben. Mit diesem Nachteil wird eine harmonisch aufgestellte Gesellschaft leicht zum Spielball der Kräfte, welche alle Energie auf einen Punkt zu konzentrieren vermögen. Die dem entwickelten Geist immanente Gutgläubigkeit wird so zu einer gefährlichen Schwäche, welche wohl seit Menschengedenken auch immer ausgenutzt wurde und der Zivilisation selten zum Vorteil gereicht hat.

---

[335] Die meisten natürlichen Sprachen haben diese Eigenschaft in mehr oder weniger ausgeprägter Form. Die Weltsprachen Latein und Englisch sind durch eine weniger natürliche Entwicklung geprägt und bilden hierbei eine typische Ausnahme. Es sind die eigentümlichen Sprachen der Macht.

Für den Einzelnen ist die eigene Sprache zwischen Geistigkeit und Logik zunächst entscheidend für das Niveau seiner Gedankenwelt. Je mehr er Konturen aus der äußeren Beziehungswelt in seinen inneren Kosmos hineinziehen kann, umso besser wird das unbewusste Abbild der Wirklichkeit ausfallen und umso einfacher kann er mit seinen Gedanken der äußeren Welt folgen, was letztlich auch der Nachhaltigkeit seiner Werke zugutekommt. Er kann sich mit Leichtigkeit und harmonisch in ein Ganzes fügen, wenn dieses Sinn macht, das heißt seinem gesunden Menschenverstand entspricht. Zum anderen wird mit seiner Sprache seine Stellung in der Gesellschaft bestimmt. Je geistvoller er vermittels seiner Sprache gebildet ist, umso weiter wird er im Informationsmodell der kybernetischen Pyramide nach links rücken, das heißt im allgemeinen Sinne unabhängiger sein und sich selbst in das Netzwerk der Führung einbringen können.

Gegen die Angriffe der Macht ist der geistvolle Mensch zunächst unterlegen, hat aber aufgrund seiner Weitsicht am Ende die besseren Karten. Schließlich ist das geistige Prinzip eine innere Nachbildung der evolutionären Bedingungen und gibt damit auch der Gedankenwelt eine bestimmte Richtung und den Handlungen eine Nachhaltigkeit. Es ist das Mitschwimmen im Strom der Evolution und schützt davor, irgendwo an einem verlassenen Ort zu landen, von allen Bindungen an die Welt losgelassen. Wie sich ein Gleichgewichtszustand nur in kleinen Bewegungen weiterentwickeln kann, weil er ständig neu austariert werden muss, so können auf der anderen Seite die rabiaten Gewalteinwirkungen der Macht nicht zum natürlichen Werkzeug der Evolution gehören. Sie sind allemal die Folgen von Fehlentwicklungen, die nicht selten zu erheblichen Disharmonien führen, dabei aber eine eigene politische Landschaft erzeugen können. Die ist daran zu erkennen, dass ihre Informationsinhalte nicht aus der ethischen Geisteskultur des gemeinen Volksgutes entwickelt wurden, sondern aus dem logischen Kalkül der Kausalität, welche nur in den Gründen der Macht ihre absoluten Werte finden kann.

Die offene Macht ist ein zwar durchsichtiges Prinzip, entfaltet aber trotz dessen ihre Wirkung. Sie zeigt sich nicht in der demütigen Haltung zu einem vollkommeneren Menschen, mit dem etwas Großes und Nachhaltiges geschaffen werden kann. Vielmehr definiert das Prinzip ein Oben und Unten, in dem sich eine Unterwürfigkeit von selbst einstellt. Die kausale Reihenfolge bleibt erhalten, um den Befehl exakt weitergeben zu können. Der Mächtige wirkt wie ein Magnet, in dessen Feld sich die kleineren Magnete in der richtigen Lage einfinden. Der magnetischen Anziehung wird sich aber nur derjenige ergeben, der auch auf die Polarisierung eingestellt ist, der die Souveränität geistiger Führung verlassen hat. Er wird von weit her angezogen und wird immer versucht bleiben, dem mächtigen Magneten näher zu kommen, oder ihn gar zu ersetzen. Man wird ihn leicht daran erkennen, dass er öffentlich seine Stellung im Gradienten des Feldes zu definieren weiß. Man sieht nicht selten Menschen, welche ihre Ergebenheit zu Personen oder den aktuellen Anschauungen der Zeitmode zur Schau stellen müssen. Sie legen damit gewissermaßen ihr Niveau im Feld fest, an dem sich die anderen Mitbewerber auszurichten haben. Andererseits dokumentieren sie ihre Geistlosigkeit, wegen der sie sich in fremde Führung begeben müssen. Es ist leicht einzusehen, dass das magnetische Prinzip in dem Maße versagt, wie die Zahl der Machtbereiche zunimmt, das heißt, wie die Beziehungswelt des Geistes eine Rolle zu spielen beginnt. Der Weg dorthin führt über die Formen der Demokratie, die aber ihrerseits nicht für alle Zeit vor den diabolischen Methoden der Macht geschützt bleiben.

Die uralte Form der Demokratie, die auf das Gleichgewicht der Kräfte basiert, hat eine wichtige Voraussetzung, nämlich dass die Kräfte auch öffentlich bekannt sind und keine unterirdischen Ausläufer bilden. Diese Bedingungen werden sicher auch in modernen Gesellschaften mit Intrigen, Korruptionen und den Methoden der Geheimdienste auszuhebeln versucht, welche sich leicht auch verselbstständigen und eigene Machtsysteme zu schaffen verstehen. In den verborgenen Institutionen mächtiger Lobbys ist auch der Spionage Tür und Tor geöffnet. Die technischen Möglichkeiten für riesige Datensammlungen werden immer effizienter, wodurch in den Hinterzimmern auch Reaktionsmodelle für die Belastung der Gesellschaft oder des demokratischen Staatswesens aufgestellt werden könnten. Wie reagiert der Durchschnittsbürger, wie viel schrägen Nonsens verträgt er, wie viel englische Popmusik? Wie kann eine ganze Gesellschaft modelliert werden, wie viel Verfremdung kann ihr zugemutet werden, ohne dass sie in Aufruhr gerät? Die modernen Kommunikationssysteme stellen dafür immer bessere Informationsquellen zur Verfügung. Mit den Verhaltensmodellen der Gesellschaft wird es insbesondere möglich, die Programme auszumachen, die mit dem geringsten Aufwand den gewünschten Effekt bringen. Als besonders wirksame Mittel scheinen sich wissenschaftliche Studien zu erweisen, welche von allen anerkannt werden, aber auf raffinierte Art schon von vornherein auf ein bestimmtes Ergebnis festgelegt sind. Die Manipulation von Information gehört ebenso zu den Mitteln der Machtsysteme wie die immer vollkommenere Datensammlung. Voraussetzung ist, dass sich die Menschen auch passiv oder aktiv an den modernen Medien beteiligen. Dazu müssen diese in logisch linearer Form aktiv sein, also die korrelativen Belange des Geistes unterdrücken. Es ist deshalb nicht die Kultivierung des gesunden Menschenverstandes, der Harmonie, der Heimatliebe und der

Schönheit, mit denen die Forderungen erfüllt werden können. Vielmehr müssen der unnatürliche Reiz, der weltfremde Nonsens oder die Bloßstellung des sentimentalen Gefühls beschworen werden, um die geistige Seite der Entwicklung nicht aufkommen zu lassen, die jeder Macht nur schaden könnte. Man könnte sich auch gut vorstellen, dass in Gesellschaften, in denen die Geistesentwicklung schon seit Langem auf die schiefe Bahn geraten ist, die Korruption zu den normalen Gepflogenheiten gehört, selbst unter dem demokratischen Mäntelchen.

Die Methoden der Macht werden in Zukunft weniger von sichtbarer Gewalt bestimmt, sondern vielmehr durch die Anwendung der Informationsmöglichkeiten, unter denen sich auch das evolutionäre Prinzip der versteckten Führungsebene wiederfindet. Das Werkzeug dazu ist die psychologisch versierte Vereinnahmung der breiten Masse durch Medien, welche die öffentliche Wahrnehmung zu umgehen verstehen. Das kann geschehen, wenn das Wissen darum nur auf der Seite der Macher vorhanden ist, und die breite Öffentlichkeit im Dunklen gelassen wird. Das könnte auch im evolutionären Sinne sein, wenn die Strategien aus den nachhaltigen Prinzipien des Geistes geschöpft werden könnten. Die Wirklichkeit zeigt sich jedoch anders, wie es am Beispiel der manipulierten Musikkultur in Deutschland ersichtlich wird. Eine Landschaft, die gewissermaßen zu den Geburtsorten der klassischen Musik gezählt wurde, wird an allen Orten mit englischer Popmusik zugedröhnt, sodass die junge Generation das eigentliche, den Geist bildende und glücklich machende Prinzip der Musik gar nicht erst in Erfahrung bringen kann. Die aus der eigenen Kultur entwickelte Musik wird systematisch abgeschafft, das heißt, die harmonischen Strukturen für die Evolution des Geistes können keinen Platz mehr finden und das zeitliche Fenster der Entwicklung, in dem solches stattfinden könnte, ist schnell verpasst. Die Vereinnahmung der Jugend wird mit wenigen, aber gezielten Manipulationen geführt, die an den richtigen Stellen von gezielter Psychologie begleitet werden, wobei der besonderen Situation der Pubertät Rechnung getragen wird. Wenn es gelingt, die kindliche Entwicklung damit früher zu beenden, wäre ein weiteres Mittel gefunden, die Geistesentwicklung zu verkürzen. Wenn die Vorgaben der Entwicklung nicht mehr aus der natürlichen Evolution kommen, sondern nur noch in den funktionellen Zwecken selbst entstehen können, bildet sich die Architektur der Logik in der Gesellschaft ab und produziert die hausgemachten Schwierigkeiten. Die Übervorteilung eines Zweckes gegen das Gleichgewicht der neuronalen Vorgaben dürfte zu den weitverbreiteten Störungen gehören, welche sich in der Gesellschaft zu Machtprinzipien summieren und am Ende auch die Unbeteiligten mitzureißen vermögen. So wird etwa auch der Generalangriff auf die Musikkultur in breiter Front geführt. In den öffentlichen Einrichtungen wird eine Zwangsbeschallung veranstaltet, ohne Rücksicht auf das Nervenkostüm der Angestellten. Deutschsprachige Musikveranstaltungen werden raffiniert aus den Medien verdrängt und man meint, dass in der Filmindustrie besonders emotionale Situationen mit englischen Songs untermalt werden müssen. Selbst die Kultursender dürfen ohne englische Gesänge nicht existieren. In gewissen Zeitspannen hört man das Englische immer wieder herausklingen, gleich, ob es gerade passt oder nicht. Die Anweisungen sind durch entsprechende wissenschaftliche Studien unterlegt, wie auch einige zig Millionen Titel für die Aktion bereitstehen, sodass auch für jeden etwas bereitgelegt sein soll. Die durchtriebene Intelligenz, mit der eine solche Vereinnahmung organisiert wird, ist kaum zu überbieten, zeigt aber auch, wie leicht der unbewusste Wille des Einzelnen in der modernen Gesellschaft manipulierbar werden kann. Dazu sind bedeutend weniger Mittel nötig, als sie etwa in einer direkten Machtausübung gebraucht würden. Gezielt über wenige zentrale Personen eingesetzt, bringen sie den gewünschten Erfolg, die besonderen Gelegenheiten und Kungeleien eingerechnet. Auch von der technischen Seite stehen im Zeitalter der Elektronik genügend Möglichkeiten zur Verfügung, die erfolgreichen Strategien immer komfortabler, dabei aber auch mit immer weniger Aufwand zu führen. Die Methoden der Vereinnahmung haben längst die Hinterzimmer der Werbestrategen verlassen und die politischen Lobbys erreicht. Bei den enormen Forschungsmitteln, welche dafür aufgewendet werden, ist es auch nicht auszuschließen, dass irgendwann der Durchbruch geschafft, und die tönenden Muster selbst für gezielte Anweisungen genutzt werden können. Die Vereinheitlichung in der Musikmode wäre dazu eine erste Voraussetzung. Die Information, welche über die Musik verbreitet wird, ist der Macht deshalb ein probates Mittel, weil die übertragenen Nachrichten bewusst nicht analysiert werden können und dem Zuhörer keine Möglichkeiten gegeben sind, seine Gehörorgane abzuschalten.

Wie sehr die konnektiven Bestrebungen nach Harmonie in der Öffentlichkeit unterdrückt werden, zeigt sich inzwischen schon im Bewusstseinshintergrund des Einzelnen. Die äußeren Vorhaltungen haben sich manifestiert und fordern selbst, aber nicht mehr das Schöne, welches als Führungsfunktion des Vollkommenen in die gewaltigen Freiräume der Evolution führt. Vielmehr finden sich hier immer mehr die Symbole des Chaos und der Zerstörung, welche die neue Kultur des Untergangs beschwören: Lautes Getöne, monotone Rhythmen, Rauchschwaden, Blitze, zerstörte Anlagen, düstere Kulissen, zerrissene Kleidung, unverständliche Nonsenstexte. Man sieht sozusagen den Samen langsam aufgehen, auf dem Acker, den die

Machtsysteme an allen Orten bestellt haben. Ohne geistige Rahmenbedingungen eröffnen die Wege eine unendliche Vielfalt, die alle ins Nichts führen, aber die Erfinder in ihrer Gier nach den Reizen des Unnatürlichen zu befriedigen vermögen. Da das Verlangen nicht zu sättigen sein wird, kündigt sich mit dem Phänomen auch das Ende der Entwicklung an. Allein die Ressourcen sind für sinnlose Wege schnell vertan. Und ein gesunder Menschenverstand allein muss sich verlassen vorkommen, wenn alle anderen der vorgegebenen Intention folgen.

Hier hilft auch keine noch so gut aufgestellte Demokratie, weil die auf dem Auge der konnektiven Bedingungen blind ist und einer Geisteskultur völlig unbeholfen gegenübersteht. Die Machtsysteme werden das Manko in Zukunft noch besser auszunutzen wissen, besonders, wenn deren Bedeutung erst richtig erkannt wird. Eine Gesellschaft ist deshalb gut beraten, wenn sie durch ein großes Reservoir kultureller Einrichtungen geschützt ist. Die regionalen Besonderheiten, die Wege der handwerklichen und technischen Entwicklung, der Architektur, der Kunst und Religion, all das sind die Grundlagen einer Geisteskultur. Zu den besonderen Schutzeinrichtungen dürften auch die Adelshäuser zu zählen sein, insofern sie die kulturelle Tradition zu bewahren wissen. Dabei geht es nicht darum, die Information wie in einer Bibliothek zu bewahren. Vielmehr muss damit gearbeitet werden, muss Vergangenes, Gegenwärtiges und denkbar Zukünftiges in möglichst viele Beziehungen gebracht werden, welche sich dann in allen Bereichen der Gesellschaft niederschlagen und auch sprachlich vermittelt werden können. All das gehört gewissermaßen zu dem Gebälk, in welchem eine Zivilisation hineingebaut werden kann. Es sind die Strukturen, welche das konnektive Netzwerk des Geistes in die Bestform bringen. Selbst die historischen Besonderheiten sind Gewichtsfunktionen im geistigen Kosmos der Beziehungen, sie helfen die Prinzipien der Zeitlosigkeit zu finden, welche auch für die Strategien in die Zukunft wichtig sind. Nur mit ihnen kann eine weitere Differenzierung erfolgen, ohne dass eine Schieflage erzeugt wird.

Das Zusammenspiel der Informationsprinzipien kann auch im Inneren der menschlichen Psyche nicht viel anders sein. Die Erlebnisse der Kindheit bauen die konnektiven Fundamente, auf denen die späteren Informationsstrukturen gesetzt werden müssen. Die Evolution zeigt auch hier ihr aufbauendes Prinzip. Die aktuellen Änderungen zerstören nicht die Fundamente, sondern können lediglich die Peripherie ergänzen. Dazu bedarf es der ausgeglichenen Basis, welche als selbstorganisiertes System nur in Symmetrie existieren kann. Diese konnektive Basis zu bauen ist eine hohe Kunst, welche noch vor jeder logischen Spitzfindigkeit zu stehen kommt.

Auch im menschlichen Bewusstsein spielt das Machtprinzip eine wichtige Rolle. Es ist der alles beherrschende Gedanke, der jede Vernunft unterdrückt und das Austarieren der optimalen Strategie verhindert. Er führt in den Irrtum, welcher vielleicht auch erst in Nachhinein bemerkt wird. Eine stark entwickelte logische Intelligenz setzt auf logische Kausalität und ist dem inneren Machtdenken förderlich, wie sie sich auch in der äußeren Welt leicht in das Prozedere von Oben und Unten einfügt. Die Macht definiert sich als Unausgeglichenheit in den angestellten Aktionen, was durch aktuelle Überforderungen geschehen kann, in chronischer Form aber immer auf ein Manko im Bau der konnektiven Basis zurückzuführen ist. Nur mit dem folgerichtig gebildeten inneren Kosmos, sozusagen mit einer ausgeglichenen Seelenlage, können die nachhaltigen Wege in die Zukunft gewiesen und den unendlichen Irrwegen widerstanden werden. Die weiten Zusammenhänge in Zeit und Raum können einen geistigen Rahmen bilden, in dem sich eine harmonische Ordnung auch sicher halten kann. Das evolutionäre Programm bietet jedenfalls auch die Möglichkeit, dass sich eine konnektive Informationsebene selbstständig weiterentfalten kann, wodurch sich nicht nur die eigene Ausgangslage verbessert und sich gesellschaftlich vernetzt, sondern auch eine kulturelle Vielfalt und Nachhaltigkeit unterstützt wird.

Die Forderung nach kultureller Vielfalt klingt nicht ehrlich, wenn die eigene Kultur ausgebremst wird und nur fremde Richtungen unterstützt werden, welche der eigenständigen Geistesentwicklung entgegenwirken. Oft steht eine aus eigenständiger Logik entwickelte „politische Korrektheit“ gegen die Sorgfaltspflicht in der Gesellschaft, welche damit eine Geisteshaltung begründen will, die aber nur so kurz ausfällt, wie sie der Logik nicht entbehren kann. Eine Förderung fremder Kulturen nach eigener Intention bringt nicht die Nachhaltigkeit, welche die Entwicklung des Geistes und der gesellschaftlichen Harmonie in der Zivilisation nötig haben. Es sind Einzelinteressen, welche die Balance in der Gesellschaft verzerren und die Phänomene der Macht beschwören. Das geistige Prinzip implementiert den Blick in die Zukunft, der auch unbeschwert und traulich ausfällt, wenn die entsprechenden Bedingungen angestellt sind. Dazu gehört auch die Nestwärme, welche gerade die Muttersprache in der bunten Vielfalt der Musik erzeugen könnte. Der Mangel an geistiger Geborgenheit zeigt sich nicht zuletzt in der sinkenden Geburtenrate, welche die Entwicklung signifikant begleitet. Es ist der unbewusste Hintergrund, der dem Einfachen entstammende geistige Kontext, der die Sicherheit in der Gemeinschaft erzeugt und der sich durch keine Befragung statistisch erfassen lässt, wie er auch nicht von vordergründigen sozialen Bedingungen abhängig ist.

Die Frage stellt sich, ob die Evolution nicht auch selbst Schwachstellen bietet, die sie gegen niedere Führungsprinzipien anfällig macht. Mit dem konnektiven Netzwerk ist an sich ein sanfter und leichter Weg vorgegeben, welcher immer zu harmonischen Lösungen führen muss. Nur hat er einen entscheidenden Nachteil, er ist dem Intelligenten zu kitschig, weil er aus der kindlichen Einfalt des Naiven heraus entwickelt werden muss. Eine weit größere Gefahr für die Geistesentwicklung ist der schroffe Übergang im Netzwerk des Geistes von der kindlichen Programmierphase zur Autonomie des Erwachsenen. Es ist der Schritt, sich aus den fürsorglichen Bindungen der Evolution zu befreien. Was für die junge Frau der Weg in die eigenständige Familie bedeutet, ist nur eine Einengung des konnektiven Prinzips auf diesen kleinen Radius, der aber auch beherrscht und verteidigt werden will. Dazu bedarf es hin und wieder kleiner Machtstrategien. Viel leichter aber lösen sich die Schwierigkeiten mit geistiger Weitsicht und liebevoller Behutsamkeit. Für diese konnektiven Prinzipien ist das weibliche Wesen mit besonderen Gaben ausgestattet. Solcherart innere Führungsstrategien aber gehen dem jungen Manne ab. Er ist auf äußeren Vorgaben angewiesen, die er erfüllen muss. Er wird gewissermaßen von Natur aus in das rationale Prinzip der Macht gestoßen und es ist eine Frage der kulturellen Umgebung, ob er den natürlichen Weg folgt und sich als Familienvater wiederfindet, oder den niederen Reizen der Popkultur erliegt und alle Irrwege der Gesellschaft durchlaufen muss. In der oft chaotischen Suche nach einem äußeren Halt zeigt sich am Ende, wie weit das innere geistige Führungsnetzwerk tragfähig ist und ob die gesellschaftlichen Vorgaben weit genug sind, dass darin jeder einen Platz finden kann. Dabei ist das männliche Wesen von Natur aus stärker auf äußere Ziele angewiesen, weshalb die Gesellschaft auch geistige Welten entwickeln muss, wenn sie nicht in den Gewaltphänomenen der Macht versinken will. So könnte eine weit gefächerte Wissenschaftskultur, die insbesondere auch in der Muttersprache geführt wird, der Jugend ein nach oben offenes Entwicklungspotenzial bieten. Eine englischsprachige Elite kann mit ihrer Arroganz den geistigen Kontext der Gesellschaft nicht erreichen und die dringend benötigten Vorbilder nicht schaffen.

Das Oben und Unten, welches die Macht nötig hat, ist mit dem vernetzenden Beziehungswissen des Geistes nicht zu machen. Im konnektiven System hängt alles mit allem zusammen und es ist nicht möglich, ein derartig kohärierendes Gebilde in die Form einer Rangordnung zu bringen. Das erste Gesetz der Macht ist es deshalb, alle Formen und Bedingungen einer freien Geistesentwicklung zu unterbinden. Die hochentwickelten Kulturen sind der Macht ein Gräuel, zumindest solange, wie diese bodenständig sind und sich noch nicht in ein multikulturelles Wirrwarr aufgelöst haben. Positiv im

Sinne der Evolution ist die multikulturelle Differenzierung im Rahmen der ganzen Zivilisation zu sehen, und nicht im Mikrokosmos der totalen Vermengung, in der die Vielfalt in eine graue Einheitsmasse verschwindet und aus dem Multikulti ein „Nullkulti" entsteht. Die Differenzierung muss bestehen bleiben, die Kulturen müssen geschützt und weiterentwickelt werden, was nur auf dem begonnen eigenständigen Weg geschehen kann. Es sind allesamt souveräne Kreationen, die alle ihre eigene konnektive Harmonie entwickeln müssen. Zum Ende ist es die zukunftsweisende Aufgabe der politischen Wissenschaften, die Völker zu verbinden, ohne deren eigenständigen Regionalkulturen infrage zu stellen. Nur die entwickelten Kulturen haben dazu auch die konnektiven Elemente, welche die gegenseitige Ergänzung und Vervollkommnung möglich machen. Diese Stufe muss erreicht werden, wenn die Evolution harmonisch und ohne die obligatorischen Kriege in eine gemeinschaftliche Zukunft konvergieren soll.

Im Migrationschaos der Kulturen lässt sich die Beziehungswelt des Geistes nicht ausbalancieren. Das konnektive Prinzip, welches den Rahmen einer harmonischen Ordnung abgibt, wird zur inhaltslosen Wüste, zum Eldorado der großen und kleinen Machtsysteme. Damit zeigt sich die Migration selbst als Folge einer Machteinwirkung. Macht und Evolution schließen sich aus, und wer sich von der Macht vereinnahmen lässt, beendet seine eigene Entwicklung. Erstaunlicherweise gehört die unbehelligte Form der Freiheitsliebe zur Grundausstattung jedes menschlichen Individuums. Mit solcher Intention des gesunden Menschenverstandes wird gewissermaßen die Teilnahme an der Evolution ermöglicht. Das unbewusste Gespür für die Voraussetzungen der Entwicklung ist jedem in die Wiege gelegt und soweit wirksam, wie es durch die Mittel der Macht nicht schon zerstört ist. Dazu gehört auch der sorgsame Umgang mit fremden Einflüssen, die nicht in das geistige Netzwerk einer bodenständigen Harmonie zu bringen sind. Indem diese Strategie aber konnektiver Natur ist und nicht zur vordergründigen Logik des modernen politischen Instrumentariums gehört, ist der uralte Widerspruch der Informationsprinzipien leicht aufs Neue beschworen und die Entwicklung auf Chaos zurückprogrammiert. Statt entwickelter Vielfalt auf parallelen harmonischen Wegen wird die logische Idee einer Vielfalt als Mischung proklamiert, die evolutionär nicht vorgesehen ist und deshalb als unnatürlicher Zustand nur mit Macht erzeugt und gehalten werden kann.

Nicht wer die Macht hat, ist der Sieger der Geschichte, sondern der, der die Entwicklung hat. Die Ideen der Weltmächte haben mehr Zerstörung in die Welt gebracht, als dass sie der Zivilisation förderlich gewesen wären. Ihr Programm ist die Vereinheitlichung in ihrem Sinne, ganz gleich, welche hehren Ziele sie vorzugeben vermögen. Der treibende Hintergrund ist immer der gleiche. Um an die Spitze zu gelangen, muss eine Hierarchie im logischen Steuerungssinne aufgebaut werden, wozu das geistige Netzwerk aufgetrennt werden muss. So unterschiedlich die Vorwände auch sind, die Macht ist das selbstständige Prinzip, welches, weil auf kybernetischen Gesetzen basierend, seit Beginn der Zivilisation existiert, wenn auch immer in andere Deckmäntelchen gehüllt.

So war im Deutschland des neunzehnten Jahrhunderts der evolutionäre Weg an etlichen Stellen fast gefunden. Die Suche nach Harmonie gebar eine ganze Reihe fortschrittlicher Ideen, welche bis heute ihre Nachhaltigkeit bewiesen haben. Dazu gehörten Erkenntnisse in den Grundlagenwissenschaften genauso wie hilfreiche Methoden in der Medizin. Aber auch soziale Errungenschaften zeugten von einer geistigen Weitsicht. Die romantischen Strömungen in der bildenden Kunst waren von besonderer Bedeutung, da sie das evolutionäre Prinzip gewissermaßen in die höchste Führungsebene zu bringen versuchten, von der aus das Schöne in alle geistig kulturellen Bereiche zu fließen begann. Der Erste Weltkrieg vernichtete die empfindsamen Ansätze des geistigen Bauwerkes. Das Machtprinzip konnte dann nur noch das bringen, was ihm eigen ist: Zerstörung und Chaos.

## 6.6 Moral und Ethik als Sinnsuche

Moral und Ethik sind keine Kategorien, welche sich mit rationaler Funktionalität erschließen lassen. Erst wenn wir die höheren Ebenen des kybernetischen Prinzips erreichen, das heißt die Logik der kausalen Prozesse verlassen und auf die Informationsformen des Beziehungswissens zugreifen, bekommen wir eine erste Vorahnung von den eigentlichen Prinzipien des Geistes, zu denen auch Moral und Ethik gezählt werden. Es ist deshalb ein verfänglicher Weg, in die Welt der kybernetischen Gesetze einzutauchen und sich dabei der ethischen und moralischen Gesichtspunkte ganz enthalten zu müssen. Es ist etwa so wie in der Biologie, in der der Mensch als funktionierender Zellenstaat aufgefasst wird, was zu Aussagen verführen könnte, die mit den ethischen Prinzipien nicht mehr zu vertreten sind. Um diese Widersprüche gar nicht erst aufkommen zu lassen, sei daran erinnert, dass auch die Kybernetik zu den analytischen Wissenschaften gezählt werden muss, welche davon lebt, das Ganze zerteilen zu müssen, um die Wirkung der einzelnen Teile aufeinander erforschen zu können. Da aber die ethischen Aspekte nur von ganzheitlicher Sicht leben und keine Teilung zulassen, sind alle Arten analytischer Kybernetik im Prinzip zu keinerlei geisteswissenschaftlichen oder gar moralischen Aussagen befähigt. Das trifft auch dann noch zu, wenn wir in der kybernetischen Hierarchie ganz nach oben zu kommen versuchen. Die Vollkommenheit der geisteswissenschaftlichen Prinzipien können wir erst dann erreichen, wenn wir den analytisch kybernetischen Standpunkt ganz verlassen.

In dieser Hinsicht kann man auch in der Religion nur gewisse Funktionalprinzipien mit den analytischen Methoden ausloten, den ganzen zusammenhängenden Grund erfassen zu wollen, würde die Möglichkeiten der Logik bei Weitem überfordern. Hier stehen ganz andere Methoden bereit, welche sich nicht auf die Wirkung der Teile, sondern auf die Eigenheiten des Ganzen konzentrieren, wie sie etwa mit dem Instrumentarium des konnektiven Prinzips beschrieben sind. So kann etwa die Liebe nicht in kausaler Logik ausgedrückt werden, sie ist nicht teilbar. Vielmehr ist sie das Ergebnis unzähliger Beziehungen, welche nur durch Wichtungen verdeutlicht werden könnten. Auf diese Art sind die eigentlichen religiösen Einsichten mit den Relationen im ganzen reichhaltigen Weltgebäude befasst, in der die analytischen Wissenschaften nur die Werksteine ins Visier nehmen können.[336] Selbst wenn wir mit den Informationsprinzipien in der Religion das korrelative Wesen des ganzen Sinns erahnen können, sollten wir uns mit analytischen Einsichten zurückhalten, weil diese immer die Teilung, und damit das Beschädigen einer ganzheitlichen Sicht voraussetzen müssen.

Ebenso verbindet sich das Empfinden des Schönen mit dem Verlassen der analytischen Wege, es gehört damit zu den Phänomenen des Ganzen. So wie sich das in seiner natürlichen Form von selbst entwickelt, kann es seine innere Vollkommenheit durch logisches Zutun nur verlieren. Etwa so wie eine wirklich edle Blüte durch den Intellekt nicht verschönert, sondern nur verdorben werden kann. In seiner Schrift: *Die Signatur des Schönen* erklärt Karl Philipp Moritz: „*Denn darin besteht ja eben das Wesen des Schönen, daß ein Theil immer durch den andern und das Ganze durch sich selber, redend und bedeutend wird – daß es sich selbst erklärt – sich durch sich selbst beschreibt – und also außer dem bloß andeutenden Fingerzeige auf den Inhalt, keiner weiteren Erklärung und Beschreibung mehr bedarf.*“[337] Als evolutionäres Prinzip auf konnektiver Ebene organisiert, beschreibt sich das Schöne selbst und bedarf dazu keiner weiteren logischen Zusätze. Mit analytischen Methoden können wir gewisse Mechanismen erahnen, das Schöne in seiner ganzen Fülle aber niemals erlangen, so wie es sich auch dem Zwange ganz entzieht. Ebenda heißt es deshalb auch: „*Wo dann das*

---

[336] Es ist immerhin interessant, dass sich die beiden Blickwinkel auf die Wirklichkeit, das heißt die Sicht auf Sinn und Ziel einerseits und die Einsicht in die Funktion auf der anderen Seite, seit Menschengedenken eigenständig kultiviert haben. Der Zwiespalt kann sich selbst heute noch erhalten, wenn die zugrunde liegenden Informationsprinzipien außer Acht gelassen werden.

[337] Siehe [14] Seite 71

*ächte Schöne sich uns entfaltet, da ist es durch sich selbst die vollkommenste Erklärung der Vollkommenheit, die im Innern der Natur verborgen, unter tausend Gestalten lauscht, und mehr oder weniger sich unserm Blick entzieht. Es ist eine deutliche Beschreibung dessen, was unserer Sterblichkeit nur dunkel ahndet.*" [338] Hinter dem Schönen, das in den harmonischen Bildern der Natur versteckt ist, zeigt sich gleichsam das Wunder der Evolution. Uns dient es als Wegweiser, meist auch nur unbewusst. Es sind die Strukturen, aus denen wir die Information für die gangbaren Wege beziehen müssen. Wohin sollten wir anders gehen, als auf den Wegen, welche die Evolution für uns bereit gemacht hat. Als entwicklungsrelevant verraten sie sich durch ihre komplexe Symmetrie, welche sich uns in ihrer Ebenheit erschließt und als Schönheit bewusst wird. Diese ist umso ausnehmender, je höher sie auf der Stufe der Allgemeinheit steht, das heißt, je mehr sie den Sinn und den Zusammenhalt des Ganzen auszudrücken vermag. Auch wenn wir nur einen kleinen Ausschnitt davon wahrzunehmen vermögen, können wir die Weite des Ganzen ahnen, mit der das Schöne verbunden ist. Dagegen ist das Skurrile nur ein Reiz, der unsere Aufmerksamkeit gefangen nimmt, weil wir uns ganz vergeblich bemühen müssen, die Information des absonderlichen Bildes in den harmonischen Hintergrund hineinzuzerren.

Was wir als Schönes empfinden, muss in uns auf einen Keim harmonischer Vollkommenheit treffen, der sich in unserem Geiste selbst bildet, wenn wir dies nur zulassen. Es ist gewissermaßen die natürliche Symmetrie des Universums, welche sich auch im konnektiven Substrat des Geistes wiederfinden muss. Zugang haben wir dazu nur mit dem Gefühl, weil unser Verstand immer den Fokus braucht, der aber gerade in dieser Frage zu gar nichts taugt. Karl Philipp Moritz findet diese Erkenntnis aus einer geistigen Sicht, die das Gefühl zu interpretieren versteht. An gleicher Stelle heißt es deshalb: „*Darum fühlen wir beym Anblick des Schönen unser Herz und unsern Verstand erweitert, weil uns etwas von demjenigen sichtbar und fühlbar zu werden scheint, was immer unsern forschenden Gedanken sich entzieht, welche durch die schwachen Laute der Sprache nur mühsam ihren Kreislauf beschreiben, und immer da in sich selber wieder zurückfallen, wo sie ihren höchsten Gegenstand zu erreichen hofften. – Jemehr wir nehmlich, überhaupt beym Anblick der Natur, die Ursach in ihrer Wirkung, das innere Wesen der Dinge in ihren äußren Formen und Gestalten lesen, um desto befriedigter fühlen wir uns, und um desto vollkommener scheint uns das zu seyn, was durch seine äußere Form zugleich sein inneres Wesen uns*

[338] Siehe [14] Seite 72

*enthüllt.*“ [339] Der neue Weg, der sich uns durch das Schöne erschließt, ist ein leichter, weil er all den Sperrmüll umgeht, der die Entwicklung behindert, und der sich auch in unserem Geist angesammelt hat. Es ist die natürliche Vorgabe, für die unser eigenes Ich konzipiert ist und die unsere Seele ganz leicht auf Touren bringen kann. Die Befriedigung und das Glück, die uns die neue Sicht bringen, kommen allemal aus den in unseren Bewusstseinsprozessen freigewordenen Ressourcen, die nun dafür genutzt werden können, den Blick zu erweitern. Mit dem weiteren Abstand werden auch die Sorgen kleiner, sie können nicht selten von der höheren Warte aus übersehen werden oder ganz verschwinden.

Einmal vom seltenen Glück des Schönen überrumpelt, ist es dem Menschen nicht zu verdenken, dass er versucht wird, diesen Zustand künstlich zu erzeugen und das Schöne im Kunstwerk nachzubilden. Er entdeckt, dass sich dazu viel mehr aus der Wirklichkeit ziehen lässt, als der äußere Schein zu bieten hat. Es kommt darauf an, die Mittel der Natur von ihren Zwecken zu befreien und aus den Bildern die Harmonie herauszufiltern, wie diese sich uns in unterschiedlichen Zirkel und Reifegrad darstellen. Den schmalen Fokus unseres Bewusstseins einrechnend, müssen wir das Schöne im Einfachen suchen, dort wo die Harmonie noch zu überschauen, die Symmetrie gewissermaßen noch zu erkennen ist. Dagegen wäre das ganze Schönheitsideal ein unendliches, welches alle Harmonie des Universums einschlösse: „*Das Einzige wahre in sich Vollendete, ist nur die ganze Natur als ein Werk des Schöpfers, der allein mit seinem Blick das Ganze umfasst, und den Zweck dieses großen Gegenstandes in ihn selbst zurückwälzt. In so fern also hier Zweck und Mittel zusammen gedrängt eins ausmachen, stellt sich das allerhöchste Schöne nur dem Auge Gottes dar. Unser umschränkter Verstand sieht in der großen Natur nichts als Mittel, und ahndet nur die Zwecke.*“[340] Das Detail ist nur Mittel in einer Funktion und hat die Schönheit im Kleinen nur in dem Maße, wie es das Ganze in Selbstähnlichkeit wiederholt, was aber nur in seltenen Fällen der Fall ist. Viel sicherer findet sich das Schöne durch Vereinfachung, nämlich wenn es gelingt, die einfachen Kristallisationskeime auszumachen, um die sich allemal das Schöne in seiner ebenen Vollkommenheit auskristallisiert hat. Die Berufung des Künstlers ist es deshalb, das Zweckmäßige und das sich Wiederholende aus dem Natürlichen wegzuschneiden und den wesenhaften Kern herauszuarbeiten. Durch Weglassen finden sich einfache Bilder, die gleichsam am Boden der Erkenntnis auch die Harmonie der Schönheit zu entwickeln ver-

---

[339] Siehe [14], Seite 72

[340] Karl Philipp Moritz: Die metaphysische Schönheitslinie. Siehe [14], Seite 87.

mögen. Die letzte Ebenheit des Schönen kann nur noch mit feinem Gefühl austariert werden. Bei diesem Balanceakt stört der Verstand, welcher dazu viel zu grob ist nur das bedenken kann, was dem Werk am Zwecke mangelt. Es sei denn, die Spuren der Gedanken geben selbst ein Ganzes, indem sie sich auf sich selbst beziehen und den naiven Grund des Schönen bilden können: „*Worte können daher das Schöne nicht eher beschreiben, als bis sie in der bleibenden Spur, die ihr vorübergehender Hauch auf dem Grunde der Einbildungskraft zurücklässt, selbst wieder zum Schönen werden.*“[341] Die Abbildungsfunktion muss in ihrer Strukturierung selbst wieder symmetrische Formen schaffen können. In dem Sinne ist das Schöne auch allgemein und kann in der bildenden Kunst auf die unterschiedlichste Art zum Vorschein gebracht werden, wie es andererseits auch auf gleiche Prinzipien reduziert werden kann: „*So viel fällt demohngeachtet deutlich in die Augen, daß die zurückgelaßne Spur von irgend einer Sache, von dieser Sache selbst so unendlich verschieden seyn könne; daß es zuletzt fast unmöglich wird, die Verwandtschaft der Spur mit der Gestalt des Dinges, wodurch sie eingedrückt ward, noch ferner zu errathen. – So wie jede sich fortbewegende Spitze einerley Spur zurückläßt, die übrige Gestalt des Dinges, woran sie befindlich ist, mag auch beschaffen seyn wie sie wolle.*“[342] Die Hohe Schule der Künste ist es deshalb, die verschiedenen Genres so zueinander zu fügen, dass sie zu einer gemeinsamen „Spur“ des Schönen ineinander laufen. Ein solch geistiges Beziehungswerk ist etwa geschaffen, wenn Musik, Wort und Bild in einer Oper zusammengehen; vorausgesetzt es gelingt, den Verstand zu besänftigen, welcher sonst immer versucht ist, die Steigeisen für die Triumphe seiner Intelligenz einzuschlagen und das Werk zu ruinieren.

Ohne lebendiges Gefühl in allen seinen Spielarten, wie Liebe, Zärtlichkeit, Melancholie, Gespür, bleibt uns das Schöne verschlossen, wie auch das natürliche Prinzip des Glücks nicht funktionieren kann. Für die intelligente Analyse aber muss das Gefühl ausgeschlossen werden, weil wir hier die niederen Gesetze der Funktion in den Fokus stellen wollen. Auf dieser Ebene ist die Richtung und damit auch der Sinn der Prozesse nicht mehr gegeben, weshalb die Analyse auch die Möglichkeit hat, die diabolischen Rezepte zu merken, welche die Harmonie einer ganzen Schönheit zunichtemachen können. Dabei können selbst Elemente des Schönen, wenn sie nicht zum Ganzen geführt werden, in perfide Niederungen locken. Der Teufel hat auch das Schöne im Programm, er kann es nur nicht vom Anderen unterscheiden. Nur der kann sich diabolischer Verführungen erwehren, dessen „innere

[341] Karl Phillip Moritz: Die Signatur des Schönen. Siehe [14] Seite 77.

[342] Ebenda Seite 78.

Waage" fein genug austariert ist, um das Ungleichgewicht im Ganzen zu bemerken. Es ist nicht die logische Analyse, sondern das Gefühl, welches Vernunft und Verstand in dieser Frage leiten muss. Die Logik braucht den Fokus, und der ist allzu schnell von einer Funktion gefangen, welche nicht im Sinne des Ganzen ist. Allegorisch formuliert kann der Teufel, weil er das Schöne nicht erkennen kann, seine Gefolgschaft nur mit dem Reizvollen bezirzen, das einfach aus den Verlockungen des Unwirklichen besteht, welche noch dazu in unbegrenzter Menge zur Verfügung stehen. Ohne die konnektive Führung sind die logischen Prinzipien Verstand und Vernunft[343] unzuverlässige Argonauten, die das Lebensschifflein leicht in gefährliche Gewässer bringen können. Nur die kybernetisch höhere Instanz bringt die Sicherheit. Es ist das konnektive Informationsprinzip, für das wir in der Umgangssprache Begriffe wie Mitgefühl, Herzenswärme, Seele, Gemüt bereithaben, die sich allesamt einer logischen Systematik entziehen. Es handelt sich um die verschiedenen Formen von gewichtetem Beziehungswissen, welche sich mit den mehr gefühlten Kennzeichen ungenauer Begriffe eine gewisse Allgemeinheit erworben haben.

In Analogie dazu scheint es sinnvoll, auch in den Vorgängen etwas zu entdecken, das dem Schönen in den Formen entspricht. So wie es flüchtig ist, hinterlässt es doch eine Spur, die dem Abbild des Schönen äquivalent ist und auch schon im Vorhinein als solches geahnt werden kann. Das einfach Schöne im Ausdruck setzt sich als Gutes in den Handlungen fort, wie es in einem alten Sprichwort heißt: *„Schön ist, was gut, hässlich, was bös ist und tut."* Schön und gut sind die identischen Bilder, welche in der geistigen Ebene die Harmonie in räumlicher und zeitlicher Symmetrie[344] vorgeben. In diesem Sinne sind auch die wissenschaftlichen Kategorien von Ästhetik und Ethik auf geistige Rahmenbedingungen gegründet, welche sich logisch nur auf Allgemeinplätze reduzieren lassen. In Liebe und Mitgefühl zeigt sich das Bedürfnis des Geistigen, sich zu vereinen und eine weitläufigere Harmonie als Ganzes zu bilden. Die Kausalität, die immer auch eine Rangordnung schafft, ist diesem zuwider. Und weil das geistige Bestreben alle logischen Möglichkeiten übersteigt, ist es nur noch mit dem Gefühl zu fassen. Auch hier zeigt sich die Verwandtschaft mit dem Schönen, wie wohl auch die ästhetische Erziehung mit der moralischen verschwistert ist. Nur ist die Bildung dazu kein einfaches Beschreiben des geistigen Hintergrundes.

---

[343] In der älteren Literatur wird der Begriff Vernunft oft auch im höheren, geistigen Sinne gebraucht. Die Vernunft hat danach eine gewisse logische Einsicht in geistige Belange.

[344] Diese Erkenntnis fällt uns schwer, da wir im Allgemeinen nur stationäre Zustände bewusst wahrnehmen können. Aber auch die Anfangs- und Endzustände dürften sich einer gewissen komplexen Balance im Sinne der Entwicklung erschließen.

Vielmehr trifft das Prägewerkzeug auf eine lebendige Matrix, welche der Formung gewissermaßen von selbst nachgibt oder widerstrebt und sie ergänzt, wenn sie nur im Sinne der evolutionären Prinzipien verläuft. Als selbstorganisiertes System bedarf unser Geist nur hin und wieder des Anstoßes und der wohlwollenden Bedingungen, um sich zu vervollkommnen. Im Kindesalter ist die Ausbildung der geistigen Anlagen von fundamentaler Bedeutung, wie auch die Liebe und das Einfühlungsvermögen der Mutter darauf einen entscheidenden Einfluss haben. Die Bildungsdressur im Kleinkindalter, wie sie mitunter zum Erlernen der englischen Sprache verbreitet ist, kann der geistigen Entwicklung und damit dem späteren ethischen und ästhetischen Empfinden nur hinderlich sein.[345] Die wahre Kinderfreundlichkeit kann sich nur in den freiheitlichen Entwicklungsmöglichkeiten zeigen, zu denen auch die häusliche Erziehung des Kleinkindes gehört. Diese Aufgabe ist die höchste und wichtigste, zu der ein Mensch überhaupt berufen werden kann. Darum sind der Frau auch die umfangreicheren konnektiven Anlagen gegeben, weil ihr die entscheidende Aufgabe zukommt, die geistigen Fundamente zu entwickeln und weiterzugeben. Kein anderes und noch so intelligentes Prinzip der Natur wäre dazu in der Lage. In dem Sinne waren auch die gesonderte Erziehung, die Geistesbildung der Mädchen und das Training der logischen Vernunft bei den Jungen, ein strategischer Erfolg der Evolution.[346] Der sich aus dem Naiven entwickelnde Geist des Kindes hat ein enormes Entwicklungspotenzial, dem mit keinem noch so intelligenten Verstand beizukommen ist. Hier können allein vollkommene Liebe und Demut die Geburtshelferinnen sein, wie auch die erwachende Vernunft im Sinne einer logischen Einsicht nur aus dem vollendeten Gemüt gezogen werden kann.

In der frühen Kindheit werden die seelischen Anlagen des Kindes gebildet. Statt rationaler Klugheit zählt hier nur die bedingungslose Liebe mit ihren unendlich vielen Spielarten, weil der konnektive Kosmos der Beziehungen nur mit diesen feinen Mustern gewebt werden kann. Einmal angelegt entwickelt sich das Netzwerk von selbst weiter, dass es mit seiner Vervollkommnung auch immer besser die rationalen Funktionen der Wirklichkeit integrieren kann. Statt des kurzsichtigen Erfolges ist es der weitsichtige geistige Hintergrund, mit dem die Schwierigkeiten des Lebens nachhaltig zu lösen sind. Empathie und respektvolle Kommunikation können nur mit dem

[345] Es werden unter enormen Aufwand frühkindliche Bildungseinrichtungen geschaffen, um den Kindern die verordnete Fremdsprache einzuhelfen und das feine Sprachgefühl des Deutschen zu verderben. Auch das ist auch eine Machtausübung gegen die Evolution des Geistes.

[346] Heute wird die geistige Bildung der Mädchen gestrichen, dafür die logische maßlos.

feinmaschigen Netzwerk der Liebe auf die Welt kommen. Anstelle von Hass und Gewalt zeigen sich dann Weitblick, Besonnenheit und Harmonie, welche auch die sanften Lösungen entwickeln können, die weit in die Zukunft reichen. Die schützen letztlich auch vor Entwicklungsstörungen und psychischen und körperlichen Erkrankungen. Das geheimnisvolle Band, welches die seelischen Anlagen auf konnektive Art miteinander verbindet, bildet die Grundlage jeder Gemeinschaft und macht letztlich auch den friedvollen Anteil jeder Art von Zivilisation aus. Diese Voraussetzung wird oft nicht beachtet, sie ist aber zumindest im unbewussten Gefühl der Geborgenheit bemerkbar. Wie wenig dabei der Wohlstand eine Rolle spielt, zeigt sich in der Geburtenrate, welche als ein direktes Abbild der kindgemäßen Fundamente der Geisteskultur zu werten ist. Dem Kinderwunsch steht immer der unbewusste Weitblick zuvor, der auf eine gewisse Sicherheit und Behütetheit im Geiste treffen muss. Mit der Gier nach unnatürlichen und lebensfeindlichen Verlockungen schaffen die Medien der hochentwickelten Gesellschaften offensichtlich das ganze Gegenteil. Hier versiegt der Kraftquell der Evolution, um an anderer Stelle wieder hervorzusprudeln, dort, wo die einfachen Bedingungen noch gegeben sind.

Wenn wir mit den analytischen Prinzipien die Baukörper und deren Anleitungen begreifen und dabei die feinsten Strukturen als deren Grundprinzip verstehen, so gehen Ethik und Moral, sofern sie sich uns ebenfalls als Reduzierungen erschließen, von der höchsten Fertigstellung, dem Menschen und seinem Geist aus. In diese Sicht ist nicht der Mensch das Ganze, aber ein Element eines höheren Ganzen und es kann nun auf die Zusammenschau der unendlichen Vielzahl analytisch gewonnener Stücke verzichtet werden. Es kann sozusagen die niedere Bausteinebene übergangen werden, wie wir es etwa auch in der Technik gewohnt sind, die Geschehnisse auf molekularer Ebene zu übersehen. Insofern sind Ethik und Moral, welche sich Sinn und Ziel der Welt mit dem Menschen als erstes Element zusammenreimen, nicht nur eine Vereinfachung, sondern sie gewähren auch eine Erkenntnissicherheit, weil sie von höherer Warte aus blicken können und von den niederen analytischen Hinguckern nicht mehr verunsichert werden müssen. In der Welt des Geistes muss es nicht die logisch analytischen Prinzipien geben, weil hier nicht die Funktionen untersucht werden, sondern es um Beziehungen geht, welche die Funktionsgruppen untereinander besitzen, so wie etwa ein Musiker nicht um die mathematischen Gesetze der Tonschwingungen besorgt sein muss.

Das menschliche Wesen schuf für den Urstoff des Geistes schon mit der griechischen Götterwelt eine erste vernetzte Dimension, welche sich über die analytische Erkenntnisfähigkeit erhebt, aber noch von den analytischen

Formen geprägt ist. Die Unterschiede werden auf die einzelnen Götter projiziert. Aufgrund der unbegrenzten Fähigkeit zur Vervollkommnung begreift der Mensch schließlich die Wesensgleichheit seines Geistes mit dem ganzen Sinn, welcher dann als Gottheit auch seine Züge, nur eben in absoluter Vollkommenheit, tragen muss. In dem Sinne ist das Bild des persönlichen Gottes keine Vereinfachung, sondern die stärkste Quelle geistiger Erkenntnis, weil sie vom Ganzen ausgeht, und alle Details hinter sich lässt.

Moral und Ethik können nur von diesem menschlichen Bezug ausgehen und nicht aus darunter liegenden Funktionen oder logischen Gesetzen abgeleitet werden. Als Eigenheiten des Ganzen führen sie andererseits zum Sinn. Diesem werde ich zwangsläufig näher geführt, so ich jene kultiviere. Selbst in kybernetischer Sicht kann sich das nur in einer höheren Ebene abspielen, die auf konnektive Art von selbst eine vollkommene Harmonie anstrebt und demzufolge auch nicht reversibel sein kann. Im Gegensatz zum konservativen System kennt die Ethik als geistiges Prinzip keinen Rückwärtsgang. Ihre Auffassungen sind über alle Zeiten gleich und können sich höchstens weiter entwickeln. Aus der Nähe zum Sinn kommt auch die Lehre von der altruistischen Gesellschaft, bei der alle Interessen ausgewogen werden und in ein gemeinsames Ziel zusammenfliesen. Werden die diabolischen Unsymmetrien ausgeschlossen, entwickelt sich der Mensch selbstständig zum moralischen Wesen, wobei er die Bindungen zur Gesellschaft zum Zwecke der eigenen Vervollkommnung zwanglos, ohne äußeres Zutun, findet. Alle Würde des Menschen gründet sich letztlich auf dieses Prinzip der eigenständigen Vervollkommnung und selbstorganisierten inneren Moral. Dabei ist der angestrebte harmonische Zustand von Natur und Gesellschaft wenig aufsehenerregend, wie auch das Glück so viel verteilte Information enthält, dass es viel deutlicher gefühlt, als mit Worten ausgedrückt werden kann. Die Harmonie ist nicht zu vermitteln und wird demzufolge auch von den Unbeteiligten übersehen. Die funktionierende Gesellschaft ist etwa wie auch die Gesundheit kein Hingucker. Erst der kranke Zustand ruft die Analytiker auf den Plan, welche das Gleichgewicht aber eher weiter verderben als neu austarieren können. Es ist nicht möglich einen Menschen in eine harmonische Ausgeglichenheit zu drängen, dafür aber leicht, ihn in einen der unendlich vielen Abgründe abgleiten zu lassen.

Der Teufel ist bekanntlich auf die Seele aus, was nichts anderes heißt, als das konnektive Prinzip zu verderben und den Menschen steuerbar zu machen. Die feine Balance der Harmonie, in der sich die Vollkommenheit der menschlichen Seele entwickeln kann, lässt sich leicht verschieben. Ist der innere Kosmos einmal aus dem Gleichgewicht gebracht, ist der Zustand oft nur schwer wieder einzupendeln. Wenn das früher persönliche und zufällige

Gelegenheiten waren, welche die Gier nach Macht und Besitz auslösten, so sind die Vereinnahmungen heute eher organisiert, zumal die Wissenschaft dazu immer perfektere Möglichkeiten bereitstellt. Einmal in die Welt gesetzt, hat auch das evolutionär Nutzlose seinen Bestand und schafft eine Welt der Machtstrategien, die am Ende kaum mehr durchschaut werden kann. Dabei können sich die beschwörten Geister leicht selbstständig machen und ein Eigenleben führen, das zum Schluss die Urheber selbst an die Kette legt. Man sieht neue Spielregeln entstehen, welche selbst abgründige Spionagemethoden zu gesellschaftlichen Normen machen, weil die Machtkämpfe immer intelligenter und unauffälliger geführt werden müssen. Nur die natürliche Evolution setzt dagegen, indem sie eine freie Vielfalt schafft, welche sich so intensiv vernetzt, dass sich die Linien der Macht darin nicht mehr konzentrieren können.

Auf diese Art werden die kulturellen Errungenschaften eines Landstrichs, die sich in geschichtlicher Sukzession aus der einfachen Volkskultur entwickeln, zu den eigentlichen Stützen der Gesellschaft. Was an bleibenden Kunstwerken geschaffen ist, wird sich immer wieder im gesellschaftlichen Unterbewusstsein einfinden und die Entwicklung des Geistes katalysieren. Deshalb entbehrt die wahre Kunst der Logik, weil sie nicht den Verstand, sondern das Herz anspricht und dort über alle Zeiten wirksam bleiben kann. Auch die Moral kennt Geschichten und Bilder, die im Beziehungskosmos des Gemeingutes als Ordnungsstrukturen wirksam werden. Woher sollten die ethischen Prinzipien anders kommen, wo sie sich doch nicht aus der Logik entwickeln lassen. Aus der geistigen Quelle muss letztlich auch der Sinn unseres Lebens gespeist werden, der dadurch umso reicher ausfällt, je besser es uns gelingt, die Welt der Beziehungen auf harmonische Art zu vernetzen. Der Sinn ist kein logisches Kürzel, kein intelligentes Abstraktum. Uns ist er nur im Schönen begreiflich, in dem uns die Evolution ihre Strategien vorführt und uns zum Mitgehen einlädt. Wie anders sollte uns die Schöpfungsidee auch vorkommen, wenn sie nicht selbst den Begriff des Schönen definieren sollte. Es ist das Tor in die Weiten des Geistes, deren Wesen nicht die zweckmäßige Funktion, sondern die harmonische Balance der zweckmäßigen Funktionen ist. In der schieren Unendlichkeit des Beziehungswissens ist der menschliche Beitrag nur durch die Ästhetik in den geschaffenen Formen und die Ethik in den Handlungen hineinzutarieren.

Die Quintessenz unserer Existenz ist es, ein Teil eines gewaltigen Ganzen zu sein, dessen geistige Dimension uns bewusst werden muss, weshalb wir die Prinzipien der Information verstehen lernen müssen. Wer das Paradies nicht sucht, wird es auch nicht finden. Die heile Welt muss letztlich im Geiste vorgebildet sein, bevor sie die Wirklichkeit erobern kann.

## *6.7 Die Widerspiegelung von Führung und Funktion*

Die Informationsprinzipien haben in der Gesellschaft kein eigenständiges physisches Substrat, sondern sind vielmehr auf die Belange angewiesen, die der Mensch für würdig erachtet, sie außerhalb seiner Existenz zu manifestieren. Die Geschichte der Menschheit ist gewissermaßen ein Bilderbuch dieser manifestierten „Auslagerungen" des menschlichen Wesens. Im Verlauf der Evolution wird dieses Wissen neben dem mit biologischer Strategie gehüteten Schatz der genetischen Information bewahrt und weitergegeben. In einfacher Form wird die Strategie der parallelen Weitergabe von zusätzlicher Information sogar biologisch unterstützt, das heißt im Erbgut programmiert. Es ist die starke Bindung der Mutter an das Kind, die nicht nur den Wissenstransfer unterstützt, sondern auch die Strukturen schafft, mit denen eine harmonische Geistesentwicklung überhaupt erst möglich wird. In der Welt der Säugetiere korrelieren die Leistungen des Nervensystems mit der Dauer der Brutpflege. Auch beim Menschen braucht die Ausbildung der geistigen Anlagen eine gewisse Zeit und ist an bestimmten Bedingungen geknüpft, die nur biologischer Natur sein können. Die ersten Laute der Muttersprache sind es auch, welche die feinen Muster des Geistes anlegen, die genau auf die Bedingungen der kindlichen Entwicklung austariert sind und die aufbauende Struktur des Geistes befolgen. Mit dem Ersatz der mütterlichen Fürsorge durch externe Bildungsstrategien können nur niedere Prozesse gebahnt werden, auf Kosten der höheren geistigen Anlagen.

Das Wissen, das in den Einrichtungen der Zivilisation bewahrt und weitergegeben wird, hat einen natürlichen Verfall, ist aber auch der bewussten Vernichtung ausgesetzt. Die Vielfalt der Völker, ihrer Eigenheiten und Sprachen, garantieren im Gesamtsystem der menschlichen Zivilisation den Erhalt der Geisteskultur und damit auch ihrer Evolution. So wie das Prinzip des Lebens durch eine unerschöpfliche Vielfalt geschützt ist, bedürfen auch die Werte des Geistes einer Vielgestaltigkeit, mit der die Information auf alle Formen verteilt ist. Dadurch ist das Wissen nicht nur gesichert, es kann mit den entsprechenden menschlichen Aktivitäten zu einem gewissen Eigenleben geführt werden, bei welchem die Beziehungen untereinander bemerkt und das Ganze auf konnektive Art optimiert werden kann. Das setzt voraus, dass sich wie sonst in der Natur die Systeme auch zur Gänze vollenden können. Das heißt, dass nicht schon vorher alle Kulturen in einen Wirrwarr zusammengewürfelt werden, sondern sich ungestört bis zur Blüte entwickeln können. Erst dann gewinnt das gemeinsame Spiel einen evolutionären Nutzen und wird zum Fundament der weiteren Entwicklung. Sind die Bedingungen gefunden, verliert sich das Unnötige und der evolutionäre Sinn kann immer besser auf die nachhaltigen Wege konzentriert werden.

Ein Erfolgsgeheimnis der Evolution ist die Selbstorganisation, bei der es darauf ankommt, die Teilnehmer in einem Ganzen zu halten. So steht auch im Vordergrund menschlicher Aktivitäten neben den elementaren Bedürfnissen die Bildung von Gemeinschaften. Zu welchem Behufe sie auch angestrebt werden, immer haben sie eine Potenzierung der Möglichkeiten des Einzelnen zum Ziel. Wenn eine gemeinschaftliche Funktion geschaffen wird, so muss ein Teil der Erfahrung in den gesellschaftlichen Wissensvorrat überführt werden. Der Einzelne wird eingespannt und ein Teil des Ganzen. Zudem entsteht das Bedürfnis, die gemeinschaftliche Arbeit zu leiten. Es muss eine Führungshierarchie über die rationalen Funktionen definiert werden. An der Spitze steht ein Organisator, der durch seine diesbezüglichen Fähigkeiten und später durch sein Amt der Arbeit obwaltet. Steht nicht die Funktion, sondern die Beschäftigung mit Sinn und Ziel, das heißt die geistige Erkenntnis, im Vordergrund, so bringt zunächst nicht die Hierarchie den Erfolg, sondern die Korrelation auf gleicher Augenhöhe.[347] Dann geht es nicht um die Verwirklichung einer Aufgabe, sondern vielmehr um die Erfindung der Aufgabe selbst, was ein kreatives Prinzip voraussetzt, an dem eine weit gespannte Selbstorganisation beteiligt sein muss.

Die beiden unterschiedlichen Informationsprinzipien bilden die Grundlage einer außerordentlichen Vielgestaltigkeit in der Organisation der Gesellschaft wie auch im Zusammenspiel der Individuen. Sie sind besonders in ihrer Eigensicht abgrenzbar, in welcher eine gegensätzliche Art sichtbar wird. Während die geistige Methode eine Kybernetik von oben voraussetzt, bei der die Führungsebene aus weiten Korrelationen in Selbstorganisation gebildet wird, kann die logische Sicht nur von „unten" gebaut werden, indem die Steuerungsebene aus den Erfordernissen der rationalen Funktion geschaffen wird, wobei es darauf ankommt, möglichst viele funktionale Zwecke zu berücksichtigen. Die beiden konträren Sichtweisen, welche nur verschiedene Informationsarten zum Hintergrund haben, kultivieren sich am Ende zu umfangreichen Weltanschauungen aus, nämlich zur idealistischen und zur materialistischen. Durch ihren Bezug zur Ratio steht dabei die eine dem Sinn und die andere der zweckmäßigen Funktion näher.

Die zahlreichen archäologischen Kulturgüter, deren praktischen Nutzen wir nicht ausmachen können, zeigen uns, dass schon für den Beginn menschlicher Zivilisation eine solche Zweiteilung konstatiert werden muss, welche die funktionellen Aspekte und die des Ziels voneinander trennen.

---

[347] Das ist letztlich der Grund, weshalb die Religion die Gleichheit aller Menschen vor Gott braucht, weil nicht die Funktionalität, sondern nur das konnektive Zusammenspiel die Weisheit des Ganzen hervorzubringen vermag.

Die Frage stellt sich, weshalb am Anfang das Ziel so hoch bewertet werden muss, wo doch die Funktion noch ausgesprochen primitiv ausfällt. Es geht hier offensichtlich um die Fundamente, die anders nicht gebaut werden können, für die Entwicklung einer Gesellschaft aber unentbehrlich sind. Die vordergründige Entwicklung konnektiver Strukturen, welche sich uns vielleicht mit den Begriffen Sentiment und Gemüt erschließen lassen, ist keine Fehlentwicklung der Natur. Vielmehr werden hierbei die Informationsprinzipien geschaffen, welche den grundsätzlichen Weg vorgeben kön-nen, der aus Millionen Möglichkeiten ausgewählt erscheint. Es müssen die Bedingungen auf korrelative Art gefunden werden, welche ein solch gewaltiges Bauwerk, wie das der menschlichen Zivilisation tragen können. Die Arbeit mit dem Ziel ist zu Beginn von fundamentaler Bedeutung und bedarf ganz eigener Methoden, die den konnektiven Prinzipien zugeordnet werden müssen. Die Welt des Geistes tritt hier in einer Vollkommenheit hervor, wie sie später nie wieder zu finden ist. Demgegenüber steht eine urtümliche Rationalität, welche das geistige Prinzip nur in einfacher Art darzustellen vermag, so wie es uns noch erscheint. Der evolutionäre Zweck aber ist erfüllt worden, und zwar auf der hier notwendigen konnektiven Art, weil er der Beteiligung der rationalen Logik auf dieser Stufe noch nicht bedurfte.

Auch das evolutionäre Geschehen kann sich der kybernetischen Prinzipien nicht enthalten. Erst wenn die Auswahl getroffen ist, kann die Richtung in äußere Gesetze und Strukturen manifestiert werden. Erst wenn das Ziel festgelegt ist, kann die konnektive Geistigkeit des Einzelnen wieder an Bedeutung verlieren. In späterer Zeit wird der Weg der Entwicklung dann von den Normen und den Erzeugnissen der Gesellschaft selbst eingeengt. Bis dahin wird die Gemeinschaft gebraucht, die solche Markierung schaffen kann, welche über möglichst lange Zeit Bestand haben. Dazu gehören die Sagen und Mythen genauso wie die gewaltigen Monumente, welche die Zeiten überdauern und lange auch den Gedanken die äußeren Rahmen geben. Die Gemeinschaft, welche den gesellschaftlichen Wissensvorrat schafft, braucht ihrerseits das starke konnektive Prinzip des Anfangs. Schließlich handelt es sich am Anfang der menschlichen Gemeinschaft um eine späte Nachbildung der ursprünglichen Kohärenz, bei der die Eigenständigkeit der korrelierenden Strukturen zwar nicht verschwindet, für die Bildung der Gemeinschaft aber unterdrückt werden muss. In dieser Phase der Entwicklung wird gewissermaßen der Logik noch nicht vertraut, sie wäre auch noch nicht zu konstruieren, da sie einen viel zu großen strukturellen Aufwand benötigt.

Die Entdeckung des reinen Ziels ist die Arbeit ohne Funktion. Was am Anfang das Gefühl zum Ganzen bewirkt, führt sich in der Gesellschaft zum

Ritual zusammen. Daneben steht die gemeinschaftliche Arbeit, die den Lebenskampf vereinfacht. Die ursprüngliche eidetische Zusammenschau des Ganzen muss sich in Gesetze und Normen verfestigen, welche der Gesellschaft die notwendige Stabilität verleihen. Die immer komplexer werdenden Bilder der Zielvorgabe sind nicht mehr darzustellen, sie müssen in Teile zerlegt werden, welche dann immer mehr zu logischen Konstrukten werden. Mit solch einem Hintergrund eröffnen sich die konstruktiven Wege des rationalen Denkens, des Rechnens und Analysierens. Die Zergliederung der Welt ist aber nicht an Schranken gebunden, sodass einer Überbetonung des Funktionellen nichts entgegenzusetzen ist. Zum Ende sind die gerufenen Geister nicht mehr beherrschbar und die logischen Bahnungen und das Einfahren funktioneller Gleise verhindern das harmonische Zusammenspiel, welches für eine konnektive Zusammenschau notwendig ist.

Auch in der Entwicklung der Sprachen bildet sich diese Tendenz ab. In den großen Zivilisationen des Anfangs waren es neben der einfachen Funktion noch wesentliche und zielführende Aspekte, welche den Gegenstand der Kommunikation ausmachen mussten. Die analytischen Voraussetzungen einer präzisen Logik waren noch nicht gegeben, aber auch noch nicht erforderlich, was letztlich auch die Sprachforschung schwierig macht. Den heute üblichen arbiträren Gebrauch der Sprachelemente dürfte man vergeblich suchen. Die ersten Sprachen sind vielmehr von absoluten Abbildungen der Wirklichkeit bestimmt, welche auch die Beziehungswelt beinhalten, um in deren Sinn die Handlungsrichtung vorzugeben. Schließlich stehen in einem nicht zielgeführten System unendlich viele Möglichkeiten offen, die eingeschränkt werden müssen. Dazu würden sonst auch unendlich viele Fehler gehören, deren Folgen nicht immer so leicht zu korrigieren wären, wie es vielleicht die darwinsche Theorie vorschreibt. Für den Anfang einer Entwicklung ist immer das Ziel wichtiger als der rationale Prozess. Das ist bei den technischen Konstruktionen nicht viel anders. Ganz ohne Richtung hätten auch die Fundamente der Zivilisation nicht geschaffen werden können. Die Beschäftigung mit dem Ziel war die erste große Aufgabe der menschlichen Zivilisation. Es war eine geistige Aufgabe, welche die entsprechenden korrelativen Möglichkeiten in der Kommunikation voraussetzte. Was an Differenzierung fehlte, war an Vollkommenheit im evolutionären Sinne vorhanden.

Der sprachliche und gedankliche Umgang mit dem Sinn führte offensichtlich auch dazu, dass die religiösen Einsichten bedeutender waren und einen größeren Raum in der Gesellschaft einnahmen. Deren Wahrheitsgehalt war dem Ursprung, und damit dem Sinn näher. Deshalb könnten auch Einsichten dazugehört haben, die ob ihrer nichtlogischen Konstitution der heutigen

Erkenntnis ganz verschlossen sind. Zudem dürfte der Kontext der Zeit, der von solchem Beziehungswissen geprägt war, für immer verloren sein. Genauso wie sich unser analytisches Wissen mit neuen Experimenten wandelt, so ist auch eine solche Wandlung für das Beziehungswissen des Anfangs anzunehmen, was aber nur den Inhalt ändert, den Wahrheitsgehalt bezüglich des Informationsniveaus aber belässt.[348] Nach evolutionärem Prinzip wird das Beziehungswissen in die Bildung konservativer Systeme verbraucht. In unserem Fall bedeutet das die Gründung fester externer Bedingungen der Geistesentwicklung, wie Denknormen und Lehrsätze.

Forscher sollen immer wieder überrascht sein über die Komplexität der frühen Sprachen, welche für einen primitiven Informationsaustausch nicht notwendig waren. Die Tendenz ist noch in geschichtlichen Zeiten zu verfolgen, und hier, wie etwa im Verfall des Altgriechischen, auch aktenkundig zu belegen. Die hoch entwickelten Sprachen wurden im Verlauf der Evolution in ihrer metaphysischen Kraft geschwächt, beziehungsweise durch weniger geistvolle Sprachen ersetzt. Das war nur deshalb möglich, weil sich die evolutionären Rahmenbedingungen inzwischen in gesellschaftliche Normen und Traditionen verfestigt hatten, sodass sie in der zivilisatorischen Entwicklung und in der Kommunikation vorausgesetzt werden konnten.[349] In die Rahmenbedingungen des allgemeinen Ziels gestellt, konnten sich die sprachlichen Fertigkeiten auf die kausalen Zusammenhänge reduzieren. Einen gewissen Abschluss bildet heute die angehende Weltsprache, welche sich mit geistvollen Assoziationen außerordentlich schwer tut. In ihrem ursprünglichen Original war sie in den Kontext reicher Traditionen gesetzt, die als die geistigen Rahmenbedingungen nicht für die Weiterentwicklung vorgesehen waren. Für eine metaphysische und nachhaltige Wirkung bräuchte das arbiträre Wesen der neuen Weltsprache heute wieder einen stabilen Hintergrund, der aber in weltweiten Maßstäben nicht mehr zu beschaffen ist. Die Sprache kann sich nur noch zu einem modernen Machtinstrument entwickeln, das jeder Geistesentwicklung im Wege steht.

Eine Ausnahme bei der Rückentwicklung der metaphysischen Fähigkeiten bildeten auf dem Kontinent die Sprachanpassungen der Renaissance, unter denen das Deutsche noch eine nachträgliche und fast schicksalhafte Rückbesinnung durchleben konnte. In der Zeit der Religionskriege schien ein diabolisches Fegefeuer allen Sinn hinwegfegen zu wollen, wodurch die

---

348 Der Wahrheitsbegriff kann nur durch ein evolutionäres Vorkommnis definiert werden. Als Bezugspunkt gilt dabei die Entwicklungshöhe, welche auch ein Informationsniveau definiert, auf dem das evolutionäre System die Information als Entwicklungsbedingung aufnimmt.

349 Das ist mit den großen Kathedralen vergleichbar, welche das Bild der Religion für alle Zeiten in Stein gesetzt haben.

Urfragen der Menschheit gleichsam mit Blut und Angst in den Brennpunkt kamen. Die Weltweisheit wurde von existenzieller Bedeutung. Die Apokalypse durchjagte alle Bildungsschichten, weshalb gewissermaßen die ganze Kommunikation in die holistische Beziehungswelt des Sinns getrieben wurde. So ausgerichtet besannen sich die Bildungsschichten auf die Werte der griechischen Kulturen und vollendeten eine Sprache, welche Logik und Metaphysik miteinander zu vereinen vermochte. Dass dieses, qualvoll und in Todesangst ausgeschwitzte Juwel im weiteren Verlauf zu hellem Glanz erwachen sollte, dürfte ein von der Evolution eher ungewolltes Phänomen gewesen sein. Den letzten Schub gaben jedenfalls ganz ohne Absicht die Protagonisten der Aufklärung und der Französischen Revolution. Deren materialistische Kälte war jedem gefühlvollen Menschen Abschreckung genug, um sich mit Energie der Entwicklung des Geistes zuzuwenden.

Aber auch mit dem Licht des Idealismus und der Romantik war der Entwicklung des Geistes kein langer Atem vergönnt. Den vielen Höhepunkten und den weitreichenden Erkenntnissen standen im Verlauf des neunzehnten Jahrhunderts ebenso viele Abgründe entgegen, welche am Ende ganz die Oberhand bekamen. Man sieht die geheimnisvolle Sprache des Geistes im Ersten Weltkriege verkommen und von der Machtposition anderer Sprachen zur Seite gedrängt. Am Ende ist es die niedere Rationalität, die alle Bereiche der Zivilisation dominiert und nichts außer sich zulässt. Das geheime Fenster, das uns einen Blick in die Bedingungen und Führungsstrategien der Evolution erlauben sollte, ist nicht weiter geöffnet. Man wird es wieder ganz schließen wollen. Der Sinn der Wirklichkeit wird wieder in den unbewussten Hintergrund gedrängt. Diesmal aber mit fatalen Folgen. Schließlich hat die Wissenschaft ein Instrumentarium mitgenommen, welches ohne die harmonische Vollkommenheit des ganzen Sinns ein diabolisches Potenzial besitzt. Der kurze Blick ins Paradies hat den Menschen zum Diebstahl verführt. Dabei hat er aber nur die Werksteine mitgenommen, nicht wissend, dass ohne die Pläne des Geistes damit nur die Hölle gebaut werden kann. Deren Ausdünstungen hat das zwanzigste Jahrhundert dann auch spüren müssen, den Frevel aber nur mit logischen Mitteln zu bekämpfen versucht.

Der Weg, der in Abgründe führt, ist uns nicht unbekannt, eigentlich schon immer gemein. An die Stelle der geistigen Arbeit mit dem Sinn und den Zielen kommt die Organisation der rationalen Funktionen, welche heute immer komplexer wird und die Ressourcen für sich allein beansprucht. So wie die konnektive Führung zurückgedrängt wird, müssen Gesetze an ihrer statt entstehen. Dem Gesetzeswerk, das einen harmonischen Zustand unterstützen soll, ist theoretisch keine Grenze gesetzt, es wird in den zukünftigen Gesellschaften enorme Mittel beanspruchen. Es wird nicht vom evolutionären Sinn, sondern von unten, von der Funktion her entworfen. Eine wirkliche Harmonie kann damit aber selbst bei unendlichem Aufwand nicht erreicht werden, weil dazu die Mittel des Geistes gehören. Zudem produziert die logische Organisation eine Rangfolge, welche als Machtprinzip Gegenspieler auf den Plan ruft, die ihrerseits eine Intelligenz entwickeln müssen, um die gestellte Ordnung zu unterwandern.

Die Vergangenheit hat uns diesen Weg zur Genüge vorgeführt. Anstelle des gefühlten Wissens, das seiner Fülle wegen dem Verstand nicht erschlossen werden kann, aufgrund seines Harmoniestrebens aber die Aufmerksamkeit auf das Wesentliche fokussiert, kommt der logisch gesetzte Fokus. Es ist der Tribut, den die Aufklärung fordert. Der logische Verstand ist notwendigerweise kausal organisiert und damit reduziert. In dieser Sicht ist die Welt zur universellen Wirkung herabgesetzt, die eine Hierarchie und damit auch einen Herrn über alle Funktionen benötigt. Dadurch braucht es ein System, welches in die Gesellschaft integriert, die hierarchische Ordnung des Seins festschreibt, als göttliches System im Sinn und als weltliches in der Funktion. Dabei muss auch die Religion, die eigentlich um den konnektiven Urgrund des Seins bemüht zu sein hätte, selbst auf die niedrige logische Funktion der Wirklichkeit gesetzt werden. Wenn das auch nur zum Teil, im Grade der notwendigen Organisation, geschieht, werden doch die Voraussetzungen der Macht geschaffen und die logische Kausalität in das gesellschaftliche System von Abhängigkeiten projiziert.

Die Verbindung von rationaler Organisation und geistiger Schau scheint eine gewisse Herausforderung zu sein, welche die Kirche zu allen Zeiten geprägt hat. Meister Ekkehard etwa will wissen, dass man sich aller äußeren Dinge entledigen muss, um Gott erfahrbar zu machen. Das war aber anders gemeint als der Versuch, sich mit den einfachen Gospelrhythmen der Bindungen an die höhere Ordnung zu entledigen. Das so gefundene Glück ist kein vollkommenes, weil kein geistiges. Sich durch niedere Funktionen vom inneren Aufpasser und dessen Sorgen bringenden Forderungen zu lösen, gehört zum Entertainment der modernen Mediengesellschaften, die am Ende auch vor den religiösen Einrichtungen nicht haltmachen. Das göttliche Prinzip des geistigen Glücks ist genau der umgekehrte Weg, nämlich sich dem Wachstum einer inneren Vollkommenheit zu ergeben, was allerdings mit einfachen Worten und Rhythmen nicht mehr gelingen kann. Dazu gehört eine Kontemplation, eine Liebe zur Vollkommenheit in den Dingen und Erscheinungen, mit der die innere Führung geladen werden kann. Ein unbekannter Autor aus dem 15. Jahrhundert entdeckt mit der Geisteskraft der neuen Sprachlebendigkeit den ursprünglichen Zusammenhang: *„Denn gleicherweise als die Sonne die ganze Welt erleuchtet, und einem so nahe* *ist als dem andern, so sieht sie doch kein Blinder nicht. Aber das gebricht nicht an der Sonne, sondern an dem Blinden. Und gleicherweise als die Sonne ihren klaren Schein nicht verbergen mag, sondern die ganze Welt erleuchten muß, wo anders der Himmel geläutert und gereinigt ist: also will sich auch Gott, der das höchste Gut ist, vor niemand verbergen, wo er anders eine andächtige Seele findet, die da gänzlich gereinigt ist von allen Creaturen."*[350] Diese Einsicht über den allzeit vorhandenen konnektiven Urgrund war ein heimlich gehütetes Feuer, das die Geistesgrößen der Zeit immer wieder neu zu entfachen wussten. Das Wesen des Geistes als etwas Konträres zur Ratio zu begreifen, wurde schließlich zu einer intellektuellen Herausforderung, der sich weite Kreise der Gesellschaft zu stellen versuchten. In dieser für die Entwicklung des Geistes so fruchtbaren Auseinandersetzung wurde auf dem Kontinent nicht nur eine vermittelnde Sprache gefunden, man verhalf auch der alten griechischen Geisteskultur wieder zu neuem Glanz. Der Stellenwert der Sinnsuche zeigte sich in allen Künsten, nicht zuletzt auch in der Architektur. Es wurden monumentale Bauwerke ohne Funktion geschaffen, die die wirtschaftlichen Möglichkeiten der Zeit nach unserer heutigen Auffassung bei Weitem überstiegen. Die Schöpfungen erwiesen sich als Leuchttürme, die in den schnell verflossenen Jahrhunderten die Fundamente des Geistes bewahren halfen.

Die Frage stellt sich, ob die Evolution auch andere Möglichkeiten gehabt hätte, die Zivilisation ohne die heute so unbeliebte geistige Methode in die Welt zu bringen. Zeigt es sich nicht schon in der Tierwelt, dass mit logischen Funktionen allein ganze Gesellschaften organisiert werden können? Bei den Ameisen etwa wird ein ganzes Staatswesen ausgerichtet, wobei jedes einzelne Tier fest in die biologischen Strukturen geschriebene Verhaltensweisen besitzt. Die für das Zusammenspiel notwendigen Reaktionen werden aus dem äußeren Informationsangebot decodiert, wobei eine Spezialisierung im Vorfeld genetisch programmiert ist. Die höchste Führungsebene aber, welche auch die Vervollkommnung bewirken könnte, kann als konnektives System nur in der Beziehungswelt ökologischer Vorgaben existieren. Die Frage, in wieweit dafür noch ein Entwicklungspotenzial vorhanden ist, kann niemand beantworten. Die Erscheinungsformen der ganzen Kolonie lassen auf eine gewisse ätiologische Nachbildung eines konnektiven Zusammenhaltes schließen. Dabei wird die Arbeit mit dem Ziel, das hier wohl eher ein kurzfristiger Zweck ist, in einem anderen Informationssystem, mit chemischen Botenstoffen, ausgeführt. Damit ist zumindest der Zeitbeständigkeit und Komplexität der Information etwas

---

350 Siehe [9], Seite 25

genüge getan, wie sie auf höherer kybernetischer Ebene gefordert wird. Als Gewichtsfunktionen wären dann auch Konzentrationsprofile der Substanzen in Erwägung zu ziehen. Die aktuelle Kommunikation mit den Artgenossen erfolgt über mechanische Reize, welche die Botenstoffe nicht verändern können. Die gesamte Gesellschaft ist im Rahmen der natürlichen Bedingungen robust, bei prinzipiellen Änderungen aber nicht anpassungs- oder entwicklungsfähig, da jeder Organismus nur das feste Kalkül eines Automaten besitzt. Ob und wie die höheren Ebenen auch genetische Schalter bedienen können, ist bislang noch wenig erforscht.[351]

Dass die menschliche Zivilisation und auch der Mensch selbst mit dem logischen Prinzip allein funktionieren könnten, war eine materialistische Grundauffassung, welche heute kaum mehr vertreten wird. Dabei dürfte die Frage in Zukunft wieder interessant werden, weil der Mensch immer mehr von bloßen Funktionen beherrscht wird. Aber auch die neuzeitliche Entwicklung der Zivilisation ist von dem ameisenhaften Mechanismus der Gemeinschaft abhängig. Das logistische Zusammenspiel von immer weiter differenzierten Funktionen ist darauf angewiesen, den gesellschaftlichen Wissensvorrat aufzufüllen, der immer mehr auch den Status eines Gesetzeswerkes erhält. Es muss ein künstliches Ordnungssystem geschaffen werden, das mit der Entwicklung wächst. Das Gesetzeswerk, welches jede Regierung durch einige Meter im Regal verlängern muss, setzt auch ein funktionierendes Gemeinwesen voraus, das selbst wieder Gesetze zum Erhalt seiner Funktion benötigt.

Dabei hat der Mensch ein viel effektiveres Mittel, welches den enormen Aufwand an logischen Gesetzen und Automaten ganz unnötig macht. Es ist die kybernetische höhere Ebene des Geistes, welche auf konnektive Art Information verarbeitet und damit gewissermaßen den Sinn bedient. Und es ist das Bewusstsein, das zwischen konnektiver und logischer Ebene eine Spielwiese aufspannt, auf der die Welt reflektiert und bespielt werden kann. Es ist das Lebenslabor im Kopf, in dem die Kreationen des Geistes ausprobiert und verworfen werden, aber auch eine tiefgründige Forschung betrieben werden kann, die keiner Frage ausweichen muss und selbst die letzten Dinge nicht zum Tabuthema macht. Schließlich korreliert der sich selbst entfaltende konnektive Hintergrund mit dem ganzen Sinn und kann den Gedanken einen letzten Rahmen gewähren. Ein geistig hoch entwickelter Mensch erklärt sich genau dadurch, dass er der Gesetze nicht bedarf, weil

[351] Eine Veränderung genetischer Strukturen durch erworbene kybernetische Vorteile ist noch nicht ganz ausgeräumt und neuerdings mit der Epigenetik wieder ins Gespräch gekommen.

diese nur aus den gleichen Bedingungen kommen können, die in seiner eigenen Geistesentwicklung wirksam werden.

Der menschliche Geist führt als konnektives System alle Gedanken und Handlungen in ein harmonisches Zusammenspiel, das auch die Bedingungen des anderen berücksichtigt. Man kann sich vorstellen, dass geistvolle Menschen ohne Gesetze harmonisch zusammenleben können. Eine höhere Schulbildung ist dazu nicht erforderlich. Hochintelligenten, aber geistlosen Menschen fehlen die inneren Bande, der logische Part hat sich überproportional entwickelt. Es wird ein äußeres Regelwerk benötigt, welches mit ausgeklügelten Gesetzen das unendliche Würfelspiel möglicher Konstellationen in die Schranken zu weisen vermag. Diese gesetzlichen Schranken müssen mit der Entwicklung mitlaufen und sollten dem raffinierten Intellekt des Einzelnen immer ein Stück voraus sein, was aber in praxi kaum möglich ist. Vielmehr schafft erst die Abirrung das konkrete Bedürfnis nach neuen Gesetzen.

So wie im sozialistischen Staatswesen auf das hohe Bewusstsein der Bürger verwiesen wurde, waren die Entwicklungsbedingungen desselben nicht bekannt, weshalb auch der Religion keine Aufmerksamkeit geschenkt wurde. Die Entwicklung der Moral war dem natürlichen Selbstlauf überlassen, was umso wirkungsvoller war, je weniger politische Macht am Einzelnen ankam. Der gesellschaftliche Widerspruch, die Funktion einzuengen, Sinn und Ziel aber freizulassen, führt zur geistigen Unfreiheit. Die wird noch verstärkt, wenn der Gesetzesrahmen immer feingliedriger ausgebaut wird. Ein Mittel gegen die Unfreiheit ist es, die Entwicklung des Geistes einzuschränken und damit seine Forderungen zu minimieren, was mit den elektronischen Medien auch immer mehr in Mode zu kommen scheint. Die Geistesentwicklung der unteren Klassen und damit ihre Souveränität am Boden zu halten, war allerdings schon immer eine wichtige Existenzbedingung der auf Machthierarchien gegründeten Gesellschaften.

Die Anschauung und Erkenntnis der Welt jedem selbst zu überlassen, wird zu Recht als ein hoher Wert gehandelt. Vielleicht aber auch nur notgedrungen, weil die Gedanken nicht unmittelbar steuerbar sind. Das Wissen um die geistige Freiheit und um die Möglichkeiten und Bedingungen ihrer Entwicklung war bislang verhältnismäßig dürftig. Die gesellschaftliche Aufmerksamkeit erfasst wohl funktionelle Feinheiten, etwa in den Steuergesetzen. Die Bedingungen der seelischen Entwicklung aber werden völlig ignoriert. Das eröffnet ganz neue Möglichkeiten. So wie die rationalen Werte mit wachsendem Aufwand geschützt werden, bleibt die Seele das Freiwild, welches in Beliebigkeit mit Information gefüttert, geformt und verdorben werden kann. Da die Methoden dazu mehr indirekter Art sind, können sie der bewussten Aufmerksamkeit ganz entgehen und deshalb besonders effektiv sein. Die menschliche Seele ist ein zartes Pflänzchen, das bei ausgewogenen Bedingungen von selbst zu wachsen vermag, andernfalls aber der unbedingten Freiheit und des starken Schutzes bedarf. Mit den abgefeimten Methoden gesellschaftlicher Macht ist es leicht zerstörbar und schon bei schlechtem Einfluss schnell am Verkümmern. Wenn es gelänge, die geistige Führungsebene zu kapern und an ihrer statt die fremde Führung zu installieren, wäre der unauffällige Sklave geboren, der bedingungslose Gefolgsmann, der nur scheinbar seiner vermeintlichen persönlichen Freiheit folgt, in Wirklichkeit aber hart an die Kandare genommen wird. Bei solcher Aussicht sieht man allerorts die Gier nach Wissen wachsen, mit der die natürliche Führung geentert werden kann. So zukunftsweisend das Verfahren ist, die intendierte Wirkung ist so alt wie die Menschheit. Es ist der Wunsch, sich eine Gefolgschaft zu verschaffen, welche sich dann für die unterschiedlichsten Zwecke missbrauchen lässt. Dabei sind mit solcherart Dienerschaft auch nur niedere Dienste angesagt, weil die Ziele nicht dem Geiste erwachsen. Wäre es anders, so hätte sich eine Beziehung schaffende Verbindung auf höchster Ebene eingestellt und die Machtordnung erübrigt.

Der sich in der Seele des Menschen entwickelnde Geist ist der zielgebende konnektive Hintergrund und die erste Bedingung eines harmonischen Zusammenspiels. So wie im Kind die unbescholtene Anlage immer wieder auf die Welt kommt, sollte auch die Zivilisation Methoden bereithalten, das empfindsame Wesen des ganzen Sinns zu schützen. Was dem Individuum an geistiger Bildung verloren geht, muss die Gesellschaft in äußeren Normen bewahren. Indem die in Gesetze und Maßregeln gegossenen Normen aber immer stärker an die Logik der Moderne angepasst werden, dienen sie nicht mehr dem Schutz der geistigen Entfaltung, sondern viel häufiger der zweckmäßigen Funktion. Selbst mit der Schulpflicht werden die logischen Fertigkeiten kultiviert und nicht deren Bedingungen und Ziele. Die basieren auf freie, natürliche Entfaltung, bei der die äußeren Bedingungen einer Entwicklung mit den inneren Vorgaben verglichen werden. Als innere Vorgaben sind dabei die selbstorganisierten Abbildungen früherer Vorkommnisse zu verstehen, welche aber nicht nach Ereignissen, sondern nur nach deren Konditionen gebildet werden. Dabei stellen sich die Ziele der Evolution interessanterweise immer wieder ein und können selbst bei extremen Machtverhältnissen nicht ganz verloren gehen. Offensichtlich hat sich der ganze Sinn in so vielen Strukturen und Geschehnissen manifestiert, dass er nicht umgangen werden kann. Nur in der logischen Arbeit muss er sich letzten Endes verlieren, weil die Methode die Übersicht verlassen muss, um sich auf das Detail zu konzentrieren. Damit verschwindet auch der entschiedene und ursprüngliche Glaube. Das unbewusste Gespür eines ganzheitlichen Sinns ist mit dem Beginn eines jeden Lernprozesses unwiederbringlich verloren.[352] Ein Schäfer, der nicht in der Schule oder anderswo logisch trainiert ist, kann seine Herde auf einem Blick übersehen. Nach den ersten Schultagen muss er anfangen zu zählen, braucht mehr Energie und macht Fehler. An die Stelle des unbewussten Gespürs kommt die bewusste Aufmerksamkeit, die im Grund zwar aus der gleichen Quelle gespeist wird, aber die neuen logischen Stützen benutzen muss, was eines umfangreichen Trainings bedarf. Es ist das Verfahren der Mittelbarkeit, das uns in der Evolution immer wieder begegnet. Es wird eine Aufgabe einem anderen Prinzip übergeben, welches dafür besser und effektiver arbeitet. Gleichzeitig bleibt das alte bestehen und kann eine allgemeine Bestimmung weiterentwickeln oder auch nur das neue beaufsichtigen, um im Fehlerfalle auf alte Art behilflich sein zu können.

## 6.8 Die Sprachen als Abbilder der Evolution

Als Vermittler zwischen den kybernetischen Ebenen muss die Sprache die beiden Informationssysteme des menschlichen Bewusstseins bedienen. Das Schwierige daran ist, dass nur das logische Prinzip im Vordergrund „bespielbar" ist, während sich das konnektive jeder Beobachtung entzieht, weil es im Hintergrund das Wortspiel mit den logischen Elementen zu beaufsichtigen hat. Die Frage stellt sich, welche Methoden uns zur Verfügung stehen, das evolutionäre Verbot zu umgehen und wenigstens mit einem Blick durchs Schlüsselloch einige grundsätzliche Erkenntnisse zu erlangen. Am Ende kann uns nur die Sprache dabei behilflich sein, weil sie nicht nur in den eigenen Informationsprozessen eine Rolle spielt, sondern auch zwischen den beiden Systemen unterschiedlicher Personen zu vermitteln hat und dabei ihre Geheimnisse durch alle Öffentlichkeit hindurchschmuggeln muss. Es käme dann nur darauf an, die Information zu bemerken, welche sich in den vielfältigen Beziehungen zwischen den Ausdrücken verbergen und in logischer Sicht nicht selten ganz unnötig sind.

Diese Sicht, welche uns allein die Kybernetik gebietet, ist nicht die konventionelle; die etablierte Sprachwissenschaft ist ausschließlich mit dem Fokus der logischen Analyse ausgestattet, welcher aber nur eine Seite der Medaille beleuchten kann. Die Eigenschaft der Sprache, neben der prägnanten Botschaft auch einen Kontext von Beziehungen zu kultivieren und zu

[352] Der Weg vom Gespür in die bewusste Handlung setzt die Differenzierung in den unbewussten Willen und die logische Vorstellung voraus. Nur die Letztere ist der äußeren Einsichtnahme zugänglich.

vermitteln, kann mit keinem Experiment der Sprachforschung gezeigt werden. Es handelt sich hier also um keine empirische Erkenntnis, vielmehr verlangt die konsequente Durchführung von Evolutionstheorie und Kybernetik die Existenz eines Hintergrundwissens, welches als Kontext von Bedingungen die logische Konstitution der Sprache erst möglich macht. Auf diese Forderung ist in gewisser Weise das Stabilitätsgesetz der Regelungstechnik anwendbar. Das heißt, dass die Führung der bewussten Aufmerksamkeit nicht selbst in den eigenen Fokus geraten darf, andernfalls würde sich das kybernetische System außer Kraft setzen. Aber nicht nur die Selbstbeobachtung verbietet sich auf diese Art, auch bei anderen Versuchspersonen würde eine ausgiebige Beobachtung des Beziehungsfeldes die natürlichen Randbedingungen verderben und das Ergebnis zunichtemachen. Der eigentliche Grund aber, weshalb auch die moderne Sprachwissenschaft in dieser Frage ganz versagen muss, ist die konnektive Informationsart, mit der das Beziehungswissen des Geistes gebaut ist. Für dieses nichtlogische Prinzip haben wir gewissermaßen kein Sensorium, weil unsere bewusste Aufmerksamkeit selbst von einem solchen System gesteuert wird. Die Evolution hat uns die Einsicht verwehrt, weil die Gefahr viel zu groß wäre, wenn der Blick in den eigenen Willen einen instabilen Rückkopplungskreis schaffen könnte, der jeden Informationsprozess außer Kraft setzen würde. Zudem würden die objektiven Ziele der Evolution durch eigene Machenschaften verdorben werden, und der freie Wille des Einzelnen ad absurdum geführt.

Die einzige Möglichkeit, das Prinzip wenigstens in seiner relativen Ausprägung zu entdecken, ist der Vergleich der kulturellen Besonderheiten ganzer Sprachgemeinschaften. Darüber existieren freilich auch in der Forschung gewisse Anhaltspunkte, die aber allesamt auf konkrete Unterschiede in der Grammatik oder im Wortschatz hinauslaufen. Es sind solche, welche unter Umständen auch gewisse Denkgewohnheiten begünstigen. Dabei gibt es eine Unzahl struktureller Besonderheiten unter den Sprachen, die in ihrer Gesamtheit verdächtig sind, am Beziehungsrahmen beteiligt zu sein. Eine neuere Untersuchung betrifft beispielsweise den Verlaufsaspekt, welcher im Vergleich zu einer gewissen holistischen Perspektive in den Sprachen unterschiedlich unterstützt wird, sodass in verschiedenen Sprachgemeinschaften eine differenzierte Zielbezogenheit in den Handlungen und im Denken beobachtet werden kann.[353] Die holistische Tendenz könnte dann auch leicht dem geistigen Hintergrund zugeordnet werden, wenn diese Besonder-

---

[353] Vgl. Barbara Schmiedtovà: Wie Sprache unser Denken formt. In: Ohne Wort keine Vernunft - keine Welt (Hrsg. von Susanne Schulte). Waxmann Münster 2011. Seite 105

heit nicht gerade das Interesse der bewussten Aufmerksamkeit erregt. Es ist dem konnektiven Prinzip verschuldet, dass die Beziehungswelt des Geistes nicht mit einem einzigen Merkmal ausgeführt werden kann. Im Unterschied zur kausalen Reihenfolge lebt es eben gerade von einer großen Menge von für sich unwesentlichen Einflussgrößen, deren Informationsstruktur gleichzeitig als austarierte Bedingung für nachfolgende Prozesse wirkt. Es ist deshalb anzunehmen, dass neben den bewusst formulierten Inhalten in mehr oder weniger großen Umfang auch eine unbewusste Information übertragen wird. Dabei ist nicht der nonverbale Anteil gemeint, der ohnehin zwischen Personen im Blickkontakt ausgetauscht wird und mehr die seelischen Aspekte wie Empathie, Sympathie, Antipathie oder Ähnliches vermittelt. Vielmehr ist die Struktur der Sprache in logischer Sicht redundant und befähigt, Information auf korrelativem Niveau zu übertragen. Das ist auch erforderlich, wenn die geistige Eigenschaft nicht nur auf einer Person begrenzt bleibt, sondern in einer ganzen Sprachgemeinschaft wirken soll, und zwar in einer nicht zufälligen Konformität. Die logischen Nachrichten der Sprachen sind jedenfalls dazu nicht befähigt, weil ein niederes Niveau niemals ein höheres Informationsniveau schaffen kann.[354] Aber es können durch die Beziehungsinhalte der Symbole auch höhere Ebenen bedient werden, wobei sich beide Wege nicht beeinflussen. Auch diese Möglichkeiten müssen in der Sprache gesucht werden, wenn der ganze geistige Bezugsrahmen ausgeleuchtet werden soll.

Dass sich der einzigartige komplexe Kosmos spinnwebenartiger Beziehungen in der Sprache bis in die moderne Zeit vollkommen ungestört erhalten und weiterentwickeln konnte, ist vielleicht eines der größten Rätsel der Neuzeit. Allerdings war das heute ganz ungewöhnliche Geschäft mit dem Geiste noch im 19. Jahrhundert weniger aufsehenerregend. So findet sich bei Wilhelm Humboldt eine in dem Sinne ganzheitliche Sicht auf die Sprache, welche über die bloße Logik der Wortkombinationen hinausgeht: *„Nicht, was in einer Sprache ausgedrückt zu werden vermag, sondern das, wozu sie aus eigener, innerer Kraft anfeuert und begeistert, entscheidet über ihre Vorzüge, oder Mängel. Ihr Maßstab ist die Klarheit, Bestimmtheit und Regsamkeit der Ideen, die sie in der Nation weckt, welcher sie angehört, durch deren Geist sie gebildet ist, und auf die sie wiederum bildend zurückgewirkt hat. Verlässt man aber diesen ihren Einfluß auf die Entwick-*

[354] Nach dem Prinzip der kybernetischen Pyramide ist der Informationsfluss von der höheren Informationsart zur niederen festgelegt. Wenn das umgekehrt geschieht, so mag auch die Methode niedrig, also beispielsweise logisch, konstituiert sein, die eigentliche Idee dazu ist aber immer auf höherem Niveau zu suchen, zumal am Ende nur die Korrelation zwischen den niederen Inhalten die höhere Informationsart ausmacht.

*lung der Ideen und die Erregung der Empfindungen, will man prüfen, was sie als Werkzeug überhaupt hervorzubringen und zu leisten vermöchte; so geräth man auf einen Boden, der keiner Begränzung mehr fähig ist, da der bestimmte Begriff des Geistes fehlt, der sich ihrer bedienen soll, alles durch Rede Gewirkte aber immer ein zusammengesetztes Erzeugnis des Geistes und der Sprache ist. Jede Sprache muss in dem Sinne aufgefasst werden, in dem sie durch die Nation gebildet ist, nicht in einem ihr fremden.*"[355] Der uns wegen seiner besonderen Form unergründliche geistige Kontext findet seine Ausprägung im konnektiven Hintergrund des Bewusstseins, wohin er nur vermittels der Sprache gelangen konnte, die ihrerseits ihr korrelatives Wissen aus der ganzen Sprachgemeinschaft bezieht. Die kann nicht unbegrenzt sein, was bei Humboldt mit dem nationalen Charakter beschrieben ist. Nur in der Gemeinschaft der Sprecher kann den Sprachinhalten auch eine Geistesstruktur hinterlegt werden, welche den logischen Inhalten ein bestimmtes Wesen verpasst. Das ist nur auf korrelative Art mit Beziehungswissen möglich, weil es allein aus unzähligen Komponenten zusammenzugehen vermag. Es braucht dazu keine logischen Strukturen, welche mit großem Aufwand die Zusammenarbeit organisieren müssten. Vielmehr sind die Ähnlichkeit und der gemeinsame Symmetriegedanke ausreichend, um einen konformen Hintergrund zu bilden. Der ist allerdings auf die austarierten und einfachen Fundamente angewiesen, wie sie in der Volkskultur[356] auf der untersten Ebene der Allgemeinheit begründet werden. Nur darauf lässt sich ein Gleichgewicht erhalten, welches von der breiten Masse getragen werden kann. Es ist gewissermaßen das Gefühl der Geborgenheit, die heimatliche „Nestwärme" einer Gesellschaft, welche außerhalb der logischen Vernunft, also immer unbewusst, die harmonische Gemeinschaft begründet. Das aufbauende Wesen der Führungsinformation, die aus dem Einfachen entwickelte Harmonie, ist evolutionäres Prinzip und in allen Stufen vorhanden. Es ist gewissermaßen die Informationsatmosphäre, in deren Schutz wir gemeinsam durch das Universum von Raum und Zeit rasen. Der Umgang mit den einfachen Grundlagen unserer Existenz gehört zu den alten Weisheiten der Zivilisation, wird jedoch von den scheinbaren und wirklichen Absolventen der Eliteuniversitäten gerne hinweggeklügelt und ist in den modernen Theorien der Evolution nicht mehr vorhanden.

---

355 Siehe [4], Seite 47.

356 Der fehlende nationale Hintergrund in Form des Volksgutes ist etwa auch Ursache dafür, dass in Deutschland trotz hervorragender sprachlicher Voraussetzung keine geistige Harmonie mehr aufkommen kann und die Geborgenheit und das unbewusste Vertrauen in die Zukunft sinkt, was sich nicht nur in der Geburtenrate abbildet.

Es versteht sich von selbst, dass das, was im Bewusstsein des Einzelnen in konzentrierter Form vorliegt, vermittels der Sprache mühselig in kleinen Portionen zusammengesetzt werden muss, wobei das innere Harmonieprinzip nachhilft. Es zeigt sich, dass auch hier, in der geistigen Ausprägung des Informationssystems Sprache, das evolutionäre Prinzip zur Wirkung gelangt. Je umfangreicher das geschieht, umso stärker können sich wirklichkeitsnahe Kreativität und die Vorzüge der Zielorientierung im Denken und Handeln bemerkbar machen. Was die Sprache nicht an Beziehungswissen kultivieren und transportieren kann, muss sie mit Logik ersetzen, was den prozessualen Aspekt der Handlung zugutekommt, der Nachhaltigkeit aber schadet und die Fragen des Sinns verkümmern lässt.

Der rein logische Inhalt eines Sprachsystems unterscheidet sich wesentlich von den konnektiven Prinzipien des Geistes, gilt aber bei genauer Rückverfolgung immer als von diesen geschaffen. In fertiger Form handelt es sich um ein selbstständiges Werkzeug, welches deshalb auch mit den Mitteln der Informationstheorie leicht zu ergründen ist. Es wäre eine durchaus lösbare Aufgabe, die Elemente der Sprache in rein logischer Umgebung[357] so zu optimieren, dass mit dem geringsten Aufwand alle dem Lexikon zugeordneten Nachrichteninhalte übertragbar wären. Dazu könnten sogar mehrere Sprachen miteinander verbunden werden. Das Ergebnis könnte eine supereffiziente vereinheitlichte Sprache aus Worten und grammatischen Gesetzen sein, die etwa mit den Datenzeilen einer Computersprache vergleichbar wäre. Aber es wäre ein enormer Aufwand erforderlich, der mit der Beschreibungsgenauigkeit schnell ins Unermessliche anwachsen würde. Eine Erleichterung könnte dann nur eine gewisse Flexibilität bringen, mit der man sich gewissermaßen der Wirklichkeit anschmiegen könnte, ohne zusätzliche Worte einsetzen zu müssen. Eine solche Plastizität ist auch durchaus in den Sprachen gegeben, wobei die Genauigkeit der Beschreibungsmöglichkeiten mit einer komplexeren Sprachstruktur erkauft werden muss. Die Komplexität bleibt dabei durchaus logischer Art, allein auf dem Weg in die Poesie müsste diese verlassen werden und alle diesbezüglichen Gesetze müssten durch den Gefühlsausdruck des Geistes ersetzt werden. Der Sprache, welche nur mit der Sequenz von Worten und Begriffen arbeitet, ist an dieser Stelle eine Grenze gesetzt. Aber auch an anderen Stellen sind die Schwierigkeiten nicht zu übersehen. So sind die den Worten entsprechen Bedeutungen niemals eindeutig, weil sie aus Reduzierungen der

---

[357] Die Aufgabe selbst kann natürlich nicht in logischer Form aus dem Nichts hervorgezaubert werden. Hier ist wieder die lange evolutionäre Vorgeschichte gefragt, welche allein die geistigen Rahmenbedingungen dafür zu entwickeln vermochte.

Wirklichkeit entstehen und aus jedem Kontext heraus anders ausfallen können. Nun stellt sich in der alltäglichen Pragmatik des Sprachgebrauchs der Rahmen von selbst ein. In der Wissenschaft dagegen wird um Definitionen gerungen. So sind schon dem Begriff „Information“ vielfältige Bedeutungen hinterlegt und man tut gut daran, eine sehr allgemeine Definition zu wählen. Uns erklärt sich das Wort in seiner Bedeutung als eine Raum-Zeit-Struktur, welche in der Evolution irgendeine Wirkung zeigt, sei es auch nur zum Zwecke des Erkenntnisgewinns. Damit wird Information zu einem eigenständigen Prinzip, welches im Gegensatz zur Sprache von der Praxis menschlicher Lebensäußerungen leicht gesondert werden kann.

Der Charakter der Sprache ist vorrangig ein logischer, wie sich das schon in der Verwendung von wiederholbaren Symbolen zeigt. Auch die Zuordnung der Laute zu den symbolischen Vorgaben ist selbst wieder eine logische Aufgabe, wobei nur der Prozess der Klangbildung den physiologischen Gegebenheiten angepasst werden muss. Für die konservative Funktion eines Lebewesens in konservativer Umwelt wäre das logische System insgesamt ausreichend, da jedem Reiz eine entsprechende Reaktion zugeordnet werden kann. Man kann sich auch die zu dieser Sprache passende Gesellschaft von Lebewesen denken. Sie muss sowohl konservativ, als auch durchgängig logisch organisiert sein. Jede Veränderung muss von außen bestimmt werden, weil hernach das Zusammenspiel neu geregelt werden muss, das heißt die Elemente nachgeschliffen werden müssen. In einer solchen Automatenwelt führt jede zufällige Abweichung zum Verlust von Funktionalität. Eine Vervollkommnung ist so extrem unwahrscheinlich, dass man in praxi niemals damit rechnet, wie es etwa einem Ingenieur niemals einfallen würde, aus möglichen Fehlerfällen heraus eine Verbesserung der Funktion einzukalkulieren. Es ist ihm lediglich möglich, auf vorhersehbare Störfälle mit geplanten Methoden zu reagieren.

Unsere Wirklichkeit unterscheidet sich von diesem Zustand ganz wesentlich, weil sie nicht durchgehend konservativ ist, vielmehr selbstständig Veränderungen schafft, die im Mindesten der Zeit eine Richtung geben. Bei der Veränderung muss andererseits die Entwicklung überwiegen, weil der umgekehrte Weg, nämlich der Zerfall von Strukturen von einer vollkommenen Welt ausgehen müsste, für die keinerlei Anhaltspunkte existieren. Bei einer Umkehrung der Evolution müsste die strukturelle Reduzierung mit einer Zunahme von ökologischer Differenzierung einhergehen, es müsste Information vom Prozess in die konnektive Welt der Beziehungen zurückfließen. Dabei müssten feingliedrige Konstellationen mit groben Mitteln ausgerichtet werden, wobei die Information aus der Zerteilung konservativer Systeme beschafft werden müsste. Die Umkehrung des evolutionären

Prinzips erweist sich so als völlig irreal. Es zeigt sich aus unserer einsichtsvollen Erfahrung, dass die Wirklichkeit nur in einer aufbauenden Entwicklung geschaffen werden kann, und zwar in Randbedingungen, welche den Weg der Veränderungen festlegen. Der Informationsgehalt dieses über die Logik hinausgehenden Führungsrahmens muss bewusst oder unbewusst zum Gegenstand des Informationsaustausches werden, wenn die Entwicklung von einem so kommunikativen System wie einer ganzen Gesellschaft unterstützt werden soll.

Zwischen dem System der Sprache und der Organisationsform der Gemeinschaft besteht eine starke Korrelation. Beide Systeme erzeugen und bedingen einander. Der Korpus der Sprache muss demzufolge neben der logischen auch die Informationen tragen können, welche für die konnektiven Entwicklungsbedingungen essenziell sind und nur aus der Gemeinschaft bezogen werden können. In diese fließt andererseits die Information, welche aus den konnektiven Optimierungen im Geiste jedes Einzelnen entstanden ist und die kreative Entwicklung ausmacht. Die Information wird hier zunächst mehr oder weniger autarken Charakter haben. Je nach Sprachgewandtheit wird es dann gelingen, die Inhalte der Öffentlichkeit zur Verfügung zu stellen. Die Übertragung kreativer Gedanken in die Allgemeinheit kann natürlich keine vollständige sein, da es sich gewissermaßen um eine private Anpassung an eine äußere Norm handelt. Wissen über rationale Funktionen kommt dabei besser weg. Je umfassender aber auch die nichtlogischen Inhalte vermittelt werden können, umso besser kann ein äußerer Rahmen gebildet werden, in dem die Gesellschaft eine den Gegebenheiten entsprechende optimale Ordnung organisieren kann.

Der Erkenntnis bleibt es freilich ein riskanter Drahtseilakt, weil hier Gebiete betreten werden müssen, welche die bewusste Aufmerksamkeit selbst steuern und im kybernetischen Sinne niemals zum Beobachtungsobjekt werden können. Zudem betreffen sie eine Informationsform, die für uns noch immer als unerforschlich gilt. Uns bleiben nur die mühselige Erkundung mittelbarer Effekte und die Arbeit mit Allgemeinplätzen, welche von den kybernetischen und physikalischen Umständen gebildet werden. Zu solcherart Untersuchungen gehören die Unterschiede in den Wirkungen der Sprachgemeinschaften und die Besonderheiten in den gesellschaftlichen Bedingungen, welche die Sprachentwicklung geschichtlich begleitet haben. So werden sich die wichtigen gesellschaftlichen Aufgaben in der Zeit der Sprachentwicklung auch in den Eigenschaften der Sprache wiederfinden. Das betrifft vorrangig die Bildung des Wortschatzes, aber auch die Grammatik und selbst die artikulatorische Phonetik sind davon betroffen. Im Französischen etwa findet sich die Eleganz der höfischen Lebensart in der

Eleganz der Aussprache wieder. Bei der Entstehung des Englischen wurde der Sprechaufwand auf der Straße optimiert. Justus Möser war von diesem „Provinzialdialekt“[358] sehr angetan, weil er von den untersten Schichten geschaffen wurde. Er schrieb: *„Man sehe Menschen im täglichen Leben und ihrer ganzen Freiheit, wie sie in ihren Ausdrücken einen Gegenstand schildern und durch die Nachäffung vorbilden wollen; ihr Auge, ihr Gesicht, ihre Gebährde und ihre Sprache wird muthwillig, nachäffend, launicht und malerisch; sie machen Worte, nehmen eine ganz eigene Wendung ihrer Rede, verkürzen, verbessern und verderben manches Wort, und erschaffen sich eine Sprache, die ihren Gegenstand ganz natürlich darstellt, ohne sich im geringsten nach den Regeln der Buchsprache zu richten.“*[359] Letzteres hat sich allerdings als Nachteil erwiesen, da eine Anpassung der Orthografie zur Aussprache bis heute aussteht. Die Überbetonung der Phonetik könnte allerdings auch als Ausgleich verstanden werden, für die sonst in einer einfachen Sprache nur schwer zu transportierenden Gefühlswelt, welche insbesondere auch für eine Selbstdarstellung erforderlich ist. Die ist auch bei der Organisation einer Rangfolge notwendig, welche sich bei logischer Überdimensionierung immer von selbst einstellt.

Während die phonetischen Besonderheiten mehr im Wettbewerb der gesellschaftlichen Ränge entstanden sein dürften, sind komplizierte grammatikalische Regeln der besseren Einsichtnahme in Natur und Gesellschaft zuzuordnen. Dabei ist auch hier zwischen einen unbewussten Anteil und einem rein logischen Regelwerk zu unterscheiden. In praxi unterscheiden sich beide durch die Beteiligung des Gefühls. Die Frage, inwieweit dasselbe auch in logischen Münzen ausgezahlt werden kann, ist bis heute nicht entschieden. Jedenfalls ist eine stark „kopfbetonte“ Grammatik den kausalen Funktionen in der Natur und den Machtgesetzen in der Gesellschaft nähergelegen. Die mehr gefühlten Ausdrucksformen sind dem geistigen Kontext verpflichtet, der letztlich auch die logische Freizügigkeit auf den gesunden Menschenverstand zurückholt. Interessanterweise sind gerade die alten Sprachen mit diesen Vorzügen ausgerüstet. So ist im Altgriechischen die Grammatik durch altertümliche Kategorien wie Vokativ, Dual, Medium, Aorist und Optativ erweitert. Dazu enthalten die Satzverbindungen eine Vielzahl von Partikeln. Diese schon reduzierten, aber immer noch recht aufwendigen Formen bilden das uralte Bestreben ab, die Geschehnisse

---

[358] Steven Pinker spricht vom *„Londoner Dialekt*“. (Steven Pinker: Der Sprachinstinkt. Kindler Verlag München 1996. Seite 435)

[359] Justus Möser’s sämtliche Werke. Fünfter Theil. Hrsg. von B. R. Abeken. Verlag der Nicolaischen Buchhandlung Berlin 1843 Seite 83 f

vollständig, das heißt, auch in einem geistigen Beziehungskreis abzubilden. Im Vergleich dazu ist die Grammatik des Lateinischen eher eine künstliche Nachbildung, das heißt eine logische Ordnung, die damit auch die Funktion stärker bewertet, als die Suche nach dem Sinn. Wie die ganze Gesellschaft ist das Lateinische von Beginn seiner Entstehung an auf die kausalen Abhängigkeiten ausgerichtet, wie sie auch in den Rangordnungen der Macht gebraucht werden. In der Suche nach vollkommener Kausalität entsteht das Streben nach der obersten Stelle in der Leiter, der absoluten Machtposition. Die griechische Philosophie, welche damit nicht mehr verstanden wurde, musste zwangsläufig der Macht weichen und von der Bildfläche verschwinden. Ihr Streben nach absoluter Wahrheit und Harmonie war mit den pragmatischen Gesetzen des Machtstrebens nicht durchführbar. Die griechische Kultur erwies sich als nachhaltig. Was dagegen aus der Weltherrschaft der Römer überdauerte, war eher der Sammel- und Kopierleidenschaft verschuldet, als der eigenen Erkenntnissuche.

In diesem Sinne gestaltet sich auch der Unterschied im Wortschatz, der im Altgriechischen noch durch archaische Beziehungswelten bestimmt ist, bei den Römern hingegen durch die praktischen Erfordernisse der imperialen Gesellschaft. Der Beziehungskosmos im Wortschatz gibt der Sprache einen außerordentlichen Wert, zumal er nicht künstlich geschaffen oder nachgebessert werden kann. Hier bilden sich die Korrelationen der Entwicklung in Raum und Zeit ab, wodurch eine Art Gerüst für ein konnektives System geschaffen wird. Eine bloße Wortsammlung reduziert die Sprache auf die lineare Abbildung und nimmt ihr gewissermaßen die Möglichkeiten der Sinnsuche. Wie sich die Entwicklung des Geistes aus einer Differenzierung von Ganzheiten auch in den Sprachen niederschlägt, hat Carl Abel in seiner Schrift „Über den Gegensinn der Urworte" gezeigt: *„Den ersten Faden, der uns aus dem Labyrinth in das Licht der menschlichen Vernunft zurückzuführen verspricht, liefert die ägyptische Sprache in einer Steigerung ihres unbegreiflichen Verfahrens. Von allen Excentricitäten des ägyptischen Lexicons ist es vielleicht die ausserordentlichste, dass es, ausser den Worten, die entgegengesetzte Bedeutungen in sich vereinen, andere, zusammengesetzte Worte besitzt, in denen zwei Vocabeln von entgegengesetzter Bedeutung zu einem Compositum vereint werden, welches die Bedeutung nur eines von seinen beiden constituierenden Gliedern besitzt. Es gibt also in dieser ausserordentlichen Sprache nicht allein Worte, die sowohl „stark" als „schwach", oder sowohl „befehlen" als „gehorchen" besagen; es gibt auch Composita wie „altjung", „fernnah", „bindentrennen", „ausseninnen", die trotz ihrer, das Verschiedenste einschliessenden Zusammensetzung das erste nur „jung", das zweite nur „nah" das dritte nur „verbin-*

*den", das vierte nur „innen" bedeuten.*"[360] Abel konnte anhand von Beispielen zeigen, dass sich das Phänomen des Gegensinns auch in indogermanischen und arabischen Wurzeln entdecken lies. Das Zusammenkleben zu einer Bedeutungskohärenz aus antithetischen Bestandteilen folgt einem Beziehungswissen, welches nur aus einer evolutionären Vorgabe kommen kann. Indem es auch in der Sprache auftritt, zeigt es eine gewisse Analogie in der Entwicklung. Die archaische Information, welche sich hier noch zu gewichtig erweist, bleibt sonst im geistigen Hintergrund, um in Summe eine Matrix für logische Ausdrucksformen zu bilden. Andere Zusammenhänge in der archaischen Verwurzelung der Sprachen bleiben im Dunkel, weil sie absolute und nicht verallgemeinerungsfähige Beziehungen ausmachen. Auch sie vermitteln den logischen Inhalten den geistigen Hintergrund und geben der Sprache den erforderlichen Tiefgang. Es geht dabei der Sprache genauso wie allen anderen praktischen Einrichtungen, sie müssen aufwendig betreut werden. Wenn ein Erzeugnis durch einen Produktionsprozess läuft, dann ist der Aufwand dazu ganz selbstverständlich. Dabei dürfen selbst die primitiven Voraussetzungen nicht unterschlagen werden, weil sonst auch die modernste Technik aus den Rahmen fällt. Das evolutionäre „Erzeugnis" Sprache wird ohne bewusstes Zutun verfertigt, die unbewussten Aufwendungen können darum nicht geringer sein. Aber auch sie werden von primitiven Voraussetzungen getragen, welche selbst als Geländer des Unbewussten immer wieder beschwört werden müssen. Eine Erforschung des konnektiven Hintergrundes der Sprache dürfte kaum gelingen, zumal eine unergründliche Vielfalt von Möglichkeiten existieren, welche ja auch einen ganzen Beziehungskosmos zu bilden haben. Eine optimale Vernetzung scheint es in keinem Lexikon zu geben, wenngleich auch in den evolutionären Wirkungen deutliche Unterschiede zu spüren sind. In der großen Anzahl der Sprachen bildet sich hier ein Reichtum, der am Ende auch die Zivilisation zu schützen und zu erhalten vermag.

Von all den Sprachen sollte die zukünftige und alles überragende neue Weltsprache unsere besondere Aufmerksamkeit verdienen. Die Frage stellt sich zuerst, ob es etwas gibt, das gerade diese Sprache vor allen anderen auszeichnet. Da ist zunächst die Abkunft aus der lateinischen Weltsprache, von der sie möglicherweise schon die Eignung zum Machtinstrument übernommen hat. Die politischen Umstände haben das Übrige besorgt, sodass das Machtprinzip zum zentralen Thema der gesellschaftlichen Entwicklung wurde. Das Königreich beteiligte sich schon frühzeitig an der Aufteilung der Welt und bedurfte dazu eines Informationssystems, das diese Entwick-

[360] Carl Abel: Über den Gegensinn der Urworte. Verl. Wilhelm Friedrich Leipzig 1884. S.11.

lung unterstützte, das heißt auch die Rangordnungen in einfacher Logik abzubilden vermochte. Dazu kam, dass man im Lande selbst während der ewigen Fehden und Kabalen der alten Adelshäuser besonderer Strategien bedurfte, um mit ausgesuchter Schläue den Kampf auch auf intellektueller Ebene zu führen. Es entstanden Gelehrtenkasten, welche sich mit ihrer Gewandtheit zuallererst selbst einen Machtapparat zu schaffen wussten. In ihr eigenes Waffenarsenal nahmen sie auch die Sprachgewohnheiten mit. Auf diese Art entstanden elitäre Parallelwelten, welche dem einfachen Mann nicht zugänglich waren. Seine Sprache blieb eine einfache, weil sie von der Gelehrsamkeit ausgeschlossen wurde. In den vom gemeinen Volke genutzten Worten sind die gelehrten nicht mit einbezogen und in verwandtschaftliche Verhältnisse gebracht worden. Diese für den Ruhm einer Weltmacht von überallher zusammengetragenen Begriffe, welche bis zu einer Million gezählt werden, haben keine inneren Bindungen zum Sprachkorpus, und schon Leibniz meinte, die *„englische Sprache hat Alles angenommen, und wann jedermann das Seinige abfordern würde, würde es den Engländern gehen, wie der Esopischen Krähe, da andere Vögel ihre Federn wieder geholet*“.[361] Auf dem Weg zur Weltmacht musste die künstliche Arbeit an der Sprache bedeutend erweitert werden, was bis in das neunzehnte Jahrhundert hinein noch geschah, wobei nicht nur Wörter gesammelt, sondern auch Regeln aufgestellt wurden. Was in anderen Ländern wie von selbst vor sich ging, wurde hier zur sprachwissenschaftlichen Herausforderung, mit einer Phobie, die bis heute anhält. Dabei konnte die vornehmliche Arbeit an den aufgesammelten Wortbergen nur die hinterher verpasste nachlässige Aussprache sein. Die Straße konnte dabei nicht mehr erreicht werden. So wird man zum Beispiel beim Arzt volkstümliche Beschreibungen vergeblich suchen, weil die Sprache der Unterschicht ausgeschlossen war. Die Machenschaften der oberen Kaste wären allein schon durch ihre absonderliche Sprache verborgen geblieben. Aber der Ausschluss des gemeinen Volkes bei den Entscheidungen der Macht erwies sich als so vorteilhaft, dass das Prinzip zur politischen Kultur erhoben wurde, und es sogar bei den Mittelschichten in Mode kam, geheime Klubs zu gründen, um besondere Interessen auf konspirative Art durchzusetzen. Das Urgebilde einer kastenförmigen Struktur, das heißt die zum Okkultismus neigende Oberschicht auf der einen Seite und der kinderleichte Zugang auf der anderen, hat die moderne Weltsprache zu Erfolgsmodell pflegeleichter und globaler Machtgebilde werden lassen. Als Abbild evolutionärer Vorgaben zeigen sich die

---

[361] G. W. Leibniz: Hauptschriften zur Grundlegung der Philosophie II. Felix Meiner Verlag Hamburg 1996. Seite 698.

Anonymität des Sinns auf der Zielebene und die primitive Leichtigkeit des Seins auf der funktionalen Ebene.[362] Die durchgängig konservativ logische Ordnung gewährt das durchgängige Machtprinzip, das nur in der Führungsebene im Anonymen zu verschwinden braucht, was selbst eine konventionelle Demokratie aushält. Die eingestellte Ordnung ist insofern perfekt, als die untere Schicht allein schon durch die Sprache auf ein niederes konnektives Niveau gehalten und von der Sinnsuche ausgeschlossen wird.[363]

So hochintelligent mit einer solchen linearen Sprache alle logischen Funktionalitäten auch bedient werden können, die geistige Führung bleibt an den konservativen Hintergrund der oberen Schichten gebunden, jedenfalls soweit die traditionellen Vorgaben reichen. Unterstützt wird das Prinzip dadurch, dass die großen Fragen der Gesellschaft hinter verschlossenen Türen diskutiert werden, mit dem Geist konservativer Vorgaben, welche sich als Ordnungssysteme der Macht in Jahrhunderten bewiesen haben. Dazu gehört auch die Möglichkeit einer Einflussnahme auf den funktionellen Teil der Zivilisation, wobei die Öffentlichkeit umgangen werden muss, was wiederum von den Eigenheiten des Kommunikationsmittels unterstützt wird. Was auf lineare Rangfolge eingestellt ist, kann dem Beziehungswissen des Geistes nicht folgen, auch wenn sich dieses nur aus den Vorgaben der Tradition erschließen sollte. Die Verbindungen können nicht gehalten und müssen schnell wieder abgewiesen werden, etwa mit dem typisch englischen Humor. Die Rückkopplung von Information, die Einflussnahme der unteren Schichten auf die Führungsvorgaben, ist auf kybernetische Art verwehrt. Dafür gibt es die leichte Erlernbarkeit der Sprache in allen Schichten und in allen Kulturkreisen, weil sie auf einfachen logischen Gesetzen basiert und das Gefühl weitestgehend ausgeschlossen bleibt. Deshalb ist sie in allen Altersstufen erlernbar, ohne dass sie als Zweitsprache erkannt werden muss. Im Deutschen ist das Sprachgefühl so stark einbezogen, dass nur eine in der Kindheit erlernte Sprache nicht auffällig wird. Es ist der geistige Hintergrund, der nur in der kindlichen Phase strukturiert werden kann und der Sprache die Möglichkeit verschafft, die Arbeit mit Sinn und Ziel zu erleichtern.

Wenn im Deutschen die Ordnung von Oben und Unten erschwert und das gesellschaftliche Gleichgewicht durch den konnektiven Kontext des Geistes immer wieder infrage gestellt und neu einjustiert werden muss, so ist das ein schwieriger und aufwendiger Balanceakt, der alle Schichten einschließt

[362] Das konnektive Prinzip wird weniger von der Sprache als von der Tradition unterstützt.

[363] Mit einer vereinfachten Sprache kann nicht die Geistigkeit des Sinns gefunden werden, im Höchstfalle die Sinnlosigkeit der Geister, die selbst in Cambridge noch spuken sollen.

und ewige Diskussionen zu Folge hat. Schon zu Luthers Zeiten beklagte die Geistlichkeit, dass mit der deutschen Bibel nun auch Schuster und Weiber über die Weltweisheit zu diskutieren begannen. So wie es gelingt, das Machtprinzip zu unterwandern, können auch die Voraussetzungen für eine Weiterentwicklung geschaffen werden. Das definiert letztlich das Prinzip der Demokratie, bei der die Ziele öffentlich werden müssen, was den bewussten Zugang zur Kommunikation voraussetzt.

# 7 Die Wege der Erkenntnis

## *7.1 Die kybernetischen Bedingungen*

Alle Lebewesen müssen Information aus der Umwelt aufnehmen, um darauf nicht nur ihre eigene Heranbildung, sondern auch mögliche Reaktionen einzustellen. Nach dem Entwicklungsstand und der damit verbundenen Teilnahme an den Strategien der Evolution wird die Art und Menge der Information bestimmt. Wir wollen uns an dieser Stelle auf die Reaktionen beschränken, welche von den „fertigen“ Formen der Entwicklung ausgehen, dabei allerdings die strukturellen Anpassungen der Informationssysteme selbst berücksichtigen. Die biologischen Organismen, als die einzigen kybernetisch autonomen Systeme, verändern ihre Kommunikation im Verlaufe der Evolution. Ihrer Strukturentwicklung nach wird es sich, quasi dem Bau der kybernetischen Pyramide folgend, am Anfang um schmale Information handeln, die den Bausteinen direkt angepasst ist. In den höheren Formen der Organismen wird sie dann auch entsprechend breiter und zeitbeständiger ausfallen, um langfristige Strategien zu bedienen.

Die Organismen müssen zunächst den Umständen folgen, die über längere Zeiträume eine grundsätzliche Anpassung an den Lebensraum bewirken. Der aktuelle Bedarf an Information wird dagegen von den kurzfristigen wiederkehrenden Veränderungen bestimmt. Es sind äußere Bilder, die öfter anliegen müssen, um die entsprechenden Muster im Informationssystem bilden zu können. Das wird durch die tages- und jahreszeitlichen Rhythmen und die Gezeiten unterstützt. Dabei müssen die schnellen Reaktionen, welche die aktuellen Situationen bedienen, genau in die langsamen Zyklen passen, um auch entsprechende Abbildung erfahren zu können. Damit wird garantiert, dass auch die kurzfristigen Strategien die nachhaltigen Führungsbilder berücksichtigen und der Organismus nicht sein eigenes Grab schaufelt, weil er die langfristige Veränderung nicht beachtet. Das Vorhalten der weitsichtigen Strategie ist ein wichtiges Prinzip bei der Herausbildung kybernetischer Systeme. Letztlich ist auch die Entwicklung der Logik nur durch Rahmenbedingungen möglich, welche die Aktionen in festgelegten Bahnen halten und nachhaltig eingrenzen.

Die fokussierte Form der umgrenzten Informationseinheiten und ihre Wiederholbarkeit lassen eine Interpretation nach logischen Gesetzen zu, und zwar mit der Evolution zunehmend. Die Logik wird dabei mit eigenen Gesetzen an den Bedingungen beteiligt, die sie selbst in Banden hält. Das heißt, die äußeren Bedingungen können weiter gefasst werden, ohne dass Sinn und endgültiges Ziel verloren gehen. Das hat allerdings seine Grenzen und die gerufenen Geister können nicht für ewig im Zaume gehalten werden. Hat sich das logische Prinzip soweit entwickelt, dass es einen so allgemeinen Rahmen bedienen kann, der die Eigenständigkeit zulässt, ist gewissermaßen der Diener entfesselt und kann über seinen Herrn wachsen.

Während die logisch scheinenden Reaktionsweisen am Anfang nur durch Reflexe hervorgerufen werden, bildet sich die eigentliche Logik nach mathematischer Auffassung erst relativ spät heraus, weil sie zunächst auf ein ausgebildetes konnektives System angewiesen ist, das selbst auch logische Verhaltensweisen zu entwickeln vermag. Die können durch die ursprünglichen reflexartigen Gebilde abgelöst werden, welche dann die kausalen Wirkungsketten effektiver gestalten können. Das Nebenherlaufen der verschiedenen Methoden und ihr langsamer Übergang sind bei der Herausbildung des menschlichen Bewusstseins nicht unbedingt von Nachteil. Da das logische Prinzip aus einem gewissen Übergang entwickelt wird, bleibt die für die Sinngebung notwendige Bildhaftigkeit und Unschärfe zunächst noch erhalten. Die langsame Verschiebung aus der unbewussten Korrelation in die prägnante Logik ist ein wichtiger Vorgang der Evolution, welcher bei der Ausbildung der Zivilisation die entsprechenden „Baupläne" in zeitlicher Reihenfolge liefert. Wir können das Prinzip auch im Werdegang der Erkenntnisfähigkeit des Menschen gut nachverfolgen.

Die primäre Informationsbeziehung des Menschen zur Umwelt ist durch breite Information gekennzeichnet, welche nur durch ein System von Wichtungen zu beherrschen ist. Sie ist unbewusst, kann aber wenigstens den Aufmerksamkeitsfokus auf ein Detail der Außenwelt richten, falls das Wachbewusstsein nicht gerade außer Kraft gesetzt ist. In der niederen Tierwelt ist sonst die unbewusste Reaktion auf die Reize aus der Umgebung der Normalfall. Beim Menschen aber wird das Prinzip durch die parallele Entwicklung des konnektiven Prinzips ergänzt und erreicht damit ein Niveau, welches durch keine der späteren logischen Auflösungen auch nur annähernd verstanden werden kann. Es ist nicht nur die Nachverfolgung der äußeren Geschehnisse und deren Abbildung in Sinnzusammenhängen, es ist auch die eigenständige Zuarbeit der konnektiven Prinzipien, welche den äußeren Sinn nach den eigenen inneren Richtlinien bestätigt. Der Mensch lebt in einer vollkommenen Übereinstimmung mit der Intention der Natur, was aber nur solange währt, bis die „innere Weisheit" die der Natur überholt und eigene Vorgaben macht, welche nur durch logische Manipulationen an der Außenwelt befriedigt werden können. Diese brauchen Kraft und können deshalb nicht gleichzeitig an vielen Orten ausgeführt werden. Konkrete zielgerichtete Information ist gefragt, welche in genauer Reihenfolge wirksam werden muss und des begrenzten Umfangs und der Effektivität wegen auch wiederholbar sein darf. Das logische Prinzip ist gefordert.

Mit dem Herausbilden des logischen Prinzips erwacht auch das Bewusstsein, weil nun eine doppelte Kommunikation mit der Umwelt entstehen muss, die auf zwei völlig unabhängigen Informationsarten basiert. Die Wirklichkeit wird in fokussierten Bildern in das konnektive Netzwerk projiziert, welches selbst ein zeitloses und weites Abbild realer Beziehungen dazu bereitstellt. Es ist eine in sich Abbildung der Wirklichkeit, welche mit dem intentionalen Hintergrund zum hochentwickelten Werkzeug der Evolution wird. Der Mensch wiederholt in sich die reale Umwelt, bleibt dabei aber ein Teil von ihr. Eine solche Spiegelung wird möglich, weil sich die Informationsarten der Natur in ihre beiden Extreme verzerren lassen und dann voneinander unabhängige Bilder liefern. Die Informationen sind orthogonal zueinander und lassen sich aufeinander abbilden, ohne sich gegenseitig zu beeinflussen. Da es sich aber um die gleichen Objekte der Wirklichkeit handelt und beide Abbildungen unterschiedlich darüber „unterrichtet" sind, können Differenzen entstehen. Nur macht jedes System gewissermaßen diese Erkenntnis auf seine Art und geht ganz anders mit dem Wissen um. Was auf der Sinnebene zunächst aufbewahrt und bei Gelegenheit in einem komplizierten Optimierungsprozess austariert wird, bringt auf der logischen Schiene den unmittelbaren Gedanken oder die Handlung hervor, Effekte, welche es dann in Wiederholungen einzuschleifen gilt. Die Übungen sind es dann auch, welche das logische Prinzip perfektionieren, ohne dass der Sinn sich auf weitere Bezüge einstellen kann. Zuviel Gedankenarbeit lässt sozusagen sinnlose Logik entstehen, umgekehrt kann auch der Sinn der Wirklichkeit entfliehen, wenn er nicht über logische Prozesse mit ihr verbunden bleibt.

Indem das Bewusstsein auf reine Informationsprinzipien setzt, ist es gewissermaßen nach oben offen und kann sich in beliebigen Entwicklungsschritten weiter vervollkommnen. Allerdings muss im Zustand des ersten Bewusstwerdens gleichzeitig auch das Dilemma der neuen Erkenntnismöglichkeit ans Licht kommen. Der logische Part, als unabdingbares Werkzeug des Bewusstseins, kann sein Darüber, das harmonische Zusammenspiel des konnektiven Überbaus mit der Natur, nicht interpretieren und muss ungewöhnliche Schlüsse daraus ziehen. Die Steuerung aus einer unbewussten Führungsebene muss als etwas Vollkommenes aufgefasst werden, welches durch die analysierende Verstandeslogik in einem ersten Schritt nur in magisch mystischen Zusammenhängen zerteilt werden kann. Das noch nicht exakt fokussierte Bewusstsein hantiert dabei mit Stückwerken, die teilweise noch der Natur entlehnt sind, aber auch eigene Formen enthalten. Hier zeigt sich die Überlegenheit des konnektiven Geistes gegen die logische Symbolik, welche auch selbst in seiner modernen hochentwickelten Form dem neuronalen Prinzip nicht gewachsen ist. Was man da mühselig in Symbolen zusammentragen muss, fügt sich im konnektiven Netzwerk wie von selbst zusammen, wobei nicht nur Bilder, sondern ganze Erlebnisse oder Geschichten aufeinander geladen werden können und einen regelrechten Kosmos von Beziehungswissen bilden. Es kann aus der Summe der Information das extrahiert werden, welches in einer Ebenheit die Grundlage einer weiteren Entwicklung bilden könnte. Es ist die Voraussicht als typische Eigenschaft des Geistes, welche sich daraus ableitet. Aber auch die Erkenntnis des Sinns wird unterstützt, wenn das Bewusstsein noch nicht auf die knappen Symbole getrimmt ist, sondern noch mit ganzen Bildelementen umgehen kann und so auch den unbewussten Inhalten ganzer Geschichten nahe kommt, welche die weiten Zusammenhänge herbeiholen, die für die Entwicklung der Zivilisation notwendig sind.

So wie der geistige Hintergrund noch in schemenhaften Bildern erfühlt werden konnte und am Anfang die Logik noch eine unausgereifte war, dürften auch die ersten Erkenntnisse von magischer Art gewesen sein. Allerdings hat diese Magie ihren eigenen Wahrheitsgehalt, der genau dem evolutionären Niveau entspricht, sich aber auch nur im Kontext der Zeit selbst erklären kann. Man weiß zwar, dass die moderne Logik den konnektiven Inhalten nicht beikommen kann. Aber man weiß nicht, ob dem Übergang, der Arbeit mit größeren Elementen als den heutigen Symbolen, nicht doch ein größerer Sinngehalt bezüglich der evolutionären Bedingungen zugesprochen werden muss. Die größere Nähe zum sinngebenden geistigen Überbau könnte zumindest gewisse Charakteristika transportieren, welche in enger gefasster Logik verloren gehen. In diesem Gedankenzusammenhang wäre es möglich, dass der Zenit der Welterkenntnis in geschichtlicher Zeit überschritten wurde, obwohl, oder gerade weil, eine exakte logische Formulierung nicht erfolgen konnte.

Die dynamischen Vorkommnisse der Umwelt erscheinen auf der höheren Ebene in zeitlosen Bildern, die in logischer Interpretation auch nur wieder mit Bildelementen ausgelegt werden können. Die Analyse des Verstandes kann anfangs noch nicht auf die arbiträren Elemente der exakten Logik bauen, sondern muss mit symbolisierten Metaphern arbeiten, die ganze, bekannte Erscheinungsformen der Wirklichkeit sind, aber eben nur in der aussagekräftigen verfremdeten Form. Auch muss das Bewusstsein selbst, welches mit breiterer Information umgeht, mehr von Gefühlen bestimmt sein. Diese eigentümliche Erkenntnisform ist genau der Entwicklungsstufe angepasst, damit auch das bestmögliche Werkzeug für die aktuellen Aufgaben. Statt sich in Details zu verlieren, steht für den Menschen zunächst die Aufgabe, die grundsätzlichen Vorgaben für das gewaltige Bauwerk der Zivilisation zu finden. Dazu bedarf es keine Erkenntnisse über Quantenzustände und Paralleluniversen. Es müssen vielmehr die naiven Grundlagen des menschlichen Wesens in das Bewusstsein rücken, und wie sich daraus eine Gemeinschaft begründen lässt. Es ist zunächst eine Methode vonnöten, welche eine besondere Nähe zum Sinn hat und damit im Entfaltungsablauf genau an der richtigen Stelle steht. Das viel spätere Erscheinen der exakten Logik erklärt sich aus der notwendigen Vollendung der Bedingungen, in welchen die Ziele und Schranken der Entwicklung besser festgeschrieben sind und in denen eine kopflose Logik weniger Schaden anrichten kann.

Um die Voraussetzungen für das logische Prinzip zu schaffen, war eine umfassende Arbeit mit dem Sinn des Lebens und der Zivilisation nötig. In den Entwicklungsstufen mussten die Vorgänge in der Natur und im eigenen Leben mitunter so erscheinen, als ob sie von irgendwelchen Naturdämonen, Nymphen und Waldgeistern bestimmt würden, das heißt von Zwischenformen, welche nach ihren logischen Eigenschaften aus einer Ganzheit herausgelöst werden, und gewissermaßen das Wesen beider Systeme, Sinn und Aktion, in sich tragen. Es ist der erste Schritt zum abstrakten Symbol der Logik, welches seinerseits auch gewisse Rahmenbedingungen auf der konnektiven Seite nötig hat. In der Erkenntniskultur hat sich diese Vorform der bewussten Erkenntnis, von der Götterwelt bis zur Religion, bewahrt. Auch wenn sie alogisch ausfällt, könnte ihr durchaus ein höherer Erkenntniswert zugesprochen werden, der aber der heutigen analytischen Logik immer weniger zugänglich ist, weil ihm die moderne prägnante Form fehlt. Die eigenständige, ältere Symbolik ist mehr von bildhafter Art und enthält die Komponenten der Wirklichkeit in einer zeitbeständigen und weiten Form. Der Informationsgehalt liegt teilweise in ganzen Geschichten, wie sie etwa in Gleichnissen, den Mythen, Sagen und Märchen überliefert sind. Er kann heute jedoch nur mühselig und mit großem Aufwand in seinen eigentlichen Inhalten erfasst werden, weil der dazu erforderliche Kontext, gewissermaßen die geistige Decodierung, nicht mehr vorhanden ist. Es sind sozusagen die nachgelassenen Hieroglyphen des Geistes, die ihre unverstandene Existenz in Mythen, Märchen und Sagen fristen müssen, aber auch in den unbewussten, archaischen Beziehungswelten der Sprache. Dabei sind es die letzten Überreste des Sinns, mit denen man sich beschäftigen muss, um das geistige Prinzip wenigstens in den Ansätzen zu erhalten. Der Weg des Sinns hat unmoderne Hilfsmittel und er führt uns nach rückwärts, in die Geschichte, der Weg des Unsinns in die Moderne des kleinlichen Funktionalismus, eine Einsicht, die geistig orientierten Menschen schon immer gegeben war.

Interessant ist es allenfalls, dass selbst in den bruchstückhaften Überlieferungen manch Element des konnektiven Prinzips durchfärbt, das der Ganzheit des Hintergrundes entnommen wurde. Dabei ist eine erste Eigenschaft der Teilmengen nicht zu übersehen, nämlich wieder nach dem Ganzen zurückzustreben. Das Hinsteuern zum Vollkommenen ist in den meisten Überlieferungen in irgendeiner Form zu finden, sei es in dem Weg zum Paradies, zur Harmonie oder Gerechtigkeit oder auch zur Gemeinschaft oder Partnerschaft. Als stärkstes Überbleibsel des geistigen Hintergrundes tritt dabei das Prinzip der Liebe in Erscheinung, das in seinen vielfältigen Formen auch die Grundlage der menschlichen Gemeinschaft bildet. Es ist ein völlig unlogisches Prinzip, das sich umso stärker ausdrückt, je weiter es am konnektiven Hintergrund angesiedelt wird. Die Liebe und die dazu gehörige Demut können nur auf der geistigen Ebene wirken, da sie eine Unsumme an Beziehungsinformation zusammenfügen, um etwas Vollkommeneres zu bilden. Diese höchste und edelste Eigenschaft des Menschen ist in der profanen kybernetischen Sicht als eine selbstständige Ergänzung zu symmetrischen Formen in der höchsten Führungsebene zu verstehen. Durch harmonischen Ausgleich wird Energie in der höchsten Ebene freigesetzt, welche das Bewusstsein erweitern und das entsprechende Hochgefühl erzeugen kann. Die geheimnisvollen Räume des vollkommenen Glücks können andererseits auch nur in einem Bauwerk gefunden werden, welches dazu schon vorher in feiner und ausgeglichener Architektur geschaffen wurde.

Die Liebe ist das in ein einfaches Wort gefasste Grundprinzip im konnektiven Beziehungskosmos unserer Seele, die sich zur Vollkommenheit entwickeln muss. Die erstrebte Ganzheit wird gewissermaßen durch „Zukauf" vollkommener, die Strategie dazu wird von der ganzen kybernetischen Pyramide begleitet und sozusagen bis in die letzte Zelle durchgereicht. Die so geschaffene Vervollkommnung bringt den Beteiligten einen Vorteil, der sich in größerer Freiheit ausdrückt und Glücksmomente beschert. Der Gefühlsmensch kann in der Liebe auch ein wenig von der unendlichen Tiefe des konnektiven Universums erspüren und der Kraft, welche von ihr ausgeht. Die Liebe ist eine Himmelsmacht, weil sie auf der höchsten Ebene angesiedelt ist, dem ganzen Sinne am nächsten steht und jedem menschlichen Wesen zugänglich ist. In günstigen Voraussetzungen führt das Prinzip zu der höchsten Glückseligkeit, welche die Evolution für den Menschen bereithält. Die Liebe ist ein Ausdruck der Seele, die eben nicht nur den Geist beinhaltet, sondern auch das Herz, das vermittelnde Organ zur inneren Führungsebene, das mit dieser sogar einige konnektive Verbindungen unterhält. Die innere Gefühlswelt hat damit ein gewisses Sinnesorgan, wenn auch nur ein schwaches, das die Einblicke, oft auch nur über Schmerzen, vermittelt. Trotzdem kommt dem Herzen in der Umgangssprache eine seelische Qualität zu, die in der Herzensbildung auch einen Informationswert hat, der mitunter alle logische Vernunft zu übertreffen scheint.

Neben der Liebe ist auch das Prinzip der Analogie ein typisch geistiges. Das Beziehungswissen in einem konnektiven Bild bleibt bei Reduzierung der Information in gewisser Weise erhalten. Die Verwandtschaft zum Ganzen ist auch in den Teilen noch zu spüren. Das ist gewissermaßen der umgekehrte Vorgang des vorher Beschriebenen und ist die Voraussetzung dafür, dass sich Teile wieder zusammenfügen können. Allerdings können bei der logischen Interpretation auch stärkere Reduzierungen auftreten, die das Prinzip wertlos machen. In vielen Formen des Aberglaubens dürfte das der Fall sein. Hier haben sich die logischen Werkzeuge des Bewusstseins schon soweit vereinfacht, dass die Bildelemente nicht mehr in ihrer korrelativen Balance, sondern nur noch in einer Wirkreihenfolge ausgedeutet werden können, was den eigentlichen Sinngehalt zerstört. Mit der Geschwindigkeit, mit der die Entwicklung der Logik und mit ihr die Reduzierung der Symbole voranschreitet, wird das jeweils Vorhergehende nicht mehr verstanden. So erscheint uns auch die Geschichte der Wissenschaft nicht selten als ein Eldorado von Esoterik und Aberglauben, weil sich die darin wütende Logik wie ein Elefant im Porzellanladen gebärden musste.

Zu den Ablegern der konnektiven Informationsprinzipien muss auch die naturmystische Sympathie gezählt werden. Der offensichtlich auf geistiger Ebene bestehende Zusammenhang der Dinge ist dem Verstand nicht zugänglich und wird demzufolge auf mystische Art gedeutet, welche ihrerseits auf eine unlautere logische Nachbildung von Sinnzusammenhängen hinausläuft. In vielen okkulten Wissenschaften finden sich die Hinweise dafür, dass die kybernetische Anlage der Informationsprinzipien missachtet wird und der Sinn der Zusammenhänge aus dem Ruder läuft. Wenn allerdings innere Gefühlsbeziehungen zwischen Personen bestehen, wird eine sympathetische Wirkung im Allgemeinen toleriert, weil man den Einfluss bestimmter Ereignisse oder auch nur Worte auf die Seele des anderen erfahrungsgemäß kennt.

Ein ganz anderes Phänomen im ganzheitlichen Überbau stellt die sogenannte Ambivalenz dar. Wenn sie auch nicht zu den Erkenntnisformen zu zählen ist, haben die Psychologen mit dem Prinzip eine wichtige Arbeitsmethode gefunden. Wir wissen, dass der Aufbau des konnektiven Systems in symmetrischer Form erfolgen muss, zumindest was die evolutionären Strukturen betrifft.[364] Dazu gehören zu jeder Art Eintragungen auch die entsprechenden Ergänzungen, welche den damit zusammenhängenden Rest beinhalten. Wird die eine Seite in der Aufmerksamkeit überfordert, meldet sich zumindest als Störung die Gegenseite. Wird ein Verhaltensmuster zu stark entwickelt und übertrieben, kann es unter Umständen ins Gegenteil umschlagen, wenn ich dieses nicht als Gefahr dulden kann. So kann etwa aus Zuneigung Abneigung werden, des inneren Gleichgewichtes wegen. Der Zusammenhang von Teil zum Gegenteil oder von Teil zum Ganzen bleibt im Allgemeinen auf zentrale Verhaltensmuster beschränkt und wird sonst nicht dramatisch ausfallen, weil man, wie etwa in der wissenschaftlichen Erkenntnis, gewohnt ist, mit unbrauchbaren Lösungen umzugehen. Wenn noch Politiker spontan ihre Partei wechseln, wird ein solch grundsätzlicher Wechsel in den wissenschaftlichen Überzeugungen bei gestandenen Professoren kaum beobachtet. Dafür ist das Mühen darum, ein Ganzes in Konsistenz zu schaffen, umso ausgeprägter. Zum ausgleichenden Gefühl gehört es, immer die „Gegenseite“, den Fehler im Auge zu behalten. Der geistvolle Mensch hat Angst und muss die Gefahr in Gedanken durchleben, um gewissermaßen mit der symmetrischen Ergänzung die Balance wiederherzustellen. In dem Sinne hat auch die Angst ihre Existenzberechtigung, weil sie den Blick in die Zukunft zulässt, welcher umso weitsichtiger ausfällt, je mehr der Ausgleich der verschiedenen „Gewichte“ in der Entwicklung akzeptiert wird.

Mit der Herausbildung der exakten Logik in der Erkenntnistheorie verschwinden auch die Schemen der Ganzheitlichkeit und es werden die Fragen interessant, welche den logischen Einsichten anhaften. Dazu gehört in erster Linie das Verhältnis von Vereinfachung und Differenzierung. Sowie die Logik von der Vereinfachung ihrer Elemente lebt, muss der Informationsverlust an anderer Stelle wieder aufgebracht werden. Je primitiver die Symbolik in den Inhalten und Gesetzen, umso größer die Differenzierung in den begleitenden Bedingungen, welche den arbiträren Vorgängen wieder absolute Inhalte verpassen müssen. In den Einrichtungen der Zivilisation

[364] Eine diabolische Schieflage wird sich nicht in eine Balance entwickeln lassen.

sind diese Bedingungen auf den unterschiedlichsten Ebenen in feste Strukturen gebracht, welche dann als überkommene Normen auch die Zivilisation erhalten müssen. Umso vollkommener diese sind, umso vollendeter kann sich auch die Logik gestalten, dessen Wesen sich ja gerade in der Reduzierung auf das Einfache erschließt. Mit den aufwendigen Bedingungen sind gewissermaßen auch die einfachen Wege der Logik vorgegeben, welche als effektive Werkzeuge den konnektiven Vorgaben folgen können und die Zivilisation vollenden helfen. Mit aufwendigem Gerüst kann das logische Prinzip dadurch auch eine gewisse anspruchsvolle Form erhalten, welche man als entwickelte Intelligenz mitunter als dem Geiste überlegen wähnt. Die eigentliche kybernetische Ordnung zeigt sich aber schnell, wenn der Logik die Stützen genommen werden. Mit dem Wegfall der äußeren Normen, wie das etwa bei den Revolutionen oder den großen Migrationsbewegungen beobachtet wird, verliert auch die Logik ihr Gestaltungspotenzial, was die Gesellschaften in chaotische Zustände führt. Ein Eigenleben der Logik wird darin nur in dem Maße möglich, wie sich gewisse Randbedingungen partiell erhalten. Mit dem Rückbau der konnektiven Bedingungen muss auch die hochentwickelte Logik auf ihre einfachen Inhalte reduziert werden.

Der Wegfall der geistigen Rahmenbedingungen wird durch zwei extreme gesellschaftliche Phänomene unterstützt. Das ist zum einen das kommunistische Prinzip der Vereinheitlichung, das nicht nur jede Differenzierung, sondern auch das jeweilige dahinter stehende Ordnungsprinzip ruinieren muss. Zum andern ist es das Machtprinzip, in welchem der konnektive Rahmen teilweise durch ein intrinsisches Logikkalkül ersetzt wird, welches alle Ordnung von einem Zentrum aus zu definieren hat und dabei die geistigen Querverbindungen der souveränen Individuen zerstören muss. Nur auf logische Art kann eine Rangordnung definiert werden, die eine lineare Folge von oben nach unten schafft. Die Intelligenz der Macht ist auf die Prinzipien der Logik reduziert und muss dazu den Freiheitsradius des Einzelnen soweit einschränken, dass die einfachen Kausalfolgen nicht gefährdet sind.

Im Gegensatz dazu ist das eigentliche Erfolgsgeheimnis der Evolution die Differenzierung. Ihre Formen sind von absolutem Charakter, die vereinfachten und kausalen Geschehnisse finden sich nur auf der untersten Ebene der sonst vielfach aufgefächerten Wege. Jede Gleichmacherei ist ein Kraftakt gegen das evolutionäre Geschehen und bedeutet ein Machtmoment, welches nur aus einer fehlerhaften Übervorteilung eines konservativen Prinzips entstehen kann. So wie die Ordnung einer Vielfalt nur durch das Zusammenpuzzeln nichtwiederholbarer komplexer Strukturen auf höherer Ebene entstehen kann und dabei Quervernetzung von Beziehungsinformation nötig hat, kann die so organisierte Vielfalt mit den logischen Methoden der Vereinfachung nicht aufrechterhalten werden. In dem Sinne ist auch die Differenzierung der Informationsprinzipien essenziell, auch wie sie sich in alle Bereiche des Lebens und der Zivilisation abbildet und dabei kybernetische Hierarchien festlegt. Dabei haben die oberen Ebenen die Querverbindungen des Geistes nötig, welche mit der linearen Logik der Macht nicht ersetzt, sondern nur zerstört werden können.

Eine einmal begonnene Differenzierung wird in der Evolution nicht wieder aufgehoben, sondern zu feineren Strukturen weiterentwickelt, wenn die entsprechenden Bedingungen gegeben sind. Eine solche weiterlaufende Sublimierung nimmt auch die in der Phylogenese so wichtige Geschlechterteilung, wie sie bis in die menschliche Spezies beharrlich vervollkommnet wird. Die kybernetische Rangordnung der Geschlechter ergibt sich zunächst durch die natürliche Notwendigkeit, das weibliche Geschlecht in die kybernetisch höhere Position zu heben, was durch entsprechende korrelative Strukturen geschieht. Das für die Nachkommenschaft so wichtige Prinzip ist natürlich zunächst auf die Lebensfragen[365] ausgerichtet, ist auch hier nachhaltiger, kommt mit weniger Energie aus und erzeugt einen weiteren Horizont in der menschlichen Gemeinschaft. Die stärkere Ausbildung des logischen Prinzips beim Manne fördert einen ausgeprägten Verlaufsaspekt, der im Lebenskampf das Überleben der Familie sichern soll. Was dabei an Kraft und intelligenten Strategien möglich ist, muss im Bereich der Zielsuche entbehrt werden. Wenn die Bindung an die Wirklichkeit zu kurz kommt, muss sie durch die Bindung an das weibliche Prinzip ergänzt werden. Beide Informationsprinzipien komplettieren sich und schaffen ein Ganzes im evolutionären Sinne. Mann und Frau bilden zusammen eine autonome Gemeinschaft, welche robust genug ist, um für die Belange der Nachkommenschaft kämpfen zu können. Die Vollkommenheit wird hier durch Differenzierung erreicht. Geteilt sind beide Prinzipien ihren eigenen Nachteilen ausgeliefert, können aber den fehlenden Part in gewissen Umfang nachentwickeln. Zusammen kann sich jedes Prinzip für sich zur Vollendung entfalten. Die Zivilisation ist allerdings in dieser Frage unterschiedlich ambitioniert. In einer patriarchalischen Gesellschaft überwiegt der logische Gesichtspunkt, welcher die Rangordnung des Mannes gegen die natürliche Ordnung mit Macht durchsetzt. In den englischsprachigen Ländern ist die Prädisposition dafür allein schon durch die Sprache gegeben.

[365] Die Erhaltung und Fortführung des menschlichen Lebens setzt unzählige Rahmenbedingungen voraus, die unserem Bewusstsein schon deshalb fern gehalten werden müssen, damit sie nicht verändert werden können. Das weibliche Prinzip ist mit diesen Bedingungen fest an die unmittelbare Wirklichkeit gebunden.

Die Aspekte des Geistes müssen hier abgewendet und gegen die Lebenskunst immerwährender Rankings eingetauscht werden, was sich in der Kultur der Gesellschaft niederschlägt. Eine allzu große Freiheit darf nicht den Souverän bilden, sondern muss in den Nonsenskulturen ausgelebt werden.

Matriarchalische Formen sind insofern unmodern, als sie mit den logischen Prinzipien kaum durchführbar sind. Fatalerweise wird diese Schwierigkeit noch dadurch überhöht, indem versucht wird, den Teufel mit Beelzebub auszutreiben, das heißt, der Misere mit mehr Logik beizukommen. Die Frauen sind dabei, sich eher in die Prozessorganisation des Mannes hineinzulaborieren, um dem Mann die Schau zu stehlen, anstatt die eigene Überlegenheit in die Waagschale zu werfen. In funktioneller Sicht verliert das Femininum in den Rankings mit dem Maskulinum, wo es doch in geistiger Weitsicht weit über die kurzsichtigen Kraftakte männlicher Intelligenz hinausreichen sollte. Es kommt nur darauf an, das weibliche Prinzip auf eigene, geistige Art weiter zu kultivieren, wie das etwa in christlichen Gemeinschaften oder den Salons der Romantik gepflegt wurde. Wird die weibliche Weitsicht verscherzt, verliert sich auch die männliche Intelligenz in den ewig währenden Machtkämpfen. Um das zu umgehen, wäre auch die Geistesentwicklung mit früher Erziehung beginnend zu fördern, was die logisch strukturierten Machtsysteme tunlichst zu verhindern wissen. Zudem scheint der intelligente Verstand überlegen, weil die Leistung des Geistes in einer Harmonie besteht, die sich nur aus dem Einfachen entfalten lässt, welches sich aller Logik zu widersetzen vermag. Das feinsinnige Wissen in Beziehungen bietet der logischen Vernunft keine Angriffsfläche und wird darum als minderwertig oder gar kitschig verspottet. Dabei steht es dem Sinn nach über alle Logik, was sich schon daraus erhellt, dass sich das Schöne und Gute daraus entfalten lässt, das jedem menschlichen Entwicklungsdrange als Ziel voransteht.

Der Geist selbst bedingt eine Form, welche der matriarchalischen näher liegt. Das führende Ordnungsprinzip wird sich in einer harmonischen Gesellschaft nach evolutionären Vorgaben von selbst einstellen. Die im Verborgenen wirkende konnektive Führung wird dann vorrangig durch die weiblichen Geistesgaben entdeckt und in der Zivilisation gefördert. Misslich ist nur, dass sich diese nicht mit den logischen Machtprinzipien bemessen lassen und damit patriarchalischen Wertungen unzugänglich bleiben. Logik ist von Haus aus fokussiert und kann den konzertierten Kraftakt dirigieren. Das geistige Prinzip bedarf der distribuierten Information, welche die Kraft auf unzählige Zusammenhänge verteilen muss. Was im Fokus wie Schwäche aussieht, ist aus höherem Blickwinkel die Weitsicht, welche die souveräne Führung begünstigt und die Bedingungen der Entwicklung einschließt, dabei aber logischer Kurzsicht nicht selten widersprechen wird.

So steht die unsichtbare Nachhaltigkeit der geistigen Prinzipien, wie etwa die der Liebe, weit über manche vordergründige Tat, welche das gesellschaftliche Bewusstsein dominiert, im kybernetischen Sinne aber nur ein unbedeutendes, weil kurzsichtiges Faktum darstellt. Die Entwertung des Geistes fördert das männlich logische Kraftprinzip. Aber auch die stärkste Macht kann ohne das geistig weibliche Prinzip nicht lange fortbestehen. Mit der Logik wird auch die Freiheit beschränkt. In einer mit geistvoller Sprache entwickelten Zivilisation würde die Frage gar nicht aufkommen, weil auch dem Mann hier eine größere Freiheit gewährt wird. Allein die Bindung an den Sinn ist es, welche die evolutionären Wege der Freiheit von allein und nachhaltig öffnet. Mit entwickeltem Geist kann letztlich auch die Logik die feinen Führungen in die höhere intelligente Vollendung erfahren, wo sie sonst auf niederem Machtgehabe gebunden bleibt.

Die von Grund auf logisch fokussierte Orientierung des Mannes kann sich andererseits mit Leichtigkeit von der Wirklichkeit entfernen und deshalb einen tieferen Einblick in viele Details der Natur erlangen. Das leichtere Verlassen der Wirklichkeit kann insgesamt aber nur von Vorteil sein, wenn der Vorgang in den dazu passenden geistigen Rahmenbedingungen vonstattengehen kann, welche nicht nur die evolutionären Prinzipien der Erkenntnis und des Glücks bewahren, sondern auch vor diabolischen Disharmonien schützen können.[366] Die ausgebildete Geisteskultur bietet dabei die weitsichtigeren Entwicklungsbedingungen, als sie ein Regelwerk von Gesetzen und Normen schaffen könnte, weil sie das Denkbare auf das Sinnvolle begrenzt und das Allgemeine im eigentlichen Sinne vertritt. Auch ist der Gemeinschaftssinn als Ausdruck des Geistes über alle Rationalität erhaben und ist nicht auf die logischen Strukturen angewiesen, so vollkommen sie von einer patriarchalischen Intelligenz auch geschaffen sein könnten. Die beiden in das menschliche Wesen projizierten Informationssysteme, das männlich logische und das weiblich geistige[367], sind in ihrer Bedeutung und in ihrer Wirkung wie überall in der Natur nicht direkt miteinander zu vergleichen. Ihr Wert liegt nicht in der Logik einer Rangfolge, sondern in ihrem unverzichtbaren Zusammenspiel bei der kybernetischen Organisation der Wirklichkeit. Es muss als ein evolutionärer Erfolg gewertet werden, wenn in

---

[366] In der Geschichte der Menschheit war das Kriegshandwerk vorzugsweise die Domäne des Mannes.

[367] Es geht hier natürlich nur um das Überwiegen eines Anteils, weil das Bewusstsein immer beide, die logische Bahnung und das konnektiv geistige Prinzip, nötig hat.

historischer Zeit auch die Ausbildung differenziert wurde und die Mädchen auf den besonderen Weg der Geistesbildung geführt wurden. Harmonie und Frieden können durch kein anderes Informationsprinzip in die Welt gebracht werden, weshalb der Frau von Natur aus die höhere Verantwortung für das Zusammenleben zukommt. Diese Verantwortlichkeit muss mit einer Bildung unterstützt werden, welche nicht nur aus Werkzeugintelligenz besteht, sondern auch die geistige Seite der Wirklichkeit berücksichtigt. Hier ist die Weisheit des Einfachen gefragt, das harmonische Prinzip des Ausgleichs, welches auch immer wieder die intellektuellen Höhenflüge des männlichen Wesens auf den Boden, möglichst den heimatlichen, zurückholen muss. Das geistige Fundament des Einfachen[368], welches im logischen Sinne als primitiv erscheint, steht kybernetisch auf einer höheren Stufe, weil es aus einer Unmenge von konnektiv gewichteten Bedingungen besteht, welche für die natürliche Entwicklung und die Existenz der Wirklichkeit vorausgesetzt werden. Diese in großen Teilen nur hintergründige Information ist mit keiner noch so intelligenten Logik nachzuvollziehen, geschweige denn zu ersetzen. So einfach sie sich unserem bewussten Verstand präsentiert, so komplex ist der konnektive Hintergrund, der gewissermaßen alles Wissen unserer Existenz auf einer anderen als in logischen Kalkülen verpackte Art beinhaltet. Die geistige Veranlagung dafür im weiblichen Prinzip zu fördern, wäre der evolutionäre Weg ins Paradies. Er ist nicht weniger aufwendig, als die Erfindung der technischen Moderne. Das Schöne und Gute in der Welt zu finden, mit Liebe und Harmonie die geistigen Formen des Zusammenlebens zu entwickeln ist das Gegenstück zu den immerwährenden Rankings männlicher Logik. Die Frage stellt sich, ob die Welt immer kompliziertere Funktionen braucht, immer bessere Waffen und immer intelligentere Geheimdienste, oder ob das Glück nicht mit einer natürlichen Geistesentwicklung leichter zu holen wäre, welche sich allein aus einer rechtschaffenen Kultivierung des weiblichen Prinzips ergeben könnte. Die Entwicklung der Zivilisation darf nicht einseitig erfolgen, sie muss auf Differenzierung setzen, und die gilt es weiterzutreiben, zumal sie jedem Beteiligten einen Vorteil verschafft. Nur wenn sich die Teile in ihren Unterschieden verfeinern, kann das Ganze vollkommener werden. In der Gesellschaft gehört es dazu, die Geschlechter zu akzeptieren und die differenzierte Entfaltung derselben zuzulassen.

Sich von den Bedingungen der Evolution zu entfernen, kann nicht nur in Wissenschaft und Technik zur Gefahr werden, sondern auch im politischen

---

[368] Das geistige Fundament des Einfachen begründet sich letztlich auch in der Abwesenheit intelligenter Spitzfindigkeiten, mit denen sich keine Harmonie einrichten lässt.

Geschehen. Kriege sind intelligent in der Zerstörung, entbehren aber der geistigen Balance. Die Evolution stellt für jede Aufgabe ein optimales Informationsprinzip bereit. Die Entwicklung nur nach ihrer Logik zu bewerten heißt, das evolutionäre Prinzip selbst zu missachten. Auch in den Fragen der differenzierten Bildung ist es gerade diese Einseitigkeit gewesen, welche das evolutionäre Erfolgsrezept wieder ausgewiesen hat, noch bevor es seine Wirksamkeit richtig entfalten konnte. Wenn jedwede geistige Veranlagung im Getriebe der Werkzeugintelligenz ruiniert wird, wird gleichsam die wichtigste Entwicklungslinie außer Kraft gesetzt und der sinnlos chaotische Funktionalismus für alle Zukunft beschworen. Eine Gesellschaft, die ausschließlich auf perfekte Funktionseinheiten setzt, ist kein entwicklungsfähiges Konstrukt und kann die Einrichtungen der Zivilisation nur zurückbauen.

Zu einer Zeit, in der die natürliche Entwicklung noch im Gange war, ist auch die geschlechtliche Differenzierung in viele Informationsaspekte der Gesellschaft hineinstrukturiert worden. Sie findet sich in Kunst, Kultur, in der Wissenschaft, aber auch im Aufbau der Sprachen wieder. Das Prinzip zergliedert sich nach verschiedenen Gesichtspunkten und entfernt sich dabei vom eigentlichen biologischen Leitbild der genetischen Vervielfältigung. Die Evolution benutzt die einmal begonnene Differenzierung auch für höhere Aufgaben weiter, sublimiert sie gewissermaßen zu einem reinen Informationsprinzip. Die der Entwicklung hinterlegten Gesichtspunkte werden dabei abstrakter und nach den besonderen Eigentümlichkeiten geschieden. Der kybernetische Aspekt findet sich besonders im Kommunikationssystem der Sprache wieder. Das natürliche oder auch biologische Geschlecht wird hier als grammatikalisches Geschlecht abgebildet, wobei auch die Differenzierung der Informationsprinzipien mehr oder weniger stark mitgenommen wird. Der Zusammenhang ist dabei weniger von logischer Art und wird als Beziehungswissen mehr ins Unbewusste verschoben. Dort wird das Geschlecht mit anderen geistigen Beziehungen in ein Führungsnetzwerk eingebunden, welches der Logik eine gewisse Bahnung gibt. Aus dem Informationsumfeld der weiblichen Führungsrolle wird das konnektive Prinzip geschieden und, mit anderen Einflussgrößen ausbalanciert, zur unbewussten Steuerung der Sprache, oder genauer der sprachlichen Logik, verwendet. Die moderne gegenderte Rückführung des grammatischen Genus in das biologische Geschlecht setzt die kybernetischen Möglichkeiten außer Kraft und ist der Sprachentwicklung eher abträglich.

Ohne die hochentwickelte Führung, in der der geschlechtliche Aspekt als Beziehungswissen eingebunden ist, würde sich eine arbiträre Logik schnell ins Unwirkliche verlieren. Könnten alle anderen Einflüsse ausgeschlossen werden, würde also der Inferenzpfad der sprachlichen Logik allein durch das sublimierte Geschlecht bestimmt, so würde das Femininum bezüglich der kybernetischen Pyramide immer links zu liegen kommen, das Maskulinum rechts und das Neutrum im Hintergrund. Der Artikel gäbe dann eine gewisse Richtung vor, welche die logische Bahnung beschleunigen, beziehungsweise Zeit für einen komplizierten Verlauf vorlegen könnte. Wie sich die Geschlechtsbeziehung im abstrakten Sinne verändert hat, zeigt sich zum Beispiel in der Mehrzahl. *„Die Männer"* sind nicht biologisch, dafür aber im Sinne des Beziehungswissens weiblich, weil der Informationsinhalt der Gruppe komplexer ist als der der Einzelperson und deshalb eher links zu stehen kommt. Auch den Berufsbezeichnungen kommt eine solche abstrakte kybernetische Rangordnung zu, wobei die meisten Begriffe in die „Werkzeugrichtung" männlich, also nach rechts verschoben werden. Allerdings ist man heute versucht, das ins Abstrakte sublimierte Geschlecht wieder auf die rationale Ebene herunterzuholen und die Berufsbezeichnung mit dem biologischen Geschlecht der Betroffenen auszustatten, was bezüglich der Geistesentwicklung eher einen Rückschritt bedeutet. Den kann man zum Glück nicht machen, wenn es um die Objektbeziehung geht, welche mit Dativ und Akkusativ einen Ort beziehungsweise eine Richtung festlegen. Hier verschwindet das Genus in einem komplexen Regelwerk, welches die logische Bahnung einer Beziehung oder einer Handlung festlegt. Dabei ist die Logik des Regelwerkes als optimierte Wegebeschreibung im geistigen Hintergrundgebirge zu verstehen, welche sonst auch gefühlsmäßig ausgemacht werden kann. In dieser konnektiven Landschaft werden gewissermaßen auch Höhenlinien festgelegt, welche der Logik zusätzliche Möglichkeiten einer Rangordnung gewähren. Im grammatischen Regelwerk zeigt sich das bei der Bildung von tiefer gestellten Satzelementen, welche bei der hierarchischen Darstellung komplexer Zusammenhänge nützlich sind. Die umfangreichen Möglichkeiten, welche das Geschlecht den Informationswegen bietet, werden von der Evolution ausgiebig genutzt, auch wenn uns das selbst nicht bewusst wird. Gelehrte Denker oder auch einfallsreiche Poeten versuchen in ihrer Wanderschaft durch den Sprachdschungel oft auch abenteuerlichere Wege, lassen sich von den Gefühlen leiten und verstoßen gegen die das Reglement der Grammatik, werden dabei aber nur selten missverstanden.

Dass sich das Genussystem in der Sprache als evolutionär wertvoll erwiesen hat, zeigt die Kultivierung des Geschlechts außerhalb der biologischen Bedeutung. Hier ist eindeutig die geistige Ebene erreicht und eine rationale Interpretation völlig ausgeschlossen. In einigen Sprachen, in denen es mehr als die gewohnten drei Genera gibt, wird deren Bedeutung als hintergründige Kategorien besonders herausgestellt. In den europäischen Sprachen, mit

Ausnahme des Englischen[369], ist das Genussystem auf die unbelebten Objekte und abstrakten Bezeichnungen ausgedehnt, was die Weiterentwicklung des ursprünglichen Geschlechts in ein Informationsprinzip erkennen lässt. Dabei sind die Zuordnungen zu den kybernetischen Niveaus logisch nicht nachvollziehbar, was auf einen komplexen konnektiven Hintergrund hinweist, welcher durch Wichtung verschiedener Einflussgrößen geschaffen wird. Zusätzlich pointiert wird der holistische Aspekt durch eine gewisse Plastizität der Wortelemente, welche sich durch Flexion gewissermaßen dem geistigen Hintergrundbild anzuschmiegen suchen und die konnektive Wichtung unbewusst zu übermitteln vermögen. Dazu kommen grammatische Elemente wie Präfixe und Suffixe, welche zusammen mit der Wortfolgekonvention die logische Hierarchie begründen helfen.

Man sieht auch hier, dass die logische Vernunft gewisse übergeordnete Ordnungsprinzipien nötig hat. Und mehr noch, die logische Vernunft kann gefärbt, das heißt von höheren Inhalten für allgemeine Ziele genutzt werden. Am Modell der kybernetischen Pyramide können wir uns das in allgemeiner Form verdeutlichen. Das Aussprechen eines Satzes ist ein durch transiente Signale gesteuerter Prozess, steht also am rechten Ende der Pyramide. Vorbereitet wird die Signalausgabe durch logische Bahnung, die weiter links zu liegen kommt. Dabei wird ein Signalpfad so durchfahren, dass an bestimmten Stellen die Signalmuster der Laute entstehen, welche den Buchstabenfolgen entsprechen. Wenn wir mit dem Stift eine Figur in geschlossener Form nachziehen und an bestimmten Punkten kurze Bestätigungen abgeben würden, so hätten wir den Vorgang in etwa modelliert. Es ist ein logischer Ablauf, der eine Struktur in eine zeitliche Reihenfolge von Strukturelementen wandelt, die selbst einer Rangfolge angehören und eine symbolische Bedeutung besitzen. Die Struktur, welche durch wiederholtes Durchfahren verstärkt werden kann, ist selbst das Ergebnis von konnektiven Wichtungen, und zwar umso deutlicher, je weiter dieselben in höhere kybernetische Ebenen, also noch weiter links, zu liegen kommen. Hier ist das eigentliche Gebiet der gewichteten Netzwerke, welche sich selbstständig in den aktiven Schlafphasen auch optimieren können und dabei den Willen in eine evolutionäre Intention zu bringen vermögen. Voraussetzung dazu ist eine harmonische Struktur, welche als Abbild der Wirklichkeit die Grundlage des neuronalen Netzwerkes bildet. Dagegen sind die mehr logischen „Verdrahtungen“ in den unteren Ebenen durch Wiederholungen so verän-

---

[369] Das in den germanischen Sprachen übliche Drei-Genussystem war auch im Englischen vorhanden, in der Verwirrung nach der normannischen Eroberung aber nicht mehr zu halten gewesen.

derbar, wie das den Lernprozessen entspricht. Werden bestimmte Inferenzwege ständig durchfahren, ist im Erfolgsfalle gewissermaßen auch ein Ausbau der „Straßen" fällig, was am Ende auch die Auswahl vereinfacht.

Dieser Lernprozess findet sich auch im Mechanismus der Sprachbildung, dessen Elemente eingeschliffen werden müssen und von den Vereinbarungen der Gemeinschaft bestimmt werden. Dabei sind die Inferenzwege weniger ausgedehnt und vielfach benutzbar; beide Eigenschaften werden nach rechts, zum Prozess hin, deutlicher. In die andere Richtung dagegen werden die Strukturen weitläufiger und damit von absolutem Inhalt. Hier sind weniger die grammatischen Wortbildungen und Regeln zu suchen, als vielmehr die Inhaltswörter. Noch weiter links in der kybernetischen Pyramide und entsprechend deutlicher kommen die Beziehungen zu stehen, welche sich dann schon besser in Bildern ausdrücken lassen. Je weiter diese Richtung mit Strukturen hinterlegt ist, umso klarer kommt das Prinzip des konnektiven Netzwerkes zum Tragen, welches sich selbstständig hin zum evolutionären Sinn zu optimieren vermag. Je mehr davon in Denken und Sprache einfließen kann, umso geistvoller, das heißt weitsichtiger und nachhaltiger wird das Ergebnis. Die logische Ebene der Sprache ist hier allerdings endgültig verlassen, weshalb ein definierter Einfluss nicht mehr wahrnehmbar ist. Es gilt auch hier der allgemeine Grundsatz, dass der Geist von der Logik nicht vereinnahmt, geschweige denn von ihr geschaffen werden kann.

Gleich wie die Aktion im Einzelnen angelegt ist, die Ebenen der Sprachbildung werden von logischen Inferenzwegen und konnektiven Netzstrukturen bestimmt, welche zum einen den Informationsverlauf und zum anderen die Bedingungen dazu repräsentieren. Beide Prinzipien folgen der natürlichen Transformation der Information von der Raum- zur Zeitstruktur, wie sie im Modell der kybernetischen Pyramide beschrieben wird. Beide Prinzipien müssen mit der Umwelt kommunizieren, was aber nur auf den eigenen und entsprechend verschiedenen Wegen passieren kann. Auf der untersten Ebene der Sprache kann diese Rückmeldung nur den sprachlichen Ausdruck selbst betreffen. Das wäre das eigentliche Forschungsgebiet der Linguisten. Auf den höheren semantischen Ebenen werden in der Reihenfolge die Logik, die bildartigen Botschaften und die komplexen, aber unbewussten Zusammenhänge empfangen. Kommen die aus einer Sprachnachricht, so muss diese die entsprechenden unterschiedlichen Informationsarten beinhalten. Ein bereits vorhandenes Signalmuster wird natürlich bevorzugt bedient.[370]

---

[370] Andernfalls können auch ähnliche Muster teilweise angestoßen werden, was das allgemeine und diffuse Erregungsniveau ansteigen lässt.

Zu beachten ist allerdings, dass eine bewusste Vorstellung der doppelten Kommunikation bedarf, nämlich der unbewussten konnektiven Fokussierung auf das Objekt, mit dem dann ein direkter logischer Informationsaustausch geführt werden kann. Das bedeutet, dass auch jede sprachliche Kommunikation einen unbewussten Kontext mitführen muss, eine Art geistigen Scheinwerfer auf das behandelte Objekt. Allerdings wird die „Lichtquelle“ selbst in der eigenen konnektiven Ebene induziert, wozu die äußere Anregung durch den Beziehungskontext notwendig ist. Das Zusammentreffen der beiden unterschiedlichen Informationsprinzipien macht schließlich den eigentlichen Bewusstseinseffekt aus. Sprache als bewusstes Kommunikationsmittel muss das in jedem Falle berücksichtigen.

Während die unterste Ebene unseres Sprachverstandes von den eingefahrenen Bahnen, den festen grammatischen Gesetzen, bestimmt wird, sind es bei den höheren mehr die Regeln und Ausnahmen, welche sich dann am Ende nur noch vom Gefühl verwalten lassen. Hier, im Beziehungswissen der Bilder, beginnt denn auch die Freiheit der wahren Poeten, deren logische Abstinenz schon sprichwörtlich ist. Es ist das Niveau des Geistes, das ein enormes Kapital darstellt, welches aber nicht in logischen Einheiten bemessen werden kann, sondern nur in den weiten Korrelationen großer Datenmengen. Sie bilden ihrerseits ein Ordnungsgefüge, über welches nicht in Beliebigkeit verfügt werden kann und welches aufgrund der Größe auch beständig ist, das heißt nicht wesentlich verändert oder gar zerstört werden kann. Das Wissen für die Architektur des Geistes kann deshalb auch nicht aus den Ressourcen der Logik geschöpft werden. Vielmehr kommt es aus den evolutionären Bedingungen, in die jeder Einzelne gestellt ist und die sich auf eigene, ganz unlogische Art in den Köpfen abbilden und wozu die Sprache nur eine Vermittlerin geheimnisvoll versiegelter Botschaften ist. Nun wäre der Einzelne mit solcher Aufgabe überfordert, eine ganze Gesellschaft aber kommt im Kontext sprachlich zusammen, um ein kulturelles Gemeingut zu schaffen, welches ein geistiges Niveau begründet, in das sich alle einklinken können. Ein solches, nicht aus intelligenten Spitzfindigkeiten gebautes Informationsgeflecht kann nur das Volksgut sein, das sich vermittels der Sprache zum konnektiven Kosmos entwickelt, welcher sich selbst optimieren und weiterentwickeln kann. Wie alle anderen evolutionären Ergebnisse sind auch die über die Sprache vermittelten Gemeinschaftskulturen, als wichtige Bausteine der harmonischen Entwicklung, einmalig und unwiederbringlich. Mindestens seit Gutenberg sind auch die Medien darin involviert, wodurch dem Prinzip auch eine gewisse Beständigkeit verliehen wird, auch wenn der logische Aspekt dabei mehr in den Vordergrund kommt.

Ein Abbild des geistigen Niveaus einer Gemeinschaft ist die Sprache, wie dieselbe auch das geistige Niveau ihrer Nutzer bestimmt. Da aber die Sprache zunächst eine logische Einrichtung ist, kann es nur der Umgang mit ihr sein, der die notwendige Beziehungswelt dazu liefert. Schließlich ist die Logik selbst von Bedingungen geformt, welche aus einem weiten Kosmos von Beziehungen geschöpft sind. Das Netzwerk des Geistes kann aber nicht nur Bedingungen liefern, es muss sich auch selbst organisieren, das heißt seine Information zusammenzuhalten, weiterzugeben und zu schützen verstehen. Es sind die konnektiven Elemente der Gemeinschaft, die in Zusammenschluss solches bewirken. Als verborgene Strukturen des Bewusstseinshintergrundes müssen sie sich dabei heimlich der Sprache bedienen, um sich zu einem Beziehungskosmos vernetzen zu können. Die konsequente Durchführung der Kybernetik fordert eine Information, die in ihrer Bedeutung über unsere gemeine logische Form hinausgeht, und die uns nicht zugänglich ist. Wird der moderne Quantenspuk ausgeschlossen, kann die Information nur aus dem Reservoir evolutionärer Bedingungen bezogen werden, so wie sich diese in jeder Entwicklungsetappe neu der Wirklichkeit präsentieren. Die Information muss dem kybernetischen Niveau angepasst sein. Es kann sich deshalb nur um Beziehungswissen handeln, welches in gewichteten Relationen ausgedrückt werden kann. Die Frage stellt sich nur, wie dieses Hintergrundwissen aus der Wirklichkeit in das neuronale Netzwerk des menschlichen Bewusstseins gelangen kann, um sich dort als geistiges Führungsprinzip etablieren zu können. Infrage kommen alle Informationskanäle, die logischen und bewussten ausgeschlossen. Es sind deshalb Bilder, Gerüche, akustische Eindrücke etc. verdächtig, die ersten Strukturen des neuronalen Netzes zu bilden. Es ist aber evident, dass damit nicht allein die Führungsstrukturen gebaut werden können, welche für die Zivilisation notwendig sind. Es kommt deshalb auch deren wichtigstes Informationssystem, die Sprache selbst, ins Visier, auch wenn sie auf dem ersten Blick und nach Auskunft der Sprachwissenschaftler keine zusätzliche Information zu transportieren oder gar zu kultivieren vermag.

Ein besonderes Kunststück am Bauwerk des Geistes ist es, dass dem Ganzen bruchstückhafte Informationsgebilde hinzugefügt werden können, welche für sich nichts aussagen, sondern nur im Kohärenten ein Gewicht haben. Das konnektive System des Bewusstseins wird so über die Jahre zusammengebaut und in eigene Regie auch optimiert. Bezogen werden die Bruchstücke aus der Wirklichkeit, aus der die quasikohärenten Bilder in Form ihrer Bestandteile bezogen werden können. Die Kohärenz, welche aus der Buntheit der Zivilisation die Formen von Harmonie findet, ist für den Aufbau des Geistes von entscheidender Bedeutung, weil offensichtlich mit ihr eine gewisse Präferenz zu den Methoden der Evolution gegeben ist. Andererseits ist es der Geist, der die Informationsmuster der Zivilisation in die harmonischen Wege leitet und damit seine eigenen Baugesetze in die Gesellschaft überträgt. Das Wechselspiel verbindet gewissermaßen die äußeren Bedingungen mit dem inneren konzentrierten Bildungstrieb des Geistes. Das ist evolutionäres Prinzip, wenn die Informationssysteme, den Ebenen angepasst, auch das gleiche Ziel unterstützen. Im höchsten kybernetischen Niveau, außerhalb aller logischen Intelligenz, zeigt sich der Bildungstrieb der Symmetrie in seiner wichtigsten Ausdrucksform, nämlich der Schönheit, wie sie in Musik und Poesie aber auch in allen anderen Künsten zum Ausdruck kommt und das Bewusstsein in einem befreienden Glückszustand zu setzen vermag.

Dem universellen Informationssystem Sprache kommt als Vermittlerin nichtlogischer Inhalte[371] eine vielschichtige Bedeutung zu. Nicht nur, dass sie damit den Bewusstseinshintergrund für die geistigen Fähigkeiten konditioniert, sie schafft auch eine Geisteskultur, in der die Einsichten des Geistes akzeptiert werden, welche nicht selten eine ungewöhnliche Form haben und sich dem Verstand allein nicht öffnen könnten. Die menschliche Kultur kennt eine Reihe von Formen, welche mit logischen Mitteln selbstständig niemals gehalten, geschweige geschaffen werden könnten.

Während das logische Prinzip die Welt als ein Bauwerk ansehen muss, welches aus kleinen wiederholbaren Bausteinen und Gesetzen zusammengebaut ist, kann sich die geistige Sicht nur aus dem Ganzen heraus definieren. Nur die Beziehung zum Vollkommenen kann ein Maßstab sein, welcher ein Werturteil des Geistes begründen kann. Zu vergleichen ist der Unterschied etwa auch mit folgendem physikalischen Phänomen. Wenn ich davon ausgehe, dass der Raum ein Zustand ist, der aus stationären Elementen gebaut ist, so kann ich die Ruhe durch Bewegungslosigkeit definieren. Ich benötige dazu nur ein Element. Haben die Elemente des Raumes aber eine gleich verteilte Bewegung in alle Richtungen, so kann nur die symmetrische Verteilung aller Elemente über den Zustand der Ruhe entscheiden. Auf ähnliche Art ist der geistige Informationsgehalt nur in der Möglichkeit eines Ganzen definierbar und kann nicht mit einzelnen Elementen bemessen werden. Damit schafft die geistige Sicht ein Bezugssystem, in dem jedes Element auch nur in Relation zum Ganzen seinen Sinn erhält.

Die über die Sprache vermittelten Informationsinhalte können auf ihre Art Erkenntnisse zusammensetzen, welche aus einzelnen symbolischen Bau-

[371] So sieht man mitunter bei den Werken der Romantiker, wie sich die Sätze logischer Sukzession entziehen, allein der Absolutheit harmonischer Bilder wegen.

steinen bestehen. Es muss aber auch möglich sein, ein bestehendes Ganzes mit wenigen Fragmenten aktivieren zu können, welche eine geistige Sichtweise unterstützt. Ein solches Geschäft wäre nicht durchführbar, wenn nicht dem hier betrachteten Ganzen durch ein evolutionäres Konzept geholfen wäre. Es ist das Prinzip der konnektiven Ergänzung, welches dafür sorgt, dass zum Erkennen von Wissensinhalten nicht immer das ganze Informationspaket notwendig ist. Es reichen Bruchstücke, welche aber die Eigenschaft ähnlicher Wichtungen besitzen muss. Die Methode sorgt dafür, dass die übermittelten Bruchstücke selbstständig mit dem Vorhandenen vervollständigt werden. Das Bildelement passt gewissermaßen in das bereits vorhandene Ganze und kann sich als dazugehörig ausweisen. Auf diese Art wird schneller ein geistiger Hintergrund aktiviert, als das durch die ausgedehnte Sukzession logischer Sprachvermittlung möglich wäre. Die Qualität des Zusammenspiels ist natürlich davon abhängig, wie viel übertragen wird, und wie deutlich der geistige Hintergrund bereits ausstrukturiert worden ist. Die allgemeine Erregung eines unspezifischen Hintergrundbildes ist für die Organisation des Wachbewusstseins aber immer erforderlich.

In dem gleichen Maße, wie die Sprache ihre Fähigkeiten zwischen der rationalen Logik und der Geisteskultur entwickelt, findet sich auch der Charakter der Erkenntnisse in einem entsprechenden Spektrum ein. Wie die Historie zeigt, ist die Evolution einer Sprache eng mit dem Schicksalsweg ihres Volkes verknüpft. Andererseits muss auch eine allgemeine Entfaltung des Sprachpotenzials angenommen werden, welches den Fortschritt der Gesellschaft fördert und einen bestimmten Weg vorschreibt. Zumindest ist die evolutionäre Vorgabe nicht logisch symbolischer Art, weshalb eine ausgeprägte Ratio auch nicht zu den ersten Errungenschaften der Zivilisation gehört. Den frühen Sprachen, wie auch den ersten Erkenntnissen, ist vielmehr die Bildhaftigkeit eigen, welche das Beziehungswissen schafft, das die Führungsbedingungen für die spätere logische Ausrichtung vorlegt. Damit ist eine urwüchsige religiöse Sicht verbunden, welche immer von einem größeren Ganzen ausgeht, dessen Vollendung in allen Einsichten angestrebt werden muss. Die geistige Erkenntnis hat dabei keine prägnante Form, da sie ihrem Niveau entsprechend über diese zu liegen kommt. Statt des konkreten Wissens ist es der nur fühlbare Glaube, welcher aber das Rationale in ein sinnvolles Ganzes zu stellen vermag, was denn auch in aller Deutlichkeit und nicht nur in gefühlsmäßiger Form geschieht. Es ist allein die logische Vernunft noch nicht soweit entwickelt, als dass sie eigenständig dagegen stehen könnte.

Indem die Entwicklungs- und Randbedingungen der rationalen Funktionen in die gesellschaftliche Umgebung hineingeformt werden, können die freiwerdenden Ressourcen in immer größerem Umfang für die logische Erkenntnis genutzt werden. Das wird sich sowohl im erkennenden Bewusstsein des Einzelnen als auch in dem der ganzen Gesellschaft niederschlagen. Der Einzelne muss nicht mehr um die große Richtung des Fortschritts bemüht sein. Die wird ihm in den Banden der Zivilisation vorgegeben. Der konnektive Hintergrund des Bewusstseins kann auf einen kleineren Radius des Beziehungswissens eingestellt werden. Auch die Zivilisation kann immer mehr auf die Fragen nach der göttlichen Vollkommenheit verzichten, weil sich die Wege dorthin bereits vielfältig durch gesellschaftliche Normen und Gesetze verfestigt haben. Es geht nur noch um die Ausgestaltung der überschaubaren Wege, etwa um die Definition von Moral und Ordnung.

Das Bewusstsein als Spielwiese zwischen den konnektiven Bedingungen des Sinns und der fokussierten Logik des Verstandes verschiebt sich demnach im Verlauf der Evolution. Wenn das grobe Ziel erfasst ist, kann sozusagen der Fokus enger gestellt werden. Damit wird die religiöse Einsicht von der in kausale Folgeprozesse abgelöst. Man erkennt hier die Vorlagenmuster für die Zeitalter der Aufklärung, wie sie in der Geschichte an verschiedenen Orten und zu verschiedenen Zeiten in Erscheinung traten. Die rationale Funktion geriet in den Vordergrund. Sie wurde umso plausibler, je mehr an Randbedingungen weggekürzt werden konnten. Man begann sogar, die rationalen Gesetze in andere Bereiche zu extrapolieren, was selbst zu der Vorstellung verführte, eine Nachbildung des Menschen mit mechanischen Mitteln vollführen zu können. Die Idee des Androiden hat sich bis heute in den Köpfen erhalten, nur die technischen Methoden zur Realisierung wandeln sich. Man sollte dabei aber die Voraussetzung dieser Entwicklung nicht vergessen, dass nämlich die entsprechenden evolutionären Bedingungen in externe Vorgaben ausgelagert werden mussten. Ist das nicht der Fall, kann sich die Ratio verselbstständigen und in ein kaltes Spiel von Sinnlosigkeiten verlieren, welches sich zuletzt in einen bloßen Existenzkampf auflösen muss. Eine gewisse Schutzfunktion kommt hier der Sprache zu. Sie kann, einmal zum Werkzeug des Geistes qualifiziert, auch in der aufgeklärten Welt die logischen Werte in natürliche Bahnen lenken und die Welt des Geistes zumindest eine Zeit lang zurückholen. In Zeiten nach der deutschen Romantik war das der Fall, bis diabolische Gier die logische Rangordnung des Machtwahns auf dem Boden des Geistes zu kultivieren versuchte, was erst die Kanonenschläge des Ersten Weltkrieges eindrucksvoll veranschaulichten. Als schwierig erweist es sich im Nachhinein, die Spreu vom Weizen zu trennen und nicht versehentlich die vorgehaltenen Tarnungen zu bekämpfen, sondern die wirklichen Pfade der Macht ausfindig zu machen.

## 7.2 Die Entwicklung des Geistes

Die Geburt des erkennenden Bewusstseins ist durch seine Nähe zu den konnektiven Führungsprinzipien der Evolution gekennzeichnet. Einesteils ist das ein quasistrategisches Erfordernis[372] der Entwicklung, da zu Beginn erst der Acker ausgesucht werden muss, auf dem die zarten Pflänzchen der Zivilisation angebaut werden können. Angesichts unendlicher Möglichkeiten ist das keine leichte Aufgabe. Zum anderen stehen am Anfang noch nicht die analysierenden Möglichkeiten der Logik bereit, welche einen Fokus auf die Bausteine der Wirklichkeit hätten nutzen können. Diese Unbedarftheit ist eine wichtige Vorbedingung für den Einblick in die höhere Ebene der evolutionären Vorgaben, welche sich uns als Zielsetzung erschließen müssen. Was an naiven Bildern dabei stören könnte, ist einem Erkenntnisniveau angepasst, welches unserer gewohnten Logik entbehren muss. Man sieht, dass die Wahrheit des Erkannten ein relatives Phänomen ist, welches auf die jeweilige Norm in der kybernetischen Hierarchie bezogen werden muss. Gleichzeitig ist sie Ausdruck des Entfaltungsniveaus im evolutionären Gesamtprozess. Die Relativität ließe sich auch nicht durch eine Gesamtschau überwinden, weil für eine solche ganz extrem unterschiedliche Informationsprinzipien herangezogen werden müssten.

Unbefangene Einblicke in die konnektive Bilderwelt des Sinns sind uns heute nicht mehr gegeben und wären uns auch nicht mehr verständlich. Sie sind wohl auch nie wieder nachvollziehbar, weil die Bewusstseinsebene, welche dem evolutionären Niveau entsprach, nicht wieder zurückzuholen ist. Diese hat sich derweil in der kybernetischen Pyramide weiter nach rechts, das heißt in den Bereich der funktionellen Logik, verschoben. Gleichzeitig werden die evolutionären Vorgaben des Beziehungswissens in Strukturen verbraucht, kommen jedenfalls außer Reichweite. Ein Rückwärtsgang mit Rückholung korrelativer Information ist deshalb völlig ausgeschlossen. Es ist auch nicht möglich, dass die uralten Schriften, welche ihrer Nähe zum Sinn wegen auch als heilige bezeichnet werden, heute noch verstanden werden können. Ihre Aufgabe aber haben sie nachhaltig im evolutionären Sinne erfüllt. Sie haben zu ihrer Zeit eine religiöse Bewegung in Gang gesetzt und eine paradiesische Vision von der Entwicklung der Zivilisation vorgegeben, die heute noch zielführend ist.

Die Normen von Moral und Ethik haben hier ihren Ausgangspunkt und sind in das gesellschaftliche Bewusstsein der Völker eingegangen. Ohne dieses gemeinsame Fundament wäre ein Zusammengehen der Individuen in

---

[372] Der Begriff Strategie kann hier in unserer logischen Sicht natürlich nur als Interpretation der Voraussetzungen verstanden werden, welche sich im Nachhinein als günstig erwiesen.

eine Gesellschaft nicht möglich gewesen. Das konnektive Netzwerk des Bewusstseinshintergrundes schafft mit diesen Inhalten eine Basis, welche genau auf die Belange der Zivilisation zugeschnitten ist. Und umgekehrt bildet die Zivilisation die Möglichkeiten des Bewusstseinshintergrundes ab, was eine echte Korrelation als Grundlage einer Geistigkeit schafft. Jedes Mitglied der Zivilisation ist auf das vollkommene Ziel eingeschworen und vertraut darauf, dass auch die anderen daran teilhaben. Das geistige Prinzip vereinigt einzelne unvollkommene Elemente in ein ganzes Vollkommenes, das aber unseren logischen Verstand überfordert und deshalb im Verborgenen bleiben muss. Mithin ist die in jeden Einzelnen eingetragene geistige Vision zum überwiegenden Teil unbewusst, und deshalb auch ohne religiöses Bekenntnis wirksam. In der Religion aber ist das Prinzip in gefühltem Glauben erfasst, weshalb man versucht, dasselbe gegen die vielen Widrigkeiten der Zivilisation zu schützen und in seiner Ursprünglichkeit zu erhalten. Während die logische Vernunft durch Differenzierung ständig weiterentwickelt wird, gewinnt der Geist durch Rückbesinnung, weshalb auch die Religion nur dadurch, wenigstens aber durch Beständigkeit, ihre Rechtmäßigkeit in der Zivilisation erreichen kann.[373] Auf der kybernetischen Seite stellt sich der Geist als zeitloses und perfektes Führungsprinzip dar. Es lässt sich in unzählige Führungsstrategien brechen, ohne das gemeinsame Ziel zu verlieren. Auf der Seite der geistigen Einsichten definiert sich das Prinzip als einfacher Sinn der Entwicklung.

Das geistige Prinzip war zu Beginn der Zivilisation eine nähere Abbildung ganzheitlicher Entwicklungsvorgaben, aus der Strukturen ausgelagert wurden, die der weiteren Entwicklung des Geistes zuträglich waren. Wir erkennen diese besonderen Formen nicht selten an ihrer unlogischen und scheinbar überflüssigen Art. Es sind Einrichtungen, die nicht den uns so wichtigen rationalen Effekt bringen, dafür als Zielorientierung eine gewisse Ausrichtung der Entwicklung gegen die Unendlichkeit der Wege bewirken. Die für lange Zeit angelegten kulturellen Monumente sind jedenfalls nicht ohne Wirkung auf die Entwicklung der Zivilisation geblieben. Unter den orientierenden Vorgaben waren große Bauwerke, wie etwa die Hagia Sophia in Istanbul, aber auch die vielen kleinen Sinnbilder, die Lebensgeschichten von Heiligen oder die heiligen Schriften. Für den Beginn der Zivilisation waren sie auch für den Einzelnen von großer Bedeutung, heute wird man Vergleichbares nicht wieder finden, weil die Bewusstseinsebene

---

[373] Die Religion ist nicht als Spielwiese für Querdenker, Reformisten und Revolutionäre zu verstehen. Es geht vielmehr um die Vervollkommnung eines Prinzips, die nur mit der Harmonie der Grundstrukturen wachsen kann, welche im Naiven der Vergangenheit am Größten war.

in den funktionalen Bereich gewandert ist und die Lebensmöglichkeiten immer mehr darauf ausgerichtet und eingeschränkt werden. Die Einschränkungen müssen nicht mehr aus der geistigen Führung heraus vorgehalten werden, sie werden vielmehr über Gesetze organisiert und damit auch dem logischen Verstand zugängig. Die großen Aufwendungen der Gesellschaft können in die Zweckmäßigkeiten der niederen Funktionen fließen, weil die große Fahrt sozusagen schon auf das Ziel ausgerichtet ist, welches durch die evolutionären Bedingungen gesetzt wurde. Heute funktioniert eine von allem Geiste entlassene Logik in den festen Banden der gesellschaftlichen Normen und Gesetze. Vor dieser Zeit endete ein solcher Versuch immer in Krieg und Verwüstung, weil der aufbauende Sinn eben noch in den gerade verlassenen Entwicklungsbedingungen des Geistes seinen Sitz hatte.

Das heutige Leben hat die großen Fragen nach Sinn und Ausrichtung der Lebenswege nicht mehr nötig. Man würde sie auch nicht wieder beantworten können, weil die Erkenntniskultur inzwischen zu stark von der logischen Analyse dominiert wird und das Beziehungswissen nicht mehr in eine konnektive Synthese zusammenzubringen ist. Die Bedingungen der Entwicklung sind in Normen und Gesetze geflossen und müssen nicht mehr in so aufwendiger und ungewisser Geisteskultur erarbeitet und vorgehalten werden. Dazu kommt, dass unsere Welt voll von künstlichen Produkten und Vorgängen ist, welche allesamt auf Symbole reduziert werden können und einen logischen Umgang mit ihnen geradezu herausfordern. Die Anhäufung symbolisierbarer Artefakte hat offensichtlich die Verschiebung der Bewusstseinsebene in die funktionale Richtung begleitet, wodurch am Ende auch andere, kulturelle Rahmenbedingungen mitbewegt und in eine symbolische Kultur hineingezogen wurden.

Das Gefühl, von den undurchsichtigen Verhältnissen der Umgebung schicksalhaft beeinflussbar zu sein, war ganz zu Beginn stärker im Bewusstsein, was letztlich auch die religiöse Erkenntnis erschuf, welche zumindest ihrem äußeren Prinzip nach die konnektiven Vorgaben zu erfassen suchte. Es war die Furcht, in Situationen zu geraten, die sich nicht mehr zum Guten wenden ließen, aber von bestimmten Verhaltensmustern schon von vornherein ausgeschlossen werden konnten. Hier wird in nebulöser Form die kybernetische Führungsebene spürbar, welche zwar den Verstand ausrichtet, dabei aber selbst nicht in den Fokus der Aufmerksamkeit geraten darf. Sie schafft eine eigenartige höhere Welt, die sich nicht konkret fassen lässt, aber doch in bestimmten Ausrichtungen fühlbar wird.

Ein gewisses Verständnis brachte hier eine spekulative Strategie, die das Bild vom Ganzen sucht, um alle Phänomene sinnvoll darin einordnen zu können. Nur das Ganze kann auch etwas Zeitloses sein, das die Konstellation der Vergangenheit mit der Möglichkeit der Zukunft verbindet. Deshalb gehört dieses Prinzip obligatorisch zur Führung eines autonomen Systems und ist so auch in der höchsten Ebene des menschlichen Bewusstseins zu finden. Hier entdeckt sich dieses göttliche Prinzip mitunter in den Träumen und kann sich auch den Gefühlen nicht ganz verstecken. So wie es sich im Inneren wie ein selbstständiges Wesen des Schönen und Guten anzeigt, scheint es sich auch mit dem Nämlichen in der Außenwelt sympathetisch verbinden zu wollen. Die Suche nach dem Göttlichen führt deshalb zu den seelischen Analogien in der Natur. Sie finden sich im zeitlos Schönen und Erhabenen, was so auch zum Leitprinzip der Gesellschaft werden kann.

Die Welt am Vollkommenen zu spiegeln ist eine Methode, welche als das ganze Gegenteil der logischen Analyse zu sehen ist, und deshalb in früheren Zeiten besonders effektiv in Erscheinung trat. Zunächst musste ein Bild dieses Ganzen geschaffen werden, eine Leistung, welche nur das Vollkommenste, den Menschen, zugrunde legen konnte. Sein Bild auf konnektive Art vollendet, kann nur Gott selber sein, in einer unübertreffbaren Persönlichkeit. Von seiner Warte aus drängt alle Aktion zur Vollendung. In kybernetischer Auffassung musste dazu das Führungsnetzwerk voll entwickelt sein und an den aktuellen Bedingungen der Entwicklung andocken können, welche gewissermaßen die Aufgaben der Zeit widerspiegelten. Das setzte ein hohes geistiges Niveau voraus, wie auch eine gewisse logische Abstinenz, welche später von der Geistlichkeit teilweise sogar mit Bedacht verordnet wurde. Deutlich und in prägnanter Form ins Bewusstsein treten konnte die geistige Führungsebene natürlich zu Beginn genauso wenig wie heute. Es waren aber die evolutionären Wachstumsbedingungen noch in ursprünglicher Form gegeben. Daraus musste zunächst die Welt des Geistes extrahiert werden, aus der sich dann die Logik „abscheiden" konnte. So ist anzunehmen, dass auch die Abbildungsebene zunächst auf höherem Niveau agierte. Die Wahrnehmung wäre in dem Falle stärker von konnektiven Prinzip der Vorgaben geprägt gewesen, das heißt von höherem geistigem Niveau. Das erkennende Bewusstsein hätte dann mehr der Bilderwelt angehört, als den symbolischen Informationen der getrennten Dinge. Mit dem bedeutend weiteren Fokus dieser höher liegenden Bewusstseinsebene konnte gewissermaßen auch die göttliche Harmonie besser ausgemacht werden, welche notwendigerweise jeder Entwicklung voranzustehen hat.

Das evolutionäre Phänomen der sich verschiebenden Bewusstseinsebene konnte bei der Herausbildung der Führungsstrukturen im Gehirn nur förderlich sein. Schließlich muss der Beginn dieser Verschiebung, das harmonische Bild vom paradiesischen Ganzen, in jedem Kopf vorhanden sein. In schwacher Form ist der Vorgang auch in der Individualentwicklung zu beobachten. Beim Kind ist das Bewusstsein noch auf dem höheren Niveau der naiven, aber ganzheitlichen Geistigkeit eingerichtet.[374] Der Fokus wird erst in der Pubertät eng gestellt, um die notwendigen funktionellen Aspekte im Lebenskampf bedienen zu können. Der ganzheitlich eingerichtete Bewusstseinshintergrund bleibt, und ist in kybernetischer Sicht nicht nur ein persönlicher Vorteil, sondern auch eine kollektive Zielfunktion, welche die einzelnen Aktionen in das gemeinsame Ziel der Entwicklung führt. Zum anderen ist er eine notwendige Voraussetzung des Bewusstseins, das nur mit einer konnektiven Leinwand funktionieren kann, welche vorteilhaft in symmetrischen Mustern gewebt ist. An diesen spiegelt sich dann die mehr oder weniger vollkommene Harmonie in besonderer Deutlichkeit wider. Hätten wir ein Auge dafür, würde sie uns in ihrer Vollendung als schön erscheinen, weil sich darin das durch die Bedingungen gesetzte Ziel der Evolution widerspiegelt. Wir nehmen die Schönheit indirekt war, indem uns die Vorkommnisse allemal paradiesisch scheinen, wenn sie mit der evolutionären Zielsetzung in Einklang kommen. Hier schließt sich gewissermaßen der Kreis, indem die beiden Enden zusammengeführt werden. Die harmonischen Vorgaben treffen auf die in der gleichen symmetrischen Art gebildeten Strukturen des Bewusstseinshintergrundes. Da verbinden sich gewissermaßen innerer und äußerer Kosmos. Die Nichtübereinstimmung hinterlässt ein Willensbild, das von den geistigen Inhalten der Erregungsmuster und der erregten Strukturen bestimmt wird. Auf dieses wird eine Aktion provoziert, welche im Erfolgsfall die Übereinstimmung zustande bringt und die evolutionäre Aufgabe erfüllt. In der Art können die einzelnen Zielvorgaben alle in die evolutionäre Intention konvergieren, welche aber nicht als Plan, sondern vielmehr als Entwicklungsprinzip verstanden werden sollte. Es ist das geistige Prinzip, welches auf diese konnektive Weise alle Einzelaktionen zu dem paradiesischen Endzustand der Evolution hinführt. Von Inhalten oder Zuständen im Sinne des Paradieses wird man allerdings nur dann sprechen, wenn deren inneres Prinzip, wie etwa die Symmetrie oder die vollkommene Balance der konservativen Prozesse, aus analytischer Sicht nicht mehr verstanden wird. Aber auch wenn der Weltentwicklung ein physisches Prinzip hinterlegt werden könnte, wäre das niemals soweit zu konkretisieren, dass es mit den Einsichten der geistigen Kategorien, wie dem Glauben, der Liebe oder dem Glück des Schönen irgendwie konkurrieren könnte. Kybernetik kann auch nicht die Religion ersetzen, sie kann nur

---

[374] Das Kind bedarf der liebevollen Umgebung im Sinne seelischen Balance, damit sich der konnektive Hintergrund einer souveränen und ausgeglichenen Persönlichkeit entwickeln kann. Was dem Kinde an Zuwendung und Empathie nicht gewährt wird, kann später nicht nachgeholt werden.

deren Baustruktur in gewissen Teilen nachempfinden und damit die Fragen nach Sinn und Wahrheitsgehalt begreifen.

Mit dem Ausgangspunkt des Vollkommenen steht der Geist ganz im Gegensatz zur logischen Erkenntnis, welche nur mit den Elementen und nicht mit dem Ganzen selbst operieren kann. Es ist begreiflich, dass damit eine Verwirrung vorprogrammiert ist. Sie ist so fundamental, dass sie sich in der gesamten Menschheitsgeschichte bis heute gehalten hat. Dabei wird der Zeigerausschlag zwischen logisch und geistig von etlichen Einflussgrößen bestimmt. Da sind zunächst die globalen Bedingungen, wie das evolutionäre Niveau, welches den Zeiger langsam in Richtung Ratio bewegen lässt. Es ist dann auch das Schicksal der Sprachgemeinschaft, die auf dem Weg zur Macht auf geistige Entwicklungen verzichten muss. Selbst das Individuum kann sich ganz unterschiedlich positionieren, was dem Alter, der Veranlagung, Erziehung und nicht zuletzt auch dem Umgang mit dem „Geist in der Flasche“ verschuldet ist.[375] In natürlichen Gemeinschaften wurde den älteren Menschen die geistige Kompetenz einer größeren Weitsicht zugesprochen, was nicht nur der Erfahrung verschuldet war, sondern auch dem gewachsenen Beziehungswissen. So wie sich das auch im Kulturgut abbildet, kann es auch die Bildung einer metaphysischen Beziehungswelt in der Gesellschaft unterstützen. In dem Maße, wie aber die rationale Logik in ihrer Wertigkeit steigt, wird die Sinngebung aus dem gewachsenen Beziehungskosmos der Alten wieder unterdrückt, wodurch die ungebundene Funktionalität in der Gesellschaft abermalig verstärkt wird.

Die globalen Bedingungen für die Entwicklung der Zivilisation, die auch die ersten Erkenntnisse bestimmten, konnten zunächst nur von allgemeiner Art sein, sodass auch logische Gesetze gar nicht dahinein gepasst hätten. Am Beginn der Zivilisation war die Arbeit mit den Zielen angesagt. Diese sind in ihrem Kern so eben und primitiv, dass für deren Erkenntnis der logische Verstand nicht getaugt hätte. Das heißt, dass sich der konnektive Sinn als globales Ziel genau in die Anfangszeit gefügt hat. Die besondere eidetische Erkenntnisform, die den logischen Verstand ausschließt, wird später nicht wieder erreicht, zumindest nicht in kultureller Verbreitung, weshalb man heute in die Geschichte blicken muss, wenn man Streiflichter des Sinns erjagen will. Der empfindsame Beobachter, wie etwa der begnadete Künstler, spürt in älteren Formen nicht selten die größere Nähe zum Urgrund des Ganzen. Selbst in alten verfallenen Architekturen lebt mitunter

---

[375] Das geistige Netzwerk von Beziehungen wird nur langsam vervollkommnet, weshalb es im Alter am größten ist, wenn nicht Störfaktoren wie Alkohol etc. eine Rolle spielen. Die konnektiven Fähigkeiten können das Nachlassen der logischen Denkkraft kompensieren.

die Ahnung einer freien Welt mit großen geistigen Idealen, in der den sinngebenden Bedingungen so viel Achtung gezollt wurde. Es sind allemal merkwürdige und logisch unergründliche Strukturen, welche gewissermaßen die Schlüssel für die untersten Gewölbe der konnektiven Anlagen abgeben, von denen aus die ganze Mächtigkeit des geistigen Bauwerkes zugängig wird. Die Vergangenheit hat nicht selten auf Menschen mit geistiger Veranlagung eine gewisse Anziehungskraft, weil hier der zwar einfache, aber umso vollkommenere Kristallisationskeim gefunden werden kann, an dem die großen Strukturen des Geistes mit Leichtigkeit andocken können. Die Metaphorik ist insofern gerechtfertigt, als das konnektive System des Geistes eine Beziehungswelt aufbauen muss, die sich niemals nach logischen Gesetzen, sondern nur nach den ursprünglichen Prinzipien der Symmetrie gestalten kann, welche eine ganz besondere und tief im Gemüt verborgene Poesie nötig haben. Der tiefere Sinn der Welt wird sich allein mit dem Schlüssel der vollkommenen Harmonie auftun, den man nur noch in der Vergangenheit finden kann.

Der Vorrang der Geisteskultur muss als erste Bedingung für den evolutionären Fortschritt der Zivilisation gesehen werden, da damit Ordnungsstrukturen begründet werden, welche sowohl die Differenzierung in der kollektiven Arbeit, als auch deren Funktionalität überhaupt erst ermöglichen. So grundsätzlich auch die Beziehungswelt dem Menschen anfangs vor Augen geführt wurde, war die höher entwickelte Geisteskultur nicht so verbreitet, wie wir das uns heute vorstellen würden. Es mangelte einfach an den Kommunikationsmöglichkeiten, welche eine umfassende Geistesbildung hätte schaffen und potenzieren können. Es ist deshalb einzusehen, dass die geistige Sicht auf wenige herausragende Köpfe begrenzt war, die oft auch den Status von Heiligen hatten. Wenigstens aber war die Frömmigkeit so verbreitet, dass die Geistesgrößen auch verstanden und öffentlich anerkannt wurden.

Der Glaube steht als typisch konnektives Prinzip für das Gegenteil des prägnanten Wissens der Logik. Im Glauben kommt Beziehungswissen zusammen, welches der Informationsart wegen und der Menge nicht in ein logisches Kürzel zu pressen ist. Der Begriff ist damit in die Kategorie geistiger Zusammenhänge einzuordnen, wie etwa auch die Begriffe Liebe, Demut oder Leidenschaft. Wenn wir die Seele als Gefäß des Geistes auffassen wollen, so finden wir darin auch die physischen Bereiche, welche den Geist umgeben, wie etwa das Gefühl, den Schmerz oder auch das Herz, welches wegen seiner direkten Verbindung die Zustände des konnektiven Systems leicht zu verraten vermag.[376] Wie viel auch an geistiger Bildung angehäuft wird, behält die Seele noch Freiräume genug, um selbst vermittels des ganzen Körpers an der Wirklichkeit teilhaben zu können. Eine Verbindung der beiden Dinge ist nicht immer ganz zu umgehen. Es ist deshalb nicht verwunderlich, dass wir mit dem Körpergefühl auch einen inneren Sinn spüren, der mit fehlender logischer Vorstellung deutlicher wird. Bei genauer Beobachtung finden wir dessen zeitlose Art und müssen ihn deshalb als ein ewiges, von unseren zeitlichen biologischen Prozessen unabhängiges System interpretieren. Jede Art geistiger Bildung erzeugt deshalb auch ein gewisses religiöses Empfinden. Die Entwicklung des Geistes ist mit der Vertiefung religiösen Wissens verbunden, das die Welt der sinngebenden Bedingungen mit wachsender Tiefgründigkeit zu beschreiben vermag.

Nach der Historie ist in den verschiedenen Schulen der Einfluss der beginnenden Logik zu erkennen, welche die Sprache der Bilder in rationale Zusammenhänge zu übersetzen versucht. In mittelbare Weise, mit scharfsinnigen Tricks, ist auch die Logik zu einer gewissen Einsicht in konnektive Inhalte befähigt. Mit zunehmender Exaktheit verschwindet allerdings diese Möglichkeit. Die sich entwickelnde Logik nährt vielmehr den Zweifel am Wahrheitsgehalt des Sinns, der seinerseits wieder vom Sinn gesteuert werden muss. Diese eigenartige Situation führt wenigstens nicht dazu, dass der Zweifel grundsätzlich würde und das evolutionäre Prinzip zu zerstören drohte. Aber eine starke Bindung an die logische Sicht macht die geistigen Inhalte unkenntlich, die dadurch nur noch im unbewussten Untergrund wirken können. Der Unterschied zwischen den Wahrheiten des weiten Sinns und denen der fokussierten Analyse durchzieht die ganze Geistesgeschichte und schafft die unterschiedlichsten Theoriengebäude, welche aber alle am eingerichteten kybernetischen Mechanismus des Bewusstseins nicht vorbei können. Die Suche nach der Wahrheit der Erkenntnis wird vom Sinn gesteuert, darf aber den Sinn nicht erreichen, ein Prinzip, das bei seiner Verwirklichung immer in orthogonaler Information endet. In erkenntnistheoretischer Sicht sind es Widersprüche, die umso deutlicher ausfallen, je einseitiger das Geschäft betrieben wird. Nach dieser „*gnoseologischen Unschärferelation*" wird die Erkenntnis des Sinns umso ungenauer, je tiefgründiger eine logische Analyse betrieben wird. Dass sich anderseits eine logische Einsicht verwischt, wenn eine weite geistige Sicht gefunden ist, ist eine allgemeine Erfahrung. Um mich geistigen Inhalten zu nähern, werde ich

[376] Das konnektive System kann keinen einzelnen Draht zum physiologischen Kraftwerk Herz ziehen, das wäre nur in einer logisch transienten Steuerung möglich. Der Bedeutung wegen gibt es nur das Netzwerk der direkten Verknüpfungen von konnektiver Art. Das ist auch bei der Steuerung der Augenmuskulatur der Fall, wie es sich in den aktiven Schlafphasen verrät.

gleichsam dazu gedrängt, auf die exakte Logik zu verzichten bzw. logische Fehler zu tolerieren.

Das Bewusstsein schränkt unsere Erkenntnisfähigkeit ein. Es richtet selbstständig den Fokus aus und verkleinert die Informationsportionen, die wir aus der Umwelt beziehen können. Das ist ein aufwendiges Geschehen, welches schon aus energetischen Gründen auf einen schmalen Bereich reduziert werden muss. Der Bewusstseinsakt ist ein logischer Prozess, wie er auch nur logische Prozesse zum Objekt machen kann. Ein vollkommenes Verständnis des Sinns ist deshalb gar nicht möglich. Seiner kybernetischen Aufgabe nach muss man dem ganzen Sinn die Form eines umfassenden Führungssystems zubilligen. Dazu gehört auch die absolut zeitlose Form. Am entsprechenden Begriff des „ewigen Lebens“ scheiden sich hier wieder die Geister. Während die Zeitlosigkeit überhaupt nicht in das logische Konzept passt, findet es im Ideenpotenzial des Geistes einen festen Platz.

Eine ebensolche Erkenntnisschranke, welche mit rationalen Begriffen nicht überschritten werden kann, zeigt sich auch in der Notwendigkeit eines Führungsbildes, welches auf die Größenordnung des menschlichen Bewusstseins reduziert ist. Es kann nur der Beziehungskosmos der vollkommenen Persönlichkeit sein, in dem das konnektive Prinzip auf das naive Ziel der Entwicklungsmöglichkeiten zusammengezogen ist. In dieser Reflexion zeigt sich das den menschlichen Möglichkeiten angepasste göttliche Gegenüber, das als das Maß des Geistes gelten kann, weil sich dieser nur am Vollkommenen bemessen lässt. Interessanterweise benutzte man schon in der Antike eine Götterwelt, um den Ergebnissen logischer Analyse auch wieder etwas Ganzes gegenüberstellen zu können. Die Frage bleibt natürlich, was in diesem Zusammenspiel von Information auf unterschiedlichen Niveaus denn als Wahrheit gelten soll.

Die Verschiedenartigkeit der Informationssysteme birgt immer die Gefahr, die natürliche Folgerichtigkeit zu verletzen, wie sie etwa in der kybernetischen Pyramide beschrieben wird. Bei allzu freizügigem Umgang kann es leicht zu Erkenntnissen kommen, welche in der Wirklichkeit nicht gegeben sind. Die Versuchung ist groß, geisteswissenschaftlichen Einsichten zu rationalen Funktionen zu verhelfen. Es wird dabei der riesige kybernetische Aufwand nicht beachtet, der zwischen den beiden extremen Informationssystemen stehen muss. Die vielen missglückten Versuche, religiöse Ansichten mit den einfachen Gesetzen der Natur zu verknüpfen, haben schließlich dazu geführt, dass die Religion ganz aus den Naturwissenschaften verbannt wurde, was offensichtlich beiden Fraktionen zum Nachteil gereicht hat. Denn auch der Naturwissenschaft ist die weite Sicht abhandengekommen, wodurch auch immer häufiger skurrilen Theorien in die Welt gesetzt werden. Wenn sich die Naturwissenschaftler anmaßen, mit den Methoden der logischen Analyse den Sinn der Welt aufzuspüren, ist die Erkenntnisfähigkeit als evolutionäres Prinzip deutlich verlassen und die Antwort in weite Ferne gerückt. Auf der anderen Seite haben die Religionen die Naturkunde aus ihrem Repertoire nehmen müssen, was dazu führt, dass sich die gebildeten Menschen von den Kirchen abwenden, weil das schulische Wissen und die wissenschaftlichen Selbstverständlichkeiten darin nicht mehr vorkommen. Der Widerspruch scheint so fundamental, dass er selbst auch die Entdeckung der kybernetischen Zusammenhänge in der Evolution verbietet.

Aber auch die Kirchen scheinen ihrem eigentlichen Ressort untreu zu werden. Um die Religion in einer rational ausgerichteten Gesellschaft zu erhalten, wendet man sich dem modernen Entertainment zu, wobei das geistige Netzwerk durch ein argloses Spiel mit der Macht ersetzt werden muss. Am Ende wird das Wesen einer Geisteskultur von niemandem mehr verstanden und verschwindet als überholte Reliquie aus dem gesellschaftlichen Bewusstsein. Das Übrige besorgt eine Sprache, welche im Streben zur Weltmacht auf alle Elemente des Geistes verzichten muss. Selbst die Medien, eigentlich dem ganzen Phänomen der Information verpflichtet, müssen zum Zwecke des Selbsterhalts starke Vereinnahmungskräfte entwickeln, welche nur durch Strategien erreicht werden können, die dem Nutzer unbewusst bleiben. Es ist das nämliche Rezept, mit dem die Evolution das menschliche Bewusstsein zum Erfolgsmodell gemacht hat. Die unbewusste Hinführung muss aber, wenn sie in der breiten Menge wirken soll, auf entsprechend niedere Anlagen setzen, welche bei allen Menschen in der gleichen Art vorhanden sind. Es ist deshalb nicht verwunderlich, wenn eine gewisse Tendenz zur undifferenzierten und mitunter schon ordinären Art in der Medienwelt zu bemerken ist.[377] Jede Vereinnahmung ist letztlich eine Machtstrategie, welche die natürliche Entwicklung des Geistes unterbindet und eine kausale Reihenfolge definiert. Zu diesem rationalen Geschäft muss das subtile Geflecht des Geistes vorher außer Betrieb gesetzt und die Steuerung durch niedere Reize ersetzt werden.

Interessanterweise ist die kulturelle Abkehr von den geistigen Bedingungen der Harmonie in den verschiedenen Sprachzonen ganz unterschiedlich gegeben. Die Sprachen, die sich zunächst als Triebkräfte in der Evolution des Geistes zeigen, folgen nach vollendeter Ausstattung der Gesellschaft mit dem ethischen Hilfswerk dem rationalen Aufschwung, wobei allerdings keine lineare Entwicklung zu beobachten ist. Die Zerstörung der altgriechi-

[377] Dem stehen die Versuche geistvoller Medienarbeit gegenüber, bei denen vorgeblich die Einschaltquoten den besonderen Aufwand nicht rechtfertigen.

schen Sprachkultur durch den Machtwahn der Römer hatte die Geistesentwicklung für lange Zeit unterbrochen, dafür aber eine gewisse Konsolidierung des Erreichten bewirkt. Die Ablösung der Weltsprache Latein durch neue kraftvolle Sprachen, die in der Renaissance begann, führte zu einem erneuen Aufschwung der Geisteskultur, der mit den idealistischen und romantischen Strömungen des 19. Jahrhunderts seinen Höhepunkt erreichte und in dem Machtstreben der Weltkriege ein jähes Ende fand.

Der neue Schub in der Geisteskultur hatte dabei nicht nur die Zivilisation neu eingerichtet, auch die Erkenntniskultur hatte Impulse erhalten, welche Kunst und Wissenschaft deutlich beförderten. Es waren weitreichende Einsichten grundsätzlicher Natur, welche auch die tiefgründigen analytischen Methoden erst ermöglichten, weil aus der Unendlichkeit möglicher Wege ein einziger ausgewählt werden konnte. Ja sogar die Aufklärung wurde erst durchführbar durch die Vervollkommnung ihrer Widersacher, weil während der Geistesentwicklung sozusagen die Schatzkarte gefunden wurde, nach der man sich auf bestimmte Wege festlegen konnte. Man sieht die Priorität des Geistes, welchem demnach auch in der Evolution eine Rolle zukommt.

Nachdem die erste Phase von den Strategien des römischen Weltreichs überrollt war, blieben nur noch die Erkenntnisse praktischer Machtpolitik angesagt. Die zweite Etappe der Geistesentwicklung, die in der Renaissance begann, hat das neuzeitliche Niveau der Geisteskultur geschaffen, in deren Gefolge schließlich auch die analytischen Wissenschaften einen gewissen abgeschlossenen Zustand erreichten. Das Wesen der Erkenntnisse ist heute mit denen in der römischen Weltherrschaft zu vergleichen. Sie sind nicht mehr grundsätzlicher Art. Vielmehr steht der praktische Gewinn im Fokus und nicht selten wird eine machtpolitische oder gar militärische Strategie sichtbar. Der Geist muss notgedrungen durch rationale Logik ersetzt werden, weshalb auch die grundsätzlichen Einsichten nicht mehr in die Prinzipien der Evolution passen. Selbst wenn das geistige Prinzip in der Erkenntnis durch hochintelligente Logik ersetzt wird, wird das zum Mindesten mit solchen obskuren „Einsichten" wie Zeitreisen, Überlichtgeschwindigkeiten, Parallelwelten oder kosmischen Wurmlöchern bestraft. Es lässt sich durch nichts wettmachen, dass die Wirklichkeit auf ihrer höchsten kybernetischen Ebene mit Beziehungen und nicht mit logischen Gesetzen gebaut ist.

Die Machtkonstellation nach den Weltkriegen wiederholt das griechisch-römische Prozedere, das mit der Abschaffung des geistigen Prinzips beginnt. Dazu gehört in erster Instanz das Informationssystem der Sprache, welches auf die logischen Bedürfnisse einer linearen Führungshierarchie eingestellt werden muss. Die Weichen auf diesen Weg sind allerorten gestellt. Das heißt auch, dass die anderen Sprachen mit Macht unterdrückt werden, wozu sich heute freilich mittelbare und feinere Methoden anbieten, welche sogar die öffentliche Aufmerksamkeit unterwandern können und damit der vermeintlichen Demokratie keinen Schaden zufügen müssen. Das wird mit wachsender Globalisierung der Wirtschaft umso dringlicher, weil sich die Sprache auf diese Art als letztes Machtmittel ausweist, das den Eroberungsstrategien zur Verfügung steht. Alle früheren Methoden sind überholt, weil sie zu leicht in den Brennpunkt der öffentlichen Aufmerksamkeit geraten können.

Gegen den allgemeinen Verzehr der geistigen Prinzipien in die festen Einrichtungen der Gesellschaft, wie Moralnormen und Gesetze, steht die natürliche Geistesentwicklung des Einzelnen, die mit jedem Kinde neu in die Welt gebracht wird. Diese kann natürlich nicht auf die Bibliotheken der Gesetzeshüter und Moralapostel bauen. Was der individuellen Vervollkommnung zur Verfügung steht, ist neben der inneren Veranlagung die sich aus der naiven Beziehungswelt der Wirklichkeit entwickelnde Volksseele.[378] Sie ist der Klebstoff, das Informationsnetz, das die Individuen in ein lebensfähiges Ganzes zusammenfügt. Das Wechselwirkungsprinzip, welches solches bewirkt, ist selbst in der leblosen Welt in elementarer Form vorhanden und ist in der Höherentwicklung den entsprechenden Stufen angepasst. Beim niederen Tier ist es über Lockstoffe und Reflexe organisiert und erreicht erst beim Menschen ein konnektives Niveau, das auch im Individuum die entsprechende seelische Veranlagung voraussetzt. Es ist das Informationsprinzip, welches sich durch Verbindungen vervollkommnet. Es hat in der Geschichte unterschiedliche Schicksale gehabt, ist aber in jeder Gesellschaftsform die notwendige Voraussetzung jeder auch sonst wie gearteten Gemeinschaft. Selbst ein hochkomplexes System von Vorschriften, wie es für die Zukunft zu erwarten ist, kommt ohne eine Minimalform des gesellschaftlichen Bewusstseins nicht aus.

Genauso wie das Einmaleins in allen Köpfen vorhanden ist und in der Verständigung vorausgesetzt werden kann, enthält der geistige Hintergrund bildartige Elemente, welche in der Kommunikation zusammenkommen können und eine größere Weitsicht produzieren.[379] Die geistigen Bilder, welche bei allen Menschen in der Kindheit angelegt werden, treffen sich in ihren naiven Formen. Dort spielen sie optimal zusammen und bilden mit Leichtigkeit einen kommunikativen Hintergrund, welcher auch die individuellen Strukturen in dem Sinne wachsen lässt. So wie aus dem Einmaleins

---

[378] Herder spricht von den „Volksgeistern".

[379] Das konnektive System wird die Vervollkommnung durch Kommunikation fordern und kann das als Aufgabe in höchster kybernetischer Instanz auch durchsetzen.

in der weiteren Bildung sich die einfache oder aber die höhere Mathematik ausdifferenzieren, wird man die einfachen Gesetze bei allen in der gleichen Art finden. Das ist beim gesellschaftlichen Unterbewusstsein nicht viel anders. Die einfachen konnektiven Strukturen sind bei allen gleich, weil sie auch auf die genetischen Startbedingungen setzen und eine gewisse Ebenheit bilden, welche in gleicher Umgebung aus natürlich kindlicher Unbefangenheit gewachsen ist. Anders als beim Einmaleins ist es aber eine unbewusste Führungsebene, welche den Fokus ausrichtet und die Mathematik eher aus dem Einmaleins wachsen lässt, statt sie einzustudieren. Aber mit dem höheren kybernetischen Prinzip ausgerichtet steht das System über der Logik und bietet vielmehr. Aus einfachen und eher sentimentalen bildhaften Informationen kann sie eine Weltsicht entwickeln, aus der sich der direkte Weg in die paradiesischen Möglichkeiten der Evolution ergibt. Man kann sich leicht vorstellen, dass für solcherart hohe Aufgabenstellung im gesellschaftlichen Unterbewusstsein eine starke Korrelation zwischen den Partnern vorhanden sein muss, welche sich nicht nur der starken gemeinsamen Ausrichtung, sondern auch den Bedingungen der konnektiven Balance stellen muss. So wie sich die Idealisten und wahren Romantiker auf den Weg machten, stießen sie schnell an die Grenzen gesellschaftlicher Zwänge. Es sind nicht nur die Disharmonien, welche sich durch Übervorteilung einzelner Interessen ergeben, und welche auch dafür sorgen, dass die gemeinsame Basis nicht mehr auszubalancieren ist. Vielmehr fehlt auch schon die gleiche Gesinnung, die Startbedingung für die Bildung eines gemeinsamen Bewusstseins. Der Begriff Gesinnung beschreibt treffend die Abkunft des Zusammengehens aus dem höheren Sinn. Es ist die konnektiv gleiche Struktur, welche den Zusammenschluss zu einem vollkommeneren System ermöglicht. Je mehr die auf gemeinsamen Lebenswegen gewachsenen Architekturen einander ähnlich sind, umso besser kann die gewichtete Information auch zusammenspielen und ein Ganzes bilden.

Die Möglichkeit, auf der höchsten Führungsebene zusammenzukommen, gewährt der Gemeinschaft einen stabilen harmonischen Hintergrund. Dabei ist nicht zu verkennen, dass ein solch evolutionärer Vorteil nur aus einer einheitlich orientierten Umwelt bezogen werden kann, das heißt aus einer folgerichtigen gemeinsamen Entwicklung. Weil sich diese Forderung der konnektiven Entfaltung dem logisch analytischen Blick entzieht, wird die uralte Erfahrung heute nicht mehr akzeptiert. Unterschiedliche Entwicklungswege können keinen konnektiven Gemeinsinn ausbilden. Fremde können gewissermaßen nicht mit dem Herzen zusammenfinden, sondern nur in den Funktionen, was nur solange währt, wie die Interessen darin übereinstimmen.[380] Wenn nicht mit aufwendigen demokratischen Spielregeln unterbunden, sind in den multikulturellen Gesellschaften immerwährende Rangeleien vorprogrammiert. Eine gewisse Begrenzung der geistigen Freiheit und der Entwicklung des Souveräns ist in jedem Falle gegeben. Auf diese Art verdrängt die logische Dominanz auch die im Unbewussten gehaltenen Prinzipien der natürlichen Evolution, wobei man hätte denken können, dass diese genau deshalb in aller Heimlichkeit ablaufen, um sich der Einflussnahme des logischen Verstandes für immer entziehen zu können.

Aber auch der naive Kern des Schönen und Guten ist im Hintergrund angesiedelt und ist dem Bewusstsein nur mittelbar, über die Magie des Romantischen, zugänglich. In der rationalen Welt verachtet und mitunter sogar leidenschaftlich bekämpft, wächst dieser aus seiner naiven Kindlichkeit in die Sentimentalität des Erwachsenen und bleibt so als harmonisches Zentrum des Geistes jedem Einzelnen erhalten. Wie ein organisches Gewächs versucht sich das höchste Informationsprinzip ständig zu erweitern, was aber nur in einer gewissen austarierten Form zu gelingen scheint. Das Wertvolle für die Gemeinschaft ist deshalb der konnektive Charakter dieser in logischer Sicht verpönten Information, welcher immer um Harmonie und Ausgleich besorgt ist. Beim Volksgut handelt es sich um ein solches Netzwerk von Beziehungen, welches ein Zusammenkommen von Individuen organisieren kann, ohne dass eine Rangfolge festgelegt werden muss.[381] Die naive Liebe, mit der das Kind die Umwelt zu erkunden sucht, und die in einer unkomplizierten Empathie ihr Gegenüber findet, ist der elementare Ausdruck dieser Entwicklung. Als gemeines Volksgut ist das Netzwerk harmonischer Beziehungen eine aus dem Unbewussten gesteuerte Voraussetzung jeder Gesellschaft, in der es auch bis in die Kultur und Politik vordringen kann. Es braucht dazu keine Führungshierarchien und keine Machtkonstellationen, weil es nur mit gleichberechtigten Partnern auf einer Ebene organisiert werden kann, die der vordergründigen Logik entbehrt. Es ist gewissermaßen das elementarste Kultursubstrat, auf dem der Mensch als geistiges Wesen existieren und wachsen kann. Aber es ist empfindlich und mit jeder Form von Macht schnell verdorben, besonders auch von derjenigen, welche angibt, der Volkskultur selbst zu dienen.

Unter günstigen Bedingungen sollte man im evolutionären Sinne auch eine Weiterentwicklung des einfachen Volksgutes annehmen, was dem

380 Eine aus der Vernunft kommende moralische Bindung ist in dem Sinne eine logische Funktion.

381 Dadurch zieht sich auch ein klarer Trennstrich zum völkischen Heldentum, welches als Machtwahn die geistige Harmonie nur zur Tarnung benutzen kann.

Gemeinschaftssinn zugutekäme und die Robustheit der Gesellschaft verbesserte. Solche Entwicklungen hat es bei einfachen Völkern durchaus gegeben. Die Geschichte zeigt aber, dass auch sie gegen die Prinzipien der Macht nicht gefeit waren und nur allzu schnell wieder von Macht und Gewalt vereinnahmt wurden, sodass am Ende nur die einfachste Form zurückblieb. Eine entwickelte Volkskultur ist schon dem Informationsprinzip nach ein kraftloses System, weil die Energie in die Breite des Beziehungswissens verteilt ist. Die Machtsysteme mit ihren konzentrierten Aktionen haben damit ein leichtes Spiel. Die Volkskultur ist ein begehrtes Objekt, sie lässt sich schnell vereinnahmen und ihre Bilder lassen sich für alle möglichen Zwecke missbräuchlich verwenden. Die diktatorischen Vergewaltigungen der Gesellschaft brauchen einen Vorwand, welcher umso glaubhafter sein muss, je umfangreicher die Aktion ist. Die Form des „Mäntelchens" zeigt andererseits, wie weit das Allgemeingut entwickelt ist, welches hintergangen werden soll. So hätte man die Diktaturen des zwanzigsten Jahrhunderts nicht in das ausgehende neunzehnte Jahrhundert setzen können, die Gesellschaft musste erst durch einen geistigen Verfall reif gemacht werden.

Fatalerweise ist es unüblich, die geschichtlichen Vorgänge ihrer Informationsprozesse nach zu analysieren, sodass man aus den Disharmonien nicht die Lehren ziehen kann, welche im evolutionären Sinne daraus hätten gezogen werden können. Genauso wenig wie sich das Allgemeinwesen selbst zu schützen vermag, genauso wirkungslos zeigt das sich das Allgemeine beim Führen kraftvoller Aktionen, ohne das eigene Wesen zu verlieren. Dabei ist das Harmoniestreben eines konnektiven Systems die einzige evolutionäre Methode gegen Krieg und Gewalt; dieses in seinen Grundlagen in Form des Volksgutes zu stärken, ist die erste Aufgabe der Zivilisation. Hätte die Wissenschaft für die Kultivierung dieser Prinzipien ebenso viel Energie aufgewendet, wie etwa für die Gesetze der Mechanik und Elektrotechnik, so würden Kriege und Gewalt längst der Vergangenheit angehören. Die Heimat anderer zu verachten ist nie die Forderung einer Volkskultur, sondern eine eindeutige Machtstrategie, nämlich die, andere Völker zum Vorteil eines logisch organisierten Machtregimes zu unterwerfen. Aber auch das Bedürfnis, die Heimatliebe bekämpfen zu müssen, entspringt einer verhängnisvollen Unkenntnis der harmonischen Prinzipien der Evolution. Um Krieg und Gewalt zu verhindern, gilt es vielmehr, die Prinzipien der Macht und der Vereinnahmung aufzuspüren, welche ihr Dasein immer wieder auf höherem Niveau weiterzuführen vermögen. Dabei sorgen die Akteure selbst dafür, dass ihre historischen Spuren verwischt werden und die eigentlichen Ursachen unerkannt bleiben. Die Schuldigen für ihre Untaten finden sie immer bei den Schwachen, welche sich nicht dagegen zu wehren wissen.

Die Machtsysteme suchen immer wieder neue Methoden, mit denen sie die geistigen Prinzipien aus der Welt schaffen können. Sie werden auch ohne die Deckmäntelchen von Heimatliebe und Volkskultur ihre Prinzipien weiter fortführen können, wenn sie nur die Massen hinter sich zu bringen wissen. Selbst soziale oder humanitäre Gesetze können von hinterlistigen Machtstrategen missbraucht und ins Gegenteil verkehrt werden, wenn es ihnen nur gelingt, das Informationsmonopol zu erlangen. Dann sind den Intrigen alle intelligenten Wege eröffnet. Selbst Moralnormen und Wertgesetze können zur gefährlichen Waffe werden, wenn deren Bedingungen durch das Spiel mit Informationsgelegenheiten außer Ordnung geraten. Es ist auch kein demokratisches Prinzip denkbar, welches diesen Prozessen auf Dauer gewachsen sein könnte.

## *7.3 Das konnektive Prinzip im Gemeinen*

In der Geschichte der Menschheit sieht man recht deutlich, dass die Macht als eigenständiges Informationsprinzip in Erscheinung tritt, das sich selbst organisiert und wie ein Virus in die evolutionären Ergebnisse eingreift, um sie für die eigene Existenz umzuordnen. Die Macht ist über alle Zeiten erhaben und weiß in jeder Konstellation die Widersacher zu bekämpfen. Man könnte das Machtsystem so auch als eine Art „Intrinsik“[382] bezeichnen, zu welcher die Logik sich selbst befähigt und die unabhängig von den Entwicklungsniveaus mit ganz unterschiedlichen Informationsträgern in Erscheinung tritt. Nur sind die Prinzipien der Macht nicht in der Lage weitsichtige Aktionen zu führen, die sich in die Evolution als nützlich erweisen. Viel besser passt die Zerstörung zur kybernetischen Ambition der Macht, weil hier kraftvolle Aktionen geführt werden müssen, ohne die Nachhaltigkeit geistiger Vorbereitung. So ist auch der Krieg mit seinen begrenzt rationalen Vorleistungen ein wichtiges Begleitphänomen der Machtsysteme. Aber auch die einfache Gewalt demonstriert das Wirkprinzip, welches sich durch kurzsichtige Energieaufwendungen zu erkennen gibt. In den Formen der direkten Gewalt zeigt sich zum Beispiel auch, wie sehr hier die entwickelten Methoden der Logik mit ihren ursprünglichen Formen der animalischen Reflexzentren konkurrieren können. Im Gegensatz zu den geistigen Prinzipien muss die Macht ihre Existenzbedingung mit fokussierter Energie, das heißt mit Gewalt durchsetzen, weil für das feingliedrige Ausbalancieren einer Situation die dazu passenden Informationsprinzipien nicht vorhanden sind. Das undifferenzierte Vorgehen verliert das logische Prinzip auch bei

[382] Als selbstorganisierter Prozess auf dem hohen Niveau intelligenter Logik, gewissermaßen die höher entwickelte Form der intrinsischen Vorgänge in der Mikrophysik.

Aktionen mit hoher Intelligenz nicht. Vielmehr ist ein einseitiges Ausufern die Folge, weil alle logischen Aktionen nur durch einfache Ziele geführt werden können, welche sich nicht weitläufig in einer Sinnfunktion austarieren lassen. Insbesondere ist der zeitlose Charakter dieser Aufgabe von der Logik nicht beherrschbar, da dieselbe auf die zeitliche Sukzession der Information angewiesen ist. Die Fokussierung, fehlende Nachhaltigkeit und mangelnder Sinnbezug sind die Kennzeichen der rein logischen Führung von Prozessen und letztlich in der Gesellschaft der Ausgangspunkt für jede Art chaotischer Zustände.

In der Erkenntnis zeigt sich das Machtprinzip in allen Formen der Schwarz-Weiß-Malerei, weil die differenzierten Strukturen nicht in geistige Zusammenhänge gebracht werden können, sondern simplifiziert werden müssen, um in ein kausales Folgegesetz zu passen. Selbst die bekannten Markierungen von „Rechts" und „Links" in der politischen Polemik passen in dieses Schema der Vergröberung. Sie sind weder in der aktuellen Politik noch bei der Interpretation der Geschichte hilfreich, weil sie die differenzierten Mechanismen der Evolution nicht erfassen können. Auch die vermeintlich negativen Epochen haben fortschrittliche Entwicklungen nötig gehabt, welche ihnen sozusagen den positiven Zeitpfeil verpasst haben. Diese Stützen der Evolution aus den Fehlentwicklungen herauszuklauben, um die Entwicklung in der Reihe weiter führen zu können, setzt einen gewissen geistigen Hintergrund voraus, welcher die Vielfalt der Erkenntnismethoden der Vielfalt der Informationsbeziehungen entgegenzusetzen hat.

Einer von allem konnektiven Hintergrund befreiten Logik kann nicht allzu viel zugemutet werden. Die Grenzen der logischen Prinzipien in der Politik auszuloten, ist letztlich auch eine wichtige Obliegenheit bei der Interpretation der gesellschaftlichen Zusammenhänge. Allein in der Zeitgeschichte die natürlichen Mechanismen auseinanderzuhalten, wäre ein erster Schritt auf dem Weg in die harmonische Zivilisation. Das aber ist solange eine schwierige oder gar unlösbare Aufgabe, wie die unterschiedlichen Informationsprinzipien in ihrer natürlichen Verwendung nicht verstanden werden. In ihrer selbstorganisierten Art kommen sie zwar auch ohne das bewusste Zutun aus. Aber es könnte schon die Akzeptanz einer geistigen Instanz der Gesellschaft viele Irrwege ersparen und die Kultivierung des Geistes könnte der Entwicklung eine enorme Schubkraft verleihen. Was an Ratio verzettelt oder übertrieben wird, fehlt an zielführenden Rahmenbedingungen. Dabei ist das Ziel selbst eine evolutionäre Vorgabe, weil es lediglich die optimalen Bedingungen beinhaltet, unter denen eine Entwicklung langfristig geführt werden kann. Die Information liegt in der Menge der Bedingungen. In den Fokus des Bewusstseins geraten finden sich immer nur einfache und eher naive Vorgaben. Aber auch die wollen zugelassen und kultiviert sein. Hinter den symbolischen Bildern und ganz unbewusst kommt ein komplexes Beziehungswissen zu stehen, welches die Weisheit des Geistes bei der Steuerung rationaler Prozesse vertritt. Es sollte demnach eine leichte Aufgabe sein, sich die Intention der Evolution gefallen zu lassen. Dem stehen die sich immer mehr perfektionierenden Machtapparate gegenüber, die jeder Entwicklung auf den Fuß folgen und in ihrer Selbstorganisation auch die eigenen Hemmnisse zu beseitigen wissen.

Die Bedingungen der Evolution stehen von Natur aus den Machtprinzipien entgegen. Diese müssen eigene Ziele befolgen und erzeugen eine Schieflastigkeit, welche nicht nur die Ressourcen zerstört, sondern auch die natürlichen Entwicklungswege verbaut. Interessanterweise wird das auch in den modernen Gesellschaften beobachtet, zumindest in einer mittelbaren, höheren Art. Man bemerkt, wie viel intellektueller Aufwand getrieben wird, um den konnektiven Hintergrund der Zivilisation zu zerstören. Dabei macht gerade dieser einen eher unschuldigen Eindruck, weshalb seiner Vernichtung auch keine Beachtung geschenkt wird. Das eigentliche Geheimnis ist die Frage, welche Erkenntnis die meist global wirkenden Machtsysteme dazu bringt, gegen das arglose Volksgut vorzugehen, welches den konnektiven Boden für die eigenständigen Ordnungssysteme in der Zivilisation ausmacht. Die Informationswissenschaften bieten dazu keinerlei Anhaltspunkte. Sind es die geheimen Kenntnisse Einzelner, die sich in den Weltmächten zu profilieren wissen, oder kommt ein kollektives Gespür zur Wirkung? Vielleicht ist es einfach auch nur die Dampfwalzfunktion des logischen Prinzips, das alles Eigenwillige in den Boden stampft. Einfache Arroganz gegen das Naive kann es kaum sein, weil man für eine solche Belanglosigkeit nicht soviel Energie und Intelligenz aufbringen würde. Eine vernünftige Begründung, warum etwa in den Medien eine hohe Englischquote vorgegeben wird und Volkslieder ganz aus dem Repertoire verschwinden müssen, gibt es jedenfalls nicht. Wenn auch Begriffe wie Heimat oder Volksmusik nicht verboten werden können, so wird doch unter dem Einfluss der Macht eine eigenständige Kultivierung des Brauchtums möglichst unterbunden. Es ist der Kampf gegen die Grundlagen der Geistesentwicklung. In dieser evolutionären Sicht ist auch der schrankenlose Migrationswahn eine kurzsichtige Aktion, welche die geistige Dimension der Bewegung völlig außer Acht lässt. Der Verlust des heimatlichen Kulturkreises muss das Unbewusste umprogrammieren, was nicht wirklich gelingen kann. Der Betroffene muss den Rest seines Lebens unter diesem Schicksal leiden. Mit dem Verlust seines seelischen Lebenskonzeptes wird seine innere Führung ungenauer und damit auch seine Freiheit beschnitten. Das konnektive

System, das letztlich auch seine Identität und Würde bestimmt, kann die vorprogrammierte Leistungsfähigkeit nicht wieder erreichen, so viel der Einzelne auch versucht seine Umgebung dem inneren Kosmos anzupassen. Demzufolge verliert auch der Gastgeber an Freiheit, weil er mit Verhaltensmustern umgehen muss, die in seinen Führungsbildern nicht vorkommen.[383] Die natürlichen Schranken, welche sich im geistigen Kontext von Kind an bilden, können mit logischem Verstand nicht erkannt werden, was letztlich auch eine geistlose und ungehobelte politische Kultur unterstützt. In den kurzsichtigen Aktionen gegen die geistigen Prinzipien der Evolution gibt es keine wirklichen Gewinner. Auch die Politiker, welche sich mit ihren sozialpopulistischen Ideen profilieren wollen, müssen am Ende in der Welt leben, die sie durch Unkenntnis selbst immer chaotischer gestalten.

Die logischen Ordnungssysteme, welche außerhalb der konnektiven Prinzipien die Gesellschaft in demokratischer Balance halten müssen, unterliegen im Laufe der Zeit eines gewissen Verfalls. Weil sie nicht mit der Weitsicht des Geistes ausgestattet sind, müssen sie ständig nachjustiert werden, um den immer schneller werdenden Wandel der Zivilisation zu folgen. So sieht man, wie Politiker an den ihnen heiligen Gesetzen verzweifeln müssen, weil die gewandelten Bedingungen zu ganz anderen Ergebnissen führen. Indem die Information mit immer besseren Kommunikationsmitteln in alle Bereiche der Gesellschaft eindringt und die natürlichen Beziehungen der Dinge infrage stellt, überholen sich alte Normen mit wachsender Geschwindigkeit und neue Gesetze sind nach ihrem langen Entstehungsprozess schon bei Inkrafttreten veraltet. Hier hilft nur die geistige Weitsicht, welche schon im gesunden Menschenverstand eines Einzelnen so weit gereift sein kann, dass damit die politische Logik eines ganzen demokratischen Parlaments infrage gestellt werden könnte.

Offenbaren sich die Missstände immer mehr in chaotischen Zuständen, so muss auch die politische Elite dazu befähigt werden, den Kampf dagegen aufzunehmen und dabei die Möglichkeiten geistiger Voraussicht wieder zu entdecken. Dazu gehört es auch, die sozialen Aspekte nicht von den seelischen zu trennen. So kann man etwa den notleidenden Menschen in der Welt nur nachhaltig dienen, wenn man nicht von ihnen ihre Seele, die Aufgabe ihrer Kultur und Heimat, als Gegenleistung verlangt. Nicht selten ist das Festkleben an hausgemachten Vorurteilen der Grund für die fehlende Kreativität. Viele fortschrittliche Details in der Geschichte sind nur deshalb verpönt, weil irgendwelche negative Erscheinungen generalisiert wurden

[383] In der globalisierten Welt ist Asyl eine Aufgabe der Weltgemeinschaft, nicht die einzelner Länder. Die UNO muss dafür heimatnahe Territorien zur Verfügung stellen und betreuen.

und eine ganze Epoche in Misskredit gebracht haben. Warum könnte die Armut und Not in der Welt nicht einfach mit fortschrittlichen Linien aus früherer Kolonialpolitik bekämpft werden, indem etwa eine kulturelle Förderung der Völker mit einer technologischen Unterstützung verbunden werden könnte. Dazu braucht es keine Eroberung, sondern ethische Ehrlichkeit und politische Weitsicht der Partner.

Die Geschichte demonstriert uns viele begonnene Wege mit einem enormen Ideenreichtum, der uns aber verschlossen bleibt, wenn wir nicht verstehen, die Fehler und Schreckensszenarien mitsamt ihren tatsächlichen Ursachen sauber von den Vorgängen der evolutionären Progression zu trennen. Könnten wir die Geschichte als heuristisches Potenzial begreifen, welches die Entwicklung vom Niederen zum Höheren, vom Fehler zur Funktion befördert, könnte auch die unklare Betonlogik verschwinden, die selbst die logischen Möglichkeiten auf ein niederes Niveau zurückführt und jede Entwicklung lahmlegt. Keine Entwicklung in der Zivilisation kann perfekt sein, wie auch keine vorkommen könnte, welche nur verachtungswürdige Elemente enthält. Auf emergente Differenzierungen zu verzichten, nur weil sie in der Geschichte auch von diabolischen Mächten benutzt und missbraucht wurden, heißt gegen die Evolution zu arbeiten, indem man sie unwiederbringlicher Strategien und Ergebnisse beraubt.

Eine politische Korrektheit nach logischer Vernunft, welche nur von undifferenzierter Angstpolitik am Leben gehalten wird, ist keine Stütze der Evolution. Zudem muss sie sich den Vorwurf gefallen lassen, dass sie im Sinne eigener Ziele den politischen Diskurs vereinnahmt, das heißt ein eigenes Machtprinzip hinter einer moralischen Fassade aufzubauen sucht. Die Evolution fordert, in allen Ereignissen die nachhaltigen Wege zu erkennen und dieselben weiterzuführen, das heißt, sie zu differenzieren und für weitere Entwicklungen reif zu machen. An oberster Stelle muss die Erkenntnis stehen, die ihre Unvoreingenommenheit gegen politische Linien bewahren muss, welche die Machtsysteme immer wieder auf ein neues Niveau zu heben suchen. So sind etwa die besonderen historischen Wege der Geistesentwicklung nicht von vornherein zu verpönen, nur weil sie gemeinsam mit abenteuerlichen politischen Begleitumständen und Machtverhältnissen in Erscheinung traten und wohlmöglich von diesen vereinnahmt und missbraucht wurden.

Aus dem Nichts kann nichts kommen. Für die Entstehung der Formen und ihrer differenzierten Ausbildung sind nicht nur die substanziellen Dinge wichtig, sondern auch die Randbedingungen, die jede weitere Veränderung in eine bestimmte Richtung geleiten. Genauso wie sie in der darwinschen Evolutionsidee missachtet werden, setzt man sie auch beim Aufbau der

Zivilisation als gegeben voraus. Dabei beginnt man gerade, in den natürlichen Tier- und Pflanzengesellschaften die ökologischen Voraussetzungen zu akzeptieren. Dieselben auch in der menschlichen Natur zu suchen, ist noch ein weiter Weg. Noch schwerer tut sich die Wissenschaft, wenn es gar darum geht, die Prämissen auszumachen, welche für eine harmonische Entwicklung einer ganzen Gesellschaft stehen.

Ein jeder Vorgang läuft in einer dazugehörigen Umgebung und wird durch diese bestimmt. Die äußeren Bedingungen bilden einen gewissen Rahmen, welcher sich außerhalb der prägnanten Ereignisse befindet und deshalb der Aufmerksamkeit meist ganz entgeht. Auch in der Gesellschaft existieren solche hintergründige Konditionen, welche vordergründige Ereignisse in Bahnen zu halten vermögen. Es sind einfache Beziehungen, welche wir ihrer Selbstverständlichkeit wegen völlig übersehen. Wenn sie aber evolutionäre Entwicklungsvorgaben in Form konnektiven Wissens beinhalten, so können damit auch gewisse Führungsbilder in das kollektive Bewusstsein übertragen werden. Es ist einzusehen, dass diese geheime Architektur nur aus einfachen Konstruktionen bestehen kann, welche aber die Fähigkeit besitzen muss, ein konnektives Wachstum zu tragen und zu befördern.

Der gemeine Kontext bildet im Netzwerk der Individuen einen Beziehungskosmos, der zwar selbst im Hintergrund bleibt, einer ganzen Gemeinschaft aber eine natürliche Kohärenz verleiht. So wie sie als ein einheitliches Wesen auftritt, kann sie sich doch nach konnektivem Prinzip in eine große Vielfalt differenzieren und nachhaltig entwickeln. Das Geheimnis des Erfolgs ist die ausbalancierende Methode des Netzwerkes, welches alle Vorgänge in einem entwicklungsfähigen Konsens hält. Es ist die höchste Form von Informationsverarbeitung, weil alle vorherigen Stufen darin vorkommen. Sie ist damit aber auch die schwächste Form der Führung, jede niedere Logik kann sie aus der Bahn werfen. Sie ist gewissermaßen die Kraft der Schwäche, die in die Breite geht.

Eine gewisse Art des kollektiven Bewusstseins stellt sich immer ein, wenn Menschen mit natürlichem Entwicklungsweg zusammenkommen. Die konnektiven Netzwerke sind ständig auf Verbindungen aus. Es werden aber auch in der ersten Gemeinschaft von Natur aus allerlei bewusste und rationale Funktionen ermöglicht, ohne dass der Hintergrund verändert werden muss. Die Basis ist das niedere Niveau, welches sozusagen bei irdischen Bewohnern einigermaßen gleich ausfällt. Schwieriger steht es mit der Gemeinsamkeit bei komplizierten Handlungen oder gar abstrakten Gedanken, die aus den natürlichen Rahmen fallen. Wenn der Führungshintergrund durch welche Unterschiede auch immer getrennt bleibt, wird die Zusammenarbeit schwieriger. Die Transformation in ein anderes Gedankensystem ist aufwendig, es wird schnell kontraproduktiv und fehlerbehaftet.

Das Netzwerk der Führungsebene ist eigentlich nur eine Einschränkung von Möglichkeiten. Es begrenzt die Anzahl der Wege, welche sonst ein Chaos produzieren würde. Es setzt für wenige austarierte Bahnen logische Funktionen frei. Das ist wie bei einem Wortspiel, bei dem verschiedene Worte an bestimmte Stellen positioniert werden können, um einen im Hintergrund gesetzten Zweck zu erfüllen, welcher dann in unterschiedlicher Genauigkeit dargestellt werden kann. Mitunter müssen die passenden Worte gesucht werden, es kann aber auch der Sinn so undeutlich gegeben sein, dass es der Worte zu viel hat. Es ist ohnehin so, dass das hintergründige Bild, welches durch gewichtete Beziehungen vorgegeben wird, im Detail ein schwaches bleibt, das nur in der Summe, durch die Vielzahl der Beziehungen, seine Kraft erhält. Es ist das Wesen des konnektiven Systems, eine Unmenge von Daten in ein gemeinsames Strategiebild auszutarieren, welches das der Wirklichkeit in seiner evolutionären Intention am nächsten kommt. Die evolutionäre Vorgabe an Beziehungswissen korreliert dabei mit den inneren Anlagen, welche nur damit umgehen können. Im übertragenen Sinne entsteht eine „magnetische“ Anziehungskraft für konnektive Information, welche auch zwischen den Individuen wirkt und in Summe das gemeine Kultursubstrat bildet.

So unbemerkt und quasi wie von selbst sich ein Beziehungskosmos auch entwickelt, hat er immer als „Steuermann“ zu wirken und kann sich darum selbst nicht ganz verbergen. Indem er unseren Gedanken und Handlungen vorsteht, wird er in gewissen einfachen Formen auch das Bewusstsein erreichen und sich dort zu kultivieren suchen. Es sind gewisse Konturen, welche nach außen spürbar werden, den Beziehungskosmos naiv charakterisieren und seinen Bestand über die Zeiten sichern, gewissermaßen außerhalb der genetischen Informationsweitergabe. Was sich im Inneren an Beziehungswissen konzentriert und weiterentwickelt, lässt sich in der äußeren Welt nur in ungenauen, aber wesentlichen Abbildungen nachformen. Die einfachen Konturen sind gewissermaßen die äußeren Rahmen, in denen sich die Entwicklung bewegen kann, ohne dabei das evolutionäre Prinzip der Selbstorganisation zu zerstören. Sie sind als Formen der Volkskultur leicht ausgemacht, weil dieselben nicht mit logischem Kalkül geschaffen werden, sondern innere Zusammenhänge der Gemeinschaft darzustellen versuchen und wie von selbst weitergetragen werden, weil sie genau die harmonische Form haben, welche dem konnektiven Bewusstseinshintergrund zugrunde liegt. So naiv und lapidar sie scheinen, haben sie nach ihren Informationsinhalten eine magische Bedeutung, weil sie die archaischen Grundkonzepte miteinander verbinden, auf denen die Muster der Harmonie wachsen können. Sie beinhalten vollständige Abbildungen der essenziellen Entwicklungsstrategien der Zivilisation, wie sich in ebener Ausgeglichenheit darstellen. Es sind viele alte Konturen enthalten, welche das Interesse für alte Traditionen wachsen lassen. In unbewusster Abformung entsteht aus den konnektiven Strukturen ein ausbalanciertes Gemeinwesen, eine Vernunft, die zwar selbst Logik ist, aber nicht mit kaltem Kalkül entwickelt. Das unbewusst geschaffene Volksgut ist letztlich ein Beweis für das Vorhandensein dieses kollektiven Bewusstseins. Auch wenn nur wenige zentrale Muster unser Bewusstsein erreichen, wird eine Beschäftigung damit auch den Hintergrund weiterentwickeln. Mit der Achtung der Volkskultur wird schließlich auch der Beziehungskosmos der Gesellschaft bewusst akzeptiert, und damit auch eine wesentliche Voraussetzung friedlichen Zusammenlebens. Was auf der bewussten Ebene nur in einfachen Bildern gehalten werden kann, wird im System des gesellschaftlichen Unterbewusstseins auch komplexe und feinfühlige Muster für Ethik und Moral entfalten. Im künstlerischen Schaffen kann die Grenze mitunter übersprungen werden, das heißt, einzelne Eindrücke können unser Bewusstsein erreichen und als schön empfunden werden.

Die unbegrenzte Vielfalt der Volkskunst schafft in der Beziehungswelt des Geistes ein nach oben offenes Reservoir, das immer erst beseitigt werden muss, wenn der Plan dubiosen Machtapparaten überlassen werden soll. Je größer und konsistenter dieses Reservoir ist, umso geringer ist die Chance, dass es von den einseitigen Einrichtungen der Macht abgeschafft werden kann, das heißt, umso größer ist die Aussicht für ein friedliches Zusammenleben. Allerdings setzt diese Gemeinschaft aus dem konnektiven Hintergrund eine einheitliche Struktur voraus. Das bedeutet nichts anderes, als dass der historische Entwicklungsweg als kultureller Erziehungsweg allen gemein ist. Es ist das Nationalbewusstsein, welches die Entwicklung der Zivilisation von Anfang an begleitet hat, in den Zeiten der Machtentfaltung aber immer wieder als Scheingrund für Kriege herhalten musste.

Die einheitliche Strukturierung des konnektiven Hintergrundes als Voraussetzung für das Zusammengehen gehört zu den ursprünglichen Weisheiten der Menschheit. Im Christentum ist es die Forderung, keinen anderen Göttern zu dienen, das heißt in der profanen Sprache der Kybernetik, in einer angehenden Gemeinschaft keine andere seelische Strukturierung zuzulassen, um die Möglichkeit der gemeinsamen Vervollkommnung nicht zu gefährden. Aber nicht nur in der Religion, mit gesundem Menschenverstand entdeckt sich das Prinzip bereits in Form der Heimatliebe und der Traditionspflege. Wenn alle Bedingnisse eines Landstrichs, einschließlich des Klimas, der Vegetation, der geschichtlichen und kulturellen Entwicklung usf. zum System einer Nation zusammengeschlossen werden, so schafft das einen kybernetischen Rahmen, in welchem die Führung der Gesellschaft optimal und harmonisch austariert werden kann. Die heute viel verspotteten Begriffe Heimat und Nation fassen ein gemeinsames Netzwerk von Randbedingungen zusammen, in dem sich die Entwicklung in gewohnter evolutionärer Art weiter vollziehen kann. Sie sorgen dafür, dass sich die Menschen nicht nur im funktionellen Gesetzesrahmen, sondern auch auf geistige Art verbinden können, das heißt ein konnektives Netzwerk bilden, in dem sich jeder Einzelne im Sinne des Ganzen differenziert entwickeln kann.

So wie früher die geistige Einsicht den natürlichen Zusammenhalt unterstützen konnte, muss heute der rationale Verstand obwalten, weil die logische Intelligenz inzwischen etliche Ersatzlösungen erfunden hat, um auf die geistige Dimension ganz verzichten zu können. Es ist das Zugeständnis an die Bedingungen der Technik, welches auch den Steuerleuten der Machtmaschinen nicht missfällt. Der Mensch wird selbst zur hochintelligenten Funktionseinheit, die ähnlich dem technischen System auf der logisch rationalen Ebene der Gesellschaft existiert und auf die geistige Qualität des Gemeinen ganz verzichten kann. Einer nachhaltigen Führung beraubt, müssen die ständigen Korrekturen, die gegen das drohende Chaos geführt werden, selbst langsam in einen Zustand führen, der auch mit hochintelligenter Technik nicht mehr zu beherrschen ist.

Die gemeinen Bilder der Geistesentwicklung sind nicht die logischen Konstrukte einer hochintelligenten Avantgarde, sie können nur aus den ausgewogenen Beiträgen der ganzen Gesellschaft entwickelt werden. Als Beziehungswissen unterliegen sie ganz anderen Bedingungen, nämlich solchen, wie sie uns aus den einfachen liebevollen Umgangsformen und der Pflege des Schönen und Guten allemal bekannt sind. Die sich daraus entfaltende Volkskultur ist einfach und schwierig zugleich; einfach, weil sie nicht der hohen Gelehrsamkeit bedarf, schwierig, weil sie nicht der uns vertrauten Kausalität gehorcht, sondern wie zufällig aus der Beziehungswelt der Seele ans Licht gezogen werden muss. Die Fundstücke haben einen absoluten Informationsinhalt, sie sind deshalb von großem Wert und liebevoll über die Zeiten zu erhalten und immer weiter zu ergänzen. Sie sind unwiederbringlich, einmal verloren, sind sie von der laufenden Evolution nicht wieder zu erzeugen. Was die abstrakte Formel eine Vorgabe der Logik ist, ist das Naive die Eingangspforte zur Welt des Geistes. Und das beginnt auch in der Gesellschaft in ebenso kindlicher Arglosigkeit, wie es uns aus der Religion als einfache Frömmigkeit bekannt ist.

Wenn die ökonomische Leistungsfähigkeit einer Gesellschaft durch Spezialisierung und Arbeitsteilung zunimmt, welche sich jederzeit logistisch organisieren lässt, gilt für Sinn und Ziel dieses Wachstums ein anderes Prinzip. Die Randbedingungen, die jede Entwicklung begleiten, legen nicht nur die Strukturierung, sondern auch die Beständigkeit und Nachhaltigkeit der Prozesse fest. Sie sind im kybernetischen Sinne höher organisiert und verstehen sich als Voraussetzung der Entwicklung, wie sie auch die Rahmen für die geschaffenen konservativen Systeme bilden müssen. Sie können nicht selbst logischer Natur sein, sondern repräsentieren vielmehr eine Beziehungswelt, welche auf symmetrischer Grundlage[384], die wir ihrer Komplexität wegen als harmonisch bezeichnen, auch selbstorganisiert sein muss.

So wie die allgemeine kybernetische Voraussetzung im natürlichen Sinne wirkt, genauso wird auch die Entwicklung der Gesellschaft von Randbedingungen geführt. Eine Menge von Beziehungswissen wird die Langlebigkeit der Organisationen bestimmen, so wie sich dieses durch Austarieren zeitloser Zusammenhänge, das heißt durch nachhaltige Vorgaben, geschaffen hat. Wenn diese Voraussetzung der Entwicklung auch als ein einfaches Abbild der Evolution verstanden werden muss, so ist doch zu bedenken, dass im Falle der Zivilisation der dazu gehörige Übertragungsmechanismus erst geschaffen werden muss, indem die Bedingungen der Evolution auf die Individualentwicklung abgebildet werden, und zwar in einer möglichst synchronen Form. Das bedeutet nichts anderes, als dass die einfache Beziehungswelt des Gemeinen gepflegt und als Kristallisationskeim geistiger Gemeinschaft genutzt wird. Die gewaltige Informationsmenge, welche als Bezugsrahmen der rationalen Ausgestaltung der Gesellschaft wirkt, macht in kybernetischer Sicht die höchste Führungsebene aus. Sie wird aber individuell höchstens als Sicherheit oder Nestwärme empfunden, ist also nur dem Gefühl erreichbar. Sie ist deshalb umso wirksamer, je näher sie dem Einzelnen steht, das heißt, je weniger sie in die Weite gebaut ist. Als korrelative Informationsmenge bestimmt sie zwar die Richtung unserer Handlungen, ist aber unserer Analyse nicht zugänglich. Und das nicht nur des Umfanges wegen, sondern wegen ihrer besonderen Form. Selbst der Begriff des Gemeinwohls ist nur als ein stark reduzierter Ausdruck des uns unverständlichen Beziehungskosmos zu begreifen. Es gilt hier eine zwar logisch definierte Begriffswelt, deren Vokabular andererseits logisch nicht definiert werden kann. Darin kommen ganz unbestimmte Worte vor, wie etwa Heimat, Sentimentalität, Liebe oder Demut.

Mit einer noch so intelligenten Logik, welche immer nur einen mittleren Platz in der kybernetischen Pyramide erreichen kann, wird niemals die

[384] Was nichts anderes bedeutet, als dass die Bedingungen im Urmaß der Evolution austariert sind, das heißt im Gleichmaß ihrer Bedeutung.

Arbeit eines umfassenden konnektiven Systems nachzubilden sein. Aber auch die Abschaffung der Entwicklungsgeschichte und der Neustart aus dem Nichts würde jede Führungsmöglichkeit ad absurdum führen. Das heißt, ein kybernetisches Führungssystem im Sinne unvergänglicher Nachhaltigkeit kann nicht aus dem Nichts geschaffen werden, wie auch eine Entwicklung ohne Führungsvorgabe nicht denkbar ist. Im System der Zivilisation ist es der geistige Kontext, ein im Bewusstsein aller Menschen vernetzte Information, welche genau die Form hat, einen solchen konnektiven Führungsrahmen zu bilden. Der unsichtbare Kontext des menschlichen Intellekts vernetzt sich mit dem jedes anderen dergestalt miteinander, dass ein ebenso unsichtbarer Kontext in der ganzen Gesellschaft entsteht. Es ist ein autonomes Prinzip, das von selbstständigen Wesen gebildet wird.

Auch das in der Gesellschaft vermittelte konnektive Führungsprinzip ist ein aufbauendes System, welches nur über lange Zeiträume geschaffen werden kann und sich gewissermaßen aus den Rücklagen der Entwicklungsschritte ergibt. Was sich hier an weitem Beziehungswissen zusammenfügt, wird auf der Seite der bewussten Erkenntnis in die festen Konturen der Wirklichkeit geschnitten. Im Gegensatz zu den arbiträren Formen der konservativen Systeme ist die geistige Führungsebene von absoluter Form und weder austauschbar noch löschbar. Die einzigen Veränderbarkeiten sind Weiterentwicklung oder Zerstörung. Die Geistesentwicklung ist ein aufbauendes und zusammenführendes Prinzip, das zur Vervollkommnung alle Möglichkeiten nutzt, die zur Verfügung gestellt werden. Der konnektive Kosmos, welcher aus dem Geiste aller zusammenkommt, ist demzufolge von ganz einmaliger Natur und so ziemlich das Wertvollste, was die Evolution der menschlichen Gemeinschaft zu geben hat, auch wenn er im Detail nur aus den primitiven Zusammenhängen besteht, in denen die rationalen Funktionen unserer Welt entwickelt und gehalten werden. So wie es nicht mit logischer Vernunft ausgemacht werden kann, haben sich im Laufe der Zeit rein intuitive Methoden entwickelt, das geistige Prinzip in der Gesellschaft zu befördern. Die Augenscheinlichkeit der äußeren Ratio im Vergleich zur inneren Beziehungswelt hat aber dazu geführt, dass dieser Vorgang heute beendet und ins Gegenteil verkehrt wird, das heißt, dass die Geistesentwicklung unterdrückt, statt begünstigt wird. Deren aus der Geschichte bekannten Normen werden aus logischer Sicht nicht durchschaut und als überlebt, naiv und kitschig empfunden.

In der Herausbildung der Natur bemerkt man den aufbauenden Charakter des konnektiven Prinzips mit besonderer Deutlichkeit. Es wird im neuen Schritt immer auf das Vorhandene aufgesetzt, welches niemals vernichtet wird, was auch der Weiterentwicklung die Voraussetzungen nehmen würde. In der Natur wird das aufsetzende Bauprinzip im Allgemeinen akzeptiert und kein Wissenschaftler würde auf die Idee kommen, bei der Entwicklung neuer Pflanzenarten etwa mit einer Veränderung der Elektroneneigenschaften rechnen zu müssen. Aber die Wege werden damit auch eingeschränkt. So unendlich man sich die Formen und Geschehnisse auch denken kann, im Vergleich dazu ist das Lebensprinzip in einen verhältnismäßig engen Rahmen gesetzt. Ohne diese Begrenzung könnte es nicht über einen so langen Zeitraum existenz- und entwicklungsfähig gehalten werden. Alle Ausbrechversuche bedürfen der Gewalt und landen im Rückwärtsgang. Es ist keine Macht der Welt denkbar, welche die einfachen Rahmenbedingungen des Lebens und der Gesellschaft auf eine andere Basis stellen könnte. Es sind offensichtlich nicht nur die Ressourcen der Stofflichkeit, sondern auch die möglichen Organisationsformen begrenzt, was einen sorgsamen Umgang mit ihnen erforderlich macht. Vielleicht unterliegen sie dem Prinzip einer Ursymmetrie, welches sich in allen Entwicklungsniveaus der Evolution durchsetzt und gegen jede Differenzierung erhaben ist. Die Frage ergibt sich, ob nicht selbst auch der ganze Sinn der Welt sich darin begründen könnte. Wir können diese Frage nicht beantworten, zumal auch die Erkenntnisprinzipien den kosmischen Grundsätzen unterliegen dürften und sich selbst in symmetrischen Ergänzungen verschränken könnten. In dieser höchst entwickelten Form sollte uns das Symmetriestreben wenigstens seiner Bedeutung nach eingehen, weil sich letztlich auch unser Geist in dieser Entwicklung spiegeln muss. Wenn auch nicht selbst erkennbar, so muss zumindest die Ordnung auffallen, in welcher die konservativen Aktionen in gewisse optimierte Zustände geführt werden.

Wenn die Entwicklung der Gesellschaft auch als Evolution aufgefasst wird, so entsprechen zunächst die rationalen Funktionen den einfachen Bausteinen der Natur. Sie sind es, die die elementaren Lebensbedingungen aufrechterhalten, und welche sich beliebig perfektionieren lassen. Zu diesen logischen Aufgaben gehört es auch, eine gewisse Grundversorgung an den lebensnotwendigen Dingen für jeden Einzelnen zu organisieren. Ein solcher sozialer Standard kann sich natürlich nur an den Möglichkeiten des Entwicklungsniveaus orientieren. Mit dem Fortschritt beginnt die zweite Aufgabe in der Gesellschaft, weil alle eingerichteten Systeme konservativ sind und von sich aus keine Entwicklung kennen. Dazu bedarf es eines konnektiven Hintergrundes, der nicht nur die Änderungen nachhaltig gestaltet, sondern auch die Funktionen gegeneinander austariert und in einen optimalen Ordnungszustand bringt. Diese Aufgabe kann nur von dem kollektiven Unterbewusstsein gelöst werden, welches sich aus den höchsten

Führungssystemen, den konnektiven Netzwerken der Individuen zusammensetzt. Nur in dieser potenzierten Form kann die Evolution fortgeführt werden, indem die menschlichen Möglichkeiten auf eine Machbarkeit eingegrenzt werden. Im Gegensatz zum Wissen über die rationalen Funktionen kann das Beziehungswissen des Hintergrundes nicht geschult werden und kann nur aus der Gemeinschaft intuitiv bezogen werden, in seinen Fundamenten auch nur im Kindesalter. Es lässt sich nicht bewusst steuern und bildet damit einen wesentlichen Grund für das Scheitern gesellschaftlicher Konzepte.

Im kollektiven Unterbewusstsein wird sich genau das wiederfinden, was wir als Eigenschaft konnektiver Systeme konstatiert hatten. Die Information ist nicht in einzelne Symbole konzentriert, sondern liegt in weiten Beziehungen. Im Fokus unseres Bewusstseins können wir nur kleine naive Inhalte ausmachen. Es sind die primitiven Bedingungen, die unsere Gemeinschaft generieren und sich im Volksgut darstellen. Eine Analyse ist nicht möglich, es sei denn, wir könnten die ganze Gesellschaft nach ihrem geordneten Zusammenspiel bemessen. Den unbewussten Kristallisationskeim der Vollkommenheit zu bilden, mag man der Volksseele nicht zumuten. Den Vorgang könnte sie uns auch nicht präsentieren, weil dafür zu viel an Beziehungswissen beobachtet werden müsste, welches wir unmöglich erfassen könnten. Uns bleiben die überschaubaren Bedingungen aus dem Zentrum des konnektiven Systems, den ersten Zusammenhängen, aus denen am Ende auch jeder Fortschritt erwachsen muss. Sie zählen zu den Inhalten der Volksseele, dem magischen Kontext, der bei jeder Situation als gegeben vorausgesetzt wird und der doch in verschiedenen Gesellschaften und zu anderen Zeiten ganz unterschiedlich ausfällt. So einfach die Inhalte sind, können sie doch ein „unterirdisches" Koordinatensystem bilden, in dem sich die ungeheure Informationsmenge positionieren kann. Die naiven Bilder sind sozusagen die wenigen Zugänge, welche in das Labyrinth des Beziehungswissens führen. Andererseits tragen sie schon eine erste Vorstellung von der Ausrichtung auf das optimale, uns paradiesische Ziel in sich. Die Bedeutung der stillen Hintergrundinformation wird besonders demjenigen aufleuchten, der eine gesellschaftliche Wirklichkeit virtuell nachbilden will. Viele Funktionen haken nicht ineinander und würden sich ohne einen äußeren Rahmen im Chaos verlieren. Genauso könnte man jede Entwicklung in der künstlichen Welt nur mit äußerem Antrieb und mit einer äußeren einschränkenden Führung bewerkstelligen.

In der Gesellschaft sind die äußeren Leitlinien mindestens soweit unbewusst, wie sie konnektiv konstituiert sind. Alles, was sich logisch abbilden lässt, kann sich darüber hinaus in den Normen und Gesetzen der Zivilisation erhalten. Im Laufe der Entwicklung werden sich diese ändern, sie werden vollkommener, sodass damit auch die Bedingungen der Evolution allgemeiner werden können. Auch hier fließt die konnektive Information der evolutionären Vorgaben in die konservativen Formen, nämlich in die von Gesetzen und gesellschaftlichen Normen. Das Wissen darum kann aus den allgemeinen Randbedingungen der Evolution verschwinden und wird dann in der Gesellschaft selbst aufbewahrt. Für eine genetische Speicherung wäre der Zeitpunkt zu spät, die Informationsmenge zu groß und aufgrund der Vielfalt der Kulturen zu differenziert. Es bleibt eine parallele Speicherung der gesellschaftlichen Werte. So zeigt sich uns das Entwicklungsprinzip, und die Frage bleibt, ob etwa auch auf andere Art eine ähnlich nachhaltige Veränderung möglich wäre.

Nun kann man sich leicht denken, dass die Bedingungen für die Herausbildung der Zivilisation nicht komplexe mathematische Kreationen sind, sondern als primitive Wurzeln in all den Dingen unseres Geistes existieren, die in unserer Erkenntnis kaum spürbar werden. Wir bekämen sie ohnehin nicht in logischer Analyse zu fassen, sondern wären auf einer feinsinnigen, austariert harmonischen Hinwendung zu den Ursprüngen des Kulturgutes angewiesen, gleichsam einer Romantik[385], welche das tiefe Netzwerk geistiger Beziehungen in Sprache und Kultur geschaffen hat und in dem auch nur die höheren Bildungen und ihre Erkenntnisse ihrer Fundamente finden können. Es ist ein sensibles System von Korrelationen, welches seinem Informationsprinzip nach keine Rangfolge definieren kann und demzufolge alle Formen von Macht und Gewalt von selbst verbietet. Die kommen erst auf, wenn das feinsinnige Wägewerk zerstört ist und einzelne Glieder überproportional zu wuchern beginnen, wenn das ausgleichende Prinzip des Geistes fehlt, und die Symbole der Heimat und Tradition von einem Machtregime missbraucht werden. Dass das gemeine Kulturgut von sich aus einen militärischen Nationalismus begründen könnte, ist zwar eine moderne, im Sinne der Evolution aber völlig kurzsichtige Vermutung. Die logischen Ordnungen der Macht können in den Organisationsformen des Geistes nicht ausgeführt werden, müssen sich aber geistiger Symbolik bedienen, um in der öffentlichen Moral bestehen zu können, wie sich auch die niedere Gier dahinter verbergen kann. Eine konzertierte Gewaltaktion kann von großer Wirkung sein, aus einer Volkskultur heraus könnte eine solche nicht durchgeführt werden, weil sich das Volksgut selbst als ausgewogene Grundlage von Moral und Ethik definiert, in welcher Macht und Gewalt von sich aus

---

[385] Die Romantik definiert sich als Phänomen, im Äußeren auf die urgründliche Beziehungswelt zu stoßen, welche sich auch im Inneren strukturiert hat.

verschwinden müssen. Alle geistigen Prinzipien sind von Natur aus schwach und leicht zu vereinnahmen, was in den politischen Auseinandersetzungen schon oft zu Fehlinterpretationen mit fatalen Folgen geführt hat. Allein an der Trennlinie der Informationsprinzipien können die beiden Organisationsformen deutlich auseinandergehalten werden.

Die konnektive Informationsform bildet mit einem geistigen Kontext die Rahmenbedingungen der menschlichen Gesellschaft. Mehr oder weniger ausgebildet baut jede Gemeinschaft auf diesen Grund. Die Evolution setzt von Beginn an auf einen Zusammenhalt. Am Anfang waren es Korrelationskräfte, welche über physikalische Wechselwirkungen organisiert sind. In der kybernetischen Evolution werden diese durch die immer umfangreicher werdenden Informationsbeziehungen ersetzt. An der höchsten Stelle in dieser Entwicklung kommt schließlich das konnektive Prinzip zu stehen, welches ganze Organisationsformen in eine harmonische Ordnung zusammenfügen kann. Wie umfassend, aber auch dem Verstand vollkommen verschlossen, sich ein solches System entwickeln kann, zeigt sich etwa in der ersten Liebe junger Menschen. Die geistigen Anlagen brennen darauf sich zu verbinden und schaffen ein Ganzes, das keine Rangfolge zulässt. So unvernünftig sich mitunter die Konstellation zeigt, das konnektive Prinzip überwindet alle Hürden, balanciert die Lasten aus und führt zur Harmonie. So wie die Anlagen des Geistes in jedem Menschen vorhanden sind, kann auch eine ganze Zivilisation darauf bauen, und eine Harmonie schaffen, in der die Volkskulturen in Umgrenzung, Austausch und wechselseitiger Befruchtung ihre optimale Schöpferkraft entwickeln können. Das konnektive Prinzip des Geistes sucht von sich aus die Vervollkommnung und braucht dazu die harmonische Beziehung, welche durch alle Rangordnungen, wie auch nationale Überheblichkeiten, nur zerstört werden können. Der Volksliedersammler und Patriot Herder meint: „*kein Volk ist ein von Gott einzig auserwähltes Volk der Erde; die Wahrheit müsse von allen gesucht, der Garten des gemeinen Bestens von allen gebauet werden (...) So darf sich auch kein Volk Europa's vom andern abschließen, und töricht sagen: »bei mir allein, bei mir wohnt alle Weisheit«* “.[386] Die besondere Kunst ist es dabei, die einzelnen Kulturen gewähren zu lassen, und nicht zu vermischen, um ihre besondere Identität nicht zum Verschwinden zu bringen. Erst wenn die Differenzierung geschaffen und nachhaltig stabilisiert ist, kann auch eine höhere Stufe erreicht werden, in der eine Vervollkommnung mit den einzelnen ausgebildeten Kulturen realisiert werden kann. Die Bereicherung

[386] Herder Lesebuch. Herausgegeben von Siegfried Hartmut Sunnus. Frankfurt am Main , Leipzig 1994. Seite 270

durch Differenzierung ist das Ziel, wie ein Sternekoch niemals auf die Idee kommen könnte, alle Gewürze zusammen in ein Gefäß zu kippen, um die Organisation in der Küche zu vereinfachen. Eine formlose Multikulti-Gesellschaft wäre eine solche Mischung, die jede Differenzierung aufhebt und die Ergebnisse der Evolution in eine farblose „Nullkulti"-Gesellschaft versinken lässt, um alle konnektiven Ordnungsprinzipien ad absurdum zu führen. Es ist eine hohe politische Kunst, die kulturelle Vielfalt in eigenständigen Linien zu entwickeln und gewähren zu lassen, ohne sie durch Uniformierung in der Gemeinschaft zu zerstören. Die Weitsicht der Entwicklungswege ist nicht immer leicht gegen aktuelle soziale Zwänge auszutarieren. Aber jede Art Zivilisation ist auf einen kulturellen Kontext angewiesen, der das unbewusste Reglement gemeinschaftlicher Existenz festlegt. Alle historisch gewachsenen Bedingungen sind in diesem Beziehungskosmos konnektiv verwurzelt, und zwar umso intensiver, je kleiner der Radius ausfällt. Nur durch Macht und Gewalt, oder mit fremder Adaption aus dem historisch gewachsenen Gleichgewicht gebracht, wird auch das Gemeingut selbst unbrauchbar, der harmonischen Entwicklung voranzustehen. So sehen wir etwa auch die oft zweisprachigen postkolonialen Systeme, in denen eine harmonische Ordnung kaum mehr aufrechtzuhalten ist. Die rationalen Organisationsprinzipien der Kolonialmächte sind mit dem traditionellen Gemeinwesen nicht in Übereinstimmung zu bringen, weil nicht daraus erwachsen. Das sich aus diesem Zwiespalt ergebende Chaos ist heute kaum zu übersehen.

So mächtig und intelligent eine avantgardistische Elite auch sein mag, mit logischen Konzepten wird sie niemals die Existenzbedingungen einer ganzen Gesellschaft entwickeln können. Eine zwanghafte Gesellschaftsform mit einem Reglement logischer Regeln kann kein entwicklungsfähiges System im Sinne der Evolution sein. Eine Reduzierung auf rationale Funktionalität lässt die kybernetischen Prinzipien außer Acht, welche die Ordnung auf höchstem Niveau besorgen. Es ist an der Stelle ein Informationssystem gefragt, das die Wirklichkeit in ihrer ganzen Bandbreite über Raum und Zeit erfassen kann. Auch diese Aufgabe ist ein Teil der Wirklichkeit und wir müssen sie in der Vielfalt der evolutionären Prinzipien finden können.

Wenn wir die besondere Form von Information nicht erkennen können, so müssen wir diesen gewaltigen „Dienstleister" wenigstens gewähren lassen, ihm aber auch zubilligen, seine eigenen Methoden verwenden zu dürfen. Die stammen nicht aus einer mathematischen Ableitung, sondern kommen aus einer Unmenge gewichteter Korrelationen, welche zwischen den Dingen und Geschehnissen bestehen, aber kaum bemerkt werden können. Logische Kausalitäten bleiben dabei unbeachtet, sie liegen gewissermaßen eine Ebene tiefer. In einem geordneten Zusammenspiel beschreiben die Zusammenhänge eine gewisse Harmonie, während in chaotischen Zuständen keine Abbildung in den Beziehungsraum möglich ist. Was in der Zivilisation über den rationalen Funktionen zu liegen kommt, ist im Allgemeinen nur mit einfachen Korrelationen beschrieben. Die einfachste Harmonie, die eine Gesellschaft zustande bringt, bildet ein ausbalanciertes Netzwerk, in das auch viele andere Zusammenhänge mit hineinstrukturiert werden können.

Das Fundament ist vergleichbar mit der naiven Ideenwelt des Kindes. Es ist nicht die intellektuelle Kreation komplexer Gesetze, sondern vielmehr der Beziehungskosmos des Bescheidenen, die einfache Poesie von Menschlichkeit, Heimatliebe und Mutterwitz. Es sind alles konnektive Phänomene, die im Volksgut einen Namen erhalten haben. Genauso wenig wie sich das Schöne und Gute wirklich beschreiben lassen, sind diese Dinge doch von unserer Welt und lassen sich vielfältig potenzieren, wenn nur die Ebenheit des Grundes nicht verlassen wird. Es sind alles Bedingungen, die auf einer Abbildungsebene, dem Niveau von neuronaler Information, eine konnektive Beziehungswelt unterstützen und über die vermittelnde Kraft des Menschen die Voraussetzungen einer harmonischen Gesellschaft schaffen können. Was im kybernetischen Hintergrund auf konzentrierte Art vermessen und organisiert wird, kann gewissermaßen in die Ordnungssysteme der Wirklichkeit eingetragen werden, die damit auch nur die gleichen Fundamente zulassen, wie sie in der neuronalen Selbstorganisation möglich sind.

Die geistigen Strategien in der Gesellschaft haben nichts mit Heldentum und Machtwahn gemein, sooft hier vielleicht auch eine Verbindung konstruiert wird. Aber die Machtgierigen werden die Parolen kennen, die sie auf ihre Fahnen zu schreiben haben, um ihre Widersacher zu besänftigen. Die Parolen, die dem Gemeingut entnommen werden, gehören nicht zum Wesen der Macht. Sie sind vielmehr nur das Deckmäntelchen für eine Vorteilsnahme, die Schieflastigkeit und Disharmonie erzeugt. Dafür wird alles verwendet, worauf die Masse abfährt, was gerade modern ist. Aber von schon diabolischer Hinterhältigkeit ist es, wenn das kulturelle Gemeingut und die Grundlagen von Heimat und Volksgut der Machtgier als Vorwand herhalten müssen, wo es doch das eigentliche Ziel der Machtstrukturen sein muss, das geistige Gemeingut, das heißt das konnektive Netzwerk der Gemeinschaft, am Ende zu beseitigen. Es werden Rangfolgen gebraucht, welche als Voraussetzungen der linearen Hierarchie der Macht notwendig sind und den konnektiven Prinzipien der Volkskultur diametral entgegenstehen.

Genauso wie die Uniformierung das Gesetz des untersten kybernetischen Prozesses ist, zeigt der Weg in die Sinnebene die zunehmende Vielfalt und

Einmaligkeit der Strukturen, die offensichtlich auch das Wesen der Evolution ausmachen. Physikalisch lies sich das auch als Hierarchie der Symmetrie auffassen, welche von der Reversibilität der konservativen Prozesse bis zur Harmonie weitläufiger Beziehungen reicht. Der Nutzen von Vereinheitlichungen ist vom Niveau in der natürlichen kybernetischen Pyramide abhängig und in den untersten Ebenen am größten. Nur die Machtstrukturen brauchen die Uniformierung auf allen ihren Organisationsebenen, müssen dadurch aber auf Weitsicht und Nachhaltigkeit verzichten.

Die Bindungskraft ist im konnektiven System nicht stark, weil sie auf unzählige Positionen verteilt werden muss. Genauso schwach fällt der geistige Zusammenhang in der Gemeinschaft aus, wenn auch der Nutzen unermesslich groß werden kann. Eine aus dem Volksgut heraus natürlich entwickelte Gemeinschaft ist von harmonischer Ordnung, kann aber keine Macht entwickeln und ist demzufolge auch gegen keine Macht gefeit. Es ist deshalb kein seltenes Phänomen, wenn die Mächte der Welt gern auf solche natürliche Gefolgschaften bauen, die selbst keine Gegenkraft entfalten können. Anderseits können unzeitgemäße oder aus dem Ruder gelaufene demokratische Ordnungen kleinen Machthierarchien verfallen, solange sie sich auf ein geistig entwickeltes Gemeinwesen stützen können. Das muss zum Zwecke der harmonischen Selbstorganisation aber auch weiterentwickelt werden. Auch das scheinbar eherne Prinzip der Demokratie muss einer evolutionären Veränderung unterliegen, hat gewissermaßen auch ein Verfallsdatum. Dem gleichen Verfall unterliegen auch die Moralgesetze, sofern sie auf logische Art formuliert sind. Schließlich entwickelt sich auch die Intelligenz listiger Intriganten, welche die ethischen Ziele leicht auch verkehren und für die eigenen Zwecke nutzen können. Die modernen Kommunikationsmittel schaffen dafür die besten Voraussetzungen, indem durch die geschaffene Globalisierung die Hebel der Macht aus allen Ecken der Erde heraus in alle Gebiete angesetzt werden können. Die Methoden lassen sich auf diese Art multiplizieren und können in allen Regionen der Welt gleichzeitig wirksam werden. Einzelne Länder sind dagegen wehrlos, weshalb das Völkerrecht und die ethischen Prinzipien, wie etwa auch die Asylgesetze, nur noch über die Weltorganisation geregelt werden können.

Im Kleinen kann sich der gesunde Menschenverstand der Unstimmigkeit der logischen Nachbildungen des Geistes entgegenstellen, wie er sich auch im ganzen Volk zu potenzieren vermag und damit gegen die ungenaue Logik einer kleinen Führungselite eine größere Voraussicht entwickeln kann. Es ist die Sicherheitseinrichtung der Zivilisation, welche die mit der Intelligenz wachsende Kurzsicht der Logik mit den einfachen Mitteln des gesellschaftlichen Bewusstseins auf die evolutionäre Natürlichkeit zurückholt.

Das metaphysische Rüstzeug einer geistvollen Sprache bietet dafür ein ausgezeichnetes Hilfsmittel.

Es ist ein Volksgut niemals der Grund für einen Krieg, vielmehr das Objekt der Begierde, nämlich das der Macht, welche das unschuldige Gemeingut für eigensinnige Zwecke zu missbrauchen sucht. Die Volkskultur zu bekämpfen, verhindert keine Kriege. Der einzige Weg gegen die Gewalt ist es, deren gegen die Geistesentwicklung gerichteten Prinzipien aufzudecken und öffentlich zu machen. Dazu gehörte auch ein wissenschaftlicher Forschungsbereich, der den Schutz der Natur durch einen Schutz der menschlichen Seele ergänzt. Damit die verderblichen Strukturen gar nicht erst aufkommen, gilt es, die Geistesentwicklung umfassend zu unterstützen. Das gemeine Kulturgut der Völker in ihrer freien Entfaltung zu fördern ist dazu die erste Voraussetzung. Die Verschiedenartigkeit anzuerkennen und zu befördern macht das Leben des Geistes aus, die globalisierte Gleichmacherei von Sprache und Kultur stärkt und erhält dagegen das ewige Spiel der Mächte. Das Machtprinzip kann sich in der Vielfalt des Geistes nicht herausbilden und in der Vielfalt nicht zurechtfinden, es braucht Vereinfachung und Uniformierung. In der neueren Geschichte lässt sich feststellen, dass der kybernetische Zusammenhang nie analysiert worden ist, und der gleiche Fehler sich ständig wiederholt. Die Macht ist ihrem Prinzip nach ein Selbstläufer und bedarf keiner geistigen Zuarbeit. Ihre Entstehung verrät sich schon frühzeitig durch die Zerstörung der für die Geisteskultur so notwendigen Diversifikation in der hintergründigen Welt von Beziehungen.

Die überlieferte Volkskultur hat keine Zwecke im rationalen Sinn, weshalb auch der logische Verstand damit kein Pläsier haben kann. Sie ist kein Objekt für Wichtigtuer und Aufschneider. Sie erregt nicht die Aufmerksamkeit, weil sie das Zentrum der Natürlichkeit selbst ist. Intelligente Querdenker müssen sich über das Volksgut erheben, müssen es mit der Größe ihrer Gedanken aus dem Weg räumen und werden so zu Schützengehilfen der modernen Machtstrukturen. Es finden sich auch sonst viele ein, welche sich gegen die geistigen Grundlagen der Zivilisation vereinen. Man wähnt sich auf den Weg in die Freiheit und zerstört die natürlichen Bindungen der Wirklichkeit. Was entsteht ist Chaos, das offenbar auch schon als Bedingung der vermeintlichen Freiheit erspürt und kulturell propagiert wird.

Wenigstens lässt sich heute die Volkskultur nicht mehr zur Tarnung der Macht missbrauchen, weil sie schon als Vorwand für die vorherigen Untaten herhalten musste. Der raffinierte Schachzug, das Volksgut für die eigenen Sünden der Vergangenheit schuldig zu sprechen, entspricht der Intelligenz eines Virus, welcher sich immer wieder neu erfindet, um sich der Situationen anzupassen. Die Macht, die schnell auch auf Gewalt setzt, folgt der

Evolution wie ein Schatten. Nur der kann ihr schändliches Werk erkennen, der an der Spitze steht und die Entwicklung sozusagen von oben verfolgt. Hier zeigt sich kein statisches Wissen, die Erkenntnis muss sich den Veränderungen in der Gesellschaft anschließen, die zunächst und ganz ohne Polemik betrachtet, der Entfaltung der Informationsprinzipien folgen muss. Jede noch so fortschrittliche Erkenntnis kann, wenn sie über die Zeiten festgehalten wird, schnell der Entwicklung zum Hindernis werden.

Nur ist die Grundlage allen Fortschritts gerade das Einfache, das Gemeingut, die Quintessenz der harmonischen Bindungen aller Individuen. Es ist der primitive Rahmen, in dem sich der Einzelne im Sinne der Gemeinschaft entwickelt. Dass kein Kampf der Hyänen entsteht, lässt sich zwar auch über Gesetze regeln, das einfache Volksgut ist aber gerade ein Prinzip, das allein aus dem konnektiven Wesen des Geistes gemacht ist und der Gesetze nicht bedarf. Es ist die natürliche von der Evolution geschaffene Methode des Zusammenlebens. Die äußere Ordnung ist eine Folge der inneren Harmonie, die sich auf einfache Zusammenhänge bezieht, welche den Sinn des Lebens ausmachen. Das unbewusste Prinzip des Gemeingutes wird mit den vielen individuellen Bewusstseinsfunktionen zusammengesetzt, allerdings auf uns nicht durchsichtige konnektive Art, welche die Wichtungen nach den Belangen nachhaltiger Selbstorganisation setzt. In solcher Balance entsteht eine Zielführung, welche für uns als schön in den Strukturen und gut in den Handlungen erscheint. Es ist die Vervollkommnung der einzelnen Seele, welche als ein ausbalanciertes Führungssystem auf ganz naive Fundamente gebaut ist, wie sie uns im Kinde am deutlichsten vor Augen geführt werden. Wir müssen diese Anlagen auch deshalb als schön und gut empfinden, weil sie uns aus der äußeren Welt gegeben sind und sich dort auch in bewusster Reflexion wieder finden lassen. Das ist keine Verneinung der Schöpfungsidee. Schließlich können unsere Erkenntnisse nur eine schwache Beschreibung sein für die kybernetischen Bedingungen, an die selbst eine Schöpfung in letzter Durchführung gebunden ist, wenn sie allen ihren Prinzipien nach auch mit der Wirklichkeit konsistent sein soll.

Werden die natürlichen Prinzipien der Harmonie in der menschlichen Seele zerstört, kann auch in der Gemeinschaft keine Harmonie aufkommen. Die Bilder des Schönen und Guten können in der Außenwelt nicht mehr gefunden und unterstützt werden, sie sind dem Verfall preisgegeben. Die Symbole der inneren Zerrissenheit sind nicht nur in der Kleidung auffällig, sie finden sich auch in den Kunstauffassungen, der Politik und selbst in der Wissenschaft wieder. Die Unfähigkeit zur äußeren Ordnung ist ein typischer Ausfall im konnektiven Zusammenspiel. Entweder die seelischen Grundlagen werden schon im Kinde zerstört, wie das etwa durch eine falsch verstandene frühkindliche Bildung[387] geschehen kann, oder der Fehler liegt in der Gesellschaft selbst, indem eine Volkskultur nicht zugelassen und den Menschen ein fremdes und unnatürliches Wesen übergestülpt wird. Das war in den Kolonien der Fall. Von einer vereinnahmenden Kolonialisierung durch die elektronischen Medien wird man aber auch wieder sprechen dürfen, wenn die heile Welt konsequent ausgeblendet und der Geist durch Ratio ersetzt wird. Die Folgen eines solchen machtgetriebenen Umgangs mit Information sind unschwer auszumachen. Der Einzelne verliert nicht nur seine Freiheit und sein unbewusstes Streben nach Harmonie, er verliert auch seine natürliche Glücksfähigkeit und das ihm von der Evolution geschenkte Lebensgefühl. Trotz der vielleicht besseren äußeren Umstände bleiben ihm die Momente der tiefen Glückseligkeit verwehrt, was ihm aber nicht auffällt, da er sie auch nicht kennt. Das Glücksgefühl ist eine Kategorie des Geistes und kann nur mit diesem vervollkommnet werden. Ein einfaches Surrogat ist die Befriedigung körperlicher Bedürfnisse, wie auch die Beseitigung eines Schmerzes. Die Beseitigung von Sorgen hingegen setzt einen geistigen Vorlauf voraus, welcher schon zu einem Glücksgefühl ermächtigt. Der Niedergang des geistigen Prinzips führt zur Verachtung von Ästhetik und Moral, was sich nicht nur in den Kunstrichtungen und der Wissenschaft zeigt. Das kann, durch korrupte Handlungen in Gang gesetzt, letztlich auch zu tief greifenden politischen Verwerfungen mit bürgerkriegsähnlichen Zuständen führen.

## 7.4 Die Rolle der Musik bei der Entwicklung des Geistes

Schon aus der Tatsache heraus, dass die Musik keine vernünftige Logik übermittelt, ist sie verdächtig, die seelisch konnektive Führungsebene zu bedienen. Indessen lehrt uns die Erfahrung, dass mit der Musik eine ganze Reihe unterschiedlicher Wirkungen verbunden ist. So wie aus unterschiedlichen Umständen heraus, oder vom verschiedenen Genius erzeugt, ein ganzes Spektrum verschiedener Klangwelten intoniert werden kann, ist auch der Angriffspunkt der Musik in der Architektur unseres Geistes ein ganz differenzierter. Andererseits muss sie als Begleitumstand der Evolution auch in irgendeiner Form deren Verlauf abbilden. Entweder ähneln die Klangmuster den evolutionären Bedingungen selbst und werden damit zu Vorgaben der Geistesentwicklung, oder aber sie werden auch von den Bedingungen geformt, sind also Erzeugnisse der Evolution, welche unter deren

---

[387] Bei einer frühkindlichen Bildung kann es sich nur um eine seelische Bildung handeln, die von der Mutter am besten besorgt wird. Jede Bildungsdressur im rationalen Sinne muss die seelischen Anlagen verderben und die ersten Berge von Sperrmüll im Kopf anhäufen.

Vorgaben gebildet werden. In der Harmonielehre zeigt sich dazu, dass sich auch ein Musikempfinden in der bewussten Wahrnehmung etabliert hat, welches ganz bestimmte Verhältnisse der Tonfrequenzen bevorzugt. Dieses bewusste und vordergründige Empfinden ist unmittelbar mit der Mechanik der Rezeption verbunden. Es ist leicht anzunehmen, dass auch das unbewusste Hören diesem Weg folgt und damit die Gesamtwirkung der Musik durch die Harmonielehre festgelegt ist. Es versteht sich von selbst, dass das nur die künstlich erzeugten Klangmuster betrifft und die natürlichen Töne und Geräusche ihren eigenen Weg außerhalb der Harmonie gehen müssen.

Im Gegensatz zur Entwicklung des Geistes, der frühzeitig den Rahmen setzen musste, ist die Musik zunächst auf den Klang bildenden Prozess angewiesen, welcher außerhalb der geistigen Kompetenz erzeugt wird. Die Wirkung der Klänge und Rhythmen wird man sich deshalb als eine aufbauende vorzustellen haben, die in ihrer geschichtlichen Entwicklung zunächst die niederen Zwecke befriedigt um dann zu den höheren geistigen Bedürfnissen aufzusteigen. Ungesehen der reinen technischen Umstände kann damit auch die Musik die Entwicklung des funktionellen Teils des Bewusstseins widerspiegeln. Die Entwicklung der musikalischen Fertigkeiten wird aber letztlich der Forderung des Geistes folgen müssen und immer höhere Ebenen der kybernetischen Hierarchie zu erschließen haben. Die Musik kann natürlich nicht direkt an den evolutionären Aufgaben der Strukturbildung mitwirken. Sie wird dem menschlichen Geist aber auf ganz eigene Art zu Diensten sein können, indem sie dessen Vervollkommnung unterstützt.

Am Anfang steht also der niedere Trieb, der sich in Töne und Rhythmen abbildet und andererseits auch wieder von diesen vereinnahmt wird. Genauso wie der Ritus ahmt die Musik die Handlung nach, indem sie die niederen Regionen erregt, welche dieselbe zu steuern vermag. Kennzeichen dieser niederen Form ist die ständige Wiederholung, die die Informationsbahnung einschleifen soll, genauso wie uns das etwa aus dem logischen Training bekannt ist. Die wiederholte Wahrnehmung stellt das Bewusstsein eng, was einem gewissen hypnotischen Zustand gleichkommt, welcher das höhere Führungsniveau abkoppelt und beschreibbar macht. Ein wichtiges Kennzeichen des niederen prozessnahen Niveaus ist die Zeitkonstante des melodischen Zyklus, die entsprechend kurz ausfällt. Ebenso ist die Lautstärke Ausdruck eines machtvollen Prozesses, welcher durch dominante Schlagzeuge unterstützt wird. Uns ist die Form der Musik aus dem Brauchtum der Urvölker bekannt. Da der Mensch in seiner Struktur sukzessive in evolutionären Schalen gebaut ist, wird er auch heute noch von dieser ursprünglichen Musik beeinflusst, allerdings nur auf der entsprechend niederen Ebene. Es werden gewissermaßen nur das „Bauchhirn“ erregt und die entsprechenden einfachen Triebe konditioniert.[388] Die höhere geistige Führung wird dabei außer Kraft gesetzt, was auch schon als eine Befreiung empfunden werden kann. Ein vorhandenes Willensbild, etwa auch ein moralisches, wird diffus überschrieben, wobei die niederen Bilder vorherrschen, welche die Situation vorgeben. Klang und Rhythmus werden von einfachen Vorstellungen geformt, welche irgendeine Aktion nachahmen. Da die Prozessebene davon vereinnahmt ist, kann sie das höhere Willensbild nicht mehr erfüllen, welches unbeaufsichtigt beschrieben worden ist. Die Musik erlöst deshalb nicht; die Befriedigung kann nur durch eine anschließende Handlung erfolgen, welche die Erregung in die Wirklichkeit umsetzt. Die Urvölker haben sich mit solchen Methoden auf die Jagd oder auf kriegerische Feldzüge vorbereitet. Heute sieht man demolierte Straßenlaternen nach den Popevents und das Weiterwirken des Prinzips sozusagen auf „zivilisiertem" Niveau. Interessant ist, dass diese Art Musik viel Nervenenergie verbraucht, weil sie in kybernetischer Hinsicht nah am Prozess gebaut ist. Deshalb wurden schon in Urzeiten gewisse Stärkungstrünke gereicht, um die Aktion auch durchhalten zu können.

Mit den Vervollkommnungen und Verfeinerungen der Instrumente und der Fertigkeiten der Spieler konnte das Prinzip Musik schließlich immer höhere Regionen des Geistes erobern. Mit ihrem Eindringen in die geistige Potenz des Menschen musste sich die Musik gewissermaßen auch den Informationsprinzipien anpassen. Aus dem einnehmenden Rhythmus musste eine Klangmalerei werden, deren Pinselstriche von feinen Melodien geführt werden. Anstelle der Erregung kommt dabei das Prinzip Schönheit. Während in der niederen Form das Einschleifen von „tönernen Bewegungen"[389] im Vordergrund steht, welches zu grob für das subtile Gewebe des Geistes ist, wird auf höherem Niveau die Balance der Melodien, ihre feinsinnige Harmonie, das beherrschende Element. Indem die Musik in die konnektive Ebene vordringt, wird sie zum Hilfsmittel der geistigen Führung des Menschen. Die Melodien folgen dabei einem höheren Ordnungssystem, sie sind komplexer, bewusst undurchdringlich und können nur durch das einfühlsame Genie ersonnen werden, das auch eine geistige Bildung durchlaufen hat. Der melodische Zyklus ist weitaus länger und wird durch weite harmonische Landschaften geführt, welche gewissermaßen durch die konnektiven Gebirge gebildet werden. Diese sind nicht mehr bewusst wahrzunehmen,

---

[388] Da das von höherer geistiger Spezialisierung unabhängig ist und bei allen in der gleichen Form vorhanden ist, kann es dazu dienen, völlig unterschiedliche Menschen in einer Menge gleichermaßen zu betören, was es für die Vereinahmungsstrategien der Medien geradezu prädestiniert macht.

[389] Tonfolgen und Bewegungsabläufe folgen äquivalenten nervalen Spuren.

weshalb die höchste Wirkung der Musik eine unbewusste ist und tief in die Seele zu dringen vermag. Entsprechen die Melodien den feinen und weiten Symmetrien der Harmonie, kann das konnektive System nicht nur auf ein höheres Niveau gehoben werden, das die kreative Phantasie beflügelt und den Gedanken neue und weite Räume eröffnet.[390] Es tritt auch ein geistiger „Reinigungseffekt" in Erscheinung, der bei guter Musik von sofortiger Wirkung ist.

Die mit feinsinniger Musik eröffneten geistigen Räume sind im Entwicklungssinne austariert und können nur Gedanken der Harmonie unterstützen, welche mit dieser Qualität aus den Fundamenten heraus weite Zusammenhänge erschließen können. Es ist der Blick über Zeit und Raum, welcher die störenden Unebenheiten zum Verschwinden bringt und weit in die Zukunft reichende Entscheidungen mit Nachhaltigkeit unterstützt. Romantiker wie Wackenroder erkannten die geistige Wirkung der Kirchenmusik, seinem Tonkünstler Joseph Berglinger war es dabei, *„als wenn auf einmal seiner Seele große Flügel ausgespannt, als wenn er von eine dürren Heide aufgehoben würde, der trübe Wolkenvorhang vor seinem sterblichen Auge verschwände, und er zum lichten Himmel emporschwebte. (...) Tausend schlafende Empfindungen in seinem Busen wurden losgerissen und bewegten sich wunderbar durcheinander. Ja, bei manchen Stellen der Musik endlich schien ein besonderer Lichtstrahl in seine Seele zu fallen; es war ihm, als wenn er dabei auf einmal weit klüger würde und mit helleren Augen und einer gewissen erhabenen und ruhigen Wehmut auf die ganze wimmelnde Welt herabsähe.*
*Soviel ist gewiß, dass er sich, wenn die Musik geendigt war und er aus der Kirche herausging, reiner und edler geworden vorkam."*[391] Was am Anfang nur als ergreifend schön empfunden wird, und die Gedanken durch fremde Räume führt, ist nicht von langer Dauer. Aber die Wege werden unbewusst gespeichert und können in den nächsten Phasen des produktiven Schlafes als neue vorteilhafte Strukturen in den geistigen Hintergrund eingetragen werden. Es ist damit eine Form geistiger Bildung ausgeführt, welche mit der Musik vermittelt wird, auch wenn dabei nur die Wege zur Harmonie übertragen werden, ohne konkrete Inhalte. Doch die werden sich leicht einstellen und in der entsprechend neuen und nachhaltigen Art anwenden lassen.

---

[390] Das ist natürlich nur ein dynamisches Vorhalten im Sinne der gegebenen Engramme, begünstigt durch die Ebenheit des Schönen. Festgeschrieben werden können die feinsinnigen symmetrischen Ergänzungen erst in folgenden Phasen der Strukturbildung.

[391] Wilhelm Heinrich Wackenroder: Das merkwürdige musikalische Leben des Tonkünstlers Joseph Berglinger. In [20] Seite 231 f

Die zweite Wirkung geistvoller Musik[392] ist eine sofortige, es ist die befreiende Wirkung, welche man gleich nach einem Konzert spüren kann. Diese besondere Wirkung der Musik kann man mit einem feinen Besen vergleichen, der bis in die tiefsten Zipfel der Seele vordringt, um die nicht auflösbaren und Stress erzeugenden Engrammreste zu beseitigen. Es ist gewissermaßen eine künstlerisch subtile Physiotherapie, welche die saubere Ebenheit des Geistes als Bewusstseinshintergrund wieder herzustellen hat. Die feinen Strukturen werden dem Geist zurückgegeben, was seine Vervollkommnung ermöglicht, das Bewusstsein erweitert und als Glück empfunden wird. Dazu werden die Gebiete feinfühlend erregt, und durch harmonische Wiederholungen wieder gelöst, mit ihnen die störenden Reste. Das, was zunächst unbewusst bewegt wird, muss anschließend in der melodischen Variation bewusst gesucht und wahrgenommen werden. Je tiefgründiger die Harmonie vermittelt werden kann, umso tiefer ist auch der reinigende Effekt. Die Wiederholung dient dem Wechselspiel von unbewusster Verführung und bewusster Wahrnehmung und es ist immerhin erstaunlich, wie sich so hohe musikalische Kultur ohne Instruktion des sonst so erfolgreichen bewussten Verstandes herausbilden konnte. So feingliedrig der Geist strukturiert ist, so feinfühlig muss ihn der Virtuose in seine geheime Kammern folgen können und sie der Vollkommenheit zurückgeben. Die Musik wirkt dann wie ein reinigendes Gewitter. Sie ist ein Aufwand, der letztlich mit dem Weg zur Vollendung belohnt wird. Eine erste einfache Prozedur kann ein einfaches selbst gesungenes Volkslied kosten. Die tief greifende Befreiung eines geistvollen Kopfes dagegen hat den Aufwand vieler Musiker nötig, deren Künste dann als klassische Musik bezeichnet werden, jedoch von ganz differenzierter Wirkung sind.

Die Erfahrung der konnektiven Harmonie ist am Ende auch der gefühlte „Blick“ in die Vollkommenheit des evolutionären Ziels und muss schon deshalb mit einem Glücksgefühl belohnt werden. Das Glücksgefühl, welches mit der Musik erreichbar ist, kann so vollkommen sein, dass es alle anderen Glücksmomente in den Schatten zu stellen vermag. Es nimmt nicht Wunder, dass die Menschen, die solch kostbare Wirkung an sich erfahren haben, nicht selten ihre ganzen Mittel den Musikern zur Verfügung gestellt haben. In den geistvollen Häusern war der Musiksalon ein zentraler Ort des glückhaften Entspannens und der geistigen Erneuerung. Die wahren Musiker genossen ein hohes Ansehen und es wurde sogar eine Harmonielehre erfunden, welche dem gebildeten Verstandesmenschen einen Zugang zum

---

392 Das muss nicht unbedingt klassische Musik sein, aber sie muss die Elemente geistiger Harmonie enthalten, wie das selbst noch im Volkslied oder Schlager gegeben sein kann.

Musizieren ermöglichen sollte. Eine solche Harmonielehre konnte natürlich nur die Bausteine liefern, die Kunst der melodischen Verführung blieb eine Sache des feinen Gefühls. Interessant ist nur, dass selbst die feine Harmonie des Geistes auf Klangelemente baut, welche physikalisch aus einfachen Vielfachen von Grundschwingungen zusammengesetzt sind. Kepler will solche Harmonie auch in den Zyklen der Weltkörper gefunden haben. Die Genauigkeit der periodischen Ordnungen dürfte allerdings mit dem evolutionären Fortschritt abnehmen. Dafür kommt die Komplexität ins Spiel, welche die konnektive Symmetrie, das heißt die Balance an die Stelle der Ordnung setzt.

Die starke Wirkung der Melodien ist in erster Linie eine ganz Individuelle, weshalb der komponierende Musiker sich selbst am besten bedient und die wohlhabenden Leute sich die Musiker nach ihrem Geschmack auszusuchen wussten, wozu sich aber auch die entsprechende Gesellschaft einstellte. Jedenfalls ließ sich an der Musik auch das Niveau des Salons ablesen, wobei eine wachsende Größe der Gesellschaft ein niederes und allgemeines Niveau erforderlich machte. Aber die erkaufte Harmonie zahlte sich auch in den gesellschaftlichen Entscheidungen aus, zumal die Nutznießer der feinen Musik auch zumeist die Entscheidungsträger waren. Man kann sich nicht ausmalen, um wie viel ärmer und verkommener die Entwicklung der menschlichen Zivilisation ausgefallen wäre ohne die klärende Wirkung der musikalischen Salons.[393]

Aber es war nicht nur die glücklich machende Läuterung des Geistes, wie sie etwa schon dem Barock zugeschrieben werden muss. Irgendwann stellte sich eine Sehnsucht nach Vollendung ein, welche ein weiteres Prinzip vermuten lässt: Der Geist findet vermittels der Musik neue harmonische Wege. Diese subtilere Wirkung der feinen melodischen Werke setzt selbst eine Geistesbildung voraus, welche besonders mit der Entwicklung einer geistvollen Sprache verschwistert ist. In der deutschen Romantik war diese so weit fortgeschritten, dass man den höheren Sinn zu spüren begann, ohne ihn ausdrücken zu können. Die Sehnsucht nach dem Vollendeten fand dabei in der Musik eine tiefere Befriedigung, als das mit sprachlichen oder anderen bildnerischen Mitteln geschehen konnte. Wenn diese höhere Ebene auch dem Verstand nicht mehr zugänglich war, schien sie doch gefunden und der Seele keine Last, sondern unendliches Glück bescheren zu wollen. Obwohl jenseits der Wirklichkeit, schien sie doch Vollendung der Wirklichkeit und führte nicht etwa in die abstrusen Abgründe des Nonsens, welche der Zufall allemal bereithält. Die Musik lenkt in die unbekannten Gründe der natürli-

---

393 Das betrifft die führenden Linien, die unnützen sind davon abzuziehen.

chen Vollendung, indem sie die Muster der vollkommenen Symmetrie aufspürt, welche auch nur der Wirklichkeit die Vollkommenheit geben können. Sie kommuniziert dabei mit dem geistigen Hintergrund, ohne Worte und in Umgehung der kybernetischen Schranken.

So wie die Musik in das unbekannte platonische Reich des Schönen vorzudringen vermochte, konnte es die Gedankenwelt der Sprache nur indirekt nach sich ziehen, indem sie nur die Räume eröffnete, in denen sich die Gedanken nachher ihren Platz verschaffen konnten. In einem Brief an Ludwig Tieck schreibt Heinrich Wackenroder, dass er die Musik auf zweifache Art genieße: „*Nur die eine Art des Genusses ist die wahre: sie besteht in der aufmerksamsten Beobachtung der Töne und ihrer Fortschreitung; in der völligen Hingebung der Seele in diesen fortreißenden Strom von Empfindungen; in der Entfernung und Abgezogenheit von jedem störenden Gedanken und von allen fremdartigen sinnlichen Eindrücken. (...)*
*Die andere Art wie die Musik mich ergötzt, ist gar kein wahrer Genuß derselben, kein passives Aufnehmen des Eindrucks der Töne, sondern eine gewisse Tätigkeit des Geistes, die durch die Musik angeregt und erhalten wird. Dann höre ich nicht mehr die Empfindung, die in dem Stücke herrscht, sondern meine Gedanken und Phantasien werden gleichsam auf den Wellen des Gesanges entführt, und verlieren sich oft in entfernte Schlupfwinkel. Es ist sonderbar, dass ich, in diese Stimmung versetzt, auch am besten über Musik als Ästhetiker nachdenken kann, wenn ich Musik höre: es scheint, als rissen sich da von den Empfindungen, die das Tonstück einflößt, allgemeine Ideen los, die sich mir dann schnell und deutlich vor die Seele stellen.*“[394] Die Wege, die sich dem Geist neu eröffnen, sind natürlich nur von kurzer Dauer, weil das konnektive Netzwerk erst in den aktiven Schlafphasen für die gemerkten Beziehungen auch die dazu passenden Strukturen anlegen kann. Die können dann je nach den Umständen flacher oder auch weit geistreicher ausfallen.[395]

So wie sich der Geist über die rationalen Geschäfte erhebt und sich diesen zu verbergen weiß, mag sich weiter auch die Musik über den Geist erheben können und sich seinem geistigen Gefolge zu verschließen wissen. Den Romantikern deuchte sie jedenfalls dem Absoluten näher, was schließlich auch dem reinen Konzert gegen alle anderen Genres eine hohe Wertschätzung verschaffte. Immerhin schrieb Ludwig Tieck: „*Diese Symphonien*

---

394 Wilhelm Heinrich Wackenroder: Brief an Ludwig Tieck vom 5. Mai 1792. In [20], Seite 368

395 Das Angebot zusammenpassender Vorgaben und die physiologischen Ressourcen sind für die Strukturbildung verantwortlich.

*können ein so buntes, mannigfaltiges, verworrenes und schön entwickeltes Drama darstellen, wie es uns der Dichter nimmermehr geben kann; denn sie enthüllen in rätselhafter Sprache das Rätselhafteste, sie hängen von keinen Gesetzen der Wahrscheinlichkeit ab, sie brauchen sich an keine Geschichte und an keine Charakter zu schließen, sie bleiben in ihrer rein-poetischen Welt.*"[396] So mag es eine Musik geben, die nur den höheren Geistern zur Sehnsucht gereicht, ihnen aber ebenso ein Geheimnis bleiben muss, wie etwa der Wille dem Verstand. Vielleicht ist es die höchste Ebene, welche den ganzen Sinn der Welt beschreiben könnte, aber gleich hinter zwei Türen verschlossen ist und der Logik unseres Verstandes für immer unerreichbar bleibt. Nur sind die Spuren, welche die Musik im Geiste hinterlässt, nicht selten eine Versuchung, dem Sinn in die freie Welt seiner Schönheit zu folgen. Was sich hier findet, ist keine Weltformel, sondern die Beziehungswelt des absolut Vollkommenen, welche alle Entwicklung in höchster Instanz von Ethik und Ästhetik zu führen vermag.

Wenn die feine Musik den Geist nicht nur beglückt, sondern auch weiterzuentwickeln und zu potenzieren vermag, so sollte damit irgendwann ein allgemeines Niveau erreicht werden, welches uns von den niederträchtigen Verleitungen der Wirklichkeit ganz freimacht. Solche Musik könnte die Allgemeinheit erreichen, unabhängig von Stand und Beruf.[397] Die Realität zeigt hingegen, dass sich die Entwicklung von diesem Zustand heute wieder zu entfernen scheint. Seinerzeit war das Potenzial, das den musikalischen Salons entwuchs, von der Entwicklung der Sprache provoziert, half aber auch seinerseits die poetischen Künste zu entfalten. Eine solche gegenseitige Vervollkommnung kann seine Ursache nur darin haben, dass der Entwicklung des Geistes ein universelles Prinzip unterlegt ist, welches nur aus den Vorgaben der Evolution bezogen werden kann. Die Suche nach dem vollkommenen Glück der feinen Harmonie lieferte der Romantik und dem Idealismus die sinngebenden Muster, wodurch auch die Sprache diese Spur aufnahm und der Harmonie zur kulturellen Bedeutung verhalf. Die europäische Zivilisation des ausgehenden 19. Jahrhunderts konnte davon Impulse erhalten, die weit in die Zukunft reichten. Die Gründerjahre in der Wirtschaft, der Reichtum der Entdeckungen und Erfindungen, die künstlerischen Leistungen und letztlich auch das hohe Maß an Moral und Sitte hätten ohne die Vorleistungen der Romantik und des Idealismus nicht aufkommen kön-

[396] Wilhelm Heinrich Wackenroder, Ludwig Tieck: Phantasien über die Kunst, für Freunde der Kunst. In [20], Seite 354

[397] Wie sich die von der Sprache unterstützte Geistesentwicklung in Deutschland etablierte, zeigt die Popularität der Konzerte. Im Ausland wunderte man sich über die Deutschen, die stundenlang der Musik lauschen konnten, ohne dass sonst etwas passierte.

nen. Man sieht die Idee der Nachhaltigkeit in vielen Bereichen als untrügliches Zeichen, dass gegen die Unendlichkeit der Möglichkeiten ein optimaler Weg gesucht wurde, der aus der konnektiven Welt des Geistes hervorgehoben werden konnte. Aber die feinen Beziehungen der Harmonie konnten den Ersten Weltkrieg nicht überstehen und sind seither auch nicht wieder in die Welt gekommen. Stefan Zweig lässt seinen „*Buchmendel*" an der Macht der aufkommenden Gewaltordnung des Krieges zerschellen. Aus dem magischen Genius einer vollendeten Bücherregistratur war das stumpfsinnige Leben eines Hilflosen geworden. Das feine Geflecht freiheitlichen Geistes kann wahre Wunderwerke vollbringen, ist aber ebenso schnell in den Zwängen stupider Macht verdorben: „*denn so zart ist ja unser Gehirn, dies aus subtilster Substanz gestaltete Schaltwerk, dies feinmechanische Präzisionsinstrument unseres Wissens zusammengestimmt, daß ein gestautes Äderchen, ein erschütterter Nerv, eine ermüdete Zelle, daß ein solches verschobenes Molekül schon zureicht, um die herrlich umfassendste, die sphärische Harmonie in Verstimmung zu bringen*".[398]

In evolutionärer Sicht ist auch die Macht in steter Entwicklung begriffen. Ihre Intention verschiebt sich von der körperlichen Gewalt hin zur informationsbezogenen Vereinnahmung. Dabei ist die Musik eine erste und eher unschuldig anmutende Form. Aus dem arglosen Ausdruck des freiheitlichen Geistes und des Glücks bildet sich langsam eine heimliche Stütze distribuierter Machtprinzipien. Bei der heutigen Übersättigung mit Tönen und Rhythmen und der technischen Ausrichtung auf die millionenfache Zuhörerschaft ist der Musikkultur gewissermaßen das höhere Ziel verloren gegangen. Die geistige Ausrichtung lässt sich angesichts des Konsumgedankens nicht mehr halten. Viele Händler des schnellen Glücks buhlen um den zahlenden Kunden und machen das höchste geistige Gut des Menschen zum unverstandenen Ladenhüter. Es bekommt dasjenige Konjunktur, was sich industriell und kostengünstig vermarkten lässt und auf das setzt, was jedem Animus seit Beginn in die Organe gelegt ist, der biologische Rhythmus der inneren Systeme. Dass auch Töne und Farben und Worte dabei eine Rolle spielen, ist verführerisches Beiwerk ohne geistigen Effekt. Was von der Idee der Musik übrig geblieben ist, ist die Erregung, welche nun mit den künstlichen Mitteln der Technik geführt wird und mehr eine Vereinnahmung, als eine Vervollkommnung bewirkt. Der Geist wird wohl erregt, aber nicht mit feinem melodischem Sinn wieder besänftigt. Vielmehr wird er soweit „abgefüllt", bis er seine Schotten dichtmacht, und den funktionellen

---

[398] Stefan Zweig: Buchmendel. In: Die unsichtbare Sammlung. Verlag Philipp Reclam jun. Leipzig 1964 S. 46

Rest seinem neuen Herrn übergibt. Das ist eine neue Freiheit, sich von der eigenen höheren Instanz, dem Gewissen, trennen zu können. Es ist die Befriedigung mit der Funktion, die weit billiger zu haben ist und den fordernden Geist einfach abschaltet, statt ihn aufwendig bedienen zu müssen. Von der inneren fordernden Führung freigemacht, wird der Mensch zum leichten Wesen, das sich wie ein Blatt im Wind treiben lässt, aber auch nicht mehr bestimmen kann, wo es zu Boden fällt.[399]

Die künstlichen Beimengungen, welche die Musik der Neuzeit erfährt, sind vielfältiger Gestalt. In den großen Popveranstaltungen wird alles aufgewendet, was die modernen Technologien der Vereinnahmung zu bieten haben. Man sieht, wie sich die Methoden in kurzer Zeit vermehren, welche die Sinne betören und das Publikum in den Bann schlagen. Dass dabei die Kunststücke geheim gehalten werden, ist dem harten Konkurrenzdruck verschuldet, zumal die Erfolge nicht selten mit großem Entwicklungsaufwand erkauft werden müssen. Es ist nicht ausgeschlossen, dass in Zukunft noch weit stärkere Mittel gefunden werden, den Menschen mit Tönen in die Fesseln zu kriegen.

Was die Musik selbst bei diesem Geschäft beitragen kann, ist eine winzige Abänderung der harmonischen Grundidee. Wir wissen, dass die Musik alle Niveaus bis in die geistigen bedienen kann. Es wird dabei die Melodie in immer subtilerer Form geführt, um dann bewusst und in Harmonie wieder aufgelöst zu werden. Der Trick besteht nun darin, dass die Auflösung nicht vollkommen erfolgt, es bleibt ein Rest zurück, der nun seinerseits auf Auflösung drängt und den Zuhörer gewissermaßen an die Kandare kriegt. Es ist im ursprünglichen Sinne eine schlechte Musik, die einen aufgeputschten und unbefriedigten Zuhörer zurücklässt, ein Missstand, der nicht selten durch unbedarfte Musiker oder durch mangelhafte Übertragungsqualität provoziert wird. In den modernen popartigen Genres aber ist es das tragende Prinzip. Die Musik hinterlässt Spuren, die als Erregungsmuster nach Auflösung drängen. Im günstigsten Fall wird die Melodie wieder verlangt, oder wenigstens die Art, mit dem Ziel, die Auflösung doch noch zu finden. Im ungünstigsten Fall findet das unbewusste Ziel Satisfaktion in niederen Gelegenheiten. Das ist etwas anderes, als das Glück, welches der musikalische Geist der Harmonie seinen Liebhabern zu bieten hat.

Es ist kaum zu verhindern, dass sich Werbefachleute und politische Machtstrategen dieser Möglichkeiten der Vereinnahmung und Beeinflus-

[399] Die Abschaltung des Geistes ist keine wirkliche Befreiung, weil sich die unerledigten Aufgaben anhäufen und gegenseitig komplizieren. Am Ende ist dem Zustand nur noch mit Suchtmitteln beizukommen. Die Geistesbildung hingegen ist ein aufbauendes Prinzip und eröffnet allemal neue Wege, um auch die schwierigsten Aufgaben zu lösen.

sung bedienen, zumal sich die Menschen gegen solcherart Eroberungsmethoden nicht zur Wehr setzen können, weil sie sozusagen mit unbewusstem Zugriff erfolgen. Ungerecht ist es aber dann, wenn der Mensch aufgrund seiner Freiheitsliebe den Machtstrategen in die Hände fällt, um dabei seine innere Freiheit zu verlieren und in die Geistlosigkeit getrieben wird, die sich dann auch im Niveau der Musikkultur wieder findet. Die Befreiung von der inneren Direktion mag eine starke Verführung sein, welche in einer Zeit verschwindender Harmonie besonders zu Buche schlägt. So wie der menschliche Geist seiner Natur nach die Vollkommenheit sucht, sieht sich der Mensch in der zersplitterten Welt immer weniger in der Lage, dieser inneren, gewissermaßen evolutionären Führung zu folgen. Er will sich dann viel lieber von seiner Berufung zum Höheren befreien, was ihn in die Welt der einfachen Funktion zurückführt. Dass ihm dabei der Rhythmus seiner inneren Natur behilflich sein kann, steckt ihm gewissermaßen noch seit Urzeiten in den Gliedern.

Die schnelle Erlösung bringt nicht die Musik im alten Sinne, nicht mehr die feine Harmonie, die den Geist vollenden hilft, sondern der einnehmende Pulsschlag der Töne, der den Geist nicht erreicht und ihn ins Abseits stellt, ihn gewissermaßen abkoppelt, weil die Steuerung der niederen Funktion von außen erfolgen kann und den Geist unnötig macht. In der untersten, geistlosen musikalischen Gattung wird das Harmonieprinzip ganz aufgegeben. Es dominiert der harte Rhythmus von Klängen, wobei lediglich offensichtliche Misstöne ausgeschlossen werden. Kriterium ist die Stärke der Vereinnahmung, welche auch dem Musiker als Richtschnur dient, das heißt, dass er sich selbst in den Bannkreis der anonymen Suggestion ziehen lässt, welche nichts anders als eine Funktion ist, die keiner höheren Führung bedarf. Man sieht nicht selten den erregten Musiker, der mit Verbissenheit dafür kämpft, die Erregung aufrechtzuerhalten, sich dabei aber selbst der Klangfolgen bedienen muss, die nach Wiederholung und Auflösung schreien. Er wirkt wie ein Gefangener, der an den Rhythmen und Tönen gekettet ist und sich nicht von deren eisernen Gesetzen befreien kann. Der Weg zum geistigen Glück ist damit verschlossen, zugunsten einer Befriedigung im Bann der Zeitlosigkeit.

Dabei ist es gerade die feine Kunst der Musik, die uns wie nichts anderes den Weg in das Paradies des Geistes ebnen kann. Auf der Suche nach der Schönheit des Universums stellen sich die Töne wie von selbst ein, man muss sich der Melodien nur öffnen können, wie man wohl früher eine Kirchentür öffnen konnte, um sich mit allen Sinnen von der paradiesischen Schönheit des Vollkommenen betören zu lassen.

### 7.5 Die Spur des Sinnvollen

Unsere Erkenntnis wird selbst von dem Prinzip beherrscht, das es nur in Augenschein nehmen kann. Das heißt, zwischen den Informationsverfahren in der Wirklichkeit, die wir erkennen wollen, und denjenigen, welche unsere Einsichten selbst bilden, kann es keine Unterschiede geben. Im Falle des fokussierten Bewusstseins arbeiten wir mit logischen Informationsportionen, welche wir geschickt aneinanderfügen. Und wir können solche auch nur wahrnehmen. Die Natur verwendet in ihren kausalen Prozessen das gleiche Informationsprinzip, wodurch Funktion und Erkenntnis zusammenkommen können. Das kybernetische Zusammenspiel der verschiedenen Informationsformen wiederholt sich in der Wirklichkeit auf den einzelnen Niveaus und in unterschiedlicher Vollkommenheit. Mit der kybernetischen Pyramide haben wir uns ein Modell der äußeren Entwicklungsvorgänge geschaffen. Im kleinen Abbild wirkt auch unser Bewusstsein nach diesem Modell. In unserem Erkenntnisdrang vervollkommnen wir gewissermaßen den Bau unserer inneren kybernetischen Pyramide, die dann selbst als Hilfe für den Bau der äußeren Wirklichkeit qualifiziert wird.

Wenn wir bemerken, dass die Entwicklung der Welt sich nicht bei jedem neuen Schritt in die Unendlichkeit der Möglichkeiten verliert, müssen wir annehmen, dass der Evolution selbst ein Ordnungsprinzip[400] hinterlegt ist. Weil dasselbe aber nicht aus logischen Gesetzen entworfen werden kann, hat sich daraus keine analytische Wissenschaft herausgebildet, vielmehr haben sich seit jeher diejenigen Menschen mit dieser Frage beschäftigt, welche eher der geistigen, als der logischen Erkenntnis zugetan waren. In religiöser Sicht waren deshalb alle Baugefüge der Welt, bis hin zur seelischen Eigenschaft des Menschen aus der göttlichen Idee entfaltet, welche sich der Evolution bedient hat. Die Sicht der modernen Wissenschaften ist genau die entgegengesetzte, indem nämlich alle geistigen Eigenschaften, einschließlich der seelischen, an Körperfunktion gebunden sind, welche eine unendliche Kette von Zufällen hervorgebracht hat. Die Seele wäre hierbei nur deshalb der Analyse nicht zugänglich, weil das hinterlegte konnektive Prinzip mit den kleinen Portionen unserer bewussten Logik nicht durchschaut werden kann. Das Rätsel der Seele wäre so ein Rätsel der Informationsverarbeitung. Die der menschlichen Seele hinterlegte konnektive Art ist ein Universum von Beziehungen und in dieser Sicht mit unseren technischen Informationssystemen nicht zu vergleichen. Es eröffnet sich an dieser Stelle eine ganz neue Welt, welche nicht nur im Unbewussten liegt,

---

[400] Es besteht aus einer Menge von äußeren Bedingungen, welchen das gleiche Existenzrecht zugesprochen werden muss, wie den damit entwickelten Strukturen.

sondern auch der gewohnten Kausalität logischer Gesetze nicht mehr folgt. Hier liegt der abstrakte Raum der Ideen, die aus gewichteten Beziehungen bestehen, absolut und zeitlos sind und nach den Verfahren der Harmonie weiterentwickelt und vervollkommnet werden können. Dem Prinzip kann nur auf höherer philosophischer Ebene begegnet werden. Die Werkzeuge der Kybernetik und Informationstheorie sind dabei nicht mehr ausreichend.

Das, was sich auf der konnektiven Ebene der menschlichen Seele abspielt, kann nicht eine millionenfache Potenz von Zufällen sein, sondern muss aus einem irgendwie gearteten Vorbild in der Wirklichkeit bezogen werden, dabei aber auch der besonderen Informationsart Rechnung tragen. Dafür sind alle möglichen Formen von Beziehungen zwischen den natürlichen Strukturen verdächtig. Nun ist andererseits nicht anzunehmen, dass diesen bildhaften Vorgaben in der Natur keine Bedeutung sonst zukommen könnte. In kybernetischer Sicht ist vielmehr anzunehmen, dass sie gleichzeitig die Aufgabe haben, auch die Bedingungen für die äußeren Entwicklungsschritte abzugeben und damit auch die Entwicklung der Wirklichkeit zu bestimmen. Die Existenz solcher Vorgaben könnte leicht auch den Verdacht aufkommen lassen, dass die Evolution „planmäßig" verliefe, wodurch gewisse religiöse Anschauungen genährt werden könnten. Allein dieser Verdacht ist ein weiteres starkes Hindernis der analytischen Wissenschaften, sich mit diesem Thema zu beschäftigen. Dabei ist schon theoretisch kein Prozess denkbar, welcher ohne Berücksichtigung von Randbedingungen ablaufen könnte, wie auch aus der Praxis keiner angenommen werden kann. Selbst die konservativen Vorgänge sind in ihrem Zusammenspiel beeinflussbar, wobei die Möglichkeiten sogar mit deren Entwicklungshöhe zunehmen. Es gibt also keinen Grund, die Existenz von Randbedingungen zu übersehen.

Da andererseits die äußeren Bedingungen keine prägnanten Gesetze ausmachen, muss man von schwachen Einflussnahmen ausgehen, welche eine Art von Beziehungswissen besitzen und in ihrer Summe zur Wirkung kommen. Um eine große Menge schwacher Beziehungen zu beschreiben, hat sich das Prinzip des konnektiven Systems eingeführt, das in seiner entwickelten Form nicht nur Beziehungswissen beschreibt, sondern dasselbe auch organisieren und optimieren kann. Die Voraussetzung, dass die Bedingungen tatsächlich konnektiv miteinander reagieren, ist zunächst nicht zwingend gegeben. Mit der Veränderung der Strukturen und ihrer Lagebeziehungen sind anderseits auch die Bedingungen im ständigen Fluss. Die konservativen Systeme stehen miteinander in Wechselwirkung, wie auch die evolutionären Systeme darauf Einfluss nehmen können. Diese Dynamik kann nur die gegebene Wirklichkeit zur Folge haben, wenn sie als organisierte Vorgabe des Selbsterhalts wirkt. Für den ständigen Wandel der Randbedingungen dürfen deshalb konnektive Mechanismen angenommen werden, weil damit die Phänomene der Evolution erklärbar werden. Sie folgen damit einer Entwicklung, welche die Evolution gewissermaßen auf einer höheren, allgemeinen Ebene vorwegnimmt, dabei aber auch nur die einfachen Prinzipien der Wirklichkeit, wie die der Symmetrie und des Selbsterhalts, vertritt.

Menschen mit einer tiefen Gefühlswelt kennen die schwachen Ahnungen, welche aus dem Hintergrund des Unaussprechlichen kommen. In der Erfahrung können sie keine Rolle spielen, da sie nicht reproduzierbar sind. Die grenzenlosen Beziehungen, die in den Bildern der Wirklichkeit verborgen sind, zeigen sich mitunter auch in unseren Träumen, wobei sich auch die Eigenheiten der konnektiven Verfahren widerspiegeln. Im Universum der evolutionären Bedingungen kann die menschliche Seele nur eine winzige selbstähnliche Kopie sein, welche sich eigenständig vervollkommnet, dabei aber ganz in der äußeren Beziehungswelt eingebunden bleibt. Mit dem Tod des Individuums gehen Verstand und Intelligenz mit dem biologischen Substrat verloren. Die Information in Beziehungen kann nicht verschwinden, weil sie ein unabhängiges Gegenstück hat, gewissermaßen eine Blaupause im Netzwerk des konnektiven Universums, welche sich dann allerdings im Ganzen verlieren muss.

Was in dieser fast unendlichen Informationsmenge relevant ist und wofür, können wir nicht wissen. Uns sollte die Erkenntnis genügen, dass die Wirklichkeit als Träger dieser Informationsmenge in Erscheinung tritt, dass diese sich im eigenen Netzwerk sublimiert und im Rahmen der Gesellschaft vervollkommnet. Die Arbeit mit diesem unlogischen Vordenken war das große Gebiet der Religion. Heute setzt auch diese, wenn sie die hintergründige Welt ausspäht, immer mehr auf logische Mittel, das heißt, sie hat zu ihren ursprünglichen Erkenntnismethoden wenig hinzugelernt. So wie in der geistigen Welt gefordert, sollten auch die Bedingungen des Individuums und die der Lebenswelt den Gesamtzustand des inneren Netzwerkes beeinflussen und gewissermaßen über Himmel und Hölle im Jenseits entscheiden. Man kann sich gut vorstellen, dass ein friedliches Leben in der Harmonie einfacher Natürlichkeit, wie sie etwa in der Romantik und im Idealismus angestrebt wurde, dazu eine gute Kondition abgibt, da dasselbe andererseits auch dem evolutionären Sinn nahe steht. Der Funktionalstress der Moderne, dem in Zukunft immer mehr Menschen ausgesetzt werden, dürfte in geistiger Hinsicht eher den Qualen einer engen Hölle gleichkommen, das heißt die Seele, also das geistige Prinzip respektive den konnektiven Kosmos des Einzelnen ganz verderben.

Der rote Faden der Evolution hat sich trotz der scheinbaren Hindernisse beständig weitergesponnen, sodass angenommen werden kann, dass auch das Zeitalter der technologischen Vereinnahmung nur ein Intermezzo ist, das durch eine umfassende geistige Entwicklung abgelöst wird. Dass eine solche konsequente Weiterführung des kybernetischen Prinzips tatsächlich möglich ist, zeigt sich immerhin in den vielen Ansätzen, welche sich in der Geschichte der Zivilisation an etlichen Stellen entdecken lassen. Andererseits sind auch zahlreiche Erfindungen geistige Kinder und dafür gemacht, die Welt funktionell so auszugestalten, dass der Kopf von den niederen Steuerfunktionen befreit werden kann. Für unsere bewusste Erkenntnis ist die Geschichte der Zivilisation von den vordergründigen Geschehnissen und Bildern geprägt, welche wir auch in logischer Form zu interpretieren vermögen. Wir sehen das Ineinanderfügen neuer Strukturen in ein sinnvolles Ganzes. Dagegen ist der dem intelligenten Forschertum hinterlegte Sinn eine Welt von Beziehungen, welche unbewusst bleibt und nur in den logischen Folgeerscheinungen und Zwecken entdeckt werden kann.

Dem künstlerischen Freigeist aber, der sich von den Gesetzen der Zwecke zu befreien sucht, sind die Muster in den Dingen schon immer eine rätselhafte Erscheinung gewesen. Mitunter präsentieren sie eine eigenwillige Schönheit, die ihrer befreienden Wirkung nach als Gewinn empfunden wird und unserem Streben eine Richtung geben kann. Wie schon immer gesucht, sind die paradiesischen Bilder auch oft gefunden worden, weshalb man das Schöne leichter in der Tradition, als in modernen und intelligenten Ansätzen finden wird. Dazu kommt, dass das Schöne die Vollkommenheit des Einfachen ausmacht und sich jeder logischen Strategie widerspenstig zeigt. Wie für alle anderen Kategorien des Geistes bedient sich die Evolution dazu einer besonderen Informationsart, die von noch so viel logischer Intelligenz nicht ausgehebelt werden kann. Unser Streben nach Erkenntnis bedarf deshalb einer bestimmten Einstellung, bei der das logische Prinzip als ein mittelbares aufgefasst wird. Wie in einem Marionettentheater wird uns das logische Spiel zwar deutlich vor Augen geführt, die steuernden Fäden sollen uns aber unsichtbar bleiben. Die können es letztlich nur sein, welche die Figuren in eine anmutige Form zusammenzustellen vermögen.

Die Magie des Schönen ist eine Ahndung von Vollkommenheit, eine Harmonie, wie sie die gebildete Seele auch in der Wirklichkeit sucht und findet. Dass sich die Ästhetik nicht dem Zweck und seinen Gesetzen, sondern ganz anderen Prinzipien beugt, ist eine vage Einsicht, über welche schon mindestens seit Kant die Theoretiker streiten. In der Romantik haben sich schließlich Literatur und Kunst eine Weise erschlossen, in der die Wirklichkeit in einem höheren Sinn zum Ausdruck kommt. Zunächst ist es das Unbestimmte und Geheimnisvolle, das von den Zwängen der Funktion befreit, um derjenigen Phantasie das Tor zu öffnen, welche sich dem ganzen Sinn zu ergeben sucht. Die wunderbaren Übertreibungen werden zum Medium ganzheitlicher Welterfahrung und greifen in die Vergangenheit und Zukunft, um die Beziehungen des Sinns in ihrer Tiefe auszuloten. Die deutsche Romantik bleibt eine kurze Stilepoche, hat aber viel im Gefolge und hat bis heute ihren Reiz nicht verloren.

So sich der Sinn der Evolution im märchenhaft Schönen ausdrückt, sich nicht begründen lässt, schwer zu machen ist und vor allem einfach bleibt, wird er immer wieder vom rationalen Zeitgeist platt gewalzt. Dabei sollte sich die praktische Vernunft nach den Möglichkeiten der vermittelnden Logik auch des geistigen Ausgleichs bedienen. Selbst die glühenden Vertreter der Romantik waren durchaus alltagstaugliche Menschen, welche mit beiden Beinen im Leben standen. Wenn wir uns in den Künsten noch einen geistigen Balanceakt zutrauen, um die Ebenheit des Vollkommenen zu erfahren, tun wir uns schwer, die alltäglichen Handlungen in dieses Verfahren einzubeziehen. Das mag vor allem darin liegen, dass unser geistiger Hintergrund dem Verstande das Bildhafte der Kunst leichter vermitteln kann, als die zeitliche Sukzession in den Handlungen. Das Schöne wird uns in der Natur schon als Bild vorgeführt, das Gute müssen wir uns aber immer erst in ein solches zusammensetzen. Am Ende findet aber auch das eine innere Entsprechung in der konnektiven Balance des Geistes.

Wenn die Zeit ins Spiel kommt, ist auch die Logik nicht weit. Die Vernunft muss die Rahmen, welche der Geist setzt, mit rationalen Zwecken erfüllen. Dabei hat sie sich soweit aufgeschwungen, es dem Geiste gleich zu tun und ein logisches Prinzip zu entwickeln, die rationalen Zwecke in eine immer weitläufigere Allgemeinheit zu bringen. Das hat sich schließlich als ein praktisches Verfahren erwiesen und die intelligentesten Köpfe dazu ermutigt, auch solche sonst der rationalen Einsicht ganz widerspenstige Gegenstände, wie die der Moral und Ethik, in ein Kalkül zu setzen.

Dass der Antrieb zu solchen Entwicklungen nur aus der Führungsebene des Geistes kommen kann, ist nicht zu bezweifeln, wie auch derselbe das Verfahren nicht wirklich aus der Hand geben möchte. Wie wir wissen, ist das konnektive System umso tiefgründiger, je kleiner der kommunikative Radius ausfällt. Die natürlichen Korrelationen begrenzen sich zu Beginn auf den eigenen Körper, in der weiteren Entwicklung auf die Familie, um später auch Bedingungen einer ganzen Region einzubeziehen. In dieser Reihenfolge können die unbewussten Vorgaben aus dem konnektiven Prinzip in die logische Nachahmung der Vernunft fließen und in eben den vorgegebenen Radius auch die Handlungen als sinnvoll und nachhaltig bewerten. Da sie sich logisch handhaben lassen, sind sie in bewusster Form beliebig auszuführen und zu erweitern, was sich auch auf den tatsächlichen geografischen Rahmen bezieht. Nach den Maximen der zur Vernunft erweiterten rationalen Zwecke lassen sich schließlich Handlungsprinzipien zu moralischen Normen verallgemeinern, welche eine rationale Sittlichkeit in der Gesellschaft begründen.

Mit seinem kategorischen Imperativ fordert Kant, die eigene Vernunft soweit zu entwickeln, dass ihre Handlungsmaximen zu allgemeinen Gesetzen werden könnten. Das ist selbst für große Denker ein sehr ehrgeiziges Programm, mit einer nach oben offenen Extension. Denn es wird uns nichts über den Radius der Gesetze ausgesagt, welcher als Nebenbedingung auch die Inhalte wesentlich zu ändern vermag. Schließlich legen die Vorgaben des Geistes die Rahmen fest, in denen sie ihre Wirksamkeit entfalten müssen. So kann ich etwa in meinen Handlungen nicht die Gewohnheiten aller Kulturkreise einbeziehen, wozu der passende Rahmen ebenso wenig zu finden wäre wie der geistige Zusammenhang. Die Moralnormen gehen dem gesunden Menschenverstand nur ein, wenn sie auf den Umfang begrenzt sind, welche der Geist vorgibt. Wir wissen, dass die konnektiven Inhalte nicht über die Kulturen hinausreichen können, weil diese auf ganz differenzierte Strukturen gegründet sind. Eine künstlich weiterentwickelte Vernunft muss über diese natürlichen Grenzen hinaus extrapoliert werden und bleibt eine Hypothese, ohne die Weitsicht und Nachhaltigkeit der konnektiven Kompetenz des Geistes. Dazu muss eine moralische Instanz das Risiko eingehen, eine Weitsicht mit den dazu ganz unzulänglichen logischen Mitteln zu entwickeln. Das ist eine ungewöhnliche Aufgabe und sie verändert sich mit ihrem Wirkungsradius. Die Disharmonien sind dabei vorprogrammiert, weil hier nicht nur die rationalen Gesetze ineinander gepasst werden müssen, welche im großen Maßstab ganz anders ausfallen und dem evolutionären Wandel viel stärker ausgesetzt sind, sondern weil leichterdings auch das Prinzip des Gesetzes selbst mit den schier unendlichen Nebenbedingungen außer Kraft gesetzt werden kann. Den Radius von Gesetzen eingerechnet, könnte es einer moralischen Weltinstanz nur darum gehen, Zusammenhänge zu erforschen, welche die natürlichen Bedingungen des Lokalen übersteigen und im konnektiven System eines Kulturkreises nicht selbst austariert werden können. Es könnte sich also nur um verallgemeinerte Bedingungen des gesellschaftlichen Bewusstseins handeln, welche dann aber auch nur auf der höheren Ebene gültig wären.

Zum Beispiel ist die ständige Suche nach den optimalen Arbeits- und Lebensbedingungen, welche durch die moderne Kommunikation begünstigt wird, vielleicht im Rahmen der Familie eine sinnvolle Handlungsnorm. Im nationalen Rahmen kann sie schnell auch zu Ungleichgewichten und chaotischen Zuständen führen, weil eine harmonische Wirtschaftsordnung auf die größtmögliche Beständigkeit ihrer Elemente setzen muss und eine Nichtbeachtung allen zum Nachteil gereicht. Noch heftiger wirken die philiströsen Vorgaben ganzer Länder, welche sich anmaßen der Weltgemeinschaft grenzübergreifende Moralnormen vorgeben zu können. Die Folge sind Disharmonien, welche am Ende nur noch mit militärischen Mitteln gelöst werden können. Die großen Migrationsbewegungen, die durch die Werbestrategien der reichen Länder in Gang gesetzt werden, behindern im Blick auf die Weltharmonie die natürliche Evolution der Zivilisation. Selbst die Asylströme, welche in Zukunft noch zunehmen und kaum noch von den modernen Migrationsbewegungen zu unterscheiden sind, dürfen nicht durch Moralgesetze einzelner Länder gesteuert werden, welche dadurch selbst überfordert werden und den Rest in chaotischen Zuständen zurücklassen müssen. Im Ergebnis entstehen nicht entwicklungsfähige Konstellationen, welche für die Evolution der Zivilisation einen enormen Schaden anrichten und die kleinkarierten Aktionen moralischer Gernegroße nicht rechtfertigen können. Die feine und vielschichtige Ordnung der Weltgemeinschaft ist durch die kurzsichtige grenzüberschreitende Aktion eines einzelnen Landes schnell aus der Balance gebracht. So kann selbst eine sittlich korrekte Menschlichkeit, wenn sie nur punktuell wirkt, eine Unmenschlichkeit im globalen Maßstabe nach sich ziehen. So wie die Kurzsichtigkeit im Kleinen die Harmonie gefährdet und diabolische Schieflagen begünstigt, so sind auch die Alleingänge im Großen gefährliche Unternehmen, weil sie die aktuellen lokalen Bedingungen der Harmonie nicht berücksichtigen können. Die Auswirkung auf die Weltordnung wird immer eine fatale sein, wenn die Selbstständigkeit ihrer Elemente keine Berücksichtigung findet. So liegt selbst den Asylgesetzen ein Potenzial inne, die kulturelle Autonomie ganzer Regionen zu verderben. Die Asylgesetzgebung und deren ständige Aktualisierung kann nur eine Aufgabe der Weltgemeinschaft selbst sein, welche sich mit ihren Institutionen solcherart Fragen anzunehmen hat und dadurch auch der allgemeinen Unterstützung bedarf. Die Vorgaben können nur ständig zu erweiternde hypothetische Normen sein, weil die konnektiven Prinzipien in den Größenordnungen nicht mehr logisch nachvollzogen werden können und hier ganz außergewöhnliche Aufgaben gelöst werden müssen, wobei nationale oder gar private Moralbedürfnisse nur stören können.

Wie ungelenk sich die Logik benimmt, wenn weitsichtige gesellschaftliche Aufgaben gelöst werden müssen, zeigt sich nicht zuletzt auch in den neueren Medien. Das moderne Entertainment muss sich vom Einfachen abheben und kann, wenn es deren logische Vernunft in den leeren Raum extrapolieren will, dabei nur die Vielfalt des Sinnlosen entdecken. Im Gegensatz zum harmonischen Prinzip des Schönen hat das Exzentrische unendlich viele Formen, es lässt sich beliebig komplizieren und gibt auch allen Querdenkern Spielraum für allerlei intelligente Begründungen. Die Intellektuellen können darüber sprechen, während man für das Schöne nur schwer die treffenden Worte findet. Hier kann man sich nur gegenseitig ergänzen und gemeinsam der Linie zum Vollkommenen folgen. Dabei hat das Schöne auch einen praktischen Nutzen, weil es mit den anderen Prinzipien der Harmonie verschwistert ist und allezeit als Wegweiser in die Vollkommenheit der Entwicklungsbedingungen führen kann. Es ist die Lebensphilosophie, die nicht zum schnellen Reibach führt, aber in allen Situationen die bezüglich der Zukunft besten Strategien vorhält. So wird auch ein Mensch, der in seiner Kindheit viel Harmonie durch liebevolle Zuwendung erfahren hat, besser seinem Schicksal trotzen können, weil er gewissermaßen mit geistigem Kompass ausgerüstet, jederzeit das Ganze im Auge behält und die nachhaltigen Strategien findet, welche vielleicht auch mal eine Durststrecke notwendig machen. Dabei enthält das konnektive System nicht die Lösung im Detail, aber sie kann mit umso größerem Überblick auch leichter gefunden werden und vielleicht das Undenkbare wahr machen.

Weil das geistige Prinzip möglichst viel Information über Raum und Zeit sammeln muss, um der Entwicklung auch die letzte Vollkommenheit vorzugeben, braucht es dazu einen langen Atem. So wie das große Glück die lange währende Hinführung nötig hat, gibt es immer auch Abkürzungen, und zwar auf allen kybernetischen Ebenen. Es sind die schnellen Befriedigungen, welche das aufwendige geistige Prinzip nicht nur umgehen, sondern auch schädigen können. Damit die Energie nicht dauerhaft auf niedere Bahnen umgelenkt wird und das hochentwickelte Führungssystem wohlmöglich ganz abgeschnitten wird, ist die Entwicklung zum Höheren nicht ohne Schutzfunktionen möglich. Während auf den unteren Niveaus die Kurzschlüsse noch anatomisch und physiologisch supprimiert werden, wie etwa durch das Präputium des Mannes, beginnt schon mit der logischen Vernunft eine gewisse moralische Verachtung der niederen und mehr tierischen Reflexe. Auf der geistigen Ebene wird eine Scham organisiert, welche zu den hochentwickelten kybernetischen Schutzfunktionen zu zählen ist und eine natürliche Voraussetzung der Geistesentwicklung darstellt. Sie wird ohne äußeres Zutun entfaltet und ist ein typisch konnektives Verfahren, welches niedere Logik abwenden muss, wenn sich diese nicht in höhere Formen sublimieren lässt. Genau das ist hier der Fall, weil die animalische Logik biologischer Funktionen lebensnotwendig und auf niederem Niveau außerordentlich robust ist. Auf der anderen Seite muss deren absolute

Macht zum Zwecke der Vervollkommnung gebrochen werden, was auch mit den höchsten Mitteln des Geistes nicht vollständig geschehen kann. In der Gesellschaft haben sich gewisse Normen des sittlichen Anstandes schon frühzeitig herausgebildet, wobei kein Kulturkreis ausgenommen war. In der Blütezeit des Geistes waren sie in eine so hohe Form entwickelt, dass sie nur noch von wenigen akzeptiert werden konnten. Die evolutionäre Bedeutung dieses konnektiv organisierten Schutzschildes ist möglicherweise nie verstanden worden, heute wird das Prinzip sogar verspottet und als eine willkürliche Beeinträchtigung der Freiheit angesehen. Dabei muss die bewusste Freiheit umso geringer werden, je kleiner die Leinwand des Geistes ist, welche als Bewusstseinshintergrund aufgespannt wird.

Als gesellschaftlicher Gegenspieler der Geistesentwicklung kann unschwer wieder das Prinzip der Macht ausgemacht werden, welche sich der niederen Triebe schon immer sehr vorteilhaft zu bedienen wusste. Wer andere beherrschen will, muss deren Geist als eigene Führung abkoppeln, um über die niederen Steuerungseingänge Befehlssignale einschleusen zu können. Niederträchtig ist nur, wenn ausgerechnet unter der Fahne Freiheit die Menschen in die engen Kammern ihrer niederen Triebe, das heißt gerade in die Unfreiheit, geführt werden.

Die „inzentrische" Harmonie ist das tragende Prinzip der Evolution und muss sich auch in ihrem Abbild, der menschlichen Seele, immer wieder neu gestalten. Da das nur in zwangloser Selbstorganisation geschehen kann, gilt es die Freiheit der Person zu schützen, und zwar nicht nur in sozialer Hinsicht. Als Träger des Weltprinzips kommt der Krone der Schöpfung auch eine Würde zu, welche den Anspruch begründet, als Erzeuger geistig sittlicher Werte um seiner selbst willen geachtet zu werden. Der Mensch ist damit nicht mehr bloßes Objekt, sondern macht selbst den Sinn der Welt aus. Für das vollständige Verständnis dieses Prinzips ist es erforderlich, auch dem besonderen geistigen Hintergrund Rechnung zu tragen, der an sprachliche und kulturelle Voraussetzungen gebunden ist. Für die Harmonie des Zusammenspiels stellt die Evolution eben nicht nur in der Natur, sondern auch in der Gesellschaft eine besondere Informationsform bereit, die über den rationalen Verstand zu stehen kommt, indem sie diesen zu lenken hat. Es ist als ein Anachronismus unserer Zeit zu bezeichnen, dass wir das Verständnis dafür eher in der Tradition, als in der Moderne finden können.

## *7.6 Die religiöse Erkenntnis*

Man könnte leichterdings annehmen, dass die Evolution die sukzessive Verwirklichung einer Idee sei. Nur beschreibt der Begriff Idee ein allzu menschliches Konstrukt, mit einer Begrenztheit, die für die Verhältnisse des

Universums völlig undiskutabel ist. Vielmehr ist die Evolution mit der Verwandlung von Information beschäftigt, weshalb ein bestimmter Ausgangszustand angenommen werden muss, genauso wie der menschliche Geist ein gewisses Ergebnis der Entwicklung anzeigt, welches durch kein anderes übertroffen wird. Wollte man der Folge von Veränderungen ein Ziel unterstellen, so müsste man dafür eine prägnante Form finden, was für die Vorgänge der Evolution völlig ausgeschlossen ist. Zudem wäre das Ziel nur im Nachhinein definierbar, nämlich erst dann, wenn die menschliche Erkenntnisfähigkeit einen gewissen Stand erreicht hat.

Falls aber der menschliche Geist der höchste Zustand sein sollte, auf den alle Veränderung hinarbeitet, so wäre es statthaft, denselben auch als Sinn der Evolution zu verstehen. Ja es wäre dann sogar gerechtfertigt, die ganze Einrichtung des Universums mit der menschlichen Elle zu vermessen. Uns erschlösse sich ein Weltbild, welches nur mit menschlichen Erwägungen gebaut wäre. Nun wird aber genau dieser Blick des menschlichen Geistes in den Sinn der Welt seit Urzeiten kultiviert und führt immer wieder in eine Erkenntnis, welche wir heute als eine religiöse bezeichnen. Das Besondere daran ist, dass sie keine analytischen Reduzierungen auf Bausteine oder Naturgesetze zulässt, weil sie nur mit konnektiven Teilmengen und nicht mit logischen Bausteinen arbeiten kann. Es handelt sich demnach um eine konnektive Form der Erkenntnis, auch wenn diese rein formal nur mit dem logischen Verstand ausgedrückt werden kann. In Wirklichkeit wird dabei immer ein geistiger Kontext gebraucht, der besondere Anforderungen an die vermittelnde Sprache stellt, welche sich dann von einer linearen Lingua franca deutlich unterscheiden muss.[401]

Wenn wir die Evolution von ihrem Ende her definieren, das heißt, das ganzheitliche Ziel als den Bezugspunkt wählen, landen wir immer in religiösen Anschauungen. Der vollkommene Mensch wird zum Maß aller Dinge und seine Vollkommenheit sein letztes Gegenüber. Alle Information der Evolution ist in dieses Ergebnis konzentriert. So wie diese Vorgehensweise der analytischen gerade entgegengesetzt ist, definiert sich damit auch eine zweite Art von Erkenntnis. Diese ist zwar in kybernetischer Hinsicht höher anzusiedeln, weil sie direkt mit den Beziehungen in der Ebene des Sinns verstrickt ist, hat aber dadurch auch den Nachteil, dem niedriger liegenden Bewusstsein nicht mehr zu Diensten zu sein. Die Hilflosigkeit der Logik in der Sinnebene zeigt sich nicht selten in einer wirklichkeitsfremden, ja sogar diabolischen Intelligenz, welche die Zusammenhänge nicht nur nicht erfas-

401 Das diesbezügliche Manko der lateinischen Sprache muss in der Religion durch eine Bilderwelt und umfangreichen Traditionen ausgeglichen werden.

sen kann, sondern auch versucht, dieselben nicht aufkommen zu lassen. Für die religiöse, in unserem Sinne also konnektive Erkenntnis, hat die Evolution offensichtlich keine direkten Werkzeuge entwickelt, weshalb sehr achtsam mit den wenigen bekannten Methoden umgegangen werden muss und die wertvollen Blicke in den Sinn der Welt sorgsam zu hüten sind. [402] Das ist letztlich auch ein Grund der religiösen Tradition, die wenigen Lichtblicke sorgsam zu bewahren, welche selten genug aus der konnektiven Ebene des Universums heraus zu erahnen sind. Jedenfalls finden sich bei den Heiligen Hinweise für Verhaltensweisen, die nur mit den harmonischen Beziehungen zum Ganzen beschäftigt sind, dem Verstand aber widersprechen, weil der nur die rationale Sicht von unten vertreten kann.

Aus evolutionärer Perspektive wird auch die von der menschlichen Sinnsuche ausgespähte Erkenntnis von der Summe der äußeren Bedingungen bestimmt. Um an diese besondere Form von Information andocken zu können, kann auch der geistige Antrieb dazu selbst nur von konnektiver Art sein. Das ist auch notwendig, weil er so auch der analytischen Sichtweise unseres logischen Verstandes voranstehen kann. Die Erkenntnissuche im Bewussten und Unbewussten trifft sich auf eine Art, welche nur noch von den evolutionären Vorgaben gesteuert sein kann. Auf diese Weise kann sich auch der Erkenntnisgewinn selbst in das allgemeine Harmonieprinzip der Entwicklung einreihen, das heißt, die Erkenntnis wird evolutionäres Erfordernis. Für die religiöse Praxis bedeutet das etwa, dass von Gott keine konkreten Prozesse erbeten werden können, dafür aber eine unbewusste Weitsicht, welche einen Blick in versteckte Lösungsmöglichkeiten beinhaltet, die in nachhaltige Handlungen führen und ein direktes Eingreifen ersetzen. Mit anderen Worten, man kann vom göttlichen Prinzip keine logischen Hinweise oder gar Handlungen erwarten, weil die geistige Ebene eine Sinnebene darstellt, welche im Höchstfalle unser Bewusstsein auszurichten vermag. Noch etwas volkstümlicher ausgedrückt, Gott stößt den Menschen mit der Nase auf das, was zu tun ist. Vorausgesetzt wird dabei, dass der Mensch die Kommunikationsebene findet, in der das konnektive Prinzip erreichbar ist, das heißt in demütiger Haltung[403] und mit einer mehr bildhaften, metaphysischen Sprache.

---

[402] Unter diesem Blickwinkel zeigt sich die Entwicklung des Geistes als eine begleitende, welche nur demjenigen gegeben ist, der als direktes Werkzeug aus den rationalen Funktionen der Evolution heraus fällt und Fragen stellt. Dann wäre die Religion ein höheres Korrekturprinzip, welches bei ordnungsgemäßem Verlauf nicht notwendig wäre.

[403] Das ist nicht die Hundedemut, welche aus niederen Reflexen konditioniert wird, sondern vielmehr die geistige Form, das Bestreben sich selbst in etwas Größeres einzubringen, das heißt etwas Vollkommenes schaffen zu wollen.

Der natürlichen Eingebung steht die bewusste Vorstellung einer selbstorganisierten Logik gegenüber, welche eine Analyse der Wirklichkeit für rationale Zwecke betreibt.[404] Das feste Reglement des evolutionären Weges zu verlassen, ist allerdings keine leichte Aufgabe. Dem Verstand wird darum auch viel zugemutet, wenn er gewissermaßen in die Fäden seines eigenen Marionettendaseins greifen soll. Was mit kleinem Fokus auf Bau und Funktion der Wirklichkeit noch gelingen kann, wird in den Sinnfragen zum aussichtslosen Versuch. Der Blick in die geheime Intention des Weltwissens kann deshalb auch nur glücken, wenn es gelingt, die eigenen Zweckmäßigkeiten zu verlassen, um etwas Ganzes zu suchen, welches sich fern aller nützlichen Funktionen, gewissermaßen auf der konnektiven Seite der kybernetischen Pyramide befindet. Es gilt sich der Intention der Evolution zu nähern, das heißt, den natürlichen Weg wieder zu finden. In deren aufbauende Gestaltung von Harmonie ist uns der Blick durch das Fenster des Einfachen vergönnt, weshalb ein Vergleich mit dem Schönen in der Kunst angesagt ist. Das bildet nach Karl Philipp Moritz selbst ein Ganzes und darf darum keinen fremden Zwecken dienlich sein: „*Hieraus sehen wir also, daß eine Sache, um nicht nützlich seyn zu dürfen, nothwendig ein für sich bestehendes Ganze seyn müsse, und daß also mit dem Begriff des Schönen der Begriff von einem für sich bestehenden Ganzen unzertrennlich verknüpft ist.*“[405] Genauso wie im Schönen kann man auch in der Religion schon eine Vollkommenheit im Einfachen finden, die uns bewusst zugänglich wird und auf deren Fundament gewissermaßen die Harmonie der Welt entwickelt werden kann. Der Weg dahin beschreibt die Entwicklungsbedingung des Geistes. Seine unbewusste Führung in der Erkenntnis hilft, die Prinzipien der ausgleichenden Harmonie auf die nächste Entwicklungsstufe zu führen, auf die der Zivilisation. Die natürliche Form der Erkenntnis hat damit eine unterstützende Aufgabe im Sinne des Ganzen und muss kein analytisches Detail befriedigen, welches in der Regie irgendeiner Zweckmäßigkeit geschaffen wurde. Das ist der eigentliche Unterschied zum logischen Verfahren, bei dem die Erkenntnis nicht Inhalt der Entwicklung ist, sondern auf den Organisationsformen eigenständiger Machtformen beruht, welche sich vom Ganzen getrennt haben und ihre Wirklichkeit neu von unten auf definieren müssen, dazu die Bauprinzipien losgelöst von der Evolution zu verstehen haben. Sie bauen die Welt mit kleinen unterschiedlichen Teilen zusammen. Diese können dann beliebig große und komplexe Strukturen bil-

---

[404] Dieser Vorgang geht mit einer Störung der konnektiven Balance einher, welche möglicherweise sogar in einer Art „Aufklärung“ kultiviert und weitergegeben wird.

[405] Siehe: [14] Seite 38

den und eine Intelligenz hervorbringen, der keine Grenzen gesetzt sind. Ein Ganzes im kohärenten Sinne zu schaffen, das einer nachhaltigen Entwicklung voransteht, welche Sinn macht und über Zeit und Raum beständig ist, ist damit jedoch nicht möglich.

Die Welt des Geistes kann nur mit ungeteilten ganzen Erkenntnissen leben, die dann eben entsprechend anfänglich und einfach ausfallen müssen, wenn sie in den schmalen Fokus unserer Aufmerksamkeit passen sollen. Wir finden die Kristallisationskeime des Geistes schön, wenn sie uns in Formen führen und besänftigend, wenn sie den Handlungen voranstehen. Die kleinen Pflänzchen können zu größeren Ideen hin gepflegt werden, welche dann aber immer wieder nur über die naive Ausgangsform erreichbar sind.[406] Bei der Erweiterung des geistigen Wissens kann die Information nicht logisch zusammengefügt werden, sondern sie bedarf einer Summierung als Ganzes, was besonderer und völlig unlogischer Methoden bedarf. Dieser selbstbestimmten Autonomie folgend hat die Religion eine Reihe von besonderen Maximen entwickelt, welche aber wegen ihrer fehlenden Stringenz der Allgemeinheit kaum zugänglich sind. Während das Schöne in den Künsten mehr die zeitlose Harmonie des Ganzen, die Ästhetik, ausmacht, ist es in der Religion mehr mit den harmonischen Vorgängen in den Handlungen befasst, welche uns auch als ethische bekannt sind. Die Nähe oder gar Verschwisterung der beiden Prinzipien sollte uns deshalb nicht verwundern.

Wenn aber die religiöse Erkenntnis eine ausgewählte Methode ist, die für den logisch orientierten Verstandesmenschen keinen Gewinn bringt, so kann andererseits bei ihm das evolutionäre Prinzip noch direkt wirken, ohne hinterfragt zu werden. Die göttliche Hand kann sozusagen noch ganz unbemerkt eingreifen und den Menschen zu Handlungen führen, welche er als seine eigene freie Entscheidung interpretiert. Es kann aber sein, dass er dabei eine selbstständig gewachsene und eigensinnige Logik überwinden muss. In der Mehrzahl der Fälle ist dieser natürliche Informationsfluss die Methode der Wirklichkeit. Nur der Neugierige[407] wird versuchen, die Herkunft seiner Bestrebungen zu erkunden und findet hinter der kausalen Logik die geistige Welt, die ganz andere Mittel für ihre Erschließung benötigt, andererseits aber auch dem rationalen Wirken ganz neue Wege eröffnen kann und manche Schwierigkeit mit Leichtigkeit aus dem Weg räumt. Und

---

406 Bei der Erziehung der mehr geistig veranlagten Mädchen wird das Prinzip heute eher missachtet, was sich durch besonders chaotische Zustände in der Pubertät bemerkbar macht.

407 Diese Neugierde ist Kennzeichen eines geistigen Potentials, das nach Vervollkommnung in Selbstorganisation sucht, hier also nach Erkenntnis des eigenen Willens.

er kann sich gegen die verselbstständigte Logik der Macht wehren und muss nicht deren diabolischen Strategien verfallen. Aber er muss seine vermeintliche Freiheit aufgeben und sich dem göttlichen Prinzip unterwerfen, aus dem von nun an sein Wollen gespeist wird, zumindest soweit, wie seine Einsicht reicht. Seine Freiheit wird aber insofern eine größere werden, weil die neuen Wege mit dem Sinn der Entwicklung geführt werden, das heißt auf lange Sicht gangbar sind, sich in weite Räume entfalten und nicht irgendwo im Nichts enden müssen. Das Leben in der Balance der geistigen Prinzipien definiert die Wahrheiten in den einzelnen Stufen nach dem Sinn der Entwicklung und braucht dazu nicht das analytische Detail. Das „aufgeklärte" Leben nach den Gesetzen der logischen Kausalitäten findet die Wahrheiten im Bausteinwissen, kann daraus aber den Sinn nicht finden.

Im nächsten Schritt stellt sich die Frage, ob die so definierten religiösen Wege auch mit kybernetischen Methoden hinterfragt werden dürfen, oder ob dabei das religiöse Prinzip etwa Schaden nimmt. Genauso wie man sich etwa in der Freude am Schönen nicht gern von intelligenter Spitzfindigkeit stören lässt, könnte auch die göttliche Weitsicht durch die Seziermesser der logischen Analyse leicht ihre Vollkommenheit verlieren. Man sieht, dass die Welt des Geistes nur mit besonderen Mitteln zu erschließen ist, die man besser ganz spontan und ohne unsere Anstrengung zulässt. Der bewussten Aufmerksamkeit ist der Zugang schon rein theoretisch verwehrt. Die Transzendenz selbst lässt sich kybernetisch deuten, nämlich wenn man sie als konnektives Informationsprinzip auffasst, welches als Führungsprinzip aus Stabilitätsgründen im Unbewussten bleiben muss. Diese Erkenntnis ist im Grunde keine Verletzung des göttlichen Prinzips, sondern nur eine winzige Einsicht in dessen Verfahrensweise. Schließlich sind alle erkennbaren göttlichen Werke aus rationalen Prozessen zusammengesetzt, was bezeugt, dass auch ihre Entstehungsprozesse nicht außerhalb unserer Welt zu suchen sind.

Wir müssen die Wirklichkeit nicht verlassen, wenn wir in höhere geistige Sphären vordringen. Das heißt, das göttliche Prinzip ist auch von dieser Welt. Nur sind einige Teile so zusammengesetzt, dass wir ihren Informationsgehalt nicht erkennen. Dem Menschen ist es zwar anheimgestellt, davon immer ein Stück mehr in seinen Geist aufzunehmen, der letzte Sinn aber ist in jenen Informationsprinzipien versteckt, die auch dem menschlichen Geist für immer verschlossen bleiben. Was vielleicht noch analytisch aus den Informationsstrukturen erforscht werden kann, versperrt sich in den Inhalten aufgrund der besonderen Informationsart ganz. Selbst wenn uns sozusagen die Art der Schriftzeichen erkennbar wäre, die Fabel muss uns im Dunkel bleiben. Das göttliche Prinzip lässt sich nicht durchleuchten, genauso wenig wie sich etwa die Passion eines menschlichen Wesens aus seiner Physiologie erkennen lässt. Die kybernetische Wissenschaft kann in den Sinnfragen der Theologie nichts hinzufügen, sie könnte aber etwas über die „Anatomie“ der Mechanismen sagen, die nach dem Sinn kommen und irgendwo in Prozessen enden.

Die Objekte der religiösen Erkenntnis zeigen die typischen Merkmale konnektiver Prinzipien. Sie können nach den Möglichkeiten unseres logischen Bewusstseins nur vermittels geistiger Hilfsmittel und daselbst nur in grober Näherung bestimmt, keinesfalls aber in Gänze ausgeschöpft werden. Bei einem unbekannten Mystiker des Mittelalters liest man: *„Die unvollkommenen Dinge sind begreiflich, erkennbar und aussprechlich, oder mögen mit Worten und Namen ausgesprochen werden; das Vollkommene aber ist allen Creaturen aus eigenem Vermögen unbegreiflich, unerkennbar und unaussprechlich“.*[408] In der Art zeigt sich die Geschlossenheit des konnektiven Systems, welches sich in seiner Vollkommenheit nicht in begreifliche Partitionen trennen lässt. Genauso lässt sich der Begriff des Glaubens leicht durch dieses Prinzip verstehen. Das Quantum nämlich, das sich aus dem konnektiven System herausnehmen lässt, hat keine prägnante Form und kann nicht als konkretes Wissen ausgedrückt werden. Vielmehr enthält es das Ganze in vereinfachter, aber im konnektiven Sinne ungenauer Form, welche logisch nicht zugänglich ist.[409] Ich glaube an etwas, wenn ich die verkürzte Beziehungswelt zu dieser Sache in mir trage. Die Bindungen bestehen aus so vielen einzelnen Fäden, dass ich dafür keinen konkreten Begriff im logischen Sinne finden kann. Wie in der Liebe wird auch im Glauben das Gegenüber mit den eigenen Knüpfstellen zum Ganzen ergänzt. In der Liebe wird es besonders deutlich, dass sie mit logischer Vernunft nicht erzwungen oder verhindert werden kann, wie jede noch so große Intelligenz ihr nichts hinzuzufügen hat. Allerdings werden die Begriffe von Liebe und Glaube nicht selten auch außerhalb der geistig konnektiven Betrachtungen in reduzierter Form gebraucht, wie auch aus der Logik heraus Sinnfragen diskutiert werden. Die Widersprüche sind dabei vorprogrammiert, weil der Hierarchie der kybernetischen Prinzipien nicht gedacht wird.

Wenn der menschliche Geist mehr mit den abstrakten Sinnfragen beschäftigt ist, so schließt das allgemeine Prinzip, die Seele, auch die persönliche und intime Welt des Menschen ein. So lebt etwa die Liebe mit dem Körperbewusstsein, welches sich auch ausdehnen lässt. Die Entfaltung erfolgt aus

---

[408] Siehe [9] Seite 24

[409] Die bewusste Erkenntnis des geistigen Wissens muss sich auf einen einfachen überschaubaren Grund reduzieren, welcher dem Verstand auch schnell als naiv oder kitschig vorkommt. Dabei die arrogante Intelligenz zu überwinden ist eine erste Voraussetzung geistiger Tätigkeit.

den mehr oder weniger umfangreichen Beziehungen, welche sich zu einem vollkommeneren konnektiven System ergänzen und auf dieser Stufe das Beieinandersein geradezu fordern. Das bekannte Glücksmoment ist nicht zuletzt das erweiterte Gefühl, das den Körper mit in den Bewusstseinseffekt einschließt. Aber nicht nur die Vervollkommnung mit einer geliebten Person, auch die Eröffnung harmonischer Bedingungen, wie sie etwa in der Religion oder in den Künsten kultiviert werden, kann das Glücksmoment der Bewusstseinserweiterung anstoßen. Dagegen kann ein rationaler Anlass nur zur Wirkung kommen, wenn er auch emotional, gewissermaßen seelisch hinterlegt ist. Schließlich ist das Glück mit den schmalen Portionen des logischen Verstandes allein nicht durchführbar. Umgekehrt kann das Glück, welches ein rein geistiges Phänomen ist, einen rationalen Gewinn geben. Der Blick in den Alltag wird von einer höheren Warte aus ermöglicht, wodurch sich die Schwierigkeiten wie von selbst verkleinern. Die Projektionsmöglichkeiten werden gewissermaßen vergrößert, was die Möglichkeit eröffnet, mehr Wissen bewusst zu erfassen und zu verarbeiten. Mit dem erweiterten Fokus des Bewusstseins ist auch der konnektive Anteil vergrößert, wodurch dessen Leistungsfähigkeit zunimmt. Glücklich sein bedeutet einen Gewinn an Freiheit, dass die Sicht in die Welt einfacher wird und manch dunkle Ungewissheit leicht zum Verschwinden gebracht werden kann. Auch der Besitz an rationalen Mitteln kann zur Freiheit beitragen, nämlich wenn er die Schwierigkeiten auf diesem Weg praktisch zu beseitigen hilft.

Zu den Forderungen der höheren geistigen Vollkommenheit gehören neben der Liebe zu Personen auch Heimweh, Heimatliebe, Religiosität oder bestimmte Leidenschaften und Berufungen, welche zu unterdrücken, aber nicht zu beseitigen sind. Ihre Erfüllung bedeutet eine Aufwertung des Individuums, welches dann konstruktiv in den Kontext der Gemeinschaft gestellt wird. Das Hineinfinden in den ganzen Sinn der Wirklichkeit entlastet und erweitert das Bewusstsein und wird als Glück empfunden, was insofern auch sinnvoll ist, weil nicht nur das Individuum seinen vorteilhaften Entwicklungsweg findet, sondern auch das Ganze günstiger bedient wird. Die Organisation der Zielsuche kann nur auf der höchsten kybernetischen Ebene vonstattengehen, wodurch das eigentliche Glück auch nur mit den Mitteln seelischer Vervollkommnung erreicht werden kann. Die dazu erforderlichen Bilder müssen allerdings in sich und evolutionär gewachsen sein, weil das konnektive System zu seiner Ergänzung nur gleichartige Strukturen verwenden kann. Das Prinzip wird durch eine gewisse Geradlinigkeit der kulturellen Entwicklungswege erreicht, welche in der Geschichte nicht selten mit enormem Aufwand durchgesetzt werden musste.

Beim Zusammentreffen unterschiedlicher Entwicklungswege führt die Missachtung dieses einfachen konnektiven Prinzips nicht selten zu Enttäuschungen oder unbewussten Ressentiments, weil uns das Verfahren des Hintergrundes nicht einleuchtet und sich logischer Verstandesarbeit permanent verschließt. Die ungeheure Menge an Beziehungswissen ist dem Menschen nicht auf die Stirn geschrieben. Noch dazu ist sie fest „verdrahtet" und nur an der Peripherie in geringem Grade anpassbar. Im günstigsten Fall, wenn die Strukturen übereinstimmen, würden sich die Informationsmengen wie von selbst „addieren". Einander fremde Kulturen benötigen eine langwierige Adaption, beim Kinde weniger. Die unbewusste Differenz kann dann nur durch bewusste Verstandesarbeit kaschiert werden, bleibt aber meist ein Leben lang erhalten, bei den entsprechenden Schwierigkeiten mit den Ordnungsprinzipien der Harmonie. Das konnektive Netzwerk kann nicht so einfach wie die logische Struktur verändert werden, weil es von Grund auf in symmetrischer Balance wachsen muss. Die Seele umzustricken, müsste vom Zentrum aus geschehen und käme einem Neubau gleich. Unbewusst stellen sich diese Zusammenhänge im sogenannten gesunden Menschenverstand von selbst ein und sind, zumindest gefühlsmäßig, in jedem Menschen vorhanden. Da sie aber logisch nicht zu interpretieren sind, werden sie von den bewusst handhabbaren Vernunftgesetzen missachtet. Dabei ist das Gefühl an dieser Stelle höhergestellt, weil es zumindest den Zustand des kybernetisch höheren Systems beschreiben kann, das Herz steht über der Vernunft.

Die Unkenntnis der einfachen kybernetischen Prinzipien erzeugt viel Leid in der Welt, was noch zunehmen wird, weil allerorts die Weichen dafür gestellt werden, die Geisteskultur abzuschaffen. Von besonderer Bedeutung ist das konnektive Prinzip in den Führungsetagen der Gesellschaft, weil hier die kurze logische Sicht viel Schaden anrichten kann. Der Sinn kultureller Differenzierung für den Bestand der Zivilisation ist mit noch so intelligenter Vernunft nicht auszumachen. Die evolutionäre Vielfalt existiert nur den Buchstaben nach und steht für Multikulti-Experimente beliebig zur Verfügung. Auch das fundamentale Informationsprinzip des Geistes, die Sprache, ist ein sensibles Gut, welches leicht verdorben ist. Während die deutsche Sprache noch bis in das neunzehnte Jahrhundert für eine Evolution der konnektiven Prinzipien in der Gesellschaft stand, arbeitet seither ein verselbstständigtes Machtsystem mit hochintelligenter Raffinesse an ihrer Abschaffung. Wenn er nicht nur eine Metapher wäre, könnte man glauben, dass der Teufel selbst die Methoden dafür ersonnen hat.

Die Geistesentwicklung hat sich nicht als robust gegen die niederen Systeme der Macht erwiesen. Inzwischen scheint sie ganz beendet, denn die moderne Welt ist von rationalen Funktionen und einer entsprechenden Ziellosigkeit in den großen Sinnfragen gekennzeichnet. Das ist eine Situation, welche sich durch die Kultivierung des Rationalen und dem Einfluss der Konsumindustrie noch selbst verstärkt. Die geistige Führung wird dabei auf ein Mindestmaß gehalten, welches durch die frühe Bildungsdressur auf ein festes Muster reduziert wird. Die Interessen des Menschen werden auf für die Evolution belanglose Vorgänge zurückgekürzt, was selbst noch für die hochkomplexen technischen Güter gilt. Das Individuum wird immer mehr mit einer Funktionseinheit im Ameisenstaat vergleichbar, in dem die Gemeinschaft nicht über konnektive Prinzipien organisiert ist. Es sind die logischen Gesetze, welche in Zwänge gesetzt, hart aneinandergefügt sind, um einen ganzen Korpus zu bilden. Das sind gleichzeitig vorzügliche Voraussetzungen für die offenen und versteckten Machtprinzipien aller Couleur, welche die Organisationsbereiche für sich definieren. Die Lebensform des Menschen wird gewissermaßen normiert und auf für die Evolution unwesentliche Bereiche festgelegt, welche der geistigen Entwicklung nicht mehr bedürfen. Die allgemeine Entwicklung der Zivilisation von der geistigen Gemeinschaft zur logisch vernunftbedingten Form wird mit den neuen elektronischen Medien weiter verstärkt, insofern sie in der rationalen Zerstreuung ihr Metier gefunden haben. Würde sich das konservative Prinzip vervollständigen, das heißt bestünde die Gesellschaft nur noch aus wiederkehrenden Vorgaben und deren Erfüllung, könnten der freie Wille und der damit geschaffene Bewusstseinseffekt ganz entfallen. Damit würde sich auch die Religion beenden, welche die Entwicklungswege der Zivilisation immer begleitet und in den Grundzügen unterstützt hat. Die Frage stellt sich, ob sie mit ihren eigenen Prinzipien den Missstand zu bekämpfen vermag, oder ob sie sich auch dem Rationalen verschreiben muss, mit der sie allein der Macht zu trotzen wähnt, dabei aber ihr eigenes Wesen zerstören muss.

Dass sich die Schöpfung damit beendet, kann kein Theologe annehmen. Die Anschauung einer kybernetischen Evolution dagegen lässt offen, ob sich eine neue Welt ohne Geist begründen lässt, in der jede Form von Entwicklung aufgegeben wird. Der Mensch verlöre mit der Abkehr von einer Geisteskultur zum allgemeinen Kreislauf rationaler Funktionen seine Glücksfähigkeit und ebenso seine Freiheit, die an seine Autonomie gebunden ist, das heißt an die Reife der konnektiven Führung. Es ist allein die Religion, welche hier die Fahne hochhält, die Bindung an geistige Prinzipien, welche die eigene Instanz entwickelt und das persönliche Freiheitsgefühl vergrößert. Nur der konnektive Weg, für den alle Bedingungen förderlich bereitstehen, kann ohne einengende Schwierigkeiten verfolgt werden.

Er verspricht für alle Zeiten die maximale Unabhängigkeit, weil die Bedingungen den Möglichkeiten optimal angepasst sind. Das ist umso vollkommener möglich, je mehr geistiges Potenzial dafür bereitsteht.

Der kurzsichtige Weg, sich der in die Freiheit führenden Beziehungen zu entledigen, führt letztlich in die Enge natürlicher Schwierigkeiten, die am Ende nur noch mit der Gebundenheit an banalen Funktionen aufgelöst werden können, weshalb die Situation auch schnell zum leichten Spielfeld für die Begehrlichkeiten der Machtsysteme wird. Nicht selten können auch die geistigen Bindungen nicht von den Fesseln der niederen Banden auseinandergehalten werden. Sich den Beziehungen zu öffnen, welche die Zukunft nötig hat, ist mehr eine Sache des Gefühls. Aus rationaler Sicht kann das Streben nach geistigen Bindungen nicht immer verstanden werden, weil die Freiheit in verfänglicher Weise gerade als die Befreiung von Bindungen verstanden wird.[410]

In der Religion wird von den Bindungen an geistige Führungsprinzipien allemal ausgegangen. Allerdings setzt man auf frühe, durch Logik nicht verfälschte Einsichten, das heißt auf eine historische Basis, welche sich nicht immer ohne Verlust auf die heutige Zeit transformieren lässt. [411] Besonders die Schriftsprache hat einen Kontext nötig, der sich auch aus der Erforschung der rationalen geschichtlichen Umstände nur spärlich erschließen lässt. Der unbewusste seelische Hintergrund der Gesellschaft bleibt völlig im Dunkel. Der Widerspruch lässt sich allerdings kaum auflösen: Eine moderne Religion brächte nur logisches Stückwerk, und die Erforschung der alten Weisheiten kann die Bilderwelt der Basis nicht erreichen. Wir können schon die Bedeutung der Bilder kaum noch erahnen. Ohne die Gefühlswelt aus dem Beziehungsrahmen der Zeit ist der konnektive Aufschluss ganz und gar unmöglich. Die Befähigung mit Bildern umzugehen ist ohnehin mit der harten Stringenz der Logik aus der Mode gekommen, was letztlich auch dem entwickelten Bewusstsein verschuldet ist, welches nur noch mit den kleinen logischen Reduzierungen der Wirklichkeit umzugehen versteht.

Dabei können Bilder auch nur als primitiver Versuch gelten, die Beziehungswelt des Geistes mit bescheidenen Mitteln nachzubilden. Aber schon an den einfachen Versuchen erkennen wir die Besonderheit. Bilder sprechen

---

[410] Die Ansicht hat offensichtlich ihre Wurzeln in den Zeiten, in denen der Freiheitsbegriff durch das Überwinden einfacher körperlicher Fesselung geprägt war.

[411] Das evolutionär frühe Bewusstsein war durch eine größere Nähe zur konnektiven Führung gekennzeichnet und stand deshalb der Bilderwelt des Sinns näher, welche sich auch schlecht in Gesetzesform hätte bringen lassen.

ihre eigene Sprache. Ihre Weisheit lehrt zum Beispiel, dass sich in ihrer Zeitlosigkeit Vergangenheit und Zukunft miteinander verbinden. In ihrer Beziehungswelt kann man sich vergangene Geschehnisse hineindenken, wie auch zukünftige. Aber es gibt auch Vorgänge, welche sich in ihnen verformen müssen, oder solche die ganz und gar nicht in sie hineinpassen. Die Bilder definieren quasi die Existenzbedingungen der Vorgänge. Die geistige Bilderwelt der Religion geht von Gott als Bild einer vollkommenen Person aus. Das spricht nicht gegen die Evolution, weil auch diese bisher nur auf die Person als höchste Kreation und seine Vervollkommnung aus war. Die Bilderwelt lässt sich teilweise auch in Worten ausdrücken und intellektuell verarbeiten. Es gelingt umso besser, je mehr dazu eine andere, als die lineare Sprache der Logik benutzt werden kann. Dagegen bieten die Kunstwerke, besonders die sakralen, eine mehr äußere Ausgangsbasis, auf die sich eine harmonische Vervollkommnung entwickeln kann. Sie vermitteln eine ikonische Information[412], welche die Ausrichtung des Geistes über die Ratio des Alltags hinausführt. In gewisser Weise weisen all diejenigen Bilder in eine solche Richtung, welche die niederen logischen Elemente der Geometrie vermissen lassen bzw. durch natürliche Formen nachbilden. Man sieht in alten Kunstwerken, dass mitunter schon der rechte Winkel durch zusätzliche Formen abgeschwächt wird.

Die heute modernen funktionellen Geometrien benötigen für ihre Interpretation eine aufwendige Logik, welche alle Energie verbraucht und eine höhere Beteiligung der Beziehungsnetzwerke gar nicht aufkommen lässt. Soll eine Architektur darüber hinaus wirksam werden, so muss die niedere oder gar funktionale Symmetrie durch die Harmonie ersetzt werden, welche auf die höheren konnektiven Beziehungen des Geistes hinweist. Die schroffen funktionalen Formen mit ihrer geometrischen Symmetrie verlieren sich dann in dem sanften Ausgleich, welche die Welt ausbalancierter Verbindungen zu bieten hat. Das ist eine Sache des feinen Gefühls, welches der vordergründige Intellekt nicht erreichen kann. Auf diese Weise erhalten die alten Bauwerke mit ihrer geheimnisvollen Architektur einen kybernetischen Duktus, welcher eine befreiende Wirkung entfaltet und gewissermaßen die Seele öffnet. Eine alte Kirche ist ein Ort, an dem die äußere Harmonie noch mit der inneren in Korrelation treten kann, sofern dieselbe noch wenigstens in Spuren vorhanden ist. Es ist ein Gewinn an Freiheit, welche sich wohlmöglich mit bachscher Orgelmusik noch vergrößern lässt. Der eigentliche

---

[412] Der Begriff „ikonische Information“ stammt nicht aus der Religion, sondern wird seiner griechischen Wurzel nach in der Ethologie als unbewusst perzipierte Zeichensprache verwendet. Im Vergleich zur symbolischen Information vermisst man hier die typisch logischen Elemente der Geometrie.

Effekt dieser Kunst liegt im größeren Abstand, den man zu den kleinen Sorgen des Alltags gewinnt, um gewissermaßen in göttlicher Nähe die nachhaltigen Lösungen im Sinne der Schöpfung zu finden.

Mit der ikonischen Information der Religion eröffnet sich eine ganz andere Welt, welche nicht von den niederen Zwängen der Natur belastet ist, andererseits aber auch zu keinen definierten Eingriff in einen einzelnen konkreten Vorgang befähigt. Es ist mühelos zu begreifen, dass mit der logischen Analyse und dem rationalen Verstand auch die Fähigkeit zur religiösen Sicht verschwindet und damit auch der geistig konnektive Sinn der Wirklichkeit zur unbestimmten Doktrin herabsinkt. Der scheinbare Widerspruch zwischen den konnektiven und den logischen Inhalten der realen Welt, der sich in den immerwährenden Gefechten zwischen Naturwissenschaft und Religion niederschlägt, ist andererseits der beste Beweis für die noch unverstandene Weite des Informationsprinzips.

Mit einem interessanten Ansatz hatte Leibniz, der große Verfechter der mathematischen Prinzipien, die unlogische Seite der Wirklichkeit in eine Monadenlehre ausgeklammert. Dabei kommen gewisse konnektive Prinzipien zum Vorschein, wenn auch in der philosophischen Interpretation der Zeit. Im Paragraf 47 seiner Monadologie heißt es: *„Somit ist Gott allein die ursprüngliche Einheit oder die einfache Ursubstanz, deren Erzeugungen die geschaffenen oder abgeleitenden Monaden sind; und sie entstehen gleichsam durch kontinuierliches Aufleuchten*[413] *der Gottheit von Augenblick zu Augenblick, begrenzt durch die Aufnahmefähigkeit des Geschöpfes, zu dessen Wesen es gehört, beschränkt zu sein.“*[414] Danach ist die Summe des konnektiven Wissens in Gott vereint, um sich in gewissem Maße in die geistigen Anlagen der Geschöpfe zu verschwenden. Dort werden sie im göttlichen Sinne wirksam, wenn diese einen gewissen Entwicklungsstand erreicht haben. In Paragraf 49 heißt es deshalb ebenda: *„Ein Geschöpf, sagt man, wirkt nach außen, soweit es Vollkommenheit besitzt; und es erleidet etwas von einem anderen, insofern es unvollkommen ist. So schreibt man der Monade Tätigsein zu, soweit sie deutliche Perzeptionen hat, und Leiden, insofern diese verworren sind.“* Die Vervollkommnung durch geistige Perzeption wirkt als Antrieb und setzt, ganz profan formuliert, das Individuum in die Lage, nach außen im Sinne der Evolution wirksam zu werden, wobei gleichsam die optimalen Bedingungen aus einer gewissen Weite des Weltwissens beachtet werden. Das Leiden ist allerdings nicht immer vom Individuum selbst verschuldet. Wir wissen, dass Machtprinzipien dafür

---

413 Anderswo als „*unaufhörliche Ausstrahlungen*“ übertragen.

414 Siehe [18], Seite 37.

zuständig sind, welche das Verlassen des geistigen Prinzips allezeit zu provozieren verstehen.

Die „*Aufnahmefähigkeit des Geschöpfes*“ für die göttlichen Vorgaben zeigt sich begrenzt, seit der Aufklärung besonders durch die Macht der Logik, welche sich befähigt fühlt, die Weltgeschäfte allein führen zu können. Beim christlichen Mystiker Meister Ekkehard findet man noch das Bild vom Einswerden mit Gott durch die vollkommene Harmonie der Ebenheit. Dazu braucht es eine geistige Fantasie, welche die Vorstellungen in den Konsens der Harmonie bringen kann, was einer konnektiven Selbstorganisation gleichkommt und natürlich mit unbeschädigten Voraussetzungen am besten gelingt.[415] Die Seele ist nach Meister Ekkehard empfangsbereit für Gottes Wesen: „*Der Vater gebiert seinen Sohn im ewigen Erkennen, und ganz so gebiert der Vater seinen Sohn in der Seele wie in seiner eigenen Natur, und er gebiert ihn in der Seele zu eigen ...*“.[416] Wie Gott seinem Sohn schuf, so legt er das Wissen vermittels dieses komplexen Bildes in die menschliche Seele, wenn diese nur gerecht und gut ist, das heißt die ungestörten Entwicklungsbedingungen besitzt.

Das, was von außen in das geschmeidige Wachs der Seele eingeprägt wird, ist den Bildern nicht unähnlich, welche wir auch in der Außenwelt erkennen. Aber die Plastizität der Seele formt weiter, nach den in der Welt gefundenen Prinzipien. Das heißt, die Bilder werden verändert und im göttlichen Sinne verschönert. In der profanen Sprache des kybernetischen Analytikers werden die evolutionären Bedingungen der Selbstorganisation optimiert und den aktuellen Erfordernissen angepasst. Wir wissen, dass das Bild nur eine vereinfachte Sicht auf die Information ist, welche im konnektiven Netzwerk weitaus komplizierter ausfällt. Das Bild ist gewissermaßen die evolutionäre Ausgangssituation, welche in der Natur vorgegeben wird. Daraus entsteht am Ende die unendliche Vielfalt der Formen, die wir als geistliche wähnen, weil sie das Vorgegebene vervollständigen. Aber es sind nicht nur die statischen Bilder, die sich uns einprägen, auch Vorgänge, ja ganze Geschichten oder Lebensläufe haben in ihren Beziehungsinhalten eine bildhafte Form. Auch diese können sich im konnektiven Netzwerk optimieren, oder wenn man will, der Schöpfungsidee anpassen. Es entstehen idealisierte Geschichten, welche vielen Menschen leicht eingehen, weil sie in den konnektiven Entwicklungsweg eines Kulturkreises wie in ein Puzzlebild leicht hineinpassen. Sie verbreiten sich als Märchen oder Legenden. Aber auch die Lebensläufe der Heiligen können im Sinne der Schöp-

[415] In der Sprache der Religion: mit einer „reinen Seele“.

[416] Zitiert in: dtv-Atlas Philosophie. Deutscher Taschenbuch Verlag München 2003, Seite 87

fung nachjustiert werden, um als tatsächliche Führungsbilder wirksam werden zu können. Man kann annehmen, dass die gesamte Religion auf Bildern und Geschichten beruht, welche, auch wenn in ihren Grundlagen der Wirklichkeit entnommen, im Sinne der Schöpfungsidee vervollkommnet wurden.[417] Nur in der Art optimiert, können sie auch ihrer kybernetischen Bedeutung als Führungsgrößen der Entwicklung gerecht werden. Als Vorgaben der Wirklichkeit sind sie auch wahrhaftig und haben einen realen Kerngehalt. Von diesen sind natürlich die vielen menschlichen Ungenauigkeiten abzuziehen, welche besonders der logischen Art des bewussten Denkens, oder aber den Machtapparaten des Teufels selbst zuzuschreiben sind.

Wenn die logische Sicht die geistige Erkenntnis vermittelt und dabei unkonventionelle Methoden heranschaffen muss, so kommt ihr, wenn sie ihr eigenes Metier in purer Form bedient, eine ganz anders geartete Erkenntniswelt zu. Eine sich selbst tragende logische Intelligenz im höheren Sinne entsteht mit einer *fantasy*, welche auf die Beziehungen der Dinge ganz verzichtet und die bunten Verzerrungen zulässt, die durch die Variation der Gegebenheiten entstehen. Wenn die feinen Fäden des Sinns nicht mehr gespürt werden, lässt sich die Wirklichkeit nach Belieben verändern. Neben den gewinnbringenden Mysterys sind dann auch gewisse religionsartige Plagiate mögliche Spielarten und je nach Entertainment auch erfolgreiche. Selbst das Machtprinzip lässt sich implizieren und kann eine Ideologie mit Durchsetzungskraft entstehen lassen, welche nicht die konnektiven Entwicklungsbedingungen zum Grunde hat. Wie die Macht der Entwicklung des Geistes folgt, muss sie auch der Religion auf der Spur sein, um sich an ihren Vorteilen zu messen. Der Hang zur extrem patriarchalischen Logik und die Verachtung des natürlich Schönen dürften den Imitaten allerdings schon seit ewigen Zeiten anhänglich sein.

Ein leichtes Spiel muss die geistlose Sicht der Welterkenntnis auch in den religionsfernen Lebensarten der Moderne bekommen. Sie ist für die Medien billig zu haben, die auf eine beziehungslose Weltsprache setzen. Diese kann den konnektiven Kontext nicht transportieren und hat demzufolge auch dem Nonsens nichts entgegenzusetzen. Als gewisse Bestätigung dafür findet man nicht eine Kunst, welche die natürliche Schönheit einer paradiesischen Welt proklamiert. Sie setzt vielmehr auf eine kopflastige Unnatürlichkeit, auf die öde Verlassenheit des Verfalls, auf eine Zerrissenheit, die keinen Gedanken an Harmonie aufkommen lässt. Die angesagten Querdenker schaffen es nur zu kleinen Installationen, weil das Große die Beziehung

[417] Die Frage ist, wie viel die Bilder die Wirklichkeit tatsächlich durchlaufen müssen, um als geistige Vorgaben wirksam zu sein, oder ob ihre Intention schon als evolutionäre Wahrheit gilt.

zum Ganzen bräuchte, die ihnen nicht mehr gegeben ist. Sie treffen dabei nicht auf die harmonischen Elemente des Schönen, sondern eher auf die leblosen Symbole, welche dem diabolischen Kontext der Geschichte entnommen zu sein scheinen.

In der Vergangenheit hat sich der gesellschaftliche Machtwahn immer noch die Dreistigkeit genommen, sich hinter den höheren religiösen Prinzipien zu verstecken. Weil das aber niemals in Vollständigkeit gelingen kann, ist der Frevel leicht zu durchschauen. Die Gesellschaft ist in den Jahrhunderten mit diesem seltsamen Spiel der Informationsprinzipien groß geworden, und die strikte Trennung von staatlicher Macht und religiösen Einrichtungen wurde ihr eine wichtige Aufgabe. Wenn auch in den Kulturkreisen unterschiedlich bewerkstelligt, sind Gewalt und Krieg am Ende in die Aufsicht des Staates gekommen, die sanften Prinzipien der Harmonie in die Obhut der Kirche.

Je tiefgründiger sich der Einzelne mit den Prinzipien der Religion befasst, umso größer muss seine Sanftmut werden, was nicht nur seinen Eifer bekundet, sondern auch die geistige Qualität seines Lehrstücks. Je stärker ihm das göttliche Prinzip eingeht, umso befremdlicher müssen ihm die Methoden von Stärke und Gewalt vorkommen. Das ist für die Religion zunächst ein Gewinn, weil sie auf die logischen Kapriolen der Vernunft gut verzichten kann. Auf der anderen Seite beschränkt sich fortan das Staatswesen auf Ideologisierung der niederen Zwecke, was mit der Zeit dominant wird und jede Geistigkeit vergessen macht. Die Religion kann sich in einer so gestalteten Welt selbst nur noch mit logischer Rationalität retten und wird in dieser Weise auf soziale Prinzipien reduziert, welche dann jedermann auch als vernünftig eingehen. Nur geht damit die bewusste Teilnahme an einer weitsichtigen Führung ganz verloren.

Mit der Dominanz der Vernunft, als intelligente Nachbildung des Geistes, kommt die Kurzsichtigkeit der logischen Gesetze zum Tragen, was auch noch dadurch verstärkt wird, dass das geistige Vorbild verdrängt wird und die Vernunft immer mehr sich selbst zur Genüge sein muss. In der Staatsführung müssen die Handlungen der Macht in der Öffentlichkeit vernünftig begründet werden, wobei die nationalpopulistischen Argumente in der Vergangenheit den Zugriff der Macht auf die Grundlagen des Geistes in der regionalen Bindung demonstrierten. Die Strategien von Krieg und Gewalt waren in ihrer Kurzsichtigkeit nicht zu überbieten. Heute sind die modernen sozialpopulistischen Argumente Abbildungen der einschränkenden Logik, und dadurch der Macht nicht weniger begehrlich. Bei der Beschränkung der Führungsprinzipien auf den funktionellen Rand der kybernetischen Pyramide muss das fehlende konnektive Netzwerk durch Gesetze ausgeglichen werden, welche auch die elementaren Lebensbedingungen immer besser zu schützen vermögen, die evolutionären Entwicklungsbedingungen des Geistes aber vergessen machen. Wenn die weiten Bedingungen der Entwicklung nicht mehr berücksichtigt werden, müssen am Ende auch die elementaren Prozesse darunter leiden. Es werden ihr Entwicklungspotenzial vermindert, die Ressourcen erschöpft und die Organisation chaotischer. Selbst die gute, aber kurzsichtige Tat muss gewissermaßen mit langfristigem Schaden bezahlt werden.

Anstelle einer Freiheit, welche durch ihre konnektive Harmonie niemandem zur Gefahr werden muss, kommt die Freiheit zu stehen, welche durch die intelligente Logik der Vernunft optimiert wird. Ein frommer und geistvoller Mensch braucht keine Gesetze, weil sich seine Führung von selbst auf nachhaltige Strategien optimiert. Dieselben sind durch Gesetze nur unvollständig nachzuahmen. Nur haben die Gesetze den Vorteil, bewusst handhabbar zu sein, wogegen die geistigen Vorgaben der Freiheit und Natürlichkeit bedürfen, welche heute nicht mehr gegeben sind. Inzwischen ist die fehlende Nachhaltigkeit in der Gesellschaft weniger aufregend, weil sie gewissermaßen im absteigenden Nebenzweig der Evolution immer gegenwärtig ist. Trotz einer gewissen Aufwertung der ethischen und moralischen Gesetze, deren Ursächlichkeit aber auf einen kleinen Radius begrenzt bleibt, wird im modernen Staatswesen die Verbindung zu den konnektiven Verfahren immer geringer, was an den Misserfolgen leicht zu erkennen ist, welche sich regelmäßig über längere Zeiträume einstellen. Ohne geistige Führung müssen auch die Gesetze der Ethik auf die Buchstabenform verkürzt werden, welche dann nur noch zu populistischen Entscheidungen verführen, wenigstens aber demjenigen ihre Kurzsichtigkeit verraten, der noch über den Tellerrand zu schauen vermag.

Eine Konsequenz von diabolischer Natur ist die systematische Zerstörung der konnektiven Anlagen im Individuum selbst, welche schon im frühen Kindesalter beginnt und von den Medien mit zunehmender Heftigkeit betrieben wird. Der Schutz der menschlichen Seele wäre eine erste Aufgabe der Weltgemeinschaft. Derweil werden den Menschen in großen Mengen Bilder vorgehalten, die der harmonischen Ordnung der Natur widersprechen. Unnatürliche und abartige Vorgaben, besonders auch extrem kurzzeitige Bilder von Fratzen oder anderen perversen Situationen werden in den Bewusstseinshintergrund eingetragen, können aber nicht wieder gelöscht werden, weil sie kein bekanntes Profil, gewissermaßen keine Fahrkarte durch das konnektive Netzwerk haben und demzufolge auch kein Gegenüber finden können. Die Bilder bleiben in Bruchstücken an nicht wieder auffindbaren Ecken hängen und können von dort aus ihr unseliges Werk beginnen, indem sie sich in die Strukturbildung integrieren und ihre Disharmonien verbreiten. Im harmlosen Fall erhöhen sie das Erregungspotenzial und erzeugen innere Unruhen, im besonderen Fall wird das innere Harmonieprinzip gestört und das seelische Wachstum ganz unmöglich gemacht, was sich an chaotischen Aktionen bemerkbar macht. Nichtlöschbare Engramme sind es letztlich, die für alle möglichen Psychosen verantwortlich sind, welche keine biologischen Ursachen haben. Besonders Kinder sind anfällig und keiner weiß, welche der uns oft unschuldig scheinenden Bilder die unbewussten Schreckmomente auslösen und ihren teuflischen Sperrmüll in der Seele hinterlassen. So wie alle in der Evolution gewachsenen Strukturen, ist auch die menschliche Seele nicht beliebig robust, sie hat sogar die empfindlichste Architektur, weshalb die Entwicklung einen Riesenaufwand treiben musste, dieselbe zu schützen und für die Zivilisation reif zu machen.

Für uns ist interessant, dass durch die Flut unnatürlicher Bilder das geistige Führungsprinzip ganz verdorben werden kann, was sich am Intelligenzquotienten nun gerade nicht bemessen lässt, dafür aber im Gefühlsleben, der Empathie, Liebesfähigkeit, der Weitsicht und allen anderen geistig erzeugten Eigenschaften. Dazu gehört auch die Eigenschaft, die Prinzipien der Religion ihrem nur fühlbaren Wahrheitsgehalt nach zu verstehen, das heißt, auch einen Glauben entwickeln zu können. Es ist die Fähigkeit zur religiösen Erkenntnis eine typische Kompetenz des Geistes. Im gleichen Grade spürt der dazu ermächtigte auch die Harmonieprinzipien in der Natur und in der Gemeinschaft der Menschen, wie er anders auch den Gruppierungen flieht, welche diese zu zerstören suchen. Und die scheinen in den elektronischen Medien ein perfektes Werkzeug gefunden zu haben.

Deren große Macher sind leicht dem Teufel aufgesessen, der hier ganz unerkannt sein verwerfliches Spiel mit der menschlichen Seele treiben kann. Wohlmöglich feiert er seinen Festtag zu Halloween, wo er Millionen Kindern seine Stempel in die Seele drückt, an dem sie dann unter Umständen ein Leben lang unbewusst zu leiden haben. Dabei entsteht die Komplikation immer nur bei der verzweifelten Suche des Bewusstseins, völlig bizarre Bildinformation in natürliche Formen aufzulösen. Sie erzeugen unbewusste Schreckmomente, die ein Zeichen für die Überlastung des Bewusstseins sind und bei jedem Kind anders ausfallen. Offensichtlich wird der Schrecken mit Absicht provoziert und das Bewusstsein wird gewollt an die Belastungsgrenze geführt, von der die katastrophale Fehlfunktion dann blitzartig ausgeht. Besänftigende Worte, wie „das war ja nur ein Spiel“, kommen dann zu spät. Die Kröte ist geschluckt, in der Seele für immer verschwunden und nicht wieder auffindbar. Der Zugang zu den konnektiven Orten der Psychosen ist dem Wissenschaftler im Allgemeinen verwehrt und nur dem geschicktesten Psychologen und nur in den seltensten Fällen zugänglich. Es ist deshalb die Hygiene der Seele durch harmonische Gestaltung der Lebensumstände die einzige Möglichkeit, den Missstand zu umgehen. Auch die Gier, disharmonische Zustände in der Lebenswelt zu suchen oder selbst zu provozieren, kann schon ein Hinweis auf versteckte Engramme sein, welche sich auf diese Art gewissermaßen selbst die Bedingungen für ihre Verbreitung schaffen. Sie sind es auch, die eine harmonische Vervollkommnung ganz verhindern. Man sieht, wie sich auch die Verzerrungen der Wirklichkeit durch Abbildungsfehler wie mit einer diabolischen Ideologie ausbreiten können. Bei gezielter Suche sind viele andere Gefahrenmomente aufzuspüren, welche die Balance des konnektiven Prinzips zu unterwandern suchen, wobei natürlich auch unbeeinflussbare Eventualitäten wie Unfälle nicht auszuschließen sind. Wenigstens den Medien sollte es möglich sein, willkürliche Disharmonien fernzuhalten.

Viele Methoden der Vereinnahmung stammen aus der Werbebranche, wo sie seit Langem auch intensiv erforscht werden. Die Erfolge sind dabei eher übersichtlich, man möchte die seltsamen Praktiken eher mit der Wirkung einer Schrotflinte vergleichen: Der gewollte Effekt ist im Vergleich zum angerichteten Schaden zu vernachlässigen. Möglicherweise ist das den Machern gar nicht bewusst. Nur der Teufel mag sich über die Wirkung freuen, weil damit auch ganz unbesonnen seelischer Schaden angerichtet wird. Zu den Werbetricks gehören nicht nur die ganz verrückten Hingucker und affektierten Situationen, sondern auch schnelle Bildfolgen, die das Bewusstsein durchaus auch überlasten können und es für die kleinen Eintragungen reif machen, welche mit dem Produkt irgendwie in Verbindung stehen. Es versteht sich von selbst, dass die Forschung an dieser Stelle nicht aufhört und sich auch andere Interessenten einfinden, welche das Verfahren nutzen möchten, um die eigene Rangordnung zu definieren. In die Souveränität des Anderen einzugreifen ist einfaches Machtprinzip.

Es scheint die Passion der Zeit werden zu wollen, die höheren Ordnungsprinzipien des Geistes auf allen Ebenen zu bekämpfen. Dabei können dieselben mit anderen Mitteln niemals wieder beschafft werden, weil der Entwicklungsvorgang über Jahrtausende währte, alle Höhen und Tiefen menschlicher Gemeinschaft durchlaufen hat und am Ende ein geistiges Prinzip geschaffen hat, welches die Führungsprinzipien der Evolution in allgemeiner Form abbildet. Das ist allerdings nur in der menschlichen Seele vollkommen vorhanden und muss über die Vermittlung eines hochentwickelten Kulturgutes parallel zum Erbgut weitergegeben werden. In definierter Form ist ein solcher Wertespeicher nur in der Religion geschaffen worden. Er ist so einfach strukturiert, dass er auch allen Menschen eingehen kann. Dabei ist das Glaubensgebäude nur eine Sammlung von Geschichten, welche aber das Potenzial haben, zwischen der seelischen Entwicklung und dem Kulturgut zu vermitteln. Anders gesagt, es werden einfache Wege aufgezeigt, welche die Geistesentwicklung in der Zivilisation unterstützen sollen. Dagegen muss sich um das analytische Wissen niemand kümmern, zumindest ist davon bislang noch nichts verloren gegangen.

Der Lauf der Evolution legt die Vermutung nahe, dass deren Führung selbst einer konnektiven Organisation unterliegt, was so viel bedeutet, wie es in der Religion durch göttlichen Ursprung der Schöpfung ausgedrückt wird. Es wäre denn auch keine größere Spekulation, wenn das konnektive Prinzip, welches sich bis in den menschlichen Geist hineinentwickelt und dann auch von den Gemeinschaften Besitz ergreift, sich auch selbst darzustellen versucht, indem es in den Bilderwelten der Religion dem Geiste genehme Vorbilder setzt, in denen auch die wirkliche Historie ihren Platz findet. Es sind allezeit Menschen dazu getrieben worden, die Bilder, welche sich in ihren Kopf geschlichen haben, auch erfüllen zu müssen. Es ist wie eine kollektive Programmierung, bei der jeder einen kleinen Teil hinzufügt, bis er selbst vom geschaffenen Ganzen profitieren kann. Im Sinne konnektiver Vervollkommnung wäre so auch die religiöse Sicht das optimierte kybernetische Führungsprinzip und die Ewigkeit eine geistige Weitsicht. Hier würde sich denn auch der Kreis aller unserer Erkenntnis schließen, indem unsere armselige kybernetische Analytik auf die Vollkommenheit der göttlichen Idee trifft, und wir diese wenigstens aus einigen uns sinnvoll erscheinenden Strategien heraus zu verstehen lernen.

So wie die Logik allen Organisationsformen von der Unterwelt bis zum Paradies dienstbar ist, hat allein das konnektive Informationsprinzip das Potenzial, der Wirklichkeit eine Ordnung zu geben und ihr ein sinnvolles Ziel voranzustellen. Wir wissen, dass dabei nicht mehr das konkrete Symbol zählt, sondern der ganze Kosmos des Beziehungswissens, in welchem das konkrete Wissen durch einen unergründlichen Glauben ersetzt werden muss. Nicht selten können wir die Beziehungen, welche uns beherrschen auch spüren oder zumindest vermuten. In kybernetischer Sicht aber ist für die Verbindungen eine Unzahl unterschiedlicher Möglichkeiten denkbar, welche bislang noch nicht die Aufmerksamkeit der Forscher erregt haben. Es ist aber zu erwarten, dass auch die Korrelationen, welche das Zusammenspiel der Strukturen in der Evolution bewirken und letztlich auch in den fertigen „Produkten" wirksam bleiben, selbst einer Evolution unterliegen. Das heißt, dass die physikalischen Kräfte, welche zu Beginn die Wechselwirkungen beherrschen, immer mehr durch kybernetische ersetzt werden, und am Ende auch das konnektive Prinzip selbst eine Rolle spielt. Die Frage stellt sich, wie eine Beziehung zustande kommen soll, wenn keine direkte physische Verbindung zwischen den Partnern mehr besteht. Der konnektive Hintergrund des Bewusstseins nimmt zwar Bilder auf, hat aber selbst kaum eine Möglichkeit direkt mit ebenbürtigen Systemen zu kommunizieren. Die Kommunikation kann nur nachgebildet sein. Es können offensichtlich nur hausgemachte Abbildungen sein, welche sich alle konnektiven Systeme gegenseitig machen und mit denen sie die Beziehungen in der Welt gewissermaßen im eigenen Haus abbilden. Wie sich in den Abbildungen ähnliche Schemata finden und solche, die sich ergänzen, in dem Maße können auch Reaktionen übernommen werden. Inwieweit sich die Bilder in ihren Eigenheiten damit selbst wichten und verzerren, kann eine ganze Wissenschaft beschäftigen. Dabei sind die diesbezüglichen Erkenntnisse wohl nirgendwoher leichter zu beziehen, als aus der Religion selbst. Es ist das geistige Leben, in dem die Beziehungen der Dinge in uns gewichtet werden und als Bilder unsere innere Harmonie bestimmen, wie auch die Handlungen, die den Frieden in die äußere Welt bringen. Es werden heilige Personen, Handlungen und selbst Orte ausgewiesen, die einen eigenen Beziehungskosmos bilden, welcher der Logik nicht zugänglich ist. Die gegenseitige und ständig mitlaufende konnektive Abbildung ist die kybernetisch am höchsten organisierte Beziehung, welche nicht nur Personen und Charaktere zusammenfügt, sondern auch ganze Geschichten und Ideologien. Die Abbildungen müssen nur in einem Kopf auch alle vorhanden sein, damit die Beziehungen in der erkennbaren Welt auch tatsächlich nachgestellt werden können und man sich auch selbst in den Beziehungskosmos einbringen kann. Wie in jedem Zellkern die Information des Ganzen gespeichert ist, genauso hat jeder Kopf einen möglichst weiten Beziehungskosmos in sich und kann sich so verhalten, als ob er mit allen Strukturen und Geschehnissen in seiner Umgebung direkt verbunden wäre.

Ergänzend gelten hier alle Regeln des konnektiven Prinzips. So lassen sich etwa Vorbilder durch wenig passgenaue Information aufrufen, Entwicklungen aufgrund der Zeitlosigkeit des Wissens vorhersehen oder Beziehungen in weitsichtigen Ähnlichkeiten ausmachen. Selbst der geheimnisvolle Magnetismus sich liebender Menschen kann nur auf höchster Ebene organisiert werden. Indem die gegenseitigen Abbildungen sich ausbauen und in den Handlungen sich ergänzen, kommt auch die Nähe zustande, welche durch den Erfolg der Gemeinsamkeit belohnt wird, dabei auch die niederen Ebenen einbezieht. Aber auch die Vervollkommnung des eigenen Hintergrundes mit dem Abbild der geliebten Person gibt schon die Bewusstseinserweiterung mit dem Glücksmoment, welches sich in der Nähe vergrößern muss. Es liegt auf der Hand, dass das konnektive Verfahren weit effizienter gestaltet werden kann, wenn sich die Abbildungen einem Ideal unterordnen lassen, welches gewissermaßen genau die Schöpfungsidee vertritt. Man sieht hier die von allen verehrten Vorbilder, die gemeinsam genutzten Orte und die traditionellen Handlungen. Wenn uns die Verfahren der höheren Führung unserer logischen Vernunft eingehen, dann auch muss bedacht werden, dass sie weit vor unserer Einsicht wirksam wurden, und ihnen deshalb eine primäre Bedeutung in der evolutionären Stufenleiter der Wahrheit zukommt. Die kybernetische Logik ist gewissermaßen einen nachträgliche, die aus einem Zusammenhang erwachsen ist, der heute einer eher religiösen Anschauung entspricht.

Wenn sich nun unsere Vordenker davon abwenden und daraufhin auch jede Entwicklung in rationale Richtung zu weisen scheint, so drängt sich der Gedanke auf, ob nicht die geistige Etappe der Evolution nur eine Art Entwicklungshilfe war, ein Zwischenschritt, der irgendwann wieder verlassen werden kann. Diese Auffassung wird dadurch genährt, dass sich der Sinn und das Ziel der Entwicklung mithilfe der Religion inzwischen soweit in Normen und Gesetze verfestigt haben, dass vielleicht auf die geistigen Einsichten und religiösen Gebote ganz verzichtet werden kann. Immerhin hat sich der Gang der Geschehnisse in fast allen Bereichen deutlich von den konnektiv geistigen Prinzipien abgewandt. Selbst die Kirchen setzen immer mehr auf elektronische Medien, welche die Wirklichkeit nur falschfarben, nämlich ohne geistigen Kontext, abspiegeln können. Mit den Gospels wird die Musik wieder rhythmusbetont und kann wohlmöglich dabei behilflich sein, die religiöse Bindung wieder abzustrampeln, was auch eine Befriedigung verschaffen würde. Es macht den Eindruck, als ob die Glaubensbekenntnisse mit impulsiven Bewegungen gewissermaßen wieder weggeschleudert werden könnten, was aber kein Verlust wäre, wenn sie nur an einer funktionalen lingua franka gebunden wären. Dagegen fehlen die einfachen Entwicklungsbedingungen des Geistes, die Muttersprache, die Liebe zur Heimat, zur Natürlichkeit oder zum Brauchtum.

Im gleichen Fluss wird in der Gesellschaft das Glücksprinzip als Triebwerk des Geistes durch die Befriedigung von Funktion und Ratio ersetzt. Die Wissenschaft reduziert sich auf die Technology. Die Folgerichtigkeit in der Natur wird nur in einzelnen Abschnitten erkannt, und dort als Kybernetik bezeichnet, wie auch die ganze Schöpfung nur in kleinen evolutionären Vorgängen nachvollzogen werden kann. Der konnektive Hintergrund der Gesellschaft wird durch Migrationswahn und Multikulti außer Kraft gesetzt und die Souveränität der natürlichen Gemeinschaften zerstört, damit sich die Machtprinzipien aller Couleur beliebig bedienen können. In den Künsten wird die kurze Installation dem Gesamtwerk vorgezogen, der Wert des

Schönen ganz vergessen. Für die neuen Bühnenbilder, welche die Ziellosigkeit der Moderne dokumentieren sollen, müssen alte Texte und alte Musik herhalten. Statt eigene Gesamtwerke zu schaffen, reicht es gerade noch, die alten zu verderben. Viele Werke früherer Zeiten werden kaum mehr verstanden und müssen geteilt oder vereinfacht werden, damit sie vom modernen Zeitgeist überhaupt rezipiert werden können. So scheinen manche Kunstwerke der Neuzeit eher der Hölle entsprungen, als dass sie der harmonischen Weltordnung irgendetwas hinzuzufügen hätten.

Interessanterweise zeigen die Metaphern der geistlosen Unterwelt genau das Gegenteil von Harmonie und Schönheit. In allen Kulturkreisen ist das Böse etwas, das die ganzheitliche Sicht zerstört und ein bestimmtes Detail der Wirklichkeit übervorteilt. Ein böser Mensch kann nur deshalb einem anderen Menschen Gewalt antun, weil ihm die zum Ganzen gehörende Sicht seines Opfers nicht in den Sinn kommt. In seinem Beziehungskosmos sind die konnektive Systeme der anderen nur unvollkommen abgebildet, vielleicht weil die Ideale fehlen, welche die Abbildung erleichtert hätten. Oder das geistige Netzwerk ist durch diabolische Einflüsse soweit verzerrt, dass es das erforderliche Gleichgewicht nicht mehr anstellen kann. Es kann nur noch die logische Ordnung wirken, die wenigstens noch die eigenen Zwecke definiert. Ohne die Informationsprinzipien des Geistes bedarf es immer mehr gesellschaftlicher Spielregeln, welche Moral und Ethik durch harte Gesetze ablösen müssen. Dagegen kämpft dann die Intelligenz der Korruption, welche ihrerseits wieder enorme Ressourcen zur Abwehr vergeudet und ganz neue Wissenschaftszweige entstehen lässt, auf welche die Menschheit gut verzichten könnte.

Wenn die niederen logischen Machtsysteme der Geistesentwicklung hinterher jagen, so haben wir gleichzeitig auch ein Prinzip beschrieben, welches sich der alten Kinderfrage in der Religion nähert: Warum lässt Gott das Schlimme zu? Wenn irgendwo ein Erdbeben stattfindet oder ein Krieg alles zerstört, so zeigt das nichts anderes, als dass die göttliche Idee auch nur in einer evolutionären Abfolge in die Welt gesetzt werden kann. Das Neue entsteht aus einer Vorstufe, welche selbst in der alten Form, das heißt in der niederen Gesetzlichkeit verbleiben muss. Wenn auch das Neue robust gegen das Alte sein muss, so stellt das Alte doch immer einen Unsicherheitsfaktor dar. Besonders gefährlich sind die längst verlassen Linien, welche mit groben Gesetzen reagieren. So zeigt ein Erdbeben etwa die Gesetze der Geogenese, welche längst von der elitären Linie der Evolution verlassen wurden. Die folgenden Entwicklungen mussten mit dem Fortbestand dieser Gesetze rechnen, was selbst in der Tierwelt zu bestimmten Reaktionsweisen führt. Umso besser sollte der Mensch eine geistige Weitsicht entwickeln, um mit dem Eigenleben der verlassenen Stufen umgehen zu können und sich auf deren möglichen Aktionen und Tücken einzustellen. Dafür steht ihm ein göttliches Prinzip zur Seite, welches immer in die paradiesische Richtung weisen würde, wenn es nur durchgängig beachtet werden könnte. Mit der inneren Dynamik der Ökosysteme scheint sich der Mensch langsam anzufreunden, vom Verständnis der sich verselbstständigenden inneren Prozesse der Macht scheint er dagegen noch weit entfernt zu sein.

## *7.7 Die schwarzen Löcher der Erkenntnis*

Die Kultur der schönen Künste muss als Vorreiterin des Lebens eine Bresche in das Chaos unendlicher Variation schlagen, wobei der „*gute Geschmack*“ das geistige Korrelat ausmacht, welches die evolutionären Bedingungen in eine Ordnung zusammenzuziehen hat. Das gegenwärtige Bild der Künste kann dieser Forderung allerdings kaum gerecht werden. Anstatt das Ästhetische zu suchen, veranstaltet das moderne Entertainment einen Wettbewerb der Verrücktheiten, welche auf niederen Funktionalitäten setzen und auf geistige Bildung ganz verzichten können. In der gleichen Weise steht die Wissenschaft vor einer Unendlichkeit von Erkenntniswegen, weshalb auch hier mit einer geistigen Vorleistung eine Einschränkung gemacht werden muss. Es gibt dazu keine bedeutendere Kategorie als den „*gesunden Menschenverstand*“, der gleichsam die eigenen konnektiven Landschaften mit der äußeren Welt abzugleichen hat. Es ist nicht leicht einzusehen, dass unser Begriff von Wahrheit nur in dieser Landschaft einen Sinn erhält, wie dieselbe den menschlichen Anteil am Aufgabenbereich der Evolution ausmacht. Die geistige Vorleistung ist auch in der Wissenschaft unerlässlich, andernfalls gerät sie schnell auf abstruse Abwege und bedient Funktionen, die der Zivilisation fremd sind und die Ressourcen der natürlichen Entwicklung verkürzen. Allerdings hat die Wissenschaft sich keinen geistigen Vorreiter explizit geschaffen, weil sie sich allemal selbst in einem geistigen Zustand wähnte.

Diese Voraussetzung scheint sich jedoch unter den enorm angewachsenen Bergen analytischer Erkenntnisse langsam selbst zu begraben. Wie in den Künsten kommt auch hier die rationale Logik obenauf und schafft sich eine Orientierung in eigenem Sinne. Dabei können nicht mehr die weiten Beziehungen des Sinns berücksichtigt werden, da sie logisch nicht zu erreichen sind. Vielmehr werden Funktion und Bausteinwissen in die Zielebene des Sinns gehoben. Die Zusammensetzung der Objekte kann dann nicht mehr von der konnektiven Ordnung des Geistes besorgt werden, sondern nur noch durch logische Verallgemeinerung, welche lediglich durch Vernachlässigung und Fokussierung erbracht werden kann. Nur ist die Art der Auswahl letztlich dem Zufall überlassen. Selbst wenn die Variationen von beliebig intelligenten Gedankengängen unterstützt werden, kann das höhere Ordnungsprinzip des Geistes nicht mehr zusammenkommen, weil sich dasselbe nur vermittels konnektiver Prinzipien, zum Beispiel mit der einfachen Vollkommenheit des gesunden Menschenverstandes, entwickeln kann.

Die Wahrheit hat nur in ihrer Beziehung zum Sinn der Entwicklung eine absolute Bedeutung, das heißt, sie wird durch die gegebene Wirklichkeit in ihren Zusammenhängen bestimmt. Davon entbunden ist es nur eine Frage der Intelligenz, mit den gegebenen Bausteinen unendlich viele Informationsgebäude und fiktionale Welten aufzubauen, die keinerlei Bezug zu den natürlichen Bedingungen der Wirklichkeit besitzen. Die Beschäftigung damit strapazieren unsere Informationskapazitäten, verbrauchen die natürlichen Ressourcen und verändern die logischen Bahnungen unseres bewussten Verstandes. Sie verderben unser Gespür für die ganzheitlichen und nachhaltigen Formungen der Wirklichkeit, wie sie unsere eigene Existenz nötig hat. Es bleibt eine immerwährende Versuchung unserer Erkenntnis, dass die unzähligen Elemente der Wirklichkeit bei Vernachlässigung ihrer Beziehungen auch anders zusammengesetzt werden können, eine gewisse Funktion ausführen und einen Sinn im kleinen Rahmen, das heißt einen Zweck, abgeben können. Im Allgemeinen ist die Wissenschaft darauf aus, den Theorien als Abbilder der Wirklichkeit auch deren Konsistenz zu verpassen und nur solche zuzulassen. In den kleinen kausalen Beziehungen der logischen Funktionen scheint das auch keine schwierige Aufgabe zu sein. Wachsen Umfang und Bedeutung des betrachteten Systems, ist die Logik nicht mehr ausreichend, vielmehr müssen auch die Beziehungen der Elemente in möglichst weitem Umkreis zusammenpassen, das heißt einen Sinn in evolutionärer Hinsicht ausmachen. Eine Inseltheorie, die keinerlei Beziehungen zum restlichen Theoriengebäude aufweist, ist der wissenschaftlichen Erkenntnis nicht zuträglich. Solche Theorien entstehen vornehmlich dann, wenn sie nicht aus der systematischen Forschung, sondern aus dem Zufall entstanden sind und dem Verstand nicht vollständig widersprechen. So ist mit der zufälligen Passfähigkeit der hydrodynamischen Gesetze auf die empirische Beschreibung der elektrischen Erscheinungen die Inseltheorie der Maxwellschen Gesetze entstanden. Das verstandesmäßig vorausgesetzte Ätherbild passte nicht in die Gesetze und der geistige Kontext in Form einer Anschaulichkeit musste verlassen werden. So brillant sich die mathematischen Beschreibungen in der Praxis bewähren, ist die physikalische Ableitung, welche den Gesetzen auch die Passfähigkeit in das physikalische Puzzle geben könnte, seit über 150 Jahren überfällig. Die Theorie könnte deshalb auch leicht zum Grund von Erkenntnisabwegen werden, welche die Forschung irgendwann ins Nichts führen.

So wie die mathematische Fulminanz eines Gesetzes die Erkenntnis beherrscht und die Forschung lähmen kann, kann auch die Dominanz einer Sprache und der damit vermittelten Wissenschaftskultur die Entwicklung der Erkenntnis einschränken und Irrtümer kultivieren, die keine Gegendarstellung mehr finden. Steht insbesondere nur eine Sprache zur Verfügung, welche die korrelativen Prinzipien nicht unterstützt, können also die Elemente frei nach Variationen zusammengestellt werden, werden auch den weltfremden Abwegen alle Türen geöffnet. Was im Entertainment als Verfremdungseffekt einen gewissen Reiz bringt und vielleicht auch einen Spaßfaktor[418] ausmacht, ist in der Wissenschaft nicht immer zielführend. Wenn man mitunter der Meinung ist, dass sich die Dinge leichter formulieren lassen, so ist das am Ende nur dem Effekt verschuldet, dass man mit einer einfach linearen Sprache die Wirklichkeit leichter verlassen kann. Man kann der inneren Instanz des gesunden Menschenverstandes mühelos entfliehen, was mancher Forscher auch leidlich zu nutzen weiß. So werden seit dem Sprachedikt in der Wissenschaft auch die Nachteile dieser Sprache kultiviert, natürliche Erkenntniswege verlassen und zahlreiche abartige Theorien mit großem Aufwand verfolgt. Es wächst die Schwierigkeit, das Gefühl für Wirklichkeitsnähe zu kultivieren und gegen den Nonsens der unendlichen Variationen zu setzen, welche die Logik zulässt. Dass dazu ausgerechnet die schwarzen Löcher gehören, sollte als gewisse Ironie der Wissenschaftsgeschichte aufgefasst werden. Die in sich abgeschlossene Theorie der schwarzen Löcher ist ein bewundernswertes mathematisches Konstrukt, besitzt aber kaum Beziehungen zu anderen Anschauungen, weshalb sich die Frage stellen muss, ob die Evolution solche exotischen Gebilde überhaupt nötig hat. Inzwischen zum teuersten Forschungsobjekt der Wissenschaftsgeschichte geworden, kann die Theorie auch leicht zum teuersten Irrtum werden, den weltweiten Forschungsbetrieb in die Irre führen und dabei einen ganzen Rattenschwanz weitere Irrtümer nach sich ziehen. So werden schwarze Löcher in den Zentren von Galaxien angenommen. Mit dieser Annahme müsste die Bahngeschwindigkeit nach Kepler mit der Entfernung abnehmen.[419] Da das aber nicht gemessen wird, muss die Theorie der schwarzen Löcher durch eine mysteriöse dunkle Materie gestützt wer-

---

418 Der Vorteil dieser Methode stützt sich allerdings nur auf das Vorhandene, was dabei gewissermaßen verzehrt wird.

419 Gerade wenn auf die Zentralmasse in der Galaxis verzichtet wird, kommen die Modelle der Realität näher. Dann blieben nur noch die Phänomene im Zentrum der Galaxis, die offensichtlich längst überfällige Einsichten in die Natur der Feldvorgänge notwendig machten.

den, die ihrerseits eine ganze Reihe neuer Forschungsprogramme nach sich ziehen dürfte. Dabei werden die Voraussetzungen für solcherart elitäre Theorien, welche sich im englischen Sprachraum mit besonderer Leichtigkeit eröffnen, völlig ignoriert. So ist nichts über die intrinsische Organisation der Masse bekannt, welche die enormen Dichten zulassen müsste; ebenso wenig ist die Konstitution des Raumes genügend erforscht. Eine Physik, welche ohne schwarze Löcher auskommt, braucht eine Vielfalt an Erkenntnismethoden, zu denen auch die Vielfalt sprachlicher Werkzeuge zu zählen ist, weil auch das Beziehungswissen des Geistes dazugehört, ohne dem nichts Ganzes im Sinne der Evolution zusammengebracht werden kann. Selbst der Fortschritt der Technology, der scheinbar nicht an erkenntnistheoretische Belange geknüpft ist, kann am Ende auch nur die Räume ausfüllen, die durch eine geistige Vorleistung eröffnet worden sind.

Interessanterweise werden heute auf allen Gebieten diejenigen Prinzipien mit Beharrlichkeit und viel Aufwand umschifft, die eine geistige Vervollkommnung unterstützen könnten. In der Physik ist es beispielsweise die Äthervorstellung, die eine gewisse harmonische Verbindung zwischen den grundlegenden Theorien bringen könnte und schon für Kant eine unverzichtbare Bedingung der Erkenntnis war. Kant schreibt: *„Daß ein Stoff im Weltraume existire der die Basis aller bewegenden Kräfte der Materie ausmache, kann a priori schon nach dem Princip der Identität schon daraus gefolgert werden weil selbst die Wirklichkeit des leeren Raumes ohne Begrenzung durch den vollen kein Gegenstand möglicher Erfahrung seyn würde.“*[420] Im Falle des Äthers geht es nicht um die Suche nach neuen Teilchen. Vielmehr ist die letzte wahrnehmbare Entität an der Grenze zum Nichts in einer so urgründlichen Form zu definieren, dass alle unsere Erkenntnis darin ihren Ausgangspunkt finden kann. Der Weltraum kann nicht an einer „Stelle“ und zu einem „Zeitpunkt“ geschaffen sein. Vielmehr muss sich der Vorgang ausbreiten und als Äther die Grundlage des Raumes und der Zeit ständig und an jedem Ort gleichzeitig neu schaffen. Durch vollkommene Symmetrie und Identität der Matrixstrukturen sind alle Punkte des Raumes miteinander korreliert, wobei der Bildungsprozess, der die Beziehung zum unmittelbaren Nachbarn einschließt, nur mit endlicher Geschwindigkeit geführt werden kann. Dazu gehört die absolute Exaktheit der Bildungsvorgänge des Raumes, welche sich physikalisch als höchste Bildungsenergie definieren ließe.

Unsere physikalische Vorstellung vom Raum implementiert die Zwischenräume als Nichts, was eine Beliebigkeit darstellt und demzufolge

[420] Siehe [10] Seite 226

keine Erkenntnisgrundlage sein kann. Der Zwischenraum kann in dieser Beliebigkeit sowohl verschwindende als auch unendliche Ausmaße besitzen und demzufolge auch keine physikalischen Parameter definieren. Diese können nur in einem Äther existieren, der alle Materie und deren Phänomen nach unten gegen den leeren Raum einheitlich abschließt, das heißt auch der letzte Träger physikalischer Vorgänge sein kann. Hier werden letztlich auch Raum und Zeit definiert als die kleinste Periodizität der absolut symmetrischen Prozesse. Ihr Verhältnis kann nur eine absolut konstante Größe sein, die Lichtgeschwindigkeit. Die Urprozesse schaffen die Elemente von Raum und Zeit mit jedem Takt neu. Sie gehen damit als physikalische Phänomene über die bloße Gedankenform des Begrifflichen hinaus und werden zur Voraussetzung der Wahrnehmung. Sie begründen gleichzeitig eine Wirklichkeit, die außerhalb von uns existiert. Die Beziehung von Raum und Zeit ist eine Geschwindigkeit, weshalb sich auch alle elementaren Vorgänge in einem Fluss behaupten müssen. Die Fähigkeit des nichtwägbaren Fluidums durch seine Bewegung die Textur der wägbaren Substanz zu bilden ist verkoppelt mit dem Bewegungsantrieb des Körpers selbst, was die von Kant immer wieder beschwörte Bedeutung der Bewegung für die Materie ausmacht und die auch ein wichtiges Element in der evolutionären Strukturbildung ist. In einem Kosmos, in dem selbst die Ruhe mit bewegten Elementen gebaut wird, muss die absolute Symmetrie des Äthers eine wichtige Rolle spielen, wodurch sich gleichzeitig auch die absolute Ebenheit des Raumes und der Zeit begründet. Nach verschiedenen gescheiterten Versuchen, zu denen auch Maxwells Ätherbild gehörte, ist der Äther als theorienverbindendes Fundament ganz aus den Köpfen verbannt worden. Dabei war möglicherweise Gustav Mie kurz davor, diese überaus wichtige Frage zu lösen. Von ihm stammt die vielleicht alles entscheidende Bedingung: „*Das Raumteilchen, das von einem Atom erfüllt ist, muß gleichzeitig auch Äther sein. Das Atom ist dann also weiter nichts als ein bestimmt begrenztes Gebiet singulären Verhaltens im Äther.*“[421]

Eine Kinetik ponderabler Teilchen an der Grenze zum leeren Raum führt besonders in der Feldtheorie zu einer ganzen Reihe bizarrer, aber logischer Konsequenzen. So wäre etwa der bloße Raum als Energiequelle nutzbar, weil das von einer Ladung ausgehende elektrische Feld als ständiger Energiefluss mit Lichtgeschwindigkeit in den Raum getragen wird und als „freie Energie“ anzapfbar wäre. Das Feld als Qualität eines vorponderablen und energielosen, das heißt kinematischen Äthers, würde ein solches Ansinnen von selbst verbieten. So wird viel Aufwand getrieben, Gravitonen zu finden,

---

[421] Siehe [11], Seite 99

wo die Teilcheneigenschaft eine Organisation voraussetzt, welche auf der untersten Ebene des Raumes noch gar nicht existieren kann. Auch die Beeinflussbarkeit der Gravitation durch elektrische oder magnetische Felder ist mit einem folgerichtigen Evolutionsgedanken nicht machbar, weil die Gravitation das weniger differenzierte und damit frühere Prinzip ist, welches durch keine späteren beeinflusst werden kann. Dagegen ist eine Beeinflussbarkeit der elektromagnetischen Felder durch eine starke Gravitationskraft schon eher im evolutionären Sinne.

Die vielen Effekte des modernen wissenschaftlichen Entertainments, wie Parallelwelten, Überlichtgeschwindigkeit und Zeitreisen sind nicht in den Konsens einer allgemeinen Wissenschaftstheorie zu bringen und verbieten sich oft schon aus logischen Gründen von selbst. Dagegen beschreiben die Quanteneffekte reale Vorgänge. Eine tiefere Einsicht in die Organisation ist nur deshalb nicht möglich, weil unsere Messmittel mit den gleichen intrinsischen Prozessen gebaut sind, die sie beobachten sollen. Wenn die statistischen Hüllengesetze allerdings Überlichtgeschwindigkeit vortäuschen, wie man das bei bestimmten Tunnelanordnungen sogar gemessen haben will, so sollte nach anderen Interpretationen gesucht werden. Schon um statistischen Spitzfindigkeiten vorzubeugen, wäre es an der Zeit, die Konstanz der Lichtgeschwindigkeit in die höchste Kategorie natürlicher Vorgaben zu heben, wie das etwa mit der Unmöglichkeit des Perpetuum mobile geschehen ist.

Die Phänomene der Quantenwelt verlieren dann ihren mystischen Charakter, wenn den Teilchen ein Informationsgehalt zugebilligt wird. Der bezieht sich nicht nur auf die intrinsische Organisation, sondern auch auf die Randbedingungen der Umwandlungsprozesse. So lässt sich selbst das EPR-Experiment leicht erklären, wenn das Photon die Information seines Entstehungsprozesses mitführt, was durch die außerordentliche und gleichsam definitive Exaktheit der Äthermatrix gegeben ist. So führt auch die intrinsische Information gemeinsam mit der Randbedingung am Spalt zu den bekannten Lösungen, ohne dass ein Interferenzpartner notwendig wäre. Auch andere Quantenphänomene verlieren ihren Okkultismus, wenn dieser evolutionären Bedingungen gedacht wird. Die Welt ist in ihrem Ursprung vollkommen symmetrisch, das heißt, die Ätherbasis ist so exakt, dass in ihr die Entstehungsbedingungen etwa eines Photons über alle Zeiten und Räume gewissermaßen als versteckte Parameter mitgetragen werden können. Wie anders könnte ein ganzer Kosmos funktionieren, wenn nicht auf der untersten Ebene definitive Exaktheit der Prozesse vorausgesetzt werden könnte. Die mikroskopischen Wärmebewegungen, welche möglicherweise die Forscher zu statistischen Spekulationen verführt hatten, sind letztlich nur evolutionäre Restbewegungen ohne Informationsinhalt, sozusagen der Verpackungsmüll der konservativen Strukturen.

Vom angelsächsischen Sprachraum aus ist die Mode in die Wissenschaft gekommen, als Querdenker die normalen Wege zu verlassen und sich dem Reiz des Unmöglichen zu ergeben.[422] Mit der entsprechend hohen Intelligenz lassen sich tatsächlich unendlich viele Informationsgebäude und fiktionale Welten aufbauen, welche keinen Bezug zu den natürlichen Bedingungen der Wirklichkeit mehr besitzen. Unsere Professoren sind fasziniert davon, wie leicht man mit der neuen Wissenschaftssprache die Wirklichkeit verlassen und die unmöglichsten Ideen in die Welt setzen kann. Die interessanten Parallelwelten sind lineare Extrapolationen der physikalischen Gesetze in unbekanntes Terrain, aber sie sind insofern geistlos, als sie die evolutionären Existenzbedingungen der Gesetze missachten.[423] Die vermeintliche Freiheit der Gedanken füllen wohl die Kassen der Medien und vielleicht sogar manchen Forschungsetat, führen am Ende aber in die Leere der Bedeutungslosigkeit. Die Beschäftigung mit den sinnfreien Verrückungen in der Wissenschaft strapazieren die Informationswege und verändern die logische Inferenz unseres Bewusstseins. Sie verhindern damit die nachhaltige Formung der Wirklichkeit in Richtung optimaler Strategien. Die fatale Sprachdoktrin in der Wissenschaft kann so auch leicht zur Gefahr werden, wenn die unserer Lebenswelt essenziellen Informationsprinzipien in der Unendlichkeit der Möglichkeiten verloren gehen, gewissermaßen unsere Lebensessenzen im Meer bunter Sinnlosigkeiten verschüttet werden.

Das Aufkommen der Wissenschaft ist an Bedingungen geknüpft, die genauso real sind, wie die beobachteten Entwicklungswege selbst. Es ist sogar egal, ob man die Entwicklung nur als zufällig auffasst, oder die Reihenfolge der Begleitumstände als organisierte Entfaltung. Am Ende muss ein Netzwerk von Beziehungen stehen, welches den Kontext für das in sich arbiträre Geschehen wissenschaftlicher Analysen bildet. Es kann sich dabei nur um eine Organisationsform handeln, die sich über der logischen positioniert. Wir wissen, dass sich ein solches Beziehungsnetzwerk nur in einer Gemeinschaft von Individuen als ein gesellschaftliches Bewusstsein herausbilden kann. In seiner besonderen Informationsform wirkt es wie ein Ganzes, das in einer gewissen Volkstümlichkeit verwurzelt ist und auch nur mit diesem Wurzelwerk existieren kann. Die Bedingungen sind nicht offenkundig, weil selbst unsere analysierenden Gedanken davon gesteuert sind. Andererseits

422 Die Sprache zeigt hier ihre tensoriellen Eigenschaften, welche die Erkenntnisse ausrichten.

423 Im Gegensatz zur logischen Fiktion steht die geistige Phantasie, bei der die Rahmenbedingungen der Wirklichkeit auf korrelative Art ausgelotet und mit Metaphern erweitert werden.

kann auch nur aus einem solchen quasikohärenten Zustand heraus eine wissenschaftliche Erkenntnis vonstattengehen und dabei auch als ein evolutionäres Erfordernis entstehen. Die hochintelligenten Kreationen stehen dann am Ende einer kybernetischen Pyramide, das heißt, sie sind auf die einfachen volkstümlichen Verwurzelungen angewiesen, auch wenn diese nicht mehr unmittelbar im Ergebnis sichtbar sind. Es ist das evolutionäre Entwicklungsprinzip der Wirklichkeit, dass emergente und nachhaltig wirkende Information nur aus einem tiefen Beziehungskontext entfaltet werden kann, der die absolute Form eines konnektiven Ganzen besitzt. Zu diesem gehört der folgerichtige Aufbau vom Naiven zum Komplizierten genauso, wie die zeitbeständige und nur zu vervollständigende Struktur eines Netzwerkes. Es ist eine Annäherung an einen kohärenten Zustand, welcher insbesondere durch ein die Entwicklung begleitendes Austarieren erzeugt wird. Es ist leicht einzusehen, dass dieses selbstorganisierte evolutionäre Führungssystem nur in dem Umfang als solches auch aktiv werden kann, in dem es ein quasikohärentes Ganzes bildet, das heißt auch die symmetrische Konstruktion von Anfang an beinhaltet.

Ohne eine äußere Strategievorgabe, das heißt ohne das Beziehungswissen der Wirklichkeit und deren Herausbildung, kann keine noch so intelligente Denkmaschine irgendeine sinnvolle Erkenntnis produzieren. Die Erkenntnis ist ein vollständiger Akt der Evolution und braucht dazu die Hinlenkung auf konnektive Art und die fokussierte Lösung auf logische Art. Es ist keine gute Referenz für den Wissenschaftler, wenn er der objektiven Voraussetzungen seiner Arbeit nicht gedenkt und sich am Ende selbst das Wasser abgräbt. Die Führung seines wissenschaftlichen Wesens ist mit freizügigen logischen Funktionseinheiten nicht zu machen. Vielmehr bedarf es einer Welt absoluter Korrelationen, welche sich als quasikohärente Ganzheit nur noch vervollkommnen kann. Auch die Wissenschaft hat einen solchen historisch gewachsenen Kontext nötig, der die evolutionären Strategien der Forschung über die Zeiten bewahrt. Weil dieser der Logik unzugänglich ist, kann er nur in den Beziehungen innerhalb der Zivilisation geschaffen und als Gemeingut der Wissenschaft vorgehalten werden. Es ist das Sinnfeld, in dem sich die Logik mit ihrem arbiträren Wesen bewegt. Als etwas Ganzes impliziert es in seinen absoluten Inhalten eine zeitlose Informationsstruktur. So wie wir uns mit der Vergangenheit beschäftigen und uns die Sukzession wissenschaftlicher Erkenntnis erhalten, schaffen wir uns die zeitlosen Strategien, welche auch in die Zukunft reichen und uns in nachhaltige Ergebnisse führen. Es ist die Welt des Geistes, die umso wirkungsvoller ist, je besser sie die ganze Vielfalt der Gesellschaft erfassen kann. Je mehr sich die Wissenschaft von der Volkstümlichkeit in Sprache oder Organisation von diesem evolutionären Prinzip entfernt, umso mehr wird sie dem Nonsens kurzsichtiger Einsichten verfallen sein. Eine globalisierte Wissenschaft ist in diesem Sinne kein wirklicher Gewinn, weil der Vorteil der leichten Verbreitung mit einem Verlust der evolutionären Bedingungen erkauft werden muss. Sich von einer fremden Wissenschaftskultur und deren Sprache leiten zu lassen, zerstört die Vielfalt in den Entwicklungswegen des Geistes und bringt am Ende auch den Machtsystemen keinen Gewinn, weil der einfältige Weg nicht mehr auszutarieren ist und unweigerlich in die Irre führt.

Im Sinne der natürlichen Evolution muss die Wissenschaft im Entwicklungsweg der eigenständigen Kultur verbleiben. Das heißt auch, dass sie auch im Gemeinwesen impliziert bleiben muss, weil dieses mit allen Informationen der Gesellschaft ein ausgeglichenes Ganzes zu bilden hat, um sich im Sinne einer evolutionären Nachhaltigkeit weiterentwickeln zu können. Nun wird man nicht erwarten, dass die ganz großen Entdeckungen aus dem Gemeinwesen fliesen. Aber es ist immer eine konnektive Vorarbeit nötig, welche nur aus einer breiten Basis bezogen werden kann. Dabei geht es nicht um das hochkomplexe Detail, aber um das Wissen, das dafür aus einer großen, historischen gewachsenen Umgebung als Randbedingung gegeben sein muss. Die wissenschaftlichen Ergebnisse können nur umso tiefgründiger und weitreichender ausfallen, je umfassender der konnektive Rahmen dazu bereitgestellt wird. Und der kann nicht in einem Gewächshaus elitärer Intelligenzen gezüchtet werden. Der Beziehungskosmos, aus dem letztlich auch nur die Wahrheit der Wissenschaft bezogen werden kann, kann nur in einer freien Gesellschaft wachsen, wie auch die Begeisterung für die Erkenntnis nur aus einer offenen Wissenschaftskultur kommen kann.

Genauso wie das Bewusstsein einer langen Entwicklungsreihe bedarf, mit den entsprechenden Voraussetzungen, umso mehr braucht die Wissenschaft als gesellschaftliches Äquivalent einen umfassenden Kontext, welcher die lange Geschichte der Erkenntnis in der Zivilisation und ihrer Bedingungen abbildet. Es ist eine Unmenge von Voraussetzungen, welche das Wissenschaftsgebäude überhaupt in die Zivilisation bringen kann. Sie schafft den Kontext, welche die Logik als Werkzeug gebraucht. Und sie bildet die Motivation, sich überhaupt mit Wissenschaft zu beschäftigen. Die Leidenschaft, als eine Art Liebe zur wissenschaftlichen Arbeit, ist ein geistiges Phänomen und kann nicht aus dem schulischen Trainieren logischer Gesetze bezogen werden. Sie ist eine konnektive Eigenschaft, gewissermaßen eine entwickelte evolutionäre Strategie, welche nur aus einer lebendigen Wissenschaftskultur in der Gesellschaft bezogen werden kann. Dazu gehört es, die Forschungsergebnisse in die Sprache und die Gewohnheiten des Alltags freizulassen, genauso eine Mitsprache und Diskussion darüber auf allen Ebenen des Verständnisses zuzulassen. Wir wissen, dass auch die einfachen Auffassungen eine Brücke in den geistigen Kontext bauen können. Gerade die logische Auseinandersetzung mit naiven Bildern und in einer volkstümlichen Sprache bietet eine Möglichkeit, die hintergründige Vernetzung tragfähig für neue und weitsichtige Erkenntnisse zu machen.

Vor nicht allzu langer Zeit wurde der wissenschaftliche Gedankenaustausch in aller Öffentlichkeit geführt. Die Ergebnisse wurden in der Landesprache veröffentlicht. Sie waren dadurch nicht nur allen zugänglich, sondern ließen auch eine metaphysische Ergänzung im Sinne des Beziehungswissens zu, welche den erforderlichen Kontext schuf, gewissermaßen den „gesunden Menschenverstand", den die Wissenschaft so dringend nötig hat. Heute darf nur noch in englischer Sprache veröffentlicht werden, einer Sprache ohne metaphysische Kompetenz. Der kreativ konnektive Hintergrund der Gesellschaft wird zusätzlich ausgegrenzt, indem wissenschaftliche Ergebnisse durch Wissenschaftsjournalisten plakatiert, das heißt in eine unerreichbare fertige Form gebracht werden, die jede Art Mitarbeit oder Einflussnahme von vornherein ausschließt. Das Abrücken der Wissenschaft in eine lebensferne Welt hat auch zur Folge, dass die Anerkennung ausbleibt und das Interesse an wissenschaftlichen Fragen nachlässt, was nicht nur der Bildung schadet, sondern auch der Geistesentwicklung.

## *7.8 Die Zukunft des Geistes*

So wie im Zusammenspiel der Erkenntnis zu einem Ganzen schwarze Löcher verbleiben, welche allein durch Nichtbeachtung der Zusammenhänge entstehen, ist auch das Zusammenwirken der Menschen in der Gesellschaft durch schwarze Schatten getrübt, die sich durch das nämliche Unvermögen einstellen. Das kybernetische Geschehen hat eine breite Basis, aus der die Wissenschaft ihre Konsistenz und ihren Begriff von Wahrheit beziehen kann. Aber auch die Harmonie in der Gesellschaft kann nur aus dieser Quelle gespeist werden. Wenn gemeinsame Sorgen und Aufgaben Menschen auch eine Zeit lang zusammenschweißen, ist eine dauerhafte Verbindung nur auf höherer geistiger Ebene möglich. In der konnektiven Verwurzelung des Geistes sind gleichsam alle Menschen miteinander verbunden. Auf der niederen Ebene des logischen Verstandes können die Ziele viel tausendfach divergieren und demzufolge auch gegeneinander gerichtet sein.[424] Hier muss die Demokratie die Harmonie mit logischen Mitteln nachzubilden

[424] Sie sind von äußeren Bedingungen abhängig, welche sich schnell ändern können. Allein der Geist ist selbstorganisiert und umso weniger dem Wandel unterlegen, je weiter er gebildet ist.

versuchen und entsprechende Spielregeln und Gesetze aufstellen. Dass hierbei eine weite Spielwiese geschaffen wird, ist leicht einzusehen. Ohne eine irgendwie geartete korrelative Führung wäre aber auch die nicht möglich. In der völlig freien Bewegung entfesselter Gewalten würde sich der Nonsens potenzieren und die Zivilisation sich in ein wirres Gegeneinander abstruser Funktionen verlieren.

Gegen den Informationskollaps aus dem Spiel losgelassener Kräfte steht die Ordnung der höheren kybernetischen Ebenen, welche sich durch Beziehungen bilden und dabei die niederen Funktionselemente zum Grund haben. Die komplexe Wechselwirkung zwischen den Ebenen lässt sich nur erahnen, aber ohne die wäre weder Entwicklung noch Existenz möglich. Der Mensch beteiligt sich mit seinem Geist an den Beziehungsgefügen der Wirklichkeit. In der Zivilisation entscheidet die Einbeziehung des geistigen Prinzips nicht nur über das harmonische Zusammenwirken, sondern auch über die Nachhaltigkeit der Effekte. Eine Gemeinschaft bekommt mit der konnektiven Führungsebene ein evolutionäres Potenzial, das heißt, sie entwickelt sich in steter Balance, kann dabei aber einen optimalen Radius nicht überschreiten. Die Zivilisation muss aus diesem Grund differenziert bleiben, was eine tiefgründige Einsicht in die Prinzipien erforderlich machen sollte.

Eine geistige Führung in Vollkommenheit, welche der Normen und Gesetze nicht bedarf, wäre in puncto Informationsverarbeitung die höchste Errungenschaft der Evolution, in praxi ist sie jedoch ein nichterreichbarer Idealzustand. Interessanterweise wäre dabei das geistige Oberhaupt gefragt, das, von den rationalen Alltagspflichten entbunden, einen Kosmos allgemeiner Beziehungen schaffen könnte. In der Gemeinschaft ließe sich daraus ein konnektives System bilden, das der Entwicklung Sinn und Ziel geben könnte. Zumindest hat die Evolution schon vielfach diesen Lösungsweg tangiert. Nur ist das vorausgesetzte geistige Potenzial eines Einzelnen ein unerreichbarer, schon fast göttlicher Zustand, weshalb hier auch die Religion ins Spiel kommt. Es ist nicht verwunderlich, dass ein Romantiker der Lösung nahe ist, dem Idealzustand, den der freie Geist zu bieten hat. In seiner Schrift „Die Christenheit oder Europa“, heißt es bei Novalis: „*Es ist unmöglich, daß weltliche Kräfte sich selbst ins Gleichgewicht setzen, ein drittes Element, das weltlich und überirdisch zugleich ist, kann allein diese Aufgabe lösen.*“ [425] Die Religion sollte ihrem Wesen nach gegen die Ratio der Macht setzen und gleichsam in der Kraft der Schwachen die Weite der Beziehungswelten finden. In deren Freiheit könnte sich die erforderliche konnektive Art entfalten, wie wir sie als Demut und Liebe kennen, und

[425] Novalis: Die Christenheit oder Europa. In [1], Band 2, Seite 40

welche allen logischen Funktionen vorangehen muss, durch diese aber nicht gestellt werden kann. Die Architektin dieses Ideals ist die Sprache, sie muss zwischen den Informationsarten vermitteln, für die unaussprechbaren Beziehungen dabei aber eine besondere Kreativität entwickeln. In der romantischen Bewegung ist ihr das offensichtlich gelungen. Deren Apologeten sind dem sinngebenden Gefühl im Informationssystem der Sprache ganz verpflichtet. Alle schönen Künste müssen irgendwie den Weg über die Gefühlswelt der Sprache finden, wenn sie ihre Harmonie in die Gesellschaft einbringen wollen. Novalis ist nur ein kurzes Leben beschieden, seine Ideen bleiben Fragmente. Später sind die besonderen Bedingungen des romantischen Geistes für immer verloren, gewissermaßen das schmale Fenster der natürlichen Entwicklungswege ganz verpasst.

Betrachtet man das volle Spektrum gesellschaftlicher Möglichkeiten, so findet man am logisch funktionalen Ende das Beziehungswissen auf ein Mindestmaß beschränkt. Wäre es gar nicht mehr vorhanden, so müsste das notwendige Beziehungsgeflecht der kybernetischen Führung durch ein lineares Kräftegleichgewicht ersetzt werden, welches einen großen Aufwand erforderlich machte, dabei aber die ausgleichende Balance nicht finden könnte. Die logische Informationsform hat zwar das Austarieren von Parametern im Programm, die Strategie muss aber fest installiert werden, was dem konservativen Charakter des Prinzips verpflichtet ist. Jede neue Situationslage, wie sie sich in gesellschaftlichen Systemen ständig einstellt, müsste eine Anpassung des Systems bedingen. Der Aufwand würde dabei umso größer, je mehr die komplexe Technik aus den modernen Informationstechnologien darin integriert wäre. Man sieht, dass die Weitsicht, welche der menschliche Geist ermöglicht, an allen Ecken wieder eingreifen muss. Eine durchgängige Organisation, welche sich nur auf die kausalen Gesetze der Logik gründet, ist in der menschlichen Gemeinschaft nicht durchführbar, es sei denn, die Welt bliebe wie in einem Dornröschenschlaf in allen ihren Bedingungen und allen Funktionsabläufen unveränderlich bestehen. Dann bräuchte es aber auch weder Bewusstsein noch Glück noch Freiheit.

Offensichtlich ist das allgemeine Organisationsprinzip in der Gesellschaft nur so gut, wie sich darin die konnektiven Einflussnahmen verteilen. Das kann auf unterschiedliche Art geschehen. Sind die Funktionen konzentriert und in ausgeprägter Form vorhanden, so sollte auch die Führungsebene voll entwickelt sein, wenn das Zusammenspiel harmonische Zustände produzieren soll. Eine weniger weitsichtige Führung wäre dagegen eine typische Machtkonstellation, welche sich ständig in kurzsichtige Ränkespiele um die Definition der logischen Rangordnung verlieren müsste. Dazu gehörte dann auch, dass das Volk mitspielen und sich auf irgendeiner Art den Vorgaben fügen müsste, wozu starke Methoden der Vereinnahmung nötig wären, wie sie etwa durch taktisch geführte Medien besorgt werden könnten. Die Führung definierte in dem Fall, was dem Volke gut und nützlich wäre, wäre aber soweit im Nachteil, als sie die Weitsicht des Volkes, welche millionenfach den gesunden Menschenverstand einschließt, durch die herrschende Macht nicht erbracht werden könnte. Die wäre aber schon durch die eigene logische Konstitution nicht in der Lage, langfristige und nachhaltige Wege zu entwickeln, zumal die Führungspersonen zu sehr mit der Darstellung der eigenen Person beschäftigt sein müssten, was kurzfristige und spektakuläre Erfolge notwendig machte. Nicht selten müsste dann der kurze sozialpopulistische Gewinn mit einem längerfristigen Schaden erkauft werden, für den sich dann aber leicht auch andere Ursachen ausfindig machen ließen.

Unter diesem Blickwinkel wäre es die ideale Lösung, wenn die regierende Oberschicht den Willen des Volkes repräsentieren könnte, unabhängig davon, ob sie diesen gut heißen würde oder nicht. Die technischen Kommunikationsmittel für eine solch umfangreiche Aufgabe ständen heute jedenfalls zur Verfügung. Gegen den eigenen Willen zu handeln, der in gehobener Position mit besonderer Üppigkeit hervorbricht, ist eine schwierige, wenn nicht gar unlösbare Aufgabe. Eine solche Demut vor der Bevölkerung hat es jedenfalls in der Geschichte noch nie gegeben. Offensichtlich ist es in den höheren Führungskreisen nicht möglich, den Versuchungen der Macht zu widerstehen. In Deutschland hätten Regierungen, welche dem Willen des Volkes vollkommen ergeben gewesen wären, jedenfalls mit Gewalt und Krieg keine Chance gehabt. Der uralte Traum von der demokratischen Mitsprache der Bevölkerung aber scheint sich wohl nie erfüllen zu wollen. Er wäre allerdings dann auch nicht mehr angesagt, wenn die Meinung des Volkes nur noch die Manipulationen der Macht abspiegelten.

Bei einer Verteilung von Führungs- und Aktionspotenzial auf möglichst viele gleichberechtigte Teile sind die Machtspiele eingeschränkt. Das Entwicklungspotenzial ist aber davon abhängig, wie die konnektiven Teile zusammenkommen, um weitsichtige nachhaltige Ziele setzen zu können. Dazu gehört nicht nur, die Geistesbildung in der breiten Mehrheit zu fördern, sondern auch eine Geisteskultur aktiv zu leben, welche sich auf eine metaphysische Sprache gründet, wie sie mit dem Deutschen, zumindest der Anlage nach, gegeben ist. In einem solchen vernetzten System ist die Führungselite von sich aus eingebunden und kann weniger eigene Machtprinzipien entwickeln, welche letztlich nur wieder auf die Zerstörung des Geistes hinauslaufen würden. Die Zauberformel der Demokratie ist die Volkskultur, welche breit und tiefgründig angelegt die Gemeinschaft auf geistige Art verbindet und damit auch einen nationalen Radius schafft. Dieser aber scheint zur ersten Begehrlichkeit der Machtsysteme zu gehören, weil sie damit am einfachsten in die zentralen Schaltstellen des Gemeinwesens zu greifen vermögen. Die Demokratie müsste hier das Unmögliche zustande bringen, wenn sie sich ein eigenes ehrliches Fundament schaffen wollte. Sie müsste die Prinzipien des gemeinen Volksgutes von denen der Macht und Gewalt deutlich trennen. Die einfachen nationalen Belange schaffen den evolutionären Beziehungskosmos der Geisteskultur und sind soweit von evolutionärer Bedeutung, wie sie nicht dem Teufel aufsitzen, wie sie sich vor der Vereinnahmung von Macht und Gewalt zu schützen wissen. Selbst in einer aufgeklärten Zeit finden sich immer noch die diabolischen Strategien, welche diese unheilige Verbindung zu sanktionieren trachten.

Ganz gleich wie die Demokratie gelingt, jede Abkehr von dem kybernetischen Prinzip der konnektiven Führung muss mit einem Aufwand an intelligenter Organisation erkauft werden, an Gesetzen, Überwachungs- und Strafeinrichtungen. Das wird umso drastischer, je verkehrter die Kybernetik betrieben wird, das heißt die Vorleistungen des Geistes übergangen werden. Der demokratische Versuch muss sich ständig vervollständigen, weil sich auch die Möglichkeiten entwickeln, die Spielregeln zu umgehen. Irgendeine Bevorteilung bringt das System schnell aus der Balance und führt die Gesellschaft in eine Diktatur. Davor kann am Ende nicht die Perfektion eines unendlich umfangreichen Gesetzeswerkes schützen, sondern nur eine Vervollständigung der geistigen Vorgaben, die in ihren Ansätzen auf irgendeine Art auch immer vorhanden sind. Schließlich ist es allein die geistige Struktur, welche die Logik umfasst und weiterbildet und die intelligente Vernunft konditioniert. Irgendwo zwischen den beiden Extremen, der gesellschaftlichen Harmonie durch Einheit im Geist und dem Gleichgewicht der niederen Interessen, liegt die Realität der demokratischen Bestrebungen, wobei die konnektiven Formen zuerst aufkamen, aber in Ermangelung breiter geistiger Bildung nur mit sehr mäßigem Erfolg fortgeführt werden konnten.

Das Vakuum, das die logische Intelligenz am linken Rand der kybernetischen Pyramide hinterlässt, muss auch heute noch von den religiösen und aristokratischen Formen des Geistes ausgefüllt werden. Ein steriler Funktionsraum könnte auch mit einer noch so progressiven logischen Intelligenz niemals in eine Zivilisation entwickelt werden. Die Renaissance einer geistigen Elite wäre aus diesem Grund nicht unvorteilhaft und der uralte Traum von der Regierung der Philosophen wohl auch in Zukunft nicht abgesagt. Weil das Wissen dazu aber nicht auf der Schulbank gelernt werden kann, ist die natürliche Entwicklung von unten auf gefragt, welche selbstständig mit einer breiten Volkskultur beginnt, aber auch im ganzen intellektuellen Leben der Gemeinschaft nicht verlassen werden darf. Weil die geistigen Kräfte nicht geplant entstehen können, ist die Vielfalt der Entwicklungswege eine wichtige Voraussetzung der Geistesentwicklung und damit der demokratischen Formung der Gesellschaft. Dazu gehören nicht nur die unteren Bildungswege, sondern auch die Möglichkeiten in der universitären Laufbahn. Das geistige Netzwerk von Beziehungen verliert auch dann seinen Einfluss, wenn ein elitärer Wissenschaftsbetrieb sich sprachlich vom „dummen" Rest absondert und auf die unerschöpflichen Beziehungswelten verzichtet, welche unbemerkt wirken, am Ende aber doch das Potenzial haben, die abenteuerlichsten Höhenflüge auf den Boden der Wirklichkeit zurückzuholen und die Entwicklung auf die natürlichen Möglichkeiten auszurichten. Die Geistesbildung ist ein Netzwerk, welches sich mit allen Erscheinungen der Gesellschaft verbinden muss und nur dann seine volle Leistungsfähigkeit erhält, wenn keine Bereiche ausgeschlossen werden. Die Ausgrenzung bewusst zu verhindern, ist letzten Endes auch eine Sache der Medien, die in alle Bereiche der Gesellschaft hineinzuleuchten haben, welche sich vor der Öffentlichkeit zu verstecken suchen.

Im Umgang mit den ökologischen Ressourcen haben wir gelernt, die Bedingungen einzustellen, welche die Natur für ihre Existenz nötig hat. Das äußere Umfeld und die Vielfalt der Beziehungen in der Natur zu beachten, bringt eine Nachhaltigkeit, wie wir sie mit logischer Sukzession niemals zustande brächten, weil wir bei deren Gesetzen die äußeren Einflüsse gerade als Störfaktoren herausgenommen hatten. Genauso wie auf dem Felde der Natur müssen wir auch an anderen Stellen die Wachstumsbedingungen beachten, wenn wir langfristig die Grundlagen unseres Menschseins sichern wollen. Die Vielfalt der Bedingungen bildet ein konnektives Netzwerk von Beziehungen, welches sich seinem Prinzip nach auch im menschlichen Geist abbildet und die zeitlose Balance der Entwicklungsbedingungen nachvollziehbar macht. Der gesunde Menschenverstand, welcher sich in der Vernunft auf logische Art abbildet, in der Religion auf metaphysische und in der Volkskultur auf gemeine, ist das unverzichtbare Führungsprinzip der Gesellschaft, welche nicht nur die Entwicklung steuert, sondern auch die harmonische Ordnung des Geschaffenen aufrechterhält.

Nicht nur in der Gemeinschaft, auch für den Einzelnen kann das geistige Prinzip erfahrbar werden. Unsere Arbeit wird nicht selten vereinfacht und die Ergebnisse werden nachhaltiger, wenn wir ein weites Feld von Bedingungen berücksichtigen, die nur eben nicht in logischer Form erschlossen werden können. Nun ist das konnektive Prinzip als unbewusste Vorleistung immer vorhanden. Aber wir müssen es durch Glauben und Lieben zulassen, das heißt mittelbar mit unseren Handlungen akzeptieren, auch wenn diese dadurch der logischen Vernunft zuwiderlaufen sollten. Da das in einer rationalen Gesellschaft immer weniger möglich ist, kommt es darauf an, das Beziehungswissen auch bewusst zu kultivieren, das heißt, eine Art geistiges Bewusstsein zu entwickeln. Dabei sind uns die Methoden, das Bewusstsein zu erweitern, das heißt deren Bildebene in der kybernetischen Pyramide nach links zu verschieben, zumindest aus der christlichen Religion nicht unbekannt. Aber auch schon mit einfachen Hilfsmitteln, wie dem Erleben des Schönen, oder selbst mit Kaffee oder Tabak, gelingt es, die Bewusstseinsgrenze kurzzeitig zu erweitern. Allerdings ist die innere Seligkeit auf einem durch Sorgen verzerrten Untergrund kaum zu provozieren, es muss eine gewisse geistige Balance schon vorausgesetzt werden.

Sicherer ist es, wenn die Wirklichkeit in das Geschäft einbezogen wird, dazu ist das Führungsprinzip schließlich auch eingerichtet. Das Glücksgefühl kann sich spontan von selbst einstellen, wenn eine schwierige Aufgabe gelöst ist und das vorher vereinnahmte Energiepotenzial plötzlich freigegeben wird. Nur muss die Lösung mit dem Harmonieprinzip der evolutionären Intention übereinstimmen, sie darf, anders ausgedrückt, der Schöpfungsidee nicht widersprechen. Die eigentlichen Schalter liegen verständlicherweise im Unbewussten und sind uns versperrt. Wir wissen nicht genau, was uns glücklich macht, aber unsere unbewusste Führung hat die Weichen dafür immer gestellt. Das ganz große Glücksgefühl ist der entsprechend größere Sprung der Bewusstseinsebene in die konnektive Richtung. Der Blick in die Welt wird gewissermaßen von höherer Warte aus weniger sorgenvoll, weil sich die leichten, die ganzheitlichen Wege zum Ziel erschließen, welche durch einen kleinen Fokus nicht erkannt werden können.[426] Dass sich die Evolution dieses Glückes bedient, um die Richtung einzugrenzen, ist einer der vielen Hinweise für das organische Zusammenspiel der Wirklichkeit, aber auch dafür, dass sich die Zwecke in unserer Anschauung und selbst der Begriff des ganzen Sinns nur aus der Evolution erschließen lassen. Man sieht, dass die Entwicklung des Geistes nicht nur der Gemeinschaft, sondern auch der Person und seiner Glücksfähigkeit zugutekommt.

Wir wissen, dass das eigene Glücksgefühl, das uns selbst in die evolutionäre Richtung weist, eine große persönliche Freiheit voraussetzt. Da diese durch die modernen sozialen Verpflichtungen immer weiter eingeschränkt wird, müssen wir unser Glück auf kleinere Portionen beschränken. Es sei denn, man sucht die freie Welt in den virtuellen Medien, die dann allerdings darauf bedacht sein müssten, die geistigen Prinzipien zu erfassen, die ihrerseits nur wieder mit historischen Vorlagen erreicht werden könnten. Hier

---

[426] Weil hierbei viele „innere Themen" eingeschlossen sind, wird uns der Effekt nicht unmittelbar bewusst, sondern stellvertretend über das Gefühl vermittelt.

versperrt sich gewissermaßen von selbst der weitere Weg, weil mit dem modernen Fokus auf die Funktion das Alte nur minderwertig sein kann. Das Einfache, welches wir als geistiges Potenzial im Altschönen finden, lässt sich mit den elektronischen Medien nur aufwendig erfassen. Es ist den starken Reizen des Nonsens und den Überspitzungen der Wirklichkeit immer wieder unterlegen. In diesen können aber die Prinzipien der Freiheit nicht erkannt werden, wie auch selbst die alten Werte von Kunst und Kultur immer mystischer erscheinen müssen. Ohne Empfinden für das Schöne führt der Weg in die Enge der Funktion, auch wenn diese nur ein Spiel im Virtuellen sein sollte. Die funktionale Gefangenheit ist nicht nur ein Zeitvertreiber, der eingeschränkte Blickwinkel beschränkt unsere Freiheit und lässt mit dem Zeitnachteil der Logik die gefühlte Zeit schneller vergehen.

Beim Blick in die Gegenwart nimmt uns nicht nur die immer komplizierter werdende Funktion gefangen. Auch die lineare Form der gesellschaftlichen Organisation fordert ihren Preis. Die notwendige Hierarchie der Macht braucht Kontrolle und Vereinnahmung, Praktiken, welche der Uniformierung bedürfen und ganz nebenbei von den modernen Medien immer vollkommener unterstützt werden. Dazu gehört auch die Sprachverkürzung in der Kommunikation. Aber man bemerkt auch eine weltweite und perfekt organisierte Verdrängung der schönen Künste, wie etwa durch die englische Pop-Art, welche das Potenzial hat, die bunte Vielfalt der Kulturen zu ersetzen. Es macht den Eindruck, als ob die Bedingungen Geistesentwicklung immer mehr an Bedeutung verlieren.

Ohne Entwicklungspotenzial verirrt sich die Evolution in einen haltlosen Funktionalismus. Die Zivilisation muss mit wachsendem Gesetzesaufwand in einem Ordnungszustand gehalten werden, wobei niemand wissen kann, wann die divergierenden Algorithmen dabei die Oberhand gewinnen. Der Verlust der kulturellen und sprachlichen Vielfalt hat einen existenziellen Einfluss auf den geistigen Vorlauf in der Gesellschaft, da die Bedingungen für eine Rekultivierung niemals wieder gefunden werden können. So wie die natürlichen Ressourcen vergeudet werden, Tier- und Pflanzenarten verschwinden, sind wir gerade dabei, auch die geistigen Wege in die paradiesischen Glücksmomente unwegsam zu machen und wohlmöglich für immer zu verschütten. Mit der Abschaffung der natürlichen Vielfalt schwindet auch die Freiheit. Durch noch so viel künstliche Buntheit kann der Vorgang niemals aufgehalten, sondern nur beschleunigt werden.

Die Strategie des großen Glücks, welche die Evolution dem freien Menschen gegeben hat, muss durch Befriedigung kleiner Verlangen ersetzt werden. Ab und zu scheint auch dabei der kybernetische Hintergrund der Evolution hindurch. So kann etwa der Besitz Handelsspielräume eröffnen und die Wege vereinfachen, was wiederum als Glücksmoment in Erscheinung tritt, auch im evolutionären Sinne. Andererseits verleitet der Besitz nicht selten zu rationalen Funktionen, welche die geistige Kompetenz auf Kleinigkeiten zu reduzieren vermag oder auf die schiefe Ebene führt. Das Detail nimmt gefangen und hindert daran, die Übersicht zu behalten. Die Ungenügsamkeit ist deshalb nur dann ein geistiges Prinzip, wenn dabei die Balance der Vielfalt bewahrt werden kann. Nicht selten haben ungenugsame Reiche mit ihrem Kapital Bauwerke geschaffen, deren Anblick allein vielen Menschen gut getan hat und es vielleicht auch heute noch tut. Beim heutigen Geldadel sucht man das Schöne oft vergeblich, viel eher wird man mit einer funktionellen Ziegenstallarchitektur „beglückt", die den Intellekt in ein rechtwinkliges Raster zwängt. Es bleibt dann nur noch die Natürlichkeit der Pflanzen, bei denen das ursprüngliche Prinzip der Schönheit nicht so leicht gegen eine moderne Auffassung ausgetauscht werden kann.

In der Geschichte haben sich die diabolischen Keile der Macht, welche in das Ganze getrieben werden, ebenso kultiviert, wie die Methoden, das Ganze zu suchen und in der Gemeinschaft wiederherzustellen. Nur hat die niedere Gewalt ein größeres Kraftpotenzial, weil es sich nicht in die Breite zu verzetteln braucht. Auch ohne Geisteskultur kann sie sich selbst aller geistigen Attrappen bedienen, muss den ganzen Sinn aber immer verfehlen. Mit seiner logischen Struktur, welche eine Kausalität und damit eine Rangfolge nötig hat, kann die Macht die Welt des Geistes, die nur eine Welt auf gleicher Augenhöhe sein kann, nicht erreichen, geschweige denn vertreten. Das konnektive Prinzip wehrt sich gerade gegen die Schieflastigkeit, es muss immer auf Ausgleich und Harmonie bedacht sein, welche als Symmetrieforderungen die Selbstorganisation bestimmen. Damit zeigt es sich als ein nach oben offenes Prinzip, welche sich beliebig vervollkommnen lässt und sozusagen dem Paradies immer näher kommen kann. Allerdings werden auch die Bindungskräfte immer geringer und die diabolischen Möglichkeiten immer einfacher, das System in die entwicklungsunfähige Schieflage zu bringen. Die einzige Begrenzung des geistigen Wachstums ist seine aufbauende Art, das heißt, der eingeschlagene Weg kann nicht verlassen werden, was eigentlich aber ein Vorteil ist, weil das System dadurch auch vor Unwegsamkeiten geschützt ist, welche ins Verderben führen würden.

Die Geistesentwicklung fasst die natürlichen Linien der Evolution zusammen. Aus dem Zusammenspiel dieser geistigen Prinzipien, wie sie etwa auch in der Volkskultur zum Ausdruck kommen, kann allein nur die harmonische Balance gebildet werden. Alles andere ist nicht entwicklungsfähig und fällt von selbst heraus. Weil aber die Störungen immer wieder zustande kommen und niemand die Gründe dafür zu benennen weiß, wird dem Diabolischen ein eigenständiges Existenzrecht zugesprochen, welches die natürliche Entwicklung zu behindern sucht. Was anfangs wie eine Fehlfunktion aussieht, welche durch die robuste Konstruktion der Evolution leicht herausgestrichen werden kann, entpuppt sich in höheren Stufen als eigenwillige Organisation, die sich mit den zurückgelassenen Resten der Entwicklung ihren eigenen intrinsischen Prozess baut. Dieser muss zwar hinter den evolutionären Lösungen zurückbleiben, kann aber über weit mehr Kraft verfügen, weil der Fokus der Aktivitäten enger gestellt ist. Dazu gehört allerdings eine Führung, welche nur aus einer kurzen Sicht kommen kann, das heißt jeder Nachhaltigkeit entbehrt. Was das konnektive Prinzip aus einem weiten Überblick holt und in eine weitsichtige Handlung wandeln kann, muss das logisch orientierte System aus kleineren Radien entnehmen, was zu kurzsichtigen, oft aber auch publikumswirksamen Lösungen führt.

Das eigentliche Erfolgsmodell in den rein logischen Systemen stellt das diabolische, gegen die Evolution gewandte Verfahren dar. Es wird dabei die Führung nicht aus den Bedingungen der harmonischen Entwicklung bezogen, sondern aus denen, welche die Balance zu zerstören vermögen. Es werden nicht die positiven Ergebnisse aus der Geschichte als Vorbilder herangezogen, man bedient sich vielmehr der negativen, welche ihrerseits kein Potenzial zur Konstruktion, sondern nur das der Destruktion in sich tragen. Das hat einerseits den Vorteil, dass das Geschäft mit den Abgründen weitaus billiger zu haben ist, weil es im Gegensatz zum einen Weg ins Paradies unendlich viele in die Hölle gibt. Zum anderen unterstützt es die eigentliche Intention und Stärke des Machtprinzips, es wirkt wie mit einfachem Befehl linear in den direkten Prozess der Zerstörung. Der kybernetische Aufwand ist gering, weil das Ziel nicht aus der höheren Ebene, aus der Weitläufigkeit geistiger Vorgaben besorgt werden muss. Vielmehr definiert es sich aus dem alles vernichtenden Prozess selbst, ein Prinzip, das sich sogar bis in die Kultur der Moderne fortsetzen kann.

An dieser Stelle wäre geistige Bildung gefragt, um die nach vorn gerichteten Bedingungen des Schönen und Guten zu erheischen. Nur lassen sich die wenigen geistigen Errungenschaften, die kaum begriffen werden, leicht von den üblen Geistern aus den historischen Höllen zu Fall bringen, welche in ihrer unverblümten Art von jedem verstanden werden. Das zeigt am Ende auch, wie wenig die lineare Logik am Sinn der Welt beizutragen hat, ihr eigentliches Metier ist die Zerstörung. Auf der anderen Seite ist die Zersetzung des Geistes eine wichtige Voraussetzung für die Selbstorganisation der Macht. Die Baustellen finden sich an allen Orten. Sie sind aber alles nur künstliche Gebilde und unterliegen nicht den natürlichen Bedingungen der Evolution, weshalb sie sich auch schnell als solche verraten könnten. Die

Mächtigen waren deshalb schon immer darauf aus, ihren Strategien ein Mäntelchen natürlicher Unschuld umzuhängen. Was wäre geeigneter dafür als die Volkskultur, welche in ihrer ungeschützten Bauweise gewissermaßen den Urprinzipien der Evolution folgt. Aus ihr könnte niemals eine Gewaltherrschaft entwickelt werden. Der Zusammenhang kann nur in umgekehrter Art zustande kommen, indem sich die Machtordnung eine sinnvolle Existenzberechtigung verschaffen will und sich unter geistigem Schutz zu verstecken sucht. Das Konzept ist in den geschichtlichen Ereignissen nur schwer zu analysieren. Hinter der plakativen Fassade ein verstecktes Prinzip zu entdecken, gehört nicht gerade zur Stärke der logischen Erkenntnis. Dagegen wird sich dem heimlichen Intriganten im Machtsystem der Zusammenhang mit Leichtigkeit auftun, weil ihm das vorgehaltene Lockmittel sofort als unnütz in der Logik der Macht auffallen muss. Die dem einfachen Volksgut entlehnten Parolen sind im Mechanismus der Machtmaschine überflüssige Kindereien, gleichwohl sie den Fundamenten des Geistes entliehen sind, den kulturellen und volksgeschichtlichen Werten. Wären sie nicht nur Fassade, sondern wirksames Führungsprinzip, brächten sie nicht den erhofften Machtvorteil, sondern hälfen im Gegenteil, ihn zu vereiteln.

Nicht den Träger der Maske, sondern die vorgehaltene Volkskultur selbst zu verdammen, gründet sich zwar auf eine moderne, aber ebenso fehlerhafte wie fatale gesellschaftliche Analyse. Offensichtlich können die verschiedenen Informationsprinzipien nicht erkannt und auseinandergehalten werden. Ohne die nötige Einsicht kann die Evolution damit auch nicht die menschliche Unterstützung erfahren. Anstatt dem schwachen Bäumchen der Zivilisation die künstliche Beschränkung zu nehmen, werden ihm gewissermaßen die Wurzeln abgehackt. Eine vorurteilsfreie und exakte Erforschung der gesellschaftlichen Prozesse muss die Eigenständigkeit evolutionärer Prinzipien anerkennen und klare Trennlinien ziehen können. Wie schwierig sich die politischen Konstellationen auch oft darstellen, die Frage nach den wirksamen Informationsprinzipien kann schon eine erste Hilfe sein und die grundsätzlichen Zusammenhänge verraten.

Die Formen von Macht und Gewalt können niemals aus geistigen Gründen erwachsen, es handelt sich hier um konträre Informationsprinzipien, die auch in ihrer Wirkung gegeneinander gerichtet sind. Die Macht ist ein eigenständiges Prinzip, sozusagen ein intrinsisches Organisationsgesetz, das selbst ohne evolutionäres Ziel, sich einen Sinn aus äußeren populären Themen suchen muss. Das heißt, dass ein Machtapparat eine arbiträre Funktionseinheit ist, die mit der gleichen Organisationsstruktur unter ganz unterschiedlichen Flaggen segeln kann. Sie kann also nicht inhaltlich, sondern nur nach kybernetischen Gesichtspunkten bewertet werden. In ihrem Funktionsschema benutzt sie eine kausale Rangfolge, weshalb zuvor das fein austarierte konnektive Netzwerk des Geistes zerstört werden muss. Sie kann nur mit den niederen Informationsformen der Logik gebaut werden, mit der auch nur ihre kybernetische Strategie aufrechterhalten werden kann. Dieselbe wird durch die Intrinsik der Selbstorganisation festgelegt und muss sich ständig in eine Hierarchie einordnen, in der es nur die Richtung nach oben gibt. Das heißt, die Führung der Macht ist solange gegen den Konkurrenten gerichtet, bis das eigene System die Spitzenposition erreicht hat.

Die Machtsysteme sind eingerichtete Zustände, die ihre Selbstorganisation immer auch gegen den Entwicklungsfortschritt der Evolution schützen müssen. Für sie ist daher nur der unnatürliche Weg gangbar, der Weg von der Funktion gegen die Organisationsformen der konnektiven Ebene. Die typischen evolutionären Vorgaben wird man deshalb vermissen, die inneren Führungsziele stammen vielmehr aus der Logik der untersten Prozessebene, die äußeren sind nur Propaganda. Es sind plakative Vorhaltungen in der politischen Mode der Zeit. Was dabei früher noch vorsichtig der Volkskultur entlehnt werden musste, findet sich heute mit Leichtigkeit im sozialen Bereich oder in den neuen Freiheiten, welche durch den Rückbau der evolutionären Entwicklungsbedingungen selbst erreicht werden können und den Machtsystemen sogar noch zum Vorteil gereichen, indem sie die gefährliche Beziehungswelt des Geistes unterdrücken. Ist erst das geistige Potenzial geschwächt, ist es auch mit der Nachhaltigkeit nicht mehr weit her und die kurzsichtigen Ziele können nicht mehr hinterfragt werden. Den eigentlichen Vereinnahmungen sind dann Tür und Tor geöffnet. Man sieht, wie die Macht als intrinsisches Prinzip alle sich selbst verstärkenden Mechanismen nutzt, welche in der Evolution zur Verfügung gestellt werden, allerdings für andere Zwecke. Erst an richtiger Stelle positioniert, das heißt in kybernetischer Reihenfolge, erhalten die Elemente ihre ordnungsgemäße Funktion im Sinne harmonischer Entwicklung, die auch die Zivilisation nötig hat.

Die geistigen Fundamente des Einzelnen sind ein Stück organischer Evolution, entsprechen aber nicht den rationalen Funktionen, das heißt, sie sind nicht konservativer Natur und können nicht wie die technischen Errungenschaften durch logische Analyse der Naturgesetze geschaffen werden. Sie sind von absoluter Natur und entsprechen mehr den Bedingungen, die für die Entwicklung und Funktion der konservativen Systeme angestellt werden müssen. Sie weisen dadurch auf das Primäre, welches nur in Selbstorganisation entstehen kann. Nach dem Vorbild der natürlichen Beziehungen bilden sie selbst auch einen ganzen Kosmos, ein konnektives System gewichteter Verbindungen. Nur ist der Schlüssel zu dieser schier unendlichen Informationsmenge, entgegen aller logischen Vernunft, gerade das Einfache, aus dem sich das Ganze in Harmonie erschließen lässt. Diese ungewöhnliche Form ist der Selbstorganisation verschuldet, welche auf ganz andere Methoden der Informationsverarbeitung angewiesen ist, die andererseits unserer Erfahrung nicht fremd sind, weil sie sich in unsere Psyche vielfältig wiederfinden. So zeigt sich etwa die Absolutheit der Information als unbeugsame Identität der Persönlichkeit. Der symmetrische Charakter des inneren Baus zeigt sich im naiven Zugang und der Entwicklung in harmonischen Schritten. Nur die Ausgeglichenheit macht eine Geistesentwicklung möglich. Die Maximen, welche sonst auch in allen Stufen der Evolution in Erscheinung treten, haben auch in der Entwicklung der Zivilisation ihren Niederschlag gefunden. Es sind die für ein großes Feld geltenden Bedingungen, welche der Geistesentwicklung des Menschen voranstehen und die evolutionären Prinzipien der Selbstorganisation und Harmonie zu berücksichtigen haben. Letzteres bedeutet, dass nur in den Phasen der ausgeglichenen Kräfte die Weiterentwicklung der Zivilisation vonstattengehen kann.

Wir erkennen die Forderungen in vielen harmonischen Zuständen der Geschichte wieder, auch wenn sie zunächst nur in der Kultur einer privilegierten Schicht sichtbar wurden, welche aber nur darum entstanden ist. Neben der kulturellen Zielführung durch eine elitäre Linie muss auch die ganze Gesellschaft in einem Beziehungsgeflecht gehalten werden, das ihre Existenz begründet und über die Zeiten bewahrt. Deutlich zeigt sich das in den konnektiven Startbedingungen einer Volkskultur, und zwar im weitesten Sinne, so wie sie das Gefühl von Heimat und Geborgenheit erzeugt und den natürlich gewachsenen menschlichen Hintergrund in die Sicht der Dinge impliziert. In der Harmonie der Gemeinschaft aufgekommen, ist das einfach Gemeine die einzige Möglichkeit, die der Einsicht so notwendige Symmetrie zu erhalten, welche der harmonische Geist nötig hat. Keine noch so intelligente Logik kann das bewerkstelligen. Das primitive Ebenmaß des Geistes kann in einem Landstrich nur über Generationen hinweg entstehen und ist ebenso wenig künstlich zu schaffen, wie die Evolution wiederholt werden kann. Werden, wie in den traditionellen Festtagen, alle rationellen Zwänge abgestreift, so kann mitunter diese tiefgründige Geborgenheit im gemeinschaftlichen Herkommen auch bewusst erfahrbar werden, so zum Beispiel bei der Sonnenwendfeier der nordischen Länder oder in den erzgebirgischen Weihnachtsbräuchen. Ein Neustart des Geistes in der Quarantäne rationaler Bedingungen ist vollkommen ausgeschlossen, weil die Ratio nicht die korrelativen Beziehungswelten entwickeln kann. Vielmehr macht das Abbild der Entwicklungsbedingungen des Geistes genau die Evolution aus, die dadurch ihre Form und Bestimmung erhält. In einer Wirklichkeit, deren Zeitrichtung allein durch das Fortschreiten einer Entwicklung bestimmt wird, kann auch umgekehrt das Entstehende nur den Verlauf dieser ursächlichen Geschehnisse abbilden, der dadurch die Bedeutung einer nichtkonservativen Bedingung erhält.

Der Geist wird nur durch die Evolution definiert, welche auch in den späten, nichtrationalen Kulturformen ihren Ausdruck findet. Würde der Mensch in seiner Kindheit aller natürlichen Umgebungsbedingungen beraubt und sich in einem sterilen Reaktionsraum mit Computeranweisungen entwickeln müssen, wäre er zum stumpfsinnigen und geistlosen Wesen verdammt. Der konnektive Hintergrund des Bewusstseins kann nicht mit rationaler Logik gebaut werden, auch nicht mit digitaler Intelligenz, da diese nicht in gewichtetes Beziehungswissen gewandelt werden kann. Der Scharfblick der Analysten ist hierbei nutzlos, die Natur ist an dieser Stelle auf die Bewahrung der Vollständigkeit angewiesen, welche ihrerseits nur aus der Egalität der Strukturen wie der Konvergenz der Prozesse entwickelt werden kann. Das Bewusstsein ist in einer Zweischichtigkeit angelegt, als ein vermittelndes Prinzip zwischen absoluten Sinn und relativer Funktion. Beides bedarf einer gesonderten „Programmierung“, wobei die Schaffung des konnektiven Geistes den ursächlichen Part ausmacht.

Es bedarf deshalb einer Geisteskultur, das heißt der Bewahrung, des Schutzes und der Weiterentfaltung des Gemeingutes, welches sich aus der Historie erschließen lässt. Es ist nur immer wieder von dem Schmutz zu befreien, den die Zeiten der Macht an ihr hinterlassen haben, wie auch von den Vorurteilen aus unbedarfter politischer Analyse. In kybernetischer Hinsicht bedeutet das die Bewahrung der konnektiven Prinzipien des Geistes, aus denen die kurzsichtigen Blickwinkel der Logik entfernt werden müssen. Aber das ist nicht die ganze Aufgabe. Die Welt der Beziehungen hat selbst ein eigenes Regelwerk, welches auch in der Gesellschaft Beachtung finden will. So braucht das konnektive Prinzip gleiche Grundeinheiten, wenn es seiner Aufgabe gerecht werden soll. Je ähnlicher die „Gefäße“ ausfallen, umso leichter lässt sich die Information gewissermaßen „umtopfen“ und umso leichter fällt das Zusammenspiel aus. Der gemeinsame Konsens der konnektiven Grundstrukturen ist uns nicht unbekannt. Es sind die einfachen Entwicklungsstufen menschlicher Gemeinschaft, wie sie sich im volkstümlichen Gemeinwesen dartun. Diese Übereinstimmung der „Kristallisationskeime“ in konnektiven Netzwerk garantiert auch den Aufbau ähnlicher Lebensmuster, die allein ein optimales Zusammengehen in eine harmonische Gemeinschaft zustande bringen können, den Schutz der seelischen Entwicklung vorausgesetzt. Je besser die fundamentalen Strukturen übereinstimmen, umso leichter ist das konnektive Prinzip wirksam, weil die Informationsmengen gewissermaßen ineinandergefügt werden können und

Interaktionen möglich werden, die den geringsten Aufwand benötigen. Die Prozesse führen zu konvergenten Lösungen, welchen Ordnungssystemen entsprechen und die Entwicklung vorantreiben.

Werden Menschen aus ihrem sozialen Umfeld gerissen, das heißt wird ihre Seele vom konnektiven Netzwerk des Gemeinwesens getrennt, so versuchen sie sich als Gleichgesinnte auch in der Fremde wieder zusammenzufinden. Das konnektive Prinzip wirkt hier wie ein Magnet und führt zusammen, was zusammengehört. Die Metapher hat gleichzeitig auch einen evolutionären Hintergrund. Was zu Beginn, in der physikalischen Evolution, mit starken Kräften zusammengehalten wurde, um das Geschaffene zu erhalten, muss in der fortgeschrittenen Entwicklung durch Informationsmethoden aufgebracht werden. Der Effekt der magnetischen Kraft wird durch das kybernetische Prinzip ersetzt, bei dem die Informationszusammenhänge der höchsten Ebene über ein Steuerungssystem in die Wirklichkeit umgesetzt werden. Auch hier versucht die Entwicklung das Geschaffene zu erhalten, weil es die Voraussetzung für den weiteren Fortschritt ist.

Finden sich nicht Gleichgesinnte zusammen und muss der Einzelne in einer Welt leben, die nicht mit dem unbewussten Hintergrund seiner Identität zusammenspielt, hat er ein schweres Schicksal zu erleiden. Er muss sich auf rationale Handlungen konzentrieren und ständig sein Unbewusstes verdrängen, welches auch schnell zu eigenwilligen Handlungen verführen kann. Der von seiner Welt Verlassene hat nicht nur sein eigenes Kreuz zu tragen, er wird auch leicht zum Spielball fremder Interessen. Von anderen vereinnahmt, kann er dann auch zur Gefahr für die Gemeinschaft werden. Einem Fremden zu helfen, heißt demzufolge vor allem auch, seinen kulturellen Kontext zu bedienen. Die Logik sozialer Dienste ist hier ein vielleicht notwendiges, aber keinesfalls ein hinreichendes Kriterium. Die viel beschworene politische Korrektheit kommt, wenn sie auch weise und weitsichtig sein soll, nicht ohne eine geistige Dimension aus. Dazu gehört die liebende Fürsorge, welche auch nur das letzte Mittel gegen die ständigen Disharmonien, gegen Gewalt und Krieg sein kann. Es ist ein politischer Hochseilakt, den beiden Seiten des menschlichen Wesens gerecht zu werden, der vordergründigen Ratio mit der Logik sozialer Funktionalität und seiner hintergründigen absoluten Identität, welche seine Würde und aber auch das letzte Motiv seiner Handlung ausmacht.

Was dem Ingenieur eine unmögliche Aufgabe ist, absolute Informationsmengen in ein Ganzes zu fügen, führt uns die Natur im Zusammenleben der Gemeinschaften vor. Es ist leicht einzusehen, dass gleichartig entwickelte Führungsstrukturen zu besseren Ergebnissen führen. Sie sind gewissermaßen der Garant dafür, dass auch gleiche oder ähnliche „Betriebssysteme“

darinnen zum Laufen kommen. Menschen auseinander fremdartigen Kulturen können nur auf niederen rationalen Ebenen zusammenkommen, vorausgesetzt, die Reduzierung wird bewusst zugelassen. Eine solche vernünftige Strategie kann zum Beispiel aus der Religion oder einer Allgemeinbildung bezogen werden. Es ist die Bereitschaft zur Demut, die nur auf inneren Verzicht gegründet sein kann. Erforderlich ist eine Geistesbildung, welche die Entbehrung zulässt, sich von einer althergebrachten Kultur zugunsten der landesüblichen zu trennen. In der Geschichte sind solche Ereignisse eher selten und viel häufiger werden alte Kulturen auch in der Diaspora über Jahrhunderte bewahrt, was nicht selten zu leidvollen Auseinandersetzungen geführt hat. Bezüglich der Konstitution der Informationsprinzipien ist der Mensch mit einem pflanzlichen Lebewesen zu vergleichen, es gedeiht dort am besten, wo es gewachsen ist. Die Umweltbedingungen haben sich in das pflanzliche Lebewesen hineingeformt, wie auch das ganze Informationspektrum der Umgebung sich in das konnektive System des menschlichen Bewusstseinshintergrundes abgebildet hat. Die Evolution hat den Menschen zum bodenständigen Wesen geschaffen, bei jedem „Umtopfen" wird ein Teil seines Informationssystems abgehängt und seine geistige Kompetenz verkürzt, einschließlich seiner Glücks- und Liebesfähigkeit. Und die Gesellschaft verliert ihren harmonisch gestellten Sinn für das Schöne und Gute, welcher in der menschlichen Zivilisation gerade bewahrt und vervollkommnet werden sollte. Schließlich begründet sich damit der Kompass für die Weitsichtigkeit der nächsten Schritte.

Stimmen die kybernetischen Ziele nicht überein, kann auch das Gegeneinander der Kräfte nicht ausbleiben. Die Differenzen können nicht nur die Harmonie in der Gesellschaft stören, sondern auch die Evolution zu Fall bringen, indem die extragenetische Information, das heißt die kulturellen und moralischen Werte, vernichtet werden. Nach neueren Forschungen in der Epigenetik sind sogar genetische Informationswerte gefährdet, indem durch Disharmonien erzeugte Traumata die genetischen Anlagen der Geistesentwicklung verkürzen können, was den Rückwärtsgang der Evolution manifestieren würde. Die Frage stellt sich, ob hier nicht die Entwicklung auf eine geistige Weitsicht der politischen Führung angewiesen ist, zumal diese nicht auf der Spitzfindigkeit feiner Schlüsse beruht, sondern dem natürlichen gemeinen Verstande unmittelbar eingehen sollte. Die Bodenständigkeit ist für niemand eine Gefahr. Was dem gesunden Menschenverstand einleuchtet, sollte auch dem Analytiker nicht entgehen, da sich kein noch so intelligentes Kalkül an den Grundgesetzen der Kybernetik vorbeischleichen kann. Jedes selbstständige Wesen braucht ein Sinn gebendes, das heißt feststehendes Führungsprinzip, das im Falle der Selbstorganisation nur aus der Umgebung bezogen werden kann, an die es damit gebunden bleibt. Nur arbiträre Funktionen sind von dieser Bindung ausgenommen. Dass zu Letzterem die elementaren Bedürfnisse der Machtszenarien gehören, ist den ewigen Krankengeschichten der Zivilisation leicht zu entnehmen. Den eigenen Lebensraum auf die Heimat anderer auszudehnen, ist keine Forderung des Geistes, weil sie dessem Grundprinzip, dem der ausgeglichen Harmonie, zuwiderlaufen würde. Es kann nur ein Vorwand sein, hinter dem sich die selbstlaufenden Prinzipien der Macht unentdeckt entzünden können. Wie gut das gelingt, ist tausendfach in geschichtlichen Analysen bewiesen, in denen anstatt der eigenständigen Intrinsik der Macht immer wieder nur die Deckmäntelchen untersucht wurden. Den chronischen Seuchen der Macht ist nicht beizukommen, wenn der Bazillus unerkannt bleibt und immer wieder neue Opfer findet. Die Staffagen werden von kurzsichtigen Politikern gern für staatskluge Spitzfindigkeiten ausgenutzt, welche am Ende auch nur für die eigenen Machtinteressen geführt werden.

Aber es sind nicht nur die unterschiedlichen „Informationsgefäße“, welche die Gesellschaft in Disharmonien führen können. Es ist auch denkbar, dass sich Außenseiter durch Entwicklungsunterschiede herausbilden. Es können einzelne Menschen Disharmonien verursachen und aggressive Auseinandersetzungen, nur weil sie in der Entwicklung unterfordert sind. Von ihnen sollte man verlangen, dass sie in geistiger Weitsicht wirksam werden, statt ihre Vorteile zur Verderbnis anderer Mitglieder einzusetzen. In dieser Hinsicht war auch dem Adel ein Freiraum zugeordnet, indem er sozusagen die Vorreiterrolle zu besetzen hatte. Auch wenn er der nicht immer gewachsen schien, hat er der Welt des Geistes und der schönen Künste näher gestanden, was nicht zuletzt an den kulturellen Hinterlassenschaften zu erkennen ist, derer sich die modernen Reichen nicht mehr zu rühmen haben. Die Führungsstrukturen des Adels sind aus der Gesellschaft verschwunden, ohne dass ein Ersatz zu erkennen wäre, was immerhin auf die fortbestehende Bedeutung hinweisen könnte. Eine geistige Führungsschicht, welche der gesellschaftlichen Moral und den schönen Künsten verpflichtet wäre, könnte der Zivilisation eine große Hilfe sein. Die Vorbildfunktion des modernen Geldadels dagegen reduziert sich im Allgemeinen auf geistlose Werte, wie Besitz und Perfektionierung rationaler Mittel, oder auch auf Ansehen und Position in der gesellschaftlichen Stufenleiter. Es sind alles Positionen, die für die Entwicklung ohne Bedeutung sind.

Indem der Evolution nur ein begrenztes Reservoir von Bedingungen zur Verfügung steht, ist anzunehmen, dass alle Kulturen in ihren Entwicklungslinien zusammenkommen, was nicht die Diversifikation zerstört, sondern eine große Hochachtung voreinander erzeugt, die selbst in Form einer Demut ein konnektives Prinzip begründen könnte. Jedenfalls wäre eine Unifizierung keine evolutionäre Strategie, weil sie in der kybernetischen Nachfolge auch alle Differenzierungen der Wirklichkeit zerstören und damit auch dessen Sinn ad absurdum führen würde. Sie wäre mit einem schwarzen Loch vergleichbar, mit dem die Theoretiker den physikalischen Zusammenhalt der Wirklichkeit beenden möchten, dabei aber das evolutionäre Wesen der Natur außer Acht lassen. Der Fortbestand der Zivilisation ist auf das Bestehen des geistigen Prinzips angewiesen, welches seinerseits die Einsicht des Menschen, das heißt eine über alle Zeiten vorurteilsfrei geführte wissenschaftliche Forschung nötig hat.

## 7.9 Information im geistigen Prinzip

Das konnektive Prinzip des Geistes gibt in der Evolution wie auch in der Kybernetik ein noch ganz unverstandenes Bild. Dabei lässt die Denkmode wissenschaftliche Forschung kaum zu, weil man vor dem Ergebnis Angst zu haben scheint und es lieber selbst vorgeben will, statt sich wohlmöglich nach ihm richten zu müssen. Ist die Motivierung für die Erkenntnis kein geistige, das heißt, wird sie von logischen Gesichtspunkten angetrieben, so ist die Schieflage, welche durch einen dominanten Zweck erzeugt wird, ohnehin von vornherein festgelegt. Nur der konnektive Geist kann der Evolution der Wissenschaft auch nachhaltig vorstehen. Die Logik des kurzsichtigen Zweckes schafft eine Kausalität, welche von sich aus ein oben und unten erzeugt, und wenn es der Rang der Wissenschaftler selbst ist. Auch das Ergebnis muss in eine Reihenfolge passen, weil sich das Nebeneinander in einer Gleichgewichtslage logisch nicht redigieren lässt. Auf diese Weise schafft sich die überaufgeklärte Denkmode selbst ein Gefängnis, welche die Wissenschaft in ständiger Voreingenommenheit zu halten vermag. Nur die Liebe zur Wissenschaft kann als geistige Disziplin die Befangenheit lösen und die Forschung zu einem evolutionären Vorgang machen. Auf geistigem Niveau gehört sogar die Religion dazu, wenn sie nämlich die Liebe zu Gott im Schönen und Guten aufspürt und sie allgemein zu machen sucht. Nur auf unvoreingenommene Art lässt sich der Geist auch selbst ins Visier nehmen, wenn das Resultat offen gelassen wird, und man sich nicht schon bei jedem Schritt vor den Konsequenzen möglicher Ergebnisse fürchten muss. Dagegen scheint die wissenschaftliche Voreingenommenheit eine Voraussetzung moderner Weltanschauungen zu werden, indem alle Beziehungen der Wirklichkeit auf kausale Zusammenhänge reduziert werden, notfalls auch vermittels statistischer Begutachtungen, welche sich freilich nicht selten einer besonderen Künstlichkeit verdächtig machen. Dabei basiert das geistige Prinzip auf ein nichtkausales Austarieren von Beziehungswissen. Es ist evolutionär als Ordnungsprinzip angelegt und hätte deshalb auch in den gesellschaftspolitischen Entscheidungen das Potenzial, die ewigen Auseinandersetzungen in Ordnungszustände friedlicher Harmonie zu führen.

Nach dem Modell der kybernetischen Pyramide hat die höchste Führungsebene einer kybernetischen Einrichtung keine prägnante Strukturierung, welche konkreten Aufgaben vorstehen könnte. Anstatt zeitlicher Sukzession, wie sie die kausale Logik fordert, steht die Information in mehr räumlichen Korrelationen. Es ist ein gewichtetes Netzwerk von Beziehungen aus der Wirklichkeit, welche nach den eigenen Bedingungen zusätzlich austariert werden. Es ist in dieser Form einer aufbauenden Veränderung unterworfen. Das macht auch die Natur nicht anders vor. Als Voraussetzung der Evolution ist die langfristige Veränderung der Vorgaben ebenso real ist die Entwicklung der Natur selbst. Wir beobachten die Entstehung der Pflanzen- und Tierwelt. Die wäre nicht möglich, wenn nicht auch die Voraussetzungen in der notwendigen Sukzession gegeben wären. In dem Sinne ist die Evolution nur die natürliche Folgeerscheinung der sich wandelnden Bedingungen, welche offensichtlich auf andere Art organisiert sind. Würden sie in logischer Kausalität erscheinen, wären sie längst ins Visier der Wissenschaft geraten. Im Vorgabesystem des Bewusstseins findet sich die entsprechende Situation in aufgesammelter Form. Hier werden die Bedingungen in einer Quasikohärenz des konnektiven Netzwerkes vorgehalten und entsprechend austariert. Es wird eine konzentrierte Abbildungsfunktion der äußeren Entwicklung gebildet, welche die Bedingungen der Außenwelt in den Radius des Individuums einpasst.

Die erste Aufgabe dieser kybernetischen Führungsebene ist es, die Aufmerksamkeit auf ein Detail der Wirklichkeit zu fokussieren, was zunächst unbewusst erfolgt, um danach auch unsere bewussten Vorstellungen zu beschäftigen. Das Detail wird gewissermaßen im Blick des Ganzen beurteilt. Es ist ein Einbringen in ein evolutionäres Ordnungssystem. Dabei werden mögliche Handlungen oder Gedanken in eine Beziehung zum ganzen Sinn gesetzt. Das konnektive System gibt gewissermaßen einen Rahmen ab für die nachfolgenden logischen Prozesse der Vernunft. Als höchste Führungsebene muss dieser Rahmen von beständiger Natur sein und bezüglich des Inhalts hat man absolute Werte zu erwarten.[427] Diese haben allerdings nicht die Form prägnanter oder gar symbolisierbarer Eintragungen. Vielmehr hat man sich das Absolute in Form einer Kohärenz vorzustellen, welche trotz einer inneren Dynamik das Ganze als Sinn zu bewahren hat. Dieses Ganze zeigt sich in unterschiedlichen Ansichten, ohne den Sinn zu

[427] Das gilt natürlich nur für die „fertige“ Form der entsprechenden Entwicklungsstufe.

verlieren, den man sich als beständigen Informationsinhalt vorzustellen hat. Beim Menschen macht das die Identität der Persönlichkeit aus, welche nach der Pubertät ein unveränderliches Beziehungswissen bezeugt, das im Verlauf des Lebens nicht wieder rückgebaut, sondern nur vervollkommnet werden kann.

Es ist nicht leicht einzusehen, dass die Führung des Menschen immer einer absoluten und unverrückbaren Informationsstruktur bedarf. Aber es ist erstes kybernetisches Prinzip, dass nur feststehende Informationsvorgaben ein autonomes System zu nachhaltigen Ergebnissen führen können. Nach dem Modell der kybernetischen Pyramide sind allerdings nur die Vorgaben auf der höchsten Ebene von absoluter Natur. Zum Prozess hin verlieren sich die festen Bindungen hin zu arbiträren Vorgängen. Wenn auf deren niederem Niveau auch Prozesse und ihre logischen Vorleistungen beliebig zusammenspielen können, ist die höhere konnektive Ebene nur dann dazu befähigt, wenn entsprechende Ähnlichkeiten in den Strukturen vorhanden sind. Die rationalen Prozesse sind an die niederen Naturgesetze gebunden und im Allgemeinen auch im Bewusstsein gleichartig durch Lernprozesse programmiert. Dagegen muss die Sinnebene des Geistes die Identität der Person über den gesamten Lebensverlauf gewährleisten, sie lässt sich nicht durch Lernen verändern, sondern nur durch harmonische Zustände erweitern, wobei das Aufbauprinzip gilt. Im menschlichen Bewusstsein kommen die beiden gegensätzlichen Informationsprinzipien in ihrer Vollkommenheit zur Wirkung, wobei die Führung vor der Bewusstseinsgrenze, das heißt im Unbewussten liegt, und nur das logische System willkürlich bespielbar ist.

In der gleichen evolutionären Art, wie die zeitlos austarierten Vorgaben der Natur die Strukturbildungsprozesse verursachen und damit eine nachhaltige Entwicklung erzeugen, so wird auch das geistige Prinzip im Menschen entstehen müssen. Es betrifft jetzt allerdings eine höhere Entwicklungsebene, gewissermaßen eine Konzentration des evolutionären Geschehens, bei welcher der Information eine größere Rolle zukommt. Das beginnt damit, dass alle nerval gesteuerten Lebensvorgänge in Beziehungsrahmen gesetzt werden. Zunächst werden es primitive Zusammenhänge sein, welche die einfachsten Lebensvorgänge mit einfachen Mustern der Umwelt in Beziehung setzen. Was zunächst eine offene Abbildung von Merkmalen aus dem Geschehen der Umwelt ist, bekommt dann eine Bedeutung, wenn sie immer wieder mit bestimmten humoral günstigen Ergebnissen auftreten. Sie können dann die Muster für einfache konnektive Führungsbildern abgeben, welche damit eine höhere kybernetische Ebene bilden. Indem verschiedene solcher Verhaltensmuster mit eigenwilligen Reflexen in Beziehung stehen, kann eine Vorauswahl für die entsprechenden Handlungen getroffen werden. Es ist eine Führung, welche gewissermaßen den Menschen mit der Nase auf die äußere Möglichkeit stößt, das heißt, die passende Reaktion mit der günstigen Situation in Verbindung bringt. Zu den biologischen Erfolgen gehören vor allem die Nahrungsaufnahme und die Fortpflanzung. Die primär biochemischen Merkmale des Erfolgs müssen in der Weiterentwicklung durch nervale Muster ergänzt werden. Sie erhalten eine Stellvertreterfunktion, welche durch immer kompliziertere Muster auch bessere Abbildungen der äußeren Bedingungen machen kann. Es entstehen Strategiebilder, welche das logische Verhalten langfristig auf den Erfolg ausrichten. So muss etwa der günstige Weg zur Speisung gemerkt werden und mit immer feineren Beziehungen vervollkommnet werden. Das bedeutet aber einen Eingriff in die höchste Führungsebene, welcher die Funktion des ganzen Steuerungssystems bis hin zum Effektor gefährdet. Die Operation muss zu Ausfällen führen. Die werden bei niederen Tieren, das heißt in der Anfangsphase der Entwicklung, offensichtlich hingenommen. Das ist zum Beispiel bei den Gürteltieren zu beobachten. Die aufbauende Programmierung der Schritte bis zum Fressnapf erfolgt in Echtzeit. Das heißt, das Tier fällt durch eigenartige Zuckung beim Fressen auf. Die neuen Nervenleitungen werden im Wachbewusstsein gezogen, die Peripherie ist dabei nicht abgeschaltet. Das Prinzip wird mit wachsendem Aufwand bei den Säugetieren vervollkommnet, indem die Strategiebilder zwischengespeichert werden und ein Schlafmechanismus geschaffen wird, bei dem alle Effektoren abgeschaltet sind. Nur die mit dem konnektiven Netzwerk direkt verdrahtete Muskulatur, wie zum Beispiel die der Augen, kann nicht abgetrennt werden. Der konstruktive Eingriff in die Führungsstruktur erfolgt dann in den aktiven Schlafphasen. Der kann dann auch entsprechend umfangreicher ausfallen, weil die Peripherie außer Kraft gesetzt wurde. Bei niederen Säugetieren, etwa den Nagern, korreliert die Häufigkeit der Nahrungsaufnahmen mit der Anzahl aktiver Schlafereignisse. Auch die Geschlechtsfunktionen sind in die biologische Programmierung einbezogen, wobei der Übergang vom Tier anfangs stärker durch die niederen Reflexprogramme beherrscht wird.

Das Auftreten einer aktiven Schlafphase mit dem für die Strukturbildung notwendigen Energieaufwand ist ein Kriterium für das Bestehen eines Bewusstseins. Im Falle der Säugetiere und Vögel ist das natürlich von sehr geringem Ausmaß. Allein das Prinzip ist beim Menschen nicht viel anders, nur ist der Informationsumfang wesentlich erweitert, vor allem auf weitergehende Stellvertreterfunktionen. So ist nicht mehr nur der biologische Gewinn interessant, sondern auch der geistige. Der Erfolg nach einer langen Arbeit, die Lösung einer schwierigen Aufgabe, aber auch schon das Erlebnis von etwas Schönem und Guten, kann eine Anspannung lösen, den Energieverbrauch der nervalen Steuerung vermindern und das Bewusstsein erweitern. Das ist ein komplexer Vorgang, aber von so großer Bedeutung, dass die Begleitumstände dafür gespeichert werden müssen. Die Einbeziehung von weiten Zusammenhängen in den Optimierungsprozess des konnektiven Systems heißt immer, neue Beziehungen zu knüpfen. Die gilt es im Sinne des Ganzen auszutarieren. Man kann sich leicht vorstellen, dass bei dem riesigen Umfang des Netzwerkes nur kleine Ergänzungen möglich sind, das Ganze aber konstant bleibt, was auch kybernetisch vorausgesetzt werden muss. Wenn uns auch die einzelnen Vorgänge im paradoxen Schlaf noch verborgen sind, sind solch einfache Prinzipien anzunehmen, welche sich auch selbst organisieren können. Es ist die Symmetrie ein Grundprinzip des Universums, welches sich offensichtlich auch bis in die feinsten Strukturen durchzusetzen vermag. Es ist leicht einzusehen, dass für das Aufwachsen subtiler Symmetrien auch die Vorlagen in gewisser Ebenheit gegeben sein müssen. Das bezeugen zumindest auch die Erfahrungen aus der Religion, die immer wieder auf die Bedeutung der „reinen" Seele und der Harmonie für die Geistesentwicklung hingewiesen hat.

Das Unverständnis für den trivialen kybernetischen Zusammenhang von absoluter Führung und freier Funktion hat viel Leid in der Welt erzeugt. Dabei ist das Prinzip dem Zusammenleben der Menschen nicht hinderlich, es will aber beachtet werden. Zwischen unterschiedlichen Kulturen, welche als unterschiedliche Entwicklungsbedingungen auch den absoluten Hintergrund des Bewusstseins bestimmen, kann es nicht die bedingungslose Verbindung im Geiste geben. Dagegen steht dem uneingeschränkten Zusammenspiel auf der funktionellen Ebene nichts im Wege. Nur kann darauf keine Gemeinschaft auf Dauer gegründet werden. Die geistigen Beziehungen müssen Berücksichtigung finden, und zwar auf der ihnen eigenen Art. Die geistige Ebene kennt das Prinzip Demut, die Vernunft versucht dieselbe in Form der Achtung vor dem Unbekannten nachzubilden. Nur kann das Unbekannte kann nicht in die eigene Identität integriert werden. Dem gesunden Menschenverstand des Einzelnen ist das nicht fremd, nicht selten muss es gegen das überaufgeklärte Wunschdenken gesellschaftspolitischer Logik zu stehen kommen. Der achtungsvolle Umgang mit Fremden ist in einem austarierten Geist implementiert, fremde Vorgaben können aber nicht die eigenen Ordnungsprinzipien ersetzen. Ein Umbau ist auf der Ebene der absoluten Identität nicht möglich, es hieße, den Menschen und seine Würde selbst zu zerstören. In konnektiver Sicht müssen sich die evolutionären Linien selber treu bleiben, nur so können sie sich weiterentwickeln. Auf der Ebene der logischen Funktionalitäten ist die Zusammenarbeit dagegen jederzeit und in jedem Umfange möglich. Hier gilt die Vielfalt des arbiträren

Zusammenspiels, auf der Sinnebene ist es die Vielfalt absoluter Werte, welche die notwendige Diversifikation der Evolution zu erhalten hat.

Wie in allen frühen Etappen der Evolution ist nur mit annähernd identischen Strukturen etwas Ganzes im evolutionären Sinne zu schaffen. So etwa wie im Zellenstaat begründet sich eine Harmonie, in der sich alles auf ein gemeinsames Ziel bringen lässt. Nur werden in den höheren Niveaus die Bausteine komplexer und ungenauer, das Ziel geht dabei immer mehr in einen Sinn über, der viele Ziele in Ansichten zusammenfasst. Es ist die Methode, eine Vielfalt als absolutes Ganzes zu beherrschen. Sie funktioniert umso genauer, je mehr die Unterschiede auf eine gleiche Basis gesetzt werden können. Hier wird das höchste Niveau der Informationsverarbeitung erreicht, weil eine zeitlose Verallgemeinerungsform geschaffen wird, welche einer nachhaltigen Entwicklung voranstehen kann. Es ist das Prinzip der Evolution, welches in der konnektiven Struktur des Bewusstseinshintergrundes nachempfunden wird. Es wird, mit theologischen Worten, Gottes Geist in die menschliche Seele gelegt. In der höchsten Form des konnektiven Netzwerkes wird der Sinn selbst zum Gegenstand der Strukturierung. Hier sind es Texturen, welche gleichsam den Träger der gewichteten Information schaffen, mit der sich auch in der Zivilisation eine Gemeinschaft begründen lässt. Weil das aber in Selbstorganisation erfolgen muss, können die Strukturen nur aus einem einfachen Kristallisationskern entwickelt werden, der einerseits aus den genetischen Anlagen geformt wird, andererseits äußere Beziehungen zu implizieren und auszutarieren hat. Dabei müssen die Umgebungsbedingungen Berücksichtigung finden, und zwar diejenigen, welche harmonische Zustände schaffen und über die Zeiten bewahren. Was hier gewissermaßen in die innere Konstitution des „Rechners“ fließt, kann nur das Einfache sein, das sich in den kleineren Radien[428] der äußeren Bedingungen allemal wiederfindet. Es ist das egalisierte Muster, das uns in den Formen und Aktionen höchstens als naiv erscheint, sonst aber kaum bemerkbar wird. Es ist sozusagen ein ausgeglichenes Informationsfundament, auf das sich ein weites Beziehungsnetzwerk aufbauen lässt, und welches dann auch einer harmonischen Entwicklung voranstehen kann. Die Natur hält dafür die liebevollen Umgangsformen der Eltern bereit, die sich auch in Bildern ausdrücken, denen man die Geborgenheit im Zusammenspiel der Dinge ansieht. Wem die Sicht aus den tiefen Gründen des Seins verbaut ist, dem müssen die Darstellungen kitschig vorkommen, weil sie selbst die primitivste Logik vermissen lassen. In dem natürlichen System

[428] Das konnektive Prinzip arbeitet bei kleineren Radien optimal, weshalb auch für die Mütter der familiäre Rahmen die besten Bedingungen für die Erziehung der Kinder abgibt.

der Evolution ist diese Art Kitsch allerdings jeder intelligenten Logik überlegen, zumal sie auch in kybernetischer Sicht darüber zu stehen kommt. Das geistige Prinzip muss den rationalen Verstand zurücklassen und den Weg nehmen, der über die einfachsten Formen des Beziehungswissens führt. So einfach dieser strukturiert ist, so vielfältig können die Bausteine und Funktionen darin Platz nehmen, wenn sie sich nur im gemeinsamen Sinn wiederfinden. Die notwendige Logik für die nachfolgenden rationalen Prozesse stellt sich von selbst ein, und zwar nur dort, wo sie gebraucht wird. Ein chaotisches Sammelsurium abstruser Formen oder eigensinniger Machtstrukturen entsteht nur dann, wenn man der kausalen Logik über Gebühr Raum verschafft und die ordnungspolitischen Forderungen des Geistes außer Betracht lässt.

Was uns die Schöpfung auf allen niederen Ebenen vorgeführt hat, kann auch im Menschen selbst nicht ohne Wirkung sein. Das Grundprinzip harmonischer Ordnung, sozusagen der „Bauplan" des Paradieses, kommt mit jedem Kind immer wieder neu auf die Welt. Hoffmann von Fallersleben weiß: *„Was eine Kinderseele aus jedem Blick verspricht! So reich ist doch an Hoffnung ein ganzer Frühling nicht."* Und nur das Kind ist in der Lage die Bilder des Paradieses auch in der Wirklichkeit wahrzunehmen. Soviel der Mensch nachher auf Abwege geführt wird, ist es nur diese kindliche Erkenntnis vom Schönen und Guten, welches sich in seiner höchsten kybernetischen Führungsebene bis zum Tode erhält, freilich hinter tausend intelligenten Entschuldigungen versteckt. Mit der Kindheit verquickt ist auch das Bild der Heimat. So etwa ist auch die berühmte Frage von Novalis zu verstehen: *„Wo gehn wir denn hin? – Immer nach Hause".*[429] Wie weit das elementare Führungsprinzip offenbleibt, umso mehr an Harmonie und seelische Entwicklung lässt der Beziehungskosmos gelten. Umso mehr ist auch die natürliche Fähigkeit zu Glück und Geborgenheit vorprogrammiert. Desgleichen nutzt eine Arbeit, die in Liebe ausgeführt wird, das unbewusste Beziehungswissen und gelingt auch in mehr nachhaltiger Form.

In der Gesellschaft ist das natürlich nicht mehr die Frage des Einzelnen. So werden Ordnung und Harmonie im Zusammenleben von den Möglichkeiten bestimmt, konnektive Prinzipien zuzulassen und zu entwickeln. Eine erste Voraussetzung ist dazu, dass dieselben auch schon im Individuum vorhanden und ausgebildet sind. So wie die Ökologie der Natur immer mehr Beachtung findet, wäre es deshalb auch sinnvoll, eine Ökologie der menschlichen Seele zu schaffen. Die nächste Prämisse ist es, geistige Beziehungen aufzubauen, und die entsprechenden Hindernisse abzureißen. Hier sind es

[429] Novalis: Heinrich von Ofterdingen. Zweiter Teil. Die Erfüllung. In [1], Band 1, Seite 376

die Methoden der Macht, welche als die eigentlichen Totengräber der Evolution in Erscheinung treten. Deren Vorgehensweise ist grundsätzlich und auf eine Vergewaltigung der Informationsprinzipien zurückzuführen, welche durch das Verlassen der ganzheitlichen Sicht zugunsten niederer Rationalität verursacht wird. Die gestaltende Ordnung, welche sich nur aus den konnektiven Führungsstrukturen entwickeln kann und allein das harmonische Zusammengehen unterstützt, wird in Richtung linearer Kausalität verlassen, was eine Rangfolge von oben nach unten notwendig macht. Es entsteht eine Führung mit nicht für die Führung vorgesehenen Informationsprinzipien. Mit den fehlenden Korrelationen sind die logischen Funktonalstrukturen allein gelassen, sie können die Ordnung nur noch auf entsprechend niederer Ebene realisieren. In Folge erzeugen sich die unzähligen Spielarten der Macht, und zwar von selbst. Das Zusammengehen in konnektive Harmonie muss durch eine Balance der Kräfte ersetzt werden, welche dann nur noch mit größeren oder kleineren Kompartimenten erfolgen kann. Es sind die Formen der Demokratie in allen ihren Ausgestaltungen. Das Prinzip der Rangfolge ist dabei nicht ganz zu unterdrücken und wird sich mit wachsender Intelligenz immer wieder Raum verschaffen, notfalls mit verdeckten Methoden. In ihrer höher entwickelten Form ist die Demokratie deshalb auf eine Offenlegung von Information angewiesen. Dagegen steht der digitale Überwachungswahn der Neuzeit. Mit den intelligenten Spionagetechnologien der Moderne kann die Erfolgsmethode des menschlichen Bewusstseins auf die Zivilisation projiziert werden. Die Führungsebene verschwindet im Unbewussten, die demokratische Gesellschaftsform bleibt in ihrer Freiheit scheinbar erhalten. Die Evolution der Zivilisation kann sich auch hier nur mit der Entwicklung der Erkenntnis wehren, welche ihrerseits mit einer Entwicklung metaphysischer Sprachen einhergeht. Das dürfte andererseits auch ein Grund sein, weshalb sich die geheimen Machtgefüge der Abschaffung der dazu befähigten Sprachen verschreiben müssen. Da dem wachsenden Raffinement und der innovativen Technik dafür keine Grenzen gesetzt sind, könnte es sein, dass die Rückkehr zur Evolution erst nach einer größeren Regression möglich werden kann, nachdem auch die Macher den Verlust an Lebensqualität bemerkt haben müssten.

Aus welchen Gründen auch immer die konnektive Führung verloren geht, kann sie allezeit nur durch weniger weitreichende Prinzipien ersetzt werden. Die kleinkarierten Methoden der Logik können ein so gewaltiges Universum, wie das der menschlichen Zivilisation, nicht aufrechterhalten. Indem dadurch auch die Evolution aus dem Ruder gerät, muss ein existenzieller Regenerationsprozess greifen, der niemals verloren gehen darf. Die Information dazu ist in allen erzeugten Strukturen angelegt und in jedem Entwicklungspotenzial vorhanden. Auch der Mensch kann seine konnektive Veranlagung nicht abschalten, ohne sein Wachbewusstsein aufs Spiel zu setzen. In der Zivilisation ist die konnektive Bestimmung in den einfachsten Zusammenhängen versteckt, wie sie sich in einer Art Volksseele kondensiert haben. Es ist ein grundsätzlicher Informationsgehalt, ohne den keine bewusste Eingliederung in die Gesellschaft möglich ist. Es kann sich dabei nur um einen einfachen Kontext handeln, der aufgrund seiner korrelativen Natur dem Verstand besonders naiv vorkommen muss und ihm auch offensichtlich nur deshalb entgeht. Für die Entwicklung des Geistes aber ist dieser elementar und unverzichtbar. Wenn alle logische Vernunft ausgespielt und alle Intelligenz am Ende ist, wie das etwa nach den Kriegen der Fall war, kann die Information für die Rückkehr in die Zivilisation nur noch aus dem Volksgut geschöpft werden. Aber auch das muss, weil oft von politischen Strömungen beansprucht, immer wieder von den Vereinnahmungen der Mächte gesäubert und weiterentwickelt werden. Es sind die einfachen, aber regelmäßigen Grundpfeiler, auf denen die Zivilisation in ihrer natürlichen Harmonie wachsen kann. Der Einzelne findet damit seine Empathie und Herzlichkeit, die mit logischer Vernunft niemals erstellt, sondern nur belächelt und verdorben werden können.

So wie die mathematischen Wissenschaften auf die Klarheit und Prägnanz der Gesetze bauen und die Wirklichkeit in dieser Hinsicht zu vereinfachen haben, müssen die Geisteswissenschaften die magischen Bilder der Harmonie aufspüren, und die Erscheinungen suchen, die das Einfache im Sinne des Ganzen vervollständigen können. Das ist eine ebenso komplizierte Aufgabe, aber eben auch eine ganz andere, die sich nur mit tiefem Gefühl für das Allgemeine und nicht mit logischer Zerstückelung des Ganzen bearbeiten lässt. Was etwa im liebevollen Verständnis für das Kind aufgebracht wird, muss auch für das Einfache der Gemeinschaft gelten. So können in der Heimatliebe die Bedingungen aufgesammelt werden, welche eine harmonische Geistesentwicklung unterstützen können. Was in der Natur an Schönem vorgefunden wird, kann auf kulturelle Art in die Gesellschaft übertragen und entsprechend vielfältig verfeinert und verdichtet werden. Es sind alles bildliche Inhalte der Evolution und sie passen irgendwo in das Ganze. Erst in einer gewissen Vervollkommnung, welche aus einer ausgeprägten Volkskultur begründet wird, kann auch die Gesellschaft nach konnektiven Prinzip auf ein höheres Niveau gehoben werden.

Aber selbst wenn die Evolution für ihre Schritte ausgebildete Differenzierungen braucht, bleibt sie grundsätzlich bei ihrer Art, was garantiert, dass die Bausteine am Ende auch wieder zusammenpassen und nicht ein Sammelsurium angefangenen Stückwerks bleiben. So müssen die Kulturen der

Zivilisation in ihrer Entwicklung auch zu Ende geführt werden, um zu einer gewissen Geistigkeit zu kommen. Das Verständnis für die Vielfalt der Kulturen kann nur ein geistiges sein und ist auf die entsprechende Bildung angewiesen. Die aber wird schon unterbunden, wenn für eine scheinbar multikulturelle Gesellschaft die Heimat verlassen werden muss, welche als konnektiver Kontext für eine Geistesbildung unerlässlich ist und in der Fremde niemals vollkommen neu gebildet werden kann. Die Unterstützung einer multikulturellen Zivilisation ist nur dann ehrlich, wenn die Entwicklungsbedingungen der einzelnen Kulturen auch tatsächlich geschützt und gefördert werden, was nur am Ort ihrer Entstehung möglich ist. Die moderne Auffassung von einer multikulturellen Gesellschaft impliziert nicht selten die Aufforderung, die eigene Identität zugunsten einer undifferenzierten Spezies aufzugeben, was immer den Weg in die Geistlosigkeit bedeutet. Eine aus welchen Gründen auch immer erzwungene Gleichmacherei durch integrierende Umerziehung ist nicht die Methode der Evolution.

Die heimatlichen Gefilde bilden sich als konnektives Grundmuster zusammen mit allen intimen Entwicklungsbedingungen im neuronalen Netzwerk des Einzelnen ab. Sie sind damit eine erste Voraussetzung für die Vervollkommnung des Geistes, und zwar in Form der eingeschlagenen kulturellen Linie. Wie immer in der Evolution konnte eine Spezies nur dann ihre ausgebildete Form erreichen, wenn der Entwicklungspfad nicht abgeschnitten wurde. Erst die vollständig ausgebildete Differenzierung kann sich nach evolutionärem Prinzip auch am nächsten Schritt beteiligen. In Folgerichtigkeit kann der nur aus einer einträchtigen Zivilisation bestehen, in der das stetig verfolgte Prinzip der konnektiv organisierten Harmonie verwirklicht wird. Im Gegensatz zur Uniformierung, welche die Logistik der Funktionalitäten für ihre eigene Regie nötig hat, füllt die Differenzierung die Freiräume aus, die sie selbst schafft. Wäre das Leben auf der Erde nur von einer Pflanzen- und einer Tierart bestimmt, gäbe es einem ständigen Kampf um den Lebensraum. Erst die Differenzierung bringt die Harmonie, bei der sich die Strukturen nach konnektivem Prinzip von selbst ins Gleichgewicht setzen können. Das ist umso besser möglich, je mehr durch Differenzierung verschiedenartige Freiräume geschaffen werden. Die Entfaltung der differenzierten Bereiche muss dabei in eigener konnektiver Regie erfolgen. Das bedeutet auch, dass die kulturellen Räume dort erhalten werden müssen, wo sie geschaffen sind. Schließlich setzt die Nachhaltigkeit auf morphologische Information, welche in stabilen Strukturen gebaut wird.

Der wirkliche Kampf gegen die Wirrnisse von Macht und Gewalt beginnt mit der Rekultivierung der Geisteskultur, welche für alle Landstriche ihr eigenes Gesicht haben muss. Solche Begriffe wie Volksgeist, Volkskultur oder Volksmusik, welche dieses evolutionäre Prinzip zu beschreiben suchen, können aber in globalen Machtsystemen nicht bestehen. Sie müssen verdrängt und öffentlich verpönt werden, was mit den elektronischen Methoden der Vereinnahmung immer leichter möglich wird. Die Macht traut dem Kosmos geistiger Beziehungen nicht, sie braucht klare Linien, die sie jederzeit kontrollieren kann. Hier stoßen die beiden Informationsprinzipien gewissermaßen auf politischer Ebene zusammen. Sie haben beide ihre Berechtigung, aber nicht den gleichen Platz im evolutionären Geschehen. Auch sind die Umstände ihrer Entwicklung grundverschieden. Der Geist erwächst nicht aus der Uniformierung, welche nur die Macht nötig hat. Er bedarf vielmehr der genauso verschiedenartigen wie hoch entwickelten Elemente. Indem wir dieses Eigentum anerkennen und pflegen, fördern wir gleichsam die Buntheit und Vielfalt der evolutionären Bedingungen, auf denen sich die Zivilisation in Harmonie entwickeln kann. Je vollendeter die Differenzierung, umso weniger ist es möglich, die Strukturen in eine Rangfolge zu setzen und alles nach der vermeintlich besseren auszurichten. So wird eine Reichhaltigkeit bewahrt, wie sie durch die Macht des vermeintlich Besseren und Stärkeren zersetzt wird.

Die Unterwanderung und Vermischung der evolutionär entstandenen Vielfalt ist Strategie einer logischen Führung, welche für ihre Selbstorganisation eigene Wege gehen muss. Es können dabei nur die logischen Prinzipien der Kausalität eine Rolle spielen, welche auf prägnante und kleinere Informationseinheiten setzen muss. Es ist das Nachbilden der natürlichen Prozesse mit den Mitteln der Information, welche umso besser gelingt, je weniger Prozesselemente benötigt werden. Das Verfahren besteht aus der Sukzession einzelner Schritte und ist insofern universell, indem es allen Prozessen der Wirklichkeit voranstehen kann, besonders auch den konzentrierten, den kraftvollen und energiegeladenen. Dazu gehören auch die des Krieges und der Gewalt. Eine höhere Führung aber, welche mit dem Austarieren einer weitläufigen Harmonie beginnt, ist mit dieser logischen Form von Information nicht möglich. Es muss deshalb auch jeder logische Kampf gegen Gewalt und Krieg eine erfolglose Spiegelfechterei bleiben.

Um eine Selbstzerstörung zu verhindern, braucht die Evolution eine konnektive Führung, welche sich als geistiges Prinzip in der Schwäche von demütiger Achtung und Liebe zeigt und ein kulturelles Zusammenleben schafft. Dagegen sind die großen Leistungen logischer Macht oft die der Zerstörung gewesen. So können auch die politischen und technischen Einrichtungen in dieser Richtung weiter ein gewisses Potenzial schaffen. Es sind die destruktiven Eingriffe immer von logischer Art und bedürfen keiner geistigen Vorleistung. Sie nutzen kybernetische Prozesse, welche sich auf den Kraftakt der Zerstörung allein konzentrieren. Ihre Intelligenz beschränkt sich auf die Schaffung einer existenziellen Rangfolge.

In der Zivilisation steht die sich verselbstständigende Logik gegen die Weitsicht des gesunden Menschenverstandes, gegen den sie sich ständig zu verteidigen hat. Die Logik der Macht ist leicht zu durchschauen und hat wie ein offenkundiger Betrüger in der Öffentlichkeit keine Chance. Als einfachstes Mittel dagegen bewährt es sich, eine dem geistigen Prinzip entlehnte Maske vorzuhalten. Nur muss die Maske mit der Entwicklung des Geistes auch immer den neuen Verhältnissen angepasst werden. Die Maske muss gewissermaßen mit der Entwicklung mitlaufen und immer aktuell sein. Tritt die Logik als eigenständiges Prinzip in Erscheinung, braucht sie ein fremdes Ziel. Schließlich arbeitet sie als ein selbstorganisierter Mechanismus, der sich selbst genügt und kein eigenes Ziel haben kann. Zur Zersetzung des Geistes die Mittel des Geistes selbst zu gebrauchen ist ein übler Trick. Allein es kann die Macht die Methoden des Geistes nicht bedienen und sie nur als Attrappen benutzen. Die Methode der Täuschung hat sich seit Jahrhunderten in der Zivilisation bewährt, und selbst in der Neuzeit scheint sich die Forschungselite hinters Licht führen zu lassen. Die Logik ist nicht umsonst das Prinzip der Intelligenz und man muss sich nicht wundern, dass sich das Machtprinzip mit raffinierten Tricks über die Zeiten retten kann. So wie sich die Intelligenz weiterentwickelt, wird es auch in Zukunft immer wieder, und mit neuen Deckmäntelchen versehen, wie eine böse Krankheit hervorbrechen. Damit werden auch Gewalt und Krieg die chronischen Leiden der Menschheit bleiben müssen.

Die modernen Analysen von Macht, Terror und Gewalt beenden sich in der modernen Funktionalgesellschaft oft in einer Betonlogik, auf den undifferenzierten Unterschied von Gut und Böse. Auf der untersten Ebene gibt es gegen Gewalt nur die Gegengewalt und gegen den Krieg nur wieder das Waffenspiel. Dabei hat die Evolution weit effizientere Methoden bereitgestellt, wie sie jedem auch deutlich vor Augen geführt werden. Es sind die allzeit bekannten Prinzipien der geistigen Führung, welche auch in der Gesellschaft eine Atmosphäre der Sanftmut und des Gemeinsinns erzeugen können, in der Krieg und Gewalt als völlig unzeitige Phänomene erscheinen müssen. Das Hilfsmittel ist eines der Wissenschaft: Es ist lediglich die Macht als ein eigenständiges konservatives Prinzip zu entdecken, welches sich selbst nur mit logischer Information führen kann und sich wie ein Parasit an evolutionäre Geschehnisse andockt. In den politischen Strömungen der Zeit scheint man aber lieber die Unzahl der sich ständig wandelnden konnektiven Vorgaben bekämpfen zu wollen, und die heimliche Wanderung des eigentlichen Parasiten von einer Etappe zur nächsten zu übersehen. Die

Heiligsprechung der Logik und die Missachtung der naiv erscheinenden natürlichen Führungsprinzipien bürgen dafür, dass Krieg und Gewalt, die ewigen Begleiter der Zivilisation, nicht verschwinden können.

Mit den geistigen Intentionen müssen auch die ethischen dem Schicksal des Verfalls erliegen. So ist eine Empathie, welche mit logischen Mitteln nachgebildet und erlernt wird, wie ein Konsumgut, welches man aus dem Regal nimmt, um es zu gebrauchen, und wegwirft, wenn es nicht mehr den Nutzen bringt, den man sich erhofft hatte. So wie die ethischen Abbildungen in der logischen Vernunft einem Menschen zu hohem Ansehen verhelfen können, wie sie auch wie eine Spielkarte jederzeit ohne Mühe aus dem Ärmel gezogen werden können, sind sie am Ende nur billiges Blendwerk, im Vergleich zum geistigen Original, welches authentisch in die Seele geschrieben ist und jeder Manipulation widersteht. Das natürliche Einfühlungsvermögen baut auf ein weites Beziehungsnetzwerk, welches mit dem bewussten Verstand weder gebaut noch vernichtet werden kann. Es ist Ausdruck einer göttlichen Harmonie und gleichzeitig die kybernetische Balance eines evolutionären Führungssystems, mit dem die Entwicklungsbedingungen optimal und nachhaltig ausgeführt werden können. So wie die Information dem Verstande nicht direkt zugänglich ist, ist sie doch jedem Menschen in die Wiege gelegt. Sie arbeitet ohne unser Zutun, ist dabei aber als etwas Gutes und Schönes fühlbar. In der Vernunft versuchen wir dem Unaussprechbaren Worte und Gesetze zu verleihen, geraten dabei aber schnell wieder in die Fänge der Logik, die das geistige Wesen der konnektiven Information nicht erfassen kann. Die Vernunft ist vielleicht dazu auf der Welt, die geistige Weitsicht nachzuahmen, kann aber das logische Stückwerk ihrer Kreatur nicht verlassen. So wie der Mensch dieses Unvermögen spürt, ist es allein das Gelüst sich über andere zu erheben, das ihn der reinen Logik in die Fänge treibt. Nur mit der kann er sich in das Spiel der konkreten Mächte einbringen und sich definitiv über andere stellen, immer gewärtig, in der Stufenleiter höher zu klettern. Der Geist verwischt und vernichtet dieses Prinzip, weil er in das Prägnante wieder die vielen Beziehungen hineinbringen muss, mit denen die Wirklichkeit nun mal gebaut ist.

Weil nicht auf geistigen Boden gewachsen, tummeln sich neben der Macht auch manche ihrer Gegner auf gleichem Niveau. Die Welt zu vereinfachen ist nicht nur die Methode der Macht. Wenn die einen damit eine Rangordnung begründen, brauchen andere die Unifizierung, um dieselbe aufzuheben. Die Vereinfachung ist dann eine Gleichmacherei, dazu da, die Übervorteilung einzelner zu unterbinden. Wenn der Macht dadurch gewehrt werden soll, dass jeder gleich ist, basiert das Prinzip selbst auf die Macht der Kontrolle. Die Abschaffung der Differenzierung, ganz gleich zu welchem Zwecke, ist ein Kampf gegen die Evolution und die Entwicklung des Geistes gleichermaßen. Der logische Feldzug gegen die Intrinsik der Mächte ist davon nicht ausgenommen.

Zum Glück ist die Wirklichkeit aus ihrer evolutionären Ordnung so eingerichtet, das die konnektiv gestaltete Harmonie von Grund auf in die Strukturen gelegt ist und auch die geistige Anlage tief in das menschliche Bewusstsein verwurzelt ist. So wie der Mensch auch seine Geistigkeit leugnet, könnte er sie abschaffen, wäre er ein bewusstloses Wesen. Die Geschichte hat aber gezeigt, dass aus der evolutionären Sparflamme mehr zu holen ist, wenn der Mensch sich seiner Geistigkeit bewusst wird und sie zu entwickeln vermag. Nur ist das konnektive Prinzip einer immer stärkeren Zerstörungskraft ausgesetzt. Es bilden sich eigenständige Systeme, welche ohne die Führungsprinzipien der Evolution auskommen, das heißt mit den konservativen Methoden der Logik arbeiten, welche unmittelbar und prägnant mit den Prozessen verknüpft sind, die sie dann auch mit konzentrierter Kraft zu führen vermögen. Vereinnahmung, Krieg und Zerstörung sind deshalb die erfolgreichen Arbeitsgebiete der intrinsischen Machtsysteme.

Der Gegensatz von Macht und Geist und seine Wirkung in der Welt lassen sich allein schon an der deutschen Geschichte anschaulich vorführen. Vor den großen Kriegen, als man sich in den Landen noch an der evolutionären Gabe des Geistes erbauen konnte und die Macht noch zersplittert war, war Deutschland in aller Welt beliebt und seiner kulturellen und wissenschaftlichen Taten nach geachtet. Mit dem inneren Wachstum aber wuchs auch die Begier des Teufels, die entwickelte Logik gewissermaßen selbst zum Despoten zu machen, der einen ganzen politischen Apparat zu steuern vermag. Dass dieser selbst unter der patriotischen Fahne der Heimat stehen musste, war raffinierte Tarnung, die bis heute unerkannt blieb. In Wirklichkeit konnten die folgenden Kriege und Gewalttaten dem konnektiven Prinzip Heimat keinen schlimmeren Schaden antun. Die politische Selbstorganisation ohne die Führung des Sinns hat hier nicht nur die typische Zerstörung bewirkt, sondern auch das geistige Prinzip von Vaterland und Heimat für alle Zeiten unmöglich gemacht. Aber auch als Schafspelz war es der Macht von nun an nicht mehr zu gebrauchen. Die musste sich fortan andere, vielleicht soziale oder religiöse Deckmäntelchen suchen. Die Hinterlist zu durchschauen und das geistige Prinzip zu rekultivieren, wäre die kybernetische Sichtweise auf die Herausforderungen der Zeit. Danach käme es auch nicht darauf an, die ewigen Bürgerkriege in den ehemaligen Kolonien mit militärischen, finanziellen oder sozialen Mitteln zu unterstützen, wenn nicht gleichzeitig auch das schöpferische Führungsprinzip in der Gesellschaft entwickelt würde. Wollte man in Deutschland die evolutionären Linien des

Geistes wieder aufnehmen, wollte man der chaotischen Zerrissenheit in der Welt die Werte der eigenen Identität, der Liebe zur Heimat und der kulturellen Tradition vorführen, wollte man anderen Völkern am geistigen Beginn ihres eigenen Weges beistehen, so hätte man dem Prinzip Information seinem Wesen nach gedient. So wie die zerstörerische Logik der Macht nur am unteren Prozess eingreifen kann, kann auch die Hilfeleistung auf der untersten Ebene dem gesellschaftlichen Chaos nichts entgegensetzen. Dabei hat die Evolution ein verbindendes und einfaches Prinzip geschaffen, das die gebotene Vielfalt in Harmonie erhalten und entwickeln kann.

## *7.10 Wege in die Ewigkeit*

Wer mit der Vielfalt der Informationsprinzipien in die Welt des Geistes eindringt, wird an einem ihrer größten Geheimnisse nicht vorbeikommen. Möglicherweise ist die Frage schon seit dem Erwachen des menschlichen Bewusstseins gestellt und wird seither im Potenzialfeld der beiden Erkenntnismethoden in breiter Vielfalt beantwortet. Es ist die Frage nach der ewigen Existenz nach dem Tode. Die rationale Sicht liegt auf der Hand, sie ist mit dem Aufkommen des logischen Denkens auch die vorherrschende. Interessanterweise bildet die konnektive Erkenntnismethode, die der logischen durch den fehlenden direkten Zugriff in der Praxis weit unterlegen ist, das eigene Prinzip der Zeitlosigkeit auf die Erkenntnis der Wirklichkeit ab. Es ist evident, dass die logisch analytische Sichtweise diese Einsicht stört, weil sie in alle Bereiche Sukzession bringen und dazu den Fokus enger stellen muss. Es ist deshalb der Versuch wert, die logischen Sequenzen aus der gemischten Sicht vollständig zu eliminieren. Was übrig bleibt, ist die geistige Sicht, welche im Allgemeinen sehr banal ausfällt und aus einer Bilderwelt einfacher Beziehungen besteht. Zumindest ist das die dürftige Abbildung auf unserer Bewusstseinsleinwand, welche bekanntermaßen sonst nur für das logische Stückwerk ausgebreitet ist. Das konnektive Prinzip als umfassende Erkenntnismethode aber bedarf gewisser Hilfsmittel, welche nicht nur nicht bekannt, sondern möglicherweise auch nicht leicht zu beschaffen sind. Insbesondere muss die gefundene Information auch durch die Ebenheit des Naiven und Schönen zu schleusen sein, weil diese das Eingangstor zum Bewusstseinshintergrund ausmacht und allein befähigt ist, die unwichtigen Variationen des unendlichen Nonsens fernzuhalten.

Als wenn der Schwierigkeiten nicht genug wären, gibt es noch einen weiteren und nicht weniger schwerwiegenden Unterschied zwischen der logischen und konnektiven Erkenntnis. In der logischen Analyse müssen die Teile konkretisiert werden, um sie in einen Zusammenhang bringen zu können, der als Gesetz selbst nur logisch strukturiert sein kann. Dagegen kann die konnektive Methode, die das eigentliche Wesen des Geistes ausmacht, mit den aus dem Ganzen heraus getrennten Elementen nicht viel anfangen. Sie braucht vielmehr die bildhaften Analogien, welche dem Ganzen anhaften. Das Ganze ist die Grundlage der Erkenntnis, welche umso sicherer ausfällt, in je größerer Vollkommenheit das Ganze herbeigeschafft und abgebildet werden kann. Das wichtigste Erkenntnisprinzip des Geistes kann deshalb nur der Bezug zum Vollendeten sein. Dahin führen genau die Beziehungen, welche in der logischen Analyse gerade entfernt werden müssen. Die Relation zum Vollkommenen ist eine der Logik völlig entgegengesetzte Sichtweise. Sich ihr zu nähern, ist der Weg von den arbiträren Bausteinen zur Authentizität absoluter Inhalte. Dazu treffen wir auf eine innere Leinwand, welche für ihre Konstruktion eine gewisse Balance braucht, weil sie über weite abstrakte Räume gespannt werden muss. Um sich in einem solchen Gebälk zurechtzufinden, bedarf es sprachlicher Mittel, die nicht nur das Hintereinander können, sondern auch die Vernetzung. Weil das aber mehr eine Sache des unbewussten Gefühls ist, gilt es die Empfindsamkeit zu kultivieren, welche vom populären Verstand gerade verachtet wird.

Was die Worte nicht schaffen, können dann nur noch Bilder und Handlungen besorgen, welche, wenn sie das einfach Schöne der Natur übersteigen, uns nur noch mystisch vorkommen können. Unser Bewusstsein, von Natur aus mit einem logischen Monitor ausgestattet, müsste für eine konnektive Erkenntnis selbst umfunktioniert werden, wobei dann nur noch unlogische und unvernünftige Gefühle und Ahnungen taugen können. In der Geschichte gibt es Hinweise dafür, dass solche Versuche auch tatsächlich unternommen worden sind. Der Antrieb für die verdächtigen Rituale konnte nur dem unlogischen Beziehungswissen des Bewusstseinshintergrundes entspringen und deren Entwicklungsniveau abbilden. Die Versuche konnten nur in geheimen Gruppen geführt werden, weil die Macht des Rationalen ausgeschlossen werden musste. Es ist deshalb wenig darüber in Erfahrung zu bringen. Es schien aber die Frage nach dem ewigen Leben ein zentrales Thema gewesen zu sein, genauso auch die innere Konstitution der Seele, das heißt der Weg zur ihrer Vervollkommnung.

Um sich den Prinzipien im geistigen Kosmos zu nähern, muss man zunächst konstatieren, dass hier ganz andere Fragen gestellt werden, wie auch die logischen Themen, etwa die der Kausalität, hier nicht mehr interessieren. Dementsprechend werden auch die Wahrheiten ganz anders, unbedeutend, oder möglicherweise sogar widersprüchlich und unzweckmäßig ausfallen. Sie bekommen erst dann ihre Richtigkeit, wenn die Erkenntnismethode selbst dem kybernetischen Niveau des Objektes angepasst ist. Das heißt, die Logik führt auf geistigem Gebiet zu keinen wahren Aussagen, wie auch der Geist in der Ratio nichts ausrichten kann. Der Begriff der Wahrheit erhält eine Relativität zwischen logischer und konnektiver Information, bekommt also einen Platz in der kybernetischen Pyramide, die dann offensichtlich auch für die Erkenntnis zuständig wird.

In ihrer reinen Form ist die konnektive Erkenntnismethode auch auf Gott als vollendete Persönlichkeit angewiesen. Aber auch in der unbeseelten Natur kann sich nur das Vollkommene als Maßstab aller Dinge erschließen. Die Nähe zum Vollendeten müssen wir ihrer evolutionären Bedeutung nach als schön empfinden; in den Formen ist es das Ästhetische, in den Handlungen das Ethische. Mit dieser mehr gefühlten Erkenntnis haben wir schon das logische Prinzip verlassen und müssen feststellen, dass wir hier in gewisser Weise schon zu geistigen Einsichten ermächtigt sind.

Die göttlichen Vorgaben in der Wirklichkeit zu finden ist keine leichte Aufgabe, sie aber künstlich und künstlerisch weiterzuentwickeln, ist der evolutionäre Sinn des menschlichen Geistes. Für diese Schöpfungen braucht es weniger an Energie und materiellen Ressourcen, dafür aber die ganze Informationsvielfalt aus den Bedingungen der Beziehungswelten. Die sakralen Kunstwerke weisen uns auf indirektem Weg zur Erkenntnis, weil die Information dazu nicht dem logischen Kalkül, sondern der vorlaufenden Ebene entstammen muss. Was die Werke an rationalem Nutzen entbehren, bringen sie auf dem kybernetischen Niveau des Sinns mittelbar zustande, indem sie das Funktionale in eine Ordnung bringen, die einen Sinn erkennen lässt. Die Harmonie des göttlichen Universums, welche sich in den sakralen Werken ausdrückt, fordert auch den ewigen Bestand der menschlichen Seele. Diese Einsicht ist sogar ein wesentlicher Aspekt religiöser Anschauungen, was in allen Zeiten und an allen Orten festzustellen ist. Diese erkenntnistheoretische Seite der Religion wird in den Kirchen kaum mehr gepflegt, weil die Ressourcen für soziale Projekte vertan werden, welche auch in der materialistischen Welt Anerkennung bringen. Vielleicht würde es auch an Künstlern mangeln, welche die Harmonie der göttlichen Schöpfung gegen die Logik der Moderne auszuspielen vermögen.

Die Summe der evolutionären Bedingungen, deren Wege uns in ein paradiesisches Ziel führen wollen, zeigt uns immer auch das Vollkommene an. Das nur kann uns als Norm der konnektiven Erkenntnis gelten, die sich damit auch als evolutionäres Prinzip entdecken lässt. In dem Sinne waren die Kathedralen des Mittelalters mit ihren himmlischen Kunstwerken keine verlorene Liebesmüh. Solche Normen können freilich nur von den natürlichen Vorgaben der Evolution geschaffen werden, weshalb es darauf ankommt, in ihnen den Kern zu entdecken, welcher die Wirklichkeit um sich scharen kann. Man sieht die Nähe zum Erfolgsgeheimnis der Romantiker, die an diesem Punkte offensichtlich einen Schnittpunkt mit den geistigen Traditionen der Religion gefunden hatten. Die einfachen Einsichten, welche die Religion mit der lateinischen Sprache aus der Historie zu bewahren wusste, konnten der feinsinnige Geist mit dem Instrumentarium einer empfindsamen Sprache aus den geheimnisvollen Bedingungen der Wirklichkeit selbst beziehen. Die Sprache, welche von den Mystikern in tiefer Kontemplation aussublimiert, den Musikern in Harmonie gebracht und den freien Künstlern in Schönheit gehüllt wurde, entwickelte sich im ausgehenden 18. Jahrhundert zur Vermittlerin zwischen Geist und Verstand. In demütige Haltung gebracht und mit dem Instrumentarium einer feinsinnigen Prosa ausgestattet, konnte sich so der logische Verstand den geistigen Prinzipien nähern und den Sinn ausspähen, der sich im Beziehungskosmos der evolutionären Vorgaben versteckt hält. In vielen Schriften findet man die religiösen Ideen neu entwickelt und in die praktischen Vorgaben der Zeit übertragen. Die hoffnungsvolle Frühlingszeit des Geistes war jedoch dem aufkommenden Maschinendenken der industriellen Revolution nicht gewachsen. Mit der Ratio der Kriege musste sie schließlich ganz verschwinden, ohne jemals reife Früchte gebracht zu haben.

Heute könnte man meinen, dass die spärlichen Reste einer geistigen Sicht nur wenigen vorbehalten bleiben, tatsächlich muss man sie aber nur akzeptieren und darauf vorbereitet sein und vielleicht sogar die Bedingungen suchen, unter denen sie sich einstellen. Das vordergründig konkrete Wissen, das sich logisch leicht analysieren lässt, muss gewissermaßen durch einen Glauben an ein weites Beziehungsmuster ergänzt werden, welches nur aufgrund seiner kybernetischen Forderungen an die nachfolgende logische Welt erkannt werden kann. Es liegt auf der Hand, dass dabei das Gefühl mehr taugt als der Verstand, weil es selbst immer nur mit einer großen Menge von schwachen und unkonkreten Informationen umgehen muss. Aus Erfahrung wissen wir aber, dass sich die gefühlte Einsicht logisch nicht dirigieren lässt. Unter Regie des Verstandes wird sie wertlos, wird falsch oder verschwindet ganz. Will man etwa das Schöne einer Situation jemandem erläutern, so wird sich das Kunstwerk schnell verlieren, weil die logische Interpretation den eigenen Gesetzen gehorcht. Es wäre auch in kybernetischer Sicht nicht zu verstehen, wenn die Logik ihre eigene Steuerungsebene beaufsichtigen wollte.

Es macht einen Unterschied, ob der Mensch mit dem konnektiven Prinzip wie mit einem selbstständigen inneren Organ lebt und dasselbe nur als unbewussten Willen akzeptiert, oder ob er versucht, die Führungsebene mit der Rezeptur einer metaphysischen Sprache in Wahrnehmung zu bringen und zu kultivieren. Im letzteren Fall begründet er eine Geisteskultur, die eine Informationsebene schafft, die uns frei von rationalen Gesetzen dünkt, dafür aber ihre eigenen Prinzipien hat. Je genauer das dürftige Bild aus der Führungsebene unser Bewusstsein erreicht, umso mehr macht sich das konnektive Prinzip deutlich. Es kann nur in einer gewissen ganzheitlichen Symmetrie existieren, welche wir als Geborgenheit in der Harmonie empfinden. Die rationale Welt kann hier soweit austariert werden, bis sie uns in ihrer paradiesischen Schönheit erscheint. Die Fähigkeit dazu mag schon seit Ewigkeiten einzelnen geistvollen Menschen gegeben gewesen sein. Woher soll die Information dazu kommen, wenn sie nicht im eigenen Kopf nach universellen Prinzipien aus den Vorlagen der Wirklichkeit gemacht werden könnte. Dabei ist das Glück im Geiste gegen die logische Vernunft zu erhaschen ein ausgesprochener Balanceakt, da man sich gewissermaßen auf einer Ebene bewegen muss, die keine rationalen Funktionen direkt berührt. Es ist die Andacht, als Sammlung von Gedanken auf einen Zustand, der selbst nicht konkret zu fassen ist. Es ist das fromme Gefühl, die romantische Stimmung oder das geistige Spiel in der evolutionären Freiheit.[430] Gleichwie wir den sentimentalen Zustand unseres Bewusstseins beschreiben wollen, können wir darin die besondere Form der Information nur erahnen, wie sie in den Führungsebenen der kybernetischen Pyramide erwartet werden darf. Das mobile Bewusstsein, allemal auf den konkreten Akt fokussiert, könnte in dieser verteilten Information keine Bedeutung finden. Einzelne Abschnitte aus dieser Überfülle von Beziehungsinhalten wären in funktional logischer Sicht viel zu trivial. Um in dieser logisch kurzsichtigen Welt geistige Einsichten vorzutäuschen, blieben der analysierenden Logik dann nur die intelligenten Varietäten des sinnfreien Nonsens.

Das bewusste Vordringen in die breite Basis der kybernetischen Pyramide ist uns im Allgemeinen verwehrt. Gelänge auf irgendwelchen Umwegen der geheime Zugang, würden sich uns die eigentlichen Leistungen des Geistes entdecken. Wir könnten die Schöpferkraft ergründen, wie sie im evolutionär nachhaltigen Sinne wirkt und allemal aus einem „symmetrischen“ Fundament hervorgeht. In diesem Schöpfertum entwickeln sich von selbst bestimmte Zusammenhänge, zu denen auch unsere spärlichen geistigen Einsichten gehören. Zeitbeständigkeit und vollständige Vernetzung des Beziehungswissens sind die essenziellen Eigenschaften der höchsten kybernetischen Ebene. Könnten wir diese ergründen, müsste sich uns dann auch ein dazu gehörender Begriff von Wahrheit erschließen.

---

[430] Das ist im Gegensatz zum Happening, dem Gaudi mit beziehungslosen Funktionen, das spielerische Zusammenstellen eines Sinns, wozu die Ratio der Wirklichkeit mit etwas größerer Freizügigkeit gehandhabt werden darf, so wie das etwa in vielen Märchen der Fall ist.

Zunächst sind alle Prozesse und Wandlungen, die unser Leben ausmachen nur in einer sukzessiven Abfolge begrenzter Geschehnisse zu verstehen. Über diese Vorgänge stehen Zwecke und darüber ist ein Sinn anzunehmen, der mit wachsender Allgemeinheit immer unabhängiger von der Zeit wird. Diese Allgemeinheit ist dann aber nicht als logische Abstraktion zu verstehen, sondern vielmehr als etwas Ganzes, in das alle Wirklichkeit endet, oder, in kybernetischer Sicht, das aller Wirklichkeit voran steht. Das Wesen dieser Information können wir nicht ausmachen, denken uns aber, dass es mindestens mit der höchsten uns bekannten Form, dem konnektiven Prinzip, gebaut ist. In diesem Zusammenhang rechnen wir auch damit, dass es mit den Mitteln der Wirklichkeit gebildet wird. Uns bleibt es nur deshalb verschlossen, weil es das Bleibende in allen Veränderungen ist und deshalb nur in extrem weiten Beziehungen geschaffen sein kann. Es ist das Prinzip, hinter dem sich auch der zeitlose Sinn der Evolution verbirgt.

Bezüglich des Informationsgedankens ist der Begriff der Ewigkeit nur in dieser kybernetischen Rangfolge und der darin begründeten Bedeutung von Zeit einleuchtend. Die Ewigkeit kann nur auf der höheren Ebene des Sinns ein Existenzrecht besitzen. Der ewige Bestand von niederen Prozessen wäre entweder die langweilige Maschinerie eines Uhrwerks, oder es müsste eine Veränderung hinterlegt werden, deren Vergänglichkeit wiederum nur dem evolutionären Prinzip folgen könnte, wodurch sich der Zirkel schlösse.

In der vollkommenen Information der Beziehungen ist die Summe aller zeitlichen Vorgänge nach Ziel, Sinn und Ergebnis integriert. Alle Vorgänge in der Zeit sind gewissermaßen bekannt und können dem Ganzen nichts Neues hinzufügen. Inwieweit dieser Quintessenz des Ganzen selbst ein höheres Prinzip zu Grunde liegt, welches etwa dazu auch Symmetrien benutzt, können wir nicht ahnen, geschweige denn wissen.[431] Unser Geist fordert lediglich die Beständigkeit einer ganzen Beziehungswelt, welche sich auch in der konsequenten Vollendung der kybernetischen Denkweise ergeben würde. Damit allein wäre auch nur die Evolution als geordnetes Geschehen zu verstehen.

Interessanterweise ist auch das menschliche Steuerungssystem bestrebt, die Wirklichkeit in ihren höheren Zusammenhängen nachzubilden. Nur so kann es effektiv sein, kann ein Stück in die Zukunft schauen, kann die Ordnungsprinzipien der Wirklichkeit verstehen und an ihnen teilhaben. Es wird ein individuelles Universum geschaffen, das die Konnexität in ihrem ganzen Umfang und ihrer Vielfalt abbildet. Je vollkommener diese Abbildung ist,

[431] Wäre ein höheres Prinzip in ein Ganzes gefasst, so könnte es auch wie ein Gesetz ein beliebig vielfaches Existenzrecht haben.

umso besser gelingt es, gewissermaßen an dem höheren Sinn anzudocken und die kybernetischen Vorgaben für die eigene Existenz abzuleiten. Dazu bedarf es einer Entwicklung, welche die Mittel der rationalen Erziehung verlassen muss und nur noch mit dem Harmoniestreben der Geisteskultur weitergebracht werden kann. In uns unbekannter Art und Weise wird die Vollkommenheit der suprakonnektiven Beziehungswelt der der Wirklichkeit immer ähnlicher, womit sich das Ewigkeitsprinzip auch im eigenen Kosmos mehr oder weniger vollständig abbildet. So wie wir mehr als nur die rationale Welt in uns aufnehmen und dabei das Symmetrieprinzip der Harmonie ausnutzen, kommen wir der Form näher, welche wir als zeitlos bezeichnen müssen. Diese Information ist unabhängig vom Zeitverlauf der Evolution, das heißt auch in der Lebensgeschichte des Individuums immer präsent. So gesehen tragen wir das ewige Leben jederzeit in uns, und zwar umso reichhaltiger, je mehr wir der Welt des Geistes zugetan sind und die diabolische Schieflast der Machtstrategien meiden. Wir tangieren diese Ewigkeit bewusst in unseren Träumen, in Vollständigkeit aber erst zum Zeitpunkt des Todes, bei dem alle Bindungen an rationale Prozesse aufgehoben sind.

Diese Konsequenz aus dem evolutionären Verwandlungsgeschehen von Information scheint uns hochspekulativ. Ein Grund dafür ist zweifellos der logisch analytische Blickwinkel, den die moderne Wissenschaft nicht wieder verlassen kann. Viele Geisteswissenschaften sind uns in dieser Frage weit überlegen, weil sie aus dem historischen Kontext heraus die analytische Zerstückelung der Wirklichkeit zu umgehen gelernt haben. Nichtsdestotrotz ist dem logisch denkenden Kybernetiker das Grenzphänomen bewusst, dass nämlich ein unendlich kurzer Zeitpunkt die Unendlichkeit der Ewigkeit abbilden kann.[432] Es muss nur alle Information in zeitlosem Beziehungswissen vorhanden sein. So könnte ein unendlich kurzer Zeitpunkt vor dem Tode die unendlich lange Existenz der Ewigkeit darstellen. Wenn vollständig, könnte diese für jedermann gleich ausfallen, nur die Verstrickung im Ganzen wäre individuell. Ganz ungemein erleichtert würde eine solche Vorstellung, wenn dem Universum ein suprakonnektives Prinzip[433] zugesprochen werden könnte, das sich dann auch im Mikrokosmos des menschlichen Bewusstseins abbilden müsste. Die enorme Informationsdichte und die ausgeprägt korrelative Struktur des menschlichen Gehirns könn-

---

[432] Alle Vorgänge in der Zeit sind in diesem Bild relativ, nicht nur in der Dauer, sondern auch bezüglich ihres Platzes im Weltgeschehen oder auch in der individuellen Entwicklungsgeschichte.

[433] Im geisteswissenschaftlichen Bild: die göttliche Idee.

ten ein erstes Argument sein. Ein zweites wäre das biologische Erfordernis, die Struktur und den Prozess des Bewusstseins wesentlich zu vereinfachen. Schließlich kann die bewusste Erkenntnis der Wirklichkeit nur dann funktionieren, wenn der Empfänger der Information die Informationsinhalte der Wirklichkeit schon in sich trägt. Das heißt, es muss alles, was bewusst erkannt wird, schon im Bewusstseinshintergrund als Beziehungswissen vorhanden sein. Dazu gehört ein enormer Programmieraufwand, der wesentlich einfacher ausfallen würde, wenn dem Weltgebäude ein höheres Informationsprinzip hinterlegt wäre, eine göttliche Idee, welche auch jedem Bewusstsein der Selbsstrukturierung vorangehen könnte. Das ewige Paradies könnte dann umso vollkommener ausfallen, je besser die reine Seele nach göttlichem Programm geschaffen, sich sozusagen der diabolischen Beschränkungen gewehrt werden könnte.

Mit rein logischen Argumenten sollte man allerdings zurückhaltend sein, wenn man sich dem Sinn der Welt nähern will. Der ist nicht in den hochintelligenten Abstraktionen zu finden, wie etwa der großen vereinigten Theorie oder der heiß begehrten Weltformel. In Extrapolation unserer kybernetischen Einsichten ist nicht die Reduzierung auf eine Symbolik dafür zuständig, sondern vielmehr das Gegenteil, die unendliche Vielfalt der Informationsarten. Auch das göttliche Geheimnis ist ein Geheimnis der Information und wird es offensichtlich auch bleiben, weil wir mit unseren Sinnen nur einen winzigen Bruchteil des Weltwissens in Erfahrung bringen können. Information in Beziehung hat, wenn sie noch dazu in riesigen Mengen auftritt, ihre eigenen Prinzipien, welche unserem gewohnten Bild völlig abgehen und uns eher mystisch vorkommen müssen. Je mehr wir die Gesetze der Logik darum bemühen, umso weiter werden wir uns von ihnen entfernen.

In unseren Träumen bekommen wir einen Eindruck davon, wie vielfältig unsere bewusste Wahrnehmung auch ausfallen könnte, wenn wir das Informationspuzzle nur anders zusammensetzten. Dazu bräuchten wir keine höhere Dimensionen und keine Parallelwelten. Es reichte die schier unendliche Information, welche in den zeitlichen und räumlichen Beziehungen der realen Dinge versteckt ist. Indem wir in diesen Beziehungskosmos unbewusst eindringen, erhalten wir gleichzeitig auch die Rahmen, in die alle Situationen und alle Bilder, die uns in der Welt begegnen könnten, hineinpassen. Es sind allesamt Informationen, die unser konnektives System als Erwartungswerte auch interpretieren kann. Unsere geistige Leinwand ist gewissermaßen für die Aufführungen dieser Welt vorbereitet. Ob überhaupt und in welcher Reihenfolge wir die möglichen Situationen in der Wirklichkeit unseres Lebens durchlaufen, ist der Art unserer Teilnahme am Sinn der Evolution verschuldet. Mit diesen Markierungen, aber auch mit unseren geistigen Visionen und Hoffnungen, bauen wir uns eine eigene Beziehungswelt, die umso reicher ausfällt, je ebenmäßiger die Fundamente sind. Es ist die Ewigkeit, die wir uns zusammenzimmern und mit der wir uns gewissermaßen die harmonische Glückseligkeit des Himmels oder die verzerrte Enge der Hölle selbst vorgeben.

In der Menschheitsgeschichte hat es nicht an Versuchen gefehlt, eine geistige Sicht zu erfinden, um in den Sinn der Welt vorzudringen. Sie sind möglicherweise alle gescheitert, obgleich gewisse Vorgaben im Laufe der Entwicklung dafür bereitgestanden haben sollten. In der Frühzeit ist die mehr konnektive Konstitution des menschlichen Bewusstseins eine günstige Voraussetzung gewesen. Die Einsichten hätten jedoch nur in Bildern und Ritualen ausgedrückt werden können und hätten in der Form die Zeiten nicht überdauert. Unsere Archäologie kann nur die Relikte finden, das Zusammenspiel der Muster im Beziehungskosmos des Geistes ist für immer verloren. Mit der griechischen Philosophie hat sich wenigsten die Gier nach Erkenntnissen erhalten. Sie ist dem Menschen offensichtlich nur dann eigen, wenn er auch die Mittel dazu findet. Bei den Griechen war es die metaphysische Sprache, welche die Gedanken in die Weiten der Zusammenhänge führen konnte. Ein kleiner Teil davon ist uns überliefert, wenngleich das i-Tüpfelchen fehlt, welches nur der kulturelle Kontext der Zeit setzen könnte. Dass gewisse Rituale, welche die Griechen aus der Historie ihrer Nachbarn übernommen hatten, auch Sprache und Erkenntnis bereicherten, ist nicht zu bezweifeln. Später von den Römern übernommen, dürften die Kulte allerdings mehr dem Lust- und Machtgewinn als der Erkenntnis gedient haben. So dürfte auch der Okkultismus des Mittelalters nicht unbedingt der konnektiven Form der Erkenntnis verpflichtet gewesen sein. Andernfalls hätte der mystische Nachlass des großen Newton mehr Aufmerksamkeit in der wissenschaftlichen Welt finden müssen. Ebenso waren die Logen und Geheimbünde, welche später mit der geistigen Valenz der deutschen Sprache entstanden waren, schnell wieder von der Bildfläche verschwunden. Was uns die Geschichte der Erkenntnis übrig gelassen hat, und zwar in reichlicher Fülle, sind die analytischen Methoden der Logik. Damit können wir zwar die Bausteine aufs Gründlichste untersuchen, ihr Sinn lässt sich damit aber nicht einmal erahnen. Die Fragen nach den hintergründigen Bedingungen und damit auch nach dem ewigen Leben lassen sich nur indirekt lösen, indem wir nach den Ordnungsprinzipien suchen, mit denen die materiellen Körper und ihre Gesetze organisiert sind. In kybernetischer Sicht ist die nächsthöhere Ebene gefragt, welche in ihrem Führungsverhalten mit anderen Informationsprinzipien ausgestattet ist. Während die Zeitlosigkeit als das tragende Grundprinzip bezeichnet werden muss, kann der

Inhalt nur mit geistigem Wissen aus der realen Welt bezogen werden. So wie ich mich diesem öffne und die Harmonie der ästhetischen und ethischen Vollendung in mir aufnehme, schaffe ich die Vollkommenheit des Paradieses in meiner Seele. [434] Das Informationsprinzip ließe sich auf diese Art zumindest kybernetisch deuten, wie dann auch die ewige Verdammnis als ein misslungenes Konstrukt der seelischen Vervollkommnung angesehen werden müsste. Statt Freiheit in der Harmonie unendlicher Weiten stünde dann der ewige Zwang in der Enge unvollkommener Räume. Am Endpunkt unserer bewussten Existenz steht auf jedem Fall die Menge an Beziehungswissen, welche, gleich wie sie gebaut ist, ihrem Umfang nach kosmische Maße annimmt und gewissermaßen göttliche Dimensionen erreicht. Einem solchen System ist die Ewigkeit impliziert und die Möglichkeiten des Meisters der Information über Raum und Zeit sollten nicht leichtfertig unterschätzt werden.

Der rote Faden unserer Erkenntnis spinnt sich an dieser Stelle auch weiter in der Frage nach der Wahrheit. Was soll ich als solche bezeichnen? Ist es die Information, welche nur in der Zeitlosigkeit in einem ganzen Zusammenhang existieren kann, oder ist es der sukzessive Weg durch die Ganzheit, welcher immer fehlerhaft sein muss, weil er bei jedem seiner kleinen Schritte das Wissen des Ganzen entbehren muss? Dieser hat unendlich viele Möglichkeiten, jener ist für alle Zeiten nur in ein und derselben Form vorhanden. Indem die Zeitachse nicht existiert, kann diese Art der Ewigkeit konsequenterweise auch an jedem Punkt einer jeden Auffassung von Zeit, das heißt auch der unsrigen, dieselbe sein. So kann der Todeszeitpunkt eines jeden Menschen an den unterschiedlichsten Zeitpunkten die gleiche Ewigkeit treffen, so der Informationskosmos ein vollkommener ist. Genauso wie diese Anschauung von Ewigkeit die Zeit eliminiert, kommt die Turingsche Welt[435] ohne die Eigenschaft des Raumes aus. Wie jene nur genau eine Lösung hat, kann diese unendlich viele Wege durchlaufen, dabei aber nie den ganzen Zusammenhang, das heißt den Sinn, erfassen.

Der vollkommene Informationskosmos kommt in die Nähe der Metapher vom Paradies, die ewige „Arbeit im kleinsten Verlies" in die der Hölle. Die dieser metaphysischen Spekulation zugrunde liegende Sichtweise entspringt dem einfachen Zusammenhang von Information und Zeit, wenn dieser auf

---

[434] Es sind genau die Formen, welche das konnektive System allein zur selbstorganisierten Vollendung adhibieren kann. Es sind die aus der Wirklichkeit bezogenen Bedingungen, welche sich in den symmetrischen Bauplan der konnektiven Struktur einfügen lassen, ohne das Führungsprinzip der Entwicklung zu verderben.

[435] Die Turingmaschine versucht mit der intelligenten Folge von nur zwei Zuständen die Wirklichkeit abzubilden.

das Ganze ausgedehnt wird. Wenn man der Wirklichkeit die Zeitachse entnehmen könnte, müssten alle logischen und transienten Vorgänge und alle Prozesse verschwinden. Übrig bliebe nur das Beziehungswissen, welches den zeitlosen Rahmen der Vorgänge ausmacht. Dieses ist es auch, welche die ewigen Fehler und Irrwege verhindert, die unseren Wegen ihrer arbiträren Zweckmäßigkeit wegen von sich aus anhängen. Die Evolution hat es so eingerichtet, dass diese hochnotwendigen Einsichten dem Menschen nicht über intelligente Spitzfindigkeiten eröffnet werden, sondern über naive Bilderwelten, welche ihm gewissermaßen schon von Kindesbeinen an in der Seele liegen. In dem Maße wie sich die Moderne dadurch definiert, diesen Vorgaben zu fliehen, werden immer mehr chaotische Irrwege eröffnet, in denen auch der Einzelne seine Vervollkommnung, seinen eigenen Weg ins Paradies, nicht mehr finden kann.

## *7.11 Harmonie und Frieden als Informationsprinzipien*

So wie der Mensch nur mit dem entwickelten System des Geistes in eine glückliche Gemeinschaft geführt werden kann, so sind auch die Völker auf die konnektive Errungenschaft der Evolution angewiesen, wenn sie in ewiger Friedfertigkeit zusammengehen wollen. Es ist das allen Menschen bekannte Prinzip von Liebe und Herzlichkeit, welches auf unbewusstes Beziehungswissen in der höchsten kybernetischen Ebene baut, aber ebenso real ist, wie die sichtbare Wirklichkeit selbst. Das Phänomen Liebe kommt nicht aus einer höheren Dimension, nicht aus der Quantenwelt oder aus irgendwelchen esoterischen Schattenwelten. Es ist vielmehr die hoch entwickelte Stufe des konnektiven Prinzips, welches in den unterschiedlichen Niveaus zu den Grundvoraussetzungen der Evolution gezählt werden muss. In der ausgebildeten Form tritt sie in der Mutter-Kind-Beziehung am deutlichsten in Erscheinung, ist aber auch die probate kybernetische Methode zur Bildung menschlicher Gemeinschaften. Die Liebe ist eines der geistigen Prinzipien, die konnektiv organisiert sind und von selbst ein Zusammengehen fordern. In der Phylogenie ist sie eine Fortsetzung früherer Verfahren, welche in der Welt der niederen Organismen das gegenseitige Vernichten in der Art verhindern. Es ist ein Ordnungsprinzip, welches genauso zur Evolution gehört, wie die geschaffenen und sichtbaren Organismen selbst, aber als Informationsgeschehen leicht vergessen wird.

Bei niederen Lebewesen treten noch gewisse Botenstoffe in Erscheinung, die den Kannibalismus verhindern und welche man selbst in den modernen Wissenschaften als durchaus notwendig für den Bestand einer Art erachtet. Das Auftreten von Information dagegen wird nicht mehr wahrgenommen, besonders wenn die logische Einsichtnahme verhindert wird. Dabei ist der

Übergang in der Führung von der chemischen Struktur zu den Reflexen, zur nervalen Logik und schließlich in die Netzebene der konnektiven Repräsentation ein klares Entwicklungsgeschehen der Evolution. Nur konnte mit dem Erscheinen des Bewusstseins als ein gesteuertes Prinzip die höchste Führungsebene nicht als bespielbares Terrain genutzt werden. Unsere bewusste Erkenntnis muss damit immer ein Stück unter der Führungsebene bleiben, wodurch im Übrigen auch ein elementarer Grundsatz der Kybernetik befriedigt wird. Damit verbleibt uns unsere Abhängigkeit in den Beziehungswelten des konnektiven Wissens für alle Zeit im Unbewussten.

Der Wissenschaft sollte sich das Phänomen aber auf Dauer nicht verschließen, sind doch die geistigen Eigenschaften des Menschen nur Abbildungen des universellen konnektiven Prinzips, welches die Evolution von Anfang an begleitet und als „evolutionäres Wägesystem" für die Konvergenz der Entwicklung zuständig ist. Mit Beginn der Zivilisation tritt das Prinzip als Geistesentwicklung mit voller Wucht in Erscheinung. Das ist nur verständlich, weil zunächst das chaotische Gegeneinander aufgelöst werden muss, wenn sich Gemeinschaften mit ihren differenzierten Entwicklungen herausbilden sollen. Die Wirkungen bleiben allerdings auch hier, genauso wie in allen anderen Entwicklungsstufen, keine totalitäre, weil die verlassenen Linien selbst zunehmenden Einfluss auf die Wirklichkeit nehmen und sich vor der Vereinnahmung durch den Fortschritt schützen müssen. Es ist die geschaffene Vielfalt, die uns verworren erscheint, in der sich aber das evolutionäre Prinzip auf seine Art immer weiter spinnen kann. Auch die Schwierigkeiten in der Zivilisation scheinen hausgemacht, wenn nicht der menschliche Intellekt irgendwann in der Lage ist, das geheime Prinzip zu durchschauen und aktiv der Geistesentwicklung beizustehen.

Wir wissen, dass die höchste kybernetische Führungsebene eine beständige sein muss, in der allein die Vervollkommnung zugelassen werden kann. Das bringt absolute Informationsinhalte ins Spiel. Die können auf der konnektiven Ebene nur zusammenkommen, wenn sie auf der gleichen symmetrischen Basis gebaut sind. Wenn der Einzelne seinen seelischen Hintergrund bloß in einer harmonischen Umgebung vervollkommnen kann, hat die Gesellschaft ihrerseits für alle die gleichen austarierten Entwicklungsbedingungen nötig, um identische Grundstrukturen zu schaffen, welche dann auch von selbst zusammenstehen können. Hier wird endlich das höchste kybernetische Entwicklungsniveau erreicht, was auch den Menschen aus seinem evolutionären Grund erhebt und ihn letztlich mit Stolz und Würde zur Krone der Schöpfung macht.

Der Fortschritt in diese Richtung ist umso ausgeprägter, je stabiler die absoluten Informationsinhalte sind, welche nirgendwo anders her, als aus dem historischen Kontext bezogen werden können. Sie sind soweit austariert, im kybernetischen Sinne also symmetriert, wie sie durch die große Menge auf konnektive Art zum Allgemeingut geworden sind. Das geistige Prinzip, auf das wir hier treffen, geht über die bekannten logischen Methoden unseres Bewusstseins hinaus, die damit gewissermaßen als die niederen Stufen des Althirns hinter sich gelassen werden. Die Logik wird selbst zum gesteuerten Prinzip, zumal es ohnehin nicht über den Tellerrand der eigenen Funktionen hinauswirken kann, das heißt, dass mit immer mehr Intelligenz der eigentlichen Entwicklung der Zivilisation nicht wirklich gedient ist. Nun gilt aber auch das, was wir aus der Geschichte über das geistige Prinzip erfahren haben, heute eher als veraltet, weil wir es immer mehr nur aus dem Blickwinkel der logischen Intelligenz verstehen können. Damit verschwinden die letzten natürlichen Mittel, die den günstigen Entwicklungsweg markieren und uns auf den Pfad der optimalen evolutionären Bedingungen zurückführen könnten. Sie werden irrelevant für den Lauf der Geschichte, den der Mensch dann nur noch mit logischen Kalkülen unterstützen kann.

Vielleicht sind die Wegmarkierungen heute nicht mehr so bedeutend wie früher, es ist vieles davon bereits in Gesetze und Normen geflossen. Aber die ewigen Kriege als die chronischen Krankheiten der Zivilisation scheinen trotzdem noch nicht überwunden, weil der Patient offensichtlich zu intelligent wird, die einfachen Behandlungsmethoden zuzulassen. Dem Patienten ist dabei aber kein Vorwurf zu machen, weil sein Verstand nicht dorthin reichen kann, von wo er selbst gesteuert wird. Die Krankheiten der Macht sind logischer Natur. Die logische Prinzip muss sich sozusagen selbstständig machen, wenn es der Vereinnahmung durch den Geist entfliehen will. Dabei hat es auch in der Wissenschaft ein leichtes Spiel, weil dieselbe durchgehend mit rationalen Methoden gebaut ist.

Nun ist die Entwicklung der Zivilisation aus der evolutionären Vielfalt heraus geführt worden und kennt nur dieses Prinzip. Es baut auf die Eigenständigkeit kleiner differenzierter Inseln, die als solche gepflegt, erhalten und weiterentwickelt werden müssen. Die Vielfalt der Formen und Geschehnisse kann nicht mit den arbiträren Informationseinheiten der Logik zusammengehalten werden. Es ist nur mit Beziehungswissen möglich, welches in der Entwicklung immer neu austariert und erweitert werden muss. Die konnektive Methode der Evolution findet sich auch im seelischen Gleichgewicht des Menschen wieder. Die eigene Balance des Lebens erweitert sich dabei auf die des harmonischen Zusammenspiels mit anderen Menschen. Auch die Zivilisation im Großen ist darauf angewiesen konnektive Gemeinwesen zu entwickeln, wenn sie in ein friedliche Ganzes konvergieren soll. Die Schwierigkeit besteht nur darin, dass das dazu erforderliche

Informationsgeschehen kein Puzzlespiel mit gleichartigen Teilen ist. Vielmehr muss hier mit den absoluten Informationseinheiten einer Vielfalt umgegangen werden, wobei jedes System seine ganz eigenen Baugesetze kennt. Jedes Teil der Vielfalt muss dabei selbst in Entwicklung bleiben und seine Eigenständigkeit weiter vervollkommnen, und zwar solange, bis das System eine Vollkommenheit erreicht hat, mit der es selbstständig an der harmonischen Einheit der höheren Stufe teilnehmen kann. Im evolutionären Geschehen der Zivilisation ist es das kollektive Bewusstsein, das ein so hohes geistiges Niveau erreichen muss, dass es von sich aus die austarierte Erweiterung fordert, gewissermaßen das friedliche Zusammenspiel auf dem konnektivem Niveau vollkommener Harmonie. Der konnektive Geist zeigt sich hier seiner Arbeitsweise nach als ein nach oben offenes Prinzip, das mit der entsprechenden Qualifizierung auch die ganze Weltgemeinschaft umspannen und die Kulturen friedlich verbinden kann.

Bis dahin gehört eine hohe politische Kunst dazu, die eigene Identität weiterzuentwickeln, dabei aber auch die Achtung vor dem Fremden nicht zu verlieren, das heißt, das Andere nicht zu vereinnahmen, sich aber auch nicht vereinnahmen zu lassen. Es ist ein einfaches kybernetisches Gesetz, dass ein hohes Führungsprinzip nur mit absoluter Information arbeiten kann. Nur die höhere Stufe konnektiver Allgemeinheit kann dann auch einer höheren Stufe der Vielfalt vorstehen. In dem Sinne kann auch der Weltfrieden nur mit geistig vervollkommneten Gemeinschaften gebildet werden. Es entsteht nach evolutionärer Regel wieder ein harmonisches und friedfertiges Ganzes, das mit verkümmerten und halbfertigen Gebilden nicht zustande gebracht werden kann.

Das vorzeitige Zusammengehen auf den unteren funktionalen Ebenen dagegen muss aufwendig synchronisiert werden, was auch mit noch so großer Macht nicht wirklich erreicht werden kann und ein ewiges Ränkespiel der Kräfte zu Folge hat. So etwa könnte man sich auch nicht vorstellen, dass die Finger aller Mitglieder eines großen Orchester in ihrer Bewegungsorganisation zusammengeführt werden könnten. Der Klangkörper bringt nur dadurch den gewünschten Effekt, indem eigenständige Musiker auf einem hohen Niveau der Allgemeinheit zusammenspielen. In der Zivilisation ist die Differenzierung der Teilnehmer noch bedeutender, weshalb hier ein entsprechend hohe Stufe erreicht werden muss, was ohne bewusste Teilnahme des Menschen und seiner Wissenschaft nicht möglich ist.

Dabei ist die Harmonie nur ein Beispiel für das ökonomische Prinzip der Evolution, bei dem der Aufwand minimiert und für jede Aufgabe auch der sparsamste Umgang mit Material und Information gezeigt wird. Die Organisation der Harmonie ist eine der vielen Begleiterscheinung der Evolution, aber für den Erhalt der Zivilisation ist sie eine wesentliche Bedingung. Um die theoretischen Grundlagen dafür aus der Kybernetik und der Informationslehre zu ziehen, sollte eigentlich kein Aufwand gescheut werden und auch manche Idee, die gegen die Denkmode gesetzt ist, nicht von vornherein ausgeschlossen werden. Geht es doch darum, dem ewigen Schicksal des Menschengeschlechts „in den Rachen zu greifen", damit der Waffenmüll für immer von der Erde verbannt werden kann.

Gegen den Fortschritt der in konnektiv geführter Balance geführten Entwicklung steht die außer Kontrolle geratene Selbstorganisation konservativer Systeme. Dazu gehört auch das Wunschdenken elitärer Politiker, welche die Welt nach ihren logischen Freiheitsidealen gestalten wollen, dabei aber die Möglichkeiten evolutionärer Kybernetik übergehen müssen, die sich dann nur noch aus dem populären Volksgut, aus der schwachen Stimme des Herzens, kundtun kann. Die ist öffentlich nicht verwendbar und steht in der nur logisch „bespielbaren" Politik in schlechtem Ruf.

Die Koordinierung eines so komplexen Systems, wie das der menschlichen Gesellschaft, ist auf dem niederen Prozessniveau kybernetisch nicht möglich. Schon bei der Einrichtung hätte die Evolution dazu einen ins Unendliche gehenden Aufwand an Synchronisationseinrichtungen schaffen müssen. Auch die Hoffnung der Politiker mit Vereinfachungen und Unifizierung dem Verfahren beizukommen und eine Gerechtigkeit zu schaffen, auf deren Basis eine friedliche Gemeinschaft gegründet werden könnte, ist eine trügerische, weil eine gleichlaufende Organisation mit den arbiträren Elementen der Logik nicht durchführbar ist und schon im Ansatz der Differenzierung bedarf. Auch mit noch so ausgeklügelten Machtsystemen ist es nicht möglich, eine über alle Welt geordnete Uniformierung der Lebensbedingungen durchzusetzen. Es ist gewissermaßen evolutionäre Ökonomie, dass die Wirklichkeit nur mit Steuerungsprinzipien arbeiten kann, die der Aufgabe angepasst sind. Am Ende müssen den Informationsprinzipien die Strukturen folgen, die unsere Wirklichkeit auch bauen können. So ungerecht das Prinzip in der Geschichte oft aussehen mag, die Entwicklung hätte mit früher Gleichmacherei das Heute, so wie wir es sehen, nicht zuwege bringen können. Was aus der Historie an Ungleichheiten zu beklagen ist, ist am Ende den notwendigen kybernetischen Erfordernissen verschuldet. Wie auf unterschiedliche Wege, muss die Evolution auch auf differenzierte Wesen setzen, die eigenständig Prozesse steuern und nur auf der höchsten, zeitlosen Ebene ineinander finden können. Nur auf diesem evolutionären Niveau ist auch das hohe Niveau der konnektiven Kybernetik durchführbar. Nur damit kann auch die Vielfalt ausbalanciert und auf harmonischem Wege beherrscht werden, die Welt ihren Frieden finden.

Das Gleichgewicht der Entwicklung wird nicht eingehalten und die kybernetische Hierarchie nicht erreicht, wenn einzelne Mächte die Steuerung für eigene Zwecke übernehmen. Wir wissen, dass das durch das logische Prinzip in der Führung begleitet wird, das seinerseits auf Unifizierung und kausale Rangfolgen baut. Geistige Vernetzung verhindert dagegen die Entwicklung der Machtsysteme. Da das Machtprinzip nicht an evolutionäre Aufgaben gebunden ist, kann es wie ein Virus alle Errungenschaften befallen und für die eigenen Zwecke umdefinieren. Selbst die biologischen Wissenschaften und die Religion sind dagegen nicht gefeit. Weil der Virus mit der Entwicklung mitläuft und immer intelligenter wird, hat er das Potenzial, die Menschheit in einen chronischen Krankheitszustand zu versetzen. Die Geschichte zeigt uns das, und sie zeigt uns, was die Macht als prozessnahe Einrichtung am besten kann: Gewalt, Krieg und Zerstörung. Dagegen steht die natürliche Entwicklung des Geistes. Sie kennt nur das evolutionäre Prinzip der Vielfalt und baut auf die Eigenständigkeit kleiner differenzierter Wege, welche als solche gepflegt, erhalten und weiterentwickelt werden müssen. So ist die einzelne Persönlichkeit ein eigenständiges Wesen, das in begrenzter Weise an den Prozessen der Wirklichkeit unmittelbar teilnehmen kann, damit aber keinen synchronisierten Gleichklang mit allen anderen erreichen kann. Ein weit gespannter Zusammenhang ist nur auf der zeitlosen Ebene des Geistes möglich, der andererseits nicht die Beliebigkeit der logischen Funktion kennt. Diese Unzulänglichkeit ist systemisch und unserer Wirklichkeit für immer anhänglich. Ein Zusammengehen auf geistiger Ebene ist nur möglich, wenn entweder die Systeme unter gleichen Entwicklungsbedingungen entstanden sind, also die gleichen Grundstrukturen haben, oder sie sind hochentwickelt, das heißt, sie nähern sich dem Sinn der Evolution, welcher als höchstes Prinzip die dazu erforderliche Allgemeinheit erreichen muss. Die kann wiederum nur aus einer Abfolge beständiger und ausbalancierter Umgebungsbedingungen entwickelt werden.

Die beiden theoretischen Voraussetzungen für ein harmonisches Miteinander in der Zivilisation zeigen sich auch in den historischen Geschehnissen. Zum einen können in einem umgrenzten Raum die Entwicklungsbedingungen des Geistes gleich gehalten werden, was sich im kulturellen Zusammenhalt des Volkes und der Nationen schon seit Menschengedenken von selbst organisiert hat. Zum anderen kann die Geistesbildung so vervollkommnet werden, dass sich eine gewisse „seelische Reife“ einstellt, welche ein Zusammengehen in der Vielfalt von sich aus fordert. Wir erkennen hier die Bedeutung des Gemeinwesens. Der Einfluss ist umso wirksamer, je tiefgründiger das als gesellschaftliches Bewusstsein in der Tradition verwurzelt ist.

# Literaturverzeichnis


[1] *Novalis: Werke in zwei Bänden.*
*Könemann Verlagsgesellschaft Köln 1996*

[2] *Novalis Werke. Hrsg. von Gerhard Schulz.*
*Verlag C. H. Beck München 2001*

[3] *Alwin Mittasch: Entelechie. Vom Kampf um das Verständnis der belebten Natur.*
*Forschungsring BD Wirtschaftsweise, Darmstadt 1979*

[4] *Wilhelm von Humboldt: Über die Verschiedenheit des menschlichen Sprachbaues.*
*Fourier Verlag GmbH, Wiesbaden 2003*

[5] *Georg Dörfler: Konnektionismus.*
*B.G. Teubner Stuttgart 1991*

[6] *Harald Maurer: Das subsymbolische Paradigma Paul Smolensky's vor dem Hintergrund der Symbolismus vs. Konnektionismus Debatte. BoD Norderstedt 2009*

[7] *Heinrich Hertz: Die Prinzipien der Mechanik. Hrsg. von P. Lenard. In: Gesammelte Werke von Heinrich Hertz Band III.*
*Verlag von Johann Ambrosius Barth Leipzig 1910*

[8] *Schiller: Theoretische Schriften. Hrsg. von Rolf-Peter Janz*
*Deutscher Klassiker Verlag im Taschenbuch · Band 32*
*Deutscher Klassiker Verlag, Frankfurt am Main 2008*

[9] *Deutsche Theologia, das ist ein edles Büchlein vom rechten Verstande, was Adam und Christus sei, und wie Adam in uns sterben und Christus erstehen soll.*
*Mit den Vorreden Dr. Martin Luthers und Joh. Arnds.*
*Stuttgart 1858 Druck und Verlag von J. F. Steinkopf*

[10] *Immanuel Kant: Kants Gesammelte Schriften. Bd. 21*
*Opus postumum (Convolut I – VI)*
*Hrsg. von der Preußischen Akademie der Wissenschaften*
*Walter de Gruyter & Co. Berlin und Leipzig 1936*

[11] *Gustav Mie: Moleküle Atome, Weltäther.*
*B. G. Teubner in Leipzig 1911*

[12] *Immanuel Kant: Kritik der ästhetischen Urteilskraft.*
*In: Werke in zwölf Bänden. Bd 10. Hrsg. von Wilhelm Weischedel. Suhrkamp Verlag Frankfurt am Main 1968*

[13] *Friedrich Wilhelm Joseph Schelling: System des transzendentalen Idealismus.*
*Felix Meiner Hamburg 1957*

[14] *Karl Philipp Moritz: Die Signatur des Schönen.*
*Philo Fine Arts, Hamburg 2009*

[15] *Immanuel Kant: Der einzig mögliche Beweisgrund zu einer Demonstration des Daseyns Gottes.*
*In: Werke in zwölf Bänden. Bd 2. Hrsg. von Wilhelm Weischedel. Suhrkamp Verlag Frankfurt am Main 1968*

[16] *Karl Ernst von Baer: Entwicklung und Zielstrebigkeit in der Natur.*
*Verlag Freies Geistesleben GmbH, Stuttgart 1983*

[17] *Egon Friedell: Novalis als Philosoph.*
*Verlagsanstalt F. Bruckmann A.-G. München 1904*

[18] *Gottfried Wilhelm Leibnitz: Monadologie.*
*Philipp Reclam jun. Stuttgart 1998*

[19] *Friedlieb Ferdinand Runge: Zur Farben-Chemie. Musterbilder für Freunde des Schönen und zum Gebrauch für Zeichner, Maler, Verzierer und Zeugdrucker.*
*Verlag von E.S. Mittler & Sohn Berlin 1850*

[20] *Wilhelm Heinrich Wackenroder: Dichtung, Schriften, Briefe.*
*Union Verlag Berlin 1984*